ANSYS Workbench 有限元分析实例详解

（动力学）

周炬 苏金英 著

人民邮电出版社
北京

图书在版编目（CIP）数据

ANSYS Workbench有限元分析实例详解. 动力学 / 周炬，苏金英著. -- 北京 : 人民邮电出版社，2019.7
ISBN 978-7-115-51065-5

Ⅰ. ①A… Ⅱ. ①周… ②苏… Ⅲ. ①有限元分析一应用软件 Ⅳ. ①O241.82-39

中国版本图书馆CIP数据核字(2019)第065086号

内 容 提 要

本书系统、全面地阐述了 ANSYS Workbench 动力学分析过程中遇到的各种问题，从工程实例出发，侧重解决 ANSYS Workbench 的实际操作和工程问题。

本书共分 5 章，第 1 章讲解了动力学的基本知识；第 2 章介绍了 ANSYS Workbench 的模态分析，包括普通模态、自由模态、线性摄动模态、模态拓扑、阻尼模态、子结构模态、转子模态和声场模态；第 3 章介绍了 ANSYS Workbench 的谐响应分析，包括预应力谐响应、谐响应反计算、谐响应子模型、基础激励谐响应、黏弹性材料谐响应、转子谐响应和声场谐响应；第 4 章介绍了 ANSYS Workbench 的谱分析和随机振动分析，重点讲解了基本原理以及随机振动的疲劳分析和声场的谱分析；第 5 章介绍了 ANSYS Workbench 的瞬态动力学分析，包括刚体动力学、非线性、复合材料、转子动力学和声场等相应模型。

本书工程背景深厚，内容丰富新颖，重点突出，讲解详尽，主要面向 ANSYS Workbench 软件的初级和中级用户，适合机械、材料、土木、能源、汽车交通、航空航天、水利水电等专业的本科生、研究生、教师、工程技术人员和 CAE 爱好者使用参考。

◆ 著　　　周　炬　苏金英
责任编辑　王峰松
责任印制　焦志炜
◆ 人民邮电出版社出版发行　　北京市丰台区成寿寺路 11 号
邮编　100164　　电子邮件　315@ptpress.com.cn
网址　http://www.ptpress.com.cn
北京七彩京通数码快印有限公司印刷
◆ 开本：787×1092　1/16
印张：29　　　　2019 年 7 月第 1 版
字数：713 千字　　　　2025 年 4 月北京第 23 次印刷

定价：108.00 元

读者服务热线：(010)81055410　印装质量热线：(010)81055316
反盗版热线：(010)81055315

前　言

CAE 是利用计算机辅助求解复杂工程和产品结构各项性能及优化设计等问题的一种近似数值分析方法，存在于工程的整个生命周期。ANSYS 软件是经典的 CAE 软件之一，国内应用广泛。近年来 ANSYS 公司收购了多款顶级流体、电磁类软件，并重点发展 ANSYS Workbench 平台。与 ANSYS 经典界面相比，ANSYS Workbench 具有一目了然的分析流程图，整个分析就像在做一道填空题。从 ANSYS 12 版本之后，更多用户转向使用 ANSYS Workbench，同时有关 ANSYS Workbench 软件的参考书也越来越多。

本书以先进性、科学性、实用性、服务性为原则，在表达上力求通俗、简洁、直观，采用对比的方式详细说明了 ANSYS Workbench 动力学分析过程中遇到的各种问题，以及几种动力学分析模块的区别，同时详细说明了 ANSYS Workbench 动力学分析时不同模块之间的联系，对同类问题进行适当扩展，以处理实际的工程问题。书中不仅详细介绍了软件的操作流程，而且还清晰地阐述了“为什么要这样操作”“相关参数为什么要如此设置”“同类的问题应该有怎样的分析思路”等关键问题。正所谓不仅知其然，还知其所以然。书中所讲内容理论联系实际，文字通俗易懂，可带领读者轻松掌握 ANSYS Workbench 的分析方法。

全书共 5 章，第 1 章讲解了动力学的基本知识，并介绍了低版本 ANSYS Workbench 打开高版本 ANSYS Workbench 的方法；第 2 章介绍了 ANSYS Workbench 的模态分析，包括普通模态、自由模态、线性摄动模态、模态拓扑、阻尼模态、子结构模态、转子模态和声场模态，重点讲解了模态分析的后处理方法；第 3 章介绍了 ANSYS Workbench 的谐响应分析，包括预应力谐响应、谐响应反计算、谐响应子模型、基础激励谐响应、黏弹性材料谐响应、转子谐响应和声场谐响应，特别是本书提出的反计算方法适用于各类计算，可以极大地提高有限元计算的精度；第 4 章介绍了 ANSYS Workbench 的谱分析和随机振动分析，用 Excel 和 ANSYS 对比的方式重点讲解了它们的基本原理，并讲解了傅里叶变换生成响应谱曲线、静力学和谱分析叠加、DDAM 单位变换、相应的疲劳分析和声场分析等内容；第 5 章介绍了 ANSYS Workbench 的瞬态动力学分析，包括模态叠加瞬态分析、包含不同初始条件的瞬态分析、移动载荷的瞬态分析、多体瞬态动力学、非线性、复合材料、转子动力学和声场等模型。

本书包含同类参考书上所没有的大量内容，而且紧密联系实际工程问题，例如介绍了利用模态线性叠加分析定义排气管约束位移、非线性模态分析、齿轮模态拓扑优化、模态子结构、反计算、子模型谐响应、基础激励谐响应、黏弹性材料谐响应、PCB 随机振动疲劳分析、利用 Python 处理的齿轮齿条啮合瞬态动力学、Spaceclaim 前处理及对应的转子动力学和声场分析等。

本书主要面对 ANSYS Workbench 软件的初级和中级用户，对于高级用户也有一定的参考价值。本书可作为机械、材料、土木、能源、汽车交通、航空航天、水利水电等专业的高年级本科生、研究生、教师的教学参考用书，亦可供相关领域从事产品设计、仿真和优化设计等工作的工程技术人员及广大 CAE 工程师们学习和使用。

本书配套提供有关的模型文件，读者可以直接在 ANSYS Workbench 15 及以上版本的软件中打开或导入。本书配套资源可在百度网盘 https://pan.baidu.com/s/15yHCdcZ6tFHTteCJYP5t8g 下载，并可在 QQ 群“CAE 基础与提高 389410373”内进行交流。

本书由周炬、苏金英撰写。在写作过程中得到丁德馨教授、雷泽勇教授、邱长军教授、李必文教授、唐德文副教授的悉心指导，在此深表感谢！同时感谢张烨、杨威以及人民邮电出版社对本书出版给予的热心帮助！本书还得到湖南省普通高校“十三五”专业综合改革试点项目——南华大学“机械设计制造及其自动化”的资助。

由于时间仓促，加之本书内容新颖、专业强且作者水平有限，书中难免有不足之处，恳请广大读者批评指正。

资源与支持

本书由异步社区出品，社区（https://www.epubit.com/）为您提供相关资源和后续服务。

配套资源

本书提供如下资源：

- 书中彩图文件。

要获得以上配套资源，请在异步社区本书页面中点击 配套资源 ，跳转到下载界面，按提示进行操作即可。注意：为保证购书读者的权益，该操作会给出相关提示，要求输入提取码进行验证。

提交勘误

作者和编辑尽最大努力来确保书中内容的准确性，但难免会存在疏漏。欢迎您将发现的问题反馈给我们，帮助我们提升图书的质量。

当您发现错误时，请登录异步社区，按书名搜索，进入本书页面，点击“提交勘误”，输入勘误信息，点击“提交”按钮即可。本书的作者和编辑会对您提交的勘误进行审核，确认并接受后，您将获赠异步社区的 100 积分。积分可用于在异步社区兑换优惠券、样书或奖品。

详细信息 写书评 提交勘误

页码： 页内位置（行数）： 勘误印次：

字数统计

提交

扫码关注本书

扫描下方二维码，您将会在异步社区微信服务号中看到本书信息及相关的服务提示。

与我们联系

我们的联系邮箱是 contact@epubit.com.cn。

如果您对本书有任何疑问或建议，请您发邮件给我们，并请在邮件标题中注明本书书名，以便我们更高效地做出反馈。

如果您有兴趣出版图书、录制教学视频，或者参与图书翻译、技术审校等工作，可以发邮件给我们；有意出版图书的作者也可以到异步社区在线提交投稿（直接访问 www.epubit.com/selfpublish/submission 即可）。

如果您是学校、培训机构或企业，想批量购买本书或异步社区出版的其他图书，也可以发邮件给我们。

如果您在网上发现有针对异步社区出品图书的各种形式的盗版行为，包括对图书全部或部分内容的非授权传播，请您将怀疑有侵权行为的链接发邮件给我们。您的这一举动是对作者权益的保护，也是我们持续为您提供有价值的内容的动力之源。

关于异步社区和异步图书

“异步社区”是人民邮电出版社旗下 IT 专业图书社区，致力于出版精品 IT 技术图书和相关学习产品，为作译者提供优质出版服务。异步社区创办于 2015 年 8 月，提供大量精品 IT 技术图书和电子书，以及高品质技术文章和视频课程。更多详情请访问异步社区官网 https://www.epubit.com。

“异步图书”是由异步社区编辑团队策划出版的精品 IT 专业图书的品牌，依托于人民邮电出版社近 30 年的计算机图书出版积累和专业编辑团队，相关图书在封面上印有异步图书的 LOGO。异步图书的出版领域包括软件开发、大数据、AI、测试、前端、网络技术等。

异步社区

微信服务号

目 录

第1章 动力学基础……1

1.1 动力学基本解析……5

1.2 静力学分析与动力学分析的区别……7

1.3 低版本程序打开高版本文件的过程……14

第2章 模态分析……28

2.1 模态分析之计算原理……28

2.2 普通模态及自由模态分析……30

2.2.1 模态分析之固有频率研究……30

2.2.2 模态分析之振型研究……40

2.2.3 模态分析之线性叠加……57

2.3 线性摄动模态分析……64

2.3.1 线性摄动模态分析之应力刚化和旋转软化……65

2.3.2 非线性模态分析……71

2.4 模态分析之拓扑优化……81

2.4.1 模态分析之拓扑优化基本实例……82

2.4.2 齿轮减重拓扑优化设计基本实例……98

2.5 含阻尼的模态分析……113

2.5.1 复模态分析基本实例……115

2.5.2 非对称复模态分析基本实例……126

2.6 模态之子结构分析……133

2.7 转子动力学之模态分析……140

2.8 声场模态分析……152

2.8.1 声场模态分析……154

2.8.2 流固耦合模态（湿模态）分析……161

2.9 总结……170

第3章 谐响应……175

3.1 谐响应分析之计算原理……175

3.2 预应力谐响应分析……176

3.3 谐响应之反计算分析……189

3.4 谐响应之子模型分析……198

3.5 谐响应之基础激励分析……218

3.6 谐响应之黏弹性材料分析……231

3.7 谐响应之转子动力学分析……239

3.8 谐响应之声场分析……250

3.8.1 消声器声场分析……254

3.8.2 外激励辐射声场分析……263

3.9 总结……273

第4章 谱分析和随机振动……275

4.1 响应谱分析之频谱定义……275

4.2 响应谱分析之基本原理……282

4.3 响应谱之基本分析流程……288

4.4 响应谱之分析实例……299

4.5 随机振动分析之基本原理……313

4.6 随机振动之疲劳分析……320

4.7 声场之谱分析……330

4.8 总结……335

第5章 瞬态动力学分析……339

5.1 模态叠加瞬态分析……339

5.2 瞬态分析之初始条件……350

5.3 瞬态分析之移动载荷……364

5.3.1 准静态法之移动载荷瞬态分析……364

5.3.2 瞬态法之移动载荷分析 ······370
5.4 瞬态分析之多体动力学 ······378
5.4.1 全刚性体（柔性体）零件全 Joint 连接的多体动力学 ······378
5.4.2 刚柔性体零件全 Joint 连接的多体动力学 ······386
5.4.3 刚柔性体零件 Joint 和 Contact 连接的多体动力学 ······392
5.5 非线性瞬态分析 ······403
5.5.1 跌落冲击分析 ······403
5.5.2 三辊弯曲成型分析 ······409
5.5.3 接触磨损分析 ······414
5.6 瞬态分析之复合材料 ······422
5.7 转子动力学之瞬态分析 ······430
5.8 声场之瞬态分析 ······442
5.9 总结 ······448
参考文献 ······455

第1章　动力学基础

动力学研究的是已知物体的运动形式求其受载荷情况，或者已知物体的载荷情况求其运动形式。

动力学与静力学的区别如下所示。

- 静力学分析其实是基于一种假设，即载荷和物体的响应不发生变化或随时间变化得非常缓慢，其表现为承受稳态加载条件。但在实际工程中仅进行静力学分析可能是不够的，特别是物体处于随时变化的载荷时。
- 动力学分析是在惯性或阻尼起重要作用时，物体在自由振动下（移除载荷后）的响应特性；或者物体随时间变化情况下的动态响应特性。前者寻找物体的振动特性（固有频率和主振型），以便更好地利用或减小振动。后者研究物体的动态载荷和随时间运动的关系。

使用 ANSYS 进行动力学分析时，必须注意以下事项。

1）应清晰理解动力学的理论。一些读者在只阅读软件操作说明书后就进行动力学分析，完全不理解软件操作步骤、如何设置参数及后处理的意义，这就产生了许多令人啼笑皆非的问题。例如，为什么不能在模态分析中加载载荷；将模态分析后处理中的应力参数作为结构强度校核指标；进行转子动力学分析时，将模态分析的固有频率作为临界转速等。同时，一些使用者缺乏对各种动力学理论知识体系的理解，导致分析项目时不知所措，无从下手；或者在操作软件时，计算结果不尽如人意，误差非常大。例如，在响应谱分析中软件操作并不难，但是理解操作过程非常难，进而导致设置错误，加之计算结果又难以理解，最终影响计算精度。

2）网格划分。动力学分析涉及面较静力学分析更广，计算收敛需考虑的问题较静力学更多，因此这导致动力学分析更难收敛。这就需要更好的网格为收敛计算提供前提条件。正如《ANSYS Workbench 有限元分析实例详解（静力学）》中已经提到的，对于三维模型，六面体网格可以减少计算量，容易收敛。但就计算精度而言，四面体与六面体网格的结果相差无几。所以当遇到比较复杂的模型时，纯粹使用四面体或者使用六面体和四面体的组合形式不失为一种较好的处理方法。

3）动力学分析模块分类。

Workbench 将动力学分为 4 类，包括线性动力学、瞬态分析、刚体动力学和显式动力学。每一类均有不同的模块，相对独立的转子动力学和多体动力学分析也由相应模块组合而成，具体如图 1-1 所示。

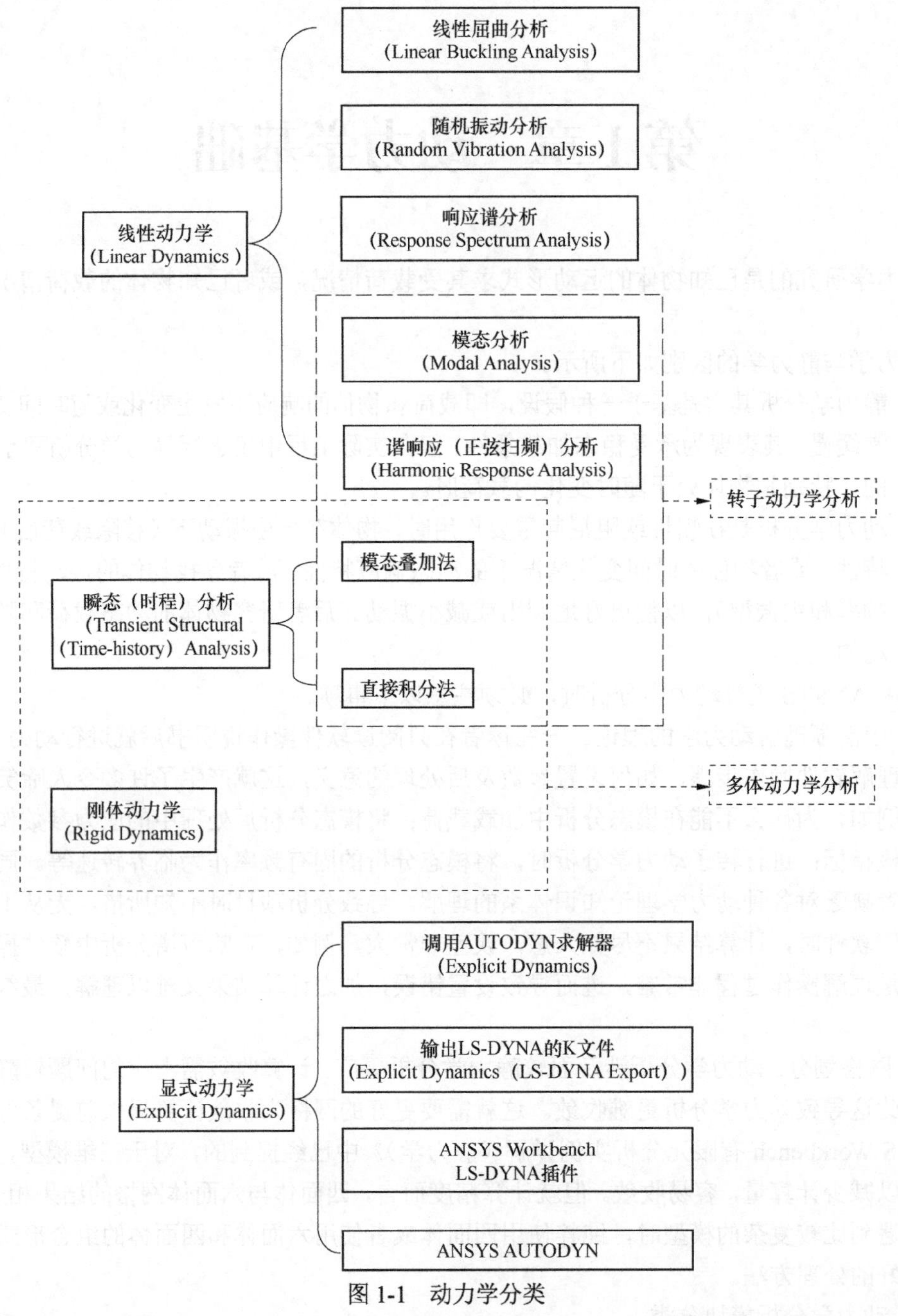

图 1-1　动力学分类

线性动力学主要以模态分析为基础，反映结构为线性的动力学分析。即假设系统的弹性或阻尼力随节点位移和速度呈线性变化，且外力不随节点的位移和速度的变化而变化。线性动力学分析包括模态分析、谐响应分析、线性屈曲分析、响应谱分析和随机振动分析，其中线性屈曲分析严格意义上属于线性动力学范畴，但考虑其常用于描述几何非线性，因此将其置于静力学分析中。

瞬态分析分为模态叠加法和直接积分法，其中模态叠加法可以近似属于线性动力学，因为其唯一可设置的非线性条件为简单的点点接触；直接积分法采用隐式求解器来研究所有非线性的问题。

刚体动力学定义研究对象为刚体，由于刚体不能变形，所以求解的结果没有应力和应变，只有力、力矩、位移、速度和加速度。Workbench 在这方面不如经典的 Adams 等软件方便（如无法直接定义齿轮副、凸轮副等），但它可以利用接口或插件充实刚体动力学分析。

显式动力学用于描述高度非线性的动力学分析，分别以 LS-DYNA 和 AUTODYN 为求解核心处理各种高速冲击、碰撞等分析。本书限于篇幅，没有讲述该部分内容。

4）显式算法（explicit）和隐式算法（implicit）的区别。

以基本动力学基本方程为例进行讲解：$[\boldsymbol{M}]\{\ddot{\boldsymbol{u}}\}+[\boldsymbol{C}]\{\dot{\boldsymbol{u}}\}+[\boldsymbol{K}]\{\boldsymbol{u}\}=\{\boldsymbol{F}(t)\}$。

式中$[\boldsymbol{M}]$为质量矩阵；$[\boldsymbol{C}]$为阻尼矩阵；$[\boldsymbol{K}]$为刚度矩阵；$\boldsymbol{F}(t)$为载荷矢量关于时间的函数；$\{\ddot{\boldsymbol{u}}\}$为位移对时间的二阶导数，即加速度矢量；$\{\dot{\boldsymbol{u}}\}$为位移对时间的一阶导数，即速度矢量；$\{\boldsymbol{u}\}$为位移矢量。简而言之，可以将该公式近似为$Ma+Cv+Ku=F$。如果忽略式中左边的第二项和第三项，即变为牛顿第二定律；忽略式中左边的第一项和第三项，即变为低速下黏滞阻力定律；忽略式中左边的第一项和第二项，即变为胡克定律（静力学）。

使用有限元法对动力学常微分方程组进行求解。由数值分析可知，可以采用平衡迭代法和差分法两种方法来求解。前者利用下一时刻物理量（未知）与当前时刻物理量（未知）的增量步关系，对方程组进行迭代求解，每一步都需平衡迭代并存在收敛性，计算量非常大，这称为隐式算法；后者利用上一时刻物理量（已知）与当前时刻物理量（未知）的关系，不用解耦方程可直接计算，不需要平衡迭代，只要时间步长足够小，一般不存在收敛问题，其计算量较隐式算法小得多，这称为显式算法。可以用登山来形容两者：隐式算法类似一个旅行者，在山中不断寻找各种山间小路，如果他没有定位工具，则很容易迷失方向，因此必须不断容错和尝试；显式算法类似一个攀岩者，制定目标后只要不是步伐太大，一步一个脚印，就一定可以攀登成功。

显式算法一般应用于作用时间非常短暂（一般小于 1s，准静态除外），惯性力和冲击效应非常大的工况，如跌落、弹道侵彻和爆炸等，它还包括复杂的接触状态、极大变形、材料磨损和失效等。

两者的主要区别体现在如下几个方面。

- 隐式算法的计算量一般与单元数量的平方成正比，显式算法与单元数量成正比。显式算法更节约计算机硬件成本。
- 隐式算法在对方程组进行求解时，需要对刚度矩阵求逆，因此必须迭代计算。迭代时间步没有万能公式可以验算，一般需要不断尝试。显式算法则要求质量矩阵为对角矩阵，不存在收敛问题，时间步必须小于材料波速。
- 隐式算法由于每个载荷步都进行收敛控制，因此避免了积累误差；显式算法中单元往往采用缩减积分，容易激发沙漏现象，对应力应变的计算结果有较大的影响。

5）运动学与动力学的区别。

运动学研究物体的运动，但不考虑引起运动的因素，其主要研究对象为位移、速度和加速度。动力学除了研究物体的运动以外，还研究引起运动的因素，研究对象还包括质量和力的影响。例如，动量计算公式为$\vec{\boldsymbol{p}}=m\vec{\boldsymbol{v}}$，外力$\vec{\boldsymbol{F}}$可以引起物体加速运动，其等于动量的变化率，即$\vec{\boldsymbol{F}}=\dfrac{\mathrm{d}\vec{\boldsymbol{p}}}{\mathrm{d}t}=m\dfrac{\mathrm{d}\vec{\boldsymbol{v}}}{\mathrm{d}t}=m\vec{\boldsymbol{a}}$。

下面以一个简单的物理题说明两者的不同：一个物体沿直线加速运动，其加速度为 a，初始速度为v_{i}，运动时间为t，如图 1-2 所示。

运动学分析如图 1-2a 所示，它不需要考虑运动产生的原因，只需计算最终速度$v_{\mathrm{f}}=v_{\mathrm{i}}+at$。

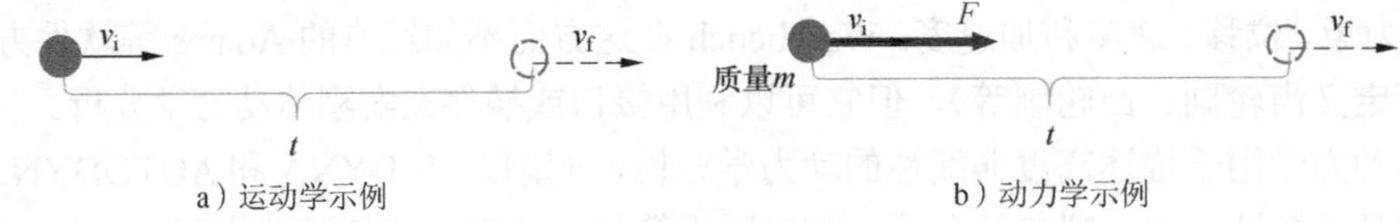

a）运动学示例　　b）动力学示例

图 1-2　运动学与动力学

动力学分析如图 1-2b 所示，它不仅考虑了速度、加速度的概念，还需要考虑物体的质量和力的关系，即 $F = ma = m\dfrac{v_f - v_i}{t}$。

在 CAE 中，对物体进行动力学分析时，除了有限元软件外，还有多体动力学软件。典型的多体动力学软件有 Adams、LMS-Motion、RecurDyn 和 SIMPACK 等。有限元软件和多体动力学软件互相联系，如 RecurDyn 提供了 Workbench 的 ACT 插件，它可以在 Workbench 界面下轻松加载。两者又有本质区别，首先有限元基于弹性力学，多用于设计后的复核；多体动力学基于分析力学，多用于设计前的评估。其次有限元需要离散化模型（划分网格）；多体动力学则不需要。再者有限元擅长描述物体变形、应力和应变，特别适用材料的失效、不同物理场的耦合、复杂的接触以及柔性体零件的优化设计等；多体动力学擅长描述物体运动过程中的速度、加速度、受力等复杂的运动关系，特别适用机构的非线性运动关系。

Workbench 中的瞬态动力学模块可计算结构对动态载荷的响应，它不仅可以考虑大的屈曲变形、接触和材料非线性，还可以考虑载荷和接触突变状态、波传播影响，可输出应力和应变、速度和加速度、各种反力和反力矩。由于计算量庞大，往往需要高昂的硬件代价和巨大的时间花费。因此在实际工程分析中，可以在软件中定义部分零件为刚体，这样可以有效减少整个模型的计算量和硬件消耗，也不需要刚性体的应力应变结果，同时又不影响整个结构的动态响应。如果是将所有或部分零件定义为刚体的动力学分析，那么即可认为其为多体动力学。但由于计算机理不同，所以它与常规的多体动力学软件还不尽相同。

6）转子动力学基本理论。

转子动力学基本方程为：

$$[\boldsymbol{M}]\{\ddot{\boldsymbol{u}}\} + ([\boldsymbol{C}] + [\boldsymbol{G}])\{\dot{\boldsymbol{u}}\} + ([\boldsymbol{K}] - [\boldsymbol{K}_c])\{\boldsymbol{u}\} = \{\boldsymbol{F}(t)\} \quad \text{（转动动坐标系）}$$

$$[\boldsymbol{M}]\{\ddot{\boldsymbol{u}}\} + ([\boldsymbol{C}] + [\boldsymbol{G}])\{\dot{\boldsymbol{u}}\} + ([\boldsymbol{K}] + [\boldsymbol{B}] - [\boldsymbol{K}_c])\{\boldsymbol{u}\} = \{\boldsymbol{F}(t)\} \quad \text{（固定坐标系）}$$

式中$[\boldsymbol{G}]$为依据转速的陀螺效应矩阵，陀螺效应表现为耦合垂直于旋转轴的旋转自由度；$[\boldsymbol{B}]$为依据转速的旋转阻尼矩阵，表现为改变结构刚度，产生不稳定运动；$[\boldsymbol{K}_c]$为旋转软化效应刚度矩阵。由此可知，转子动力学方程是动力学基本方程的衍生，主要表现在旋转效应上。典型转子运动学仿真软件有 MADYN、LMS-SAMCEF 等。

转子动力学方程分为固定坐标系和转动动坐标系两种形式。固定坐标系适用于一个或一个以上旋转结构（转子）和一个固定结构（例如，燃气轮机发动机转子定子总成、多轴气涡轮发动机）。其中旋转部分的结构必须轴对称，非轴对称零件必须转化为等效质量。这种坐标系不适用于静态分析，可以生成坎贝尔图计算转子临界转速。转动动坐标系适用于没有固定结构，整个结构只能为单一的旋转结构（例如，前燃气涡轮发动机转子、单轴燃气涡轮发动机），结构不必是轴对称的，这种坐标系适用于静态分析，不适用于坎贝尔图计算转子临界转速。

在 ANSYS 中，共有 3 种形式的转动，分别为相对于总体坐标系的整体结构转动 1，相对于自定义轴的部分结构转动 2，相对于自定义轴的整体坐标系转动 3。分析时可以在上述转动形式中任选两种。当转动 1 和转动 2 组合时，转动 1 是整体运动，转动 2 是陀螺自转；当转动 1 和转动 3 组合时，转动 3 是整体运动，转动 1 是陀螺自转；当转动 2 和转动 3 组合时，转动 3 是整体运动，转动 2 是陀螺自转。

转子动力学的主要研究对象如下所示。

- 转子的临界转速。临界转速的概念为质量偏心（材料不均匀偏心，例如零件上的槽、键槽等；状态不平衡偏心，例如零件磨损、热变形、灰尘污垢等）的转子在旋转过程中，当转速到达某一数值时，会导致系统出现剧烈振动，该数值即为临界转速。可认为转子及其支撑系统的固有振动频率与该转速的激振频率一致，产生共振。为避免共振，设计转子的临界转速时需远离激励转速的 15%～20%（注意：不同零件的激励转速与工作转速不同。例如，质量不平衡的零件的激励转速等于工作转速，中心不对称的联轴器的激励转速等于 2 倍工作转速，动激励下的离心式压缩机激励转速等于工作转速的 1/2 等）。该研究主要采用模态分析，求得包含稳定性和临界转速的坎贝尔图。
- 稳态不平衡响应。也可用稳态不平衡响应求得转子系统的临界转速，但其主要目的是在不平衡量作用下求解转子及其支撑系统对正弦状态（振幅不随时间变化）的稳态不平衡响应，进而确定如何采取措施来避免最大不平衡响应及减小不平衡响应。该研究采用基于模态叠加法的谐响应分析，对坎贝尔图上的不同路径进行各自谐波响应扫描。
- 瞬态响应。主要针对转子系统不平衡的突然变化、作用在转子系统上的外载荷突然变化或转子系统在变速下工作等情况。转子系统的响应分析包括转子系统的位移、变形以及支撑结构的传递载荷分析，起动加速、制动减速是最常见的瞬态过程。该研究采用瞬态分析，方法 1 采用真正的转子动力学分析（即非线性瞬态分析），根据转动角速度真实地计算转动模型，这是最昂贵的方法（求解时间长，*.rst 文件大）。但是这包括了所有的响应，后处理可以表现一个真实转动的模型。方法 2 采用固定坐标系，用 Coriolis 命令计算陀螺效应，大部分的转子动力学效应可以得到反映，但是在后处理时看不到真实的转动。方法 3 采用旋转坐标系，用 Coriolis 命令计算对应力。方法 2、3 各有优缺点，都不能表现真实的转动。

1.1　动力学基本解析

在动力学中专业名称较多，简要解析如下。

激励：引起系统振动的原因，分为确定性激励和随机性激励。确定性激励可以用一个确定的函数来描述激励，例如正弦函数的简谐激励、阶跃函数的力激励、方波或锯齿波的周期激励、脉冲函数的冲击激励；随机性激励则无法直接用函数来描述，例如瞬时的风力、海浪、地震、车辆在路面行驶等，但这些均表现为一定的统计规律，因此采用概率分布函数或功率谱等方法来表达。激励的主要表现形式为系统的初始扰动（如初始速度和初始位移），作用于系统的周期性载荷（如力激励），系统底座的周期性或随机性运动（基础激励，如加速度）等。

响应：系统在激励作用下的运动形式，表现为位移、速度或加速度。

按激励方式将振动分为以下几种形式。

1）自由振动。自由振动是指系统不受任何外力，初始扰动在内力或重力作用下产生运动。

动力学方程为$[\boldsymbol{M}]\{\ddot{\boldsymbol{u}}\}+[\boldsymbol{C}]\{\dot{\boldsymbol{u}}\}+[\boldsymbol{K}]\{\boldsymbol{u}\}=\boldsymbol{0}$，特征是振幅与外界扰动有关，频率为系统固有频率。由于其在数学上表现为无外力状态，因此在模态分析中不能加载外载荷。

2）强迫振动。强迫振动是指系统在外界周期性载荷激励下（力激励、基础激励等）发生的运动。动力学方程为$[\boldsymbol{M}]\{\ddot{\boldsymbol{u}}\}+[\boldsymbol{C}]\{\dot{\boldsymbol{u}}\}+[\boldsymbol{K}]\{\boldsymbol{u}\}=\{\boldsymbol{F}(t)\}$。特征为振幅和频率都与外界激励有关。

3）自激振动。自激振动是指系统不受周期性外力激励的影响，仅在系统内部激发及反馈的相互作用下，产生稳定的周期性振动。以典型 Rayleigh 方程为例，表达式为$\ddot{u}-\varepsilon\dot{u}(1-\delta\dot{u}^2)+\omega_0^2u=0$，式中的第二项阻尼项为交变阻尼，耗散能量时为正阻尼，吸收能量时为负阻尼。表现为非线性行为，例如机床导轨爬行、机翼颤振、水管中流体的喘振、摩擦啸叫等，特征为振幅与频率均与外界扰动无关，均为系统固有参数。

4）参激振动。参激振动是指系统受周期性或随机性外力激励的影响，但激励不是以外力形式直接施加于系统的，而是通过系统内参数的周期性改变来间接地实现。例如荡秋千，在最高位伸直腿，在下降时逐渐收腿，这样可以让秋千越荡越高。

动力学基本方程为$[\boldsymbol{M}]\{\ddot{\boldsymbol{u}}\}+[\boldsymbol{C}]\{\dot{\boldsymbol{u}}\}+[\boldsymbol{K}]\{\boldsymbol{u}\}=\{\boldsymbol{F}(t)\}$，在数学上表现为二阶非齐次微分方程，求解该方程共有两种方法，一种为模态叠加法，另一种为直接积分法。

模态叠加法的求解方法是先求出其对应的齐次微分方程$[\boldsymbol{M}]\{\ddot{\boldsymbol{u}}\}+[\boldsymbol{C}]\{\dot{\boldsymbol{u}}\}+[\boldsymbol{K}]\{\boldsymbol{u}\}=\boldsymbol{0}$的特征根，并根据特征解形式采用待定系数法求出特征解，最后求出二阶非齐次微分方程的通解。如图 1-1-1 所示，一个刚度为K的弹簧振子系统，下方挂质量为M的物体，垂直方向存在扰动力$F=B\sin\omega t$，忽略重力、弹簧质量和阻尼，求物体的运动规律。

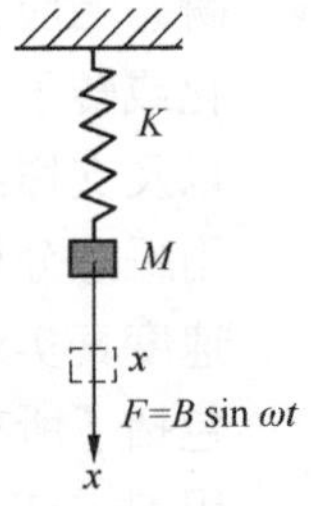

K
M
x
F=B sin ωt
x

图 1-1-1　弹簧振子系统

解：按动力学通用方程得$M\dfrac{\mathrm{d}^2x}{\mathrm{d}t^2}+Kx=B\sin\omega t$

取对应齐次方程为$M\lambda^2+K=0$，特征根为$\lambda_{1,2}=\pm\sqrt{\dfrac{K}{M}}\,\mathrm{i}$。

齐次方程通解为：

$$X=C_1\cos\left(\sqrt{\frac{K}{M}}t\right)+C_2\sin\left(\sqrt{\frac{K}{M}}t\right)=A\sin\left(\sqrt{\frac{K}{M}}t+\varphi\right)\text{（模态结果）}$$

1）当$\omega\neq\sqrt{\dfrac{K}{M}}$时，非齐次方程的特征解为：

$x^*=a\cos\omega t+b\sin\omega t$，将其代入通用方程，可得$a=0,b=\dfrac{B}{K-\omega^2M}$，则通解为：

$$x=A\sin\left(\sqrt{\frac{K}{M}}t+\varphi\right)+\frac{B}{K-\omega^2M}\sin\omega t$$

当$\omega\approx\sqrt{\dfrac{K}{M}}$时，振幅将非常大，这是共振的表现。

2）当$\omega=\sqrt{\dfrac{K}{M}}$时，非齐次方程的特征解为：

$x^* = t(a\cos\omega t + b\sin\omega t)$，将其代入通用方程可得：$a = -\dfrac{B}{2\sqrt{KM}}, b = 0$，则通解为：

$$x = A\sin\left(\sqrt{\frac{K}{M}}t + \varphi\right) - \frac{B}{2\sqrt{KM}}t\cos\omega t$$

当$t \to \infty$时，振幅将非常大。在频率相等的工况下，随着时间的推移，振幅越来越大。

虽然模态叠加法简单易用，但对于非线性系统则难以运用，因此直接积分法常用于非线性的瞬态分析。由于直接积分法对时间域直接离散，列出每一段时间域中位移、速度和加速度的关系式，因此计算过程较模态叠加法要长。直接积分又分为显式算法和隐式算法。

1.2 静力学分析与动力学分析的区别

前文已经讲述静力学分析表现为稳态响应，动力学分析表现为惯性或阻尼起重要作用的动态响应。下面以一个简单的壳模型例子来解释静力学分析和动力学分析的区别。

（1）建立模型

在平面上先建立 Sketch1（草绘 1），绘制一个长为 100mm，高为 40mm 的矩形。再建立 Sketch2（草绘 2），绘制一个直径为 25mm 的圆，其位于矩形中心；选择 Concept→Surfaces From Sketches（以草绘建立平面）命令，选择 Sketch1，建立 Surface Body（面体）；再以 Extrude（拉伸）命令，选择 Sketch2，添加 Imprint Faces（映射面）。如图 1-2-1 所示。

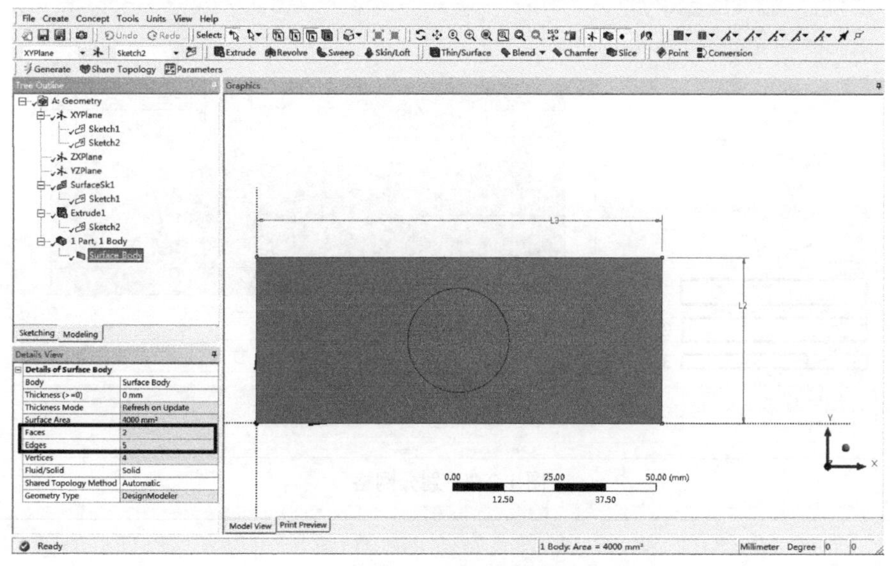

图 1-2-1 建立模型

注意

在图 1-2-1 中框内显示 2 个面、5 条边，这是中间映射圆的必然结果。

（2）前处理

先定义分析类型。本模型分别用于静力学分析和动力学分析，因此建立图 1-2-2 所示的分析流程。

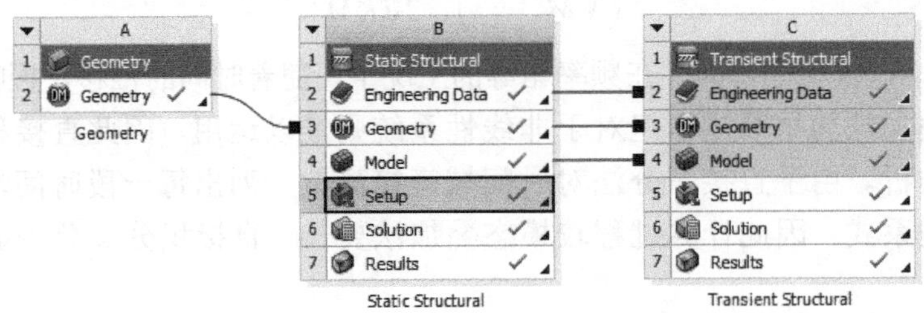

图 1-2-2　建立分析流程

鼠标左键双击 B5 项进入 Mechanical 界面。选择 Geometry→Surfaces Body 定义 Thickness（厚度）为 1mm，其余默认。

划分网格。鼠标右键单击 Mesh，在弹出的快捷菜单中选择 Insert→Method，如图 1-2-3 所示。在图 1-2-3 中的 1 区 Method 处选择 MultiZone Quad/Tri（以四边形或三角形进行多体划分网格)，在 Surface Mesh Method 处选择 Uniform(网格统一尺寸)；在 2 区的 Free Face Mesh Type 处选择 All Quad（网格均为四边形），Element Size 处选择 5mm（网格尺寸）；在 3 区的 Preserve Boundaries 处选择 Protected；其余默认。

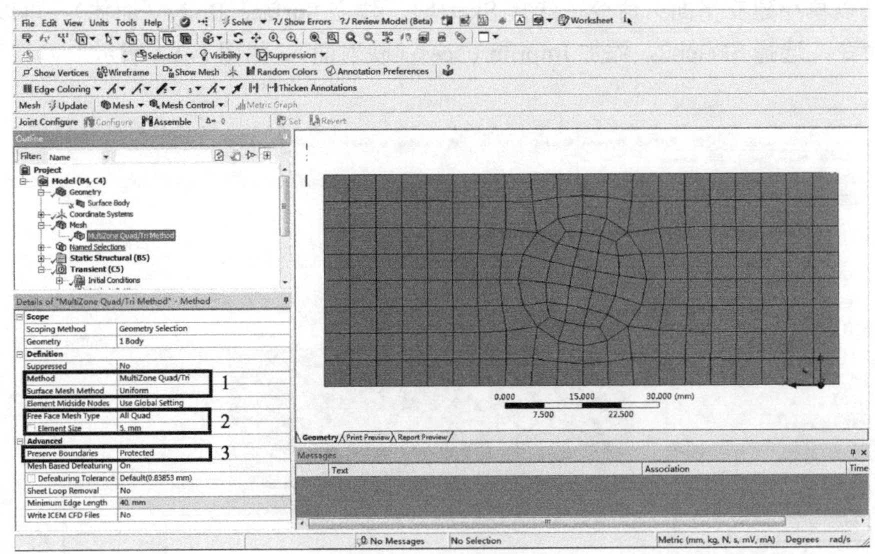

图 1-2-3　划分网格

> **注意**
>
> Preserve Boundaries 的设置非常有意义。在《ANSYS Workbench 有限元分析实例详解（静力学）》中已经提到，原本模型可以 Sweep（扫略）划分网格，但由于映射面破坏了整体拓扑关系，因此导致无法扫略。在采用 MultiZone（多体）进行划分时，对 Preserve Boundaries 处进行设置，可以忽略映射面，使整体网格成为扫略形式。

（3）静力学分析边界条件

边界条件的设置如图 1-2-4 所示。加载重力加速度（standard earth gravity）的方向为$-z$向（在 Geometry→Surface Body→Properties 可查 Mass 为 3.14e-2kg）；对映射面（图 1-2-4 中椭圆区域）加载大小为 0.4N，方向为 z 向的力（force），**注意，该载荷数值大于重力数值**；对左边两端点（图 1-2-4 中的矩形区域）定义 xyz 方向均为 0 的位移约束（displacement）。

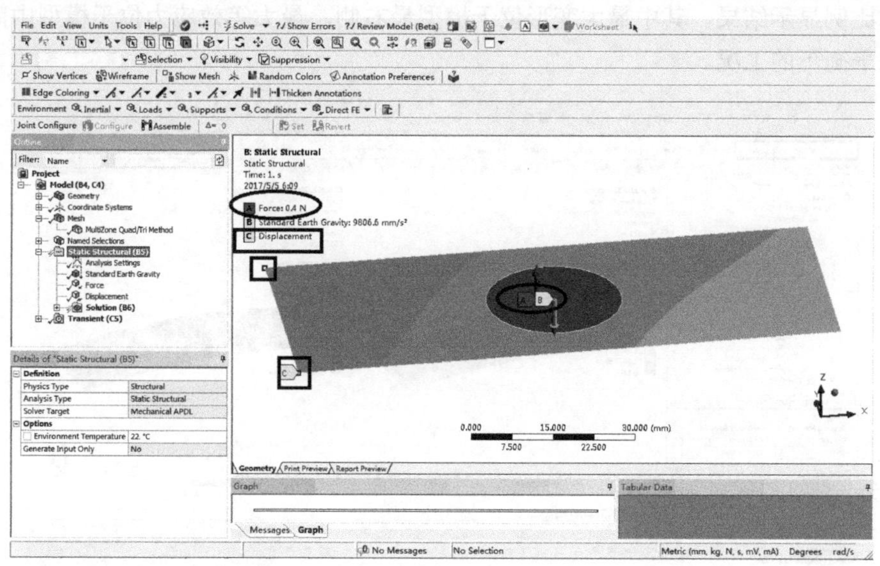

图 1-2-4　静力学边界条件

在 Analysis Settings 处将 Solver Controls→Weak Springs（弱弹簧）设置为 Off，其余全部默认。此处定义仅为了关闭系统辅助增加的约束，这有利于更好地对比计算结果。

（4）静力学分析结果及再处理

计算无结果，出现错误提示："An internal solution magnitude limit was exceeded. Please check your Environment for inappropriate load values or insufficient supports. Also check that your mesh has more than 1 element in at least 2 directions if solid brick elements are present. Please see the Troubleshooting section of the Help System for more information." 在 Solution Information 处可以找到详细错误提示，其为第 193 个节点在 z 向位移过大，如图 1-2-5 所示。

```
*** ERROR ***                               CP =       3.650   TIME= 06:34:37
The value of UZ at node 193 is 486532229.  It is greater than the
current limit of 1000000 (which can be reset on the NCNV command).
This generally indicates rigid body motion as a result of an
unconstrained model.  Verify that your model is properly constrained.
```

图 1-2-5　详细错误提示

按照《ANSYS Workbench 有限元分析实例详解（静力学）》中介绍的方法，用 Named Selection（命名选择）找到第 193 个节点。如图 1-2-6 所示，该节点位于模型最右侧端部。

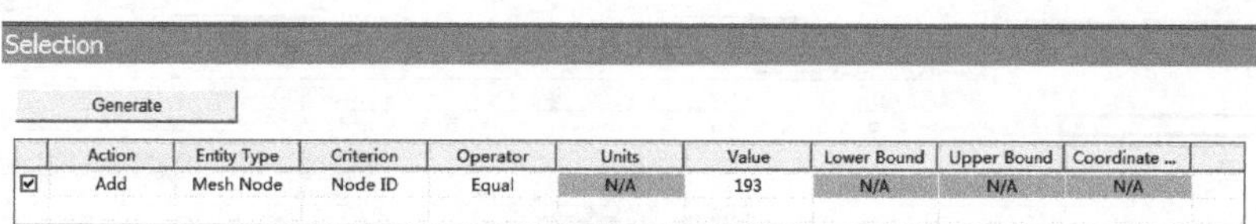
Selection

Generate

	Action	Entity Type	Criterion	Operator	Units	Value	Lower Bound	Upper Bound	Coordinate ...
☑	Add	Mesh Node	Node ID	Equal	N/A	193	N/A	N/A	N/A

图 1-2-6　命名选择第 193 个节点

为何该计算会出现错误，从《ANSYS Workbench 有限元分析实例详解（静力学）》中可知，这是缺乏足够的约束造成的。为保证计算完成，可以再增加一些约束。除此之外，还可以采用惯性释放（Inertia Relief）法。再将 Analysis Settings 处的 Solver Controls→Inertia Relief 设置为 On，其余依旧不变，再次计算。

计算完成。计算结果的总变形和等效应力如图 1-2-7 所示，由于数值较小，因此采用一个较大的比例显示结果。其中最大变形位于模型最右侧，最大等效应力位于模型中间，这都符合静态平衡下的工况。

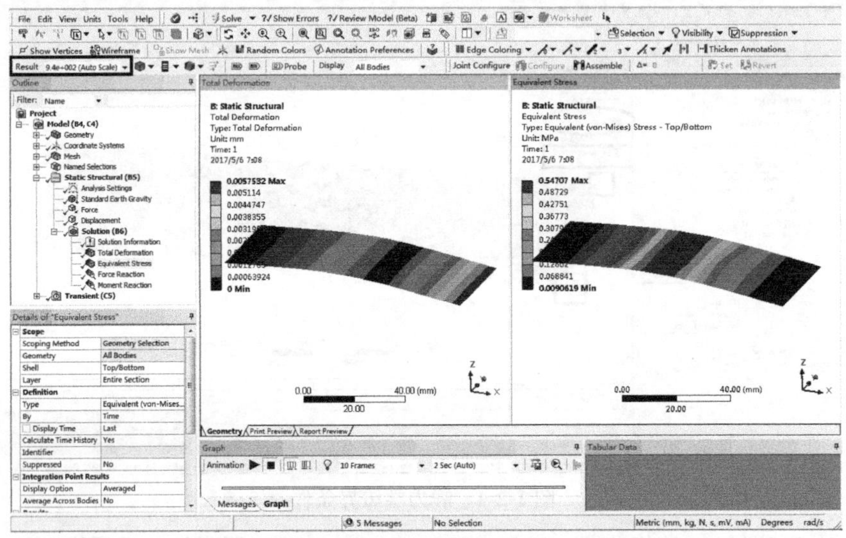

图 1-2-7　静力学计算结果

惯性释放是如何保证静力学计算完成的？使用鼠标右键单击 Solution，在弹出的快捷菜单中依次选择 Insert→Probe→Force Reaction（反力）和 Moment Reaction（反力矩），在 Location Method 处选择 Boundary Condition，在 Boundary Condition 处选择 Displacement，如图 1-2-8 所示。反力表现为$-z$ 向，大小为 5.476e-14N；反力矩表现为$-x$ 向，大小为 2.844e-15N·m。

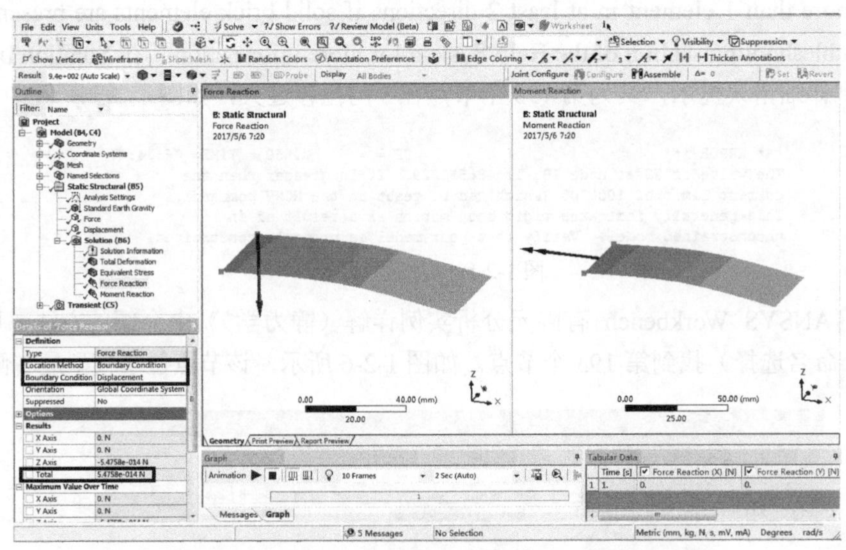

图 1-2-8　Force Reaction 和 Moment Reaction 的计算结果

上述结果几乎为 0，而正常的反力应该为 0.4(Force)−0.0314×9.8（质量×重力加速度）=0.09228N。这表明打开 Inertia Relief 后，系统内部将进行力（惯性）的平衡，即增加一个惯性力于平衡系统，使整个系统处于稳定平衡状态（静平衡态）以保证计算的可能，进而导致约束端的反力为 0。

（5）瞬态分析及边界条件

使用鼠标双击图 1-2-2 中的 C5（Setup）项，进入瞬态分析设置。连续选中 Static Structural（B5）下的 3 项边界条件，使用鼠标右键单击并在弹出的快捷菜单中选择 Copy，再使用鼠标右键单击 Transient（C5）项，并在弹出的快捷菜单中选择 Paste。此时，即可将静力学所用边界条件复制到瞬态分析中。然后，单击 Force（力）加载选项，在 Tabular Data 表中将 Times 为 0s 的 Force 改为 0.4N。

注意

静力学分析和瞬态分析中的时间（time）是不同的。静力学分析中的时间大都仅是个参量，在加载边界条件和后处理时，常常只需关注最终结果；而瞬态分析中的时间是真实的时间，在加载边界条件和后处理时，往往还需要关注中间的某些时刻。如果瞬态分析中 Force 边界条件不修改，则 Force 加载是按时间逐渐缓慢加载的，这并不同于静力学中的 0.4N 加载工况。

另外，Force 的加载方向始终为初始方向，并不随着物体的移动或转动而变化，这与 Pressure 是不同的。

如图 1-2-9 所示，在 Analysis Settings 处进行相关定义。其中 Step Controls 的设置与非线性静力学分析类似，主要区别在于 Time Integration 是否设置为 On。注意：如果该选项设置为 On，则为真正的瞬态分析；如果设置为 Off，则可认为等同于静力学分析。另外在 Large Deflection 处设置为 On，Weak Springs 设置为 Off，其余全部默认。

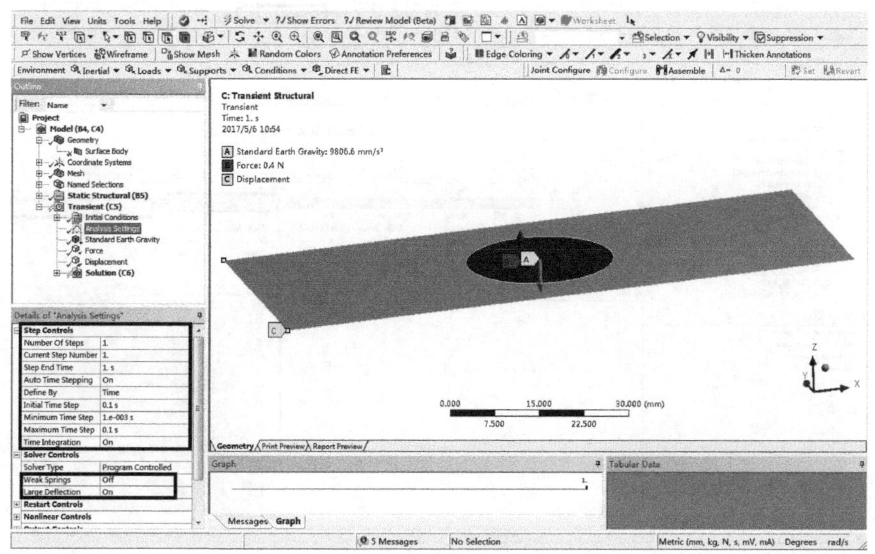

图 1-2-9　瞬态分析的设置及边界条件

（6）瞬态分析结果

计算收敛后，先查看总变形结果，如图 1-2-10 所示。该计算结果不仅包含载荷作用下的模型变形，还包括模型的运动位移。单击框中图标可以观察到模型在此工况下实际是在绕左边轴旋转。这是因为壳模型有 6 个自由度，所以虽然对左边两端点定义了三向的位移约束，但仍然存在旋转自由度（本例由于约束了两点，因此只可能绕 y 轴旋转）。由于外加力大于重力，所以在此不平衡力作用下，模型向上旋转，多次往复，直到规定的时间内（1s）停止。

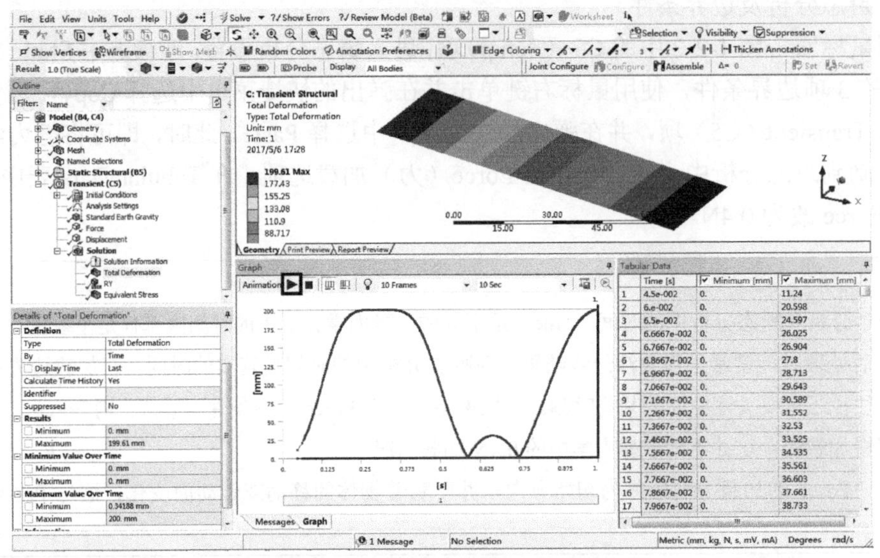

图 1-2-10　瞬态分析的总变形结果

如图 1-2-11 所示，依次单击 1 区的 Solution 和 2 区的 Worksheet，在出现的 List Result Summary（结果汇总表）里选择 3 区的 RY（绕 y 轴的旋转角度），单击鼠标右键，在弹出的快捷菜单中选择 4 区的 Create User Defined Result，即可求出绕 y 轴的旋转角度。

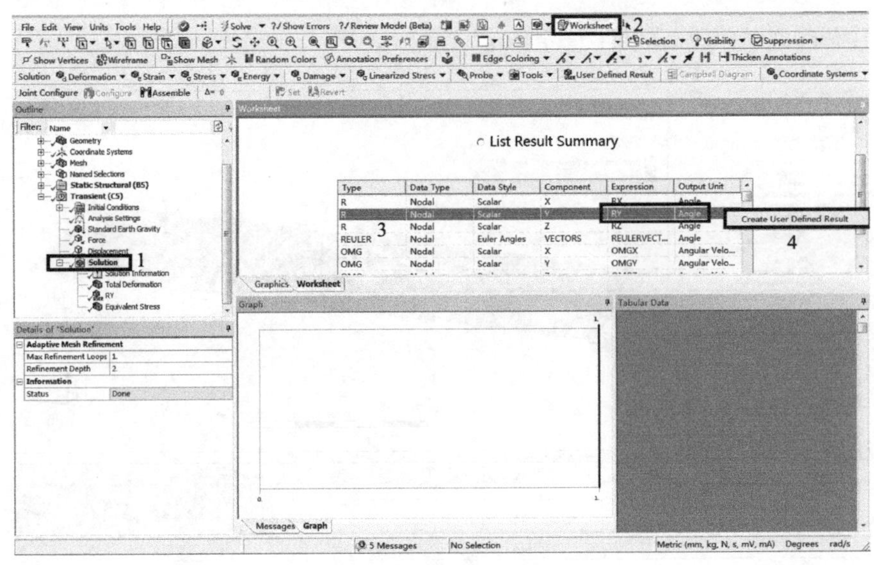

图 1-2-11　旋转角度求解设置

旋转角度的计算结果如图 1-2-12 所示。模型先绕 y 轴负方向逆时针转动（右手法则可知正向为顺时针转动），在 0.15467s 时刻，模型达到 90°；当达到最大值 183.9° 时，模型又转为顺时针旋转；直到达到 17° 后，模型又转为逆时针旋转，最终转角为 172.88°。

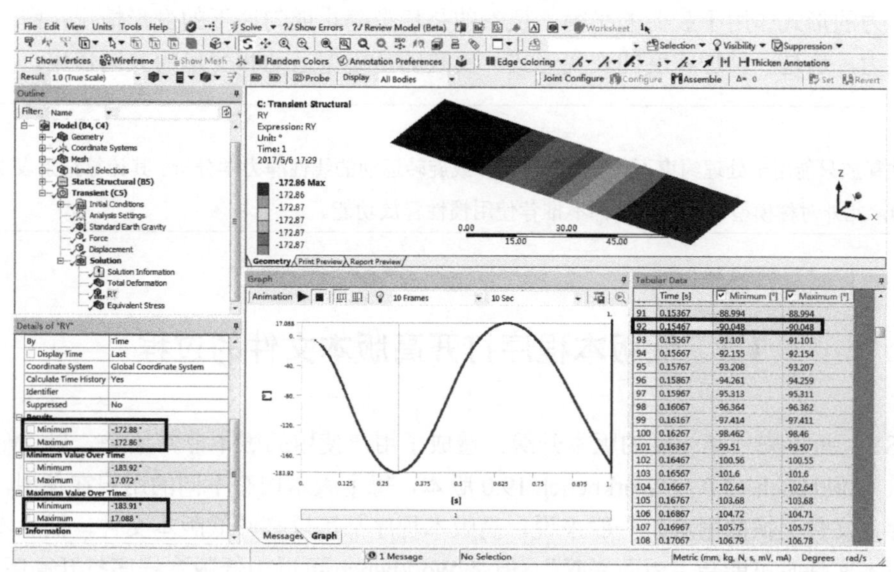

图 1-2-12　旋转角度的结果

最后查看等效应力结果图，如图 1-2-13 所示。在 Graph 中一一选择应力最低点，可显示的时刻分别约为 0.15367s、0.46463s、0.88945s。回到 RY（旋转角度）后处理结果，可以看到这 3 个时刻对应模型旋转 90°时，等效应力最小。

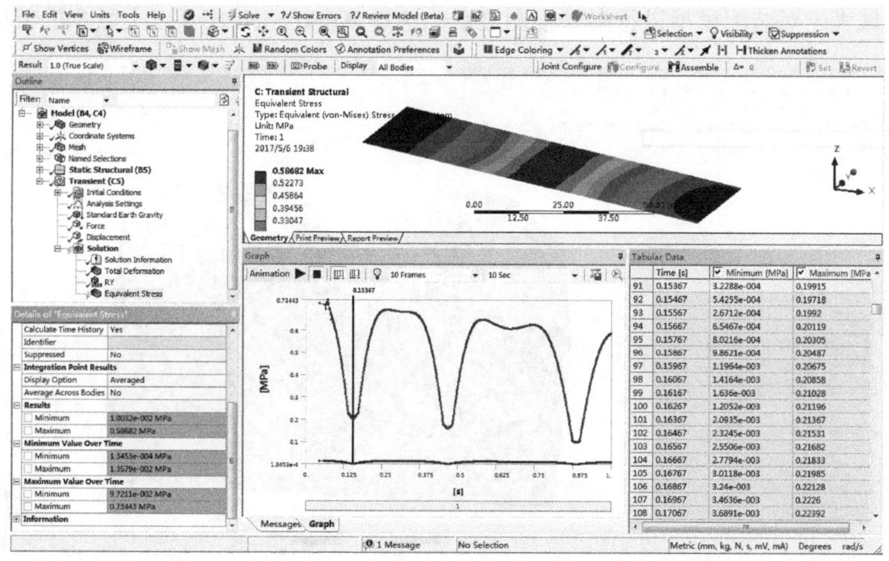

图 1-2-13　瞬态分析等效应力的结果

（7）小结

通过上面的分析可知，采用惯性释放关闭时的静力学分析，模型由于存在转动自由度，计算会出现大角度旋转，因此无法完成；采用惯性释放打开时的静力学分析，系统会自动增加一个平衡载荷，使模型处于相对静止稳定的状态，以保证计算完成；瞬态分析完全表现了该模型在两个不平衡力作用下的运动。

静力学和瞬态分析最根本的区别在于：静力学不包含惯性力，即便加载了惯性载荷，也是作为体力的形式作用于载荷的平衡，反映的是模型静止或匀速下的变形情况；瞬态分析则包含惯性力，这是一种加速度的表现形式，反映的是模型运动和变形的共同作用。

> **注意**
>
> 惯性释放只能用于处理约束不足，会出现平移或旋转运动的线性静力学分析。其计算结果表现为约束反力为 0，此外对称模型或对称边界都不推荐使用惯性释放功能。

1.3　低版本程序打开高版本文件的过程

ANSYS 近年来一年一度的版本升级，造成了用户使用的版本非常繁杂。以 Workbench 为例，从 Workbench 12.0 至 Workbench 19.0 版本，每个版本均有不同的用户在使用，这样也带来了存盘文件交换的困难。一般来说，高版本程序都可以打开低版本文件，低版本程序在打开高版本文件时可能会“望而兴叹”，但是 Workbench 可以由低版本程序打开高版本文件。下面以一个简单例子来说明此操作过程，同时可以了解 Workbench 的存盘文件的体系。

（1）建立高版本文件

以 Workbench 16.0 版本作为高版本，建立一个静力学分析。如图 1-3-1 所示，在前处理中已对模型进行了虚拟拓扑（virtual topology）和划分网格（mesh）等处理。注意，图 1-3-1 的内框区域表示对装配模型进行爆炸视图显示，这是 Workbench 16.0 以上版本的特征之一。

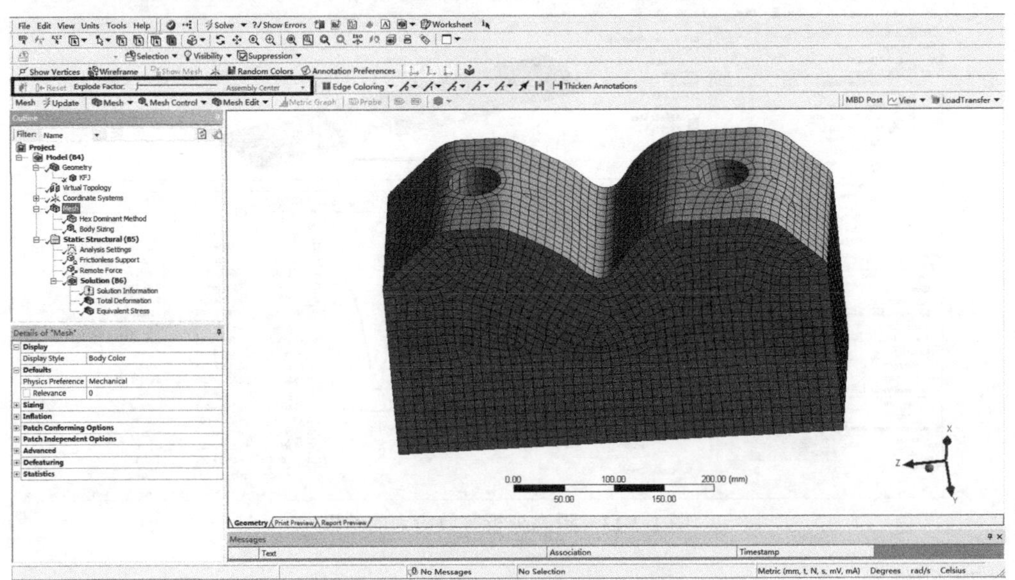

图 1-3-1　Workbench 16.0 的分析模型

Workbench 16.0 的模型边界条件如图 1-3-2 所示。对中间两内孔加载 Frictionless Support（无摩擦约束，螺栓联结一般采用无摩擦约束较为合理），对上表曲面加载 Remote Force（远程力，实际工况采用远程力较为合理）。

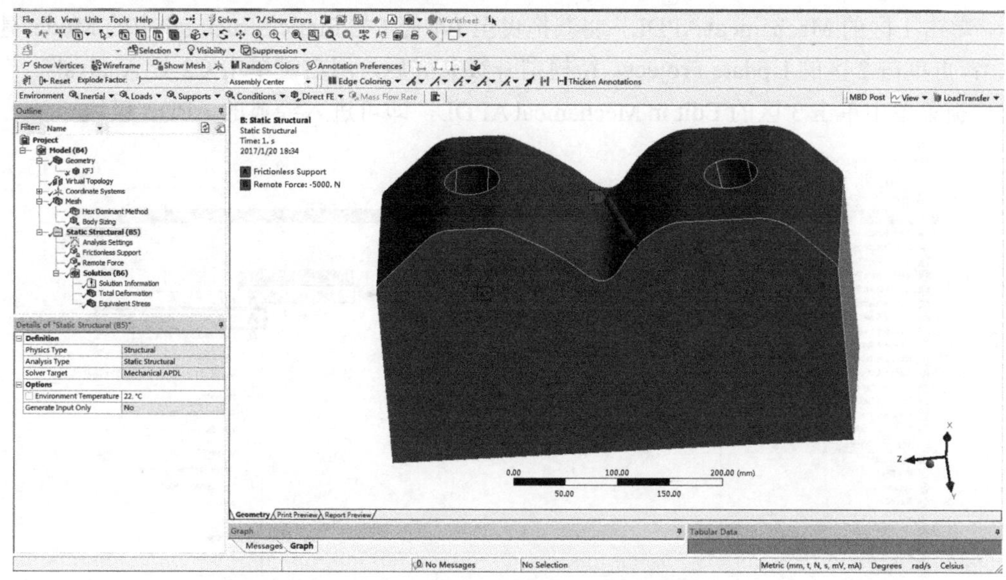

图 1-3-2 Workbench 16.0 的边界条件

Workbench 16.0 的模型计算结果如图 1-3-3 所示，其最大变形位于零件的右侧，数值为 0.0044149mm；最大等效应力位于零件上表面的凹槽内，数值为 3.103MPa。

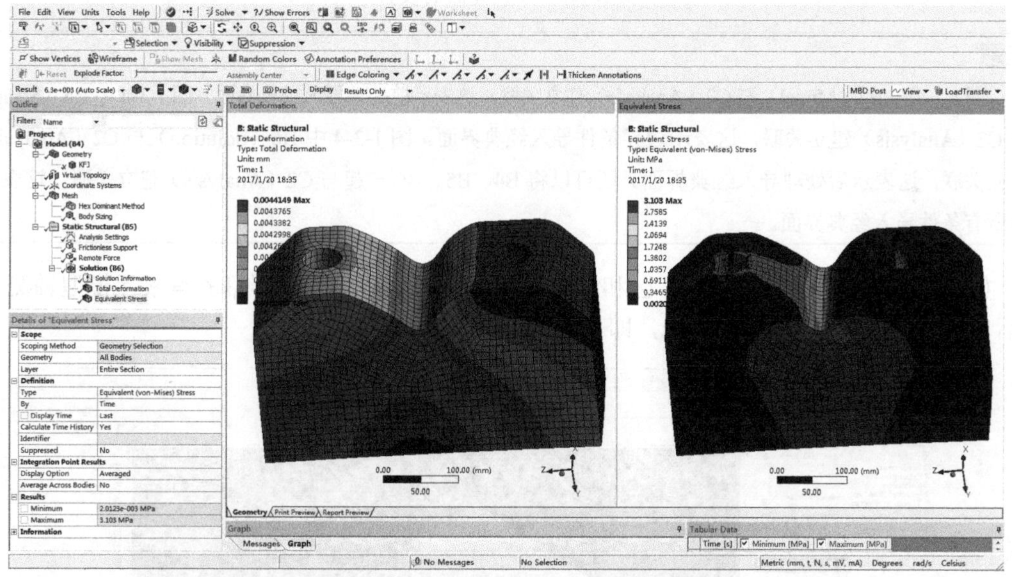

图 1-3-3 Workbench 16.0 的计算结果

（2）准备中间文件

将 Workbench 16.0 的分析存盘备用。打开对应文件夹，其中“dp0\geom\DM\WORKBENCH\geom.agdb”为模型文件，它由对应版本的 DesignModeler（以下简称 DM）模块来打开，其中“dp0\global\MECH\sys-2.mechdb”为网格文件，它也必须由对应版本的 Workbench 才能打开。由于 ANSYS 提供了通用网格模型文件（*.cdb），它可以被任何版本的 ANSYS 程序所调用，因此首先必须生成*.cdb 文件。而*.cdb 文件只能为 ANSYS 经典界面所创建。如图 1-3-4

所示，单击 1 区的 Mechanical APDL，将其拖曳至 B4 处（与 Static Structural 中的 Model 建立关联）；再单击 2 区的 Update Project，待模型升级完成后，用右键单击 C2 处 Analysis，在出现的快捷菜单中单击 3 区的 Edit in Mechanical APDL，即可进入经典的 APDL 模块。

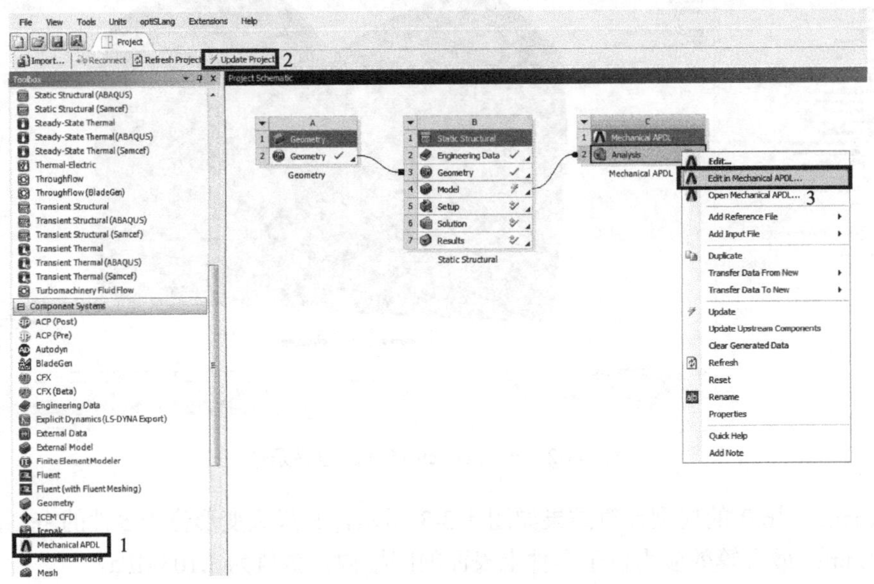

图 1-3-4　经典界面的设置

注意

图 1-3-4 中 B4（Model）与 C2（Analysis）建立关联，这表示前处理导入经典界面。图 1-3-4 中 B5（Setup）与 C2（Analysis）建立关联，这表示边界条件导入经典界面。图 1-3-4 中 B6（Solution）与 C2（Analysis）建立关联，这表示后处理导入经典界面。还可以将 B4、B5、B6 一起与 C2（Analysis）建立关联，这表示将所有条件导入经典界面。

如图 1-3-5 所示，依次单击 1 区和 2 区的图标，即可得到充满屏幕的有限元模型轴测图，然后单击 3 区的 Plot→Multi-Plots，即可显示全部模型图。

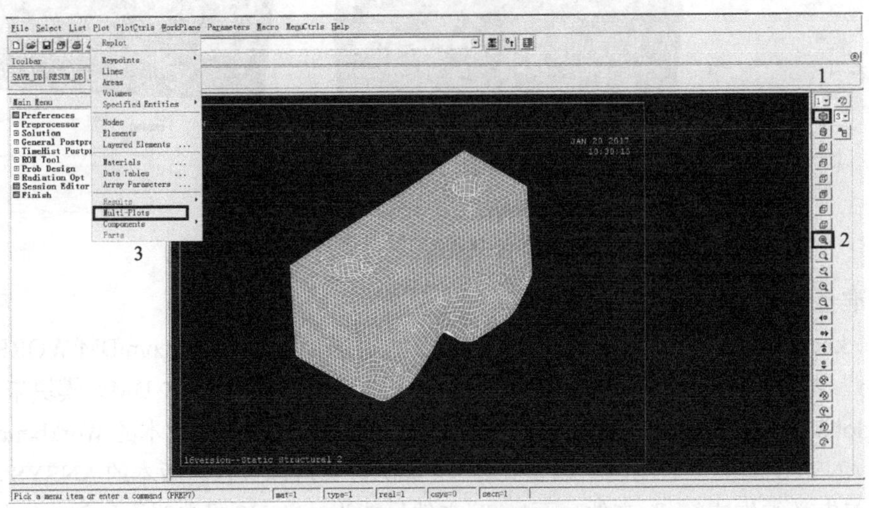

图 1-3-5　经典界面下的模型显示

在经典界面下，导出*.cdb 文件在前处理（Preprocessor）栏下。如图 1-3-6 所示，依次选择 1 区的 Archive Model→Write 命令，在出现的对话框中先选择 2 区的“Data to Archive”为“DB All finite element information”（导出的*.cdb 文件只包含有限元模型），在 3 区中选择存盘路径和文件，最后单击 4 区的“OK”按钮。

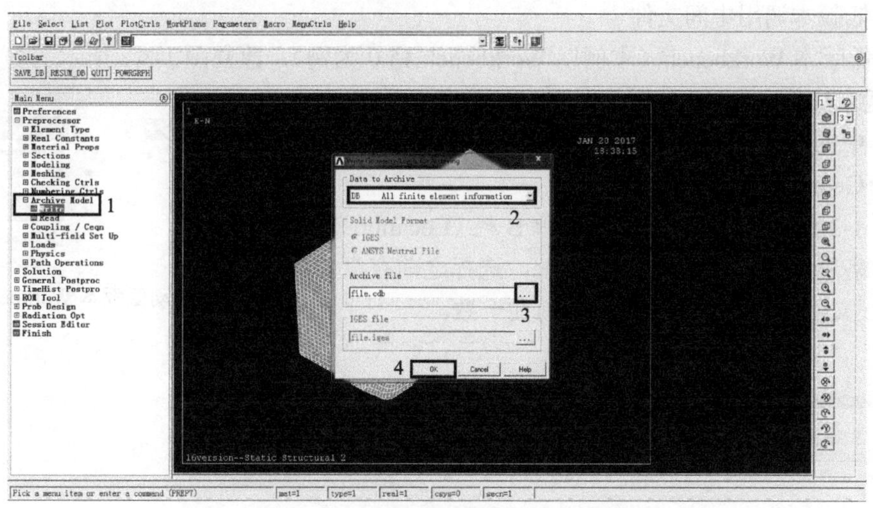

图 1-3-6　经典界面下导出 cdb 文件

退出经典界面。如图 1-3-7 所示，依次单击 View-Files，可以看到该目录下的主要 Workbench 文件。其中“dp0\APDL\ANSYS\file.cdb”为上步存盘得到的通用网格模型文件。此外，在“dp0\SYS-2\MECH”目录下，还有 file.rst 和 file.err 两个文件，这两个文件就是可供低版本 Workbench 打开使用的中间文件。只需要将这 3 个文件复制至 Workbench 低版本中即可。

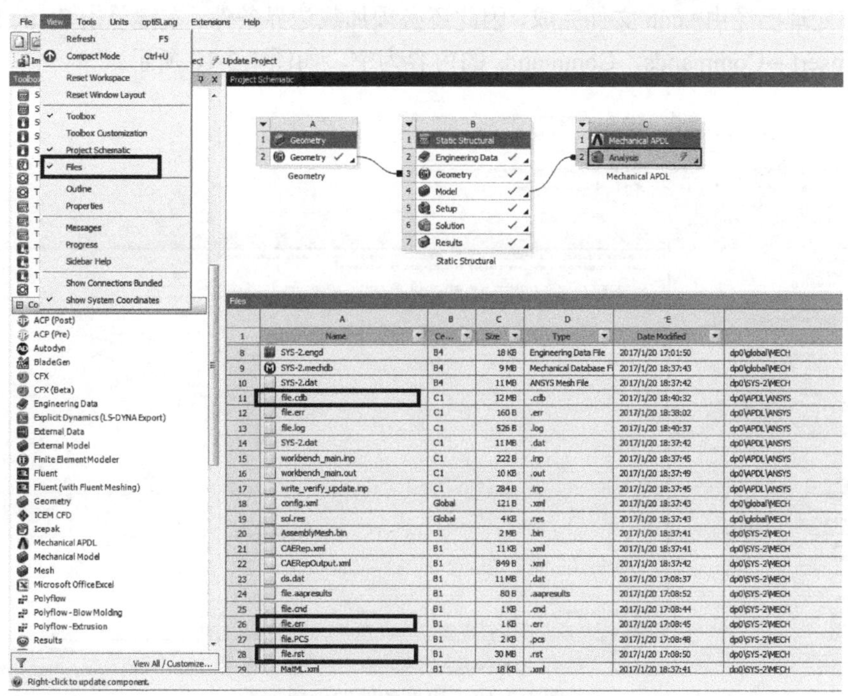

图 1-3-7　Workbench 文件系统

注意

如果文件目录下没有 file.err 文件，则只需在“dp0\SYS-2\MECH”目录下用记事本创建一个新文本文件，内容为空白，再改文件名及扩展名为 file.err 即可。

（3）低版本调用中间文件

启动低版本 Workbench（本例以 Workbench 15.0 为例），建立图 1-3-8 所示的静力学分析流程。注意：A2（External Model 中的 Setup）与 B3（Static Structural 中的 Model）建立关联后，原 Static Structural 模块中的 Geometry 将自动删除。

如图 1-3-9 所示，双击 A2，在菜单 B 栏（Location）中单击省略号图标，然后单击 Browse，选择之前存盘的 file.cdb 文件，注意单位的选择与前面一致。

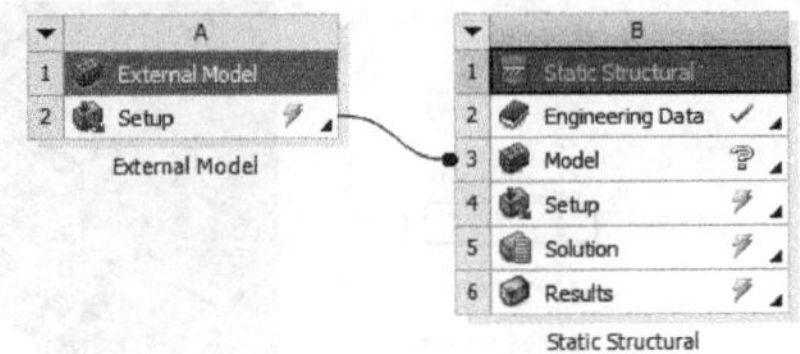

图 1-3-8　启动低版本 Workbench 分析

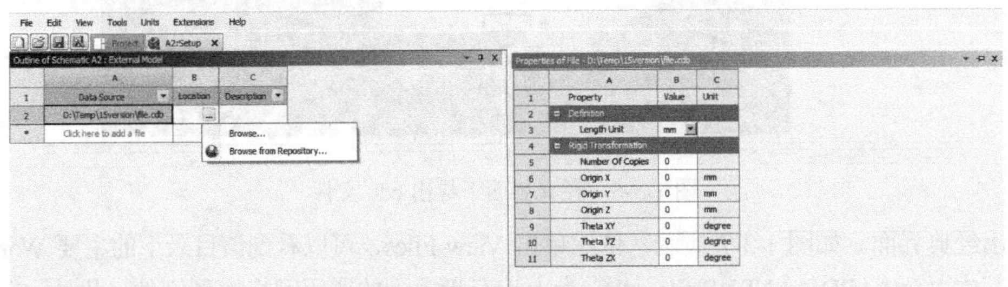

图 1-3-9　External Model 中的设置

单击 Update Project 后，再双击 B4（Static Structural 中的 Setup）即可进入 Mechanical 界面。由于前处理已经由*.cdb 文件完成，因此还必须加载边界条件。右键单击 Static Structural，依次单击 Insert→Commands，Commands 的内容为空，如图 1-3-10 所示。

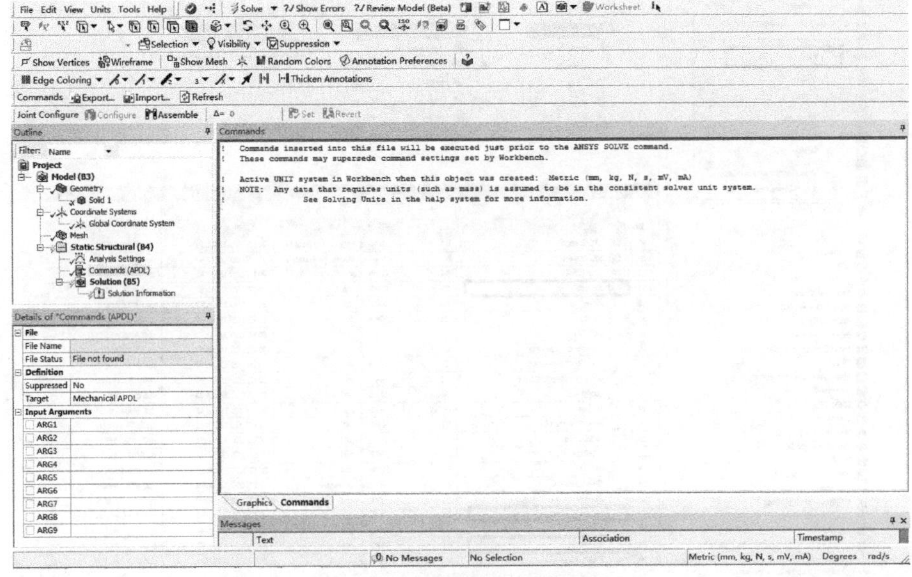

图 1-3-10　边界条件的设置

> **注意**
>
> 在 Command 中插入一段空白，这是因为尽管前文保存的*.rst 文件中有相关边界条件的加载信息，但 Workbench 程序框架中规定必须要有边界条件的设置，所以插入一段空白以满足 Workbench 程序框架。

如图 1-3-11 所示，先单击 1 区的 Project→Solution（B5）（注意：必须有此步，否则无法执行后续操作），然后单击 2 区的 Tool→Read Result File，选择之前存盘的 file.rst 文件，在出现的结果单位系统选择毫米、吨、牛顿单位制（3 区），之后 Workbench 软件会完成导入计算过程。

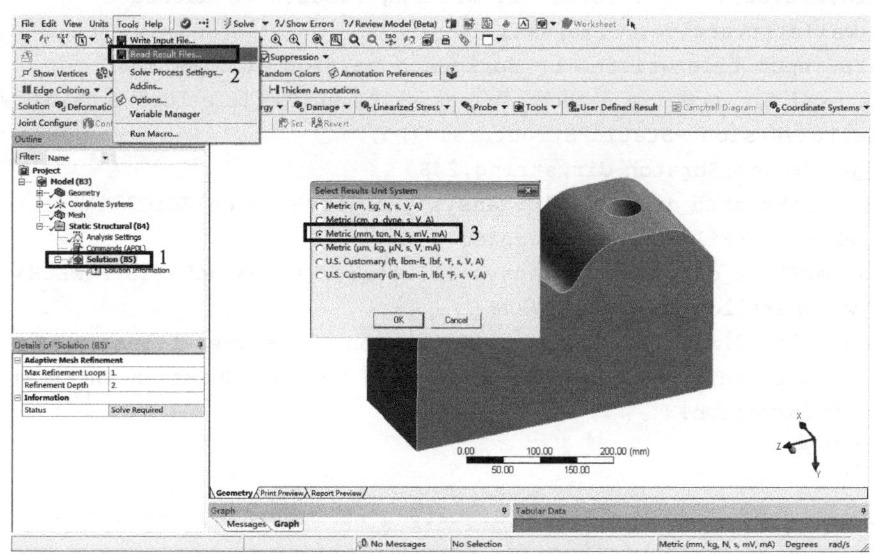

图 1-3-11　导入计算过程的设置

插入最大变形和等效应力结果，如图 1-3-12 所示，其云图与图 1-3-3 所示完全一致。

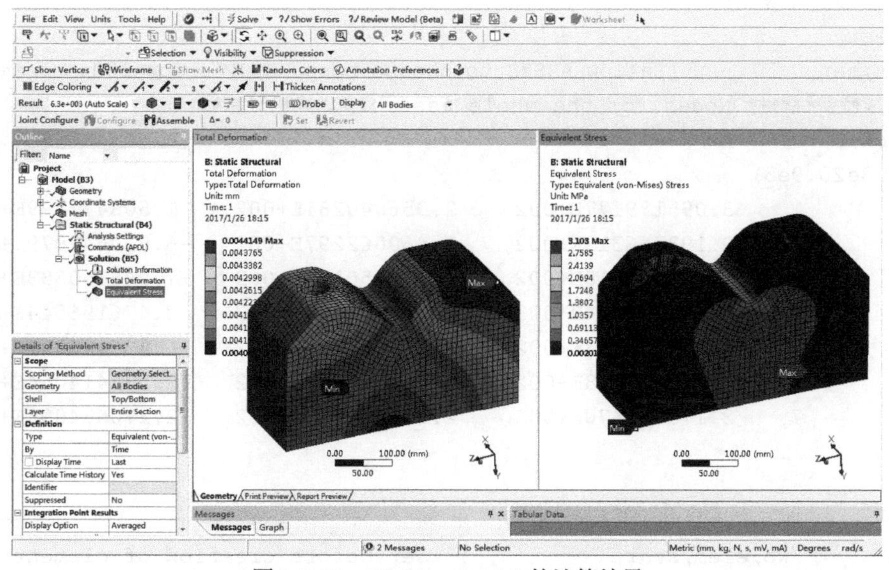

图 1-3-12　Workbench 15.0 的计算结果

（4）小结

低版本 Workbench 程序能打开高版本文件，这是因为保存 ANSYS 计算结果的*.rst 文件由 C++语言编译。只要在安装 ANSYS 时预装了相应程序，即可完成此类操作。

另外，很多时候操作者并没有单独保存*.cdb 前处理文件，这样也造成不同版本传输文件的困难。但是可以将 Workbench 存盘目录下的*.dat 文件进行略微修改，即可转变为 cdb 文件。例如，用记事本打开原 16 版本存盘目录下的 dp0\SYS-2\MECH\ds.dat 文件，内容如下：

```
/batch
/config,noeldb,1      ! force off writing results to database
*get,_wallstrt,active,,time,wall
! ANSYS input file written by Workbench version 16.1 RELEASE
! File used for geometry attach: D:\ansys\161version_files\dp0\Geom\DM\Geom.agdb
/title,162version--Static Structural (D5)
*DIM,_wb_ProjectScratch_dir,string,248
_wb_ProjectScratch_dir(1) = 'D:\ansys\_ProjectScratch\ScrC074\'
*DIM,_wb_SolverFiles_dir,string,248
_wb_SolverFiles_dir(1) = 'D:\ansys\161version_files\dp0\SYS-2\MECH\'
*DIM,_wb_userfiles_dir,string,248
_wb_userfiles_dir(1) = 'D:\ansys\161version_files\user_files\'
/com,--- Data in consistent NMM units. See Solving Units in the help system
for more information.
/units,MPA
/nopr
/wb,file,start                 !  signify a WB generated input file
```

```
/prep7
! Turn off shape checking because checks already performed inside WB mesher.
! See help system for more information.
SHPP,OFF,,NOWARN
/nolist
etcon,set             ! allow ANSYS to choose best KEYOP's for 180x elements
/com,*********** Nodes for the whole assembly ***********
nblock,3
(1i9,3e20.9e3)
          1    3.095139177E+002    2.956840281E+002     1.508471399E+002
          2    2.193766319E+002    1.460062297E+002    -6.010647979E+001
          3    2.190091118E+002    1.496250198E+002    -7.945050383E+001
          4    2.165151084E+002    2.298302489E+002     3.476196544E+001
          5    2.408731543E+002    2.160534485E+002    -6.826426802E+001
          6    2.173917268E+002    3.010499254E+002    -1.562414054E+001
          7    2.175835470E+002    2.889082898E+002     2.270574098E+00
          ......
          -1
```

```
          /wb,elem,start               !  set before creation of elements
          /com,*********** Elements for Body 1 "KFJ" ***********
```

```
et,1,187
eblock,19,solid,,2224
(19i9)
1 1 1 1 0 0 0 0 10 0 1 362 1392 3085 990 21854 28551 21858 21853
26125 26131
……
-1
```

```
!Material Id = {7AF8B194-E2E6-42C7-9668-3BFDFF8C686D}
/wb,elem,end          !  done creating elements
/com,********** Send User Defined Coordinate System(s) **********
csys,0
toffst,273.15,   ! Temperature offset from absolute zero
/com,********** Set Reference Temperature **********
tref,22.
/wb,mat,start            !  starting to send materials
/com,********** Send Materials **********
MP,DENS,1,7.85e-09, ! tonne mm^-3
MP,ALPX,1,1.2e-05,  ! C^-1
MP,C,1,434000000,    ! mm^2 s^-2 C^-1
MP,KXX,1,60.5, ! tonne mm s^-3 C^-1
MP,RSVX,1,0.00017,  ! ohm mm
MP,EX,1,200000, ! tonne s^-2 mm^-1
MP,NUXY,1,0.3,
MP,MURX,1,10000,
/wb,mat,end             !  done sending materials
!************************ Model Summary ********************
!KFJ, Structural Steel, matid, 1
```

```
!************************ End Model Summary ********************
! get the diagonal of the bounding box. Needed later for other things
*get,_xmin,node,,mnloc,x
*get,_ymin,node,,mnloc,y
*get,_zmin,node,,mnloc,z
*get,_xmax,node,,mxloc,x
*get,_ymax,node,,mxloc,y
*get,_zmax,node,,mxloc,z
_ASMDIAG=(_xmax-_xmin)*(_xmax-_xmin)+(_ymax-_ymin)*(_ymax-_ymin)+
(_zmax-_zmin)*(_zmax-_zmin)
_ASMDIAG=SQRT(_ASMDIAG)
/wb,contact,start           !  starting to send contact
/wb,contact,end             !  done creating contacts
/golist
/wb,load,start              !  starting to send loads
/com,******** Frictionless Supports X ********
CMBLOCK,_FRICSUX,NODE,      1462
(8i10)
```

```
14106    14107    14108    14109    14110    14111    14112    14113
14114    14115    14116    14117    14118    14119    14120    14121
……
cmsel,s,_FRICSUX
d,all,ux,0
nsel,all
/com,********* Frictionless Supports Z *********
CMBLOCK,_FRICSUZ,NODE,      1719
(8i10)
14006    14007    14008    14009    14010    14011    14012    14013
……
cmsel,s,_FRICSUZ
d,all,uz,0
nsel,all
nsel,all
/com,*********** Node Rotations ***********
nmod,14006,,,,-0.623264197884388,-3.18566421186846,-11.0758826437836
……
/com,*********** Create Remote Point "Internal Remote Point" ***********
! -------- Remote Point Used by "Remote Force" --------
*set,tid,4
*set,cid,3
et,cid,174
et,tid,170
keyo,tid,2,1                    ! Don't fix the pilot node
keyo,tid,4,111111
keyo,cid,12,5                   ! Bonded Contact
keyo,cid,4,1                    ! Deformable RBE3 style load
keyo,cid,2,2                    ! MPC style contact
eblock,10,,,854
(15i9)
21660 3 3 3 0 18580 19311 19322 19322 78705 80103 19322 78706
……
-1
*set,_npilot,80106
_npilot50=_npilot
type,tid
mat ,cid
real,cid
tshape,pilo
en,22514,_npilot
tshape
/com,********** Construct Remote Force Using RBE3/CERIG Contact **********
*DIM,_loadvari49x,TABLE,2,1,1,TIME,
! Time values
_loadvari49x(1,0,1) = 0.
_loadvari49x(2,0,1) = 1.
```

```
! Load values
_loadvari49x(1,1,1) = 0.
_loadvari49x(2,1,1) = -79.9319427460432
*DIM,_loadvari49y,TABLE,2,1,1,TIME,
! Time values
_loadvari49y(1,0,1) = 0.
_loadvari49y(2,0,1) = 1.
! Load values
_loadvari49y(1,1,1) = -0.
_loadvari49y(2,1,1) = 4676.61678791046
*DIM,_loadvari49z,TABLE,2,1,1,TIME,
! Time values
_loadvari49z(1,0,1) = 0.
_loadvari49z(2,0,1) = 1.
! Load values
_loadvari49z(1,1,1) = 0.
_loadvari49z(2,1,1) = -1767.16342568398
```

```
et,5,14             ! spring element type
/com,********** Construct Weak Springs, Prototype 1 **********
*set,_delta,27.819792641872
type,5
mat,6
real,6
r,6,1.78934555637407e-003
nsel,all
*get,_nspr,ndmx
_nspr=_nspr+1
esel,s,mat,,1
nsle,s,active
*get,_minx,node,0,mnloc,x
*get,_miny,node,0,mnloc,y
*get,_minz,node,0,mnloc,z
*get,_maxx,node,0,mxloc,x
*get,_maxy,node,0,mxloc,y
*get,_maxz,node,0,mxloc,z
*dim,_ntets,arra,8
_ntets(1) = NODE(_minx,_miny,_minz)
_ntets(2) = NODE(_minx,_miny,_maxz)
_ntets(3) = NODE(_minx,_maxy,_minz)
_ntets(4) = NODE(_minx,_maxy,_maxz)
_ntets(5) = NODE(_maxx,_miny,_minz)
_ntets(6) = NODE(_maxx,_miny,_maxz)
_ntets(7) = NODE(_maxx,_maxy,_minz)
_ntets(8) = NODE(_maxx,_maxy,_maxz)
*do,_i,1,8
  n,_nspr,nx(_ntets(_i))+_delta,ny(_ntets(_i)),nz(_ntets(_i))
```

```
  e,_ntets(_i),_nspr
  d,_nspr,all
  _nspr=_nspr+1
  n,_nspr,nx(_ntets(_i)),ny(_ntets(_i))+_delta,nz(_ntets(_i))
  e,_ntets(_i),_nspr
  d,_nspr,all
  _nspr=_nspr+1
  n,_nspr,nx(_ntets(_i)),ny(_ntets(_i)),nz(_ntets(_i))+_delta
  e,_ntets(_i),_nspr
  d,_nspr,all
  _nspr=_nspr+1
*enddo
*set,_ntets
nsel,all
esel,all
/gst,on,on
fini
*get,_numnode,node,0,count
*get,_numelem,elem,0,count
*get, _MAXELEMNUM, elem, 0, NUM, MAX
*get, _MAXNODENUM, node, 0, NUM, MAX
*get, _MAXELEMTYPE, etyp, 0, NUM, MAX
*get, _MAXREALCONST, real, 0, NUM, MAX
/go
/wb,load,end                    ! done creating loads
/com,--- Number of total nodes = %_numnode%
/com,--- Number of contact elements = 854
/com,--- Number of spring elements = 24
/com,--- Number of bearing elements = 0
/com,--- Number of solid elements = 21658
/com,--- Number of total elements = %_numelem%
*get,_wallbsol,active,,time,wall
/com,****************************************************************
/com,******************** SOLUTION          ***************************
/com,****************************************************************
/solu
antype,0                        ! static analysis
eqsl,pcg,1e-8,,,,,,1
cntr,print,1                    ! print out contact info and also make
 no initial contact an error
nldiag,cont,iter                ! print out contact info each equilib-
rium iteration
resc,,none                      ! Do not keep any restart files
/com,*******************************************
/com,**************** SOLVE FOR LS 1 ****************
nsel,s,node,,80106
f,all,fx,%_loadvari49x%
```

```
f,all,fy,%_loadvari49y%
f,all,fz,%_loadvari49z%
nsel,all
/nopr
/gopr
nsub,1,1,1
time,1.
outres,erase
outres,all,none
outres,nsol,all
outres,rsol,all
outres,strs,all
outres,epel,all
outres,eppl,all
stabilize,off                    ! Stabilization turned OFF by user
! *********** WB SOLVE COMMAND ***********
! check interactive state
*get,ANSINTER_,active,,int
*if,ANSINTER_,ne,0,then
/eof
*endif
solve
/com *************** Write FE CONNECTORS *********
CEWRITE,file,ce,,INTE
/com,****************************************************
/com,*************** FINISHED SOLVE FOR LS 1 *************
*set,_DS_PROGRESS          ! turn off progress updates to avoid
virus scanning bug
*get,_wallasol,active,,time,wall
/nopr
*get,_numnode,node,0,count
*get,_numelem,elem,0,count
*get, _MAXELEMNUM, elem, 0, NUM, MAX
*get, _MAXNODENUM, node, 0, NUM, MAX,,,INTERNAL
*get, _MAXELEMTYPE, etyp, 0, NUM, MAX
*get, _MAXREALCONST, real, 0, NUM, MAX
/gopr
*get,_PCGITER,active,,solu,cgiter
/post1
xmlo,ENCODING,ISO-8859-1
xmlo,parm
/xml,parm,xml
fini
/gopr
*get,_walldone,active,,time,wall
_preptime=(_wallbsol-_wallstrt)*3600
_solvtime=(_wallasol-_wallbsol)*3600
```

```
_posttime=(_walldone-_wallasol)*3600
_totaltim=(_walldone-_wallstrt)*3600
/wb,file,end                    ! done with WB generated input
```

在上述程序中，人为用“——”符将其分为 6 段。其中第 1 段表示软件的版本和存盘路径；第 2 段表示前处理中节点的位置；第 3 段表示前处理中单元类型和单元定义；第 4 段表示材料的参数定义；第 5 段表示边界条件的定义，第 6 段表示求解设置。

在了解了*.dat 文件的基本框架后，将其修改为*.cdb 文件的流程如下。

1）删除第 1 段的全部内容。

2）删除第 2 段中的以下内容。

```
etcon,set         ! allow ANSYS to choose best KEYOP's for 180x elements
```

这是因为*.cdb 文件采用 Mesh200 单元形式，所以编辑下面内容：

```
et,1, 200
keyopt, 1, 1, 9
et, 2,200
keyopt, 2, 1, 11
```

在第 2 段最后增加下面内容：

```
N, R5.3,Loc, -1,
```

3）保留第 3 段的全部内容。

4）根据情况选择第 4 段材料本构的对应参数。

5）删除第 5 段和第 6 段的全部内容。

修改后将其扩展名改为 cdb，它即可为任意版本 ANSYS 调用。

注意

Mesh200 是一种“分网”单元，对求解没有任何作用。Mesh200 单元可以和任何其他 ANSYS 单元相连。不需要该单元时，可以将其删除或保留于模型中，而不影响计算结果。其中 KEYOPT（1）的参数选项为：0（2 节点 2D 线）、1（3 节点 2D 线）、2（2 节点 3D 线）、3（3 节点 3D 线）、4（3 节点 3D 三角形）、5（6 节点 3D 三角形）、6（4 节点 3D 四边形）、7（8 节点 3D 四边形）、8（4 节点三棱锥）、9（10 节点三棱锥）、10（8 节点六面体）、11（20 节点六面体）。本例采用了“KEYOPT, 1, 1, 9”和“KEYOPT, 2, 1, 11”，即表示使用了 10 节点三棱锥和 20 节点六面体高阶网格单元，如图 1-3-13 所示。

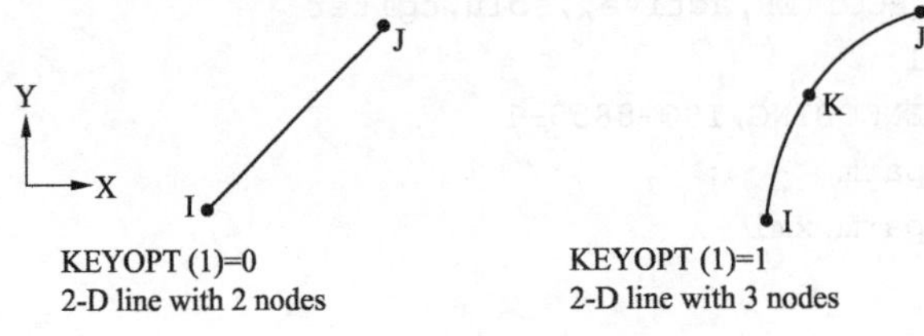

图 1-3-13　Mesh200 的参数选项

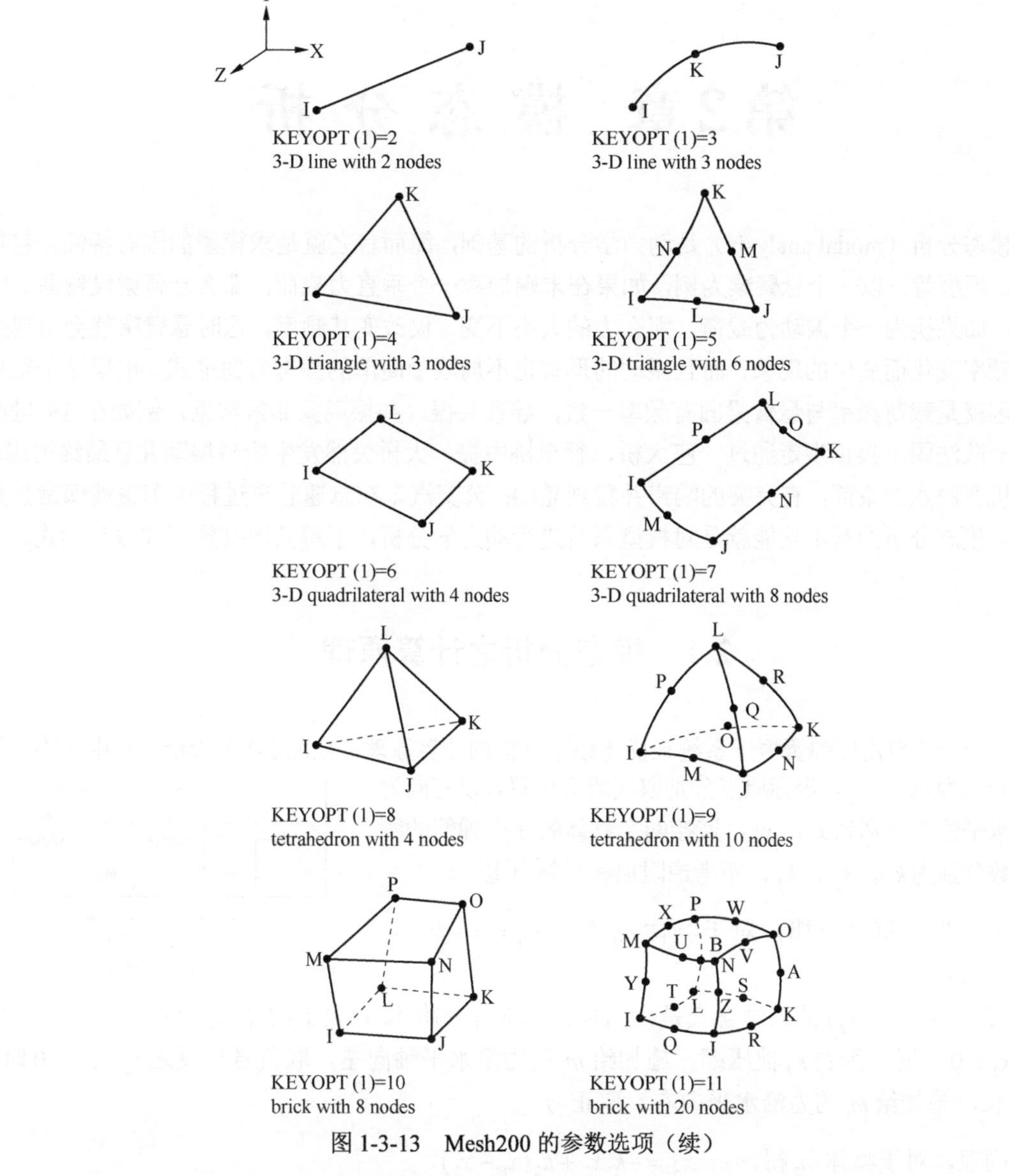

图 1-3-13　Mesh200 的参数选项（续）

“N, R5.3,Loc, -1,” 在*.cdb 文件中常置于“NBLOCK”命令的最后，用于指定节点的位置。其中 R5.3 表示 ANSYS 5.3 以后版本均可以采用，Loc 表示节点位置依据于坐标系，−1 表示绝对坐标系。

第2章 模 态 分 析

模态分析（modal analysis）是动力学分析的基础，简而言之就是求模型的固有特性，包括频率、振型等。以一个悬臂梁为例，如果在末端加载一个垂直力载荷，那么悬臂梁仅弯曲一定数值；如果换为一个振动力载荷，那么力的大小不变，仅改变其频率。这时悬臂梁就会出现振幅随频率变化而变化的现象，而且振动的形式也不局限于简单的静态弯曲形式。出现这个结果的原因就是载荷频率与悬臂梁固有频率一致，导致共振。共振现象非常常见，例如在 19 世纪初，一队法国士兵正步走通过一座大桥，行至桥中央，大桥突然发生剧烈振动并且最终坍塌；洗衣机在脱水结束前，有突突的响声并猛烈晃动；公交汽车在怠速驻车过程中车窗玻璃常强烈振动。模态分析的基本功能就是对模型系统进行动力学分析，了解其固有频率和振动形式。

2.1 模态分析之计算原理

以一个二自由度弹簧振子系统来描述模态分析的计算原理，如图 2-1-1 所示。其中两物体的质量分别为m_1、m_2，坐标原点分别取其质心位置，以右向为正，水平位移分别为x_1、x_2，连接两个物体的 3 个弹簧的刚度系数分别为k_1、k_2、k_3，不考虑阻尼和弹簧自重。

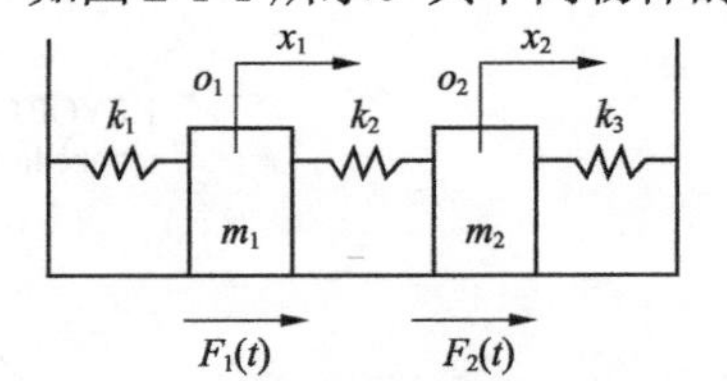

图 2-1-1 二自由度弹簧振子系统

依据牛顿第二定律，对于物体m_1有，$m_1\ddot{x}_1=-k_1x_1-k_2(x_1-x_2)$

其中$-k_2(x_1-x_2)$的力学含义是：当物体m_1向右的位移x_1大于物体m_2向右的位置x_2（即$x_1-x_2>0$）时，弹簧k_2被压缩，施加给m_1的力沿水平轴向左，取负号；反之$x_1-x_2<0$时，k_2伸长，施加给m_1的力沿水平向右，取正号。

同理，对于物体m_2得，$m_2\ddot{x}_2=-k_3x_2+k_2(x_1-x_2)$

整理为二阶常系数线性齐次微分方程组：

$$m_1\ddot{x}_1+(k_1+k_2)x_1-k_2x_2=0$$

$$m_2\ddot{x}_2-k_2x_1+(k_2+k_3)x_2=0$$

其特解为：

$$x_1=X_1\sin(\omega t+\varphi) \qquad x_2=X_2\sin(\omega t+\varphi)$$

式中振幅X_1、X_2，频率ω，初相位φ未知，代入微分方程组可得，

$$\left[\left(\frac{k_1+k_2}{m_1}-\omega^2\right)X_1-\frac{k_2}{m_1}X_2\right]\sin(\omega t+\varphi)=0$$

$$\left[\left(\frac{k_2+k_3}{m_2}-\omega^2\right)X_2-\frac{k_2}{m_2}X_1\right]\sin(\omega t+\varphi)=0$$

则：$\left(\frac{k_1+k_2}{m_1}-\omega^2\right)X_1-\frac{k_2}{m_1}X_2=0$

$$\left(\frac{k_2+k_3}{m_2}-\omega^2\right)X_2-\frac{k_2}{m_2}X_1=0$$

当 $X_1=X_2=0$ 时，上述方程组明显成立，但这仅表示振动系统的平衡状态。要使 X_1,X_2 有非零解，必须有，

$$\Delta=\begin{vmatrix}\frac{k_1+k_2}{m_1}-\omega^2 & -\frac{k_2}{m_1}\\ -\frac{k_2}{m_2} & \frac{k_2+k_3}{m_2}-\omega^2\end{vmatrix}=(\frac{k_1+k_2}{m_1}-\omega^2)(\frac{k_2+k_3}{m_2}-\omega^2)-\frac{k_2}{m_1}\frac{k_2}{m_2}=0$$

展开得，$\omega^4-\left(\frac{k_1+k_2}{m_1}+\frac{k_2+k_3}{m_2}\right)\omega^2+\frac{k_1+k_2}{m_1}\frac{k_2+k_3}{m_2}-\frac{k_2}{m_1}\frac{k_2}{m_2}=0$

这是关于 ω^2 的二次式，也称为振动系统的频率方程。ω^2 的两个根是

$$\omega_{1,2}^2=\frac{1}{2}\left(\frac{k_1+k_2}{m_1}+\frac{k_2+k_3}{m_2}\right)\mp\sqrt{\left(\frac{k_1+k_2}{2m_1}-\frac{k_2+k_3}{2m_2}\right)^2+\frac{k_2}{m_1}\frac{k_2}{m_2}}$$

式中所有参数均为正数，且可知 $\omega_{1,2}^2$ 也为正数。因此 ω 有两个正实根，即振动系统有两个固有频率 ω_1，ω_2。固有频率与外界激励没有关系，是结构的一种固有属性，其数值取决于系统的固有参数 m_1、m_2 和 k_1、k_2、k_3。由低到高进行排列，依次称之为一阶固有频率 ω_1 和二阶固有频率 ω_2。从上面的公式可以得到，结构的固有频率只受刚度分布和质量分布的影响，在无外界载荷激励时，固有频率客观存在；当有外界载荷激励时，结构按固有频率产生振动响应。

由 ω_1、ω_2 和 m_1、m_2、k_1、k_2、k_3 的关系，不能求解出振幅 X_1、X_2 的具体数值，但可以确定其比值。因此通常将某个物体的振幅视为 1，得到相对值（归一化），这称为主振型（主模态）。以单摆计算来理解相应概念，例如某单摆的周期为 5s，另一单摆比此单摆长一倍，求另一单摆的周期。此题当然可以用单摆公式先算出第一单摆的长度，再根据长度的关系计算第二单摆的周期。由于计算公式中存在根号，导致计算量很大，因此正确的方法是求解两单摆周期之比。由于同类项全部约去，所以可以很容易计算出另一单摆的周期。同理在模态计算过程中，由于不能得到振幅的具体数值，因此将某阶振幅设为 1，其余阶振幅与其之比即为归一化。

本例中，当系统以一阶固有频率 ω_1 振动时，m_1、m_2 两物体的运动方向一致（两者将同时向左或向右），且同时达到极限位置（同相）；当系统以二阶固有频率 ω_2 振动时，m_1、m_2 两物体的运动方向相反（一个向左，一个向右或反之），且同时到达极限位置（反相）。这两种主要的振动形式，分别称为一阶主振动和二阶主振动。对应一阶固有频率的主振型振幅 X_1 设为 1，同时对应二阶固有频率的主振型振幅 X_2 也设为 1，分别称为一阶主振型和二阶主振型，且两阶主振型有正交性。将广义坐标系（默认为笛卡儿坐标系）的多自由度系统变换到模态

坐标系下，对模态坐标系下的各个自由度进行单独解耦，在多自由度系统中各阶模态均为广义坐标下的振型归一。振型归一在不同的软件中表现为质量归一和位移归一。其中质量归一主要为 ANSYS 所用，即只对质量矩阵进行归一化处理，例如质量增大 4 倍，幅值增大 2 倍，应力增大 2 倍；杨氏模量增大 4 倍，幅值不变，应力增大 4 倍。位移归一主要为 ABAQUS 所用，即定义模态的最大幅值为 1，例如质量增大 4 倍，幅值不变，应力不变；杨氏模量增大 4 倍，幅值不变，应力增大 4 倍。

除了共振状态，上述方程组还可以表现出另一种状态。当 $\omega^2 = \dfrac{k_1+k_2}{m_1} + \dfrac{k_2}{m_1}\dfrac{X_2}{X_1}$ 时，$X_2 = 0$、X_1 为某一定值；当 $\omega^2 = \dfrac{k_1+k_2}{m_2} + \dfrac{k_2}{m_2}\dfrac{X_1}{X_2}$ 时，$X_1 = 0$、X_2 为某一定值。该现象称为反共振，表示的物理意义为：由于惯性力与外界激振力平衡，所以导致某一物体出现静止（或振幅尤其微小）的状态。其主要特征为：所有阶的共振都由反共振隔开；每经过一个共振点，相位减少 180°，而每经过一个反共振点，相位增加 180°。该原理可用来进行主动吸振设计。

由计算可知，系统有多少自由度即对应几阶模态。一个点有 3 个平动自由度；刚体有 6 个自由度，分别为 3 个平动和 3 个转动自由度；一个连续弹性体由无限多个微刚体组成，由于每个微刚体有 6 个自由度，因此理论上连续弹性体有无穷多个自由度。当自由度从有限变为无穷时，运动方程也由常微分方程组转为偏微分方程，频率由低到高排列，分别称为一阶、二阶……*n* 阶固有频率。虽然连续弹性体在理论上是有无限多阶固有频率，但很多情况下我们只关心低阶的固有频率或者特定阶的固有频率。这是因为固有频率越低，越容易被外界所激励，另外结构受到特定的激励（如在某恒定转速下运行）时，也只关心特定阶的固有频率。

在 Workbench 中通过模态分析可以得到固有频率，再通过动画观察到不同阶数的振型。对于其他基于模态扩展的线性动力学分析，模态分析还可以提供振型、有效质量等基本动力学参数。

2.2 普通模态及自由模态分析

模态分析时不能加载载荷，模态又可以简单地分为有约束的普通模态和无约束的自由模态。普通模态至少有一个约束边界条件，而自由模态无任何约束边界条件。由于模态存在极端的无任何约束边界条件工况，因此造成很多初学者盲目地进入模态分析，随便分析一下了事，对其结果处理似是而非。

前文已经叙述，模态分析主要是求其固有频率和振型。固有频率的具体工程意义为何，振型又是如何具体表现的，下面以两个例子分别说明。

2.2.1 模态分析之固有频率研究

在 2016 年 7 月 31 日 CCTV-1 播放的《加油向未来》第 5 期节目中，主持人提出了一个非常有趣的题目：“假定车轮不为圆形，分别为正方形、罗勒斯三角形和椭圆。那么这 3 种车在平路上以相同的速度行驶，哪种车轮的车最平稳？”这 3 种车轮的形状如图 2-2-1 所示。

建议读者不要急于翻阅答案，而是先自行思考，再阅读下文。

图 2-2-1　有正方形车轮、罗勒斯三角形车轮和椭圆车轮的车

在此处平稳性可认为是模型的动刚度特性，采用模态分析可求出结构的固有频率，并理解固有频率与动刚度的概念。

（1）建立模型

以罗勒斯三角形为基准，设其三角形边长为a，最大距地距离（长轴）Δ_{max}为$\frac{2}{3}\frac{\sqrt{3}}{2}a=\frac{a}{\sqrt{3}}$，最小距地距离（短轴）$\Delta_{min}$为$a-\frac{a}{\sqrt{3}}$，两者差值为$\frac{a}{\sqrt{3}}-a+\frac{a}{\sqrt{3}}=\frac{2-\sqrt{3}}{\sqrt{3}}a\approx 0.15a$。

以罗勒斯三角形的最大距地距离和最小距地距离分别为椭圆的长短半轴，其长短轴差值也为$\frac{2-\sqrt{3}}{\sqrt{3}}a\approx 0.15a$。

以罗勒斯三角形的最大距地距离为正方形对角线一半的长度，则正方形的最小距地距离（短轴）Δ_{min}为$\frac{a}{\sqrt{6}}$，两者差值为$\frac{a}{\sqrt{3}}-\frac{a}{\sqrt{6}}=\frac{\sqrt{2}-1}{\sqrt{6}}a\approx 0.17a$，如图 2-2-2 所示。

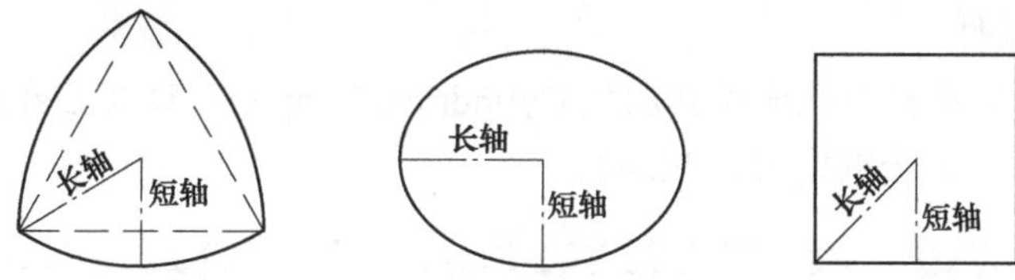

图 2-2-2　罗勒斯三角形、椭圆与正方形

对比可知，当 3 种车轮的最大距地距离（长轴）均一致时，3 种车轮的距地距离差值依次为$\Delta_{罗勒斯三角形}=\Delta_{椭圆}<\Delta_{正方形}$。这在工程上可以理解为，当车辆行驶时，罗勒斯三角形车轮和椭圆车轮的变化幅度相等，都小于正方形车轮的变化幅度。阅至此处，相信很多读者对这 3 种车轮的稳定性有了初步的判断，必须通过模态分析能证明出动刚度结论。

设$a=500\,\text{mm}$，在 3 种车轮的中心均增加一个 50mm 的孔用于约束，车轮厚度均为 50mm。由于任何一款三维软件都可以轻松完成该组模型，本书不再详述。

（2）划分网格

先选择罗勒斯三角形模型，如图 2-2-3 所示建立关联，进入 B4 模态分析。

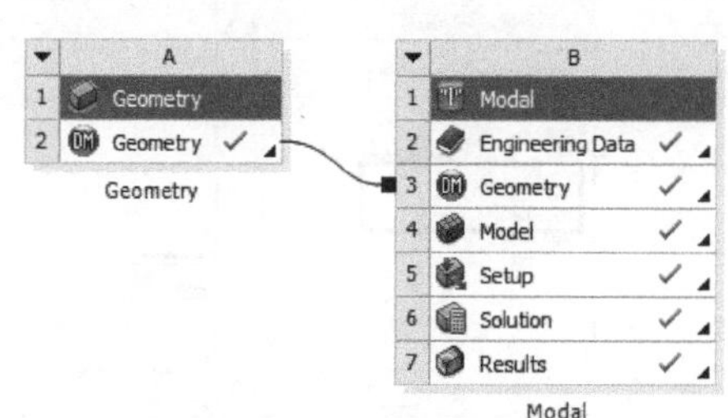

图 2-2-3　模态分析流程

鼠标右键单击 Mesh，在弹出的快捷菜单中依次选择 Insert→Sizing，再选中整个零件，定义 Element

Size 为 20mm。如图 2-2-4 所示。

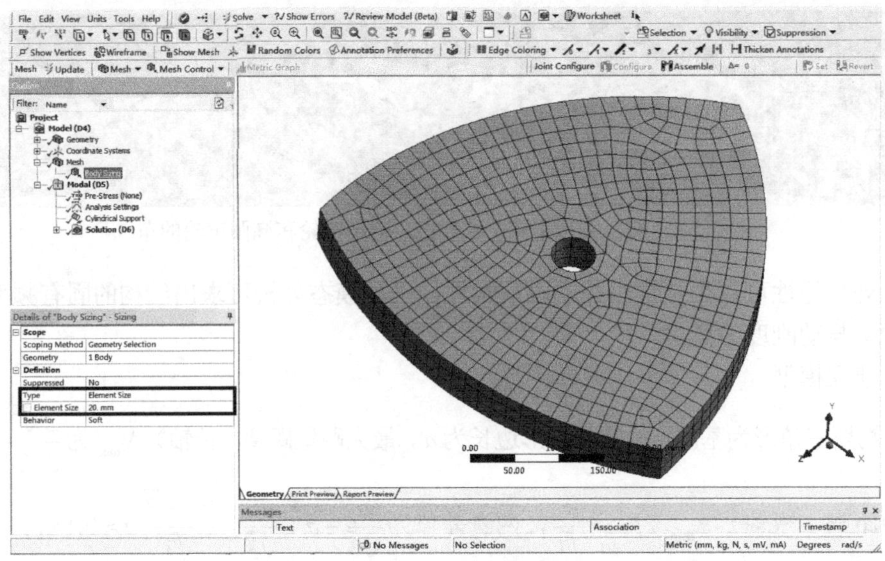

图 2-2-4　网格划分

注意

在模态分析的计算结果中：低阶频率表现为网格无关性，即网格疏密对模态计算的低阶频率和振型结果影响不大，但网格疏密对模态计算的高阶结果有较大影响。如果网格较疏，那么不仅求解的频率有偏差，振型也会出现错误。

（3）加载边界条件

如图 2-2-5 所示，选择内孔面对其加载 Cylindrical Support，对 Radial（径向）、Axial（轴向）、Tangential（法向）全部定义为 Fixed。

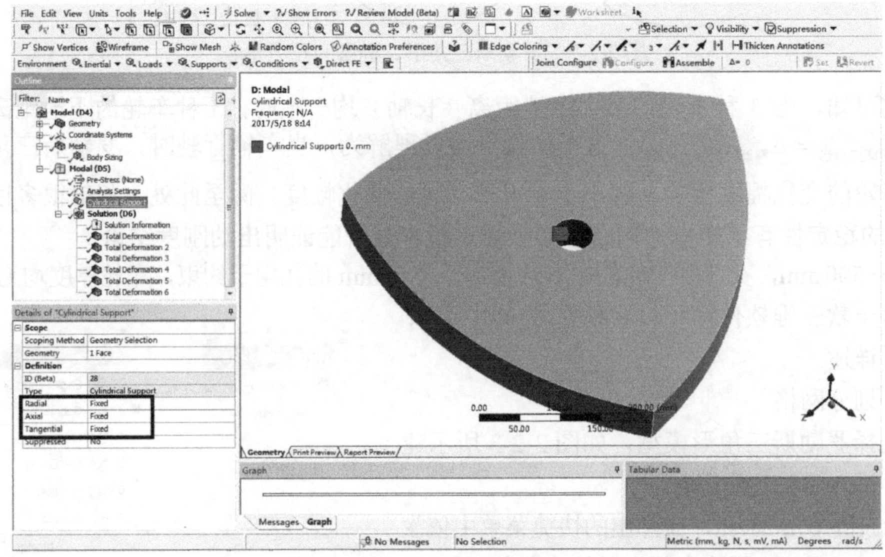

图 2-2-5　加载边界条件

> **注意**
>
> 本例对所有方向均定义为 Fixed，这是因为需要求解模型旋转振型的固有频率。如果将 Tangential 定义为 Free，则 3 个模型旋转振型的固有频率均为 0，失去了比较的意义。本例使用 Fixed Support 边界条件也可以达到同样的效果。

鼠标左键单击 Analysis Settings 选项，如图 2-2-6 所示，全部采用默认设置。在 Options 选项中，Max Modes to Find 默认为 6，这是因为模型一般为 6 个自由度，查找 6 阶振型可以应付大多数情况；Limit Search to Range 默认为 No，即表示不限制求解的固有频率范围，当设置为 Yes 时，可以对求解的固有频率范围设置上下限，例如不想观察其刚体模态，可以将下限设为 0.1。在 Solver Controls 选项中，Damped 默认为 No，即表示不打开阻尼效果；Solver Type 默认为 Program Controlled（系统自动控制），还可以选择 Direct（直接法，等效于经典的 Block Lanczos 法，常用于求解自由度为 5 万～10 万，振型≥40 的实体和壳模型，且网格质量较差也可以较好求解），Iterative（迭代法，等效于经典的 PCG Lanczos 法，常用于求解自由度超过 50 万，振型＜100 的实体和壳模型，网格质量必须较好），Unsymmetric（非对称法，常用于求解具有流固耦合和具有不对称质量矩阵和刚度矩阵的问题，求解结果中有可能遗漏高阶频率），Supernode（超节点法，常用于求解 100≤振型≤10000，任意类型模型），Subspace（子空间法，常用于求解振型＜40 的实体和壳模型，网格质量必须较好，但求解中有可能因为刚体模态而导致不收敛，且具有约束方程时不建议采用此种方法）等选项。

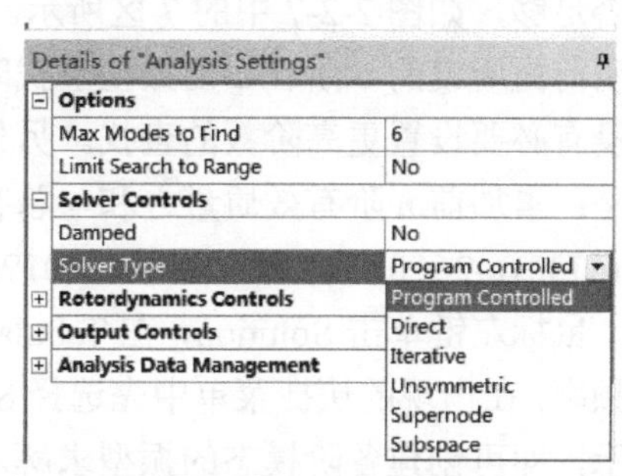

图 2-2-6 模态分析之 Analysis Settings 选项

（4）后处理

求解结束后，单击 Solution Information，可以看到类似图 2-2-7 所示的结果。在 1 区可以

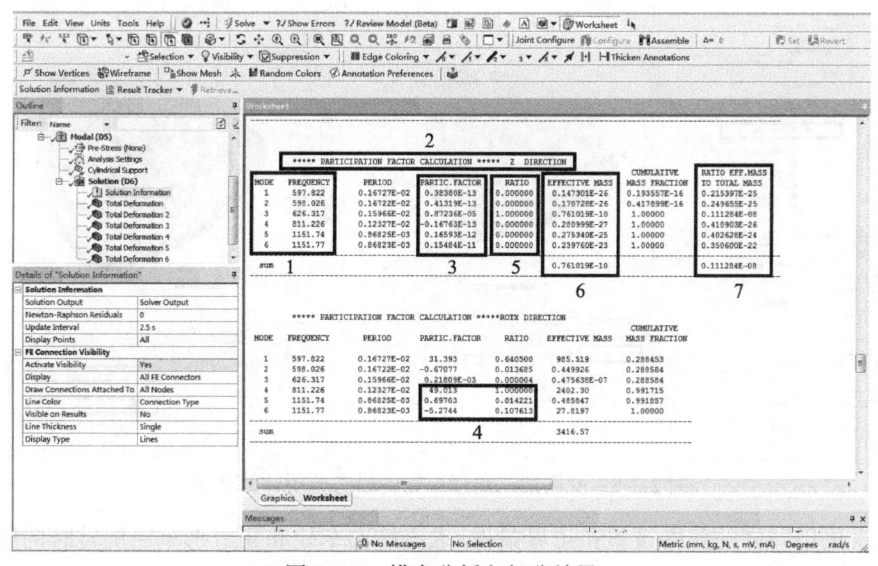

图 2-2-7 模态分析之部分结果

看到模型的固有频率结果，依次为597.8Hz、598Hz、626.3Hz、811.2Hz、1151.7Hz、1151.8Hz。Period 表示周期，是固有频率的倒数。除此之外，还可以看到模态计算结果中的参与系数（Partic. Factor）和有效质量（Effective Mass）。

参与系数依据总体笛卡儿坐标系下各平动和转动方向的假设单位位移（归一化），求出每个方向的运动质量。绝对值越大表示为更主要的振型形式，例如图 2-2-7 中所示的 2 区和 3 区计算结果即为 z 方向平动各阶振型的参与系数。比值（Ratio）是参与系数的另一种表现形式，如图 2-2-7 中的 5 区所示，即设最大的参与系数为 1，其余参与系数与之相比的结果。在图 2-2-7 所示的 4 区中，最大参与系数为 49.013，将其比值设为 1，参与系数为−5.2744 的比值即为 $\left|\frac{-5.2744}{49.013}\right| = 0.107612$。

有效质量等于参与系数的平方，如图 2-2-7 中的 6 区所示。理论上如果模态阶数足够，则各个平动方向的总有效质量（各阶有效质量之和，本例为 0.761019e-10）应该等于结构总质量。因此采用有效质量与总体质量的比值（Ratio Eff. Mass To Total Mass）来判定模态阶数是否足够，如图 2-2-7 中的 7 区所示。各阶模态汇总后，有效质量仅占总体质量 0.11e-8，这说明前面所设的 6 阶在 z 向振型查找时还远远不够。由于本例仅关注旋转时的固有频率，所以没有必要设置更高阶数的查找。另外累加质量因子（Cumulative Mass Fraction）的计算方法是：累加前 n 阶有效质量之和与总有效质量之比。（本例中 z 向第三阶的累加质量因子为：(0.147301e-26+0.170278e-26+0.761019e-10)/0.761019e-10=1。

鼠标左键单击 Solution，在 Tabular Data 数据表中会出现 6 阶频率，鼠标右键单击任意一阶频率，在出现的快捷菜单中先选择 Select All，再选择 Create Mode Shape Results，如图 2-2-8 所示，即可创建各阶模态的振型求解。求解后，用 Animation ▶ 图标观察各阶模态的振型表形式，其中第 3 阶模态表现为模型旋转，该阶频率为 626.32Hz。

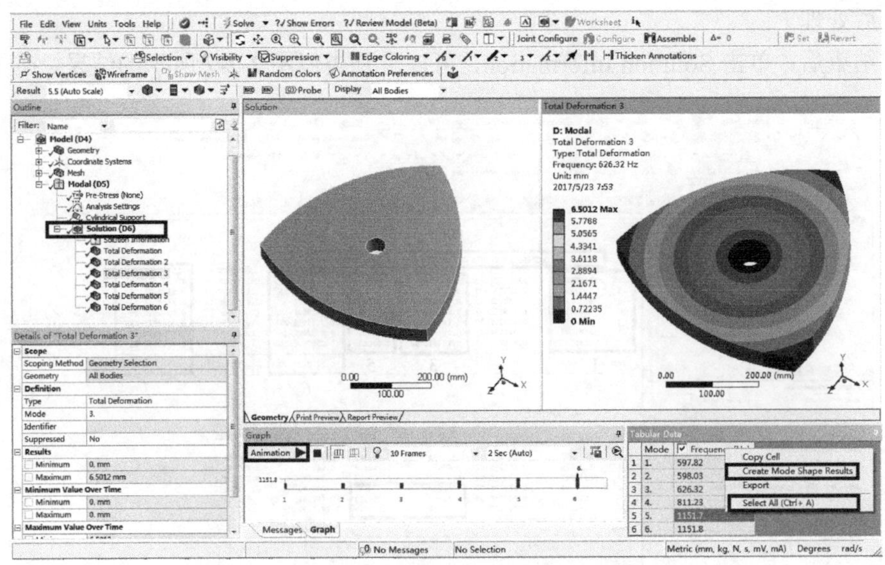

图 2-2-8　罗勒斯三角形车轮的模态分析计算结果

再依次采用同样的网格设置和边界条件，求出椭圆车轮和正方形车轮旋转时的固有频率，分别为 571.48Hz 和 660.38Hz，如图 2-2-9 所示。

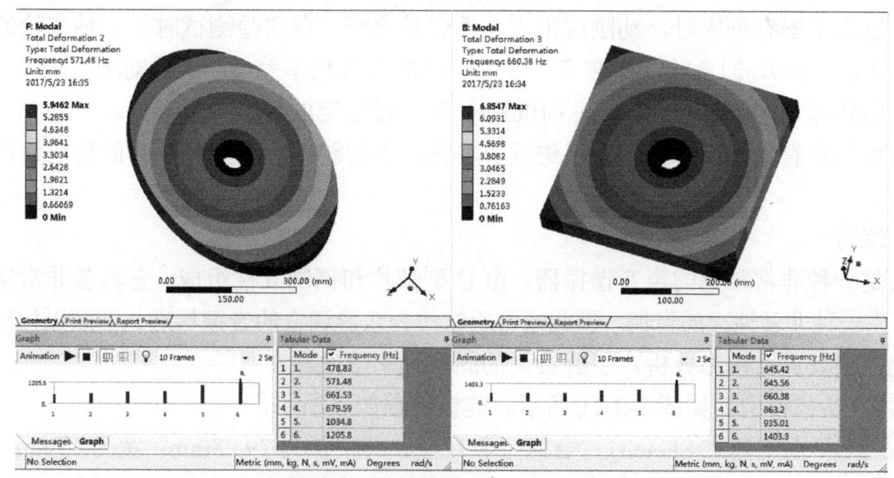

图 2-2-9　椭圆车轮和正方形车轮的模态分析计算结果

> **注意**
>
> 除了观察动画可以确定振型的形式外，还可以用参与系数和比值来决定。例如对于罗勒斯三角形车轮，需要观察以 y 轴为旋转方向的振型。由图 2-2-10 可知，第 3 阶的参与系数为 44.872，比值为 1，远大于第 3 阶的在其他方向（x、y、z 向和 RotX、RotZ）的参与系数，由此可知第 3 阶振型表现为旋转振型。同理观察椭圆车轮和正方形车轮的 6 个方向的参与系数，也可以找到旋转振型所对应的频率。

***** PARTICIPATION FACTOR CALCULATION ***** ROTY DIRECTION

MODE	FREQUENCY	PERIOD	PARTIC.FACTOR	RATIO	EFFECTIVE MASS	CUMULATIVE MASS FRACTION
1	597.822	0.16727E-02	0.84894E-10	0.000000	0.720693E-20	0.357928E-23
2	598.026	0.16722E-02	0.18903E-09	0.000000	0.357336E-19	0.213262E-22
3	626.317	0.15966E-02	-44.872	1.000000	2013.52	1.00000
4	811.226	0.12327E-02	0.25119E-09	0.000000	0.630962E-19	1.00000
5	1151.74	0.86825E-03	-0.48358E-10	0.000000	0.233845E-20	1.00000
6	1151.77	0.86823E-03	-0.70383E-09	0.000000	0.495375E-18	1.00000
sum					2013.52	

图 2-2-10　罗勒斯三角形车轮 y 轴旋转方向的振型参与系数

（5）小结

采用模态分析可以很容易得出三者在旋转方向上的固有频率。对比三者的频率，依次为 $f_{\text{椭圆}}(571\text{Hz}) < f_{\text{罗勒斯三角形}}(626\text{Hz}) < f_{\text{正方形}}(660\text{Hz})$。同时依据前面计算固有频率的公式可知，质量直接影响其固有频率，且固有频率与结构刚度正相关，与质量负相关。车轮质量分别为（可在 Geometry→Properties 里查得）：椭圆车轮为 74.478kg、罗勒斯三角形车轮为 68.385kg、正方形车轮为 64.626kg。这与固有频率的计算结果是相匹配的。

车轮旋转过程反映的是物体的动刚度。动刚度为动载荷力与位移之比，表现为随激励频率的变化，与质量和结构刚度有关（忽略阻尼）。当外界激励频率等于固有频率时，动刚度很小，结构抵抗变形能力小，变形很大。当外界激励频率低于固有频率时，动刚度主要由结构刚度来描述，当外界激励频率为 0 时，动刚度等于静刚度。当外界激励频率高于固有频率时，动刚度主要由质量来描述，因为在高频振动下，物体惯性阻力的影响大于结构刚度。当外界激励频率远大于固有频率时，动刚度很大，不容易变形。在实验测试时，3 种车轮的激励频率一致（转速一样），即意味激励频率与 3 种车轮的固有频率差值越大，动刚度越大，就越稳定。当车轮转速肯定低于 6000r/min（100Hz）时，最稳定的为正方形车轮。

读者可以观看电视节目，其中已进行了非常清晰的测试，正方形车轮的稳定性高于其他两种车轮。

（6）练习

音叉是一种非常常见的声音谐振器，由 U 型弹片和钢制立柱组成。它具备非常特殊的性质：能产生一种非常纯净的音调，因此经常用它作为乐器调音的音调标准。下面以标准 440Hz 音叉为例，对其进行模态分析，了解音叉的固有频率特性。

1）建立实体模型。如图 2-2-11 所示。建模过程如下所示。

- 在 *xy* 平面上建立 Sketch1，绘制一个 U 型，其中长为 79.75mm，宽为 15mm，两圆角为 R6。再在 *yz* 平面上建立 Sketch2 绘制的圆形直径为 4.5mm。然后用 Sweep1 中的 Add Material 命令对其扫略，其中 Profile（截面）选择 Sketch2 的圆形，Path（路径）选择 Sketch1 的 U 型。
- 以 *yz* 平面为基准，向 *z* 向偏移（offset *z*）120mm 新建 Plane4。在此平面上建立 Sketch3，绘制一个直径为 6mm 的圆，注意圆心与 U 型底部中心对齐。然后用 Extrude1 中的 Add Material 命令将其拉伸成轴，拉伸长度为 40mm，注意定义拉伸方向。
- 选择图 2-2-11 中方框区域内的上下边线，采用 FBlend2 命令对齐倒角，倒角半径为 0.7mm。

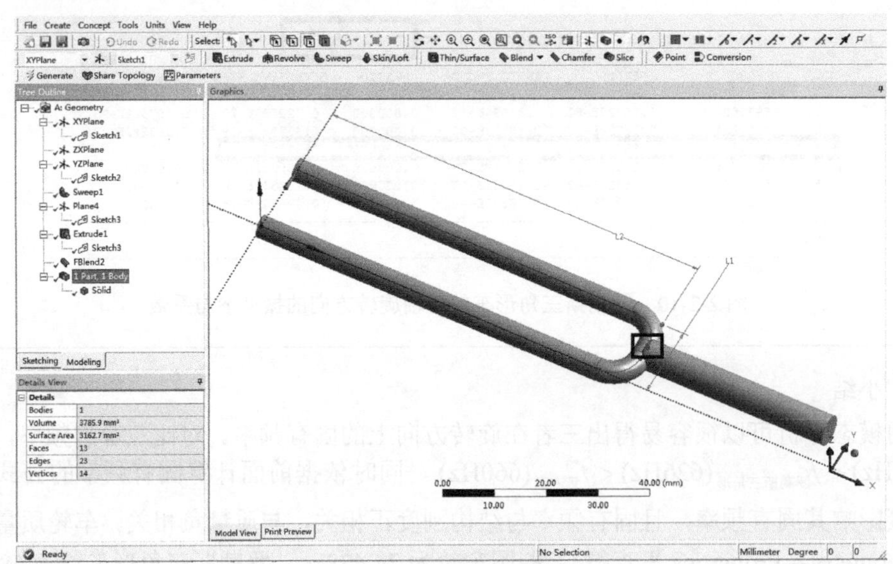

图 2-2-11　音叉模型

2）理论计算求频率解析解。

维基百科所介绍的音叉公式为：$f=\dfrac{1.875^2}{2\pi l^2}\sqrt{\dfrac{EI}{\rho A}}$。式中 l 为音叉的长度，本例为 0.082m；E 为杨氏模量，本例取 2e11Pa；I 为惯性矩，本例截面为圆形，计算公式为$\dfrac{\pi D^4}{64}$；ρ 为密度，

本例取 7850 kg/m^3；A 为截面积，计算公式为$\frac{\pi D^2}{4}$。利用公式计算出该音叉的频率解析解为 472.8Hz。

3）如图 2-2-12 所示划分网格，其中 Relevance 定义为 100，Use Advanced Size Function 定义为 On：Proximity and Curvature。这是因为模型为圆形，且在 U 型和直轴联结处有细小圆倒角。对比该选项的不同设置，网格划分的结果如表 2-2-1 所示。

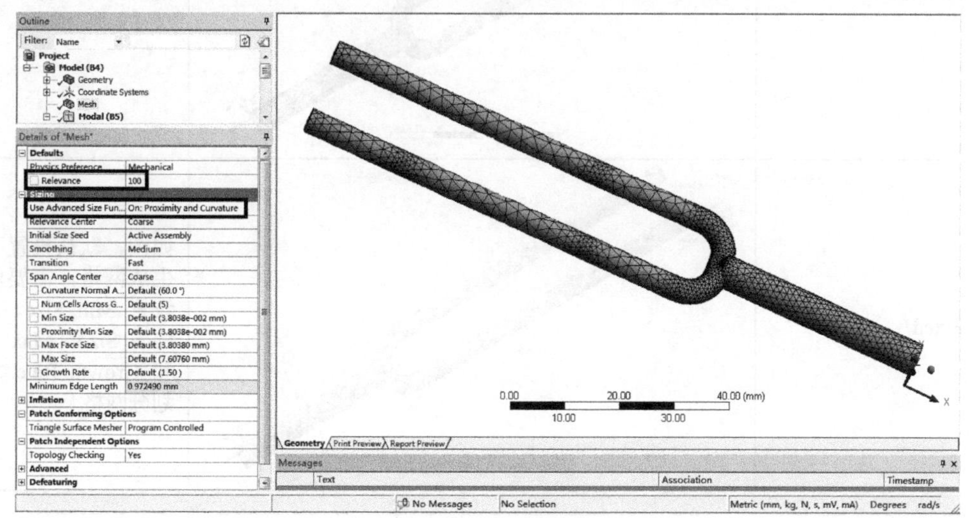

图 2-2-12 划分网格

表 2-2-1 网格划分中设置 Use Advanced Size Function 的对比

设置	网格	说明
Off		单元尺寸为默认设置或自定义
On：Curvature		根据模型中线或面的曲率计算出单元尺寸

续表

设置	网格	说明
On：Proximity		根据模型中狭缝和小槽的间隙计算出单元尺寸
On：Fixed		如图，默认设置不可生成网格，需要修改设置 Min Size、Max Face Size、Max Size 和 Growth Rate 才能划分网格

注意

如果在划分网格时定义上述选项规则后，依然达不到光滑圆整的效果，可以尝试将 Relevance Center 改为 Fine（表示默认设置的网格尺寸为细小的）、Smoothing 改为 High（表示单元更加光滑）、Transition 改为 Slow（表示单元之间更加平滑的过渡）。

4）边界条件加载。Analysis Settings 中的全部选项采用默认设置。如图 2-2-13 所示，选择直轴外圆弧面对其加载 Fixed Support。

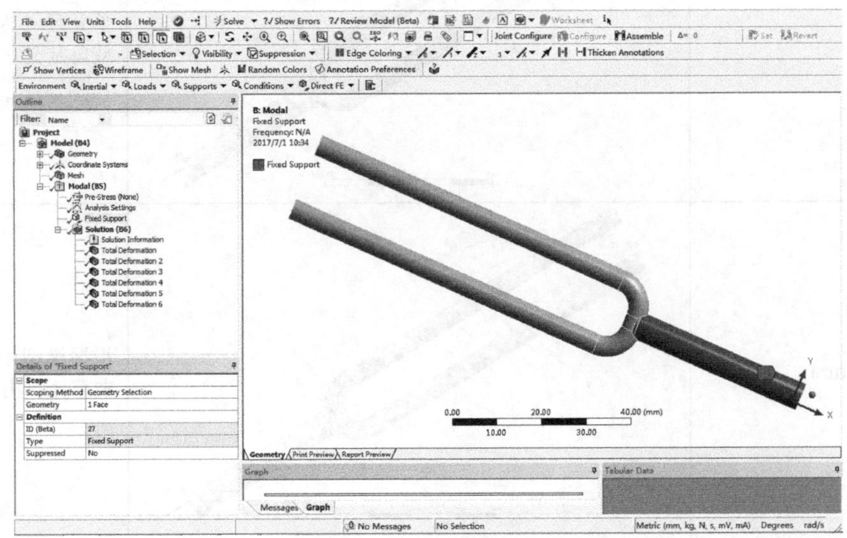

图 2-2-13　加载边界条件

5）后处理。由计算可得该音叉固有频率为：446.84Hz、449.29Hz、454.06Hz、463.03Hz、2832.2Hz、2834.6Hz。前 4 阶振型如图 2-2-14 所示。

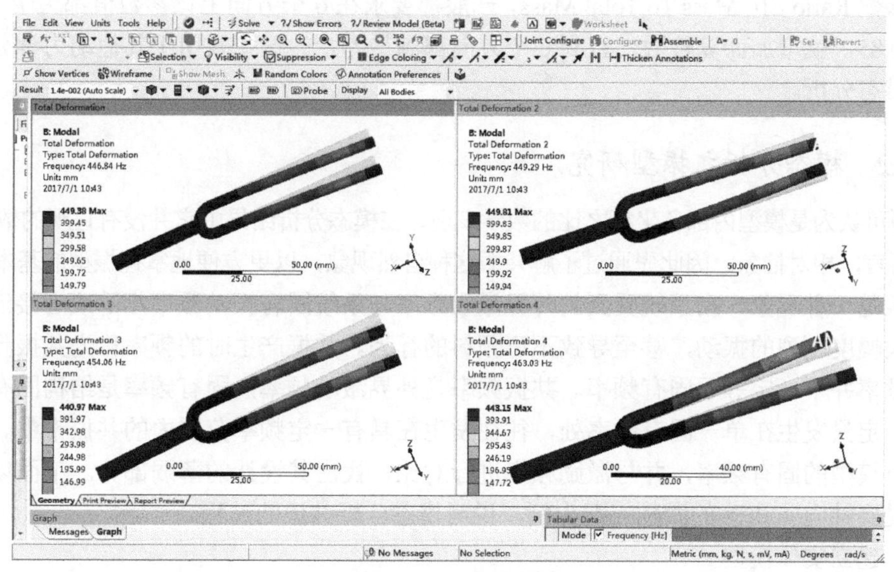

图 2-2-14　后处理

对比解析解（472.8Hz），最大的相对误差为 5.5%。由音叉特性可知，音叉能发出非常纯的音质，这是因为它极大部分集中于基频，只有极少部分在泛音部分。基频是指结构的第 1 阶固有频率。当结构发生振动时，通常不以某一个频率来振动，而是存在多个振动频率，在所有振动频率中，能量峰值最高的振动频率称为主频。例如，当结构产生强迫振动时，振动频率应与外界激励频率相等，激励频率未必等于结构的固有频率，但能量最大，且主频不等于固有频率。因此主频既可能是结构的固有频率，也可能是强迫响应频率。基频一定是固有频率，主频不一定是结构的固有频率。从模态分析中可以得知，该音叉基频为 446.84Hz，第 2～4 阶频率几乎与基频一致，最大变化幅度为 3.6%，完全符合音叉特性。

振动峰值除了与固有频率、激励频率有关以外，还有倍频现象。以泛音为例，由于发音体不可能只存在单纯一个频率的基频振动，还会产生基频数倍的其他振动（倍频），这样总体上构成了振动谐音。其中基频发出的声音称为基音，或第 1 谐音，其余则称为泛音。音叉的第 1 泛音是基频的 $\frac{5^2}{2^2}=6.25$ 倍。敲击音叉时，仅有非常少的能量进入泛音模式，并且迅速消失，最后只存在基频处的基音。在模态分析中计算第 5 阶频率与基频之比：$\frac{2832.2}{446.84}\approx 6.34$。该结果与音叉振动原理中的泛音极为近似。

（7）小结

模态分析求解出来的频率为结构的固有频率，固有频率是结构的一种固有属性，与外界激励频率没有直接关系。它表现为不管有无外界激励，结构的固有频率都是客观存在的，只是当有外界激励时，结构按固有频率产生振动响应。固有频率只与刚度和质量有关，质量增大，固有频率会降低；刚度增大，固有频率增大。

理论上结构存在无数阶固有频率，但在模态分析中究竟需要计算多少阶？可以采用两种方法进行估算。一种是由于外界激励多数存在于中低频段（500Hz 以内），因此重点研究该频段内是否产生共振，这主要用于已知激励频率或共振频率的研究；第二种是依据模态计算结果中的参数 Ratio Eff. Mass To Total Mass，一般都要求在 6 个方向上该参数值都大于 0.85。如果小于 0.85，就增加计算阶数，直到 6 个方向都满足为止。这主要用于其他动力学分析所需的叠加模态分析。

2.2.2 模态分析之振型研究

振型可认为是模型内部各坐标之比的数学表现，在模态分析结果中它并没有直观的数据体现，较频率而言，相对抽象。因此先通过了解共振这种自然现象，以更方便地掌握振型的基本原理。

共振是一种现象，指系统受到的外界激励频率与系统固有振动频率相等或者接近时，系统产生大幅度剧烈的振动，甚至导致不可预料的行为。共振产生时的频率称为共振频率，注意共振频率并不一定等于固有频率。共振频率是外界激励频率，固有频率是结构固有属性。共振不一定只发生在单一固有频率处，往往发生在具有一定频率范围内的共振带中。模态分析可求出模型的固有频率，并与激励频率进行对比，找出其设计的薄弱部分。下面以一个装配组件受到轴向 400Hz 的激励工况为例，说明模态分析共振的过程。

（1）建立实体模型

装配组件由一个阵列孔板和一个圆管组成，如图 2-2-15 所示。建模过程如下：

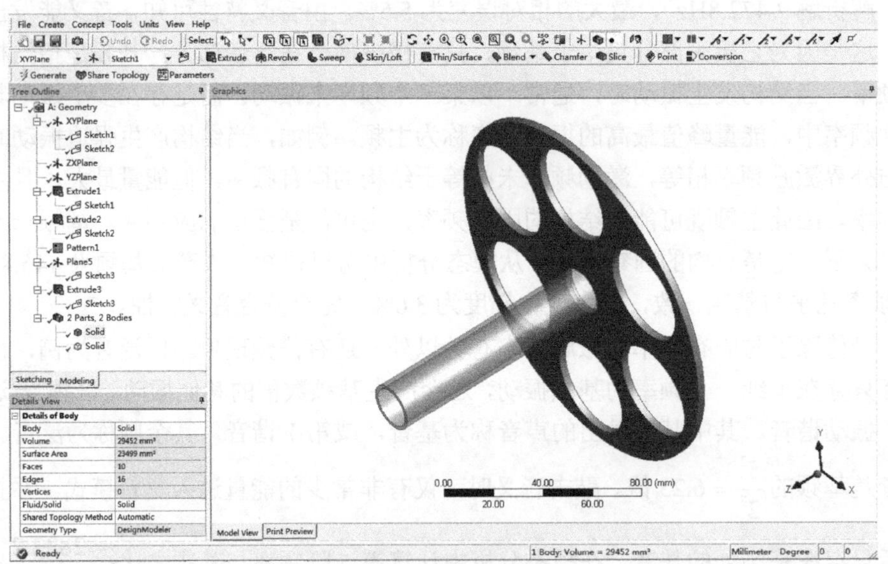

图 2-2-15　建立模型

1）在 *xy* 平面中建立 Sketch1，绘制一个外径为 150mm，内径为 20mm 的圆环，然后用 Extrude1 中的 Add Material 命令将其拉伸，长度为 3mm。

2）在 *xy* 平面上再建立 Sketch2，绘制一个直径为 40mm 的圆，距圆环圆心 50mm。然后用 Extrude1 中的 Cut Material 命令对其去除材料拉伸成孔。

3）采用 Pattern 命令对圆孔进行阵列。选择 Pattern Type（阵列类型）为 Circular（圆形），Geometry（图形）选择内孔面，Axis（轴）选择圆环中轴线，FD2 选择默认设置，这时软件会自动计算角度，FD3 定义为 5，这时阵列为含有 6 个孔的圆环板。

4）以 *xy* 平面为基准，向 *z* 向偏移 2mm，新建基准的 Plane5。在此基准上建立 Sketch3，绘制一个外径为 20mm，内径为 17mm 的圆环。然后用 Extrude3 中的 Add Frozen 命令将其拉伸，长度为 100mm，以建立一根圆管。

（2）实体模型接触设置

在前处理中均为默认设置。接触设置如图 2-2-16 所示。其中接触面（Contact）选择带孔圆板的中心内孔面，目标面（Target）选择圆管的外表面，接触类型（Type）选择 Bonded，其余均默认。注意：对于装配件的普通模态分析，所有的接触类型均按照初始接触状态转换为线性接触类型，这是因为在模态测试时，各接触部件也被牢固地连接了。具体转换方法如表 2-2-2 所示。

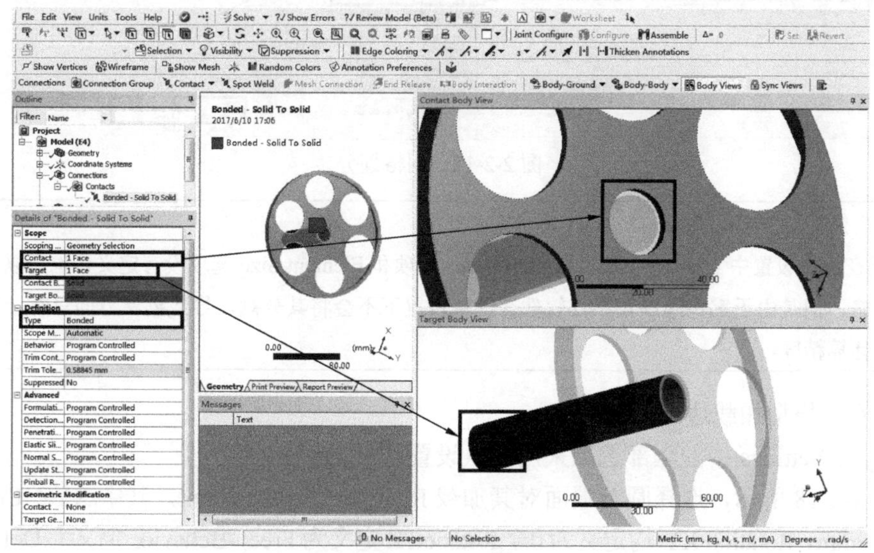

图 2-2-16　接触设置

表 2-2-2　　模态分析中的接触设置

接触类型	初始接触	Pinball 区域内	Pinball 区域外	备注
Bonded	Bonded	Bonded	Free	Free 表示物体之间为无接触关系的自由状态。 μ 为摩擦系数
No Separation	No Separation	No Separation	Free	
Frictionless	No Separation	Free	Free	
Rough	Bonded	Free	Free	
Frictional	μ=0,No Separation μ>0, Bonded	Free	Free	

（3）实体模型网格划分

网格划分如图 2-2-17 所示。在 1 区中，先选择圆管体模型，采用 Sweep（扫略）模式对其划分网格，其中 Free Face Mesh Type 选项定义为 Quad/Tri（四边形或三角形）；在 2 区中，先选择圆管端面模型，采用 Mapped Face Meshing（映射面）模式对其划分网格，其中 Internal Number of Divisions 选项定义为 3（等分为 3 层网格）；在 3 区中，先选择带孔圆板体模型，采用 MultiZone（多体）模式对其划分网格，并定义 Body Size（单元尺寸），其中 Mapped Mesh Type 选项定义为 Hexa（六面体），Element Size 定义为 2mm。

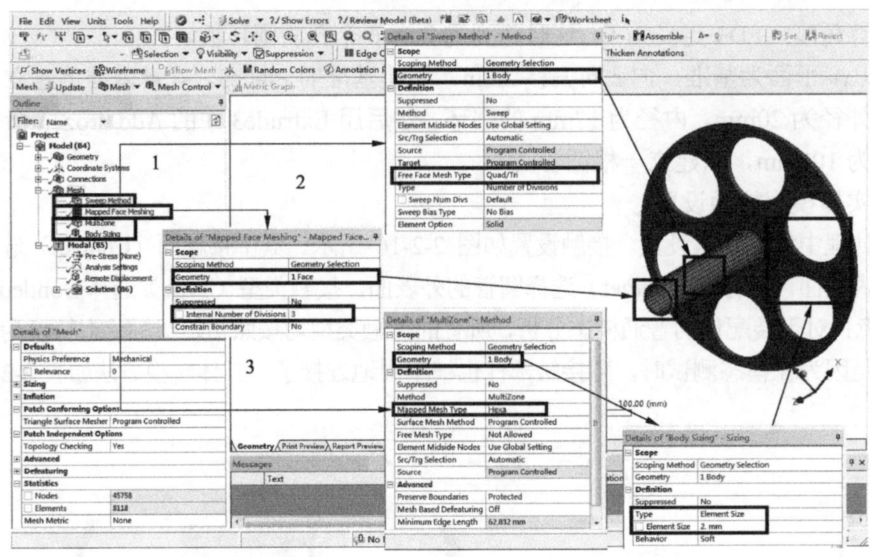

图 2-2-17 网格划分

> **注意**
>
> 如果在上述设置中 Internal Number of Divisions 选项和 Element Size 选项没有定义，也可以划分出较规整的网格，但是由于零件壁厚较小，软件在默认设置下不会将其分割，导致壁厚方向只有一层网格。这会影响计算精度。

（4）实体模型加载边界条件

Analysis Settings 中的全部选项采用默认设置。

如图 2-2-18 所示，选择圆管端面对其加载 Remote Displacement，其中 XYZ Component 均定义为 0mm，Rotation XY 均定义为 0°，Rotation Z 定义为 Free，Behavior 定义为 Deformation。这表示对圆管加载一个仅释放 z 轴旋转自由度的约束。

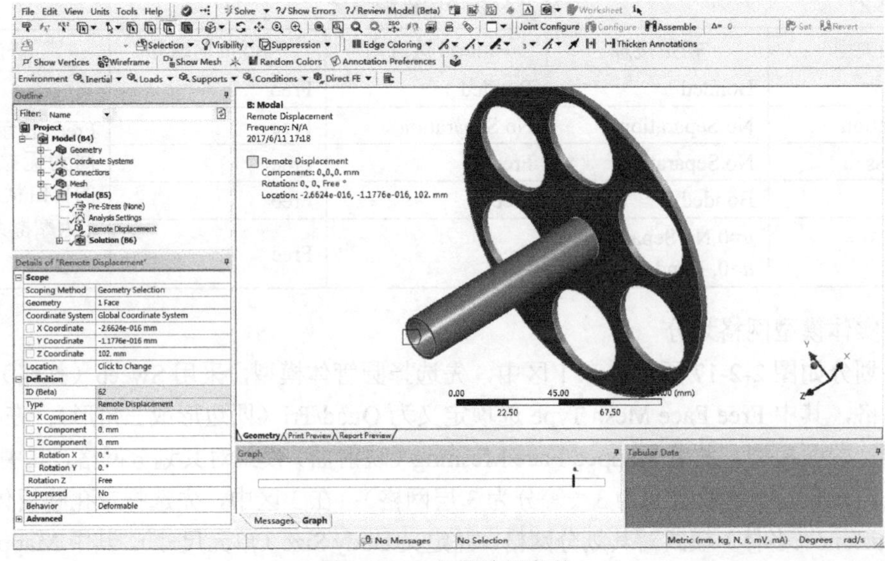

图 2-2-18 加载边界条件

注意

前文已经描述，该装配组件受到轴向（z 向）400Hz 的激励，但为何在边界条件中没有体现？这是因为 z 向激励是外载工况，而通过模态分析只能求得该组件的固有频率，再与激励频率进行对比，进而判断是否发生共振。因而轴向 400Hz 的激励是对比后的结果，并不是边界条件。

（5）实体模型后处理

计算结果如图 2-2-19 所示。计算所得的前 6 阶频率结果依次为：0.3Hz、306.1Hz、306.1Hz、410.8Hz、520.6Hz、520.6Hz。其中第 1 阶模态频率为 0.3Hz，振型如图 2-2-19 中 1 区所示，表现为绕 z 轴旋转，这与边界条件的定义相匹配；第 2、3 阶模态频率均为 306.1Hz，这是因为模型表现为对称性，所以出现了频率相等但方向不同的相同振型；第 4 阶模态频率为 410.8Hz，振型如图 2-2-19 中 2 区所示，主要表现为 z 向平移，这是需要与激励频率进行对比的模态；第 5、6 阶模态频率均为 520.6Hz，这与第 2、3 阶模态结果的原因类似。

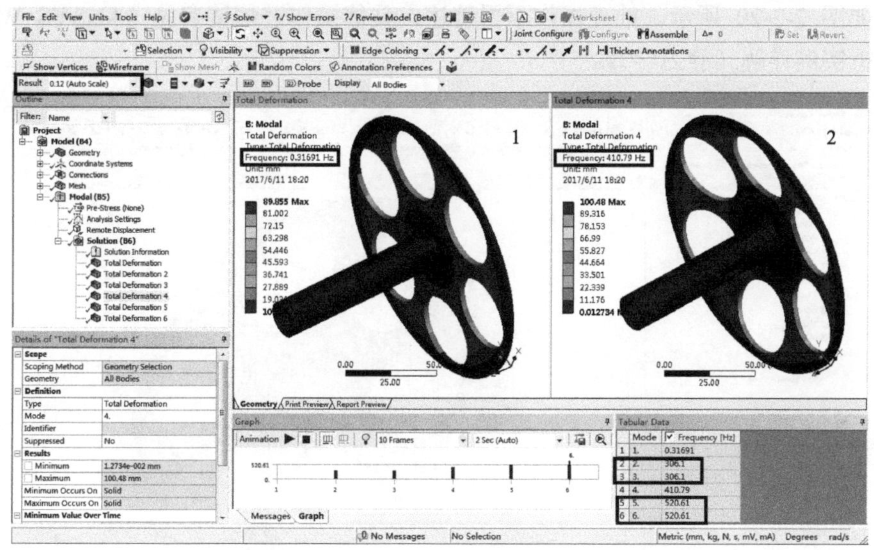

图 2-2-19 后处理

注意

Result（结果）显示比例为 0.12。如果显示为 1，变形会非常夸张。这是因为模态分析不能求解出真实的振幅，该变形结果是相对的比值（归一化），所以不需要关注变形的具体数值。

通常说，当外界激励频率等于固有频率时，系统会发生共振。但由于共振带的存在，所以当外界激励频率接近固有频率时，系统也会发生共振。一般，算法上共振带取固有频率的 40%。以该模型为例，激励频率为 400Hz，则共振带为 240～560Hz。但是很多情况下，取 40% 的共振带不太现实，一些行业规定了具体的共振带范围。如在汽车行业中，一般取距离固有频率 3～4Hz 或者 15%～20%的范围，B 级车白车身第 1 阶模态为 30Hz 左右，15%的频率范围即对应±4.5Hz。以该模型为例，激励频率为 400Hz，共振带取值参照汽车行业的规范，则共振带为 340～460Hz。由于模型第 4 阶模态为 410.8Hz，因此会发生共振。

该模型能否使用壳模型（壳单元）？

该组件中两个零件的多孔板壁厚为 3mm，圆管壁厚为 1.5mm。按照《ANSYS Workbench 有限元分析实例详解（静力学）》中提到的规则：(5～8)< w/h（特征尺寸/厚度）< (80～100) 时，可使用壳模型，特征尺寸的类型如下。

- 支撑点或加强结构件之间的距离。
- 曲率半径。
- 所关注的最高阶模态的波长。

在本例中圆盘半径为 75mm，管长为 100mm。若采用最高阶模态波长进行计算，可得。

- 关注第 6 阶模态，频率为 520.6Hz。
- 波速=（杨氏模量/密度）$^{0.5}$=5047.5m/s（该公式应用条件：泊松比为 0。设 0 的目的是为了便于估算）。
- 波长=波速/频率=9.7m。

由此可知，特征尺寸与厚度之比均满足壳模型使用条件。因此可将模型抽壳处理，处理后的模型如图 2-2-20 所示。抽壳操作不再赘述，具体操作过程请参见《ANSYS Workbench 有限元分析实例详解（静力学）》。

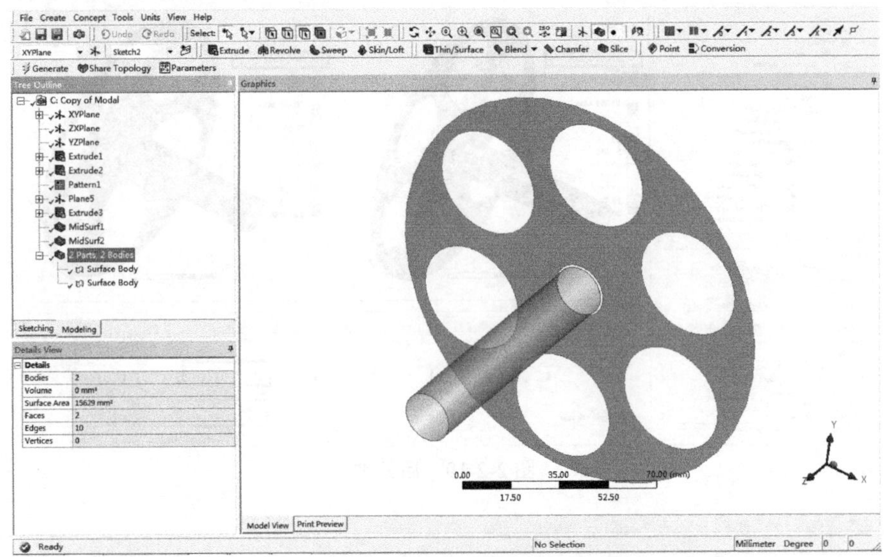

图 2-2-20　抽壳后的壳模型

（6）壳模型接触设置

鼠标右键单击 Connection，在弹出的快捷菜单中依次选择 Insert→Manual Mesh Connection，如图 2-2-21 所示进行设置。在 Master Geometry 处选择圆管的端线，在 Slaver Geometry 处选择带孔圆盘的内孔边线，在 Tolerance Type 处选择 Slider，定义 Tolerance Slider 为−97（此处公差值需要大于两者之间的间隙）。

（7）壳模型网格划分

鼠标右键单击 Mesh，在弹出的快捷菜单中依次选择 Insert→Sizing，如图 2-2-22 所示进行设置。在 Geometry 处选择两个面（两个壳模型），在 Type 处定义 Element Size，在 Element Size 处定义为 2mm（保证与实体模型单元大小一致）。

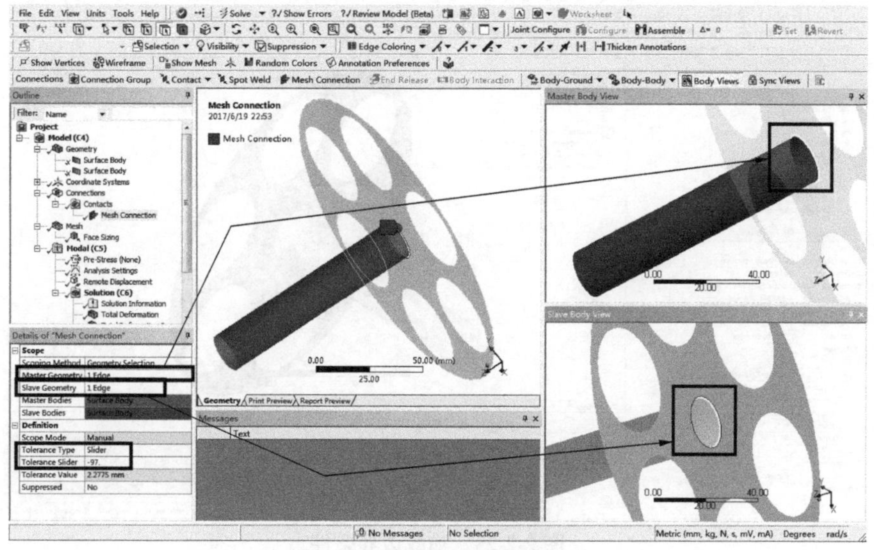

图 2-2-21 壳模型的接触设置

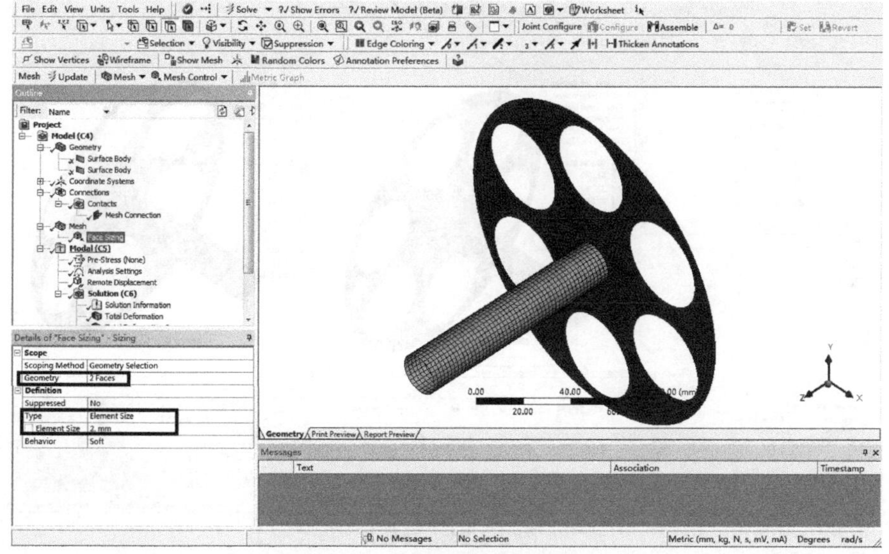

图 2-2-22 壳模型的网格划分

（8）壳模型加载边界条件

与实体模型的边界条件类似，如图 2-2-23 所示，选择圆管端线并对其加载 Remote Displacement，其中 XYZ Component 均定义为 0mm，Rotation XY 均定义为 0°，Rotation Z 定义为 Free，Behavior 定义为 Deformation。

（9）壳模型后处理

计算结果如图 2-2-24 所示。所得的前 6 阶频率结果依次为：1.3e-3Hz、326.3Hz、326.3Hz、444.9Hz、537.9Hz、537.9Hz。与实体模型的计算结果进行对比后，会发现两者存在计算误差，约在 10%以内。两模型仅存在抽壳的区别，为何会产生计算误差？

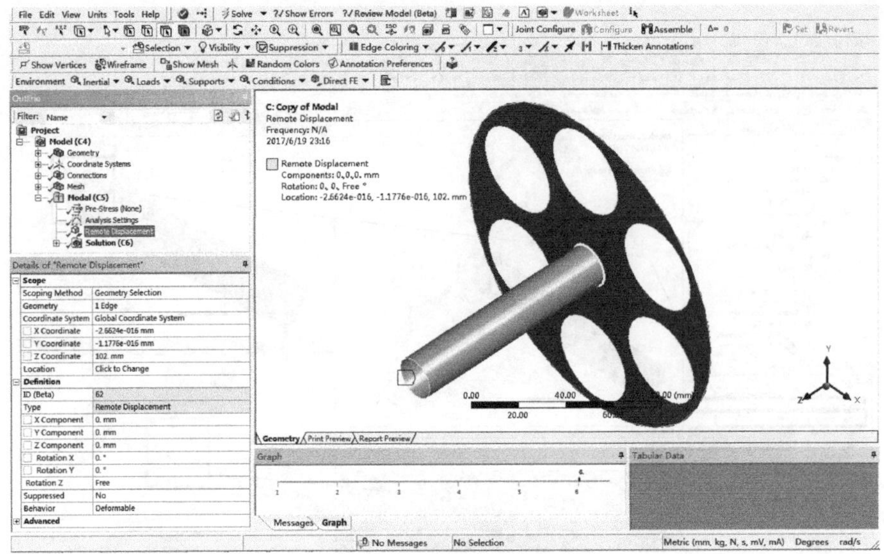

图 2-2-23 加载边界条件

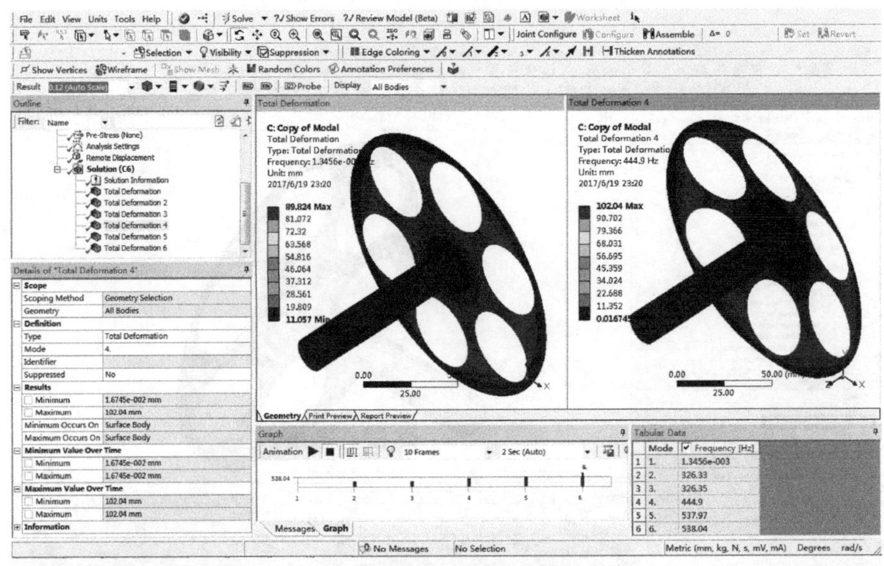

图 2-2-24 后处理

点开实体模型和壳模型的 Solution Information，图 2-2-25a 所示为实体模型的求解信息，图 2-2-25b 所示为壳模型的求解信息。

首先对比最下面的质量信息（Mass），其中实体模型的两个零件质量分别为 0.231219e-3t、0.684352e-4t；壳模型的两个零件质量分别为 0.232645e-3t、0.683105e-4t。

接着分别查看不同模型的具体参数信息（Geometry→各零件→Properties），如图 2-2-26 和图 2-2-27 所示，两个零件的质量都是 0.2312e-3t 和 0.68436e-4t。但为何在模态分析时会出现两个不同的质量？这是因为在模态分析时，质量计算分为两种算法。针对三维模型，按照单元中的细节真实汇总而成；针对其他模型，则采用集中算法，该算法假设质量集中在各单元的中心，再根据对质量、质心、转动惯量的计算而得。由于抽壳后必然会带来很微小的质心（center of mass）误差，同时体积是按照单元汇总的，并不是按照模型的真实体积进行计算的，在壳模型的划分网格部分并没有对中节点（element midside nodes）进行定义，默认采用 Shell181 单元，而 Shell181 单元是线性单元，因此两模型出现了体积和刚度差异。由此带来模型总质量（total mass）发生变化，平移质量矩阵（translational mass）、平移旋转耦合质量矩阵（coupled translational/ rotational mass）、旋转质量矩阵（rotational mass）、基于质心的总体转动惯量矩阵（total inertia about center of mass）也发生变化。

```
TOTAL RIGID BODY MASS MATRIX ABOUT ORIGIN
           Translational mass               |   Coupled translational/rotational mass
    0.29965E-03   0.0000        0.0000      |    0.0000        0.39055E-02  -0.10213E-08
     0.0000       0.29965E-03   0.0000      |  -0.39055E-02    0.0000        0.48223E-09
     0.0000       0.0000        0.29965E-03 |   0.10213E-08  -0.48223E-09    0.0000
 -------------------------------------------|------------------------------------------
                                            |        Rotational mass (inertia)
                                            |    0.59112       0.39381E-07  -0.93263E-09
                                            |    0.39381E-07   0.59112      -0.15497E-08
                                            |  -0.93263E-09  -0.15497E-08    0.69669

TOTAL MASS = 0.29965E-03
  The mass principal axes coincide with the global Cartesian axes

CENTER OF MASS (X,Y,Z)=   0.16093E-05   0.34082E-05   13.033

TOTAL INERTIA ABOUT CENTER OF MASS
     0.54022       0.39381E-07   0.53524E-08
     0.39381E-07   0.54022       0.11761E-07
     0.53524E-08   0.11761E-07   0.69669
  The inertia principal axes coincide with the global Cartesian axes

*** MASS SUMMARY BY ELEMENT TYPE ***

TYPE      MASS
   1  0.231219E-03
   2  0.684352E-04
```

a）实体模型信息

```
TOTAL RIGID BODY MASS MATRIX ABOUT ORIGIN
           Translational mass               |   Coupled translational/rotational mass
    0.30096E-03   0.0000        0.0000      |    0.0000        0.39020E-02   0.29306E-07
     0.0000       0.30096E-03   0.0000      |  -0.39020E-02    0.0000       -0.13292E-07
     0.0000       0.0000        0.30096E-03 |  -0.29306E-07    0.13292E-07   0.0000
 -------------------------------------------|------------------------------------------
                                            |        Rotational mass (inertia)
                                            |    0.59092      -0.34397E-07  -0.20500E-06
                                            |  -0.34397E-07    0.59092      -0.27911E-06
                                            |  -0.20500E-06  -0.27911E-06    0.69717

TOTAL MASS = 0.30096E-03
  The mass principal axes coincide with the global Cartesian axes

CENTER OF MASS (X,Y,Z)=  -0.44167E-04  -0.97376E-04    12.965

TOTAL INERTIA ABOUT CENTER OF MASS
     0.54033      -0.34396E-07  -0.37733E-06
   -0.34396E-07    0.54033      -0.65906E-06
   -0.37733E-06  -0.65906E-06    0.69717
  The inertia principal axes coincide with the global Cartesian axes

*** MASS SUMMARY BY ELEMENT TYPE ***

TYPE      MASS
   1  0.232645E-03
   2  0.683105E-04
```

b）壳模型信息

图 2-2-25 求解信息

Properties	
Volume	29452 mm³
Mass	0.2312 kg
Centroid X	4.4511e-008 mm
Centroid Y	-6.0714e-016 mm
Centroid Z	1.5 mm
Moment of Inertia Ip1	344.36 kg·mm²
Moment of Inertia Ip2	344.36 kg·mm²
Moment of Inertia Ip3	688.38 kg·mm²

Properties	
Volume	8717.9 mm³
Mass	6.8436e-002 kg
Centroid X	4.8005e-016 mm
Centroid Y	1.7473e-015 mm
Centroid Z	52. mm
Moment of Inertia Ip1	59.658 kg·mm²
Moment of Inertia Ip2	59.658 kg·mm²
Moment of Inertia Ip3	5.8344 kg·mm²

图 2-2-26 实体模型两个零件的质量信息

Properties	
Volume	29452 mm³
Mass	0.2312 kg
Centroid X	-1.3619e-007 mm
Centroid Y	-1.5829e-015 mm
Centroid Z	1.5 mm
Moment of Inertia Ip1	340.73 kg·mm²
Moment of Inertia Ip2	340.73 kg·mm²
Moment of Inertia Ip3	681.45 kg·mm²
Surface Area(approx.)	9817.5 mm²

Properties	
Volume	8717.9 mm³
Mass	6.8436e-002 kg
Centroid X	2.3503e-016 mm
Centroid Y	4.6761e-016 mm
Centroid Z	52. mm
Moment of Inertia Ip1	59.867 kg·mm²
Moment of Inertia Ip2	59.867 kg·mm²
Moment of Inertia Ip3	5.8185 kg·mm²
Surface Area(approx.)	5811.9 mm²

图 2-2-27　壳模型两个零件的质量信息

注意

平移质量矩阵是以不同方向的质量为元素对角矩阵的，另外集中质量算法不会出现位移、应力、反力等计算错误。

综上所述，由于模态分析与质量直接相关，因此抽壳后必然导致计算中出现的系统误差。如果将单元换为二次单元（Shell281），并将网格继续加密，那么可以在第 2、3、5、6 阶得到几乎相等的模态结果。而在 1、4 阶由于振型只表现为带孔圆盘的旋转和平移，这只与单个零件有关，因此采用实体模型和壳模型时，仍然存在一定差异。尽管存在一些差距，但第 4 阶计算频率结果仍然处于实体模型所估算的共振带内，即会产生共振。

如何避免共振？

理论上改变质量和刚度即可以改变固有频率。可采用的方法为：加厚带孔圆板的厚度（改变刚度和质量）；改变外面 6 个大孔的位置或直径，使其不均布（改变质心）等。但是增加厚度必然带来材料成本的提高，同时改变孔位或直径，也提高了加工成本。对于钣金件的设计，最好的方法即为增加折边，这样仅增加少量材料和加工成本，即可大幅度地提高其弯曲刚度和固有频率。

如图 2-2-28 所示，在原实体模型中，对带孔圆板的外侧增加一道折边，折边总高为 10mm（含壁厚），宽度 3mm（原圆板厚度）。修改模型具体过程为：在 *zx* 平面建立 Sketch4，绘制一个长为 7mm，宽为 3mm 的矩形，使其置于带孔圆板的外侧；然后用 Revolve 中的 Add Material 命令对其旋转，旋转轴为原圆板的中轴线，旋转角度为 360°。

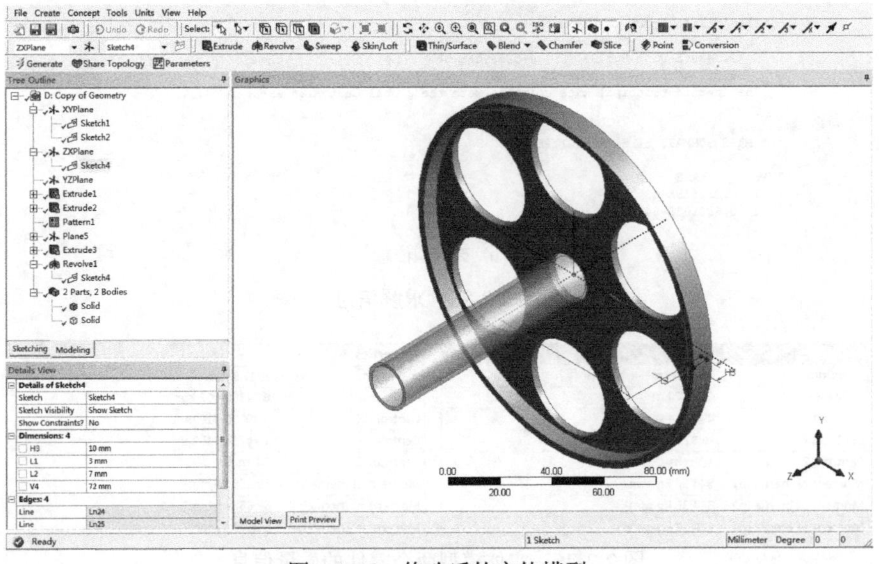

图 2-2-28　修改后的实体模型

（10）修改后实体模型的相关分析设置

网格划分如图 2-2-29 所示。保留原圆管网格划分规则，将原定义的带孔圆板体模型的 MultiZone（多体）模式改为 Hex Dominant（六面体）模式，定义 Free Face Mesh Type 为 Quad/Tri（四边形或三角形），保留原网格尺寸定义（Body Size）。

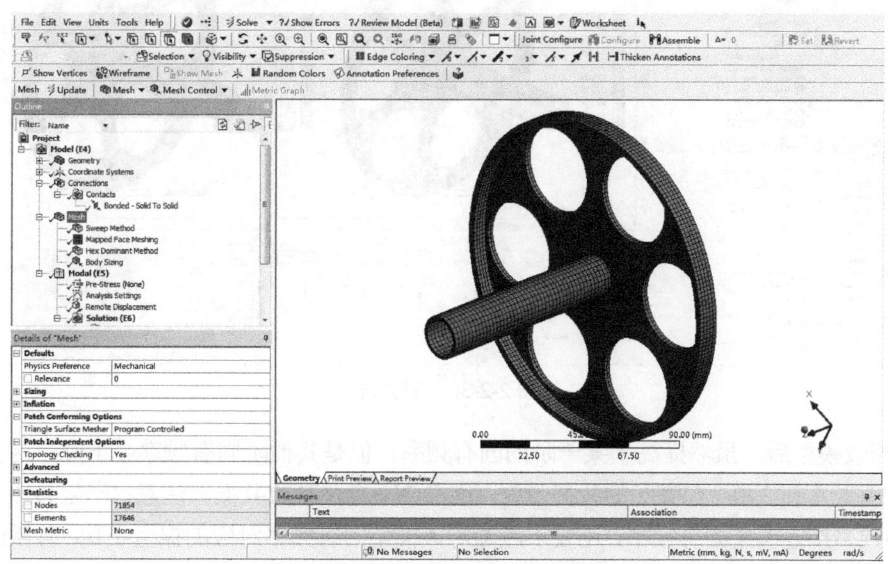

图 2-2-29 修改后实体模型的网格划分

> **注意**
>
> 带孔圆板划分为 Hex Dominant（六面体）模式后，外观看似网格很齐整，但划分网格后会出现警告。这是因为模型内部网格质量较差，可以在 Mesh Metric 中查看到很多较差的网格单元。本例仅希望通过该设置让读者了解 Hex Dominant 的形式，且该网格对频率计算结果影响不大。建议读者对模型进行切分后重新划分网格。

另外，修改后的模型重新进入 Mechanical 界面后，由于默认为自动接触设置，所以很可能在 Connections（接触）选项下会增加额外的接触选项，读者需要非常慎重地检查重新生成模型的接触设置。

其余边界条件及求解设置均不变，计算求解。

（11）修改后模型的后处理

计算结果如图 2-2-30 所示。所得的前 6 阶频率结果依次为：4.2e-3Hz、254.8Hz、254.8Hz、449.6Hz、449.6Hz、472.9Hz。此时振型表现为 z 向平移的模态为第 6 阶，固有频率为 472.9Hz，较之前模型已经提高 60Hz，避开了 340～460Hz 的共振带。

说明：

1）修改模型后，总质量会增加，因此相应的第 2、3、4、5 阶频率较原模型降低。而对带孔圆板的第 6 阶频率而言，虽然质量增加了，但同时也大大提高了该零件的刚度，因此体现为该零件振型的固有频率不降反升。特别注意：对于原点频响函数，由于共振和反共振交替出现（即相邻两阶共振频率之间必然存在一个反共振频率），因此并不是刚度一直增大，就能使固有频率一直增大，只有在不超过反共振频率时，才能使固有频率增大一定数值。跨点频响函数则未必如此。

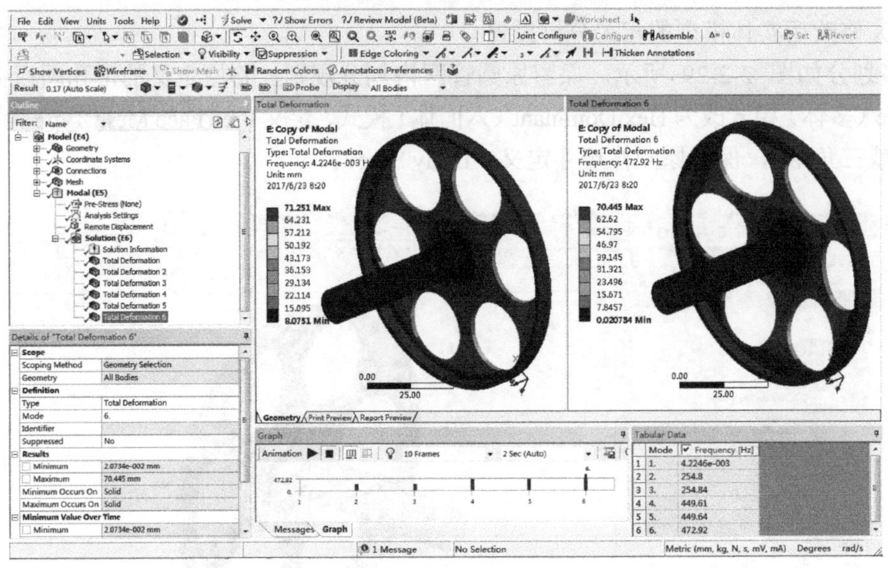

图 2-2-30 后处理

2）修改模型后，虽然提高了某一阶的固有频率，但是其他阶固有频率会下降，这会导致第 4、5 阶固有频率在 340～460Hz 的共振带内，这样会不会又导致共振？注意：产生共振不仅需要外界激励频率接近模型固有频率，还要求激励对该模型固有频率对应的振型做功，且激励能级足够大。修改后模型的第 4、5 阶固有频率 449.6Hz 虽然在共振带内，但该阶振型表现为以 z 轴为基准的圆弧摆动。在 Solution Information 内可以查到第 4、5 阶对应每个方向的具体参与系数。

```
 ***** PARTICIPATION FACTOR CALCULATION *****  X  DIRECTION
                                  CUMULATIVE       RATIO EFF.MASS
 MODE    FREQUENCY       PERIOD  PARTIC.FACTOR       RATIO      EFFECTIVE MASS
MASS FRACTION    TO TOTAL MASS
  1  0.422459E-02 236.71      0.19694E-10 0.000000  0.387860E-21  0.113201E-17  0.103218E-17
  2  254.796      0.39247E-02 0.42939E-02 0.337765  0.184374E-04  0.538116E-01  0.490661E-01
  3  254.842      0.39240E-02 -0.39011E-02 0.306871 0.152189E-04  0.982295E-01  0.405008E-01
  4  449.613      0.22241E-02 0.12713E-01 1.000000  0.161611E-03  0.569907      0.430082
  5  449.644      0.22240E-02 0.12139E-01 0.954900  0.147362E-03  0.999999      0.392163
  6  472.922      0.21145E-02 -0.16720E-04 0.001315 0.279573E-09  1.00000       0.744006E-06
 -----------------------------------------------------------------
 sum                                 0.342629E-03     0.911813
 -----------------------------------------------------------------
  ***** PARTICIPATION FACTOR CALCULATION *****  Y  DIRECTION
                                  CUMULATIVE     RATIO EFF.MASS
 MODE    FREQUENCY       PERIOD  PARTIC.FACTOR     RATIO      EFFECTIVE MASS
MASS FRACTION    TO TOTAL MASS
  1  0.422459E-02 236.71     -0.70099E-05 0.000551  0.491382E-10  0.143414E-06  0.130768E-06
  2  254.796      0.39247E-02 -0.38989E-02 0.306714 0.152014E-04  0.443668E-01  0.404544E-01
  3  254.842      0.39240E-02 -0.42963E-02 0.337976 0.184581E-04  0.982384E-01  0.491213E-01
  4  449.613      0.22241E-02 -0.12140E-01 0.955021 0.147381E-03  0.528383      0.392215
  5  449.644      0.22240E-02 0.12712E-01 1.000000  0.161591E-03  0.999999      0.430029
```

```
6 472.922    0.21145E-02 -0.16108E-04  0.001267  0.259467E-09  1.00000       0.690499E-06
---------------------------------------------------------------
sum                          0.342632E-03        0.911821
---------------------------------------------------------------
   ***** PARTICIPATION FACTOR CALCULATION *****  Z  DIRECTION
                                               CUMULATIVE     RATIO EFF.MASS
MODE   FREQUENCY           PERIOD          PARTIC.FACTOR      RATIO      EFFECTIVE MASS
MASS FRACTION    TO TOTAL MASS
1  0.422459E-02 236.71      -0.85966E-11  0.000000  0.739011E-22  0.283210E-18  0.196667E-18
2  254.796     0.39247E-02 -0.61971E-07  0.000004  0.384041E-14  0.147175E-10  0.102202E-10
3  254.842     0.39240E-02  0.28003E-05  0.000173  0.784153E-11  0.300657E-07  0.208681E-07
4  449.613     0.22241E-02  0.82139E-06  0.000051  0.674682E-12  0.326512E-07  0.179548E-08
5  449.644     0.22240E-02  0.22305E-04  0.001381  0.497504E-09  0.193923E-05  0.132397E-05
6  472.922     0.21145E-02  0.16154E-01  1.000000  0.260941E-03  1.00000       0.694422
---------------------------------------------------------------
  sum                                         0.260941E-03   0.694423
---------------------------------------------------------------
    ***** PARTICIPATION FACTOR CALCULATION *****ROTX DIRECTION
                                            CUMULATIVE
MODE    FREQUENCY           PERIOD          PARTIC.FACTOR      RATIO      EFFECTIVE MASS
MASS FRACTION
1  0.422459E-02   236.71        0.71502E-03  0.001426  0.511257E-06  0.917895E-06
2  254.796       0.39247E-02  -0.45533       0.908098  0.207328      0.372231
3  254.842       0.39240E-02  -0.50141       1.000000  0.251415      0.823614
4  449.613       0.22241E-02   0.21643       0.431635  0.468408E-01  0.907711
5  449.644       0.22240E-02  -0.22672       0.452171  0.514040E-01  1.00000
6  472.922       0.21145E-02   0.38011E-03  0.000758  0.144485E-06  1.00000
---------------------------------------------------------------
sum                          0.556988
---------------------------------------------------------------
    ***** PARTICIPATION FACTOR CALCULATION *****ROTY DIRECTION
                                            CUMULATIVE
MODE    FREQUENCY           PERIOD          PARTIC.FACTOR      RATIO      EFFECTIVE MASS
MASS FRACTION
1  0.422459E-02   236.71      -0.43603E-08  0.000000  0.190124E-16  0.341340E-16
2  254.796       0.39247E-02  -0.50146       1.000000  0.251463      0.451466
3  254.842       0.39240E-02   0.45530       0.907938  0.207294      0.823632
4  449.613       0.22241E-02   0.22663       0.451936  0.513605E-01  0.915842
5  449.644       0.22240E-02   0.21651       0.431752  0.468751E-01  1.00000
6  472.922       0.21145E-02  -0.39136E-03  0.000780  0.153165E-06  1.00000
---------------------------------------------------------------
sum                             0.556993
---------------------------------------------------------------
    ***** PARTICIPATION FACTOR CALCULATION *****ROTZ DIRECTION
                                            CUMULATIVE
MODE    FREQUENCY           PERIOD          PARTIC.FACTOR      RATIO      EFFECTIVE MASS
MASS FRACTION
```

```
1  0.422459E-02  236.71    1.0526       1.000000 1.10801    1.00000
2  254.796     0.39247E-02 -0.27004E-08   0.000000 0.729222E-17   1.00000
3  254.842     0.39240E-02 -0.70399E-08   0.000000 0.495597E-16   1.00000
4  449.613     0.22241E-02  0.82832E-09   0.000000 0.686110E-18   1.00000
5  449.644     0.22240E-02 -0.20429E-08   0.000000 0.417324E-17   1.00000
6  472.922     0.21145E-02  0.52591E-09   0.000000 0.276583E-18   1.00000
--------------------------------------------------------------
sum                             1.10801
--------------------------------------------------------------
```

由此可知，第4、5阶振型主要表现为 xy 两个方向的平移，其次还存在 xy 两个方向的旋转，z 向平移的参与系数非常小。本例中外界激励方向为轴向（图中为 z 向），虽然外界激励方向对模型振动做功，但由于振型表现相差甚远，所以第4、5阶振型吸收的能量也很少，并不会导致共振。

（12）练习

在航空航天领域中，研究飞行器的振动是必不可少的过程。下面以航模为例，对其进行模态分析，了解刚体模态的概念及应用。

1）导入及修复三维模型，模型如图 2-2-31 所示。建模过程如下：

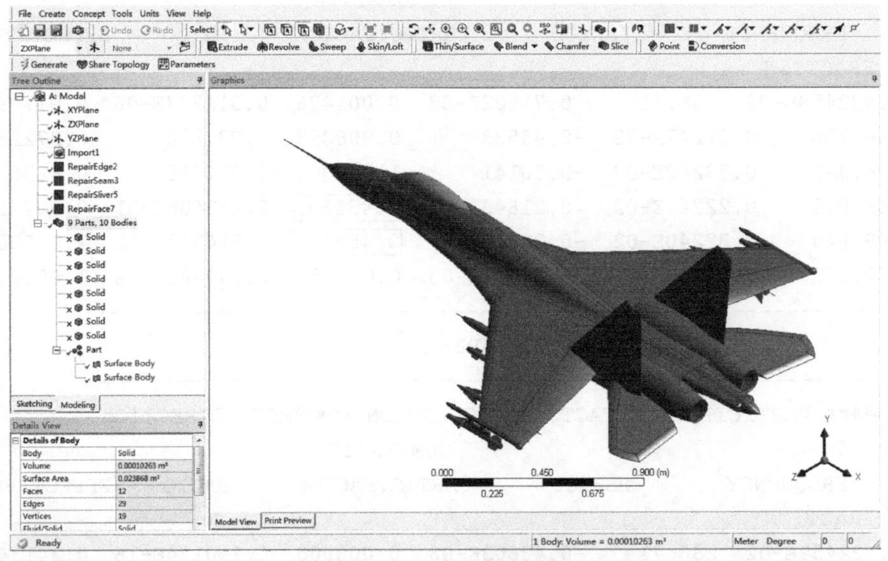

图 2-2-31　导入飞机模型

- 依次单击 File→Import External Geometry File，选择航模的*.igs 文件。注意：三维 CAD 软件在输出*.igs 文件时，默认为面体。如果需要导出实体，必须在导出*.igs 文件时进行设置。如果遗忘，则在 DM 的 Create-Body Operation 中进行 Sew 处理，或在 SpaceClaim(以下简称 SCDM)中进行“组合”处理。
- 依次单击 Tools→Repair 中的 Repair Edges（修复模型中的短线条，等效于 SCDM 中的“分割边”），Repair Seam（修复壳体模型中的狭缝，等效于 SCDM 中的“额外边”），Repair Sliver（修复模型中的狭长碎片，等效于 SCDM 中的“非精确边”），Repair Face（修复模型中的小面，等效于 SCDM 中的“小型表面”）等工具对模型进行修复。

- 对多余的 8 个实体（solid）模型进行抑制（suppress body）处理，最后将剩下的两个壳体（surface body，分别为航模舱盖和航模其他外壳）进行合并（form new part）。

2）调用材料库。

在 Engineering Data 处双击鼠标进入 Workbench 默认的材料库，如图 2-2-32 所示。左键单击 General Materials 库内的 Aluminum Alloy（铝合金）和 Polyethylene（聚乙烯塑料），出现图中所示的一本书的图标，这表示可以调用材料。

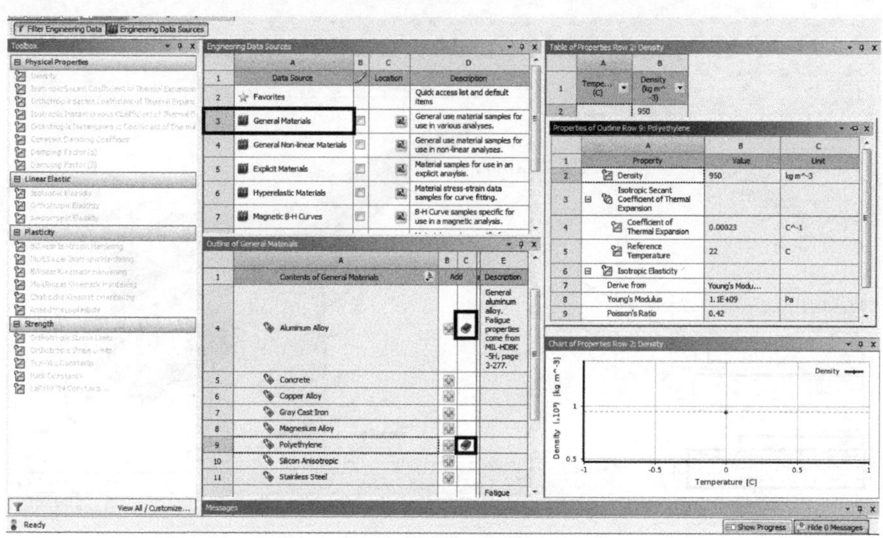

图 2-2-32 调用材料库

3）定义厚度及质点，左键单击 Geometry，在详细菜单内可以看到该航模的外形尺寸为：x 向为 2995.2mm、y 向为 689.55mm、z 向为 1889.7mm。依次单击 Part 下面的两个 Surface Body，如图 2-2-33 所示进行设置。其中航模舱盖定义厚度（Thickness）为 5mm，材料（Assignment）选择 Polyethylene；航模其他外壳定义厚度为 5mm，材料选择 Aluminum Alloy。

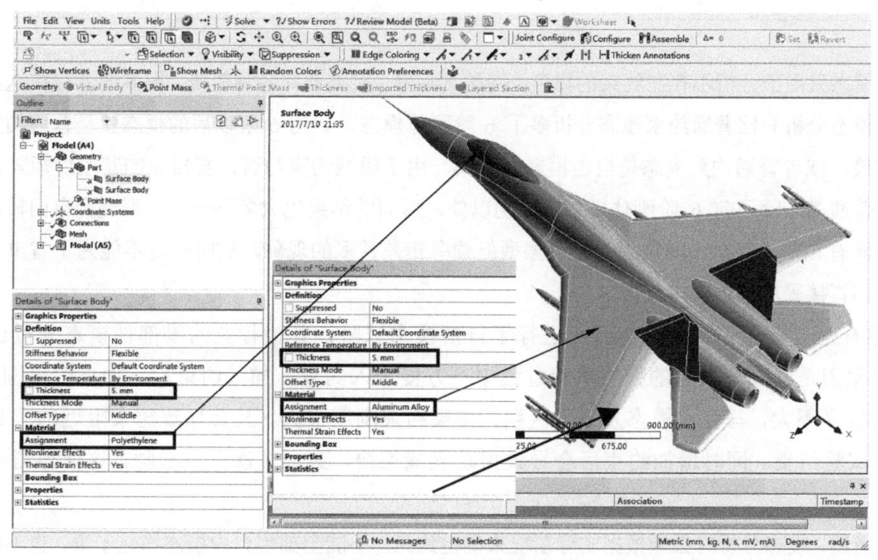

图 2-2-33 定义厚度及材料

鼠标单击驾驶员舱盖的壳体模型，按 F9 键将其隐藏。右键单击 Geometry，在出现的菜单中依次单击 Insert→Point Mass。如图 2-2-34 所示进行设置，在 1 区选择驾驶舱下表面；在 2 区定义质点的位置，分别为 X Coordinate：−350mm，Y Coordinate：125mm，Z Coordinate：默认数值；在 3 区定义质量为 25kg；在 4 区定义转动惯量，分别为 Mass Moment of Inertia X：7.28e5kg·mm^2，Mass Moment of Inertia Y：7.59e5kg·mm^2，Mass Moment of Inertia Z：43400kg·mm^2（该数据无工程意义）。

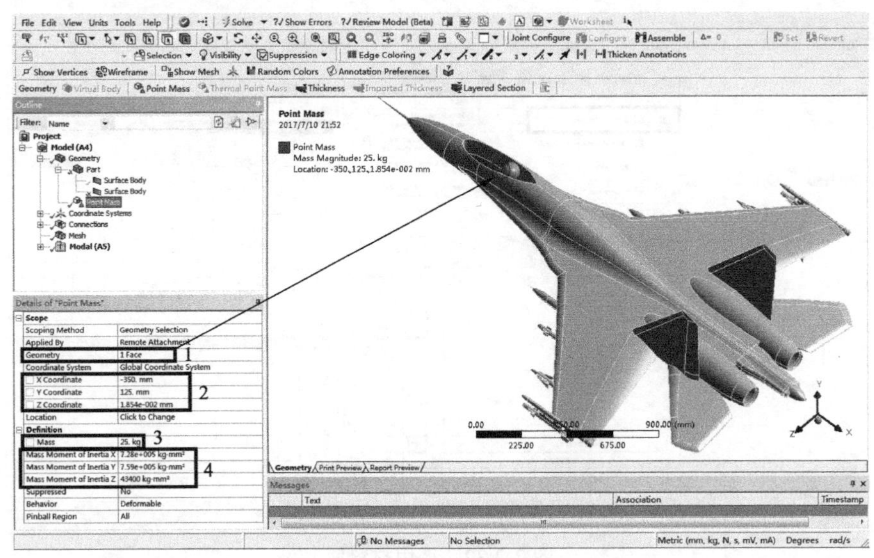

图 2-2-34　定义质点

4）模态分析设置，网格采用默认划分。由于两个壳体已经定义了共节点（form new part），因此不需要定义接触。

航模在天空飞行，并不存在任何约束，因此也不需要加载任何边界条件。注意：这是模态分析相比其他分析差异最大的地方，该模态称为自由模态。

注意

自由模态只用于分析不存在约束的模型，例如飞行器、航天器和各种船艇。很多读者存在这种错误认知：自由模态分析只比普通约束模态分析多了 6 阶刚体模态，认为 6 阶以后的模态就是普通约束模态所求解的结果，或者普通约束模态是自由模态的子集。由于模型约束与否，直接影响其刚度矩阵，因此自由模态和普通模态除了前 6 阶刚体模态的区别以外，后面的结果也大多不一致。表现为自由模态遗漏普通模态的固有频率，甚至出现结果为同一振型但频率相差甚多的现象，这时一定不能为了省事，而将所有模型全都直接采用自由模态分析。

当然有些读者认为：汽车车身都进行了自由模态试验，其他行业的零部件模态分析也可以借鉴。其中原因是在汽车车身的模态试验过程中不方便加入约束，加入约束后，如果约束刚度很小，那么约束意义不大，与自由模态几乎无区别；如果约束刚度很大，又会导致约束附近的车身刚度变大，影响试验结果。同时增加约束后会导致振动衰减很快，必须多次重复激励，这使得测试过程非常麻烦。

综上所述，模态分析时必须根据实际工况来确定约束，不能全部用自由模态简化了事，也不能随便定义类似 Fixed Support 之类的刚性约束（模态计算结果的频率偏高），因为这样都直接影响系统刚度，进而导致模态分析出现较大误差。

鼠标左键单击 Analysis Settings，如图 2-2-35 所示进行设置。在 Max Modes to Find 处定义为 80，表示进行 80 阶模态计算，在 Output Controls 处选择 Stress（应力）和 Strain（应变）为 Yes。

注意

默认模态求解是不输出应力和应变的，这是由于模态分析时并没有加载外载荷，只求得模型的固有频率和振型，因此模态分析求解出的应力和应变在数值上没有任何意义。但这并不表示该结果完全没有参考价值，模态分析时应力最大点的位置，即为产生共振时最易破坏的结构点。另外模态分析时，如果需要计算应力应变，必须在计算之前打开此开关，否则无法读取该项后处理数据。在该项开关打开后，会极大消耗计算机资源。

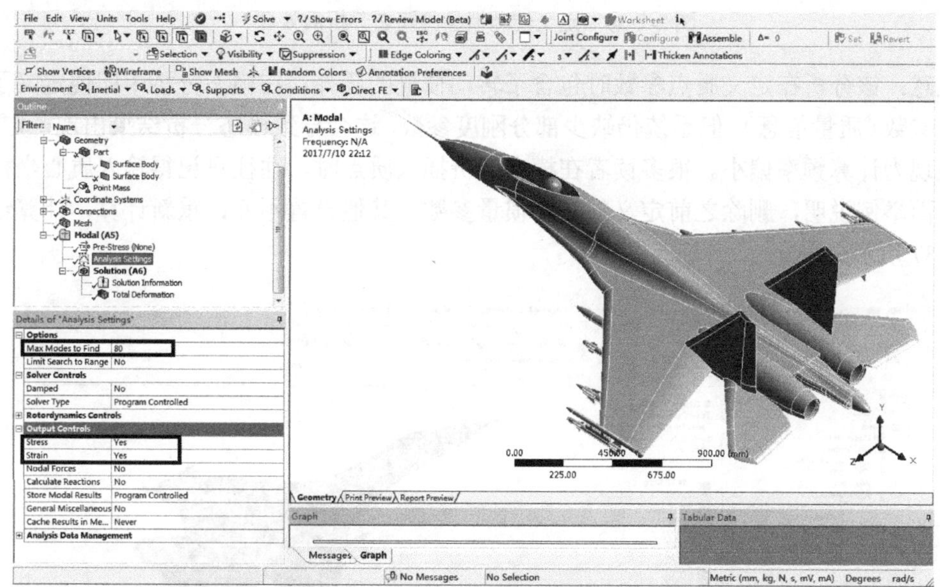

图 2-2-35　求解的设置

5）后处理。计算完成后，如图 2-2-36 所示，可以看到模型前 6 阶的频率为 0 或近似为 0，这即为刚体模态。刚体模态具有以下特征：系统内部之间相对距离不变，表现为自由度的运动形式，往往是最大位移的参与者。

注意

由于刚体模态具有这些特征，所以它常用于检查模型的约束状态。如果模型欠约束，则一定会出现某种形式的刚体模态。

选取第 60 阶模态，观察其振型和应力结果。振型结果显示第 60 阶模态主要表现为航模的空速管上下摆动，应力结果显示空速管根部应力最大。这说明如果在共振情况下，空速管根部将有很大的应力。

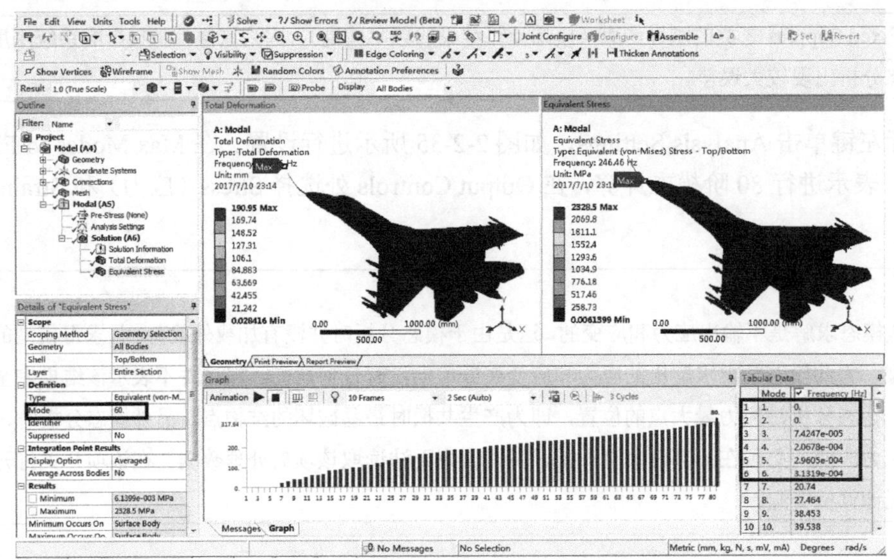

图 2-2-36　定义转动惯量的模态分析后处理

注意：该分析在定义质点参数时包含了转动惯量的选择。在模态分析中即便定义了完整的质点参数（质量信息）。但系统仍缺少部分刚度参数，这会导致模态分析结果出现一定误差，一般表现为计算频率偏小。很多读者在模态分析插入质点时，往往只记得输入质心坐标和质量。下面举例说明，删除之前定义的转动惯量参数，其他设置不变，重新计算，计算结果如图 2-2-37 所示。

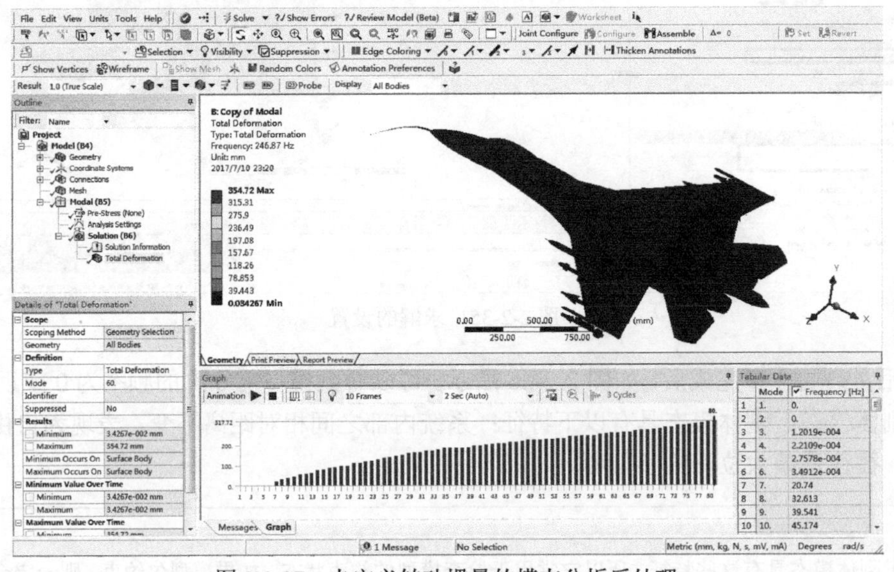

图 2-2-37　未定义转动惯量的模态分析后处理

通过对比可知，两者模态分析的结果不仅在频率上出现差异（定义转动惯量的模态，第 8、9、10 阶的频率依次为 27.464 Hz、38.453 Hz、39.538Hz；不定义转动惯量的模态，第 8、9、10 阶的频率依次为 32.713 Hz、39.541 Hz、45.174Hz），在振型上也不完全相同（定义转动惯量的模态，第 60 阶频率为 246.64Hz，振型为空速管上下摆动；不定义转动惯量的模态，第 60 阶频率为 246.87Hz，振型为空速管左右摆动）。

通过上述分析可以得到模态分析的两个建模原理：

1）模态分析时，最准确的是三维实体模型，而且是越真实的模型越好。如果需要简化为梁或壳模型，那么在低阶频率范围内，不仅需要采用高阶单元，还必须保证足够的网格密度。在高阶频率范围内，由于忽略了实体模型的细节，不仅会丢失振型，还会存在较大误差。

2）对于模态分析，如果采用质点模型，不仅要输入质量和质心位置等参数，而且必须输入转动惯量的参数，否则会导致后处理频率和振型的错误。

（13）小结

模态分析计算结果中的振型实际上就是结构自由度的数学体现。产生共振必须激励自由度与振型相匹配，不仅是频率的对应关系。同时由于振型反映模型自由度，因此在多部件复杂接触模型分析前，最好进行模态分析。通过振型可以非常清楚地观察到模型接触状态，检查出接触遗失出现的约束不足情况。

另外通过振型显示可以发现，模态存在全局模态和局部模态。局部模态是指模态仅在小部分表现明显的幅值。即振型仅在结构的某些局部区域内存在响应，而在大部分区域，振型对结构的响应几乎为零。在循环周期对称模型的模态分析中最容易出现局部模态现象。一般而言，对于结构的整体动力学分析可以忽略局部模态的影响，但是如果多阶振型均反映相同局部区域的局部模态，这代表该区域刚度较小且对缺陷或扰动非常敏感（类似于屈曲），则必须对其进行设计修正。

2.2.3 模态分析之线性叠加

前文已经讲述，模态分析计算得到振型的数值是归一化的数值，即为相对值而非绝对值，同时振型是一个矢量，具备方向性。实际工程中，经常需要对载荷激励下模型所产生的响应进行分析，该响应是一个绝对值，为由激励的各阶模态引发的各阶响应之和（线性叠加）。各阶振动响应等于各阶模态乘以相应的加权系数，各阶模态的加权系数的数值与输入激励载荷的大小、数量、位置与频率等因素有关。

下面以某管道模态分析为例，求出该管道在某频率段（100～200Hz）激励时最佳的固定点。

（1）建立三维管道模型

对于一般管道，由于管长度与管截面之比很大，且分析频段不高，所以低阶模态足够求解，不需要采用实体或壳模型。三维管道模型的建立方法为：采用输入多个点的坐标，再连接成线（参见《ANSYS Workbench 有限元分析实例详解（静力学）》）；或在各个平面建立多个草绘线段，然后连接为一体，但是这样需要多次切换平面，较为麻烦；或采用实体建模，抽取边线的方法。

三维管道模型如图 2-2-38 所示。建模过程如下：

1）在 *xy* 平面建立 Sketch1，绘制一个“凸”字模型，其中“凸”字下方形的 *x* 长 1.5m，*y* 长 2m，“凸”字上方形的 *x* 长 0.5m，*y* 长 1.2m，两个方形相差 0.6m。然后用 Extrude1 中的 Add Material 命令将其拉伸，长度为 0.3m，形成一个“凸”形实体。

2）选择 Create→Fixed Radius Blend 命令对该实体进行倒圆角，共选取左侧 4 条棱线（对应图中圆圈标记的位置），Radius（倒角半径）定义为 0.2m。

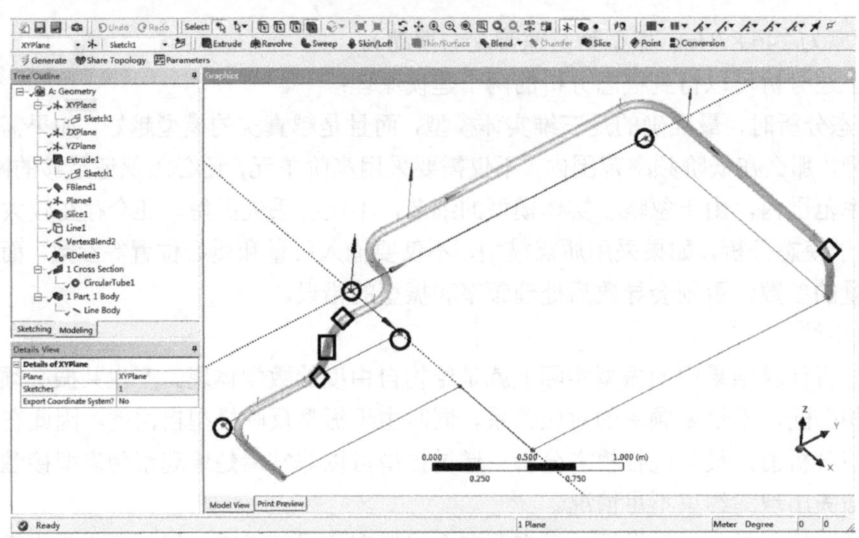

图 2-2-38　建立三维管道模型

3）以 zx 平面为基准，以偏移方向 z 为距离−0.5m 新建 Plane4（对应图中长方形位置）；再以 Plane4 为基准，用 Slice（切分）命令将实体切成两份。

4）选择 Concept→Lines From Edges 命令，依次选择平台的 11 条边线（含圆弧），Operation 处定义为 Add Material，完成抽取基本边线。

5）选择 Create→Delete→Body Delete 命令，选取切分后的两个实体，删除实体。

6）选择 Create→Vertex Blend 命令对边线进行倒圆角，共选取 3 个点（对应图中菱形标记的位置），Radius（倒角半径）定义为 0.15m。

7）选择 Concept→Cross Section→Circular Tube（定义圆管截面），其中内径（Ri）为 0.02m，外径（Ro）为 0.025m，并将截面参数赋值于线体上。

（2）单元定义

如图 2-2-39 所示，鼠标左键单击 Geometry→Line Body，在详细菜单中，选择 Model Type

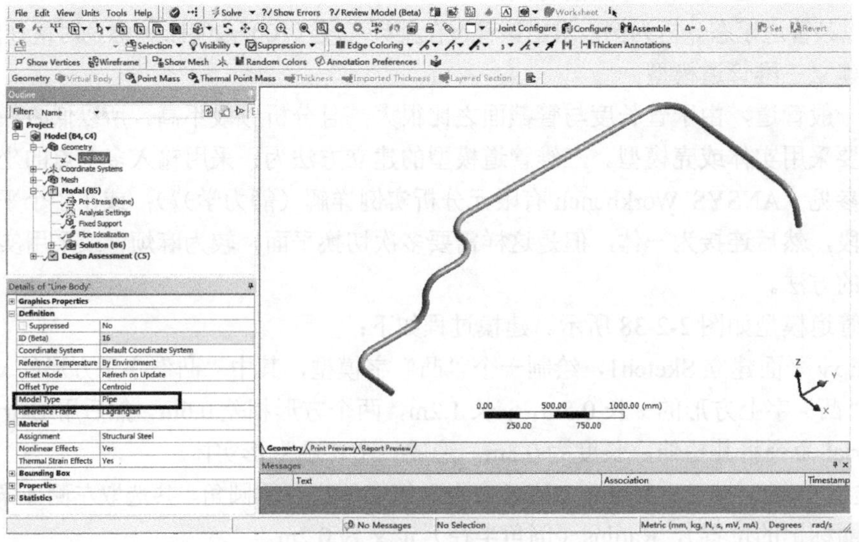

图 2-2-39　定义单元

为 Pipe。注意：此处定义后，该线体模型不再使用 Beam 单元，而是使用 Elbow290 单元。Elbow290 是一种三节点的二次管单元，与 Beam 单元不同，Elbow290 单元可在管内加载载荷，同时管截面还可以发生多种形式的变形。由于其核心算法依然遵守铁木辛格梁的原理，因此本例计算结果与 Beam189 结果相差甚微，读者可以自行尝试。

（3）网格划分

由于 Elbow290 是二次单元，因此在划分网格时必须设置中节点，如图 2-2-40 所示。同时该模型在求解过程中，如果网格数量不够，那么会出现计算错误，因此还需要定义足够小的单元尺寸。本例选择模型中的全部 13 条线，定义 Element Size 为 50mm，其余默认。另外定义较小的单元尺寸，也方便较精确寻找约束点。

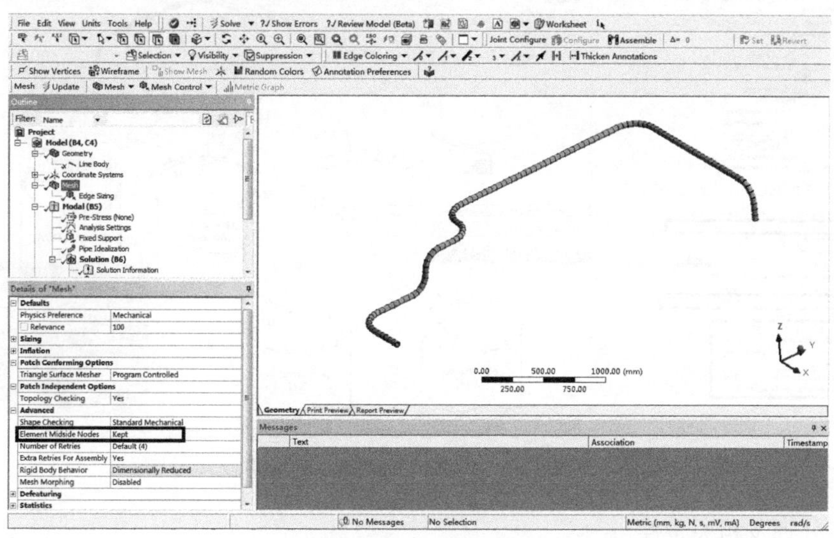

图 2-2-40 网格划分

（4）加载边界条件

如图 2-2-41 所示，在 Analysis Settings 的 1 区，定义 Max Modes to Find 为 10（最大查找

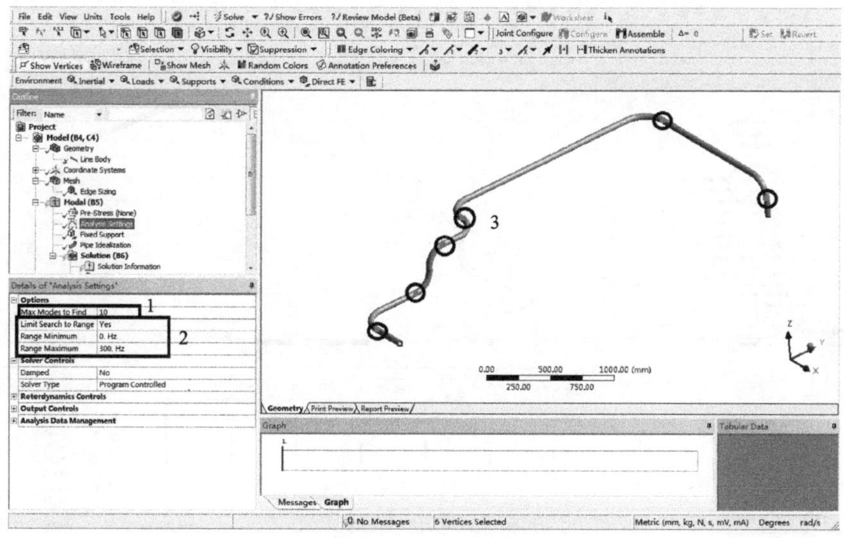

图 2-2-41 定义边界条件

模态阶数）；定义 2 区中的 Limit Search to Range 为 Yes，Range Minimum 为 0Hz，Range Maximum 为 300Hz（表示只求解 0～300Hz 以内的模态）。

按住 Ctrl 键依次用鼠标左键选中 3 区标注的 6 个点，定义其边界条件为 Fixed Support。

如图 2-2-42 所示，选取模型的全部 13 条线，对其定义 Pipe Idealization。其中 Factor 定义为 5.x Pipe Diameter（提高计算精度，默认为 3 倍管径），All Section Deformations 默认为 Free，下列各参数分别表示管截面的变形自由度形式，详细说明已附在图内。

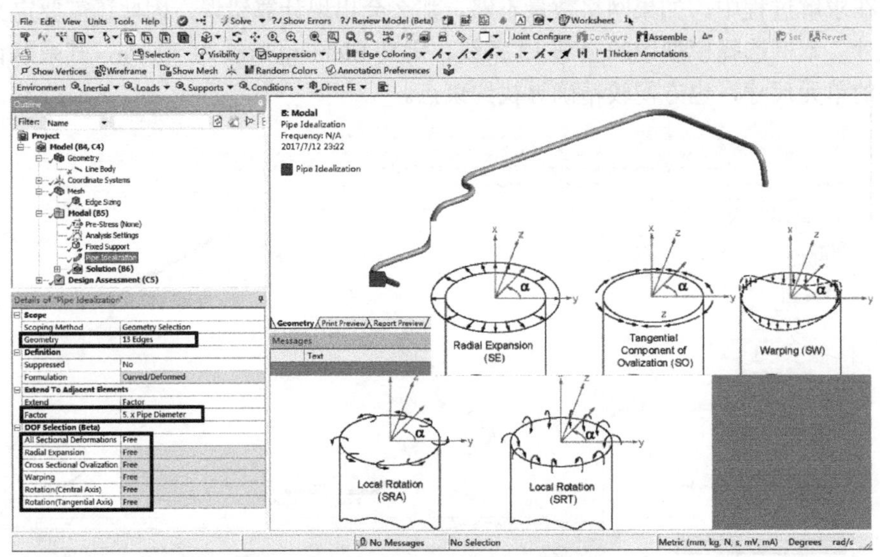

图 2-2-42 Pipe Idealization 的说明

（5）后处理及相关条件

计算结果如图 2-2-43 所示，结果共 7 阶模态，频率在 300Hz 以内，其中第 3～6 阶集中在 100～200Hz 范围内。

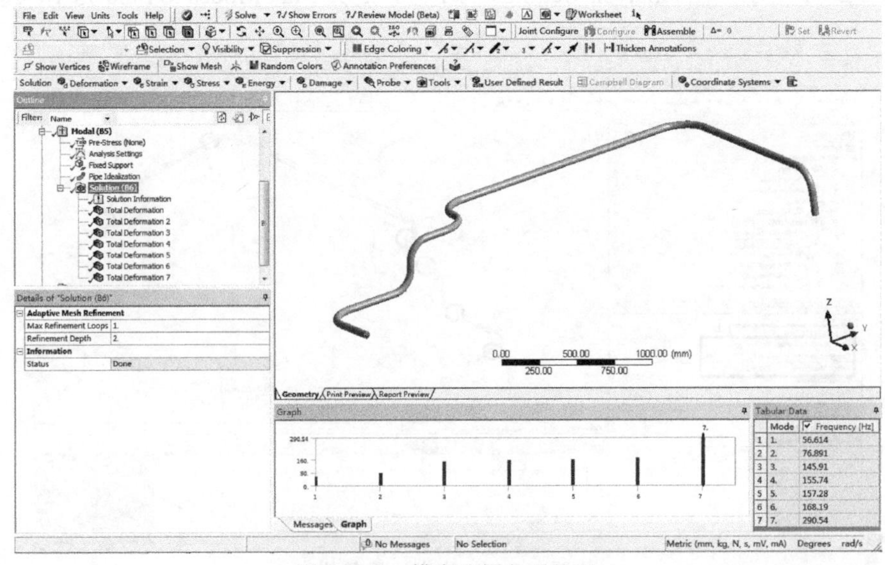

图 2-2-43 模态分析之后处理

本例需要求得在 100～200Hz 频段内的激振时，该三维管道模型的最佳固定点。最佳固定点的位置当然是在外界激励下，模态分析中振型幅值为零的位置。从理论上说，最佳固定点为模态节点。振型动画中不动的点为模态节点，也是模态振型与原始模型的交点。由于最佳固定点还必须保证该频段内所有模态的振型在叠加后依然幅值最小，但是每一阶模态的模态节点位置不可能全部相同，因此很难找到叠加后振幅为零的位置，只能取模态叠加后振型幅值最小的位置。由于一般的模态分析均为线性，所以本例需要对模态进行线性叠加分析。

建立图 2-2-44 所示的分析流程。将 Modal 模块的 B2、B3、B4、B6 与 Design Assessment 模块的 C2、C3、C4、C5 建立关联。

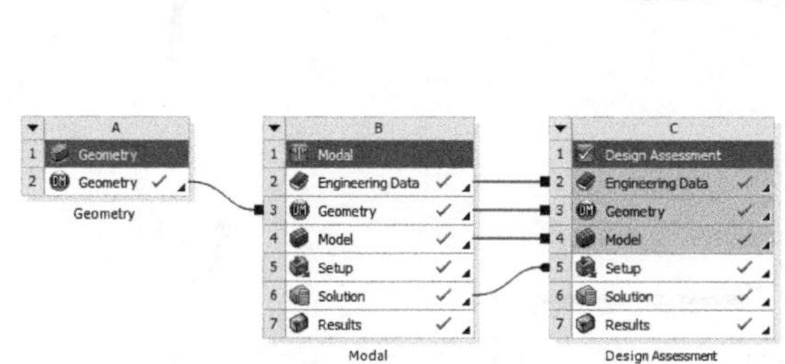

图 2-2-44 分析流程

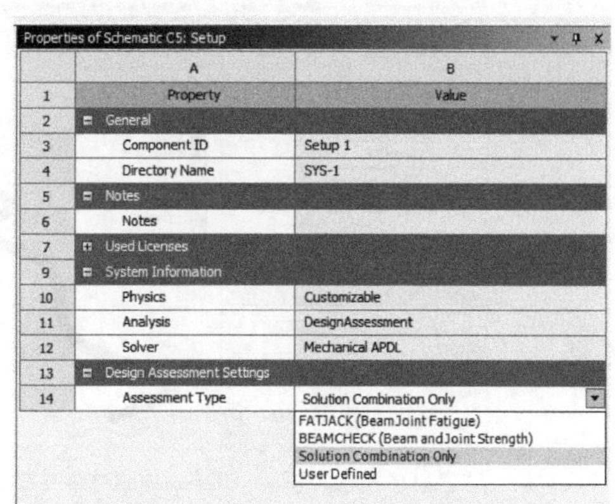

图 2-2-45 Design Assessment 模块的功能

提示

Design Assessment（DA）模块是一个非常强大的后处理模块，如图 2-2-45 所示。它可用于分析梁接头疲劳（fatjack）、梁接头强度（beam check）、组合求解（solution combination only）和自定义后处理（user defined）。自定义后处理，利用 Python 编辑脚本执行内部操作，可以自行开发非常复杂的后处理。本书只讲述其组合求解功能，其他不属于本书范畴，暂不叙述。

（6）DA 模块的设置

如图 2-2-46 所示，鼠标单击 Solution Selection，在右侧表头区域单击鼠标右键，增加 4 行。其中第 1 行在 Coefficient（系数）处输入 0.35，Mode 处输入 3（第 3 阶）；同理在第 2 行的 Coefficient 处输入 0.25，Mode 处输入 4；第 3 行在 Coefficient 处输入 0.15，Mode 处输入 5；第 4 行在 Coefficient 处输入 0.15，Mode 处输入 6。这表示计算结果为：第 3 阶振型的幅值乘以 0.35 加上第 4 阶振型的幅值乘以 0.25 加上第 5 阶振型的幅值乘以 0.15 再加上第 6 阶振型的幅值乘以 0.15。由于系数的存在，所以该结果不再是归一化的相对值，而是真实的绝对值。系数的选取是由实验模态的工况等条件决定的，一般是阶数越低系数越大。

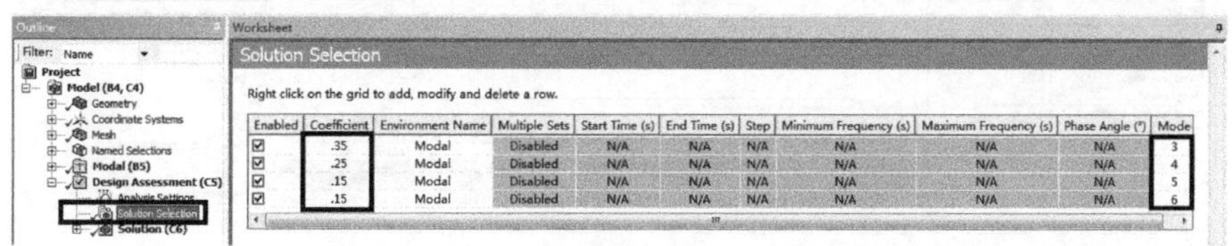

图 2-2-46 Design Assessment 模块的功能

> **注意**
>
> Design Assessment 模块只能叠加线性分析的结果，例如线性的静力学、模态分析、谐响应分析等。

（7）DA 后处理

整体三维管道模型的变形如图 2-2-47 所示。很明显，对于图中标记区域需要增加固定点，位置应该是相对变形最小的区域。

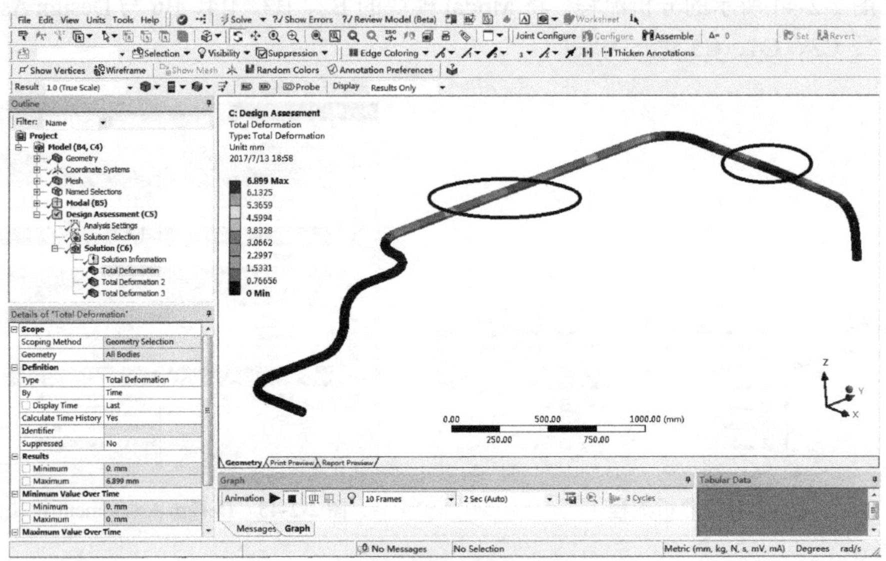

图 2-2-47 后处理

如图 2-2-48 所示，用 Named Selections 工具选取一条线，将其命名为 Line1，然后鼠标右键单击 Line1，在出现的快捷菜单中选取 Create Nodal Named Selection，即可创建基于 Line1 的所有节点选择集（Line1nodes）。同理创建另一条线的节点选择集（Line2nodes）。

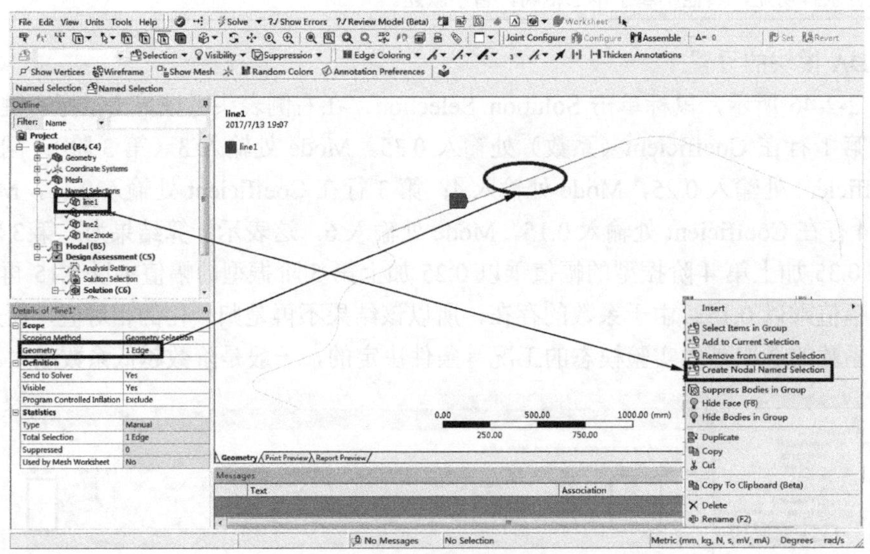

图 2-2-48 命名选择

如图 2-2-49 所示，在 Scoping Method 处选择 Named Selection，然后在 Named Selection 处分别选择 Line1nodes 和 Line2nodes，即可看出两个节点集的变形。如果通过云图寻找变形最小点，那么会比较粗糙。可以右键单击后处理的 Total Deformation2，选择 Export，将其保存为 A.xls（Excel）文件。

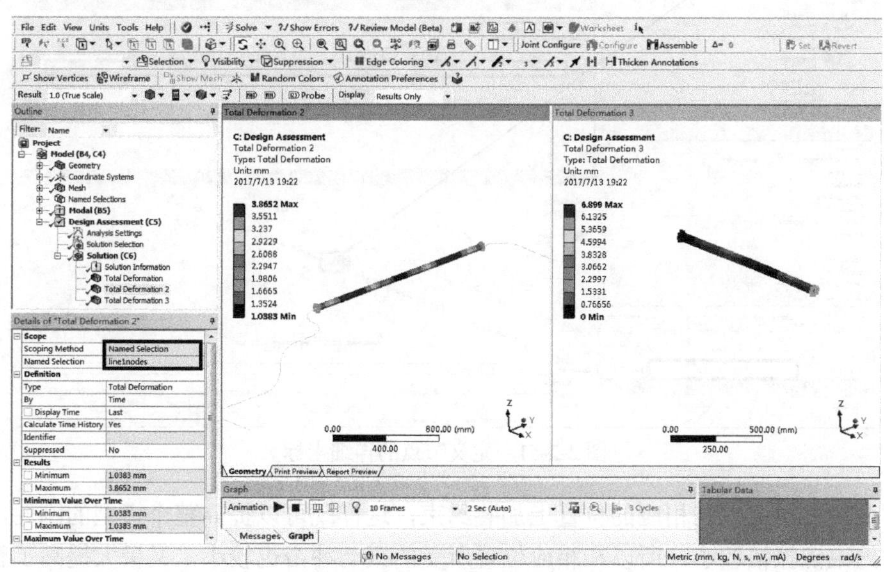

图 2-2-49　节点集的后处理

Excel 文件中的部分结果如图 2-2-50 所示。使用 Excel 中的升序排序功能，可以很快找到第一组节点集内变形最小的节点为 87，变形量为 1.0383mm。

1	Node Numk	Total Deformation (mm)		1	Node Numk	Total Deformation (mm)
2	87	1.0383		2	41	0
3	205	1.0853		3	159	4.22E-02
4	206	1.0856		4	42	0.14185
5	86	1.2145		5	161	0.29265
6	88	1.2151		6	43	0.49098
7	204	1.4003		7	162	0.73014
8	207	1.4011		8	44	1.0057
9	85	1.619		9	163	1.312
10	89	1.6199		10	45	1.644
11	203	1.8539		11	36	1.9504
12	208	1.8548		12	164	1.9964
13	64	2.0831		13	155	2.318
14	71	2.0834		14	46	2.3643
15	84	2.0938		15	63	2.6961

图 2-2-50　Excel 文件中节点编号与总变形的部分数据

如图 2-2-51 所示，先单击 1 区图标，将 Selection Information 窗口打开，再在 2 区内定义命名选择集，单击 3 区的 Generate 图标即可在图形中标记节点 87，再按照 4 区图标形式进行设置，框选出 5 区的待选节点，在 6 区会显示出节点的详细位置坐标：x=0、y=1000mm、z=300mm。

第二组节点集内变形最小的节点为 41，变形量为 0mm。由于节点 41 本身就是约束点，而且 Excel 表中第 1～10 行均为约束点附近的节点，因此取第 11 行变形较小的 36 节点，其变形量为1.9504mm。同理，可找到节点36的详细位置坐标：x=1350mm、y=2000mm、z=300mm。

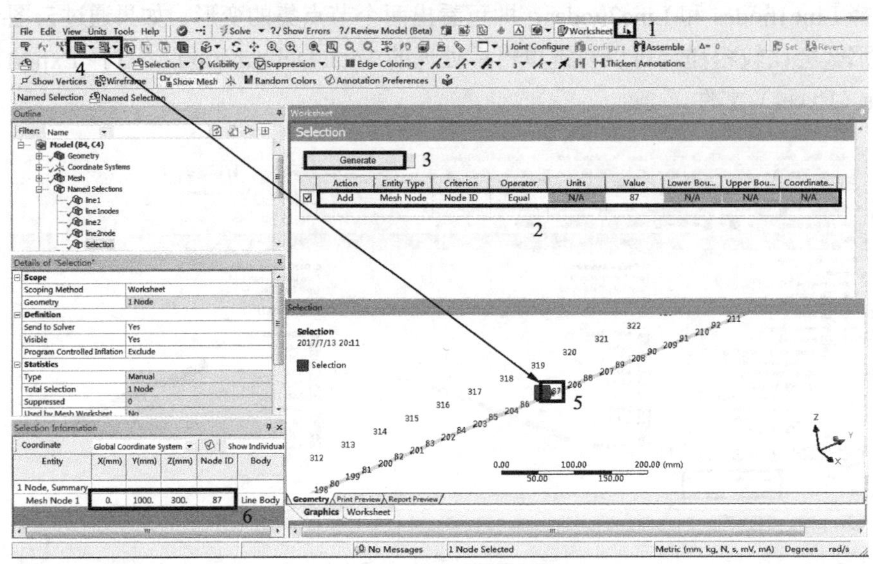

图2-2-51 定义节点的详细坐标

通过上述分析可以在相应的位置上加装约束，这样既可以提高整个模型的刚性，同时由于新增的约束点振幅较小，所以在相应位置所受的振动冲击也较小，又极大提高了整个模型的动力学性能。

（8）小结

类似这种悬挂点的模型设计在运载平台中非常常见。由于此类模型均表现为质量较小、跨度较大的特性，所以采用静力学分析，一般都能满足刚度强度要求。而在实际工况下，由于存在运载平台的激励和自身的自由振动，所以会导致模型部分段产生较大的振幅。如果在此处恰好存在约束，则约束会造成模型有很大的剪切应力，进而导致模型被破坏。

在最初的工程设计中，并不知道任何一个约束点的位置。正确的分析流程是：先对模型进行自由模态分析，求出所关注频率范围内的自由模态振型，以此结果为基础，根据模态节点定义一个或两个约束点。再以定义约束点的约束模态进行模态线性叠加分析，最终确定所有的约束点。当然该线性叠加表示在激励条件下选定阶数的模态都会发生响应，结果相对保守。

2.3 线性摄动模态分析

模态分析的实质是求解动力学二阶微分方程$[\boldsymbol{M}]\{\ddot{\boldsymbol{u}}\}+[\boldsymbol{C}]\{\dot{\boldsymbol{u}}\}+[\boldsymbol{K}]\{\boldsymbol{u}\}=\{\boldsymbol{F}(t)\}$特解的过程，即定义$\{\boldsymbol{F}(t)\}=0$，因此$F=0$是进行模态分析的充要条件。在模态分析时只能加载约束，不能加载外载荷。

但是结构模型会表现出在不同外载荷下呈现不同的动力学特性，例如绳索在外载拉力作用下，刚度变大，固有频率也相应增大；风力发电机叶片在旋转时，刚度变小，固有频率减小。这些现象说明外载荷对模型的固有频率是有影响的，其中又分为两种状态：应力刚化和旋转软化。由于模态分析中并不能加载外载荷，因此可采用预应力模态分析的方法处理上述问题，即通过不同应力状态下的静力学分析，得到结构模型更新后的刚度，再用此刚度计算模态。

预应力模态分析是先加载一个线性静力学分析，再将其前处理和求解选项与模态分析的前处理和设置建立关联，进而计算模型的模态。而线性摄动（linear perturbation）模态分析也可认为是预应力模态分析，但较之前版本的预应力模态分析不同的是：模态分析之前的静力学分析不仅可以是线性分析，也可以是非线性分析，其中包括大变形、大挠度、非线性接触等。

线性摄动模态分析的计算原理是：根据前置的静力学分析，不断调整模型的刚度矩阵。该刚度矩阵不仅包括线性分析中的材料刚度矩阵（如果为超弹性等材料，则材料刚度矩阵为变值）和约束刚度矩阵，还包括非线性分析中的接触刚度矩阵、应力刚度矩阵和旋转软化刚度矩阵。

2.3.1　线性摄动模态分析之应力刚化和旋转软化

应力刚化是个非常普遍的现象，因为几乎不存在不受外载荷作用的结构模型。虽然外载荷确实影响了结构模型的刚度，但是在使用应力刚化之前，还需要对系统工况进行评估。例如一个跨度较小的悬臂梁，确实存在垂直悬臂梁的重力载荷，但该方向的载荷对系统刚度的影响甚小，完全没有必要为此进行应力刚化的模态分析；反之如果存在沿着悬臂梁方向的拉压载荷，该方向的载荷对系统刚度的影响很大，则必须进行应力刚化的模态分析。

旋转软化现象表现在旋转机构上，而且往往与应力刚化现象伴生。当模型旋转时，由于离心力的作用，模型的刚度会变大；同时由于离心力的方向不断变化，所以会导致模型并不稳定，这又使模型的刚度变小。因此分析旋转模型的固有频率时，不仅需要考虑应力刚化，还要考虑旋转软化。

下面以一个简单的圆盘为例，来描述旋转工况下应力刚化和旋转软化的现象。

（1）建立壳模型

建立一个外径为120mm、内径为40mm的圆盘，建立Surface Body（壳模型）模型。建模过程比较简单，不再赘述。

（2）建立分析流程

如图2-3-1所示，建立以下分析流程。其中包括A框架结构的DM模块，B框架结构的模态分析，C框架结构的静力学分析，D、E框架结构的线性摄动模态分析。

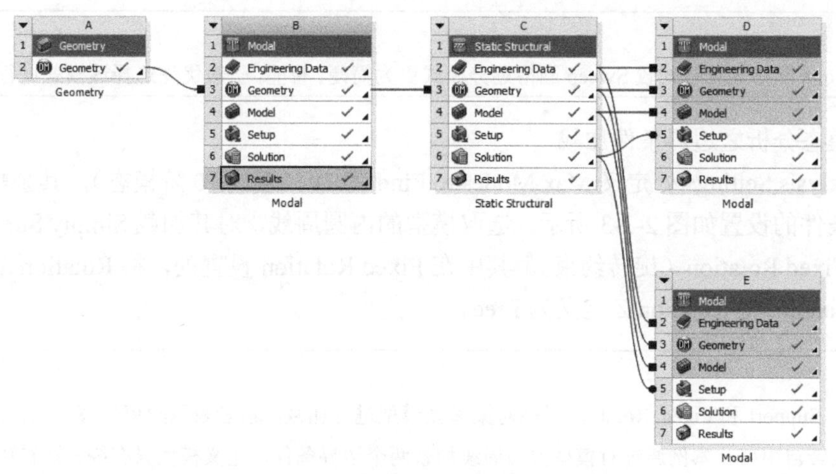

图2-3-1　线性摄动模态分析流程

> **注意**
>
> 需要将 Static Structural（静力学）中的 C6（Solution）选项与 Modal（模态）中的 D5、E5（Setup）选项建立关联。这样就完成了线性摄动模态分析的基本框架。

（3）划分网格

在 B4 处双击鼠标左键，进入 Mechanical 界面。定义 Surface Body 的 Thickness（厚度）为 0.2mm，Assignment 定义为 Aluminum Alloy（铝合金）。该处相应设置请参看《ANSYS Workbench 有限元分析实例详解（静力学）》。

对于 Surface Body 采用 MultiZone 网格划分模式，如图 2-3-2 所示。在 Geometry 处选择实体模型，在 Method 处选择 MultiZone Quad/Tri（四边形或三角形的多体划分形式），Free Face Mesh Type 处选择 All Quad（全部四边形）。其余均默认。

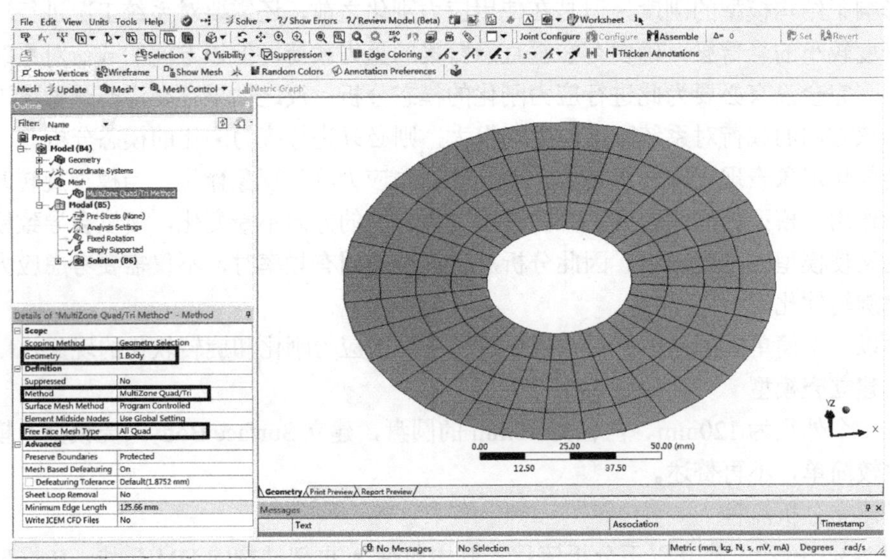

图 2-3-2　网格划分

> **注意**
>
> MultiZone 网格划分模式较 Sweep 网格划分模式更为简便、智能，一般优先选择该模式进行网格划分。

（4）模态分析之边界条件加载

在 Analysis Settings 处定义 Max Modes to Find 为 10（查找 10 阶模态），其余默认。

边界条件的设置如图 2-3-3 所示。选取模型的内圆周线，对其加载 Simply Support（简支约束）和 Fixed Rotation（旋转约束）。其中在 Fixed Rotation 设置处，将 Rotation *X*、Rotation *Y* 均定义 Fixed，将 Rotation *Z* 定义为 Free。

> **注意**
>
> Simply Support 和 Fixed Rotation 只能对梁和壳模型进行加载，前者表示约束平移方向自由度，后者表示约束旋转自由度。本例通过对模型内圆周线加载两个边界条件，定义模型只有绕 *z* 轴旋转的自由度。

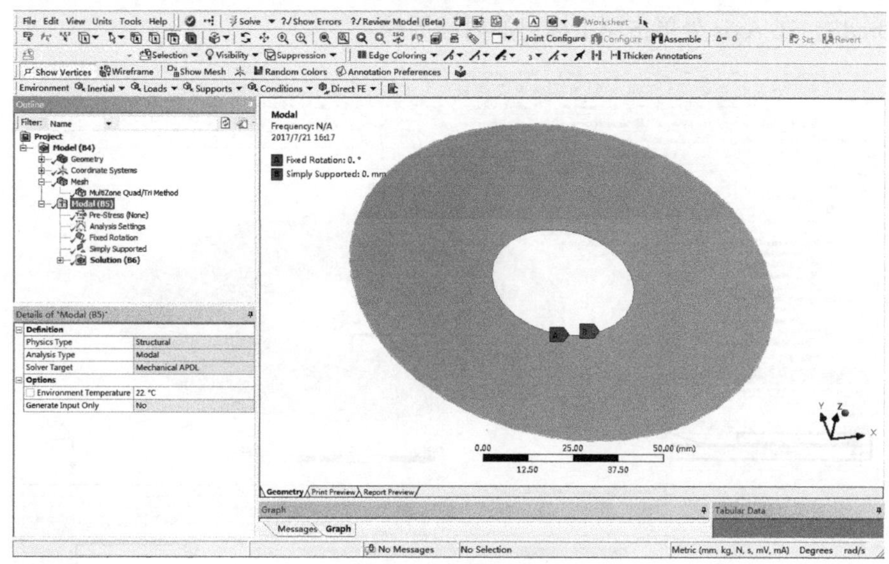

图 2-3-3　加载边界条件

（5）后处理

计算结果如图 2-3-4 所示。第 1、2 阶模态为对称形式，表现为对角的偏转，固有频率均为 102.88Hz。第 3 阶模态表现为外圆周上下振动，结果类似于碟簧，固有频率为 103.47Hz。

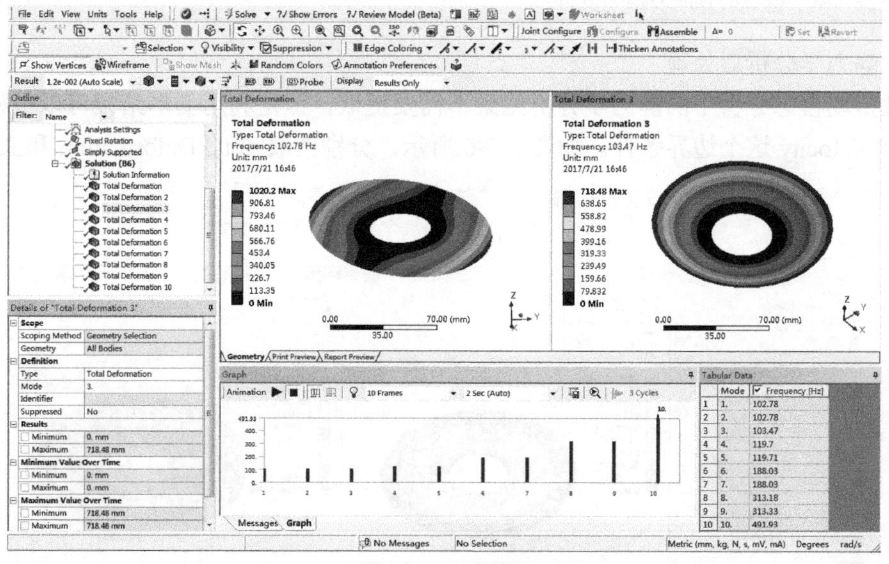

图 2-3-4　后处理

（6）静力学分析之边界条件加载

在 C4 处双击鼠标左键，进入静力学分析界面。相应的厚度、材料与网格设置与模态分析一致。在 Analysis Settings 处将 Large Deflection 设置为 On（大变形开关打开）。

边界条件中的约束与模态分析一致，对模型内圆周线加载 Simply Support 和 Fixed Rotation，注意定义 Rotation *Z* 为 Free。模型处于旋转工况，鼠标右键单击 Static Structural，在弹出的快捷菜单中插入 Rotational Velocity（转速），如图 2-3-5 所示。在 Magnitude 处输入转速 1000rad/s，在 Axis 处单击图中标记的内圆周线。

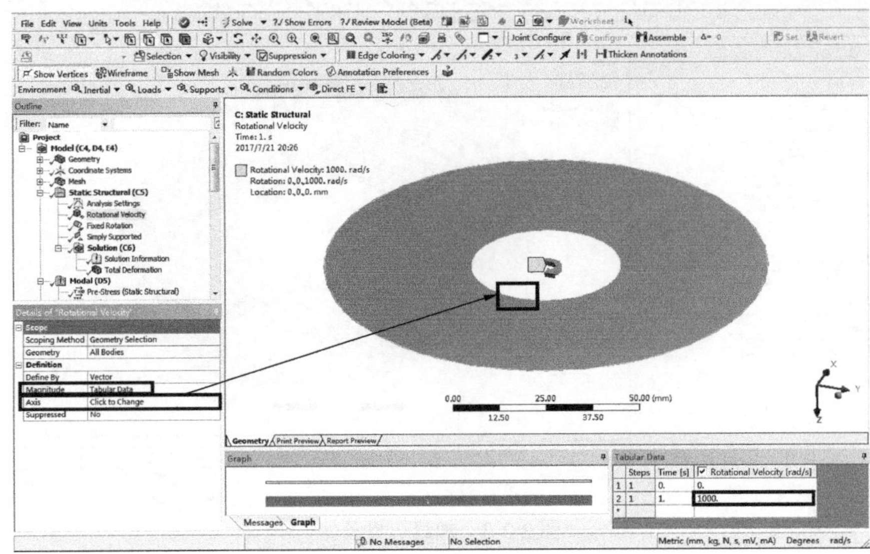

图 2-3-5 加载边界条件

> **注意**
>
> Large Deflection 即便设置为 Off，后续计算也会提示需要将其打开。这是 Workbench 14.0 版本以后的功能，不再局限于线性的预应力模态分析。

（7）静力学分析后处理

线性摄动模态分析中的静力学分析结果不需要提取，但是利用变形结果可以很好地理解 Rotational Velocity 这个边界条件。如图 2-3-6 所示，分别读取 Total Deformation 和 RZ。

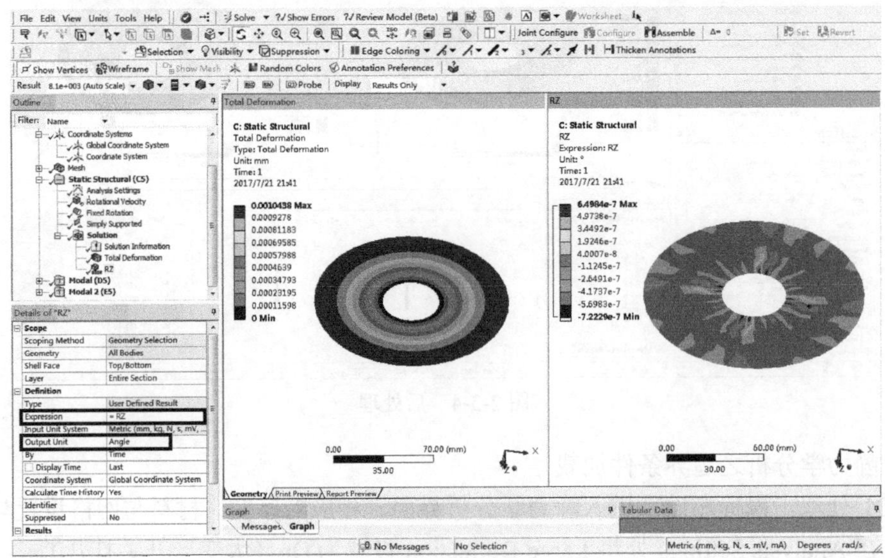

图 2-3-6 后处理

由图 2-3-6 可知，加载惯性载荷中的转速时，模型并没有旋转（RZ 很小，可以忽略），它的主要变形表现为沿径向向外扩展。这说明惯性载荷中的转速并不是让模型旋转，而是产生离心力（向心力的反力）。模型在离心力的作用下，沿径向向外扩展，这与计算结果是吻合的。

（8）基于应力刚化的线性摄动模态分析设置

在 D5 处双击鼠标左键，进入线性摄动模态分析界面。单击 Pre-Stress（Static Structural），详细菜单如图 2-3-7 所示。其中 Pre-Stress Define By 定义为 Time，Pre-Stress Time 默认定义为 End Time，Contact Status 默认定义为 Use True Status。

注意

Pre-Stress Define By 可以定义为 Time 或 Load Step，前者表示读取静力学某个时间点的系统刚度，后续菜单全部以 Time 为计算单位；后者表示读取静力学分析中某个时间步（不是子步）的系统刚度，后续菜单全部以 Load Step 为计算单位。默认读取时间或时间步的系统刚度均是系统最后的计算刚度。如果需要读取中间过程的系统刚度，则需要在静力学分析中的 Restart Controls（重启点控制）中进行设置。Contact Status 可以定义为 Use True Status、Force Sticking 和 Force Bonded。其中 Use True Status 表示调用某个过程点的系统刚度（线性或非线性）用于线性摄动分析；Force Sticking 只用于摩擦系数大于 0 的接触，当接触状态处于滑移状态时，其系统刚度还包括黏结接触刚度；Force Bonded 用于接触状态为黏结或滑移的工况。

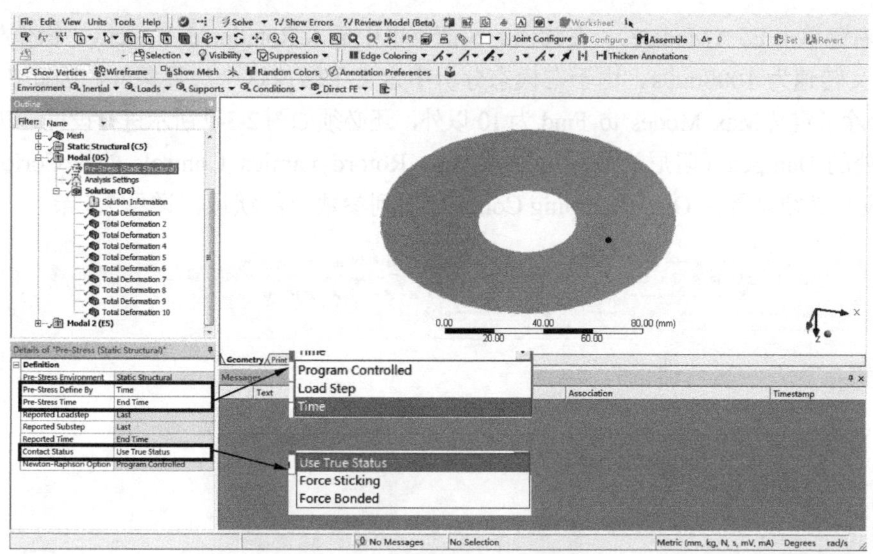

图 2-3-7 线性摄动分析设置

在 Analysis Settings 处定义 Max Modes to Find 为 10（查找 10 阶模态），其余默认。

由于在静力学分析时已经定义了约束，因此在基于应力刚化的线性摄动模态分析时不需要再定义约束。

（9）后处理

计算结果如图 2-3-8 所示。第 1 阶模态表现为外圆周上下振动，这与普通模态的第 3 阶振型一致，固有频率为 211.29Hz。第 2、3 阶模态为对称形式，这与普通模态的第 1、2 阶振型一致，固有频率均为 225.7 Hz。

（10）基于旋转软化的线性摄动模态分析设置

在 E5 处双击鼠标左键，进入线性摄动模态分析界面。其中 Pre-Stress（Static Structural）的设置与 D5 设置一样。

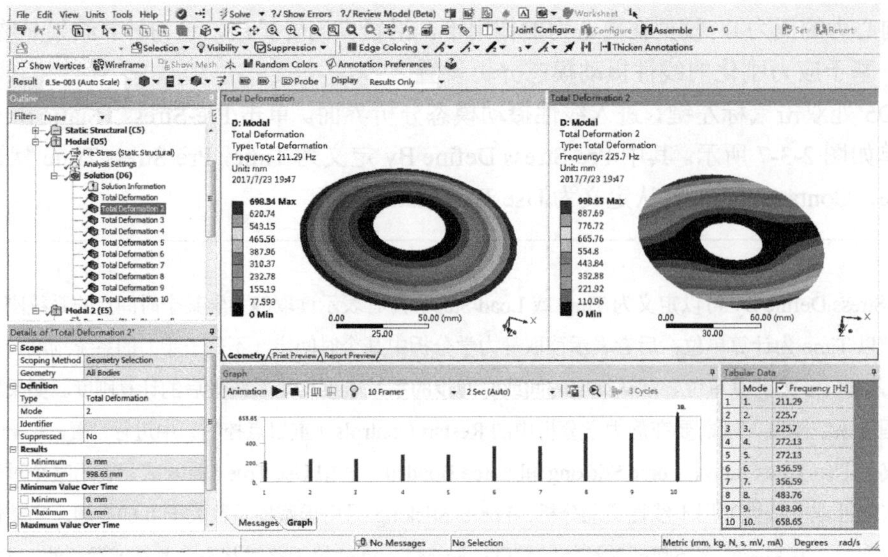

图 2-3-8　后处理

鼠标右键单击 E5（Modal2），在弹出的快捷菜单中插入 Rotational Velocity，操作与图 2-3-5 一致，定义转速为 1000rad/s。由于在模态分析中定义了转速这个边界条件，因此在 Analysis Settings 处除了定义 Max Modes to Find 为 10 以外，还必须如图 2-3-9 所示进行设置。其中 Solver Controls 处的 Damped（阻尼）必须设置为 Yes，Rotordynamics Controls 处的 Coriolis Effect（陀螺效应）必须设置为 On；Damping Controls 下列参数全部默认（详见 2.5 节）。

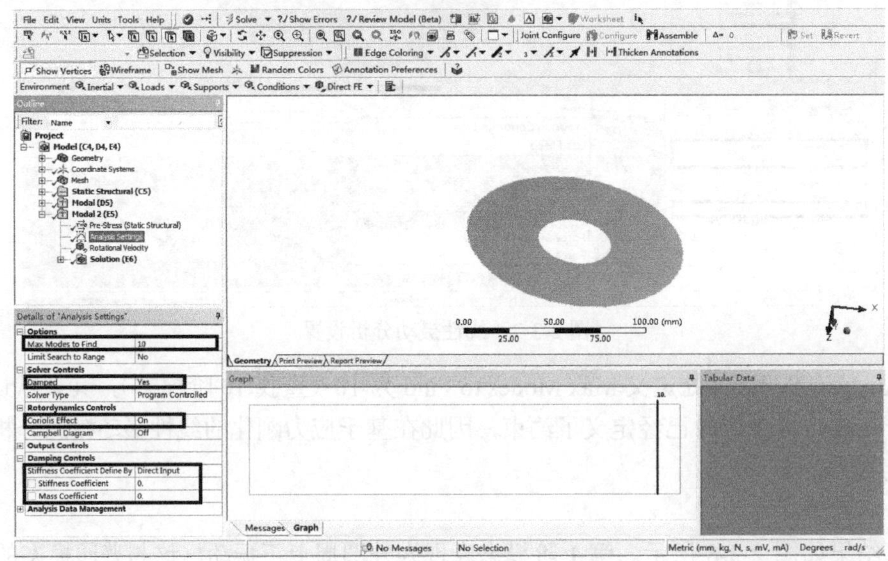

图 2-3-9　Analysis Settings 设置

> **注意**
>
> 在模态分析时插入转速边界条件后，软件将其判定为转子动力学的模态分析。由于转子动力学中包含旋转软化刚度定义，因此可以进行旋转软化的分析。但由于转子动力学必须定义阻尼，因此其后处理结果形式与其他模态分析结果形式略有不同。本节仅描述旋转软化的相应概念，其他相关后处理结果见 2.7 节。

（11）后处理

计算结果如图 2-3-10 所示。第 1、2 阶模态与旋转有关，第 3 阶模态与普通模态的第 1、2 阶振型类似（由于表现为旋转形式，因此没有对称振型），固有频率均为 117.81Hz。第 5 阶表现为外圆周上下振动，这与普通模态的第 3 阶振型一致，固有频率为 211.29Hz。

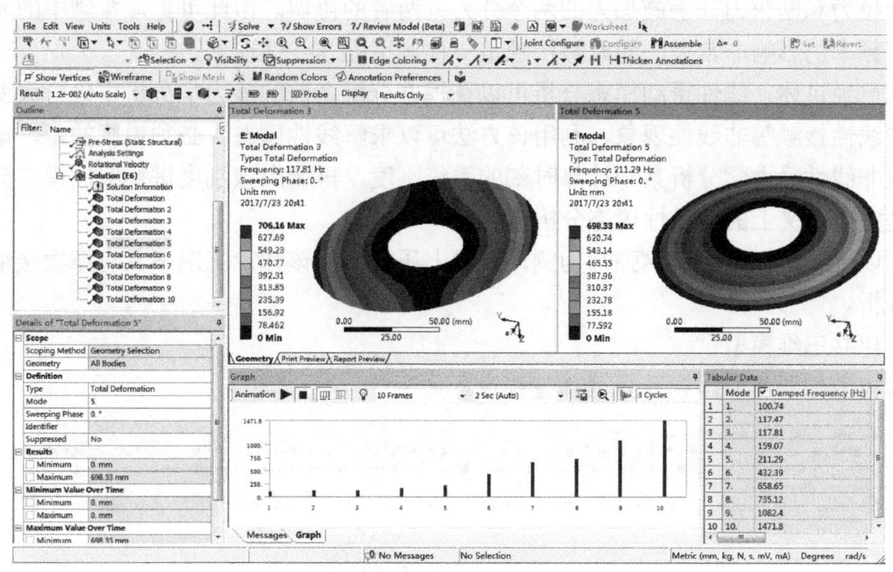

图 2-3-10 后处理

综上所述，3 种模态分析的结果如表 2-3-1 所示。

表 2-3-1 3 种模态分析的固有频率

序号	模态形式	振型表形：对角的偏转	振型表形：外圆周上下振动
1	普通模态	102.88Hz	103.47 Hz
2	应力刚化的线性摄动模态	225.7 Hz	211.29 Hz
3	旋转软化的线性摄动模态	117.81 Hz	211.29 Hz

（12）小结

模型旋转产生的离心力使模型的刚度增大，固有频率增加，这是典型的应力刚化现象。当然预应力不仅可以提高刚度，还可以使固有频率变大；不同方向的预应力载荷也可以降低刚度，使固有频率变小。

通过表 2-3-1 的对比可知：旋转必然带来旋转软化现象，也会导致模型刚度下降。固有频率较应力刚化后的频率减小，但是由于其依然高于普通模态计算而得的固有频率，因此在计算类似旋转工况下的模态分析时，应该采用基于旋转软化的线性摄动模态分析。

另外振型表现为外圆周上下振动时，基于应力刚化的线性摄动模态分析和基于旋转软化的线性摄动模态分析计算而得的固有频率一致。这是因为该阶振型表现与旋转无关，换言之，旋转软化的刚度并没有参与该阶振型，所以两者计算的固有频率一致。

2.3.2 非线性模态分析

模态分析是一种线性分析，在分析中即使出现非线性材料、非线性接触等，也按线性等效进行线性分析计算，但是非线性模态是客观存在的。以二胡为例，其发声原理是利用弓毛与琴弦的相对运动产生交替变换的动静摩擦来弹拔琴弦来振动发声。该摩擦力由弓推拉力与贴弦力乘以摩擦系数组合而成，当弓推拉力较小、贴弦力较大时，二胡发出噪涩的杂音；当弓推拉力较大、贴弦力较小时，二胡发音不饱满甚至产生泛音。因此要让二胡音质饱满，就需要弓推拉力和贴弦力（手施加力的两个分力）两者的协调。由此可见，接触中的摩擦力对系统固有频率的影响非常大，而摩擦接触是一种典型的非线性现象。

前文已经讲述，线性摄动模态分析可以在模态分析之前的静力学分析中包含大变形、大挠度、非线性接触等非线性现象，利用该方法可以求解线性模态。必须说明的是，该计算方法仅读取非线性静力学分析某一计算时刻的系统刚度，再调用该刚度进行线性模态分析，因此还不是完全意义上的非线性模态分析。

下面以一个半椭圆不锈钢弹片为例，描述上压板下压该弹片工况下具有摩擦接触的非线性模态分析。

（1）建立三维模型

三维模型如图 2-3-11 所示，具体建模过程如下：

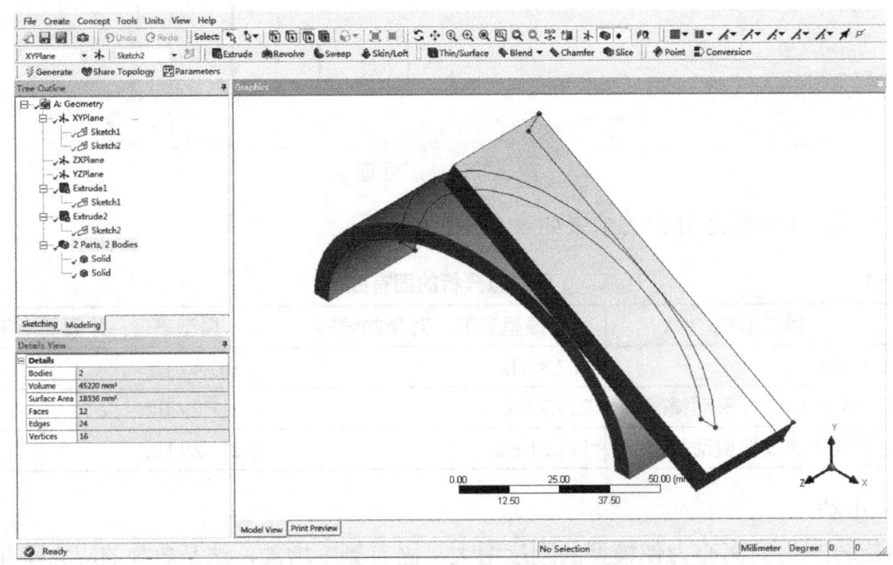

图 2-3-11　建立三维模型

1）在 *xy* 平面上建立 Sketch1。绘制一个半椭圆环模型，其中半椭圆环的长轴外径为 110mm、内径为 100mm，短轴外径为 80mm、内径 70mm。然后用 Extrude1 中的 Add Material 命令将其拉伸，长度为 30mm，形成一个半椭圆弹片模型。

2）在 *xy* 平面上建立 Sketch2。绘制矩形模型，其中矩形长为 100mm、宽为 8mm。该矩形下边与椭圆外圈相切，右上角点距椭圆圆心的水平距离为 82mm，垂直距离为 15mm。然后用 Extrude2 中的 Add Material 命令将其拉伸，长度为 30mm，形成一个上压板模型。注意：绘制该模型时，需要注意图中出现的水平、垂直和相切图标，以保证绘图正确。

（2）建立分析流程

如图 2-3-12 所示，建立分析流程。其中包括 A 框架结构的 DM 模块，B 框架结构的模态分析，C 框架结构的静力学分析，D、E 框架结构的线性摄动模态分析。

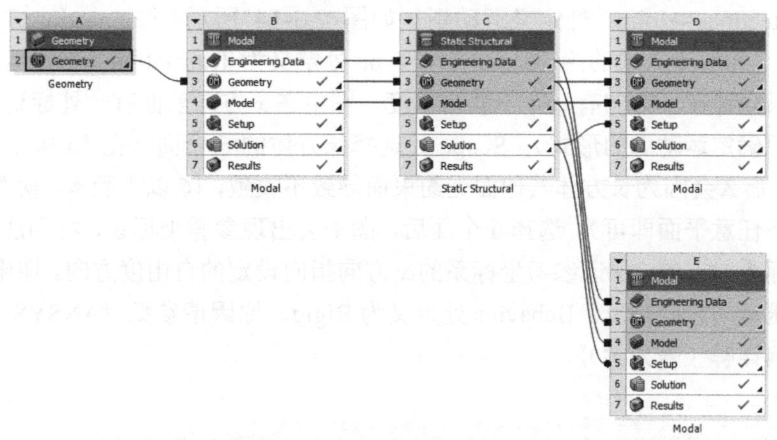

图 2-3-12 线性摄动模态分析流程

（3）接触设置

先在 B2 处进行设置，调用 General Non-linear Materials 库中的 Stainless Steel NL（非线性不锈钢），再在 B4 处双击鼠标左键，进入 Mechanical 界面。定义半椭圆环弹片的材料为 Stainless Steel NL，其余均默认。

在 Connections-contacts 处定义接触对，如图 2-3-13 所示。其中 Contact（接触面）选择半椭圆环弹片的上表面；Target（目标面）选择上压板的下表面；Type 处定义为 Frictional，Friction Coefficient 处定义为 0.1（定义摩擦系数为 0.1 的摩擦接触）；Behavior 处定义为 Asymmetric（非对称），Trim Contact 处定义为 Off（保证计算不穿透）；Formulation 处定义为 Normal Lagrange(保证计算收敛及不穿透)，Detection Method 处定义为 Nodal-Projected Normal From Contact(保证接触计算结果更加均匀)；Pinball Region 处定义为 Auto Detection Value(消除接触间隙)；Interface Treatment 处定义为 Adjust to Touch（消除接触间隙）。接触设置的详细含义请参见《ANSYS Workbench 有限元分析实例详解（静力学）》。

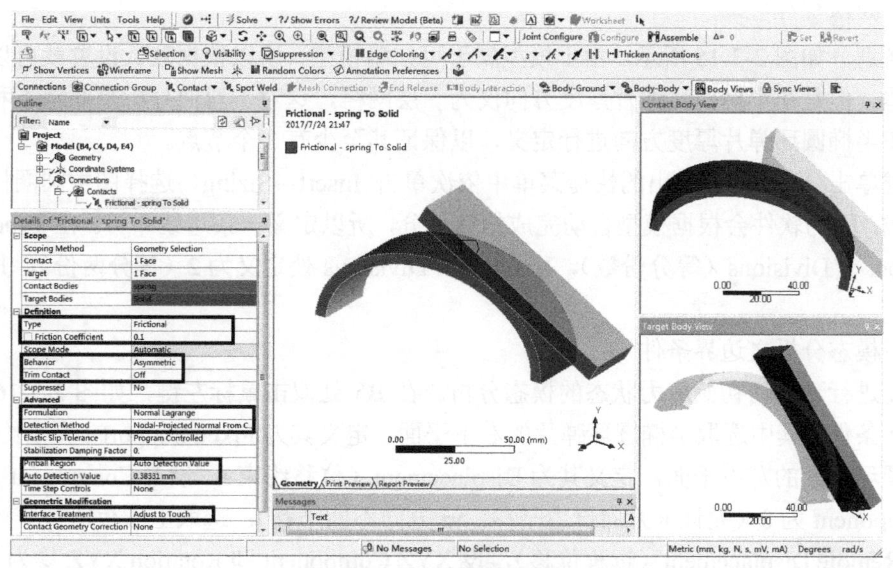

图 2-3-13 接触设置

在 Connections→Joints 处定义运动副，如图 2-3-14 所示。Connection Type 处定义为 Body-Ground（相对于大地的绝对运动副）；Type 处定义为 Translation（平移运动副，软件要求该运动副只允许在 x 方向有一个平移自由度，图中在 x 方向前面有一处标记。读者可以通过观察该标记确定运动副的形式）；Scope 处选择长方体的 6 个面（在 15 版本以下，如果不选择 6 个面，那么会因为长方体其他面无约束而导致不收敛，16 以上版本，软件会自动定义，只要定义上下任意平面即可）。选择 6 个面后，图中会出现参考坐标系，特别注意：一定要仔细检查该坐标系的方向，保证参考坐标系的 x 方向指向设定的自由度方向。图中 x 方向朝上，与即将的下压运动方向相反。Behavior 处定义为 Rigid，原因请参见《ANSYS Workbench 有限元分析实例详解（静力学）》。

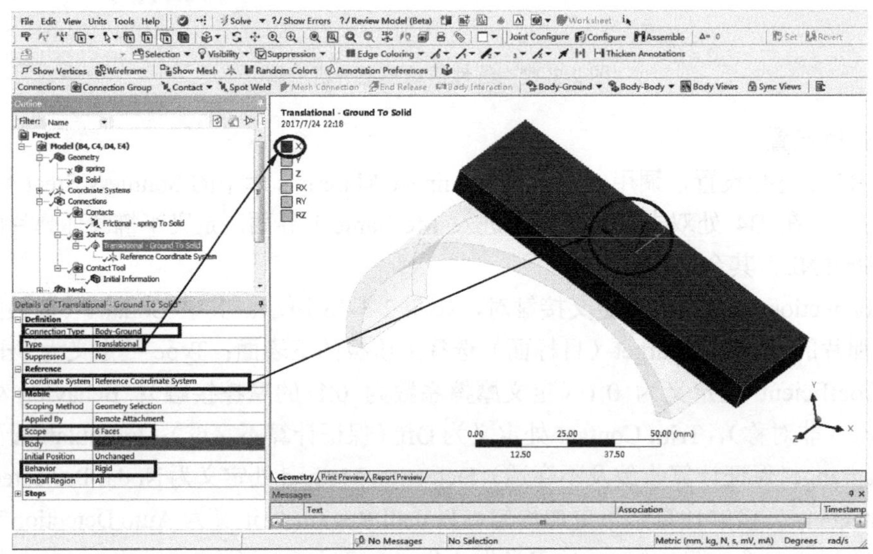

图 2-3-14 运动副的设置

（4）网格划分

网格划分如图 2-3-15 所示。由于模型属于可扫略模型，所以依据默认设置就可以划分出纯六面体。但是在半椭圆环弹片厚度方向仅为一层网格，这对于弯曲分析是非常不利的，因此必须在半椭圆环弹片厚度方向进行定义，以保证其至少有 3 个节点。

右键单击 Mesh，在弹出的快捷菜单中依次单击 Insert→Sizing，选择图中圆圈标记区的一条边线，因为软件会根据模型自动完成扫略划分，所以定义一条边线即可。在 Type 处定义为 Number of Divisions（等分份数），Number of Divisions 处定义为 2（等分两份），其余均默认设置。

（5）模态分析之边界条件

首先进行无任何初始应力状态的模态分析。在 B5 处双击鼠标左键，如图 2-3-16 所示，定义边界条件。其中选取半椭圆环弹片的右下平面，定义其为 Fixed Support（完全约束）；选取半椭圆环弹片的左下平面，定义其为 Displacement（位移约束），设 X Component 为 Free，YZ Component 为 0（允许 x 方向自由平移，yz 方向不能平移）；选取上压板所有 6 个面，对其定义 Remote Displacement（远程位移），设 XYZ Component 和 Rotation XYZ 均为 0。

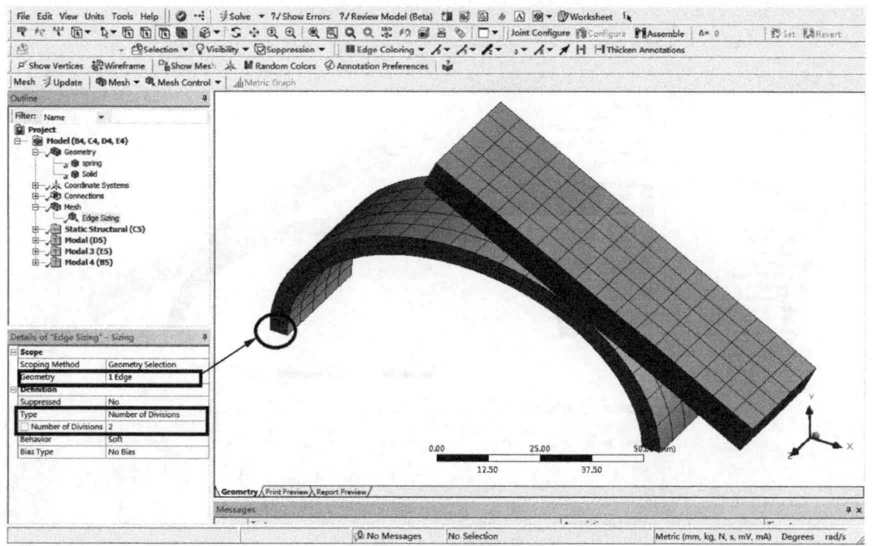

图 2-3-15 网格划分

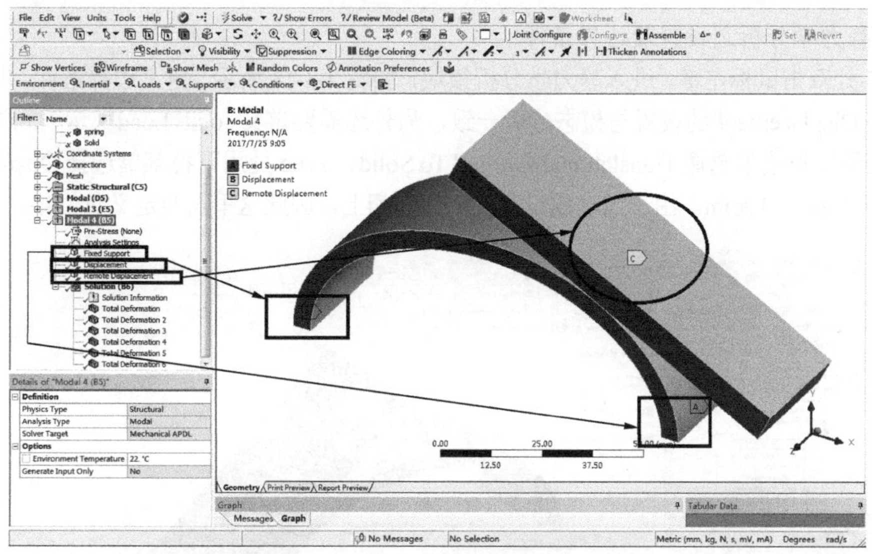

图 2-3-16 定义边界条件

其余设置全部默认。

> **注意**
>
> 上压板定义远程位移时，数值均为 0 的意义在于，保持上压板的位置不变。如果定义了位移，半椭圆环弹片的刚度必然发生改变，那么这就不能视为无初始应力状态的模态分析。
>
> 另外，前处理中已定义两者为摩擦接触，在模态分析时，将按照表 2-2-2 所示，对接触状态进行自动转换。

（6）后处理

计算结果如图 2-3-17 所示。其中第 1 阶固有频率为 1093.3Hz，振型表现为上压板下压半椭圆环弹片的形式。

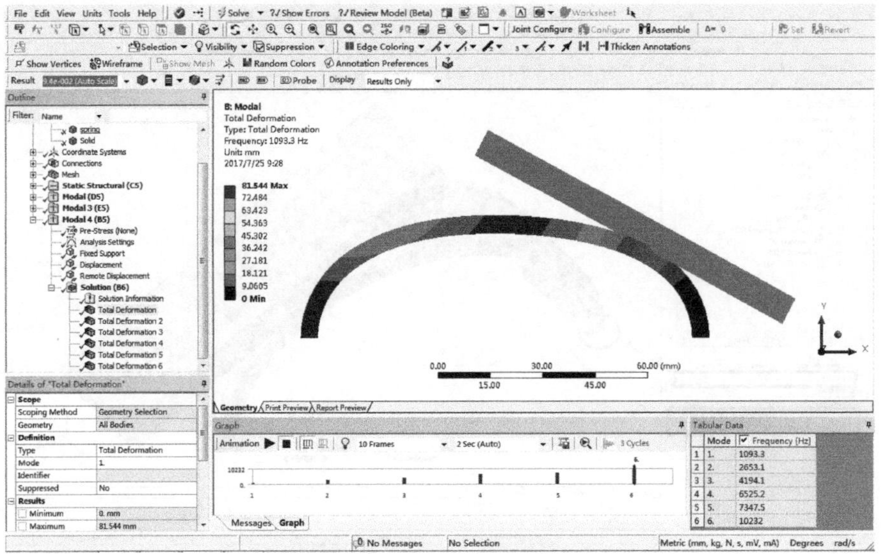

图 2-3-17 后处理

（7）静力学分析之设置及边界条件

在 C5 处双击鼠标左键，进入静力学分析模块，如图 2-3-18 所示，定义边界条件。其中 Fixed Support 和 Displacement 的设置与模态分析一致，另外还需要定义 Joint Load（运动副加载）。其中 Joint 处用下拉菜单选择 Translational-Ground To Solid，Type 处用下拉菜单选择 Displacement，Magnitude 处输入−10mm。由于运动副设定的 x 方向朝上，因此这里需要定义负位移。

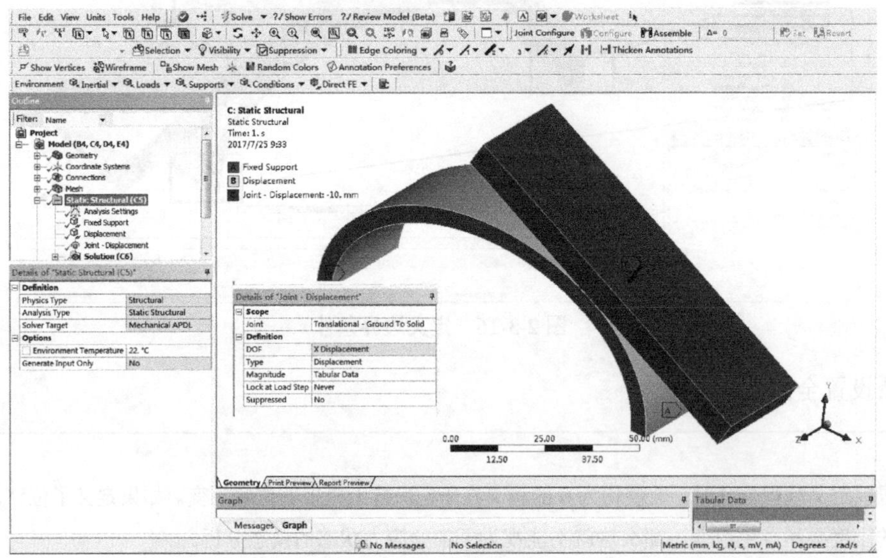

图 2-3-18 定义边界条件

鼠标左键单击 Analysis Settings，如图 2-3-19 所示进行设置。Step Controls 为计算收敛而设置，其中 Define By 选择 Substeps，Initial Substeps 定义为 10，Minimum Substeps 定义为 10，Maximum Substeps 定义为 200，具体含义参见《ANSYS Workbench 有限元分析实例详解（静力学）》。Large Deflection 选择 On（非线性打开）。Restart Controls 是为线性摄动模态分析而设置的，其中 Generate

Restart Points 定义为 Manual，以下选项全部设置为 All，这表示所有子步均能设置为重启点。以上设置是针对小规模的非线性计算的，如果非线性计算的规模非常大，可以在 Substep 处选择 Specified Recurrence Rate 或 Equally Space Points，仅读取部分结果以保证计算效率。

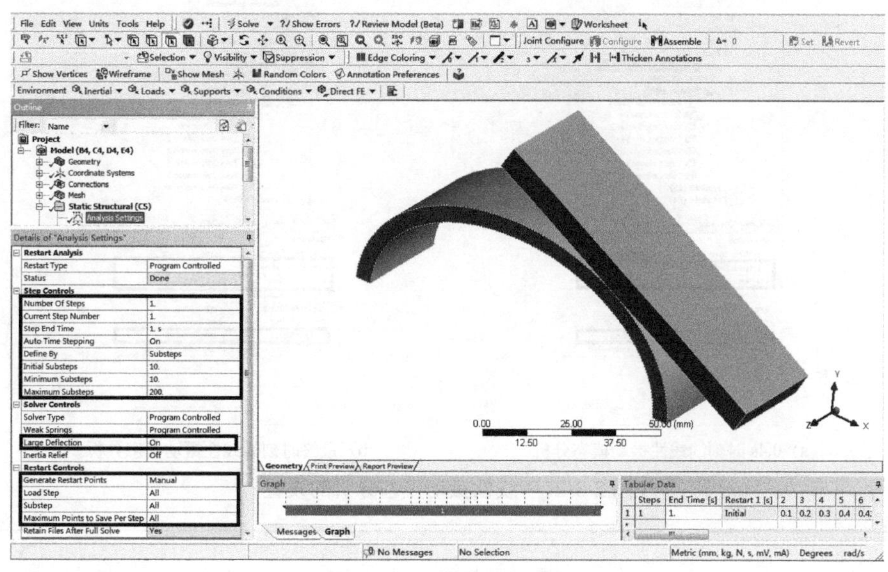

图 2-3-19 定义分析设置

（8）后处理

在后处理中插入 Contact Tool，再读取其中的摩擦应力（frictional stress），计算结果如图 2-3-20 所示。由图可知，在 0.4s 时（仅表示计算时间），最大摩擦应力为 28.458MPa。

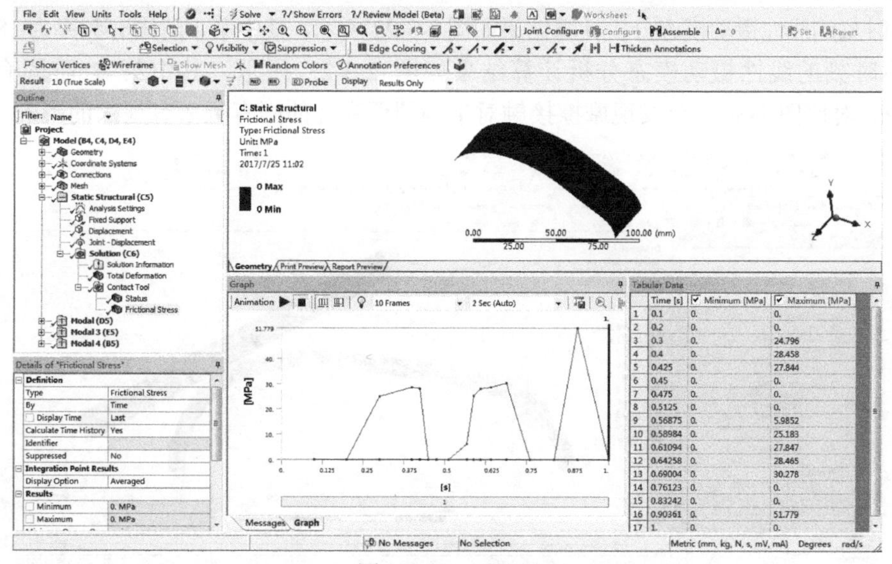

图 2-3-20 后处理

（9）线性摄动模态分析之设置

根据静力学计算结果，分别对 0.4s 时刻和最终时刻的模型进行线性摄动模态分析。在 D5 处双击鼠标左键，进入线性摄动模态学分析模块，分别设置不同时刻的 Pre-Stress（Static

Structural），如图 2-3-21 所示。

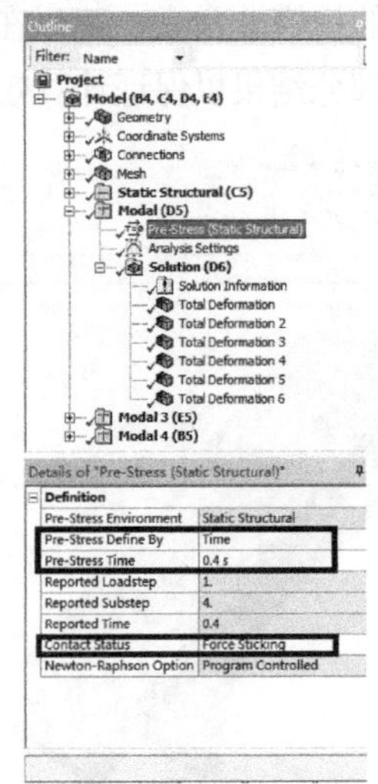

a）0.4s 时刻的线性摄动模态分析

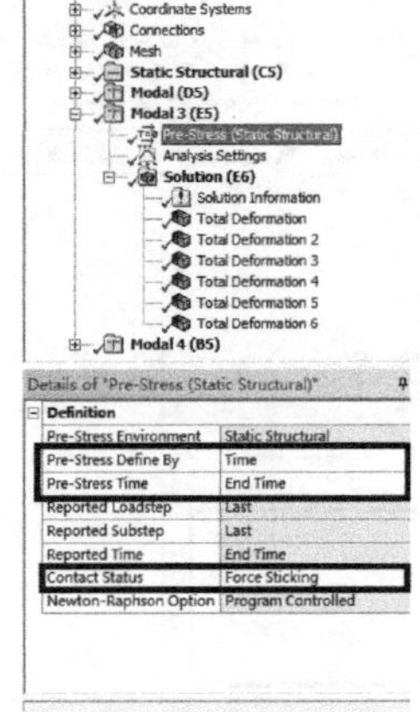

b）最终时刻的线性摄动模态分析

图 2-3-21　线性摄动模态分析的设置

注意

由于为摩擦接触，因此在 Contact Status 处选择 Force Sticking。

另外如果设定的 Pre-Stress Time（预应力时刻点）不在重启点内，软件将自动选择一个最接近的时刻点。例如本例设 Pre-Stress Time 为 0.5s，软件将读取 0.5125s（查看图 2-3-20）的系统刚度。

（10）后处理

0.4s 时刻的线性摄动模态分析计算结果如图 2-3-22 所示，其中第 1 阶固有频率为 1871.7Hz。

最终时刻的线性摄动模态分析计算结果如图 2-3-23 所示，其中第 1 阶固有频率为 1405.5Hz。对比图 2-3-17 会发现摩擦接触对半椭圆环弹片的固有频率有很大的影响。

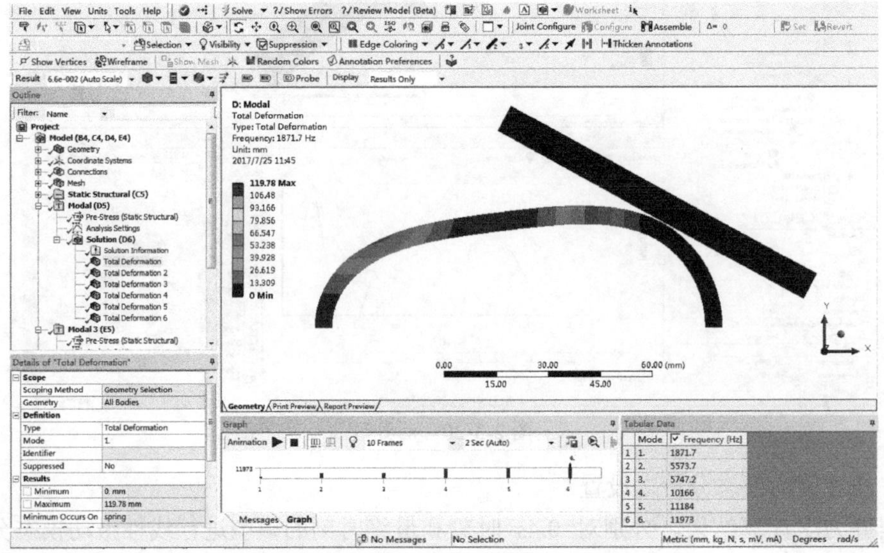

图 2-3-22　0.4s 时刻的线性摄动模态分析后处理

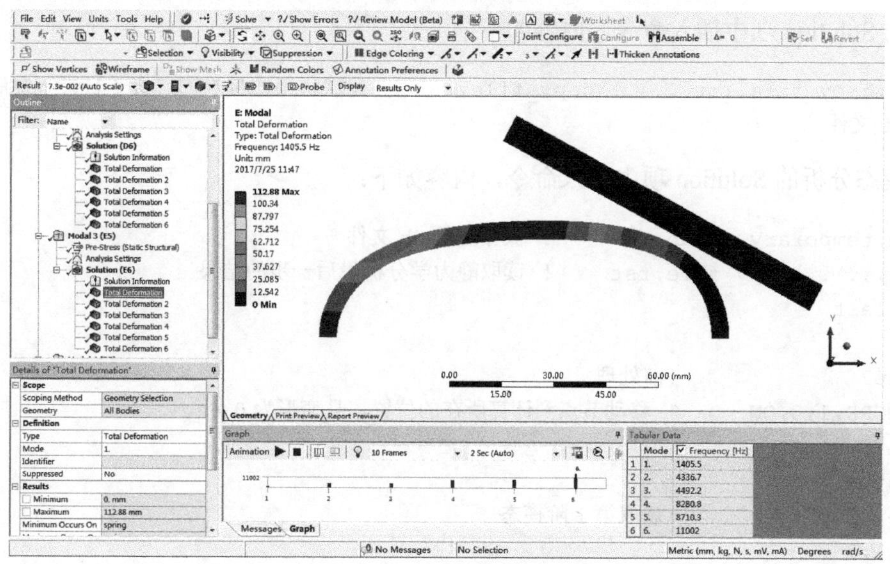

图 2-3-23　最终时刻的线性摄动模态分析后处理

注意

线性摄动模态分析由于依据非线性静力学分析，因此接触设置、网格密度对线性摄动模态分析结果的影响非常大，必须多次尝试设置，以确定较合理的参数，且必须保证非线性静力学的计算准确性。

同时，模态分析中的接触设置默认为线性的 Bonded（绑定）和 No-Separation（不分离）类型，该接触类型在默认情况下是在法向和切向上设置罚刚度算法，由于该方法较难保证模态分析的准确性，因此建议针对模态分析中的接触设置，尽量采用 MPC 算法。

另外 Workbench 在显示振型后处理时，不能显示模态相对于静力学分析结果的振型趋势，只能显示相对于原始模型的振型趋势，如图 2-3-24 所示。

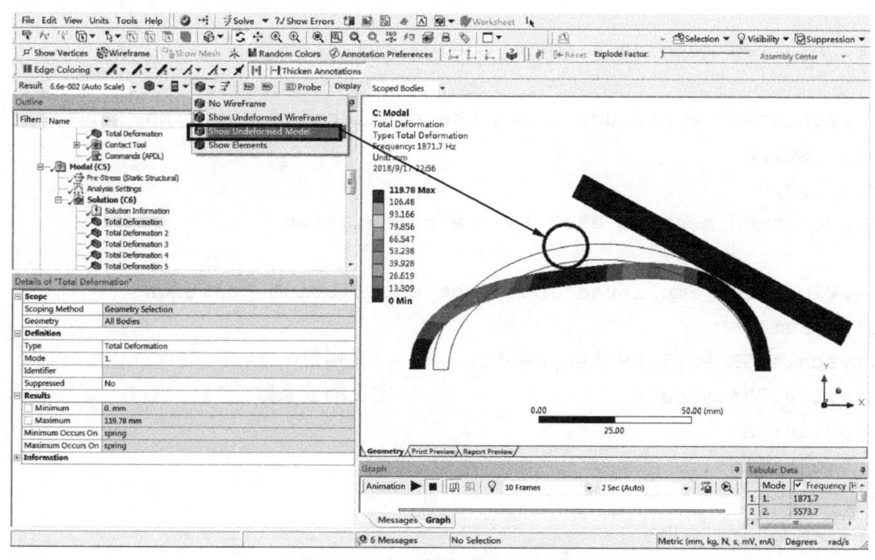

图 2-3-24　模态振型后处理

如果需要显示相对于静力学分析结果的振型趋势，则必须插入相应的命令。首先在静力学分析的 Solution 项中插入命令，内容如下：

```
/sys,copy file.rst ..\..\copy_file.rst  !在默认工作目录的二级子目录下复制 copy_file.rst 文件
```

在模态分析的 Solution 项中插入命令，内容如下：

```
save,temporary___,db            ! 保存当前 db 文件
file,..\..\copy_file,rst        ! 读取静力学分析最后一步的结果
set,last
fini
/prep7                  !前处理
UPCOORD,1.0,ON          ! 移动节点到计算所在的位置，且变形为 0
fini
/post1
file,file,rst           !读取第 1 阶模态
set,1,1
/RGB,INDEX,100,100,100, 0
/RGB,INDEX, 80, 80, 80,13
/RGB,INDEX, 60, 60, 60,14
/RGB,INDEX, 0, 0, 0,15
/show,png
/view,1,1,1,1
/gfile,600
/title,Deformed mesh as used in the calculation
eplot    !绘制变形结构的平衡位置，结合 PLDISP 或 PLNSOL 命令绘制相对该平衡位置的模态振型
/title,Vibration amplitude about the equilibrium position
plnsol,u,sum  !显示相对于静力学分析的模态振型
esel,s,mat,,vibe_body
nsle
/title,Deformed mesh as used in the calculation
eplot
/title,Vibration amplitude about the equilibrium position
plnsol,u,sum,2
/view,1,1,0,0
/title,Deformed mesh as used in the calculation
eplot
/title,Vibration amplitude about the equilibrium position
plnsol,u,sum,2
*get,myscale,GRAPH,1,DSCALE,DMULT       ! 定义幅值
/dscale,1,0.25*myscale                  ! 定义缩放系数
plnsol,u,sum,2
! Restore things...
/title
resume,temporary_,db
/delete,temporary_,db
set,1,1
/dscale,1,1
```

查看 Post Output4 可得到相对于静力学结果的振型趋势，如图 2-3-25 所示，所得结果可以与之前所得第 1 阶振型进行比较。

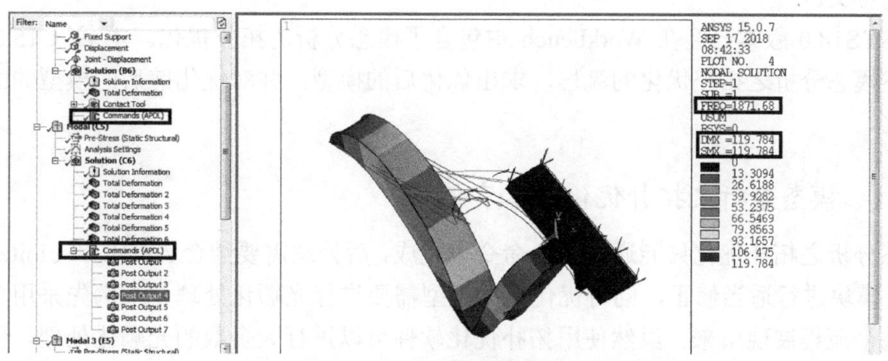

图 2-3-25　模态振型后处理

（11）小结

线性摄动模态的计算原理是先进行非线性静力学分析，再依据某一关注时刻的系统刚度进行线性模态分析。对于大型复杂系统，这个关注时刻的选取非常重要，一般都观察非线性静力学分析结果中的应力（含等效应力、接触应力、摩擦应力）与时间曲线。其中的波峰（谷）点均为重点关注的系统时刻（例如图 2-3-20 中的波峰点为 0.4s、0.69004s、0.90361s、波谷点为 0.2s、0.45s、0.76123s、1s）。由于软件设置的预应力时刻未必等于重点关注的系统时刻，因此非线性静力学分析就不仅要保证收敛成功，而且需要调试 Step Controls、Restart Controls 和 Output Controls 等参数，让预设的预应力时刻点与所关注的系统时刻点尽量一致。

另外网格密度和非线性接触刚度对线性摄动模态计算结果的影响很明显，建议读者多次调试对应参数，以保证线性摄动模态的计算结果基本稳定。

2.4　模态分析之拓扑优化

拓扑优化是结构优化的一种，是对模型的大体结构布局形式进行优化（如质量和体积等）。主要用于产品初期设计，特别针对全新产品（既没有最优结构的现有产品以供参考，也没有成功经验供借鉴），采用拓扑优化可以大概确定产品的最优形状。最典型的拓扑优化软件为：Optistruct 和 Tosca。

拓扑优化分为静力学分析拓扑优化和模态分析拓扑优化。其原理是以模型在结构上的分布关系作为优化参数，以设定的边界条件为条件，在目标函数最小化的同时最大限度地理顺模型的平滑适应性和最大限度地提高模型的固有频率。这与参数优化是不同的。

静力学分析的拓扑优化广为人知，模态分析的拓扑优化知之甚少。这主要是因为早期的 Workbench 版本只支持静力学分析的拓扑优化，而模态分析的拓扑优化一般只能在经典界面中完成，同时拓扑优化的后处理也极为烦琐。

模态分析的拓扑优化相较于静力学分析的拓扑优化更有难度，这是因为模态分析的模型的固有频率与刚度正相关，与质量负相关。当模型体积发生变化时，不仅存在质量的变化，还存在刚度的变化。这导致以固有频率为优化的目标函数时，软件必须多次循环优化，以获得最优解，其结果（包括拓扑优化后的模型和固有频率）对于动力学条件下的模型设计有非常重要的意义。

ANSYS18.0 版本已经在 Workbench 中包含了模态分析的拓扑优化。本书以 15.0 版本为例，讲述模态分析之拓扑优化的流程，求出优化后的模型，并对优化前后的模型的固有频率进行对比。

2.4.1　模态分析之拓扑优化基本实例

模态分析之拓扑优化只能通过插入命令来完成，后处理需要结合 APDL 和 Finite Element Modeler 模块进行适当修正，同时优化后的模型需要进行光顺化处理。本例先采用较简单的模型将整个流程展现出来。虽然使用拓扑优化软件可以进行大多数的光顺化处理，但是细节设计仍需要人工完成，本例采用 SCDM 进行模型处理。

下面以两个长方形方块为例来描述两者接触时，仅其中一件需要拓扑优化的模态分析。

（1）建立三维模型

三维模型如图 2-4-1 所示，具体建模过程如下：

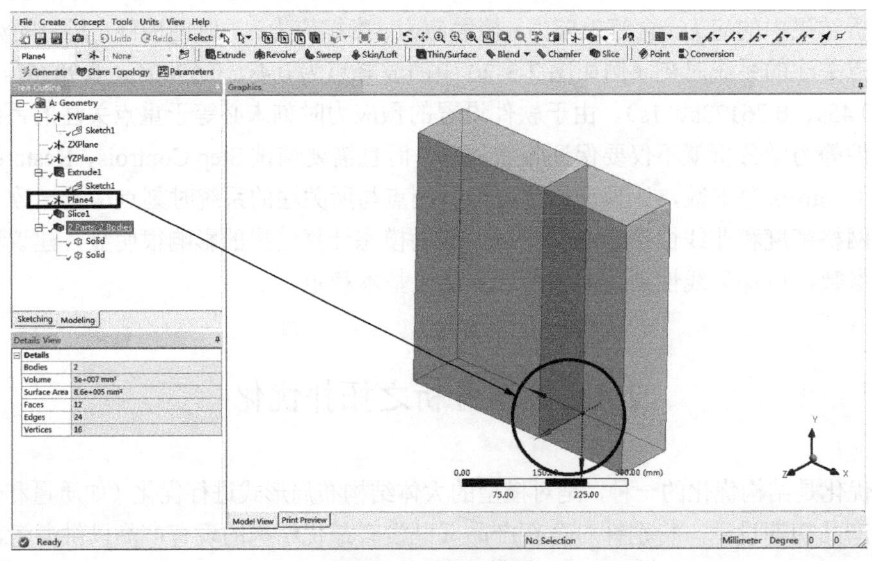

图 2-4-1　建立模型

1）在 *xy* 平面上建立 Sketch1。绘制正方形模型，其中边长为 500mm；然后用 Extrude1 中的 Add Material 命令将其拉伸，长度为 120mm，形成一个长方体模型。

2）新建 Plane4 平面以切割模型，Type 处选择 From Plane，Base Plane 处选择 *YZ* Plane（以 *yz* 平面为基准），Transform1 处选择 Offset *Z*，FD1 选择 300mm（沿着 *z* 向偏移 300mm），Transform2 处选择 Rotate about *Y*，FD1 选择为 180°（相对 *y* 方向旋转 180°）。

注意

设置 Transform2 非常重要，其作用是将新建 Plane4 的坐标系旋转一定角度，箭头指向朝左，这样切分模型后，箭头指向的模型将排列在前。

3）以Plane4平面为基准，用Slice将模型切分为二块。其中左侧长方体的尺寸为300mm×500mm×120mm，排序在前；右侧长方体的尺寸为200mm×500mm×120mm，排序在后。

（2）建立分析流程

如图2-4-2所示，建立分析流程。其中包括A框架结构的DM模块、B框架结构的模态分析之拓扑优化、C框架结构的APDL模块（用于导出优化后的有限元模型）、D框架结构的Finite Element Modeler模块（用于导出优化后的实体模型）、E框架结构的模态分析（用于将优化后模型与原模型的模态分析结果进行对比），其中SCDM模型处理流程未列入。

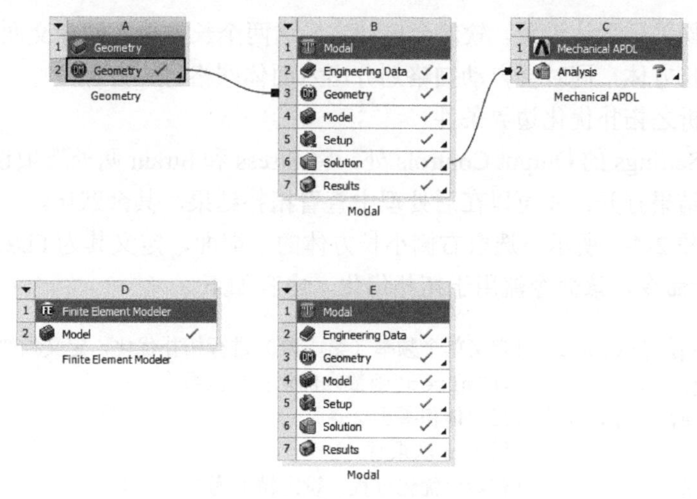

图2-4-2 分析流程

（3）模态分析之拓扑优化前处理

在B4处双击鼠标左键，进入模态分析模块。如图2-4-3所示。首先单击Geometry，对两个实体模型均插入一段命令，内容如下：

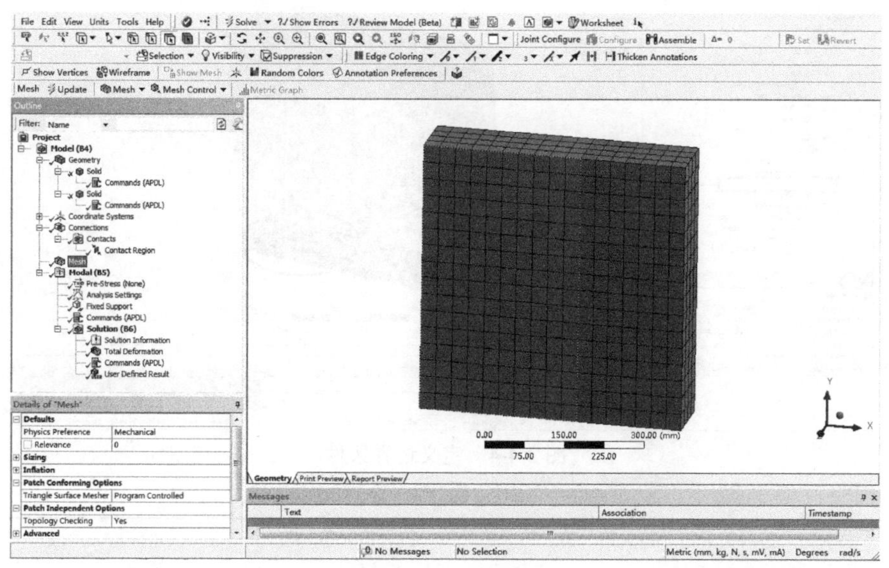

图2-4-3 前处理

```
et,matid,solid95        !模型单元改为Solid95
```

注意

拓扑优化只支持二维模型的 Plane2 和 Plane82 单元、三维模型的 Solid92 和 Solid95 单元。由于 Workbench 默认采用的是 18X 单元，因此必须更换单元类型。同时这也是拓扑优化模块在很多 Workbench 版本中为 beta 的原因。

特别注意拓扑优化时模型的排序，模型序号靠前的表示进行拓扑优化。本例中左边的长方体排序在前，表示进行拓扑优化，而右边长方体则不进行拓扑优化。

接触和网格均采用默认设置。软件会自动定义这两个长方体之间相交面为 Bonded 接触，且模型均为标准长方体，同时会自动扫略划分出六面体网格。

（4）模态分析之拓扑优化边界条件

在 Analysis Settings 的 Output Controls 处，将 Stress 和 Strain 两处选项设为 Yes。这是因为必须将这两项结果打开，才可以在后处理中查看拓扑结果。其余默认。

边界条件如图 2-4-4 所示。选取右侧小长方体的下端面，定义其为 Fixed Support（完全约束）。插入一段命令，该命令流用于拓扑优化，内容如下。

```
tofreq,mfreq,single,1   !定义单个频率（第 1 阶）进行拓扑优化，定义频率函数为"mfreq"
tovar,mfreq,obj         !以"mfreq"函数为优化目标函数
tovar,volume,con,,25    !指定体积减小 25%
totype,scp              !用 scp 法求解
todef,1.0d-4            !初始化优化过程，设定精度为 1.0d-4
toloop,20,1             !最多 20 次迭代优化计算
/solu                   !求解
```

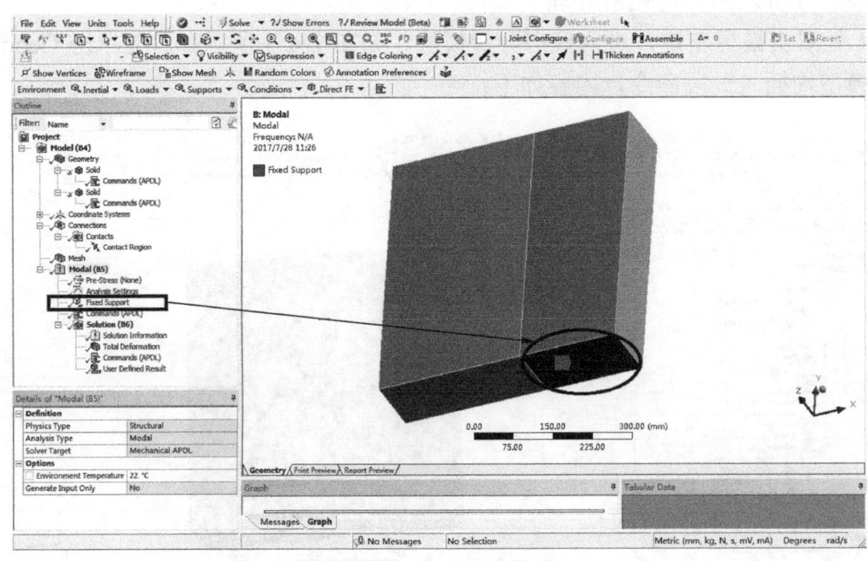

图 2-4-4　定义边界条件

提示

1）tofreq（定义单个或者多个频率拓扑优化任务）的命令格式：tofreq, refname, type, nfreq, frqarr, targval。

其参数解释如下所示。

refname：优化函数的名称，最多为 8 个字符；

type：为 single、weighted、reciprocal、euclidean4 种优化形式；

nfreq：对于 type＝single，该参数表示频率的标志值；对于 weighted、reciprocal、euclidean，该参数表示频率的总体阶数；

frqarr：对于 type＝weighted、reciprocal，该参数表示加权数组，用“%权重数组%”的方式加以引用；对于 type＝euclidean，该参数表示目标频率；

targval：对于 type＝reciprocal，该参数用于定义目标频率。

2）tovar（定义优化变量和类型）的命令格式： tovar, refname, type, lower, upper, boundtype。

其参数解释如下所示。

refname：优化任务的名称，最多为 8 个字符，调用 tofreq 命令定义的名称；

type：优化变量类型，可以是 obj、con 和 del；

lower：当 type＝con 时，优化变量的下限；

upper：当 type＝con 时，优化变量的上限；

boundtype：当 type＝con 时，表示优化变量的类型，可以是 percent（百分数）或者 actual（实际值）。

3）totype （定义拓扑优化求解类型）的命令格式： totype, type。

其参数解释如下所示。

type：oc（优化准则方式，默认值）或者 scp（顺序凸度程序方式）。在使用 oc 方式时，只能将 volume 作为限制条件，而使用 scp 方式时可以采用任何优化方式。

4）todef（定义拓扑优化初始化精度控制或者收敛准则）的命令格式：todef, accur。

其参数解释如下所示。

accur：精度控制或者收敛精度，默认为 0.0005。

5）toloop （批量执行多次拓扑优化计算）的命令格式：toloop, niter, plot。

其参数解释如下所示。

niter：优化计算的执行次数，最大为 100 次，默认为 1 次；

plot：0 表示每次计算完成后不显示计算结果；1 表示每次计算完成后显示计算结果。

（5）Workbench 之后处理

计算完成后，只保留第 1 阶固有频率结果，这与之前的命令流相匹配，其固有频率为 325.09Hz。读取这一阶模态的振型图，以便与优化后模型的振型图进行比较。如图 2-4-5 所示。

右键单击 Solution，插入 User Defined Result，在 Expression 处输入“etop”或“topo”，如图 2-4-6 所示。图中数字大的区域为必须保留的区域，数字小的区域为可以删除的区域。由图可知，右侧长方体没有进行拓扑优化，左侧长方体进行了拓扑优化。

右键单击 Solution，插入命令，内容如下：

```
/show,topo,grph          !将图形输出到文件
/dscale,,off
/contour,,2
tograph,obj              !绘制迭代次数与优化目标频率的关系
tograph,con              !绘制迭代次数与体积的关系
```

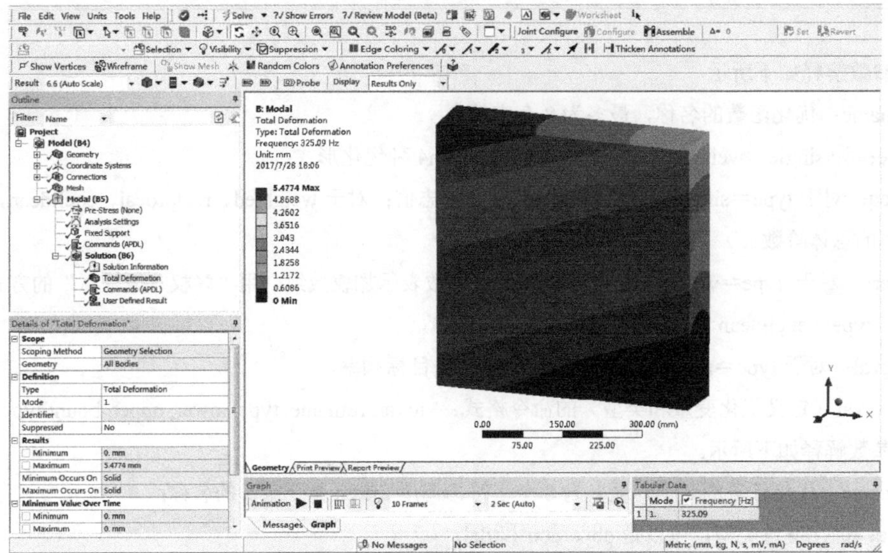

图 2-4-5　优化前模型的振型图

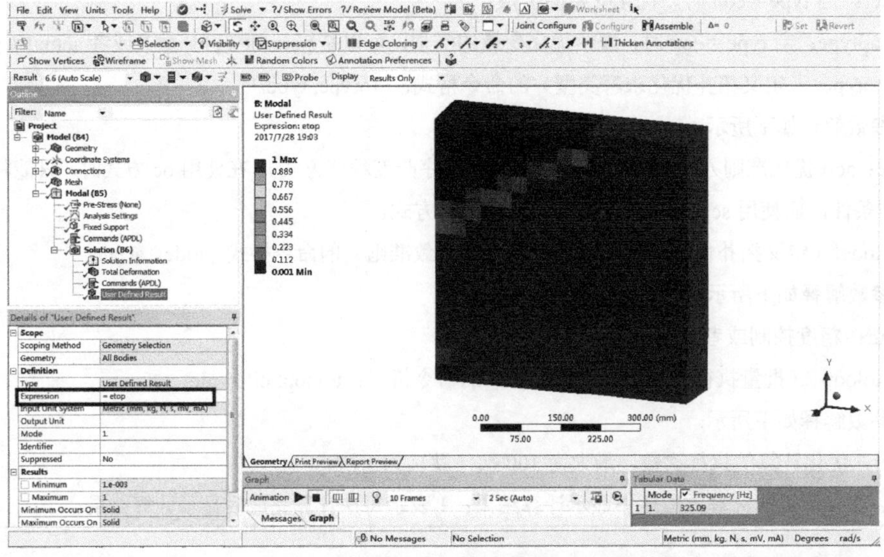

图 2-4-6　拓扑优化图

提示

tograph（打印拓扑优化迭代计算的历史过程信息）命令格式：tograph, type, refname

参数解释：

type：type＝obj 表示打印目标优化变量的求解过程 vs 迭代步数；type＝con 表示打印约束优化变量的求解过程 vs 迭代步数；

refname：当使用多个约束的参考名称，默认是第一个约束变量名称。

计算完成后，在该分析的\dp0\APDL\ANSYS 目录下，自动生成文件 topo.grph，双击鼠标左键将其打开，如图 2-4-7 所示。

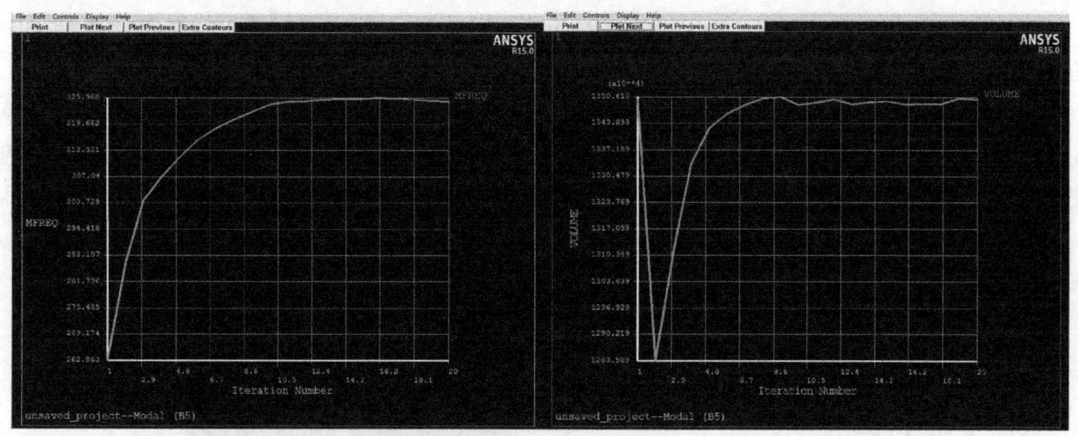

图 2-4-7　拓扑优化迭代过程图

由图 2-4-7 可知，迭代过程已经趋于稳定，拓扑优化计算结果之固有频率和体积相对稳定可靠。

（6）APDL 后处理

上例模型已经完成了拓扑优化，但实际工程更感兴趣的是优化后的模型。要得到优化后的模型，必须分 3 步来完成。第一步，得到优化后的有限元模型；第二步，得到优化后的实体模型；第三步，进行模型光顺化处理。其中第一步由 APDL 模块来完成，分析思路为：拓扑优化的结果赋值于模型的单元解，通过选取单元解的范围，进而删除该区域内的单元，从而得到优化后的有限元模型。

在 C2 处单击鼠标右键，在弹出的快捷菜单中选择“Edit Mechanical APDL”进入 APDL 模块。

1）单击 General Postproc→Data File Opts，如图 2-4-8 所示进行设置。先单击 1 区的图标，按照 2 区所示的目录找到 File.rst 文件。再依次单击 4 区和 5 区的图标。即可读取刚才 Workbench 计算文件中的所有数据。

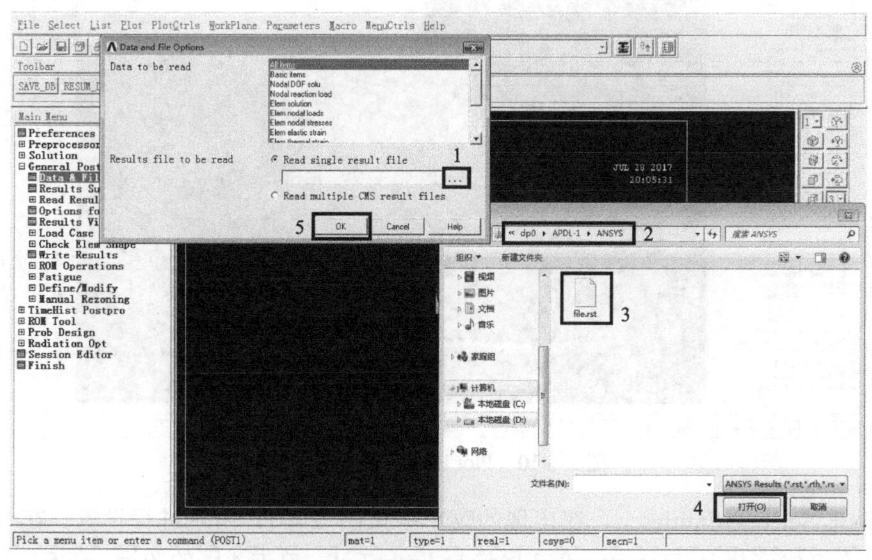

图 2-4-8　Data File Opts 的设置

2）依次单击 General Postproc→Read Results→First Set，即可读取第 1 阶模态计算结果中的数据。单击这些设置后，左边主菜单树下相应增加了多项设置。

3）单击 General Postproc→Element Table→Define Table，如图 2-4-9 所示进行设置。先单击 1 区中的图标，在 2 区选择 Optimization，在 3 区选择 Toplogical TOPO，最后点击 4 区的图标以确定。由于拓扑优化的结果赋值于单元解内，因此必须通过单元表提取拓扑分析结果。

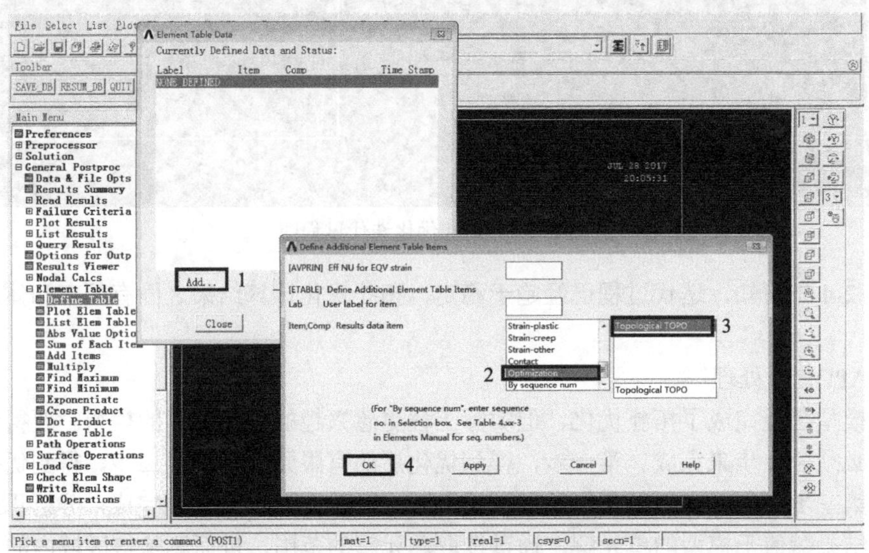

图 2-4-9　Define Table 的设置

单击 General Postproc→Element Table→Plot Elem Table，在出现的菜单中全部采用默认设置，即可显示拓扑优化的单元后处理结果，如图 2-4-10 所示。

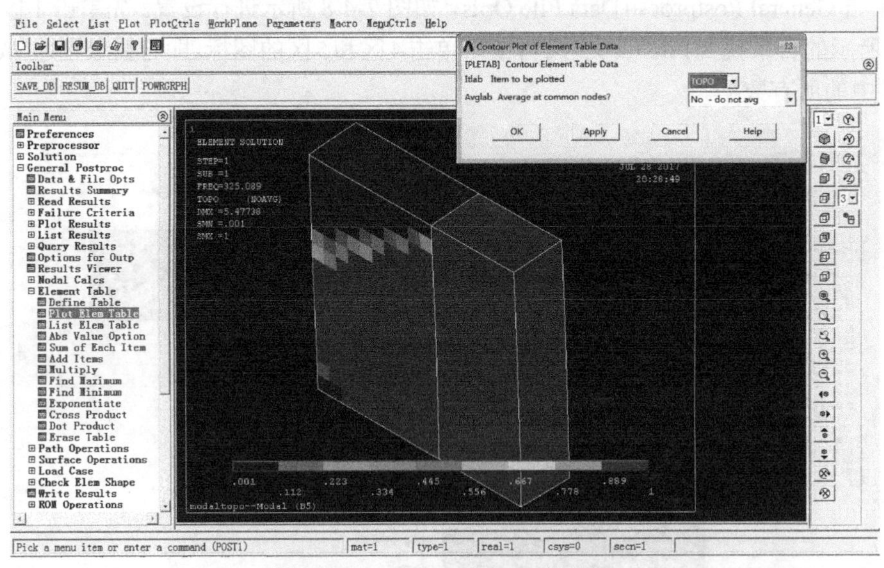

图 2-4-10　Plot Elem Table 的设置

4）单击 Select→Entities...，在出现的菜单中按图 2-4-11 所示进行设置。在 1 区选择 Elements，在 2 区选择 By Results，在 3 区选择 From Full，单击 4 区的图标，在 5 区选择 Top，

在 6 区选择 0 和 0.75，最后点击 7 区图标以确定。该项定义表示根据单元拓扑结果解选取拓扑区从 0 到 0.75 的所有单元，这些单元即为需要被删除的单元。

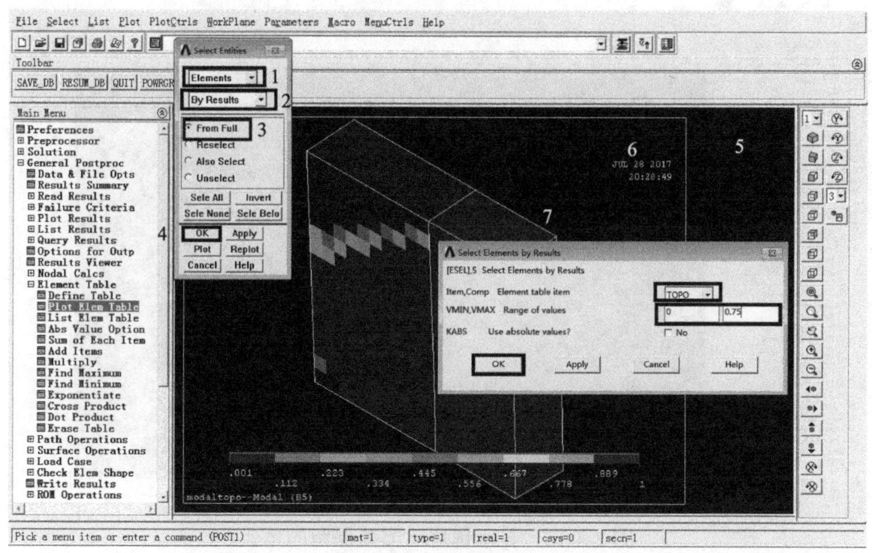

图 2-4-11　选取单元

5）依次单击 Preprocessor→Modeling→Delete→Elements，在出现的菜单中按图 2-4-12 所示进行设置，单击 Pick All 图标，即可删除需要被优化的单元。

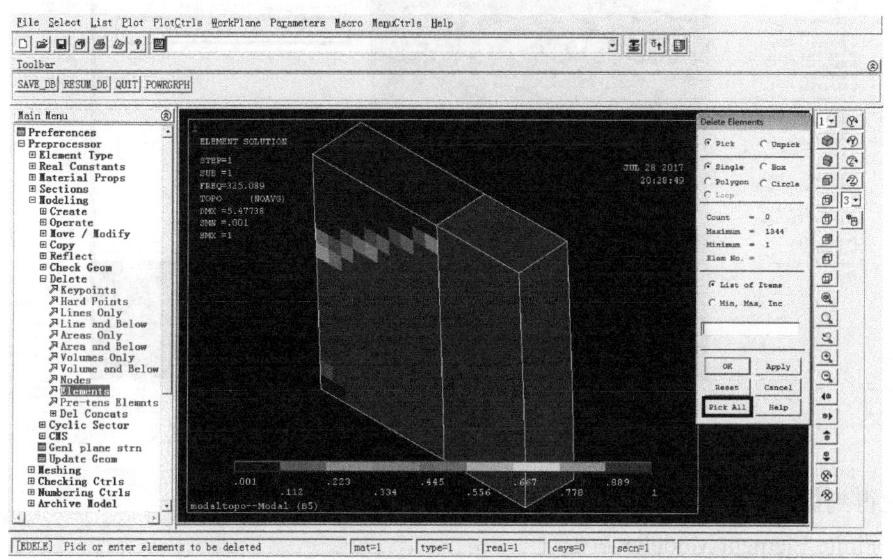

图 2-4-12　删除单元

6）单击 Select→Everything，可选择剩下所有单元。

7）再次单击 General Postproc→Element Table→Plot Elem Table，如图 2-4-13 所示，可显示出优化后需要保留的单元。

8）依次单击 Preprocessor→Archive Model→Write，在出现的菜单中按图 2-4-14 所示进行设置，在 1 区选择 DB All Finite Element Information，在 2 区定义目录及文件，点击 3 区的图

标以确定。从而将优化后的有限元模型导出为*.cdb 文件。

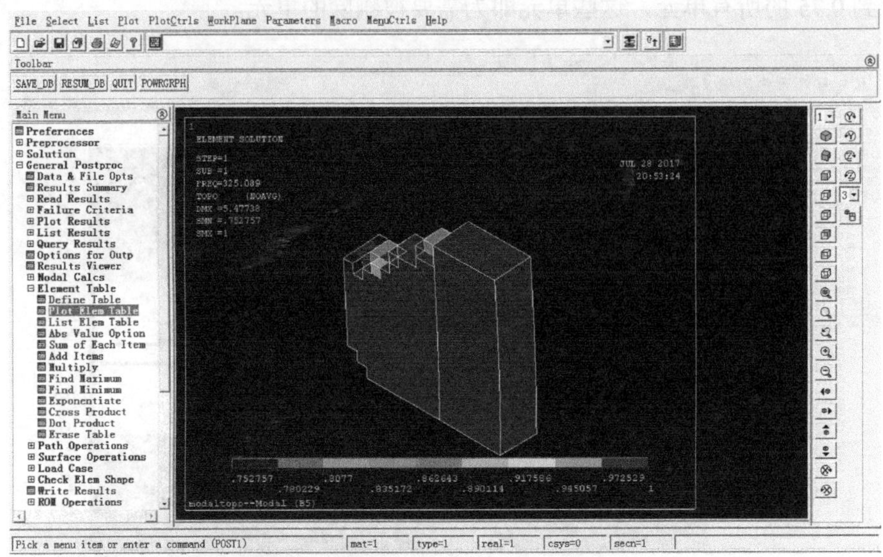

图 2-4-13 显示优化后需要保留的单元

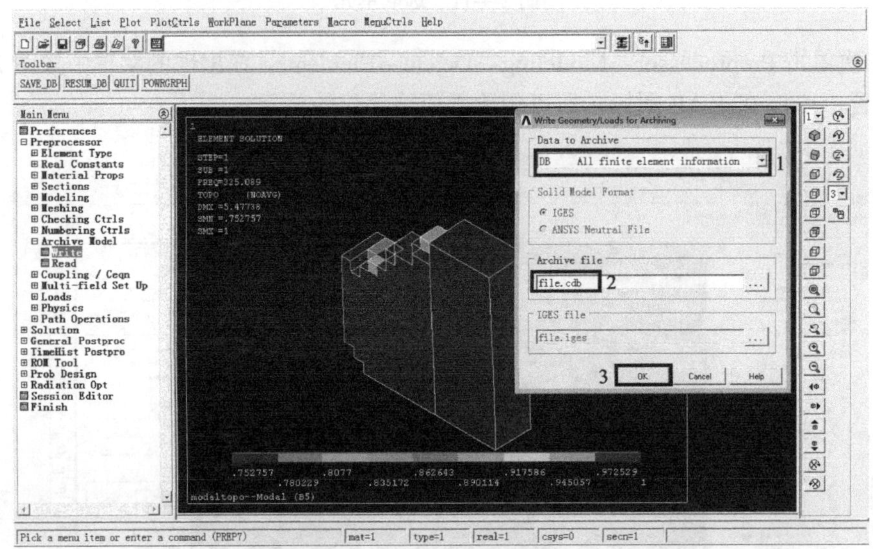

图 2-4-14 输出*.cdb 文件

至此得到优化后的有限元模型，退出 APDL 模块。

（7）Finite Element Modeler 后处理

该后处理用于将优化后的有限元模型转为实体模型，这是 Finite Element Modeler 模块的 3 个主要功能之一。在 D2 处双击鼠标左键，在出现的目录文件选择菜单中选取刚才生成的 File.cdb 文件。

进入 Finite Element Modeler 后，如图 2-4-15 所示，用鼠标右键单击 Geometry Synthesis，在弹出的快捷菜单中依次单击 Insert→Initial Geometry（创建初始模型），从而完成由有限元模型向实体模型的转变。

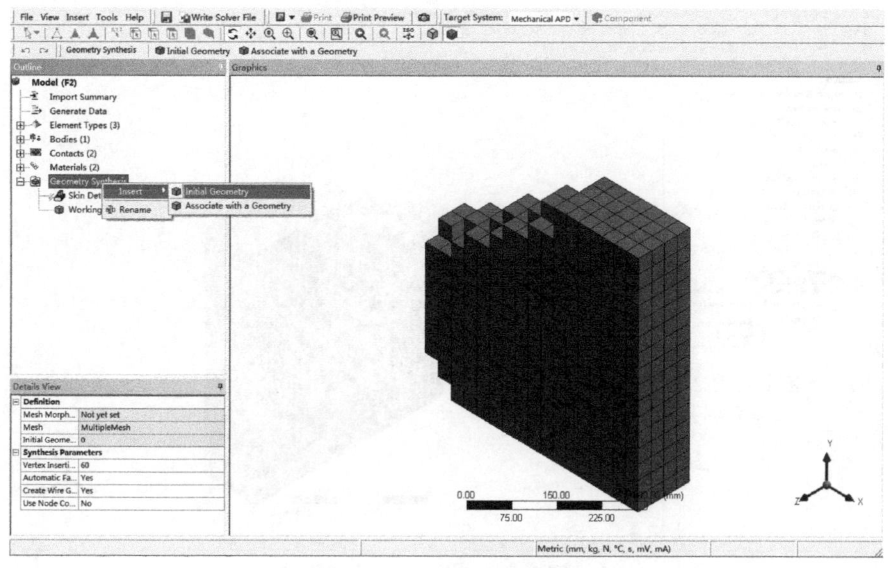

图 2-4-15 创建初始模型

由于该实体模型受制于网格形式，所以须进行光顺化处理。而由于该模块不能完成该项操作，因此必须将其实体模型导出，由其他软件完成处理。如图 2-4-16 所示，鼠标右键单击 Initial Geometry，在弹出的快捷菜单中单击 Convert to Parasolid（导出参数模型）。

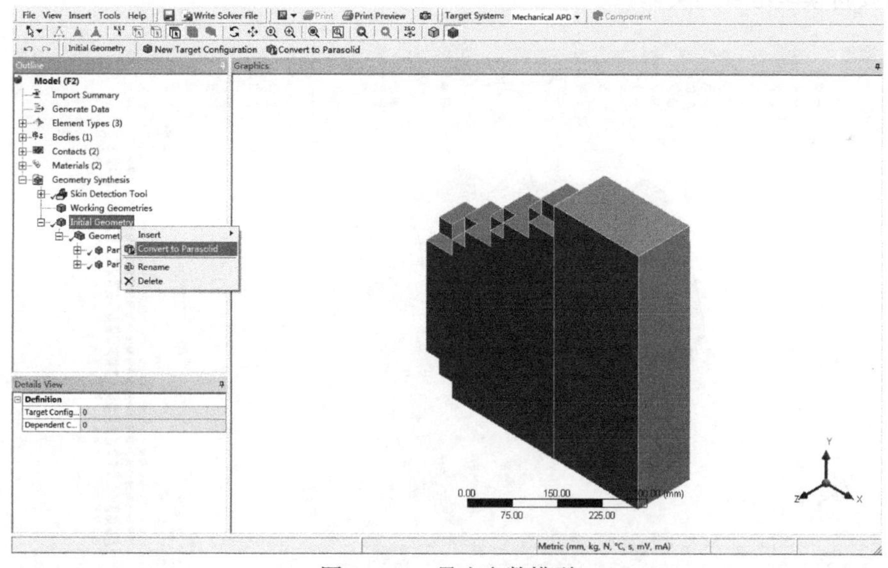

图 2-4-16 导出参数模型

导出的参数模型全部为面，其中第一个模型由 6 个面组成，第二个体由 64 个面组成。虽然该模块具有将面组合成体的功能（Sew），但是其功能太弱，遇到稍微复杂的模型就会失败，而且需要不断调试参数，因此不在该模块中进行处理。如图 2-4-17 所示，鼠标右键单击 Parasolid Geometry，在弹出的快捷菜单中单击 Export to a Parasolid File，将模型保存为*.x-t 文件备用。

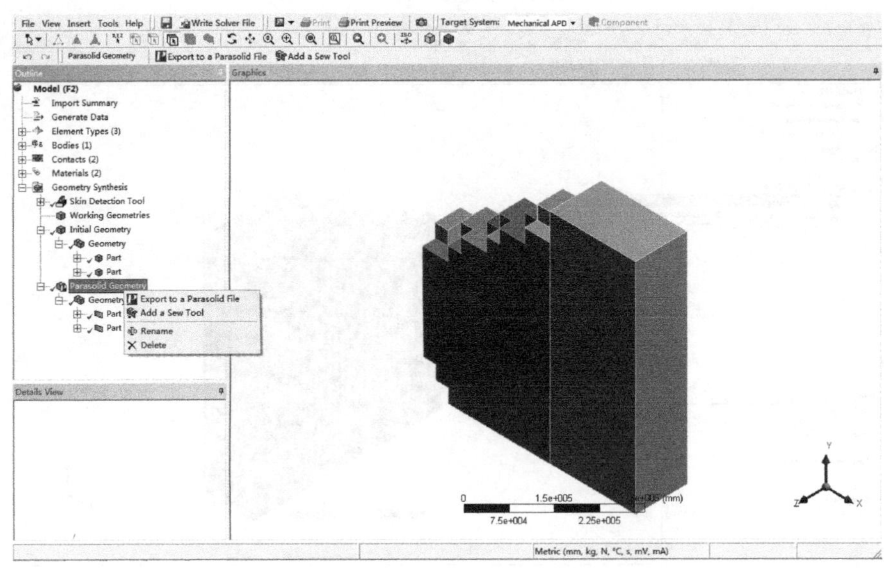

图 2-4-17 导出 x-t 文件

（8） SCDM 光顺化处理模型

SCDM 是一款功能非常强大的 CAD 软件。通过本例可以对 SCDM 的操作有初步了解。

1）打开刚才存盘的*.x-t 文件，如图 2-4-18 所示。由图可知，模型由 70 个面组成。因此第一步需要将模型组合为实体。

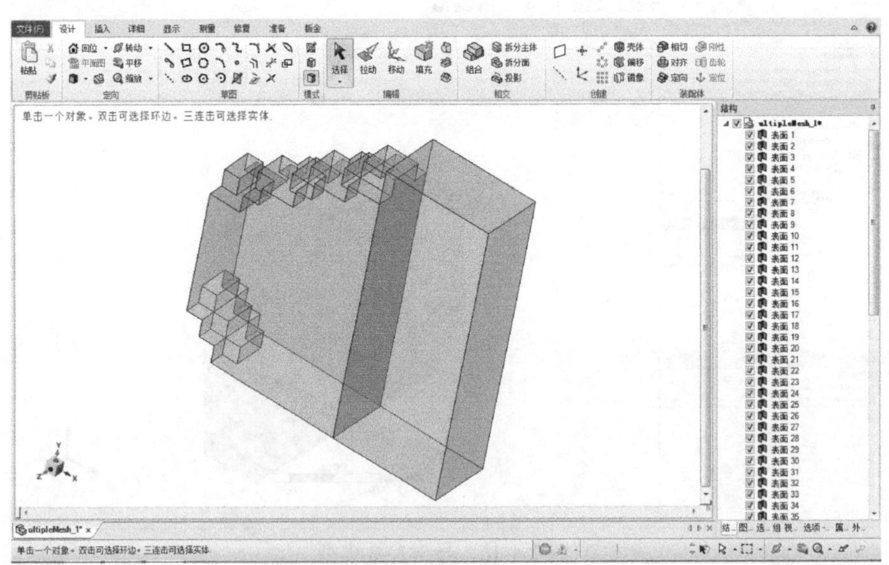

图 2-4-18 打开导出的 x-t 文件

如图 2-4-19 所示，先按住 Ctrl 键结合鼠标左键依次点选属于右边实体的 6 个面，再按图 2-4-18 所示序号用鼠标左键依次单击，即可将 6 个面组合为一个实体。

如图 2-4-20 所示，先将实体前面的钩取消，暂时将其隐藏；再用鼠标框选剩下的 64 个面，按图中序号用鼠标左键依次单击，即可将剩下面组合为另一个实体。

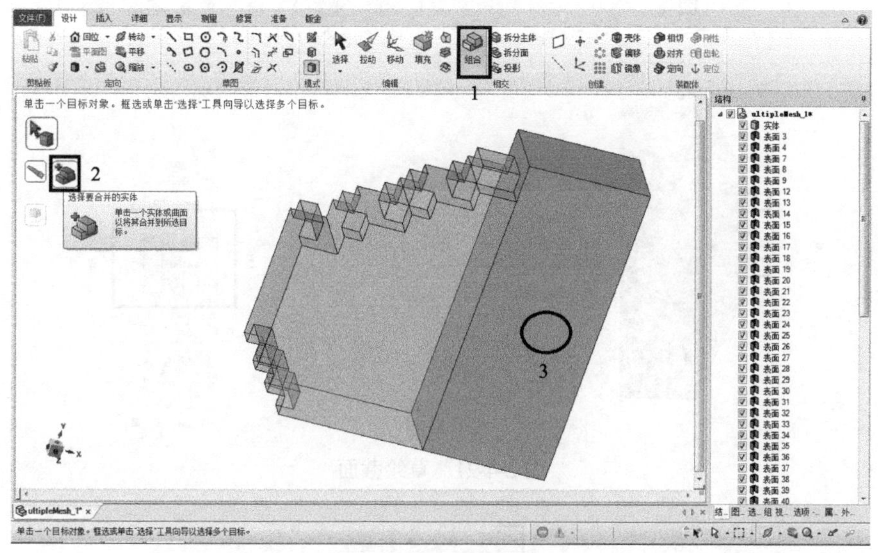

图 2-4-19　组合实体

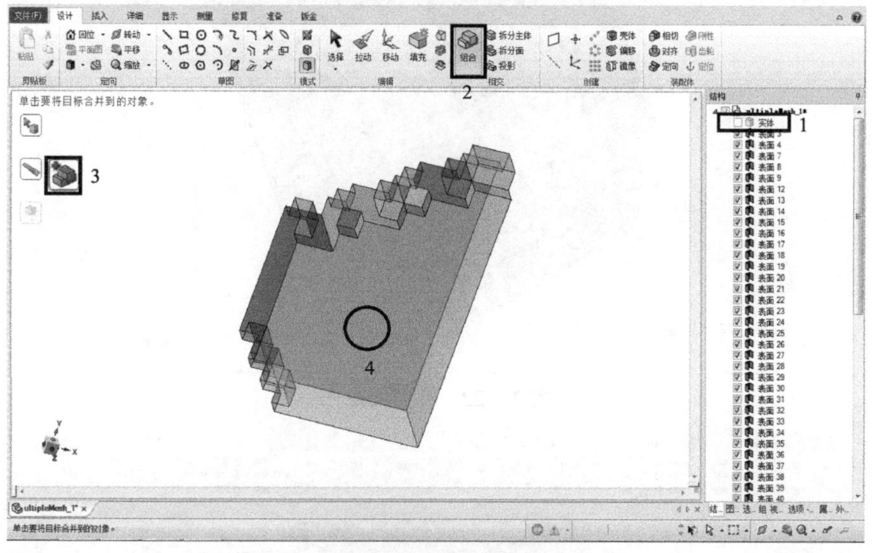

图 2-4-20　组合实体

2）将模型光顺化分为上下两部分。其中下部分较为规整，先进行处理。按住鼠标中间滚轮旋转模型，观察下部模型呈现为阶梯形式，因此采用补斜面来处理。如图 2-4-21 所示，先选择 1 区模型中的两条边线，单击 2 区图标，即可定义草绘截面。单击 3 区图标，可正视草绘。选择 4 区的长方形图标，在 5 区绘制两个长方形，且其端点会自动捕捉。

如图 2-4-22 所示，先单击 1 区的"回位"图标，模型将居中放置。点击 2 区的"拉动"图标，在模型出现 3 区所示的箭头时，按住鼠标左键往右上拖动，当显示的数据较大时，即可完成补斜面操作。

同理，可以完成下部分中间面的补斜面操作，如图 2-4-23 所示。

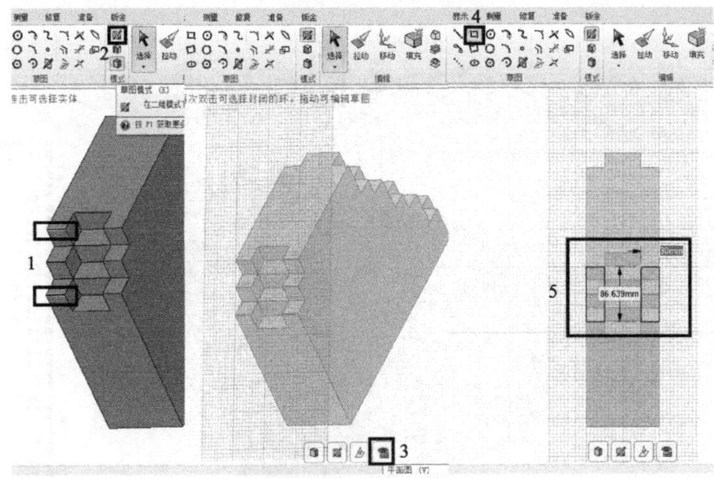

图 2-4-21 草绘截面

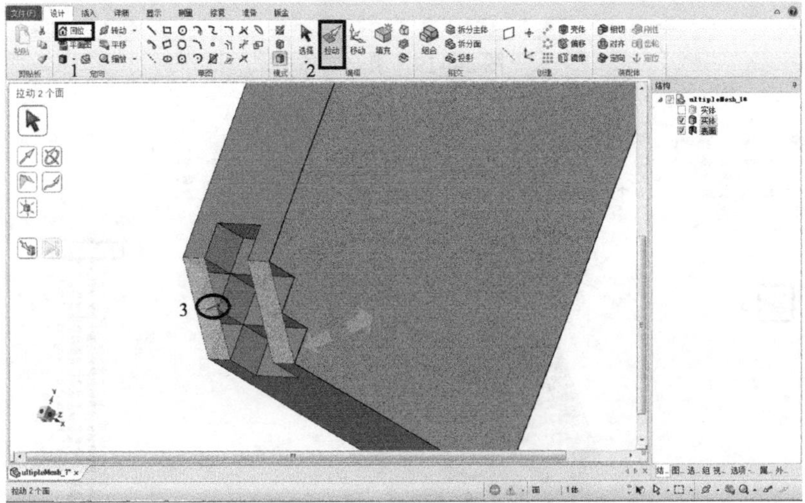

图 2-4-22 补斜面操作

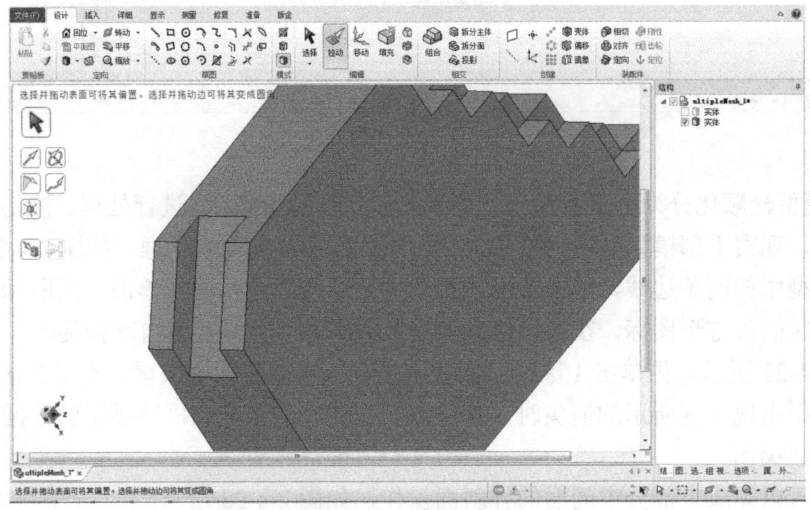

图 2-4-23 补斜面操作

3）模型上部分较为杂乱，同理采用补斜面来处理。如图 2-4-24 所示，选择模型的两条边线，单击图 2-4-24 中框中的图标，即可创建两个基准面。创建补面基准面的原则：新生成的模型应尽量依据原模型的几何形式。由图可知，原模型中内外方块的排布近似平行，因此创建的基准面也尽量平行。对于外凸形式的图形，依据最多的原模型边界，尽量少地切除模型。由图可知，上基准面与模型的 3 条线重合，仅用切除下面方块一小部分区域。对于内凹形式的图形，依据最低的原模型边界，尽量多地切除模型。由图可知，下基准面为两两边线组合的最低基准平面，切除原模型的 3 块区域。

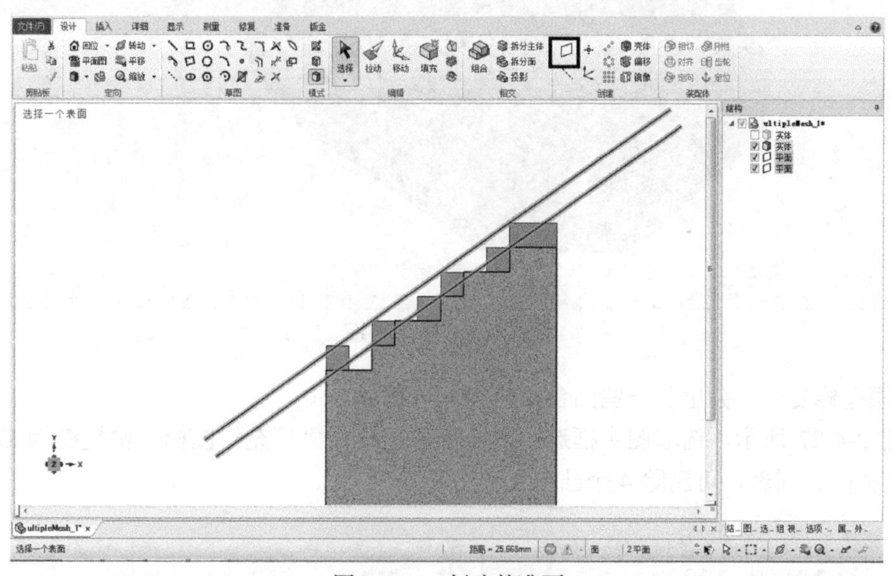

图 2-4-24 创建基准面

先进行上凸面处理，如图 2-4-25 所示，点选 1 区的图标，在 2 区选择刚才定义的基准面，再单击 3 区图标，即可进入草绘界面。点选 4 区的图标，在基准面上绘制一个如 5 区所示的长方形。单击 6 区的图标，用鼠标左键按住 7 区的箭头，向右下方拖动，即可完成补斜面操作。

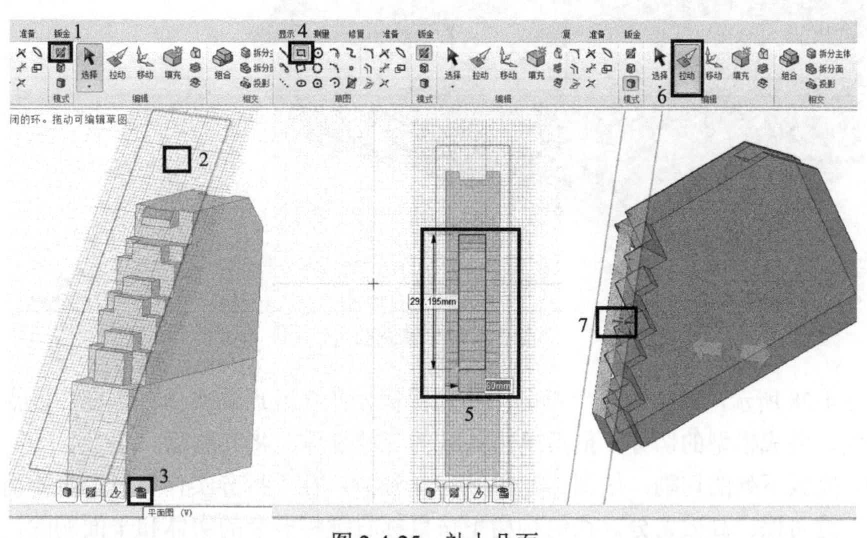

图 2-4-25 补上凸面

同理，可以完成下凹面的补斜面操作，如图 2-4-26 所示。

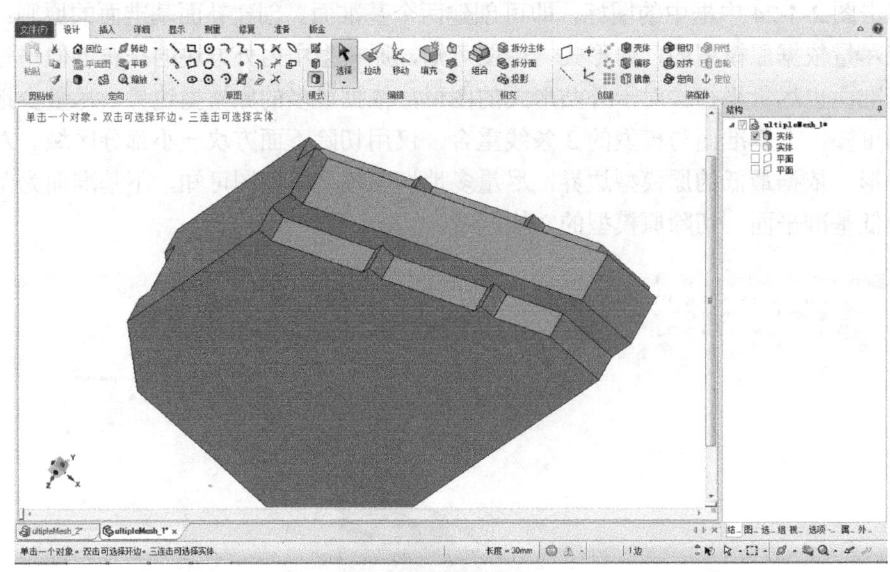

图 2-4-26 补下凹面

4）模型修复后，会出现一些凸台，需要一一修复。

如图 2-4-27 所示，选取图中框选的两个面，再单击“填充”图标（快捷键为 Delete），即可将其去除。同理，可删除 4 个凸台。

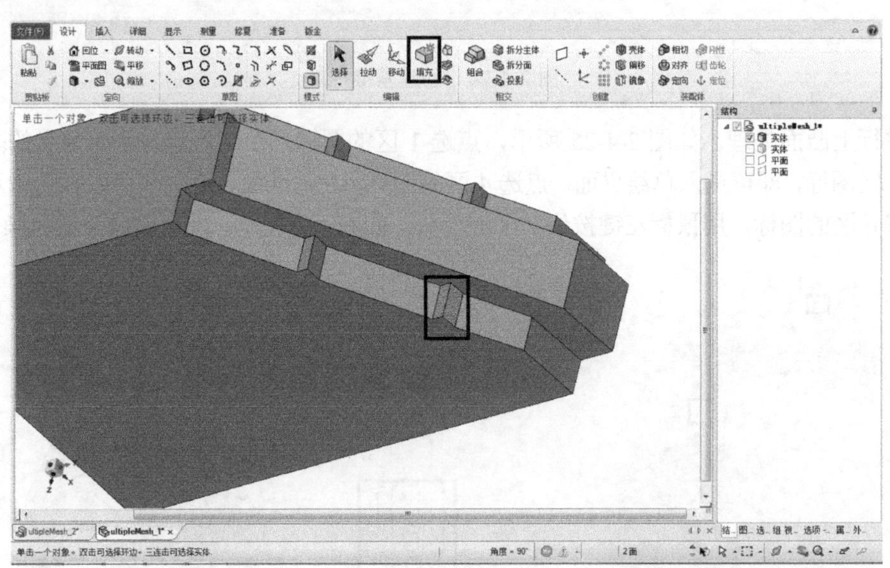

图 2-4-27 填充凸台

如图 2-4-28 所示，单击 1 区“拆分主体”图标，在 2 区点选实体，再在 3 区点选切割模型的基准面，完成模型的切分，最后单击 4 区的三棱柱体，将其删除。

同理，完成下列的切割，如图 2-4-29 所示。注意：在“拆分实体”时，将不需要切分的实体隐藏，这可保证高效切分。在结构树下按鼠标右键将多余的实体和平面删除，再用“组合”命令将切分的实体合并，完成光顺化模型的操作。最后将模型另存为*.x-t 文件备用。

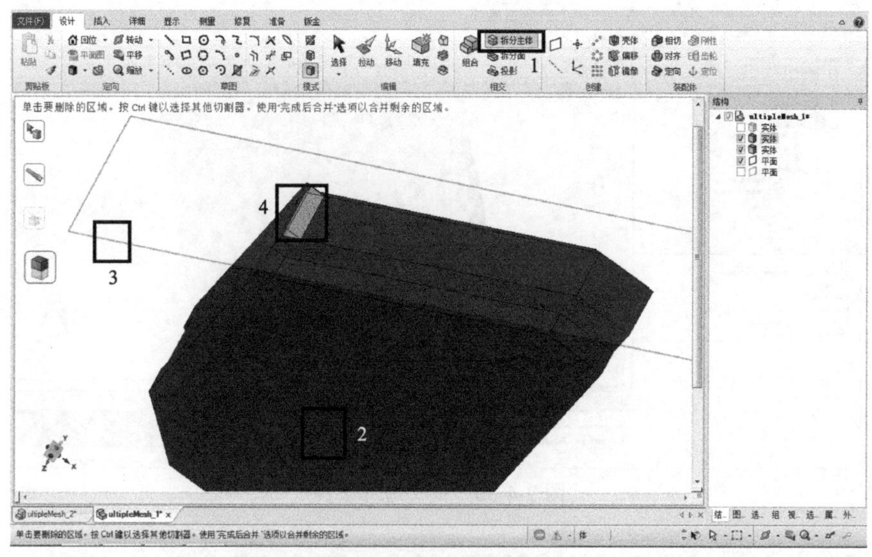

图 2-4-28　切分实体

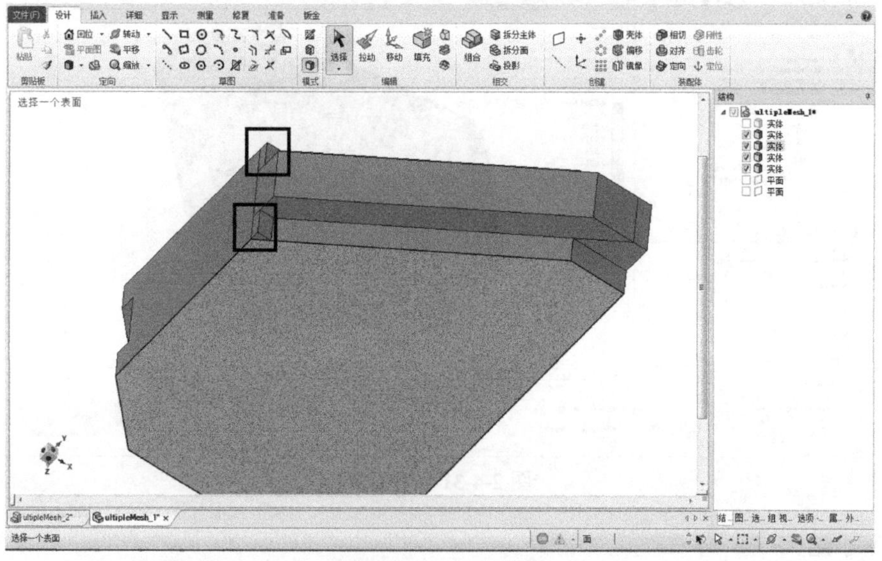

图 2-4-29　切分实体

（9）优化后模型的模态分析

在 E3 处双击鼠标左键，在 DM 界面中选择 File→Import External Geometry File 导入使用 SCDM 处理过的模型。

在 E4 处双击鼠标左键，进入模态分析。前处理中使用所有默认设置。如图 2-4-30 所示，加载边界条件。将 Analysis Settings 的 Max Modes to Find 选项设置为 1（只求解第一阶模态），其余默认。

计算结果如图 2-4-31 所示。其固有频率为 326.58Hz，这与优化前模态的振型图完全一致。

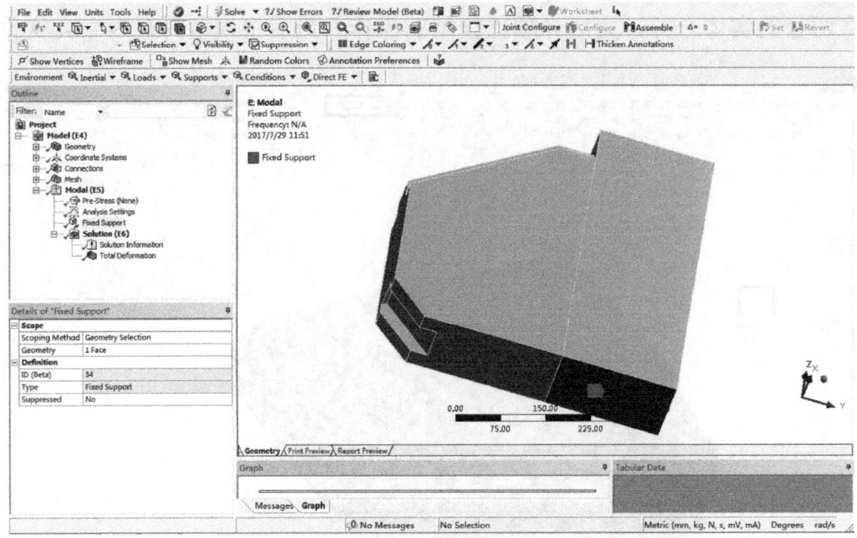

图 2-4-30 定义边界条件

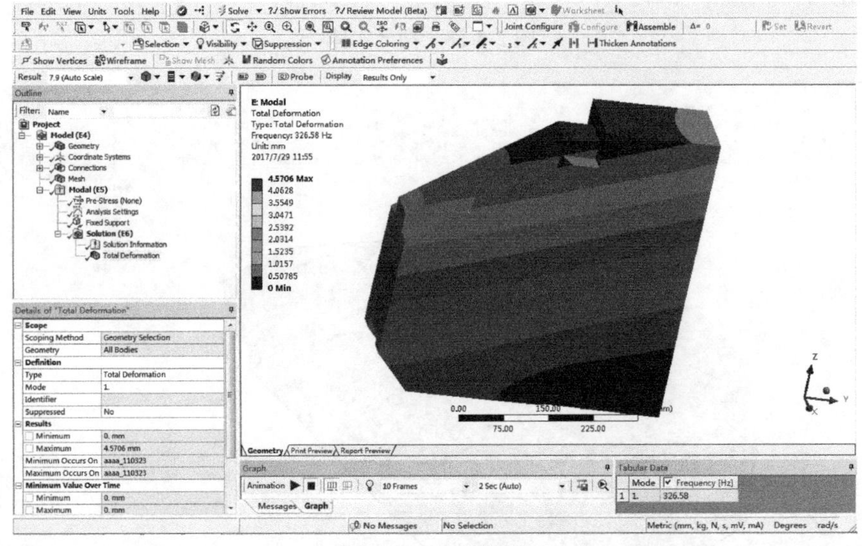

图 2-4-31 后处理

（10）小结

模态分析之拓扑优化对于模型在动力学环境下的设计非常有帮助。读者可以自行对原始模型进行模态分析，其总质量为235.5kg，第1阶固有频率为252Hz。拓扑优化后，模型质量为200.57kg，优化质量达15%（前文虽然定义了75%的优化率，但是模型进行光顺化处理必然要填充材料），第1阶固有频率达到325Hz左右，频率提高了29%，且振型不发生变化。同时优化后的模型还必须表现为无明显提高成本。

2.4.2 齿轮减重拓扑优化设计基本实例

齿轮减重拓扑优化是一个非常现实的问题，与其有关的拓扑优化都基于静力学分析，载荷形式为整体力矩或轮齿上的接触力。由于这种载荷在圆周上均匀分布，所以拓扑优化后的齿轮减重区域必然呈现圆周分布。其形式表现为轮辐或减重孔，但是轮辐或减重孔的具体位置较为随意，齿轮设计手册上也没有相应的规定。

仅采用基于静力学的拓扑优化会导致齿轮减重区域位置的不确定。如果基于模态进行拓扑优化，则不仅可以较精确地确定减重区域的位置，而且还可以提高齿轮的固有频率。基于模态的齿轮拓扑优化分析流程与 2.4.1 节所介绍的流程完全一致，主要区别为：前例仅考虑一种约束条件下的模态分析之固有频率，而齿轮则存在多种约束条件，必须共同满足不同约束条件下的模态分析之拓扑优化。

（1）建立三维模型

以某直齿轮为例，将该齿轮由外向内分为 3 个区：轮齿区、优化区和约束区。由于仅对优化区进行拓扑优化，因此必须将模型切割为 3 块，并且必须让优化区排在最前面。三维模型如图 2-4-1 所示，具体建模过程如下：

1）单击 File→Import External Geometry File 导入直齿轮模型。

2）切分（Slice）模型，以轮齿区和优化区的交界圆柱面为基准，在 Slice Type 处选择 Slice by Surface 对齿轮进行切割，将模型分为轮齿区和中间区（含优化区和约束区）。

3）删除体（Body Delete）模型，将轮齿区删除。

4）切分模型，以优化区和约束区的交界圆柱面为基准，在 Slice Type 处选择 Slice by Surface 对齿轮进行切割，将模型分为优化区和约束区。

5）再次单击 File→Import External Geometry File 导入直齿模型，并隐藏（Hide Body）前面定义的优化区和约束区模型。

6）再次切分模型，以轮齿区和优化区的交界圆柱面为基准，在 Slice Type 处选择 Slice by Surface 对齿轮进行切割，Slice Targets 处选择 Selected Bodies，并选择第二次导入的直齿模型，再次将模型切分为轮齿区和中间区（含优化区和约束区）。

7）删除体模型，删除中间区，并显示所有模型（Show Body）。

通过切分和多次导入模型，完成模型的分区，且把优化区置于第一的位置，如图 2-4-32 所示。当然将优化区排在最前面有很多方法，读者可以自行思考，找到适合自己操作的方法。

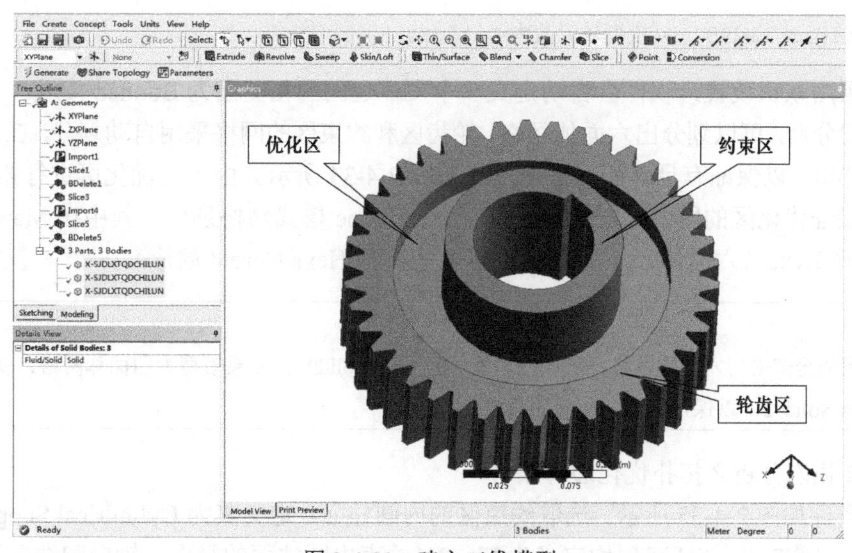

图 2-4-32　建立三维模型

（2）建立分析流程

如图 2-4-33 所示，建立分析流程。其中包括 A 框架结构的 DM 模块，B、C 框架结构的模态分析之拓扑优化，D 框架结构的 Design Assessment 模块（用于组合模态下的部分后处理），E 框架结构的 APDL 模块（用于导出组合模态优化后的有限元模型），F 框架结构的 Finite Element Modeler 模块（用于导出优化后的实体模型），其中 SCDM 模型处理流程未列入。注意：各模块之间的连线是分析的关键。

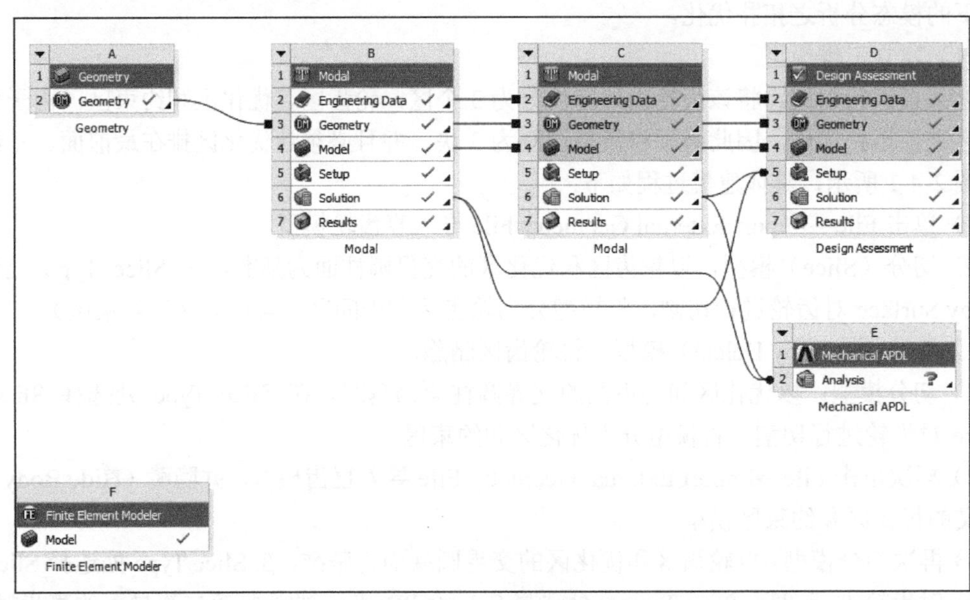

图 2-4-33　分析流程

（3）B 模态分析之拓扑优化前处理

在 B4 处双击鼠标左键，进入模态分析模块。首先单击 Geometry，对 3 个模型（优化区、约束区和轮齿区）均插入一段命令，内容如下：

```
et,matid,solid95    !模型单元改为 Solid95
```

接触采用默认设置，软件会自动定义 3 个实体之间的相交面为 Bonded 接触。

模型切分后，可以划分出六面体网格。轮齿区和约束区的网格采用自动划分，在 Relevance 处设置为 100，以保证有足够的网格密度，如图 2-4-34 所示。由于对优化区进行拓扑优化，因此重点保证优化区的网格。对优化区进行 MultiZone 模式网格划分，其中在 Mapped Mesh Type 处选择 Hexa（六面体），Free Mesh Type 处选择 Hexa Core（扇形）。

> **注意**
>
> 因为模型全部采用六面体网格，所以在模型单元采用 Solid95。如果模型为四面体网格，就必须定义模型单元为 Solid92，以保证网格和单元的匹配。

（4）B 模态分析之拓扑优化边界条件

边界条件如图 2-4-35 所示。选取约束区的内圆柱面，定义其为 Cylindrical Support，其中 Radial、Axial、Tangential 三项均定义为 Fixed（约束内圆柱面的径向、轴向和法向）。同理在

Analysis Settings 的 Output Controls 处，将 Stress 和 Strain 两处选项设为 Yes，并插入一段命令，内容如下：

```
tofreq,mfreq,single,6    !定义单个频率（前 6 阶）进行拓扑优化，定义频率函数为"mfreq"
tovar,mfreq,obj          !以"mfreq"函数为优化目标函数
tovar,volume,con,,40     !指定体积减小 40%
totype,scp               !用 scp 法求解
todef,1.0d-4             !初始化优化过程，设定精度为 1.0d-4
toloop,10,1              !最多 10 次迭代优化计算（本例定义为 10，这仅为了提高计算速度，实际工程中建议为 20）
/solu                    !求解
```

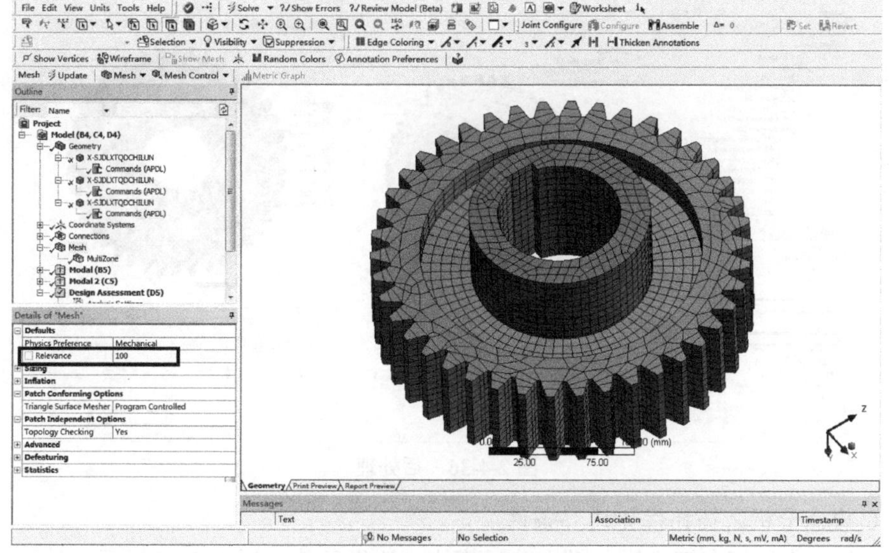

图 2-4-34 前处理

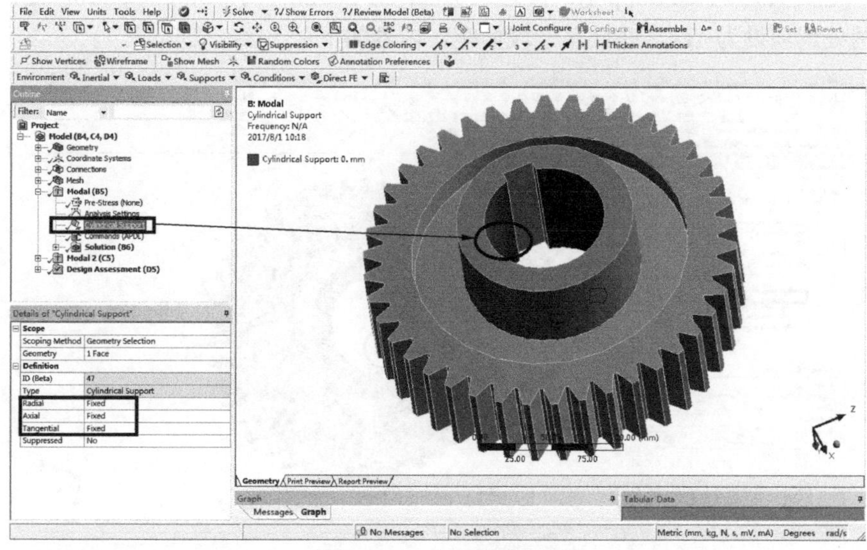

图 2-4-35 定义边界条件

> **注意**
>
> 由于齿轮与轴之间一般有较为精密的配合且存在键联结，因此定义其径向、轴向和法向三个约束。

（5）B 模态分析之后处理

计算完成后，观察前 6 阶模态，其中第 6 阶模态振型表现为绕中心轴旋转，其固有频率为 2993.3Hz。插入 User Defined Result，在 Expression 处输入 Etop，在 Mode 处输入 6。读取第 6 阶模态分析之拓扑优化图，数值大表示必须保留的区域，数值小表示可以删除的区域，如图 2-4-36 所示。

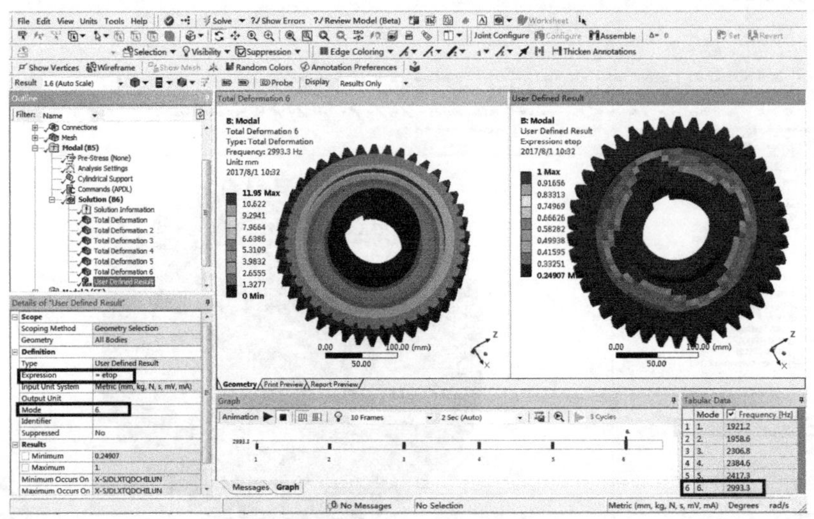

图 2-4-36　后处理

（6）C 模态分析之拓扑优化边界条件

在 C5 处双击鼠标左键，进入模态分析模块。边界条件如图 2-4-37 所示。选取约束区的上下端面，定义其为 Fixed Support。同理在 Analysis Settings 的 Output Controls 处，将 Stress 和 Strain 两处选项设为 Yes。并插入一段命令，内容如下：

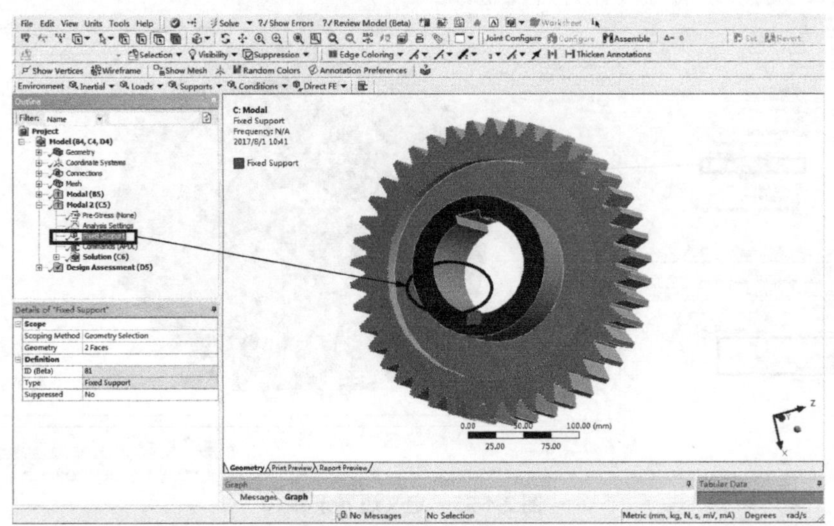

图 2-4-37　定义边界条件

```
tofreq,mfreq,single,6
tovar,mfreq,obj
tovar,volume,con,,40
totype,scp
todef,1.0d-4
toloop,10,1
/solu
```

注意

齿轮不仅存在内孔与轴的约束关系，齿轮中心区的端面与轴承、轴肩或挡圈之间也存在约束关系。由于齿轮存在高速离心或换挡的工况，因此必须考虑在该工况约束条件下的模态。

（7）C 模态分析之后处理

计算完成后，观察前 6 阶模态。第 6 阶模态振型表现为绕中心轴旋转，其固有频率为 2841.6Hz。插入 User Defined Result，在 Expression 处输入 Etop，在 Mode 处输入 6。这表示读取第 6 阶模态分析之拓扑优化图，如图 2-4-38 所示。

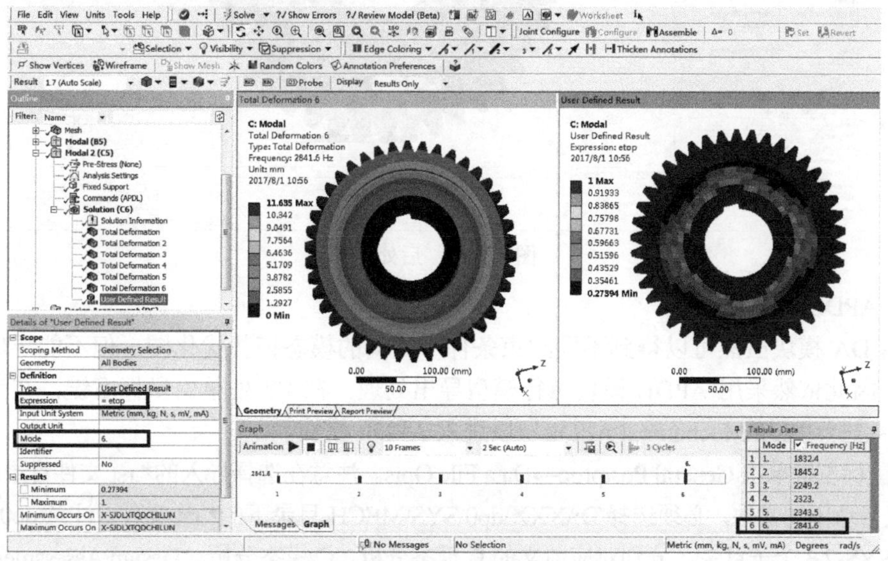

图 2-4-38　后处理

（8）Design Assessment 模块后处理

由于该齿轮存在不同约束条件下的工况，绕中心旋转这种振型也表现为两种不同的固有频率，且拓扑形式也不是相同的，因此必须考虑包含这两种约束条件的模态拓扑优化形式。前文已经叙述，Design Assessment 模块可以进行后处理的线性叠加，因此应先调用该模块进行后处理。

如图 2-4-39 所示，单击 Solution Selection，在右侧表头区域单击右键，依次增加两行。其中第 1 行在 Coefficient（系数）处输入 0.5，在 Environment Name（求解环境名称）处输入 Modal（B 模态分析），在 Mode 处输入 6（第 6 阶）。同理第 2 行在 Coefficient 处输入 0.5，在 Environment Name（求解环境名称）处输入 Modal 2（C 模态分析），在 Mode 处输入 6（第 6 阶）。这表示的计算结果为：B 模态分析第 6 阶振型的幅值乘以 0.5 加上 C 模态分析第 6 阶振型的幅值乘以 0.5 之和。

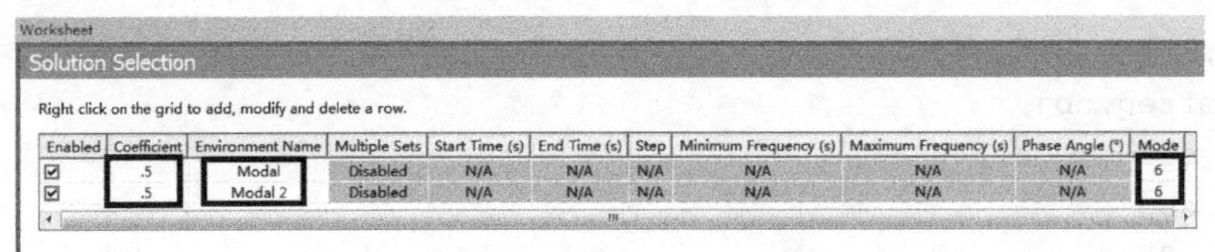

图 2-4-39 Design Assessment 模块的功能

插入 User Defined Result，在 Expression 处输入 Etop。这表示读取两种模态共同作用下的拓扑分析之和图，如图 2-4-40 所示。

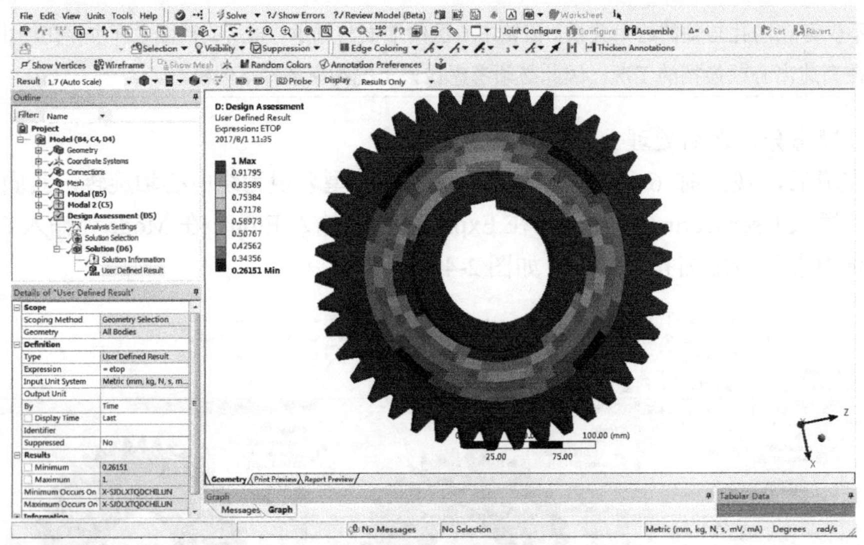

图 2-4-40 后处理

（9）APDL 后处理

利用 DA 模块虽然可以得到不同约束条件下共同的模态拓扑优化图，但不能导出优化后的模型，因此依然采用 APDL 模块执行模型导出处理。在 E2 处单击鼠标右键，在弹出的快捷菜单中选择“Edit Mechanical APDL”以进入 APDL 模块。

1）鼠标左键单击 General Postproc→Data File Opts。注意在选择导入的*.rst 文件目录时，不能使用默认目录下的文件，必须选择 D:\XXX\dp0\SYS\MECH 目录下的*.rst 文件。注意 dp0 有 SYS、SYS-1、SYS-2 3 个子目录，分别对应前文的 B 模态分析、C 模态分析、Design Assessment 模块。在每个子目录的 MECH 子目录内包含每个模块的求解信息、错误信息、操作流程、后处理文件等。

2）鼠标左键依次单击 General Postproc→Read Results→Last Set，读取第 6 阶模态计算结果中的数据。

3）鼠标左键单击 General Postproc→Element Table→Define Table，这与图 2-4-8 所示类似调用拓扑优化结果，唯一不同的是它会在 User Label for Item 处增加编号“Topo1”。增加编号的目的是为了后续调用该单元表，可在单元表中看出，该阶频率为 2993.3Hz。

4）鼠标左键单击 General Postproc→Data File Opts。注意在选择导入的*.rst 文件目录时，选择 D:\XXX\dp0\SYS-1\MECH 目录下的*.rst 文件。

5）鼠标左键依次单击 General Postproc→Read Results→Last Set，读取第 6 阶模态计算结果中的数据。

6）鼠标左键单击 General Postproc→Element Table→Define Table，调用拓扑优化结果，在 User Label for Item 处增加编号“Topo2”。在单元表中可以看出，该阶频率为 2841.6Hz。最终的单元表如图 2-4-41 所示。

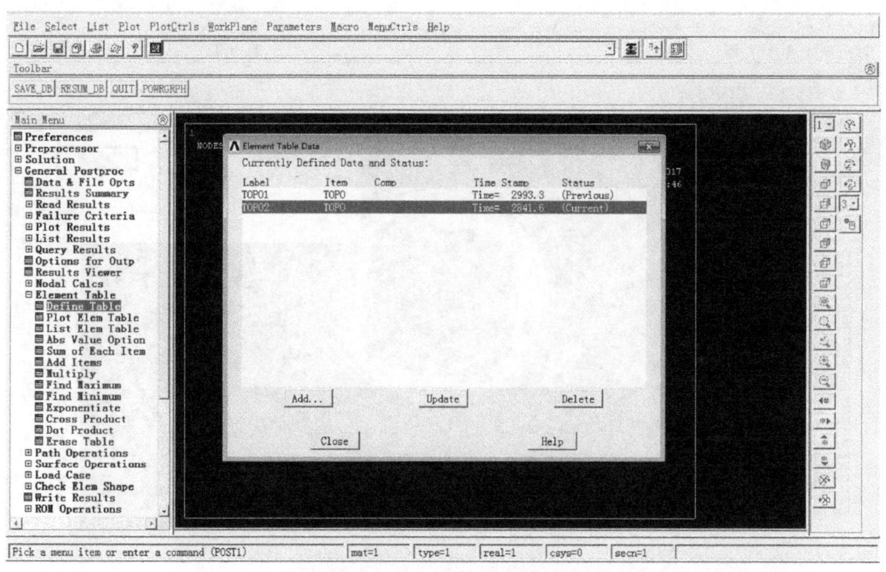

图 2-4-41　单元表的设置

7）鼠标左键单击 General Postproc→Element Table→Add Items，对拓扑优化结果进行求和叠加，如图 2-4-42 所示。在 LabR User Label for Result 处定义叠加后的单元表编号为“topoall”，在 Fact1 1st Factor 处填入系数 0.5，在 Lab1 1st Element Table Item 处选择“TOPO1”，在 Fact2 2nd Factor 处填入系数 0.5，在 Lab2 2nd Element Table Item 处选择“TOPO2”。这表示取 B 模态分析第 6 阶振型的拓扑结果乘以 0.5 加上 C 模态分析第 6 阶拓扑结果乘以 0.5 之和。单击“OK”确定。

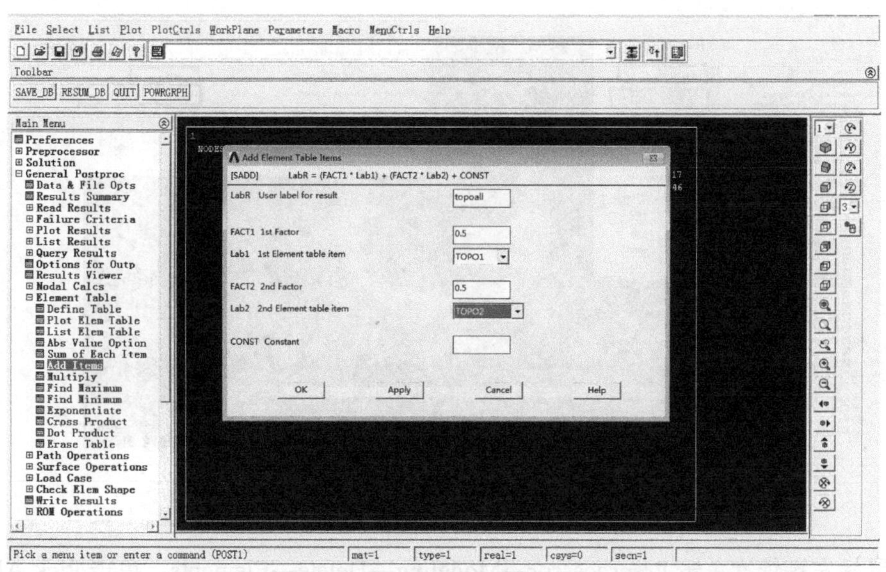

图 2-4-42　单元表求和的设置

鼠标左键单击 General Postproc→Element Table→Plot Elem Table，如图 2-4-43 所示。在 Itlab Item to be Plotted 处选择 Topoall，显示拓扑优化叠加后单元后处理的结果。读者可以用图 2-4-40 与其进行对比，结果显示一致。

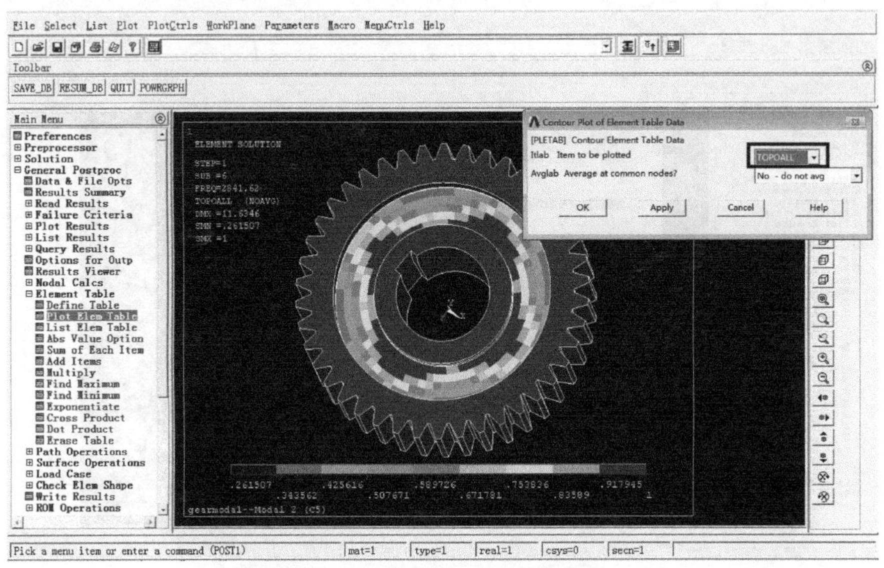

图 2-4-43　Plot Elem Table 的设置

8）鼠标左键单击 Select→Entities…，在出现的菜单中按图 2-4-44 所示进行设置。注意在“Item, Comp　Element table item”处选择 TOPOALL，在“VMIN, VMAX　Range of values”处选择 0 和 0.6。该项定义表示根据单元拓扑叠加的结果，选取拓扑区从 0 到 0.6 的所有单元，这些单元为需要被删除的单元。

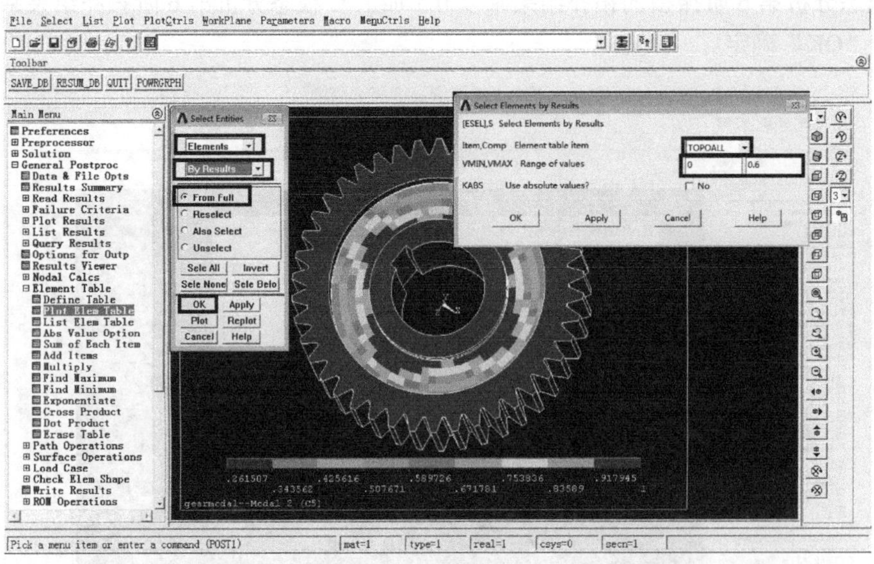

图 2-4-44　选取单元

9）鼠标左键依次单击 Preprocessor→Modeling→Delete→Elements，单击 Pick All 图标，

删除需要被优化的单元。

10）鼠标左键单击 Select→Everything，选择剩下的所有单元。

11）鼠标左键单击 General Postproc→Element Table→Plot Elem Table，如图 2-4-45 所示，显示优化后需要保留的单元。

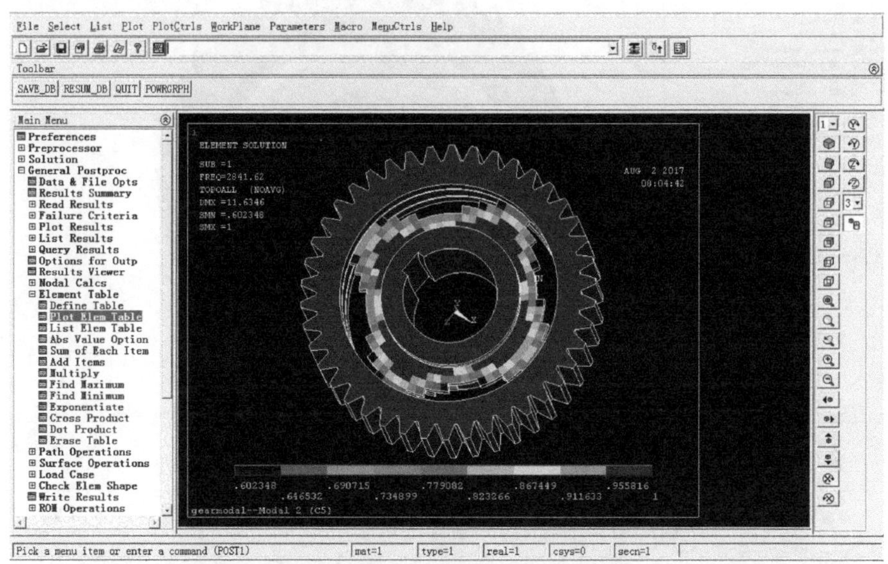

图 2-4-45 显示优化后需要保留的单元

12）鼠标左键依次单击 Preprocessor→Archive Model→Write，在 Data to Archive 处选择 DB All Finite Element Information，选择存盘路径及目录，从而将优化后的有限元模型导出为 *.cdb 文件。至此可得到优化后的有限元模型，退出 APDL 模块。

> **提示**
>
> 单元表除了具备叠加功能以外，还有 Abs Value Option（取绝对值），Sum of Each Item（求和，例如求接触面积），Multiply（相乘），Find Maximum/Minimum（查找最大/最小值），Exponentiate（指数），Cross Product（单元表数据的交叉积），Dot Product（单元表数据的点积）等功能。

（10）Finite Element Modeler 后处理

在 F2 处双击鼠标左键，在出现的目录文件选择菜单中选取刚才生成的 File.cdb 文件。

进入 Finite Element Modeler 后，依次单击 Insert-Initial Geometry（创建初始模型）、Convert to Parasolid（导出参数模型）、Export to a Parasolid File（导出*.x-t 文件），如图 2-4-46 所示。

（11）模型光顺化处理

1）由于 Finite Element Modeler 模块的缝合（Sew）功能较弱，所以必须将模型导出才能把面体模型转换为实体模型。就缝合面体为实体功能而言，功能最强大的 ANSYS 模块是 DM，其次才是 SCDM。以本模型为例，用 SCDM 的“组合”命令较难将面体组合为实体，而使用 DM 几乎不用设置即可完成缝合实体操作。如图 2-4-47 所示。

由图可知，先选择约束区的 7 个面体，单击 Create-Body Operation-Sew，在 Create Solid 处选择 Yes，在 Tolerance（公差）处选择 User Tolerance，在 User Tolerance 处选择默认的

0.0015m，在 Merge Bodies 处选择 Yes，创建约束区实体模型。

图 2-4-46　Finite Element Modeler 后处理

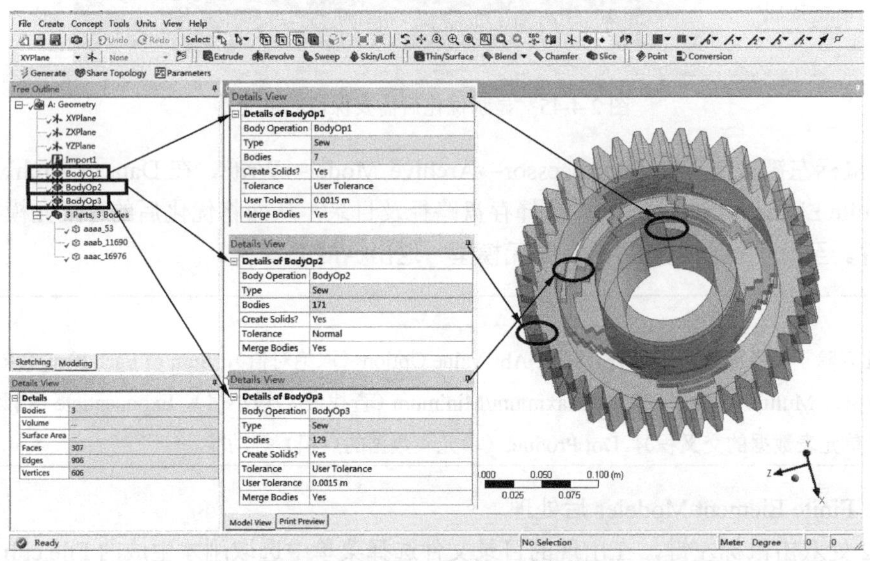

图 2-4-47　DM 中的 Sew 处理

然后选择轮齿区的 171 个面体（用框选），仅在 Create Solid 处选择 Yes，创建轮齿区实体。

将以上生成的实体模型隐藏，最后框选全部剩下的 129 个面体，在 Create Solid 处选择 Yes，在 Tolerance（公差）处选择 User Tolerance，在 User Tolerance 处选择默认的 0.0015m，在 Merge Bodies 处选择 Yes，创建优化区实体模型。

处理完实体模型后，由于 DM 处理实体光顺化模型能力较弱（主要表现在捕捉和测量方面），因此将模型再另存为*.x-t 文件，以便执行 SCDM 处理。

2）在 SCDM 界面中，以优化区中较大的面为基准进行草绘，如图 2-4-48 所示。主要采用图中框内的图标，它们分别表示：偏移、修剪和对齐（非常重要）。由放大视图可知，草绘线均是以对齐产生的线再偏移 0.5mm 而形成的。偏移对齐线的目的是：模型由网格导出，在细微处呈现不对齐的情形，放大 0.5mm 可以包容所有的不对齐模型；同时模型进行组合后，边界处的放大区域与别的区域会混为一体，但这并不影响建模精度。

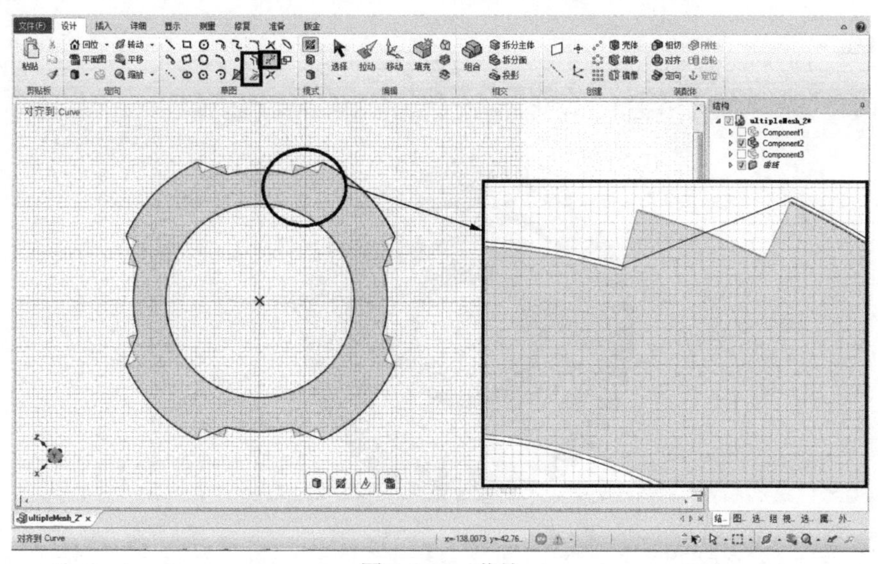

图 2-4-48 草绘

注意

草绘完成后一定要将模型再放大检查，观察交界处的模型是否需要修剪和延伸。

选择草绘创建的截面，用“拉动”命令将其拉伸，厚度为 24.5mm（较原模型厚度增加 0.5mm），如图 2-4-49 所示。

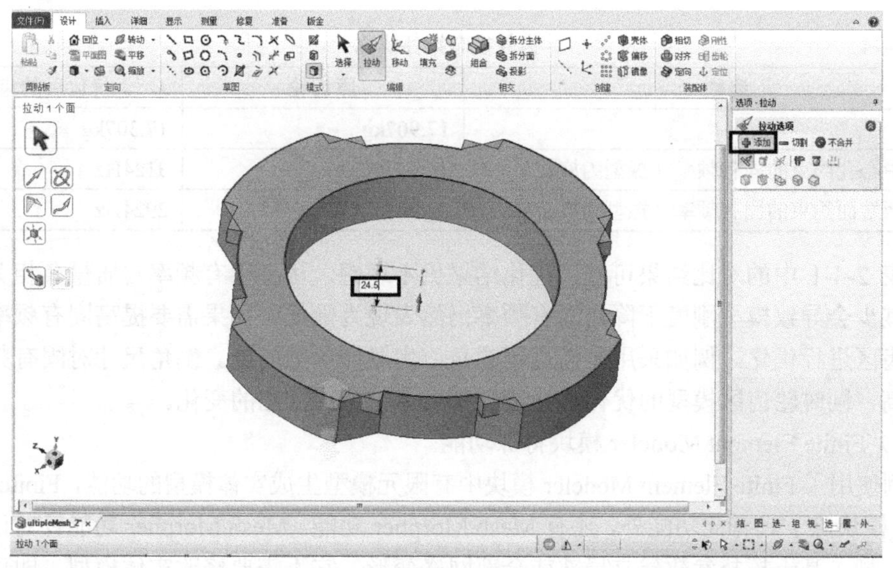

图 2-4-49 拉动

注意

"拉动"时注意需要修改默认选项为"添加"。

再执行"组合""拆分主体"等操作，完成修复模型的操作，最终模型如图 2-4-50 所示。

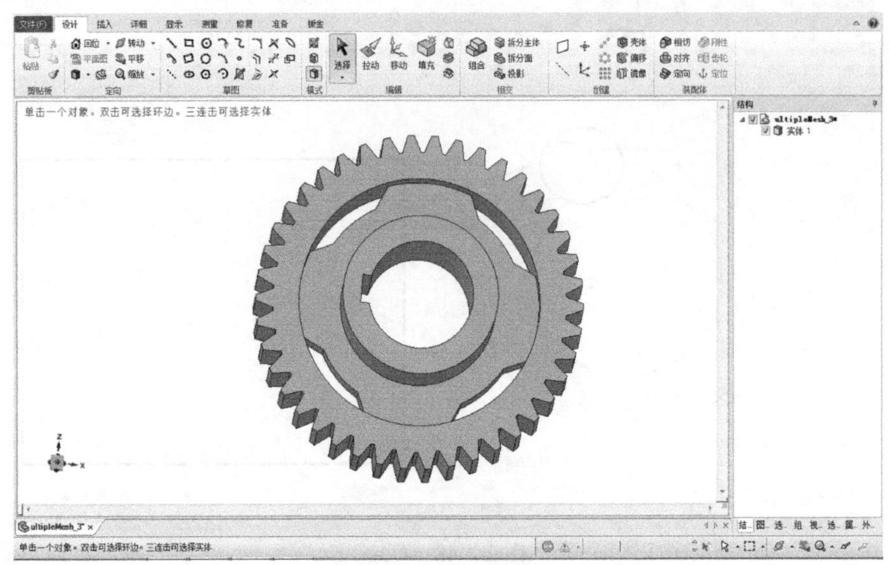

图 2-4-50　最终模型

（12）结果验证

对优化后的齿轮进行模态分析，可知振型表现为旋转，其第 6 阶频率分别为 3124Hz 和 2924Hz，这与拓扑优化计算而得的频率 2993.3Hz 和 2841.6Hz 非常相似。这证明了光顺化处理的模型合理性。

与原齿轮的相应参数进行对比，如表 2-4-1 所示。

表 2-4-1　　齿轮模态拓扑优化

参数	原齿轮	优化后的齿轮
质量	17.907kg	17.307kg
约束区中心孔约束的固有频率（振型为旋转）	3451Hz	3124Hz
约束区两端面约束的固有频率（振型为旋转）	3206Hz	2924Hz

由表 2-4-1 中的对比结果可知，优化结果仍不理想。虽然固有频率与质量负相关，但是质量的减少会导致模型刚度下降，固有频率仍然表现为降低。如果需要提高固有频率，则必须对轮齿区进行优化。例如采用对齿高倒圆角、齿厚倒角等措施。倒角尺寸对固有频率的敏感度很高，同时轮齿区模型的优化必然还会带来齿轮加工工艺的变化。

（13）Finite Element Modeler 模块特殊功能

本例使用了 Finite Element Modeler 模块中有限元模型生成实体模型的功能，Finite Element Modeler 模块除了具有此功能外，还有 Mesh Morpher 功能。Mesh Morpher 功能针对已存在的有限元模型，基于拓扑参数建立局部或全部网格变形。它不需要修改实体模型，即可完成有限元模型的变形，下面以一个长方体为例说明该功能。

建立一个截面为 20mm×20mm、长度为 100mm 的长方体。用 Mechanical Model 模块划分网格后，与 Finite Element Modeler 模块建立关联，如图 2-4-51 所示。

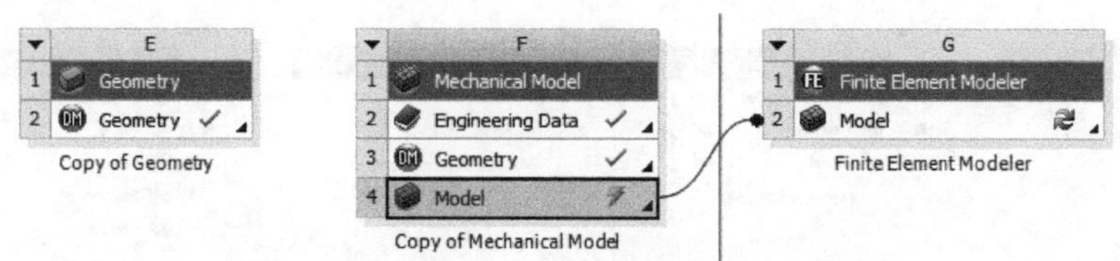

图 2-4-51 建立 Finite Element Modeler 模块

使用 Update Project 之后，鼠标双击 G2（Model）进入 Finite Element Modeler 模块界面。如前述操作生成 Initial Geometry 之后，鼠标右键单击 Initial Geometry，在弹出的快捷菜单中依次单击 Insert→Target Configuration。在新的项目树栏中单击右键，定义 Design Point，依次插入网格变形项，本例采用为 Edge Offset，如图 2-4-52 所示。其中 Geometry 处选择长方体的左上边线；Offset Value 定义为 2，该值为有限元模型变形的参考尺寸；Reference Face 选择长方体左端面，该面用于确定有限元模型变形的方向；Direction 用于确定变形方向的正负向。除了定义为 Edge Offset 之外，还可以定义 Translation（平移）、Rotation（旋转）、Face Offset（面偏移，其中的 Function type 选项可以定义生成非常复杂的曲面偏移）、Projection（投影）。

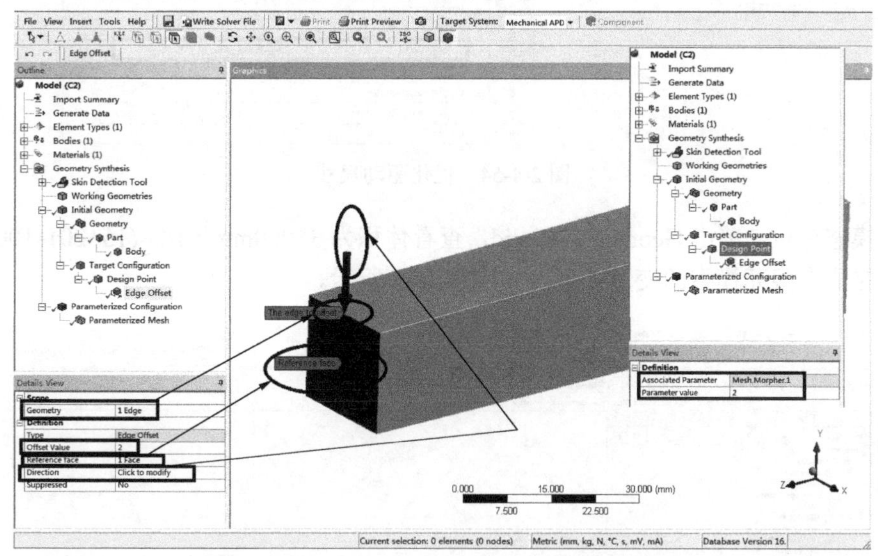

图 2-4-52 Finite Element Modeler 模块的设置

鼠标左键单击 Design Point 可得 Associated Parameter 为 Mesh.Morpher.1，此处为拓扑参数名称；Parameter Value 定义为 2，该值为有限元模型变形的参数尺寸。注意：该参数与 Offset Value=2 的性质不一致，两者参数可以不同，Offset Value 的值仅作参考，实际有限元模型变形的参数只受 Parameter Value 控制；另外 Offset Value 的值只针对一个 Design Point 下的某单一变形，而 Parameter Value 的尺寸可以控制其下所有 Design Point 中的不同形式的变形尺寸。

定义完变形尺寸后，在 Parameterized Configuration 中的 Parameterized Mesh 选项下单击右键，在出现的菜单中选择 Update FE Modeler Mesh。

将 Finite Element Modeler 模块与其他分析模块建立关联，本例以模态分析为例。注意 Finite ElementModeler 模块下的 C2（Model）与 D2 和 D3（Model）同时连接，如图 2-4-53 所示。

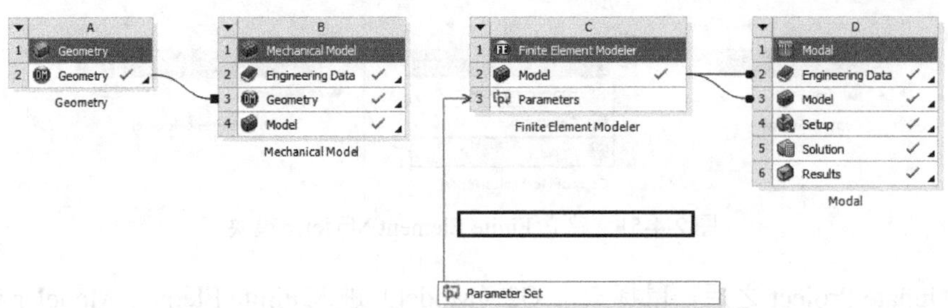

图 2-4-53　Finite Element Modeler 与其他模块建立关联

在图 2-4-53 中的 Parameter Set 处双击鼠标左键，进入 Parameter Set 界面，如图 2-4-54 所示。将 P1 所对应的值改为 5，该值为有限元模型变形的驱动尺寸，也是有限元模型最终定义的变形尺寸。

File　View　Tools　Units　Extensions　Help

Project　Parameter Set

Update All Design Points

Toolbox

Parameter Charts

Parameters Parallel Chart (all)

Parameters Chart

Outline of All Parameters

	A	B	C	D
1	ID	Parameter Name	Value	Unit
2	Input Parameters			
3	Finite Element Modeler (C1)			
4	P1	Mesh.Morpher.1	5	
*	New input parameter	New name	New expression	
6	Output Parameters			
*	New output parameter		New expression	
8	Charts			

图 2-4-54　优化驱动尺寸

进入模态分析，单击 Geometry→Solid，查看体积为 35000mm^3=1/2×(15+20)×100×20，这表示已经完成有限元模型的变形处理，如图 2-4-55 所示。

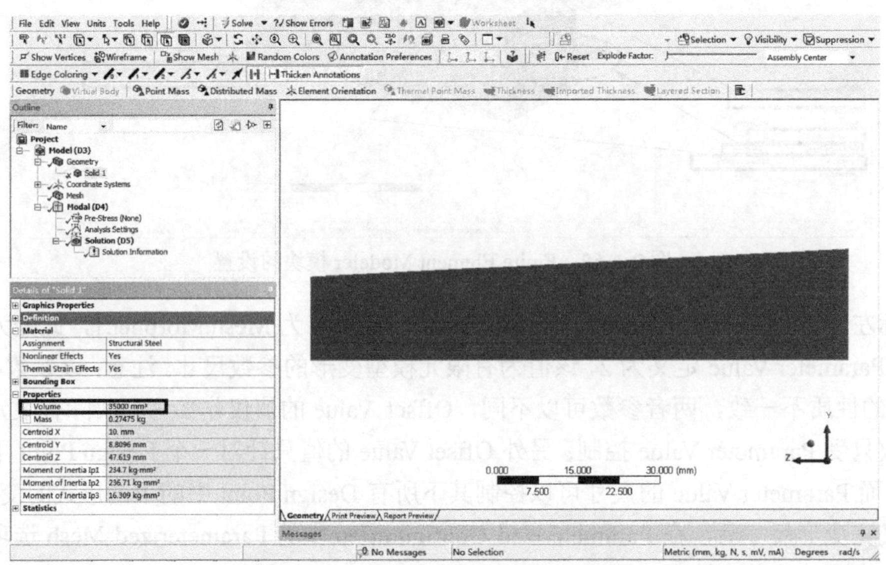

图 2-4-55　有限元模型变形后的模型

2.5　含阻尼的模态分析

在实际工况下，振动系统的结构能量并不表现为常数，部分能量逐渐转变为热能或噪声。由于能量耗散致使振动的结构响应逐渐减弱，因此这种复杂的能量耗散机理统一用阻尼来表示。阻尼现象非常常见，以雨滴下落为例来说明。假设雨滴为半径等于 2mm 的球体，从 2000m 高空落下，依据动势能守恒定律 $mgH=\frac{1}{2}mv^2$，其终点速度为 $200\,\mathrm{m/s}$。这几乎为高铁速度的 2.5 倍，其动能之大可以想象，在此情况下没有任何一把雨伞能够抵御一滴雨滴的冲击动能。但是实际并非如此，雨滴在下落过程中，除了受自身重力（$G=mg=\frac{4}{3}\pi r^3\rho_{\mathrm{water}}g$）之外，还有空气对雨滴的浮力（$F_{浮}=\frac{4}{3}\pi r^3\rho_{\mathrm{air}}g$），另外最关键还受到空气对雨滴的摩擦力，即黏性阻力（$f_1=6\pi\eta rv$，η 为黏度取 $17\times10^{-6}\mathrm{kg/ms}$、$v$ 为速度）和压差阻力（$f_2=\frac{1}{2}C\rho_{\mathrm{air}}sv^2$，$C$ 为系数取 0.4、s 为水滴截面积）。因此其计算公式为 $F=G-F_{浮}-f_1-f_2$ 和 $mgH=F_{浮}H+f_1H+f_2H+\frac{1}{2}mv_{终}^2$，可得终点速度约为 $11.5\,\mathrm{m/s}$。由计算可知，浮力对速度的影响很小，摩擦力对速度的影响很大，而且摩擦力与速度相关，这种摩擦力就是阻尼的一种表现形式。

模态分析中的固有频率分为无阻尼固有频率和有阻尼固有频率。通常意义的固有频率描述的是无阻尼固有频率，而现实中描述的固有频率都是有阻尼固有频率，因为现实结构中必然包含阻尼。但是由于现实的结构中，除了含有阻尼机制的模型以外，一般的阻尼比都小于 10%，因此阻尼对固有频率的影响很小。在有限元分析中，如果为实模态分析，则结果中的固有频率为无阻尼固有频率；如果是复模态分析，则结果中的固有频率为有阻尼固有频率。常用零部件的阻尼比为：大型管道 2%～3%、小型管道 1% ～2%、焊接结构 2%～4%、螺栓联结结构 4%～7%、预应力混凝土 2% ～ 5%、钢筋混凝土 4%～ 7%。

阻尼常表现为以下几种类型。

- 黏性阻尼。最常见的阻尼形式，例如系统在流体介质内振动，流体产生的黏性阻力必然导致振动能量损耗。其影响因素包括物体形状、尺寸、流体的黏度、运动速度及振动频率等。
- 库仑阻尼或干摩擦阻尼。由无润滑状态下的摩擦力产生，与运动方向相反，由摩擦系数定义。
- 材料阻尼或固体阻尼、滞后阻尼。材料变形时，材料内部产生的位错或滑移而导致能量损耗，影响因素为位移或应变。
- 数值阻尼。人工定义的阻尼，方便计算。

这几种阻尼均有累积叠加的特性。

在 ANSYS 中，阻尼计算形式如表 2-5-1 所示。

表 2-5-1 **阻尼计算**

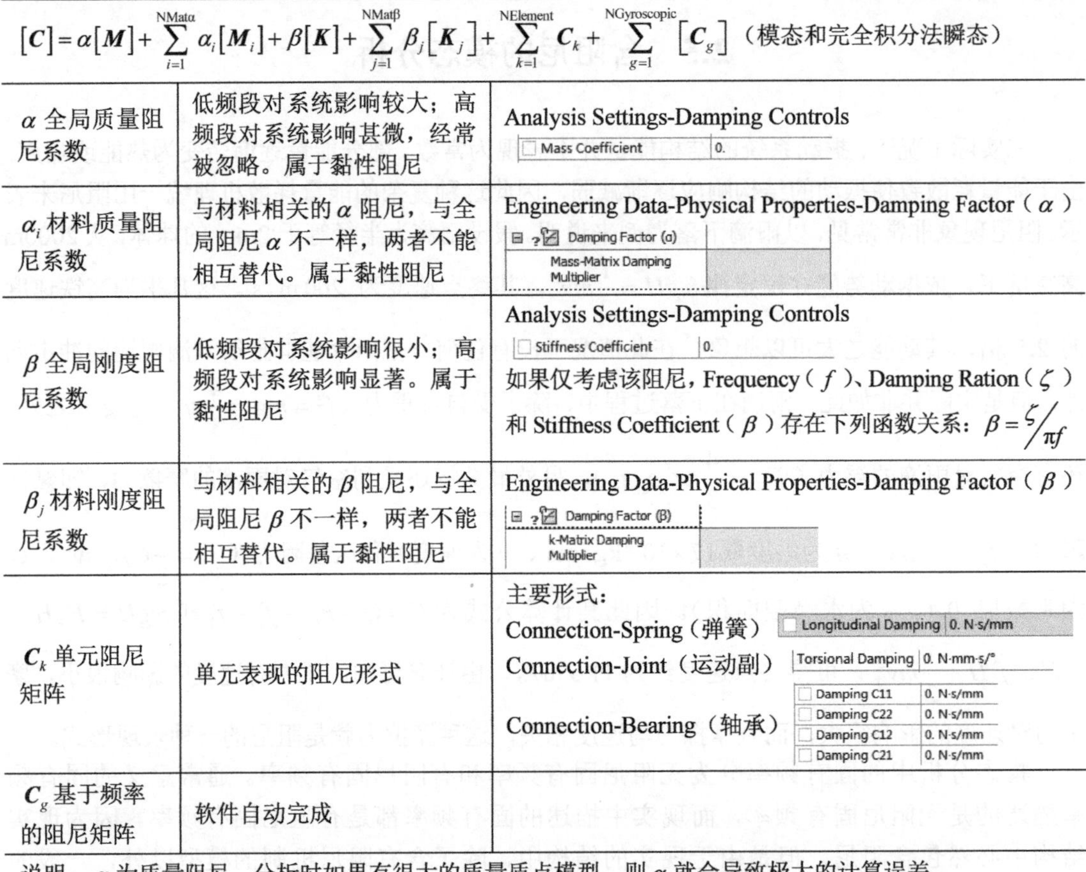

$$[C]=\alpha[M]+\sum_{i=1}^{NMat\alpha}\alpha_i[M_i]+\beta[K]+\sum_{j=1}^{NMat\beta}\beta_j[K_j]+\sum_{k=1}^{NElement}C_k+\sum_{g=1}^{NGyroscopic}[C_g]$$（模态和完全积分法瞬态）

α 全局质量阻尼系数	低频段对系统影响较大；高频段对系统影响甚微，经常被忽略。属于黏性阻尼	Analysis Settings-Damping Controls Mass Coefficient 0.
α_i 材料质量阻尼系数	与材料相关的 α 阻尼，与全局阻尼 α 不一样，两者不能相互替代。属于黏性阻尼	Engineering Data-Physical Properties-Damping Factor（α） Damping Factor (α) Mass-Matrix Damping Multiplier
β 全局刚度阻尼系数	低频段对系统影响很小；高频段对系统影响显著。属于黏性阻尼	Analysis Settings-Damping Controls Stiffness Coefficient 0. 如果仅考虑该阻尼，Frequency（f）、Damping Ration（ζ）和 Stiffness Coefficient（β）存在下列函数关系：$\beta=\zeta/\pi f$
β_j 材料刚度阻尼系数	与材料相关的 β 阻尼，与全局阻尼 β 不一样，两者不能相互替代。属于黏性阻尼	Engineering Data-Physical Properties-Damping Factor（β） Damping Factor (β) k-Matrix Damping Multiplier
C_k 单元阻尼矩阵	单元表现的阻尼形式	主要形式： Connection-Spring（弹簧） Longitudinal Damping 0. N·s/mm Connection-Joint（运动副） Torsional Damping 0. N·mm·s/° Connection-Bearing（轴承） Damping C11 0. N·s/mm; Damping C22 0. N·s/mm; Damping C12 0. N·s/mm; Damping C21 0. N·s/mm
C_g 基于频率的阻尼矩阵	软件自动完成	

说明：α 为质量阻尼，分析时如果有很大的质量质点模型，则 α 就会导致极大的计算误差。

β 为刚度阻尼，当计算非线性分析时，由于刚度矩阵随时变化，因此 β 可能会导致较大的计算误差。

α 和 β 共同构成 Rayleigh 阻尼，在 Rayleigh 阻尼综合作用下，阻尼比计算公式为：$\zeta=\dfrac{\alpha}{2\pi f}+\beta\pi f$。

例如：模型的最小固有频率为 10Hz，所关注的最大固有频率为 100Hz，阻尼比为 0.05，通过方程联立，可得：$\alpha=5.712$、$\beta=1.447e-4$。

$$[C]=\alpha[M]+\sum_{i=1}^{NMat\alpha}\alpha_i[M_i]+(\beta+\frac{g}{\Omega})[K]+\sum_{j=1}^{NMat\beta}(\beta_j+\frac{2}{\Omega}m_j+\frac{g_j}{\Omega})[K_j]+\sum_{k=1}^{NElement}C_k+\sum_{g=1}^{NGyroscopic}[C_g]+\sum_{v=1}^{NViscoelastic}[C_v]$$

（完全法谐响应）

g 为常值，刚度阻尼系数	属于滞后阻尼，用于描述材料内部的阻尼特性。该阻尼几乎不影响原振动的频率	Analysis Settings-Damping Controls Constant Damping Ratio 0.
Ω 激励频率	在定义的开始频率 f_{begin} 和终止频率 f_{end} 范围内	
m_j 材料的常值刚度阻尼系数		MP,dmpr
g_j 材料的刚度阻尼系数	与材料相关的 g 阻尼，与全局阻尼 g 不一样，两者不能相互替代。属于滞后阻尼	Engineering Data-Physical Properties-Constant Damping Coefficient Constant Damping Coefficient

续表

C_v 基于黏弹性材料的阻尼矩阵	黏弹性材料表现的阻尼形式	Engineering Data-Viscoelastic-Prony Shear Relaxation 或 Prony Volumetric Relaxation Relative Moduli(i) | Relaxation Time(i) (s)
阻尼率 $\zeta_i^d = \zeta + \zeta_i^m + \frac{\alpha}{2\omega_i} + \frac{\beta}{2}\omega_i$（模态叠加法）		
ζ 常值模态阻尼比	阻尼最简单的形式为实际阻尼和临界阻尼的比值（$2\sqrt{KM}$）	Analysis Settings-Damping Controls Constant Damping Ratio | 0.
ζ_i^m 某阶振型的模态阻尼比		用表格形式定义模态阻尼比，命令为： “MDAMP, STLOC, V1, V2, V3, V4, V5, V6”。其中“STLOC”表示将 V1 数据导入表格的某个区域，V2、V3 依次递增到下一区域；“V1、V2…”分配的数值，若为 0 表示不变
α 质量阻尼系数	同上	Analysis Settings-Damping Controls Mass Coefficient | 0.
β 刚度阻尼系数	同上	Analysis Settings-Damping Controls Stiffness Coefficient | 0.
瞬态分析		
γ 数值阻尼系数（振幅衰减因子）	通过该阻尼控制结构在高频计算时产生的数字噪声。默认为 0.1（瞬态）或 0.005（模态叠加瞬态）。该阻尼不是理论上的阻尼，仅为数值计算的衰减系数	Analysis Settings-Damping Control Numerical Damping | Manual Numerical Damping Value | .1

2.5.1　复模态分析基本实例

在模态计算公式 $[\boldsymbol{M}]\{\ddot{\boldsymbol{u}}\}+[\boldsymbol{C}]\{\dot{\boldsymbol{u}}\}+[\boldsymbol{K}]\{\boldsymbol{u}\}=0$ 中，由于 $[\boldsymbol{C}]$ 矩阵的存在，导致计算后可能出现复数结果，这种模态分析称为复模态。复模态相比实模态，主要区别如下。

- 实模态振型表现为驻波，即波在空间传递过程中分为入射波和反射波。当入射波与反射波的相位差 1/4 波长的奇数倍时，形成稳定的振幅，就好像波不存在一样，各节点也相对不动。复模态振型表现为行波，沿入射波方向向外传播，各节点相对移动。
- 如果实模态节点的位置相对于基本余弦波的相位角固定，则导致节点在同一瞬时为 0，或同一瞬时到达极值，且所有节点相位差恒定；如果复模态节点的位置相对于基本余弦波的相位角都不相同，则不可能在同一瞬时到达零值或极值，且节点之间存在相位差。

图 2-5-1 所示为悬臂梁某阶模态所对应的实模态和复模态振型。图 2-5-1a 为实模态，节点之间的相对相位关系为完全同相位（如蓝色和红色表示的自由度）或者完全反相位（如绿色表示的与蓝色、红色表示的自由度）。而复模态不具有这种简单的相位关系，模态振型通过幅值与相位或者实部与虚部的关系同时描述，如图 2-5-1b 所示。

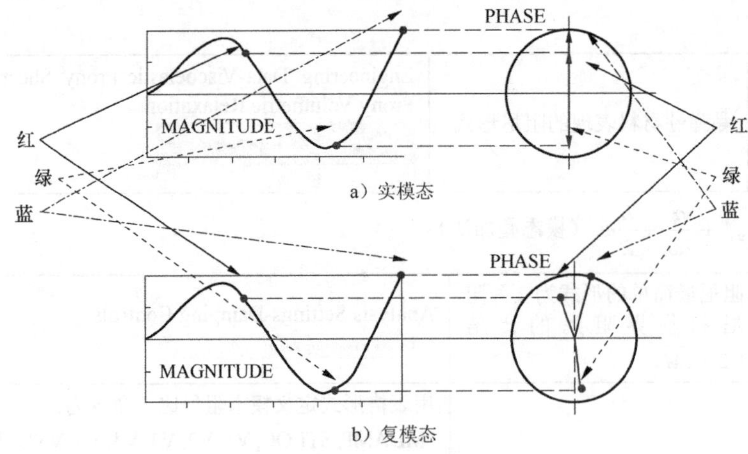

b）复模态

图 2-5-1　实模态与复模态

在复模态分析中，阻尼参数的输入非常重要。以临界阻尼（$2\sqrt{KM}$，K 为刚度、M 为质量）为界，将阻尼分为过阻尼（阻尼比$\zeta>1$），即实际阻尼大于临界阻尼；欠阻尼（阻尼比$\zeta<1$），即实际阻尼小于临界阻尼。如图 2-5-2 所示，图中 ABC 均为欠阻尼形式，$\zeta_A<\zeta_B<\zeta_C$，表现为振幅逐渐衰减的振动；D 为临界阻尼，表现为按指数衰减的非周期性运动，不存在振动；E 为过阻尼，表现为按指数衰减的非周期性蠕动，但比临界阻尼衰减慢一些。

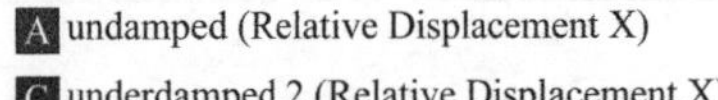

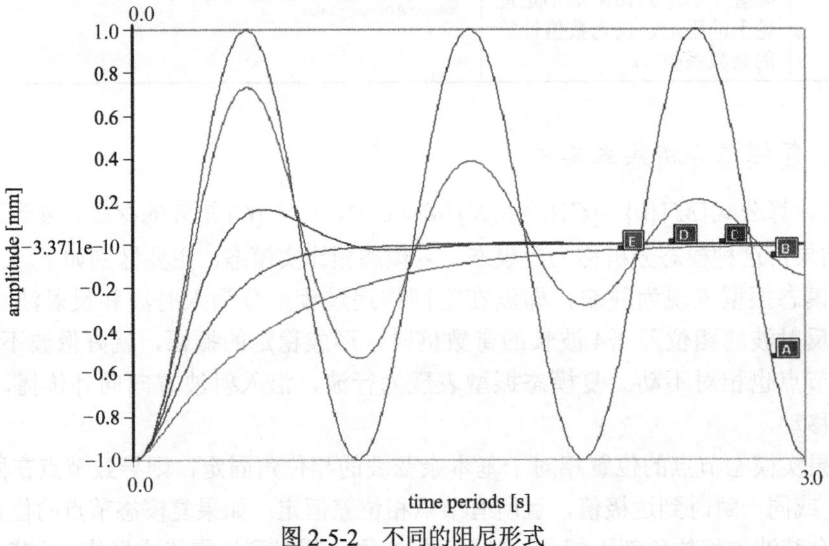

图 2-5-2　不同的阻尼形式

注意

在过阻尼情况下，阻尼模态求解的结果是实模态；在欠阻尼情况下，阻尼模态求解的结果是复模态。这是因为对于阻尼通用模态的特征方程为：$M\lambda^2+C\lambda+K=0$，只有 $C<2\sqrt{KM}$ 时，才存在复数解。另外，复模态计算得到的固有频率在理论上应该小于无阻尼模态计算的固有频率（$\omega_c=\omega_0\sqrt{1-\zeta^2}$），但由于阻尼比数值均比较小，因此在低频段差异不大，但在高频段则差异明显。

下面以自行车坐垫为模型对比研究不同的阻尼类型。

（1）导入三维模型

如图 2-5-3 所示，导入坐垫的三维模型。注意导入时需要将 Simplify Geometry 和 Simplify Topology 设置为 Yes，由于原模型比例不对，所以用 Scale 将模型放大 2.54 倍。

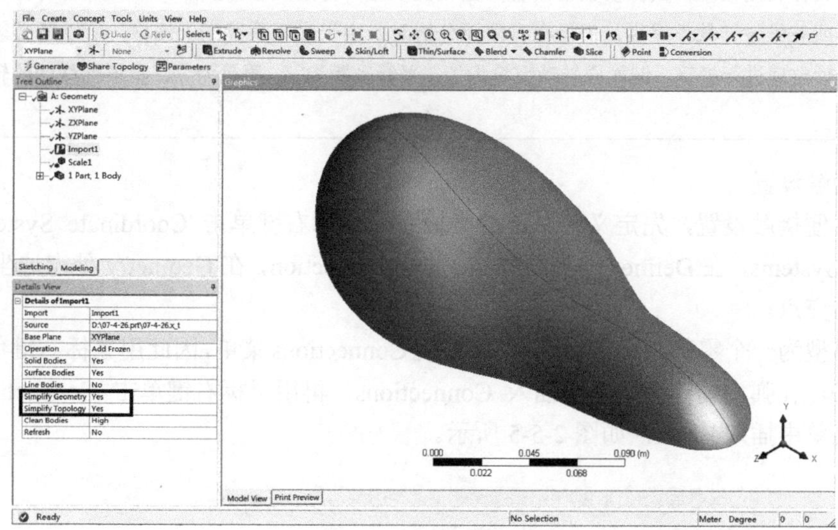

图 2-5-3　导入三维模型

（2）图形设置

在 B2 处双击鼠标左键，进入 Engineering Data 界面，点选 Polyethylene 材料备用。在 B4 处双击鼠标左键，进入 Mechanical 界面，点选坐垫模型，在 Assignment 处选择刚才备选的 Polyethylene 材料。

鼠标右键单击 Geometry，插入 Point Mass，如图 2-5-4 所示。其中在 Geometry 处选择坐垫模型的上面两曲面，XYZ Coordinate 分别定义为 50mm、200mm、默认值（近似为 0），Mass 定义为 55kg，Mass Moment of InertiaXYZ 分别定义为 8.25e6 kg·mm^2、5.11e5 kg·mm^2、8e6kg·mm^2。

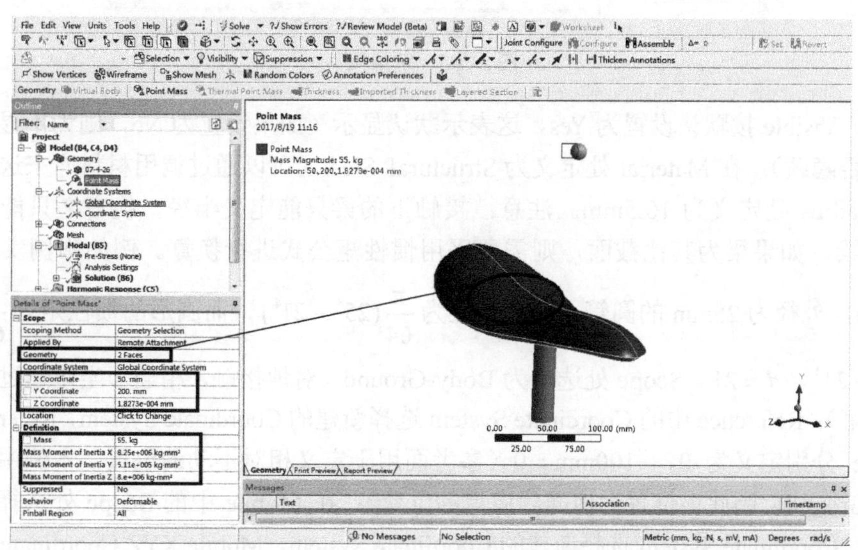

图 2-5-4　定义质点

注意

模态分析必须注重模型的细节。在本例分析中，由于人体必然对坐垫有影响，因此以质点模型代替人体进行模态分析。读者可以自行尝试，若将质点模型去除后进行模态分析，则可以发现两者的结果差距甚远。人体具体转动惯量，具体参数请读者参见相关书籍。特别注意：虽然人体和设备的转动惯量参数可以由资料或三维设计软件提供，但是在有限元分析时，由于坐标系发生了偏移，所以还必须利用转动惯性的平行轴定理进行换算。例如原转动惯量为 I_0，平行轴距为 d，质量为 m，则平行移动的转动惯量为 $I = I_0 + md^2$。

（3）接触设置

为了方便接触设置，先定义一个辅助坐标系。鼠标右键单击 Coordinate Systems，插入 Coordinate Systems，在 Define By 处选择 Geometry Selection，在 Geometry 处点选坐垫下表面两中心线的交点。

由于模型为一个零件，默认界面中不会出现 Connections 菜单，因此用鼠标右键单击 Model（B4,C4,D4），在弹出的快捷菜单中插入 Connections，再用鼠标右键单击 Connections，在弹出的快捷菜单中插入 Beam，如图 2-5-5 所示。

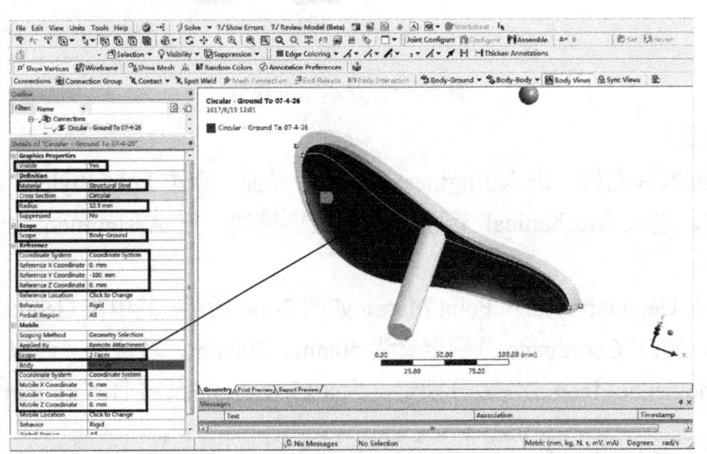

图 2-5-5 定义梁

其中，Visible 按默认设置为 Yes，这表示默认显示（如果设置为 No，则为不显示，类似于模型是否隐藏）；在 Material 处定义为 Structural Steel（可以通过调用材料库来选择该处的材料）；Radius 处定义为 10.5mm。注意：接触下的梁只能定义半径，换言之只能使用截面为圆形的梁。如果梁为其他截面，则需要采用惯性矩公式进行换算。例如本例实际采用厚度为 2mm，外径为 25mm 的圆管，其惯性矩为 $\frac{\pi}{64}(25^4 - 21^4)$，而圆形的惯性矩为 $\frac{\pi}{64}d^4$，则 $d^4 = 25^4 - 21^4$，$d \approx 21$。Scope 处选择为 Body-Ground（对地接触，相当于坐垫通过梁与地面建立了约束）；Reference 中的 Coordinate System 选择新建的 Coordinate System，Reference XYZ Coordinate 分别定义为 0、−100mm、0（参考面用于定义相对不动的位置，本例由于定义的是 Body-Ground，因此该位置为地面约束点的位置）；在 Mobile 中的 Scope 处选择坐垫的下面两曲面，Coordinate System 选择新建的 Coordinate System，Mobile XYZ Coordinate 分别定义为 0、0、0（移动面用于定义相对运动的位置，因此该位置为刚才新建坐标系的原点）。

网格划分时，仅将 Relevance 调至 100，其余默认。

（4）求解及后处理

B5 中的所有选项均默认，求解后的结果如图 2-5-6 所示。其中第 1、2 阶的固有频率为 6.69Hz、6.78Hz，振型分别表现为：沿 z 向左右摆动和沿 x 向前后摆动。

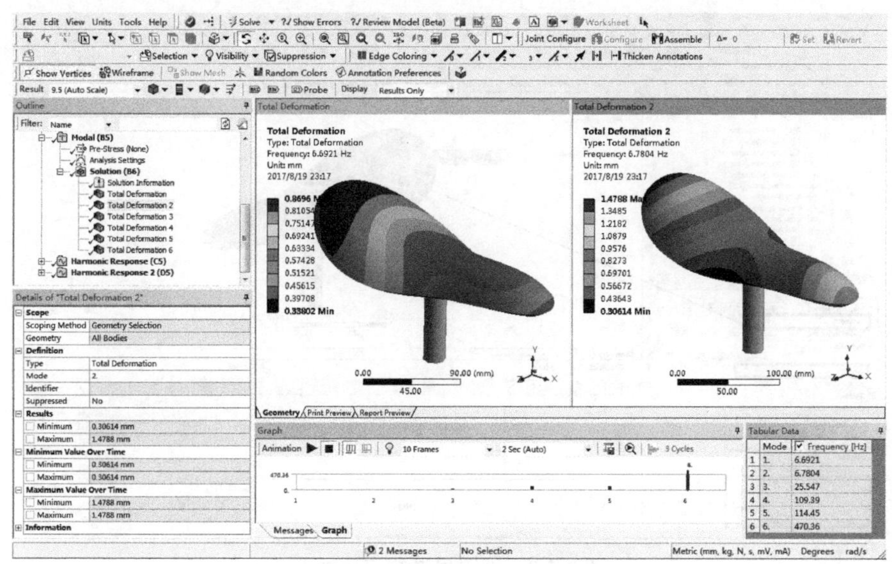

图 2-5-6　模态分析结果

（5）建立分析流程

由于阻尼为输入项，不是输出项，因此只有处于其他动力学模块内时才能观察阻尼的效果。如图 2-5-7 所示，建立分析流程，其中包括 A 框架结构的 DM 模块，B 框架结构的模态分析，C、F 框架结构的基于模态的谐响应模块（Harmonic Response），D、E、G 框架结构的模态分析（鼠标右键单击 B1（Duplicate）得到）。

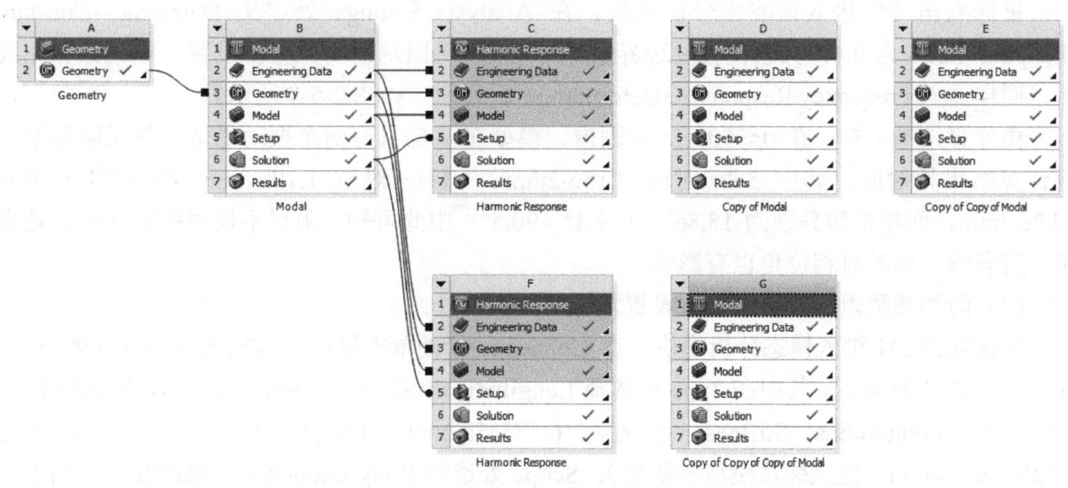

图 2-5-7　分析流程

（6）无阻尼的谐响应分析设置及求解

鼠标双击 C5 进入谐响应分析模块，在 Analysis Settings 处定义 Range Maximum（最大频率极限）为 500Hz，将 Solution Intervals 定义为 100（表示频率范围等分的份数，数值越大，计算越准确），其余全部默认。边界条件选择 Acceleration（加速度），定义 Y Component 为 9800mm/s^2。计算完成后，插入 Frequency Response→Deformation 后处理，如图 2-5-8 所示。

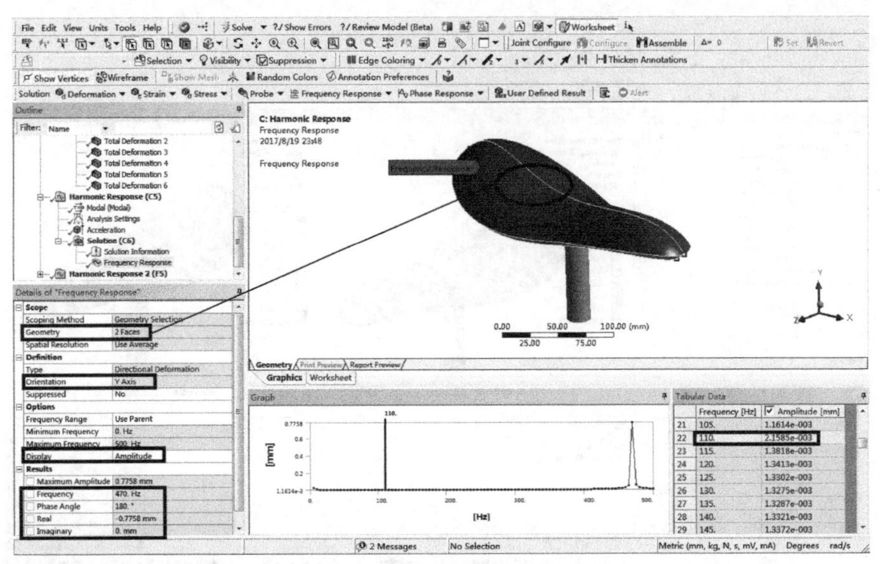

图 2-5-8　无阻尼谐响应后处理

在图 2-5-8 中的 Geometry 处选择坐垫的上面两曲面，Orientation 定义为 Y Axis（表示读取 y 向位移），Display 处选择为 Amplitude（振幅）。由计算结果可知，在 0～500Hz 范围内，模型在 y 向共有 3 个振动峰值，它们是 5Hz 对应 2.26e-2mm、110Hz 对应 2.16e-3mm 和 470Hz 对应 0.78mm，其相位角为 0°、180°、180°。这与模态分析得到的 6.7Hz、109.4Hz、470.4Hz 几乎一致，而且谐响应计算得到的结果才是真实的变形结果。

（7）有阻尼的谐响应分析设置及求解

鼠标双击 F5 进入谐响应分析模块，在 Analysis Settings 处定义 Damping→Constant Damping Ratio 为 0.1，其余设置及边界条件均与 C5 无阻尼谐响应分析设置一致。计算完成后，同样插入 Frequency Response→Deformation 后处理，如图 2-5-9 所示。

由计算结果可知，在 0～500Hz 范围内，模型在 y 向只有两个振动峰值。与无阻尼谐响应计算结果相对应，其中 5Hz 对应 2.15e-2mm、110Hz 对应 1.29e-3mm 和 470Hz 对应 5.89e-3mm，而相位角分别为-18.86°、179.4°、90.5°。由此可知，阻尼不仅对振幅（特别是高频）有影响，同时对相位角也有影响。

（8）附加弹簧阻尼的模态分析设置及求解

鼠标双击 D4 进入模态分析模块。在 Connections 处单击鼠标右键插入 Spring（弹簧），如图 2-5-10 进行设置。其中在 Type 处选择 Longitudinal（拉伸）；Spring Behavior 处选择 Both（拉压）；Longitudinal Stiffness 定义为 6.485e5N/mm、Longitudinal Damping 定义为 1.525e5N·s/mm（定义弹簧刚度和阻尼）；Scope 处选择 Body-Ground（对地接触，相当于坐垫不仅通过梁，而且还通过阻尼弹簧与地面建立了约束）；Reference 中的 Coordinate System

选择新建的 Coordinate System，Reference XYZ Coordinate 分别定义为 0、-100mm、0（参考面用于定义相对不动的位置，即地面约束点的位置）；Mobile 中的 Scope 处选择坐垫的下面两曲面，Coordinate System 选择新建的 Coordinate System，Mobile XYZ Coordinate 分别定义为 0、0、0（移动面用于定义相对运动的位置，即新建坐标系的原点）；其余默认。

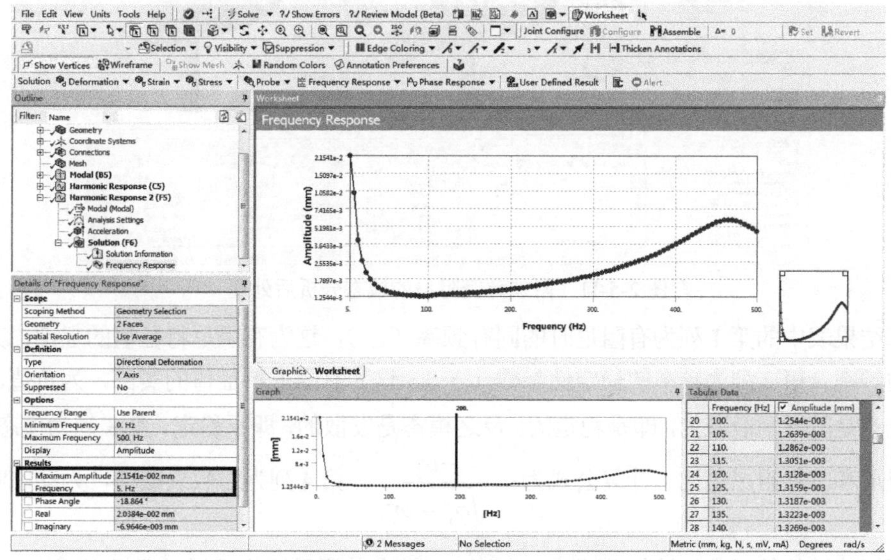

图 2-5-9 有阻尼谐响应后处理

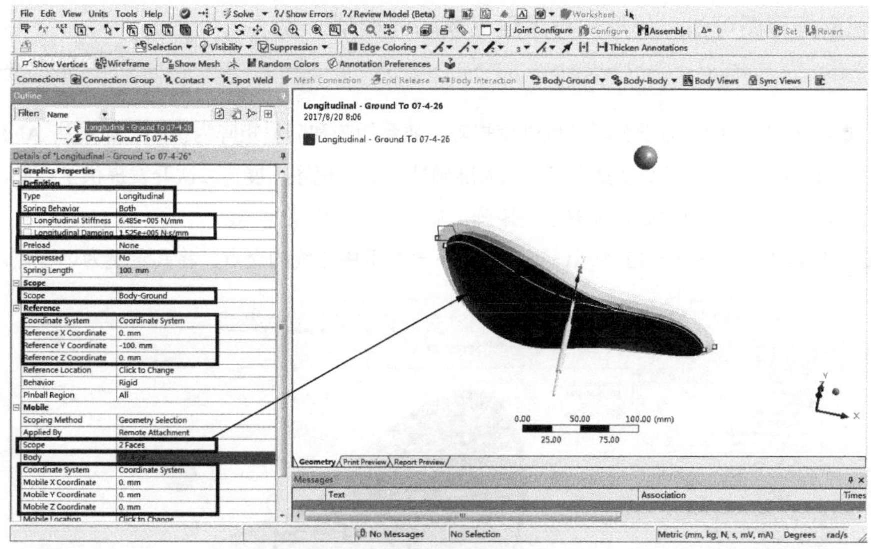

图 2-5-10 弹簧的定义

在 Analysis Settings 处将 Solve Controls 中的 Damped 设置为 Yes，Solver Type 设置为 Full Damped。计算完成后，后处理如图 2-5-11 所示。

注意

含阻尼的模态分析必须在求解中将阻尼设置开关打开，一般推荐使用完全阻尼法求解。虽然缩减阻尼法（reduced damped）计算速度快于完全阻尼法，但是在高阻尼效果时，计算结果易出现较大误差。

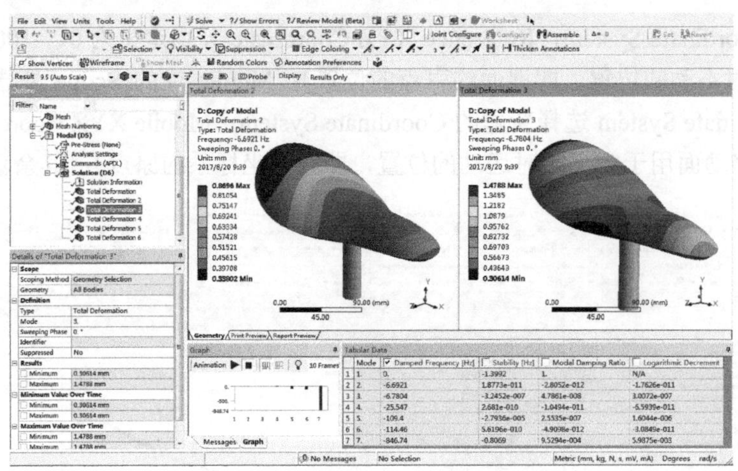

图 2-5-11　附加弹簧阻尼的模态分析后处理

计算结果表中的第 1 列为有阻尼时的固有频率（ω_i），这为有阻尼特征值的虚部，其绝对值为相应的频率。第 2 列为频率的稳定性参数（σ_i），这为有阻尼特征值的实部，为负值，表示该频率的模态是随时间衰减的，即是稳定的；反之模态是发散的，即不稳定。第 3 列为模态阻尼率，为实际阻尼和临界阻尼之比，计算公式为：$\dfrac{-\sigma_i}{\sqrt{\sigma_i^2+\omega_i^2}}$。第 4 列为对数衰减率，为动态响应中两个相邻振幅峰比值的对数，计算公式为：$2\pi\dfrac{\sigma_i}{\omega_i}$，该参数用于评价阻尼对振幅衰减快慢的影响。

另外观察振型图可知，其形式与无阻尼模态的振型一致。

提示

由公式可知，所有的动力学分析都以刚度矩阵、质量矩阵和阻尼矩阵为核心。如果从 ANSYS 中提取模型的相应矩阵，则不仅可以校验计算结果的准确性，还为程序拓展、二次开发提供了帮助。

下面以本模型为例，说明如何提取刚度矩阵、质量矩阵和阻尼矩阵。

1）定义远程点。如图 2-5-12 所示，点选坐垫下表面两中心线的交点，将其定义为远程点。

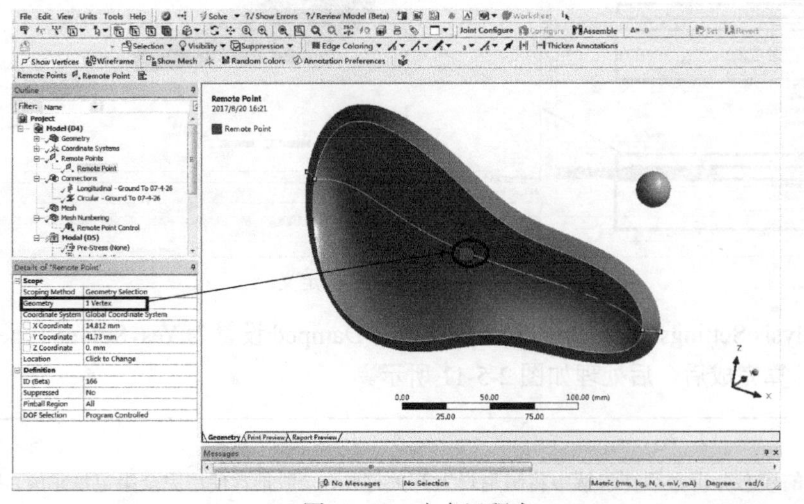

图 2-5-12　定义远程点

2）对远程点进行编号。由于后续需要用命令调用远程点，因此必须对远程点进行节点定义。进行节点定义的方法有很多，本例采用 Mesh Numbering 的功能。首先单击 Mesh，在 Statistics 处可以查看 Nodes（节点数）为 2522；然后在 D4（Model）处用鼠标右键插入 Mesh Numbering，在弹出的快捷菜单中再用右键插入 Numbering Control，如图 2-5-13 所示进行设置。

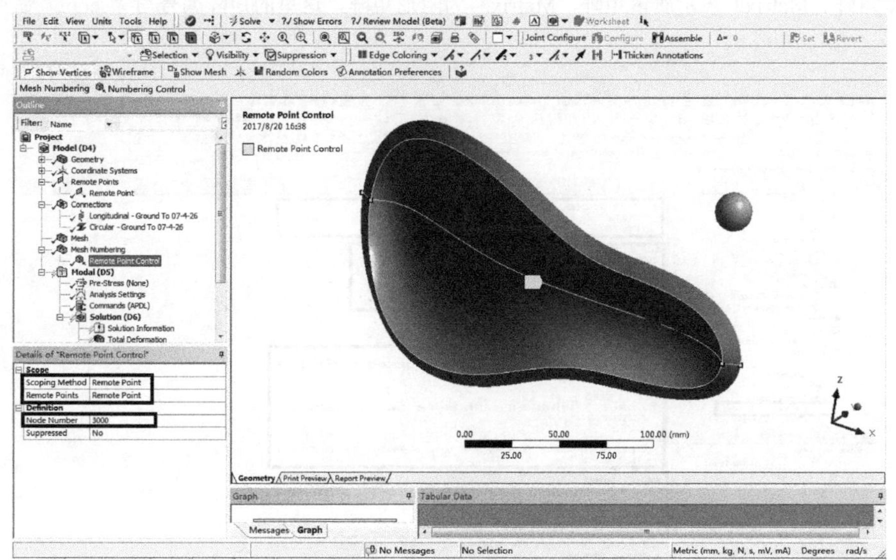

图 2-5-13　远程点编号

在 Scoping Method 处选择 Remote Point，Remote Points 选择之前定义的远程点（remote point），在 Node Number 处定义为 3000。说明：由 Mesh 的结果可知，模型总共有 2522 个节点，因此对远程点进行编号时，必须大于 2522，且为了方便记忆，定义为 3000。Mesh Numbering 可以对模型的节点和单元重新进行编号，主要用于处理在模型组装或更换时，模型节点或单元编号所产生的冲突。

3）导出相关矩阵。在边界条件下插入一段命令，内容如下：

```
/solu
antype,7                  !子结构分析
seopt,matname,3           !输出刚度矩阵、质量矩阵和阻尼矩阵到文件 matname.sub 内
nsel,,,,3000              !选择远程点编号
m,all,all                 !定义主自由度
allsel
solve
selist,matname,3          !列表显示所有矩阵
finish
```

采用子结构分析读取相应矩阵，其中最重要的就是主自由度的定义。主自由度的作用：为解决大规模计算消耗庞大计算资源的问题，将模型网格的所有自由度分为主自由度和从自由度两部分。在低频段，从自由度的惯性力远小于主自由度的弹性力，因此将模型的总质量只分配到主自由度上。这时采用主自由度算法，这样可以极大提高计算速度，且刚度矩阵也是准确的，但质量矩阵和阻尼矩阵为近似。自由度位置的选择是保证整个计算精度的关键，一般规则为：将所关注模态的主要振型方向设为主自由度方向；在大质量、大转动惯量、小刚度易变形的位置处选择主自由度；在施加载荷和非零位移的位置处选

择主自由度；超单元和非超单元的边界位置必须定义主自由度。以本模型为例，该远程点是坐垫与地面（ground）的连接点，可认为坐垫的所有变形均由该远程点所激发，因此将这个位置定义为主自由度点。

计算完成后，在结果（solution）子项内并没有出现其他图标，单击 Solution Information 可查看相关内容，如图 2-5-14 所示。图中右侧由上至下依次为矩阵形式、质量信息、矩阵的详细内容，其中 Matrix1 表示刚度矩阵、Matrix2 表示质量矩阵、Matrix3 为阻尼矩阵，这里的矩阵编号与“seopt”命令内的 3 对应。

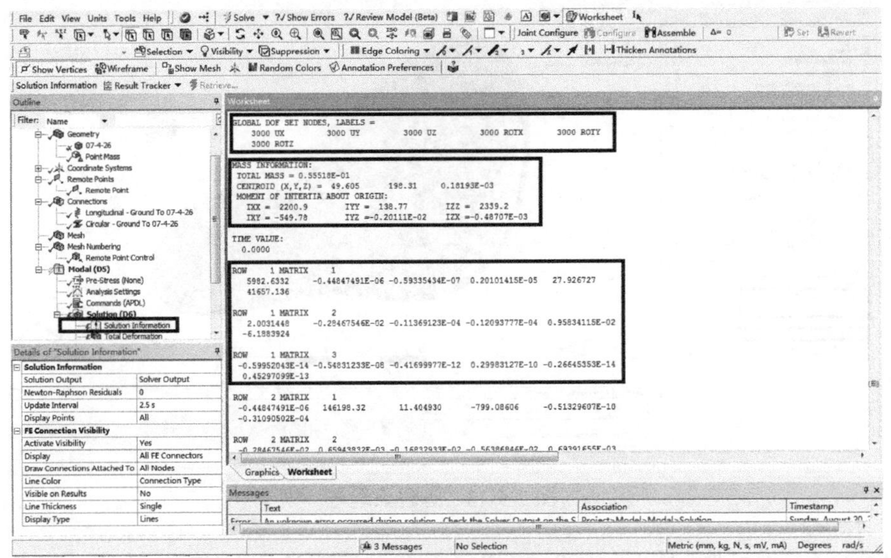

图 2-5-14 导出相关矩阵

该模型的刚度矩阵、质量矩阵、阻尼矩阵（均为对角矩阵）依示为：

$$
\begin{bmatrix}
5982.6332 & -0.44847491E-06 & -0.59335434E-07 & 0.20101415E-05 & 27.926727 & 41657.136 \\
-0.44847491E-06 & 146198.32 & 11.404930 & -799.08606 & -0.51329607E-10 & -0.31090502E-04 \\
-0.59335434E-07 & 11.404930 & 6093.3075 & -45853.282 & 0.88369598E-06 & -0.20411408E-05 \\
0.20101415E-05 & -799.08606 & -45853.282 & 3212708.2 & -0.72000821E-05 & 0.13002403E-03 \\
27.926727 & -0.51329607E-10 & 0.88369598E-06 & -0.72000821E-05 & 2743766.3 & 194.45438 \\
41657.136 & -0.31090502E-04 & -0.20411408E-05 & 0.13002403E-03 & 194.45438 & 2943481.4
\end{bmatrix}
$$

$$
\begin{bmatrix}
2.0031448 & -0.28467546E-02 & -0.11369123E-04 & -0.12093777E-04 & 0.95834115E-02 & -6.1883924 \\
-0.28467546E-02 & 0.65943832E-03 & -0.16832933E-02 & -0.56386846E-02 & 0.69391655E-03 & 0.95155408E-02 \\
-0.11369123E-04 & -0.16832933E-02 & 2.0587294 & 6.7595222 & -1.1298303 & -0.93471789E-04 \\
0.12093777E-04 & -0.56386846E-02 & 6.7595222 & 22.626148 & -2.8415688 & -0.30368041E-03 \\
0.95834115E-02 & 0.69391655E-03 & -1.1298303 & -2.8415688 & 20.339064 & -0.27518406E-01 \\
-6.1883924 & 0.95155408E-02 & -0.93471789E-04 & -0.30368041E-03 & -0.27518406E-01 & 19.476681
\end{bmatrix}
$$

$$
\begin{bmatrix}
-0.59952043E-14 & -0.54831233E-08 & -0.41699977E-12 & 0.29983127E-10 & -0.26645353E-14 & 0.45297099E-13 \\
-0.54831233E-08 & 1813.4392 & 0.14146639 & -9.9118378 & -0.29036329E-10 & -0.38550502E-06 \\
-0.41699977E-12 & 0.14146639 & 0.11035793E-04 & -0.77322244E-03 & 0.15265567E-13 & -0.30115466E-10 \\
0.29983127E-10 & -9.9118378 & -0.77322244E-03 & 0.54175804E-01 & 0.11057821E-12 & 0.21069937E-08 \\
-0.26645353E-14 & -0.29036329E-10 & 0.15265567E-13 & 0.11057821E-12 & -0.13478108E-12 & 0.15631940E-12 \\
0.45297099E-13 & -0.38550502E-06 & -0.30115466E-10 & 0.21069937E-08 & 0.15631940E-12 & -0.85265128E-13
\end{bmatrix}
$$

（9）附加阻尼系数的模态分析设置及求解

鼠标左键双击 E4 进入模态分析模块，设置过程与 B 框架结构的模态分析一致，仅在 Analysis Settings 处将 Solve Controls 中的 Damped 设置为 Yes，Solver Type 设置为 Full Damped；Damping Controls 中的 Stiffness Coefficient Define By 设置为 Damping vs Frequency，Frequency 定义为 200Hz，Damping Ratio 定义为 0.4，Stiffness Coefficient 系数软件自动换算成 6.4e-4，Mass Coefficient 定义为 0。计算完成后，后处理如图 2-5-15 所示。

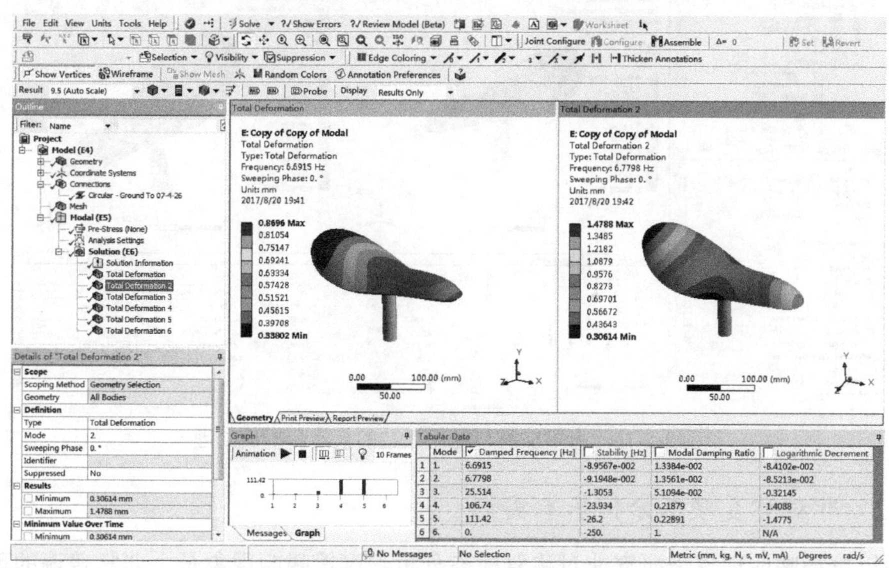

图 2-5-15　有附加阻尼系数的模态分析后处理

注意

读者可以尝试将频率由 200Hz 修改为 1Hz，此时 Stiffness Coefficient 系数将同比例增大 200 倍，此条件下计算求解将不能得到复模态结果。究其原因，正如前文已述，过阻尼不产生复模态。

（10）附加材料阻尼系数的模态分析设置及求解

鼠标左键双击 G2 进入 Engineering Data 模块，将 Physical Properties-Damping Factor（β）置于 Polyethylene 材料之下，赋值为 0.0006（注意，该参数值与上例数值几乎一致）。

鼠标左键双击 G4 进入模态分析模块，设置过程与 B 框架结构的模态分析一致，仅在 Analysis Settings 处将 Solve Controls 中的 Damped 设置为 Yes，Solver Type 设置为 Full Damped。计算完成后，后处理如图 2-5-16 所示。

（11）小结

对比结果可知，不同属性的阻尼系数对模态结果的影响并不一样。表现为低频段对复模态的实部差异明显，而虚部几乎无差异；高频段的实部虚部均有较大差异，它们之间不能替换。因此在使用阻尼系数时，对阻尼的类别一定需要仔细甄别，以防使用错误。

注意

采用完全阻尼法（full damped）计算的模态分析不能与谐响应分析和瞬态分析建立关联。如果需要建立关联，则必须采用缩减阻尼法（reduced damped），还需将 Store Complex Solution 的设置改为 No。如此一来，计算结果中将不会出现稳定性、模态阻尼比、对数衰减率等参数。但是该计算结果并不等于无阻尼的模态计算结果。

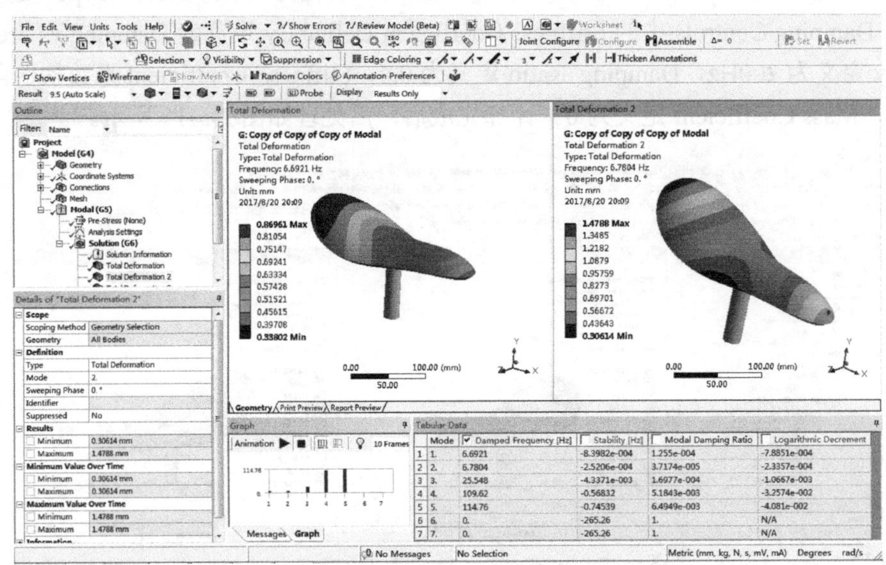

图 2-5-16　有附加材料阻尼系数的模态分析后处理

2.5.2　非对称复模态分析基本实例

下面以摩擦啸叫现象来研究非对称复模态分析。摩擦啸叫现象是个非常普遍的现象，读者一定有过这样的经历，粉笔在黑板上写板书时，有时会产生刺耳的尖叫。这种尖叫明显与摩擦有关，可认为是摩擦力导致系统自激振动，出现动态失稳。该现象在汽车、铁路、航空等领域得到广泛研究。

摩擦啸叫的实质是一个复杂（阻尼或非对称）的模态特征值求解问题。其基本动力学方程为$[\boldsymbol{M}]\{\ddot{\boldsymbol{u}}\}+[\boldsymbol{C}]\{\dot{\boldsymbol{u}}\}+([\boldsymbol{K}_{\text{symm}}]+[\boldsymbol{K}_{\text{unsymm}}])\{\boldsymbol{u}\}=0$，这种非对称矩阵同样会导致模态分析中出现有实部和虚部的复模态结果。与含阻尼的复模态分析一致，实部表示稳定性，虚部表示阻尼频率。

摩擦啸叫的分析流程为非线性的摄动模态分析，即先进行包含系统接触的预应力分析，在此基础上强迫接触对产生滑动摩擦，进而产生系统的非对称刚度矩阵，最后进行模态分析，求出噪声频率。影响该模型的主要参数为：摩擦系数、接触压力、材料参数、接触对的相对速度。

本例以扇形块在圆环槽内滑动摩擦为例，描述两者摩擦接触时的非对称复模态分析，该模型无实际工程意义。

（1）建立三维模型

装配组件由一个环形槽和一个扇形块组成，如图 2-5-17 所示。建模过程如下：

1）在 *xy* 平面上建立 Sketch1。绘制一个外径为 300mm，内径为 155mm 的圆环，然后用 Extrude1 中的 Add Material 命令将其拉伸，厚度为 50mm。

2）在 *xy* 平面上再建立 Sketch2。绘制一个外径为 275mm，内径为 180mm 的圆环，然后用 Extrude2 中的 Cut Material 命令去除材料拉伸成环形槽，深度为 25mm。

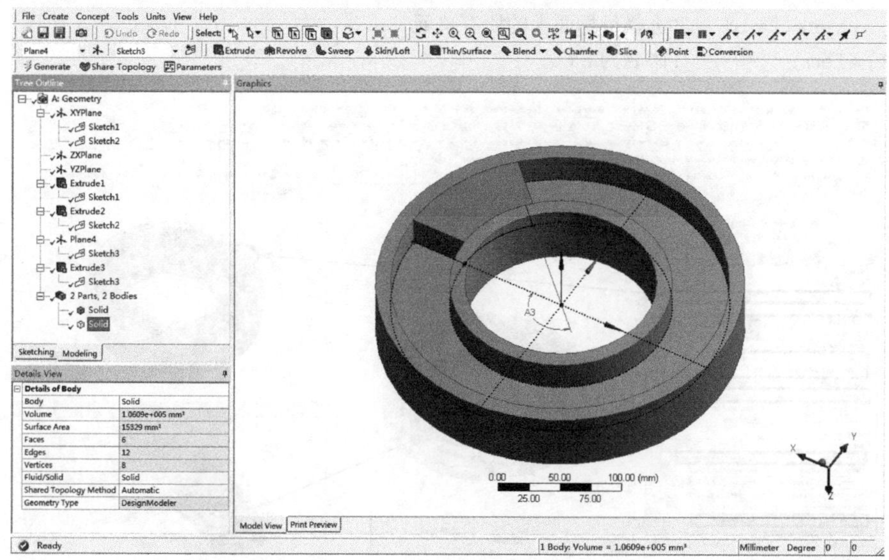

图 2-5-17　建立三维模型

3）新建一个 Plane4，Type 选择 From Face，Base Face 选择刚去除材料所得的下环面。在此新基准面上新建 Sketch3，绘制一个内外圆弧与环形槽尺寸一致，下边与 x 轴平齐，夹角为 45°的扇形。然后用 Extrude3 中的 Add Frozen 命令将其拉伸，厚度为 25mm。

（2）建立分析流程

如图 2-5-18 所示，建立分析流程。其中包括 A 框架结构的 DM 模块、B 框架结构的静力学分析模块（Static Structural）、C 框架结构的摄动模态分析模块（Modal）。

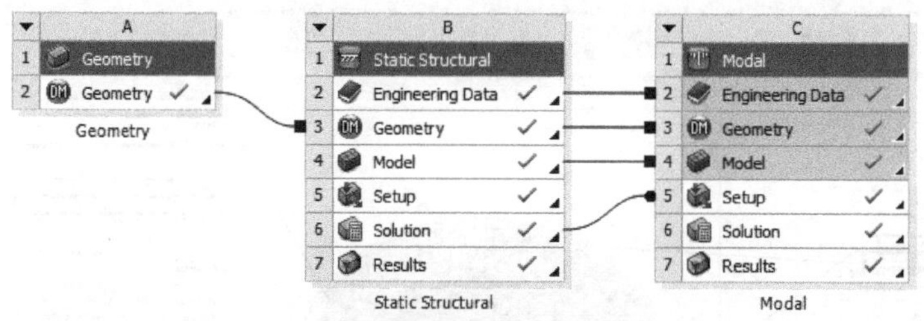

图 2-5-18　分析流程

（3）接触设置

在 B4 处双击鼠标左键，进入 Mechanical 界面。材料选用默认。在 Connections 处先删除默认产生的接触，单击鼠标右键插入 Contacts→Manual Contact Region，如图 2-5-19 所示进行设置。在 Contact（接触面）处选择环形槽模型中内环的两侧面和底面，在 Target（目标面）下选择扇形块模型中的内外弧两侧面和底面，Type 处选择 Frictional（摩擦），Frictional Coefficient（摩擦系数）定义为 0.7（注意：摩擦系数非常大），Behavior 处选择 Asymmetric（非对称），Formulation 处选择 Augmented Lagrange（摩擦接触建议选用该算法），Update Stiffness 处选择 Each Iteration（保证接触收敛），Interface Treatment 处选择 Adjust to Touch（避免接触间隙），其余默认。

接触设置好后，单击鼠标右键插入一段命令，内容如下：

```
esel,s,type,,tid    !选择目标面上的所有单元
cm,a1,elem          !命名为 a1
```

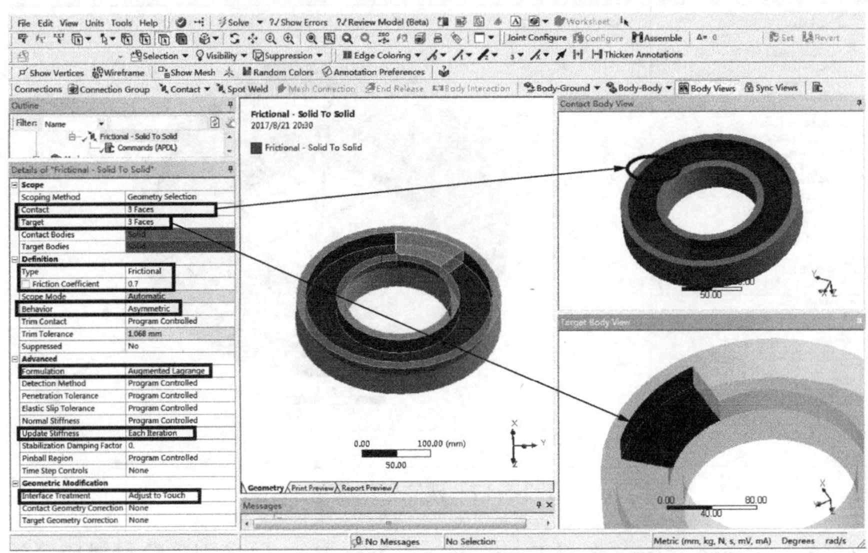

图 2-5-19　接触设置

（4）划分网格

网格划分如图 2-5-20 所示。分别选取环形槽和扇形块，在 Method 处均选择 MultiZone，Mapped Mesh Type 处均选择 Hexa，Free Mesh Type 处均选择 Hexa Core。该设置对于环形、扇形模型网格划分非常有效。

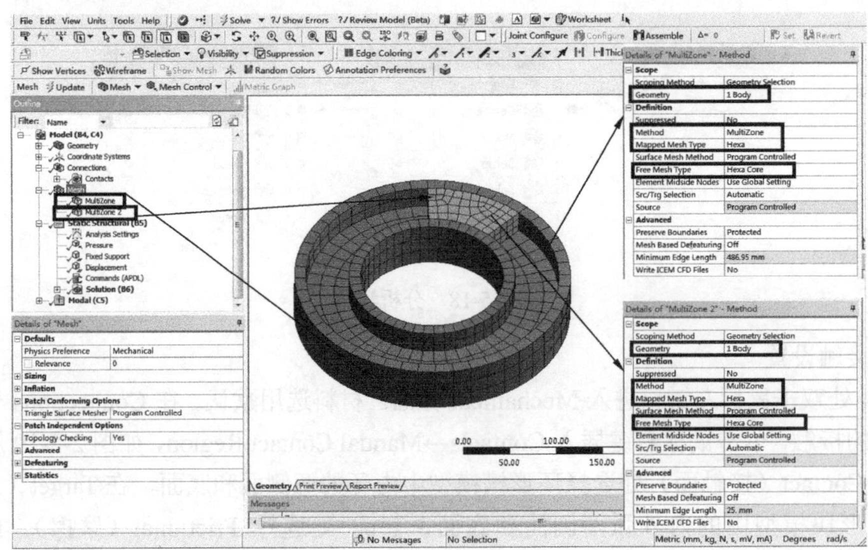

图 2-5-20　网格划分

（5）静力学求解设置及边界条件

鼠标单击 Analysis Settings，非线性求解设置如图 2-5-21 所示。求解分为两步，第一步完成初始边界条件的加载，第二步加载扇形块旋转的边界条件。这是因为在该分析过程中，已

知条件中的摩擦系数非常大，如果一次全部加载所有边界条件，则不可能完成计算收敛，所以分为两步。第一步的设置依次为：Current Step Number 定义为 1，Step End Time 定义为 1s，Auto Time Stepping 定义为 On，Define By 定义为 Time，Initial Time Step 定义为 1e-2s、Minimum Time Step 定义为 1e-2s、Maximum Time Step 定义为 0.1s；Large Deflection 定义为 On（非线性开关打开）；Generate Restart Points 定义为 Program Controlled（重启点定义）；Newton-Raphson Option 定义为 Unsymmetric（非对称，本分析很关键），其余默认。设置原因参见《ANSYS Workbench 有限元分析实例详解（静力学）》。

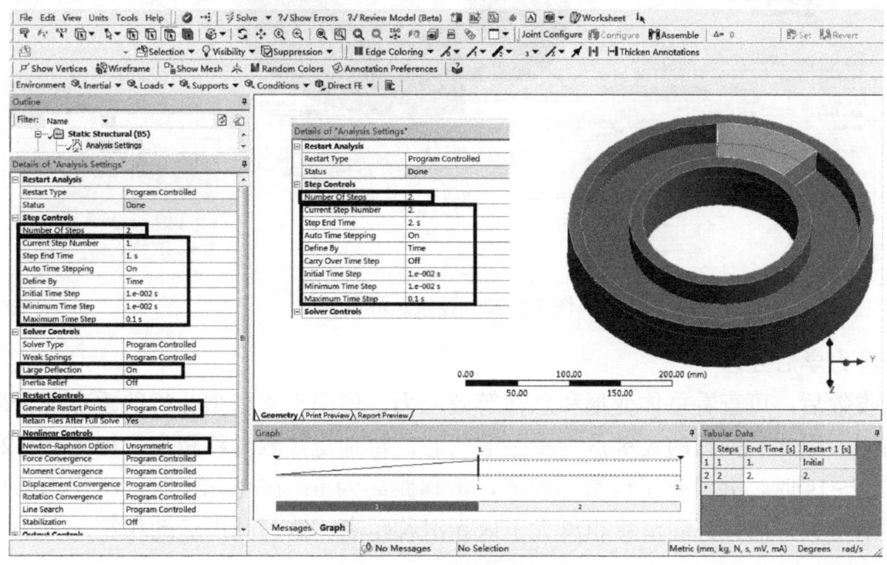

图 2-5-21　求解设置

第二步的设置依次为：Current Step Number 定义为 2，Step End Time 定义为 2s，Auto Time Stepping 定义为 On，Define By 定义为 Time，Carry Over Time Step 定义为 Off，Initial Time Step 定义为 1e-2s、Minimum Time Step 定义为 1e-2s、Maximum Time Step 定义为 0.1s，其余与第一步设置一致。

边界条件的设置如图 2-5-22 所示。对扇形块上表面的一个面加载 Pressure，方向指向 z 向，数值为：0s 对应 0MPa、1s 对应 1MPa、2s 对应 1MPa；对环形槽底平面的一个面加载 Fixed Support（环形槽始终处于静止状态）；对扇形块的内外侧弧面及底平面的 3 个面加载 Displacement，其 xy 两向位移始终为 0，z 向为 Free。

> **注意**
>
> 设置该处 3 个面位移的原因是对扇形块上平面加载了一个压力载荷，如果不对其进行自由度限制，就无法保证计算收敛。也正因为如此，会造成第二步的扇形块旋转边界条件难以定义，只能采用 Cmrotate 命令对接触单元进行定义，这也是在接触设置中插入命令的原因。

插入一段命令，内容如下：

```
cmrotate,a1,,,2　　!目标面上的单元绕 z 轴旋转，弧度为 2rad/s。如果绕 x 轴旋转，则旋转弧度值填入第二和第三逗号之间；如果绕 y 轴旋转，则旋转弧度值填入第三和第四逗号之间。
```

```
allsel,all
```

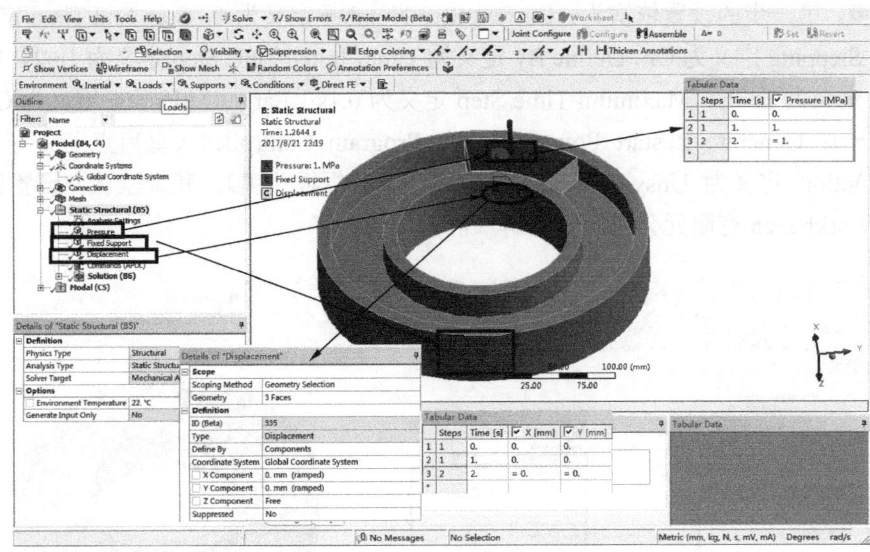

图 2-5-22 设置边界条件

（6）静力学后处理

计算收敛后，可查看总体变形和总体等效应力，但由于本模型分析的重点在于摩擦接触产生的啸叫，因此后处理的关键是查看接触状态，特别是接触滑移距离。如图 2-5-23 所示，该模型在 0～1s 时，并没有出现滑移现象，滑移距离为 0；在 1～2s 时，产生滑移现象，滑移距离逐渐变大，而且外圈滑移距离大于内圈滑移距离，这与圆周运动相符。

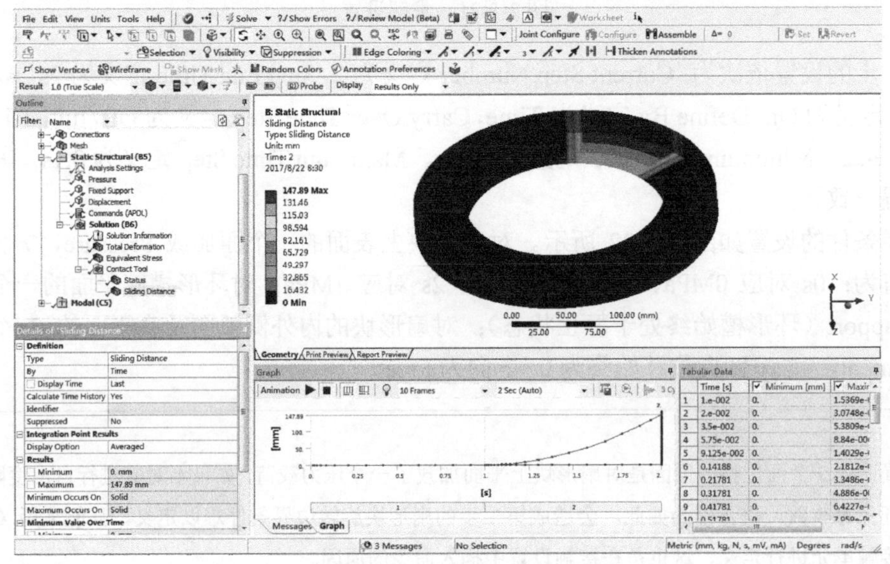

图 2-5-23 接触后处理

（7）摄动模态分析设置及后处理

在 C5 处双击鼠标左键，进入模态分析，如图 2-5-24 所示。首先单击 Pre-Stress 下的 Contact Status，设置为 Force Sticking；在 Analysis Settings 处，将 Max Modes to Find 定义为 100，Limit

Search to Range 设置为 Yes，Range Minimum 定义为 0Hz，Range Maximum 定义为 30000Hz（定义模态分析阶数及频率范围）；Damped 选择为 Yes，Solver Type 选择为 Full Damped（完全阻尼法求解），Damping Controls 下的所有参数均设置为 0。

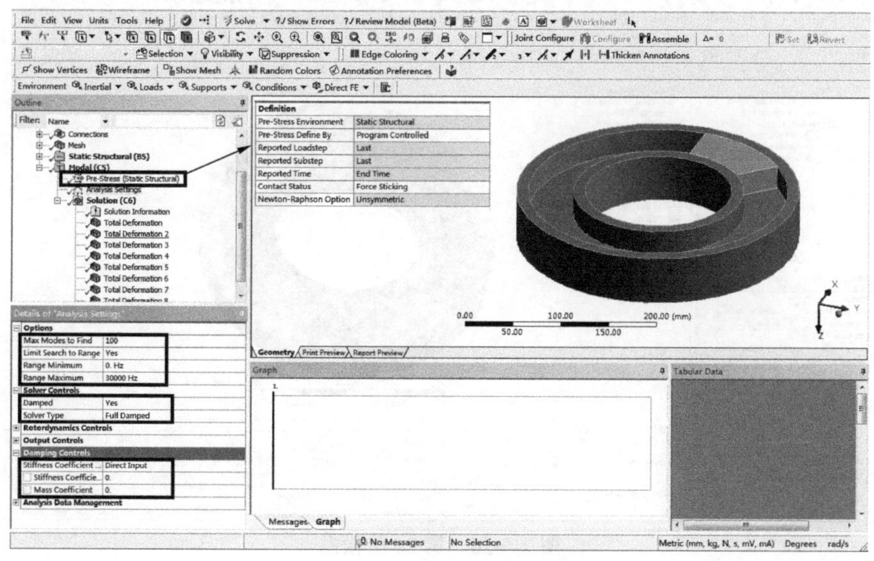

图 2-5-24　摄动模态分析设置

> **注意**
>
> 本分析采用完全阻尼法进行求解，但似乎没有输入任何阻尼系数。这是因为摩擦系数也是阻尼的一种形式。

计算完成后，如图 2-5-25 所示。从第 29 阶开始，出现稳定性非零的复模态结果，该结果中稳定性数值大小相同，方向相反，频率结果相等（结果共轭）。其中稳定性数值为负表示振动衰减，即需要关注的模态。按住 Ctrl 键依次用鼠标左键单击稳定性为负的模态，再右键单击，在弹出的快捷菜单中选取 Create Mode Shape Results，即可观察模态振型。

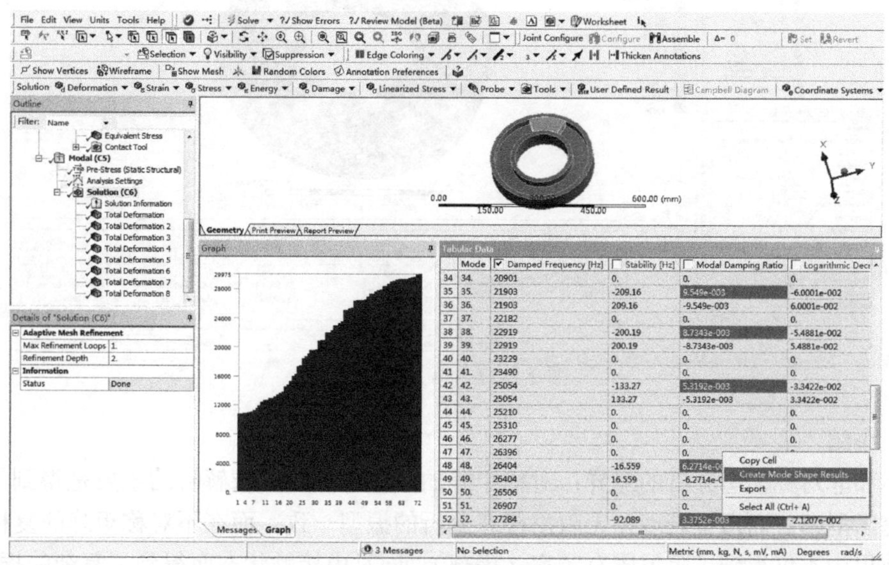

图 2-5-25　模态后处理

图 2-5-26 所示为第 29 阶模态，其阻尼频率为 19504Hz、稳定性为-106.93Hz。该振型主要表现为环形槽弯曲，此时环形槽与扇形块处于突变摩擦状态，会产生啸叫噪声。

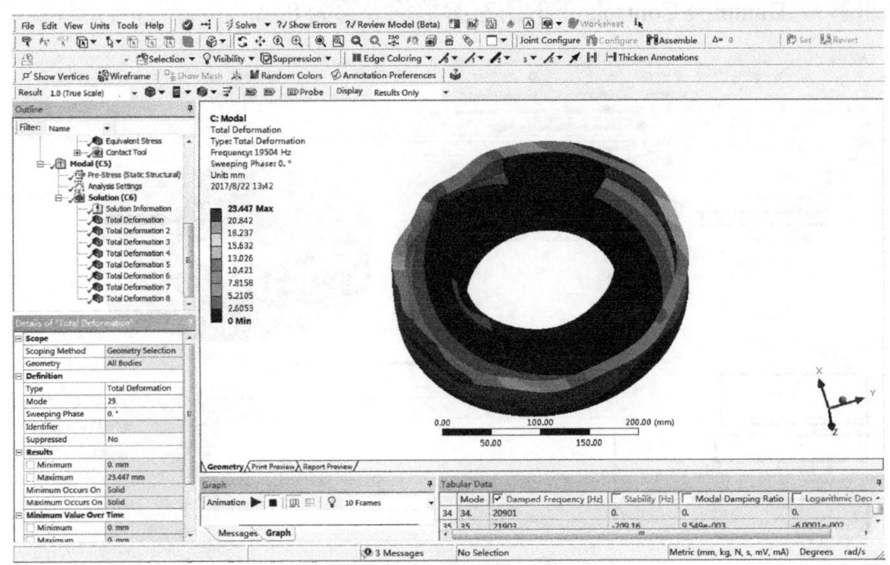

图 2-5-26 第 29 阶模态

图 2-5-27 所示为第 52 阶模态，其阻尼频率为 27284Hz、稳定性为-92.089Hz。该振型主要表现为环形槽扭曲，且与扇形块处于相对滑动状态，并产生噪声。

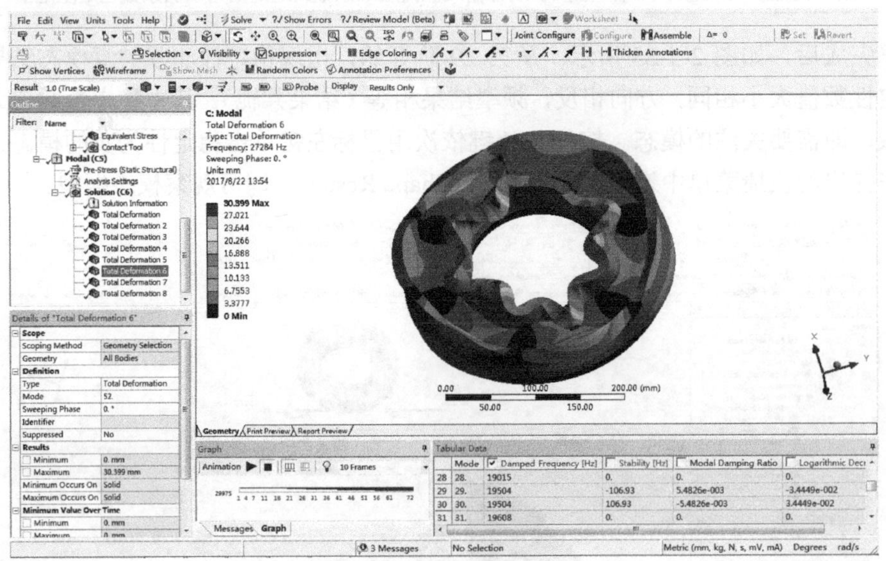

图 2-5-27 第 52 阶模态

（8）小结

对称和非对称模态分析的差异：对称矩阵的复模态分析的求解目的主要是得到了临界阻尼和模态阻尼率，而振型表现与无阻尼模态分析的振型一致。而在不对称矩阵的复模态分析的求解结果中不仅得到了阻尼固有频率（虚部），同时由接触状态而得到了复杂的振型表现。

摩擦啸叫分析除了可以采用本例所示的摩擦系数的定义方式，还可以采用如下命令定义更复杂的摩擦参数：

```
TB,Fric,matid,,,ortho     ! 正交各向异性摩擦系数
TBFIELD,SLRV, 0           ! 定义不同速度条件下的摩擦系数，相对滑移速度为0
TBDATA,1,0.5              ! 摩擦系数为0.5
TBFIELD,SLRV, 50          ! 相对滑移速度为50
TBDATA,1,0.3              ! 摩擦系数为0.3
TBFIELD,SLRV, 200         ! 相对滑移速度为50
TBDATA,1,0.2              ! 摩擦系数为0.2
```

摩擦啸叫的阻尼参数可以在后处理中用自定义结果的 NMisc160～163 进行查看。

2.6　模态之子结构分析

2.5 节采用子结构分析提取了模型的质量矩阵、刚度矩阵、阻尼矩阵，但是很多读者并不完全理解子结构分析。子结构分析是针对现代工程中庞大复杂的模型（存在或千上万的系统自由度），在计算求解过程中有极度耗时耗硬件资源的情况而出现的。模态之子结构分析是按照工程目标和几何形貌，将完整的庞大复杂模型人为地抽象分为若干个结构组，这些结构组的自由度相比整体模型的系统自由度要小得多，再将这些结构组进行模态分析，并将其模态信息予以保留，最后组合成整体模型的模态，其中的结构组即为子结构。如图 2-6-1 所示，其计算原理是将一组单元用矩阵凝聚为一个单元的过程，这个矩阵单元称为超单元。在 ANSYS 分析中，超单元可以同其他单元类型一样使用。唯一的区别就是必须先进行结构生成分析以生成超单元。

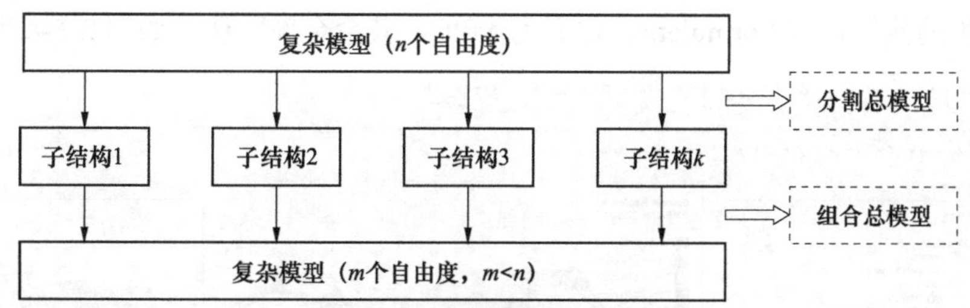

图 2-6-1　子结构分析原理图

子结构和子模型的区别：子模型是由总体模型到局部细节，最后观察模型中某局部细节的更精确的结果；子结构由多个局部模型组合为总体模型，最后得到大规模总体模型的结果。子结构不仅可用于模态分析，还可以用于静力学分析、热分析等。

下面以一个机械虫为例，说明模态之子结构分析的过程，并将子结构模态分析结果与整体模型模态分析结果进行对比。

（1）建立三维模型

机械虫由 6 条虫腿和 1 个主体车组成，如图 2-6-2 所示，模型已用 SCDM 处理完毕，这里不再描述。

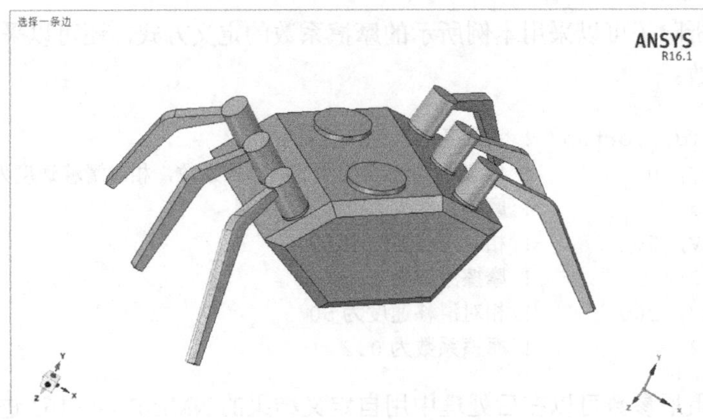

图 2-6-2　机械虫模型

（2）建立分析流程

如图 2-6-3 所示，建立分析流程。其中包括 A 框架结构的 SCDM 模块，B 框架结构的模态分析模块（全模型），C 框架结构的模态分析模块（子结构，由 B 框架结构 Duplicate 而得）。

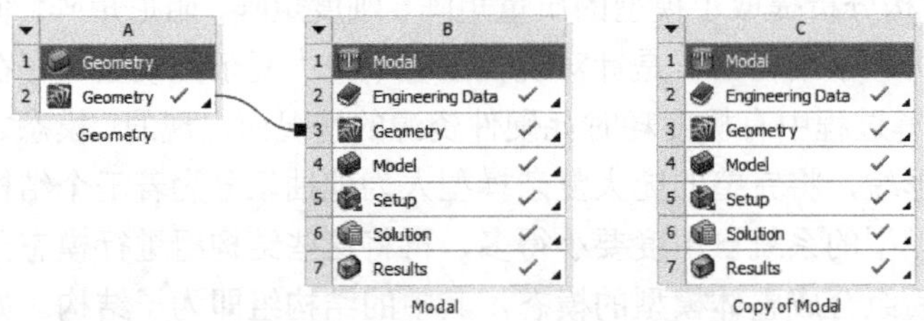

图 2-6-3　分析流程

（3）接触设置

在 B4 处双击鼠标左键，进入 Mechanical 界面，材料选用默认值。在 Connections 处全部选取默认产生的接触，将 Formulation 定义为 MPC，其余全部默认，如图 2-6-4 所示。

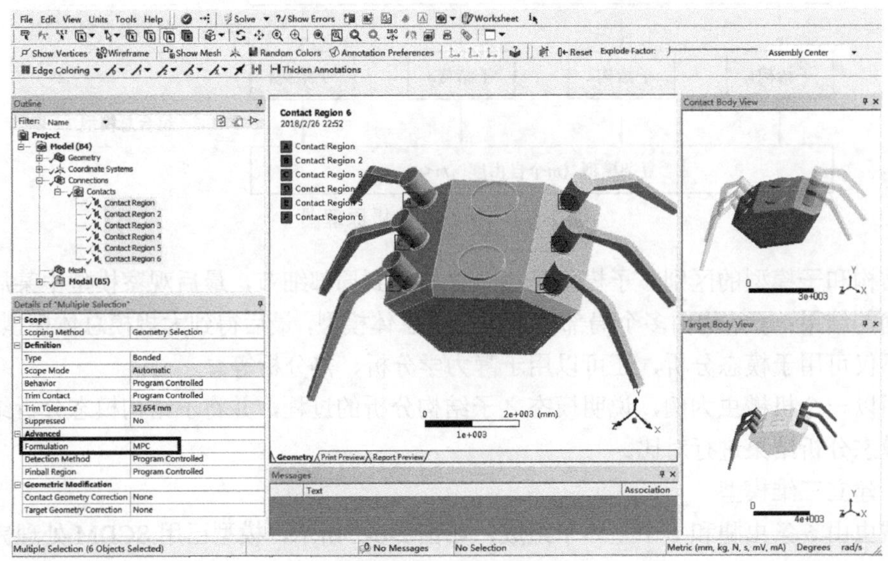

图 2-6-4　接触设置

（4）网格划分

网格划分如图 2-6-5 所示，由于模型较复杂，且只进行模态分析，因此采用四面体网格。其中 Relevance Center 设置为 Fine，Smoothing 设置为 High，Transition 设置为 Slow。划分网格后，统计可得节点数为 28306 个，单元为 17613 个。本例仅在于说明子结构的计算流程，因此网格较粗糙。读者可以自行加密，这样全模型和子结构在计算时间上的对比效果会更加明显。

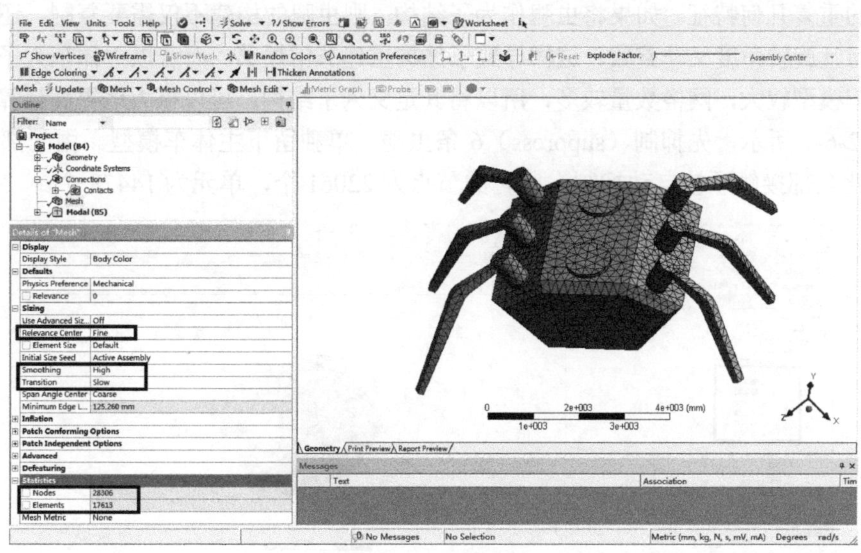

图 2-6-5　网格设置

（5）模态分析设置及结果

由于机械虫可以四处爬行，难以定义其某处存在约束，因此采用自由模态分析。在 Analysis Settings 处的 Max Modes to Find 定义为 12（去除刚体模态的 6 阶，还有 6 阶模态数据），其余全部默认。

计算完成后，读取第 7 阶的振型结果，其频率为 14.801Hz，如图 2-6-6 所示。

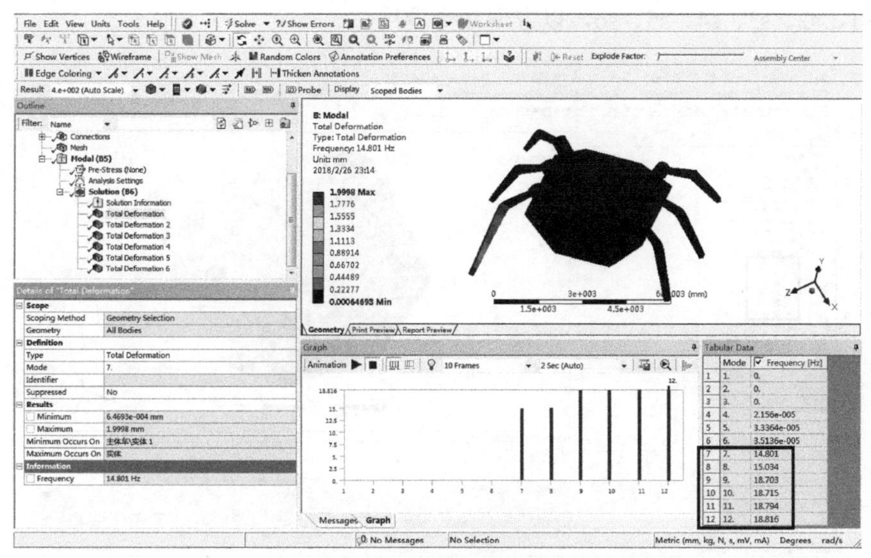

图 2-6-6　第 7 阶振型

（6）子结构分析前处理

在 C4 处双击鼠标左键，进入 Mechanical 界面。由于 C 框架结构是由 B 框架结构复制而得的，因此它保留了原有模型的所有设置，例如接触设置、网格划分等。

进行子结构分析前，需要确定哪个零部件应该定义为子结构。一般而言，子结构要么比较复杂，影响计算效率；要么具备重复几何模型，可以复制子结构。以本例进行说明，6 条虫腿具备一定的重复几何特征。如果将虫腿作为子结构，则虫腿的构建不仅需要复制，还存在一定的旋转，而且旋转角度又非整数，这样导致子结构重建非常烦琐。而若以主体车为子结构，则由于主体车模型较大，网格数量较多，所以将其定义为子结构，可以极大地提高计算效率。

如图 2-6-7 所示，先抑制（suppress）6 条虫腿，单独留下主体车模型。由于部分模型被抑制，因此全部接触项被自动抑制，此时的节点为 22061 个，单元为 14478 个。

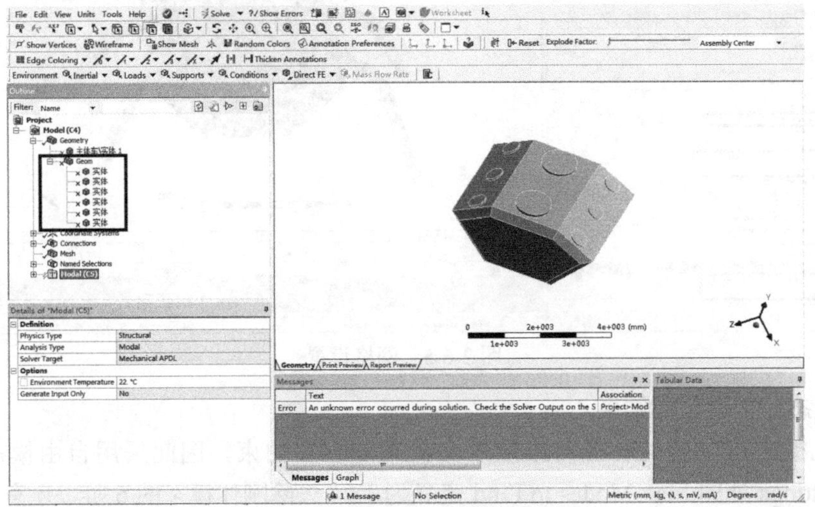

图 2-6-7　抑制 6 条虫腿后的模型

如图 2-6-8 所示，在主体车模型上选取与虫腿接触的 6 个面，定义其 Named Selections 分别为：s1、s2、s3、s4、s5、s6，以方便命令调用。

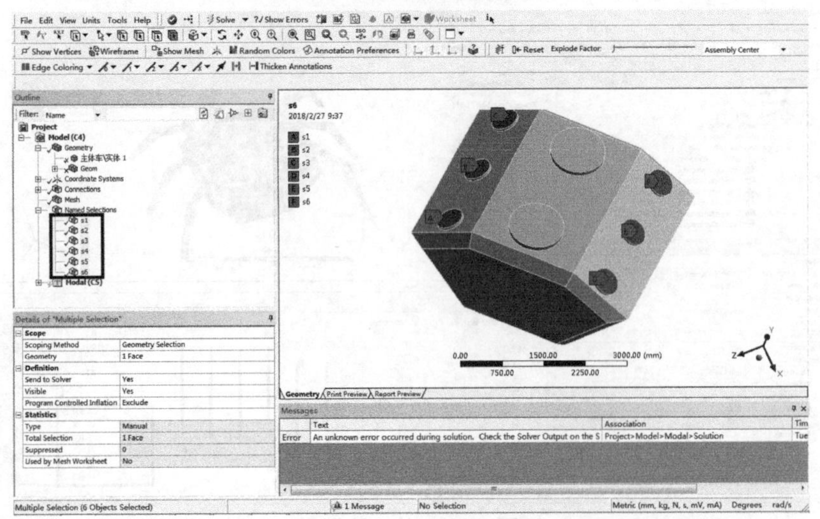

图 2-6-8　命名选择

（7）求解子结构

原 Analysis Settings 处的定义依然保留，插入命令，内容如下：

```
fini
/filname,myse          ! 将子结构命名为 myse 的超单元
/solu
antype,substr          ! 子结构分析
seopt,myse,2           ! 存储质量和刚度矩阵
cmsopt,fix,12          ! 固定界面法，计算 12 阶模态
cmsel,s,s1             ! 选择交界面
cmsel,a,s2
cmsel,a,s3
cmsel,a,s4
cmsel,a,s5
cmsel,a,s6
m,all,all              ! 创建主自由度
alls
solve
fini
/eof                   ! 导出，但不求解模态
```

Cmsopt 为子结构模态分析的求解方法，它有固定界面（Fix）、自由界面（Free）和残余柔性自由界面法（Rffb）。命令格式为：cmsopt, cmsmeth, nmode, freqb, freqe, fbddef, fbdval, iokey。具体功能见表 2-6-1。

表 2-6-1 cmsopt 命令说明

<table>
<tr><th>序号</th><th>cmsmeth</th><th>nmode</th><th>freqb</th><th>freqe</th><th>fbddef</th><th>fbdval</th><th>iokey</th></tr>
<tr><td>1</td><td>求解模式</td><td>模态阶数（必填）</td><td>频率下限（选填）</td><td>频率上限（选填）</td><td>刚体模态判定模式</td><td>刚体模态参数</td><td>输出矩阵格式</td></tr>
<tr><td>2</td><td>Fix</td><td></td><td></td><td></td><td>/</td><td>/</td><td>Exb、Tcms</td></tr>
<tr><td rowspan="2">3</td><td rowspan="2">Free</td><td rowspan="4"></td><td rowspan="4">0</td><td rowspan="4"></td><td>Fauto
自动计算刚体模态，默认设置</td><td>/</td><td rowspan="2">Tcms</td></tr>
<tr><td>Rigid
不存在刚体模态</td><td>/</td></tr>
<tr><td rowspan="2">4</td><td rowspan="2">Rffb</td><td>Ftol
依据 fbdval 定义的公差计算刚体模态</td><td></td><td rowspan="2">/</td></tr>
<tr><td>Fnum
依据 fbdval 定义的参数计算刚体模态</td><td></td></tr>
</table>

自由界面法与固定界面法的区别在于：固定界面法是将子结构界面完全约束住，利用界面约束的子结构综合形成整体系统；而自由界面法则是将子结构界面间的界面约束全部去掉，以界面无约束的子结构去综合形成整体系统。自由界面与残余柔性自由界面法都是以界面无约束状态形成整体系统的，其中自由界面法需要指定刚体模态，而残余柔性自由界面法需要

用位移约束命令定义伪约束。固定界面法用于大部分动力分析，足够分析各种低阶模态的问题。自由界面法与残余柔性自由界面法应用于：中、高频谱分析需要得到较精确的特征值时；相邻子结构间并不一定有直接对接关系（即不是刚性连接），但它们之间存在耦合关系。例如，转子系统中转轴和基座这两个相邻子结构在油膜轴承处存在相对位移，两个子结构借助于油膜相互作用并发生耦合关系。

伪约束的概念是：针对超单元存在的刚体模态问题，为防止刚体运动施加的最少位移约束（二维模型小于等于 3、三维模型小于等于 6），采用命令来定义："D,Node（节点编号或命名选择定义）,Lab(UX、UY、UZ、ROTX、ROTY、ROTZ 或 WARP 等),Support"。该命令置于主自由度创建之后。

进行求解，计算完成后，会出现红色闪电符号，因为此步只导出子结构的超单元模型，所以可不予理睬软件的提示。

如图 2-6-9 所示，在分析流程界面中查看文件，可得文件 myse.sub，这就是刚才计算所得的超单元模型文件。注意：该文件必须存在，否则无法进行下一步计算。

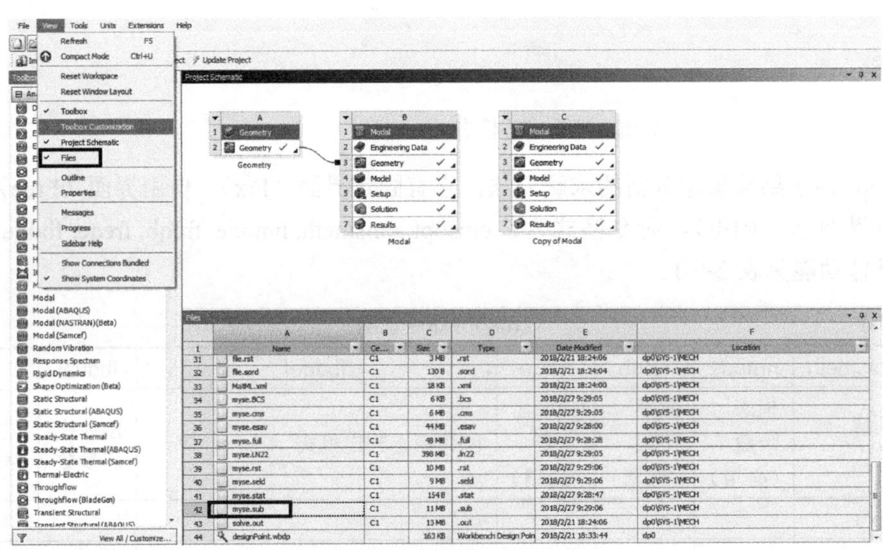

图 2-6-9　查看超单元文件

（8）组装子结构

前文已经得到主体车子结构的超单元模型，因此在组装子结构进行全模型计算时，不再需要子结构模型。如图 2-6-10 所示，先抑制（suppress）主体车模型，再取消抑制（unsuppress）6 条虫腿。此时的节点为 6245 个，单元为 3135 个。很明显，若在此规模上进行全模型计算，则硬件和时间的消耗都会大大降低。

其余所有设置不变。抑制原插入的命令，再插入一段命令，内容如下：

```
/prep7
*get,etmax,etyp,0,num,max
et,etmax+1,50              ! 定义超单元
type,etmax+1
mat,1
```

```
se,myse                    ! 读取超单元文件
alls
ceintf, ,all               ! 所有单元建立连接
/solu
alls
```

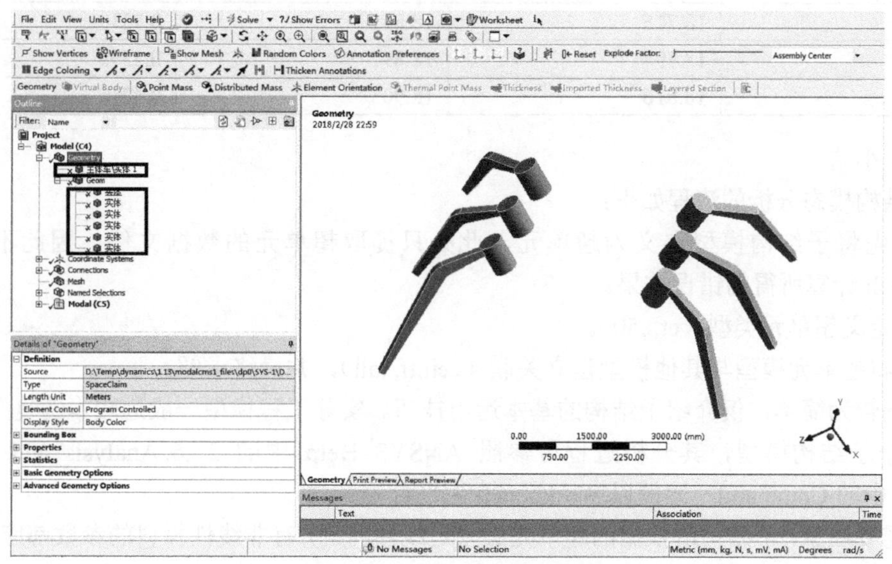

图 2-6-10 组装子结构时的模型

再次求解，计算成功。读取第 7 阶的振型结果，其频率为 14.853Hz，如图 2-6-11 所示。

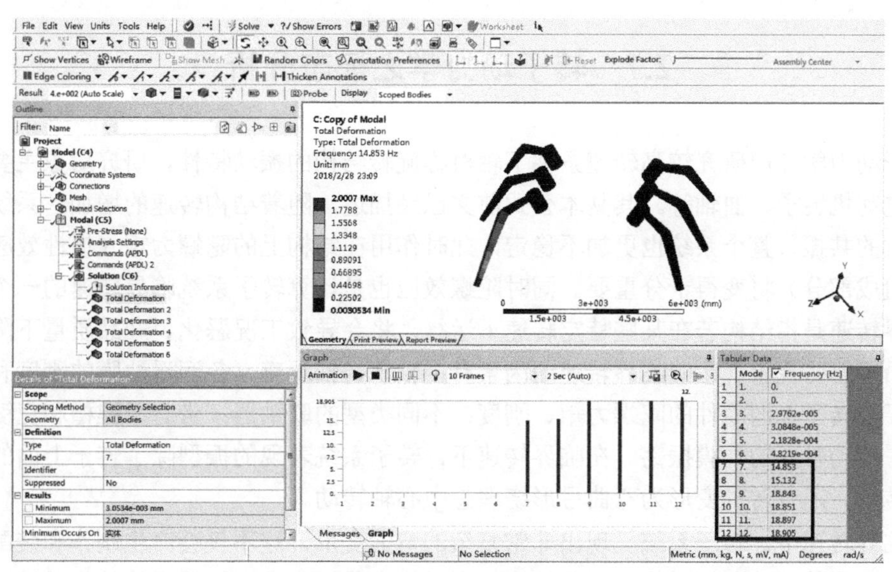

图 2-6-11 第 7 阶振型

将全模型的频率与子结构的频率进行对比，如表 2-6-2 所示。通过对比可知，两者的误差可以忽略。

表 2-6-2 全模型与子结构的模态频率对比结果

阶数	全模型/Hz	子结构/Hz	相对误差
7	14.801	14.853	0.35%
8	15.034	15.132	0.65%
9	18.703	18.843	0.75%
10	18.715	18.851	0.73%
11	18.794	18.897	0.55%
12	18.816	18.905	0.47%

（9）小结

子结构模态分析的流程如下：

1）先将子结构模型定义为超单元，此处只提取超单元的数据文件，因此不予理睬 Workbench 计算所得的错误结果。

2）定义超单元类型（et, ,50）。

3）将超单元模型与其他模型建立关联（ceintf, ,all），并最终求解。

本例较为简单，仅介绍子结构的基本运用技巧。实际工程模型一般远较本例复杂，往往形成多个子结构模型，其分析过程可参照 ANSYS Help 中的 25.6. Analysis and Solution Controls 中的 Command（该例以 Workbench 为平台）。

还需要注意：子结构所依据的超单元必须是线性的，所有非线性材料的参数都应被忽略。但这并不表示子结构分析只能用于线性分析，可以将模型的线性部分定义为子结构，这样在组装子结构模型的全模型分析时，不仅节约了大量计算资源，而且子结构模型的超单元矩阵不会在非线性迭代中反复计算，降低了计算难度。

2.7 转子动力学之模态分析

转子动力学专门研究较高转速条件下轴对称旋转结构的振动特性，研究对象主要为：传动轴、电动机转子、曲轴等。其基本公式前文已经描述，随着结构转速的增加，系统会产生振幅更大的共振，整个系统也更加不稳定，此时作用在结构上的陀螺力矩（惯性效应中一个重要的组成部分）将变得十分重要。同时陀螺效应也是计算转子系统临界转速的一个重要参数。临界转速是指结构若在某些特定转速下运行，将会导致工况恶化、产品质量下降、危害操作人员等恶劣现象。影响临界转速的因素有：轴承、轴承座、各润滑油膜的刚度和阻尼参数；转子及转子上面零件的陀螺力矩、刚度；不同类型的联轴器；带有平键槽和花键槽的非圆转子；滑动轴承的油膜振荡。在临界转速下，转子系统表现的振型除了转子上面的零件绕中心轴转动，还有转轴变形为弯曲弓形绕理想中心轴转动。

在临界转速下，转子系统呈现出非常复杂的弯曲变形，这不仅会产生制作和装配误差，甚至出现剧烈的振动破坏系统。因此转子动力学模态分析应求出转子系统的临界转速，进而要求工作转速避开任意阶临界转速（$\omega_{工作} < \omega_{c1}$、$1.4\omega_{cn} < \omega_{工作} < 0.7\omega_{c(n+1)}$，$\omega_{c1}$ 为第 1 阶临界转速、ω_{cn} 为第 n 阶临界转速、$\omega_{c(n+1)}$ 为第 n+1 阶临界转速）。

下面以一个同转速的轴系（两根轴通过联轴器联结）为例，说明转子动力学模态分析的过程，并求出该轴系的临界转速（本例中的相关参数不具备工程意义）。

（1）建立三维模型

轴系由一个动力轴和一个传动轴组成，如图 2-7-1 所示。建模过程如下：

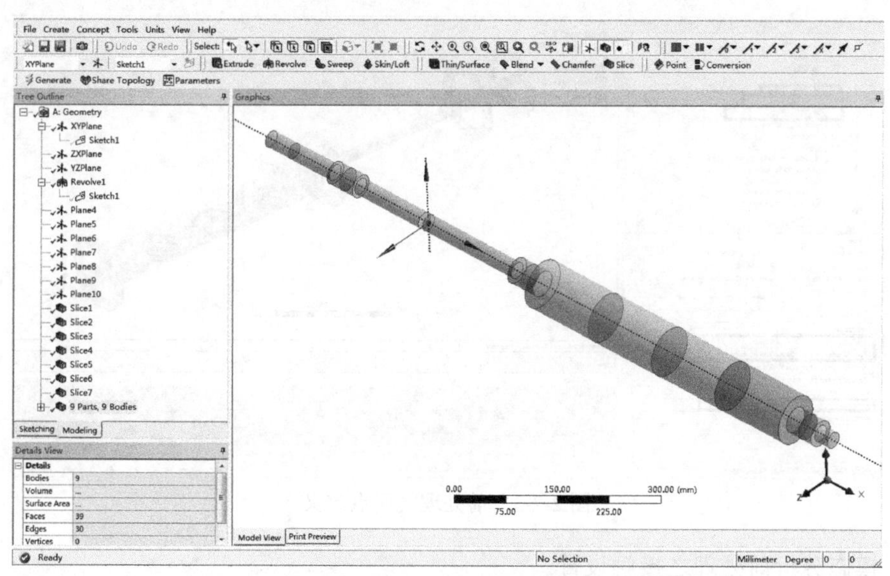

图 2-7-1 建立三维模型

1）在 *xy* 平面上建立 Sketch1。绘制图 2-7-2 所示的草绘，然后用 Revolve1 中的 Add Material 命令，以草绘中最长虚线为轴使其旋转，得到两个轴模型，分别为左边的动力轴，右边的传动轴。

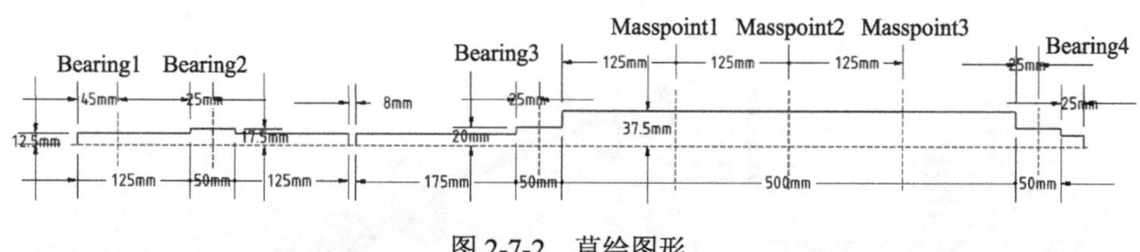

图 2-7-2 草绘图形

2）按照图 2-7-2 所示的 Bearing1、Bearing2、Bearing3、Bearing4 和 Masspoint1、Masspoint2、Masspoint3 尺寸建立相应 Plane4～Plane10，再以这些平面对模型进行切分，可得 9 个部分。注意这些模型不需要进行 Form New Part 合并。

（2）模态分析前处理之质点定义

转子动力学之临界转速求解只需调用模态分析模块，在 B4 处双击鼠标左键，进入 Mechanical 界面，材料选用默认值。

在转子动力学中定义质点的目的是为了极大地节约计算成本。可以通过定义质点代替转子上的齿轮、凸轮、法兰盘等零件，利用质点上转动惯量的参数描述上述零件的质量特性，甚至偏心参数。如图 2-7-3 所示，其中 Point Mass1 基于 A 模型的 Masspoint1 截面、Point Mass2 基于 B 模型的 Masspoint2 截面、Point Mass3 基于 C 模型的 Masspoint3 截面，Mass 处均定义为 40kg，Mass Moment of InertiaX 处均定义为 0.64kg·mm^2，Behavior 处均选择为 Rigid，解释请参见《ANSYS Workbench 有限元分析实例详解（静力学）》。

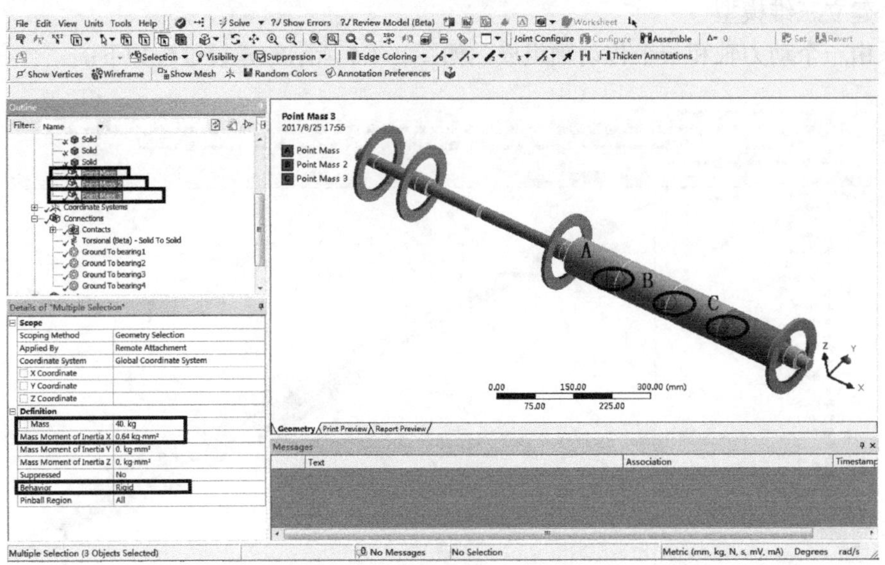

图 2-7-3 前处理之质点定义

（3）模态分析前处理之接触设置

检查软件自动生成的 Connections→Contacts。软件默认生成了 7 个接触对，将 Type 全部选择为 Bonded，其余设置全部默认，如图 2-7-4 所示。

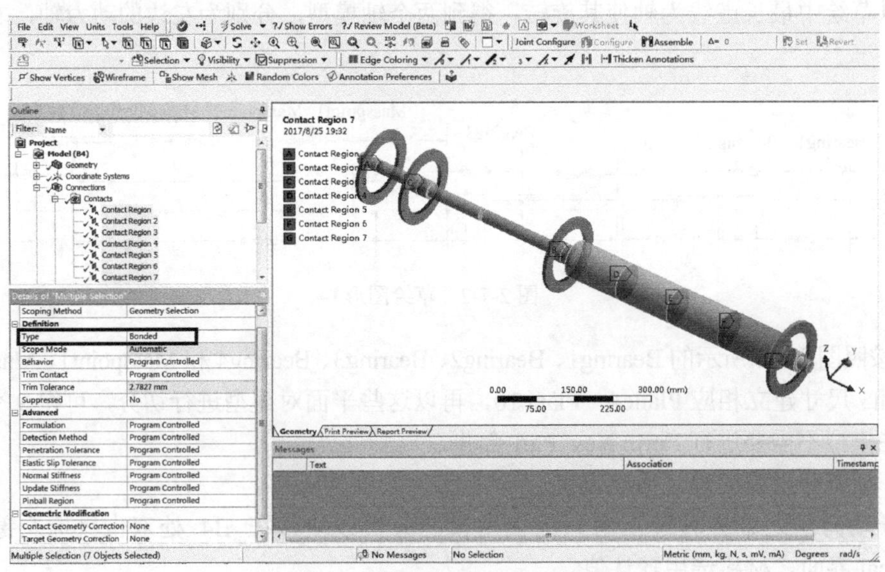

图 2-7-4 前处理之 Contacts 设置

鼠标右键单击 Connections，插入 Joints→Bushing，以代替联轴器，如图 2-7-5 所示进行设置。其中在 Connection Type 处选择 Body-Body（体对体），在 Type 处选择 Bushing，Reference（参考物）中的 Scope 选择动力轴的右端面，Mobile（运动物）中的 Scope 选择传动轴的左端面，其余默认。注意参考坐标系的方向，z 向为轴向，这对于 Joint 的设置非常重要。

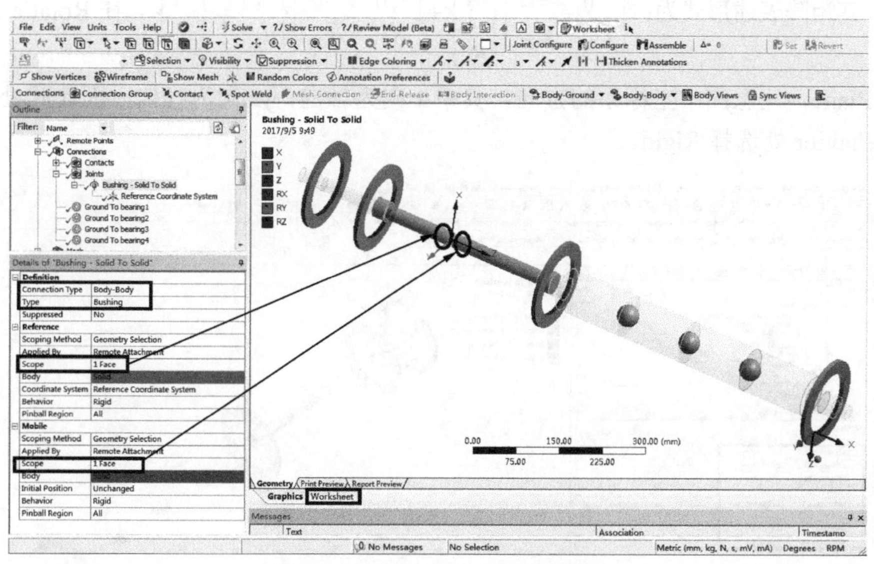

图 2-7-5 前处理之 Bushing 设置

鼠标左键再单击 Worksheet 进行参数设置，如图 2-7-6 所示。其中 Stiffness Coefficients 中定义 ΔForce X 与 Per Unit X 的交点值为 1e9，ΔForce Y 与 Per Unit Y 的交点值为 1e9，ΔForce Z 与 Per Unit Z 的交点值为 1e9，ΔMoment X 与 Per Unit θx 的交点值为 1e9，ΔMoment Y 与 Per Unit θy 的交点值为 1e9，ΔMoment Z 与 Per Unit θz 的交点值为 1e5（轴向扭转刚度）；Damping Coefficients 中定义 ΔMoment * Time Z 与 Per Unit θz 的交点值为 100（轴向扭转阻尼）；其余为 0。

Bushing - Solid To Solid

Stiffness Coefficients

Stiffness	Per Unit X (mm)	Per Unit Y (mm)	Per Unit Z (mm)	Per Unit θx (°)	Per Unit θy (°)	Per Unit θz (°)
Δ Force X (N)	1.e+009					
Δ Force Y (N)	0.	1.e+009				
Δ Force Z (N)	0.	0.	1.e+009			
Δ Moment X (N·mm	0.	0.	0.	1.e+009		
Δ Moment Y (N·mm	0.	0.	0.	0.	1.e+009	
Δ Moment Z (N·mm	0.	0.	0.	0.	0.	1.e+005

Damping Coefficients

Viscous Damping	Per Unit X (mm)	Per Unit Y (mm)	Per Unit Z (mm)	Per Unit θx (°)	Per Unit θy (°)	Per Unit θz (°)
Δ Force * Time X (N	0.					
Δ Force * Time Y (N	0.	0.				
Δ Force * Time Z (N	0.	0.	0.			
Δ Moment * Time X	0.	0.	0.	0.		
Δ Moment * Time Y	0.	0.	0.	0.	0.	
Δ Moment * Time Z	0.	0.	0.	0.	0.	100.

图 2-7-6 前处理之 Bushing 参数设置

鼠标右键单击 Connections，插入 Bearing，以定义轴承，如图 2-7-7 所示。其中 Ground To bearing1 中的 Mobile→Mobile Component 基于 1 模型的 bearing1 截面、Ground To bearing2 中的 Mobile→Mobile Component 基于 2 模型的 bearing2 截面、Ground To bearing3 中的 Mobile→Mobile Component 基于 3 模型的 bearing3 截面、Ground To bearing4 中的 Mobile→Mobile Component 基于 4 模型的 bearing4 截面，Stiffness K11、K22 处均定义为 1e4N/mm，Damping C11、C22 处均定义为 2N·s/mm。其意义如图 2-7-7 所示，将轴承认为是两组正交的弹簧阻尼器，其中水平垂直的正交弹簧阻尼器的参数为 K_{11}、K_{22}、C_{11}、C_{22}，45°倾斜的正交弹簧阻尼器的参数为 K_{12}、K_{21}、

C_{12}、C_{21}。其矩阵表述形式为：$\begin{bmatrix} C_{11} & C_{12} \\ C_{21} & C_{22} \end{bmatrix}\begin{Bmatrix} \dot{u}_1 \\ \dot{u}_2 \end{Bmatrix}+\begin{bmatrix} K_{11} & K_{12} \\ K_{21} & K_{22} \end{bmatrix}\begin{Bmatrix} u_1 \\ u_2 \end{Bmatrix}=\begin{Bmatrix} F_1 \\ F_2 \end{Bmatrix}$。在 Rotation Plane 处选择 Y-Z Plane，注意图中坐标系的方向，其中 x 向为轴向，yz 向为径向，因此此处选择 Y-Z Plane。Behavior 处选择 Rigid。

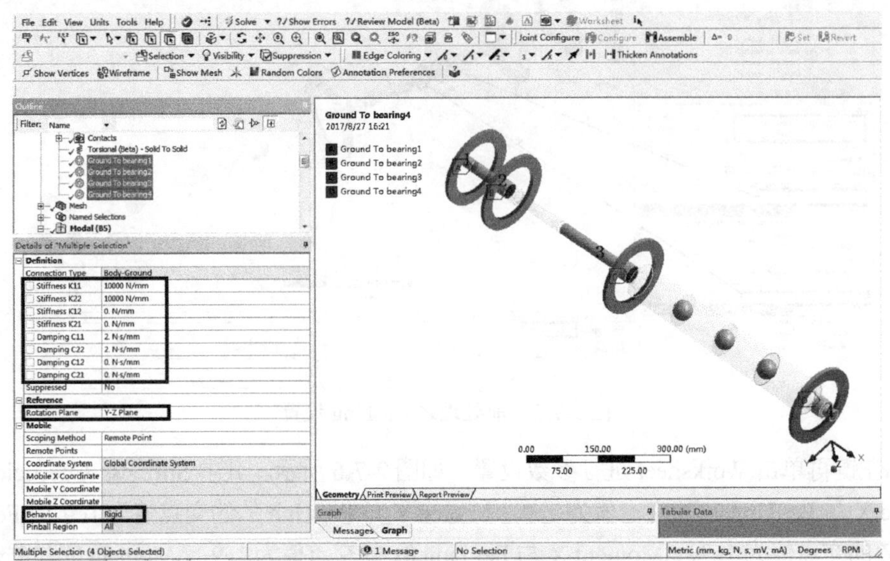

图 2-7-7　前处理之 Bearing 设置

> **注意**
>
> 如果不存在 K_{12}、K_{21}、C_{12}、C_{21}，则意味平面上刚度相同，转子系统的运行轨迹为圆；如果存在 K_{12}、K_{21}、C_{12}、C_{21}，则转子系统的运行轨迹可能为椭圆，如图 2-7-8 所示。

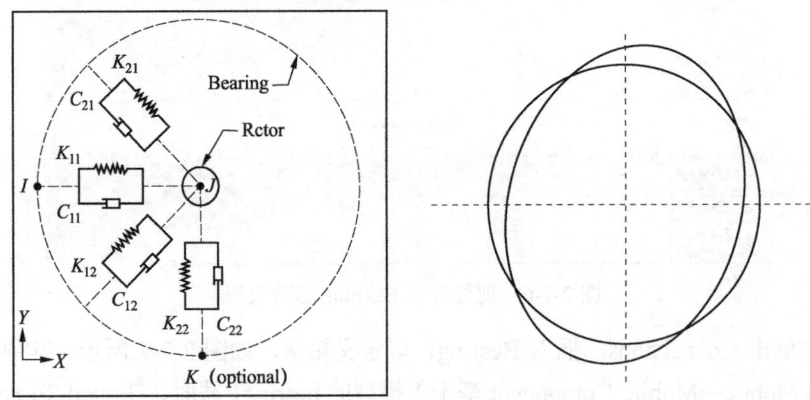

图 2-7-8　轴承参数的意义

（4）模态分析前处理之网格划分

因为模型都是回转零件，所以采用 MultiZone 模式较为方便。网格划分如图 2-7-9 所示设置。先选取图中框选的 7 个模型，其 MultiZone 网格划分设置为：在 Mapped Mesh Type 处选择 Hexa，在 Free Mesh Type 处选择 Hexa Core。再选取图中圈选的两个模型，其 MultiZone

网格划分的设置分别为：在 Mapped Mesh Type 处选择 Hexa，在 Free Mesh Type 处选择 Hexa Core，在 Src/Trg Selection 处选择 Manual Source（手工定义），在 Source 处如图虚线所指，选择虚线框内的 3 个圆面。最后定义网格尺寸（Size），选择全部 9 个模型，在 Type 处选择 Element Size，Element Size 处定义为 5mm。

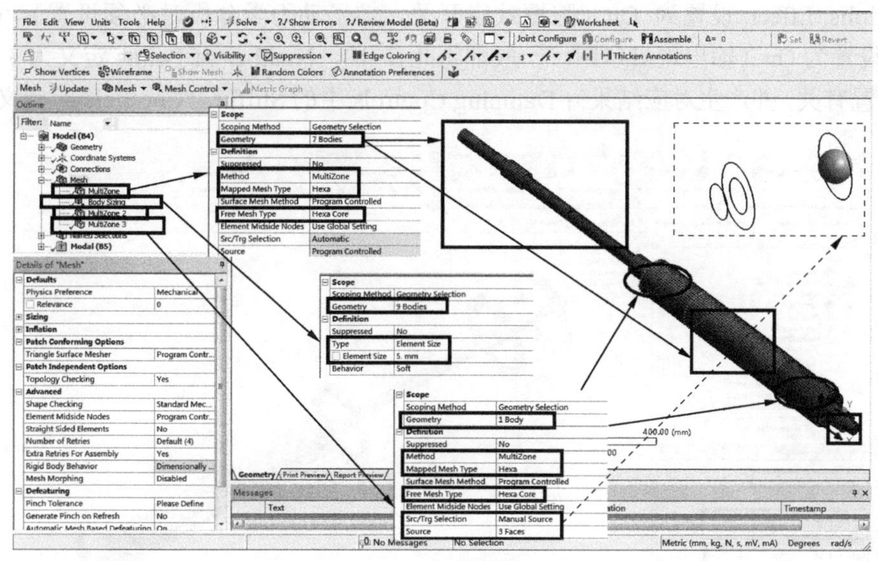

图 2-7-9　网格划分

（5）模态分析前处理之定义远程点

由于后续边界条件的定义需要调用轴承位置，因此将刚才定义的轴承位置用远程点重新定义。注意：在 Workbench 环境下，除了远程位移、远程力属于远程点范畴以外，其余质点（PointMass）、运动副（Connections→Joint）、弹簧（Connections→Spring）、轴承（Connections→Bearing）、梁（Connections→Beam）等均属于远程点概念。如图 2-7-10 所示，选择 4 个轴承后，单击鼠标右键，在弹出的快捷菜单中单击“Promote to Remote Point”，即可自动产生 4 个远程点定义。

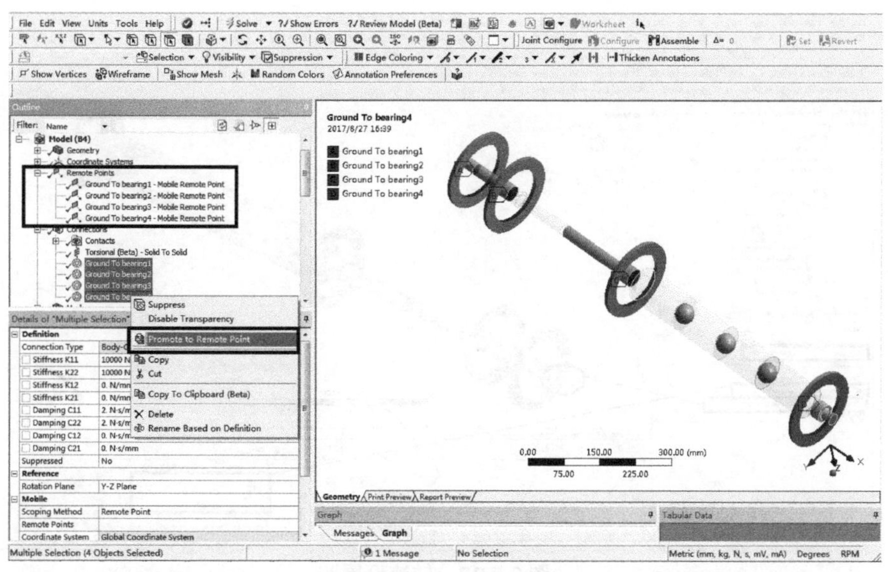

图 2-7-10　定义远程点

（6）模态分析之求解设置

如图 2-7-11 所示，在 Analysis Settings 处将 Options 中的 Max Modes to Find 定义为 20；将 Solve Controls 中的 Damped 设置为 Yes（前面在轴承中已定义了阻尼，为了进行转子动力学分析此处必须设置为 Yes），Solver Type 设置为 Program Controlled；Rotordynamics Controls 中的 Coriolis Effect 设置为 On（陀螺效应开关，转子动力学分析时必须设置），Campbell Diagram 设置为 On（输出坎贝尔图，一般都将此打开），Number of Points 定义为 3（该设置与转速设置有关，并产生对应结果）；Damping Controls 中的 Stiffness Coefficient 定义为 8e-4。

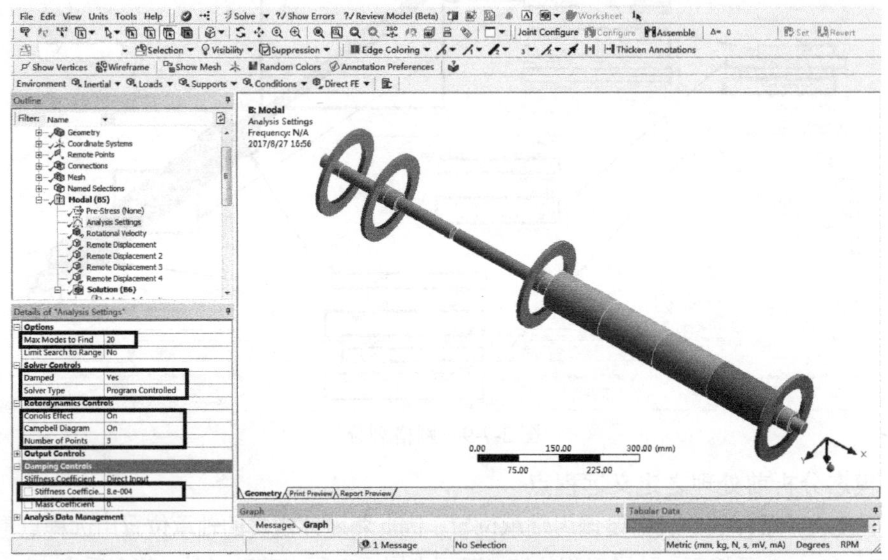

图 2-7-11　求解设置

（7）模态分析之边界条件

1）转速设置如图 2-7-12 所示。插入 Rotational Velocity（旋转速度），在 Geometry 处默

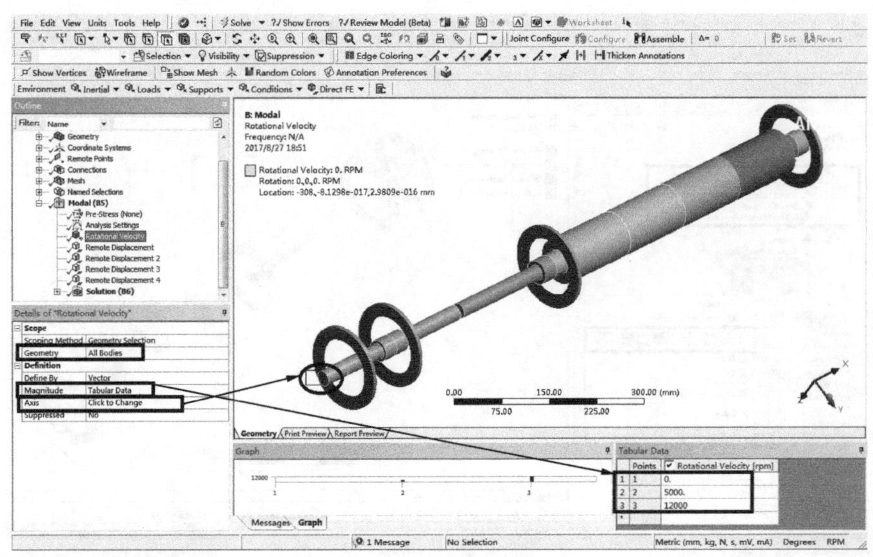

图 2-7-12　转速设置

认选择 All Bodies（注意：Workbench 的该版本只能定义所有模型为同一转速，而在经典界面中可以定义不同模型有不同转速）；Magnitude 处选择 Tabular Data，由于在分析设置中 Number of Points 定义为 3，因此此处出现 3 行表格，在表格中输入 5000、12000r/min（转速）；在 Axis 处选择图中圈选的动力轴最外端面，根据箭头指向按右手法则定义旋转方向。

2）如果不定义边界条件，则计算结果类似于自由模态，但还需要定义约束边界条件。轴在旋转过程中，轴承位存在约束，因此对轴承位定义远程位移。如图 2-7-13 所示，共定义 4 个远程位移，在 Scoping Method 处选择 Remote Point，Remote Points 处依次选择插入 Ground To bearing1、2、3、4-Mobile Remote Point，在 Definition 处定义 X Component 和 RotationX 为 0，其余全部为 Free。注意：*x* 向为轴向方向。转子动力学分析中，只要在轴承位加载约束边界条件，则必须限制轴向位移和轴向旋转。

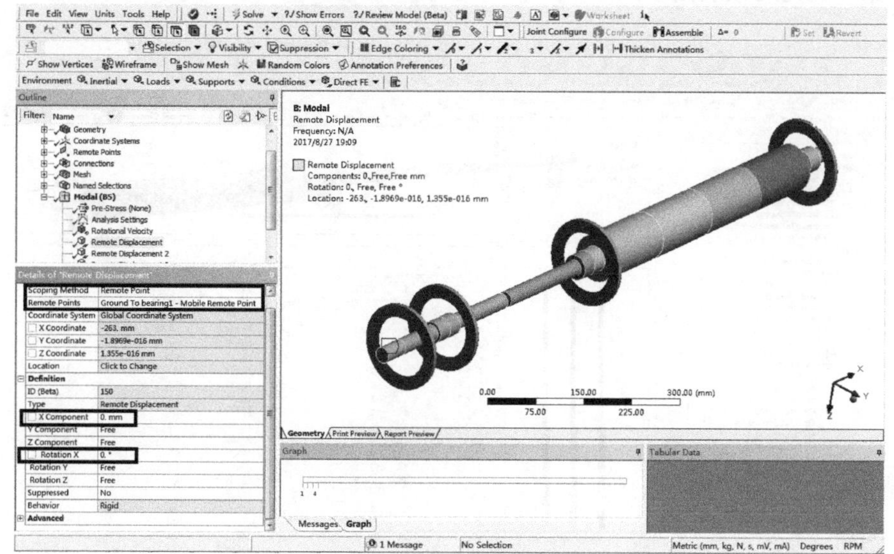

图 2-7-13　远程位移设置

在 Behavior 处默认为 Rigid，这是在设置轴承时所定义的。

注意

在转子动力学中，轴承可分为刚性转子和柔性转子。其中刚性转子作用在柔性轴承上，其转子刚度大于轴承及支撑刚度；柔性转子作用在刚性轴承（可使用 Simply Supported 或圆柱支撑代替轴承）上，其转子刚度小于轴承及支撑刚度。其计算结果为：由于刚性转子作用在柔性轴承上，所以轴承刚度参与计算后，导致系统总刚度较柔性转子的总刚度低，进而使其固有频率低于柔性转子的固有频率；同时前几阶的振型表现也不同。如图 2-7-14 所示，以第 1 阶模态为例，刚性转子的振型几乎与原模型平行，柔性转子的振型则有较大的弯曲。

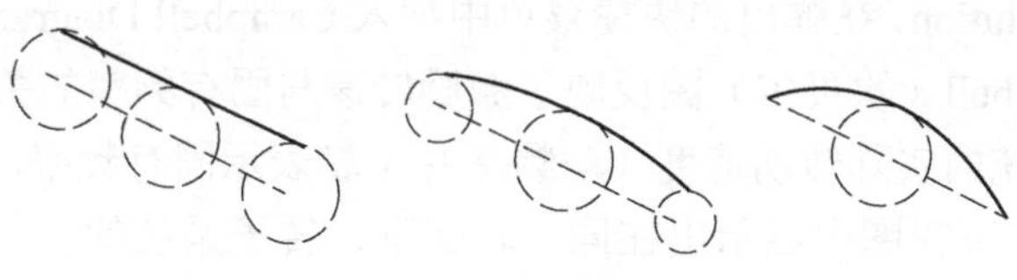

a）刚性转子　　b）中间刚度转子　　c）柔性转子

图 2-7-14　刚性转子和柔性转子振型图

因此在有限元分析前，需比较轴承刚度和轴刚度。如果轴承刚度远大于轴刚度，可采用柔性转子方法进行初步估算；如果轴承刚度近似或小于轴刚度，宜采用刚性转子方法计算，即在轴上的质点均设置为Rigid，轴承均设置为Deformation。本例为了简化才采用Rigid。

（8）模态分析之后处理

计算结果如图2-7-15所示。计算结果与含阻尼的模态分析结果类似，第1列为阻尼频率，是复模态的虚部。第2列为频率的稳定性参数，负值表示稳定，是复模态的实部。它与阻尼模态的区别为：尽管打开陀螺效应必然产生阻尼矩阵，但陀螺效应并不消耗能量，因此在本例中如果不定义轴承阻尼参数和求解设置中的刚度阻尼，则计算结果中稳定性将为0；若阻尼参数较大（过阻尼），以至于抑制了振动频率，同样结果中稳定性也会为0。第3列为模态阻尼率，第4列为对数衰减率。

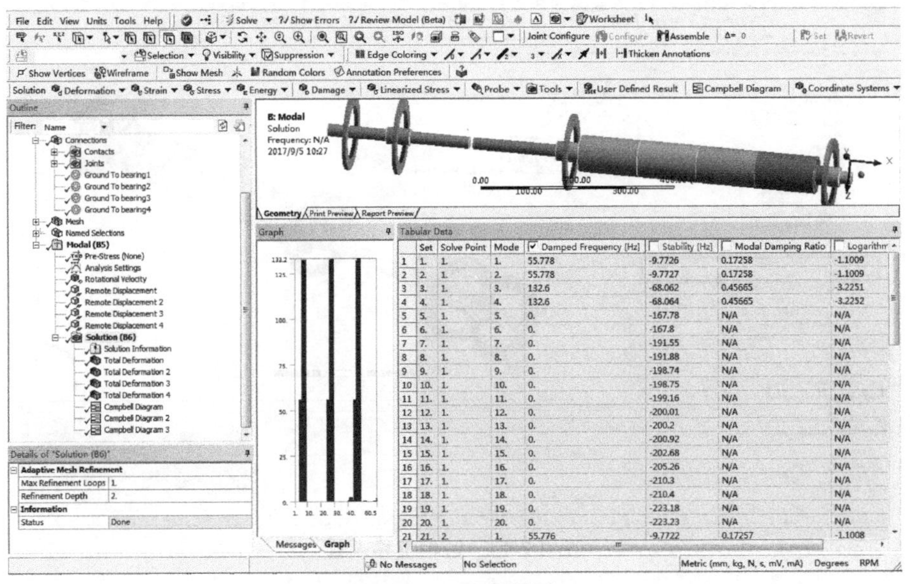

图2-7-15　计算结果

前文已经描述了转子系统的振型表现，转轴弯曲为弓形并绕轴转动，这称为涡动（whirl），其中若轴心涡动旋转方向与转子系统的旋转方向一致，则称为正向涡动（Forward Whirl，简写为FW）；如果正向涡动速度与转动速度的大小相同，则称为同步正涡动。若轴心涡动旋转方向与转子系统的旋转方向相反，则称为反向涡动（Backward Whirl，简写为BW）；如果反向涡动速度与转动速度大小相同，则称为同步反涡动。如图2-7-16所示。

鼠标右键单击Solution，在弹出的快捷菜单中插入Campbell Diagram后处理，如图2-7-17所示进行设置。Campbell（坎贝尔）图反映了激励转速与固有频率的关系，其中x轴表示激励转速，描述转子系统的实际转动速度（动频率）；y轴表示固有频率，描述转子系统的动力学特征（固有频率）。可在图中显示出在同一转速下，转子系统的各阶固有频率（例如以x轴上为2500r/min的数值为起点，画一条平行于y轴的直线，它与各模态线的交点即为系统在2500r/min时各阶模态的固有频率）。

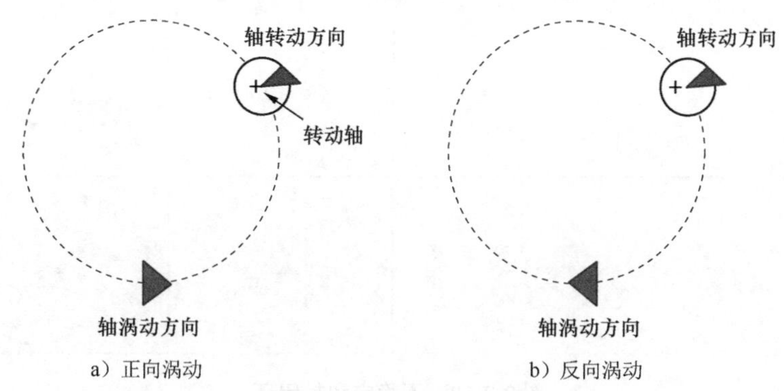

a）正向涡动　　b）反向涡动

图 2-7-16　正向涡动与反向涡动

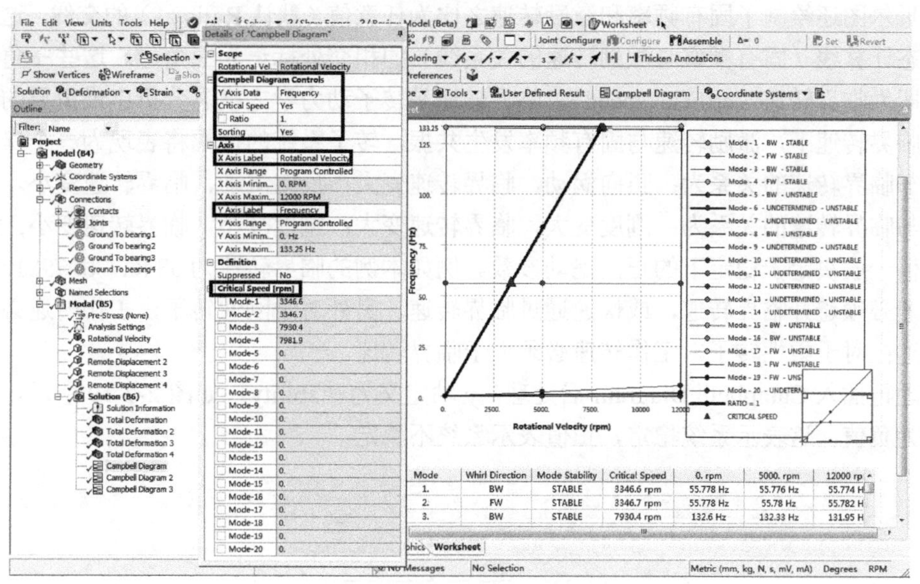

图 2-7-17　坎贝尔图后处理

在坎贝尔图中，每阶模态均标记 FW、BW 或待定（Undetermined）的旋转方向。待定的旋转方向是指在某些情况下，没有明显的旋转方向，旋转频率为待定（阻尼频率为 0）。同时在旋转方向的后面还有 Stable（稳定）和 Unstable（不稳定）参数。稳定性是转子系统保持正常运转的性能。如果转子在运转过程中受微小扰动后仍能恢复原始的定常运转状态，则为稳定，轨迹表现为椭圆；如果转子在运转过程中，不存在周期性力干扰的状态下，受微小扰动后会产生强烈振动，偏离原始的定常运转状态，则为不稳定，轨迹表现为发散的椭圆。影响不稳定的因素为：材料阻尼、旋转件和静止件之间的摩擦、轴承参数中的 K_{12}、K_{21}、C_{12}、C_{21}。实际工况下，由于存在各种非线性（阻尼）状态，所以不稳定振动不会越来越大，只会达到一个极限值，并形成一个封闭环。如图 2-7-18 所示，左上角为最不稳定，因为振动幅度（圆心和箭头之矢量差）与旋转圈数（一圈）之比最大；由于转速变大，所以转子系统的切线力增大，后续振动幅度越来越大，表现为不稳定状态；最后阶段，由于阻尼与转速正相关，所以阻尼逐渐消耗系统能量，导致平衡，形成稳定的封闭环（非圆形）。

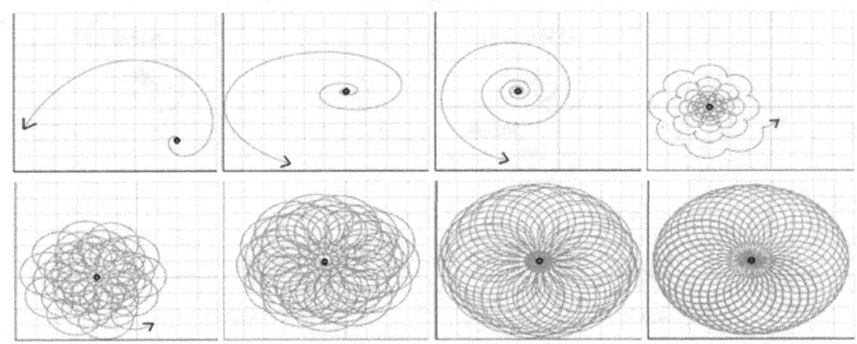

图 2-7-18　不稳定和封闭环

坎贝尔图还绘制了固有频率和激励转速之比为任意值（默认 Ratio=1）的交线，这条线与各阶模态计算线（固有频率与激励转速的关系线）的相交处标记为三角形。这些三角形对应的转速即为临界转速（critical speed）。临界转速是转子动力学之模态分析中最重要的结果，因为在临界转速下，激励转速与固有频率发生共振，转子系统的振幅将表现为一个峰值。陀螺效应与临界转速的关系为：正向涡动，临界转速变大；反向涡动，临界转速变小。系统支撑刚度与临界转速的关系为：刚度变大，临界转速变大；刚度变小，临界转速变小。临界转速的取值一般决定于稳定下的正向涡动参数。例如本例的临界转速为 3346.7 和 7981.9r/min，工作转速必须避开临界转速，或快速通过临界转速。另外对于刚性转子，工作转速必须小于临界转速；对于柔性转子，工作转速必须大于临界转速。

同理再插入 Campbell Diagram 后处理，y 轴定义为 Stability，如图 2-7-19 所示。其中计算结果为负值，这表示系统稳定，正值表示系统不稳定。

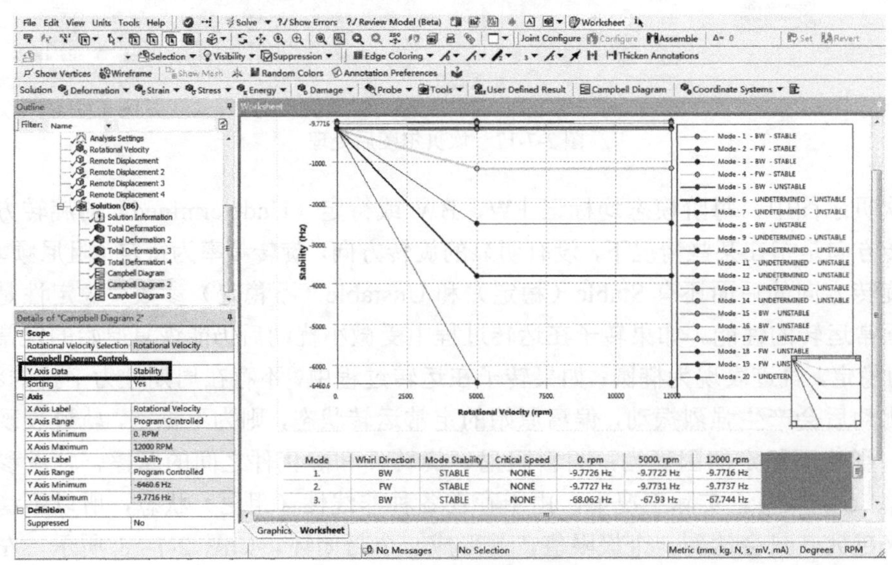

图 2-7-19　坎贝尔图后处理

再插入 Campbell Diagram 后处理，y 轴定义为 Logarithmic Decrement，如图 2-7-20 所示。存在于欠阻尼系统，对数衰减率反映的是动态响应中两个连续峰振幅比的自然对数，负值表示系统稳定。

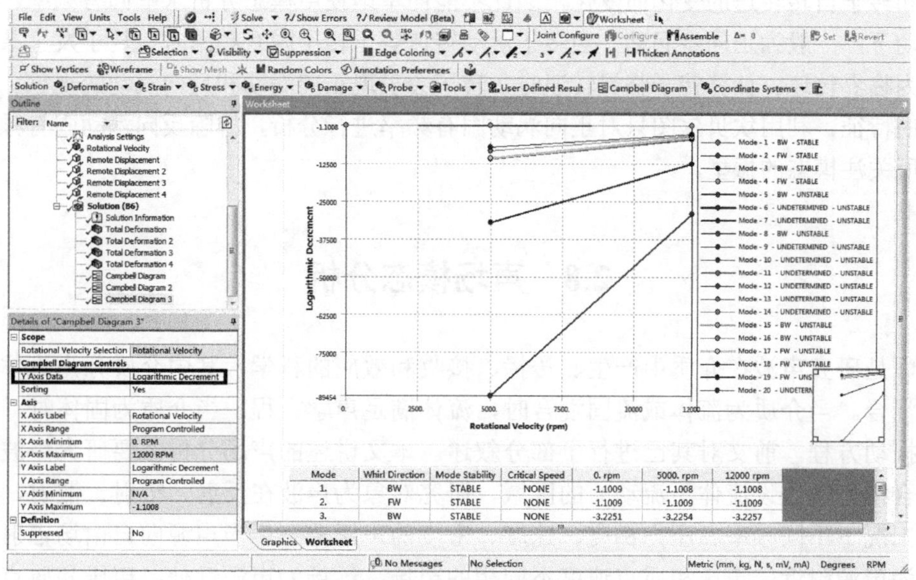

图 2-7-20 坎贝尔图后处理

由坎贝尔图可知，第 2 阶和第 4 阶模态表现为稳定下的正向涡动，需要观察其模态振型。如图 2-7-21 所示，观察其振型动画。为了更明显地观察振型结果，可将结果比例放大 10 倍（Result 10），单击 Animation 旁边的三角形图标，可以进行振型动画演示。注意图中 1 区的图标默认为打开状态（Turn on Time Decay For Complex Animation），这可能会导致动画效果不连续，因此应将其关闭。

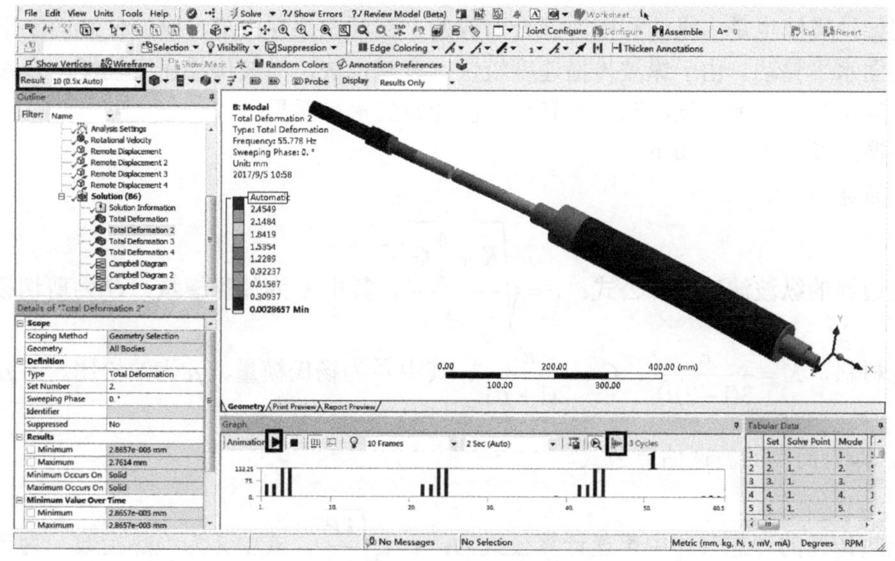

图 2-7-21 振型动画后处理

（9）小结

转子的固有频率除了与转子系统（转子、定子、支撑结构）的参数有关外，还随转子涡动转速和转子自转转速的变化而变化，因此不能简单地使用模态分析求解固有频率。转子在外界驱动下，一般为正同步涡动。当转子涡动转速等于转子固有频率时，转子发生共振，此转速即为临界转速。计算转子临界转速时，转子会表现正向涡动和反向涡动的现象，根据临界转速的特征，利用坎贝尔图只对正向涡动固有频率进行分析，排除反向涡动固有频率，最后提取所关注模态的振型。

2.8 声场模态分析

声学是研究声波在介质中产生、传播、接收和效应的科学，其中介质分为流体、固体和流固混合。当介质为流体或流固混合时，流体满足声学方程；当介质为固体时，固体满足结构振动方程，前文对其已进行了部分叙述。本文讲述的声场分析主要研究声波存在的流固混合模型（假设流体不流动）的区域，研究对象为声波在反射、衍射、散射、折射、透射等工况下不同频率、压力梯度、速度、密度的声压分布。当声源向自由场辐射时，其中近场为声源附近、声压和质点速度不同相的声场，远场为声源远处、声压和质点速度同相的声场。

在流体中的某点，静止状态时压强为 p_0，当受到外界扰动后，压强变为 p，则扰动引起的逾量压强为 $p'=p-p_0$，即为声压（相对值）。日常听到的声音和噪声都是声压引起的不同结果。声音在空气中传播时，表现为波的形式，即每一个质点在某个大致位置往复移动，且只有能量传输，没有质量的运移。声波可分为纵波和横波，纵波为质点振动方向与波的能量传输方向相同的波，流体和气体中的声波由于不存在横向剪切，所以为纵波。横波为质点振动方向与能量传输方向垂直的波，固体中的声波由于存在横向剪切，所以常为纵波和横波的混合。例如地震波也是由纵波和横波混合而成的，震源在地球内部，纵波使地面上下颠簸，横波使地面水平晃动。由于纵波传播速度较快，衰减也快，横波传播速度较慢，衰减也慢，因此远离震中的区域就感觉不到上下震动，但能感到水平摇晃。

主要概念及计算公式如下。

（1）波速

无限边界的纵波波速计算公式：$c=\sqrt{\dfrac{K+\frac{4}{3}G}{\rho}}$，其中 K 为体积模量，G 为剪切模量。对于线弹性材料，$K=\dfrac{E}{3(1-2\mu)}$、$G=\dfrac{E}{2(1+\mu)}$，其中 E 为杨氏模量、μ 为泊松比。当 $\mu=0$ 时，$c=\sqrt{\dfrac{E}{\rho}}$，即为简单的波速估算公式。

在无热传递的理想气体中声速计算公式为：$c=\sqrt{\dfrac{\lambda P}{\rho_0}}$，式中 λ 为绝热指数，为定压热容 C_p 与定容热容 C_v 之比，一般单原子理想气体是 1.67，双原子是 1.4，多原子是 1.33，空气选择 1.4。其中 $P=\rho_0 RT$，式中 ρ_0 为流体密度、T 为绝对温度、R 为气体常数，对于空气取 $287\,\mathrm{m}^2/(\mathrm{s}^2\mathrm{K})$。因此在 15℃时，空气中的声速约为 $340\,\mathrm{m/s}$。

（2）波长与频率

波长计算公式：$\lambda=\frac{c}{f}$，式中c为声速，f为频率。

频率计算公式：$f=\frac{1}{T}=\frac{\omega}{2\pi}$，式中$\omega$为角速度。

（3）声压级、声强级、声功率级（单位为 dB）

声音通过流体介质的振动所产生的压强称为声压，声压是标量而不是矢量。当声压使总声压增加时，规定声压相位为正，反之为负。

声压级为声压与基准声压之比的对数，计算公式为$L_p=20\lg\frac{p_e}{p_r}$，式中p_e为测量声压，p_r为参考声压，一般取 2e-5Pa。

声强级为声强与基准声强之比的对数，其中声强为某点在单位时间内通过与指定方向垂直的单位面积上的声能平均值，且按方向分为正向声强和负向声强。计算公式为$L_I=10\lg\frac{I_e}{I_0}$。式中I_e为测量声压，计算公式为$I=\frac{p^2}{\rho_0 c}$，I_0为基准声强，一般取 1e-12 W/m^2。

声功率级为声功率与基准声功率之比的对数，其中声功率为单位时间内通过指定面积上的声能，是单位时间内声源向空间辐射的总能量。计算公式为$L_W=10\lg\frac{W}{W_0}$。式中W为声功率，计算公式为$W=\frac{p^2 S}{\rho_0 c}$，式中S为声波垂直通过的面积，W_0为基准声功率，一般取 1e-12 W。

在常温空气中，三者关系可认为$L_p\approx L_I$，$L_W=L_I+10\lg S$。人耳听到的声音范围约为 1～140dB。

（4）吸声

材料吸声如图 2-8-1 所示。声波入射到材料表面，入射声能一部分被反射，一部分被材料吸收，吸声系数$\alpha=\frac{E_{absorbed}}{E_{incident}}=\frac{E_{incident}-E_{reflected}}{E_{incident}}$。

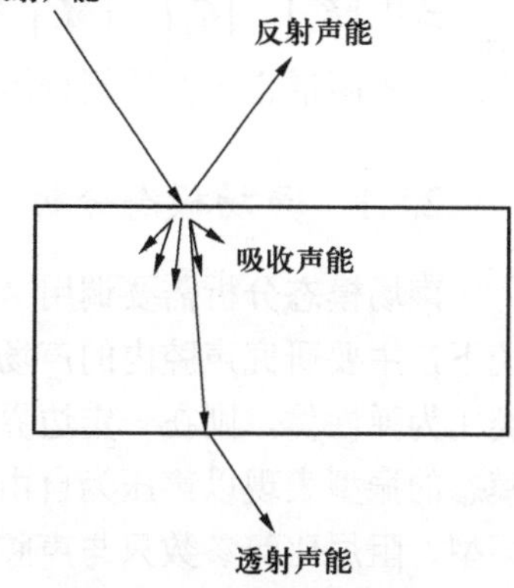

图 2-8-1　材料吸声示意图

吸收声能一部分在材料中以热的形式耗散，还有一部分从材料的另一面辐射出去，即为透射声能，透射系数$\tau=\frac{E_{transmited}}{E_{incident}}$。

由于吸声系数较难解释吸声问题，因此定义材料表面声阻抗，其计算公式为：$Z_\alpha=\frac{p}{u}$，它为声压与速度的复数比，其实部为声阻，虚部为声抗。当平面波垂直入射材料表面时，其吸声系数与声阻抗的关系为：$\alpha=1-\left|\frac{Z_\alpha-\rho_0 c}{Z_\alpha+\rho_0 c}\right|^2$。

（5）软件中常用概念

Interior problem：声波在某个含有约束的结构内部传播。

Exterior proble：声波在某个无限大的开放空间传播。

Coupled element：带有 FSI 的声单元（自由度为：Pres、Ux、Uy、Uz）。

Uncoupled element：不带有 FSI 的声单元（自由度为：Pres）。

PML（完美匹配层）：PML 外部边界的声学量为 0。这可等效为边界上传入的吸收声能随传播距离按指数规律衰减，但不产生任何反射，达到消除边界反射的目的。注意 PML 的轮廓必须是外凸的：不能内凹。

Sound-hard surface：质点法向速度为 0 的表面。

Sound-soft surface：声压被约束的表面。

Transparent port：从端口发射入射声能到声学模型外表面，且模型反射的声能被端口所定义的无穷大阻抗完全吸收。

Vibro port：通过结构表面的振动将入射声能引入声学模型的外表面。

（6）声学基本方程

声学基本方程：$\left([\boldsymbol{K}_{\mathrm{a}}]+\mathrm{j}\omega[\boldsymbol{C}_{\mathrm{a}}]-\omega^2[\boldsymbol{M}_{\mathrm{a}}]\right)\{\boldsymbol{p}_{\mathrm{i}}\}=\{\boldsymbol{Q}_{\mathrm{i}}\}+\{\boldsymbol{V}_{\mathrm{ni}}\}+\{\boldsymbol{P}_{\mathrm{i}}\}=\{\boldsymbol{F}_{\mathrm{ai}}\}$。

式中$[\boldsymbol{K}_{\mathrm{a}}]$、$[\boldsymbol{C}_{\mathrm{a}}]$、$[\boldsymbol{M}_{\mathrm{a}}]$为刚度矩阵、阻尼矩阵和质量矩阵，它们与结构动力学方程的区别是下标加 a；$\boldsymbol{p}_{\mathrm{i}}$为节点声压向量；$\boldsymbol{Q}_{\mathrm{i}}$为声源向量；$\boldsymbol{V}_{\mathrm{ni}}$为声质点速度向量；$\boldsymbol{P}_{\mathrm{i}}$为声压向量，为声压边界条件；$\boldsymbol{F}_{\mathrm{ai}}$为声学激励。

声场的模态分析用于计算声腔（驻波）声学模型或振动声学系统（声学阻抗与结构振动相互作用）的模态振型。对于纯声学模态，其基本方程为：$\left([\boldsymbol{K}_{\mathrm{a}}]+\mathrm{j}\omega[\boldsymbol{C}_{\mathrm{a}}]-\omega^2[\boldsymbol{M}_{\mathrm{a}}]\right)\{\boldsymbol{p}_{\mathrm{i}}\}=0$。对于流固耦合（声学和结构共同作用）的声学模态，其基本方程为：

$$\left(\begin{bmatrix}\boldsymbol{K}_{\mathrm{s}} & -\boldsymbol{R}\\ 0 & \boldsymbol{K}_{\mathrm{a}}\end{bmatrix}+\mathrm{j}\omega\begin{bmatrix}\boldsymbol{C}_{\mathrm{s}} & 0\\ 0 & \boldsymbol{C}_{\mathrm{a}}\end{bmatrix}-\omega^2\begin{bmatrix}\boldsymbol{M}_{\mathrm{s}} & 0\\ \rho_0\boldsymbol{R}^{\mathrm{T}} & \boldsymbol{M}_{\mathrm{a}}\end{bmatrix}\right)\begin{Bmatrix}\boldsymbol{u}\\ \boldsymbol{p}_{\mathrm{i}}\end{Bmatrix}=0\text{。}$$

式中$[\boldsymbol{K}_{\mathrm{s}}]$、$[\boldsymbol{C}_{\mathrm{s}}]$、$[\boldsymbol{M}_{\mathrm{s}}]$为结构的刚度矩阵、阻尼矩阵和质量矩阵，$[\boldsymbol{R}]$表示声模型和结构之间界面耦合条件的耦合矩阵。

2.8.1 声场模态分析

声场模态分析需要调用 ACT 插件来完成，在 18.2 版本中它已经集成到主界面的分析系统下，主要研究声腔内的声场模态。声场模态和结构模态的原理和意义类似，将空间的气体类比为弹性体，则在一定边界条件下，可得到不同固有频率下声音的多种振型（注意：声场模态的振型表现以声压为自由度，不同于结构的位移自由度）。模态计算结果中的固有频率、振型、阻尼比等参数只与声腔中的介质、形状、边界条件有关，当声腔激励（或结构激励）接近于声场某阶固有频率且与其振型不垂直时，会发生声腔共鸣。

下面以车内风道为例，描述声场模态分析。

（1）建立三维模型

三维模型如图 2-8-2 所示，具体建模过程如下。

1）在 *xy* 平面上建立 Sketch1。绘制一个五边形，其中斜边与水平边夹角 30°，斜边长 150mm，与斜边相邻的垂直边长为 120mm，最长边为 480mm。然后用 Extrude1 中的 Add Material 命令将其拉伸，长度为 3500mm，完成风道模型的建立。

2）在 *zx* 平面上建立 Sketch2。绘制一个直径为 200mm 的圆，其距端面 300mm，距 *yz* 平面 200mm。然后用 Extrude2 中的 Imprint Faces 命令将其定义映射面，该圆映射面用于定义布风器面。

3）使用 Pattern 命令对圆映射面进行阵列，选择 Pattern Type（阵列类型）为 Linear（线性）；Geometry（图形）选择圆映射面；Direction（方向）选择风道长度方向的任意一条线；FD1 Offset 设置为 700mm（偏移距离）；FD3 Copies 定义为 4，这就阵列为有 5 个布风器面的风道。

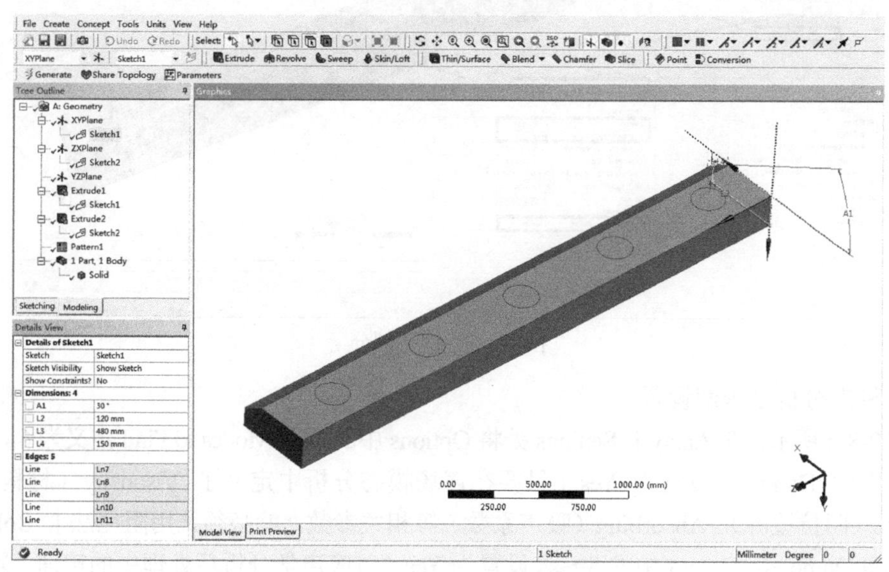

图 2-8-2 建立三维风道模型

（2）模态分析前处理之网格划分

由于声场分析必须调用 ACT 的 Acoustics 插件，因此在拖曳模态分析模块之前，需要在 Extensions→Manage Extensions 处勾选 ExtAcoustics 插件。注意不同版本的插件名称略有区别。此后在 B4 处双击鼠标左键，进入 Mechanical 界面，材料选用默认。

因为风道模型中除了布风器映射面以外，为一个均匀截面伸展而得，所以可以采用 Sweep（扫略）划分网格。但是由于扫略网格方式无法避免映射面，所以采用 MultiZone 模式较为方便。网格划分如图 2-8-3 所示。选取图中风道模型，其 MultiZone 网格划分设置为：在 Mapped Mesh Type 处选择 Hexa，在 Preserve Boundaries 处选择 Protected（忽略映射面）；定义网格尺寸（Size），选择风道模型，在 Type 处选择 Element Size，Element Size 定义为 0.05m。

注意

在声学分析中网格尺寸是最重要的参数，必须对此进行设置和多次完善。对于线性单元，其计算公式为：每个波长至少有 12 个单元；对于二次单元，其计算公式为：每个波长至少有 6 个单元。例如声速为 340m/s，计算频率最高为 5000Hz，则单元尺寸不大于 0.0113m，即取单元尺寸为 11mm 即可。对于模态分析，由于网格数量对固有频率的计算结果影响较小，所以可以先用一般的网格数量进行计算。得出固有频率后，转化为波长参数，再进行计算并合理地设置网格尺寸，才能得到准确的振型表现，同时也为后续的声学动力学分析提供了网格数量计算依据。由于声学计算精度与模型网格尺寸有关，因此局部网格尺寸定义得很小这并不能提高声学分析的计算精度，只会造成硬件资源的浪费，因此在声学分析中建议统一定义网格尺寸。本例考虑到计算规模，仅采用较粗的网格进行计算，读者可以按正常流程进行复核。

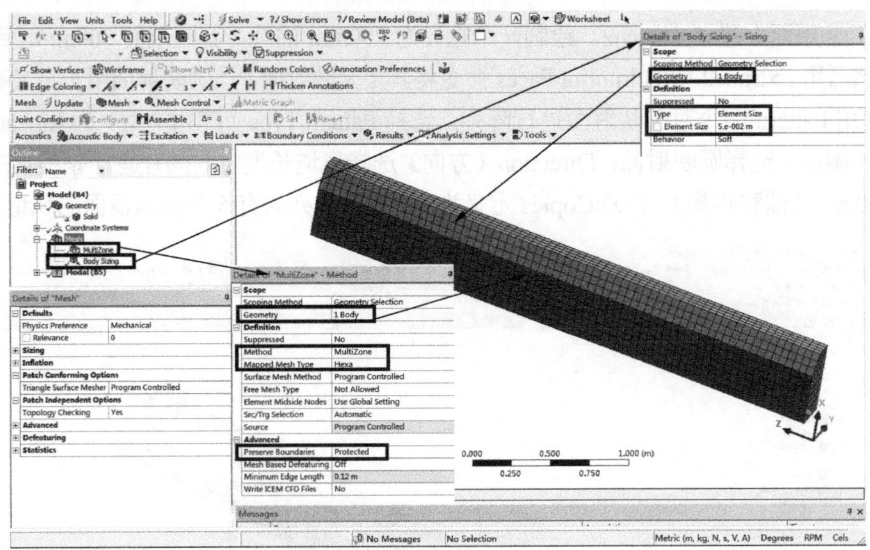

图 2-8-3 网格划分

（3）模态分析之求解设置

如图 2-8-4 所示，在 Analysis Settings 处将 Options 中的 Max Modes to Find 定义为 6，将 Solve Controls 中的 Damped 设置为 Yes［只要在声场模态分析中定义了 Viscosity（材料黏度）、Impedance（阻抗边界）、Absorbing（吸声系数）等相关参数，就必须采用阻尼法］，Solver Type 设置为 Full Damped；Output 中的 Stress 设置为 Yes（对应声学分析后处理中的声速，默认不打开。它与结构模态分析类似，模态分析中的应力并不是真实的应力，同理声场模态分析中的声速也不是真实的声速，但是可以通过观察声速矢量图，查看声速的运动方向）。其余均默认。

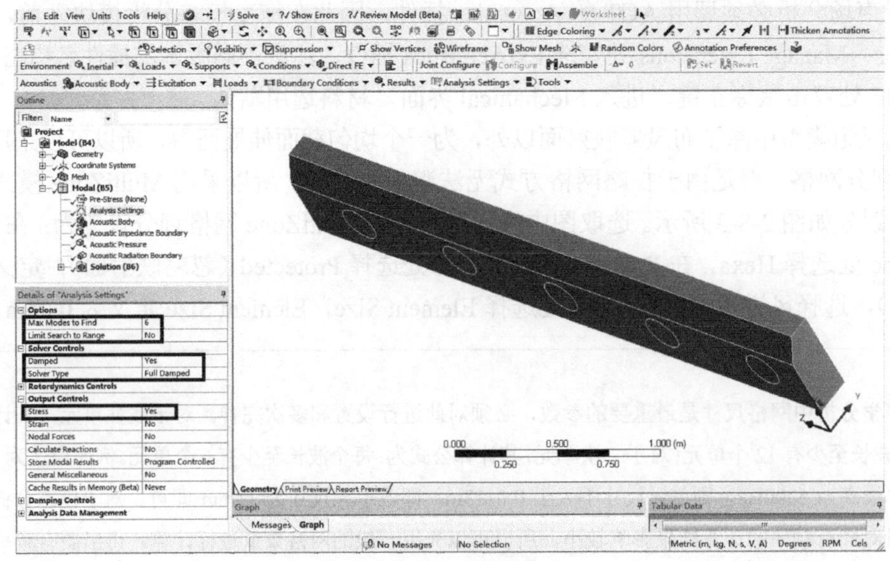

图 2-8-4 求解设置

（4）模态分析之边界条件

1）Acoustic Body 的设置如图 2-8-5 所示，单击图中框选图标，即可进行设置。这类似定义声学模型的材料参数，之前在 Geometry 中设置的材料将被此处设置所覆盖。图中的

Geometry 只能选择为体模型，因为本例仅一个风道模型。

Temperature Dependency 和 Frequency Dependency 用于定义不同温度下、不同频率下的声学流体模型参数；Mass Density 为流体密度，本例为空气密度；Sound Speed 为声速，本例为空气中的声速。

Dynamic Viscosity 为动力黏度，Bulk Viscosity 为体积黏度，黏度是流体抵抗流动的特性，其中动力黏度为抵抗剪切变形的黏度，体积黏度为抵抗拉压变形（流体可压缩）的黏度。一般来说，当声波介质处于水、油等黏度较明显的介质中，就必须定义动力黏度。如果流体受高频冲击，或整体流体模型的模态低阶频率很高，就必须定义体积黏度。

Thermal Conduct 为热传导系数，Specific Heat Cp 为定压热容，Specific Heat Cv 为定容热容。

Reference Pressure 为参考压力，Reference Static Pressure 为参考静压，此处一般采用默认设置。当流体表现为非均匀流体时，其物理参数受到温度和压力的影响，计算公式为：$c'=c\sqrt{\frac{T'}{T_0}}$ 和 $\rho'=\frac{p'_{\text{state}}}{T'}\frac{\rho_0 T_0}{p_{\text{state}}}$，式中 T_0 为 Option 下的 Environment Temperature（环境温度）参数，p_{state} 为 Reference Static Pressure 参数，T' 为 Loads- Temperature 参数，p'_{state} 为 Loads- Static Pressure 参数。

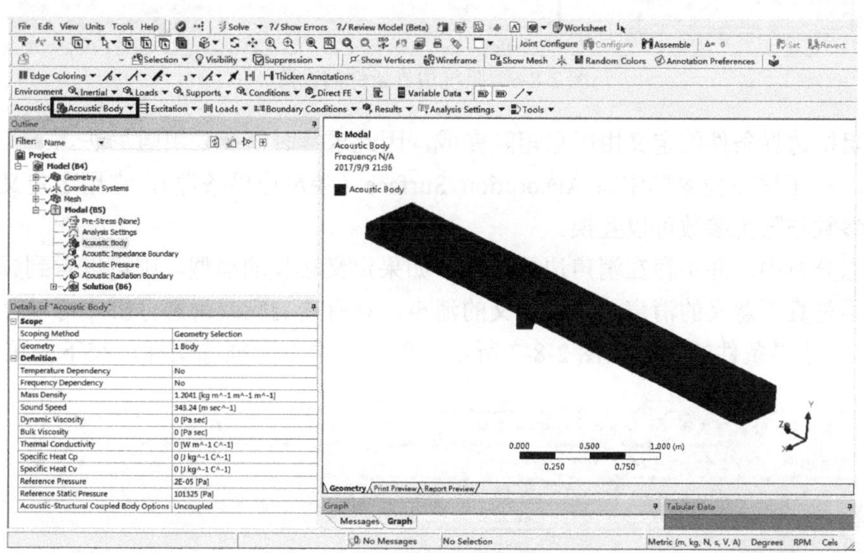

图 2-8-5　Acoustic Body 的设置

2）由于声学分析的默认边界条件为刚性壁面，因此仅需要定义非刚性壁面的边界条件。阻抗边界条件的设置如图 2-8-6 所示，单击图中 1 区框选图标，在下拉菜单中选取 Impedance Boundary（阻抗边界），即可进行该项设置。该项用于定义声学介质中速度和声压的关系。图中 Geometry 选择风道的左端面；Impedance or Admittance（阻抗或声导纳）用于定义阻抗边界条件的类型，两者互为倒数，其中 Impedance 由 Resistance（实部声阻）和 Reactance（虚部声抗）组成，其中声阻定义为声能的耗损机制，声抗定义为介质压缩前后存储势能的能力。Admittance 由 Conductance 和 Susceptance 组成，其与声阻和声抗的关系式为：$G_{\text{Conductance}}=\frac{R_{\text{Resistance}}}{R^2_{\text{Resistance}}+X^2_{\text{Reactance}}}$、$B_{\text{Susceptance}}=\frac{-X_{\text{Reactance}}}{R^2_{\text{Resistance}}+X^2_{\text{Reactance}}}$。注意：软件中不是直接定义

Susceptance，而是定义 Product of Susceptance And Angular Frequency，该数值等于 $\omega \times B_{\text{Susceptance}}$ 。本例定义 Admittance 的 Conductance 值为 0.0005m/Pa·s。此外单击 Frequency Dependency，可以定义不同频率下的阻抗或声导纳参数。

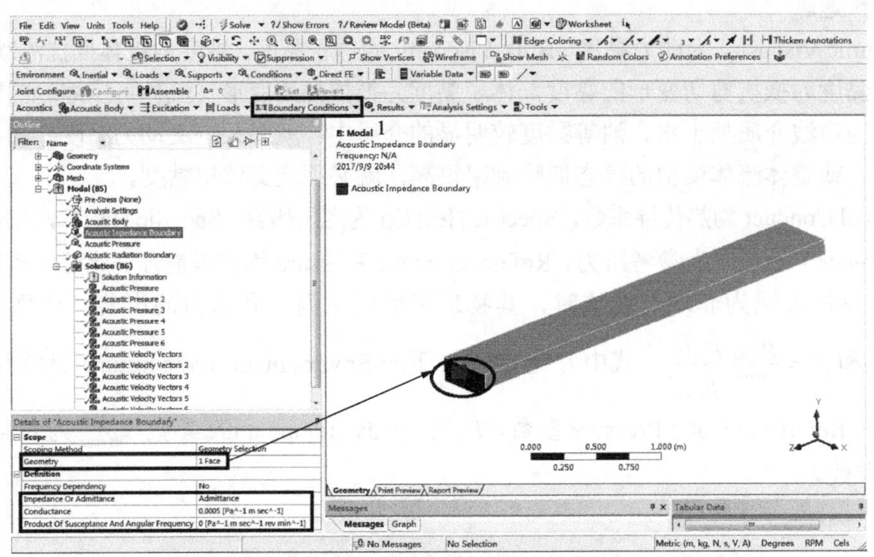

图 2-8-6 阻抗边界条件的设置

由于阻抗边界条件的定义由阻尼矩阵完成，因此求解时需要采用阻尼法。

另外，在 1 区下拉菜单中有 Absorption Surface（吸声边界条件），它用于定义面的吸声系数，该参数与阻抗参数可以互换。

在模态分析中，并不存在消声边界条件。如果定义较长的模型，则可以看到频率发生改变，但这不是真正意义的消声。真正意义的消声，只有谐响应或瞬态分析才可以存在。

3）声压边界条件的设置如图 2-8-7 所示。单击图中 1 区框选图标，在下拉菜单中选取

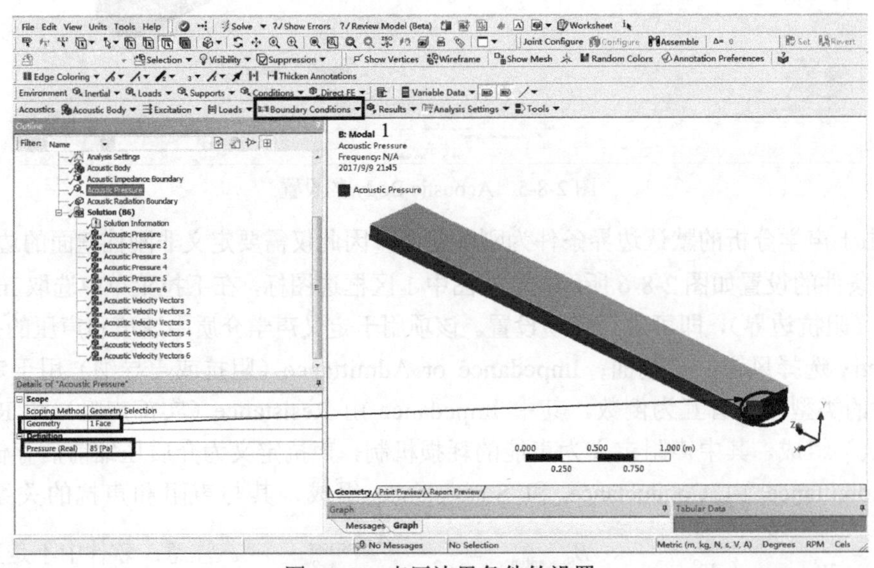

图 2-8-7 声压边界条件的设置

Acoustic Pressure（声压边界），即可进行设置。由于声压为声场分析的自由度，因此该项类似于结构分析中的位移约束。图中 Geometry 选择风道的右端面，Pressure（Real）定义为 85Pa，注意：模态分析的声压边界条件只有实部数值。

4）辐射边界条件的设置如图 2-8-8 所示。单击图中 1 区框选图标，在下拉菜单中选取 Radiation Boundary（辐射边界），即可进行设置。该项用于定义向远场介质辐射声波，辐射面的阻抗等于 $\rho_0 c$ 。由于其计算原理较为简单，因此它只针对平面波的计算精度最高，其他类型声波的计算精度则不如 PML。图中 Geometry 选择 5 个布风器映射面。

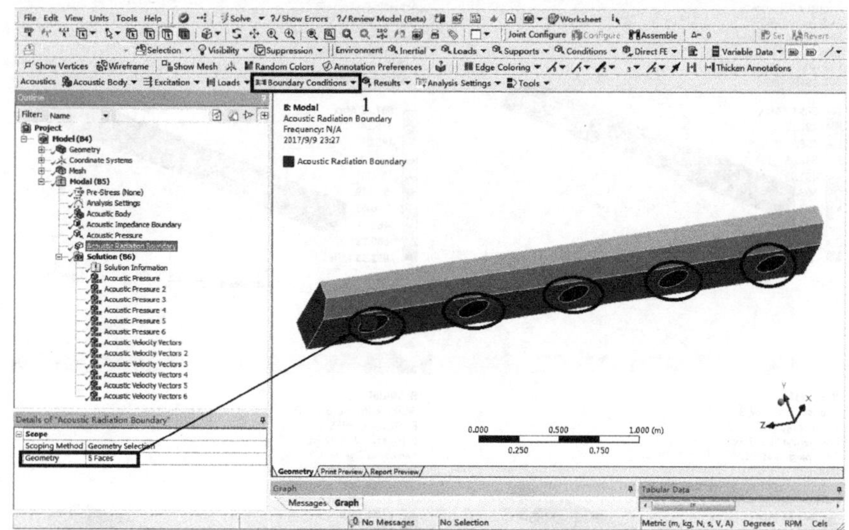

图 2-8-8　辐射边界条件的设置

（5）模态分析之后处理

计算完成后，如图 2-8-9 所示，可知前 6 阶频率等参数。单击 Result，在下拉菜单中可见声压和声速等后处理结果，单击 Acoustic Pressure 和 Acoustic Velocity Vectors，分别创建 6 阶模态的计算结果。

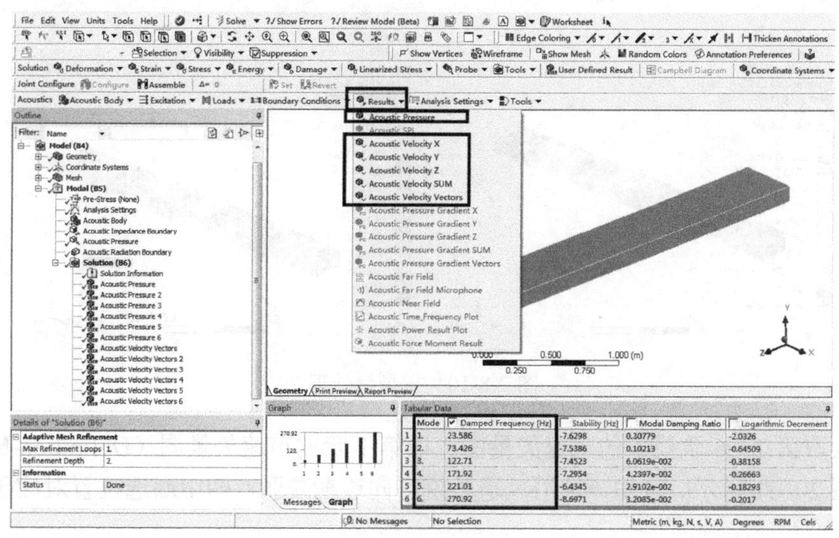

图 2-8-9　后处理

> **注意**
>
> 声场模态分析的结果是声压，因此不能读取其 Deformation 数据。

读取第 1～6 阶模态的声压结果，如图 2-8-10 所示。由图可知，振型均表现为空腔伸缩形式，依次为沿空腔长度方向的一条至六条节线模型。

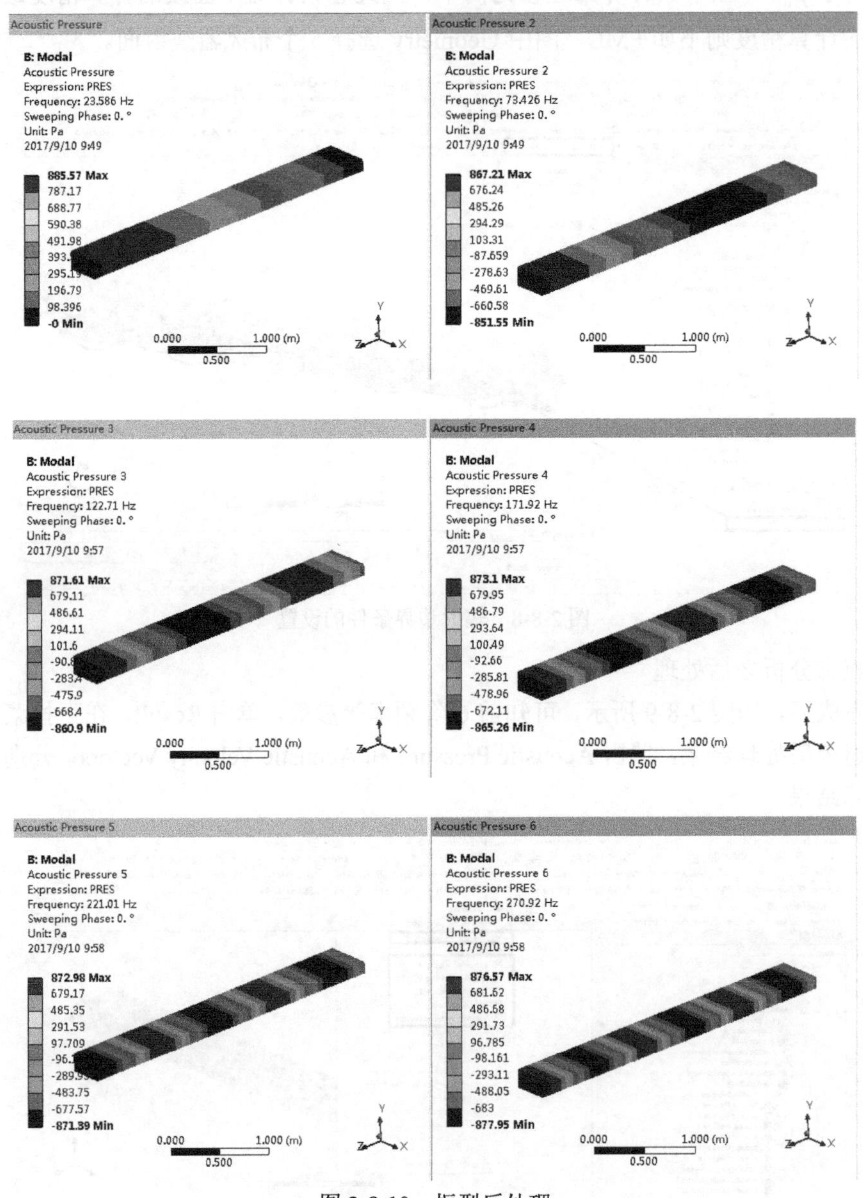

图 2-8-10 振型后处理

同理读取第 1～6 阶模态的声速矢量图，以第 1 阶的声速矢量图（Definition-Mode：1）为例，如图 2-8-11 所示。可知声速沿风道长度方向逐渐减弱，图中圈选位置对应于布风器映射面。

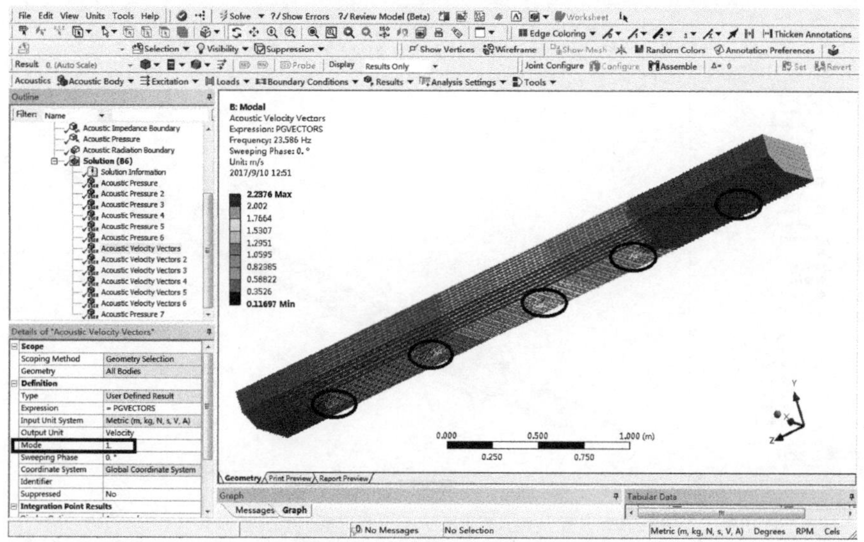

图 2-8-11　声速矢量图后处理

2.8.2 流固耦合模态（湿模态）分析

一般而言，计算结构模态分析时，条件都是模型处于“真空”环境下，即为“干模态”。即便考虑空气环境，模态计算结果也与“干模态”结果相差无几，因此如果没有提出特殊要求，就不考虑空气对结构模态的影响。但是在一些特定条件下，例如对于油箱（内流场）、潜艇（外流场）等模型，就必须考虑周围流场对结构模态的影响。这为流固耦合模态，或称为“湿模态”。由于流固耦合模态采用的是非对称耦合矩阵，因此在计算中必须打开非对称选项。

下面以水管为例，描述湿模态分析中的晃动问题。晃动是指流体在结构体内部运动，由流体动力学和结构动力学耦合而成。另外为保证晃动工况，流体必须至少存在一个无约束的自由液面。由于在声学分析中默认边界条件为刚性壁面，即不加载任何边界条件，因此必须定义包含自由液面的边界条件。

（1）建立三维模型

三维模型如图 2-8-12 所示，具体建模过程如下：

1）在 *xy* 平面上建立 Sketch1，绘制一个内径 40mm，外径 45mm 的圆环。然后用 Extrude1 中的 Add Material 命令将其拉伸，Direction（方向）设置为 Both-Symmetric（对称双向），长度为 300mm，完成一段水管模型的建立。

2）在 *xy* 平面上新建 Sketch2。绘制一个内径 45mm，外径 75mm 的圆环。然后用 Extrude2 中的 Add Material 命令将其拉伸，Direction 设置为 Both-Symmetric，长度为 5mm，完成水管上法兰盘模型的建立。

3）采用 Pattern 命令对法兰盘进行阵列。选择 Pattern Type（阵列类型）为 Linear（线性）；在 Geometry（图形）处选择水管体模型；Direction（方向）选择 Tree-Outline 下的 *XY* Plane；FD1 Offset 设置为 600mm（偏移距离）；FD3 Copies 定义为 1，这样就可阵列出包含两个法兰盘的长水管模型。

4）采用 Tools-Fill（填充）命令绘制管内水模型。在 Extraction Type 处选择 By Cavity（内腔体），在 Face 处选择水管的内圆周面，即可完成水模型的建立。

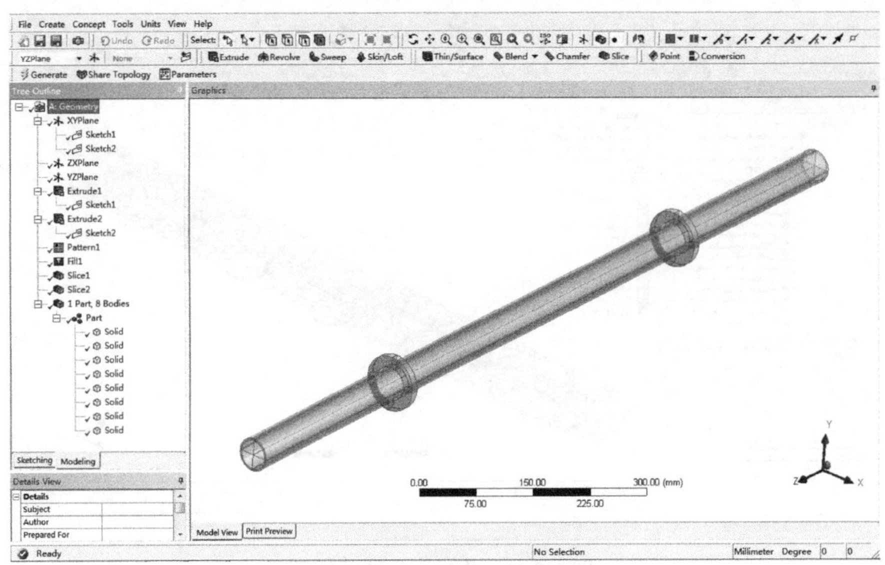

图 2-8-12　建立三维模型

5）为了绘制网格，对模型进行切分。采用 Create-Slice1 命令，选择 Slice Type 为 Slice by Plane（基于坐标系切分），选择 Base Plane 为 ZX Plane，选择 Slice Targets 为 All Bodies（切分所有实体），即可将模型切分为 2 个。同理采用 Slice2 命令，选择 Base Plane 为 YZ Plane，即可将模型切分为 4 个。

6）声场分析尽量采用共节点的模型处理方法，因此选中全部 8 个体模型（水、管模型各 4 份），对其进行 Form New Part 处理。

（2）建立分析流程

如图 2-8-13 所示，建立分析流程。其中包括 A 框架结构的 DM 模块，B 框架结构的结构模态（干模态）分析，C 框架结构的流固耦合模态（湿模态）分析。同时进行干湿模态分析，已对进行结果比较。

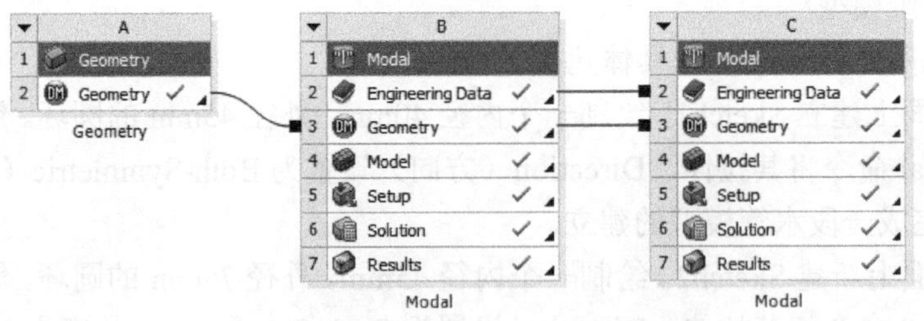

图 2-8-13　干湿模态对比分析流程

（3）湿模态分析之单元处理

先进行湿模态分析。在 C4 处双击鼠标左键，进入 Mechanical 界面。对于材料出现缺失的实体，首先在 Assignment 处定义为 Structural Steel（注意：材料缺失的都是水模型，此处定义为结构，仅为满足程序框架结构，后续对水体会定义真实材料）。

如图 2-8-14 所示，鼠标左键单击 Geometry→Element Control，将其设置为 Manual，然后单击 4 个水模型，这时会出现 Brick Integration Scheme 设置选项，将其定义为 Full（默认设置），该项设置表示单元采用完全积分。如果定义为 Reduce，则单元采用缩减积分，两者的区别可参见《ANSYS Workbench 有限元分析实例详解（静力学）》。

注意

此处对单元形式进行定义，并不是该计算必需的设置。但是由于流固耦合模态为非对称矩阵模型，因此计算量非常庞大，如果全部用默认的完全积分单元，则耗时巨大。因此只将流体模型定义为缩减积分单元，这不仅不会降低计算精度，而且还可以极大地提高计算速度。读者可以尝试修改，对比计算时间和结果。

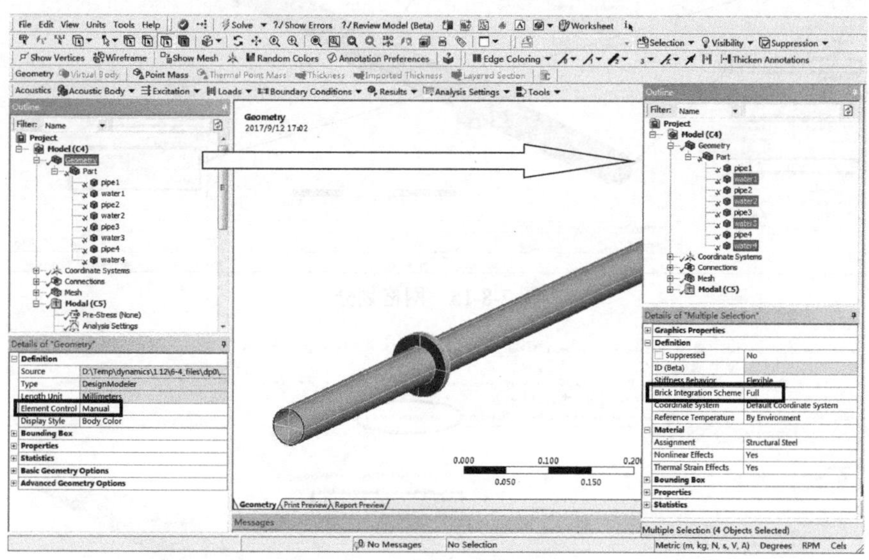

图 2-8-14　定义单元积分形式

（4）网格划分

网格划分如图 2-8-15 所示。选择 4 个水体模型，对其采用 Sweep 划分形式，其中 Element Midside Nodes（中节点）设置为 Kept（注意：由于水体模型可能采用缩减单元形式，因此必须定义中节点，否则无法保证计算精度），Free Face Mesh Type 设置为 All Quad（截面按四边形网格进行扫略）。选择 4 个管体模型，对其采用 MultiZone 划分形式，其中 Mapped Mesh Type 设置为 Hexa（六面体），Free Mesh Type 设置为 Hexa Core，Element Midside Nodes 设置为 Kept。最后选择所有 8 个体模型，对其定义单元尺寸（size），其中 Type 选择 Element Size，Element Size 定义为 5e-3m，Behavior 设置为 Soft。

（5）模态分析之求解设置

如图 2-8-16 所示，在 Analysis Settings 处将 Options 中的 Max Modes to Find 定义为 6，Limit Search to Range 设置为 Yes，Range Minimum 定义为 1e-2Hz，Range Maximum 定义为 1e8Hz（注意：对于流固耦合的声场分析，由于采用非对称形式，如果模态分析的起始频率定义为 0，则可能会出现不需要的结果，因此建议查找定义范围，其中最小频率取 0.01Hz）。将 Solve Controls 中的 Solver Type 设置为 Unsymmetric（非对称），这是由于数学模型中的$[\boldsymbol{R}]$耦合矩阵（节点包含位移和声压两种自由度）直接导致了流固耦合声场计算公式的非对称性。该矩阵不仅反映流固界面上的有效表面积，还包括流固界面上流体面到结构面上的法线方向。

由于不需要查看声速等后处理结果，所以其余均默认。

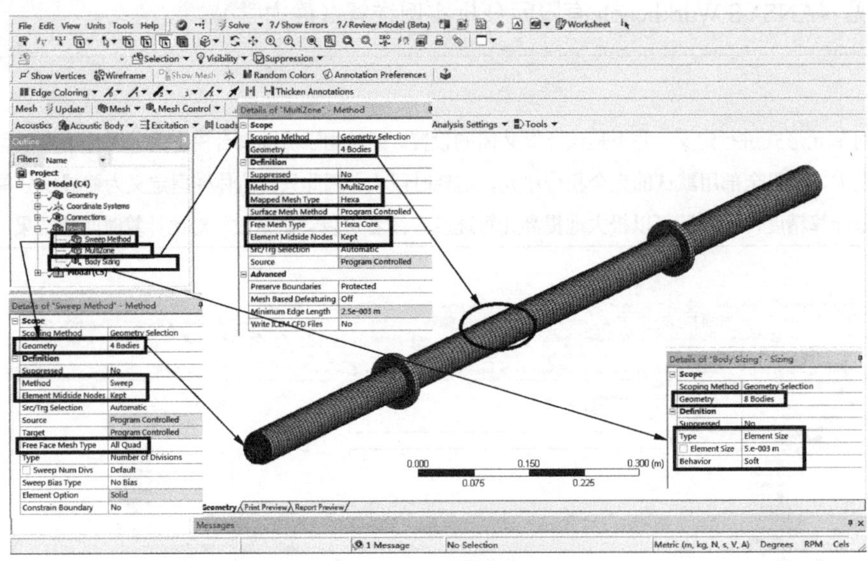

图 2-8-15 网格划分

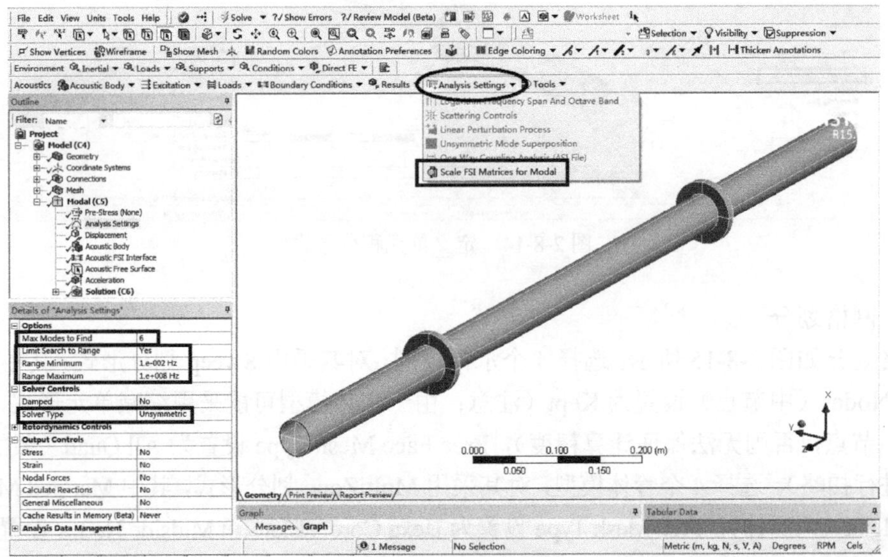

图 2-8-16 求解设置

注意

在图 2-8-16 中圈选的 Analysis Settings 下拉菜单中可选“Scale FSI Matrices for Modal”，该项设置用于激活矩阵缩放，以提高对称特征解算器的收敛性（不提高计算效率和准确性）。此时 Solve Controls 中的 Solver Type 设置不能为 Unsymmetric。

（6）模态分析之边界条件

1）Acoustic Body 的设置如图 2-8-17 所示。单击图中 1 区框选图标，即可进行设置。图中在 Geometry 处选择 4 个水体模型；Mass Density（水密度）定义为 1000kg/m^3；Sound Speed

（水中声速）定义为 1400m/s；在 Acoustic-Structural Coupled Body Option 处选择 Coupled With Unsymmetric（非对称）Algorithm。

> **注意**
>
> 在流固耦合的声场分析中，凡是存在流固接合面的流体必须定义为非对称。如果存在多个流体模型，且流体只与流体存在接合面，则可定义为 Coupled With Symmetric Algorithm。这对提高计算效率非常有帮助，例如，外流场分析只在结构外围定义较薄的一层为非对称算法的流体，其余流体均采用对称算法。

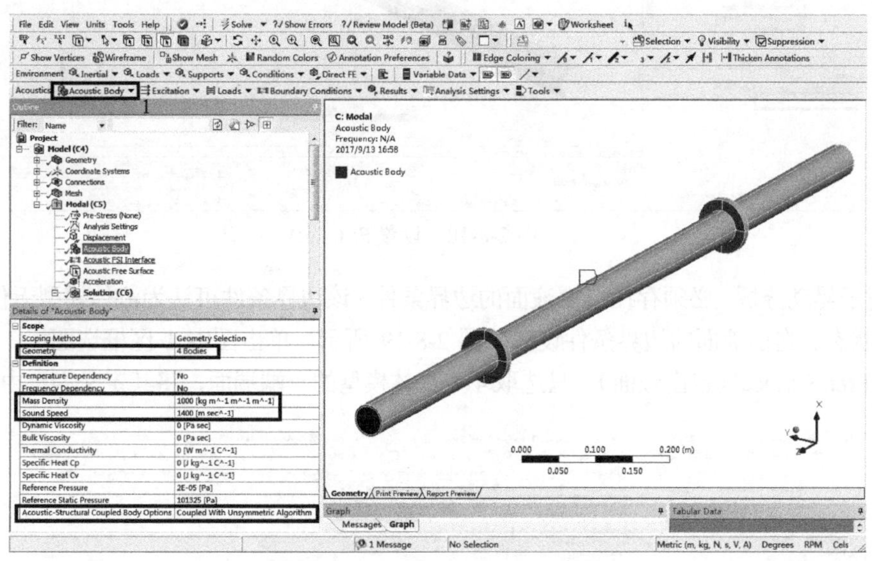

图 2-8-17　Acoustic Body 的设置

2）对于流固耦合的声场分析，必须定义 FSI（Fluid-Structure Interaction）面。因为流体与结构的相互作用（结构振动诱发的流体压力或由流体压力引起的结构变形），必然会导致耦合现象，所以在 FSI 面会产生声压施加在结构上的“流体压力载荷”。

FSI 边界条件的设置如图 2-8-18 所示。先选择 4 个管体模型，并将其隐藏，选择 4 个水体模型的 4 个外圆面，然后单击 1 区图标下拉菜单中的 FSI Interface，对其定义 Acoustic FSI Interface。

> **注意**
>
> FSI 面只能选择为流体上的流固接合面。

另外用鼠标左键单击图中圈选的“Tools”图标，在下拉菜单中有“Automatically Create FSI Condition According To Contacts”，该选项可以自动导出接触对中的流固接合面。在流固耦合声学模型中，存在两种建模方式，一种为多体模型（流固模型用共节点的方式连接），一种为接触模型（流固模型用接触方式连接）。其中接触模型有易于划分网格的优势，在接触设置时，接触面一定要选择为流体模型，且必须使用 MPC 算法。当使用接触设置定义流固连接时，如果仅定义面面接触，则会造成接触遗漏，并可能在边角出现接触穿透现象；如果在接触中增加定义面线、线线接触，又有可能造成过约束，刚度过大的现象。因此针对流固耦合声学分析中的流固模型，尽量采用多体模型，即使用 Form New Part 来处理。

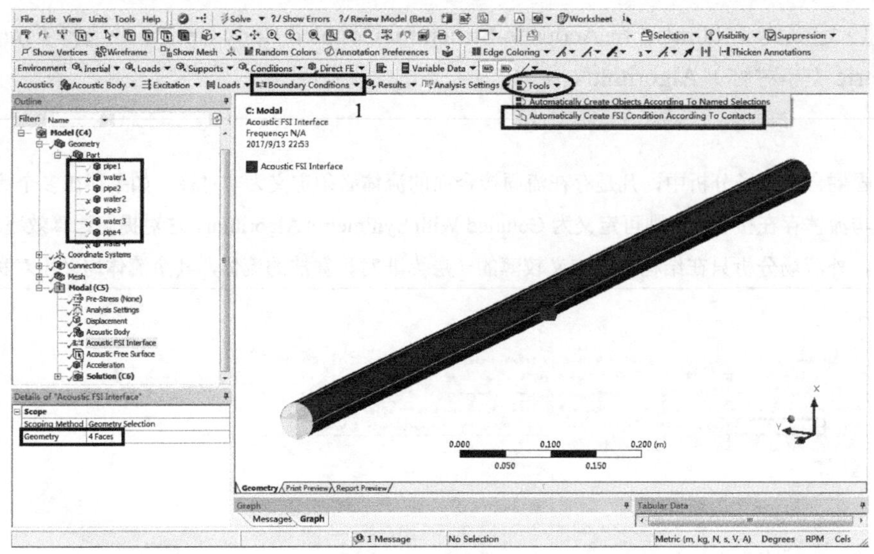

图 2-8-18　设置 FSI

3）对于晃动分析，必须存在自由液面的边界条件。该边界条件可认为流体模型无任何约束，处于开放状态。自由液面的边界条件设置如图 2-8-19 所示。单击图中 1 区框选图标，在下拉菜单中选取 Free Surface（自由液面），只选取 4 个水体模型的一端端面，将其定义为自由液面。

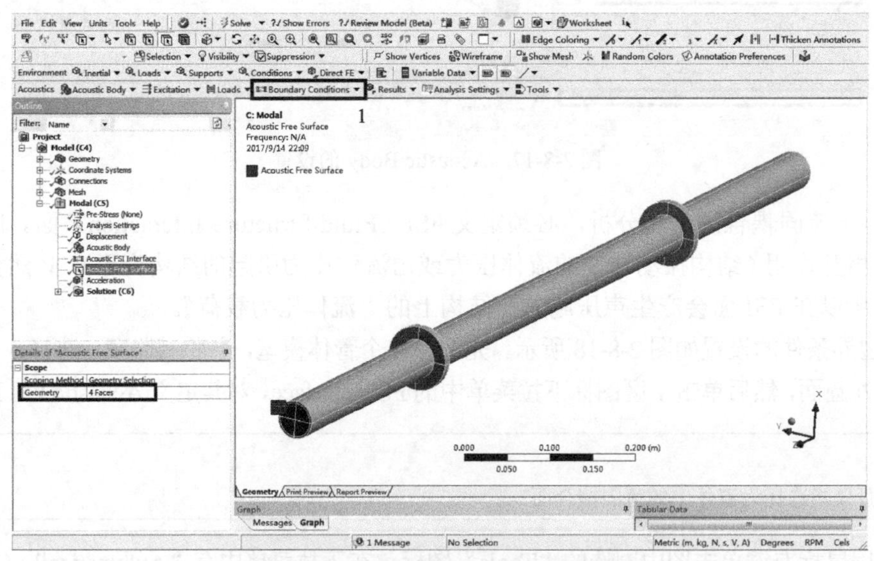

图 2-8-19　自由液面边界条件的设置

注意

自由液面一定非 FSI 面，以本例为例，一端为自由液面；若另一端不定义任何边界条件（即为刚性壁面），则可认为该模型是一端封闭、一端开口的水管。如果两端均为自由液面，则无论重力在哪个方向，水都会溢出，因此不符合计算条件。

4）对于晃动分析，需要设置加速度。此处与结构模态分析不同，结构模态分析不能加载加速度（或重力加速度），如果需要加载，只能通过预应力模态分析方法来完成。但是针对流固耦合模态的晃动分析，软件是通过加速度将流体压力作用在结构模型上的，因此必须加载加速度。加速度边界条件设置如图 2-8-20 所示，单击图中 1 区框选图标，在下拉菜单中选取 Acceleration（Modal），定义 Z Component 为 $9.8m/s^2$。

> **注意**
>
> 加速度指向水管的轴向，其方向与结构中的加速度概念一致，与实际方向相反。

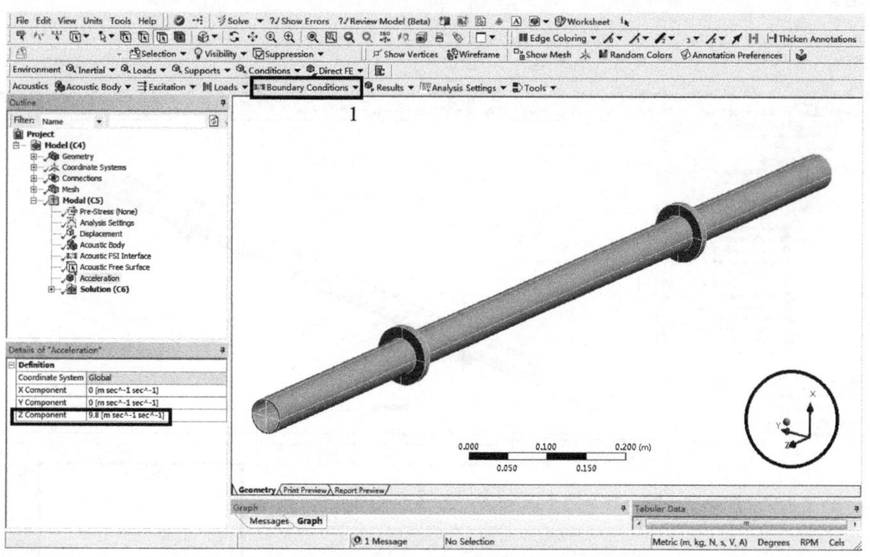

图 2-8-20　辐射边界条件的设置

5）以上定义的边界条件均为流体相应设置所需要的边界条件，由于这为流固耦合模态分析，因此还需对结构模型定义边界条件。如图 2-8-21 所示，选择两个法兰盘外圆柱的 8 个面，对其定义 Displacement（位移）约束，其 XYZ Component 全部定义为 0。

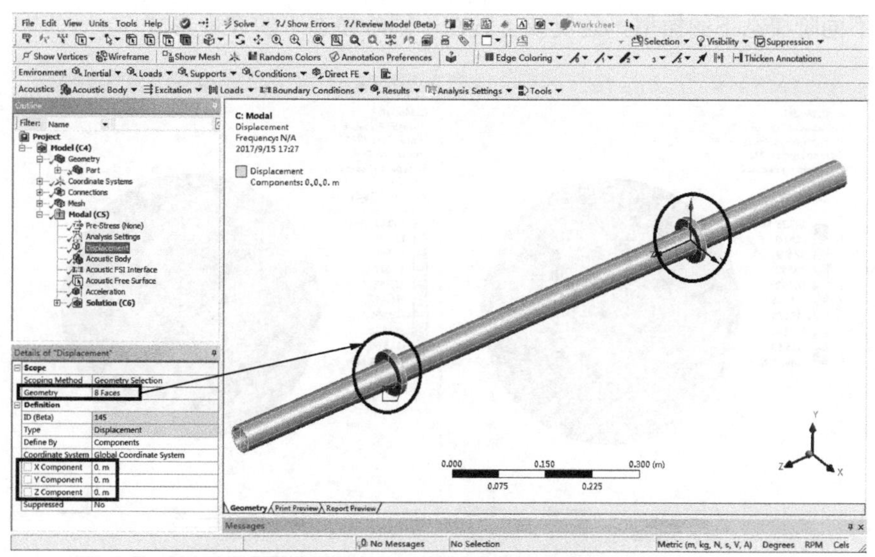

图 2-8-21　位移边界条件的设置

注意

在流固耦合模态分析中，结构件的约束不能使用 Fixed Support。因为在耦合模态下，不仅存在结构件的位移自由度，还存在声场的声压自由度，如果定义为 Fixed Support，则声压也会被定义为 0。

（7）模态分析之后处理

计算完成后，如图 2-8-22 所示，可得模型湿模态的固有频率为 4.78 Hz、4.78 Hz（对称性）、6.16 Hz、6.16 Hz（对称性）、6.90 Hz、7.22Hz，该计算结果可以与稍后的干模态计算结果进行对比。

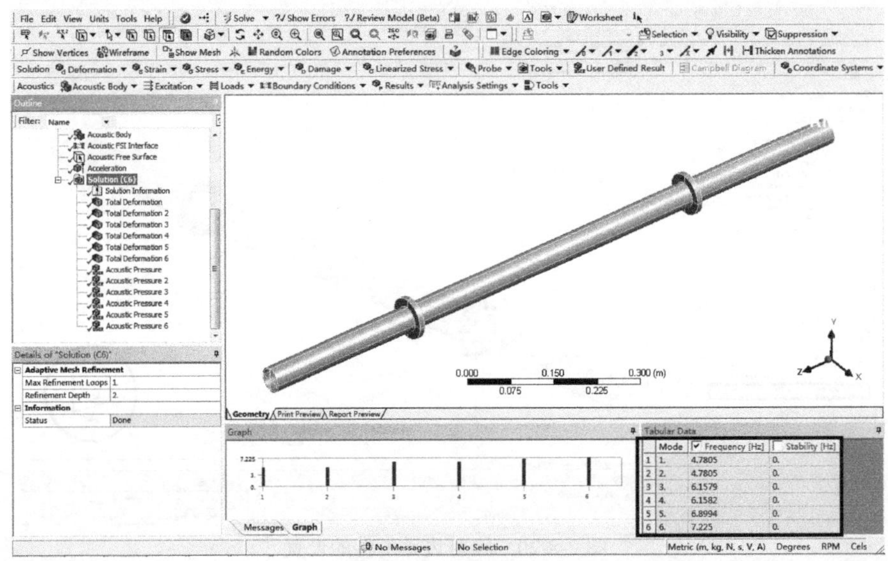

图 2-8-22　后处理

分别读取各阶湿模态的声压，在隐藏管模型后，取水体模型的最外端云图，如图 2-8-23 所示。可以观察到声压为 0 的节线分别为 45° 斜线、十字线、圆环、六角星，该节线不仅表示模型在不同阶模态下的振型，还反映了波在不同阶模态下的表现形式。

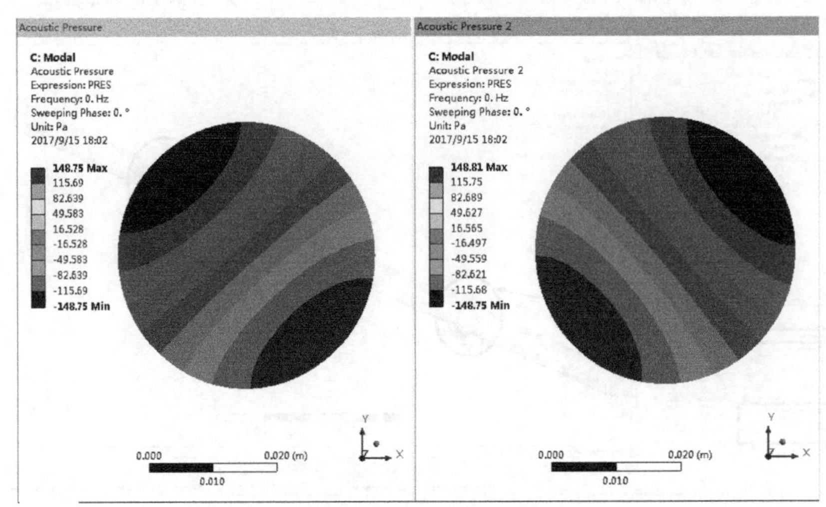

图 2-8-23　后处理

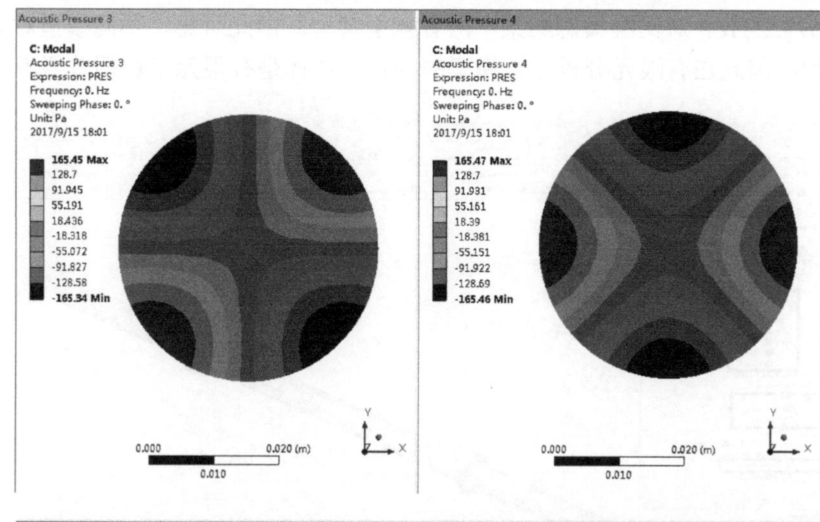

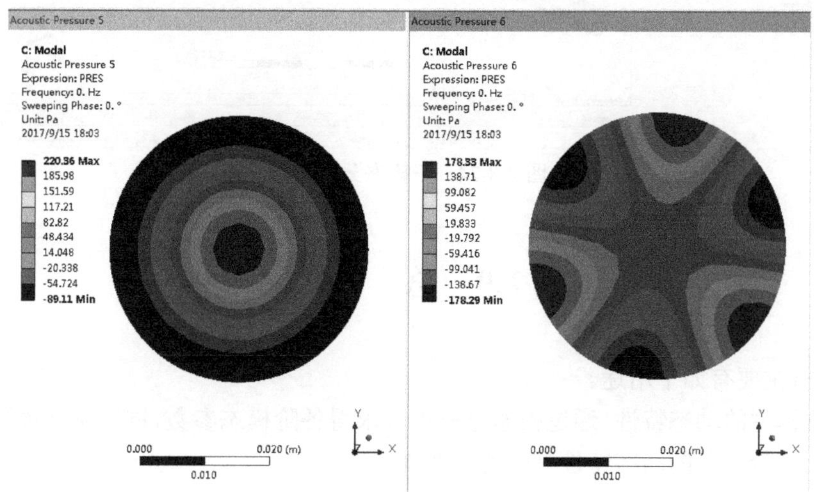

图 2-8-23　后处理（续）

（8）干模态分析之前处理和边界条件设置

在 B4 处双击鼠标左键，进入干模态的 Mechanical 界面，如图 2-8-24 所示。先选中 4 个水体模型，单击鼠标右键，在出现的菜单中选择 Suppress Body（抑制模型）。

> **注意**
>
> 在 Workbench 中应尽量多采用抑制操作，少采用删除操作，因为抑制操作可以恢复，便于恢复，而恢复删除操作往往需要读取前次的存盘文件。

Mesh 的设置与湿模态中的一致，区别仅在于，湿模态分析中包含了水体模型，而在干模态分析中水体模型则被抑制，因此不需要对水体模型设置网格划分。

同理，由于不存在水体模型，所以边界条件仅对两个法兰盘外圆柱的 8 个面定义位移约束，各向位移均为 0。

（9）干模态分析之后处理

计算后，得到前 6 阶的固有频率分别为 429.87 Hz、429.87 Hz、435.12 Hz、435.12 Hz、

673.25 Hz、673.25Hz。对比湿模态结果，两者差别甚大。由此可见，不同模型对计算结果的影响非常巨大，因此在有限元分析时，模型的创建、选择是有限元工程师首要考虑的问题。

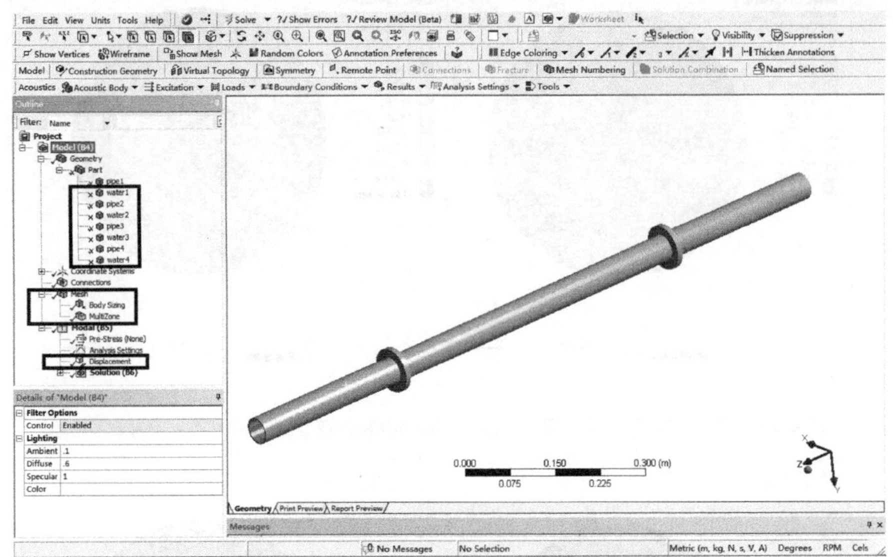

图 2-8-24　干模态分析设置

2.9　总　　结

模态分析主要有如下用途。

- 评价模型的动态特性。通过模态分析可以求得各阶模态参数，同时结合模型所受载荷，进而评价模型的动态特性是否符合要求。
- 故障诊断和预报。例如根据模态频率的变化可以判断出裂纹可能萌生的位置，根据振型的分析可以确定断裂位置，根据转子系统分析可以预报转子系统的临界转速等。
- 控制结构的辐射噪声。结构噪声是由激励产生，通过结构振动传递，再向外辐射的。这类噪声往往与模态相匹配。例如车顶棚奇数阶模态对车内噪声贡献就比较大，而偶数阶贡献很少。为了减少结构辐射噪声，需要抑制或调整奇数阶模态。
- 了解振动发生的根本原因。根据模态分析得到的结果，确定是源的问题，还是结构特性的问题，从而确定是修改源还是修改结构特性（加减质量、弹簧-阻尼、动力吸振器等）以改善问题发生的根源。
- 识别出设计中的薄弱环节。若设计中出现薄弱部分，则其刚度必然降低，因此，模型中的薄弱部分不仅影响模态参数，还会出现明显的局部模态。
- 获得合理的安装位置。结构必然要考虑合理的安装位置，特别对于振动系统的悬挂点的设置。通过合理选取模态阶数，综合考虑相关阶的模态节点，确定最终的安装位置。

下面以变速箱箱体模型为例，说明模态分析后处理常用技巧，并指出其工程应用意义。模型如图 2-9-1 所示，该箱体由上下两个实体组成，实体之间没有接触，用 12 个 Circular Beam 代替螺栓用于联结。Circular 中的主要参数为：Radius（半径）设置为 8mm，Scope 设置为

Body-Body，其余均默认。

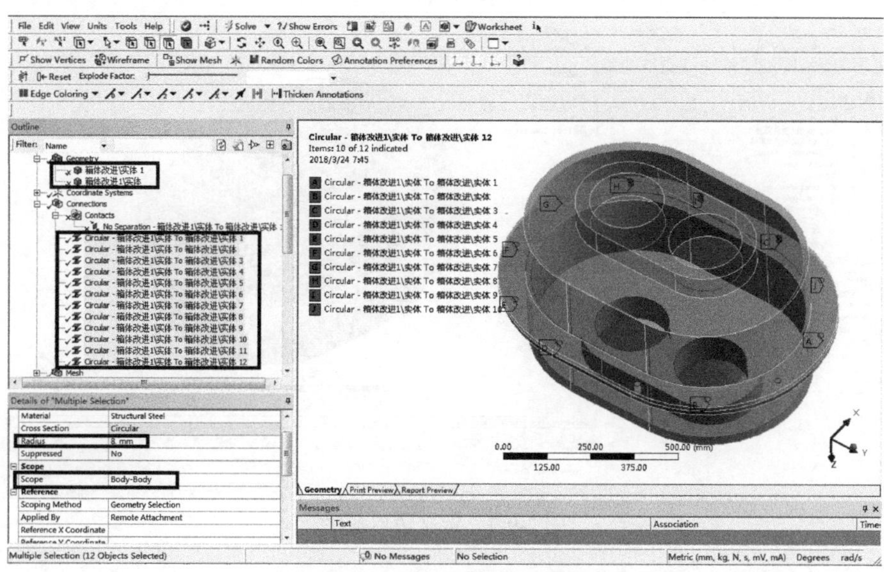

图 2-9-1　变速箱箱体模型

网格划分采用默认设置。由于模型较复杂，所以软件自动采用四面体网格划分。单元类型为 Solid187，即二次四面体单元，如图 2-9-2 所示。

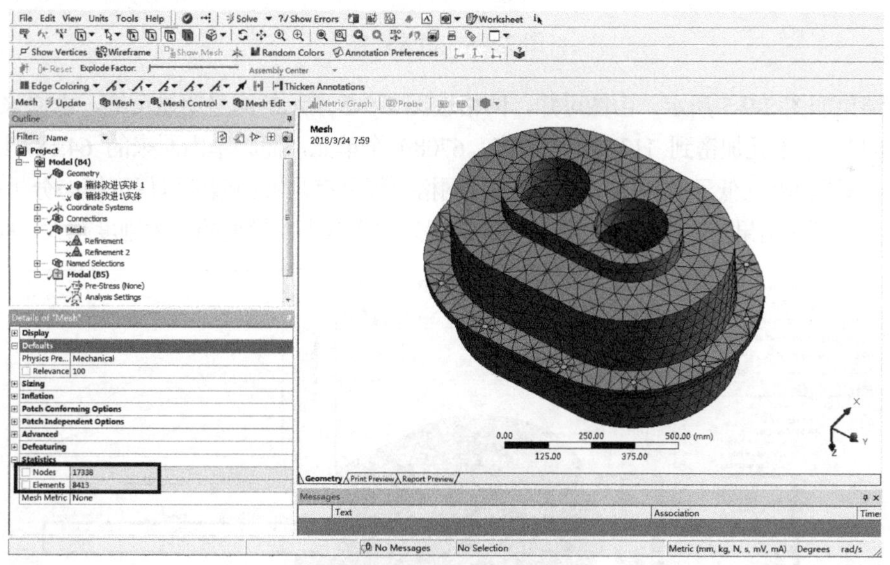

图 2-9-2　划分网格

边界条件：仅在上实体外面加载 Fixed Support，如图 2-9-3 所示。在 Analysis Settings 处将 Output Controls 下的所有选项输出均设为 Yes。

由于网格较粗糙，可能无法得到较精确的计算结果，因此对 Solution 处的 Adaptive Mesh Refinement 进行设置，将 Max Refinement Loops 定义为 4，Refinement Depth 定义为 3[参照《ANSYS Workbench 有限元分析实例详解（静力学）》]，并在任意一阶变形选项中插入 Convergence 项，如图 2-9-4 所示。

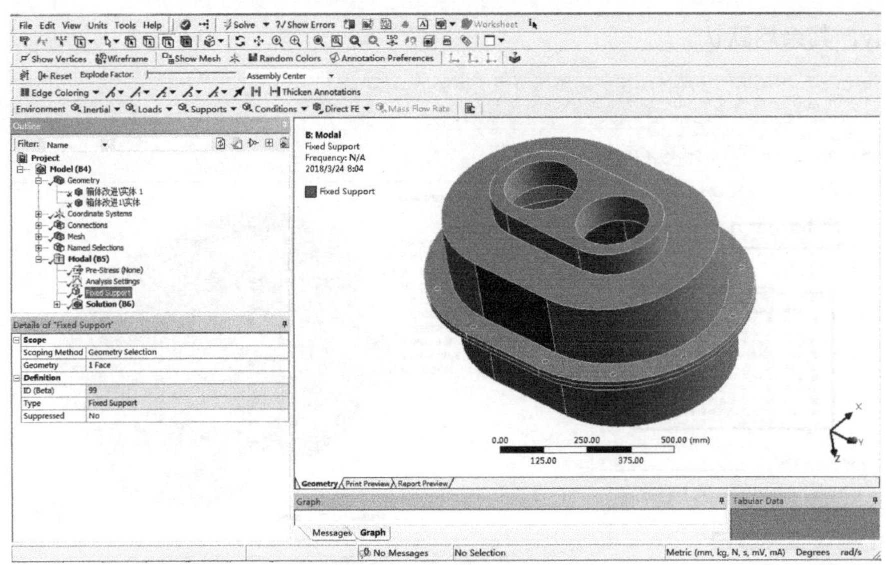

图 2-9-3 定义边界条件

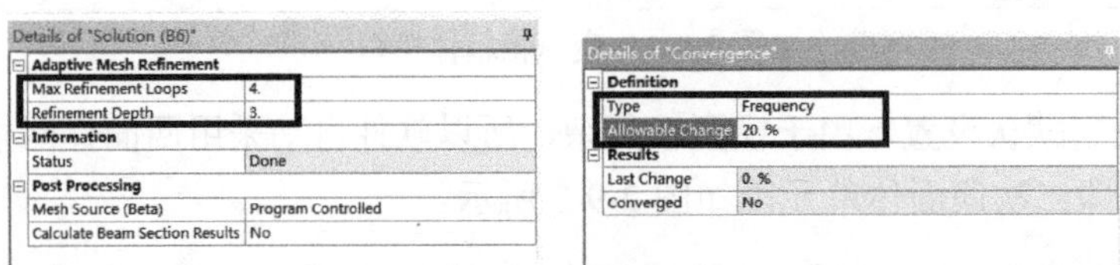

图 2-9-4 相关设置

计算结果如图 2-9-5 所示。由图可知，网格较图 2-9-2 所示的网格明显精细，由原来的 17362 个节点、8449 个单元加密到 113741 个节点，67089 个单元，而频率由原来的 64.187Hz 减少为 60.395Hz，减幅 6%（低于 20%）。这说明当前网格已经具有足够的精度以保证模态分析的计算结果。但是为何频率结果随网格加密而降低？这是因为网格越少，模型的整体刚度越大，频率越高。

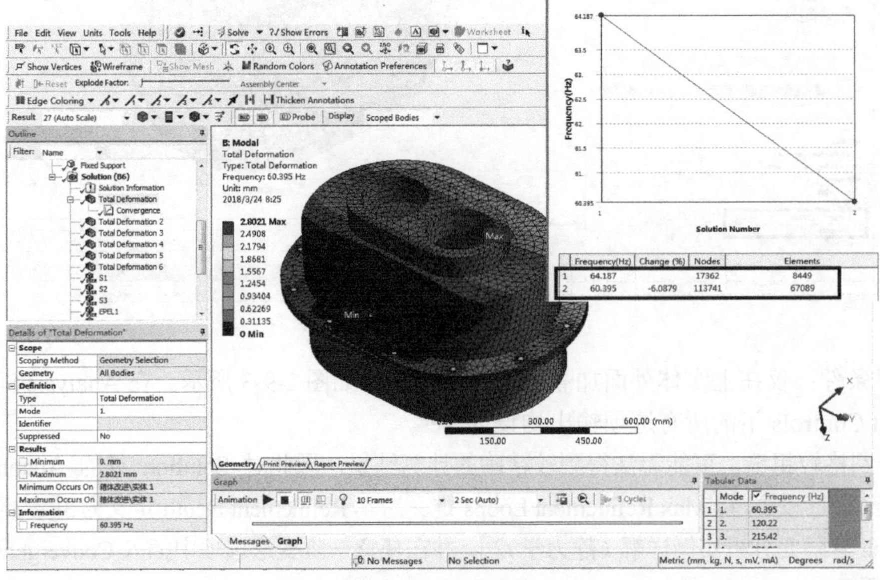

图 2-9-5 计算结果

利用模态分析得到的结果如何评价振动发生的根源和模型动刚度的薄弱区间？当然仅靠频率和振型结果还不够，还需要利用应变能密度显示模型中吸收能量最集中的位置，了解能量的分布趋势，进而对应变能集中的位置进行结构上的改进，以提高模型的局部动刚度。模态分析所得的应变能密度为弹性应变能密度，其公式为：

$v_{\varepsilon}=\dfrac{U_{\varepsilon}}{V}=\dfrac{1}{2}\sigma\varepsilon$，式中 v_{ε} 为应变能密度，U_{ε} 为弹性应变能，V 为模型体积，σ 为单向应力，ε 为单向应变。

对于三向应力状态的三维模型，其公式为：

$$v_{\varepsilon}=\frac{1}{2}(\sigma_1\varepsilon_1+\sigma_2\varepsilon_2+\sigma_3\varepsilon_3)$$

因此后处理输出如图 2-9-6 所示，依次单击相应图标，即可分别提取 S1、S2、S3 和 EPEL1、EPEL2、EPEL3 的后处理结果。

> **注意**
>
> 在详细菜单中，必须将 Integration Point Results 下面的 Display Option 修改为 Elemental Mean［因为应变能密度是单元结果，不是节点结果，参见《ANSYS Workbench 有限元分析实例详解（静力学）》］。

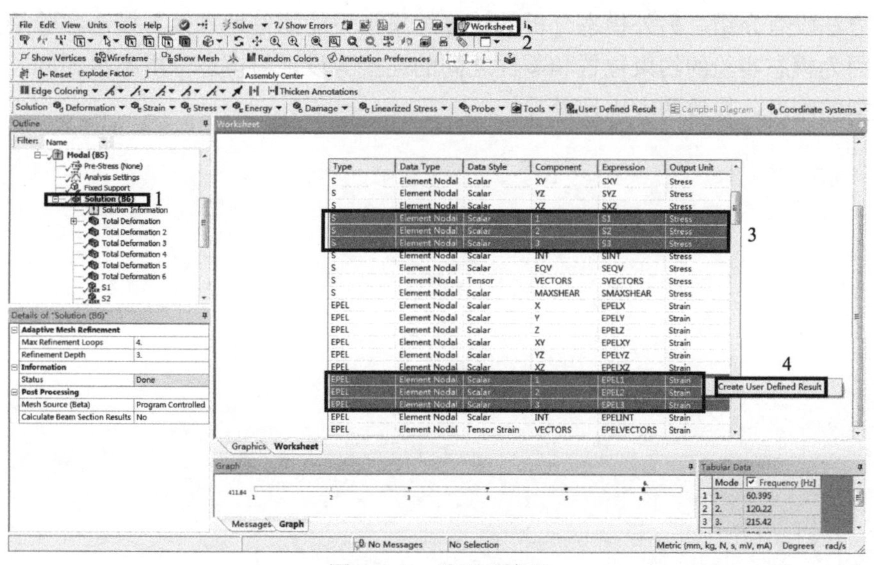

图 2-9-6　后处理输出

如图 2-9-7 所示，在后处理中插入 6 个 User Defined Result，其中 Expression 定义为 0.5*（S1*Epel1+ S2*Epel2+ S3*Epel3），这表示应变能密度计算公式；Mode 处分别定义 1～6，这表示第 1～6 阶结果；Display Option 选择为 Elemental Mean。图中选取了第 1、第 2、第 3、第 5 阶的应变能密度，由此可知，图中圈选区域即为应变能较集中的区域，主要体现在螺栓安装孔位、上实体约束面的棱线处和实体上下端台阶的拐角处。为保证模型的动刚度，需要对螺栓安装孔位增加台阶，对约束面的棱线处增加筋板，对实体上下端台阶的拐角处增加大倒角。

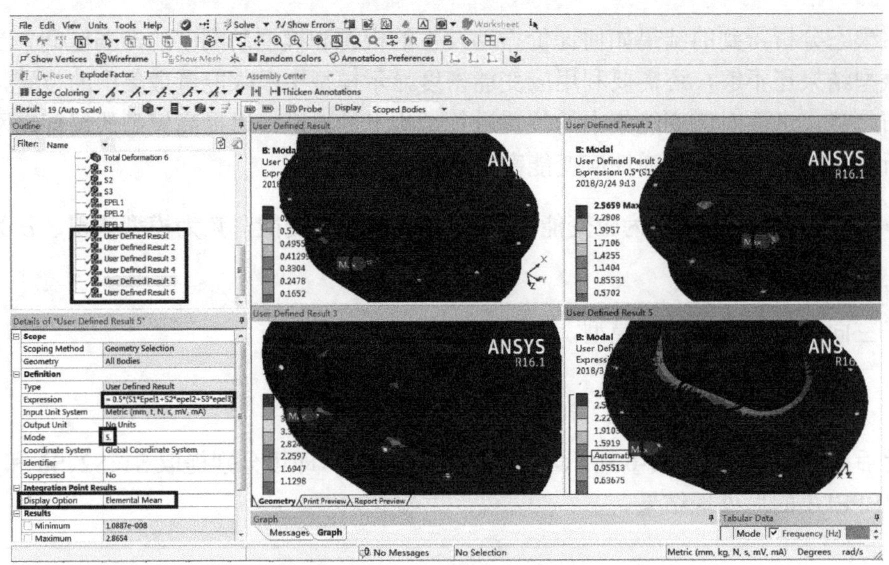

图 2-9-7　应变能密度输出

模态分析的作用正如有限元分析中的静力学一样，作为动力学的基础，是最为重要的分析模块之一，绝不是常人所说的最简单的分析。基于篇幅和现有硬件技术的考虑，尚有一些模态分析方法没有介绍。另外模态分析的计算结果也不能简单地直接与模态实验结果进行对比，这是因为模态实验的约束位置和零件之间的连接等设定与模态分析不尽相同，这必然影响测试模型的刚度，导致两者出现差异。

第3章 谐 响 应

模态分析研究结构的动力学基本特性，与结构所受载荷没有直接关系。例如可以知道模型的固有频率，但并不知道外界激励频率与固有频率达到共振时，模型振幅的具体数值。谐响应（Harmonic Response）分析研究结构在不同持续频率的周期荷载作用下的动力响应，计算结果与载荷直接相关，所受的荷载为周期性简谐荷载，表现为正弦或余弦形式。

3.1 谐响应分析之计算原理

以一个单自由度弹簧阻尼系统为例来描述谐响应分析的计算原理，如图 3-1-1 所示。其中物体的质量为 m，坐标原点分别取其质心位置，以上方向为正，垂直位移为 x，弹簧的刚度系数为 k，阻尼为 c，不计弹簧自重。

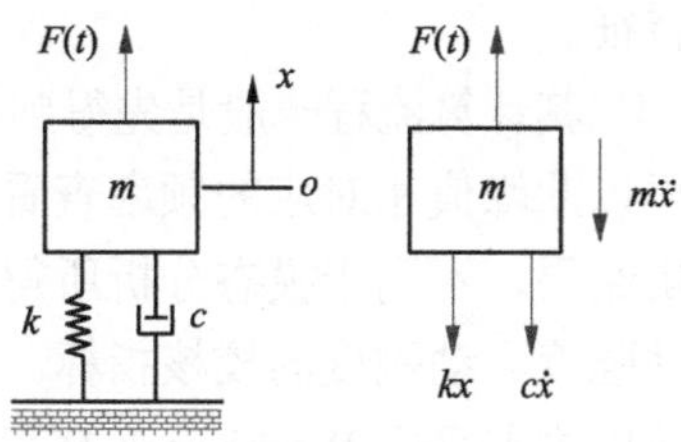

图 3-1-1 单自由度弹簧阻尼系统

其基本动力学方程为：$\begin{cases} m\ddot{x}+c\dot{x}+kx=F_0\sin\omega t \\ x(0)=0，\dot{x}(0)=\dot{x} \end{cases}$

求解可得：

$$x(t)=\mathrm{e}^{-\zeta\omega_0 t}\left(x_0\cos\omega_{\mathrm{d}}t+\frac{\dot{x}_0+\zeta\omega_0 x_0}{\omega_d}\sin\omega_{\mathrm{d}}t\right)+\frac{F_0}{k}\beta\mathrm{e}^{-\zeta\omega_0 t}[\sin\theta\cos\omega_{\mathrm{d}}t+\frac{\omega_0}{\omega_d}(\zeta\sin\theta-$$

$$s\cos\theta)\sin\omega_{\mathrm{d}}t]+\frac{F_0}{k}\beta\sin(\omega t-\theta)$$

其中，$\omega_0=\sqrt{\dfrac{k}{m}}$ 为无阻尼的固有频率；$s=\dfrac{\omega}{\omega_0}$；$\zeta=\dfrac{c}{2\sqrt{km}}$ 为阻尼比；$\omega_{\mathrm{d}}=\omega_0\sqrt{1-\zeta^2}$ 为带阻尼的固有频率；$\beta=\dfrac{1}{\sqrt{(1-s^2)^2+(2\zeta s)^2}}$ 为振幅放大因子；$\theta=\arctan\dfrac{2\zeta s}{1-s^2}$ 为相位差。

式中第一部分为初始响应条件，第二部分为自由伴随振动，第三部分为受迫振动响应。位移随时间的曲线如图 3-1-2 所示。由曲线可知，随着时间的推移，前两项振动逐渐消失，最后形成稳定的正弦曲线形式的受迫振动。谐响应正是研究时间与位移关系中后面段的稳定受迫振动，即 $x(t)=\dfrac{F_0}{k}\beta\sin(\omega t-\theta)$。

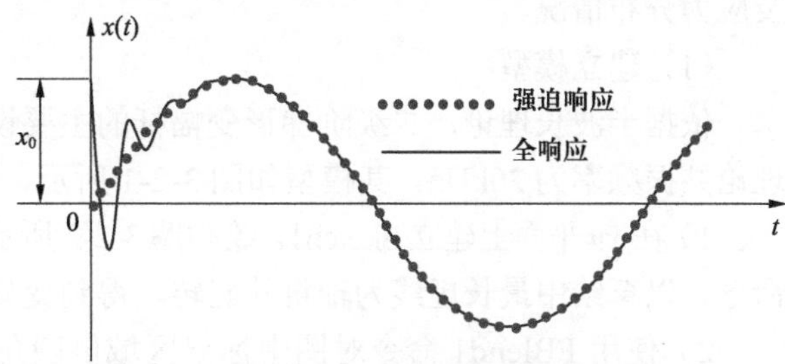

图 3-1-2 时间-位移曲线

由谐响应计算参数可知：

- 当$s=\frac{\omega}{\omega_0}\ll 1$（即激励频率远小于固有频率）时，振动响应的幅值与静力学分析的位移相当，阻尼效果不明显，可忽略阻尼。此时相位差约等于 0，这表示位移与激励力的相位几乎同相。
- 当$s=\frac{\omega}{\omega_0}\gg 1$（激励频率远大于固有频率）时，振动响应的幅值很小，阻尼效果不明显，可忽略阻尼。此时相位差约等于π，这表示位移与激励力的相位几乎反相。
- 当$s=\frac{\omega}{\omega_0}\approx 1$（激励频率约等于固有频率）时，产生共振，振动响应的幅值接近无穷大，由于阻尼对共振效果的影响极为明显，因此增大阻尼会导致振幅明显下降。此时相位差约等于$\frac{\pi}{2}$，相位差与阻尼无关。

在 Workbench 中进行谐响应分析时，由于不考虑时间-位移曲线前端的瞬态相应，所以它只用于加载随时间按正弦变化的稳定持续载荷，且所有载荷具有相同的频率，并忽略非线性特征。

其计算流程一般是先得到模型随频率变形的位移变形，从该曲线中找到幅值的峰值响应，再以此峰值相对应的频率查看相应的应力情况。由于谐响应分析所得的位移、应力结果为真实结果，不同于模态分析所得的位移、应力结果为相对值，因此可以以谐响应计算结果作为动强度、动刚度的校核指标。由于在 Workbench 15 之前的版本中，谐响应分析的功能较弱，所以本书采用 Workbench 16 版本进行介绍。

3.2 预应力谐响应分析

谐响应分析的求解有两种方法：完全法、模态叠加法。前者类似于用静力学方程求解方程组，后者则对模态振型进行线性叠加，因此前者的计算速度一般慢于后者，但前者可以加载更多类型的边界条件（给定位移）和分析类型（完全阻尼）。同时由于预应力会改变模型的固有动力学性能，因此常常出现预应力的谐响应分析。

谐响应分析的主要输出结果为幅值和相位，下面以变幅杆为例进行说明。

变幅杆用于超声振动系统中，其目的是将换能器产生的振幅放大，在机械加工、焊接、清洗等诸多超声加工领域广泛应用。对变幅杆进行谐响应分析，可以得到变幅杆的放大系数及应力分布情况。

（1）建立模型

依据半波长理论，二级阶梯形变幅杆的主要设计参数为：材料为 45#、声速为 5170m/s、理论共振频率为 20kHz。其模型如图 3-2-1 所示，建模过程如下：

1）在 *xy* 平面上建立 Sketch1。绘制图 3-2-2 所示的草绘。然后用 Revolve1 中的 Add Material 命令，以草绘中最长虚线为轴将其旋转，得到变幅杆模型。

2）使用 FBlend1 命令对图中标记区域倒圆角，选择 Create-Fixed Radius Blend 命令，Radius 处定义圆角半径为 5mm；Geometry（图形）选择图中圈选的边线。

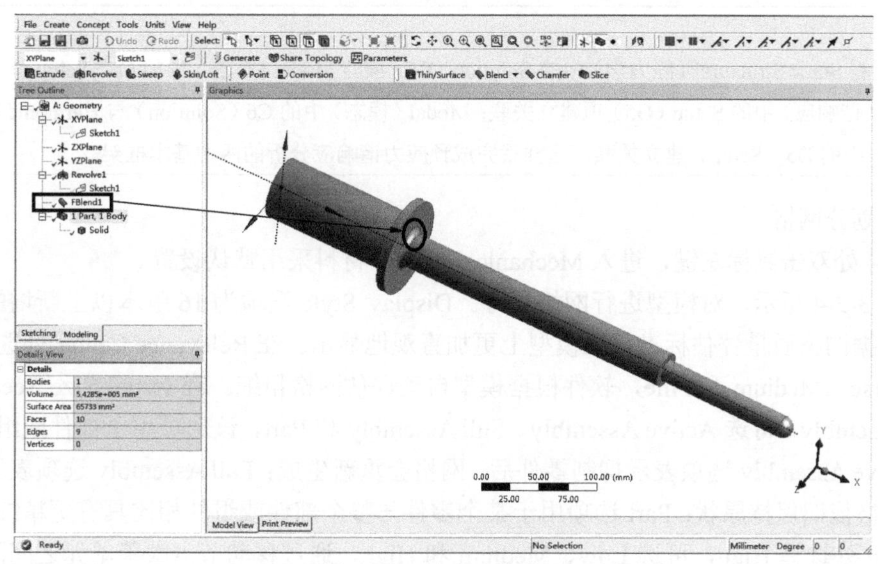

图 3-2-1　建立三维模型

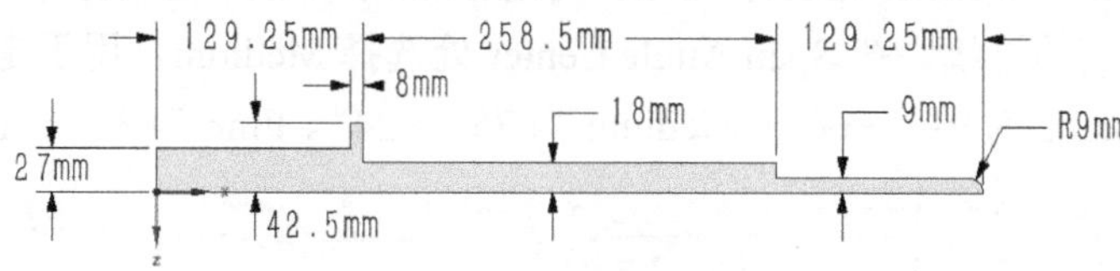

图 3-2-2　草绘图形

（2）建立分析流程

如图 3-2-3 所示，建立分析流程。其中包括 A 框架结构的 DM 模块、B 框架结构的静力学分析、C 框架预应力的模态分析、D 框架结构模态叠加的谐响应分析、G 框架结构预应力的完全谐响应分析。

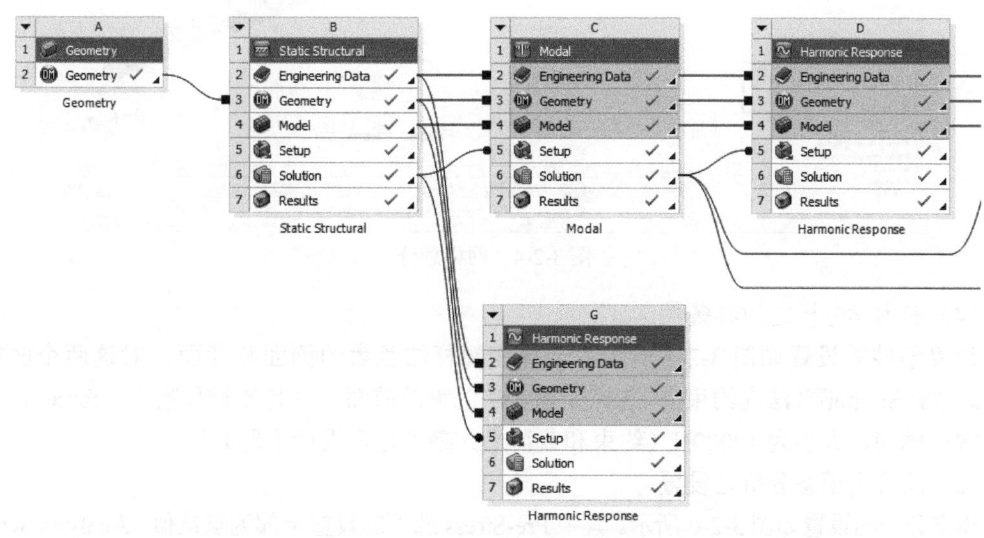

图 3-2-3　预应力谐响应分析流程

注意

需要将 Static Structural（静力学）中的 Solution（B6）项与 Modal（模态）中的 C5（Setup）、Harmonic Response（谐响应）中的 Setup（G5）项建立关联；Modal（模态）中的 C6（Solution）与 Harmonic Response（谐响应）中的 D5（Setup）建立关联。这样就完成预应力谐响应分析的两种基本框架。

（3）划分网格

在 B4 处双击鼠标左键，进入 Mechanical 界面，材料采用默认设置。

如图 3-2-4 所示，对模型进行网格划分。Display Style 选项为 16 版本以上新增的菜单，它可以根据网格质量评估标准，在模型上更加直观地显示。在 Relevance Center 处选择 Fine，可选 Coarse、Medium 和 Fine，软件根据模型自动评估网格粗细。在 Initial Size Seed 处选择 Active Assembly，可选 Active Assembly、Full Assembly 和 Part，该选项用于部件或组件分析，其中 Active Assembly 选项表示抑制零件后，网格会重新生成；Full Assembly 选项表示抑制零件后，网格依旧保持原状；Part 选项用于某个零件与整个部件或组件相比具有更精细的网格。在 Smooth 处选择 High，可选 Low、Medium 和 High，通过移动节点改善单元之间的光滑性以提高网格质量。在 Transition 处选择 Slow，可选 Slow 和 Fast，这决定单元之间是较平滑地过渡还是有某些突变的过渡。在 Span Angle Center 处选择 Medium，用于定义曲面/线的网格细分角度，其中 Coarse 为 91°～60°、Medium 为 75°～24°、Fine 为 36°～12°。其余均默认。

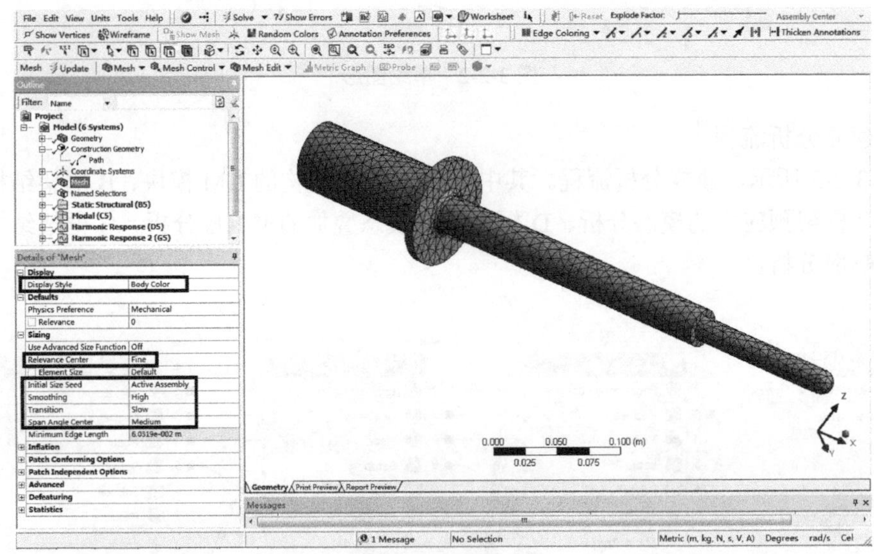

图 3-2-4 网格划分

（4）静力学分析之边界条件

边界条件的设置如图 3-2-5 所示。选择变幅杆法兰盘的侧面和背面，对这两个面定义 Frictionless Support（法向约束）；选择变幅杆法兰盘的前面，对其加载预紧力（force），方向沿变幅杆轴向，大小为 10000N（约束和载荷形式参考超声设计手册）。

（5）预应力模态分析之设置

模态分析的设置如图 3-2-6 所示。其中 Pre-Stress 选项的设置全部为默认值。Analysis Settings 下的 Max Modes to Find 定义为 12（该数值为多次试算而得），由于重点关注 20kHz 下的变幅杆谐振情况，因此定义 Limit Search to Range 为 Yes，Range Minimum 定义为 15000Hz、Range Maximun 为 25000Hz。

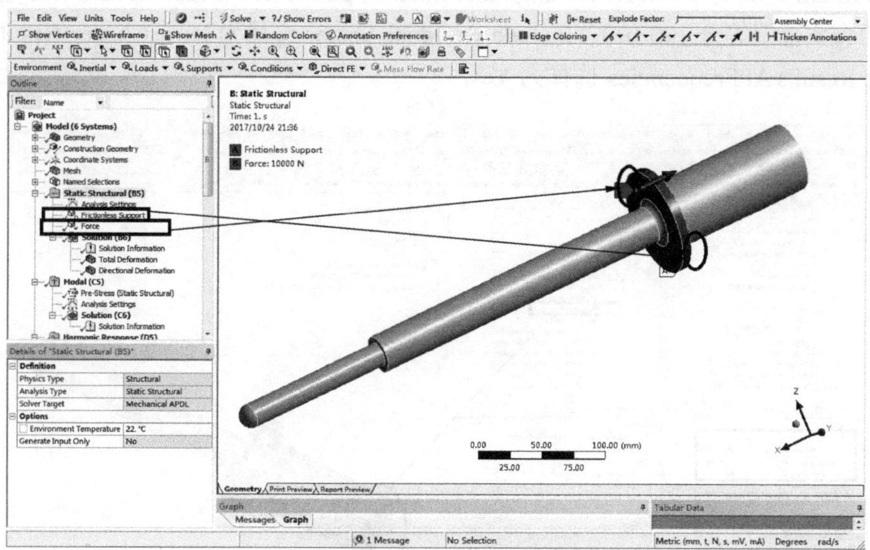

图 3-2-5 静力学边界条件

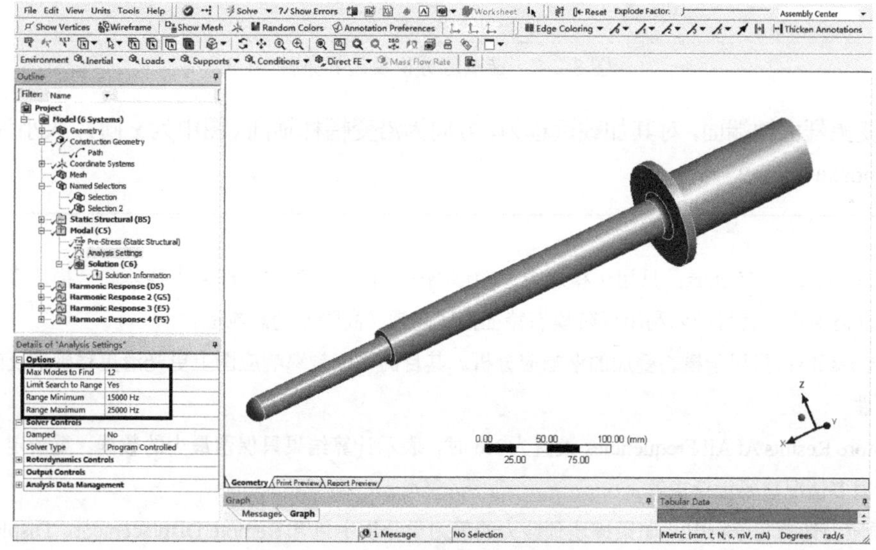

图 3-2-6 模态分析设置

由于静力学分析时已定义约束，因此该模态分析不需要再定义约束条件。

注意

对于模态叠加法的谐响应分析，模态频率的选取范围非常重要。程序默认要求：模态分析的频率范围为谐响应分析的频率范围的 1.5 倍，如果没有达到该值，则会提出警告。由于本例只关心 20kHz 附近的振动情况，因此模态分析定义的频率范围较窄。对于不能确定频率的谐响应分析，必须按照 1.5 倍以上的频率范围关系定义模态分析的频率范围。

（6）模态叠加的谐响应分析设置及边界条件

如图 3-2-7 所示，将 Analysis Settings 下的 Frequency Spacing 选项设置为 Linear（线性），Range Minimum 定义为 18000Hz、Range Maximun 为 22000Hz，Solution Intervals 定义为 100（按定义的频率范围等分 100 份），Include Residual Vector 选择为 No，Cluster Results 选择为 No，Store Results At Frequencies 选择为 Yes。

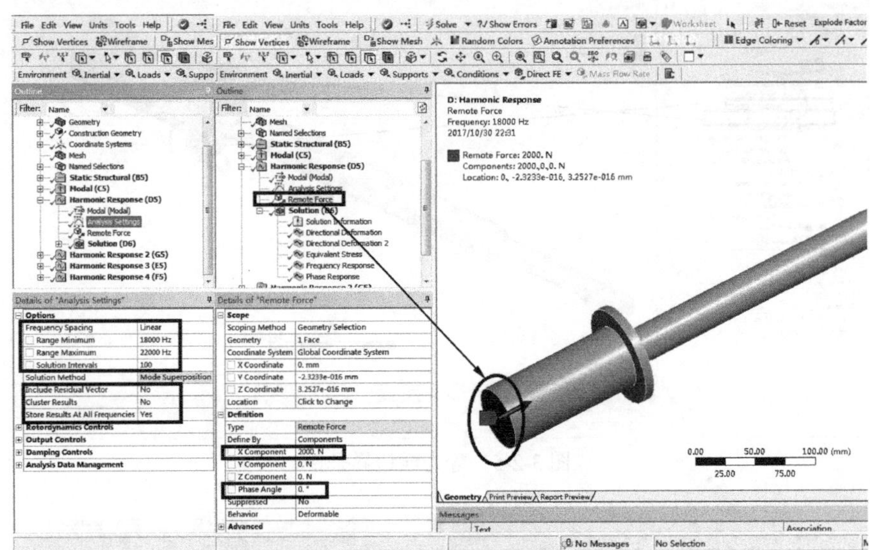

图 3-2-7　谐响应分析及边界条件

选择变幅杆大轴端面，对其加载远程力，方向为沿变幅杆轴向（图中为 x 向），大小为 2000N，相位角（phase angle）为 0。

注意

Include Residual Vectors：只用于模态叠加的谐响应分析。其基本原理采用残差向量描述模型在高频状态下的动态响应，其目的为利用低阶模态特征描述高频（高阶）动态响应。

Clust results：只用于模态叠加的谐响应分析。其目的为在频率响应图上更光滑更精确地反映出固有频率的特性。

当 Store Results At All Frequencies 设置为 No 时，表示计算结果只保留最少的数据。重新定义后处理时，对于很多情况需要重新求解。

在预应力谐响应分析中，如果描述预应力的静力学分析中包含 Remote Displacement、Displacement、Nodal Displacement 和 Bolt Pretension 等约束条件，则在谐响应分析中它们将被等效为 Fixed Support 约束。

Phase Angle 用于定义边界条件的相位转换。由于谐响应分析都是基于同一频率正弦变化的边界条件，如在式 $F' = F\sin(\omega t + \theta)$ 中，F' 为谐响应中实际的工况载荷，F 为谐响应分析中定义边界条件的振幅，ω 为输入频率，θ 为谐响应分析中定义边界条件的相位角（或者用 Real 和 Imaginary 表示，其中实部 $F_{\text{real}} = F\cos\theta$，虚部 $F_{\text{imaginary}} = F\sin\theta$）。在 Workbench 16 的版本中，只有 Acceleration、Bearing Load 和 Remote Displacement 不能定义相位。以 Bearing Load 条件作用在孔圆周为例进行说明，如果存在相位变化，则当相位为 0 时，载荷作用在孔的上周表现为压力状态；当相位为 180°时，载荷作用在孔的下周表现为拉力状态，这显然是不符合实际工况的。

（7）模态叠加的谐响应分析之后处理

谐响应分析后处理的主要目的是依据计算结果的频率响应图，得到幅值峰值频率，再用对应频率查看相位、应力、变形等其他结果。

如图 3-2-8 所示，鼠标右键单击 Solution，在弹出的快捷菜中单依次单击 Insert→Frequency Response→Deformation，在 Geometry 处选择变幅杆的前端球面，Spatial Resolution 处选择 Use Maximum，Orientation 处选择 X Axis（主要方向），定义 Minimum Frequency 和 Maximum Frequency 为 18000Hz 和 22000Hz（主要研究的频率范围）。

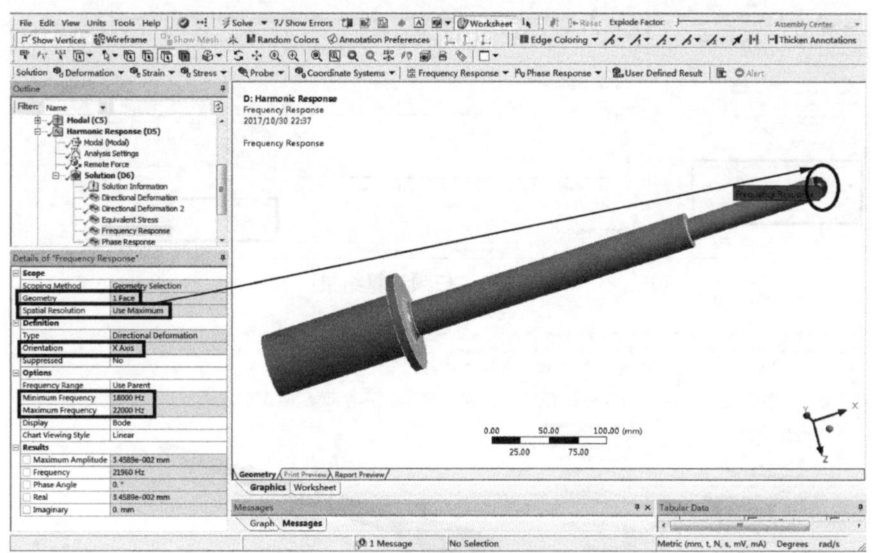

图 3-2-8　谐响应分析后处理

注意

Spatial Resolution 中有 Minimum、Maximum 和 Average 选项。以本模型为例，由于变幅杆前端为球面，所以球面内所有节点的 x 向位移结果一定不同，这样该选项就可以读取球面内所有节点的 x 向位移的最小、最大和平均值。由于常常只关心球面内节点的最大位移，因此一般将其设为最大。特别注意：如果后处理选择对象为壳模型中的点，则尽量不要采用 Average 这个设置。

由于谐响应分析为线性计算，所以计算速度较快。扫频结果如图 3-2-9 所示。结果按 Worksheet 显示，其中右上部为 x 向位移的扫频结果图，右中部为相位的扫频结果图，右下部为以 x 向变形为振幅和相位的扫频叠加图和扫频结果。具体结果在 Results 栏内，从中可知最大的 x 向变形为 0.0346mm，相位为 0°，此时的频率为 21960Hz。

鼠标右键单击刚生成的频率响应后处理，在弹出的快捷菜单中选择 Creat Contour Result，软件即可自动创建基于扫频得到的最大振幅时的频率所对应的整体模型变形图。另外再创建基于 21960Hz 的等效应力后处理，如图 3-2-10 所示。得到的最大变形与基于扫频所求的球面内节点的最大位移一致，最大变形位于变幅杆的中部和顶部球面。注意，等效应力的最小区域与变幅杆最大变形和最小变形的区域近似，这完全符合变幅杆的基本原理；同时等效应力的最大区域位于法兰盘与中轴圆角处，数值约为 242MPa，这也符合变幅杆的基本特征。

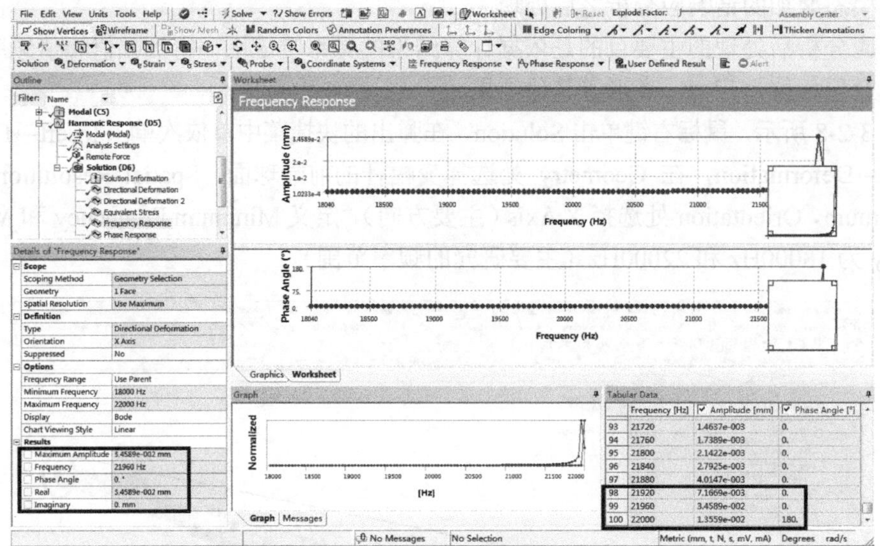

图 3-2-9 扫频计算结果

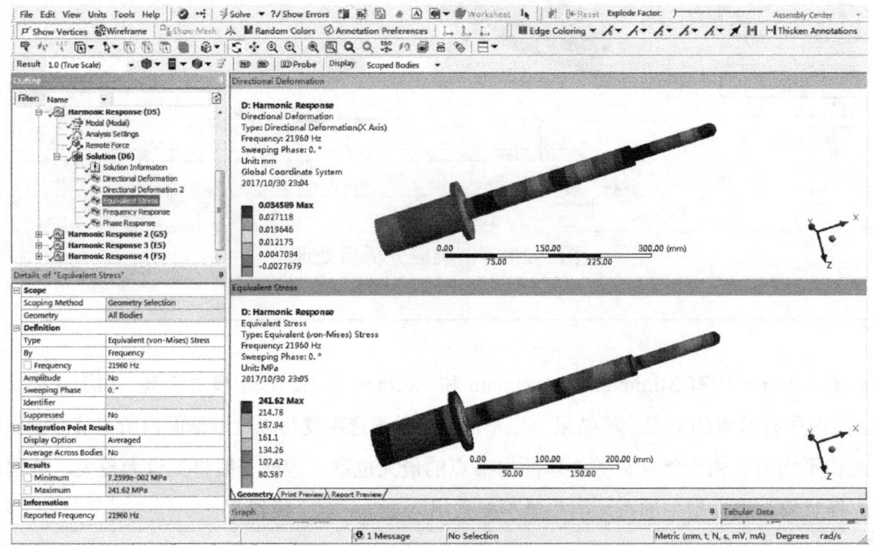

图 3-2-10 21960Hz 时的模型整体变形

但是依据图 3-2-10 所示的结果，并不能得到精确的变幅杆放大系数，因此以变幅杆中轴线定义路径，以路径的变形结果计算放大系数。鼠标右键单击 Model，在弹出的快捷菜单中依次用鼠标左键单击 Insert→Construction Geometry→Insert→Path，如图 3-2-11 所示，在 Path Type 处选择 Two Points（两点定义路径），Start XYZ Coordinate 定义为 0、0、0，End XYZ Coordinate 定义为 517、0、0（变幅杆前端球面顶点）。

如图 3-2-12 所示，在后处理中插入 Directional Deformation。在图中的 1 区选择基于 Path 定义的后处理，在 Orientation 处选择 X Axis，在 Frequency 处选择 21960Hz。在 2 区可见变幅杆末端的位移为 9.72e-3mm，在 3 区可见变幅杆的前端顶点位移为 3.046e-2mm，两者之比 3.133 即为变幅杆的放大系数。

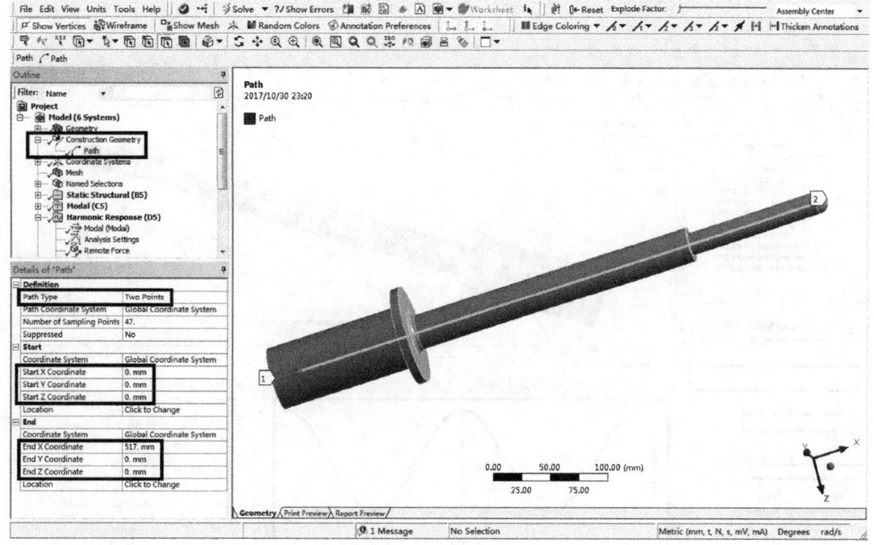

图 3-2-11 路径定义

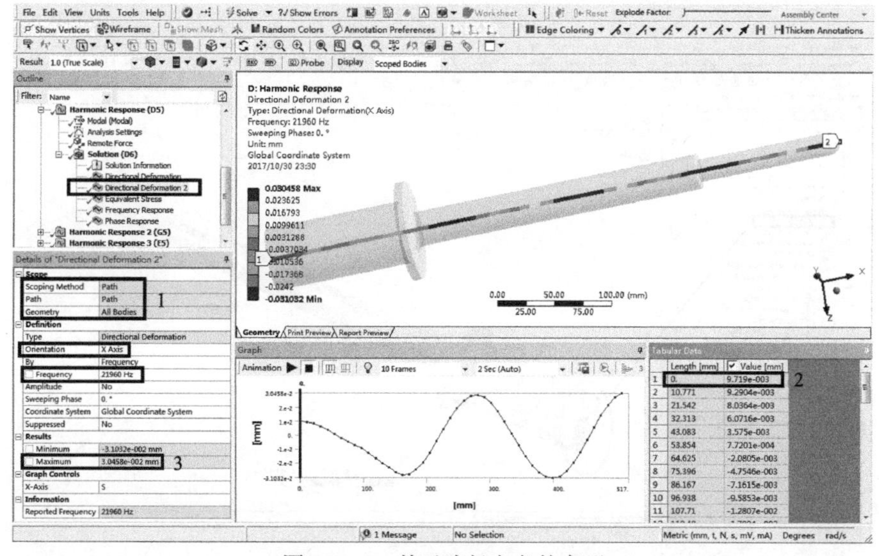

图 3-2-12 基于路径定义的变形

在变幅杆设计参数中，还需要检查输入和输出端的相位差。插入 Phase Response→Deformation 后处理，如图 3-2-13 所示，同样选择变幅杆的前端球面，在 Orientation 处选择 X Axis（主要方向），在 Frequency 处选择 21960Hz，这样可得两者相位差为 0°（在图 3-2-12 中，两曲线重合）。

（8）完全法的预应力谐响应分析设置及边界条件

在 G5 处双击鼠标左键，进入 Mechanical 界面。由于完全法的预应力谐响应分析的主要加载形式为节点载荷（Nodal Force、Nodal Pressure、Nodal Displacement），而节点载荷必须以节点选择集为加载对象，因此必须先定义节点选择集。如图 3-2-14 所示，定义 Named Selection。鼠标右键单击 Model，在弹出的快捷菜单中依次单击 Insert→Named Selections→

Insert→Named Selection，选取变幅杆末端面，对其命名为Selection。

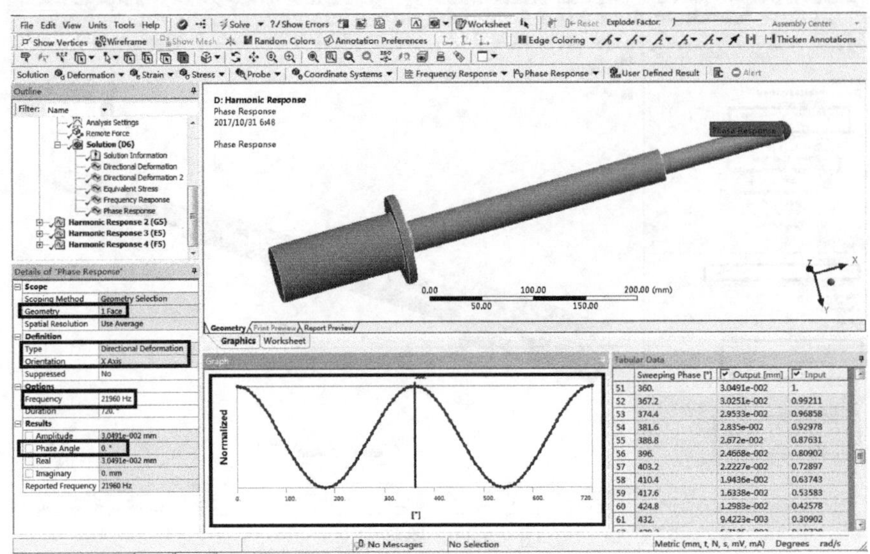

图 3-2-13　相位响应后处理

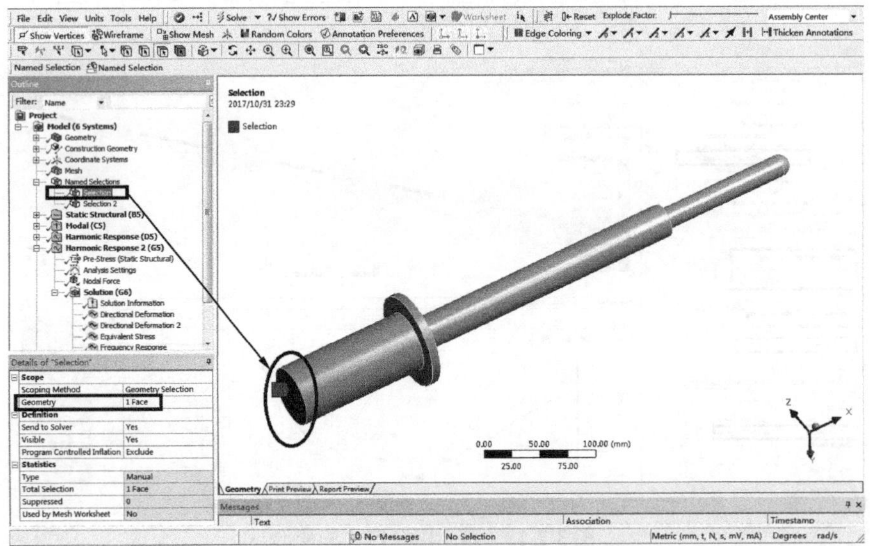

图 3-2-14　定义命名选择集

鼠标右键单击刚定义的选择集“Selection”，如图3-2-15所示，在弹出的快捷菜单中单击Create Nodal Named Selection，即可创建基于后端面的所有节点选择集，对其命名为Selection2。

如图3-2-16所示，对Analysis Settings下的Frequency Spacing选项设置为Linear（线性），Range Minimum定义为18000Hz、Range Maximun为22000Hz，Solution Intervals定义为100（按定义的频率范围等分100份），Solution Method自动定义为Full（与图3-2-7进行对比），Variation Technology处为默认设置。

选择刚定义的选择集“Selection2”，对其加载节点力（nodal force），方向沿变幅杆轴向（图中为x向），大小为2000N，相位角（phase angle）为0°。

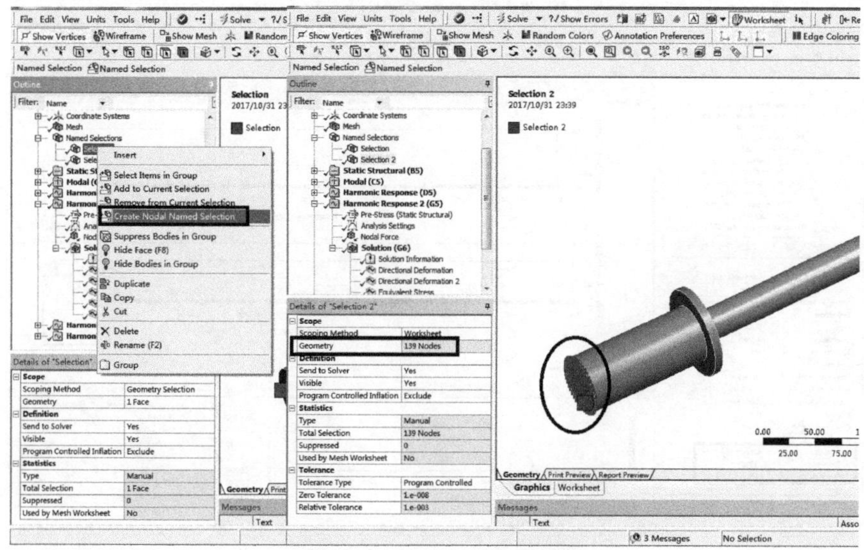

图 3-2-15 定义命名选择集

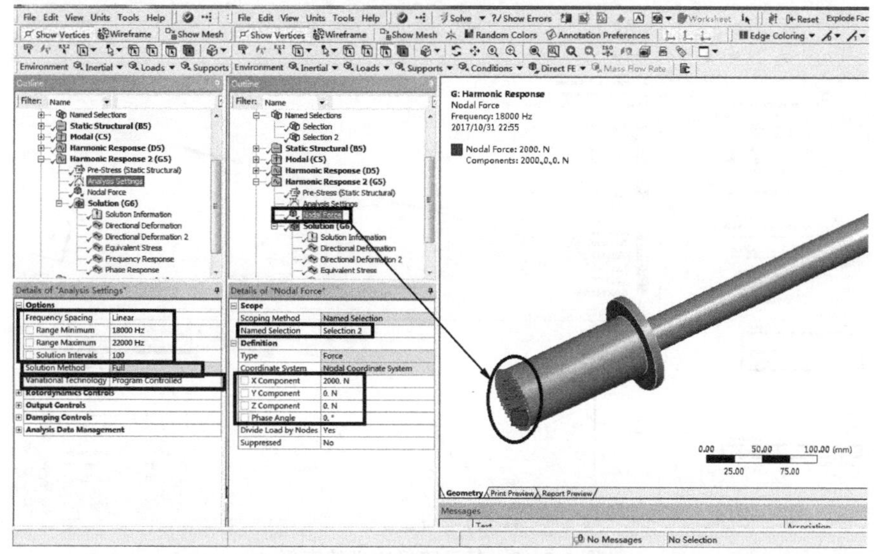

图 3-2-16 谐响应分析及边界条件

（9）完全法谐响应分析之后处理

经过较长时间的计算后，查看 Frequency Response-Deformation 后处理，在 Geometry 处选择变幅杆的前端球面，在 Spatial Resolution 处选择 Use Maximum，在 Orientation 处选择 X Axis，定义 Minimum Frequency 和 Maximum Frequency 为 18000Hz 和 22000Hz。如图 3-2-17 所示，可知最大的 x 向变形为 0.035mm，相位为 0°，此时的频率为 21960Hz，这与模态叠加法的谐响应计算结果几乎一致。

同理插入基于路径的 Directional Deformation 后处理，如图 3-2-18 所示。在 Orientation 处选择 X Axis，在 Frequency 处选择 21960Hz，变幅杆末端的位移为 9.69e-3mm。在图中 3 区可见变幅杆前端顶点的位移为 3.007e-2mm，两者之比为 3.103，这与模态叠加法计算的结果几乎一致。

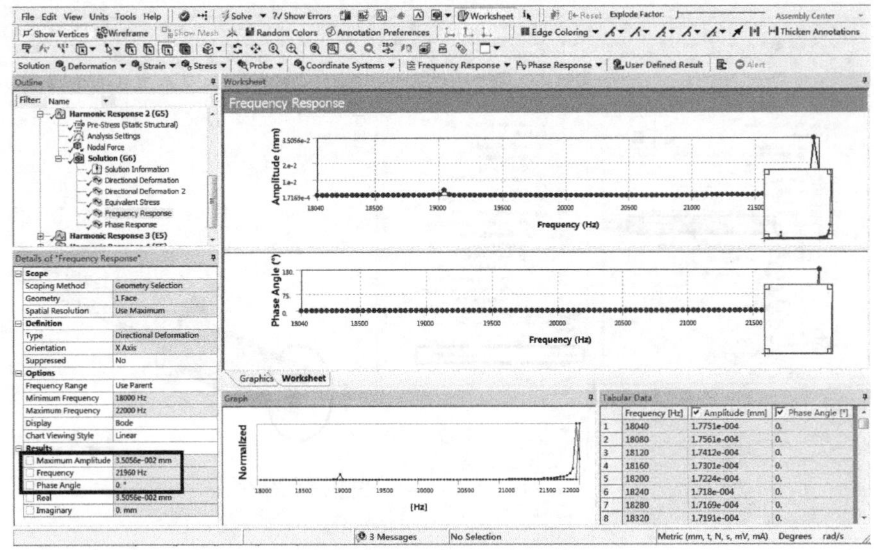

图 3-2-17 扫频计算结果

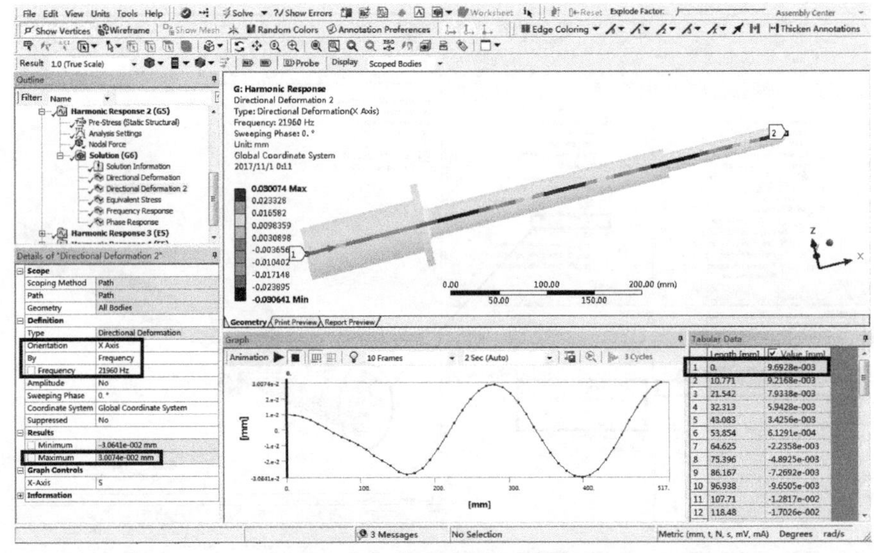

图 3-2-18 基于路径定义的变形

（10）频率校验

前文已经叙述，模态求解的是模型的固有频率，谐响应分析可以求解出模型在固有频率下进行振动时真实的振幅和应力情况。通过对变幅杆执行两种方法的谐响应分析可得，变幅杆均表现为在 21960Hz 下发生共振，但是 21960Hz 确实为变幅杆的固有频率么？

只能查看模态分析结果，来查看模型的固有频率。鼠标单击 C6（模态分析之求解），如图 3-2-19 所示，可知在变幅杆模态分析结果中存在 21971Hz、21975Hz、21978Hz 的密集分布频率区，但这与谐响应求解的 21960Hz 尚有一些差异。出现差异的原因是谐响应分析在进行扫频分析时，对范围内的频率进行等差分解。以本例进行说明，扫频分析的频率为 18000～22000Hz，等分 100 份，每份为 40Hz。因此后处理基于的频率为 18040Hz、18080Hz、18120Hz、…、21920Hz、21960Hz、22000Hz，由于此范围分布内不包含固有频率，因此距固有频率最近的

21960Hz 就表现为共振激励状态。

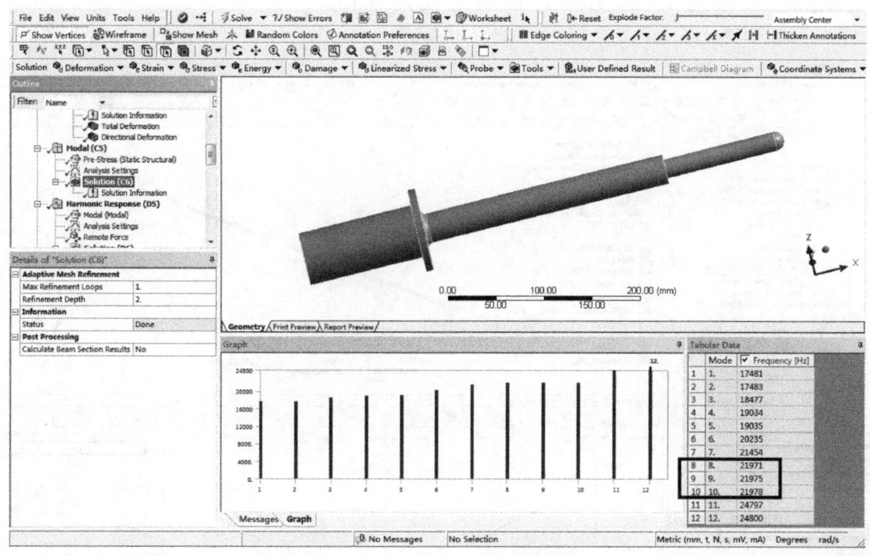

图 3-2-19 模态分析后处理

如图 3-2-20 所示，对预应力的模态叠加法的谐响应分析进行重新设置。其中 Frequency Spacing 设置为 Logarithmic，扫频分析的频率范围改为 20000～22000Hz，重新计算求解。

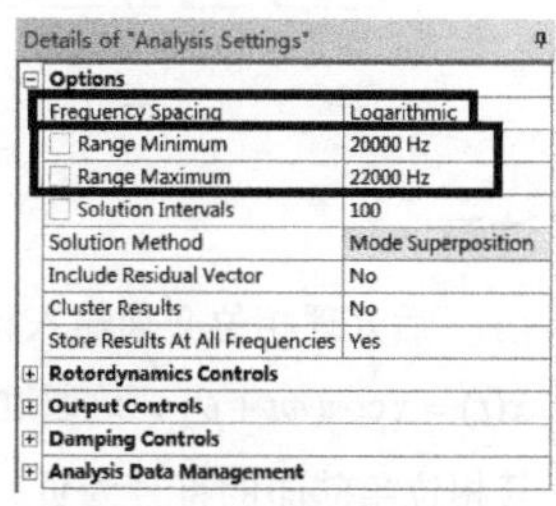

Details of "Analysis Settings"	
Options	
Frequency Spacing	Logarithmic
Range Minimum	20000 Hz
Range Maximum	22000 Hz
Solution Intervals	100
Solution Method	Mode Superposition
Include Residual Vector	No
Cluster Results	No
Store Results At All Frequencies	Yes
Rotordynamics Controls	
Output Controls	
Damping Controls	
Analysis Data Management	

图 3-2-20 谐响应设置

查看 Frequency Response→Deformation 后处理，其设置与前文完全一致，结果如图 3-2-21 所示。可知最大的 x 向变形为 0.087mm，相位为 180°，此时的频率为 21979Hz，这与模态计算的固有频率 21978Hz 几乎一致。

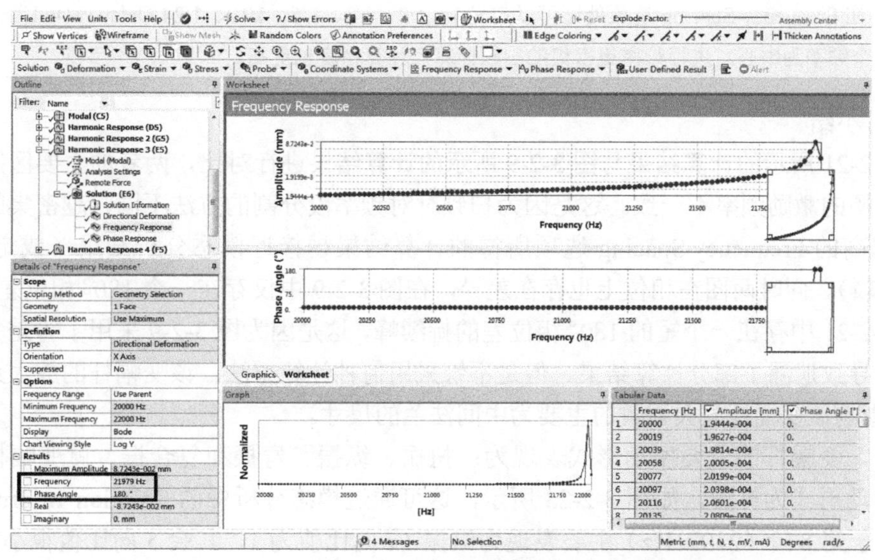

图 3-2-21 扫频计算结果

同理插入基于路径的 Directional Deformation 后处理，如图 3-2-22 所示。在 Orientation

处选择 X Axis，在 Frequency 处选择 21960Hz，相位为−180°。变幅杆末端的位移为 5.35e-2mm，变幅杆前端顶点的位移为 1.71e-2mm，两者之比为 3.13。

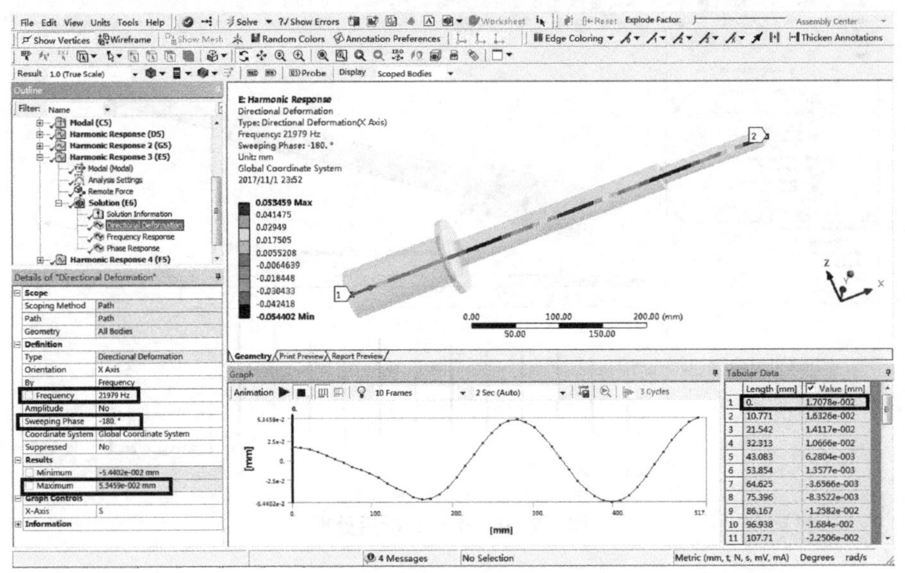

图 3-2-22　基于路径定义的变形

> **注意**
>
> 后处理相位必须输入频率响应计算得到的相位的相反数。这是因为在 ANSYS 中相位计算基于公式 $x(t) = x\cos(\omega t + \theta)$，这通过相位响应后处理可以得到证明；而稳定受迫振动的计算公式为 $x(t) = x\sin(\omega t - \theta)$，其相位角前面的符号为负。因此如果以频率响应而得的频率进行后处理，则必须定义相位的相反数，以保证与理论计算一致。
>
> 此外在 Frequency Spacing 选项处还可以定义 1、1/2、1/3、1/6、1/12、1/24 Octave Band 等选项。该设置以某个频率为中心，进行频率更密集的扫频计算，计算精度也更高。

（11）小结

图 3-2-21 所示的计算结果与图 3-2-9 所示的计算结果进行对比，两者的主要区别在于导致最大振幅的激励频率不一致。这是因为扫频时对频率段分割的方法不同，越密集的分割及由精度越高的 Frequency Spacing 选项所得的计算结果越接近模态分析结果（或定义 Clust results 选项）。同时两图在相位上也存在差异，在图 3-2-9 中仅存在一个 180°相位差的尖峰，而在图 3-2-21 中存在一个短的 180°相位差的持续峰，这是因为图 3-2-9 采用了等差频率分割法，所以导致遗漏了部分计算结果。但是不管采用何种计算方法，该变幅杆的放大系数均约为 3.1，影响该变幅杆放大系数的主要为中间法兰的尺寸。

另外，变幅杆的主要振动形式表现为：扭振、纵振、弯振和复合振。就变幅杆而言，最好的振动形式为纵振，如图 3-2-23 所示，这可通过模态分析中的 Solution Information 观察到。由于第 8 阶（21971Hz）主要表现为纵振（x 向比值为 1，其余 5 向比值很小或为 0），因此谐响应分析的重点应该为 21971Hz 激励频率下的振动情况。由于操作类似，本书不再赘述。

***** PARTICIPATION FACTOR CALCULATION ***** X DIRECTION

MODE	FREQUENCY	PERIOD	PARTIC.FACTOR	RATIO	EFFECTIVE MASS	CUMULATIVE MASS FRACTION	RATIO EFF.MASS TO TOTAL MASS
1	17480.6	0.57206E-04	-0.27374E-05	0.000357	0.749344E-11	0.104700E-06	0.175857E-08
2	17482.6	0.57200E-04	-0.53262E-06	0.000070	0.283689E-12	0.108663E-06	0.665763E-10
3	18476.8	0.54122E-04	-0.12306E-06	0.000016	0.151446E-13	0.108875E-06	0.355414E-11
4	19033.6	0.52539E-04	-0.37075E-06	0.000048	0.137456E-12	0.110796E-06	0.322582E-10
5	19035.2	0.52534E-04	0.88510E-06	0.000116	0.783395E-12	0.121741E-06	0.183848E-09
6	20234.9	0.49420E-04	-0.57906E-06	0.000076	0.335310E-12	0.126426E-06	0.786908E-10
7	21454.3	0.46611E-04	-0.36452E-06	0.000048	0.132873E-12	0.128283E-06	0.311829E-10
8	21971.2	0.45514E-04	-0.76608E-02	1.000000	0.586881E-04	0.820000	0.137730E-01
9	21974.6	0.45507E-04	-0.35682E-02	0.465769	0.127318E-04	0.997892	0.298792E-02
10	21978.0	0.45500E-04	-0.38809E-03	0.050660	0.150617E-06	0.999996	0.353469E-04
11	24796.7	0.40328E-04	-0.12046E-04	0.001572	0.145095E-09	0.999998	0.340510E-07
12	24800.1	0.40322E-04	-0.11226E-04	0.001465	0.126021E-09	1.00000	0.295747E-07
sum					0.715708E-04		0.167963E-01

***** PARTICIPATION FACTOR CALCULATION ***** Y DIRECTION

MODE	FREQUENCY	PERIOD	PARTIC.FACTOR	RATIO	EFFECTIVE MASS	CUMULATIVE MASS FRACTION	RATIO EFF.MASS TO TOTAL MASS
1	17480.6	0.57206E-04	-0.42333E-02	0.321096	0.179205E-04	0.639525E-01	0.420561E-02
2	17482.6	0.57200E-04	0.13184E-01	1.000000	0.173812E-03	0.684230	0.407904E-01
3	18476.8	0.54122E-04	0.11191E-04	0.000849	0.125231E-09	0.684231	0.293893E-07
4	19033.6	0.52539E-04	0.37602E-02	0.285214	0.141391E-04	0.734689	0.331818E-02
5	19035.2	0.52534E-04	-0.76613E-02	0.581117	0.586958E-04	0.944155	0.137748E-01
6	20234.9	0.49420E-04	0.12528E-04	0.000950	0.156942E-09	0.944155	0.368313E-07
7	21454.3	0.46611E-04	-0.14535E-05	0.000110	0.211262E-11	0.944155	0.495792E-09
8	21971.2	0.45514E-04	0.16196E-03	0.012285	0.262310E-07	0.944249	0.615592E-05
9	21974.6	0.45507E-04	-0.31404E-03	0.023820	0.986215E-07	0.944601	0.231446E-04
10	21978.0	0.45500E-04	-0.19203E-03	0.014565	0.368742E-07	0.944732	0.865366E-05
11	24796.7	0.40328E-04	0.31147E-02	0.236254	0.970148E-05	0.979354	0.227675E-02
12	24800.1	0.40322E-04	0.24053E-02	0.182443	0.578541E-05	1.00000	0.135772E-02
sum					0.280216E-03		0.657615E-01

***** PARTICIPATION FACTOR CALCULATION ***** Z DIRECTION

MODE	FREQUENCY	PERIOD	PARTIC.FACTOR	RATIO	EFFECTIVE MASS	CUMULATIVE MASS FRACTION	RATIO EFF.MASS TO TOTAL MASS
1	17480.6	0.57206E-04	0.13185E-01	1.000000	0.173856E-03	0.620715	0.408006E-01
2	17482.6	0.57200E-04	0.42390E-02	0.321494	0.179694E-04	0.684872	0.421708E-02
3	18476.8	0.54122E-04	-0.10828E-04	0.000821	0.117251E-09	0.684872	0.275166E-07
4	19033.6	0.52539E-04	-0.76449E-02	0.579800	0.584447E-04	0.893536	0.137158E-01
5	19035.2	0.52534E-04	-0.37541E-02	0.284714	0.140931E-04	0.943853	0.330738E-02
6	20234.9	0.49420E-04	0.87550E-05	0.000664	0.766492E-10	0.943853	0.179881E-07
7	21454.3	0.46611E-04	-0.13644E-05	0.000103	0.186154E-11	0.943853	0.436868E-09
8	21971.2	0.45514E-04	-0.63001E-04	0.004778	0.396910E-08	0.943867	0.931473E-06
9	21974.6	0.45507E-04	0.18278E-03	0.013862	0.334075E-07	0.943987	0.784011E-05
10	21978.0	0.45500E-04	-0.36277E-03	0.027513	0.131600E-06	0.944457	0.308841E-04
11	24796.7	0.40328E-04	-0.24031E-02	0.182255	0.577492E-05	0.965075	0.135526E-02
12	24800.1	0.40322E-04	0.31277E-02	0.237205	0.978221E-05	1.00000	0.229570E-02
sum					0.280089E-03		0.657316E-01

***** PARTICIPATION FACTOR CALCULATION *****ROTX DIRECTION

MODE	FREQUENCY	PERIOD	PARTIC.FACTOR	RATIO	EFFECTIVE MASS	CUMULATIVE MASS FRACTION	RATIO EFF.MASS TO TOTAL MASS
1	17480.6	0.57206E-04	0.0000	0.000000	0.00000	0.00000	0.00000
2	17482.6	0.57200E-04	0.15741E-08	0.000502	0.247792E-17	0.231894E-06	0.191810E-17
3	18476.8	0.54122E-04	0.22070E-06	0.070371	0.487067E-13	0.455841E-02	0.377028E-13
4	19033.6	0.52539E-04	0.0000	0.000000	0.00000	0.455841E-02	0.00000
5	19035.2	0.52534E-04	-0.25786E-08	0.000822	0.664929E-17	0.455903E-02	0.514707E-17
6	20234.9	0.49420E-04	-0.31362E-05	1.000000	0.983556E-11	0.925012	0.761349E-11
7	21454.3	0.46611E-04	[illegible]	[illegible]	0.801288E-12	1.00000	0.620259E-12
8	21971.2	0.45514E-04	0.0000	0.000000	0.00000	1.00000	0.00000
9	21974.6	0.45507E-04	0.0000	0.000000	0.00000	1.00000	0.00000
10	21978.0	0.45500E-04	0.0000	0.000000	0.00000	1.00000	0.00000
11	24796.7	0.40328E-04	0.0000	0.000000	0.00000	1.00000	0.00000
12	24800.1	0.40322E-04	0.0000	0.000000	0.00000	1.00000	0.00000
sum					0.106856E-10		0.827146E-11

***** PARTICIPATION FACTOR CALCULATION *****ROTY DIRECTION

MODE	FREQUENCY	PERIOD	PARTIC.FACTOR	RATIO	EFFECTIVE MASS	CUMULATIVE MASS FRACTION	RATIO EFF.MASS TO TOTAL MASS
1	17480.6	0.57206E-04	-1.6650	1.000000	2.77237	0.633869	0.154541E-01
2	17482.6	0.57200E-04	-0.53523	0.321449	0.286467	0.699366	0.159686E-02
3	18476.8	0.54122E-04	0.13029E-02	0.000782	0.169752E-05	0.699366	0.946252E-08
4	19033.6	0.52539E-04	0.88768	0.533129	0.787982	0.879529	0.439247E-02
5	19035.2	0.52534E-04	0.43586	0.261771	0.189974	0.922964	0.105898E-02
6	20234.9	0.49420E-04	-0.10620E-02	0.000638	0.112787E-05	0.922964	0.628711E-08
7	21454.3	0.46611E-04	0.13964E-03	0.000084	0.194982E-07	0.922964	0.108689E-09
8	21971.2	0.45514E-04	0.18952E-01	0.011382	0.359189E-03	0.923047	0.200224E-05
9	21974.6	0.45507E-04	-0.53050E-01	0.031861	0.281430E-02	0.923690	0.156878E-04
10	21978.0	0.45500E-04	0.10504	0.063084	0.110330E-01	0.926213	0.615018E-04
11	24796.7	0.40328E-04	0.34620	0.207920	0.119851	0.953615	0.668091E-03
12	24800.1	0.40322E-04	-0.45042	0.270513	0.202875	1.00000	0.113089E-02
sum					4.37373		0.243806E-01

***** PARTICIPATION FACTOR CALCULATION *****ROTZ DIRECTION

MODE	FREQUENCY	PERIOD	PARTIC.FACTOR	RATIO	EFFECTIVE MASS	CUMULATIVE MASS FRACTION	RATIO EFF.MASS TO TOTAL MASS
1	17480.6	0.57206E-04	-0.53466	0.321146	0.285858	0.653378E-01	0.159346E-02
2	17482.6	0.57200E-04	1.6648	1.000000	2.77170	0.698859	0.154504E-01
3	18476.8	0.54122E-04	0.13572E-02	0.000815	0.184205E-05	0.698859	0.102682E-07
4	19033.6	0.52539E-04	0.43665	0.262275	0.190660	0.742438	0.106280E-02
5	19035.2	0.52534E-04	-0.88954	0.534310	0.791284	0.923300	0.441088E-02
6	20234.9	0.49420E-04	0.15246E-02	0.000916	0.232426E-05	0.923300	0.129562E-07
7	21454.3	0.46611E-04	-0.20674E-03	0.000124	0.427431E-07	0.923300	0.238264E-09
8	21971.2	0.45514E-04	0.46664E-01	0.028029	0.217749E-02	0.923798	0.121381E-04
9	21974.6	0.45507E-04	-0.92910E-01	0.055807	0.863236E-02	0.925771	0.481196E-04
10	21978.0	0.45500E-04	-0.56155E-01	0.033730	0.315341E-02	0.926492	0.175782E-04
11	24796.7	0.40328E-04	0.44891	0.269639	0.201516	0.972552	0.112332E-02
12	24800.1	0.40322E-04	0.34654	0.208150	0.120088	1.00000	0.669410E-03
sum					4.37507		0.243881E-01

图 3-2-23　模态分析结果

3.3　谐响应之反计算分析

有限元分析的基本流程是根据离散化模型，加载已知的边界条件，最后得到模型的变形、应变、应力及约束反力。在分析过程中，边界条件的选取和定义是有限元分析的最难点。例如边界条件中存在强制位移，后处理中也有位移变形，那么位移到底作为边界条件来加载，还是作为后处理来输出，就需要仔细斟酌。

同时应将有限元分析认为是一个大型矩阵的求解，其中的模型必然存在某种数学关系。对于该数学模型的求解过程，往往是先知其因，再得其果。有时候我们不能或很难知道其因，但是很容易得到它的某一部分结果，当需要分析出其他结果时，就需要用到有限元的反计算。下面以空调压缩机及附件管道为例，说明谐响应反计算的计算过程。

如图 3-3-1 所示，空调压缩机在工作状态下（底座用 3 个孔来固定）由于振动效应，其附件管道也会产生相应振动。在 30Hz 激励频率下，在 *A* 点测量的三向位移（*xyz*）依次为：0.7mm、1mm、3mm。在 50Hz 激励频率下，在 *B* 点测量的三向位移（*xyz*）依次为：1.4mm、0.5mm、0mm。试求该模型是否满足强度要求，并对其管道定位点提出设计方案。

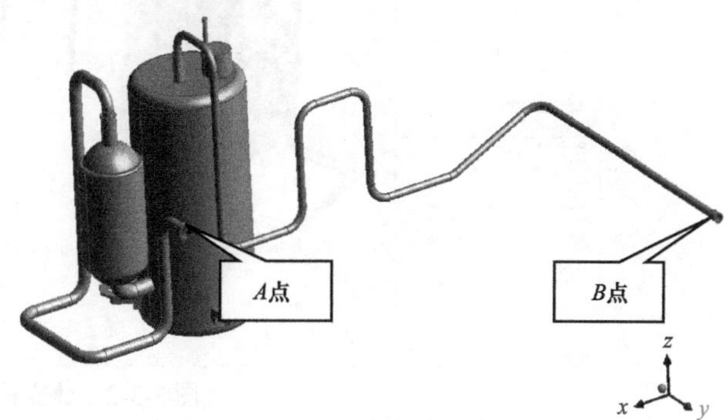

图 3-3-1　空调压缩机及管道模型

由于研究模型已处于正常工作状态（正弦激励状态），且要研究某一频率的振动情况，因此采用谐响应分析。但是在定义边界条件时，必须非常注意：模型底座由3个孔来固定，在工作状态下模型外部设备产生激励，激励的物理表现形式可以为强制位移、力载荷、加速度载荷。如果采用强制位移边界条件，则很多读者会直接选用已知条件，在*A*、*B*点加载对应的位移载荷。但这是错误的，因为*A*、*B*两点的位移是振动结果的表现形式，不是振动激励的产生原因。选择边界条件时必须首先基于工况载荷的起因来定义。如果采用力载荷边界条件，则在定义力的同时，不仅要输入力的大小、方向、作用区域，还必须定义力的相位。由于外部激励作用在整个模型区域，因此力的作用区域难以确定。同时外部载荷产生的初始相位更是无法了解，因此采用力载荷很难保证计算的准确性。由于外部激励作用在模型整体上，且加速度在定义时不需要考虑相位，因此用加速度载荷非常合适。但是从已知条件中并没有提到加速度的大小和方向，同时该加速度也难以测量，那么应该如何进行求解？

该类分析就必须采用反计算。常用的正计算都是利用边界条件到结果，而反计算是已知结果，反推边界条件，再依据求出的边界条件，求得其他结果。该方法在岩土、土木、冲击、流体等领域广泛应用，称为模型参数反演。以本例进行说明，多次尝试加载加速度可使计算结果与测试结果一致，这时该加速度即为边界条件，再以此进行其他后处理。尝试加载的方法，可以在Workbench的输入参数中不断调试，由于谐响应分析为线性计算，所以通过对比计算结果与测试结果的关系，可以很快调试出正确的边界条件参数。对于非线性或较复杂的分析，直接调试参数的方法就不适用了，需要采用优化设计的方法进行处理，具体操作可见本系列后续书籍。

（1）建立模型

模型如图3-3-2所示，建模过程如下：

1）使用File→Import External Geometry File命令导入IGS模型。

2）使用Create-Delete→Body Delete命令删除原模型中多余的零件。

3）对剩下的零件使用Form New Part进行组合，以省略不组合带来的接触设置。

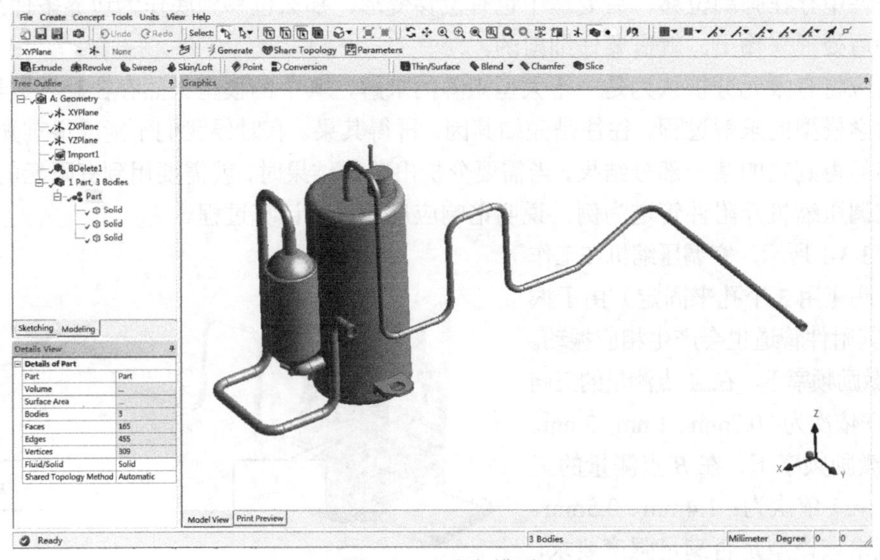

图3-3-2 建立模型

（2）定义材料

双击Engineer Data栏，定义铜管的材料参数。新建的材料命名为Cu，并对其定义密度、杨氏模量和泊松比，如图 3-3-3 所示。

Properties of Outline Row 3: cu

	A	B	C	D	E
1	Property	Value	Unit		
2	Density	8500	kg m^-3		
3	Isotropic Elasticity				
4	Derive from	Young's Modulus and Poisson's Ratio			
5	Young's Modulus	1E+11	Pa		
6	Poisson's Ratio	0.32			
7	Bulk Modulus	9.2593E+10	Pa		
8	Shear Modulus	3.7879E+10	Pa		
9	Field Variables				
10	Temperature	Yes			
11	Shear Angle	No			
12	Degradation Factor	No			

图 3-3-3　定义材料参数

> **注意**
>
> 对于动力学分析而言，最简单的材料参数为密度、杨氏模量和泊松比，其中密度必不可少。

（3）完全法谐响应分析前处理

在 B4 处双击鼠标左键，进入 Mechanical 界面。首先定义材料，除将空调压缩机两个主罐体的材料定义为结构钢以外，其余管道材料均定义为铜（Cu），如图 3-3-4 所示。

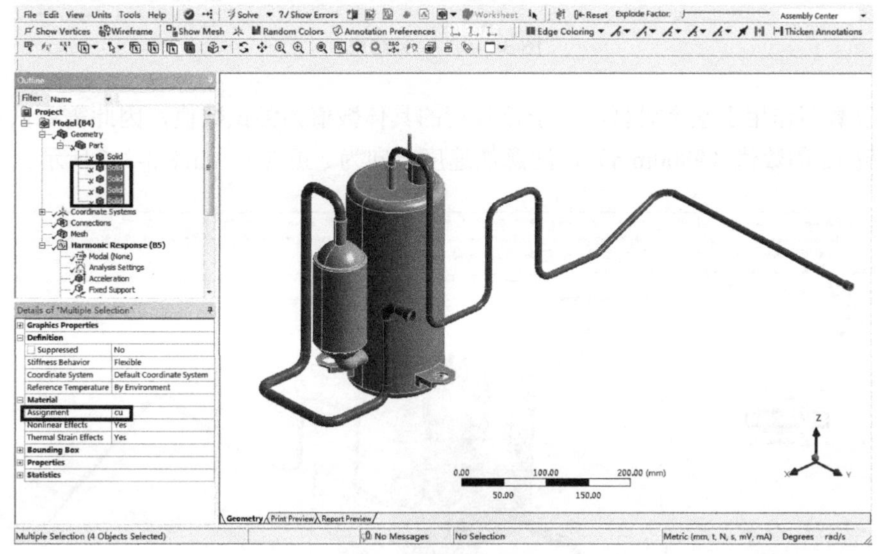

图 3-3-4　定义材料

由于在 DM 中对模型已经进行了合并处理，因此不需要再定义接触。

由于网格类型对有限元计算的变形结果敏感性极低，且本模型在初期重点在于变形结果，因此网格采用默认设置。当反求出边界条件后，为得到精度较高的应力解，需要再细分网格，出于计算规模的考虑，本例中此步省略。

（4）完全法谐响应分析设置及边界条件加载

由于已知条件中已给出频率参数（注意，该频率参数并不一定是共振频率，只是外界给予模型的激励频率），因此不需要进行模态分析，可直接用完全法进行谐响应分析。

将 Analysis Settings 下的 Frequency Spacing 选项设置为 Linear（线性），Range Minimum

定义为 0Hz、Range Maximun 为 200Hz，Solution Intervals 定义为 20，Solution Method 自动定义为 Full，在 Variation Technology 处为默认设置。

选取压缩机下部 3 个圆孔，定义其完全约束，如图 3-3-5 所示。

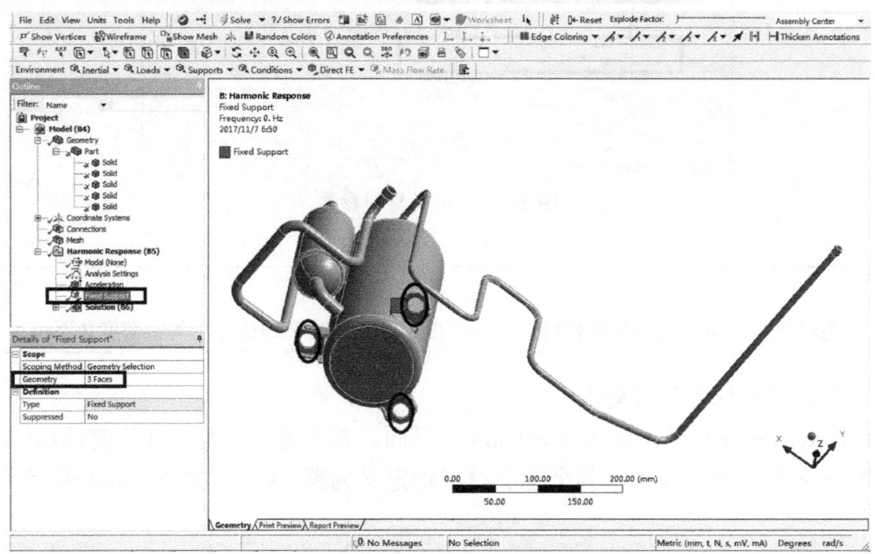

图 3-3-5　定义约束

加速度载荷作用于整个模型，由于该载荷的具体数值为尝试数值，因此需要试算。首先在 z 向加载 1g 的数值（9800mm/s^2，注意加速度方向为 z 正向）。如图 3-3-6 所示。

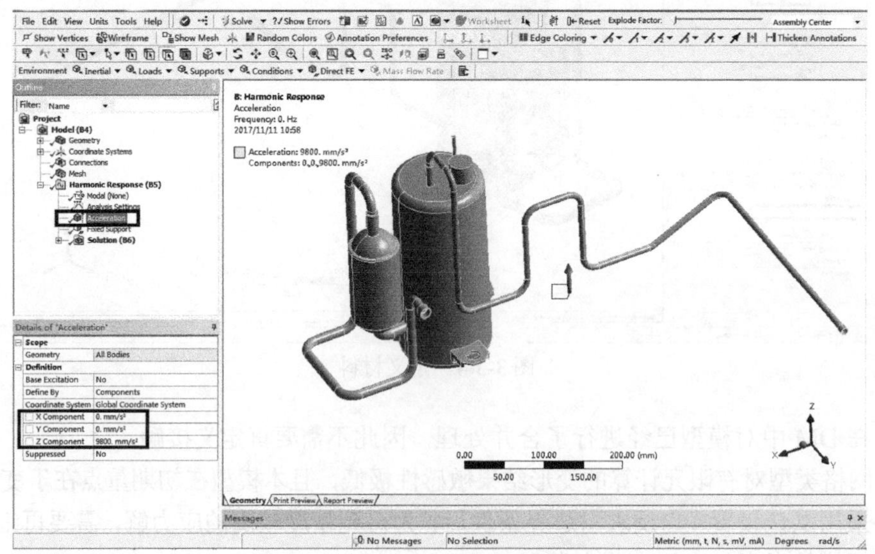

图 3-3-6　1g 加速度的试算

计算完成后，读取频率响应结果，如图 3-3-7 所示。其中 Geometry 选择 A 端面，Spatial Resolution 选择 Use Maximum。可得在 30Hz 时，其 A 端面 x 向振幅为 0.44mm，相位角约为 0°；还可知 y 向振幅为 0.55mm、z 向振幅为 1.06mm，相位角均约为 0°。

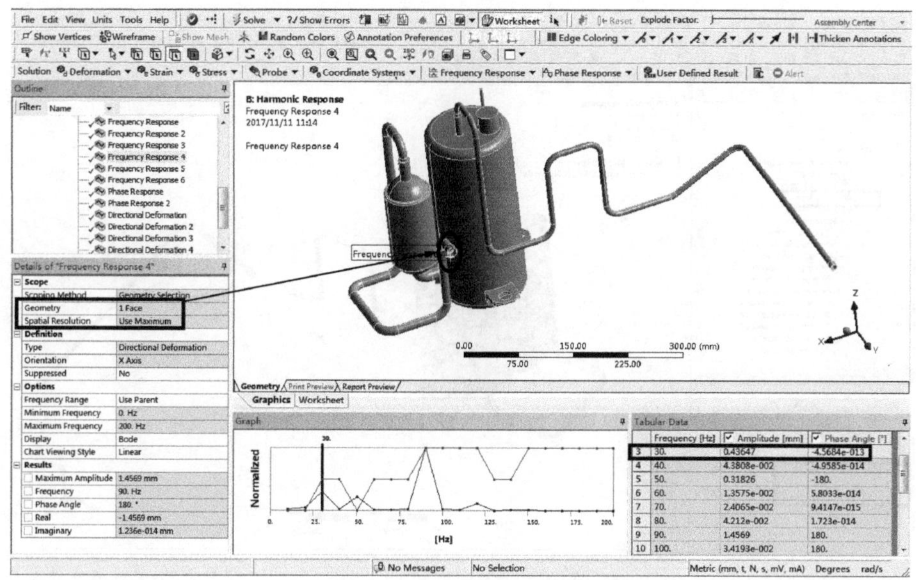

图 3-3-7　1*g* 加速度的试算结果

同理读取 *B* 端面的频率响应结果，如图 3-3-8 所示。其中 Geometry 选择 *B* 处管端面，Spatial Resolution 选择 Use Maximum。可得在 50Hz 时，其 *B* 端面 *x* 向振幅为 0.68mm，相位角约为 0°；还可知 *y* 向振幅为 0.27mm，相位角为 180°；*z* 向振幅约为 0mm，相位角约为 0°。

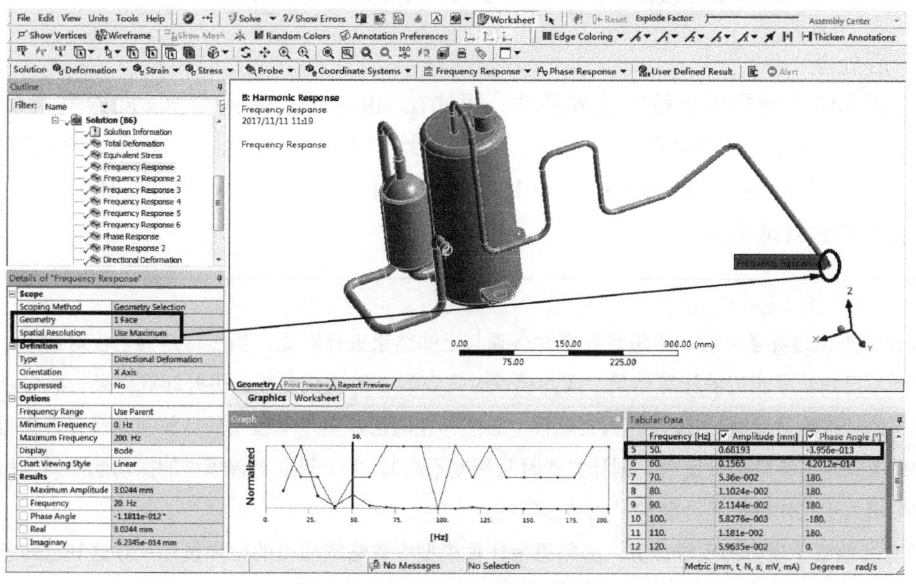

图 3-3-8　1*g* 加速度的试算结果

该计算结果与已知条件的测量结果相差约 1 倍，但由于加速度是矢量，且在实际激励情况中加速度未必仅存在单方向激励，所以还应在 *y* 向增加加速度数值，然后再次进行多次试算。最终的加速度边界条件如图 3-3-9 所示（*y* 向为 8000 mm/s^2、*z* 为向 9800mm/s^2）。

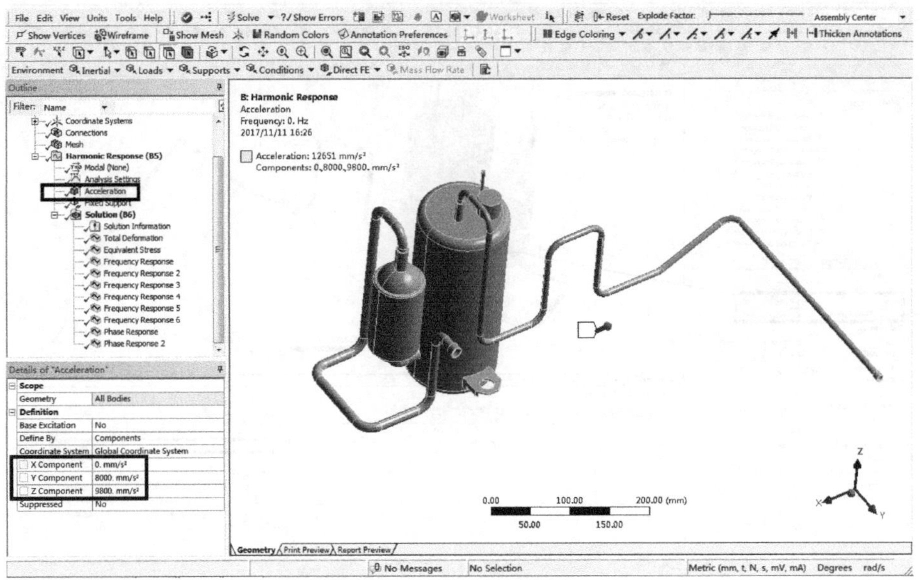

图 3-3-9　加速度边界条件

> **注意**
>
> 读者可以尝试在 x 向增加加速度数值进行试算。但是因为系统坐标系主要表现偏离模型的 y 向，所以增加 y 向加速度数值较为合适。同时取加速度边界条件是因为载荷作用于整个模型，以代替复杂的激励工况，如果取三向加速度会导致计算非常复杂，反而不易反求出边界条件。

（5）后处理

读取频率响应结果用于校对边界条件。可知在 30Hz 时，其 A 端面 x 向振幅为 0.71mm、y 向振幅为 1.16mm、z 向振幅为 3.34mm，相位角均约为 0°；B 端面 x 向振幅为 1.50mm（相位为 0°）、y 向振幅为 0.52mm（相位为 180°）、z 向振幅为 0mm（相位为 180°）。这些略大于已知条件中的测试结果。

> **注意**
>
> 反计算推出边界条件后，再进行计算时必须与已知结果进行对比，当然这是为了校对结果。但经常很难得到与已知结果相近的计算结果，因此调试时需要耐心地调试参数。另外计算结果一般可以大于已知结果（针对该数学模型），这是因为实际模型必然存在阻尼，但是本模型的计算中并没有考虑阻尼的效果（如果考虑阻尼参数进行反求，则计算费时且精度不高）。由于阻尼对该模型的振动起阻碍作用，所以计算结果略大于已知结果是合理的，也是必需的。
>
> 针对其他数学模型的反求计算，必须思考计算模型中省略或假设的已知条件，对这些已知条件对计算模型的影响进行判断，以确定正负相关性，最终决定依据已知结果的比较函数。

查看应力后处理，分别读取 30Hz、50Hz 的等效应力结果，如图 3-3-10 所示。

结果显示，等效应力最大分别为 68MPa 和 39MPa。这远小于一般 H62 黄铜的屈服强度 200MPa，因此其结构强度满足要求（读者可以尝试加密网格继续计算）。

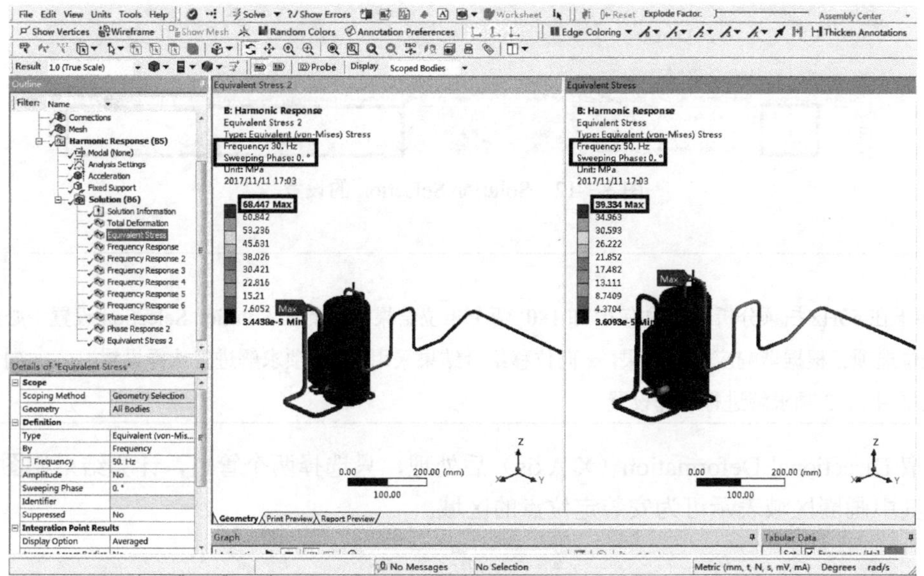

图 3-3-10　等效应力结果

注意

在计算等效应力时，除了需要输入频率外，还需要输入相位角以确定扫频时刻。由于在频率响应后处理中得到的各向相位角不是 0°就是 180°，换言之仅存在正负方向现象，不存在各方向矢量变换的问题，因此在等效应力计算时，不会因为相位角是 0°还是 180°而出现计算结果不同的现象。

（6）Design Assessment 后处理

由于需要为设计定位点提供计算依据，且模型在不同频率时振动表现不一致，因此不能以某一频率的扫频结果作为定位点依据，必须对多个频率的振动进行组合，综合而得最佳定位点。因此采用 Design Assessment 模块进行后处理，如图 3-3-11 所示，其中注意 Assessment Type 选择为 Solution Combination Only。

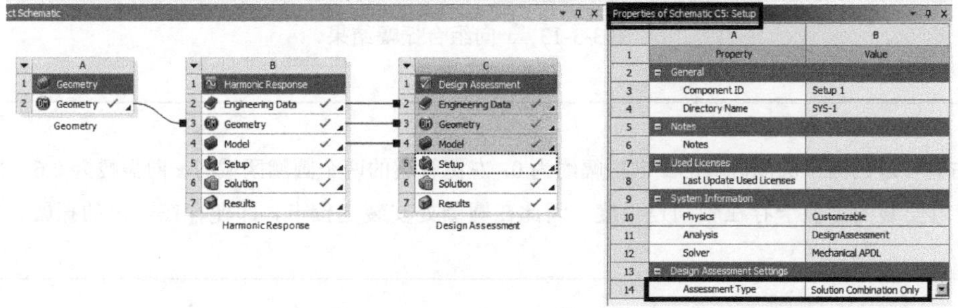

图 3-3-11　Design Assessment 模块

进入 Mechanical 界面后，单击 Solution Selection，如图 3-3-12 所示进行设置。共添加 3 项求解选择设置，其中 Coefficient 处均定义为 1，Minimum/Maximum Frequency 分别定义为 30/30、50/50、50/50，Phase Angle 分别定义为 0、0、180。

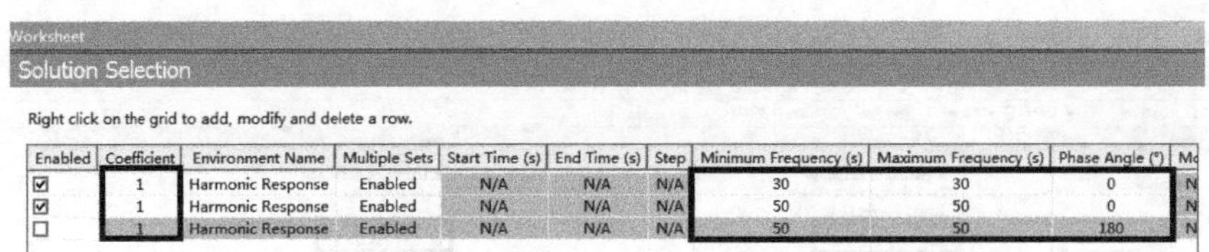
Worksheet

Solution Selection

Right click on the grid to add, modify and delete a row.

Enabled	Coefficient	Environment Name	Multiple Sets	Start Time (s)	End Time (s)	Step	Minimum Frequency (s)	Maximum Frequency (s)	Phase Angle (°)	Mo
☑	1	Harmonic Response	Enabled	N/A	N/A	N/A	30	30	0	N
☑	1	Harmonic Response	Enabled	N/A	N/A	N/A	50	50	0	N
☐	1	Harmonic Response	Enabled	N/A	N/A	N/A	50	50	180	N

图 3-3-12　Solution Selection 的设置

注意

由于在 50Hz 扫频分析结果中有 0°和 180°两个相位结果，因此在 Solution Selection 设置中必须定义两个相位选项。根据谐响应分析结果，x 向位移组合结果采用 1、2 项求解进行选择设置，y、z 向位移组合结果采用 1、3 项求解进行选择设置。

读取 Directional Deformation（X Axis）后处理，只选择两个管道，计算结果如图 3-3-13 所示，其中画圈区域表示可为安装定位点的区域。

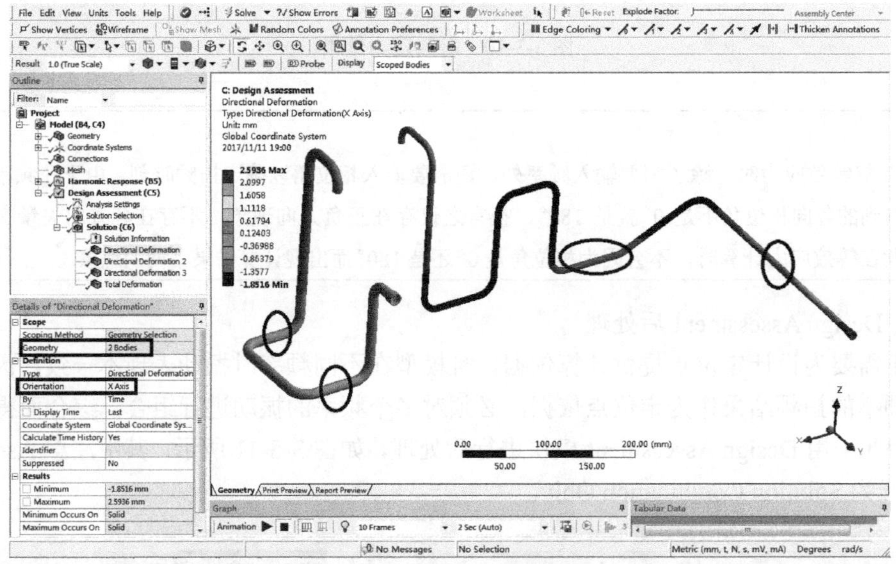

图 3-3-13　x 向组合振幅结果

注意

右侧管道的两个圆圈区域的 x 向振幅约为 0；左侧管道的两个圆圈区域的 x 向振幅为 0.6～1.1mm。由于管道安装的定位卡存在轴向自由度，因此在圆圈处安装定位卡，即便存在一定的振幅，也可以忽略。

在 Solution Selection 中勾选 1、3 项求解进行选择设置，读取 Directional Deformation（Y Axis 和 Z Axis）后处理，分别如图 3-3-14、图 3-3-15 所示。其中圆圈处表示可以安装定位卡的位置。

由于右侧管道 xyz 三向组合振幅存在共同定位区域，所以可以很清楚地判断定位点；由于左侧管道仅 yz 向有共同区域，因此只能选择总变形振幅相对较小的区域作为定位点，来安装两个定位卡，如图 3-3-16 所示。其具体安装位置的查找方法可参见 2.2.3 节。

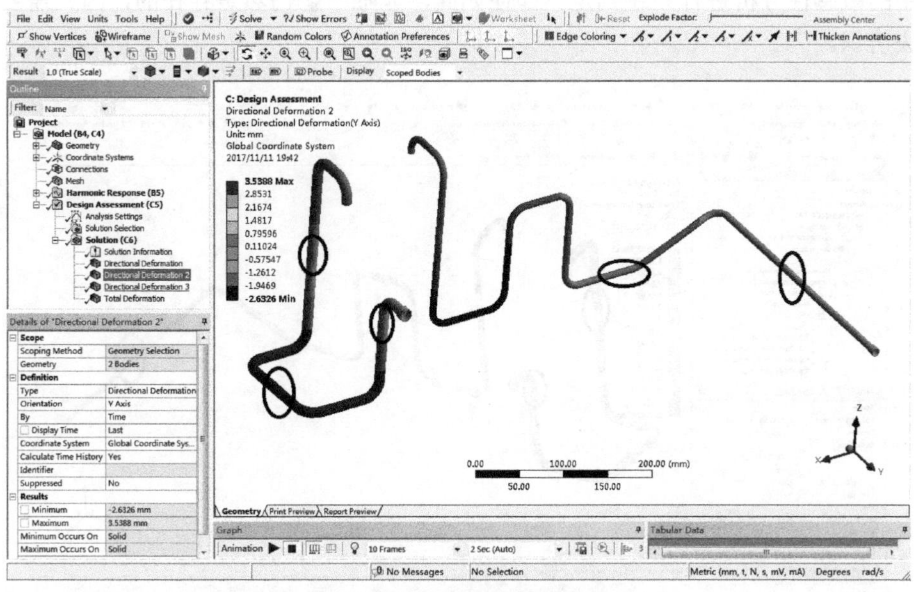

图 3-3-14　*y* 向组合振幅结果

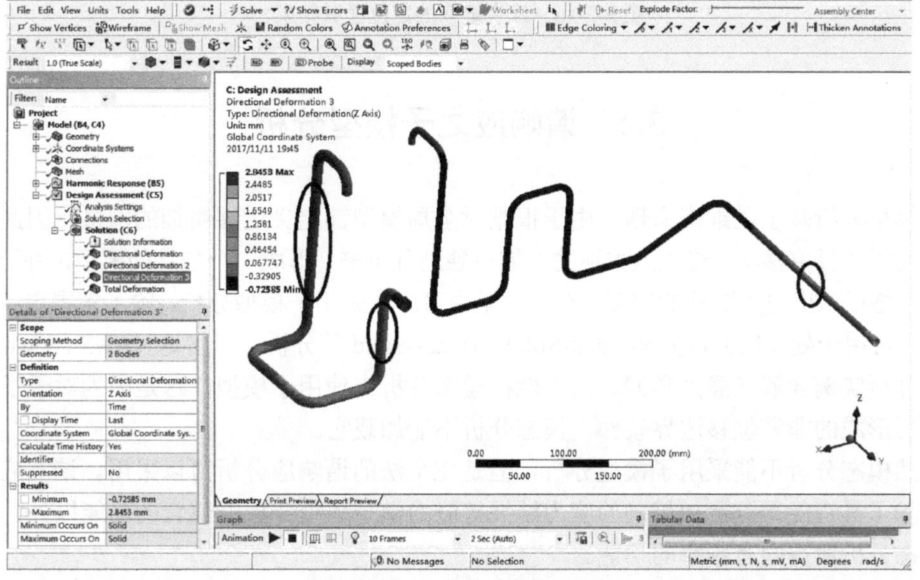

图 3-3-15　*z* 向组合振幅结果

（7）小结

反计算是利用易测量的结果作为假设分析的后处理结果，再以此反复校对假设分析的各项条件，进而保证分析结果与易测量的结果一致。正因为其过程在于假设分析，需要反复调试各项条件，因此比较烦琐。但是如果通过反计算得到了整个过程的各项参数，并为后续计算提供了全套的参数依据，则可以极大地提高计算精度。

但是反计算也有缺陷，除了调试过程较为烦琐外，反计算得到的各项参数仅能适用本模型，不能适用其他模型；另外反计算存在非唯一解，即有可能得到多种不同的参数均能满足计算结果与测量结果一致。这样可采用增加测量结果数以进行更多次的反计算，或者采用优化设计中的敏感性分析进行系统判定。即便如此，非唯一解仍然是存在的，因此需要从系统原理中去辨识。

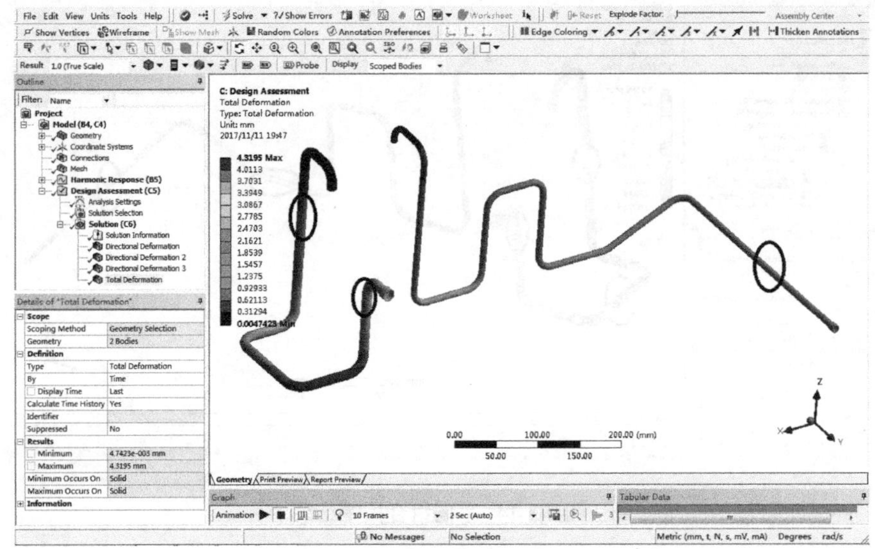

图 3-3-16　综合选取的定位区域结果

3.4　谐响应之子模型分析

子模型分析基于圣维南原理。由于很难对全局模型都定义足够精细的网格，因此利用子模型的切割边界位移法，将重点关注的区域单独划分出来，形成一个独立的模型，进而采用更精细的网格以求出更为准确的答案。在静力学中可广泛采用子模型分析，除了求得更精细的结果外，还可用于处理应力奇异和 Shell-Solid、Beam-Solid 等分析，可参见《ANSYS Workbench 有限元分析实例详解（静力学）》。但不能在模态分析中使用子模型，这是因为对于子模型分析切割后形成的非零位移边界条件，模态分析不能加载它。

虽然模态分析不能采用子模型分析，但是完全法的谐响应分析可以采用。谐响应的子模型分析除了具有能得到更加精确的应力结果等静力学子模型分析所包含的功能以外，还具有校准模态分析所得固有频率的功能。

下面以带轮为例，描述谐响应的子模型分析，同时通过该例子简要介绍 SCDM 的一些基本操作。

（1）建立模型

带轮模型如图 3-4-1 所示。

该模型的工况为：带轮槽内皮带的拉伸作用于载荷，中心锥孔用于轴定位约束。等效边界条件为：带轮槽受到载荷形式为 Bearing Load，作用方向为$-z$ 向；中心锥孔定义 Remote Displacement 约束，只有 Rotation X 向为自由状态。估算可知，图 3-4-1 中圈选区域为应力较大区域，因此需要将此区域单独切分出来进行子模型分析。

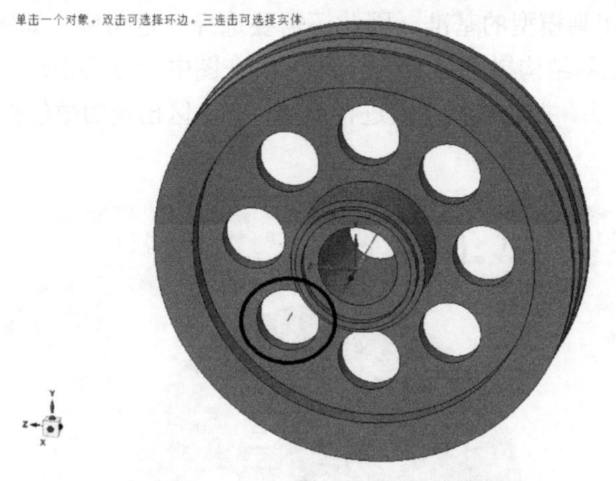

图 3-4-1　带轮模型

注意

谐响应的子模型分析由于只能调用命令才可执行，因此不能简单地按照静力学的子模型分析流程，先进行全部模型的求解，再切割出子模型。最好先进行模型切割，将其合成一个组件对全部模型求解后，再抑制部分模型进行子模型分析。

另外本模型为圆周对称模型，因此可以保留整体模型的 1/8，以进行对称模态分析。该模态计算的固有频率结果可以与全模型和子模型的计算结果进行对比，并尝试进行基于对称模态的谐响应分析。

鉴于此，需建立两个模型以备分析，一个是包含切分子模型的整体模型，一个是 1/8 局部模型，本书采用 SCDM 对其进行处理。

1）建立切割基准面，如图 3-4-2 所示。本例采用基于基准建立基准面，如图中 1 区所示，先点选坐标系中的 x 轴，再单击图中 2 区图标，创建一个基准平面。

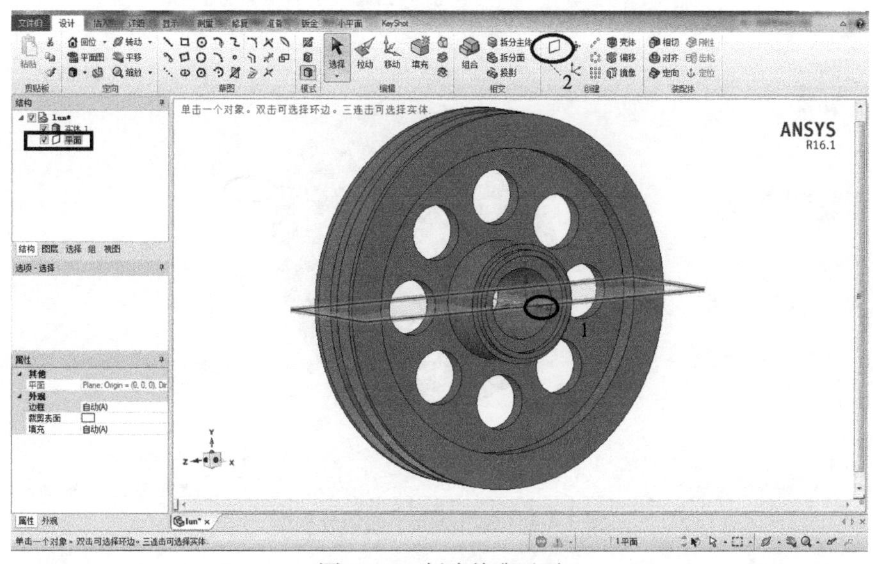

图 3-4-2　创建基准平面

新建的基准平面并不是切割模型的基准，因此还需要选择一定角度。如图3-4-3所示，单击图中1区图标（注意在左侧结构树中必须选中平面），在图中2区会出现类似陀螺的坐标图标，选中其中的x向旋转箭头，按住鼠标左键进行拖动，在3区出现的数值框内填写22.5°，完成基准平面的旋转。

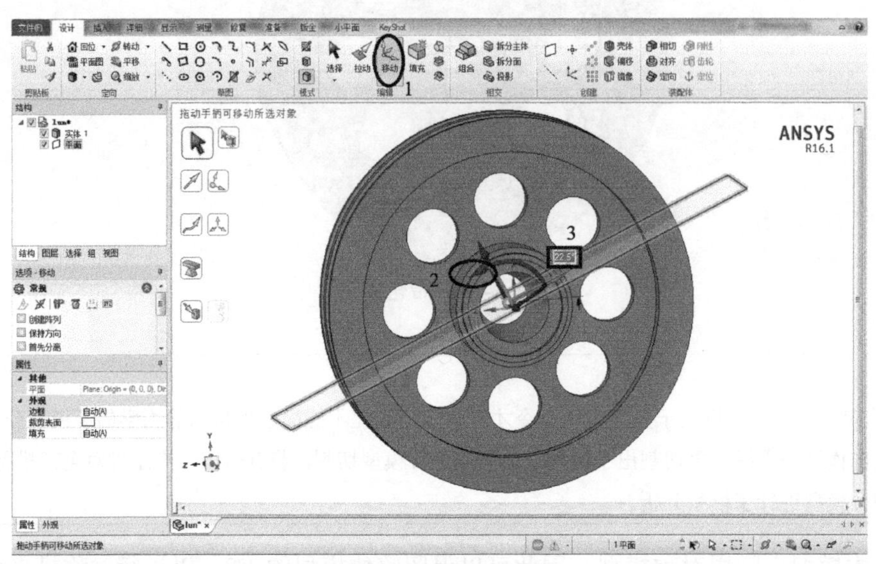

图3-4-3　旋转基准平面

同理再新建一个基准平面，旋转角度为67.5°。

2）切分模型。如图3-4-4所示，先单击图中1区图标（拆分主体），再在图中2区的基准平面上单击，即可将模型切分。如果再单击3区的模型，则可将单击的模型实体删除。本例并不需要删除模型，因此单击平面后，按Esc键退出即可。同理完成第二个基准平面的切分。

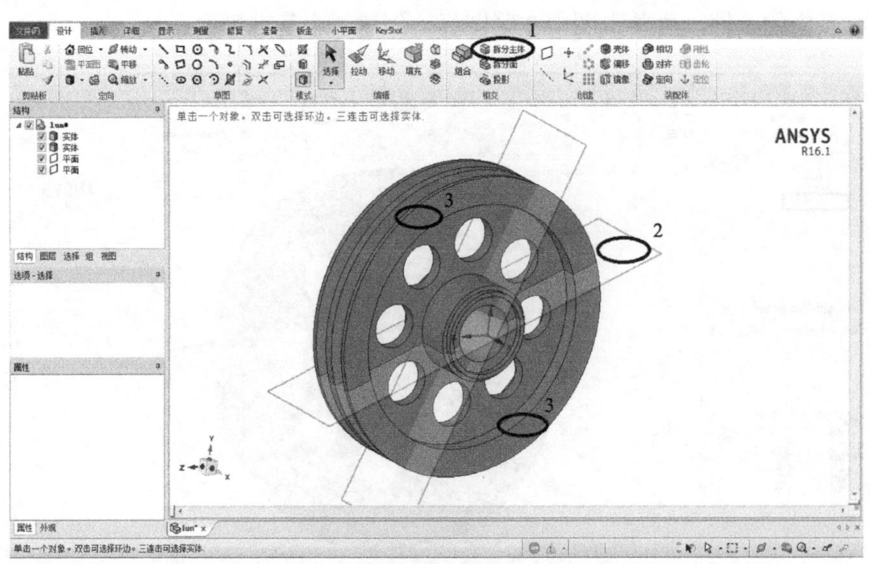

图3-4-4　利用基准平面切分模型

模型仅需要切出一个扇面，因此还需要对模型上内外圈的凸台进行切分。如图3-4-5所示，先单击图中1区图标（拆分主体），再对图中2区实体模型上的圆弧面进行单击，即可按实体模型上的面切分模型。同理完成基于3区所指圆弧面的模型切分。

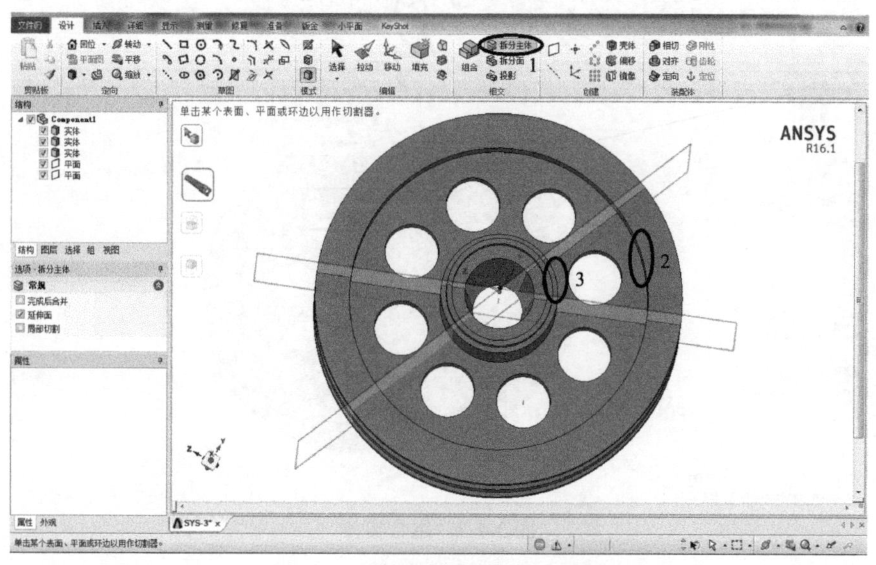

图 3-4-5 利用实体弧面切分模型

3）删除基准平面并合并模型。如图3-4-6所示，在左侧结构树中选中两平面，单击鼠标右键，在弹出的菜单中选取删除，就可删除前面创建的基准平面。这时基于该基准平面而切分出的实体不受影响。

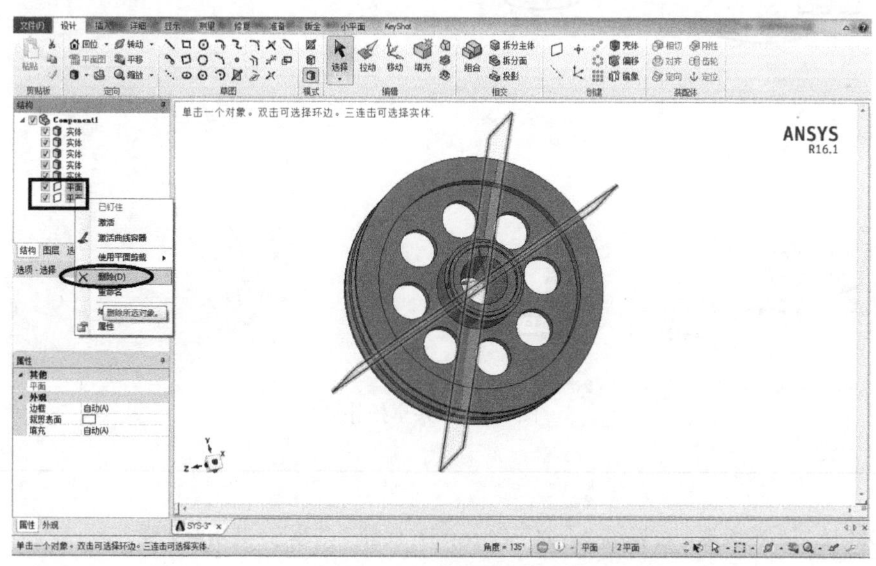

图 3-4-6 删除基准平面

如图3-4-7所示，在左侧结构树中选中除框选以外的所有实体，单击组合图标，将其余实体合为一体。

至此完成了子模型的建立。但是这两个实体没有任何图形拓扑关系，导入Mechanical界面后，两者仅可能存在接触连接关系，为保证计算精度［原因参见《ANSYS Workbench有限元分析实例详解（静力学）》]，还需对两实体进行共享拓扑（类似于 DM 中的 Form New Part 操作）。

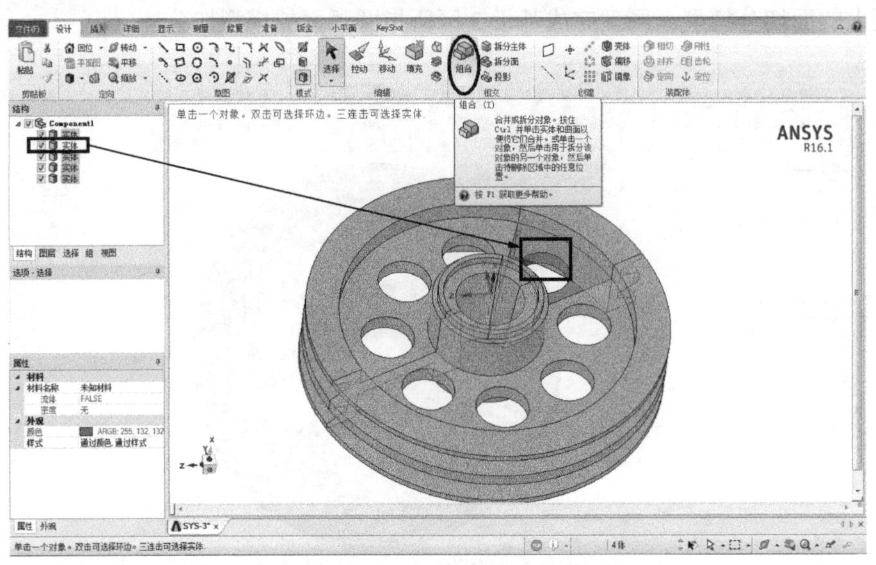

图 3-4-7　组合实体

4）共享拓扑。如图 3-4-8 所示，在左侧结构树中选中所有实体，单击鼠标右键，在弹出的菜单中选择“移到新部件”，即可形成一个“组件”。在下方的“属性”菜单中选择“共享拓扑结构”为“共享”，完成共享拓扑。

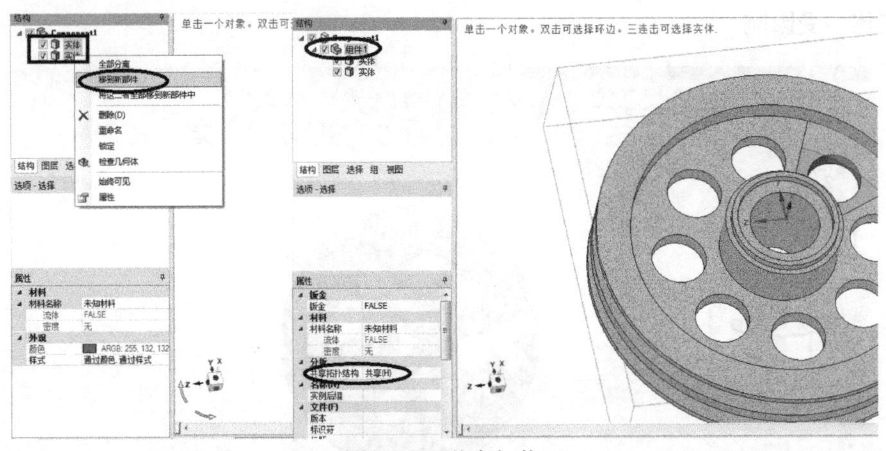

图 3-4-8　共享拓扑

> **注意**
>
> SCDM 15 以后的版本，可以用“合并”（merged）代替“共享”，其功能更强大。

（2）建立分析流程

如图 3-4-9 所示，建立分析流程。其中包括 A 框架结构的 SCDM 模块、B 框架结构的模态分析、C 框架基于 B 模态叠加的谐响应分析、D 框架由 C 框架中的 Duplicate（复制）而得（用于子模型的谐响应分析）、E 框架由 A 框架 Duplicate 中的而得（用于定义轴对称结构）、F 框架结构的模态分析（用于定义循环对称结构的模态分析）、G 框架基于 F 模态叠加的谐响应分析。

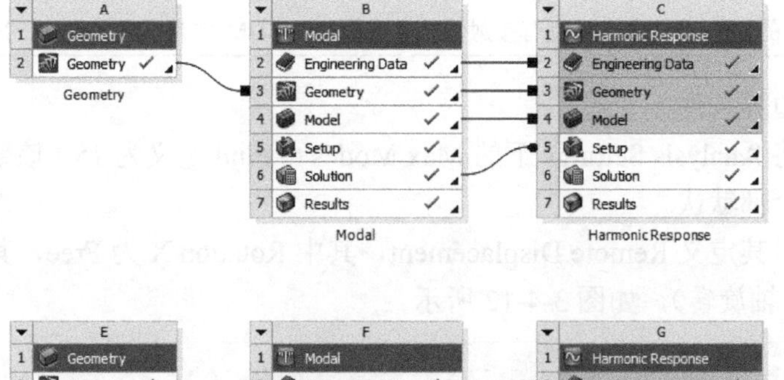

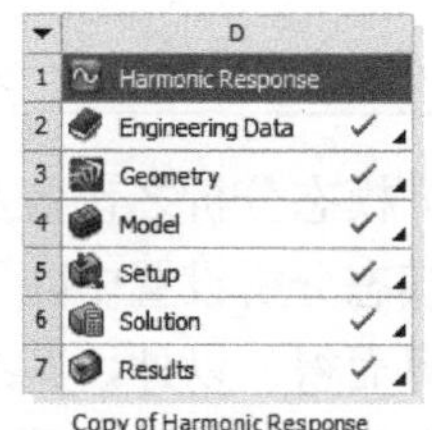

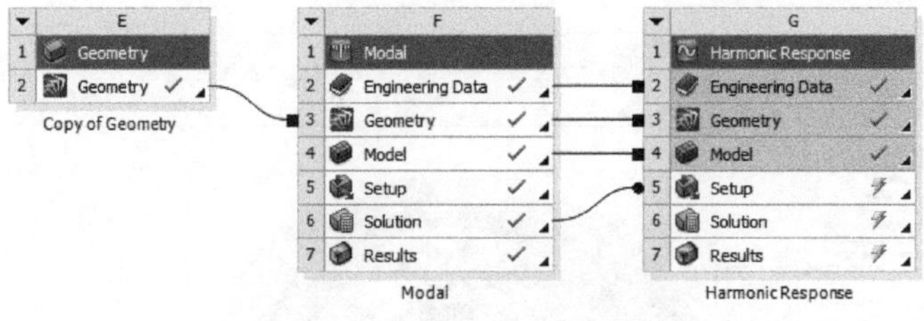

图 3-4-9 预应力谐响应分析流程

建立该分析的目的为：先进行完全模型的谐响应分析，再用子模型的谐响应分析与之进行对比，最后利用旋转对称结构与完全模型进行对比，以确定这类结构的谐响应分析应该采用何种分析方法。据此 E 框架的模型如图 3-4-10 所示，具体操作先参考图 3-4-4 所示的基准平面切分模型，然后将多余模型删除。

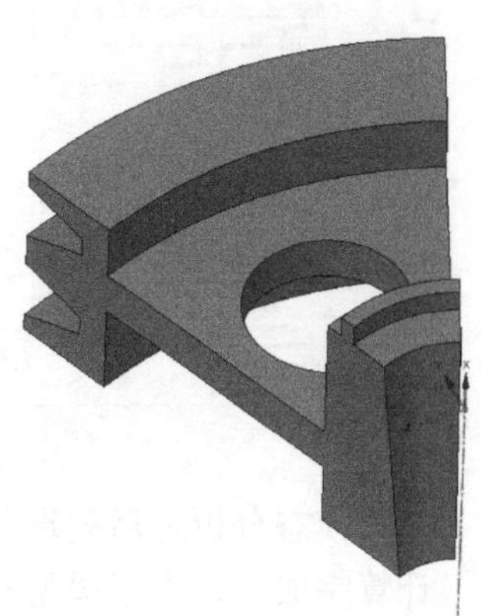

图 3-4-10 循环对称结构模型

（3）完全模型之网格划分

如图 3-4-11 所示，选中模型中的两个实体，对其采用基于尺寸定义的网格划分。其中 Type 选择为 Element Size，Element Size 定义为 10mm。

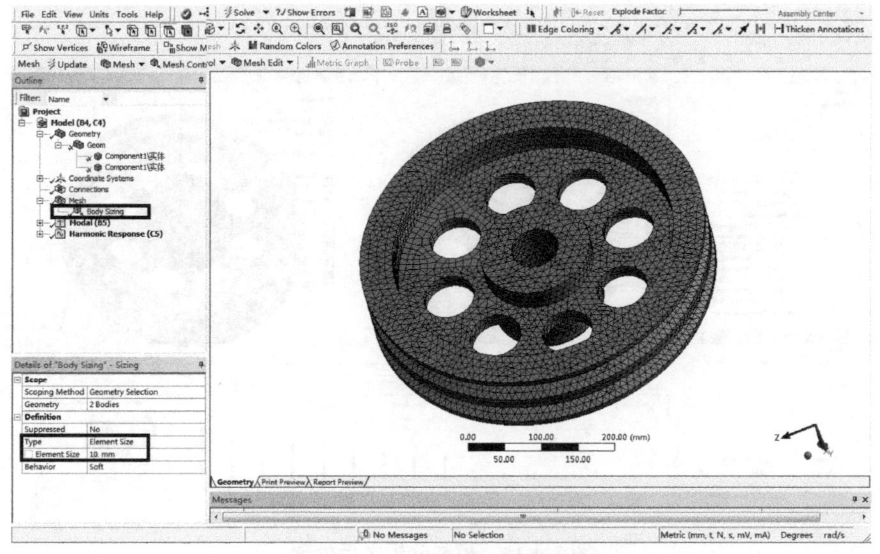

图 3-4-11 完全模型之网格划分

注意

从图中可以看到，两个实体的网格相互连续且没有接触设定，这是在SCDM中定义共享拓扑的效果。

（4）模态分析之设置及边界条件

在模态分析设置中除了将Analysis Settings下的Max Modes to Find定义为15（该数值为多次试算而得）以外，其余全部默认。

选择带轮的内孔锥面，对其定义Remote Displacement，其中Rotation X为Free，其余方向均设置为0（允许带轮绕x轴旋转），如图3-4-12所示。

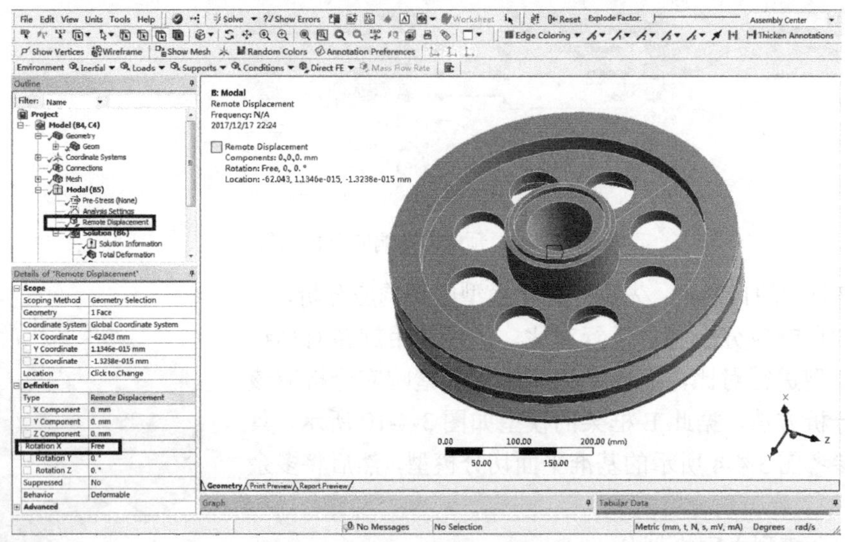

图3-4-12 模态分析之边界条件定义

（5）模态分析之后处理

计算完成后，由于模型有x向旋转自由度，因此模态结果中第1阶为0，查看第2阶和第3阶结果，如图3-4-13所示。这两阶的计算频率均约为315Hz，且振型均表现为对称形式。

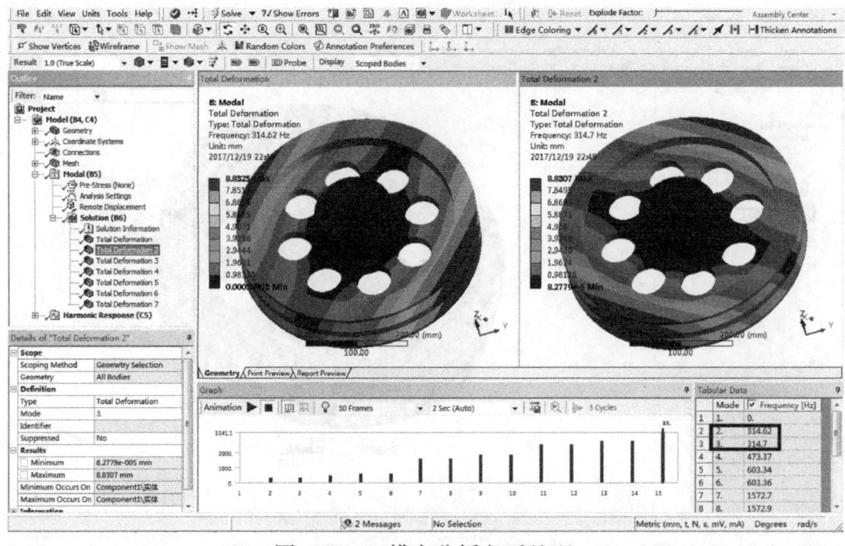

图3-4-13 模态分析之后处理

查看 Solution Information 中的振型参与系数，第 2 阶最主要的参与方向表现为 z 向旋转，第 3 阶最主要的参与方向表现为 y 向旋转。

（6）模态叠加的谐响应分析之设置及边界条件

如图 3-4-14 所示，将 Analysis Settings 下的 Frequency Spacing 选项设置为 Linear（线性），Range Minimum 定义为 0Hz、Range Maximun 为 1000Hz，Solution Intervals 定义为 10，Include Residual Vector 选择为 No、Cluster Results 选择为 Yes，Store Results At Frequencies 选择为 Yes。

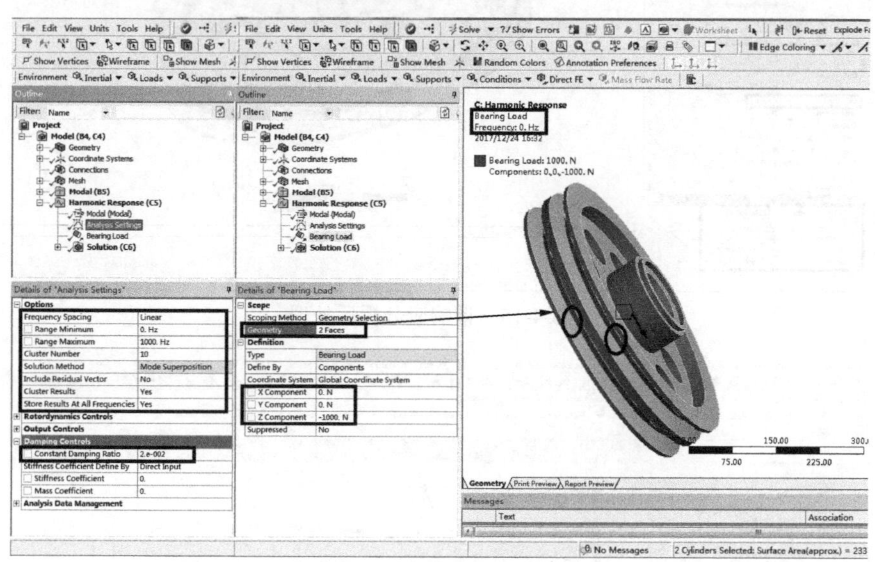

图 3-4-14　谐响应设置与边界条件

定义 Damping Controls 中的 Constant Damping Ratio 为 0.02。如果不定义该参数，则谐响应分析将表现共振时产生的振幅，导致结果数值非常巨大，完全失去了工程意义，本例参数仅为参考。阻尼比参数的定义应以实验测试为准，例如钢白车身可取阻尼比为 1%，对没有滑动接头或阻尼支撑器的铝制构件阻尼比为 0.5%，而且阻尼比并不全部相同，高阶模态具有更高的阻尼。因此对所有模态都定义相同的阻尼比，是相对保守的方法。

选择带轮的两条内槽面，对其加载 Bearing Load，方向指向模型的 z 向，大小为−1000N。

注意

本例使用 Bearing Load 定义皮带对带轮的张力，在静力学分析中，这是非常合适而且必要的。但是在谐响应中，由于相位的变换会使 Bearing Load 由压力变为拉力，因此在谐响应分析中，对于皮带对带轮的张力应该采用基于函数的远程力。本例采用 Bearing Load 是因为本次分析的重点在于子模型的建立及结果对比，暂且忽略了载荷的初始相位对谐响应结果的影响，所以采用了该边界条件。

（7）谐响应分析之后处理

计算完成后，先读取频率响应的 Deformation 结果，如图 3-4-15 所示。在 Geometry 处选择带轮的中间外圆面，Orientation 处选择 Z Axis（Bearing Load 的加载方向）。

计算结果如图 3-4-16 所示。可知最大的 z 向变形为 8.13e-4mm，相位为 118.59°，此时的频率为 312.92Hz，该频率结果与模态计算的结果几乎一致。

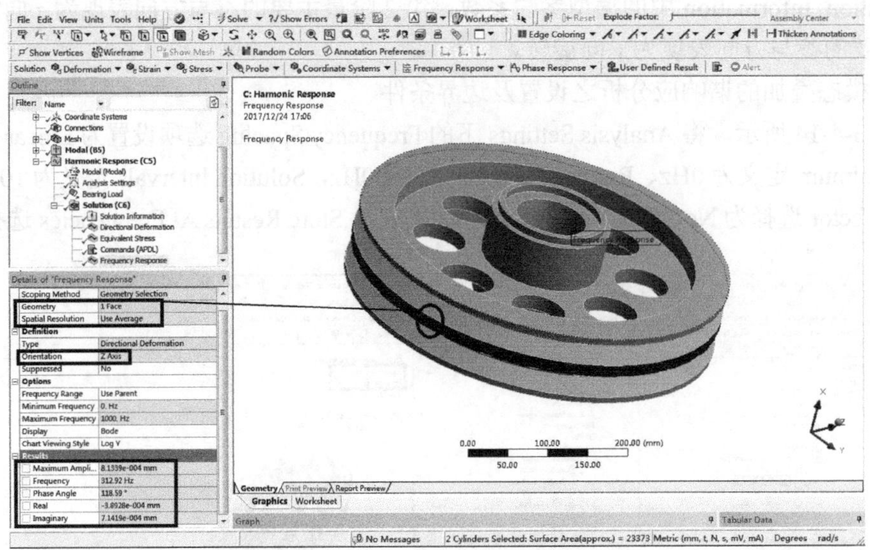

图 3-4-15 谐响应分析后处理

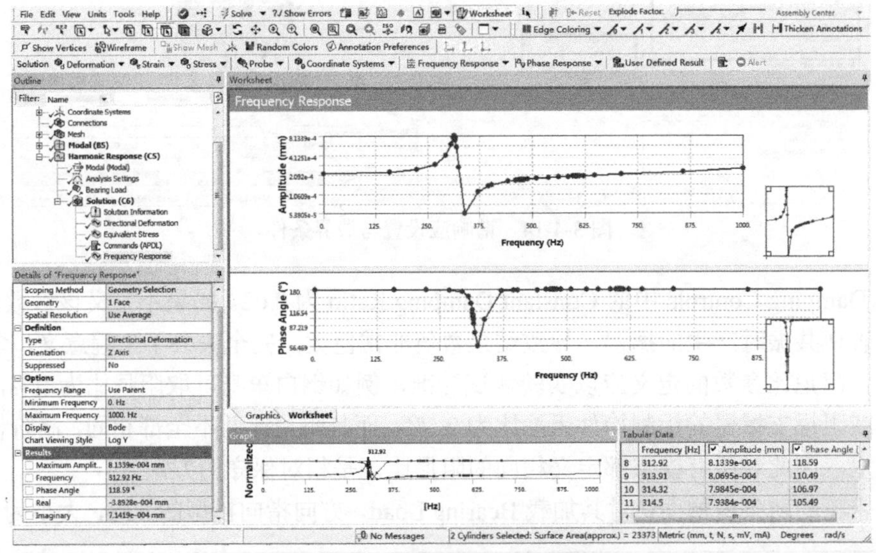

图 3-4-16 谐响应分析之后处理

读取该频率及对应相位的变形和应力云图，如图 3-4-17 所示。注意，输入的相位角与 Bode 图所得的相位相反，可知在此频率和相位下，最大的等效应力为 6.1MPa，位于分割区内。

由于 Workbench 暂不支持类似静力学设置方法（直接拖曳式定义谐响应子模型分析），必须通过调用命令来完成设置，因此在完全模型谐响应分析的后处理中插入一条命令，内容如下：

```
save,Course,db    ! 存盘
/COPY,file,RST, ,D:\ANSYS\submodal_files\dp0\Course,RST   ! 保存*.rst 文件到指定目录
/COPY,Course,DB, ,D:\ANSYS\submodal_files\dp0\Course,DB   ! 保存*.db 文件到指定目录
```

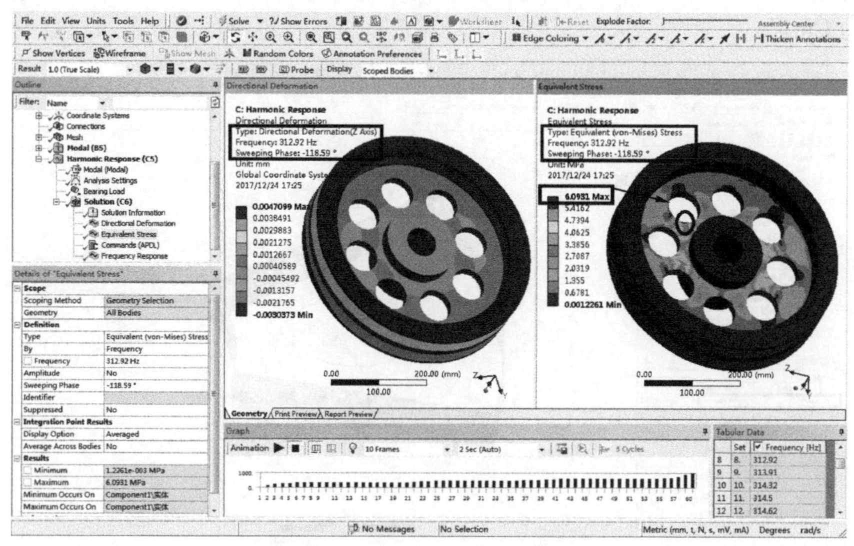

图 3-4-17 谐响应分析之后处理

（8）谐响应子模型分析之前处理

鼠标双击 D4（Model）进入谐响应分析，该谐响应分析由之前的模态叠加的谐响应分析复制而得，用于定义谐响应子模型分析。

如图 3-4-18 所示，先抑制（suppress body）大的局部模型，只保留小的局部模型以用于子模型。划分网格时，先选择一个圆弧扇面，对其定义 Face Meshing，其中 Internal Number of Divisions 定义为 5，表示映射面网格共有 5 层；再选择圆弧扇面周边的 4 条线，对其定义 Sizing，其中 Number of Divisions 定义为 20，Behavior 选择为 Soft，表示这 4 条边线按需等分为 20 份；最后选择子模型厚度上的一条边线，对其定义 Sizing，其中 Number of Divisions 定义为 5，Behavior 选择为 Soft，表示对模型的厚度方向等分为 5 份。

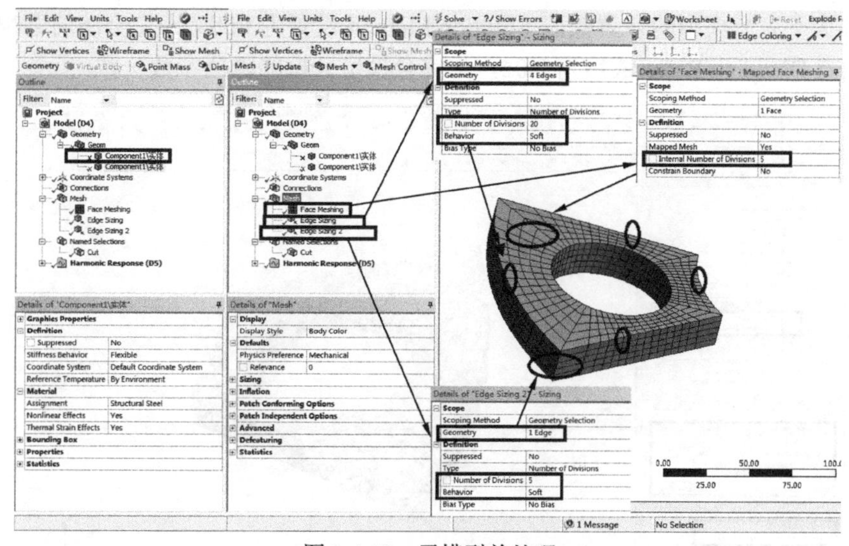

图 3-4-18 子模型前处理

此外为了调用模型边界，还需要对模型的切割面进行定义，如图 3-4-19 所示。选择子模型的 4 个切割面（可理解为完全模型中局部模型的接触面或拓扑面），采用 Named Selections

将其命名为Cut。

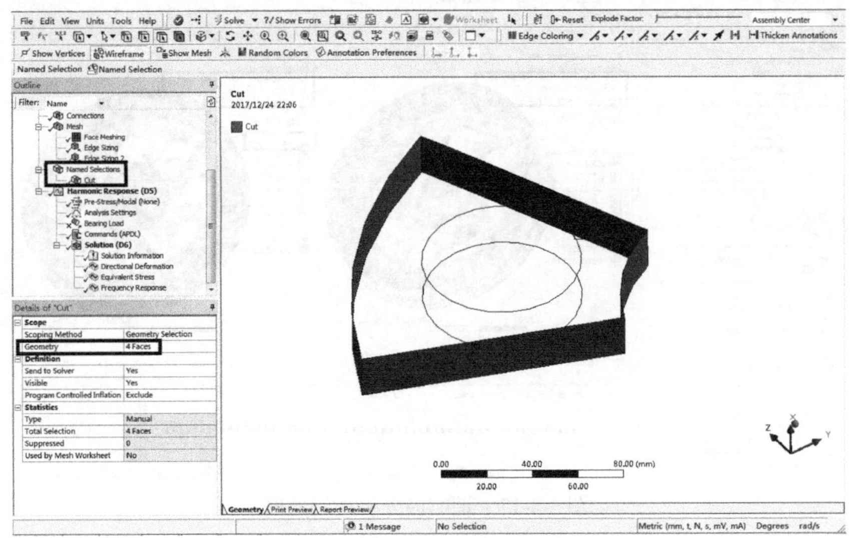

图 3-4-19 子模型命名选择

> **注意**
>
> 子模型不仅可以直接调用本例中整体模型中的局部模型，而且还可以对局部模型进行局部修改（例如增加倒角、改变内孔直径），只要子模型的切割面不发生变化，均可进行子模型处理。

（9）谐响应子模型分析之设置

如图 3-4-20 所示，将 Analysis Settings 下的 Frequency Spacing 选项设置为 Linear（线性），Range Minimum 定义为 100Hz、Range Maximun 为 1000Hz（子模型计算量大，因此不从 0Hz 开始扫频），Solution Intervals 定义为 100（由于后续存在命令，未必需要 100 次分解，但是设置数应该大于完全模型的设置数），Solution Method 设置为 Full（为完全法的谐响应分析）。定义 Constant Damping Ratio 依然为 0.02，与完全模型分析的阻尼参数一致。

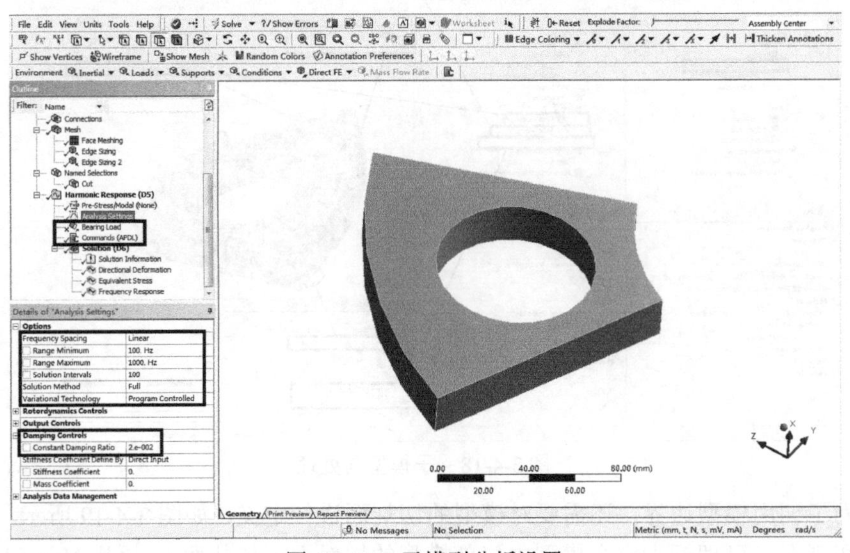

图 3-4-20 子模型分析设置

抑制原来的 Bearing Load 边界条件，再新增命令，内容如下：

```
fini
/delete,cut,node       !如果文件已存在则删除
/prep7
cmsel,s,CUT            ! 对应之前的命名选择
nwrite,cut,node        ! 将切割面边界条件的节点信息写入文件中
alls
save                   ! 存盘
!!!! Resume of the Course mesh .db and .rst to interpolate the cut boundary
conditions
!!!! For Harmonic analysis both Real and Imaginary displacement have to be
interpolated
fini
/clear
/delete,cbdo,cbdo
resume,D:\ANSYS\submodal_files\dp0\Course,DB   ! 路径对应完全模型后处理定义的路径
/post1
file,D:\ANSYS\submodal_files\dp0\Course,RST    ! 路径对应完全模型后处理定义的路径
*get,i,active,,set,nsets
nsets=i/2                                      ! 复制已存在的谐响应分析结果
*dim,nfreq,array,nsets,1,1
 *do,i,1,nsets
 set,1,i,,REAL $ cbdo,cut,node,,cbdo,cbdo,,1,CB%i%,0
 set,1,i,,IMAG $ cbdo,cut,node,,cbdo,cbdo,,1,CI%i%,0
 *get,nfreq(i),active,,set,freq
*enddo
fini
parsav,all,file,parm                           ! 保存参数到文件中
resume
parres,change,file,parm                        ! 从文件再读取参数
/solu
antype,harmic
hropt,full
dcum,replace
*do,i,1,nsets
 /nopr
 dcum,repl,1,1 $ /inp,cbdo,cbdo,,:CB%i%
 dcum,add,1,1 $ /inp,cbdo,cbdo,,:CI%i%
 harfrq,nfreq(i),nfreq(i)
 nsubst,1,1,1 $ solv
*enddo
fini
```

（10）谐响应子模型分析之后处理

计算完成后，先读取频率响应的 Deformation 结果，如图 3-4-21 所示。在 Geometry 处选择子模型的外圆弧线，Orientation 处选择 Z Axis（Bearing Load 的加载方向）。由结果可知，

最大的 z 向变形为 8.4042e-004mm，相位为−118.54°，此时的频率为 316.41Hz。

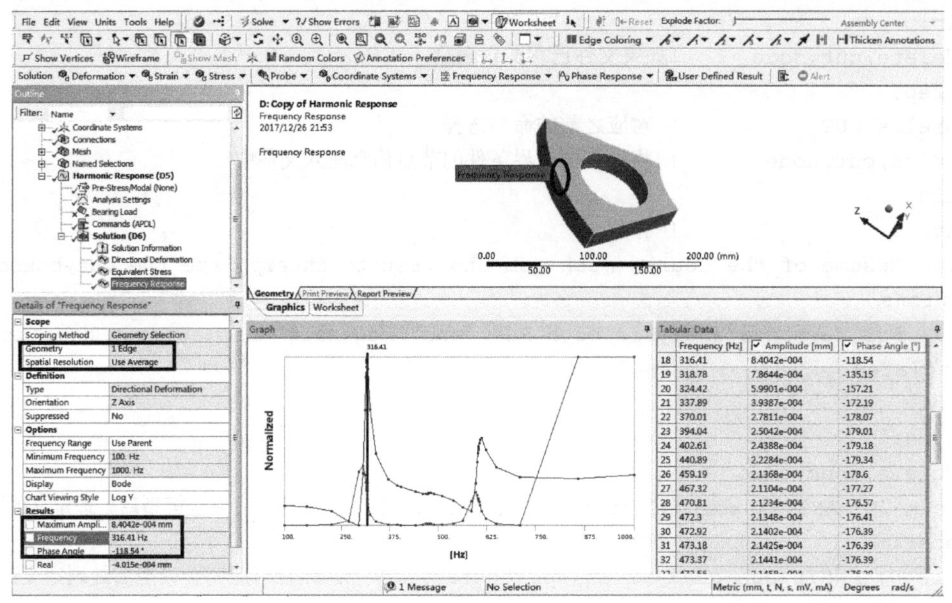

图 3-4-21　子模型分析后处理

提示

简单对比图 3-4-16 与图 3-4-21 可知，其振幅、频率结果基本一致，只是相位相反。其相位相反的原因可参照 3.2 节内容，同时子模型是从完全模型中读取相应后处理的位移条件。

如果在完全模型中同样以该局部模型的外圆弧边界线来定义扫频结果，则会发现完全模型和子模型的振幅相差甚多。这主要是由于扫频分析得到的频率结果不同而造成的，在完全模型中扫频结果为 312.92Hz，该结果由于网格数量的限制，必然存在一定的分析误差，且分析结果中在 312Hz、595Hz 附近存在两个峰值。这与模态计算结果的 315Hz、603Hz 基本近似，它并没有在 473Hz 附近出现峰值，这是因为外载荷方向与振型方向基本正交。在子模型中，会在 316Hz、611Hz 附近出现峰值，由于采用足够多且细密的网格数量，因此子模型扫频的结果更为准确。再以子模型扫频的频率结果（316Hz）对比查看完全模型扫频分析的振幅结果，可以发现此时两者计算所得的振幅基本一致。

读取该频率及对应相位的应力云图，如图 3-4-22 所示。注意，输入的相位角与 Bode 图所得的相位相反，可知在此频率和相位下，最大的等效应力为 6.7MPa，其应力分布形式与图 3-4-17 所示的应力分布云图完全一致。但由于应力结果大于完全模型的计算结果（符合有限元计算中结果应力与网格的关系），因此可认为子模型所得应力结果更为精确。

（11）循环对称结构的模态分析前处理

本模型为圆周模型，因此模态分析可以采用循环对称（周期对称）形式，循环对称也是一种基本的子模型分析。以图 3-4-10 所示模型进行模态分析。鼠标双击 F4（Model）进入 Mechanical 界面，首先建立圆柱坐标系，这是进行循环对称设置的必要条件。如图 3-4-23 所示，先建立一个新坐标系 Coordinate System，在 Type 处选择 Cylindrical（圆柱坐标系），在 Define By 处选择 Global Coordinates（基于原全局坐标系的位置定义新坐标系），Axis 处选择 *x*、Define By 处选择 Global Z Axis（以全局坐标系的 *z* 轴定义为新坐标系的 *x* 轴，目的在于让新坐标系的 *y* 轴为模型的轴向）。

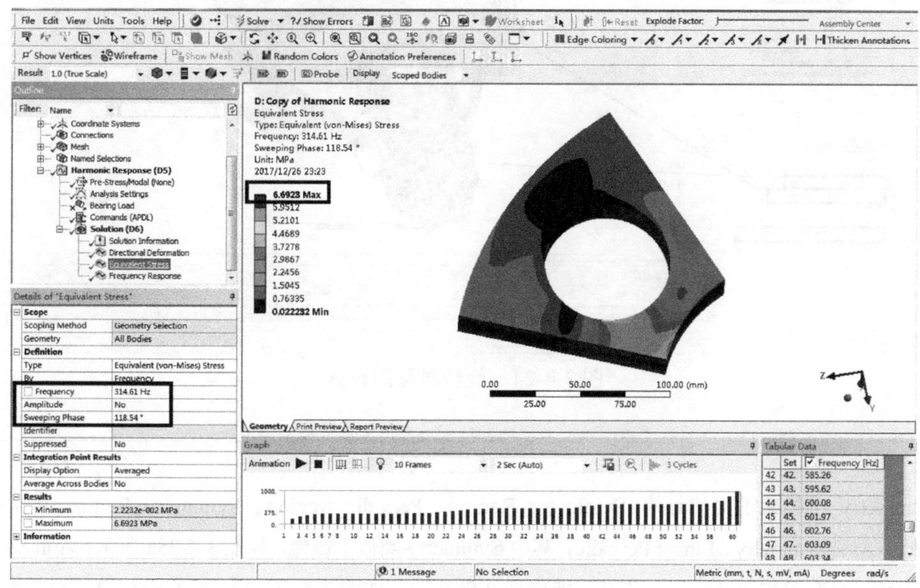

图 3-4-22　子模型分析后处理

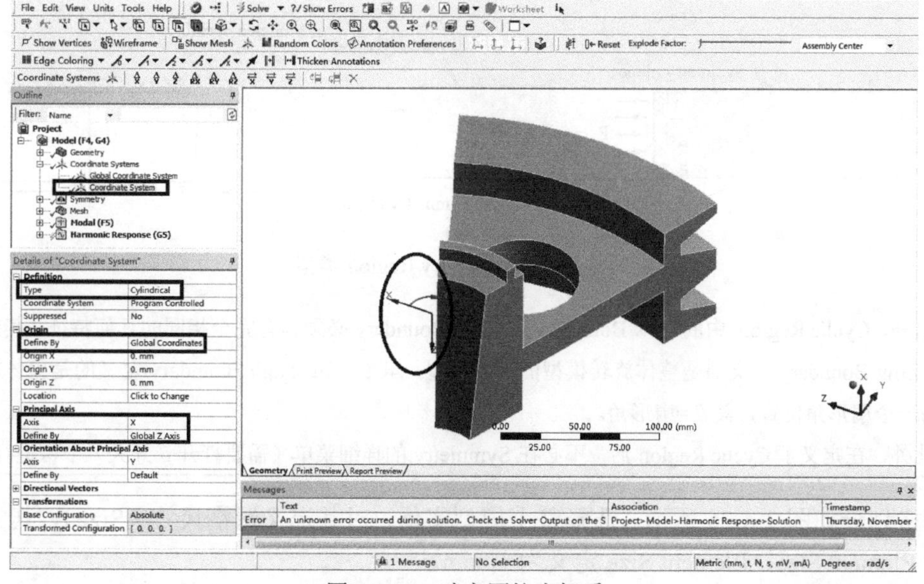

图 3-4-23　建立圆柱坐标系

循环对称的设置如图 3-4-24 所示。首先用鼠标右键单击 Symmetry，在出现的菜单中依次单击 Insert-Cyclic Region，在 Low Boundary 和 High Boundary 处分别选择图中的切割面，在 Coordinate System 处选择前步定义的圆柱坐标系。

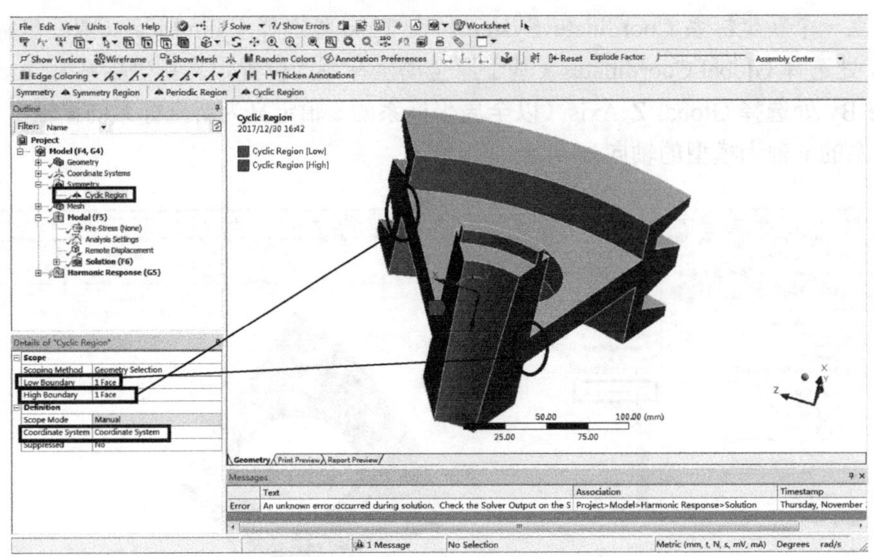

图 3-4-24 旋转对称的设置

提示

Symmetry 可插入的对称还有 Symmetry Region、Periodic Region。Symmetry Region 可选类型为 Symmetry、Anti-Symmetry、Linear Periodic，其中 Symmetry 类似于镜像，如图 3-4-25a 所示；Anti-Symmetry 为法向旋转，且在对称面（线）上依然可能出现法向运动，如图 3-4-25b 所示；Linear Periodic 为一个方向的多个平移阵列，如图 3-4-25c 所示。Periodic Region 用于电磁场分析。

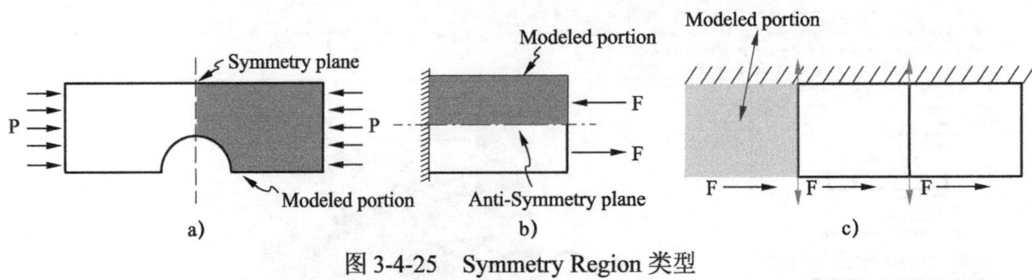

图 3-4-25 Symmetry Region 类型

另外，Cyclic Region 中的 Low Boundary 和 High Boundary 必须具有完全相同的几何特征。其定义规则为：Low Boundary 定义的是整体旋转模型的基础位置，其 $\theta = 0$；High Boundary 定义的是整体旋转模型中的一个扇形角位置，其 θ=扇形角。

此外，在定义了 Cyclic Region 后，不必在 Symmetry 的详细菜单（需要打开 β 开关）中可进行设置。

网格划分如图 3-4-26 所示。选择整个模型实体，对其定义网格尺寸（Size），其中 Type 选择为 Element Size，Element Size 定义为 10mm。

注意

对于循环对称结构的网格划分，还可以采用 Mesh→Match Control 定义网格匹配。其中 High/Low Geometry Selection 分别根据 Symmetry→Cyclic Region 的设置进行选择，Transformation 选择为 Cyclic（圆周）（Arbitrary：基于坐标系的任意匹配），Axis of Rotation 选择相应的坐标系。

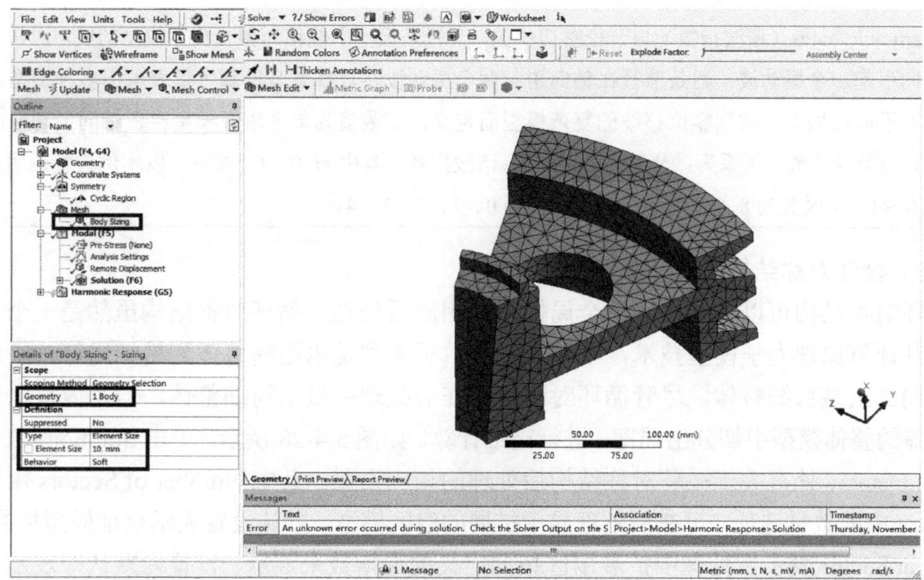

图 3-4-26 网格划分

（12）循环对称结构的模态分析设置和边界条件

设置如图 3-4-27 所示，将 Analysis Settings 下的 Max Modes to Find 定义为 4，Cyclic Controls 处的 Harmonic Index Range 设置为 Manual，Minimun 定义为 0，Maximum 定义为 4，Interval 定义为 1（最小为 0、最大为 4、间隔为 1），其余全部默认。

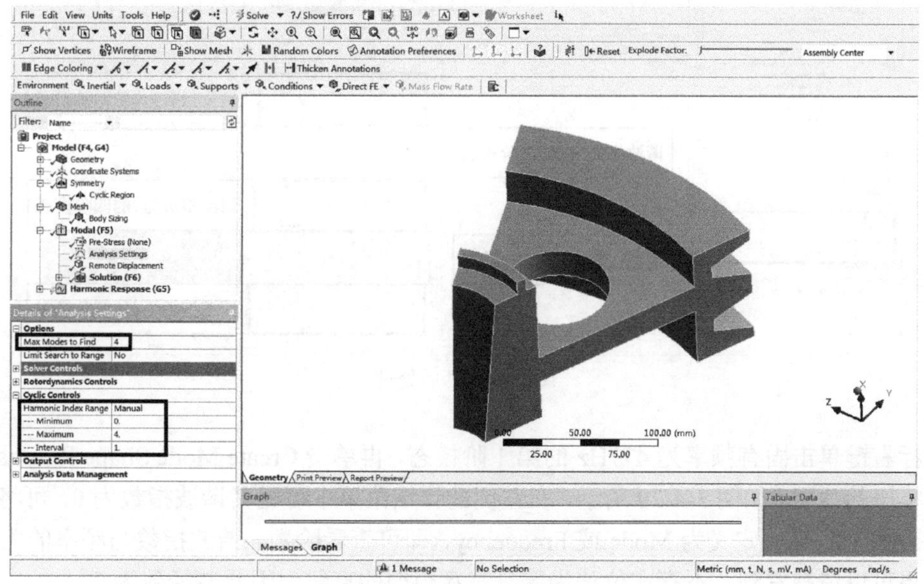

图 3-4-27 分析设置

选择带轮的内孔锥面，对其定义 Remote Displacement，其中 Rotation X 为 Free，其余方向均设置为 0（允许带轮绕 x 轴旋转），这与图 3-4-12 类似。

提示

Harmonic Index（谐波指数）与节径密切相关。节径是振型中位移为零且贯穿模型的线，通常一条节径在轴向引起一个振动波，两条节径在轴向引起两个振动波，且每条节径都可以表现出多种振型。谐波指数针对不能在振型中找到零位移线的复杂模型而定义，其数值为单个扇区模型存在轴向振动自由度的整数倍。与节径的数学关系为：节径=m×扇区数±谐波指数，其中 m=0、1、2...∞。以本例进行说明，谐波指数取 0～4，扇区数为 8（45°模型），则节径为 0、1、2、3、4。

（13）循环对称结构的模态分析后处理

循环对称结构可以扩展显示出全局模型的相应后处理。循环对称结构虽然是一个局部模型，但其计算原理为子模型技术，不是子结构。子模型是由粗糙整体到精细局部，子结构是由精细局部组装精细整体。尽管循环对称可以在后处理中显示精细整体，但是内核原理依然为从粗糙的整体模型中切分出局部，进行精细计算。如图 3-4-28 所示，单击 Solution，在 Cyclic Solution Display 处有关于循环对称结构后处理的相应设置。其中 Number of Sectors 用于代替 Symmetry 中的数量选项，可在后处理显示扩展的扇区模型，默认设置表示全部模型扩展显示；Starting at Sector 表示后处理中扩展扇区按此定义的递增数来显示，设置为默认即表示从扇区 1 开始扩展到指定扇区。计算完成后，可以看到 20 阶振型表现。

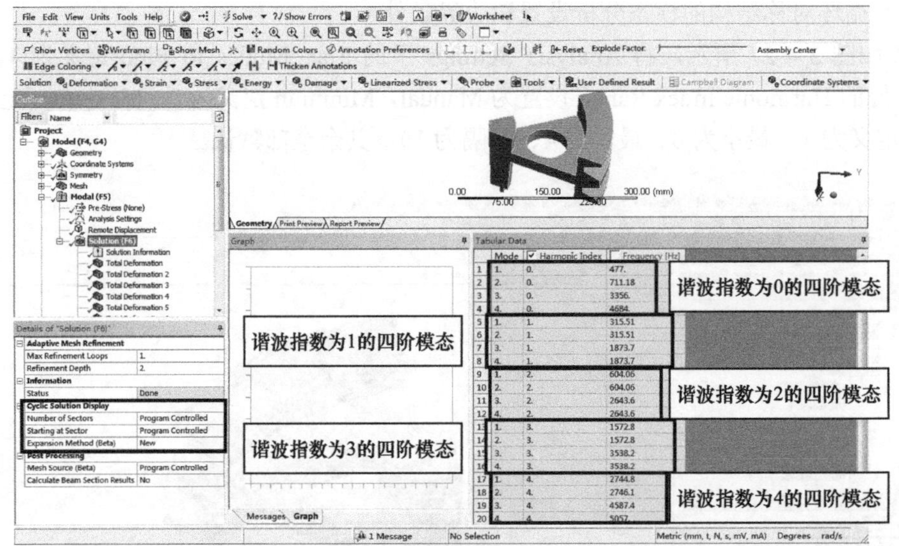

图 3-4-28　后处理

鼠标右键单击固有频率为 477Hz 的第 1 阶模态，再单击 Create Mode Shape Results，可查看此阶模态的振型。如图 3-4-29 所示，在左侧的详细菜单中可见其谐波指数为 0，可将 Graph Controls 处的 X-Axis 定义为 Mode 或 Frequency，即可查看阶数、谐波指数与频率的关系。从振型结果可以清楚看到，不存在位移为零且贯穿模型的直线，因此节径数为 0。

注意

在右侧结果中可以看到频率相等、成对出现的振型，这种振型只在 0<谐振指数<扇区数/2 时出现。

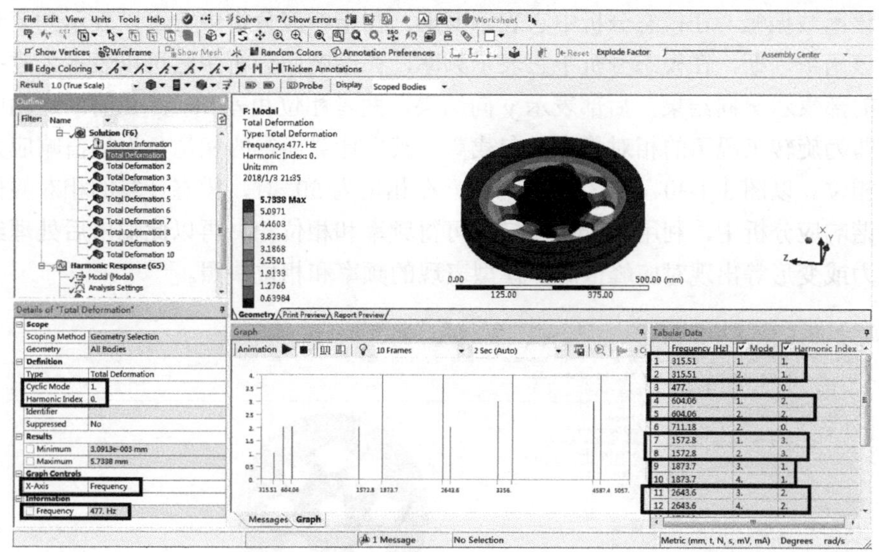

图 3-4-29 后处理

读取谐振指数为 1 且固有频率为 315.51Hz 的第 1 阶、第 2 阶振型，如图 3-4-30、图 3-4-31 所示。在左侧的详细菜单中可见其谐波指数为 1，这种成对出现的振型在后处理中会增加 Allow Phase Sweep 这个选项，将其设置为 Yes 后，可将 Graph Controls 处的 X-Axis 定义为 Phase，即可查看相位角与振幅的关系。对比如图 3-4-30、图 3-4-31 可知，模型最小振幅的相位角相差 90°，这是因为该阶振型的节径数均为 1，这必然导致相位差为 90°；如果节径数为 2 或 3，则其最大/最小振幅的相位差为 90° 的整数倍。

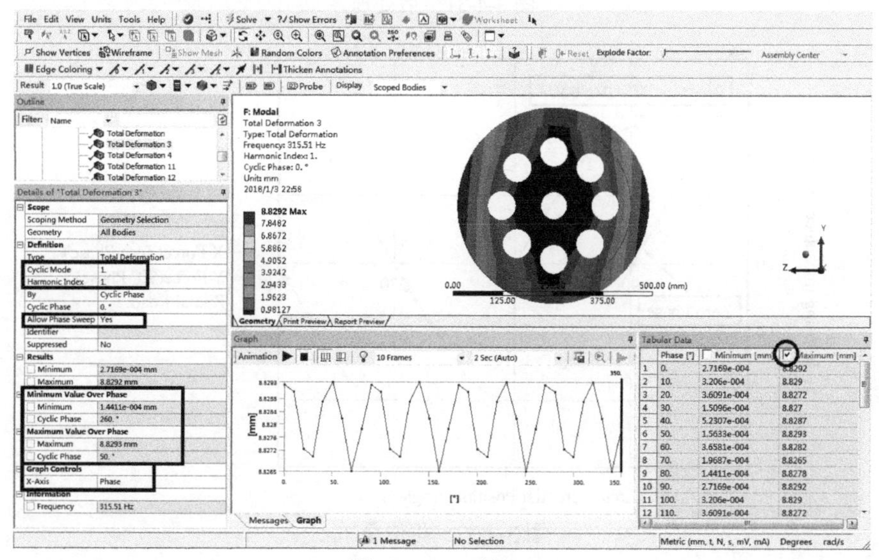

图 3-4-30 后处理

若只勾选最大振幅值，可以看到相位角与振幅的关系基本为变化幅值很小的曲线，如图 3-4-32 所示。该曲线实际上是由一条正弦曲线和一条余弦曲线叠加而成的。在这类旋转工况下，均可以用一对相互正交的振幅矢量进行数学描述，两者叠加为：$A\cos\omega t + A\cos(\omega t - \pi/2)$，

其中 A 为该函数振幅，在模态分析中它表示变形，在谐响应分析中它可以表示为变形、应力等；ω 为该函数周期，在模态分析中它表示频率，在谐响应分析中它可以表示为频率、转速等；式中前部表示 x 向结果，后部表示 y 向结果，两者相位相差 90°。在简谐运动中，叠加后的曲线即为旋转工况下的相对稳定径向载荷。其中计算而得的相位角为幅值响应为最大值时的瞬时相位。以图 3-4-30、图 3-4-31 为例，在相位为 50° 时，模态计算的相对幅值表现为最大。在谐响应分析中，利用 Bode 图扫描可得频率和相位角，再以此输出后处理结果，这就表示应力或变形等出现对应峰值时，模型表现的频率和相位快照。

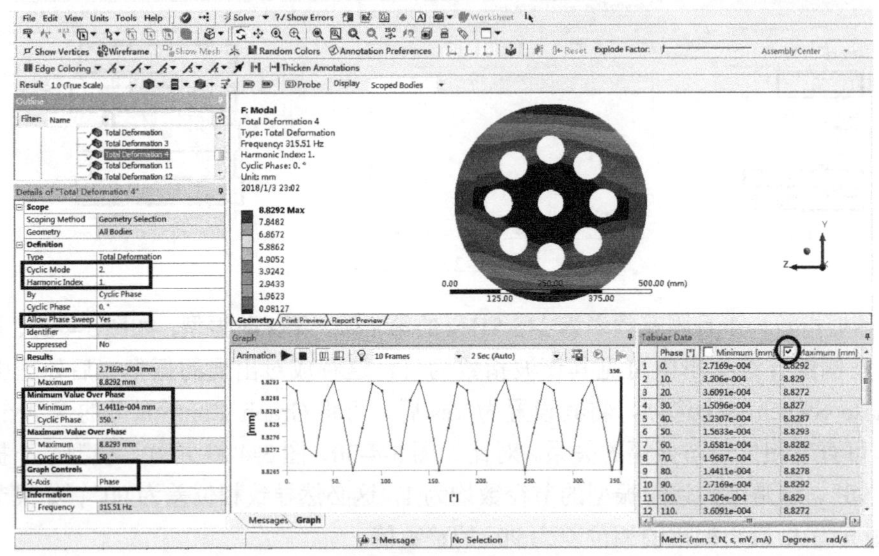

图 3-4-31　后处理

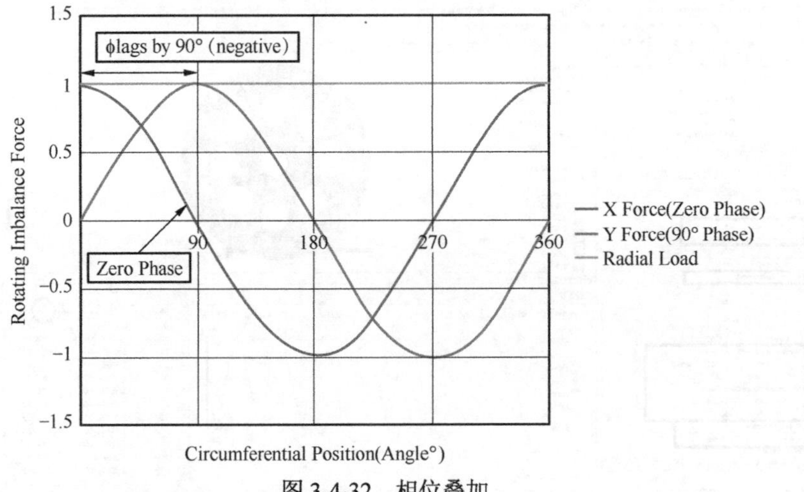

图 3-4-32　相位叠加

（14）循环对称结构的谐响应分析

如图 3-4-9 所示，进入模态叠加谐响应分析。双击 G5（Setup），与图 3-4-14 所示的边界条件完全一致，然后求解。

软件不能求解，如图 3-4-33 所示。错误提示如下：“A cyclic symmetry modal analysis cannot be restarted. The ANTYPE command is ignored."，这是因为 Workbench 暂不支持循环对称结构的模态叠加谐响应分析。

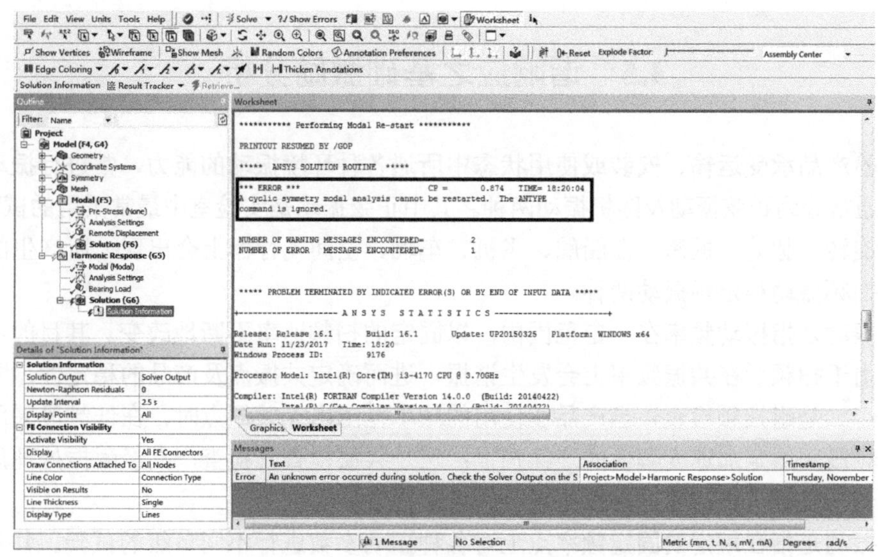

图 3-4-33　模态叠加谐响应分析求解失败

既然采用模态叠加的谐响应分析不能进行计算，那么采用完全法的谐响应分析能否计算？如图 3-4-34 所示，再建立一个新的谐响应分析。注意它与前者谐响应分析的区别。双击 H5 进行设置，其具体设置与前文一致，不再赘述。读者将相应边界条件复制后，再粘贴此处即可，并求解。

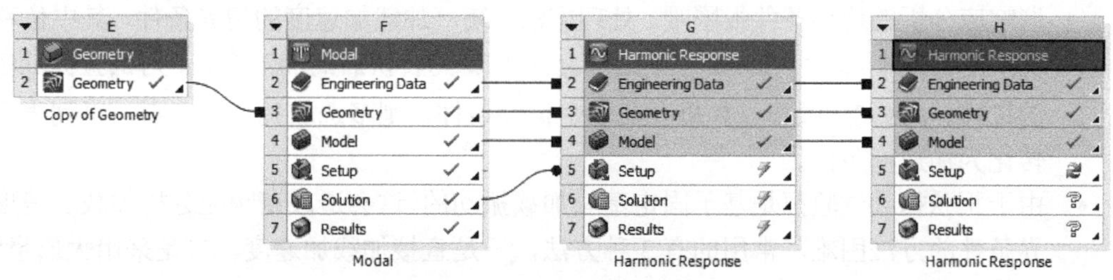

图 3-4-34　新建谐响应分析

软件可以求解。但是由于循环对称结构不支持谐响应分析，因此得到的计算结果仅为那部分模型的谐响应分析，与全局模型毫无关系。

（15）小结

子模型分析是一个重要的有限元分析技术，可以不受硬件和时间的限制，可在一个复杂模型的局部区域中得到更精确的后处理结果。谐响应的子模型分析不仅能够通过修改子模型的边界倒角/圆角，得到准确的应力结果；而且还可以修改子模型（例如钻孔/加筋等），得到有限元分析简化前的真实模型的应力结果；还可以通过该技术得到非常精密的模态分析频率结果和模态应力应变分布，以为结构动刚度分析提供理论依据。

本例没有涉及预应力的谐响应子模型分析。预应力的谐响应子模型分析的操作细节与本例完全一致，区别仅在于预应力的谐响应子模型分析中的模态分析模块前需增加静力学分析模块，读者可以自行完成。

3.5 谐响应之基础激励分析

为检验产品承受运输、安装或使用状态中所遇各种环境振动的能力，常进行振动试验。振动试验通常分为正弦振动及随机振动两种。其中正弦振动是实验室中最常采用的试验方法，用于模拟旋转、脉动、振荡（在船舶、飞机、车辆、空间飞行器上会出现）所产生的振动，其又分为扫频振动和定频振动两种。

扫频振动是指振动频率在一定范围内，以固定的扫频速率不断地改变。其目的：一是共振检查，由于扫频后在共振频率上会发生谐振，进而确定共振点及产品的稳定性，并进行耐振性测试；二是耐扫频检查，当产品在使用的频率范围内无共振点时，在低频段采用定位移幅值，高频段采用定加速度幅值的连续扫描；三是共振检查，检查产品经耐振处理后各共振点有无改变，以确定产品通过耐振处理后的可靠程度。

定频振动是指在规定的固定频率点上对各种振动参数进行不同量级的试验。其目的：一是耐共振频率处理，在明显的共振频率点上，施加规定振幅的振动，以考核产品耐共振的能力；二是耐预定频率处理，在已知的产品使用环境条件和振动频率下，考核产品在预定危险频率时承受振动的能力。

正由于正弦振动的试验应用广泛，因此相关仿真计算也是谐响应分析的最典型实例之一。其分析的几个难点如下。

- 正弦扫频试验标准通常规定：低频段以位移加载，高频段以加速度加载。这造成定义谐响应分析的边界条件很困难。处理方法：统一加载加速度的边界条件，其中位移工况采用公式 $a = x\omega^2 = x(2\pi f)^2$ 来处理。式中 a 为转换后的加速度、x 为试验标准定义的位移、f 为扫频频率。如果存在多个位移条件，则多选取几个频率点，以列表形式转化为加速度条件。
- 由于正弦扫频试验都是基于固定基座加载振动的，这会造成谐响应分析加载加速度边界条件的方法困难。常用的有 3 种方法，一是直接加载加速度、二是采用大质量法、三是采用基础加速度法。
- 重力加速度的叠加问题。一般正弦扫频不考虑重力加速度，如果必须将重力加速度纳入研究对象时，则不能简单地将重力加速度与激励加速度相叠加，应该采用基于重力加速度的静力学分析和基础激励的谐响应分析的叠加方法，类似于 2.2.3 节内容。
- 后处理问题。很多读者掌握了加速度激励的计算方法，但是若不了解加速度激励谐响应分析的后处理方法，则会造成对计算结果的误判。

下面以电池托架为例，描述谐响应的基础激励分析，其模型如图 3-5-1 所示。下方为电池托架，上方为 6 块电池，电池托架的安装孔和圆角已经处理过。由于重点研究托架的受载情况，且电池的杨氏模量和泊松比不能确定，因此将其简化为质点模型。此外还会让读者了解质点的谐响应后处理方法。

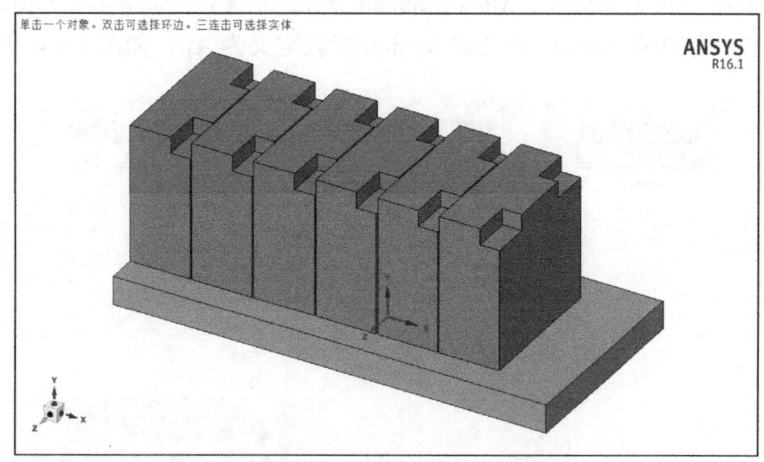

图 3-5-1 电池托架及电池模型

（1）建立模型

由于需要将电池简化，因此在 SCDM 中对模型进行处理，包括删除电池和建立映射面，如图 3-5-2 所示。单击“准备”→“压印”，软件会自动在电池与托架的相交面创建映射面，然后在模型树中将所有“BATTERY”模型前面的钩去除。

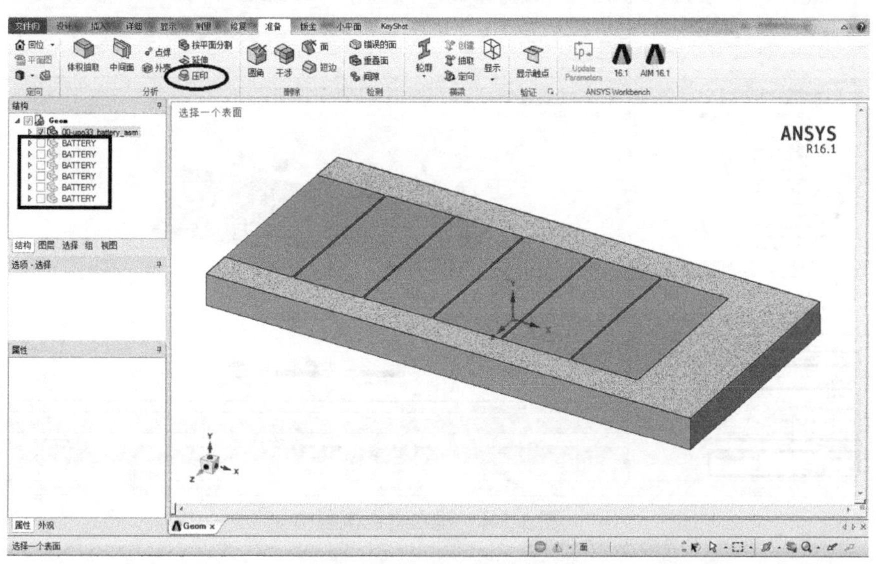

图 3-5-2 电池托架模型

（2）建立分析流程

如图 3-5-3 所示，建立分析流程。其中包括 A 框架结构的 SCDM 模块、B 框架结构的模态分析、C 框架基于 B 模态叠加的谐响应分析、D 框架基于 B 模态叠加的谐响应分析。C、D 框架的区别在于边界条件的不同，它们用于对比。

（3）前处理

先定义质点来代替电池，鼠标右键单击 Geometry，在弹出的快捷菜单中依次单击 Insert→Point Mass，分别选取 6 处映射面，保留其质心的 xz 尺寸不变，修改其 y 尺寸均为 110mm

（高度尺寸），Mass 定义为 5.5e-3t，Mass Moment of Inertia XYZ 为 28.43、17.9、34.83t·mm^2，Behavior 默认定义为 Deformable，Pinball Region 默认定义为 All，如图 3-5-4 所示。

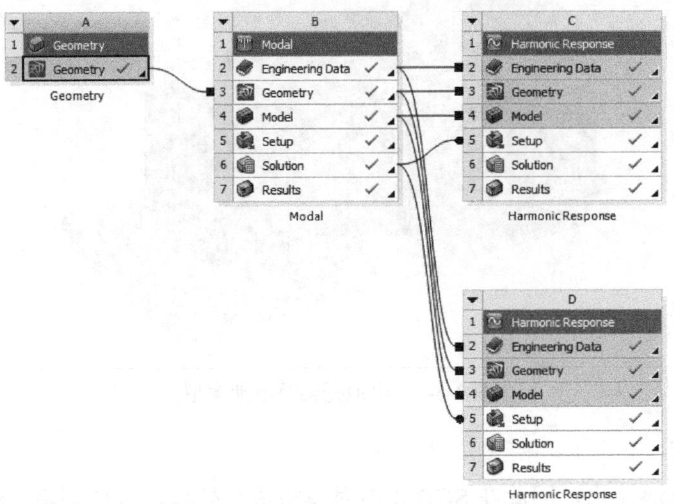

图 3-5-3 预应力谐响应分析流程

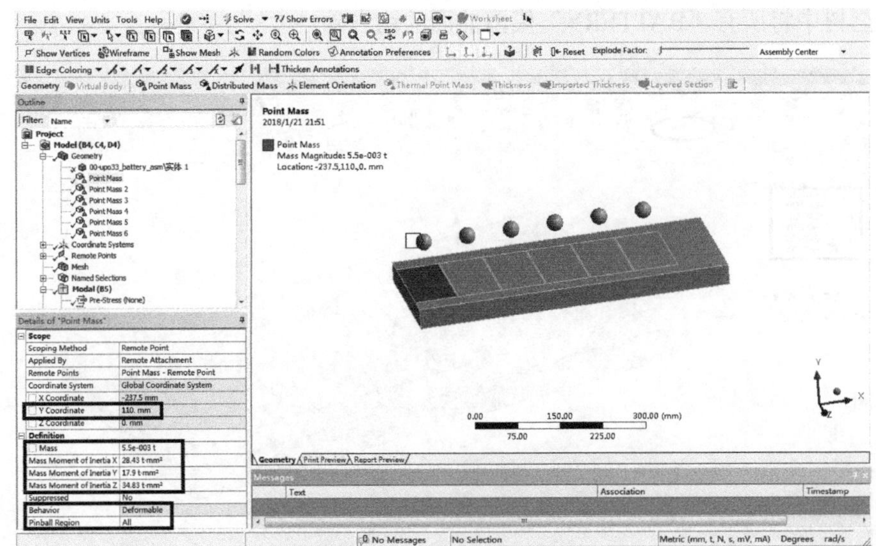

图 3-5-4 建立质点模型

注意

除了常用的 Point Mass，Workbench 在 16 版本以上还增加 Distributed Mass，该选项主要用在柔性模型的表面附加额外的理想质量，例如涂层、外部整体零部件、数量极多且均布在表面的小零部件。

定义完全部质点模型后，选中 6 个 Point Mass，单击鼠标右键，在出现的菜单中选取 Promote to Remote Point，自动创建对应的远程点，如图 3-5-5 所示。单击第一个 Point Mass→Remote Point，单击鼠标右键插入命令，内容如下：

```
mymass=_npilot  !定义远程点为 mymass 参数
```

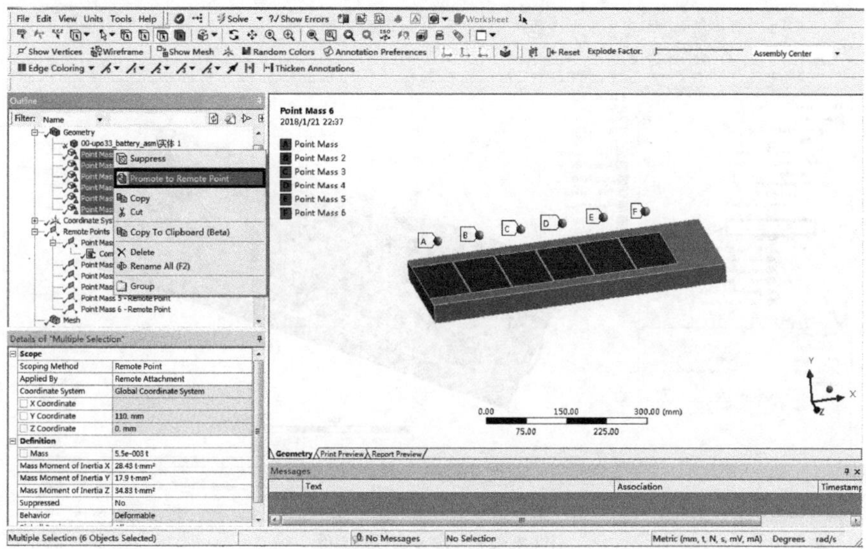

图 3-5-5　定义远程点

网格划分采用默认设置。选取左边第二个映射面，将其单独命名为 Face_Selection，如图 3-5-6 所示。

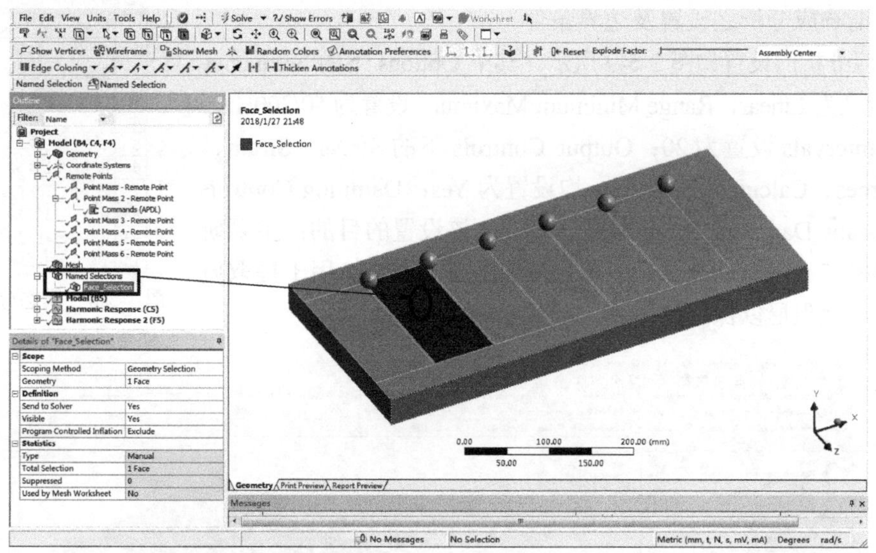

图 3-5-6　命名选择

注意

本例只提取最靠近端部质点的反力，读者如果需要提取其他质点的反力，只需按此格式修改名称即可。

（4）模态分析之设置及边界条件

在 Analysis Settings 处仅设置 Max Modes to Find 为 10，其余选项均默认。

选取框架底面并定义为 Fixed Support，如图 3-5-7 所示。

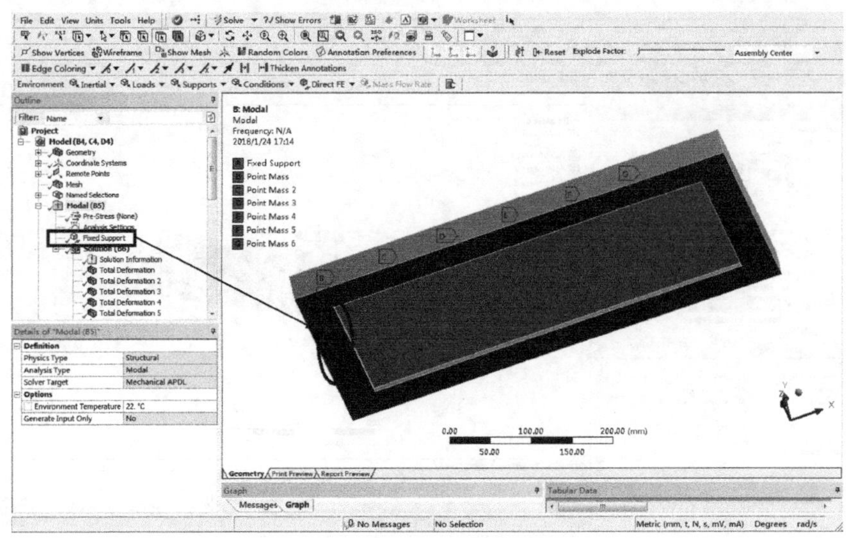

图 3-5-7　定义边界条件

（5）模态分析后处理

模态计算结果如图 3-5-8 所示。由于重点研究谐响应分析，因此模态振型的结果由读者自行完成。

（6）谐响应分析之设置及边界条件

谐响应分析的设置如图 3-5-9 所示。其中 Options 下的 Frequency Spacing 定义为 Linear，Range Minimum/Maximum 设置为 50/200Hz，Solution Intervals 设置为 20；Output Controls 下的 Stress、Strain、Nodal Forces、Calculate Reactions 均设置为 Yes；Damping Controls 下的 Constant Damping Ratio 定义为 0.02。该设置的目的：主要研究对象频率在 50～200Hz 之间，输出所有的计算结果，用于提取质点结果、设置阻尼以保证计算不出现数学峰值。

Tabular Data

	Mode	Frequency [Hz]
1	1.	144.51
2	2.	145.89
3	3.	162.69
4	4.	180.99
5	5.	207.22
6	6.	274.52
7	7.	307.97
8	8.	332.19
9	9.	412.26
10	10.	537.96

图 3-5-8　模态分析后处理

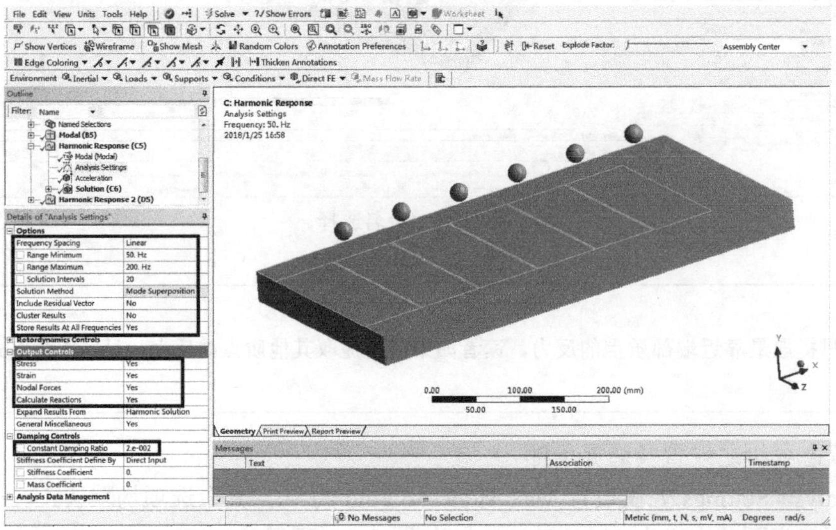

图 3-5-9　谐响应分析之设置

边界条件的设置如图 3-5-10 所示。定义加速度条件，其中在 Geometry 处选择 All Bodies，Base Excitation 设置为 No，Define By 设置为 Components，XYZ Component 定义为 Tabular Data（表格数据）。具体数据：在 50Hz 时，y 向加速度为 4900mm/s^2；在 150Hz 时，y 向加速度为 4900mm/s^2；在 200Hz 时，y 向加速度为 9800mm/s^2，其余向加速度均为 0。

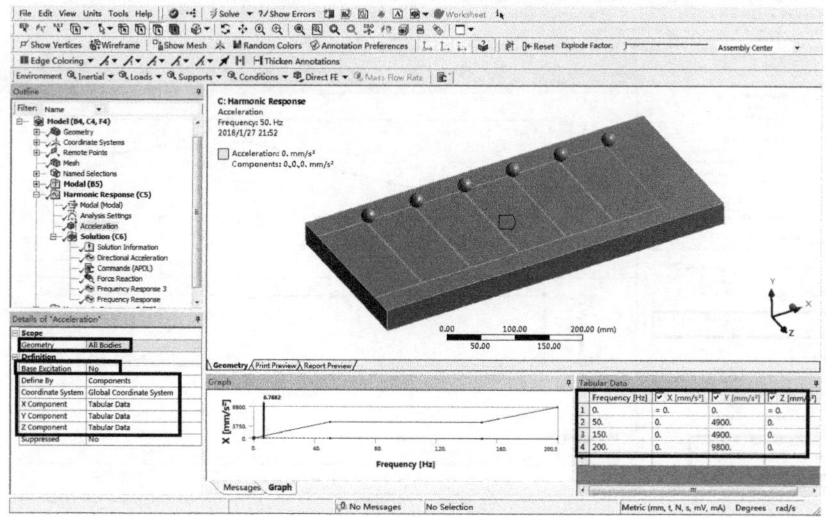

图 3-5-10　谐响应分析之边界条件

> **注意**
>
> 该加速度条件由于定义为全部模型，因此该加速度作用于整个实体。另外 Base Excitation 选项是 Workbench16.0 以上新增的功能。

（7）谐响应分析之后处理

计算完成后，读取 Frequency Response→Deformation 中的结果，如图 3-5-11 所示。其中 Geometry 选取第二映射面，Spatial Resolution 设置为 Use Average（后处理选择为面，取平均结果较好），Orientation 设置为 Y Axis（加速度方向）。计算结果中的频率为 162.5Hz，相位角为 91.298°。

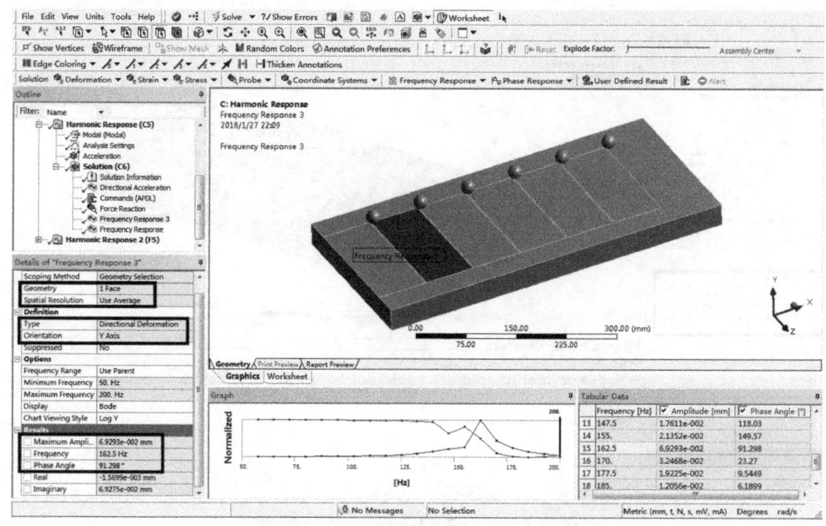

图 3-5-11　谐响应分析之后处理

在基础激励的谐响应分析中，往往更为关注该映射面的加速度结果，同理读取该面 y 轴的加速度结果，如图 3-5-12 所示。计算结果中最大加速度为 72236 mm/s^2（约为 7.4g），频率为 162.5Hz，相位角为−88.702°。

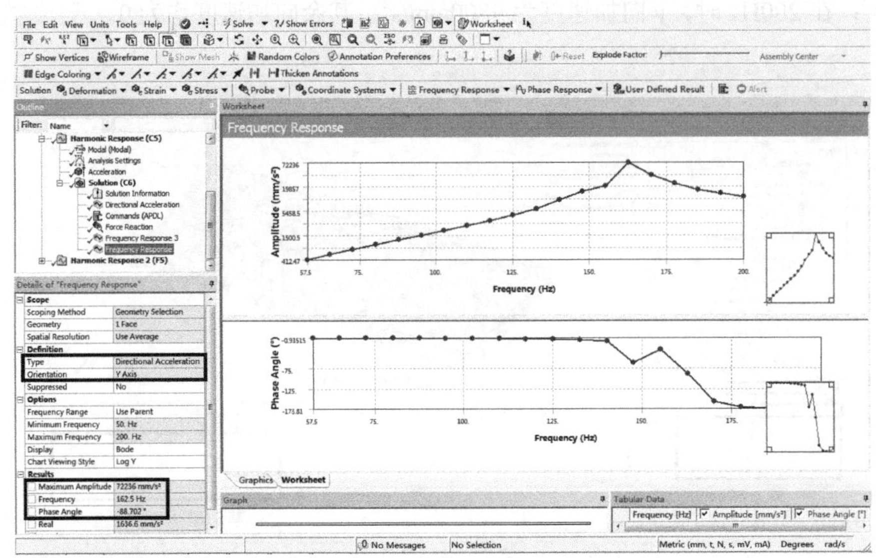

图 3-5-12　谐响应分析之后处理

再查看第二映射面的反力，如图 3-5-13 所示。单击 Probe→Force Reaction，其中 Location Method 设置为 Remote Points，Remote Points 选择为 Point Mass2-Remote Point，Frequency 定义为 162.5Hz。这时可得反力的合力为 0，显然结果是不合理的。但如何提取质点依附面的反力？只能通过读取节点反力来调用，如图 3-5-14 所示。在 Solution 项中插入命令，注意 Output Search Prefix 默认定义为 my_，这表示输出选项的前面必须有前缀“my_”；ARG1 定义为 162.5，这表示命令输入的参数用 ARG 来表示，其中 ARG1 定义为 162.5，为前文计算的峰值频率。

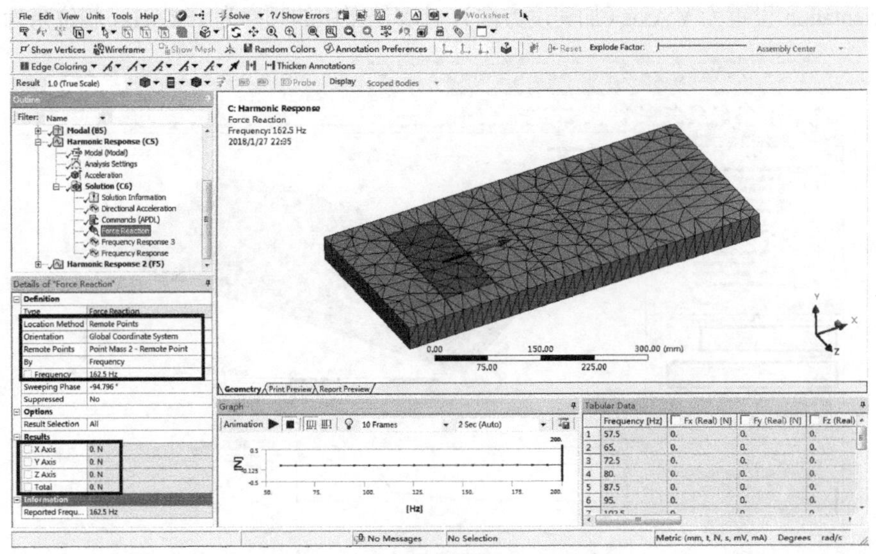

图 3-5-13　谐响应分析之后处理

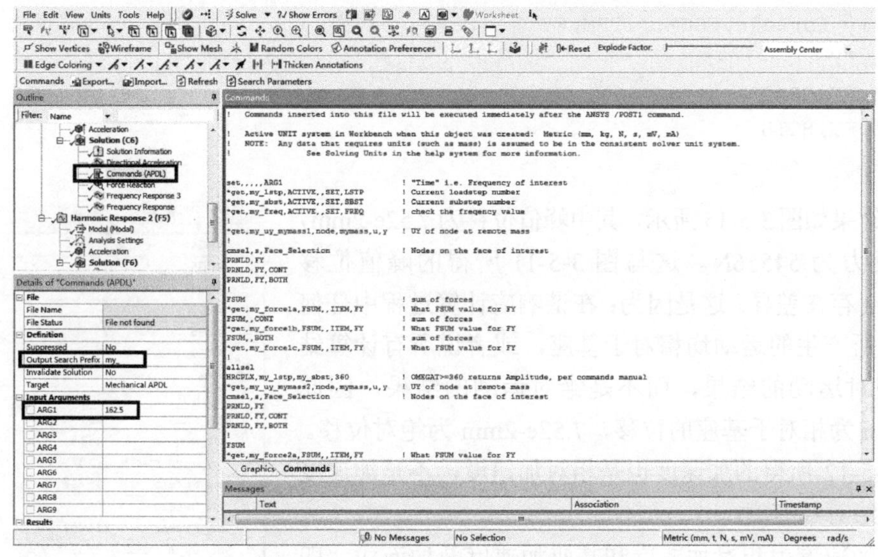

图 3-5-14 谐响应分析之命令后处理

命令内容如下：

```
set,,,,,ARG1                               ! 设置参数（峰值频率）
*get,my_lstp,ACTIVE,,SET,LSTP              ! 当前步数
*get,my_sbst,ACTIVE,,SET,SBST              ! 当前子步数
*get,my_freq,ACTIVE,,SET,FREQ              ! 检查频率是否与峰值频率相等
*get,my_uy_mymass1,node,mymass,u,y         ! 以 my_uy_mymass1 输出质点的 y 向坐标
cmsel,s,Face_Selection                     ! 选择节点依附面
PRNLD,FY                                   ! 输出不包括接触单元的节点反力
PRNLD,FY,CONT                              ! 输出仅为接触单元的节点反力
PRNLD,FY,BOTH                              ! 输出接触单元和非接触单元的节点反力
FSUM                                       ! 求合力
*get,my_force1a,FSUM,,ITEM,FY
FSUM,,CONT
*get,my_force1b,FSUM,,ITEM,FY
FSUM,,BOTH
*get,my_force1c,FSUM,,ITEM,FY
allsel
HRCPLX,my_lstp,my_sbst,360                 ! 前输出结果只基于峰值频率，但由于不能确定相
```
位，因此采用 HRCPLX 命令，当其中参数≥360 时，则输出相应参数的幅值。下部命令说明同上

```
*get,my_uy_mymass2,node,mymass,u,y
cmsel,s,Face_Selection
PRNLD,FY
PRNLD,FY,CONT
PRNLD,FY,BOTH
FSUM
*get,my_force2a,FSUM,,ITEM,FY
FSUM,CONT
*get,my_force2b,FSUM,,ITEM,FY
FSUM,BOTH
```

```
*get,my_force2c,FSUM,,ITEM,FY
PRNLD,FY
PRNLD,FY,CONT
PRNLD,FY,BOTH
allsel
```

计算结果如图 3-5-15 所示，其中峰值位移为 7.52e-2mm，峰值时反力为 54556N。这与图 3-5-11 所得的峰值位移 6.93e-2mm 存在差异。这是因为：在谐响应计算过程中任何几何特征所产生的运动均相对于基座，或者说所有计算结果均为相对运动的结果，而不是绝对运动的结果。因此 6.93e-2mm 为相对于基座的位移，7.52e-2mm 为绝对位移。同理图 3-5-12 所得的加速度也是相对加速度，不是加速度计测量的绝对加速度。

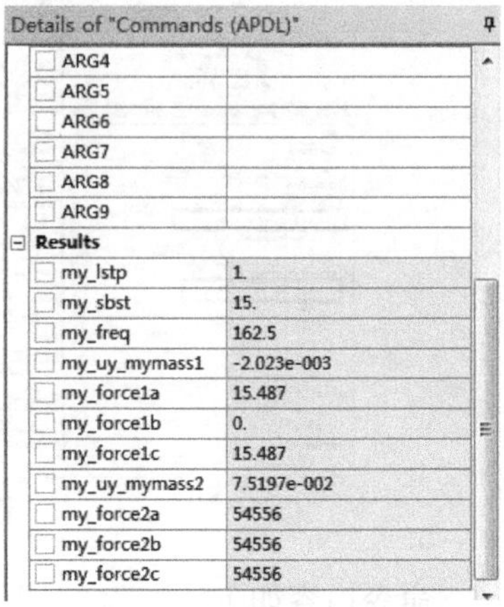

Details of "Commands (APDL)"

ARG4	
ARG5	
ARG6	
ARG7	
ARG8	
ARG9	
Results	
my_lstp	1.
my_sbst	15.
my_freq	162.5
my_uy_mymass1	-2.023e-003
my_force1a	15.487
my_force1b	0.
my_force1c	15.487
my_uy_mymass2	7.5197e-002
my_force2a	54556
my_force2b	54556
my_force2c	54556

图 3-5-15　质点反力后处理结果

绝对加速度由相对加速度和基座加速度叠加而成，即向量和。公式为：$A = a + a_0$，其中 A 为绝对加速度，a 为相对加速度，a_0 为基座加速度。

在谐响应分析中：

$$A = \sqrt{a^2 + a_0^2 + 2aa_0\cos\theta} = \sqrt{(a_R^2 + a_I^2) + a_0^2 + 2aa_0\frac{a_R}{a}} = \sqrt{(a_R + a_0)^2 + a_I^2}$$

其中 θ 为相位角、a_R 为相对加速度的实部、a_I 为相对加速度的虚部。

采用 Excel 进行数据处理，如图 3-5-16 所示。其中 BCD 3 列数据从图 3-5-12 所示的右下表格内复制而得；设 E2=RADIANS(D2)（角度转换为弧度），F 列数据对应边界条件中的加速度；设 G2=COS(E2)*C2（加速度的实部），设 H2=SIN(E2)*C2（加速度的虚部），最后得 I2=SQRT((G2+F2)^2+(H2)^2)。

	A	B	C	D	E	F	G	H	I	J
1		Frequency	Amplitude	Phase Angle [°]		Acceleati	real	imaginary		
2	1	57.5	412.47	-0.93515	-0.01632	4900	412.4151	-6.73181	5312.419	
3	2	65	549.38	-1.1031	-0.01925	4900	549.2782	-10.5764	5449.288	
4	3	72.5	717.61	-1.2936	-0.02258	4900	717.4271	-16.2005	5617.45	
5	4	80	925.12	-1.5141	-0.02643	4900	924.797	-24.4444	5824.848	
6	5	87.5	1183.3	-1.7749	-0.03098	4900	1182.732	-36.6502	6082.843	
7	6	95	1509.1	-2.0913	-0.0365	4900	1508.095	-55.07	6408.331	
8	7	102.5	1928.5	-2.4876	-0.04342	4900	1926.683	-83.703	6827.196	
9	8	110	2483.9	-3.0041	-0.05243	4900	2480.487	-130.175	7381.634	
10	9	117.5	3249.7	-3.7147	-0.06483	4900	3242.872	-210.543	8145.594	
11	10	125	4370	-4.7713	-0.08327	4900	4354.856	-363.491	9261.992	
12	11	132.5	6171	-6.5317	-0.114	4900	6130.944	-701.969	11053.26	
13	12	140	9679.9	-9.0473	-0.15791	4900	9559.471	-1522.16	14539.37	
14	13	147.5	15126	-61.973	-1.08163	4900	7107.52	-13352.1	17957.16	
15	14	155	20252	-30.435	-0.53119	5390	17461.36	-10258.9	25048.53	
16	15	162.5	72236	-88.702	-1.54814	6125	1636.321	-72217.5	72633.33	
17	16	170	37043	-156.73	-2.73545	6860	-34029.7	-14634.4	30860.27	
18	17	177.5	23913	-170.46	-2.97509	7595	-23582.3	-3963.25	16471.21	
19	18	185	16289	-173.81	-3.03356	8330	-16194	-1756.38	8057.782	
20	19	192.5	13807	-171.35	-2.99062	9065	-13650	-2076.55	5033.273	
21	20	200	11439	-163.7	-2.8571	9800	-10979.2	-3210.55	3420.256	
22										

图 3-5-16　Excel 数据处理

以 B 列（频率）为横坐标，以 I 列（绝对加速度）为纵坐标，绘制折线散点图，如图 3-5-17 所示。

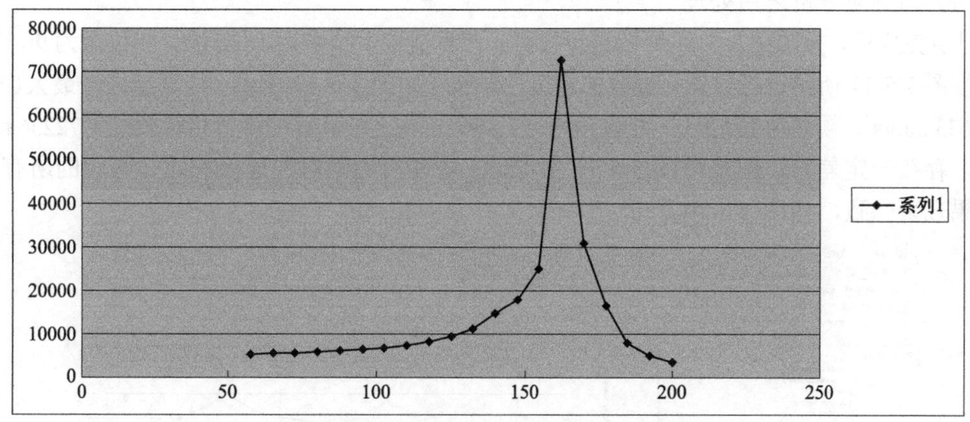

图 3-5-17 频率与绝对加速度的关系图

（8）谐响应分析之边界条件

前文计算过程中的边界条件是：约束底板的所有自由度，且不释放振动方向的自由度；加速度作用于整体模型，不是加载在基础（模型的底板）上。因此下面采用基础加速度的加载方式，重新求解，并对比两者结果。

如图 3-5-18 所示，先将 Base Excitation 设置为 Yes，然后将 Boundary Condition 设置为 Fixed Support，Absolute Result 设置为 Yes，Magnitude 设置为 Tabular Data（见图中右下数据），Phase Angle 设置为 0，Direction 设置为 Y Axis。

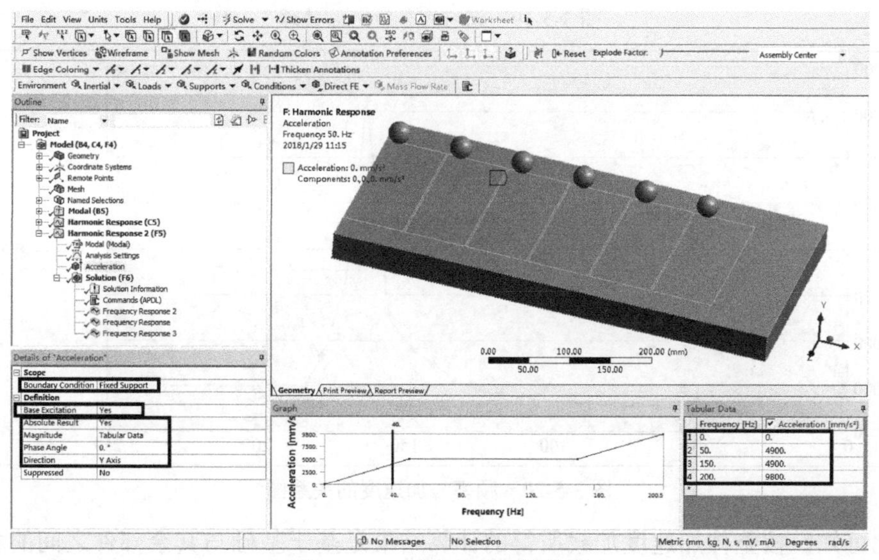

图 3-5-18 基础加速度的设置

提示

Boundary Condition 还可以选择 All Fixed Support，此选择不仅包括 Fixed Support，还包括 Displacement、Remote Displacement、Nodal Displacement、Spring（Body-to-Ground）等。Absolute Result 默认设置为 Yes，设置为 No 时表示不希望模型强制运动。

（9）谐响应分析之后处理

计算完成后，按照图 3-5-11 所示进行设置。计算结果中频率为 162.5Hz，相位角为 96.134°。同理按图 3-5-12 所示进行设置，查看加速度的结果，如图 3-5-19 所示。计算结果中最大加速度为 72633 mm/s^2，频率为 162.5Hz，相位角为−83.866°。与之前计算的峰值相对加速度 72236 mm/s^2 相比，存在一定差异，但是与图 3-5-16 中 Excel 处理后的绝对加速度相比，两者的所有加速度结果几乎一致，如图 3-5-20 所示。

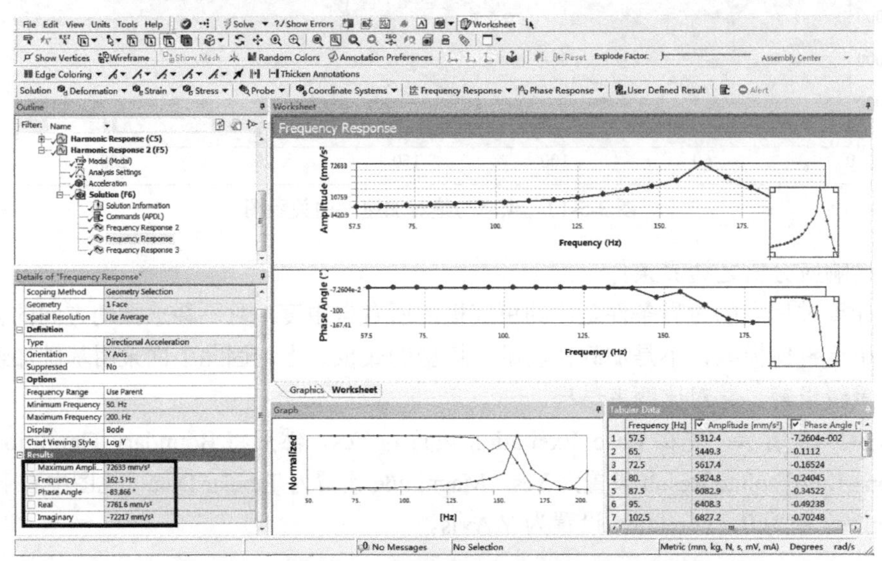

图 3-5-19　谐响应分析之后处理

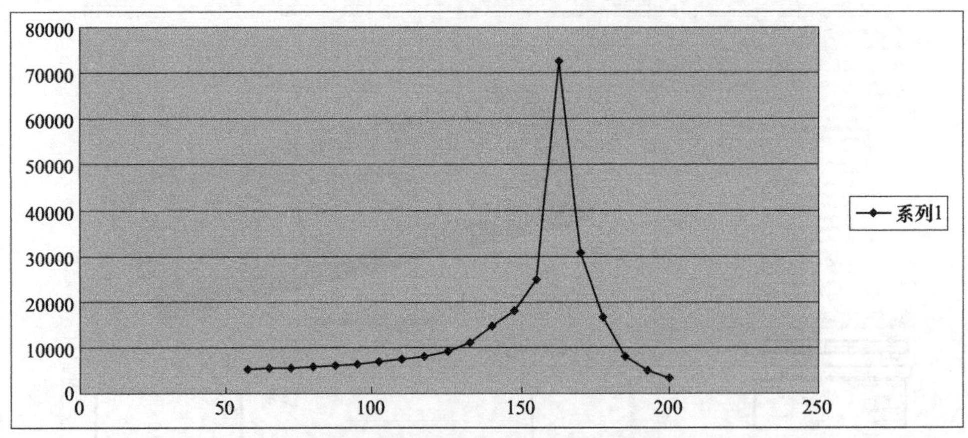

图 3-5-20　频率与加速度的关系图

由此可知，按整体加速度加载所得的计算结果是基于基础与其余部件之间的相对运动（因为边界条件定义基础）的，因此基础与其他部件之间的相位信息全部丢失；而基础加速度加载所得计算结果可以直接反映出绝对加速度，不需要进行换算。

按图 3-5-14 所示的设置查看质点反力，结果如图 3-5-21 所示，其峰值位移为 7.56e-2mm，峰值时反力为 54597N，这与图 3-5-15 所得结果几乎一致。

（10）基座加速度激励的大质量法

在计算基座加速度激励的方法中，除了体加速度法、基础加速度法，以前还常用大质量法。由于基础加速度法的应用越来越广泛，所以本书仅简要说明大质量法的计算方法。其基本过程依然为基于模态叠加的谐响应分析。

Results	
my_lstp	1.
my_sbst	15.
my_freq	162.5
my_uy_mymass1	-7.8984e-003
my_force1a	33.026
my_force1b	0.
my_force1c	33.026
my_uy_mymass2	7.5583e-002
my_force2a	54597
my_force2b	54597
my_force2c	54597

图 3-5-21　质点反力后处理结果

1）定义大质量点：基于基础面定义一个 Point Mass，其中质量至少为模型全部质量的 10^6 倍，本例定义为 4.25e7kg；Mass Moment of InertiaXYZ 均定义为 0；Behavior 设置为 Rigid（大质量的关键），如图 3-5-22 所示。然后将此大质量点设为 Promote to Remote Point。

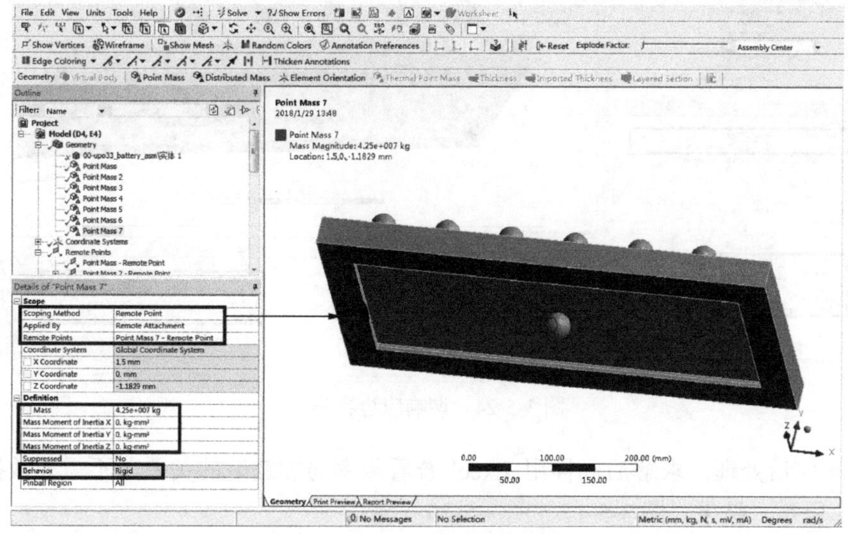

图 3-5-22　定义大质量点

2）模态边界条件：采用远程位移来设置边界条件。远程位移的位置基于大质量点导出的远程点，除了释放激励方向以外，其他方向全部定义约束。本例除了 Y Component 定义为 Free，其余全部定义为 0，如图 3-5-23 所示。

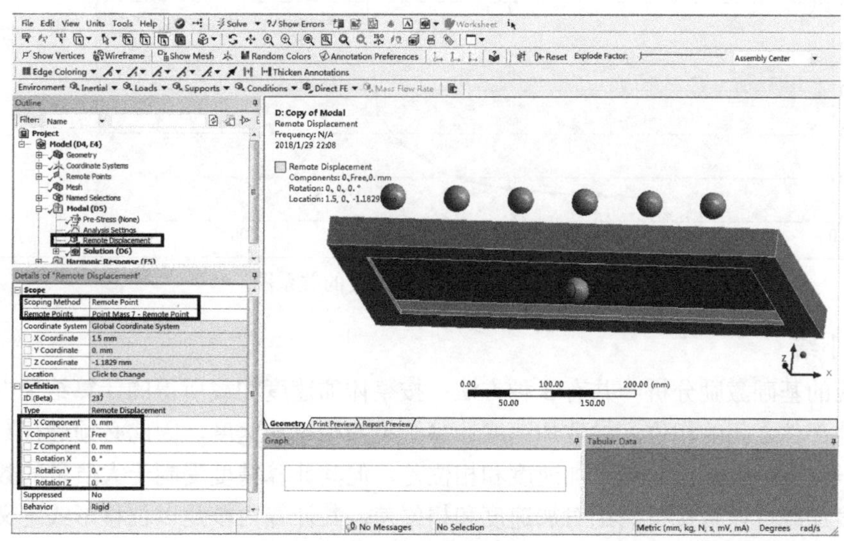

图 3-5-23　模态边界条件

3）谐响应边界条件：谐响应分析的设置与前文一致，边界条件采用远程力。远程力位置基于大质量点导出的远程点，远程力的大小等于大质量点的质量乘以激励加速度。在本例中当频率为 50Hz 时，y 向力为 4.25e7×4.9=2.0825e8N，200Hz 时 y 向力为 4.25e7×9.8=4.165e8N，如图 3-5-24 所示。

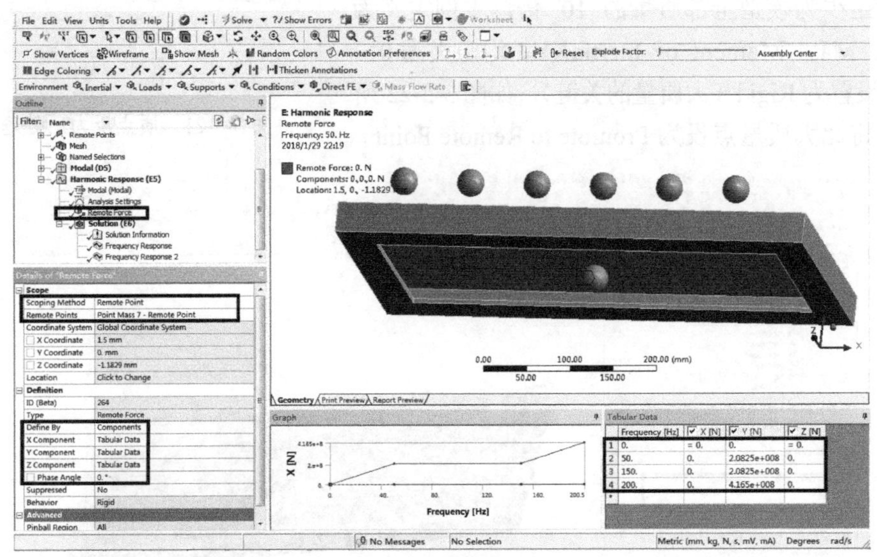

图 3-5-24 谐响应边界条件

4）谐响应后处理：求解后同样用 Excel 查看频率与加速度的关系（不需要数据变换），如图 3-5-25 所示。结果与图 3-5-17、图 3-5-20 一致。

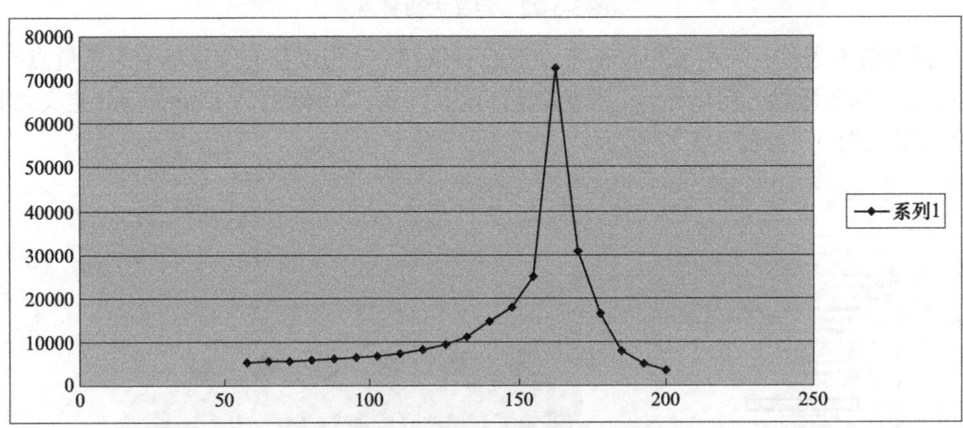

图 3-5-25 频率与加速度的关系图

（11）小结

谐响应的基础激励分析一共有 3 种方法：按整体加速度加载所得的计算结果由于忽略了基础与其他部件之间的相位，导致加速度计算结果为相对加速度，因此必须进行数学处理；大质量法虽然可以直接得到绝对加速度和相位差，但其计算精度受制于大质量的数值大小；基础加速度加载可以直接得到绝对加速度和相位差，其计算内核是以位移形式定义的，公式为 $x = a/(2\pi f)^2$，因此计算应力应变时精度也较高。

但是谐响应的基础激励分析必须采用模态叠加的谐响应分析方法，如果与静力学分析有关，则可采用预应力模态的谐响应分析，或者采用谐响应分析与静力学叠加。

3.6 谐响应之黏弹性材料分析

一般来说，谐响应分析为线性分析，即非线性材料、非线性行为（摩擦接触等）均被忽略。例如在任意谐响应分析中，双击鼠标左键打开 Engineering Data，即可发现能定义的材料参数只有密度、阻尼比和线弹性参数，如图 3-6-1 所示。

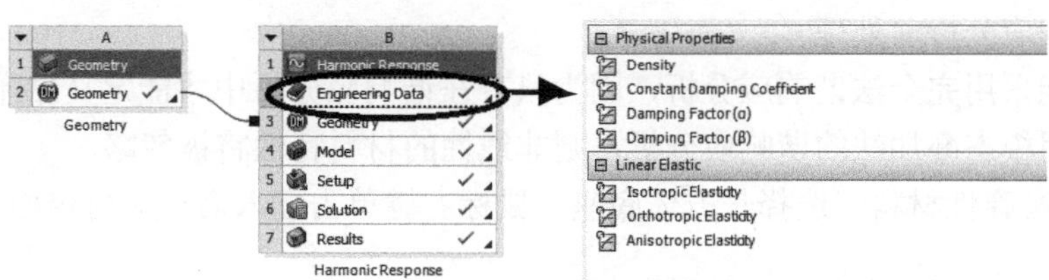

图 3-6-1 定义谐响应分析材料

谐响应分析可以支持特定的黏弹性非线性材料，由于不能直接在材料库中选择黏弹性本构模型，因此只能通过插入命令来定义。黏弹性材料的动态特性分析是工程中常见的一个问题，例如橡胶阻尼材料等产品在承受正弦周期载荷时，产生的应变落后于应力时，就会出现相位差，这称为损耗因子或滞后角。这就是黏弹性材料使用谐响应分析的意义。

下面以一个连杆为例进行说明，连杆末端附着一层黏弹性材料用以减振固定，采用谐响应分析其动力学特性。

（1）建立三维模型

模型如图 3-6-2 所示，建模过程如下。

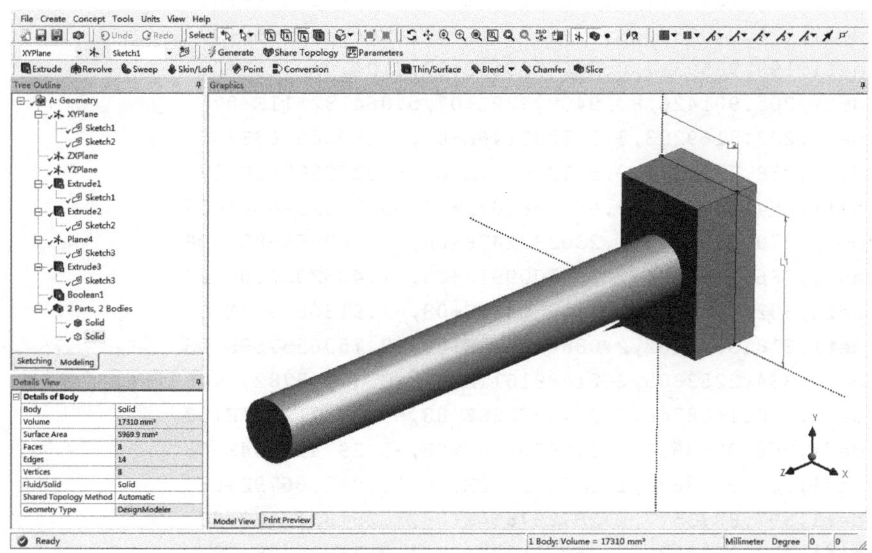

图 3-6-2 三维模型

1）在 *xy* 平面上建立 Sketch1、Sketch2 两个草绘。它们均绘制一个相同的长方形，其中长为 30mm，宽为 20mm。然后用 Extrude1 的 Add Material 命令对 Sketch1 拉伸，Direction 选择为 Reversed（反向拉伸），拉伸长度为 5mm；再用 Extrude2 的 Add Frozen 命令对 Sketch2 拉伸，Direction 选择为 Normal（正向拉伸），拉伸长度为 10mm。

2）以 Extrude2 拉伸所得的长方体外表面为基准，新建 Plane4。在此平面上建立 Sketch3，绘制一个位于长方形中心，直径为 12mm 的圆。然后用 Extrude3 中的 Add Material 命令将其拉伸成轴，拉伸长度为 100mm，注意定义拉伸方向。

3）选中中间长方体和外部轴，使用 Boolean-Unite（布尔运算中的和运算）命令将其组合为一体。

4）模型处理，它由两个零件组成，分别为一个长方体底座和一个联结轴的底座。

（2）谐响应分析前处理

本例只能采用完全法谐响应分析，因为只有在谐响应分析中才能定义黏弹性材料本构模型。如果采用模态叠加法的谐响应分析，则非线性的材料特性将被忽略。

1）定义黏弹性材料。选择长方体底座，鼠标右键单击插入命令，内容如下：

```
TB,PRONY,matid,,,EXPERIMENTAL
tbdata,0
TB,EXPE,matid,,2,GMODULUS
tbpt,defi,15.91549431,6.422731312E+06,7.201671962E+06
tbpt,defi,31.83098862,2.933288055E+07,1.415836666E+07
tbpt,defi,47.74648293,3.991456603E+07,1.963983878E+07
tbpt,defi,63.66197724,5.582497560E+07,2.972675421E+07
tbpt,defi,79.57747155,6.052974372E+07,2.885089913E+07
tbpt,defi,95.49296586,6.758466492E+07,2.583755502E+07
tbpt,defi,111.4084602,7.739890333E+07,2.558128320E+07
tbpt,defi,127.3239545,8.412367302E+07,2.549295903E+07
tbpt,defi,143.2394488,8.614484832E+07,2.764997670E+07
tbpt,defi,159.1549431,8.668641747E+07,3.094119626E+07
tbpt,defi,175.0704374,8.519557231E+07,3.460382216E+07
tbpt,defi,190.9859317,8.244798868E+07,4.047020711E+07
tbpt,defi,206.901426,8.194699929E+07,5.064182311E+07
tbpt,defi,222.8169203,8.127088146E+07,6.450385763E+07
tbpt,defi,238.7324146,9.581350311E+07,8.027890580E+07
tbpt,defi,254.6479089,9.635968507E+07,-8.165232464E+07
tbpt,defi,270.5634033,1.230232147E+08,-1.060959685E+08
tbpt,defi,286.4788976,1.557500991E+08,-1.435293660E+08
tbpt,defi,302.3943919,1.780956869E+08,-1.913685977E+08
tbpt,defi,318.3098862,2.088460722E+08,-2.750655759E+08
tbpt,defi,334.2253805,2.214881011E+08,-3.371457827E+08
tbpt,defi,350.1408748,2.251367089E+08,-4.393712191E+08
tbpt,defi,366.0563691,2.045400165E+08,-5.297494664E+08
tbpt,defi,381.9718634,1.237421152E+08,1.194336679E+08
tbpt,defi,397.8873577,1.267267854E+08,1.251831042E+08
tbpt,defi,413.802852,1.346823122E+08,1.337893670E+08
```

```
tbpt,defi,429.7183463,1.393777183E+08,1.362632104E+08
tbpt,defi,445.6338407,1.465391302E+08,1.430209063E+08
tbpt,defi,461.549335,1.453828500E+08,1.291006736E+08
tbpt,defi,477.4648293,1.567656379E+08,1.496557521E+08
tbpt,defi,493.3803236,1.666146263E+08,1.549373131E+08
tbpt,defi,509.2958179,1.705162295E+08,1.531411108E+08
tbpt,defi,525.2113122,1.713102441E+08,1.613697376E+08
tbpt,defi,541.1268065,1.836296719E+08,1.598542271E+08
tbpt,defi,557.0423008,1.834381358E+08,1.603153688E+08
tbpt,defi,572.9577951,1.890292862E+08,1.686762327E+08
tbpt,defi,588.8732894,1.967141323E+08,1.672095245E+08
tbpt,defi,604.7887837,1.988758977E+08,1.696592227E+08
tbpt,defi,620.7042781,2.057524308E+08,1.747637787E+08
tbpt,defi,636.6197724,2.081638563E+08,1.717700674E+08
tbpt,defi,652.5352667,2.138007540E+08,1.785784807E+08
tbpt,defi,668.450761,2.225217219E+08,1.799339132E+08
tbpt,defi,684.3662553,2.252585825E+08,1.756891434E+08
tbpt,defi,700.2817496,2.267448049E+08,1.824002296E+08
tbpt,defi,716.1972439,2.315847141E+08,1.880360211E+08
tbpt,defi,732.1127382,2.389437689E+08,1.896976594E+08
tbpt,defi,748.0282325,2.375984602E+08,1.955720576E+08
tbpt,defi,763.9437268,2.541216168E+08,2.008516511E+08
tbpt,defi,779.8592212,2.744833100E+08,1.991780453E+08
tbpt,defi,795.7747155,2.783057549E+08,1.900245390E+08
TB,EXPE,matid,,2,EMODULUS
tbpt,defi,15.91549431,1.815969677E+07,1.374298545E+07
tbpt,defi,31.83098862,2.284812576E+07,1.925411081E+07
tbpt,defi,47.74648293,2.723116158E+07,2.952300034E+07
tbpt,defi,63.66197724,3.507358444E+07,2.707610195E+07
tbpt,defi,79.57747155,3.686739027E+07,2.960183565E+07
tbpt,defi,95.49296586,3.774534416E+07,3.255137631E+07
tbpt,defi,111.4084602,3.857296527E+07,3.468579314E+07
tbpt,defi,127.3239545,4.039362336E+07,3.790723191E+07
tbpt,defi,143.2394488,4.275101275E+07,4.122204739E+07
tbpt,defi,159.1549431,4.569312184E+07,4.474214447E+07
tbpt,defi,175.0704374,4.639988665E+07,4.599440038E+07
tbpt,defi,190.9859317,4.815969430E+07,4.874463596E+07
tbpt,defi,206.901426,5.015325398E+07,5.152282254E+07
tbpt,defi,222.8169203,5.192151929E+07,5.402503694E+07
tbpt,defi,238.7324146,5.380243327E+07,5.641124430E+07
tbpt,defi,254.6479089,3.412133612E+07,-1.834638973E+07
tbpt,defi,270.5634033,3.893620406E+07,-2.328362850E+07
tbpt,defi,286.4788976,4.386261094E+07,-2.916486232E+07
tbpt,defi,302.3943919,4.888787143E+07,-3.593379670E+07
tbpt,defi,318.3098862,5.385527025E+07,-4.295730819E+07
tbpt,defi,334.2253805,5.900388693E+07,-5.291774924E+07
tbpt,defi,350.1408748,6.415958203E+07,-6.319949391E+07
```

```
tbpt,defi,366.0563691,6.883160238E+07,-7.557930998E+07
tbpt,defi,381.9718634,6.938764675E+07,7.404077373E+07
tbpt,defi,397.8873577,7.066984553E+07,7.545984923E+07
tbpt,defi,413.802852,7.182379828E+07,7.680628164E+07
tbpt,defi,429.7183463,7.312544733E+07,7.815781836E+07
tbpt,defi,445.6338407,7.421904030E+07,7.899917261E+07
tbpt,defi,461.549335,7.531970389E+07,8.022535207E+07
tbpt,defi,477.4648293,7.824994165E+07,8.379051746E+07
tbpt,defi,493.3803236,7.750991231E+07,8.243712860E+07
tbpt,defi,509.2958179,7.848491855E+07,8.320897279E+07
tbpt,defi,525.2113122,7.932650579E+07,8.423263255E+07
tbpt,defi,541.1268065,8.007195753E+07,8.507937028E+07
tbpt,defi,557.0423008,8.033409161E+07,8.638679177E+07
tbpt,defi,572.9577951,8.074186578E+07,8.745763360E+07
tbpt,defi,588.8732894,8.056463861E+07,8.916312678E+07
tbpt,defi,604.7887837,8.191554982E+07,9.057515534E+07
tbpt,defi,620.7042781,8.251005104E+07,9.175365980E+07
tbpt,defi,636.6197724,8.500486594E+07,9.471610431E+07
tbpt,defi,652.5352667,8.237860236E+07,9.395220406E+07
tbpt,defi,668.450761,8.215213436E+07,9.587452115E+07
tbpt,defi,684.3662553,8.282286844E+07,1.002521812E+08
tbpt,defi,700.2817496,8.508528820E+07,9.811056936E+07
tbpt,defi,716.1972439,8.342762740E+07,9.860788554E+07
tbpt,defi,732.1127382,8.166310422E+07,1.008519058E+08
tbpt,defi,748.0282325,8.082041595E+07,1.040982598E+08
tbpt,defi,763.9437268,8.188712255E+07,1.069024645E+08
tbpt,defi,779.8592212,8.171810933E+07,1.089770691E+08
tbpt,defi,795.7747155,8.484920957E+07,1.131547941E+08
```

提示

在谐响应和瞬态分析中，黏弹性本构表现为与频率、相位有关，其本构方程为：

$$\sigma = 2\left|G' + \mathrm{i}G''\right| e\exp[\mathrm{i}(\Omega t + \delta)] + \left|K' + \mathrm{i}K''\right| \Delta\exp[\mathrm{i}(\Omega t + \delta)]$$

式中 σ 为柯西应力；e 为偏应变张量；Δ 为体应变张量；$G' + \mathrm{i}G''$ 为复数剪切模量，前者为剪切储能模量，后者为剪切耗损模量；$K' + \mathrm{i}K''$ 为复数体积模量，前者为体积储能模量，后者为体积耗损模量；Ω 为频率；δ 为相位。

命令中的第 1 行表示材料本构采用基于试验数据的黏弹性本构，其中"matid"为模型编号。在后续行中 GMODULUS 表示定义黏弹性本构的剪切模量，EMODULUS 表示定义黏弹性本构的拉伸模量，除此还可用 KMODULUS 定义黏弹性本构的体积模量，NUXY 定义黏弹性本构的泊松比。

命令中 tbpt 行表示具体的材料参数，其后面的 defi 表示参数定义，第一个数值表示频率，第二个数值表示对应的储能模量，第三个数值表示对应的耗损模量，第四个数值为 $\tan\delta$，又等于第三个数值与第二个数值之比（材料参数中只需要 3 个数值，第四个数值与第二、第三个数值有数学关系，因此本例没有列出第四个数值）。

2）接触设置如图 3-6-3 所示。其中 Contact（接触面）选择黏弹性本构实体模型面，Target

（目标面）选择联结轴的底座实体模型面，原因请参见《ANSYS Workbench 有限元分析实例详解（静力学）》；Type 选择 Bonded，因为两模型存在紧密联系，所以不存在法向或切向分离，同时谐响应分析也不存在非线性接触；Formulation 选择 MPC。

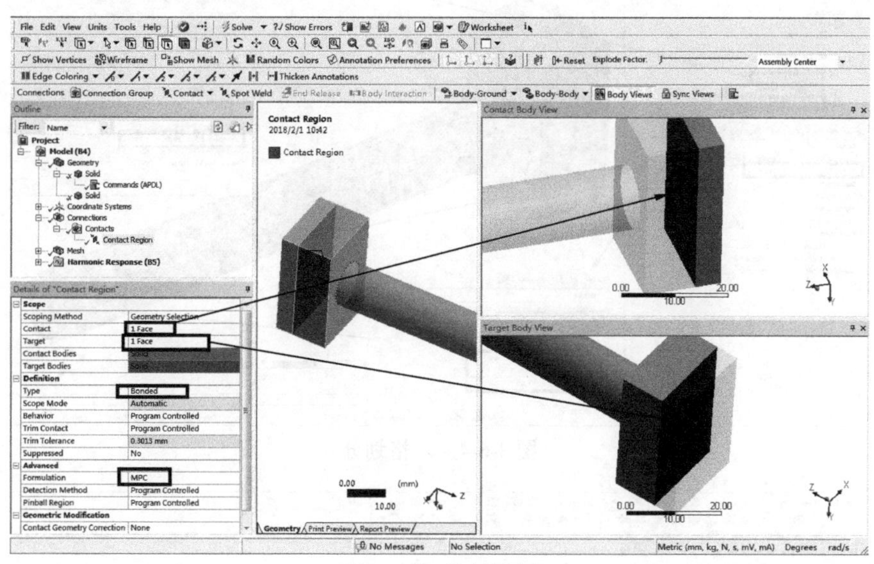

图 3-6-3　接触设置

> **注意**
>
> 对于模态和谐响应分析等线性动力学分析，模型之间的接触全部遵循表 2-2-2 所示的接触规则，即以初始接触状态为准。如果模型包括结构件、紧固件等，在进行线性动力学分析时，为保证计算精度，则优选的次序依次为：共节点的三维模型；将结构件、紧固件简化为梁壳单元；将结构件、紧固件省略，模型之间用远程点连接；将结构件、紧固件省略，模型之间接触连接。当然读者还需要根据工况来具体定义。
>
> 在接触连接中如果采用 Bonded，则默认算法为 Program Controlled，这需要接触单元网格质量较好才能保证计算精度。而采用 MPC 算法时，对网格质量并无太大的要求，因此推荐使用这种方法。

3）网格划分如图 3-6-4 所示。先选择两个实体模型，对其定义 MultiZone 网格划分，其中将 Mapped Mesh Type 选择为 Hexa，Minimum Edge Length 定义为 5mm（该项定义网格在 z 向的近似长度）。选择轴的外端面，对其定义 Face Meshing 和 Face Sizing，其中在 Face Meshing 处只需定义端面，不需其他设置即可完成圆面的映射划分，不需要烦琐的切分操作，这对于轴类零件的网格划分非常便捷。在 Face Sizing 处 Type 选择为 Element Size，Element Size 定义为 2mm，Behavior 选择为 Soft。其余均默认。

（3）谐响应分析设置及边界条件

谐响应分析的设置如图 3-6-5 所示。其中 Frequency Spacing 选择为 Linear，Range Minimum/Maximum 定义为 0 和 1000Hz（黏弹性本构模型中的频率范围为 0～800Hz，谐响应分析频率应大于该频率范围），Solution Intervals 定义为 50（越大越好，本例仅考虑计算过程，读者可以自行修改），Solution Method 定义为 Full（必须用完全法），Variational Technology 定义为 Yes。

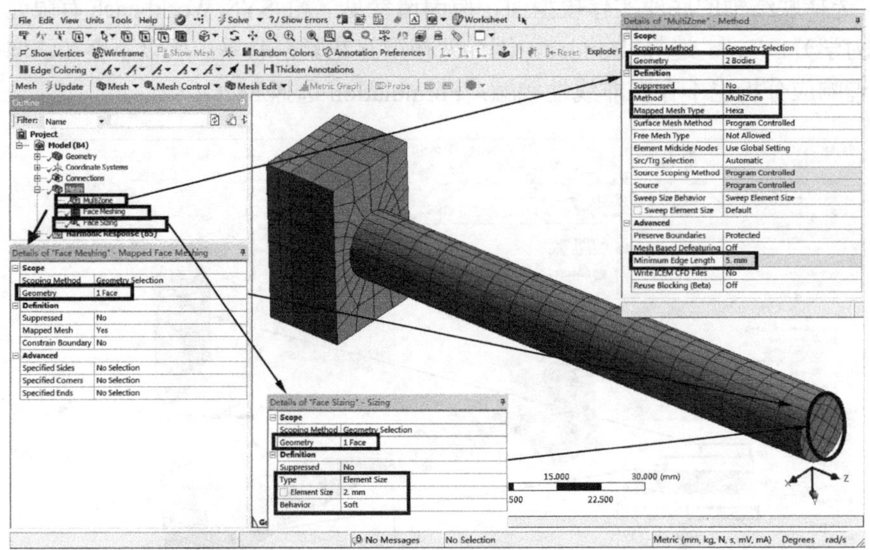

图 3-6-4 网格划分

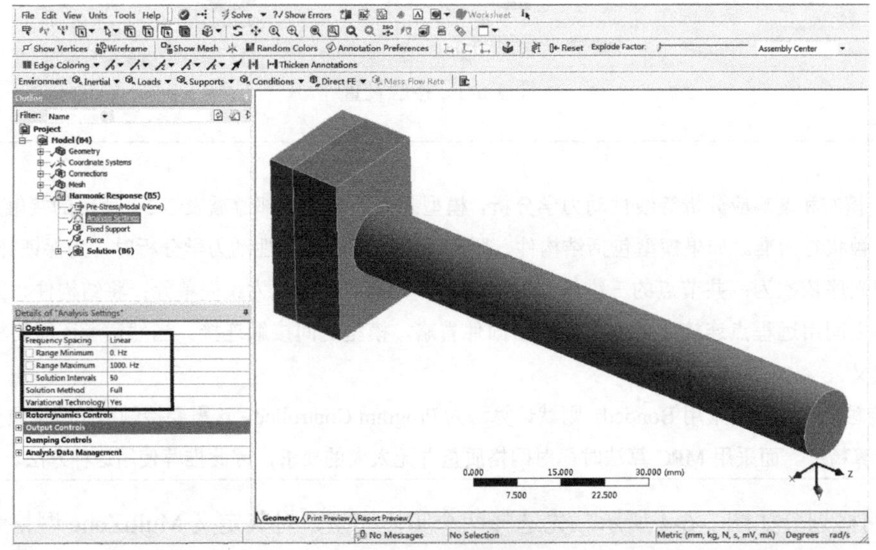

图 3-6-5 谐响应设置

注意

由于动力学分析的基础模态分析一般忽略阻尼参数，因此分析流程一般为先计算无阻尼的模态分析，再用模态叠加法进行其他动力学分析。如果要加入阻尼，则阻尼参数的来源只可能为模态试验或经验参数。对于黏弹性材料，其材料阻尼特性与频率高度相关，此类谐响应分析有 3 种方法：一种是对每一频段建立一个模态分析，最后将其组合。这种方法的计算量较小，但组合烦琐，且组合系数难以确定。第二种是根据材料本构的频率响应，不断更新每个频率的计算矩阵，其计算精度较高，但硬件消耗非常大。第三种是采用 VT 加速器（变分技术）附加谐响应扫描计算，它对于与频率相关的黏弹性本构可以高效求解，且精度很高。因此在设置中定义 Variational Technology 为 Yes。

边界条件如图 3-6-6 所示。选择模型最左端面（在黏弹性模型上）定义 Fixed Support；选择模型最右端面（在轴上）定义 Force，其中 Defined By 选择为 Components：Real-Imaginary，仅在 Y Component-Real 处定义为 5N，其余均为 0。

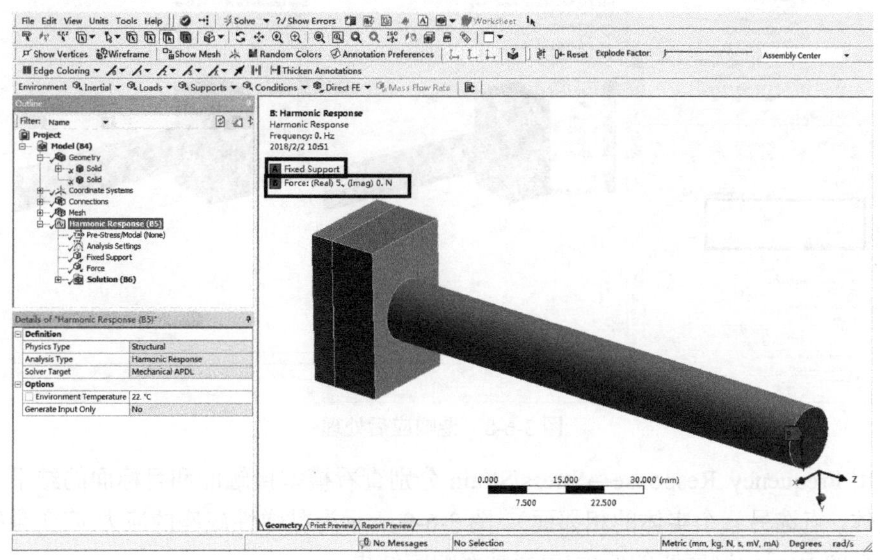

图 3-6-6　谐响应边界条件

（4）后处理

计算完成后，先用 Frequency Response→Deformation 功能查看频率响应情况，如图 3-6-7 所示，选择模型最右端面，选择 y 向变形。结果可知发生最大振幅时频率为 800Hz，相位为 −3.97°。以此条件，再查看模型的变形和等效应力，如图 3-6-8 所示。

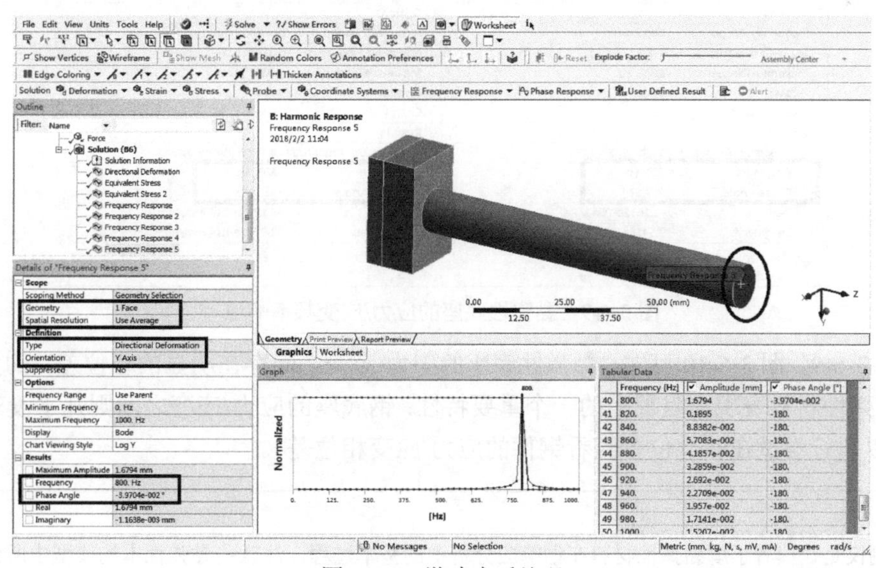

图 3-6-7　谐响应后处理

由图 3-6-8 可知，模型在变形上表现为连续，在应力上表现为不连续。如果两个模型为同一种材料，那么仅在接触面上存在细小的应力不连续。

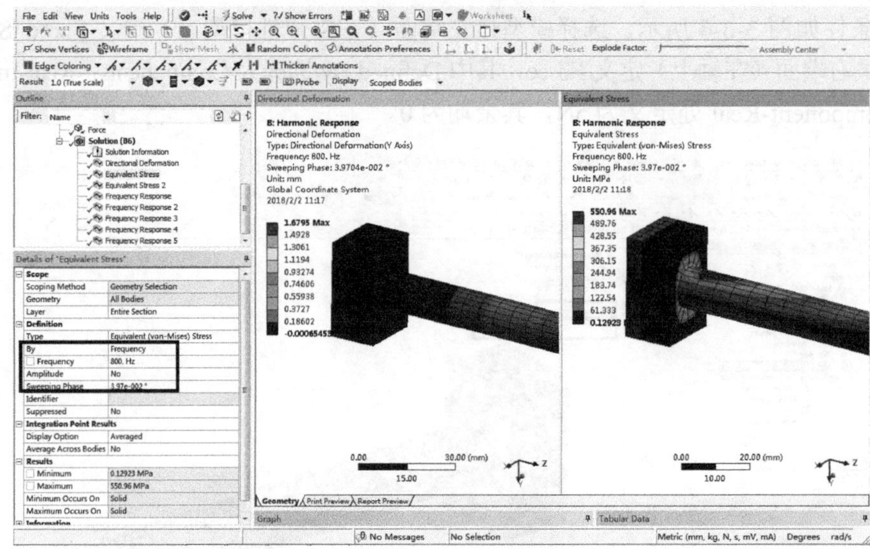

图 3-6-8　谐响应后处理

同理用 Frequency Response→Stress/Strain 分别查看模型接触面和目标面的结果（需要隐藏一个实体，点选另一个实体的相邻面）。图 3-6-9 所示为黏弹性底座的应力/应变频率响应结果，图 3-6-10 所示为钢底座的应力/应变频率响应结果。

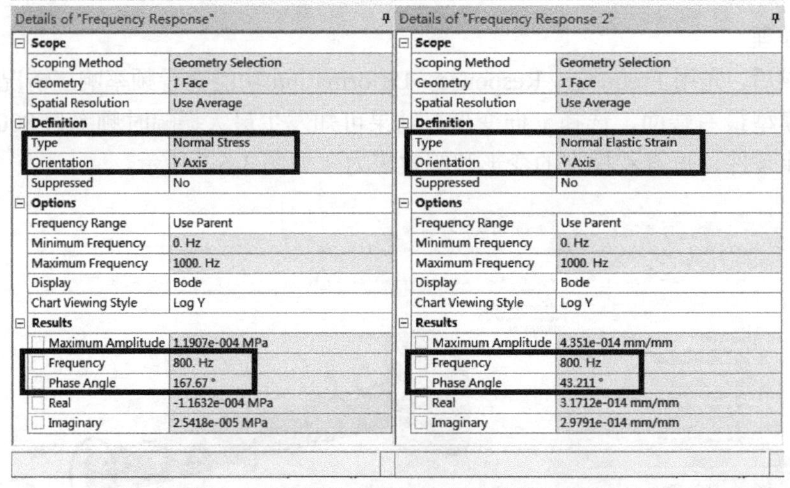

Details of "Frequency Response"	
Scope	
Scoping Method	Geometry Selection
Geometry	1 Face
Spatial Resolution	Use Average
Definition	
Type	Normal Stress
Orientation	Y Axis
Suppressed	No
Options	
Frequency Range	Use Parent
Minimum Frequency	0. Hz
Maximum Frequency	1000. Hz
Display	Bode
Chart Viewing Style	Log Y
Results	
Maximum Amplitude	1.1907e-004 MPa
Frequency	800. Hz
Phase Angle	167.67 °
Real	-1.1632e-004 MPa
Imaginary	2.5418e-005 MPa

Details of "Frequency Response 2"	
Scope	
Scoping Method	Geometry Selection
Geometry	1 Face
Spatial Resolution	Use Average
Definition	
Type	Normal Elastic Strain
Orientation	Y Axis
Suppressed	No
Options	
Frequency Range	Use Parent
Minimum Frequency	0. Hz
Maximum Frequency	1000. Hz
Display	Bode
Chart Viewing Style	Log Y
Results	
Maximum Amplitude	4.351e-014 mm/mm
Frequency	800. Hz
Phase Angle	43.211 °
Real	3.1712e-014 mm/mm
Imaginary	2.9791e-014 mm/mm

图 3-6-9　黏弹性底座的应力/应变频率响应

由图 3-6-9、图 3-6-10 可知，黏弹性底座的应力/应变之间存在明显的相位差，约为 124°，这就是黏弹性材料表现在阻尼上的一个重要特性；钢底座的应力/应变之间则几乎没有相位差（读者可以自行尝试在其他位置查看钢件的应力/应变相位差）。

提示

本例仅是让读者了解黏弹性材料在谐响应分析中的基本过程。注意：黏弹性本构模型中所定义的最大频率为 796Hz，但在计算结果中峰值频率为 800Hz。这并不能完全表示出黏弹性本构模型的动力学特性，因此还应该进一步缩小扫频范围，可采用 Logarithmic、Octave 等扫频方法，找到黏弹性本构所定义频率范围内的模型共振峰和反共振峰。

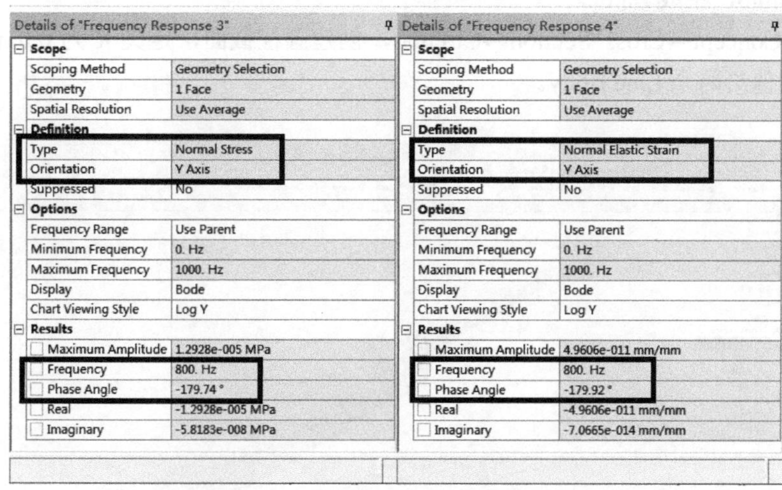

图 3-6-10 钢底座的应力/应变频率响应

（5）小结

黏弹性本构作为一种非线性本构，具有随频率变化的阻尼特性，可以直接用完全法谐响应分析计算其动力学特性。特别声明：本例所采用的黏弹性本构数据不能用于工程实践。

3.7 谐响应之转子动力学分析

在 2.7 节已经讲述了用模态分析求得转子系统的临界转速。除此之外，转子系统由于不平衡、不对中或转子碰摩等现象，会产生不平衡响应。转子系统的不平衡是由材料不均匀、制造工艺、键槽、局部磨损、热弯曲变形等原因产生的；转子系统的不对中是由轴承轴线与转轴轴线的同轴度等形位公差原因产生的；转子碰摩是由于转子系统存在不平衡和不对中现象，在高转速下转子和定子之间的间隙不足以避免两者接触，从而导致碰撞的现象。由于转子系统的不平衡响应对于转子的动力学行为非常重要，因此转子系统的不平衡响应分析也是转子系统研究的一个重要方向，该响应的计算采用谐响应分析。

下面以 2.7 节中的长轴为例，说明转子动力学谐响应分析的计算过程，并了解不平衡响应的加载方式和相应后处理。

（1）建立三维模型

长轴的建立和切分已经在 2.7 节讲述过，为了求得轴承在不平衡响应下的运行轨迹，必须另外建立两根梁，因为只有梁单元才可以在后处理中查看运行轨迹，如图 3-7-1 所示，建模过程如下：

1）由于只考虑长轴模型，因此在 Tree Outline 下将短轴模型全部抑制（Suppress Body）。

2）单击 Creat→Point，依次创建 6 个点（Point1～Point6）。在详细菜单中，Type 均选择为 Construction Point，Definition 均选择为 Manual Input，在 X Coordinate 处分别定义为 199mm、200mm、201mm、749mm、750mm、751mm，YZ Coordinate 处均定义为 0。

3）单击 Concept→Lines From Points，然后依次单击 Point1～Point3 生成 Line1；同理单

击 Point4～Point6，生成 Line2。

4）单击 Concept→Cross Section→Circular，创建圆柱截面，定义 R 为 0.01mm。最后将该圆柱截面赋值给两个 Line Body。

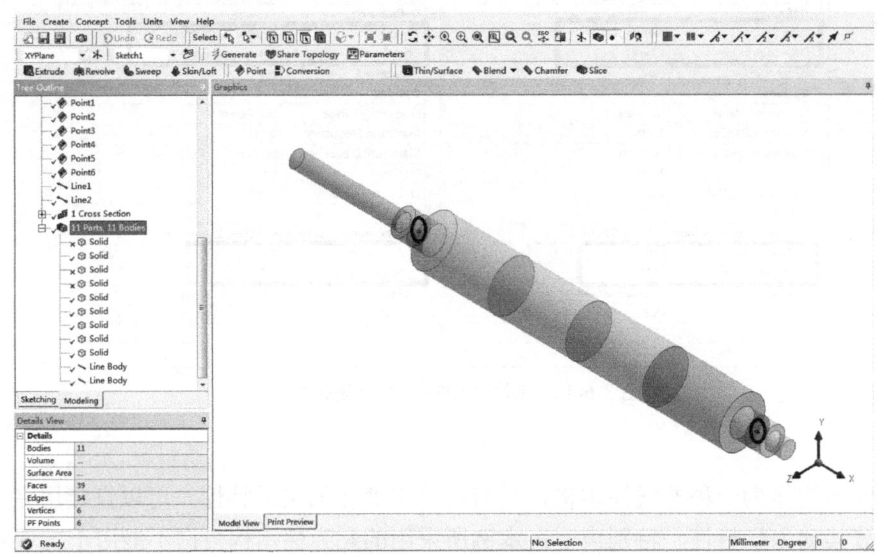

图 3-7-1 三维建模

注意

该模型新建了两根梁，但梁的长度和截面都很小，因为该梁只是为了在后处理中显示轴承的运动轨迹，梁的中点对应轴承的中心位置。如果定义的梁模型过长过粗，势必影响整个模型的刚度，导致计算偏差较大。因此梁长度一般以轴承为中心左右各偏移一个单位数量，梁截面选择为软件所定义的最小截面尺寸。

（2）建立分析流程

如图 3-7-2 所示，建立分析流程。其中包括 A 框架结构的 DM 模块，B 框架结构的原转子动力学模态分析（由于模型改变，因此需要重新设置及求解），C 框架结构的完全法谐响应分析。由于使用完全法谐响应分析，因此仅有 B2 与 C2、B3 与 C3、B4 与 C4 建立关联，这样设置的好处在于：由于 B 框架结构的转子动力学模态分析已完成了大量前处理设置，直接建立前处理关联可以省去大量重置选项。

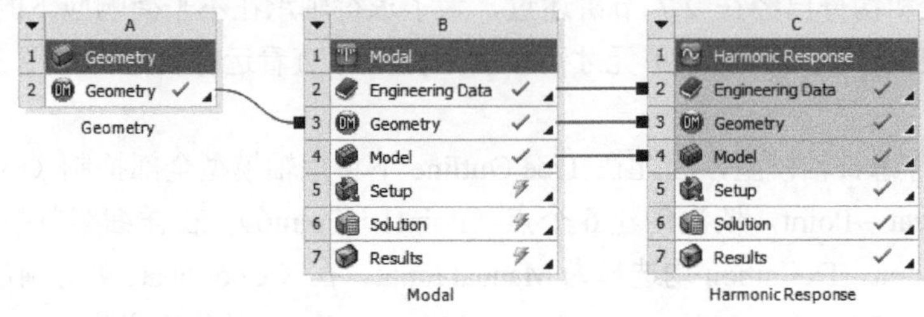

图 3-7-2 预应力谐响应分析流程

（3）前处理

如图 3-7-3 所示，检查前处理各项参数。图中框选的 Line Body 为新增的梁模型，其设置全部默认。而圈选的远程点、接触和轴承设置均继承原转子动力学的模态分析，不需要修改。

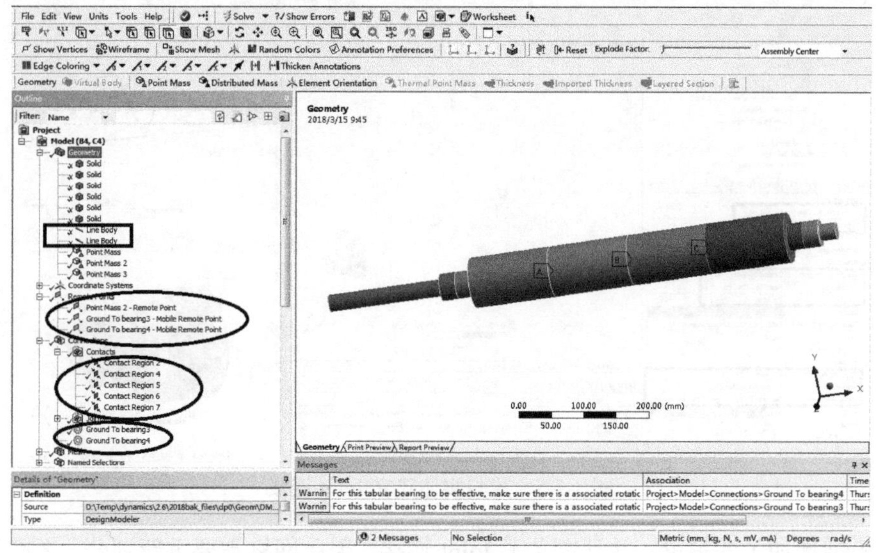

图 3-7-3　前处理

由于新建的梁与实体之间没有关联，因此必须建立关联。由于连接类型为实体与梁的连接，即 Joint 形式，如图 3-7-4 所示。

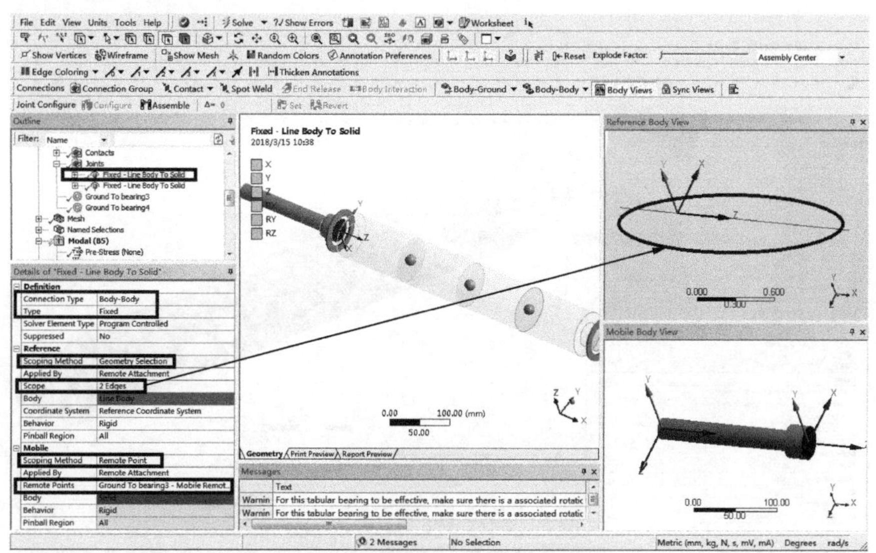

图 3-7-4　梁与实体建立 Joint 连接

其中将 Connection Type 选择为 Body-Body，Type 选择为 Fixed。Reference（参考）下的 Scoping Method 选择为 Geometry Selection，Scope 在模型中选择梁所表现的两条直线；在 Mobile（运动）下的 Scoping Method 选择 Remote Point，Remote Points 在下拉菜单中选择 Ground To Bearing3，这表示基于轴承 3 定义的远程点与梁建立了体对体的完全连接，所有自

由度均被限制。其余设置均默认。同理定义第二处实体与梁的连接，如图 3-7-5 所示。

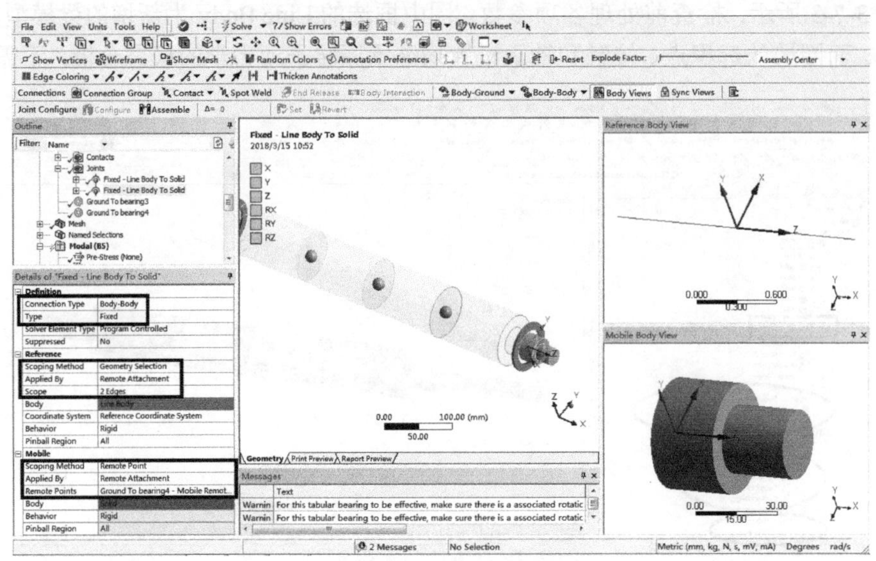

图 3-7-5　梁与实体建立 Joint 连接

由于模型增加了两根梁，并且定义了 Joint 连接，因此网格需要重新划分。之前已经定义了划分方法，这时直接划分网格即可。

为方便定义边界条件和后处理，还需要定义命名选择。如图 3-7-6 所示，鼠标右键单击远程点子项，在弹出的快捷菜单中选择 Promote to Named Selection，即可创建对应的命名选择。

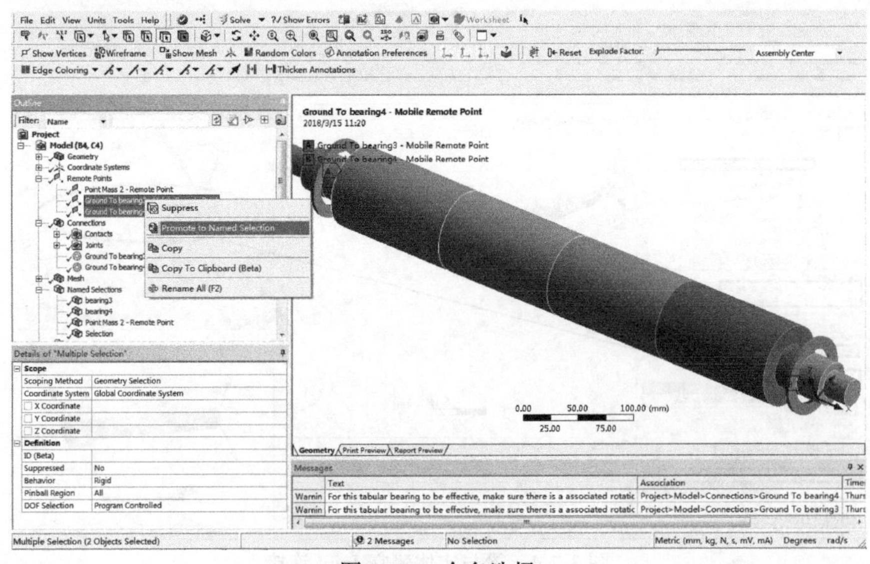

图 3-7-6　命名选择

此外为研究不平衡力作用下轴承中心点的旋转轨迹，必须知道梁模型中点的节点编号，因此采用命名选择读取该节点编号，如图 3-7-7 所示。先在命名选择的 1 区填写相应设置，查找位置为 $x = 200$、$y = 0$、$z = 0$（轴承中心位置）的节点。单击 Generate 后，在图形区可见该节点的位置，然后依次选中图中 2 区和 3 区的图标，如图中 4 区所示的位置，框选该节点，查得该节点编号为 18。同理可知位置为 $x = 750$、$y = 0$、$z = 0$（轴承中心位置）的节点编号为 1。

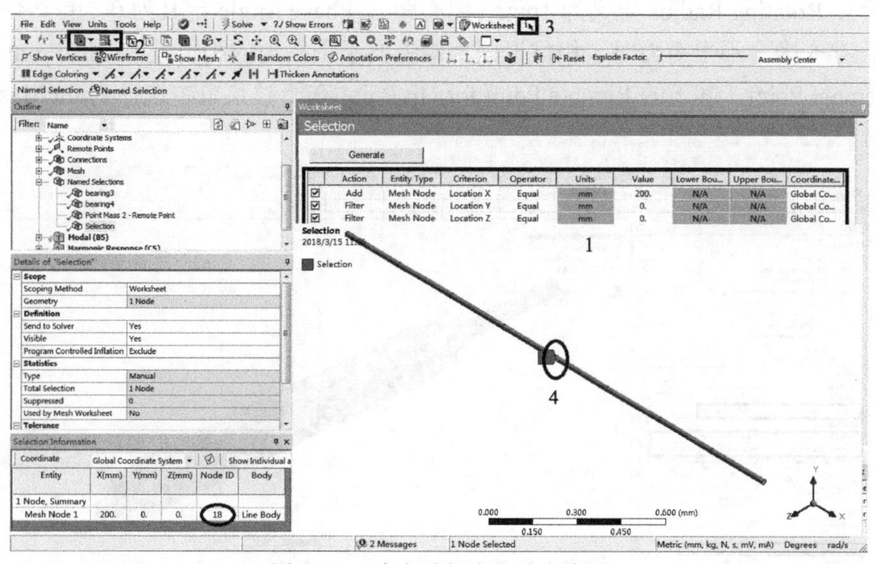

图 3-7-7 命名选择查找节点编号

（4）谐响应分析设置及边界条件

谐响应分析的设置如图 3-7-8 所示。其中 Frequency Spacing 选择为 Linear、Range Minimum/Maximum 定义为 0 和 200Hz，Solution Intervals 定义为 100（该处必须设置较密，否则后处理存在较大误差），Solution Method 定义为 Full（必须用完全法），Coriolis Effect 定义为 On。其余默认。

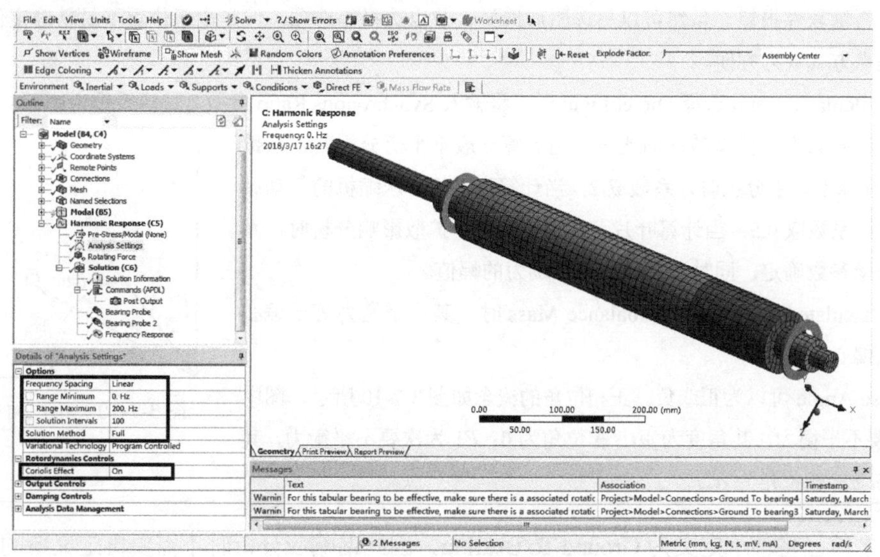

图 3-7-8 谐响应分析设置

边界条件的设置如图 3-7-9 所示，其中定义了 Rotating Force 形式。选择模型中的任意一条圆圈弧线，用于指定 Axis 的旋向。Location 下的 Define By 定义为 Named Selection，其下的 Named Selection 在下拉菜单中选择为 Point Mass2，即在模型的中部（第二个质点的位置）

加载不平衡力。将 Definition 下的 Calculated From 选择为 Unbalance Mass，Mass 定义为 40kg（偏心质量），Rotating Radius 定义为 1mm（偏心距），Phase Angle 定义为 0（单个不平衡力的相位为 0，存在多个不平衡力时，相位设置为距主要不平衡力的相位差），Hit Point Selection 选择为 Remote Point，其下的 Remote Point for Hit Point 在下拉菜单中选择 Point Mass2。

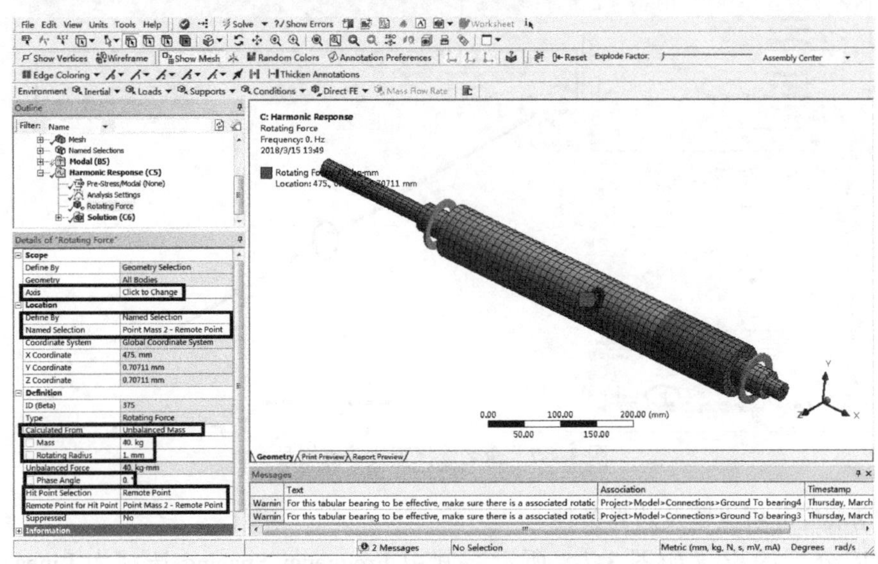

图 3-7-9 定义不平衡力边界条件

提示

确定不平衡力的位置选项（包括 Location 和 Hit Point Selection）建议按本例进行设置，且必须为同一位置，否则软件报错。虽然可以另选图形选择、节点选择等选项，但是由于位置不易精确定位，因此采用远程点方式较为方便。

当 Calculated From 选择 Direct Input 时，将输入 Synchronous Ratio 参数，默认系数为 1，这表示同步系数，即激励频率与模型转速的比值。当计算一般不平衡分析时，系数取 1；当计算不对中分析时，系数取 2；当计算离心机、压缩机的气动激励分析时，系数取 0.5；当计算叶片、风扇、喷嘴、扩散影响分析时，系数根据实验参数确定；同时还需要输入激励力的幅值。

当 Calculated From 选择 Unbalance Mass 时，其不平衡力等于偏心质量乘以偏心距。

Phase Angle 可以为正或负。正相位角的概念如图 3-7-10 所示，图中 $F2$ 为主要不平衡力，其角度为 ωt，相位角为 0；$F1$ 为次要不平衡力，其角度为 ωt-α，相位角为 α。

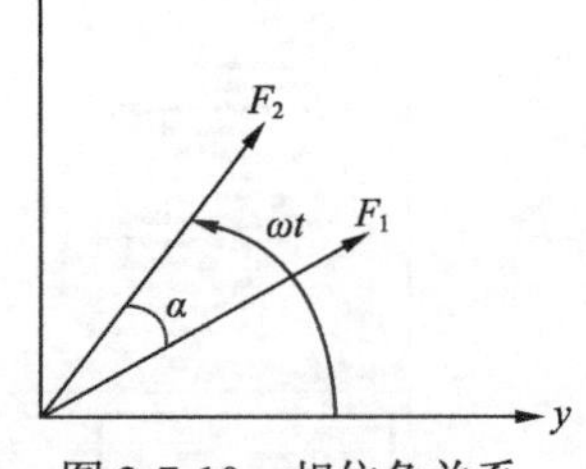

图 3-7-10 相位角关系

由于之前已将轴承定义为 Ground To Bearing，因此谐响应分析时不需要再定义新的约束。

（5）后处理

计算完成后，首先查看频率响应结果，如图 3-7-11 所示。其中 Scoping Method 选择为 Named Selection，Named Selection 定义为 Point Mass2，Type 选择为 Directional Deformation，Orientation 选择为 Y Axis（整个系统主要表现为 yz 两向位移，以偏心点的 y 向位移为观察对

象）。在后处理图中，上部分为频率与振幅的关系，下部分为相位与振幅的关系。由结果可知：出现最大振幅时，转子系统的频率为 56Hz，相位约为−80°。在所有不平衡转子系统中，都会出现这种类似的现象，即共振峰响应时的相位与外载峰值相位不一致，换言之，共振峰出现时相位必定发生变化。

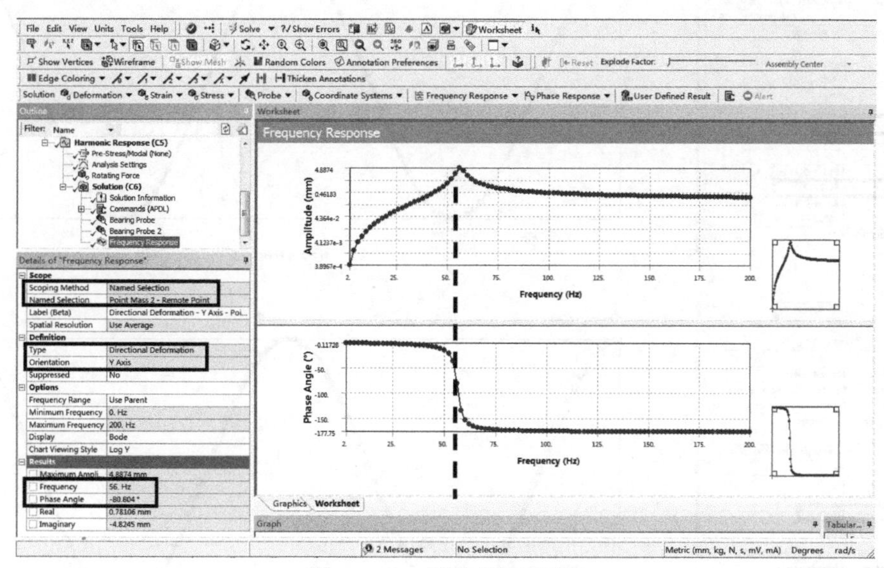

图 3-7-11 频率响应后处理

出现上述现象的原因是什么？特选取 4 个频率点（1Hz、36Hz、56Hz、76Hz）进行相位响应分析，选取对象依然采用 Point Mass2 的 y 向位移，如图 3-7-12 所示。由结果可知，在频率远低于共振峰频率时，相位角几乎为零。例如，在转子系统接近零转速时（1Hz），输入外载方向与输出位移方向相匹配，这时可认为处于静态响应（静力学）。当转子系统的转速提高（频率增大），在接近共振峰频率时（36Hz），输入外载方向与输出位移方向发生偏移，出现相位差。当转子系统的转速提高到其固有频率时（56Hz），发生共振，其相位差为 80°。当转子系统的转速大于共振峰频率时（76Hz），输入外载和输出位移的相位差继续增大，直至达到 180°。如果存在第二个共振峰，则输入外载和输出位移的相位差会在两个共振峰频率之间回到 0°，然后再重复上述过程。

注意

在经典的单自由度例子中，共振时的相位差为 90°。在实际工况下它也应该近似为 90°，因此如果本例在 Solution Intervals 选项中定义的数值较小，则将难以捕捉到精确的共振峰频率，导致计算结果误差较大。

其原理可参照图 3-7-13 所示的单自由度转子系统，图中转子系统在 xy 平面内，相位角为 0°（即偏心载荷的初始位置）。其中灰色圆圈为输入外载，蓝色圆圈为静态的输出响应，红色圆圈为低于固有频率 1%的输出响应，绿色圆圈为等于固有频率的输出响应，紫色圆圈为高于固有频率 1%的输出响应。下列各图分别表示输入外载变化时其他响应峰值在转子系统中的分布位置。蓝色圆圈表示可用静力学求解速度接近 0 的载荷分析，它的位置随输入外载转动，在低速情况下，响应与外载完全一致。随着转子系统转速的增加，它接近固有频率（红圈），即开始滞后于输入外载。当速度继续增加到固有频率并且稍微超出时，相位的滞后持续增加。在固有频率下，转子系统的峰值位移响应刚好滞后外载 90°。

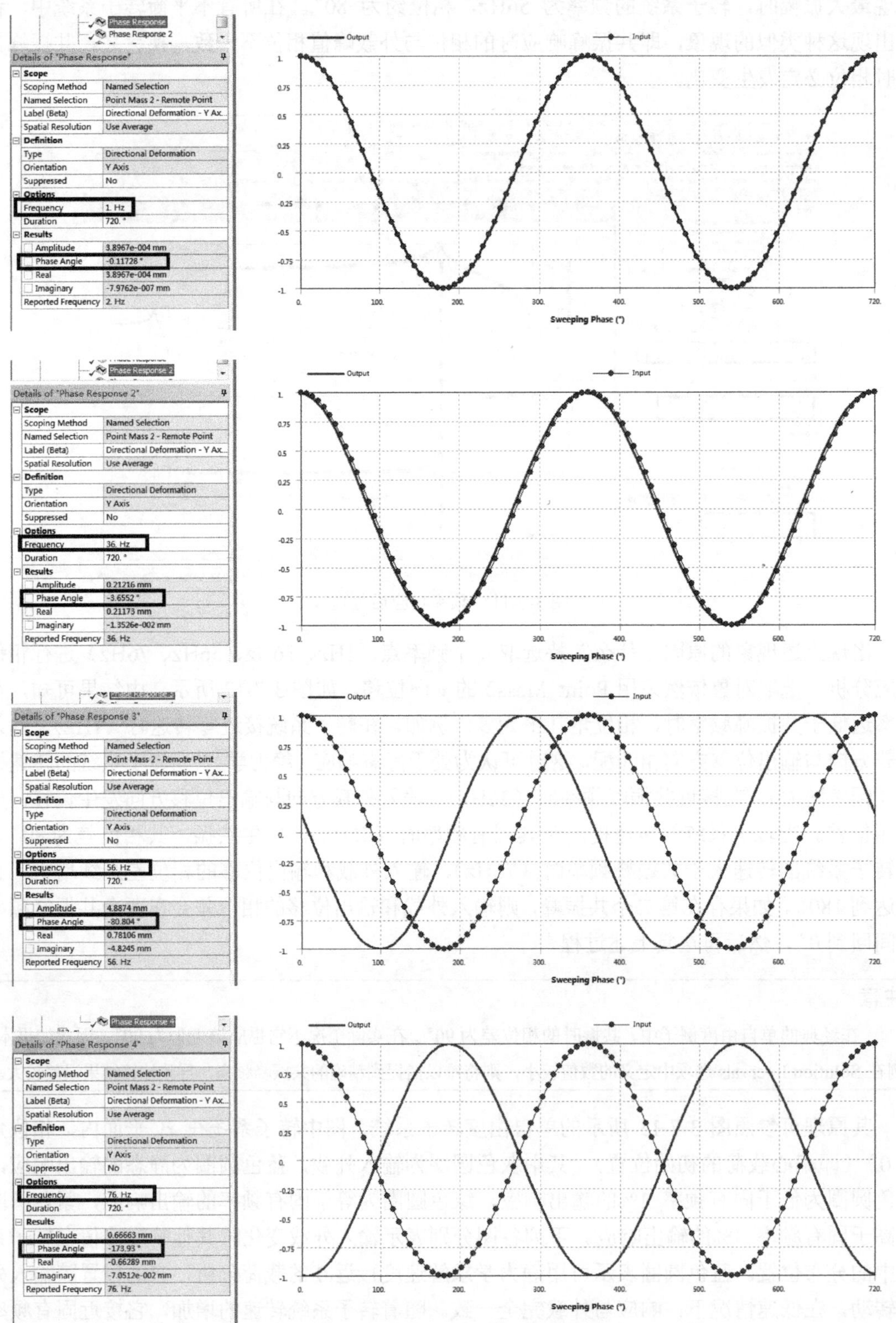

图 3-7-12　Phase Response 后处理

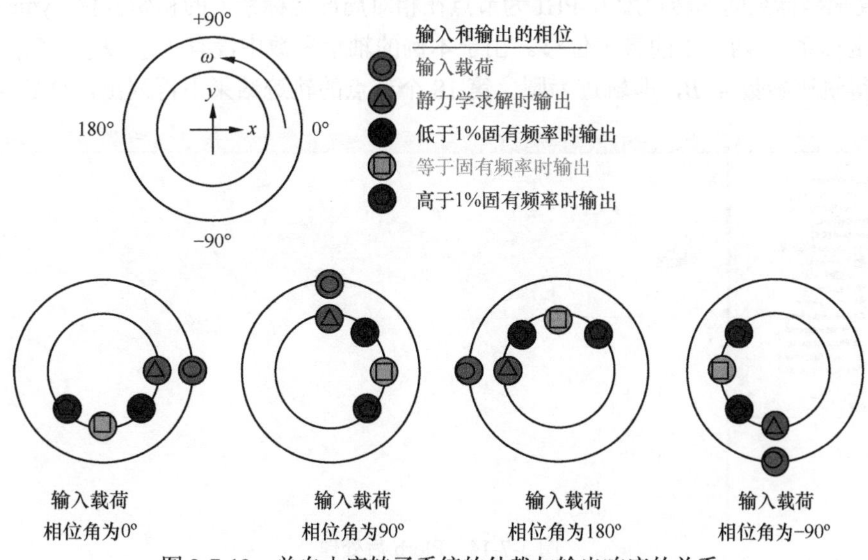

图 3-7-13 单自由度转子系统的外载与输出响应的关系

对于转子动力学分析，了解转子模型在某个频率点的运动轨迹非常有必要，需要调用的后处理命令主要为 Plorb 和 Prorb。因此在后处理插入一段命令，内容如下：

```
fini
/POST1
set,1, 20  ! 显示频率为 40Hz 的轨迹（40Hz=20*200/100，参数 200、100 的设置见谐响应分析）
esel,s,ename,,188                 ! 选择所有编号为 188 的梁单元
/show,png                         !输出图形
/view,,-10,-2,8                   !输出图形视角
/rgb,index,100,100,100,0          !输出图形背景为白色
/rgb,index,0,0,0,15               !输出图形颜色为蓝色
plorb                             !图形显示轨迹
all
/POST1
set,1, 20
nsel,s,node,,1                    ! 选择第 1 个节点（节点编号见命名选择）
prorb                             ! 输出第 1 个节点轨迹参数
/POST1
set,1, 20
nsel,s,node,,18                   ! 选择第 20 个节点（节点编号见命名选择）
prorb
```

图形输出的轨迹如图 3-7-14 所示。特别注意：Plorb 和 Prorb 命令只支持梁单元。

如图 3-7-15 所示，鼠标左键依次单击 Solution Information→Worksheet，查看 Prorb 后处理。

结果显示第 1 个节点的轨迹参数为：$A = 0.2575$、$B = 0.2575$、PSI = −80.248°、PHI = −94.339°、ymax = 0.2575、zmax = 0.2575。参数的意义如图 3-7-16 所示，其中 A 表示轨迹椭圆在相对局部坐标系上的长半轴、B 表示椭圆轨迹在相对局部坐标系上的短半轴，PSI 为椭圆轨迹的相

位（相对局部坐标系的偏转角度），PHI 为节点在相对局部坐标系上的初始位置，ymax 和 zmax 为沿局部坐标系 *yz* 两向上的最大位移。由于本例的轴承参数中没有 K_{12}、K_{21}、C_{12}、C_{21}，因此计算而得轨迹参数 A=B，即轨迹为圆。第 18 个节点的轨迹结果不再列出，读者自行查看。

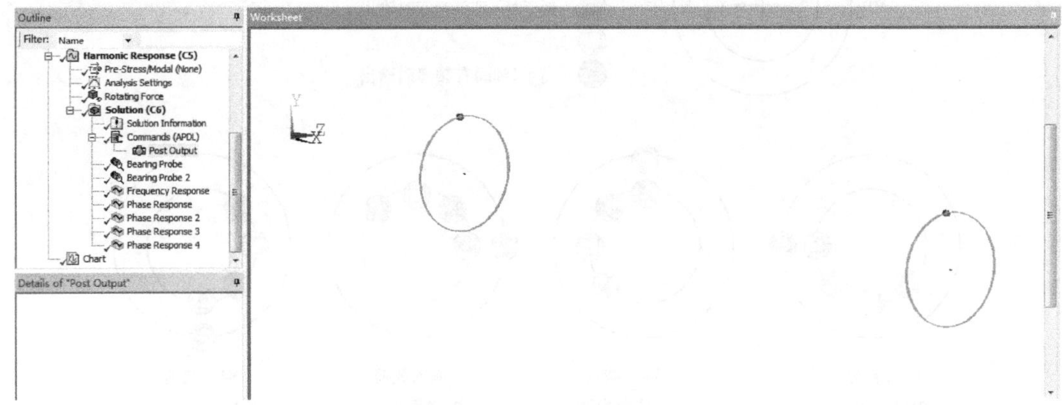

图 3-7-14　Plorb 后处理

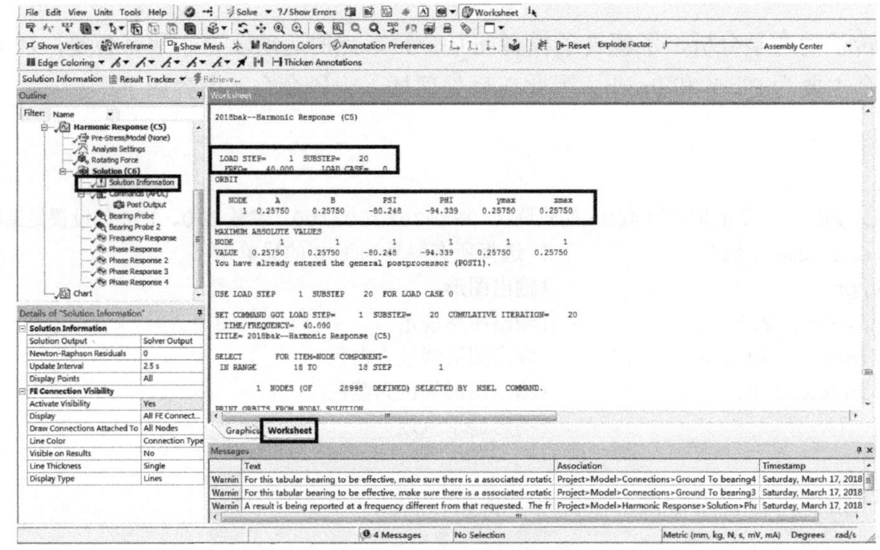

图 3-7-15　Prorb 后处理

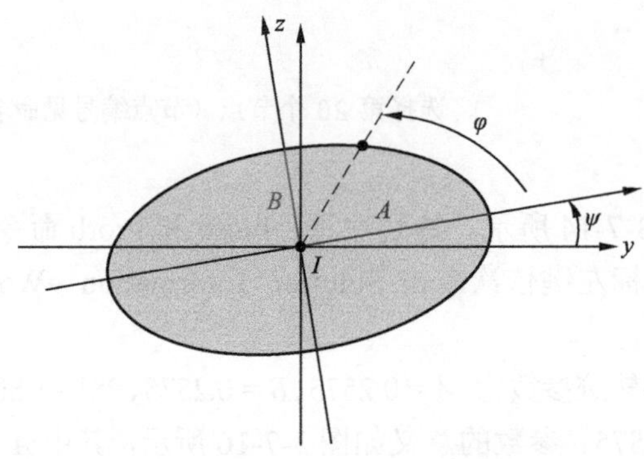

图 3-7-16　转子的轨迹参数

在谐响应分析中，还可以看到轴承反力结果，如图 3-7-17 所示。鼠标右键单击 Solution，在弹出的快捷菜单中依次单击 Insert→Probe→Bearing，在详细菜单 Boundary Condition 中选择 Ground To bearing3，在 Frequency 处定义为 56Hz，Sweeping Phase 处定义为 80.8°（该参数由频率响应后处理获得）。计算结果为 Elastic Force1$_{max}$=19182N，Elastic Force2$_{max}$=21992N，Elongation1$_{max}$=1.9182mm，Elongation2$_{max}$=2.1992mm；Elastic Force1$_{min}$=−40969N，Elastic Force2$_{min}$=−40978N，Elongation1$_{min}$=−4.0969mm，Elongation 2$_{min}$=−4.0978mm。该计算结果是由软件先计算出延伸率（Elongation，正为拉伸，负为压缩），再由延伸率乘以刚度，而得到的弹性力。例如本例定义的刚度 K_{11}=10000N/mm，K_{22}=10000 N/mm，则：

$$\text{Elongation1}_{max} * K_{11} = \text{Elastic Force1}_{max}$$

$$\text{Elongation2}_{max} * K_{22} = \text{Elastic Force2}_{max}$$

同时由于仅在瞬态分析才能得到速度结果，因此速度及与速度相关的阻尼力均为 0。同理得到另一个轴承反力结果。其计算结果可作为轴承的额定静载荷，用于轴承的校核。

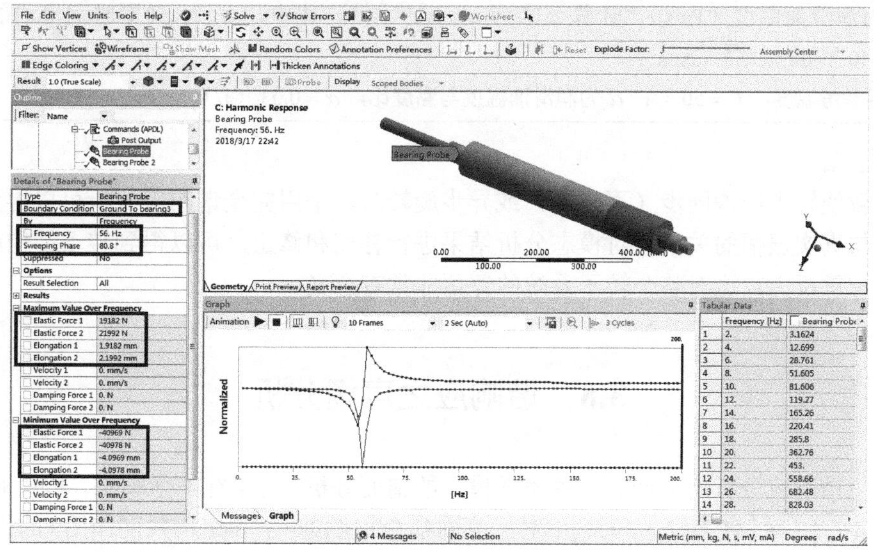

图 3-7-17　轴承反力的结果

提示

转子动力学需要轴承刚度等参数，ANSYS17 以上的经典版本和 ROMAC 软件提供了轴承刚度的计算方法，均可以参考。除此之外，还可以通过笔算完成。整个计算过程较为复杂，本书不列出公式的推导过程，仅将计算公式列出。该计算结果与软件计算结果基本一致。

$$\begin{bmatrix} K_{11} & K_{12} \\ K_{21} & K_{22} \end{bmatrix} = \begin{bmatrix} \cos\phi & -\sin\phi \\ \sin\phi & \cos\phi \end{bmatrix} \begin{bmatrix} K_{rr} & K_{rt} \\ K_{tr} & K_{tt} \end{bmatrix} \begin{bmatrix} \cos\phi & \sin\phi \\ -\sin\phi & \cos\phi \end{bmatrix}$$

$$\begin{bmatrix} C_{11} & C_{12} \\ C_{21} & C_{22} \end{bmatrix} = \begin{bmatrix} \cos\phi & -\sin\phi \\ \sin\phi & \cos\phi \end{bmatrix} \begin{bmatrix} C_{rr} & C_{rt} \\ C_{tr} & C_{tt} \end{bmatrix} \begin{bmatrix} \cos\phi & \sin\phi \\ -\sin\phi & \cos\phi \end{bmatrix}$$

$$K_{rr} = \frac{\mu R L^3 \Omega}{C^3} \frac{2\varepsilon(1+\varepsilon^2)}{(1-\varepsilon^2)^3}$$

$$K_{tt} = \frac{\mu R L^3 \Omega}{C^3} \frac{\varepsilon}{(1-\varepsilon^2)^2}$$

$$K_{rt}=\frac{\mu RL^3\Omega}{C^3}\frac{\pi}{4(1-\varepsilon^2)^{3/2}}$$

$$K_{tr}=-\frac{\mu RL^3\Omega}{C^3}\frac{\pi(1+2\varepsilon^2)}{4(1-\varepsilon^2)^{5/2}}$$

$$C_{rr}=\frac{\mu RL^3\Omega}{C^3}\frac{\pi(1+2\varepsilon^2)}{2(1-\varepsilon^2)^{5/2}}$$

$$C_{tt}=\frac{\mu RL^3\Omega}{C^3}\frac{\pi}{2(1-\varepsilon^2)^{3/2}}$$

$$C_{rt}=C_{tr}=-\frac{\mu RL^3\Omega}{C^3}\frac{2\varepsilon}{(1-\varepsilon^2)^2}$$

式中 ε 为偏心率，是轴承偏心距与径向间隙之比，数值小于 1；$\phi=\arctan\frac{\pi\sqrt{(1-\varepsilon^2)}}{4\varepsilon}$；$R$ 为轴承半径（m）；L 为轴承长度（m）；Ω 为转速（rad/s）；C 为径向间隙（m）；

μ 为润滑油黏度（Pa·s），计算公式为 $\mu=\mu_r e^{-\alpha(T-T_r)}$，式中，$\mu_r$ 为 50℃时润滑油的黏度，$\mu_r=2.5\times10^{-6}\times6894.757$（Pa·s）；

T_r 为参考温度，$T_r=50$ ℃；α 为润滑油温度与黏度比，$\alpha=0.03$（1/℃）。

（6）小结

当外载使转子结构同步（不平衡）或异步旋转时，采用完全谐响应分析可以得到转子系统中频率与真实振幅的关系。对模态分析结果进行补充和修正，可以得到转子结构的椭圆轨迹，解得轴承反力。这对整个转子系统的评估非常有意义。

3.8　谐响应之声场分析

声场的谐响应分析用于计算有关声学模型的谐波分析。对于纯声学模态，其基本方程为：$([K_a]+j\omega[C_a]-\omega^2[M_a])\{p_i\}=\{F_a\}$；对于流固耦合（包含声学和结构共同作用）的声学模态，其基本方程为：

$$\left(\begin{bmatrix}K_s & -R\\0 & K_a\end{bmatrix}+j\omega\begin{bmatrix}C_s & 0\\0 & C_a\end{bmatrix}-\omega^2\begin{bmatrix}M_s & 0\\\rho_0R^T & M_a\end{bmatrix}\right)\begin{Bmatrix}u\\p_i\end{Bmatrix}=\begin{Bmatrix}F_s\\F_a\end{Bmatrix}。$$

式中下标为 a 的参数为声学参数，下标为 s 的参数为结构参数。其余参数的意义可参见 2.8 节。

（1）软件中常用概念

1）Acoustic Body（主要材料参数），其中 Equivalent Perforated Material Models 的设置如表 3-8-1 所示，其中 Low Reduced Frequency Model 的设置如表 3-8-2。

表 3-8-1　Equivalent Perforated Material Models 设置

简称	全　称	说　明
JCA	Johnson-Champoux-Allard	多孔材料。参数为 Fluid Resistivity（声阻率）σ, Porosity（孔隙度）φ, Tortuosity（弯曲度）α_∞, Viscous Characteristic Length（黏度特征长度）Λ, Thermal Characteristic Length（热特征长度）Λ'

续表

简称	全　称	说　明
DLB	Delany-Bazley	参数较少的多孔材料，估算时使用。参数为 Fluid Resistivity（声阻率）σ（$0.01<f/\sigma<1.00$，f为频率）
MIKI	Miki	参数较少的多孔材料，估算时使用。参数为 Fluid Resistivity（声阻率）σ（$f/\sigma<1.00$，f为频率）
ZPRO	Complex Impedance and Propagating Constant	阻尼材料，参数为 Resistance（声阻）R_s, Reactance（声抗）X_s, Attenuation Constant （衰减系数）α, Phase Constant（相位）β
CDV	Complex Density and Velocity	阻尼材料，Complex Effective Density and Velocity
YMAT	General Transfer Admittance Matrix	2×2 传递导纳矩阵，描述复杂穿孔板，参数为：$Y_{11},Y_{12},Y_{21},Y_{22}$等。声场之间的矩阵为：$$\begin{Bmatrix} v_{n1} \\ v_{n2} \end{Bmatrix}=\begin{bmatrix} Y_{11} & Y_{12} \\ Y_{21} & Y_{22} \end{bmatrix}\begin{Bmatrix} p_1 \\ p_2 \end{Bmatrix}+\begin{Bmatrix} \alpha_1 \\ \alpha_2 \end{Bmatrix}$$流固之间的矩阵为：$$\begin{Bmatrix} p_s \\ \hat{n}_{F,2}\cdot\vec{v}_a \end{Bmatrix}=\begin{bmatrix} a_{11} & a_{12} \\ a_{21} & a_{22} \end{bmatrix}\begin{Bmatrix} \hat{n}_{S,1}\cdot\vec{v}_s \\ p_a \end{Bmatrix}+\begin{Bmatrix} \beta_1 \\ \beta_2 \end{Bmatrix}$$其中：$a_{11}=1/Y_{11}$，$a_{22}=-Y_{12}/Y_{11}$，$a_{21}=Y_{21}/Y_{11}$，$a_{22}=Y_{22}-Y_{12}Y_{21}/Y_{11}$，$\beta_1=-\alpha_1/Y_{11}$，$\beta_2=\alpha_2-\alpha_1 Y_{21}/Y_{11}$ v、p 为穿孔板两侧的法向振动速度和声压
SGYM	Hexagonal Grid Plate	正方形布置的穿孔板，参数有：Radius Of Hole（穿孔板上的孔半径）A, Grid Period（正方形边长）D, Thickness（穿孔板板厚）L, Density（流体密度）ρ, Dynamic Viscosity（流体动力黏度）η, Ratio Of Inner And Outer Radius For Cylindrical Structure（入口直径与出口直径之比）
HGYM	Square Grid Plate	六边形布置的穿孔板，参数有：Radius Of Hole（穿孔板上的孔半径）A, Grid Period（六边形边长）D, Thickness（穿孔板板厚）L, Density（流体密度）ρ, Dynamic Viscosity（流体动力黏度）η, Ratio Of Inner And Outer Radius For Cylindrical Structure（入口直径与出口直径之比）

表 3-8-2 用于设置声波波长比几何长度大得多或者声波波长比边界层的厚度大得多（低频）的情况，它描述了黏性流体中声压波与刚性壁之间的相互关系。

表 3-8-2　　Low Reduced Frequency Model 设置

简称	描　述	说　明
THIN	两块刚性板之间的薄层	输入参数：薄层厚度
RECT	矩形截面的管	输入参数：矩形的长和宽
CIRC	圆形截面的管	输入参数：圆的半径

2）PML 只支持谐响应分析，Radiation Boundary 和 Absorbing Elements 有类似的功能。PML 是人为假设声波只存在入射，不存在反射（可通过修改 Reflection Coefficient 达到部分反射）的区域。因此建模时 PML 的厚度应该大于波长的 1/4，且必须划分 3 层以上的网格。其中 3D-PML 用于三维的开放区域，1D-PML 常用于波导管结构。

3）激励条件之波源（Wave Sources），在声散射分析中必须定义，不需要依附图形元素。当 Source Location 定义为 Outside The Model（激励源在模型外部）时，表示计算远场散射，当为 Inside The Model（激励源在模型内部）时表示计算远场辐射。基本坐标系为图 3-8-1 所示的球坐标系，声源类型说明如表 3-8-3 所示。

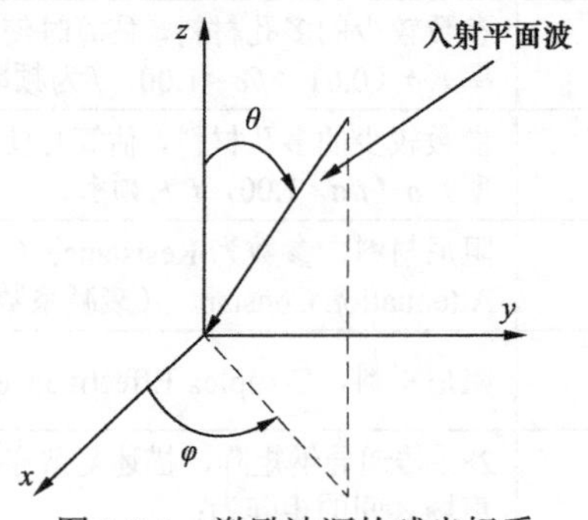

图 3-8-1　激励波源的球坐标系

表 3-8-3　声源类型说明

名称	说　明	图　解
Planar Wave	基于球坐标系 φ 和 θ 轴上的无穷远平面波，需指定 φ 和 θ 的角度	
Monopole	基于球坐标系相对 *xyz* 位置的球面波，需指定 *xyz* 的相对位置和脉动球的半径	
Dipole	由两个方向相反的单级组成，两者间距较小，需指定两个单级的相对位置、脉动球的半径和间距 d	
Back enclosed loudspeaker	后附罩的单级扬声器，参数设置与 Monopole 类似	

续表

名称	说　明	图　解
Bare loudspeaker	无后罩的双级扬声器，参数设置与 Dipole 类似	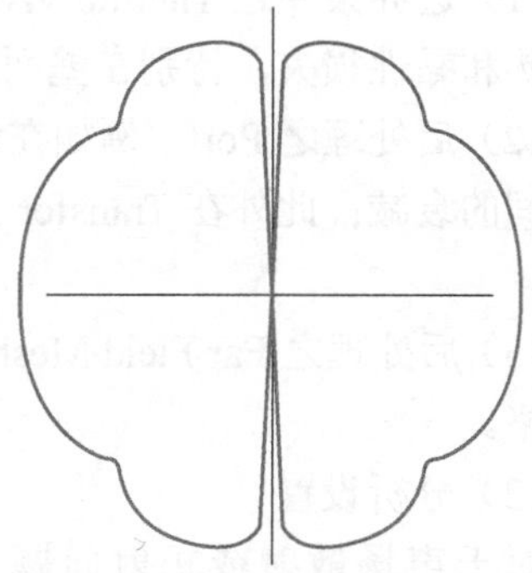

4）激励条件之 Normal Surface Velocity，法向速度与结构中的压力符号类似，正号表示向外，负号表示向内，由振幅和相位组成。如果不希望激励产生的反射波回到激励面，就必须定义阻抗条件。

5）激励条件之 Mass Source，向各个方向发射声波一般选择基于压力的激励模式。可施加在点（单级球面波）、线（柱面波）、面（平面波）体上，用一个标量和相位角来确定。当该边界条件作用于外表面源时，激发压力由 Mass Source 参数乘以声速确定；当该边界条件作用于外部或内部投射端口时，激发压力由 Mass Source 参数乘以声速的一半来确定。

6）激励条件之 Surface Velocity，法向速度的扩展可以根据默认或自定义的坐标系在 *xyz* 三向定义速度分量。

7）激励条件之 Diffuse Sound，用于描述大量随机无序平面波的漫射现象，如图 3-8-2 所示。其所选结构模型的 z 轴必须与结构模型中入射声场的外法线方向一致，输入参数为局部坐标系编号、Radius Of The Reference（参考球半径）、Reference Power Spectral Density（参考功率谱密度）、Mass Density、Sound Speed、Maximum Incident Angle Of The Plane Waves（平面波的最大入射角）、Number Of The Parallel Rings（平行的环数）和 Sampling Options（采样选项）。其中 Radius Of Reference 参数值必须大于 50 倍模型最大尺寸。

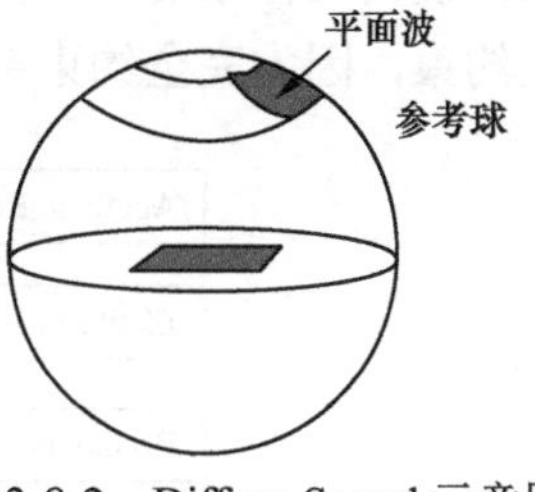

图 3-8-2　Diffuse Sound 示意图

8）加载之 Impedance Sheet，内流场中用该项来定义微孔结构，它与 YMAT、HGYM 和 SGYM 的机理一致。其区别在于：YMAT、HGYM 和 SGYM 只能用于谐响应分析，Impedance Sheet 可用于各种分析；YMAT、HGYM 和 SGYM 必须基于实际厚度来建模，且厚度方向为一层网格，Impedance Sheet 可用理想模型来代替，不需建立实际厚度；YMAT、HGYM 和 SGYM 两侧的压力一般存在梯度，Impedance Sheet 两侧的压力几乎连续；YMAT、HGYM 和 SGYM 必须指定实际参数，常用于校核实际模型，Impedance Sheet 只需要输入 Resistance（实部声阻）和 Reactance（虚部声抗）参数，常用于设计估算模型。

9）边界条件之 Absorbing Elements，定义无限远场只能用于外球面模型，其球面半径至少为波长的 0.4。另外网格划分产生的球面模型离散，可能会导致某些节点的球面半径与指定的球面半径不一致，从而出现计算错误。这时需要定义 Force Node To Lie On The Sphere 为 Yes。

10）边界条件之 Equivalent Source Surface，用于定义 Radiation Boundary 或者 Scatter 与 PML 的交界面，定义在非 PML 模型上。

11）边界条件之 Thermo-viscous BLI Boundary，压力波在充满液体的小管内运移时，会发生热和黏性损失，特别在壁面边界声波会衰减，例如助听器、黏热谐振器等设备。

12）后处理之 Port。例如在波源处定义 Port 编号，可以快速查看入射波参数和入射与反射之间的衰减；此外在 Transfer Admittance Matrix 模型中必须定义它，而且需要较高的网格质量。

13）后处理之 Far Field Mesh，后处理可以绘制远场等势线的结果，求解过程中会关闭远场网格。

（2）分析设置

对于声场散射或辐射问题，必须有无限域边界条件（PML、Radiation Boundary 或 Absorbing Elements），输出压力为 Incident Pressure（用于 Robin Boundary 或 PML）和 Scattered Pressure。当 Scattered Field Output 定义为 Total 时，为 Incident Pressure 与 Scattered Pressure 之和。Inside The Model 表示远场辐射，Outside The Model 表示远场散射。计算远场参数时，需要定义 Equivalent Source Surface。

（3）软件中设置之间的关系

下列为部分设置的逻辑关系，箭头表示设置之间的依附关系，加号表示设置之间的并行关系。例如，如果定义了 Acoustic Body-PML，就必须对 PML 的最外层模型定义 Acoustic Pressure=0。如果对非声场模型定义了 Excitation-Diffuse，那么同时还需要对该模型定义坐标系，使其坐标系的 z 向为声场入射法线方向，还需要对其定义三向的位置约束（不能采用完全约束，因为完全约束会限制声场的自由度）。

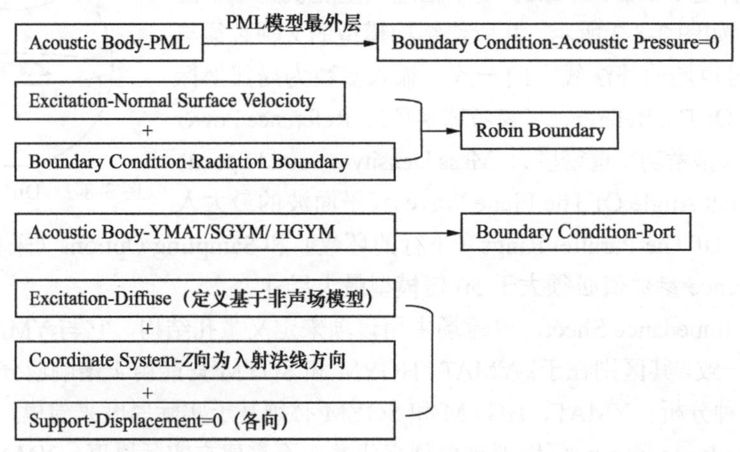

3.8.1 消声器声场分析

在各种通风散热管道设计之中，由于需要研究管道内气体流动时产生的噪声，所以为避免噪声传播，一般设有消声器。本例以穿孔消声器为例描述声场谐响应分析及相关后处理，穿孔消声器的腔体长度为 0.2572m、扩张腔外径为 0.07712m、穿孔管内径为 0.0508m、外径为 0.05334m、壁厚为（0.05334-0.0508）/2=0.00127m。由于在穿孔管上存在小孔，划分网格将非常复杂，也不易保证网格质量，且计算量非常庞大，因此采用传递导纳矩阵来定义小孔。

此外消声器类似于圆柱结构，如果采用实际三维模型来计算，则计算速度和存储空间消耗太大。而且在 Workbench 界面下声场分析不能使用平面单元，因此只建立模型厚度为单位厚度（0.001m）的三维微元模型，这是声场分析中常用的建模方法。

（1）建立三维模型

三维模型如图 3-8-3 所示，具体建模过程如下。

1）在 *xy* 平面上建立 Sketch1。绘制一个长 307.2mm、宽 50.8mm 的矩形；然后用 Extrude1 中的 Add Material 命令将其拉伸，厚度为 1mm，完成穿孔管内腔气体模型的建立。

2）在 *xy* 平面上新建 Sketch2。距原矩形水平位置 50mm 处，在原矩形的上下两侧绘制两个长为 257.2mm、宽为 1.27mm 的矩形；然后用 Extrude2 中的 Add Frozen 命令将其拉伸，厚度为 1mm，完成穿孔管壁厚模型的建立。

3）在 *xy* 平面上新建 Sketch3，在 Sketch2 矩形的上下两侧再绘制两个长 257.2mm、宽 11.89mm 的矩形；然后用 Extrude3 中的 Add Frozen 命令将其拉伸，厚度为 1mm，完成扩张腔气体模型的建立。

4）采用 Form New Part 将 5 个实体组合为一个。

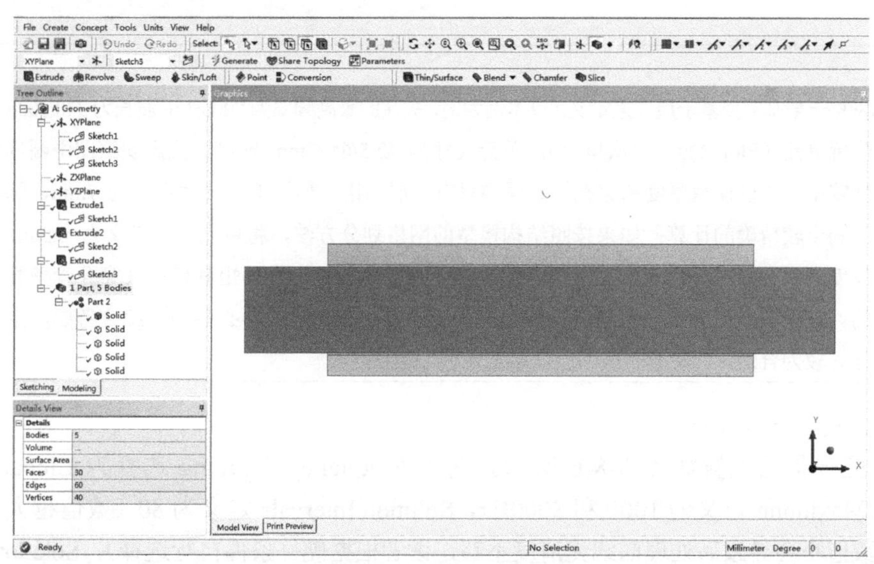

图 3-8-3　建立三维模型

（2）建立分析流程

如图 3-8-4 所示，建立分析流程。其中包括 A 框架结构的 DM 模块，B 框架结构的完全法谐响应分析。

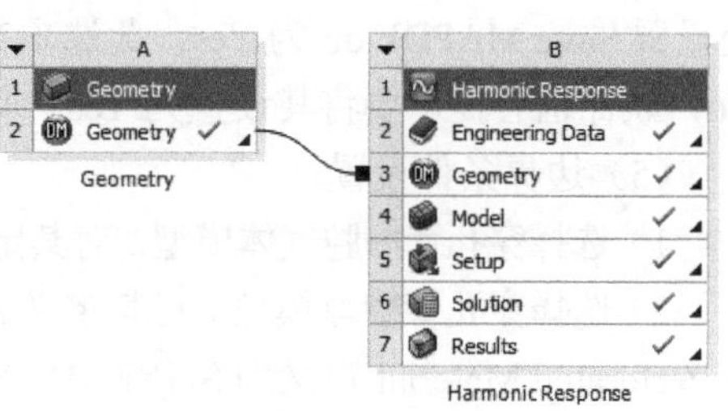

图 3-8-4　完全法谐响应分析流程

（3）谐响应分析前处理之网格划分

在 B4 处双击鼠标左键，进入 Mechanical 界面，材料选用默认值。由于已经将模型组合为一个整件，因此也不需要设置接触。

选取所有模型并定义网格尺寸（Size），Type 处选择 Element Size，Element Size 处定义为 2mm。网格如图 3-8-5 所示。

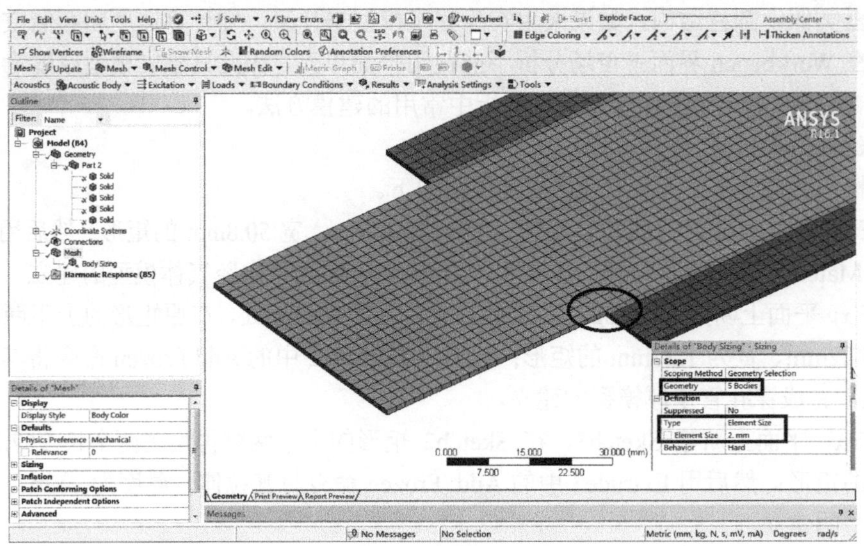

图 3-8-5 网格划分

提示

声场网格一般都需要基于尺寸来定义。以本例为例，关注的最高频率为 8000Hz，波长为 340/8000=42.5mm。对于声场分析单元（Fluid220，二次单元），单元尺寸为 42.5/6≈7mm 即可。注意观察图中圈选区域，由于模型尺度较小，所以模型厚度和穿孔管壁厚均只有一层网格。如果单元尺寸定义为 7mm，则单元长宽比较大，不利于较精确的计算；如果按照结构模型的网格划分方法，将单元尺寸定义为 0.5mm，则可以保证模型厚度和穿孔管壁厚均有两层网格，但是对于声场中的传递导纳矩阵模型（穿孔管壁厚）是完全没有必要的。对于取壁厚为单元尺寸的微元模型来说，厚度方向也是不必要的。综合考虑，定义网格尺寸为 2～3mm 较为合适。

（4）谐响应分析设置

谐响应分析的设置如图 3-8-6 所示。其中 Frequency Spacing 选择为 Linear、Range Minimum/Maximum 定义为 1000 和 8000Hz，Solution Intervals 定义为 80（数值越大，存盘文件越大；数值小会导致后处理曲线光滑度不够，读者根据硬件条件自行选择），Solution Method 定义为 Full（必须用完全法）。在 Output Controls 处设置 Stress、Strain、Calculate Reactions 和 General Miscellaneous 均为 Yes，即在后处理中输出相应结果。在 Analysis Data Management 处设置 Save MAPDL db 为 Yes，此选项在声场分析中都建议打开，即便将其设置为默认选项 No，软件也会提示要将其设置为 Yes。其余默认。

（5）边界条件设置

1）选择穿孔管内腔气体模型，对其定义 Acoustic Body，所有参数均默认，如图 3-8-7 所示。

2）选择穿孔管壁厚模型，对其定义 Acoustic Body，如图 3-8-8 所示。其中 Equivalent Fluid of Perforated Material 定义为 SGYM-HGYM（该处用于描述穿孔板模型参数），Grid Type 定义为 Hexagonal Grid Structure（六边形布置），Hole Radius 定义为 1.19mm，Grid Period 定义为 3.97mm，Structure Thickness 定义为 1.27mm，Ratio Of Inner And Outer Radius 定义为 1。其余均默认。

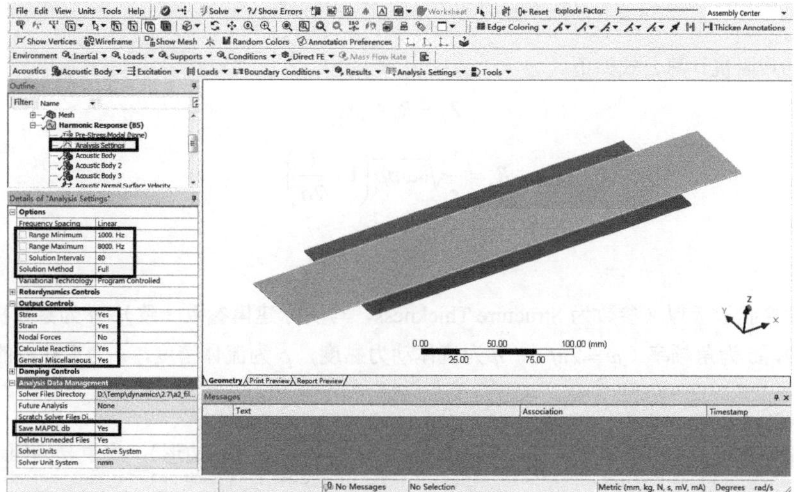

图 3-8-6　分析设置

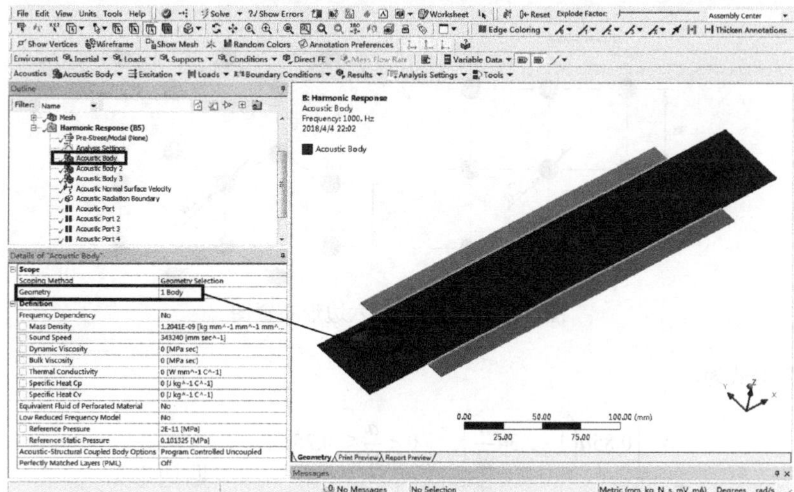

图 3-8-7　定义声体模型

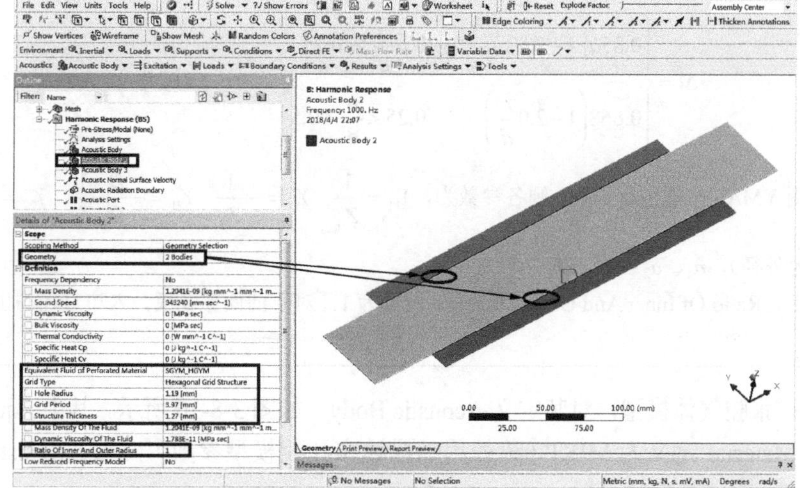

图 3-8-8　定义声体模型

提示

穿孔板的声阻抗计算公式如下。

$$Z_p = R_p + jX_p$$

$$R_p = \frac{1}{\varepsilon}\sqrt{8\omega\eta\rho}\left(1+\frac{l}{2a}\right)$$

$$X_p = \frac{1}{\varepsilon}\omega\rho(l+2\Delta l)$$

式中 l 为穿孔板板厚（参数为 Structure Thickness，与实际建模参数一致），α 为穿孔板上的孔半径（Hole Radius），ω 为角频率（$\omega = 2\pi f$），η 为流体动力黏度，ρ 为流体密度，ε 为穿孔板的孔隙率，Δl 为修正系数。

其中孔隙率的计算公式为，$\varepsilon = \frac{\pi a^2}{d^2}$（四边形）或 $\varepsilon = \frac{6\pi a^2}{5\sqrt{3}d^2}$（六边形），式中 d 为四边形或六边形布置小孔的特征尺寸，如图 3-8-9 所示。

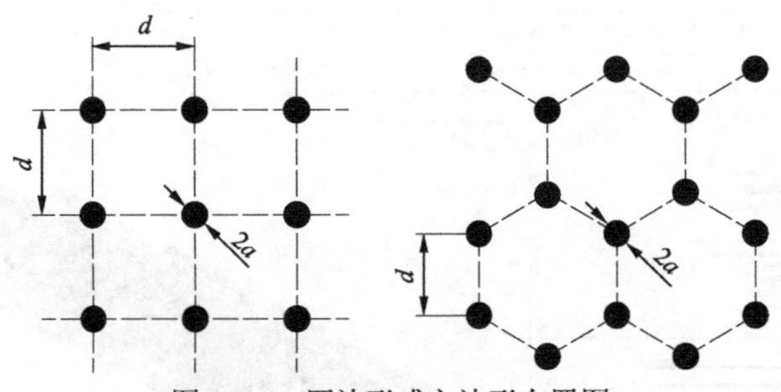

图 3-8-9　四边形或六边形布置图

Δl 的计算公式为，

$$\Delta l = \begin{cases} 0.85a\left(1-2.34\frac{a}{d}\right) & 0 < \frac{a}{d} \leqslant 0.25 \\ 0.668\left(1-1.9\frac{a}{d}\right) & 0.25 < \frac{a}{d} < 0.5 \end{cases} \quad \text{（四边形）}$$

$$\Delta l = \begin{cases} 0.85a\left(1-2.52\frac{a}{d}\right) & 0 < \frac{a}{d} \leqslant 0.25 \\ 0.668\left(1-2.0\frac{a}{d}\right) & 0.25 < \frac{a}{d} < 0.5 \end{cases} \quad \text{（六边形）}$$

如果采用 YMAT 模型进行描述，则各参数为，$Y_{11} = \frac{1}{Z_p}$　$Y_{12} = -\frac{1}{Z_p}$　$Y_{21} = -\frac{D_1}{D_2}\frac{1}{Z_p}$　$Y_{22} = \frac{D_1}{D_2}\frac{1}{Z_p}$（$D_1$、$D_2$ 为穿孔管内外径），α_1、α_2 在消声器中均为 0。

对于平板，Ratio Of Inner And Outer Structure 设置为 1，对于曲面穿孔板，入口直径与出口直径则略有差异。

3）选择扩张腔气体模型，对其定义 Acoustic Body，如图 3-8-10 所示。其中 Equivalent Fluid of Perforated Material 定义为 MIKI（该处用于描述穿孔板模型参数），Fluid Resistivity 定义为 1.865e-8(N·s /mm^4)。其余均默认。

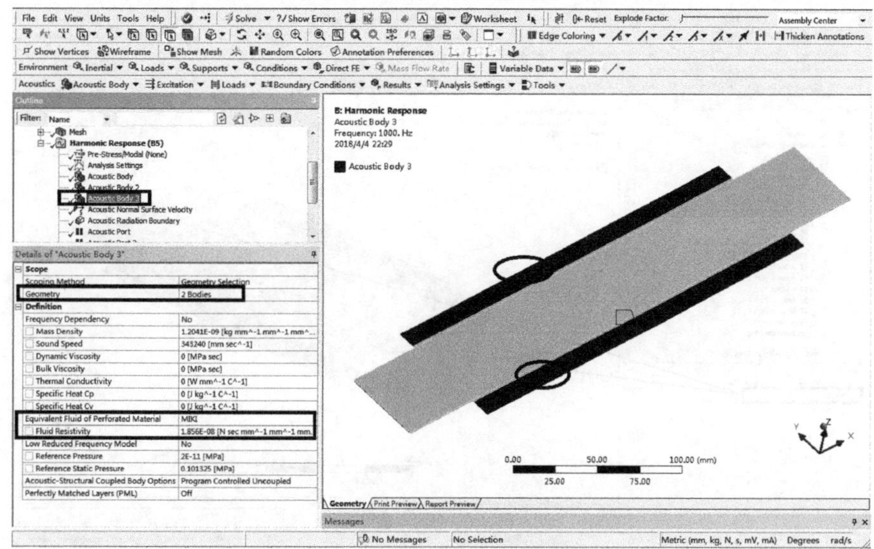

图 3-8-10　定义声体模型

提示

MIKI 模型用于模拟参数较少的多孔材料。其中材料声阻率为 18560（N·s/m^4），研究的最高频率为 8000Hz，则最高频率/声阻率=0.431 <1.00，因此可以采用 MIKI 模型。

4）选择穿孔管内腔气体模型的一侧端面（入口），对其定义 Excitation→Normal Surface Velocity，如图 3-8-11 所示。其中 Amplitude Of Normal Velocity 定义为−2.4mm/s（负值表示速度方向指向内部，这类似于结构分析中的压力载荷），Phase Angle 定义为 0。

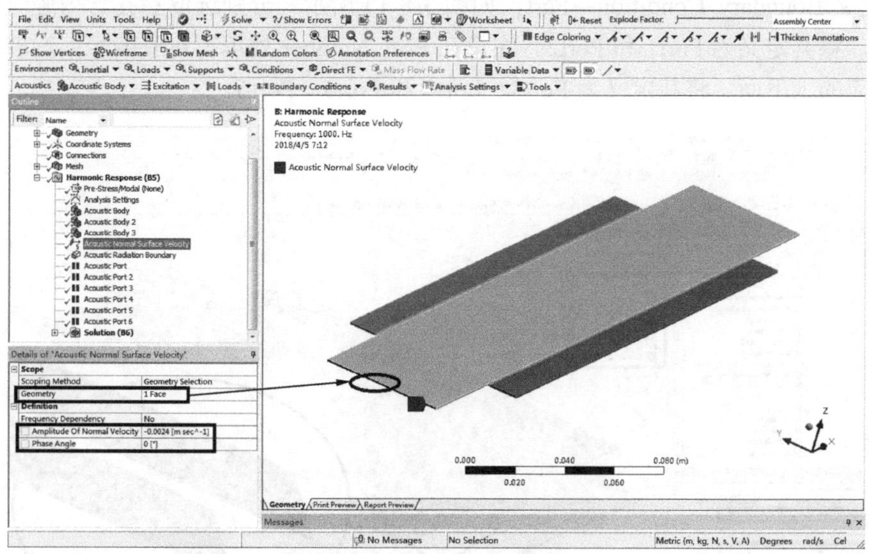

图 3-8-11　定义法向声速

5）选择穿孔管内腔气体模型的两侧端面（入口和出口），对其定义 Boundary Condition→Radiation Boundary，如图 3-8-12 所示。

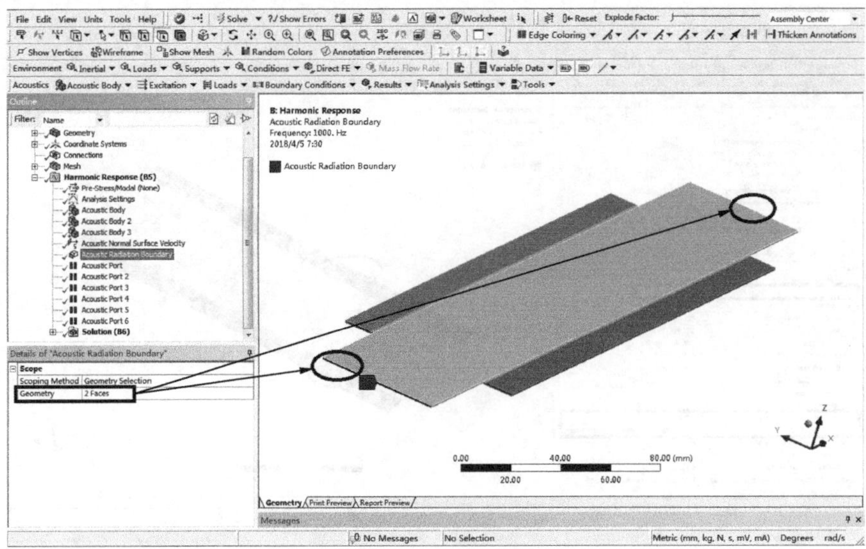

图 3-8-12　定义声辐射

提示

如果对入口不定义 Radiation Boundary，则声波从入口进入后，其反射波依然会从入口返回。因此应定义为 Radiation Boundary，即为声学的 Robin Boundary（全吸声无反射）。当然定义 Robin Boundary，并不只有 Radiation Boundary，还可以用 Impedance Boundary 和 Absorption Surface 边界条件。例如：定义 Impedance Boundary 下的 Impedance→Resistance 为 413.295Pa·s/m［注意单位，计算方法为：流体密度（1.2041）×声速（343.24）］，即可等效为 Radiation Boundary 条件。

6）定义 Boundary Condition→Part，如图 3-8-13 所示。分别选取穿孔管内腔气体模型的两侧端面，将其定义为 Port1 和 Port2。注意在 Port Number 处填写对应编号；选取穿孔管壁厚模型对应的上下面，将其定义为 Port3、Port4 和 Port5、Port6。

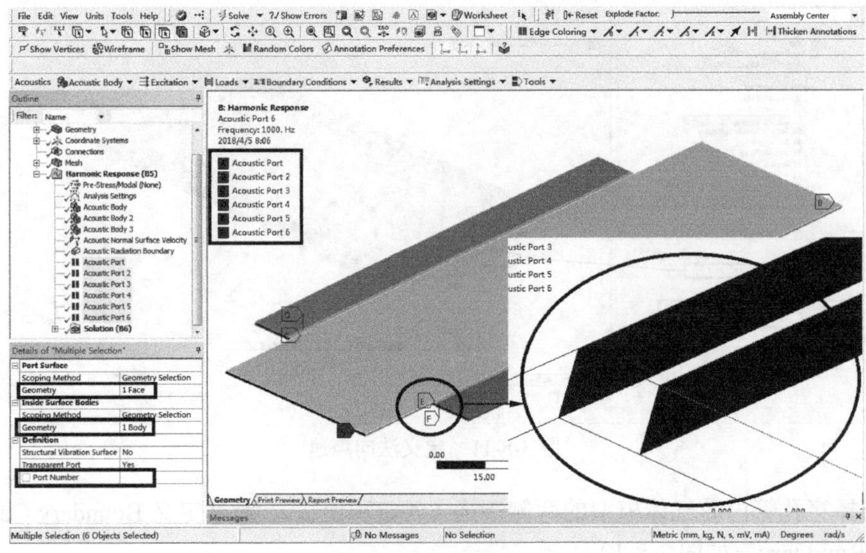

图 3-8-13　定义 Port

提示

Port1 和 Port2 的定义是为了后处理中查看衰减系数；Port3 和 Port4 的定义是因为穿孔管壁厚模型采用了 Transfer Admittance Matrix 模型，所以必须要定义 Port，而且该处网格应尽量采用六面体网格，以保证 Port3 和 Port4 分别位于网格的对面；如果采用四面体网格，则必须规划好网格的位置。如果 Port3 和 Port4 位于网格的相邻面，则软件会提示错误。另外 Port 的选择定义支持多体多面。

（6）后处理

对于消声器而言，最重要的声学参数是传声损失（transmission loss），该参数是消声器性能的评价标准，属于消声器的固有特性。其参数为消声器入口的入射声功率级减去出口处的透射声功率级，公式为：$TL=10\lg\frac{W_{入}}{W_{出}}=L_{W入}-L_{W出}$（dB）。式中 $W_{入}$、$W_{出}$为消声器入口和出口的声功率。声功率（sound power）为声源发出的声能，是绝对值，不受环境的影响；而声功率级（Sound Power Level、SPL）可以较好地反映声能的相对关系。

计算完成后，首先查看 Results→Acoustic Power Result Plot，如图 3-8-14 所示。其中 Input Port Number 定义为 1（对应 Port1，即消声器入口），Output Port Number（对应 Port2，即消声器出口），Result 选择 Transmission Loss，可得最大传声损失为 35.7571dB，最大回程损失（Return Loss）为 32.1008 dB，最大衰减系数（Absorption Coefficient）为 0.99934。其中回程损失的计算公式为：$RL=10\lg\frac{W_{入}}{W_{反射}}$，它反映的是消声器入口和反射的声功率之比的对数关系。一般都希望全部声波都传输出去，反射的回波越小越好，因此回程损失数值越大越好。吸声系数的计算公式见 2.8 节。由图可知，在 4000～4700Hz 之间，该消声器的传声损失最大，由此可判定该消声器最合适的工作频率。

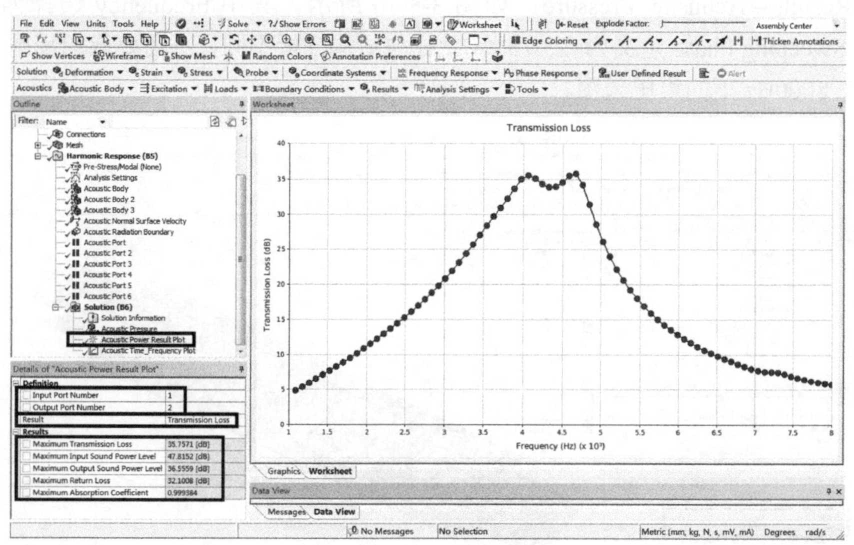

图 3-8-14 传声损失后处理

查看 Results→Acoustic Time_Frequency Plot，如图 3-8-15 所示。其中在 Geometry 处选择出口面，Result 选择为 Pressure。图中可显示声压幅值、相位与频率的关系。除此之外，在 Result 处还可以选择 SPL 和 A-Weight SPL。其中 A-Weight SPL 表示对 SPL 值进行加权，单

位为 dBA，加权值的计算公式为：

$$W_{\mathrm{A}}=10\lg\left[\frac{1.562339f^{4}}{(f^{2}+107.65265^{2})(f^{2}+737.86223^{2})}\right]+10\lg\left[\frac{2.242881\times10^{16}f^{4}}{(f^{2}+20.598997^{2})^{2}(f^{2}+12194.22^{2})^{2}}\right]$$

式中 f 为频率。

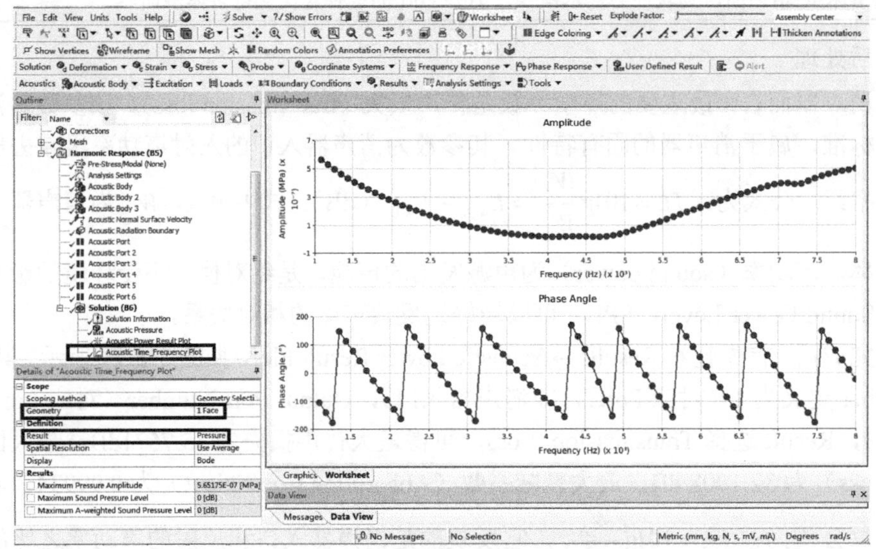

图 3-8-15　声压幅值和相位角后处理

用鼠标右键单击 Acoustic Time_Frequency Plot，在出现的菜单中选择 Export，可将计算结果导出为*.txt 文档。查看文档，可知在 8000Hz 时，声压幅值为 0.499891Pa，声压相位为−23.1295°。

查看 Results→Acoustic Pressure，如图 3-8-16 所示。其中 Frequency 选择为 Last（为 8000Hz），Sweeping Phase 定义为−23.13°（此处与结构分析不同，不需要取相反数）。这时可得到模型在 8000Hz 下的声压云图。

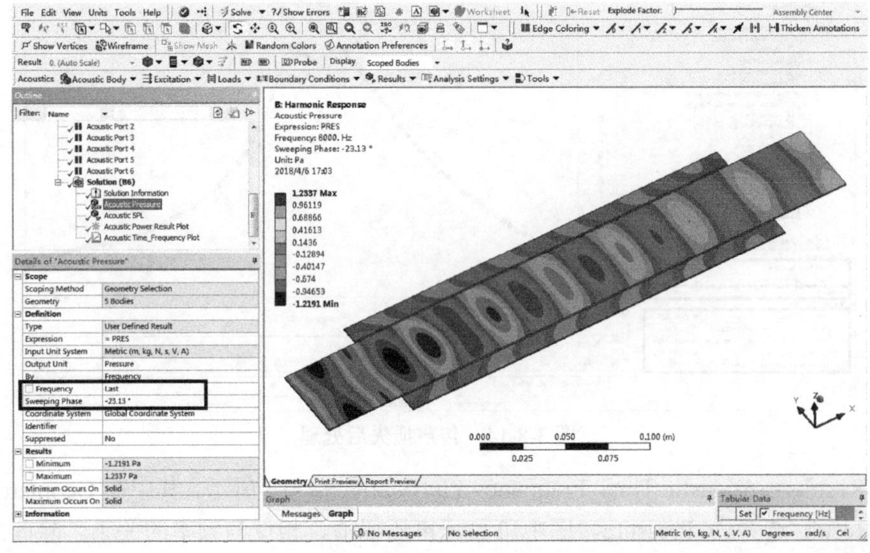

图 3-8-16　8000Hz 下的声压云图

再查看 Results→Acoustic SPL，如图 3-8-17 所示，注意该后处理不需要输入相位。

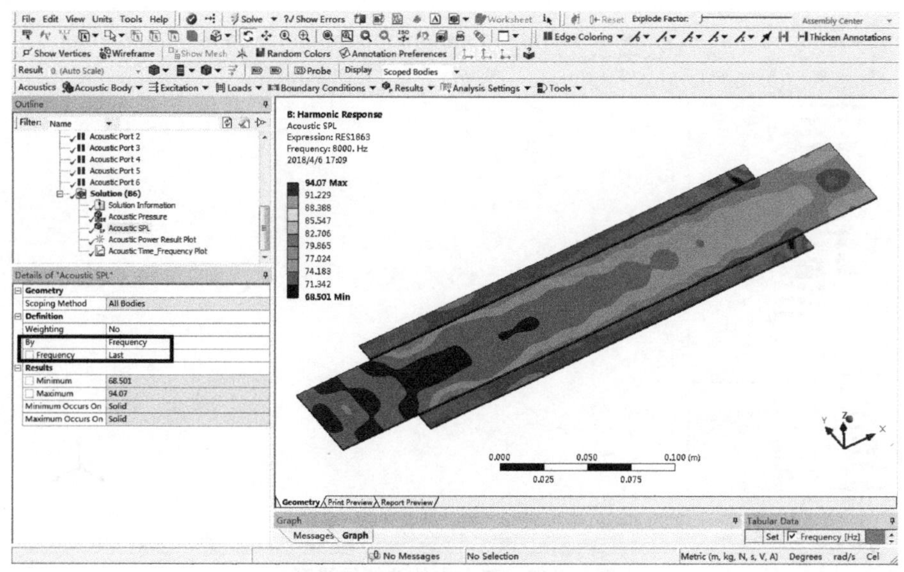

图 3-8-17　8000Hz 下的 SPL 云图

（7）小结

该分析适用于声场在谐波条件下的频域分析，用于表征声波衰减的过程。在频域边界条件中它包含多孔或狭缝介质的阻尼模型、入射声场等多种条件。

3.8.2　外激励辐射声场分析

前面已经介绍了 Workbench 声场分析中的多种激励类型，在实际工况下，这并不一定是软件所提供的激励类型，例如齿轮副传动过程中持续、激励声场，乐队中各种打击乐器的激励声场等。应该先求解出外部激励结果，再将其激励速度导入声场分析，由于 Workbench 具有良好的软件接口和庞大的软件群，因此这为该类分析提供了极大的便利。

下面以一根吉他弦为例，说明外激励辐射声场分析的基本流程。

（1）建立三维模型

三维模型如图 3-8-18 所示，建模过程如下。

1）在 *xy* 平面上建立 Sketch1。绘制一个直径为 1.4mm 的圆；然后用 Extrude1 中的 Add Material 命令对其拉伸，长度为 1041.4mm，完成吉他弦模型的建立。

2）以 *xy* 平面为基准，向 *z* 向偏移 850mm，新建 Plane4。以 Plane4 为基准，使用 Slice1 对模型进行切割，以定义模型约束。

3）以 *xy* 平面为基准，向 *z* 向偏移 400mm，新建 Plane5。以 Plane5 为基准，使用 Slice2 对模型进行切割，以定义模型的谐响应载荷。

4）使用 Form New Part 命令将 3 个实体组合成一个整体。

（2）建立分析流程

如图 3-8-19 所示，建立分析流程。其中包括 A 框架结构的 DM 模块，B 框架结构的静力学分析，C 框架结构的预应力谐响应分析和 D 框架结构的谐响应分析，其中 D 框架结构的谐响应分析由 C 框架结构复制而得，并且 C6（Solution）与 D5（Setup）建立关联。

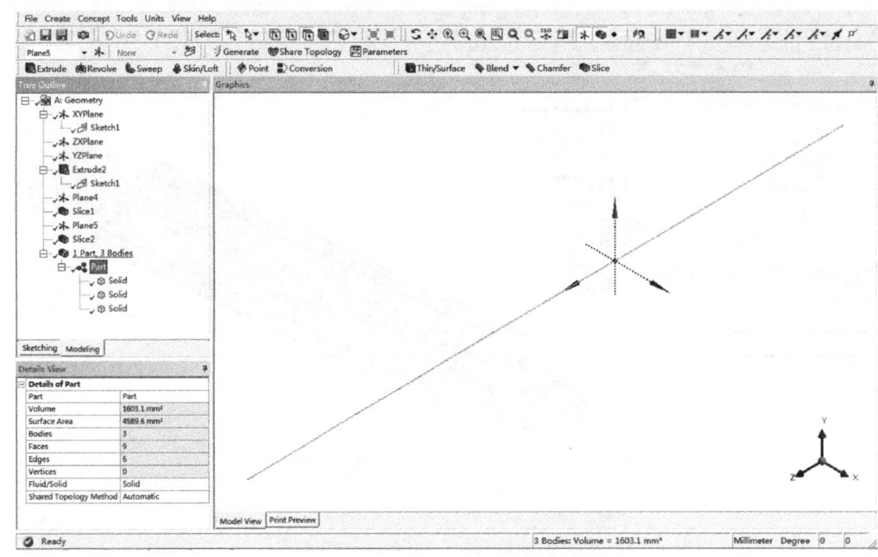

图 3-8-18 建立吉他弦三维模型

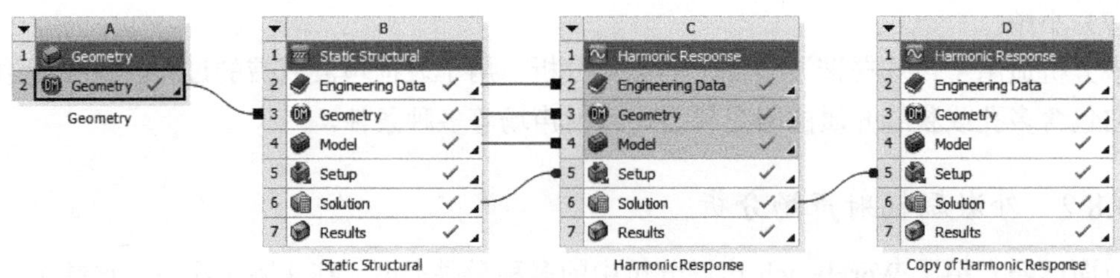

图 3-8-19 分析流程

（3）静力学分析前处理

鼠标双击 B4 进入 Mechanical 界面，材料选取默认值。在 Mesh 处，将 Defaults→Relevance 定义为−100 即可。这是因为在声场分析中不能使用与梁单元相关的模型，而采用实体模型建模极大地增加了计算量。同时对于吉他弦的力学分析中，吉他弦截面对结果影响极小，因此采用较粗的网格（截面较粗）完全可以保证计算精度，又能降低计算量。

另外选取距基准坐标系 400mm 的平面，将其命名为 Selection，如图 3-8-20 所示。由于模型采用 Form New Part 命令连接，因此选取任意实体均可。然后右键单击 Selection，在弹出的快捷菜单中选取 Create Nodal Named Selection，创建 Selection2 的节点选择集。这为稍后预应力谐响应分析的边界条件定义提供了便利。

（4）静力学分析边界条件

边界条件如图 3-8-21 所示。对吉他弦起端定义 Fixed Support；对距吉他弦起端 850mm 的平面定义 Displacement，其中 XY Component 定义为 0，Z Component 定义为 Free；对吉他弦末端定义 Force，大小为 50N，方向为轴向。该边界条件用于模拟吉他弦的预紧状态。其余设置全部默认。

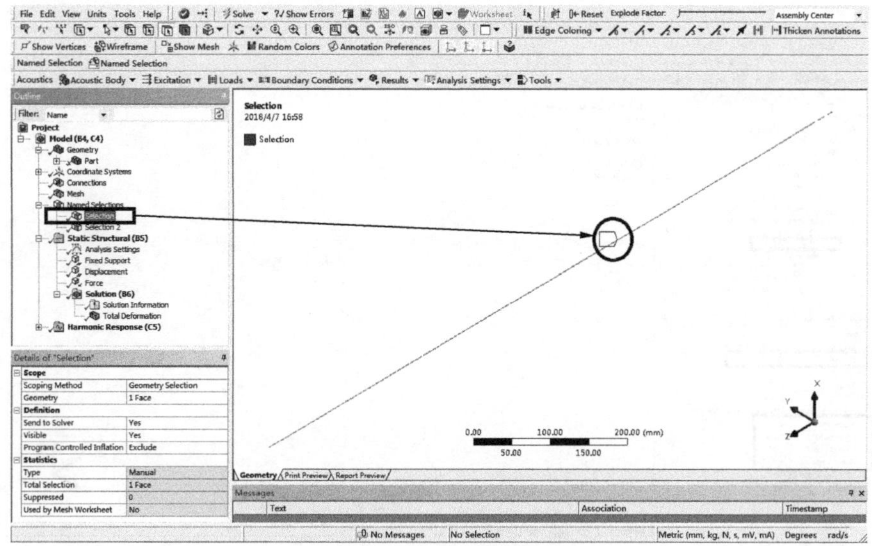

图 3-8-20　静力学前处理

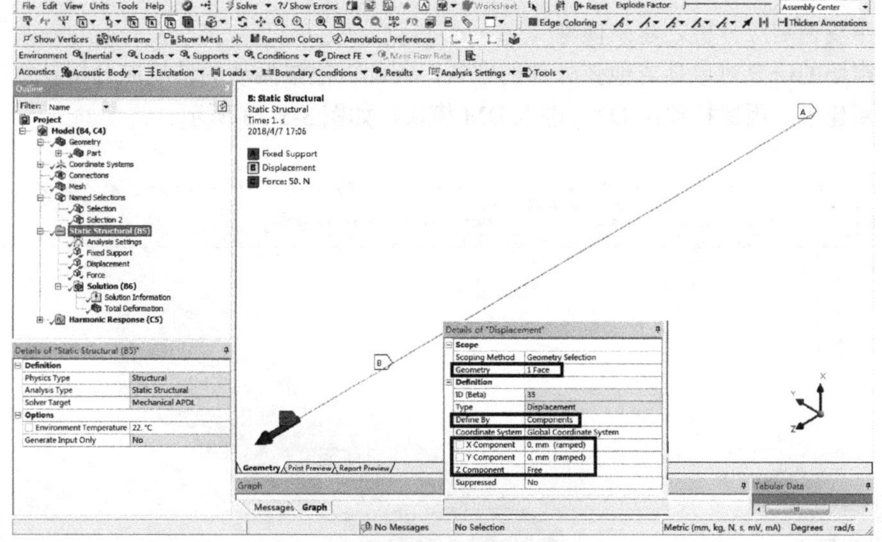

图 3-8-21　静力学边界条件

（5）预应力谐响应分析设置及边界条件

静力学计算完成后，再用鼠标双击 C5，进入谐响应分析。

谐响应分析的设置如下：Frequency Spacing 选择为 Linear，Range Minimum/Maximum 定义为 0 和 2000Hz，Solution Intervals 定义为 50，Solution Method 定义为 Full（必须用完全法）。在 Output Controls 处设置 Stress、Strain、Calculate Reactions 和 General Miscellaneous 均为 Yes。其余默认。

边界条件如图 3-8-22 所示，对模型加载 Nodal Force 以模拟拨弦工况。其中对 Named Selection 选择之前定义的 Selection2（必须为节点集），XZ Component 定义为 0，Y Component 定义为 1.5N，Phase Angle 定义为 0°。

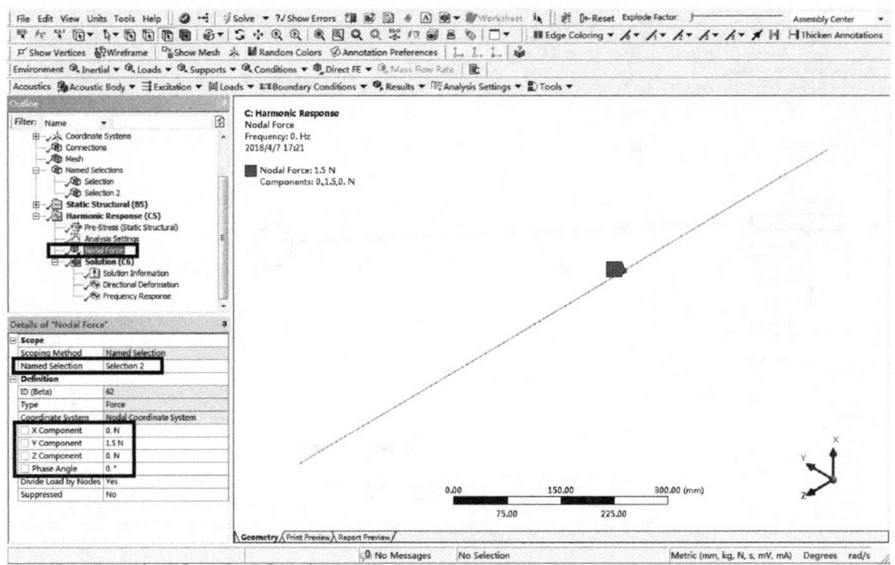

图 3-8-22 预应力谐响应分析的边界条件

（6）声场谐响应分析之建立模型

由于声场的研究对象是吉他弦外部的空气，因此吉他弦振动的谐响应分析计算完成后，还需要重新建模。用鼠标双击 D3，进入 DM 模块，如图 3-8-23 所示。

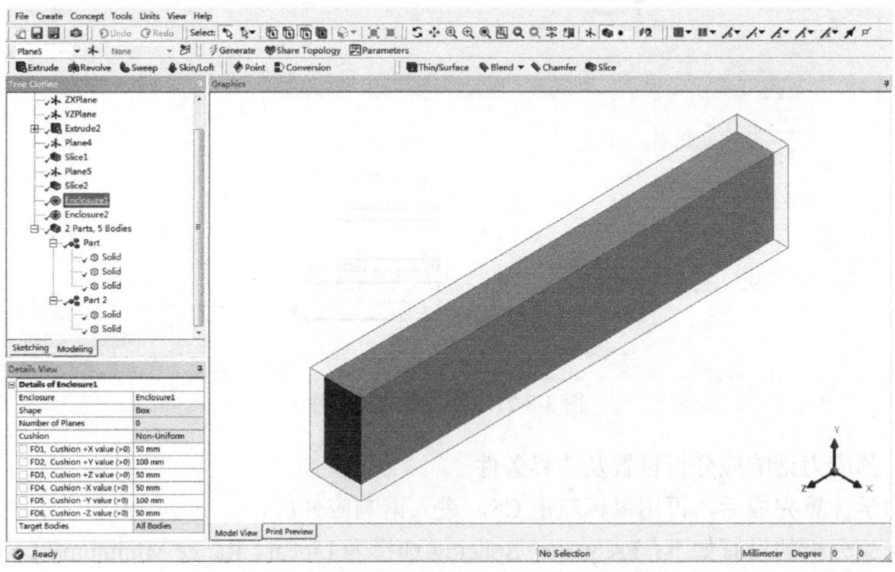

图 3-8-23 建立吉他弦外空气域三维模型

1）使用 Tools→Enclosure，绘制一个长方体（Box）域，其中 Cushion+XYZ 分别为 50、100、50mm，Cushion-XYZ 分别为 50、100、50mm，完成内层空气域的建立。

2）再使用 Tools→Enclosure，绘制一个长方体（Box）域，其中 Cushion+XYZ 分别为 20、20、20mm，Cushion-XYZ 分别为 20、20、20mm，完成外层空气域的建立。

3）使用 Form New Part 命令将两个空气域实体组合成一个整体。

提示

外层空气域用于建立 PML 域。PML 域的厚度计算公式为：δ_{PML} = 声速/(4×最高频率)。以本例进行说明，声速为 340m/s，最高频率为 2000Hz，则 PML 厚度为 42.5mm。本例的 PML 厚度只取 20mm，这是因为吉他弦相比空气域太小了，如果采用标准的内层空气域（Cushion±XYZ 至少为 100、200、100mm）和 PML 域（Cushion±XYZ 为 45mm），则网格数太多，极大影响计算效率，也不方便计算调试。本例采用较小的空气域尺寸，仅用于演示，在实际分析中，必须按照计算规则和实际工况选取内层空气域和 PML 域。

（7）声场谐响应分析之前处理

鼠标双击 D4 进入 Mechanical 界面。首先单击 Geometry 下的 Part（吉他弦）将其抑制（Suppress Body），只保留两个空气域模型。

在 Mesh 处，选取所有模型并定义网格尺寸（Size），Type 处选择 Element Size，Element Size 处定义为 25mm（340/(6×2000)=28.3mm，必须所有模型都统一网格尺寸），并单击 Wireframe 开关。这时可以看到模型内部，网格如图 3-8-24 所示。可见图中中间细长区域对应吉他弦，内部较密网格对应内层空气域，外部较疏网格对应外层空气域。

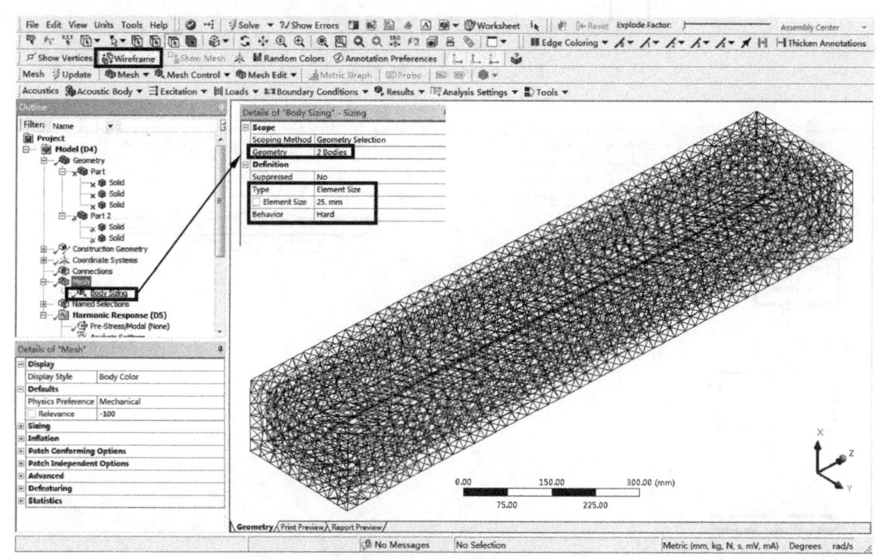

图 3-8-24　网格划分

由于边界条件中选取了吉他弦对应的空气界面，因此先采用 Named Selection 对该面进行定义。由于该面位于模型内部，选取不便，所以可采取的方法主要有两种。

1）如图 3-8-25 所示，采用图中框选工具。其中 1 为投影选择，可以根据模型视角方向选择相应的投影；2 为延伸选择，其中 Extend to Adjacent 表示将选择区域延伸至相邻面，Extend to Limits 表示将选择区域延伸至相邻的极限位置，本例在轴面选择处理上，这两项相同，Extend to Connection 表示将选择区域延伸至接触位置（不同体的延伸），Extend to Instance 表示将选择区域延伸至相同模型；3 为模型切分；4 为命名选择工具，可以进行逻辑处理。这种方法受到模型视角的影响，需要多次尝试才能熟练。

2）如图 3-8-26 所示，采用 ACT 中的 Tools→Automatically Create FSI Condition According To Contacts。首先取消对吉他弦模型的抑制（Unsuppress Body），然后创建吉他弦与空气域的

接触，单击该菜单时，软件会自动出现选项 Acoustic FSI Interface，最后再抑制吉他弦模型和吉他弦与空气域的接触。这种方法生成交界面的效率高，但操作较烦琐，且受接触设置的影响。

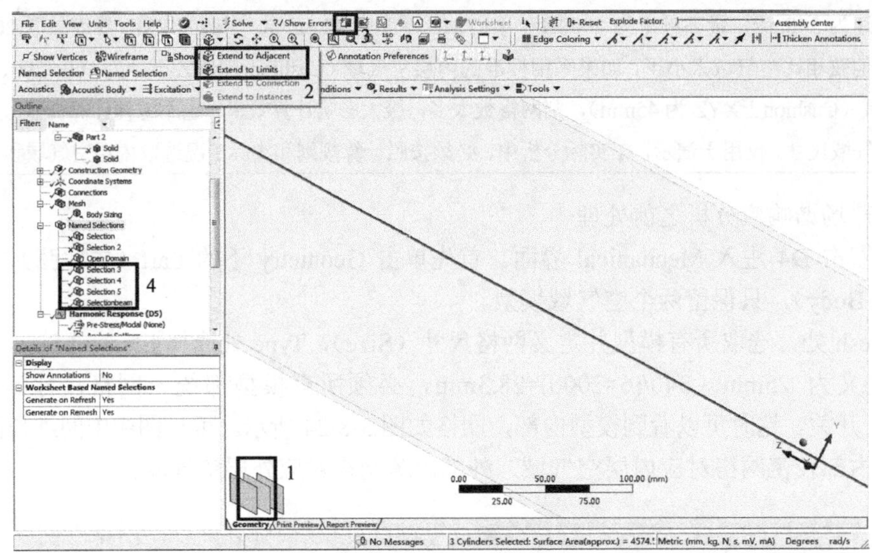

图 3-8-25　选择工具

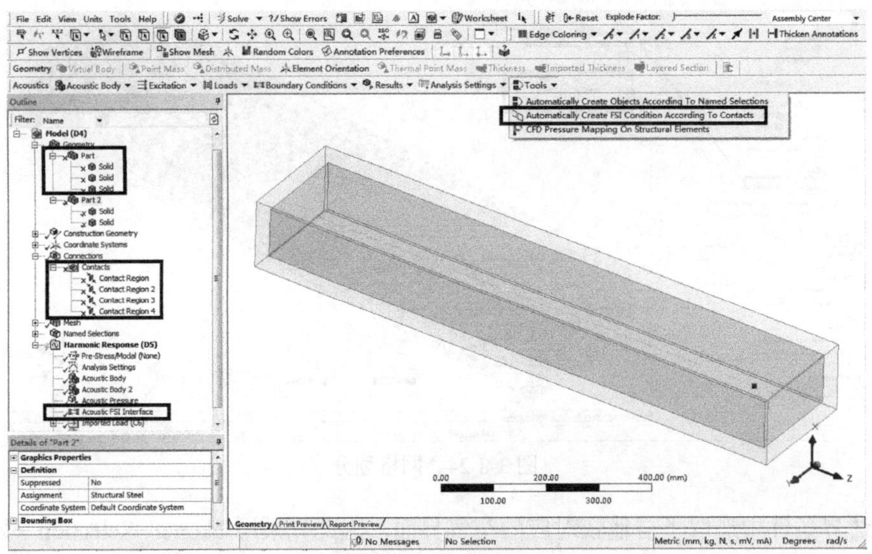

图 3-8-26　选择工具

（8）声场谐响应分析设置与边界条件

在谐响应分析设置中，Frequency Spacing 选择为 Linear，Range Minimum/Maximum 定义为 0 和 2000Hz，Solution Intervals 定义为 50，Solution Method 定义为 Full（必须用完全法）。在 Output Controls 处设置 Stress、Strain、Calculate Reactions 和 General Miscellaneous 均为 Yes。在 Analysis Data Management 处设置 Save MAPDL db 为 Yes。其余默认。

在边界条件中，选择内层空气域模型，对其定义 Acoustic Body，所有参数均默认，如图 3-8-27 所示。

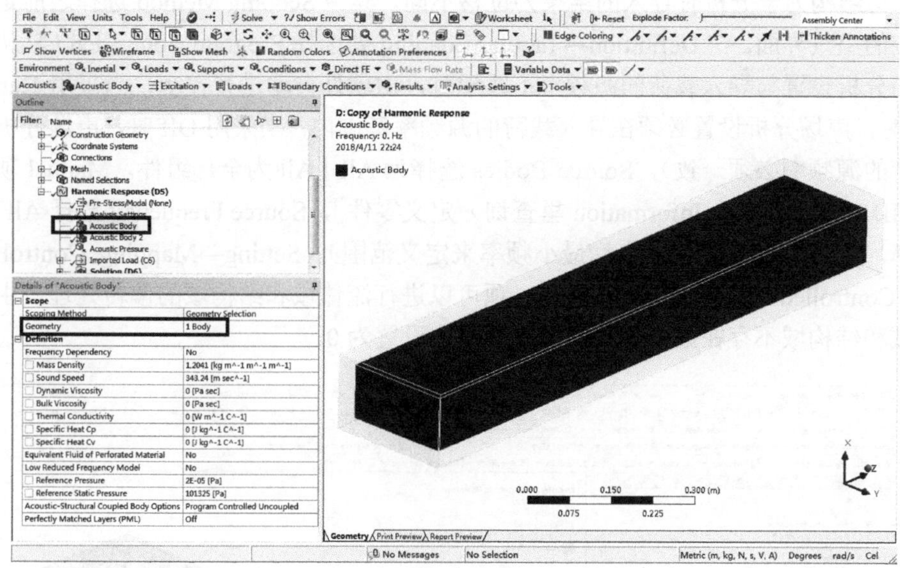

图 3-8-27　定义内层空气域

选择外层空气域模型，对其定义 Acoustic Body，其中 Perfectly Matched Layers（PML）设置为 On，其余参数均默认，如图 3-8-28 所示。

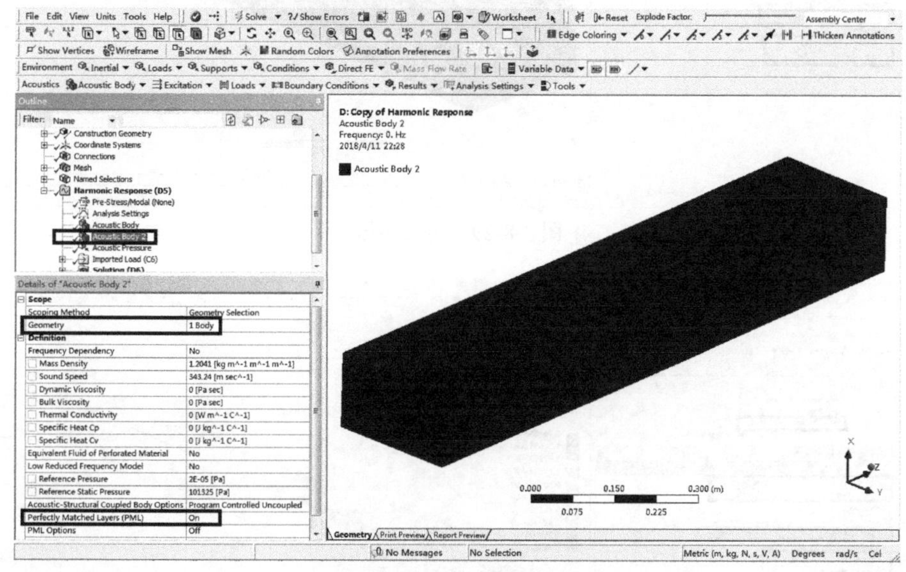

图 3-8-28　定义外层空气域

选择外层空气域模型的外部 6 个面，对其定义 Acoustic Pressure，所有参数均为 0，如图 3-8-29 所示。

注意

凡是声场分析中存在 PML 模型，PML 模型的最外层必须定义声压为 0。

导入结构谐响应分析结果，如图 3-8-30 所示。注意：导入的结果为速度，这是声场分析的特点，与结构力学分析时导入的结果为位移不同。其中 Scoping Method 选择之前定义的吉他弦对应的空气界面。在 Definition→Tabular Loading 处选择 Program Controlled（默认控制表示当声场分析设置与导入载荷的源频率不匹配时，由软件自动进行控制；当采用 Ramped 或 Stepped 时，声场分析设置必须在导入载荷的源频率范围内；当采用 Off 时，声场分析设置与导入载荷的源频率必须一致），Source Bodies 选择为 All［All 为全部组件，Manual 项可根据 Material IDs（在 Solution Information 里查询）定义零件］，Source Frequency 选择 All（All 为全部频率，Range 项可以根据最大/最小频率来定义范围）。Setting→Mapping Control 下选择 Program Controlled。Rigid Transformation 项可以进行流体域和结构域的偏转处理，由于本例中流体域和结构域不存在偏转关系，因此参数均设置为 0。

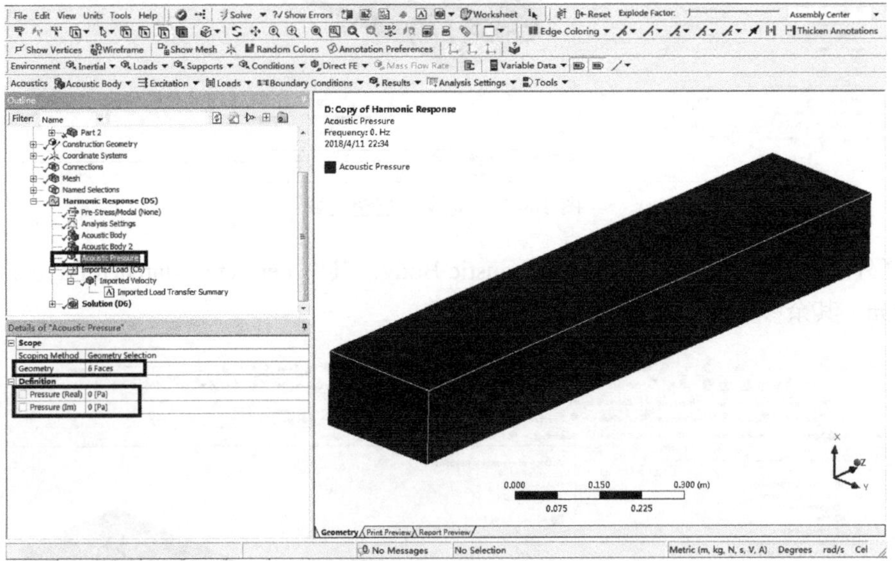

图 3-8-29　定义声压

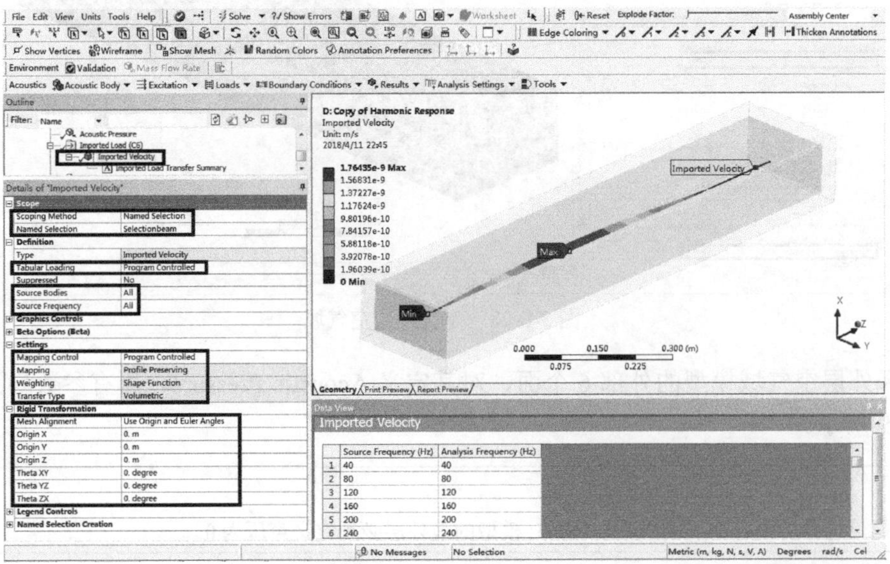

图 3-8-30　速度导入

提示

外声场辐射分析需要把结构分析数据传递到声场分析中，这就涉及不同网格类型的数据传递（耦合分析）。当 Mapping Control 选择 Program Controlled 时，软件自动进行网格和载荷的传递处理。Mapping 中的可选项为 Profile Preserving 和 Conservative，其中在谐响应分析中只能采用选项 Profile Preserving，该项表示只要在任意网格上得到传递参数的基本轮廓，即可匹配对应网格参数；Conservative 项只能用于传递力载荷，并且要求对应网格处的总载荷必须一致，但它并不需要高质量的网格形式。Weight→Triangulation 表示以源节点位置创建三角形的线性单元（2D 或 3D），并与目标节点的关联数进行加权；Weight→Distance Based Average 表示以目标节点到指定数量的最近源节点的距离进行加权；Weight→Shape Function 表示基于形函数加权；Weight→Kriging 表示基于空间协方差为源节点进行加权；Weight→UV 表示基于网格数据的参数传递。在这 5 种算法中，Triangulation 和 Weight→Distance Based Average 较为简单，对于网格尺寸一致的无曲面模型，可以较快且精度较高地处理参数传递；Shape Function 精度较高，处理曲面模型能力较强，特别适用粗的源节点到精细的目标节点传递；Kriging 由于使用高阶交叉的二次多项式自适应算法，精度更高，可用于更复杂的曲面模型，但是在映射边缘会产生粗大误差，因此必须降阶使用；UV 并不基于几何模型，甚至不需要映射面重合，适用于变形和未变形几何模型或不同几何模型之间的映射。

同时定义 Triangulation、Shape Function 和 Kriging 后，后续还有 Transfer Type→Surface 和 Volumetric 选项，一般而言，对于面之间的参数传递，可选择 Surface，体之间的参数传递可选择 Volumetric。

（9）声场谐响应分析后处理

计算完成后，先查看 Acoustic Far Field Microphone，如图 3-8-31 所示。其中 Result 选择 SPL，Define By 选择为 Spherical Coordinates，Angle Phi 和 Angle Theta 均定义为 0°，Sphere Radius 定义为 1m，其参数意义可参见图 3-8-1。

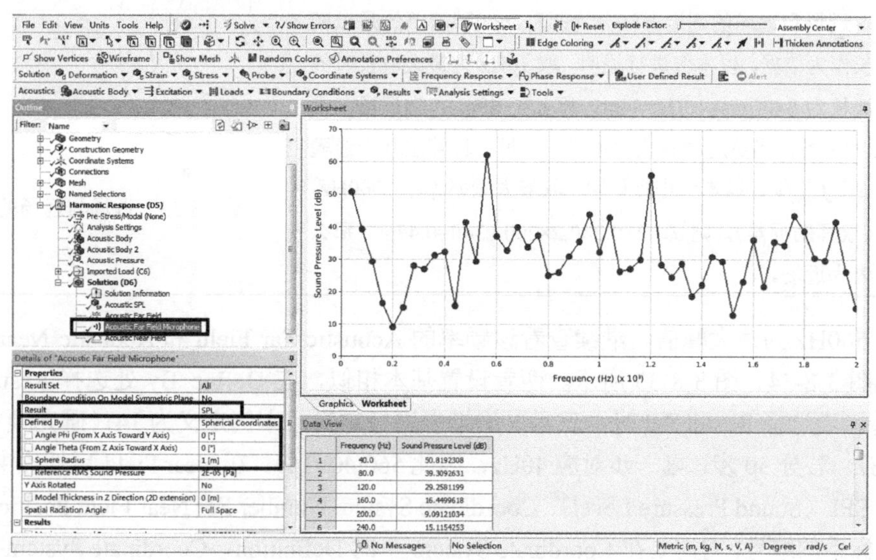

图 3-8-31 Far Field Microphone 结果

对比结构谐响应分析的频率响应结果，如图 3-8-32 所示。可知从 200Hz 开始，在 280Hz、400Hz、480Hz、560Hz、760Hz、960Hz、1040Hz、1200Hz、1320Hz、1440Hz、1600Hz、1760Hz、1920Hz 处，无论是结构谐响应分析，还是声场谐响应分析均出现峰值，且在 560Hz 处，两

者均出现最大峰值，这说明两者是对应的。

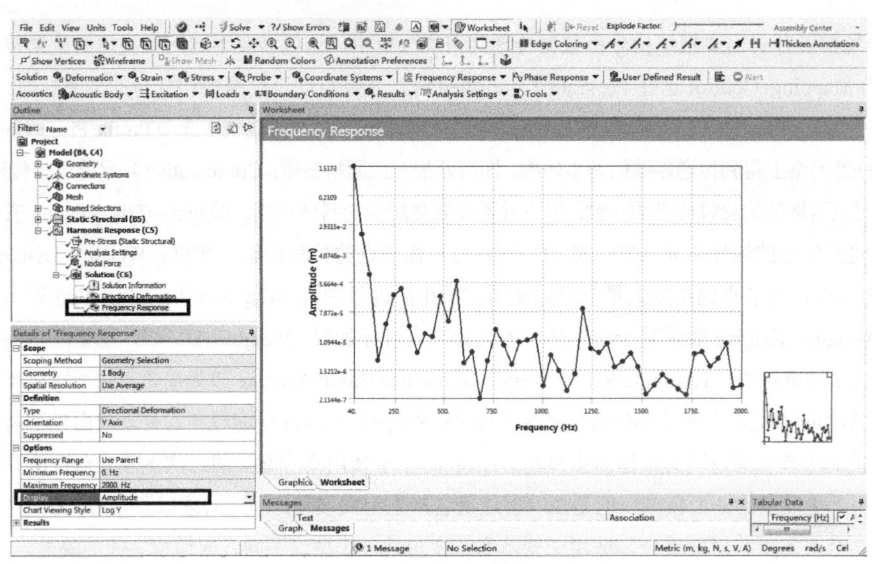

图 3-8-32 结构谐响应频率响应结果

提示

声场有近场和远场之分，近场模型将声波看成球面波，它考虑传声器阵元接收信号间的幅度差；远场模型则将声波看成平面波，它忽略各阵元接收信号间的幅度差，近似认为各阵元接收信号之间是简单的时延关系，如图 3-8-33 所示。远场极大地简化了处理难度，一般语音增强方法就是基于远场模型的。近场和远场的判定方法分为两种：一种简单的是以两倍最大波长作为依据，以本例进行说明，取 10Hz 为最大波长时的频率，则波长为 340(m/s)/10Hz=34m。那么在 68m 内为近场，大于 68m 即为远场，当然这种算法比较保守。另一种算法基于经验公式 $d_{th} = 2d^2 f_{max}/v$，以本例进行说明，取最大频率 f_{max}=2000Hz，$d = 0.2$m（双耳助听器），则 d_{th}=2×0.2×0.2×2000/340=0.47m，那么在 0.47m 内为近场。

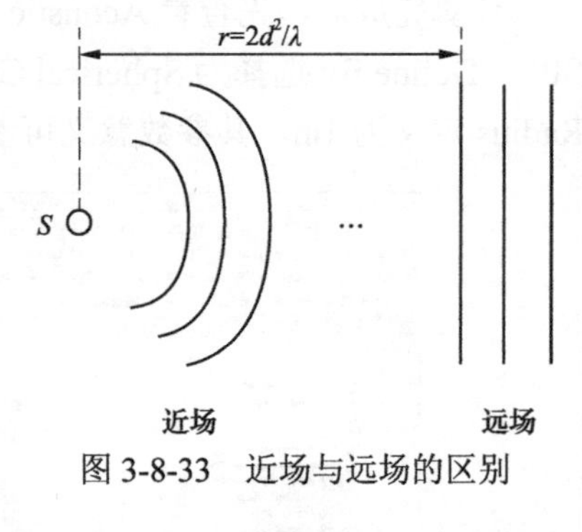

图 3-8-33 近场与远场的区别

已知 560Hz 为最大峰值，继续查看该频率的 Acoustic Far Field 和 Acoustic Near Field 后处理，如图 3-8-34、图 3-8-35 所示。两者设置基本相似，在 Define By 处选择 Result Set 或 Frequency，当选择 Result Set 时，表示以结果步进行定义，本例定义为 14（研究频率范围为 0～2000Hz，若分 50 步，则一步对应 40Hz，因此 560/40=14）。在 Near Field 后处理中，Result 处定义为 SPL（Sound Pressure Level）；Coordinate System Number For Near Field Position 选项表示近场坐标系的编号，它需要在 Coordinate System 下的 Definition→Coordinate System→Manual 中定义，然后可查看 Coordinate System ID 编号。之后在 Starting/Ending Angle Phi 中均设置为 0，其参数意义参见图 3-8-1。Starting/Ending Angle Theta 中设置为−90°和 90°，Number of Divisions Theta 定义为 180（将−90°～90°之间的范围按每 1°等分输出结果）。Acoustic Far Field 的 Sphere Radius 设置为 1m，Acoustic Near Field 的 Sphere Radius 设置为 0.1m，其余参数默

认。由图可知在 560Hz 时远场 SPL 最大为 71dB，近场 SPL 最大为 67.5dB。

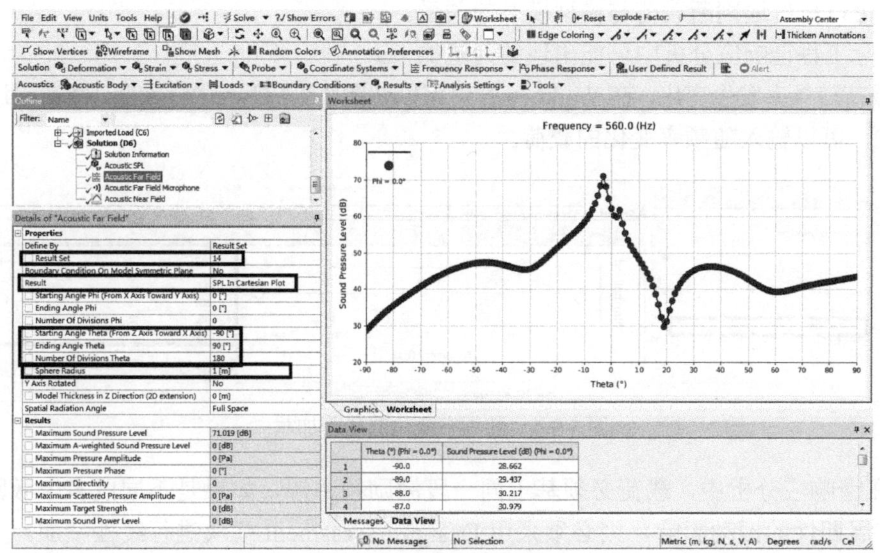

图 3-8-34　560Hz 远场结果

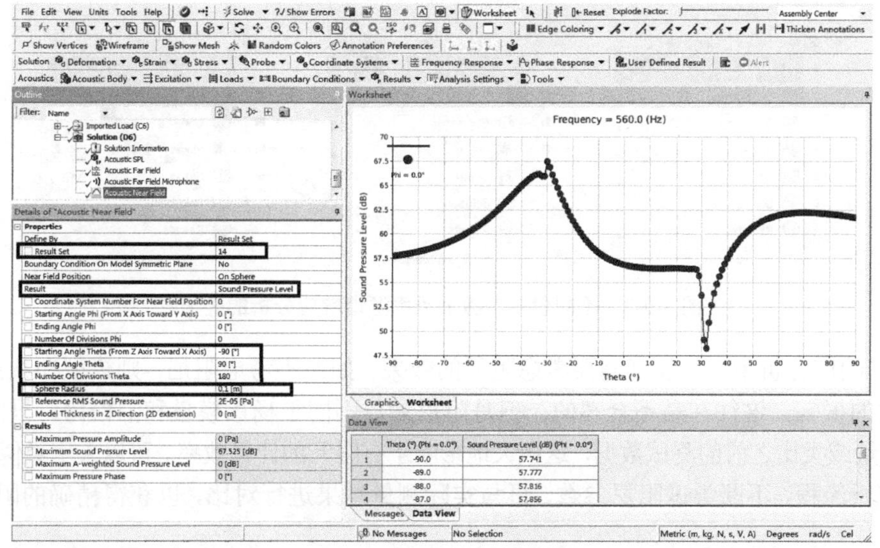

图 3-8-35　560Hz 近场结果

（10）小结

该分析是最常见的耦合场，只研究声场不影响其他场参数的声学分析。它不仅可以研究声固耦合，而且还可以导入流体软件计算的气动声学变量等多种耦合形式，

3.9 总　结

谐响应分析主要研究周期性载荷下模型的具体振动特性。一般工程分析过程不能仅进行模态分析，认为激励频率避开了固有频率或避开相同振型的模态即可，还需要进行谐响应分

析，了解具体某几阶模态可能会与激励载荷发生共振，在设计中仅避免这几阶模态的频率即可。这样可以更好地判断载荷与模型模态的关系。

在实际工程谐响应分析中可能出现的问题如下。

1）载荷随频率发生变化，在 Workbench 中可以如图 3-9-1 所示进行设置，载荷采用 Tabular Data 形式，可以输入随频率变化的载荷。

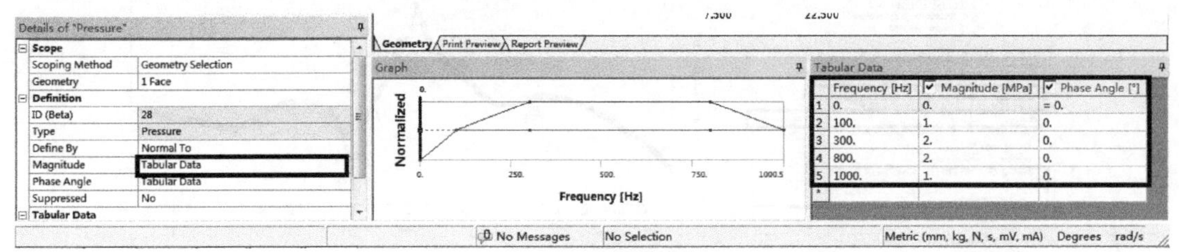

图 3-9-1 随频率变化的载荷加载

2）在谐响应分析中，载荷必须基于同一段激励频率源，如果是不同段多个激励频率源对模型有周期性的振动影响，则必须采用 Design Assessment 模块进行线性叠加。分析流程如图 3-9-2 所示。

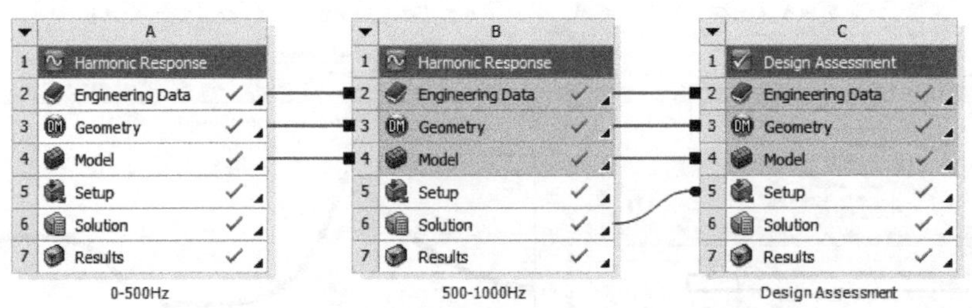

图 3-9-2 不同段多个激励频率源谐响应分析的叠加

3）谐响应分析中，一般都需要考虑阻尼的效果。如果不考虑阻尼，则模型在共振峰处会出现极大的振幅，这往往是不合理的。但是阻尼参数不同于杨氏模量和泊松比，只能从模态测试中测量或类比之前的测试数据，这极大地影响了有限元的计算效率。可以采用类似 3.3 节的反计算分析流程，不断尝试阻尼参数，再与实际测量结果进行对比，以获得精确的阻尼参数。

第 4 章　谱分析和随机振动

谱分析（response spectrum analysis）是将模态分析结果与已知谱连接后进行模型位移、应力、应变和反力计算的一种分析方法，分为响应谱（response spectrum）和功率谱密度（random vibration）两个类型。其中响应谱利用已知谱值与频率的关系，反映时程载荷下的结构刚强度与频率的关系，其结果是定量的；而功率谱密度采用概率统计方法，已知功率谱密度与频率的关系，反映随机动态载荷下的结构响应统计结果，其结果是定性的。

4.1　响应谱分析之频谱定义

响应谱分析的主要用途是代替瞬态动力学（时程法）求得结构承受载荷谱的峰值响应，只关注最大响应值，不关心峰值响应出现的时间点，并且忽略了相位，因此它可以快速得到结构在时程载荷下的峰值响应。该方法快速、简便，缺点是结果较保守。因此在地震荷载作用下大型结构的设计中常使用响应谱分析，以保证有足够的安全系数，主要适用于地震、风载、海洋波浪、航空航天系统中的发动机推力载荷条件。响应谱分析与瞬态分析的对比如图 4-1-1 所示。

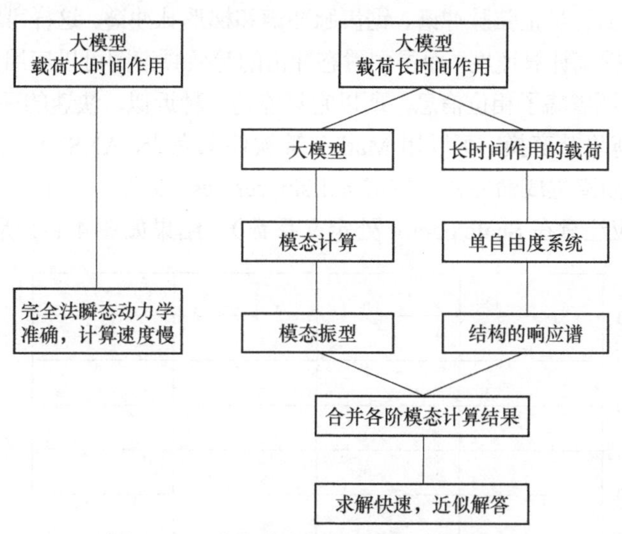

图 4-1-1　响应谱分析与瞬态分析的对比

从严格意义上来说，响应谱分析中的边界条件不是传统意义上的载荷，而是一种响应，因为输入的反应谱是位移、速度、加速度或力与频率之间的关系，这种关系被称为频谱。例如：在振动试验台上安装 4 个单自由度的弹簧质量系统，频率分别为 f_1、f_2、f_3、f_4，且 $f_1<f_2<f_3<f_4$。当振动台以频率 f_1 激振时，可得 4 个系统的位移响应图，再叠加 f_3 频率激振效果，可得 4 个系统的位移响应图，最后叠加所有频率的综合激振效果，得到的曲线为频谱，如图 4-1-2 所示。频谱图一般已经

存在，若使用已得到的频谱图，则首先需要了解频谱图的工作条件，此外更重要的就是阻尼参数的定义。由于增大阻尼比只会降低频谱图的峰值，类似于频谱参数中 Scale Factor 参数的意义（参见图 4-3-17），但并不一定降低结构响应的峰值，因此在响应谱分析中必须谨慎定义阻尼参数。另外特别注意：阻尼比的变化也并不一定改变结构响应，只是存在多条频谱曲线的工况，例如图 4-1-2 所示的频谱曲线；当只存在一条频谱曲线时，例如图 4-2-8 所示的频谱曲线，结构响应并不改变。

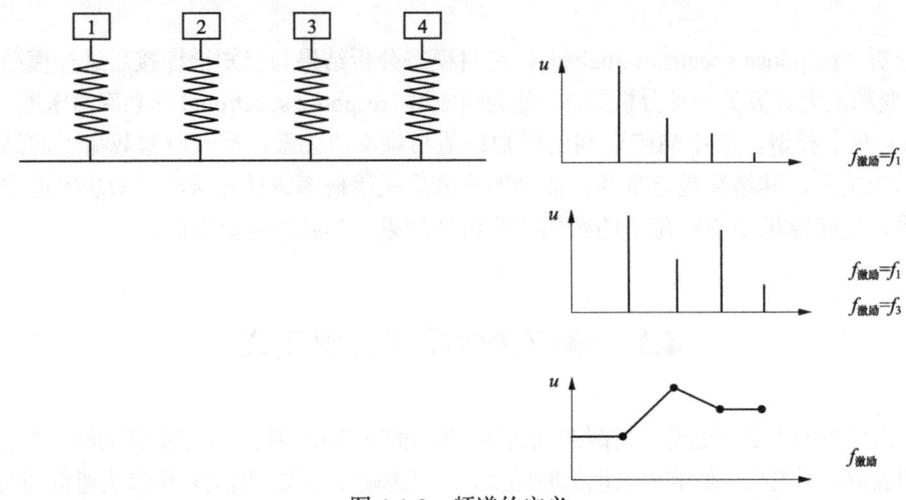

图 4-1-2　频谱的定义

在实际工程分析中，除了已知频谱的工作条件，还有许多不能确定频谱的工作条件，例如瞬态冲击载荷。一般来说，分析冲击载荷时需要进行瞬态分析，但是瞬态分析代价太昂贵，因此将冲击载荷分为 3 种形式：半正弦脉冲谱、锯齿脉冲谱和梯形脉冲谱。这样可将时程分析转换为频谱分析，可以极大地提高计算速度，而得到瞬态冲击的等效频谱图可以应用到类似条件下的工况分析。但是由于频谱图省略了相位信息，所以它只能是一种近似、快速的评估手段。

转化原理基于傅里叶变换，可以用 Matlab 等软件来完成，ANSYS 软件同样具有该功能。

1）半正弦脉冲频谱生成命令流（生成 halfsin_resp.csv 文件，文件内为单位质量的加速度频响参数，使用时应注意在 Scale Factor 处定义系数），结果如图 4-1-3 所示。

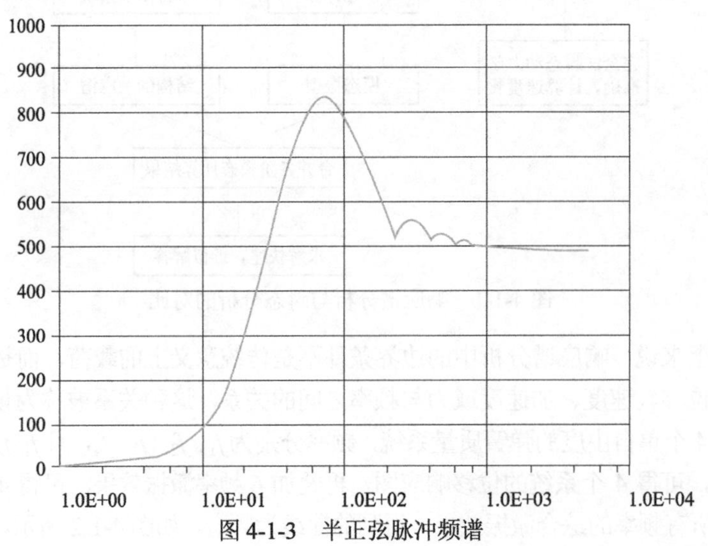

图 4-1-3　半正弦脉冲频谱

```
fini
/clear
! ****************************************************************
! 定义半正弦脉冲分析的参数，读者根据实际工况自行修改对应参数
TEND=.011          ! 脉冲终止时间
PEAK=490           ! 峰值加速度
DMPR=.025          ! 阻尼率
FEND=5000          ! 响应谱分析的终止频率，依据模态分析来得到，至少要求 85%的有效质量
!****************************************************************
!其他参数，后续命令流一般不需要更改
pi=acos(-1)
DELTAT=TEND/1000        !根据数据采集，定义瞬态分析所需的时间步长
NDATA=100               ! 所定义的数据点数量
/PREP7
ET,1,MASS21             ! 定义三维集中质量单元
KEYOPT,1,3,2            ! 该单元有 6 个自由度，本分析仅保留 3 个方向的平移自由度
N,1                     ! 定义节点
E,1                     ! 定义质量单元
R,1,1,                  ! 定义为单位质量
! Create the half sin pulse
*DIM,ACC,TABLE,NDATA+1,1,1,time, ,
i=0
*do,tim,0,tend,tend/ndata
i=i+1
acc(i,0)=tim
acc(i,1)=peak*sin(pi*tim/tend)
*enddo
FINISH
/SOL
ANTYPE,4                ! 完全法瞬态分析
TRNOPT,FULL
F,1,FX, %ACC%
DELTIM,DELTAT,          ! 将积分时间步长定义为“DELTAT”设置值
OUTRES,ERASE
OUTRES,BASI,ALL         ! 只输出最小容量的文件，只包含基本内容
AUTOTS,0                ! 关闭自动时间步
TIME,TEND               ! 设置结束时间为“TEND”
SOLVE                   ! 求解
FINISH
FBEG=0                  ! 响应谱分析结果中的第一阶频率
FINC=(FEND-FBEG)/(tend/deltat)
/POST26
NUMVAR,200
NSOL,2,1,U,X,UX
! 定义频率表，从 10Hz 到 50kHz，增量为 10Hz
! 最大频率必须小于“1/（2*DELTAT)”
FILLDATA,3,1,,1,FBEG,FINC,
```

```
! 计算在 X 方向的加速度谱
! 使用 5%的阻尼，定义时间步长为瞬态分析中使用的时间步长
RESP,4,3,2,3,DMPR,DELTAT   ! 在 Z 方向加载同样的加速度谱，其设置与 X 方向的设置一致
XVAR,3                     !将后处理输出表格中的 X 轴定义为频率
/GROPT,LOGX,ON
PLVAR,4                    ! 输出响应谱
*del,respfreq,,nopr
*del,respacc,,nopr
VGET,respfreq,3
VGET,respacc,4
*cfopen,halfsin_resp,csv
*vwrite
Frequency, Acceleration
*vwrite,respfreq(1),respacc(1)
%G, %G
*cfclos
/EOF
```

2）锯齿波脉冲频谱生成命令流（生成 sawtooth_resp.csv 文件，文件内为单位质量的加速度频响参数，使用时应注意在 Scale Factor 处定义系数），结果如图 4-1-4 所示。

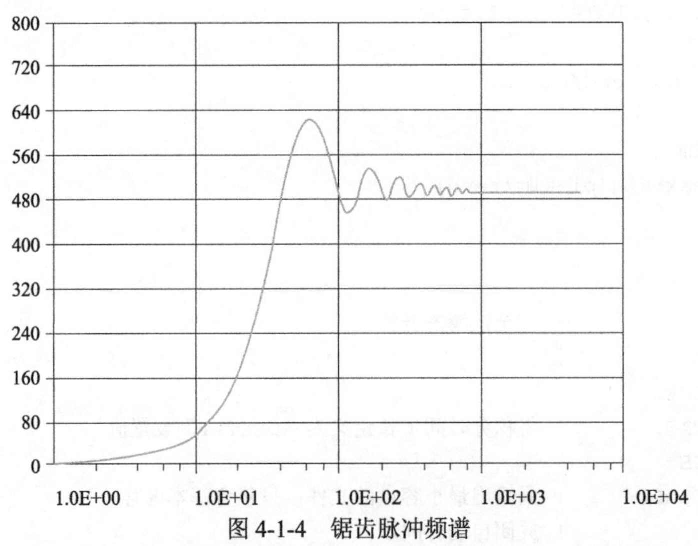

图 4-1-4　锯齿脉冲频谱

```
fini
/clear
! ******************************************************************
! 定义锯齿波脉冲分析的参数，读者根据实际工况自行修改对应参数
TEND=.011          ! 脉冲终止时间
PEAK=490           ! 峰值加速度
PEAK_TIME=0.01 ! 峰值加速度产生时刻
DMPR=.025          ! 阻尼率
FEND=5000          ! 响应谱分析的终止频率，依据模态分析来得到，至少要求 85%的有效质量
!*******************************************************************
```

```
! 其他参数，后续命令流一般不需要更改
pi=acos(-1)
DELTAT=TEND/1000       ! 根据数据采集，定义瞬态分析所需的时间步长
NDATA=100              ! 所定义的数据点数量
/PREP7
ET,1,MASS21            ! 定义三维集中质量单元
KEYOPT,1,3,2           ! 该单元有 6 个自由度，本分析仅保留 3 个方向的平移自由度
N,1                    ! 定义节点
E,1                    ! 定义质量单元
R,1,1,                 ! 定义为单位质量
! Create the sawtooth pulse
*DIM,ACC,TABLE,3,1,1,time, ,
acc(1,0)=0
acc(1,1)=0
acc(2,0)=peak_time
acc(2,1)=peak
acc(3,0)=tend
acc(3,1)=0
FINISH
/SOL
ANTYPE,4               ! 完全法瞬态分析
TRNOPT,FULL
F,1,FX, %ACC%
DELTIM,DELTAT,         ! 将积分时间步长定义为“DELTAT”设置值
OUTRES,ERASE
OUTRES,BASI,ALL        ! 只输出最小容量的文件，只包含基本内容
AUTOTS,0               ! 关闭自动时间步
TIME,TEND              ! 设置结束时间为“TEND”
SOLVE                  ! 求解
FINISH
FBEG=0                 ! 响应谱分析结果中的第一阶频率
FINC=(FEND-FBEG)/(tend/deltat)
/POST26
NUMVAR,200
NSOL,2,1,U,X,UX
! 定义频率表，从 10Hz 到 50kHz，增量为 10Hz
! 最大频率必须小于“1/（2*DELTAT)”
FILLDATA,3,1,,1,FBEG,FINC,
! 计算在 X 方向的加速度谱
! 使用 5%的阻尼，定义时间步长为瞬态分析中使用的时间步长
RESP,4,3,2,3,DMPR,DELTAT ! 在 Z 方向加载同样的加速度谱，其设置与 X 方向的设置一致
XVAR,3                   ! 将后处理输出表格中的 X 轴定义为频率
/GROPT,LOGX,ON
PLVAR,4                  ! 输出响应谱
*del,respfreq,,nopr
*del,respacc,,nopr
VGET,respfreq,3
```

```
VGET,respacc,4
*cfopen,sawtooth_resp,csv
*vwrite
Frequency, Acceleration
*vwrite,respfreq(1),respacc(1)
%G, %G
*cfclos
/EOF
```

3）梯形波脉冲频谱生成命令流（生成 trap_resp.csv 文件，文件内为单位质量的加速度频响参数，使用时应注意在 Scale Factor 处定义系数），结果如图 4-1-5 所示。

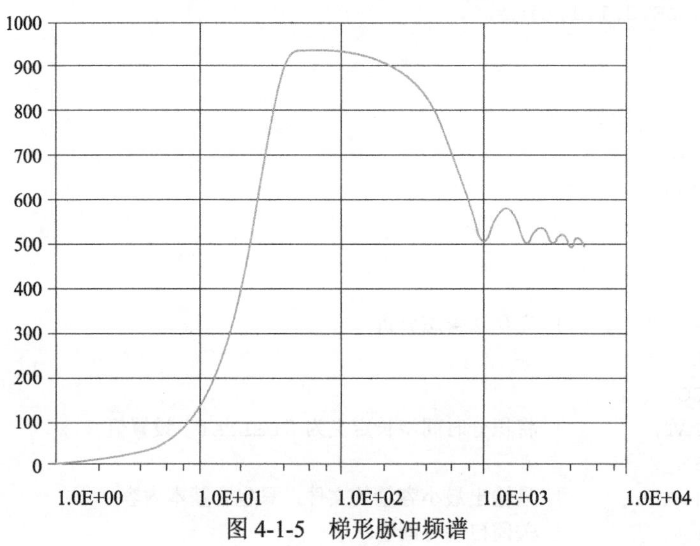

图 4-1-5　梯形脉冲频谱

```
fini
/clear
! ******************************************************************
! 定义梯形波脉冲分析的参数，读者根据实际工况自行修改对应参数
TEND=.011           ! 脉冲终止时间
PEAK=490            ! 峰值加速度
peak_time=.001      ! 峰值加速度产生时刻
peak_time2=.01      ! 峰值加速度结束时刻
DMPR=.025           ! 阻尼率
FEND=5000           ! 响应谱分析的终止频率，依据模态分析来得到，至少要求 85%的有效质量
!*******************************************************************
! 其他参数，后续命令流一般不需要更改
pi=acos(-1)
DELTAT=TEND/1000 ! 根据数据采集，定义瞬态分析所需的时间步长
NDATA=100           ! 所定义的数据点数量
/PREP7
ET,1,MASS21         ! 定义三维集中质量单元
KEYOPT,1,3,2        ! 该单元有 6 个自由度，本分析仅保留 3 个方向的平移自由度。
N,1                 ! 定义节点
```

```
E,1               ! 定义质量单元
R,1,1,            ! 定义为单位质量
! Create the traptooth pulse
*DIM,ACC,TABLE,4,1,1,time, ,
acc(1,0)=0
acc(1,1)=0
acc(2,0)=peak_time
acc(2,1)=peak
acc(3,0)=peak_time2
acc(3,1)=peak
acc(4,0)=tend
acc(4,1)=0
FINISH
/SOL
ANTYPE,4                ! 完全法瞬态分析
TRNOPT,FULL
F,1,FX, %ACC%
DELTIM,DELTAT,          ! 将积分时间步长定义为“DELTAT”设置值
OUTRES,ERASE
OUTRES,BASI,ALL         ! 只输出最小容量的文件，只包含基本内容
AUTOTS,0                ! 关闭自动时间步
TIME,TEND               ! 设置结束时间为“TEND”
SOLVE                   ! 求解
FINISH
FBEG=0                  ! 响应谱分析结果中的第一阶频率
FINC=(FEND-FBEG)/(tend/deltat)
/POST26
NUMVAR,200
NSOL,2,1,U,X,UX
! 定义频率表，从10Hz到50kHz，增量为10Hz
! 最大频率必须小于“1/(2*DELTAT)”
FILLDATA,3,1,,1,FBEG,FINC,
! 计算在X方向的加速度谱
! 使用5%的阻尼，定义时间步长为瞬态分析中使用的时间步长
RESP,4,3,2,3,DMPR,DELTAT ! 在Z方向加载同样的加速度谱，其设置与X方向的设置一致
XVAR,3                   ! 将后处理输出表格中的X轴定义为频率
/GROPT,LOGX,ON
PLVAR,4                  ! 输出响应谱
*del,respfreq,,nopr
*del,respacc,,nopr
VGET,respfreq,3
VGET,respacc,4
*cfopen,trap_resp,csv
*vwrite
Frequency, Acceleration
*vwrite,respfreq(1),respacc(1)
%G, %G
```

```
*cfclos
/EOF
```

提示

RESP 是频谱图生成命令，格式为：

RESP, IR, LFTAB, LDTAB, specType, dampRatio, DTIME, TMIN, TMAX, inputType

其中 IR 表示生成的频谱序号，与 PLVAR 后续编号对应；

LFTAB 表示频率表变量的参考号，与 FILLDATA 后续编号对应；

LDTAB 表示时程表变量的参考号，与 NSOL 后续编号对应；

specType 表现频谱参数特性，其中 0、1 表示位移频谱，2 表示速度频谱，3 表示绝对加速度频谱，4 表示伪速度频谱，5 表示伪加速度频谱；

dampRatio 表示阻尼率；

DTIME 大于或等于瞬态时间积分步长；

TMIN, TMAX 表示确定频谱曲线中的时间位移子集范围；

inputType 表示输入类型，0 表示时间位移瞬态曲线，1 表示时间加速度瞬态曲线。

在 ANSYS 中使用 RESP 命令，依据瞬态位移、频率列表和阻尼参数来生成频谱曲线。频谱曲线通常为加速度与频率的关系，如果需要将其转换为位移与频率或速度与频率的关系，则可以采用下列公式进行换算（f为频率）：

$$S_{\text{displacement}} = S_{\text{acceleration}} / (2\pi f)^2$$

$$S_{\text{velocity}} = S_{\text{acceleration}} / (2\pi f)$$

4.2　响应谱分析之基本原理

响应谱分析中由于边界条件定义的是某种响应，不是载荷，所以难以理解其基本概念，导致很多初学者在使用响应谱分析时，所知不尽其然，也不能对计算结果进行预判。下面以一根梁进行响应谱分析，同时采用 Excel 软件来同步计算，并对两个结果进行对比，以便了解响应谱分析的内部计算原理。

（1）建立梁模型

梁模型如图 4-2-1 所示，建模过程如下。

1）分别建立 3 个点（Create-Point），在 Type 处选择 Construction Point，Definition 处选择 Manual Input，在 XYZ Coordinate 处分别输入 0、0、0，500mm、0、0，1000mm、0、0。

2）单击 Concept→Lines From Points，按住 Ctrl 键创建 Line（由两条线组成）。

3）单击 Concept→Cross Section，创建矩形截面 Rect，其中截面尺寸为 10mm×10mm。

4）将矩形截面赋值给 Line，最后形成一个整体。

（2）建立分析流程

分析流程的建立如图 4-2-2 所示，其中包括 A 框架结构的 DM 模块、B 框架结构的模态分析、C 框架结构的响应谱分析，且 B6（Solution）与 C5（Setup）必须建立关联。

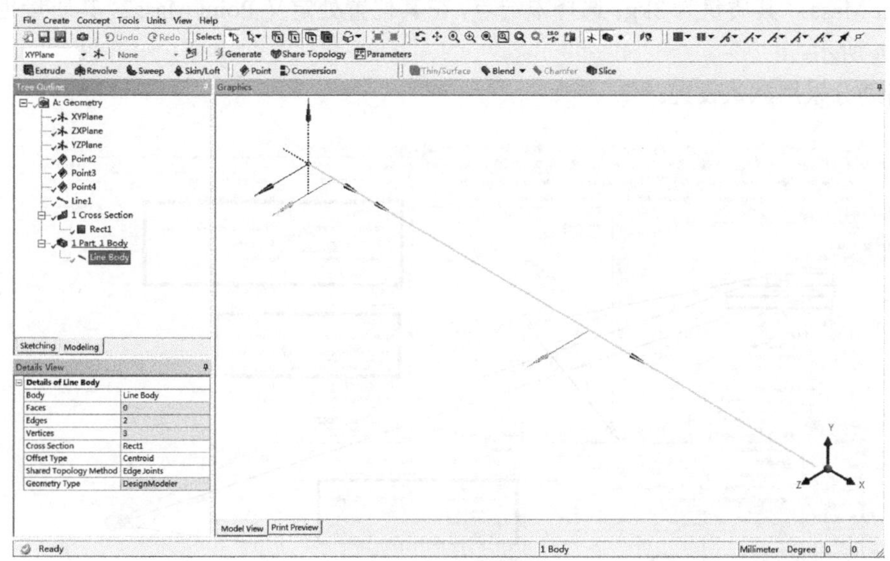

图 4-2-1　建立梁模型

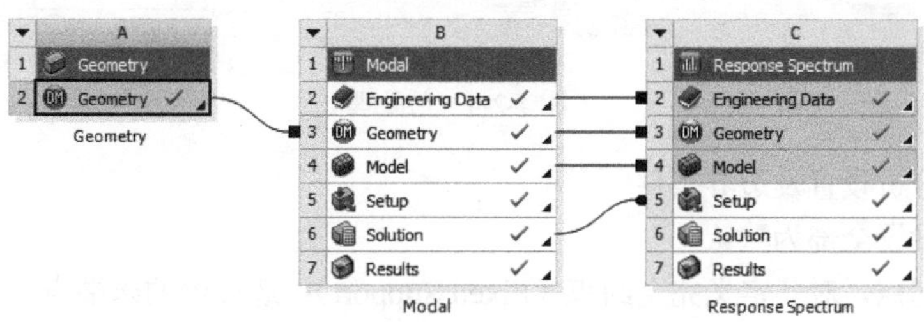

图 4-2-2　分析流程

（3）模态分析前处理

在 B2（Engineering Data）模块中新增材料 1，其密度（density）定义为 1.5kg/m^3（定义该密度是为了计算方便），杨氏模量（Young's Modulus）定义为 2e11Pa，泊松比（Poisson's Ratio）定义为 0.3，如图 4-2-3 所示。

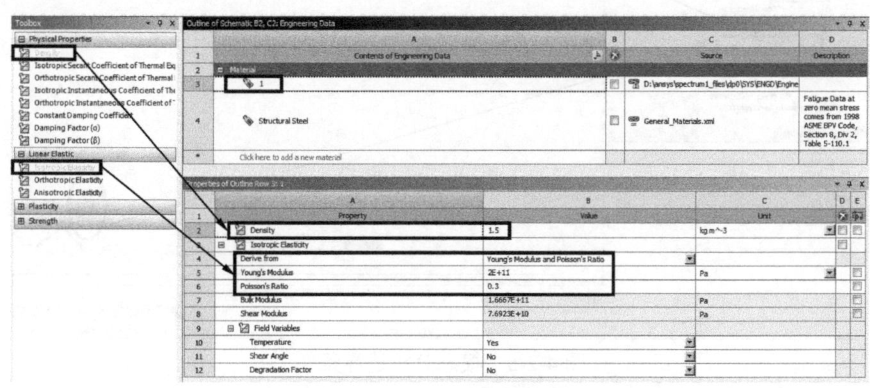

图 4-2-3　新增材料参数

在 B4（Mechanical）模块中选择 Line Body，其材料定义为 1；选择中间点，在其位置处定义 Point Mass1，其质量为 3kg；选择末端点，在其位置处定义 Point Mass2，其质量也为 3kg。如图 4-2-4 所示。

网格划分采用默认设置。

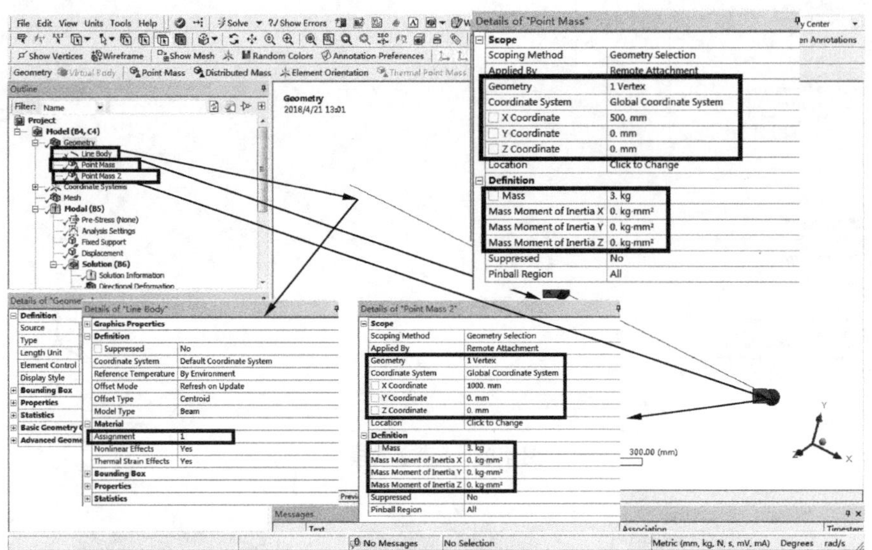

图 4-2-4　前处理

（4）模态分析设置及边界条件

模态分析设置全部为默认。

选择梁的起点，对其定义完全约束（Fixed Support）；选择梁的末端点，对其定义位移约束（Displacement），其中 XY Component 为 Free，Z Component 为 0，如图 4-2-5 所示。

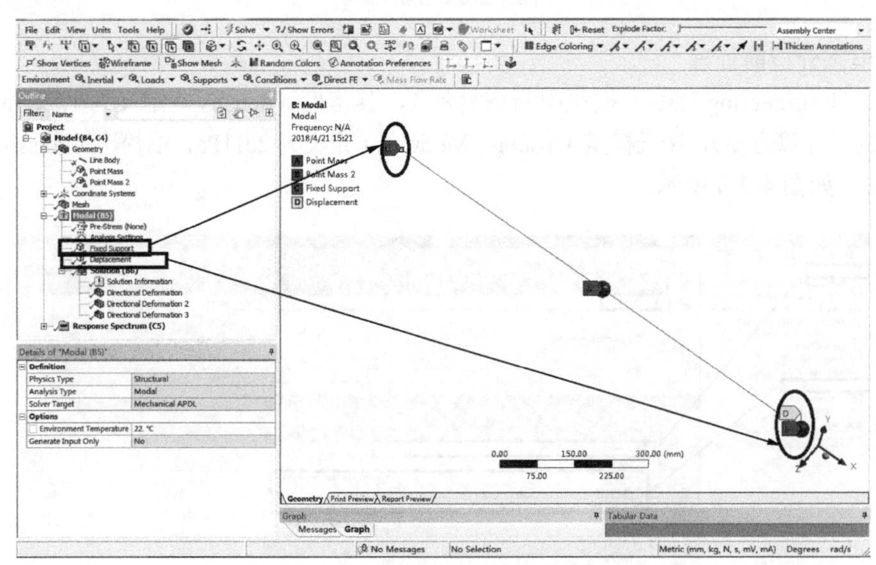

图 4-2-5　模态分析边界条件

（5）模态分析后处理

求解完成后，单击 Solution Information 查看模态结果的详细信息，如图 4-2-6 所示。图中显示了 Y Direction 的模态结果（在响应谱分析中只加载 y 向响应）。首先必须查看 Ratio Eff.Mass To Total Mass 的汇总系数，此比例必须大于 0.85，在此例中前 3 阶模态的有效质量就达到了总质量的 0.99999。前 3 阶的频率分别为 1.95884 Hz、12.4204 Hz、13.0276Hz，对应 Partic.Factor 为 0.068876、0、0.035443，并可知道第 2 阶模态的 y 向振型影响因子为 0。

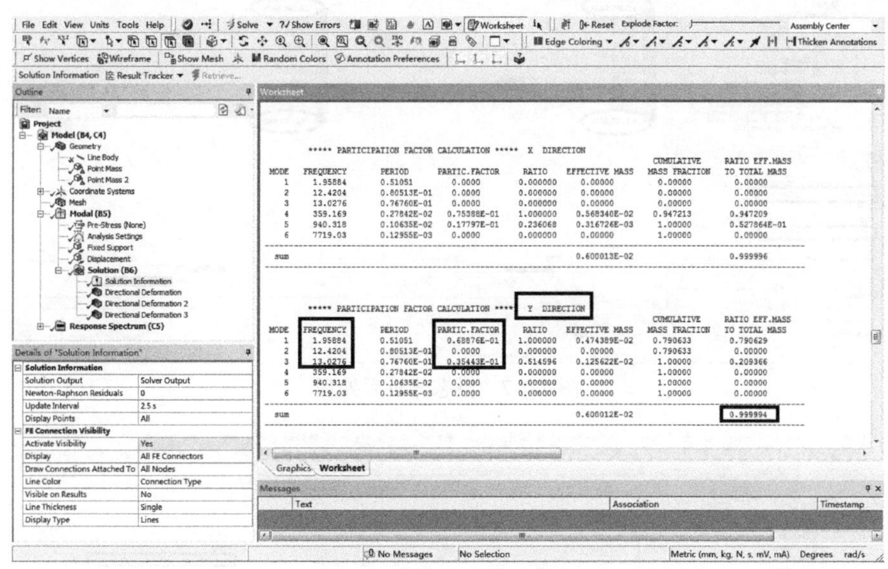

图 4-2-6 模态分析后处理

注意

模态求解阶数直接关系模态有效质量与总质量之比。在响应谱分析等采用模态叠加法求解动力学的分析（谐响应、随机振动、瞬态）中，该比值直接关系求解精度，因此在进行响应谱分析过程中，必须先查看模态分析中的该项结果。特别对于三维实体模型的响应谱分析，更不能随意定义阶数，由于三维模型在自由度上表现得更加丰富，稍微复杂的模型就需要上百阶模态才能保证该比值达到 0.85 以上，因此在模态分析中随意定义阶数是错误的。另外由于模态分析存在 6 个方向的结果，所以一般来说，最好在 6 个方向上该比值均大于 0.85。有时这是非常困难的事情，因为阶数提高意味着计算所需时间非常长、存盘文件非常庞大，所以可以针对主要激励方向，重点保证此方向的该比值。该比值对响应谱分析的影响，及相关设置详见 4.3 节。

再查看第 1 阶、第 2 阶和第 3 阶的 y 向模态变形结果。其中第 2 阶模态变形的量级为 e-13mm，因此不予考虑，第 1 阶和第 3 阶的结果如图 4-2-7 所示。在 Geometry 处只选择中点和末端点，在 Orientation 处定义 Y Axis，可得第 1 阶（1.9588Hz）时的中点位移为 5.5721mm、末端点位移为 17.386mm，第 3 阶（13.028Hz）时的中点位移为 17.386mm、末端点位移为 −5.5722mm。在第 2 章已经讲述过，这些位移并不是真实的位移，只是相对值。

（6）响应谱分析设置及边界条件

在响应谱分析的 Analysis Settings 中，将 Number of Modes To Use 定义为 All，Spectrum Type 定义为 Single Point，Modes Combination Type 定义为 SRSS。定义 RS Displacement 的边界条件，其中 Boundary Condition 选择为 All BC Supports，Scale Factor 定义为 1，Direction 选择为 Y Axis，在 Tabular Data 中定义 1Hz 对应位移为 1mm，如图 4-2-8 所示。

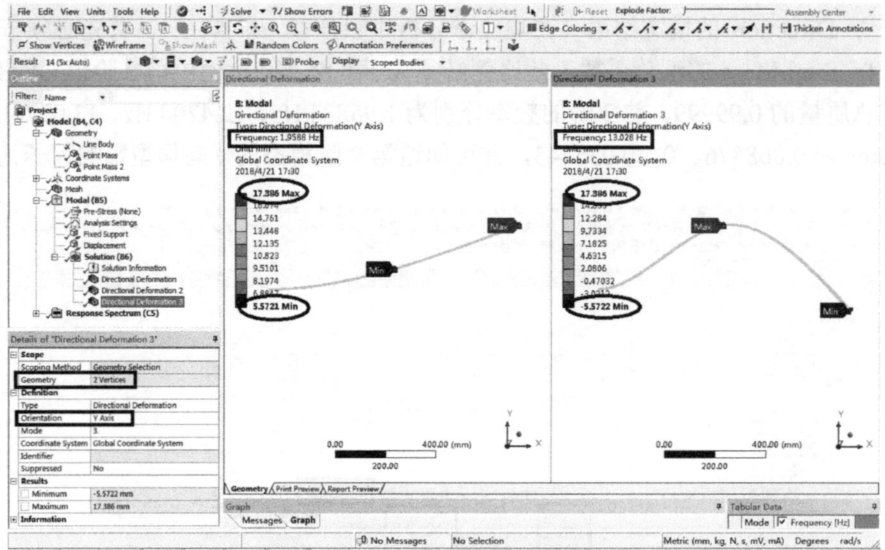

图 4-2-7　模态分析后处理

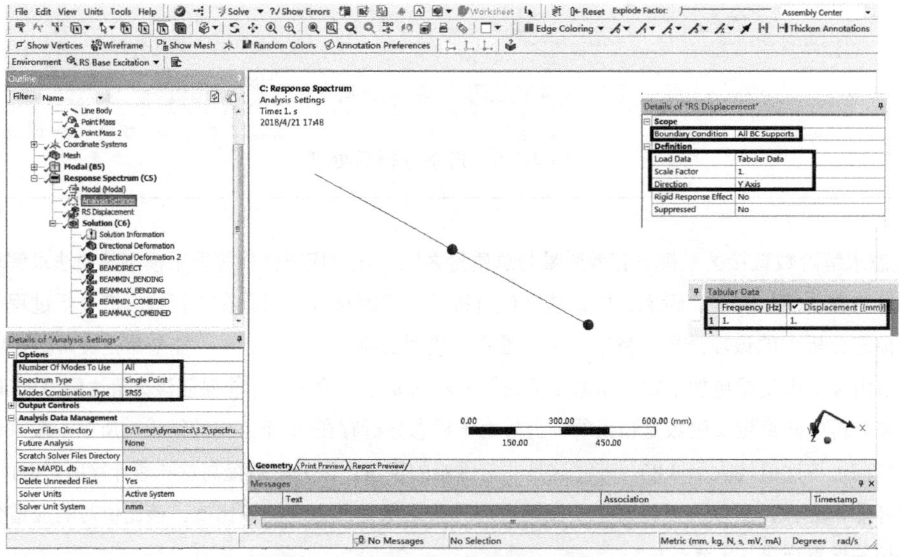

图 4-2-8　响应谱分析设置及边界条件

注意

本例定义位移频谱是为了简化计算，在计算中不用加入频率参数。定义单位位移，也是为了更方便地理解响应谱分析中 SRSS 合并模态的计算原理。

（7）响应谱分析后处理

在后处理中输出 Directional Deformation，其中 Orientation 处选择 Y Axis，如图 4-2-9 所示。可得梁的最大变形在末端点位，其值为 1.2137mm；梁中点的变形为 0.72596mm。此外可以在 Worksheet 中找到 BeamDirect、BeamMin_Bending、BeamMax_Bending、BeamMin_Combined、BeamMax_Combined 等梁应力选项，并输出对应结果，具体操作和后处理意义请参见《ANSYS Workbench 有限元分析实例详解（静力学）》。

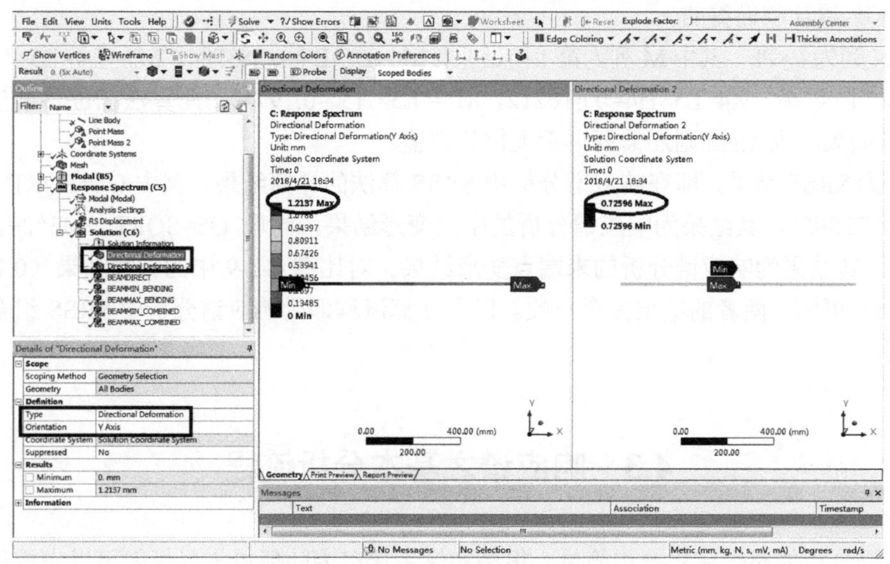

图 4-2-9 响应谱分析后处理

（8）Excel 数据处理

建立如图 4-2-10 所示的 Excel 表格。

	A	B	C	D	E	F	G	H	I	J	K	L	M	N	O	P
1		mode1			mode2			mode3								
2	wi	θ1	wi*θ1	wi*(θ1)^2	θ2	wi*θ2	wi*(θ2)^2	θ3	wi*θ3	wi*(θ3)^2		Pk	Pk*θi		SRSS	
3	0	0	0	0	0	0	0	0	0	0			mode11	mode13		
4	2	5.5721	11.1442	62.0965968				17.386	34.772	604.545992		0.068876	0.383784	0.616212	0.725953	
5	2	17.386	34.772	604.545992				-5.5721	-11.1442	62.0965968		0.035443	1.197478	-0.19749	1.213654	
6	Sum		45.9162	666.642589					23.6278	666.642589						
7												0.068877				
8												0.035443				
9																

图 4-2-10 Excel 数据处理

其中第 3 行为梁的起点位置参数，第 4 行为中点位置参数，第 5 行为末端点位置参数。A 列为 W_i 参数，表示质量权重系数；在 A3 处由于梁起点没有外加质量点，因此该值为 0；在 A4 处由于梁中点外加 3kg 的质量点，因此该值为 3kg/1.5e-4kg(梁质量)=2e4；在 A5 处梁末端点也外加 3kg 的质量点，因此该值也为 3kg/1.5e-4kg(梁质量)=2e4。由于 W_i 参数在计算中可以采用最大公倍数来替换，因此取值为 0、2、2。读者也可以按真实比例进行输入，最后计算结果不变。

B 列为 $\theta1$，即第 1 阶模态的 y 向振型结果。由图 4-2-7 可知，B3、B4、B5 处为 0、5.5721、17.386；同理 E 列、H 列为第 2、3 阶模态的 y 向振型结果，由于第 2 阶模态的 y 向振型为 0，因此忽略参数输入，第 3 阶模态在 H3、H4、H5 处为 0、17.386、-5.5721。

C 列为 $\theta \times W_i$ 参数，同理 F 列、I 列也是同类参数的计算。C3=0、C4=11.1442、C5=34.772，C6=C3+C4+C5=45.9162； I3=0、I4=34.772、I5=-11.1442，I6=I3+I4+I5=23.6278。

D 列为 $\theta^2\times W_i$ 参数，同理 G 列、J 列也是同类参数的计算。D3=0、D4=62.096596、D5=604.54992，D6=D3+D4+D5=666.642589；J3=0、J4=604.545992、J5=62.0965968，J6=J3+J4+J5=666.642589。

L 列为 Pk 参与系数，可在图 4-2-6 中可以查得，L4 为第 1 阶模态的参与系数，L5 为第 3 阶模态的参与系数。设 L7=C6/D6，L8=I6/J6，即可发现模态的参与系数是由 $\theta \times W_i$ 累计和

除以 θ^2×W_i 累计和而得的。

M、N 列为 θ×Pk，其中 M 列为第 1 阶结果，M4=L4×B4=0.383784，M5= L4×B5=1.197478；N 列为第 3 阶结果，N4=L5×H4=0.616212，M5= L5×H5=-0.19749。此算法在位移谱值处定义为 1mm，如果不为 1mm 则还需要再乘上位移谱值。

O 列为 SRSS 结果，即在响应谱分析中 SRSS 算法的计算结果，其中 O4=SQRT（M4^2+N4^2）=0.725953，其结果为响应谱分析的中点变形结果；同理 O5=SQRT（M5^2+N5^2）=1.213654，其结果为响应谱分析的末端点变形结果。对比图 4-2-9 中的计算结果（0.72596 和 1.2137mm）可知，两者的结果完全一致。以上计算流程即为响应谱分析中 SRSS 组合算法的计算原理。

4.3　响应谱之基本分析流程

响应谱分析的整个流程操作简单，很多初学者误以为随便单击鼠标就可以完成计算，其实是大错特错。响应谱分析由于与模态密切相关，所以在分析过程中必须多次基于模态结果进行条件判断，再选择对应的设置选项，才可以保证计算的准确性。特别涉及地震谱、核行业设备的响应谱分析，其本身要求较大的安全系数，如果参数设置错误，则会有极大的评估风险。下面以一座拱桥为例进行响应谱分析，详细了解响应谱分析的基本流程。

（1）采用 SCDM 建立拱桥模型

拱桥模型由梁壳模型组成，为保证梁壳单元的节点连续，必须最后定义“共享拓扑”。基本流程如下（由于模型部分的参数非整数，所以读者在建模时，可以自行调整尺寸）。

1）修改单位。在“文件→Spaceclaim 选项→单位→长度”处修改单位为米制。

2）在“草图”界面以“三点弧”方式绘制一段圆弧，尺寸如图 4-3-1 所示。

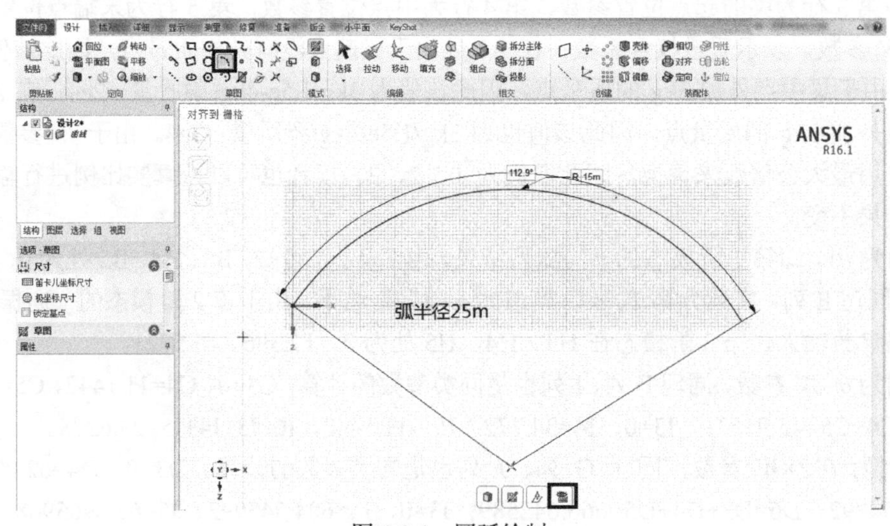

图 4-3-1　圆弧绘制

3）同理，在“草图”界面以“三点弧”方式再绘制一段圆弧，尺寸如图 4-3-2 所示。

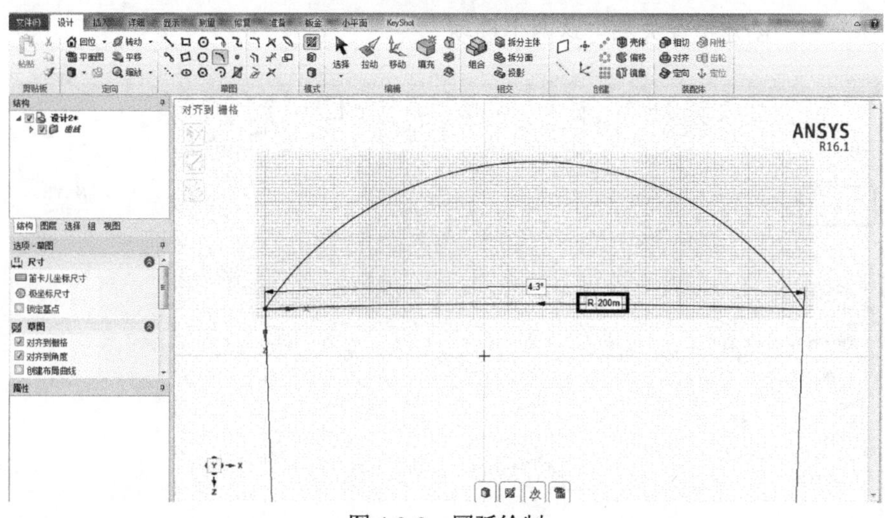

图 4-3-2　圆弧绘制

4）在“草图”界面继续使用“线条”工具绘制其他直线，其由 3 条斜线和两条直线组成，尺寸由读者自行定义。注意这 5 条线必须与上下圆弧线相交。用“剪掉”工具将曲线右边的模型剪切去除，这样可以省略重复绘制直线的过程，而采用“镜像”可以更快更准确地处理类似模型，如图 4-3-3 所示。

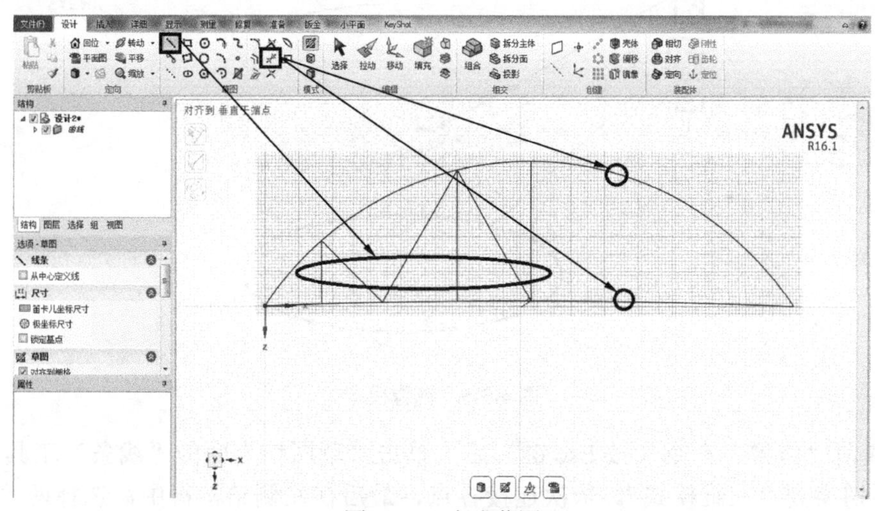

图 4-3-3　完成草图

5）单击“平面”图标，在原曲线基准位创建一个平面。在左侧结构树中，将“曲线”勾选去除，如果不去除勾选，则后续会有产生曲面模型的误操作。单击模型下侧的“移动栅格”图标，在出现的坐标轴中输入移动距离为 5m，创建一个新的基准。再单击“平面”图标，创建新的平面。最后重新勾选“曲线”，并将原曲线基准的平面勾选去除，如图 4-3-4 所示。在 SCDM 中，基准主要用于草图操作，平面主要用于创建镜像、偏移、定位等操作，两者不尽相同。

6）单击“镜像”图标后，先点 1 区图标，再点 2 区图标，以选择镜像基准面，最后框选曲面上的所有线，产生镜像模型，如图 4-3-5 所示。注意，对于镜像的选项，一般均保留“合并镜像实体”和“创建镜像关系”这两个选项。

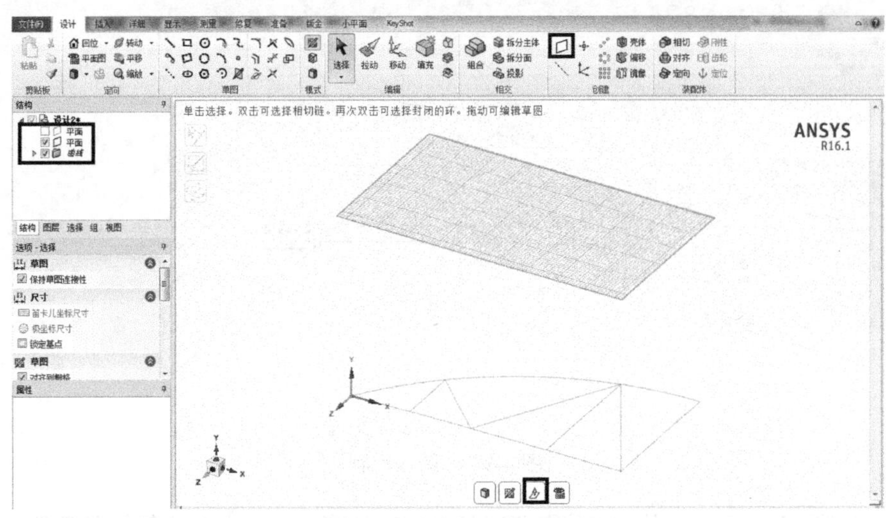

图 4-3-4　建立对称平面

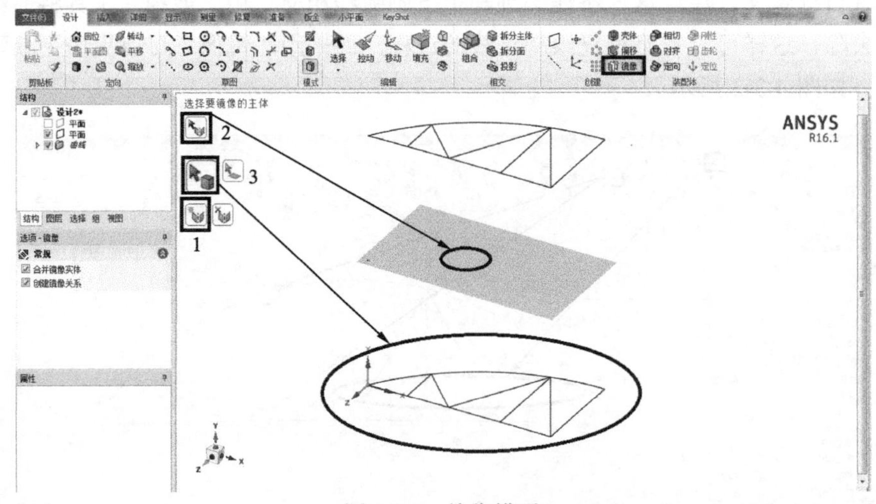

图 4-3-5　镜像模型

7）取消“镜像”命令（按 Esc 键）后，单击“草图”界面的“线条”工具。注意，此时需要切换到“三维模式”。依次连接各点，最后在左侧结构树中，选择两“平面”，在右键菜单中选择“删除”，如图 4-3-6 所示。删除平面有利于清理左侧结构树，只要后续没用的辅助特征，均可以随时删除。不需要考虑模型的依附关系，这也是 SCDM 的优点之一。

8）单击“原点”图标，以模型右上角为原点创建坐标系；再选择坐标系上的 x 轴和 y 轴，单击“平面”图标，创建新的平面；最后单击“镜像”命令，以新建的平面位镜像基准面，选择所有线，创建全部线模型，如图 4-3-7 所示。注意：如果不基于坐标系上的 xy 轴定义平面，那么后续会有产生曲面模型的误操作。

9）单击“修复→重复曲线”，去除因镜像导致的 4 条重复线，如图 4-3-8 所示。如果之前直线与圆弧没有相交，则此处可单击“曲线间隙”进行修复。

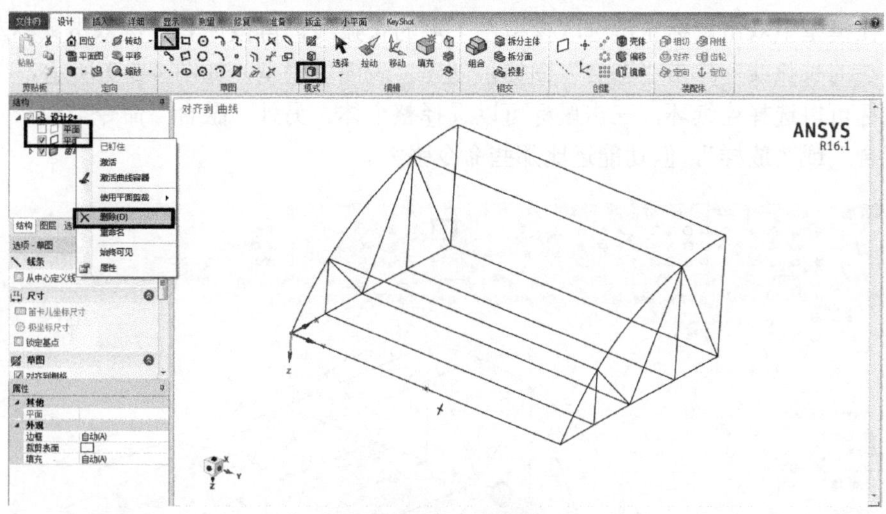

图 4-3-6　一半模型

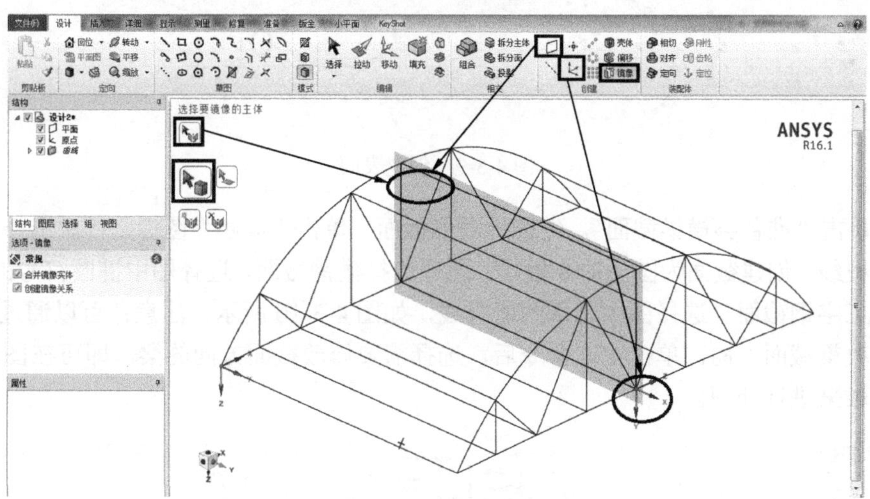

图 4-3-7　全部线模型

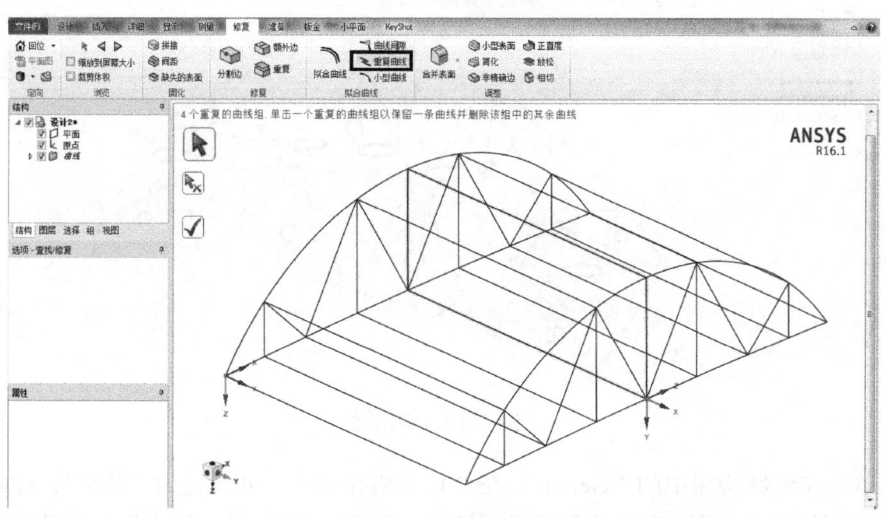

图 4-3-8　修复模型

10）在模型中双击鼠标左键选取模型左下端的长弧线，再按住 Ctrl 键双击鼠标左键选取模型右下端的长弧线，单击“融合”图标，创建“表面”模型，如图 4-3-9 所示。在 SCDM 中双击鼠标可以选择连续环，三击鼠标可以选择整个体。另外“融合”命令类似于 3D 软件中的“混合”或“放样”，但功能远比那些命令强大。

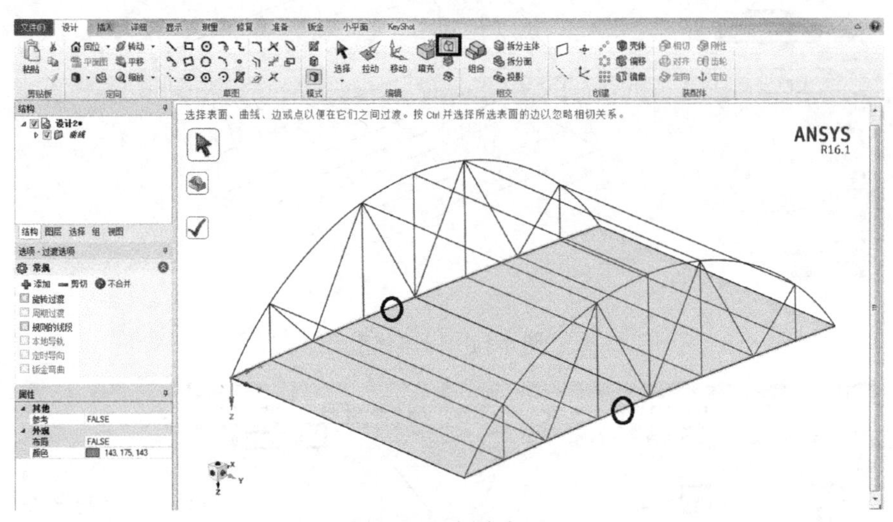

图 4-3-9　创建表面

11）单击“准备→横梁截面”。先选择圆形截面，单击“创建”图标，依次选择图中圆形符号的 8 根线，创建截面为圆形的 8 根梁；同理选择槽钢截面，选择图中椭圆符号的 5 根线；最后选择工字钢截面，选择图中剩下的所有线，如图 4-3-10 所示。注意：可以通过“定向”命令来修改梁截面方向。单击定向命令后，选择需要修改截面方向的梁，即可在图形中通过旋转坐标轴来进行处理。

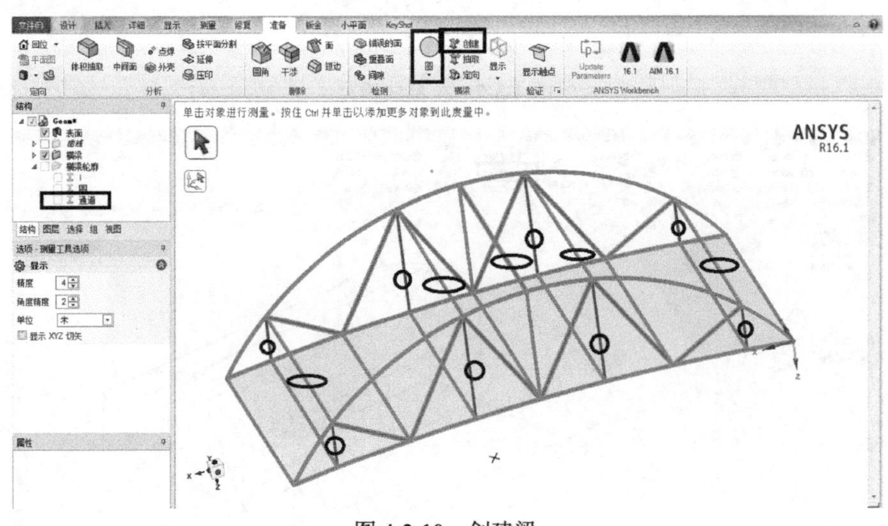

图 4-3-10　创建梁

12）单击左侧结构树中的“Geom”，在“共享拓扑结构”处设置为“共享”。注意此时在左侧结构树下只有“表面”和“横梁”是勾选的，单击“准备-显示触点”查看共享位置是否遗失，确认无误后，单击“16.1”进入 Workbench 界面，如图 4-3-11 所示。

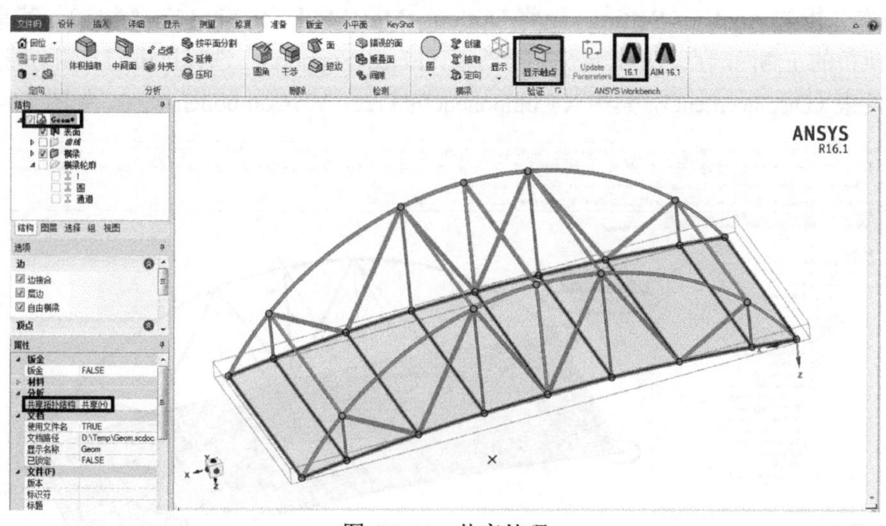

图 4-3-11 共享处理

（2）建立分析流程

如图 4-3-12 所示，建立分析流程。其中包括 B 框架结构的模态分析和 C 框架结构的响应谱分析。由于本例建模采用 SCDM，所以默认不导入梁模型，需要右键单击 Geometry，在菜单处选择 Properties，勾选 Lines Bodies。

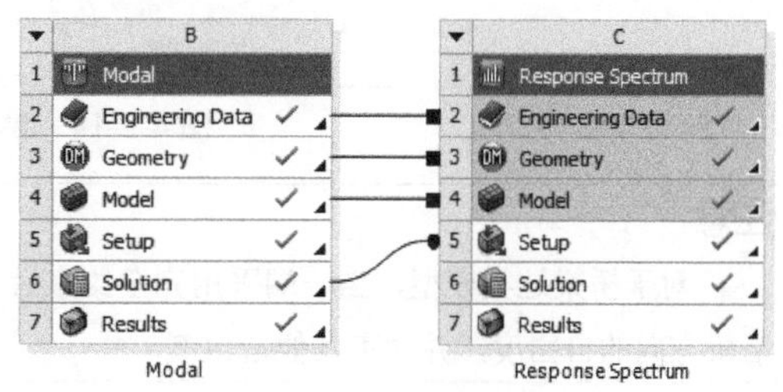

图 4-3-12 分析流程

（3）模态分析前处理

在 Geometry→Part→Surface Body 中定义 Thickness 为 5mm。在 Mesh 处仅将 Defaults→Relevance 设为 100，其余默认，如图 4-3-13 所示。

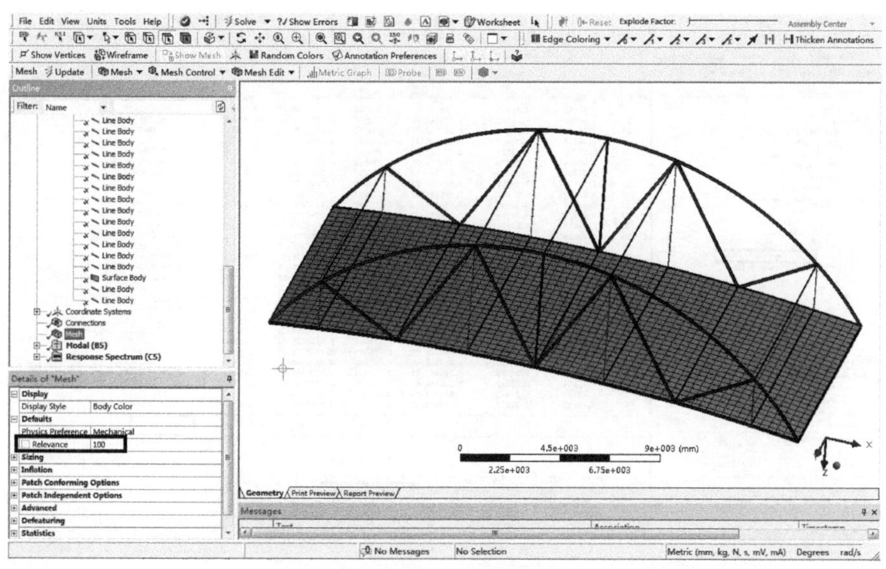

图 4-3-13 网格划分

（4）模态分析设置及边界条件

在模态分析的 Analysis Settings 处将 Option→Max Modes to Find 定义为 50，其余默认。

选择拱桥的左侧两端点，对其定义完全约束（Fixed Support）；选择拱桥的右侧两端点，对其定义位移约束（Displacement），其中 X Component 为 Free，YZ Component 为 0，如图 4-3-14 所示。

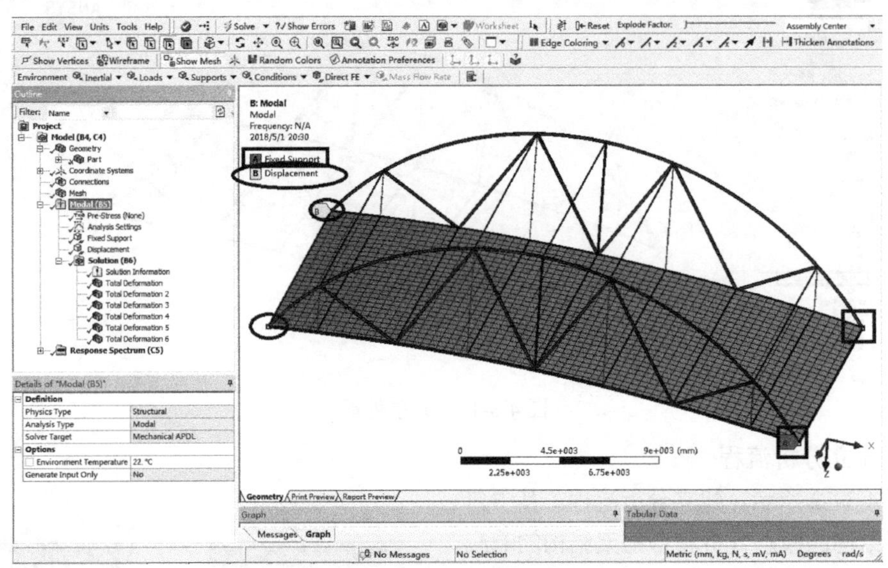

图 4-3-14　模态边界条件的设置

> **注意**
>
> 对于桥梁这类模型，当一端采用完全约束后，另一端由于引桥的作用，一般都设置位置约束，释放沿桥方向的自由度，并约束其他自由度。

（5）模态分析后处理

查看 Solution Information，如图 4-3-15 所示。查看主要分析方向（响应谱加载方向）即

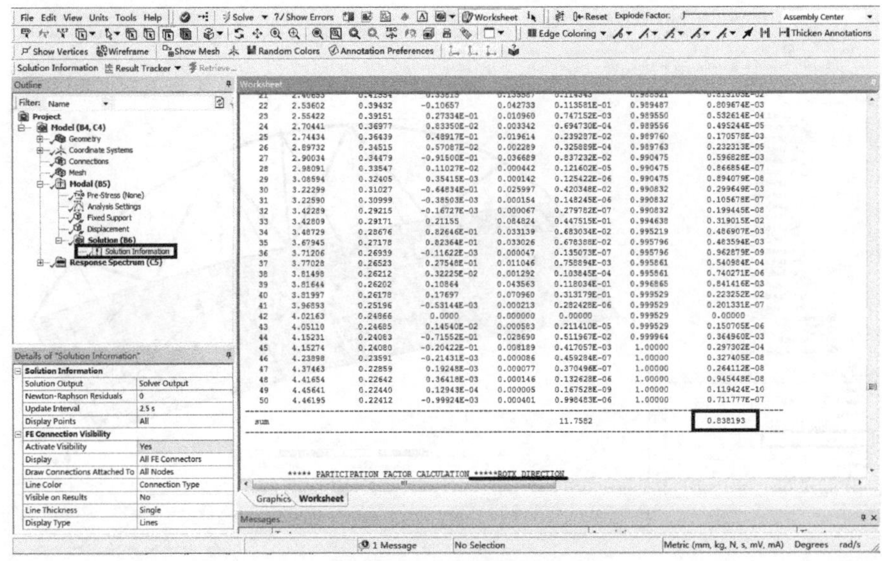

图 4-3-15　模态后处理

z 向的模态有效质量与总质量之比为 0.838，其余各向的模态有效质量与总质量之比均小于 0.8，最后一阶的频率为 4.46195Hz。由于模态有效质量与总质量之比未达到 0.85，所以在理论上需要继续增大阶数，最少要保证主要分析方向之比大于 0.85。由于计算量的问题，该值略小于 0.85 亦可。另外注意观察所有频率结果。

（6）响应谱分析设置及边界条件

响应谱分析的 Analysis Settings 的设置如图 4-3-16 所示。其中 Number Of Modes To Use 定义为 All，该选项表示将模态的所有阶数结果用于响应谱分析。Spectrum Type 定义为 Single Point，该选项表示所有约束点都由一个响应谱激励，如果定义为 Multiple Points 则表示不同的约束点都存在不同的响应谱激励。例如海底隧道，由于其跨越地质板块，所以在约束点必然存在不同的地震激励谱。在 Output Controls 处可定义输出速度和加速度后处理。Damping Controls 可定义阻尼比等参数。

注意

本例在 Modes Combination Type 处选择为 ROSE，除此之外还有 SRSS 和 CQC 两个选项。在响应谱分析中，必须对此项进行判定。判定依据为：SRSS 法的模态频率分布比较均匀；CQC 和 ROSE 法的模态频率分布比较密集，且 CQC 法必须定义阻尼。模态频率密集的判定法则为：（1）当临界阻尼比≤0.02 时，任意相邻两阶的频率为 $f2\leqslant 1.1\times f1$；（2）当临界阻尼比>0.02 时，$f2\leqslant$（1+5×临界阻尼比）$\times f1$。以本例进行说明，第 14 阶模态频率为 2.01208Hz，第 15 阶模态频率为 2.06977Hz，阻尼比为 0，有 2.01208×1.1=2.21328，因此它表现为频率密集，必须使用 ROSE 法。

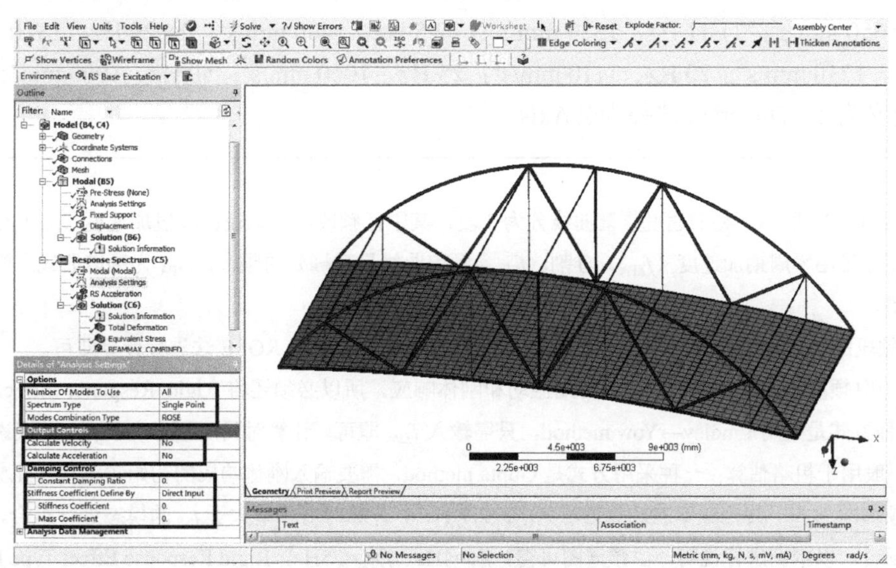

图 4-3-16　响应谱分析设置

响应谱分析采用 RS Acceleration 形式来定义，如图 4-3-17 所示。其中 Boundary Condition 定义为 All BC Supports，该选项表示在所有的约束条件下加载激励谱；Scale Factor 定义为 1，该参数表示频谱中的加速度参数按此系数进行缩放，该值不仅影响 Tabular Data 数值，还影响 ZPA 等参数值；Direction 选择为 Z Axis。

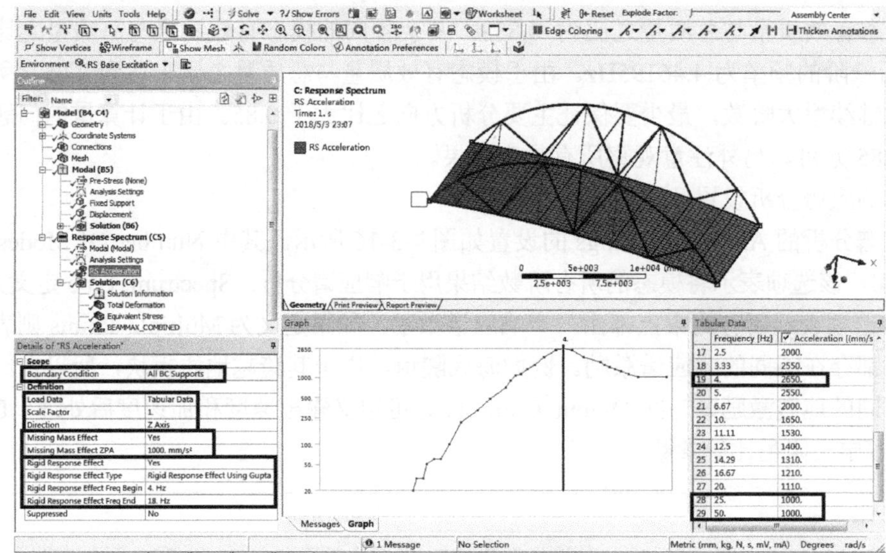

图 4-3-17　响应谱边界条件

在 Tabular Data 处填写下列数据：0.1Hz、20mm/s^2；0.11Hz、30 mm/s^2；0.13 Hz、30 mm/s^2；0.14 Hz、50 mm/s^2；0.17 Hz、60 mm/s^2；0.2 Hz、60 mm/s^2；0.25 Hz、100 mm/s^2；0.33 Hz、210 mm/s^2；0.5 Hz、320 mm/s^2；0.67 Hz、470 mm/s^2；1 Hz、700 mm/s^2；1.11 Hz、880 mm/s^2；1.25 Hz、1050 mm/s^2；1.43 Hz、1100 mm/s^2；1.67 Hz、1300 mm/s^2；2 Hz、1500 mm/s^2；2.5 Hz、2000 mm/s^2；3.33 Hz、2550 mm/s^2；4 Hz、2650 mm/s^2；5 Hz、2550 mm/s^2；6.67 Hz、2000 mm/s^2；10 Hz、1650 mm/s^2；11.11 Hz、1530 mm/s^2；12.5 Hz、1400 mm/s^2；14.29 Hz、1310 mm/s^2；16.67 Hz、1210 mm/s^2；20 Hz、1110 mm/s^2；25 Hz、1000 mm/s^2；50 Hz、1000 mm/s^2。Scale Factor 定义为 1，Direction 选择为 Z Axis。

注意

如图 4-3-18 所示，将加速度频谱曲线分为 3 段，其中低频段与中频段由峰值加速度（f_{SP}）分割，中频段与高频段由零周期加速度（f_{ZPA}）分割。f_{SP} 为频谱曲线最高峰处的频率，f_{ZPA} 为频谱曲线末端斜率为零的频率。

低频段的谱分析一般表现为周期振动，只要采用 SRSS、CQC、ROSE 法进行计算即可。

由于中频段的谱分析一般表现为周期振动和刚体响应，所以必须还将 Rigid Response Effect 设置为 Yes。一种方式是采用 Lindley→Yow method，只需输入 f_{ZPA} 即可，计算时只对频率大于 f_{ZPA} 的模态进行组合，这一般用于粗略估算；一种采用方式是 Gupta method，需要输入刚体响应的初始频率和终止频率，其中初始频率即为 f_{SP}，终止频率的计算方法为$(f_{SP}+2f_{ZPA})$ /3，计算时对频率大于 f_{SP} 的模态进行组合，它适用于各种场合。以本例进行说明，由频谱图可得，f_{SP}=4Hz、f_{ZPA}=25Hz，Rigid Response Effect Type Begin 定义为 4Hz，Rigid Response Effect Type End 定义为 18Hz。

高频段的谱分析一般表现为刚体响应，对应 Missing Mass Effect 选项，该选项是谱分析中最重要的设置。无论是中频段还是高频段的谱分析都必须设置此选项为 Yes。这是因为进行模态分析时，很难保证模态有效质量与总质量之比达到 1，即无论如何都会出现模态遗失质量的现象，进而使模型质量减小导致极大的计算误差。因此将该选项设置为 Yes 后，输入 f_{ZPA} 对应的加速度即可保证计算准确。如何确定所分析的谱分析在哪个频段，以本例进行说明，模态分析的结果表明，第 50 阶频率为 4.46Hz。此时模态有效质量与总质量之比尚未达到 0.85，即达到 0.85 时的频率一定大于 4.46Hz，对比 f_{SP} 为 4Hz，则可知该谱分析一定处于中频段或高频段。

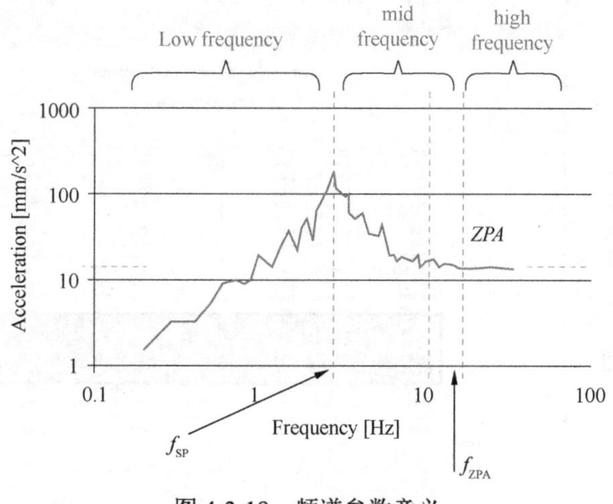

图 4-3-18　频谱参数意义

（7）响应谱分析后处理

计算完成后，分别查看 Total Deformation 和 Equivalent Stress，如图 4-3-19 所示。可得最大响应的变形为 16mm，最大响应的等效应力为 16MPa。注意，谱分析计算结果都对应最大响应值。

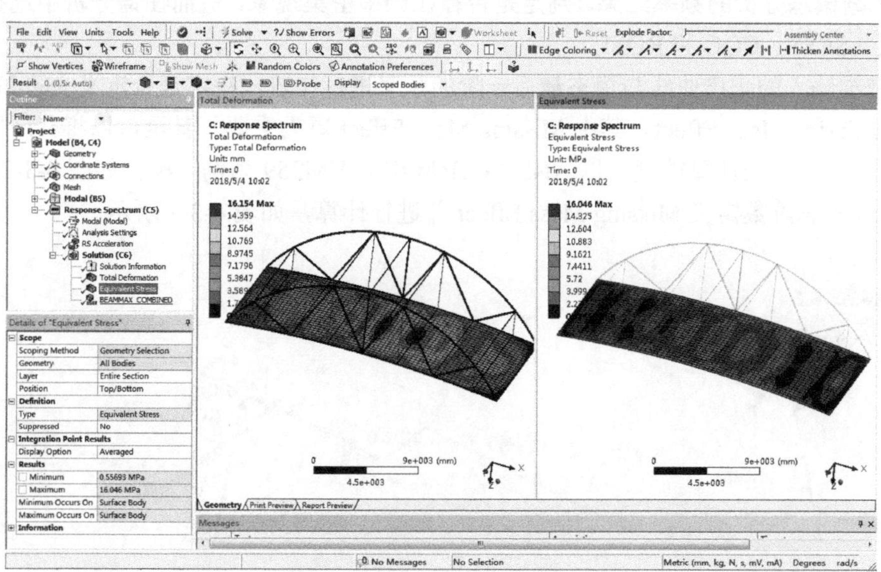

图 4-3-19　谱分析后处理

由于模型中存在梁壳单元，所以之前求得的等效应力基于壳模型。如果需要查看梁的应力结果，只需用鼠标依次单击 Solution→Worksheet→Beam Direct 等，再右键单击 Create User Defined Result 即可，如图 4-3-20 所示。梁的后处理意义请参见《ANSYS Workbench 有限元分析实例详解（静力学）》。另外 Solution-Post Processing 的 Calculate Beam Section Results 项默认为 No，如果设置为 Yes，则可以直接读取梁模型的等效应力/应变等后处理选项。

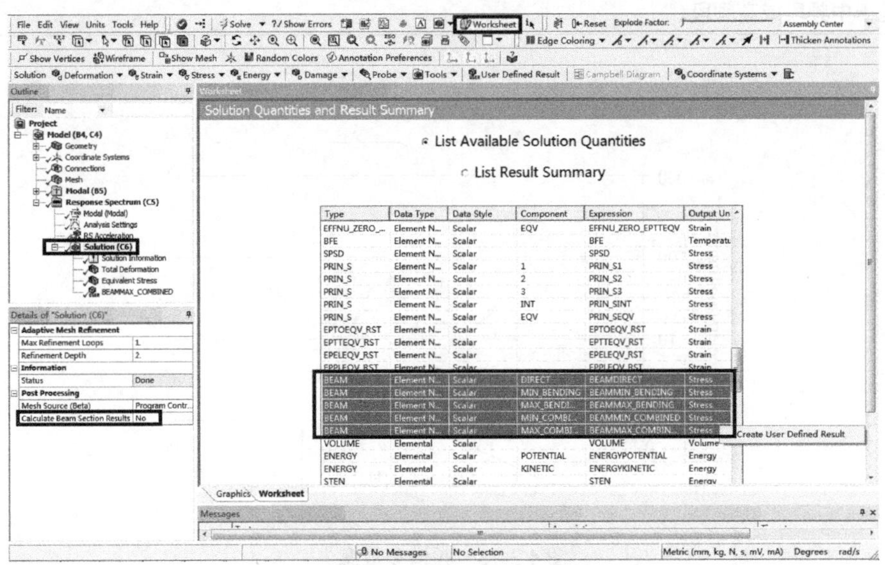

图 4-3-20　谱分析中梁后处理

（8）小结

谱分析的分析流程如下。

1）首先进行模态分析，保证模态有效质量与总质量之比这个参数，并记录最后一阶的频率。

2）依据模态分析的频率结果，判定是否存在频率密集现象，进而在谱分析中选择对应的组合形式（SRSS、CQC 和 ROSE）。

3）依据输入的频谱曲线与模态最后一阶的频率进行比较，决定是否定义 Rigid Response Effect 和 Missing Mass Effect。其中 Missing Mass Effect 更为重要，甚至可以将其用于低频段的谱分析中，以保证计算精度。以 ANSYS Help 中的 VM259 为例，模型如图 4-3-21 所示。分别对不同模态阶数定义 Missing Mass Effect 并进行计算，如表 4-3-1 所示。

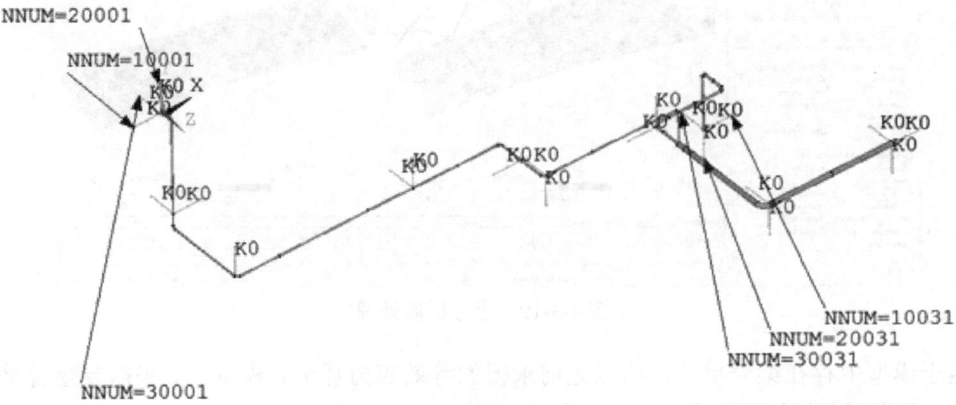

图 4-3-21　VM259 模型

表 4-3-1 谱分析计算结果

模态阶数	Missing Mass Effect	模态有效质量与总质量之比	峰值应力	10001节点的 x 向反力	20001节点的 y 向反力	30001节点的 z 向反力	10031节点的 x 向反力	20031节点的 y 向反力	30031节点的 z 向反力
5	No	0.041	6847	2.86	3.08	1.36	5.34	18.6	26.3
5	Yes	0.041	6992	47.7	3.09	1.38	61	21.9	27.2
10	No	0.15	6880	2.95	3.89	4.07	6.26	19.4	29.6
10	Yes	0.15	6951	47.4	4.42	5.55	59.5	19.6	30.9
20	No	0.48	6954	6.7	9.97	7.04	19.2	24.6	30.95
20	Yes	0.48	6954	54.4	13.4	7.04	38.2	24.6	30.96
50	No	0.86	6954	6.8	23	7.04	19.3	24.7	30.96
50	Yes	0.86	6954	53	25.9	7.04	38	24.7	30.96
200	No	1	6954	6.8	23	7.04	19.25	24.7	30.96
200	Yes	1	6954	53	25.9	7.04	38	24.7	30.96

由表 4-3-1 可得，只有当模态有效质量与总质量之比大于 0.85 时，是否打开 Missing Mass Effect 才对峰值应力和约束反力影响较小。在实际工程问题中，不论是否模态有效质量与总质量之比大于 0.85，都建议打开该选项，否则不可能获得较准确的结果。

4.4 响应谱之分析实例

在 Workbench 界面中，响应谱分析所加载的边界条件实际上是基于约束的基础激励谱的，它可加载的类型为位移谱、速度谱和加速度谱，而且是将激励谱平均作用于各个约束位置。响应谱分析还可以加载力的载荷谱，但这种载荷谱就不是基础激励谱了。另外由于响应谱是准静态分析，因此常需要将响应谱分析与静力学分析进行叠加，这样既可以弥补静力学分析中未考虑惯性和阻尼的缺陷，也可以避免瞬态分析极度消耗计算机软硬件资源的问题。一般而言，线性分析叠加可以采用 Design Assessment 模块进行处理，但是响应谱与静力学的叠加处理，由于某些特殊原因，则不能使用 Design Assessment 模块。

下面以核岛简化顶盖为模型，计算工况为台风载荷谱和雨载进行说明。其中台风载荷谱不可能是作用于约束的激励谱，因此必须频谱条件定义为载荷谱，另外雨载工况常采用静力学分析。综合两种工况，必须采用静力学与响应谱叠加处理。另外，本例模型尺度较大，一般需要考虑重力的影响，但由于模型仅为最简化的壳模型，省略了其他构件，因此计算过程中忽略重力效果。而在实际工程分析过程中，重力必须作为静力学分析中的边界条件之一。

（1）建立三维模型

三维模型如图 4-4-1 所示，建模过程如下。

1）在 xy 平面上建立 Sketch1 草绘。绘制一个直径为 50m 的圆；以 xy 平面为基准，向 z 向偏移 5m 创建 Plane4，并以此为平面建立 Sketch2 草绘。绘制一个直径为 25m 的圆，然后用 Skin1 的 Add Material 命令，在 Profiles 处选择 Sketch1 和 Sketch2，其中在 As Thin/Surface 处设置为 Yes，在 Thickness 处均定义为 0，创建一个壳体。

2）以 xy 平面为基准，向 z 向偏移-0.5m 创建 Plane5，并以此为平面建立 Sketch3 草绘。绘制一个直径为 50m 的圆，然后用 Extrude1 拉伸，在 Direction 处选择 Reversed，将 Depth 定义为 5m，在 As Thin/Surface 处设置为 Yes，在 Thickness 处均定义为 0，创建下环体的壳体模型。

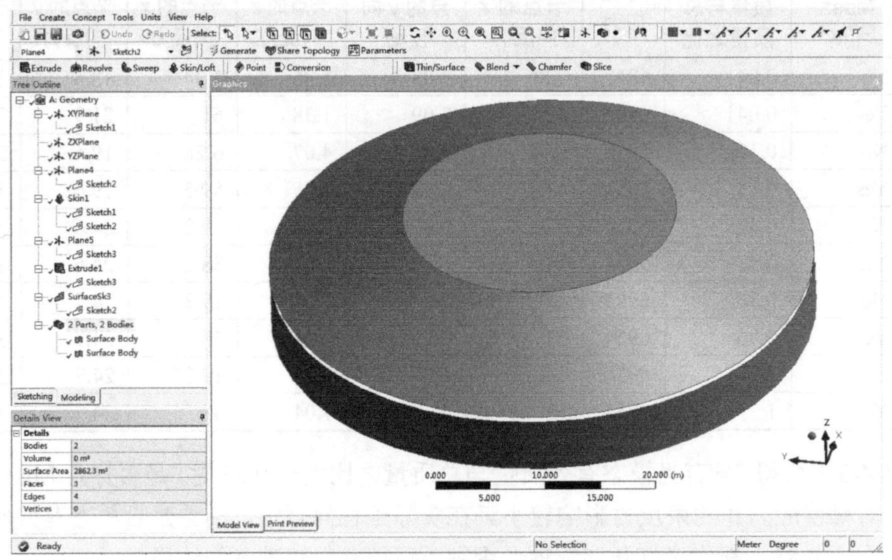

图 4-4-1　三维模型

3）采用 Concept→Surface From Sketches 命令，在 Base Objects 处选择 Sketch2，创建核岛简化顶盖的壳体模型。

（2）建立分析流程

如图 4-4-2 所示，建立分析流程。其中包括 B 框架结构的静力学分析，C 框架结构的模态分析，D、E、F 框架结构的响应谱分析。注意 B6（Solution）并没有与 C5（Setup）建立关联，这表示分析流程中没有预应力的模态分析，框架之间只是简单地进行前处理数据传递。

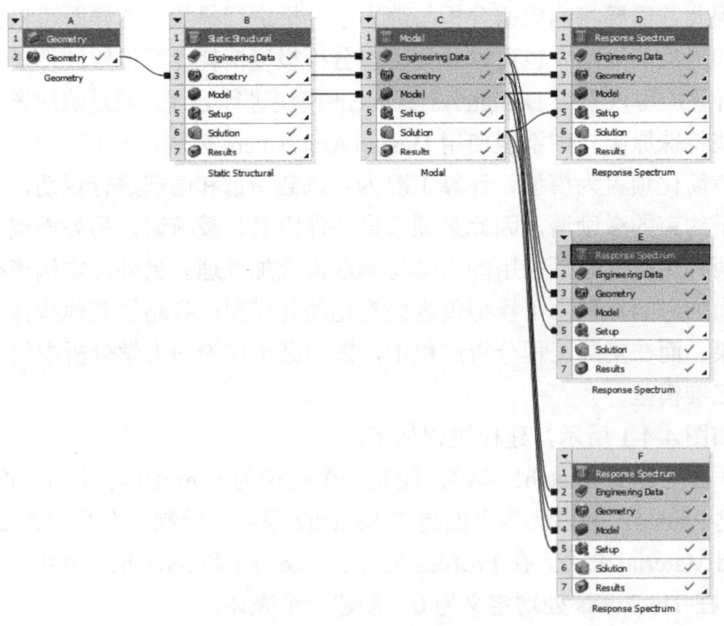

图 4-4-2　分析流程

（3）静力学分析前处理

在 B2（Engineering Data）模块中调用 General Materials 库中的 Concrete 材料，其密度（Density）为 2300kg/m^3，杨氏模量（Young's Modulus）定义为 3e10Pa，泊松比定义为 0.18，具体操作请参见《ANSYS Workbench 有限元分析实例详解（静力学）》。

在 B4 处双击鼠标左键，进入 Mechanical 界面。在 Geometry 中将核岛顶盖壳体的 Thickness 定义为 100mm，Assignment 定义为 Concrete；将下环体壳体的 Thickness 定义为 50mm，Assignment 定义为 Concrete。

用鼠标右键单击 Model，在弹出的快捷菜单中依次单击 Insert→Remote Points，分别选取上环体的上边线，并定义为 Remote Point；选取核岛顶盖模型的下边线，并定义为 Remote Point2，Behavior 均定义为 Rigid，如图 4-4-3 所示。该设置是为了后续方便定义 Joint 连接，当模型发生变化时，不需要重新对模型边界进行定义。

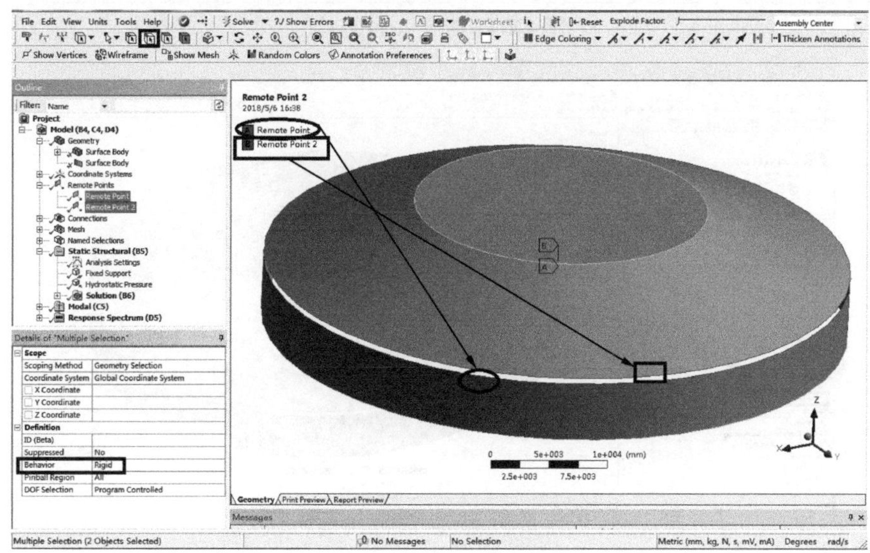

图 4-4-3　定义远程点

依次在 Connections→Joints 下定义 Joint 连接，如图 4-4-4 所示。其中将 Connection Type 选择为 Body-Body，Type 选择为 Fixed；将 Reference 处的 Scoping Method 选择为 Remote Point，Applied By 选择为 Remote Attachment，Remote Points 选择之前定义的 Remote Point（表示相对固定的位置）；将 Mobile 处的 Scoping Method 选择为 Remote Point，Applied By 选择为 Remote Attachment，Remote Points 选择之前定义的 Remote Point2（表示相对运动的位置）。

为了控制计算规模，在 Mesh 处将 Defaults→Relevance 设为 50。另外选取核岛顶盖的环面，对其定义 Face Meshing，其余默认，网格划分如图 4-4-5 所示。

载荷谱必须以节点的形式进行加载，且核岛顶盖模型呈圆台形状。假设上端圆面不承载风载，因此用命名选择工具定义节点集。在 Named Selection 处先选择核岛顶盖的环面，命名其为 Selection，如图 4-4-6 所示。

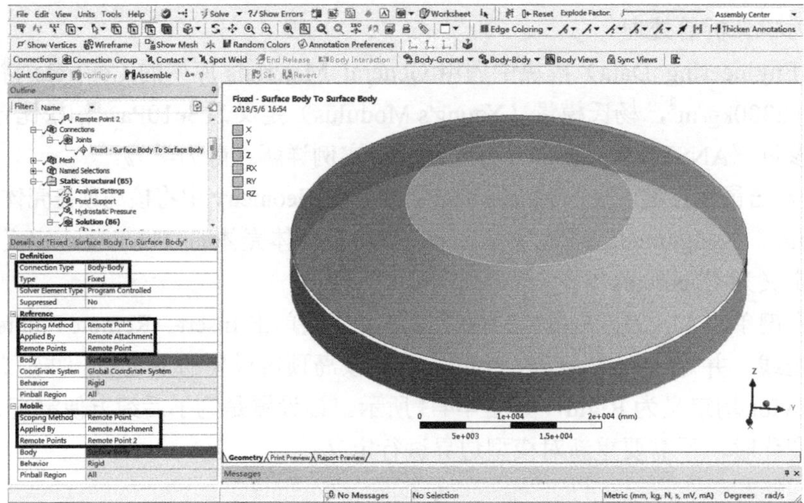

图 4-4-4　定义 Joint 连接

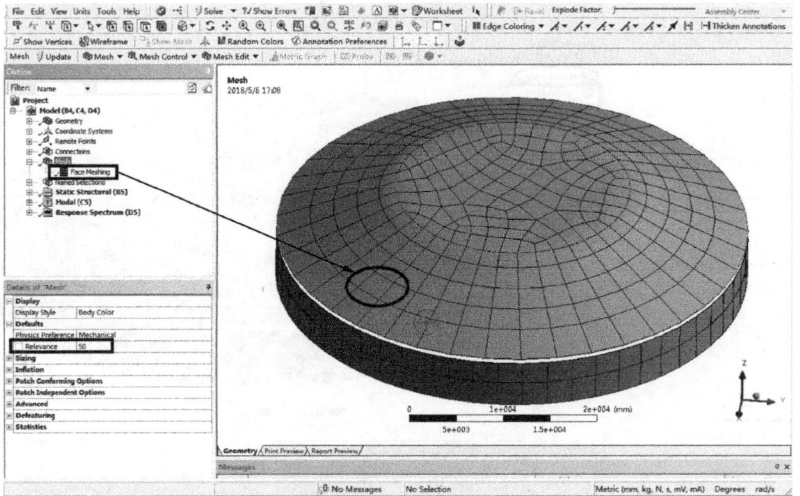

图 4-4-5　网格划分

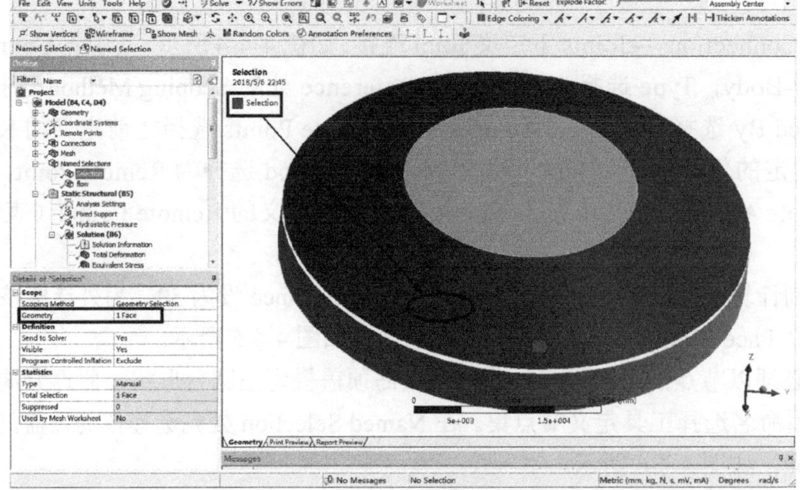

图 4-4-6　命名选择

如图4-4-7所示，创建节点集。其中第1行选择之前定义的Selection环面，第2行选择环面下的所有节点，第3行去除坐标大于等于0的节点（本例不考虑背风压），对其节点命名为“flow”。

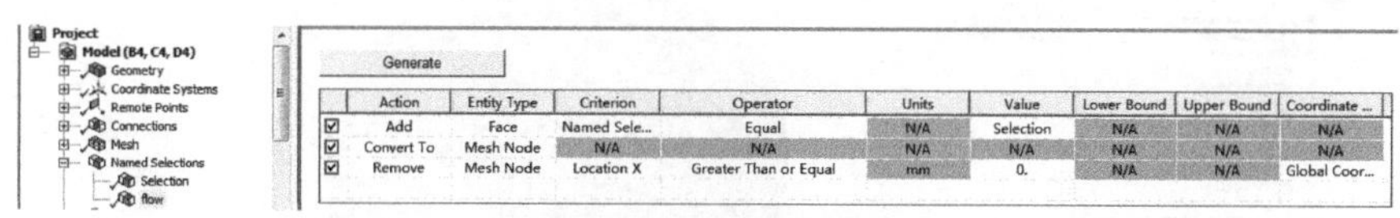

图4-4-7 创建节点集

（4）静力学分析边界条件定义

分析设置全部默认。选择下环体的下边线，对其定义完全约束，雨载采用Hydrostatic Pressure（静水压力）的形式，如图4-4-8所示。由于核岛顶盖周边倾斜，只有中间为平面，雨水不会附着在周边环形面上，因此选择中间圆面用于加载。模型为壳体，在Shell Face处选择为Top（顶面）。Fluid Density处用于定义流体密度，定义为水的密度为1e-6kg/mm^3。Hydrstatic Acceleration处用于定义流体加速度，除非流体存在外界激励，否则一定要定义重力加速度值（9800mm/s^2），本例选择z向定义数值，注意，加速度方向与实际方向相反。在Free Surface Location处定义Z Coordinate为5010mm，该处表示自由液面的位置。在本例中该数值计算过程为：在核岛顶盖上圆面距坐标原点距离为5m，设计上平面的不平整度为10mm，这个不平整度为雨水提供了存储空间，因此雨载时的自由液面为5010mm。输入全部参数后，软件自动计算压力得9.8e-5MPa（公式$P=\rho gh=1000\times9.8\times0.01=98\text{Pa}=9.8\text{e-5MPa}$）。

计算完成后，暂不查看后处理结果。

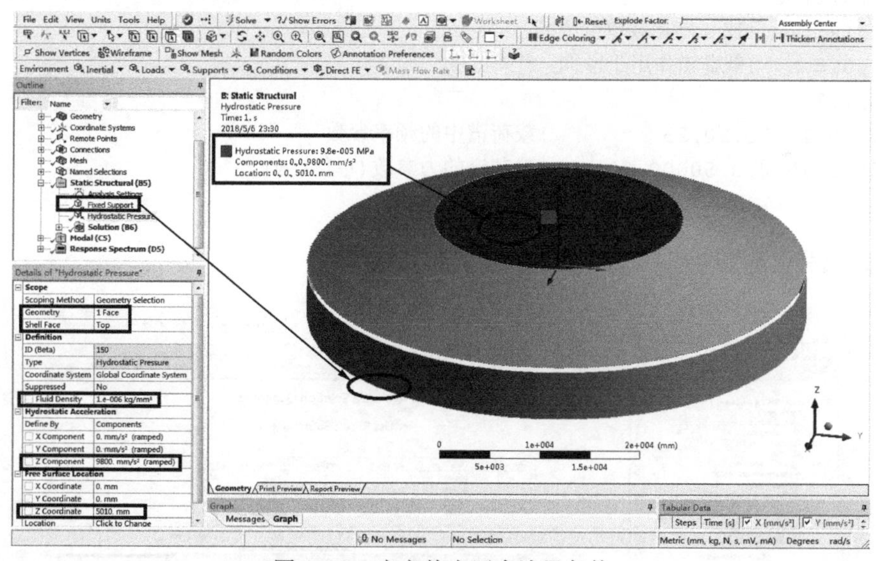

图4-4-8 定义静水压力边界条件

（5）模态分析

将模态分析的Analysis Settings处Option→Max Modes to Find定义为90。此时xy向的模态有效质量与总质量之比为0.9，z向模态有效质量与总质量之比为0.62。本例仅为了简化计算数据，实际工程还必须增加模态阶数，其余默认。

将静力学分析边界条件中的完全约束通过复制、粘贴至模态分析。

计算结果如图4-4-9所示。由频率结果可知频率呈密集分布。

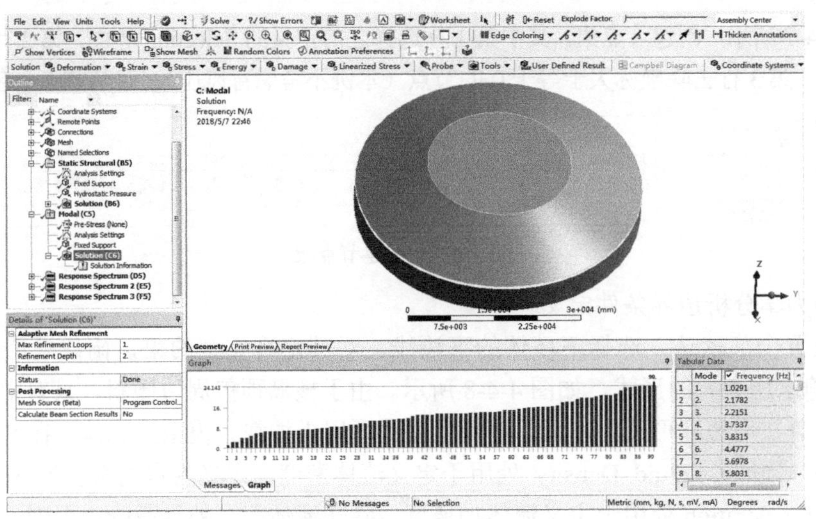

图 4-4-9　模态分析计算结果

（6）D 框架响应谱分析（*x* 向台风载荷谱）

在响应谱分析的 Analysis Settings 处仅需将 Modes Combination Type 定义为 Rose，其余均默认设置。

插入一段命令，内容如下：

```
cmsel,s,flow
f,all,fx,1      !在 x 向加载单位载荷
sed,1,0,0       !载荷谱作用于 x 向
svtyp,1,1
freq,1,5,10,15,20,25             !载荷谱中的频率参数
sv,,50,50,50000,50000,50,50 !载荷谱的力参数(单位：N)
allsel
```

计算完成后，如图 4-4-10 所示，采用自定义后处理。

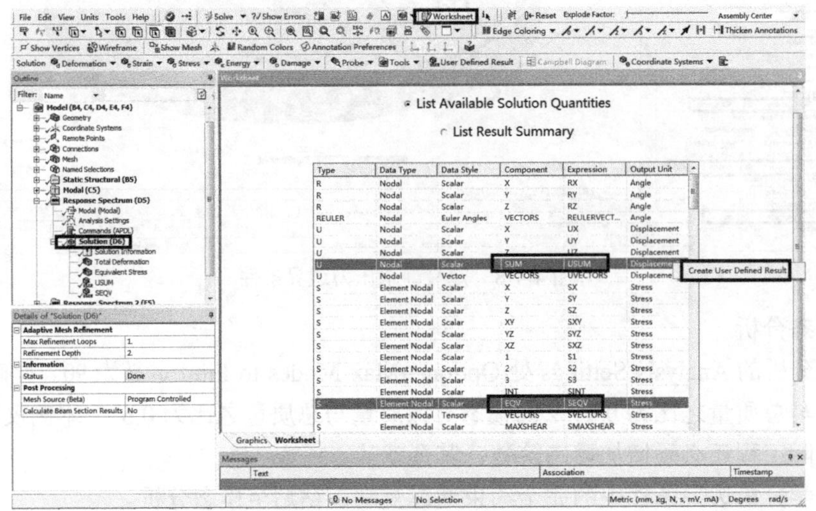

图 4-4-10　自定义后处理

如图 4-4-11 所示，后处理在 Identifier 选项处的定义名称为 specx_usum。只有自定义结果才有该选项设置，这是进行谱分析与静力学分析叠加的关键，这也是不采用默认 Total Deformation 后处理的原因。同理，对自定义的等效应力结果也进行类似设置，定义名称为 specx_seqv，如图 4-4-12 所示。

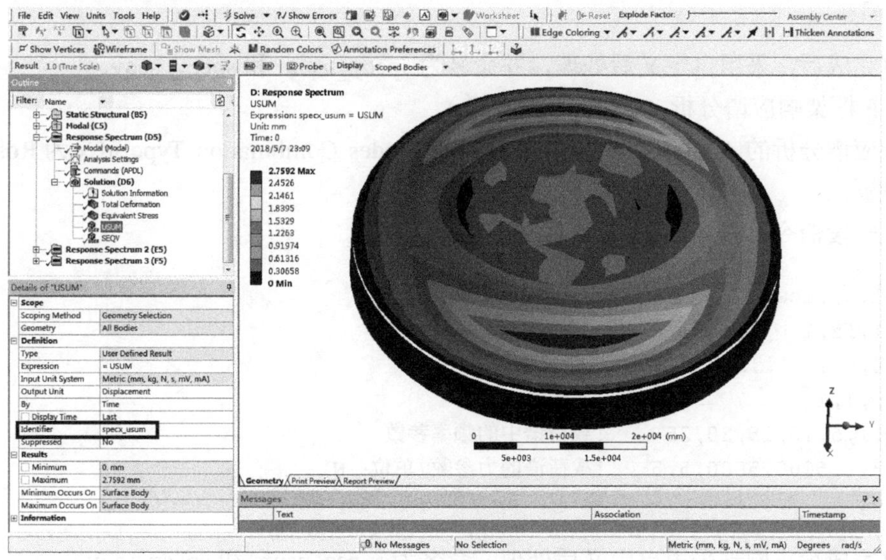

图 4-4-11 谱分析后处理

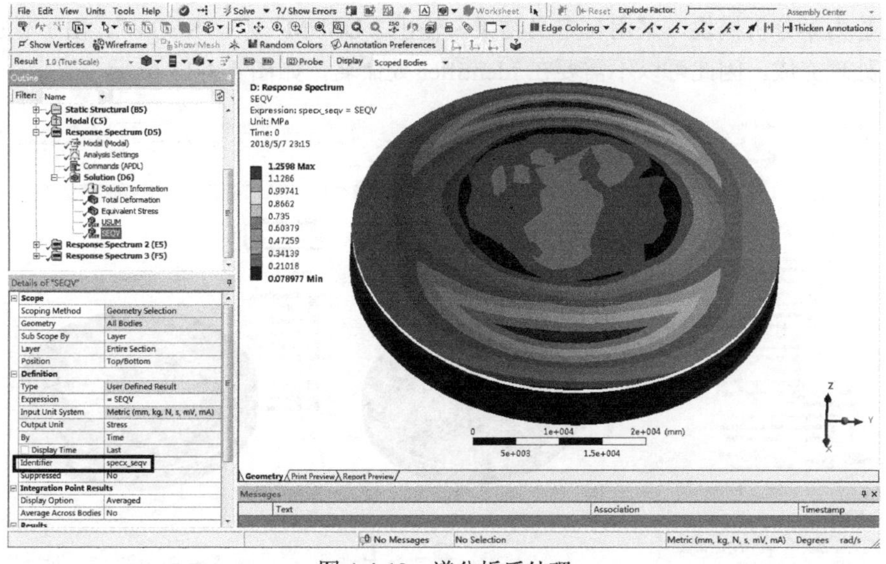

图 4-4-12 谱分析后处理

（7）E 框架响应谱分析（y 向台风载荷谱）

在响应谱分析的 Analysis Settings 处仅需将 Modes Combination Type 定义为 Rose，其余均默认设置。

插入一段命令，内容如下：

```
cmsel,s,flow
```

```
f,all,fy,1        !在 y 向加载单位载荷
sed,0,1,0         !载荷谱作用于 y 向
svtyp,1,1
freq,1,5,10,15,20,25           !载荷谱中的频率参数
sv,,50,50,50000,50000,50,50 !载荷谱的力参数(单位：N)
allsel
```

计算完成后，采用自定义后处理，并命名为 specy_usum 和 specy_seqv。

（8）F 框架响应谱分析（z 向台风载荷谱）

在响应谱分析的 Analysis Settings 处仅需将 Modes Combination Type 定义为 Rose，其余均默认设置。

插入一段命令，内容如下：

```
cmsel,s,flow
f,all,fz,1     !在 z 向加载单位载荷
sed,0,0,1      !载荷谱作用于 z 向
svtyp,1,1
freq,1,5,10,15,20,25       !载荷谱中的频率参数
sv,,5,5,5000,5000,5,5      !载荷谱的力参数(单位：N)
allsel
```

计算完成后，同理采用自定义后处理，命名为 specz_usum 和 specz_seqv。

（9）静力学分析后处理

回到静力学分析模块，采用自定义结果，输出“USUM”和“SEQV”。由于叠加过程在静力学后处理完成，因此可以不需要在 Identifier 处命名，如图 4-4-13 所示。

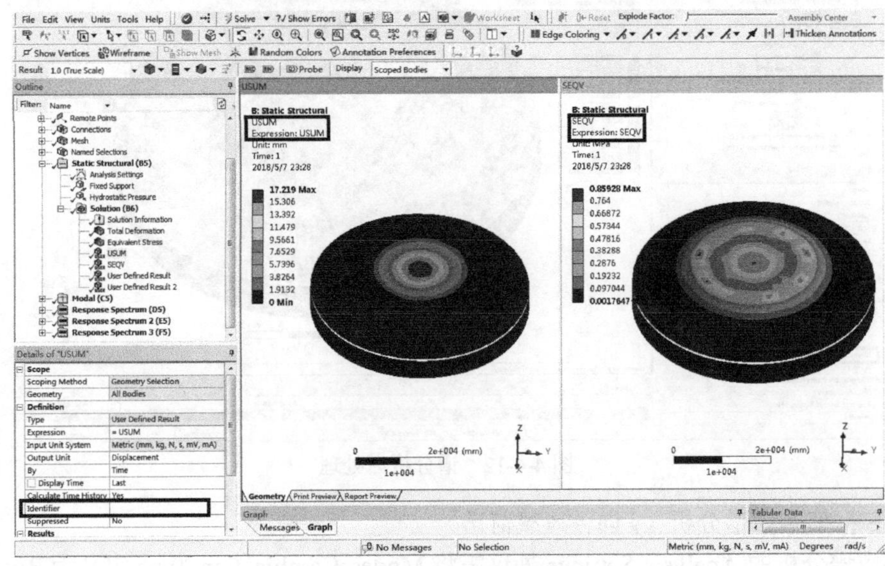

图 4-4-13　自定义后处理

鼠标右键单击 Solution，依次单击 Insert→User Defined Result，创建一个基于叠加变形的自定义结果，如图 4-4-14 所示。在 Expression 处输入计算公式：1.35*USUM+(specx_usum^2+

1.7* specy_usum^2+ specz_usum^2)^0.5，可得到叠加后的最大变形为 24.352mm。

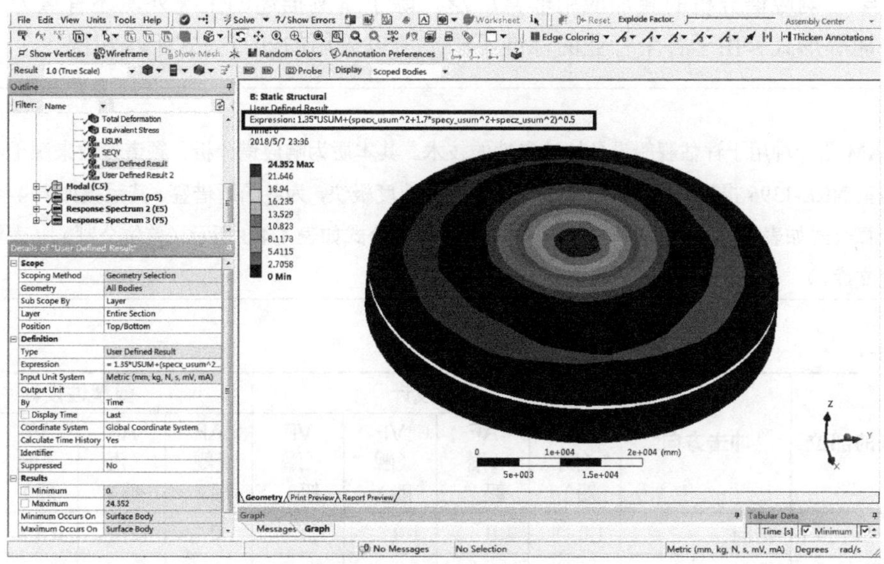

图 4-4-14　叠加变形后处理

基于叠加的等效应力的自定义结果如图 4-4-15 所示。在 Expression 处输入计算公式：1.35*SEQV+(specx_seqv^2+1.7* specy_seqv^2+ specz_seqv^2)^0.5，可得到叠加后的最大等效应力为 1.77MPa。

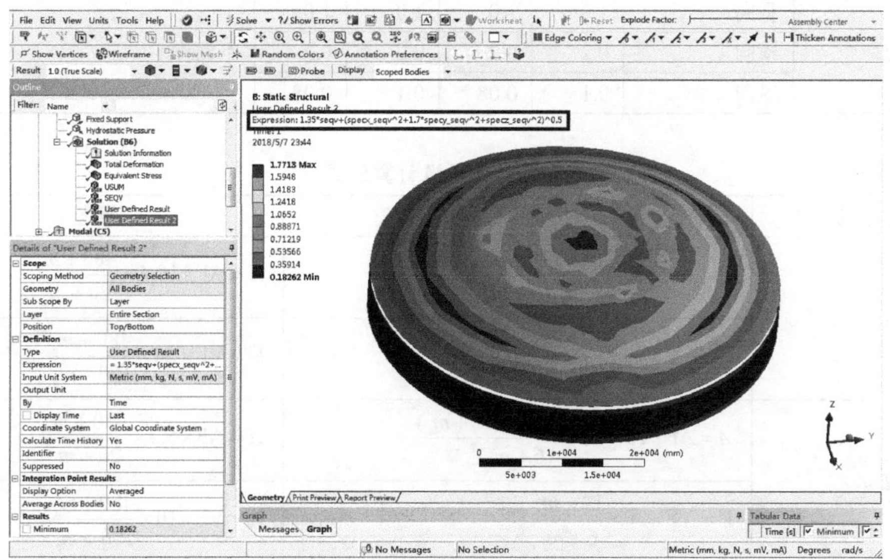

图 4-4-15　叠加等效应力后处理

注意

本例所采用的计算公式仅为了展示叠加的计算流程，完全不具备工程意义。读者需要根据相关规范，自行拟定相应工况下的叠加公式。

（10）小结

静力学与响应谱分析的叠加应用非常广泛，除了本例描述的工况外，还有重力与地震载荷谱的叠加等形式。由于各个行业的标准不同，所以采用的计算公式不尽相同。

> **提示**
>
> DDAM 是一种用于评估舰船设备抗冲击性的技术。其本质为响应谱分析，频谱参数来源于美国海军研究实验室 NRL-1396 报告中所提供的经验公式，计算速度极快，为各国所借鉴。其系数如表 4-4-1 所示，在美国计算公式如表 4-4-2 所示（单位英制），在中国计算公式如表 4-4-3 所示（单位公制）。（表格数据来源于百度文库。）

表 4-4-1　DDAM 系数

安装设备的部位	冲击方向	弹性设计				弹塑性设计			
		AF（舰船）	AF（潜艇）	VF（舰船）	VF（潜艇）	AF（舰船）	AF（潜艇）	VF（舰船）	VF（潜艇）
船体部位	垂向	1.0	1.0	1.0	1.0	1.0	1.0	0.5	0.5
	横向	0.4	1.0	0.4	1.0	0.4	1.0	0.2	0.5
	纵向	0.2	0.4	0.2	0.4	0.2	0.4	0.1	0.2
甲板部位	垂向	1.0	1.0	1.0	1.0	1.0	1.0	0.5	0.5
	横向	0.4	2.0	0.4	2.0	0.4	2.0	0.2	1.0
	纵向	0.4	0.8	0.4	0.8	0.4	0.8	0.2	0.4
外板部位	垂向	1.0	1.0	1.0	1.0	不允许			
	横向	0.2	0.2	0.2	0.2				
	纵向	0.1	0.08	0.1	0.08				

表 4-4-2　美国的 DDAM 计算公式

安装设备的部位	舰船	潜艇
船体部位	$A=\mathrm{AF}\times 20\times\dfrac{(37.5+m_a)(12+m_a)}{(6+m_a)^2}$	$A=\mathrm{AF}\times 10.4\times\dfrac{480+m_a}{20+m_a}$
	$V=\mathrm{VF}\times 60\times\dfrac{12+m_a}{6+m_a}$	$V=\mathrm{VF}\times 20\times\dfrac{480+m_a}{100+m_a}$
甲板部位	$A=\mathrm{AF}\times 10\times\dfrac{(37.5+m_a)(12+m_a)}{(6+m_a)^2}$	$A=\mathrm{AF}\times 5.2\times\dfrac{480+m_a}{20+m_a}$
	$V=\mathrm{VF}\times 30\times\dfrac{12+m_a}{6+m_a}$	$V=\mathrm{VF}\times 10\times\dfrac{480+m_a}{100+m_a}$
外板部位	$A=\mathrm{AF}\times 40\times\dfrac{(37.5+m_a)(12+m_a)}{(6+m_a)^2}$	$A=\mathrm{AF}\times 52\times\dfrac{480+m_a}{20+m_a}$
	$V=\mathrm{VF}\times 120\times\dfrac{12+m_a}{6+m_a}$	$V=\mathrm{VF}\times 100\times\dfrac{480+m_a}{100+m_a}$

由表 4-4-2 可得，DDAM 中的参数为：AA=20、AB=37.5、AC=12、AD=6、VA=6、VB=12、

VC=6、A=386in/s^2、AMIN 取 6A=2316 in/s^2。

表 4-4-3　　中国的 DDAM 计算公式

<table>
<tr><th>安装设备的部位</th><th>舰船</th><th>潜艇</th></tr>
<tr><td rowspan="2">船体部位</td><td>$A = \mathrm{AF} \times 196.2 \times \dfrac{(17.01+m_a)(5.44+m_a)}{(2.72+m_a)^2}$</td><td rowspan="2">$A = \mathrm{AF} \times 102.02 \times \dfrac{217.73+m_a}{9.07+m_a}$</td></tr>
<tr><td>$V = \mathrm{VF} \times 1.52 \times \dfrac{5.44+m_a}{2.72+m_a}$</td></tr>
<tr><td rowspan="2">甲板部位及
外板部位</td><td>$A = \mathrm{AF} \times 98.1 \times \dfrac{19.05+m_a}{(2.72+m_a)^2}$</td><td rowspan="2">$V = \mathrm{VF} \times 0.51 \times \dfrac{217.73+m_a}{45.36+m_a}$</td></tr>
<tr><td>$V = \mathrm{VF} \times 1.52 \times \dfrac{5.44+m_a}{2.72+m_a}$</td></tr>
</table>

由表 4-4-3 可得，DDAM 中的参数为：AA=196.2/386.22=0.5080、AB=17.01*386.22=6569.60、AC=5.44*386.22=2101.04、AD=2.72*386.22=1050.52、VA=1.52、VB=5.44*386.22=2101.04、VC=2.72*386.22=1050.52、A=9.81m/s^2、AMIN 取 6A=58.86m/s^2。说明：m_a 为模态质量，$\omega=2\pi f$，f 为固有频率，取 $V\omega$ 和 A 的最小值作为 DDAM 设计的加速度。

对比中美两国的 DDAM 计算公式，可知两者系数相等，但参数不同。美国标准采用英制，而中国标准采用国际单位制。无论何种软件计算 DDAM 时，都必须采用英制单位，这就给国内用户造成极大麻烦和困惑，因为这不仅涉及 DDAM 中参数变换的问题，还涉及模型和材料参数的转换。国内已有学者王新敏就经典界面中 DDAM 单位变换进行了详细说明，本书仅对 Workbench 环境下 DDAM 单位变换进行阐述。

DDAM 分析必须调用 ACT 插件，计算前必须在 Extension→Manage Extension 中勾选 DDAM 项，具体操作参见《ANSYS Workbench 有限元分析实例详解（静力学）》。如图 4-4-16 所示，建立一直角梯形三维模型，其梯形上边长为 3in（1in=0.0254m）、下边长为 9in、高为 50in、厚为 2in，其体积为[(3+9)×50×2]/2=600in^3。

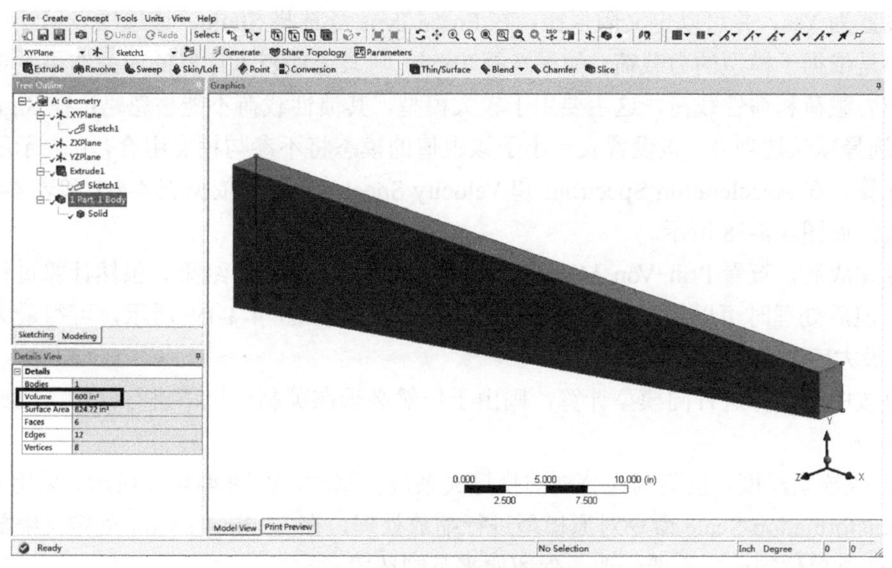

图 4-4-16　直角梯形三维模型

材料选择默认的结构钢，分析流程依然是基于模态的谱分析。进入 Mechanical 界面后，第一步是设置单位制为 BIN 制，并对图中圈选的下边面定义完全约束（Fixed Support），如图 4-4-17 所示。其网格设置采用默认设置，在模态分析中将 Analysis Settings 下的 Max Modes to Find 定义为 30，即求解 30 阶模态。模态分析计算完成后，可以在 Solution Information 处看到 6 个方向的模态质量与总质量之比均为 0.9 左右。

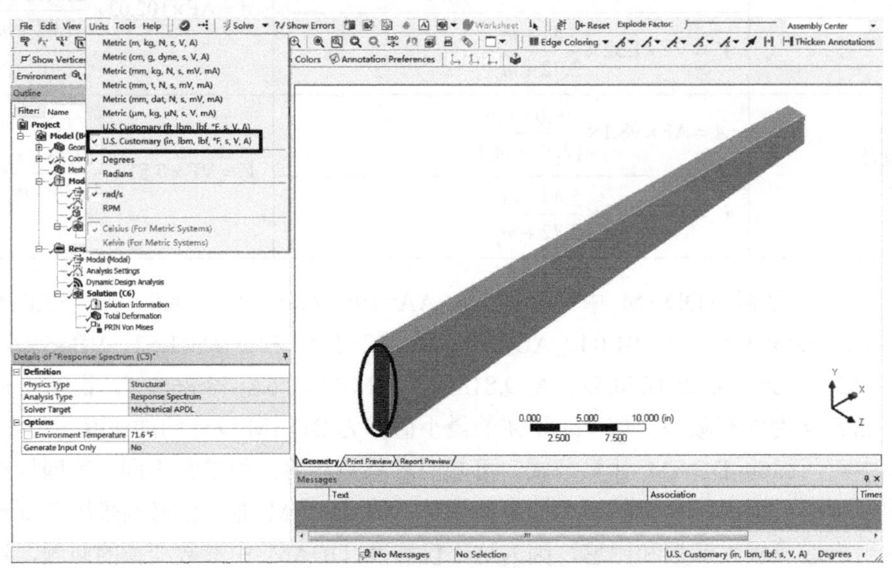

图 4-4-17　单位设置及约束面

在响应谱分析设置中，可以选择类似谱分析的 SRSS、CQC 或 Rose 等选项，并依据频率是否密集进行判定，本例全部采用默认设置。插入 Dynamic Design Analysis 选项，在 Direction 处选择 y 向，该设置表示激励方向；在 Modes Combination Type 处选择默认的 NRLSUM；在 CSM Mothod 处选择 No，该设置表示模态计算结果无频率密集现象（对模态分析所得的所有频率进行几何平均，以判定所有频率是否在平均频率的 10%以外），如果存在频率密集则需要将此设置为 Yes，并可以定义阻尼比；在 Force Type 处选择 Static，该选项表示计算的应力结果主要是依据于模型的力载荷，如果选择 Total，则该选项表示计算的应力结果主要是依据于模型的力载荷和惯性载荷，这主要用于较大模型，其惯性载荷不能被忽略；在 Significance Level 处选择默认选项 0，该设置表示小于该数值的模态将不参与模态组合，0 表示所有模态都参与计算。在 Acceleration Spectrum 和 Velocity Spectrum 处，依据表 4-4-1 和表 4-4-2 定义相关参数，如图 4-4-18 所示。

计算完成后，查看 Prin Von Mises 应力和 Total Deformation 结果。虽然计算过程必须采用英制，但后处理时可以将其转换为公制单位来查看，如图 4-4-19 所示，可得最大变形为 6.9mm，最大应力为 225MPa。

如果按中国国标进行同模型计算，则由于依然必须在英制环境下进行计算，因此需要进行 3 处修改。

1）修改模型尺度。按英制与公制的换算关系进行修改，如图 4-4-20 所示。采用 Create→Body Transformation-Scale 命令对原模型进行缩放处理，在 Scaling Factor 处定义缩放系数为 0.0254。注意单位制一定不能修改，保留原来英制环境。

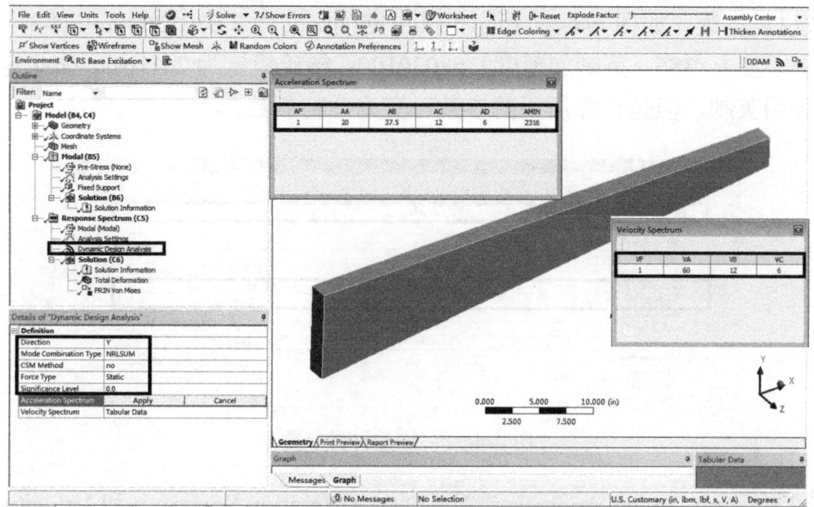

图 4-4-18 Dynamic Design Analysis 的设置

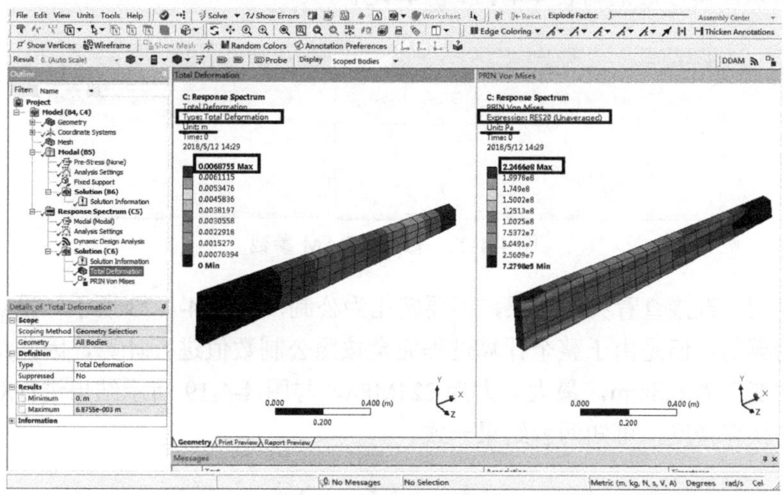

图 4-4-19 英制单位计算后处理

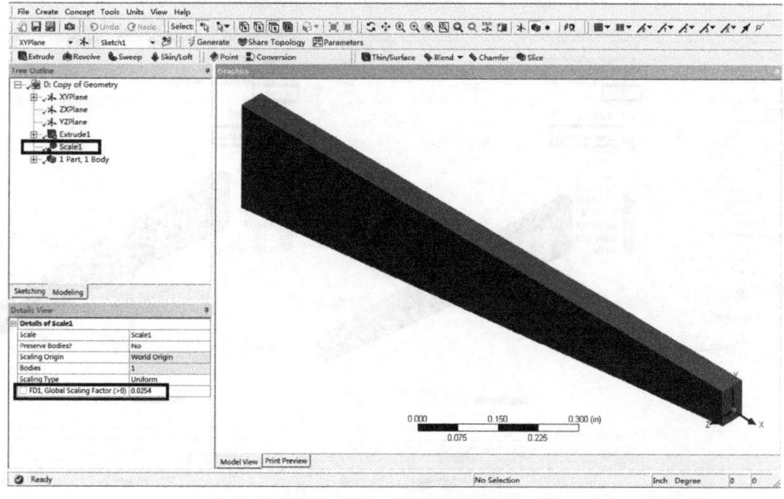

图 4-4-20 模型前处理

2）修改材料参数。如图 4-4-21 所示，其中密度定义为 3.0301e6 lbm·in^-3，计算过程为 7850（钢公制密度）×386（英制加速度）=3030100；杨氏模量为 2e11psi。如此定义之后，虽然软件中仍采用英制，但是计算所用的参数已变为公制参数。

Properties of Outline Row 3: 88

	A	B	C	D	E
1	Property	Value	Unit		
2	Density	3.0301E+06	lbm in^-3		
3	Isotropic Secant Coefficient of Thermal Expansion				
4	Coefficient of Thermal Expansion	1.2E-05	C^-1		
5	Reference Temperature	22	C		
6	Isotropic Elasticity				
7	Derive from	Young's Modulus and Poisson's Ratio			
8	Young's Modulus	2E+11	psi		
9	Poisson's Ratio	0.3			
10	Bulk Modulus	1.1491E+15	Pa		
11	Shear Modulus	5.3037E+14	Pa		
12	Field Variables				
13	Temperature	Yes			
14	Shear Angle	No			
15	Degradation Factor	No			

图 4-4-21　修改材料参数

3）修改 Dynamic Design Analysis 选项中的 Acceleration Spectrum 和 Velocity Spectrum。如图 4-4-22 所示，其参数依据表 4-4-1 和表 4-4-3。

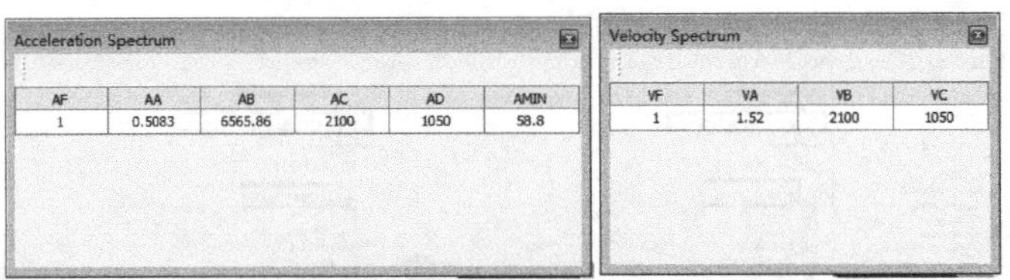

Acceleration Spectrum

AF	AA	AB	AC	AD	AMIN
1	0.5083	6565.86	2100	1050	58.8

Velocity Spectrum

VF	VA	VB	VC
1	1.52	2100	1050

图 4-4-22　修改 DDAM 参数

计算完成后，直接查看英制结果，不要转化为公制，如图 4-4-23 所示。虽然软件显示的单位制依然为英制，但是由于整个计算过程完全按照公制数值进行计算，因此结果为公制结果，即为最大变形为 6.8mm，最大应力为 224MPa。与图 4-4-19 所示结果进行对比，考虑到英制与公制的换算精度，可知两者结果一致。

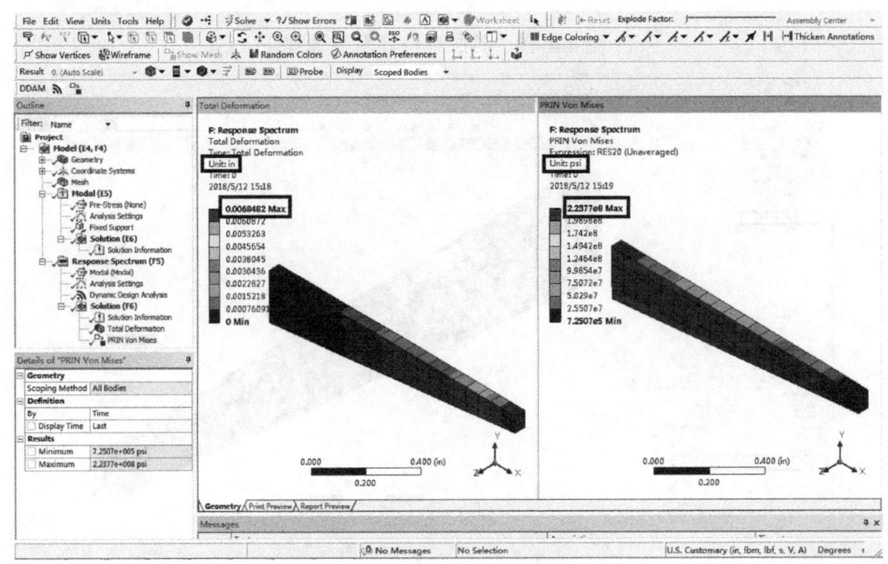

图 4-4-23　公制单位计算后处理

4.5　随机振动分析之基本原理

随机振动分析是基于功率谱密度的谱分析。随机振动分析采用统计方法研究激励或系统响应为随机的振动系统，例如车辆在不平整的路面行驶、飞行器在大气湍流中运行、刀具在工件粗糙度不同的表面切削。这些工况包含了各种不能确定具体参数的条件，例如求两个骰子之和，其结果是从 2～12 的随机分布。对这种无序条件进行数据统计，用概率的方法进行研究，必然能得到一定的统计规律，如两个骰子之和为 7 的概率一定大于和为 6 的概率。

可对这些不能直接量化的随机振动采用功率谱密度函数来定性分析，功率谱密度（PSD）描述了随频率变化的激励和响应的方差。注意随机并不意味复杂，它可以为若干简谐波组合而成，也可为某一种概率分布的简谐波。例如按击钢琴一个琴键，呈现为单一简谐运动，如果按击钢琴全部 88 个琴键以组成合奏，则认为是随机振动。以一个简单正弦简谐波为例，用窄带 PSD 进行描述随机振动，如图 4-5-1 所示。在左图中，正弦波的振幅为 6，频率为 40Hz，据此可得 $\text{PSD}=(6/\sqrt{2})^2=18$（正弦波均值的平方）；在右图中，在 40±0.5Hz 范围内，其 $\text{PSD}=18\times1=18$（PSD 所包含的面积）。

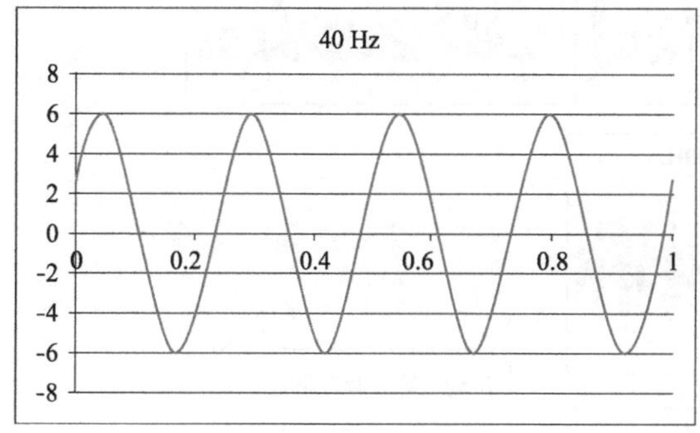

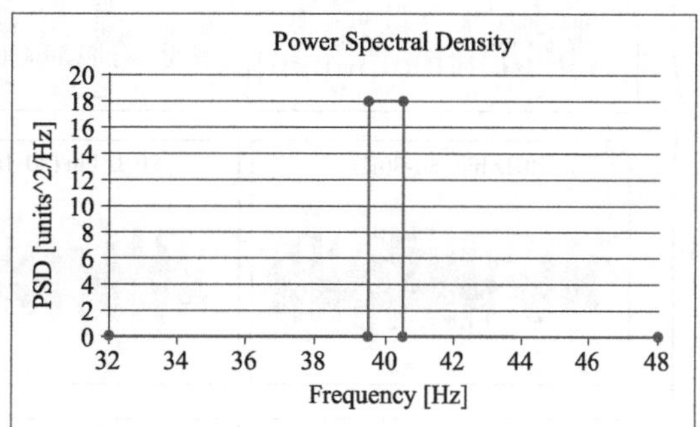

图 4-5-1　正弦简谐波与 PSD

对于随机激励谱，如图 4-5-2 所示。由图可知，先将原输入随机频谱图按照不同频率段将其滤波，在不同频段下得到频率与幅值的关系（幅值有正有负），再按频率与幅值关系取二次平方（幅值必大于或等于 0），并求得幅值均值的平方，对应于图中长横线的位置。对于均值的求法可认为整个波形所包含的面积等于均值乘以频段长度，这类似于表面粗糙度中 Ra 值的意义。再以幅值均值的平方除以频段带宽（图中 0～20Hz 频段内的原波形最近似正弦波，幅值约为 8，则均值的平方约为 $(8/\sqrt{2})^2=32$，与图中长横线均值平方 30 近似，再执行 30/20=1.5，），可得 PSD 直方图。最后取直方图的中点并连线，可得到软件计算所需要的 PSD 曲线图。

由此可知，PSD 的单位为加速度激励形式［单位为$(\text{mm/s}^2)^2$/Hz 或 G^2/Hz］、速度激励形式［单位为$(\text{mm/s})^2$/Hz］、位移激励形式（单位为 mm^2/Hz）和载荷形式（单位为 N^2/Hz）。

由于随机振动分析中的概念非常抽象，难以理解，而且计算结果相比其他分析更为理论化，因此很多初学者在计算完成后，不能确定自己的计算结果是否正确。下面以一根梁为例进行随机振动分析，通过理论计算和软件分析，对两个结果进行对比，并且掌握随机振动后处理的概念。

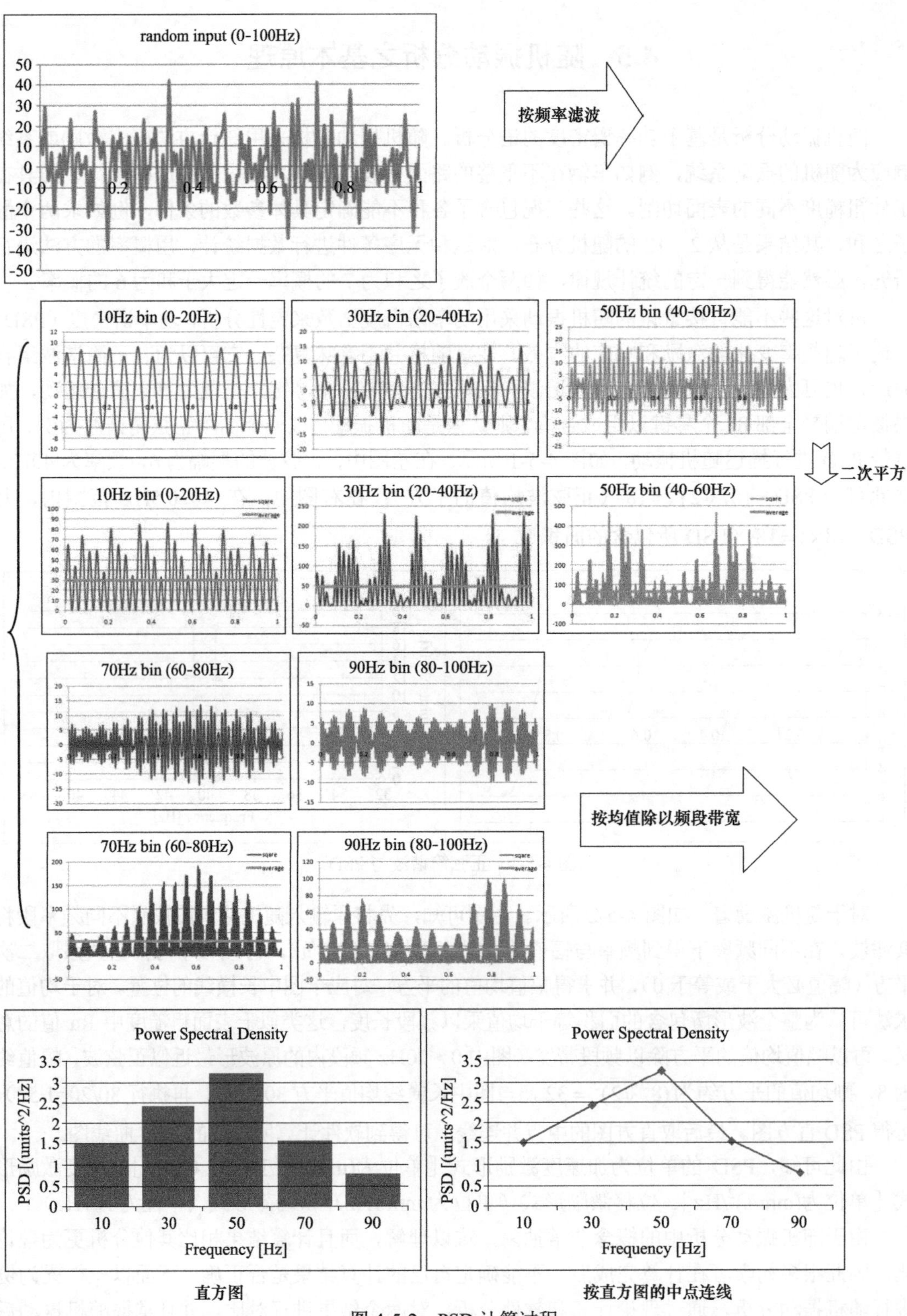

图 4-5-2　PSD 计算过程

（1）建立梁模型

梁模型如图 4-5-3 所示，建模过程如下。

1）在 *xy* 平面上绘制一条长为 300mm 的直线，用 Concept→Line from Sketches 命令创建 Line。

2）单击 Concept→Cross Section，创建矩形截面 Rect，其中截面尺寸为 1 mm×1mm。

3）将矩形截面赋值给 Line，最后形成一个整体。

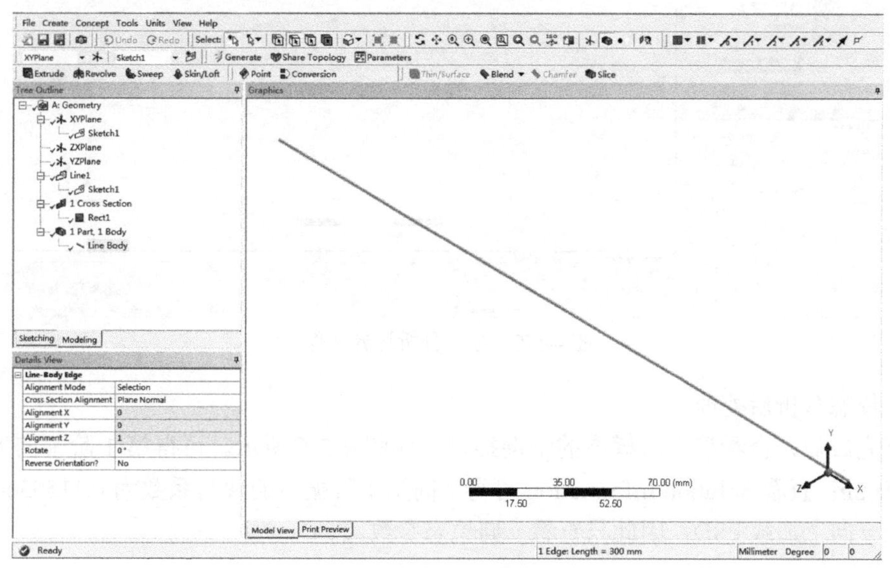

图 4-5-3　建立梁模型

（2）建立分析流程

如图 4-5-4 所示，建立分析流程。其中包括 A 框架结构的 DM 模块，B 框架结构的模态分析，C 框架结构的随机振动分析，其中 B6（Solution）项与 C5（Setup）项必须建立关联。

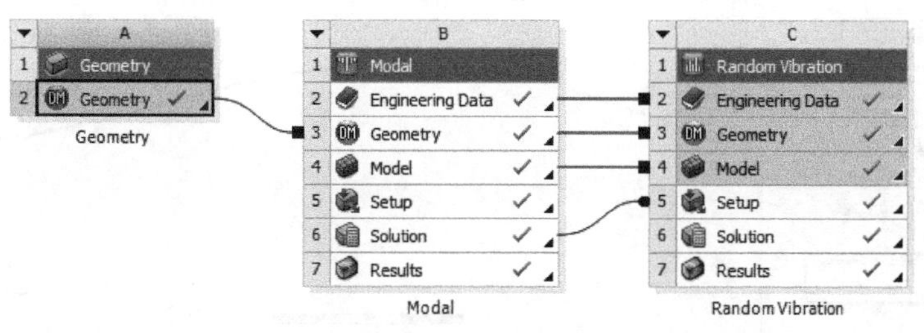

图 4-5-4　分析流程

（3）模态分析设置

在前处理中所有设置全部采用默认。将 Analysis Settings 中的 Max Modes to Find 定义为 50，边界条件中选择起点定义为 Fixed Support，定义终点所有方向的位移均为 0，如图 4-5-5 所示。

注意

若定义终点所有方向的位移均为 0，则可认为该点只存在旋转自由度，不存在平移自由度，这与 Simply Supported 完全一致。但是 Simply Supported 条件不能对其定义基础激励响应谱，因此用 Displacement 代替。

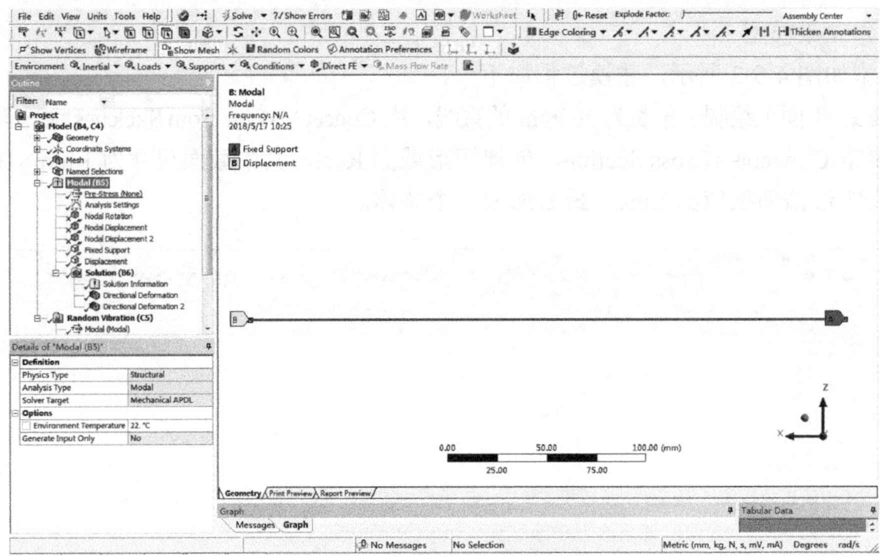

图 4-5-5　模态分析边界条件

（4）模态分析后处理

计算完成后，查看第 1 阶模态的 y 向振型，如图 4-5-6 所示。可得第 1 阶 y 向振型向量为 8.6338mm；查看 Solution Information 可得 y 向第 1 阶振型的参与系数为 0.11593e-4。本例由于只在 y 向上加载 PSD，因此只查看 y 向模态参数。

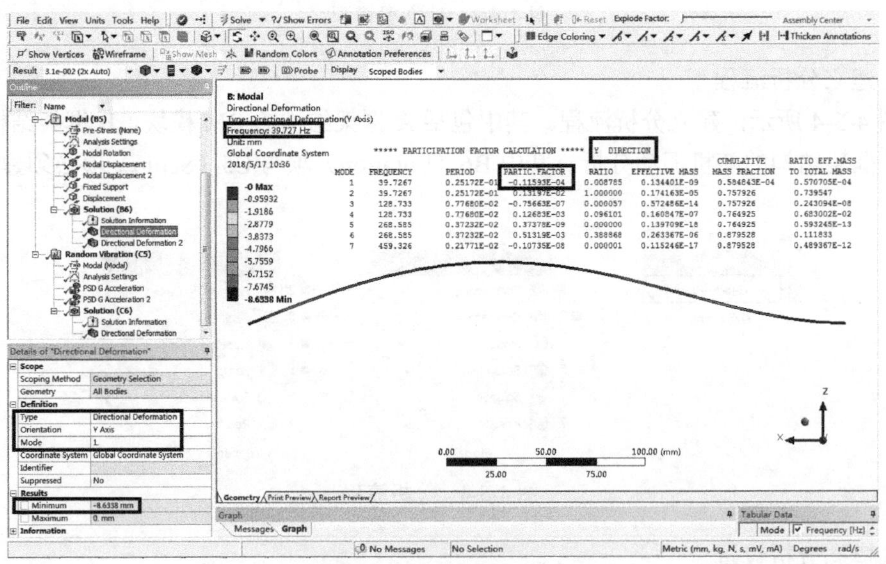

MODE	FREQUENCY	PERIOD	PARTIC.FACTOR	RATIO	EFFECTIVE MASS	CUMULATIVE MASS FRACTION	RATIO EFF.MASS TO TOTAL MASS
1	39.7267	0.25172E-01	-0.11593E-04	0.008785	0.134401E-09	0.584843E-04	0.570705E-04
2	39.7267	0.25172E-01	0.13197E-02	1.000000	0.174163E-05	0.757926	0.739547
3	128.733	0.77680E-02	-0.75663E-07	0.000057	0.572486E-14	0.757926	0.243094E-08
4	128.733	0.77680E-02	0.12683E-03	0.096101	0.160847E-07	0.764925	0.683002E-02
5	268.585	0.37232E-02	0.37378E-09	0.000000	0.139709E-18	0.764925	0.593248E-13
6	268.585	0.37232E-02	0.51319E-03	0.388868	0.263367E-06	0.879528	0.111833
7	459.326	0.21771E-02	-0.10735E-08	0.000001	0.115246E-17	0.879528	0.489367E-12

图 4-5-6　模态分析后处理

（5）随机振动分析设置及边界条件

随机振动分析的设置如图 4-5-7 所示，其中 Number of Modes To Use 定义为 1，这是因为本例先重点复核第 1 阶模态对随机振动的影响，这也可以笔算出来，以方便进行结果评估。分析随机振动正确的流程也是先用笔算结果与软件计算结果进行对比，如果两者无差异，则再将此参数改为 0，即所有模态参与随机振动计算，Exclude Insignificant Modes 设置为 No。

注意：必须保证前文反复强调的模态质量与总质量之比这个参数，当此参数设置为 No 时，表示提取所有模态计算结果。当此参数设置为 Yes 时，Mode Significance Level 为 0 等同于 No 的设置，为 1 则不使用任何模态结果。当为中间系数时，则表示提取的模态数量×（1−中间系数）。Keep Modal Results 设置为 Yes，该选项表示计算结果文件中保留模态结果。由于本例较简单，所以可以保留相关文件，如果模型较复杂，则建议此处设为 No，以节约硬件消耗。Damping Controls 下的 Constant Damping 采用默认的 0.02。

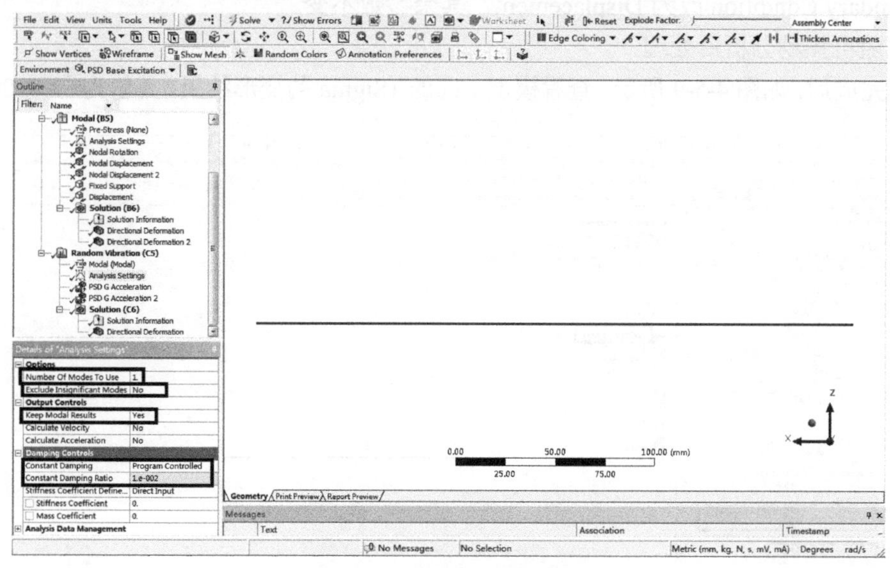

图 4-5-7　随机振动分析设置

边界条件如图 4-5-8 所示，采用 PSD G Acceleration 形式，其中 Boundary Condition 选择 Fixed Support。由于 PSD 也是一种响应谱，因此加载形式与谱分析完全一致，可在约束位置加载激励谱，也可在节点位置加载载荷谱。其中可加载激励谱的约束边界为：Fixed Support、

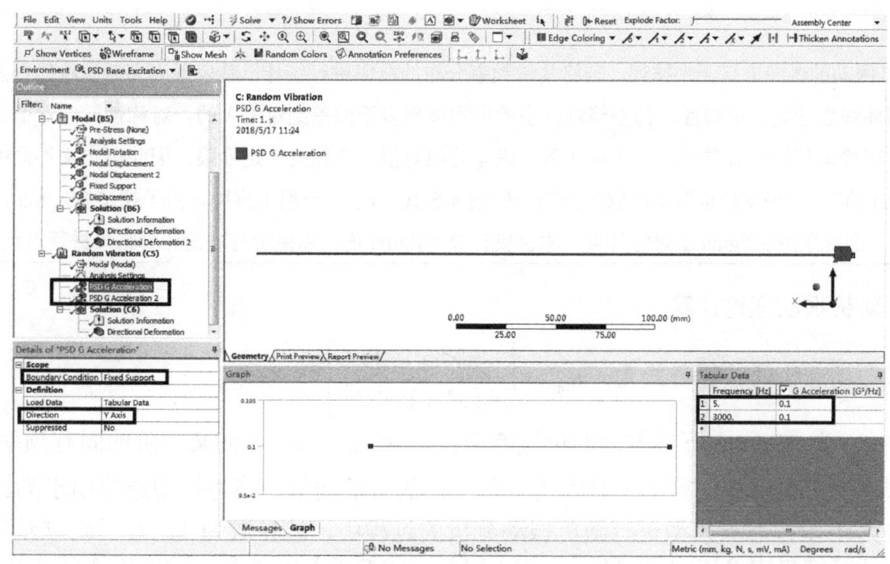

图 4-5-8　随机振动分析边界条件

Displacement、Remote Displacement 和 Body-to-Ground Spring。在 Direction 处定义 Y Axis，具体参数为 5Hz、$0.1G^2/Hz$；3000Hz、$0.1G^2/Hz$。（注意模态计算的最后一阶频率为 16849Hz，还需保证模态分析的固有频率范围要大于 PSD 曲线频率范围的 1.5 倍，以本例说明，即为 16849>1.5×3000。）

如果在 Boundary Condition 处选择了 All Fixed Support，则后续不再需要对位移边界条件加载 PSD。由于本例采用分别定义形式，因此还需要再定义一个 PSD G Acceleration 形式，需将 Boundary Condition 改为 Displacement，其余参数不变。

（6）随机振动分析后处理

计算完成后，如图 4-5-9 所示，查看模型 y 向的 1Sigma 的变形结果，其值为 0.0020013mm。

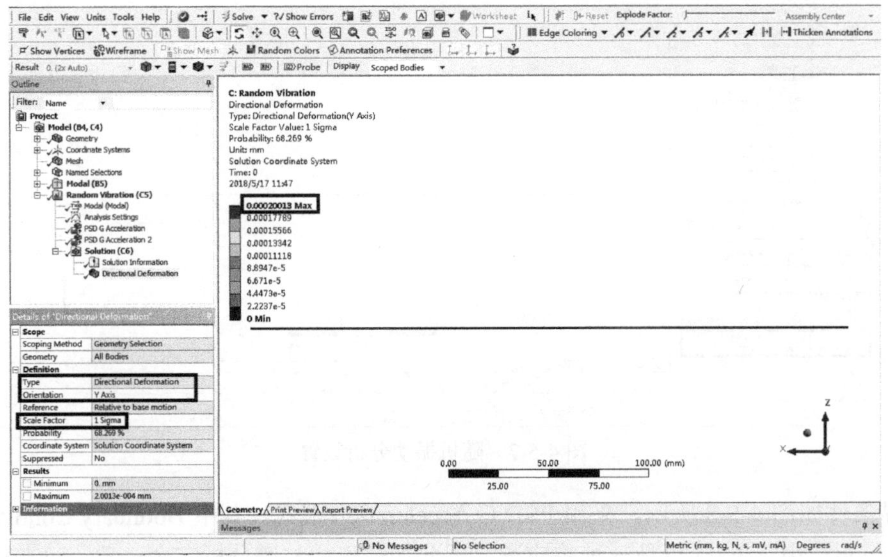

图 4-5-9　随机振动后处理

> **注意**
>
> 随机振动的激励谱呈无序排列，若将其按频率分布的概率进行统计，其表现为高斯曲线的正态分布特性。高斯曲线表现为：单峰性，偏差绝对值小的出现概率多于偏差绝对值大的；对称性，绝对值相等的正负偏差出现概率相同；有界性，一定条件下，偏差的绝对值不会超过一定界限。因此可定义不同的置信概率（Sigma 值），以确定随机振动的取值范围，如图 4-5-10 所示。一般工程中，由于超过 3Sigma 的概率仅为 0.27%，因此采用 3Sigma 法进行计算。本例仅计算 1Sigma 值，以便于与理论计算结果进行对比。

（7）随机振动理论计算

随机振动理论的计算公式为：$u_{\rm rms}=\left[\dfrac{\pi\gamma^2\varphi^2{\rm PSD}}{4\xi M^2(2\pi)^4 f_0^3}\right]^{1/2}$

式中 $u_{\rm rms}$ 为 1Sigma 下单方向的位置响应；ξ 为阻尼比；f_0 为某一阶的固有频率；M 为某一阶振型的广义质量（等于 1 时为质量归一化的特征向量，模态振型结果由于为比值，因此在仅取第 1 阶模态梁模型进行随机振动分析的过程中，该参数为 1，对于壳单元和实体单元取模态计算结果中 Ratio EFF.Mass to Total Mass 的数值）；γ 为某一阶的模态参与系数；φ 为某一阶的模态振型；PSD 为加速度形式输入参数。以本例进行说明，$\xi = 0.02$、$f_0 = 39.727\text{Hz}$、$M = 1$、$\gamma = 0.000011593$、$\varphi = 8.6338\text{mm}$、$\text{PSD} = 0.1 \times 9800 \times 9800\text{mm}^2/(\text{s} \cdot \text{Hz})$。

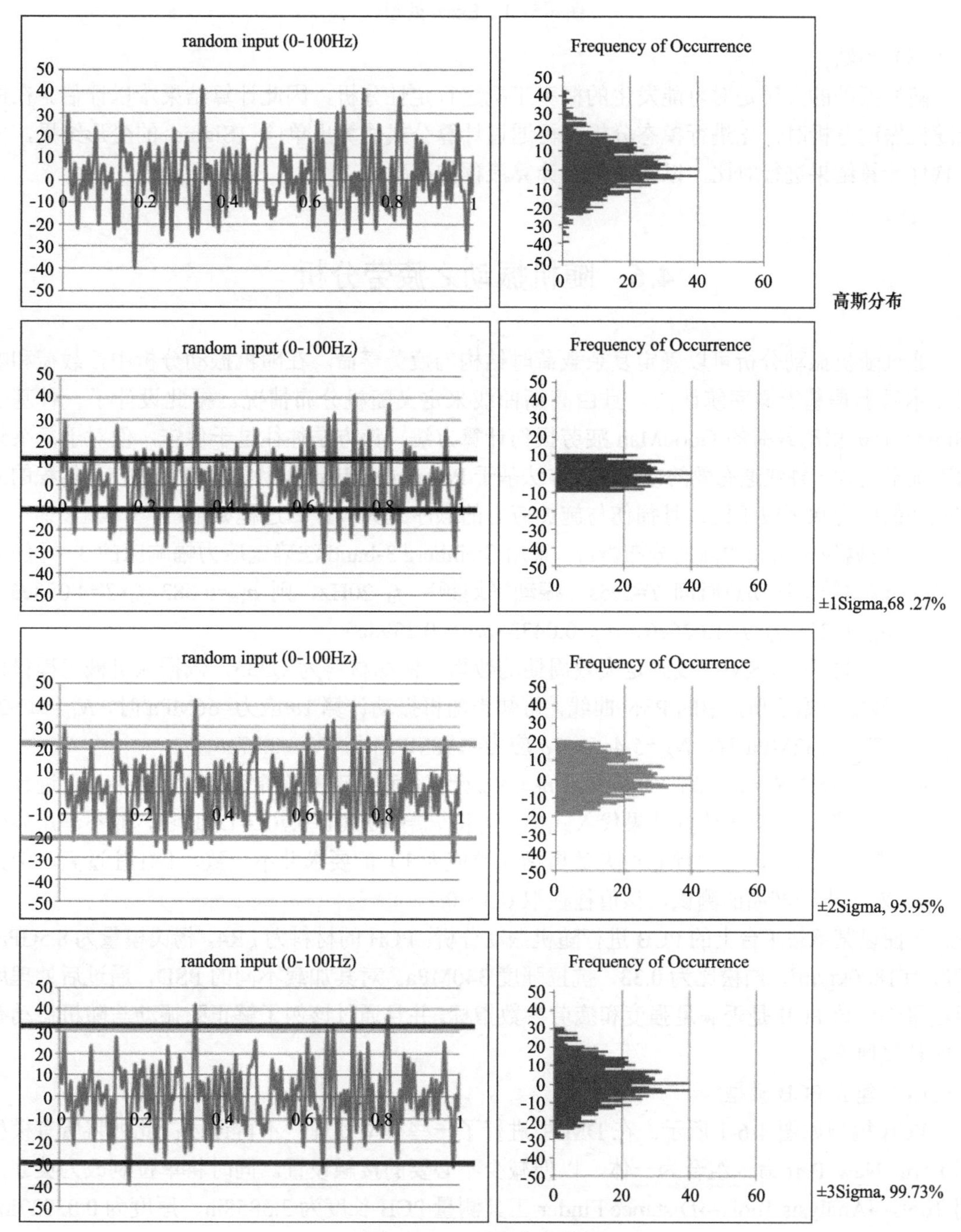

图 4-5-10　正态分布处理

采用 Excel 表进行数学计算，如图 4-5-11 所示，可得 y 向的 1Sigma 的变形结果为 0.000196787mm，考虑 π 和重力加速度的取值问题，这与软件计算所得结果 0.00020013 几乎一致。

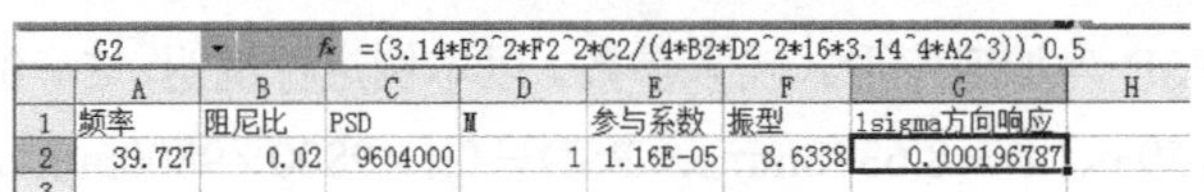

G2　=(3.14*E2^2*F2^2*C2/(4*B2*D2^2*16*3.14^4*A2^3))^0.5

	A	B	C	D	E	F	G	H
1	频率	阻尼比	PSD	M	参与系数	振型	1sigma方向响应	
2	39.727	0.02	9604000	1	1.16E-05	8.6338	0.000196787	
3								

图 4-5-11　Excel 处理

（8）小结

随机振动的实质是对可能发生的概率工况进行定性分析，因此计算结果难以评估。在进行随机振动分析时，先进行模态分析，再通过计算公式估算出单向 1Sigma 的变形结果，再与软件计算结果进行对比，以评估整个计算流程的准确性。

4.6　随机振动之疲劳分析

通过随机振动分析可以确定复杂载荷时结构的疲劳寿命。在随机振动分析中，载荷和响应在本质上是基于概率统计的，且由高斯曲线来定义随机分布情况。据此设计了一种基于 3Sigma 随机振动载荷的 GoodMan 疲劳损伤计算方法，该方法往往过于保守，但对于复杂频谱工况不失为一种快速有效的方法。该方法基于 Palmgren-Miner 假设（即疲劳损伤是累积的），与施加的应力水平成正比，且损伤与施加应力的顺序无关。计算过程如下：

- 依据随机振动的高斯分布情况，采用 Steinberg 3-band 法确定应力幅响应的 3 个区间。例如结构振动总时间 T=3e5s，振动平均频率 f_0=20Hz，则 $n_{1\sigma}=0.683\times f_0\times T$=4.098e6、$n_{2\sigma}=0.271\times f_0\times T$=1.626e6、$n_{3\sigma}=0.0433\times f_0\times T$=0.2598e6。
- 依据材料的 SN 曲线确定失效周期的数量。例如材料为 Q235，依据《机械工程材料性能数据手册》中的 PSN 曲线，可知当随机振动计算 1σ 应力=66MPa 时，$N_{1\sigma}=\infty$；2σ 应力=132MPa 时，$N_{2\sigma}$=5.4e6；3σ 应力=198MPa 时，$N_{3\sigma}$=0.37e6。
- 通过公式 $R_n= n_{1\sigma}/ N_{1\sigma}+ n_{2\sigma}/ N_{2\sigma}+ n_{3\sigma}/ N_{3\sigma}$ 计算累积疲劳损伤指数，将其结果与 1 进行比较。例如将上述计算结果代入式中，可得 R_n=0+0.301+0.702=1.003>1，即不满足疲劳要求。另外，不同行业对失效指标（数值为 1）的要求并不一致，1 往往过高，例如对于电子产品的测试，该值往往取 0.3～0.7。

下面以某承载平台上的 PCB 进行随机振动分析。PCB 的材料为 FR4，杨氏模量为 8.5GPa，密度为 1800kg/m^3，泊松比为 0.33，抗拉强度 340MPa。对其加载不同的 PSD，通过后处理所得结果判定该 PCB 是否满足强度和疲劳参数指标，并且通过该例了解正弦振动与随机振动叠加的计算原理。

（1）建立 PCB 模型

PCB 模型如图 4-6-1 所示。在 DM 中进行了一些模型处理，不再详述；此外将所有模型用 Form New Part 命令组合为一体，以便减少不必要的接触设置。同时将单位制改为英寸，用 Tools→Analysis Tools→Distance Finder 工具测量 PCB 长度为 3.3858in、厚度为 0.03937in，元件 2 的长度为 1.378in。

> **注意**
>
> 用英制单位测量模型尺寸的目的是该参数为后续进行疲劳次数校核的重要技术指标，而选择件 2 的长度参数是因为后续随机振动计算结果显示最大应力点在元件 2 上。

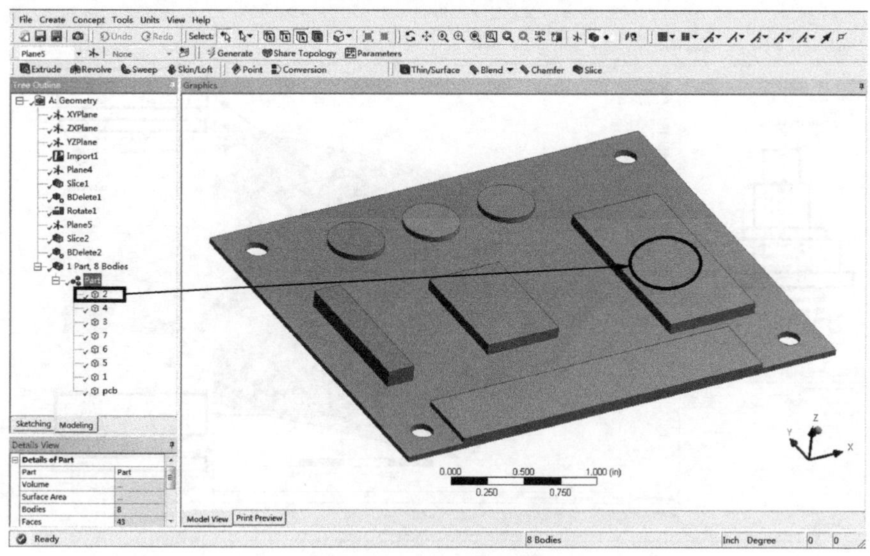

图 4-6-1　建立 PCB 模型

（2）建立分析流程

如图 4-6-2 所示，建立分析流程。其中包括 A 框架结构的 DM 模块，B 框架结构的模态分析，C、D 框架结构的随机振动分析（PSD 不同），其中 B6 （Solution）项与 C5、D5（Setup）项建立关联。

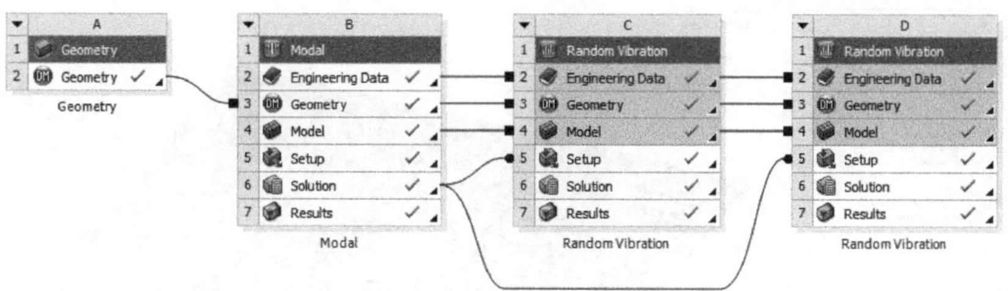

图 4-6-2　分析流程

（3）前处理

首先用鼠标双击 B2 进入 Engineering Data 项，调用 General Materials 中的 Copper Alloy（铜合金）和 Silicon Anisotropic（半导体材料），另外新增材料 FR4，定义 Density 为 1800kg/m^3，Young's Modulus 为 8.5e9Pa，Poisson's Ratio 为 0.33。鼠标双击 B4 进入 Mechanical 后，在 Geometry 处分别定义不同材料，并定义质点，如图 4-6-3 所示。其中件 2、3、4 采用 Silicon Anisotropic 材料，件 1、5、6、7 采用 Copper Alloy 材料，件 PCB 采用 FR4 材料。分别选择件 5、6、7 的上表面，定义为 Point Mass、Point Mass2、Point Mass3，其中 Z Coordinate 均定义为−15mm，Mass 均定义为 1.5e-2kg，其余参数默认。选择件 1 的上表面定义为 Point Mass4，其中 Z Coordinate 定义为−18mm，Mass 定义为 2.5e-2kg，其余参数默认。

注意

只要是动力学分析，在定义 Point Mass 参数时，就必须定义 Mass Moment of Inertia XYZ 参数。本例没有定义是为了保护数据安全，同时 Mass 参数也不具备工程意义。

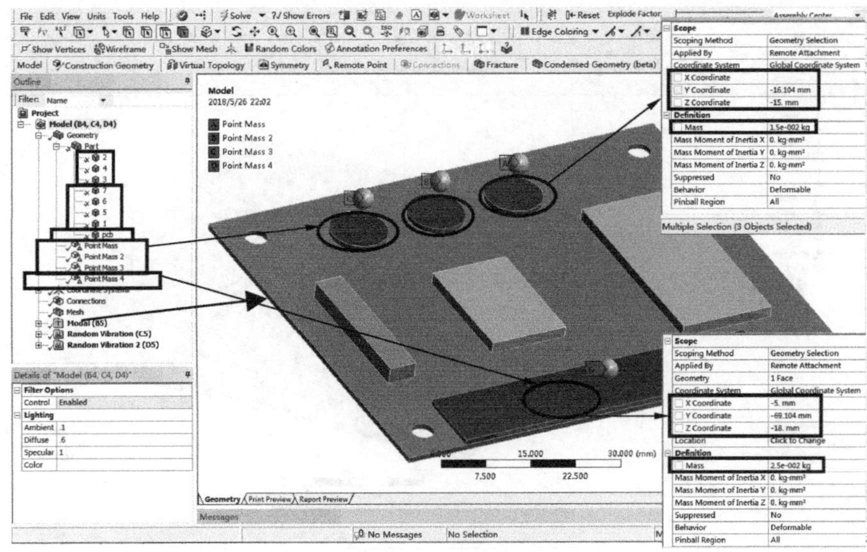

图 4-6-3　设置 Geometry

网格划分如图 4-6-4 所示。定义 Sizing→Element Size 为 1.5mm，在 Smoothing 处设置为 High，Transition 处设置为 Slow。

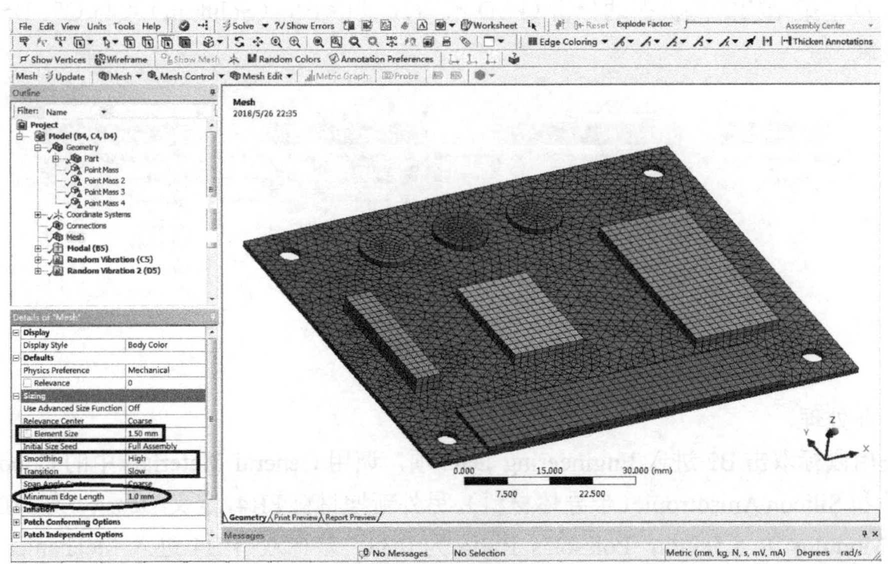

图 4-6-4　网格划分

特别注意：在 Minimum Edge Length 处软件已经将模型最短边长（PCB 壁厚等）统计出来，为保证计算精度，Element Size 应定义为 0.33mm 以下（壁厚至少有 3 层网格）。本例仅考虑读者学习效率，因此定义较大的数字。在实际工程中必须保证足够的网格数量，且 PCB 存在双向剪切问题，不能简化为壳模型。

（4）模态分析设置

在 Analysis Settings 中将 Max Modes to Find 定义 25，边界条件中依次选择 PCB 上的 4 个孔，对其定义 Remote Displacement，其 6 个方向的位移均为 0，如图 4-6-5 所示。

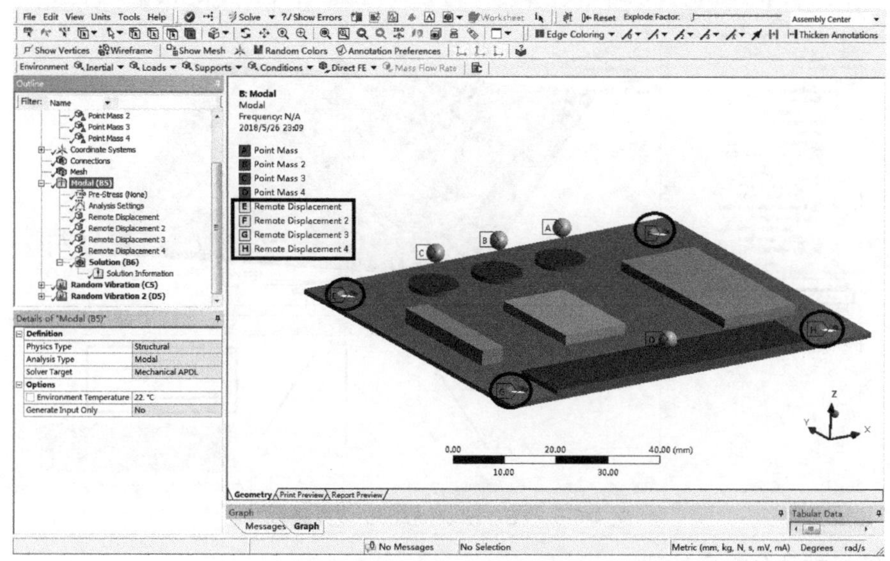

图 4-6-5　模态分析边界条件

> **注意**
>
> 约束采用 Remote Displacement 形式，这是为了在随机振动后处理中提取 Force Reaction。在随机振动分析中，只有 Remote Displacement 约束才可以提取约束反力，如果是 Connect-Contact、Joint、Spring、Beam 等形式则需要提取约束反力，这可参考 3.5 节的相关操作和命令流。

（5）模态求解

模态分析计算完成后，注意查看模态有效质量与总质量之比。可知第 1 阶频率为 116.36Hz，第 2 阶频率为 259.83Hz（约为第 1 阶频率的 2 倍），第 4 阶频率为 345.87Hz（约为第 1 阶频率的 3 倍），第 5 阶频率为 486.11Hz（约为第 1 阶频率的 4 倍）。在研究承载平台上负载设备的随机振动分析中，设备振动不仅只存在于环境宽带的 PSD 中，还存在于相应正弦激励中。这种正弦激励的频率一般只研究基频的 4 倍频范围，因此在模态分析中注意相关的频率结果。

（6）随机振动分析设置及边界条件

在随机振动分析设置中将 Number of Modes To Use 定义为 All，Exclude Insignificant Modes 设置为 No，Keep Modal Results 设置为 No，Calculate Velocity（速度后处理）和 Calculate Acceleration（加速度后处理）设置为 Yes，Damping Controls 下的 Constant Damping 采用默认的 0.02。

PSD Acceleration 边界条件如图 4-6-6 所示。在 Boundary Condition 处选择 All Remote Displacement，Definition→Direction 定义为 Z Axis，在 PSD 的 Tabular Data 中定义 10Hz、37000 $(mm/s^2)^2/Hz$；30Hz、3.3e5$(mm/s^2)^2/Hz$；200Hz、3.3e5$(mm/s^2)^2/Hz$；500Hz、53000$(mm/s^2)^2/Hz$。注意：在输入 200～500Hz 下降段 PSD 谱时，Graph 图中会出现黄色曲线，黄色表示该曲线需要检查。为避免出现黄色的警告信息曲线，再插入 300Hz 的中间点频率，不必输入参数，按回车键确定后，软件会自动根据曲线创建中间插值，可出现全绿色的 PSD 曲线。

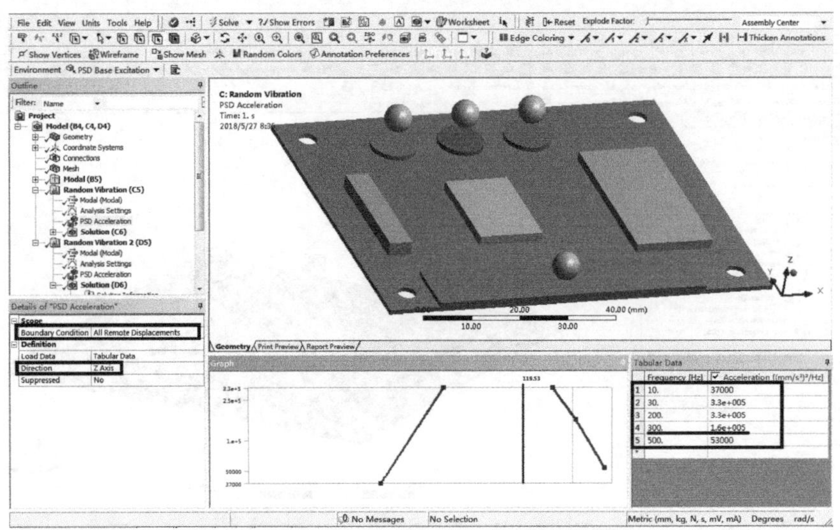

图 4-6-6　PSD Acceleration 边界条件

（7）随机振动分析后处理

求解完成后，先查看等效应力的结果，如图 4-6-7 所示。其中 Scale Factor 选择 3 Sigma，可得最大应力位于件 2 与 PCB 的交点上。注意：随机振动是定性分析，不能简单将此应力结果与 PCB 的抗拉强度（340Mpa）进行比较，只能描述为在 3 Sigma 的概率范围内，计算所得应力结果是否达到 PCB 的抗拉强度。由于该描述存在不确定性，所以通常采用 Steinberg 所提出的电子部件寿命预测方法，该方法指出动载荷作用下 PCB 中最弱的环节和最有可能的失效将是元件与板的连接处。如果此处出现故障，则 PCB 的功能将彻底丧失。如果对周边支撑的 PCB 的中心某处位移定义一个极限，则可以估计 PCB 在随机振动环境中实现 2000 万次周期的疲劳寿命。计算公式为 $Z=\dfrac{0.00022B}{\mathrm{Chr}\sqrt{L}}$，式中 Z 为 PCB 所允许的最大位移（in）；B 为 PCB 的长度（in）；L 为 PCB 上元器件的长度（in）；h 为 PCB 的厚度（in）；C 为 PCB 上被评估元器件的影响因子，具体参数如表 4-6-1 所示；r 为位置影响因子，具体参数如表 4-6-2 所示。

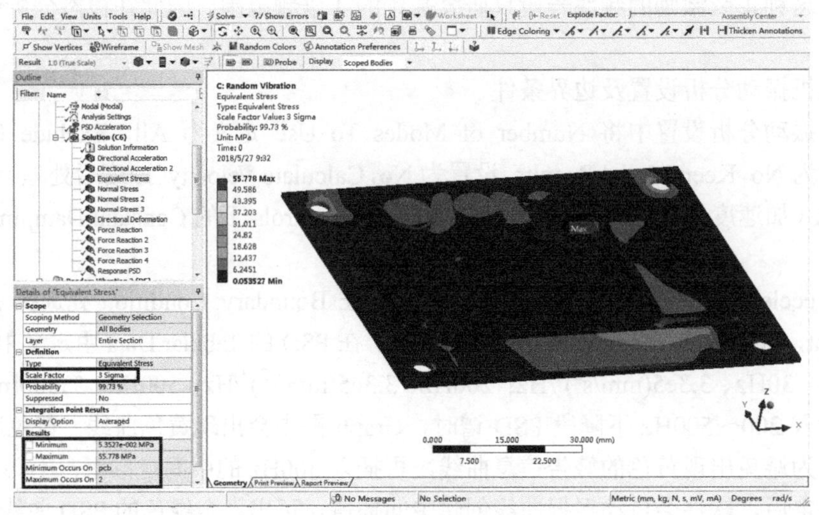

图 4-6-7　随机振动等效应力结果

表 4-6-1　　　　　　　　　　　　**C 参数取值**

元器件类型	C 值
DIP(Standard dual inline package)	1.00
DIP with Side-Brazed leadwires	1.26
PGA (Pin grid array)with two parallel rows of wires extending form the bottom surface of the PGA	1.26
PGA with wires around the perimeter extending from the bottom surface of the PGA	1.00
LCCC(Leadless ceramic chip carrier)	2.25
Leaded chip carrier where the lead length is about the same as the standard DIP	1.00
BGA(Ball grid array)	1.75
Axial-leaded component resistors,capacitors, and fine pitch semiconductors	0.75

表 4-6-2　　　　　　　　　　　　**r 参数取值**

元器件位置	r 值
位于元器件的中心	1.00
位于元器件某条边的中心	0.707
位于元器件的角点	0.5

以本例为例，最大应力位于件 2 与 PCB 之间的交点处，且 B=3.3858、h=0.03937、L=1.378、C=1、r=0.5，得 Z=0.0322in=0.81788mm。再查看随机振动分析的 z 向变形的 3Sigma 结果，如图 4-6-8 所示，其结果为 0.48mm，小于 Z 值，即说明该 PCB 可以达到至少 2000 万次周期的疲劳寿命。

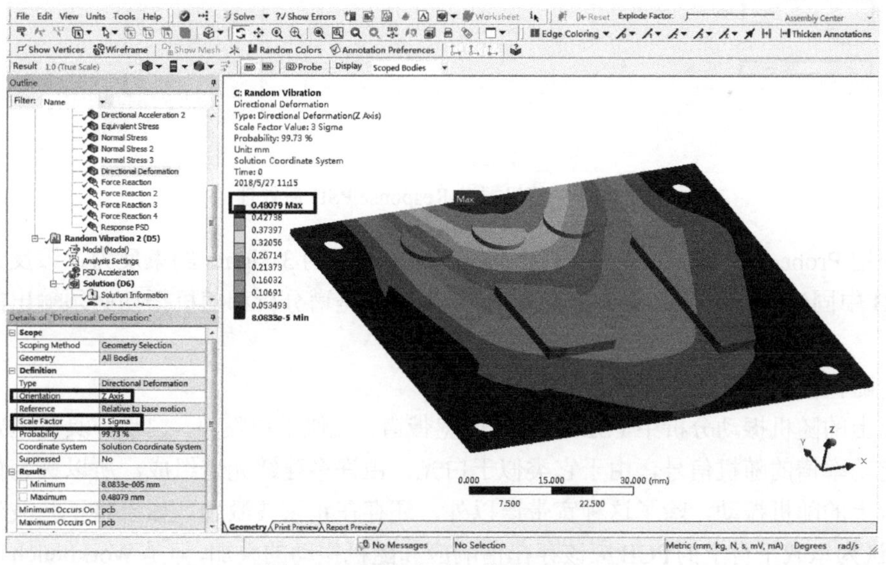

图 4-6-8　随机振动 z 向变形后处理

鼠标右键单击 Solution，在弹出的快捷菜单中依次选择 Insert→Probe→Response PSD，选择等效应力最大的点，如图 4-6-9 所示。在 Reference 处选择 Relative to base Motion（相对结果），在 Result Type 处选择 Acceleration，在 Result Selection 处选择 Z Axis，可得该点的输出 PSD 谱值，其中在 Result→RMS Value 处结果为 45470mm/s^2，该值为 Graph 图中曲线所包容的面积的

平方根。RMS 是随机振动分析中最重要的参数，其单向加速度 $\ddot{u}_{\text{RMS}}=\sqrt{\dfrac{\pi}{2}\left(\dfrac{1}{2\xi}\right)f_0\text{PSD}}$，式中 ξ 为阻尼比，f_0 为某一阶的固有频率，PSD 为加速度形式的输入参数。以第 1 阶模态频率 116.36Hz 为例，若 PSD 为 0.33 $(\text{mm/s}^2)^2/\text{Hz}$，则 $\ddot{u}_{\text{RMS}}=38.8\ \text{m/s}^2$，约占整个 RMS 的 0.85，在图中也表示该频率存在最高峰值。据此还可知反力为 $F_{\text{反力}}=\ddot{u}_{\text{RMS}}\times M_{\text{modal}}$，根据模态后处理结构，查看第 1 阶模态在 z 向的有效质量为 0.55858e-4t，则 $F_{\text{反力}}=2.2\text{N}$，但是该结果为 1 Sigma 的数值，3Sigma 数值为 $3*F_{\text{反力}}=6.6\text{N}$，约束反力可由此计算而得。读者可自行查看各约束反力，注意 4 点约束反力之和大于 6.6N，这是因为本例只计算了第 1 阶频率的 RMS 结果，所以在整个计算频率范围内约束反力的结果必然大于基于第 1 阶频率计算的约束反力，同时第 1 阶的 RMS 占了整个分析的绝大部分，约束反力的量级与笔算结果的量级相当。

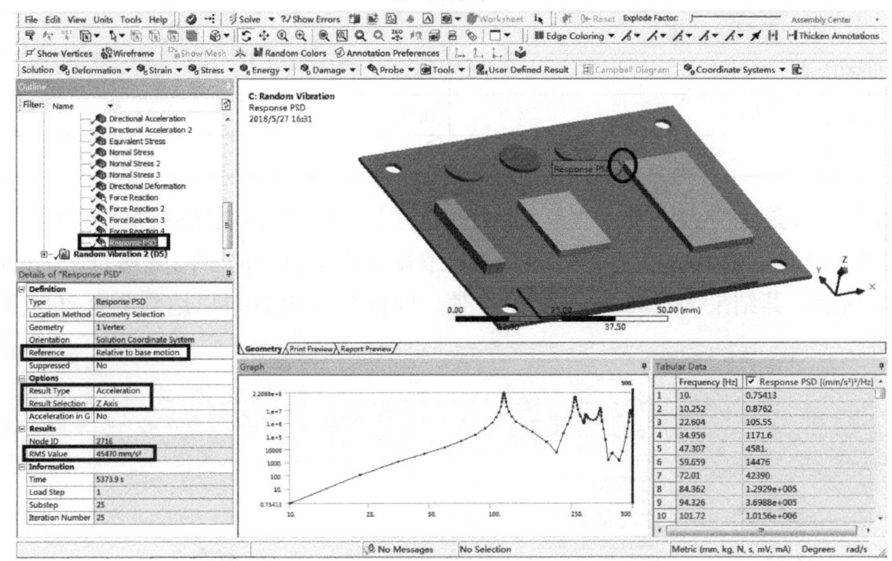

图 4-6-9　随机振动 Response PSD 后处理

此外用 Probe-Force Reaction 命令可得各远程位移点的 3 Sigma 约束反力，该反力可用于评估 PCB 中固定螺钉的抗拉和抗剪能力，该后处理也是谱分析和随机振动必须输出的后处理之一。

（8）随机振动分析设置及边界条件

在以上的随机振动分析中 PSD 谱为环境宽带谱，类似于白噪声。白噪声具有恒定功率带宽的恒定功率谱的随机信号，由于它类似于白光，由许多连续光谱组成，所以称为白噪声。承载平台上的随机振动，除了这种宽带谱以外，还存在正弦波激励。如果将正弦波认为谐响应，则可认为承载平台上的PCB应该存在谐响应和随机振动的叠加，但是Workbench的Design Assessment 模块无法完成该操作。这是因为谐响应结果存在相位，而随机振动结果则忽略相位，所以只能通过将正弦波定义为窄带谱（该窄带谱与原环境宽带谱进行叠加），生成一个全新的 PSD 谱，以完成随机振动的计算。这种正弦波定义的窄带谱在激励频率间存在倍频现象，且多为频谱的低频描述，类似于粉红噪声。

该 PCB 的第 1 阶固有频率为 116.36Hz，位于环境宽带谱中的水平段。本例仅考虑第 1

阶固有频率的正弦波激励，实际工程一般需要进行 4 阶的正弦波窄带谱转换，如图 4-6-10 所示。左图为宽带谱和正弦波叠加图，右图为宽带谱和正弦波转换的窄带谱叠加图。

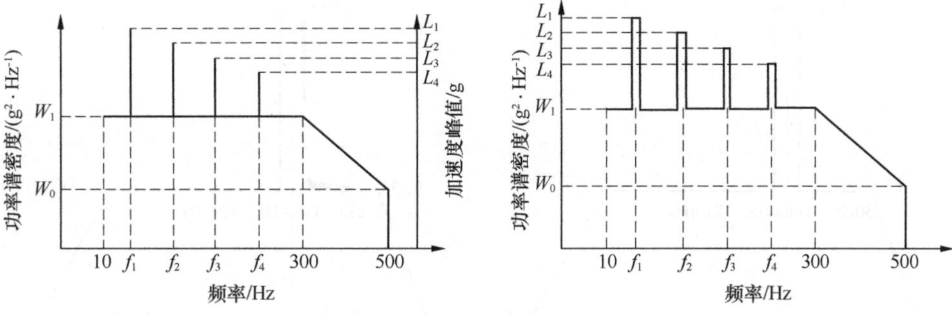

图 4-6-10 承载平台的 PSD 谱

由于正弦激励仅表现为一固定频率，因此在 PSD 谱图中为一条竖线（如图 4-6-10 中左图所示），当然这种形式无法用 PSD 曲线进行描绘，只能按照能量相等原则，将正弦波转换为窄带谱（如图 4-6-10 的右图所示）。转换公式为：

$$G(B)=\frac{2A^2(f_n)Q(f_n)}{\beta^2\cdot\frac{\pi}{2}\cdot f_n}$$

$$B=f_n\pm\frac{\pi\cdot f_n}{4Q(f_n)}$$

式中，$G(B)$ 为等效窄带的随机振动功率谱密度；B 为等效窄带的频率带宽；$A(f_n)$ 为正弦振动峰值；$Q(f_n)$ 为品质系数，计算方法为 $Q(f_n)=\frac{1}{2\zeta}$，ζ 为阻尼比；β 为等效因子，一般等于 1.8；f_n 为正弦激励频率。设第 1 阶正弦波激励的加速度为 1.5g，已知正弦激励频率为 116.36Hz，$\zeta=0.02$，则 $G(B)=18.25\ (\mathrm{m/s^2})^2/\mathrm{Hz}$，$B=116.36\pm3.65\ \mathrm{Hz}$。如果将此参数输入到 PSD 谱中，由于频带太窄且峰值过高，则会出现红色的谱线，软件会认为该数值存在错误，不能使用，因此可以将频带设置稍微宽一些，也便于计算。按照面积相等的原则进行等效，峰值也会略微降低。例如将频宽设置为 10Hz，则 $G(B)'=18.25\times2\times3.65/10=13.32\ (\mathrm{m/s^2})^2/\mathrm{Hz}$。注意：转换为 PSD 时，还需要加上原随机振动的 PSD 值，因此转化后的峰值为 13.32+0.33=13.65$(\mathrm{m/s^2})^2$/Hz。

如图 4-6-11 所示，左侧图为正弦激励转化后的窄带随机振动功率谱密度，该参数表依然输入软件的 PSD 谱中，由于在对应的 111.4Hz 和 121.4Hz 处，无法输入两个 PSD 值（0.33 和 13.65），因此还必须进行等效转换。如图 4-6-11 右侧所示，将 111.4Hz 的 PSD 值略微上移，将峰值为 13.65$(\mathrm{m/s^2})^2$/Hz 的起始频率略微右移（移 1Hz），可构成两个填充的三角形，让两个三角形面积相等，即可保证整个面积不变。则计算公式为：

$(s-0.33)(111.4-30)=(13.65-s)\times1$ 则 s=0.5$(\mathrm{m/s^2})^2$/Hz，下降段与此完全相同。

由此可得，在 PSD 的 Tabular Data 中定义 10Hz、0.037 $(\mathrm{m/s^2})^2$/Hz；30Hz、0.33$(\mathrm{m/s^2})^2$/Hz；111.4Hz、0.5$(\mathrm{m/s^2})^2$/Hz；112.4Hz、13.65$(\mathrm{m/s^2})^2$/Hz；120.4Hz、13.65$(\mathrm{m/s^2})^2$/Hz；121.4Hz、0.5$(\mathrm{m/s^2})^2$/Hz ；200Hz、0.33$(\mathrm{m/s^2})^2$/Hz；500Hz、0.053 $(\mathrm{m/s^2})^2$/Hz。输入参数后，在 Graph 图

中会出现红色曲线，还需要单击 Load Data→Tabular Data-Improved Fit 进行拟合，即可保证输入合适的 PSD 参数，如图 4-6-12 所示。

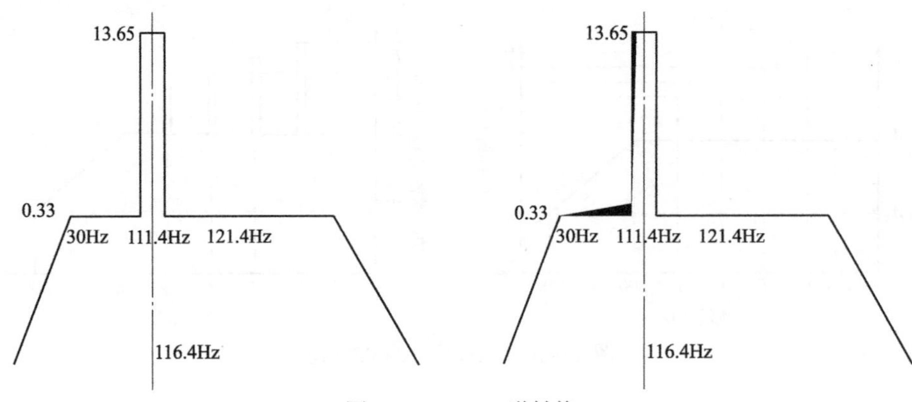

图 4-6-11　PSD 谱转换

其余所有设置与前随机振动分析一致，不再赘述。

注意

由于前面模态分析采用的单位是 mm，因此在后续模态叠加的类似分析（谐响应、响应谱、随机振动、瞬态）中，输入单位即便采用 m，在计算前也必须将其转换为 mm，否则无法计算。

另外，本文关于正弦激励转化为窄带随机振动的方法是基于原随机振动 PSD 谱处于水平段的，如果不处于水平段，则原随机振动 PSD 值即不能直接得到。在图 4-6-10 中，例如正弦激励频率为 400Hz，转换窄带频谱的峰值为 1.2g，图中 W_1=0.25g、W_0=0.09g，则 $PSD_{400}\neq(0.25+0.09)/2$。这是因为 PSD 谱采用的是对数频率，所以应首先计算其斜率 dB，公式为：$\frac{W_1}{W_0}=\left(\frac{f_1}{f_0}\right)^{dB/3}$，即 $\frac{0.25}{0.09}=\left(\frac{300}{500}\right)^{dB/3}$，则 dB=−6。然后再利用所得斜率和已知频率求得 PSD 值，即 $\frac{0.25}{PSD_{400}}=\left(\frac{300}{400}\right)^{(-6)/3}$，得 PSD_{400}=0.141g，合成后的 PSD=1.2+0.141=1.341g。

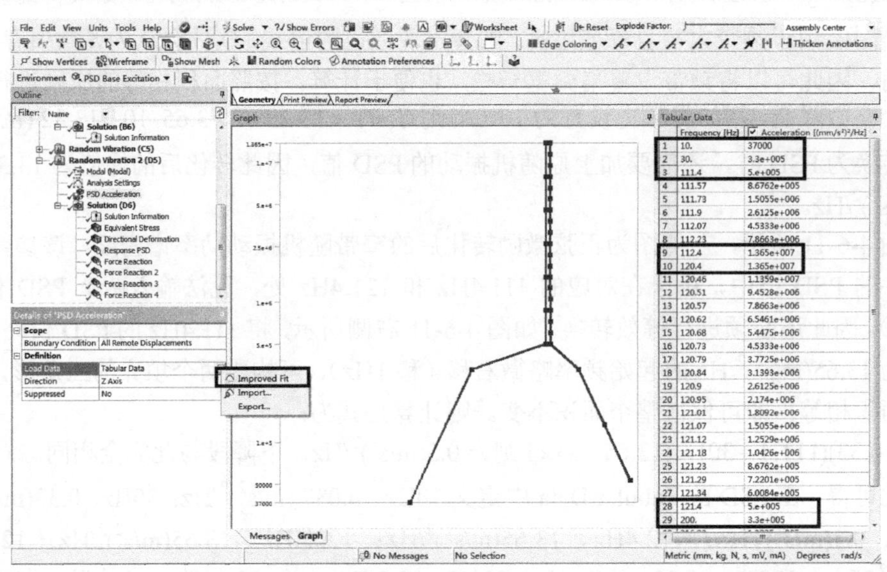

图 4-6-12　PSD 谱

（9）随机振动分析后处理

求解完成后，先查看等效应力的结果，如图 4-6-13 所示。显示最大等效应力为 317.9MPa，小于抗拉强度 340MPa。

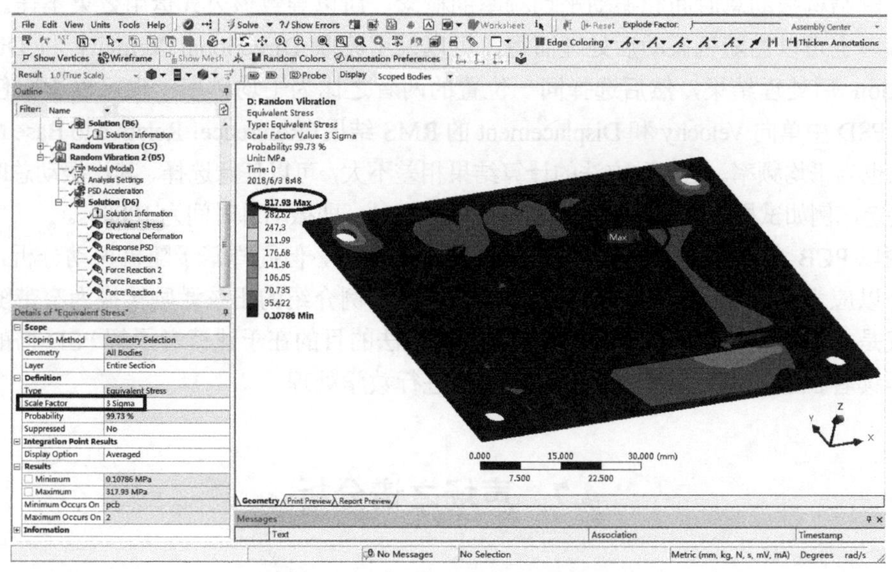

图 4-6-13 随机振动等效应力结果

再查看随机振动分析的 z 向变形的 3Sigma 结果，如图 4-6-14 所示。其结果为 2.81mm，大于 z 值，即说明该 PCB 不能满足至少 2000 万次周期的疲劳寿命。

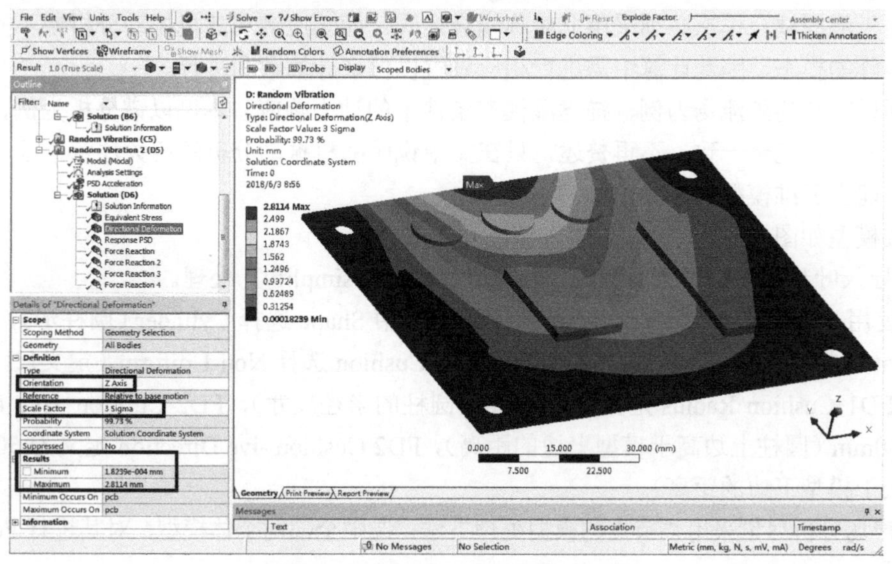

图 4-6-14 随机振动 z 向变形后处理

由等效应力和变形结果可知，由于随机振动是定性分析，不能简单将计算结果与强度指标进行比较，所以必须综合考虑。其他后处理形式与前文一致，读者自行定义，并进行对比，本书不再赘述。

（10）小结

随机振动评估疲劳损伤是工程中一种常见分析，其计算过程中的参数 1σ 应力、2σ 应力、3σ 应力均由随机振动后处理而得，查阅 PSN 曲线可获取相应参数。在实际计算过程中，由于不易理解结构振动总时间和振动平均频率的概念，所以导致该公式运用效果不佳。首先振动平均频率也可以由随机振动后处理而得，可以采用读取 Directional Velocity 和 Directional Deformation 后处理结果，然后选择同一位置的两者之比为平均频率；也可以读取任意一点 Response PSD 中单向 Velocity 和 Displacement 的 RMS 结果（Reference：Relative to Base Motion），两者之比也为平均频率。这两种方法的计算结果相差不大，可以任意选择。其次振动总时间由实验过程决定，例如试样在振动台上的实验时间为 3 小时，即振动总时间为 10800s。

本例以 PCB 为模型，虽然疲劳损伤的计算方法不同，但同样基于随机振动分析，区别仅在于一个以应力为对象，一个以变形为对象。另外本例介绍的正弦激励转换为窄带随机振动的方法仅是众多转化算法中的一种，本书选取该算法的目的在于让读者了解 PSD 谱的相应基本概念，读者在工程使用时最好是基于试验法进行数学处理。

4.7　声场之谱分析

声场的谱分析不仅包括响应谱分析，还包括随机振动分析，主要用于研究在“湿模态”条件下结构动力学响应。例如若想研究压力容器罐体在地震能谱下的响应分析，就不能只考虑结构件的谱响应，还必须考虑容器内液体对结构件模态的影响，并据此进行综合响应谱分析。同理研究油罐车在不同路况的公路上行驶，进行随机振动分时析也必须考虑罐内液体的影响。由于流固耦合模态必须采用非对称耦合矩阵，而响应谱和随机振动分析都不支持非对称耦合矩阵的模态，因此计算中需进行相应设置以保证计算顺利进行。

下面以叶片的外流场为例，描述湿模态条件下的动力响应。本例以谱分析为例，随机振动与其分析流程完全一致，不再赘述，只在文中说明随机振动分析的相关注意事项。

（1）建立三维模型

三维模型如图 4-7-1 所示，具体建模过程如下。

1）导入叶片模型，再进行缩放（scale）和简化（simplify）处理。

2）使用 Tools→Enclosure 命令创建外流程，其中 Shape 选择 Cylinder（圆柱形），Cylinder Alignment 选择 Z Axis（定义圆柱的轴向方向），Cushion 选择 Non-Uniform（定义尺寸参数不一致），FD1 Cushion Radius 定义为 100mm（圆柱的半径尺寸），FD2 Cushion +ive Direction 定义为 50mm（圆柱上边高于模型上边的距离），FD2 Cushion -ive Direction 定义为 50mm（圆柱下边低于模型下边的距离）。

3）声场分析尽量采用共节点的模型处理方法，选中全部两个体模型，对其进行 Form New Part 处理。

（2）建立分析流程

如图 4-7-2 所示，建立分析流程。其中包括 A 框架结构的 DM 模块，B 框架结构的流固耦合模态（湿模态）分析，C 框架结构的响应谱分析，其中 B6（Solution）项与 C5（Setup）项建立关联。

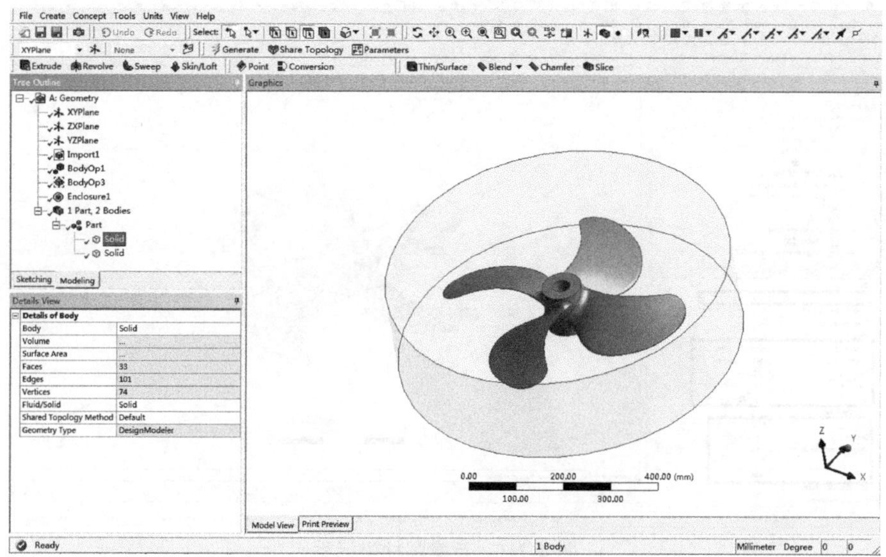

图 4-7-1 建立三维模型

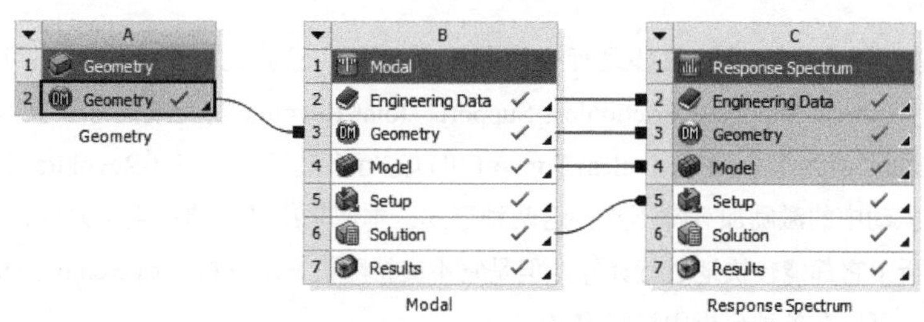

图 4-7-2 湿模态条件下的响应谱分析流程

（3）湿模态分析之前处理

先进行湿模态分析，在 B4 处双击鼠标左键，进入 Mechanical 界面。对于材料出现缺失的实体，首先在 Assignment 处定义为 Structural Steel。

新建一个坐标系，其参数定义如下：Type 设置为 Cylindrical（圆柱坐标系），位置选择原坐标系原点，坐标系方向不变，如图 4-7-3 所示，该设置的目的稍后在边界条件定义中详细说明。

网格划分采用默认设置。实际工程中应该根据波长定义单元尺寸，其方法前文已经描述。本书考虑到计算量，模型网格采用默认划分。

（4）模态分析之求解设置及边界条件

在 Analysis Settings 处将 Options 中的 Max Modes to Find 定义为 10，其余均默认。一般而言，对于湿模态分析必须将 Solver Type 设置为 Unsymmetric（非对称），由于响应谱和随机振动不支持非对称耦合模态，因此此处必须采用默认设置。

1）对叶片中心孔定义位置约束（displacement），如图 4-7-4 所示。选择叶片中心孔（含直孔和斜孔两个面），Coordinate System 选择之前定义的圆柱坐标系，其中 XZ Component 定义为 0mm，Y Component 定义为 Free。

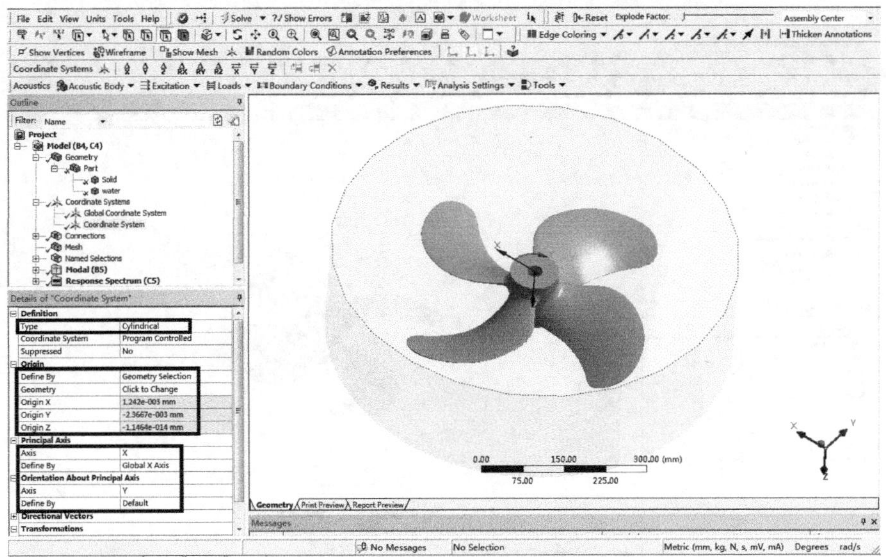

图 4-7-3　新建圆柱坐标系

注意

本例采用基于圆柱坐标系的位移进行模型的旋转设置，除此之外模态分析还可以采用 Remote Displacement、Cylindrical Support、Frictionless Support、Joint-Revolute 等完成同等设置。但是 Cylindrical Support 选择的圆面只能为 1 个；Frictionless Support 可以进行多选设置。Joint-Revolute 计算效率最低，而且响应谱、随机振动中的激励加载都不支持这两种形式。本例采用基于圆柱坐标系的位移形式，在模态分析和响应谱分析中它都能较快地进行计算，但是它不支持随机振动分析。而 Remote Displacement 是最通用的加载形式，可以在各种分析中进行定义。

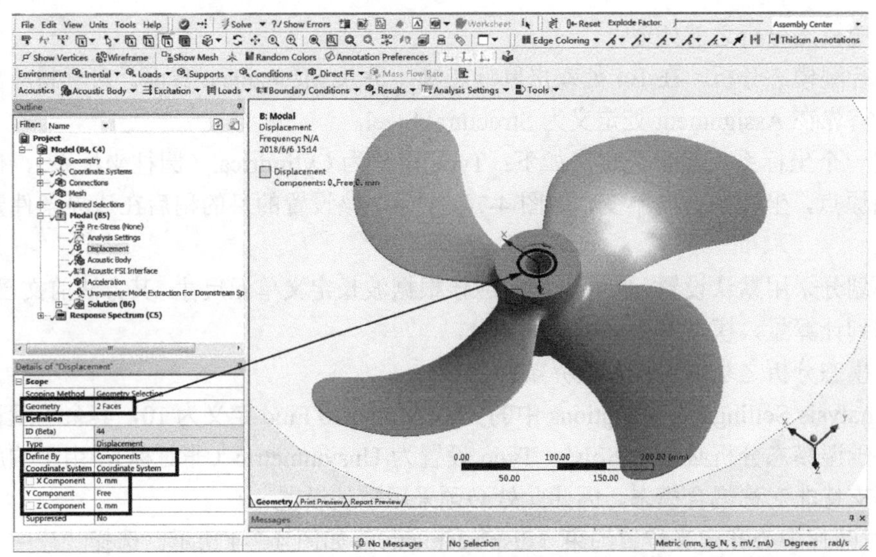

图 4-7-4　位移约束

2）Acoustic Body 的设置如图 4-7-5 所示，选择图中圈选的圆柱体对其定义。Mass Density

（水密度）定义为 1000kg/m^3；Sound Speed（水中声速）定义为 1400m/s；在 Acoustic→Structural Coupled Body Option 处选择 Program Controlled Coupled。注意：此处不采用湿模态所要求的 Coupled With Unsymmetric Algorithm 设置，这是因为后续谱分析中不支持非对称算法。

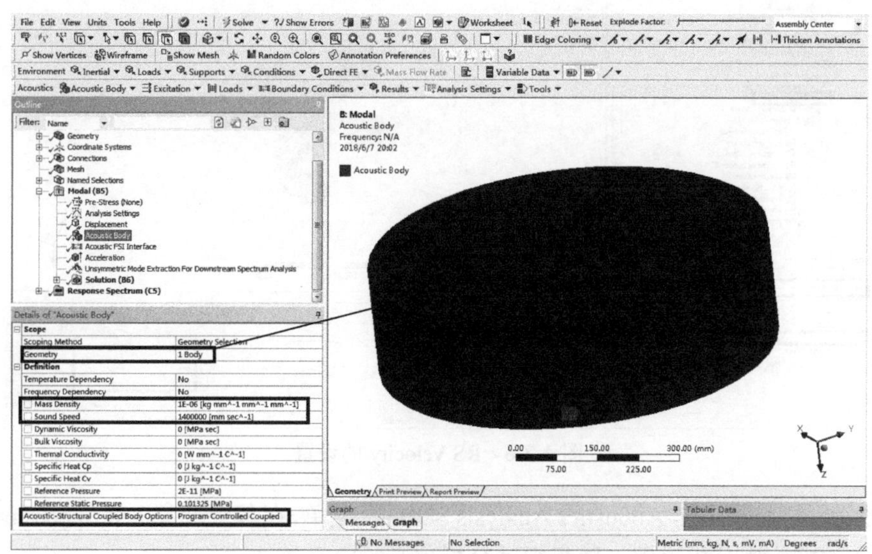

图 4-7-5 Acoustic Body 的设置

3）对于湿模态分析，必须定义 FSI（Fluid-Structure Interaction）面。FSI 的边界条件应该选择与固体模型相接触的流体区域。先选择叶片模型并将其隐藏，然后框选所有面，再按住 Ctrl 键去除圆柱面的上下端面和圆弧面，完成 33 个面的选择定义。

4）在加速度边界条件设置中 X Component 设为 9800mm/s^2。

5）虽然谱分析不能基于非对称矩阵，但湿模态谱分析的实质依然是非对称矩阵计算的，因此单击 Acoustics Analysis Settings（不是模态分析的 Analysis Settings）菜单，在其中选择 Unsymmetric Mode Extraction For Downstream Spectrum Analysis。

注意

不管后续为响应谱分析还是随机振动分析，模态分析设置基本一致，都包括 Acoustic Body、FSI、加速度、定义非对称矩阵设置。内流场还包括 Free Surface 的定义，响应谱分析和随机振动分析的区别仅在于边界条件中对结构的约束形式不同。

求解完成后，同样需要保证各向模态的有效质量与总质量之比的要求，本例为了简化数据，只求了 10 阶。

（5）响应谱分析之求解设置及边界条件

由模态分析结果可知，频率分布基本上是均匀的，因此在响应谱分析的 Analysis Settings→Modes Combination Type 处选择 SRSS，其余设置默认。

边界条件选择 RS Velocity 形式，如图 4-7-6 所示。其中在 Boundary Condition 处选择 All BC Supports，Direction 定义为 Z Axis，具体参数为 20Hz、1500mm/s；80Hz、2200mm/s；200Hz、2200mm/s；300Hz、800mm/s。

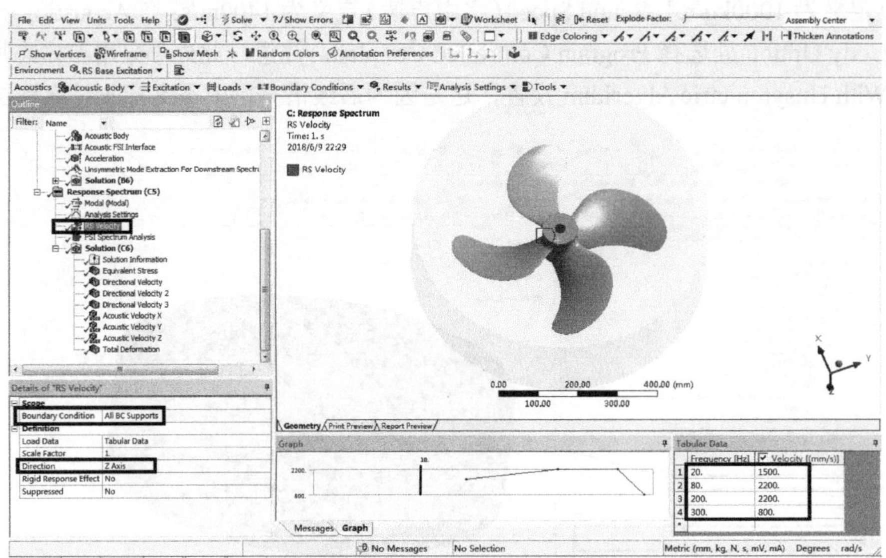

图 4-7-6　RS Velocity 的设置

除此之外，还必须单击 Acoustics Analysis Settings 菜单，在其中选择 FSI Spectrum Analysis 完成湿模态的响应谱分析设置，随机振动分析也必须定义该选项。

（6）响应谱分析之后处理

计算完成后，先查看等效应力和整体变形。注意查看时需要将外部水体模型隐藏，如图 4-7-7 所示。

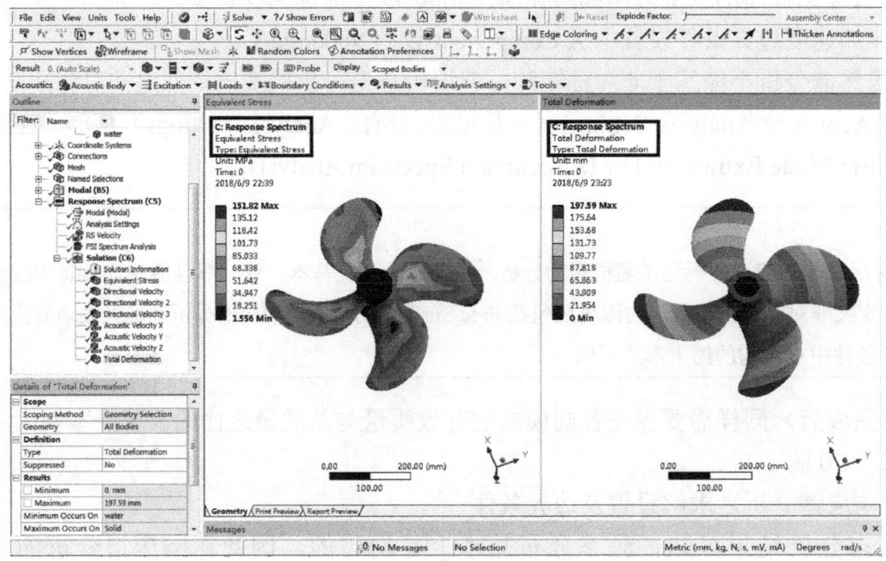

图 4-7-7　谱分析后处理

查看 Acoustic Velocity Vectors 后处理，可以得到湿模态响应谱分析中流速的流线图。依次单击 1 区所标记的图标，如图 4-7-8 所示进行设置，可得较清楚的流速流线图，观察到叶片在激励情况下的流速分布，进而对叶片性能进行评估。

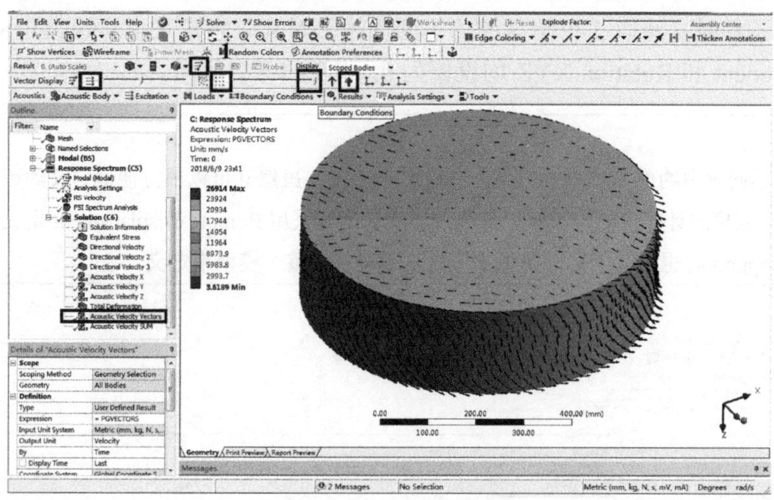

图 4-7-8 流速后处理

（7）小结

由于湿模态较普通模态，在同样条件下结构动力学的基本响应完全不一样，进而使得响应谱分析和随机振动分析的结果也有很大差异，因此在进行结构的响应谱分析和随机振动分析时，一定要注意该结构是否存在内外流体，甚至可以将一些离散的颗粒流近似为流体进行处理。

4.8 总 结

谱分析分为响应谱和功率谱密度两种类型，其目的是为了求得结构承受载荷谱的峰值响应，谐响应分析研究结构在不同持续频率下的周期动力响应。两者区别表现在谱分析不考虑相位，但是两者有何联系？下面以一组圆盘的动力学分析来说明谐响应和响应谱分析的关系。

绘制 3 个圆盘，其外径分别为 200mm、150mm、100mm，内径均为 3mm，厚度均为 0.3mm，位置自行布置。采用 Shell181 单元，划分网格后如图 4-8-1 所示。

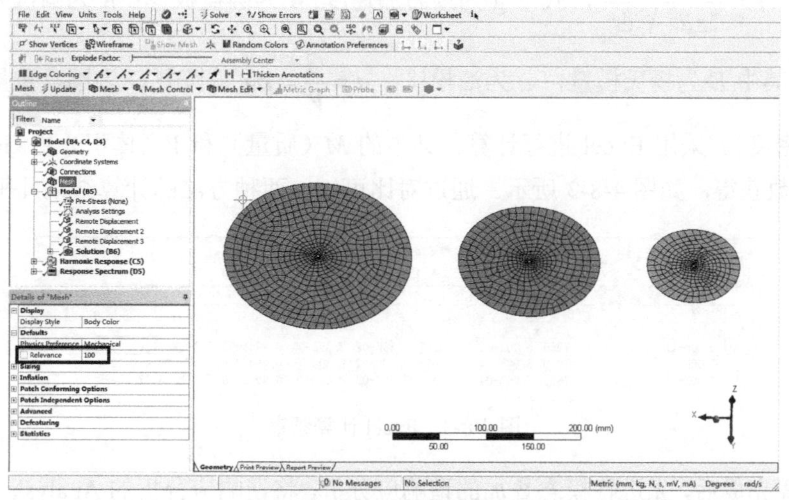

图 4-8-1 网格划分

定义边界条件时，选取 3 个圆盘的内径圆周线，对其分别定义 Remote Displacement，其中 XYZ Component 和 Rotation XYZ 均设置为 0，如图 4-8-2 所示。

> **注意**
>
> 在实际工程问题中约束尽量不要定义为 Fixed Support，虽然其可以很方便地定义约束，但是该约束过于刚硬，会导致模态计算中的频率结果偏高，因此应尽量采用 Remote Displacement 定义约束。确实需要使用 Fixed Support 时也只基于局部模型来定义，不要基于整个模型来定义。

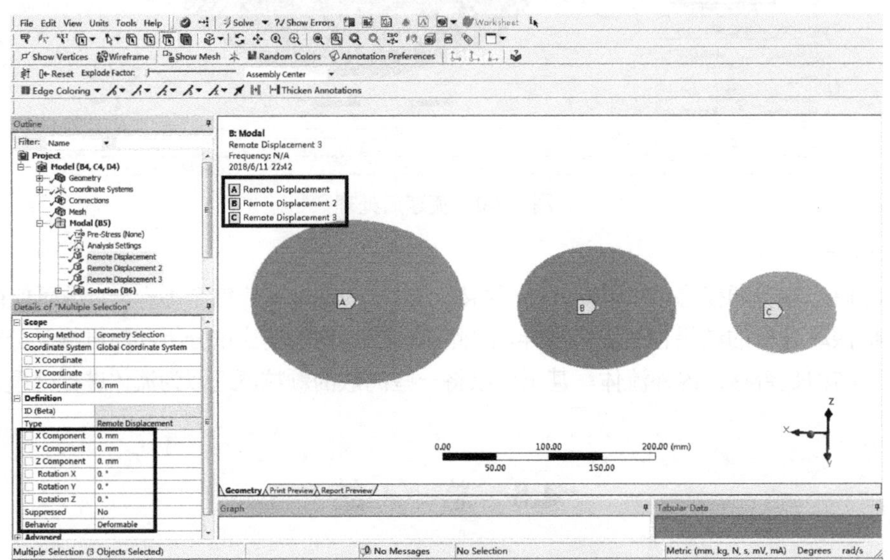

图 4-8-2　Remote Displacement 约束条件

为保证后续动力学分析的计算精度，计算前 30 阶的模态。可得第 5 阶表现为大圆盘的 z 向振动模态，其频率为 27.146Hz；第 8 阶表现为中圆盘的 z 向振动模态，其频率为 48.105Hz；第 15 阶表现为小圆盘的振动模态，其频率为 107.56Hz。该频率可以用频率计算公式进行复核，公式为：$f=\dfrac{3.75}{2\pi R^2}\sqrt{\dfrac{D\text{g}}{\text{d}t}}$，式中 g 为重力加速度；$t$ 为圆盘板厚；R 为圆盘外半径；$D=\dfrac{Et^3}{12(1-\mu^2)}$，其中 E 为杨氏模量，μ 为泊松比，$d=\dfrac{G}{V}=\rho\text{g}$（其中 G 为圆盘重量，V 为圆盘体积，ρ 为密度）。采用 Excel 进行计算，其中的 M（质量）和 V（体积）由 Geometry 下的 Properties 参数获得，如图 4-8-3 所示。通过对比可知，两种方法的计算结果几乎一致。

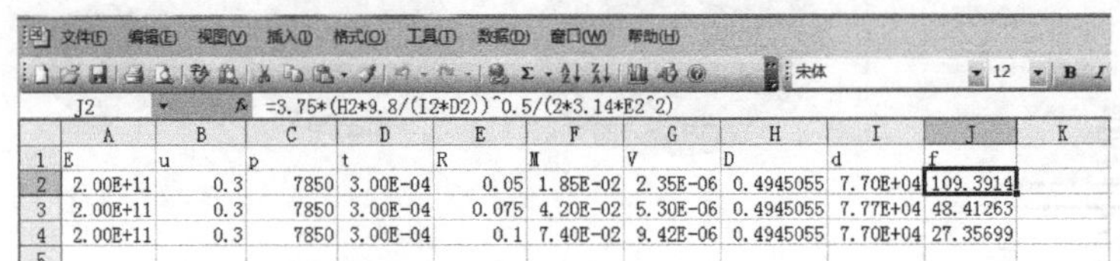

J2　=3.75*(H2*9.8/(I2*D2))^0.5/(2*3.14*E2^2)

	A	B	C	D	E	F	G	H	I	J	K
1	E	u	p	t	R	M	V	D	d	f	
2	2.00E+11	0.3	7850	3.00E-04	0.05	1.85E-02	2.35E-06	0.4945055	7.70E+04	109.3914	
3	2.00E+11	0.3	7850	3.00E-04	0.075	4.20E-02	5.30E-06	0.4945055	7.77E+04	48.41263	
4	2.00E+11	0.3	7850	3.00E-04	0.1	7.40E-02	9.42E-06	0.4945055	7.70E+04	27.35699	
5											

图 4-8-3　Excel 计算频率

模态计算完成后，先进行模态叠加的谐响应分析。将谐响应分析的 Analysis Settings 下的

Frequency Spacing 选项设置为 Linear（线性），Range Minimum 定义为 0Hz、Range Maximun 定义为 150Hz，Solution Intervals 定义为 100，Damping Controls-Constant Damping Ratio 定义为 0.1。在边界条件中定义 3 个 Acceleration（加速度），如图 4-8-4 所示。其中 Boundary Condition 分别选择模态分析定义的远程位移，Base Excitation 设置为 Yes，Absolute Result 设置为 Yes，Magnitude 定义 980mm/s^2，Direction 定义为 Z Axis。

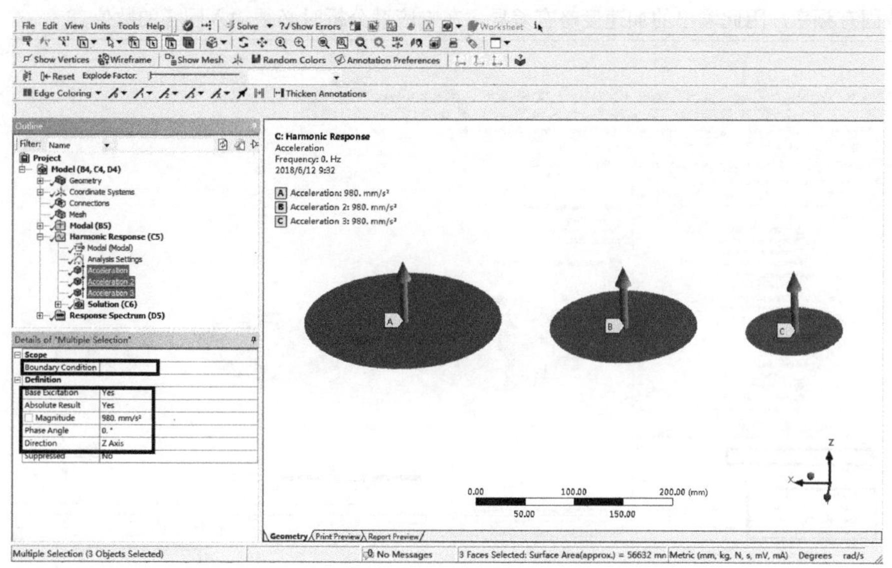

图 4-8-4 加速度边界条件

计算完成后，首先分别查看 3 个面的频率响应的 z 向位移、z 向速度和 z 向加速度。注意，在后处理中 Spatial Resolution 需定义为 Use Maximum。计算结果如表 4-8-1 所示。

表 4-8-1　　z 向位移、z 向速度和 z 向加速度

	频率（Hz）	z 向位移(mm)及相位	z 向速度(mm/s)及相位	z 向加速度(mm/s^2)及相位
大圆盘	27	0.23274、101.36°	39.483、−168.64°	6698.1、−78.635°
中圆盘	48	7.38e-2、99.55°	22.259、−170.45°	6713.2、−80.45°
小圆盘	106.5	1.50e-2、104°	10.02、−166°	6706.5、−75.99°

由表 4-8-1 可知，z 向速度=2π×频率×z 向位移、z 向加速度=（2π×频率）^{2}×z 向位移。

注意

由谐响应计算所得的速度和加速度为响应谱分析所需定义的边界条件，不能直接按谐响应分析所定义的 980mm/s^2 形式进行加载。如果不同模型处于同一扫频激励加速度，则其输出的加速度也基本一致。

再次进行响应谱分析。将响应谱分析的 Analysis Settings 下的 Number Of Modes To Use 选项设置为 All，Spectrum Type 设置为 Single Point，Modes Combination Type 设置为 CQC（因为定义了阻尼），Damping Controls→Constant Damping Ratio 定义为 0.1（与谐响应一致）。在边界条件中定义 RS Acceleration，如图 4-8-5 所示。其中 Boundary Condition 定义为 All BC Supports，Direction 定义为 Z Axis，具体参数为 25Hz、6690mm/s^2；48Hz、6690mm/s^2；110Hz、

6690mm/s^2。其余设置均默认。

> **注意**
>
> 响应谱的加速度值由谐响应计算得来，这是因为频谱是由多个频率响应形式叠加而成的。以本例进行说明，其频谱由 3 个圆盘的频率响应加速度组合而成，因此响应谱的边界条件为谐响应的后处理数值。由于在谐响应分析时，输入加速度为定值，因此输出结果必然也为定值。但是由于谐响应分析时未必能精确定位固有频率，因此输出的加速度略有差异，在响应谱分析时必须输入同样的数值。

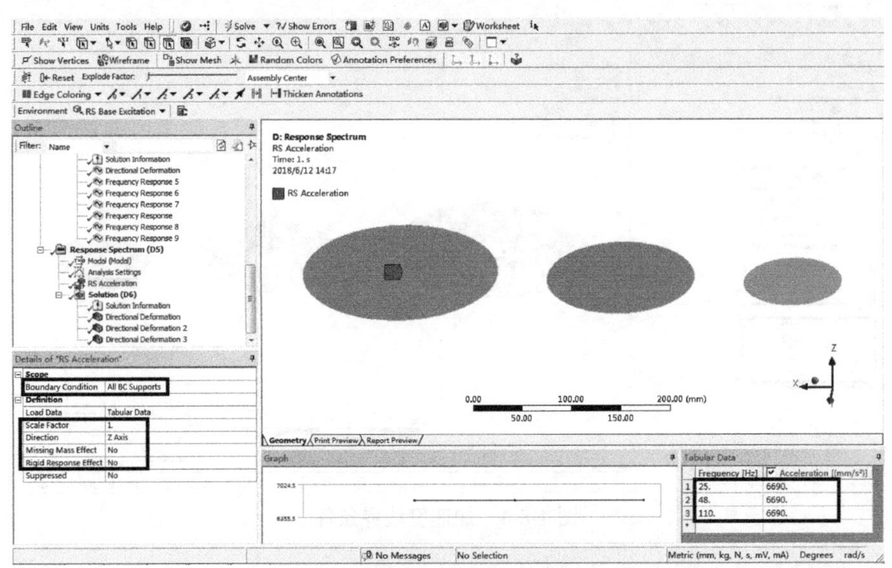

图 4-8-5　响应谱分析的加速度边界条件

计算完成后，均以圆盘的外边线为对象，对比谐响应分析和响应谱分析的变形和应力结果，如表 4-8-2 所示。对比结果可得，两者结果基本一致，出现偏差的原因是谐响应分析未必能精确定位固有频率。当然可以通过修改谐响应分析设置中的 Solution Intervals 和 Clust results 选项进一步提高计算精度。

表 4-8-2　谐响应分析与响应谱分析结果的对比

	谐响应分析			响应谱分析	
	频率（Hz）	z 向位移（mm）及相位	等效应力（MPa）及相位	z 向位移（mm）	等效应力（MPa）
大圆盘	27	0.23274、101.36°	0.73、−92.455°	0.31073	0.99
中圆盘	48	7.38e-2、99.55°	0.42、−90.564°	9.91e-2	0.55
小圆盘	106.5	1.50e-2、104°	0.19、−95.604°	1.98e-2	0.26

通过上述例子，可以了解到谐响应和响应谱分析的差异，还可以了解谱分析边界条件的来源，可以简单认为它是谐响应分析后处理结果数据的叠加。因此，可认为谐响应分析是以频率为对象进行扫频研究的，而响应谱则是以频谱为对象进行叠加研究的。

第 5 章　瞬态动力学分析

瞬态动力学分析（transient structural）（亦称时程分析）是用于确定承受任意随时间变化的载荷结构的动力学响应的一种方法，用于确定结构在稳态载荷、瞬态载荷和简谐载荷的随意组合下随时间变化的位移、应变、应力及力。惯性力和阻尼在瞬态动力学中非常重要，如果惯性力和阻尼可以忽略，则可以用静力学分析代替瞬态分析。在学习瞬态动力学分析前，必须做到以下四点：

- 模型简化。若采用梁、壳、质点等模型代替实体模型，则可以用最小的硬件消耗和最少的时间理解动力学概念。直接使用不简化的三维工程实体模型进行瞬态动力学分析，是非常幼稚和可笑的。
- 如果包括材料非线性和状态非线性，则应该先进行静力学分析，了解非线性问题的收敛特征后再进行瞬态动力学分析，以避免在瞬态动力学分析时大量且极度耗时的调试。
- 如果表现为几何非线性（屈曲），虽然瞬态动力学分析比静力学分析更容易收敛，但是瞬态动力学在计算结构刚度反转造成的软化响应过程中，则不能反映屈曲全部现象，因此采用瞬态动力学分析未必强于静力学分析。
- 必须掌握结构动力学的特征分析方法。例如采用模态分析可以计算结构的固有频率和振型，而且固有频率对于瞬态动力学分析中时间步长的定义非常重要。

除了上述的简化过程之外，还有许多简化算法支持或可代替瞬态分析，例如采用谱分析代替瞬态分析。瞬态动力学分析可以研究各种随时间变化载荷的线性-非线性动态响应问题，因此研究范围最广，当然计算消耗也是最大的。由于瞬态包含全部的非线性特征，因此计算非线性收敛问题依然为瞬态分析的重点和难点，其中载荷步、收敛、非线性的参数设置请仔细参阅《ANSYS Workbench 有限元分析实例详解（静力学）》，本书不再叙述。另外本书所讲述的瞬态动力学是基于隐式算法的计算流程的，由于篇幅有限，本书暂不讲述显式动力学分析。

5.1　模态叠加瞬态分析

模态叠加法的动力学分析原理在第 1 章已经描述过，由于在计算流程中先进行模态分析（也可为预应力模态分析），因此较直接积分法的动力学计算它更为快捷，同时可定义随频率变化的阻尼。但是由于前置模态分析，所以它不能定义非零位移，也不能在瞬态分析中包括各种非线性特性（除了点点之间的间隙接触）。

下面以车窗玻璃为例说明模态叠加瞬态分析。玻璃是典型的脆性材料，在瞬态突变冲击条件下（路面颠簸），玻璃可能出现破碎，因此必须对玻璃进行瞬态动力学分析。由于玻璃不存在明显的材料塑性，不可能表现出大变形，且本例仅对玻璃一个零件进行瞬态动力学分析，因此不存在非线性现象，可以用模态叠加法的瞬态分析。另外玻璃不同于韧性材料，后处理查看应力时不能采用等效应力的形式，后处理结果更应该关注变形或位移，而不是应力。

（1）建立模型

车窗玻璃的外形尺寸为 800mm×800mm，厚度为 5mm，由于其厚度远小于外形尺寸，因此采用壳模型（建模过程略），其模型如图 5-1-1 所示。

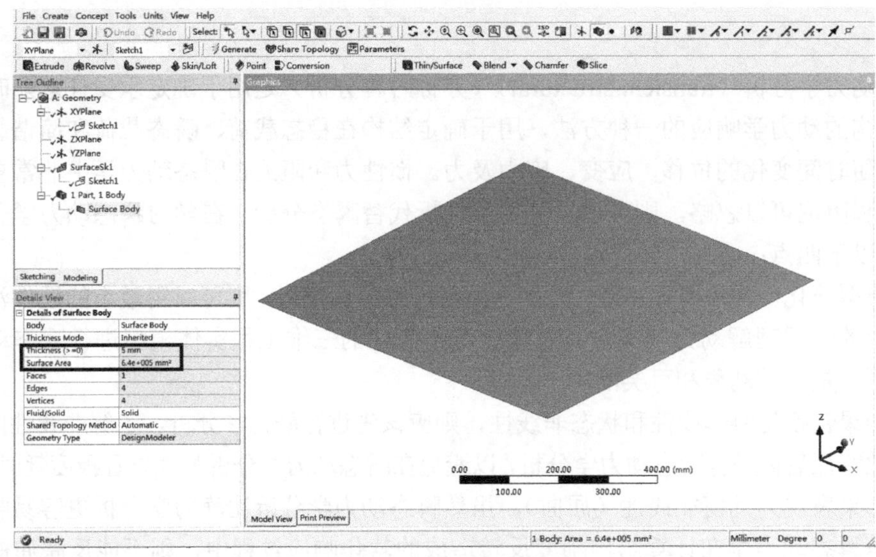

图 5-1-1　三维玻璃模型

（2）建立分析流程

如图 5-1-2 所示，建立分析流程。其中包括 A 框架结构的 DM 模块，B 框架结构的模态分析，C 框架结构的瞬态动力学分析，D 框架结构的响应谱分析，其中 B6（Solution）项与 C5、D5（Setup）项必须建立关联，该组分析用于对比模态叠加的瞬态分析和响应谱分析的区

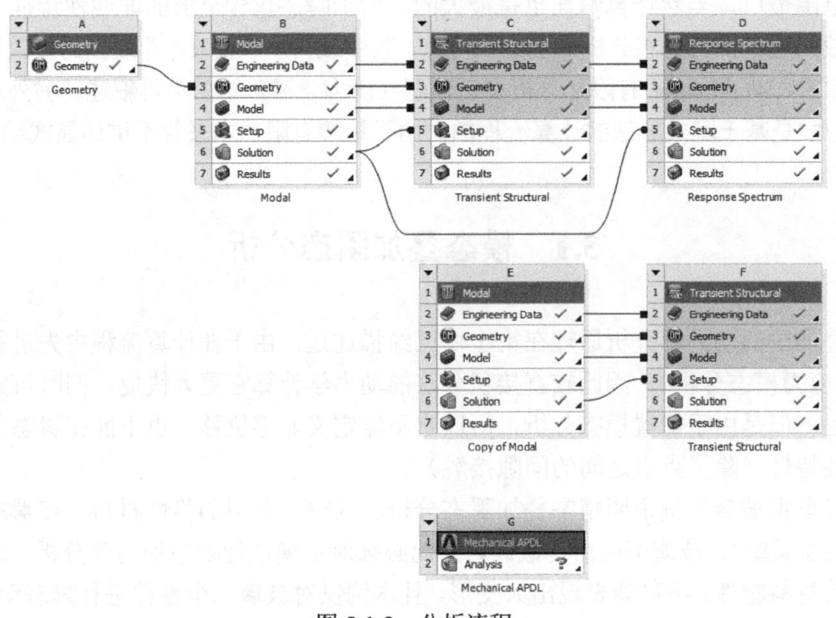

图 5-1-2　分析流程

别。E 框架结构的模态分析，由复制 B 框架结构而得。F 框架结构的瞬态动力学分析，其中 E6（Solution）项与 F5（Setup）项建立关联，该组分析针对前一组分析的后处理结果，用于对前一组分析进行模型优化。G 框架结构的 APDL 模块用于生成谱文件，D 模块分析时使用。

（3）模态分析前处理

在 B2（Engineering Data）模块中新增材料 Glass，其密度定义为 2600kg/m^3，杨氏模量定义为 7.2e10Pa，泊松比定义为 0.2，如图 5-1-3 所示。

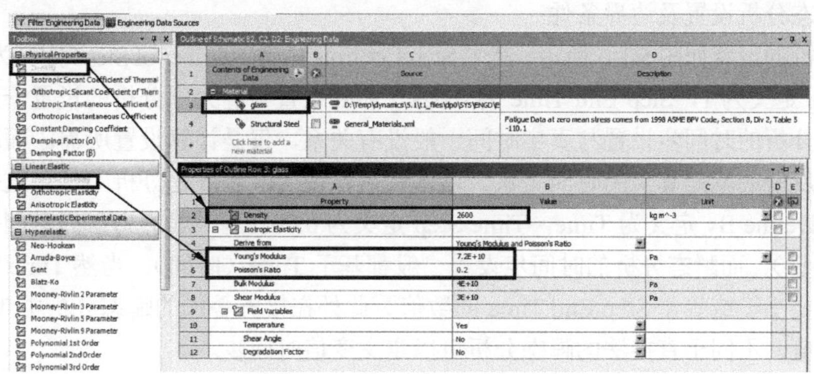

图 5-1-3　新增 Glass 材料参数

在 B4（Mechanical）模块中选择 Surface Body，其材料定义为 Glass。网格划分时仅定义 Defaults→Relevance 为 100，其余均采用默认设置。

（4）模态分析设置及边界条件

在模态分析设置中定义 Options→Max Modes to Find 为 30（该参数的定义由模态有效质量与总质量之比获得。如果小于 0.85，则后面的瞬态分析计算结果会出现数量级的偏差），其余全部默认。

先分别选取玻璃的上下边线，对其定义远程位移（Remote Displacement），其中 X Component 和 Rotation X 定义为 Free，其余方向均定义为 0，Behavior 选择为 Coupled；再选取玻璃的左边线，对其定义远程位移，其中 Y Component 和 Rotation Y 定义为 Free，其余方向定义为 0，Behavior 选择为 Coupled 或 Rigid，如图 5-1-4 所示。

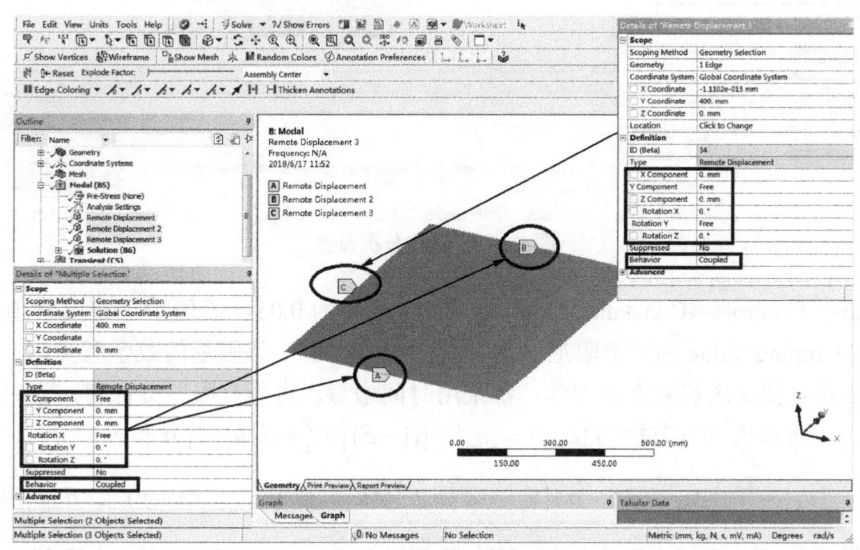

图 5-1-4　定义边界条件

注意

车窗玻璃装在车窗框的压条内，其三边置于压条内。由于玻璃可在压条槽内滑移，因此采用远程位移定义相关的自由度。另外远程位移的 Behavior 必须选择为 Coupled 或 Rigid，一定不能使用 Deformable。这是因为如果定义为 Deformable，则边线呈现为可变形状，这与车窗玻璃实际状态不符，详解请参看《ANSYS Workbench 有限元分析实例详解（静力学）》。

（5）瞬态分析设置及边界条件

瞬态分析的设置如图 5-1-5 所示。其中 Step Controls 中的 Number of Steps 定义为 1，Current Step Number 定义为 1，Step End Time 为 0.02s。此处设置与静力学分析的设置一致，区别仅在于静力学分析的时间步设置与真实时间一般没有关系，仅是计算设置所需。而瞬态分析的时间步设置反映的就是真实的时间关系。以本例进行说明，它就是分析 0.02s 这个时间段的动力响应。Define By 定义为 Time，Time Step 定义为 0.001s。一般静力学的时间步设置基于 Substep（子步），而瞬态分析的时间步设置一般都基于 Time（时间），当然 Time Step 所定义的数值一定要小于或等于 Step End Time 的数值。此外在模态叠加的瞬态分析中 Time Step 只能为一个定值，不同于直接法的瞬态分析可以定义变值时间步。

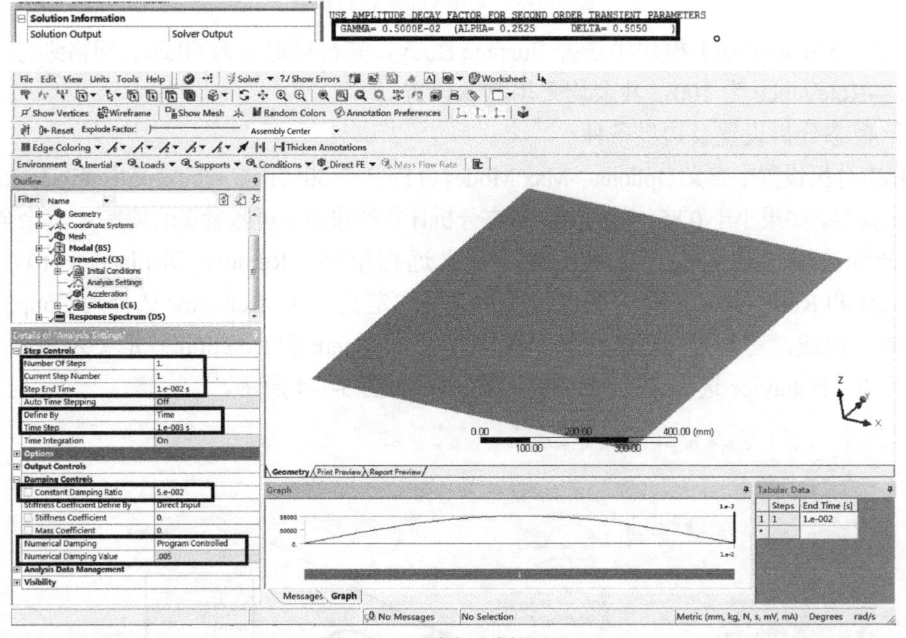

图 5-1-5　瞬态分析设置

Damping Controls→Constant Damping Ratio 定义为 0.05，该值用于定义常值阻尼比；Numerical Damping Value 为数值阻尼 γ，采用默认的 0.005。该阻尼的数学意义为：不论是模态叠加法还是直接法求解瞬态动力学，都采用时间增量步进行有限差分计算，设时间增量步 $\Delta t = t_n - t_{n-1}$，位移的差分方程为 $\{\dot{u}_{n+1}\} = \{\dot{u}_n\} + [(1-\delta)\{\dot{u}_n\} + \delta\{\dot{u}_{n+1}\}]\Delta t$ 和

$\{u_{n+1}\} = \{u_n\} + \{\dot{u}_n\}\Delta t + [(0.5-\alpha)\{\ddot{u}_n\} + \alpha\{\ddot{u}_{n+1}\}]\Delta t^2$，其中 $\alpha = \frac{1}{4}(1+\gamma)^2$、$\delta = \frac{1}{2} + \gamma$。以本例进行说明，$\alpha = 0.2525$、$\delta = 0.505$，该参数可以在 Solution Information 内查到。

定义半正弦波的加速度载荷，如图 5-1-6 所示。定义加速度（Acceleration）条件，其中 Define By 选择 Components，在 Z Component 处选择函数（Function），在等号后输入 98000×((sin（18000×time）^2）^0.5）mm/s^2。由于此处函数符号不支持绝对值运算符（abs），因此采用本例的形式，其加速度峰值为 10g。

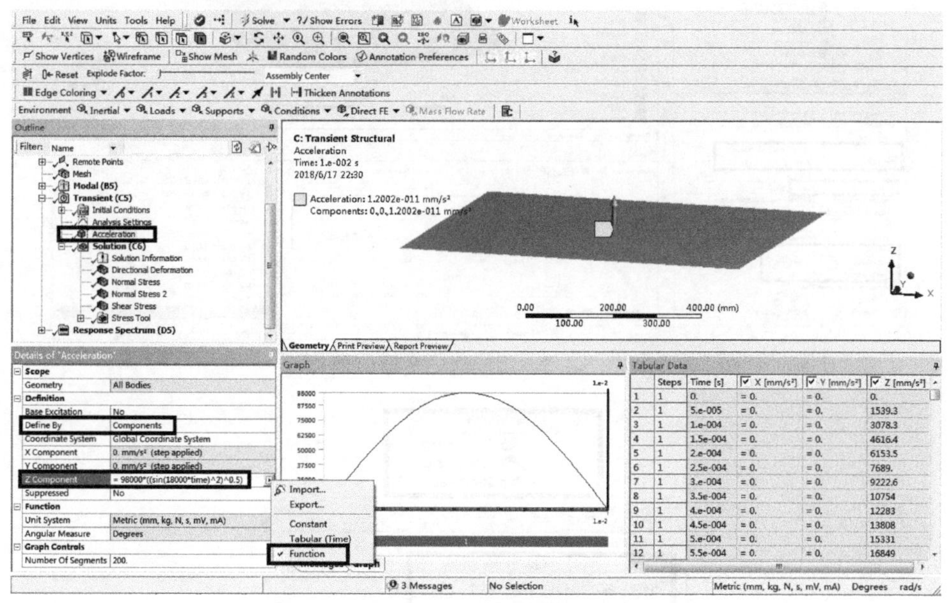

图 5-1-6 设置加速度

注意

此处的加速度不能设置为 Base Excitation 形式。本例需要将瞬态分析结果和响应谱结果进行对比，虽然响应谱分析的边界条件一般都基于基础激励形式（Base Excitation），但该条件是一种条件响应，与瞬态分析的边界条件不同。瞬态分析的加速度采用 Base Excitation 的形式，后处理中的变形结果将是约束位置朝加速度方向移动；若不采用 Base Excitation 形式，后处理中的变形结果将是非约束位置朝加速度反方向移动。响应谱的加速度谱条件是，后处理的变形结果是约束位置不动，不考虑相位方向。因此本例分析不采用 Base Excitation 的形式。

（6）瞬态分析后处理

首先查看 *z* 向变形图，如图 5-1-7 所示。在 Definition-Type 处选择 Directional Deformation，在 Orientation 处选择 Z Axis。注意，由于 Graph 图中显示最大变形在瞬态分析的最后时刻，因此在 Display Time 处选择 Last。这样可得最大变形在玻璃的无约束边线附近，数值为−2.84mm（与坐标系相反，表示变形朝下）。

设计者往往不在关心模型在某个位置处的具体应力，而更关心分析所得的应力结果是否满足材料要求。对于玻璃这些脆性材料，也不能在后处理中查看等效应力的结果，因此采用后处理的 Stress Tool 工具，在 Theory 中选择 Max Tensile Stress，在 Stress Limit Type 中选择 Custom Value，Stress Limit 定义为 84MPa，如图 5-1-8 所示。

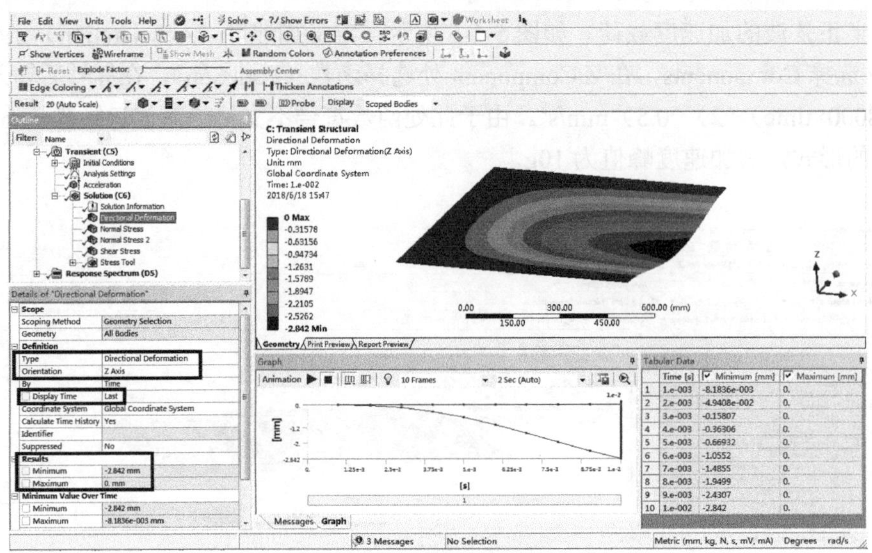

图 5-1-7　后处理之变形结果

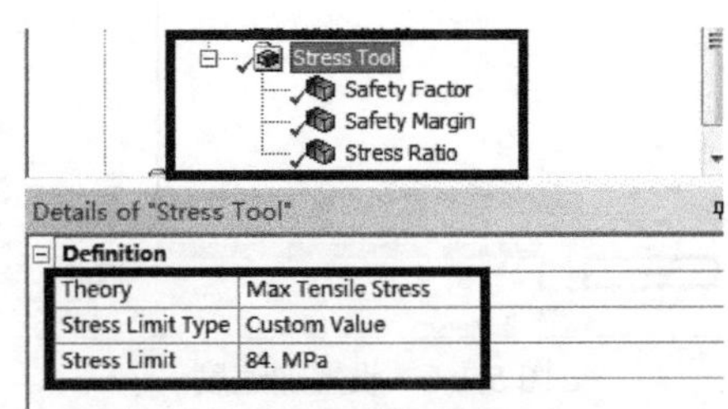

图 5-1-8　后处理之 Stress Tool 工具

> **注意**
>
> 对脆性材料进行强度分析时，可以采用最大拉应力强度理论进行校核。本例定义的 84MPa 是玻璃的最大拉应力，软件会根据最大拉应力强度准则选取应力与额定的玻璃拉应力进行比较，以判定其安全性。特别说明，最大拉应力理论可能存在潜在的不准确性。对于玻璃这种材料，特别需要关注峰值应力和应力梯度，在边角或拐角处需要进行应力集中系数校核，并留有足够的安全系数。

在 Stress Tool 处插入 Safety Factor、Safety Margin 和 Stress Ratio，如图 5-1-9 所示。其中 Safety Factor=$Stress_{limit}/\sigma$，计算结果为安全系数，本例中最小系数为 4.76；Safety Margin=$(Stress_{limit}/\sigma)-1$，本例中最小系数为 3.76；Stress Ratio=$\sigma/Stress_{limit}$，本例中最大系数为 0.21。

（7）时域参数转换为频谱参数

为了后续响应谱计算，先进行时域参数与频谱参数间的转换。鼠标右击 G2（Analysis），在出现的菜单中选择 Edit in Mechanical APDL，进入经典界面后，单击 File→Read Input From 项，选择 4.1 节定义的 halfsin_resp.inp 文件。注意修改 TEND=.01（时域的时间段）；PEAK=98000（峰值加速度）；DMPR=.05（Constant Damping Ratio 定义的阻尼比）；FEND=1040（略大于模态分析所得的第 30 阶频率）；DELTAT=TEND/100（响应谱分析的谱输入界面最多只支持 100 行参数）。计算完成后，在对应的文件目录下\dp0\APDL\ANSYS 可找到文件 halfsin_resp.csv，打开后选择所有数据进行复制备用。

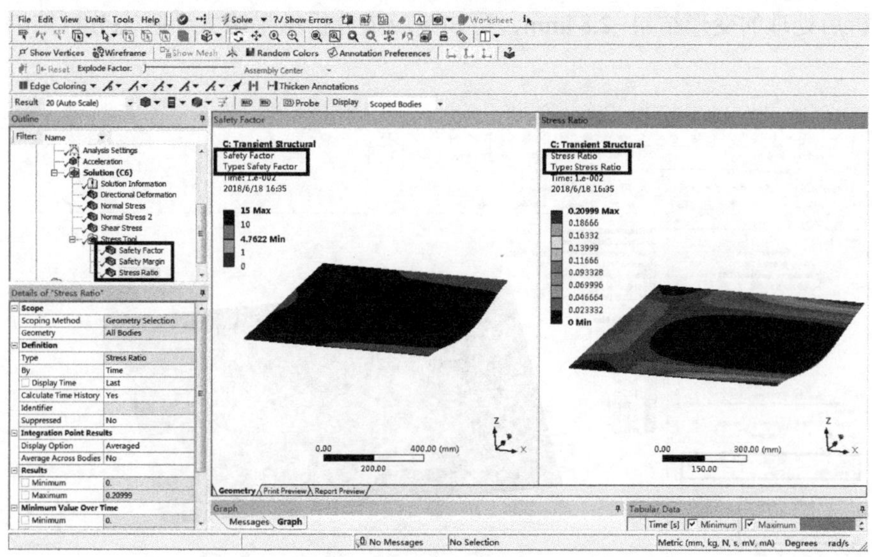

图 5-1-9　后处理之 Stress Tool 工具

（8）响应谱分析设置及边界条件

在响应谱分析的 Analysis Settings 处，将 Modes Combination Type 处选择为 CQC（分析含阻尼），Damping Controls→Constant Damping Ratio 定义为 0.05（与瞬态分析一致），其余默认。

在边界条件中定义 RS Acceleration，如图 5-1-10 所示。其中 Boundary Condition 处选择 All BC Supports，Direction 选择为 Z Axis，在 Tabular Data 表中选择 Paste Cell，这样可将 halfsin_resp.csv 内的频谱数据粘贴到数据表内。

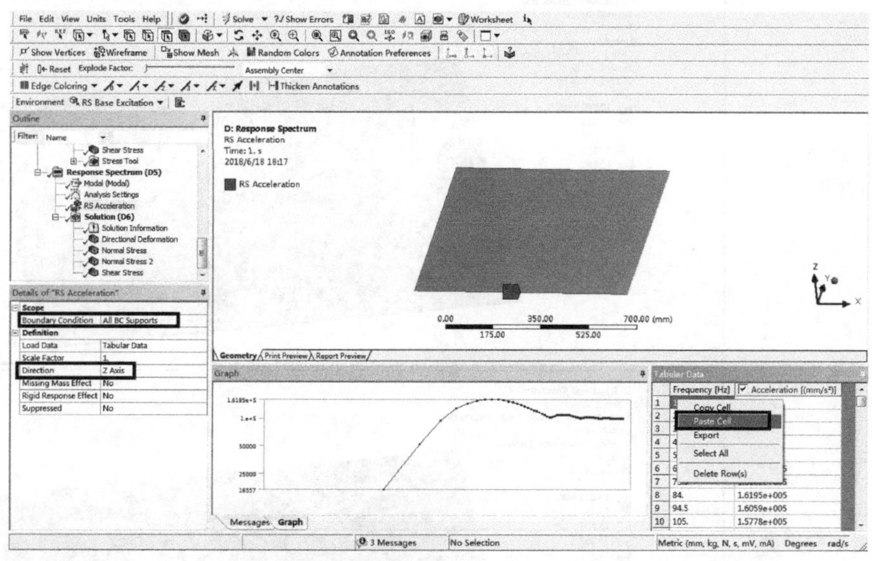

图 5-1-10　响应谱分析之边界条件

（9）响应谱分析后处理

首先查看 z 向变形图，如图 5-1-11 所示。在 Definition-Type 处选择 Directional Deformation，Orientation 处选择 Z Axis，可得最大变形发生在玻璃的无约束边线附近，数值为 3.38mm。对

比瞬态分析后处理的变形结果−2.84mm，可知响应谱分析结果略大于瞬态分析结果，同时无相位结果。

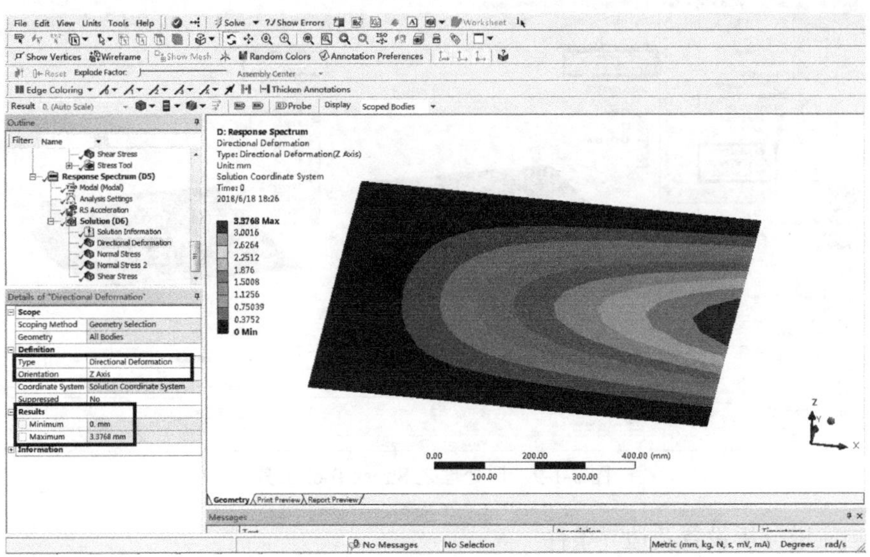

图 5-1-11　后处理之变形结果

同时对比瞬态分析和响应谱分析的 x、y 向应力和 xy 向剪力结果，如表 5-1-1 所示。

表 5-1-1　　　　瞬态分析和响应谱分析后处理的对比

分 析 结 果	后处理云图
瞬态分析 x 向应力 （−10MPa,10MPa）	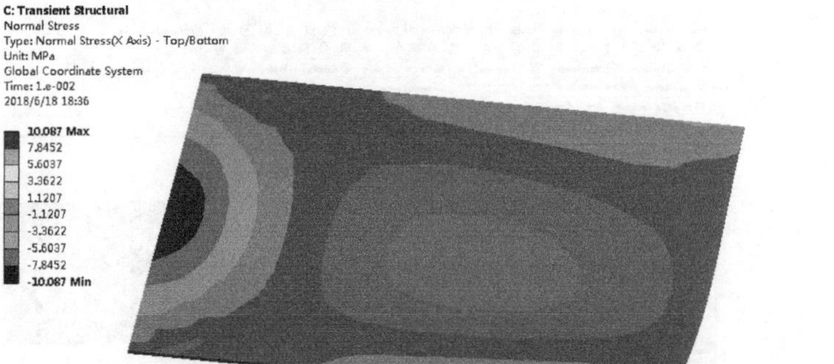
响应谱分析 x 向应力 （0MPa,19.3MPa）	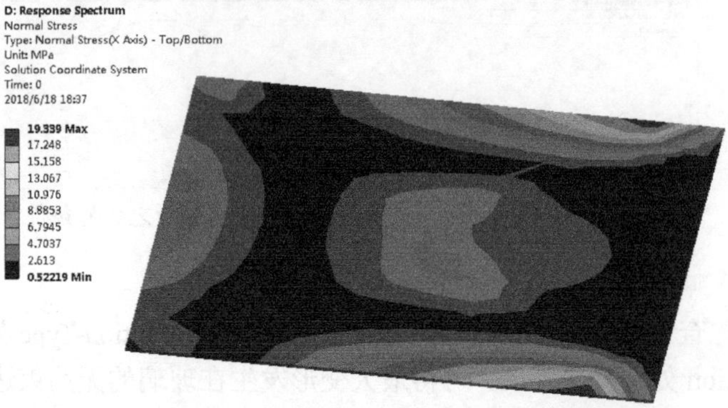

续表

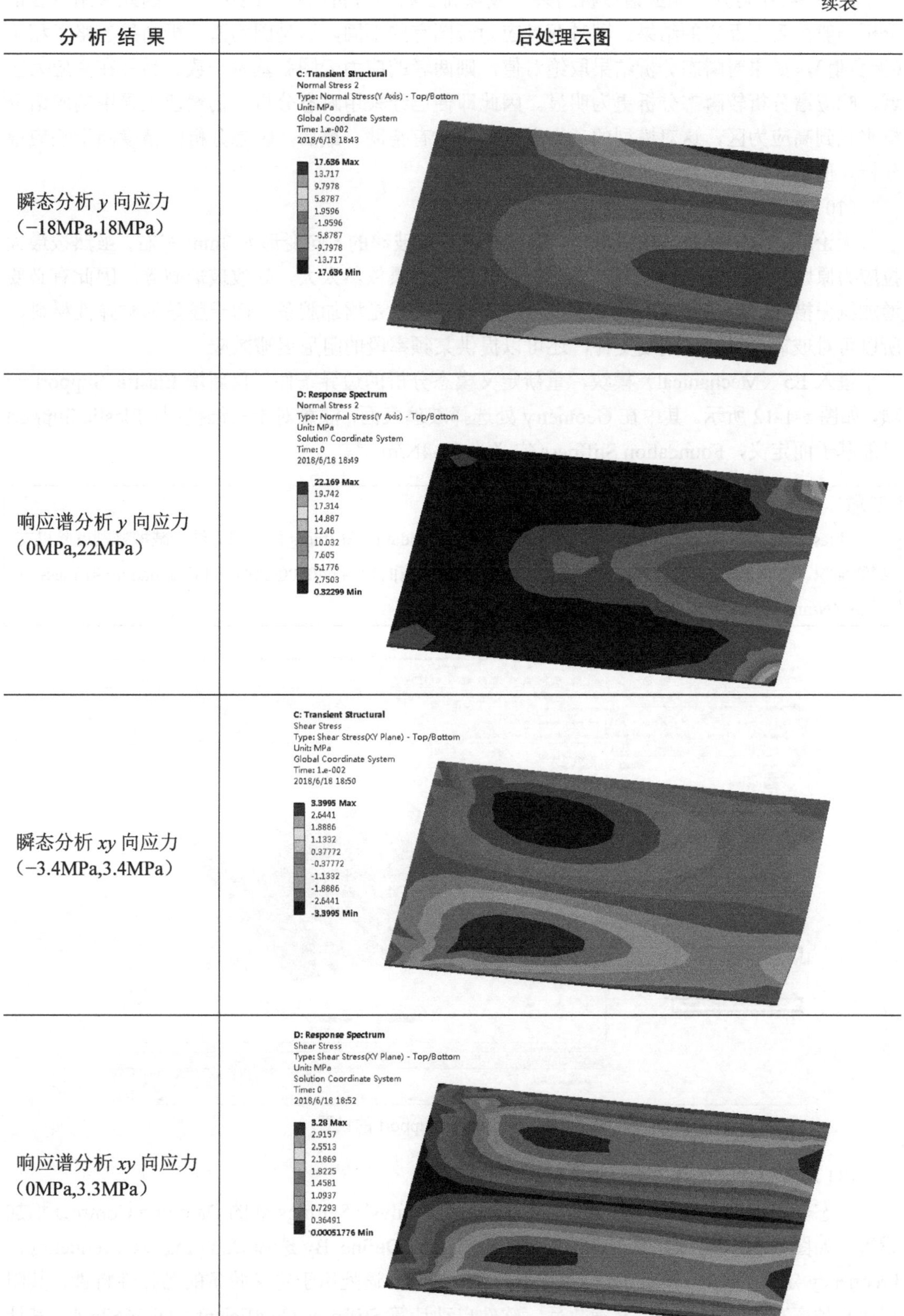

分 析 结 果	后处理云图
瞬态分析 y 向应力 （−18MPa,18MPa）	
响应谱分析 y 向应力 （0MPa,22MPa）	
瞬态分析 xy 向应力 （−3.4MPa,3.4MPa）	
响应谱分析 xy 向应力 （0MPa,3.3MPa）	

由表 5-1-1 可知，响应谱分析结果一般都高于瞬态分析结果（绝对值），因此采用响应谱分析一般得到更保守的结果。同时两者应力云图有些不同，这是因为谱分析结果忽略了相位（无负值），如果对瞬态分析结果取绝对值，则两者的应力云图就基本一致。另外在高应力区域，响应谱分析较瞬态分析更为明显。因此即便已经采用瞬态分析，仍然建议采用响应谱分析来找到高应力区，这对模型的动力学认识非常有帮助。最后，瞬态分析的精度高于响应谱分析，但是其消耗的资源明显多于响应谱分析。

（10）模型优化的模态分析

无论瞬态分析还是响应谱分析，均可知该车窗玻璃的 z 向变形为 3mm 左右，虽然按最大拉应力原则得到的安全系数为 4.76，但是其变形结果依然太大，导致玻璃破碎。因此有必要增加抗振措施，以保证玻璃的正常。最简单的方法就是增加胶条，由于胶条为黏弹性材料，所以可对玻璃提供辅助刚度支持，还可以提供某频率段的阻尼迟滞效应。

进入 E5（Mechanical）模块，重新定义模态分析的边界条件，仅新增 Elastic Support 一项，如图 5-1-12 所示。其中在 Geometry 处选择玻璃表面，注意对于三维模型，Elastic Support 只能基于面定义，Foundation Stiffness 定义为 5e-4N/mm^3。

> **注意**
>
> Elastic Support 常用于弹簧等减振器支撑，其中 Foundation Stiffness 的计算方法为减振器刚度除以支撑物面积。以本例进行说明，胶条刚度为 320 N/mm，玻璃面积为 640000mm^2，则 Foundation Stiffness 等于 5e-4N/mm^3。

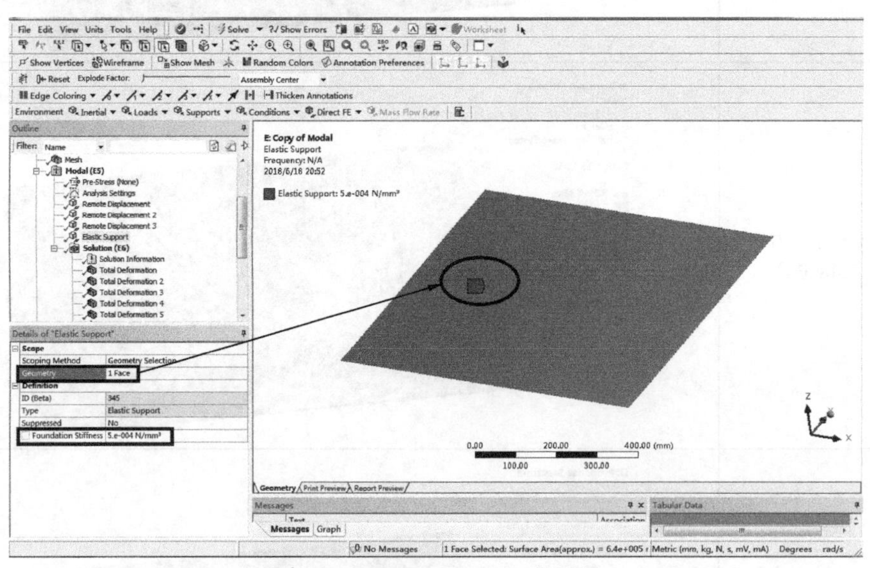

图 5-1-12　Elastic Support 的设置

（11）模型优化的模态叠加法瞬态分析设置

模态分析计算完毕后，进入瞬态分析，仅在 Analysis Settings 处的 Damping Controls 增加设置，如图 5-1-13 所示。其中 Stiffness Coefficient Define By 选择 Damping vs Frequency，Frequency 定义为 40Hz，Damping Ratio 定义为 0.08。该处用于定义胶条的黏弹性特性，其阻尼比与频率有函数关系。定义参数后，软件自动计算 Stiffness Coefficient 为 6.3662e-4，其计

算方法为 Damping Ratio（0.08）=Frequency（40Hz）×π×Stiffness Coefficient（6.3662e-4）。增加该阻尼后，系统的总阻尼为 0.05+0.08=0.13。

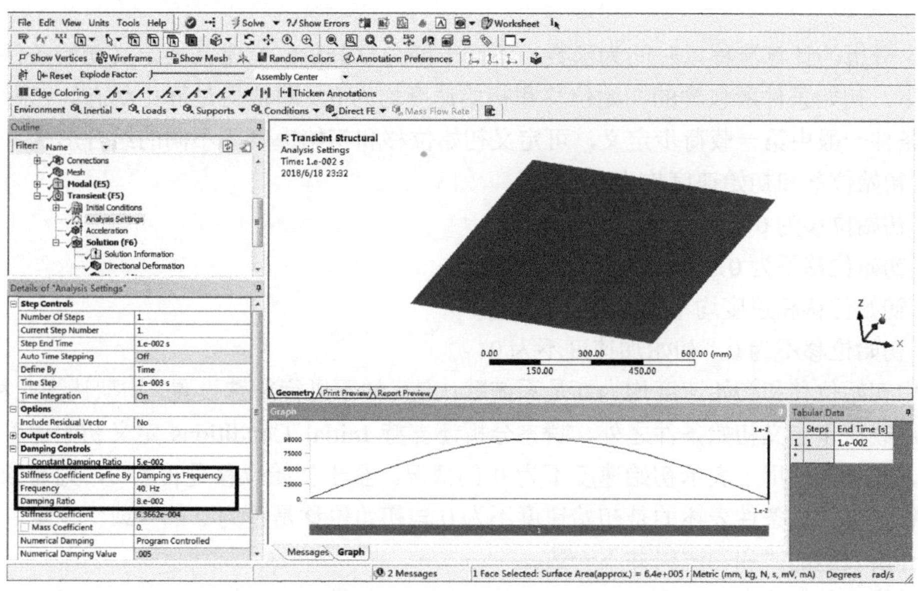

图 5-1-13 瞬态分析阻尼的设置

（12）模型优化的模态叠加法瞬态分析设置

计算完成后，其余设置不变，查看 *z* 向变形图，如图 5-1-14 所示。可知 *z* 向最大变形数值为−1.81mm，较前者计算结果小了 1mm，这个变形结果对于玻璃来说可以接受。同样查看 *x*、*y* 向和 *xy* 向应力，计算结果均小于前次瞬态分析计算结果，具体数值不再一一列出，读者自行完成。

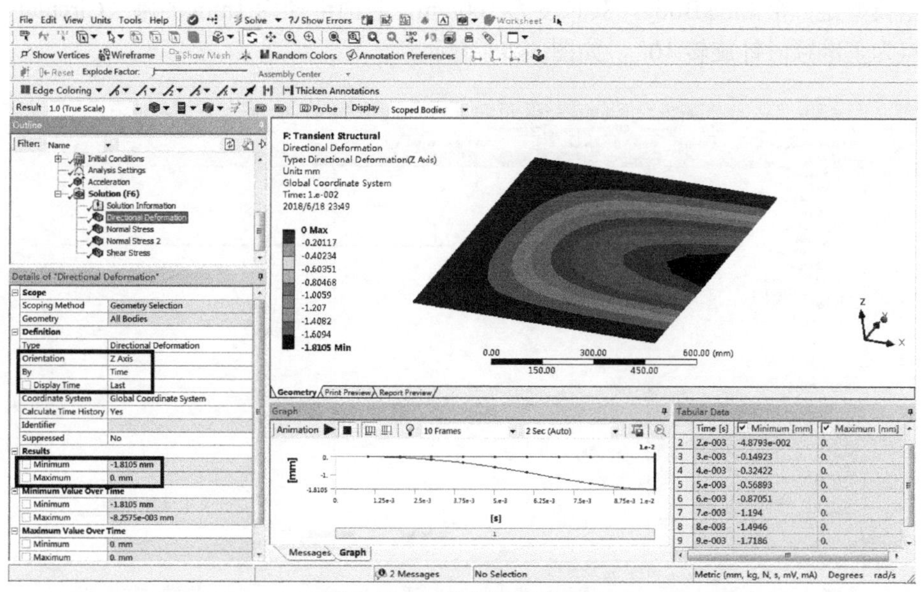

图 5-1-14 瞬态分析后处理

5.2　瞬态分析之初始条件

瞬态分析的计算流程以时间为函数，不同于静力学分析，它常需要定义初始条件。在默认情况下，初始条件所包含的初始位移和初始速度均为 0，即认为是静止状态。在瞬态分析中初始条件一般由第一载荷步定义，可定义初始位移和初始速度等不同的组合形式。

- 初始位移和初始速度均为 0；
- 初始位移为 0，初始速度不为 0；
- 初始位移不为 0，初始速度为 0；
- 初始位移和速度均不为 0；
- 初始位移不为 0，初始加速度不为 0。

其中初始位移和初始速度均为 0 是系统默认值，如不进行特殊设置，均默认为此种工况。除了采用载荷步定义初始条件之外，瞬态分析还支持 Initial Conditions 定义初始速度和初始角速度，此种条件用于表示初始速度不为 0 的情况。至于初始位移是否为 0，则需依据其他设置进行定义，该条件表述的是初始速度不为 0 与初始位移是否为 0 的“或”逻辑，它与载荷步条件所表达的“和”逻辑并不一致。

另外模态叠加瞬态分析不支持 Initial Conditions 条件。如果该流程需要定义初始条件，则只能采用载荷步形式来定义。由于模态叠加瞬态分析中的载荷步长的定义必须一致，所以导致瞬态分析过程中可能需要定义很小的载荷步长以保证计算完成。在硬件资源上未必强于直接法，而且可直接定义的边界条件类型也远少于直接法，因此存在特定初始条件的瞬态分析建议采用直接法进行处理。

下面以单摆模型说明初始条件的使用方法。

（1）建立模型

单摆模型是一个 Line Body，其长度为 100mm，截面半径为 1mm 的圆（Circular），以模型上端点为基准顺时针旋转 10°，如图 5-2-1 所示。

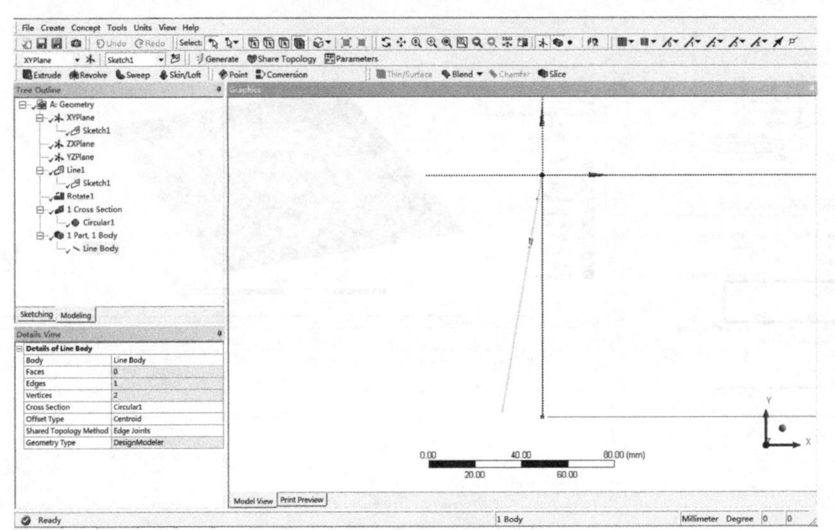

图 5-2-1　单摆模型

（2）建立分析流程

如图 5-2-2 所示，建立分析流程。其中包括 A 框架结构的 DM 模块，B 框架结构的模态分析，C 框架结构的模态叠加瞬态分析，D、E、F、G、H 框架结构的直接法瞬态分析（用于定义不同的初始条件）。注意：模态叠加瞬态分析与直接瞬态分析在连线上的区别。

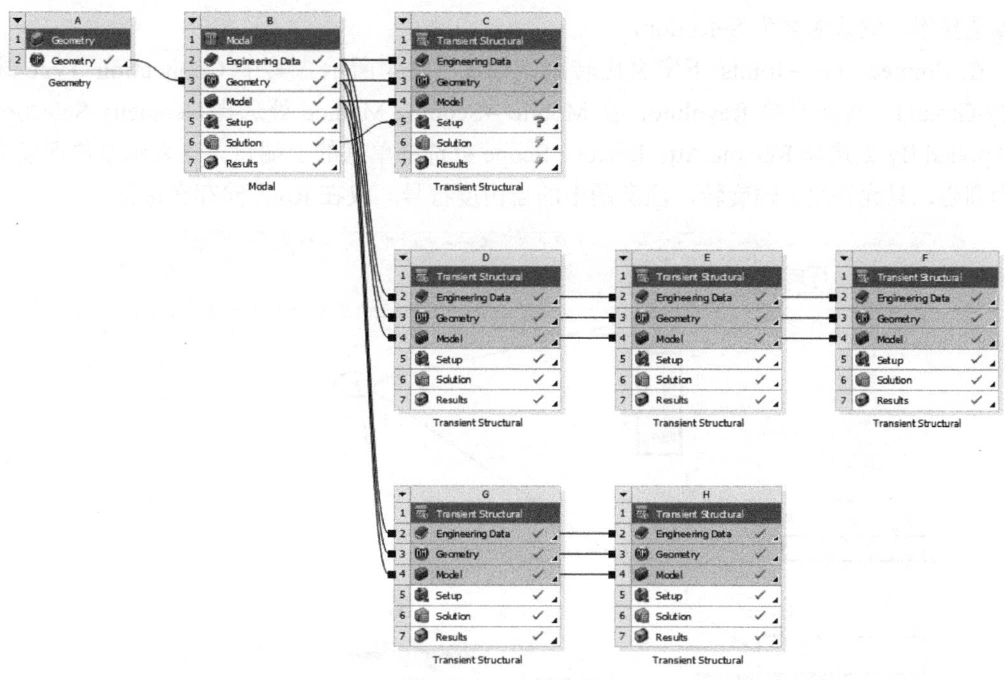

图 5-2-2　分析流程

（3）模态分析前处理

选择单摆模型的下端点，在其位置上定义 Point Mass，如图 5-2-3 所示。其中 Mass 定义

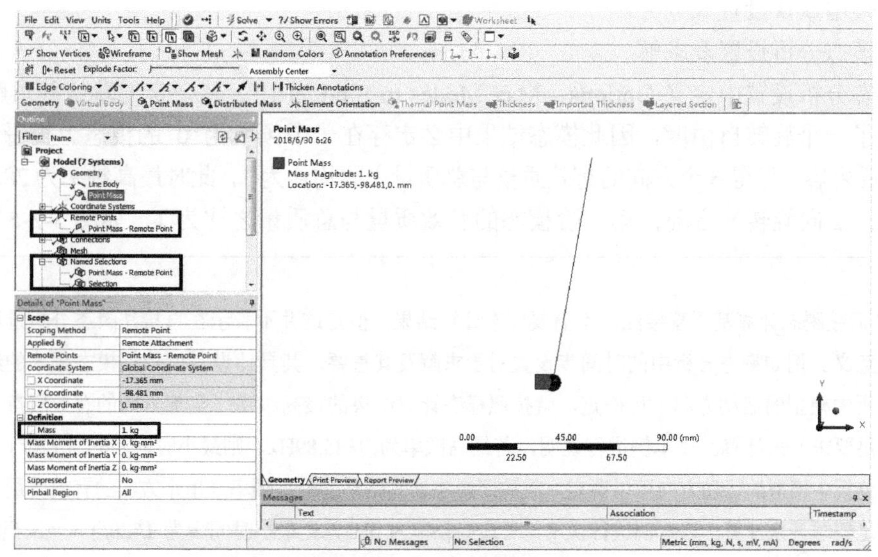

图 5-2-3　定义 Mass Point

为 1kg，其余均默认。为了后续定义方便，鼠标右键单击 Point Mass，在弹出的快捷菜单中选择 Promote to Remote Point，创建 Remote point→Point Mass Remote Point 子项；再鼠标右键单击 Point Mass Remote Point，在弹出的快捷菜单中选择 Promote to Named Selections，创建 Named Selections-Point Mass Remote Point 子项；最后鼠标右键 Named Selections→Point Mass Remote Point，在弹出的快捷菜单中选择 Create Nodal Named Selection，创建基于定义质点的节点选择集，默认命名为 Selection。

在 Connections→Joints 下定义旋转副，如图 5-2-4 所示。其中 Connection Type 选择 Body-Ground，Type 选择 Revolute，在 Mobile→Scoping Method 处选择 Geometry Selection，在 Applied By 处选择 Remote Attachment，Scope 处选择单摆的上端点。这表示该单摆以上端点为圆心，只允许绕 z 轴旋转，注意图中的自由度符号，仅在 RotZ 向存在标记。

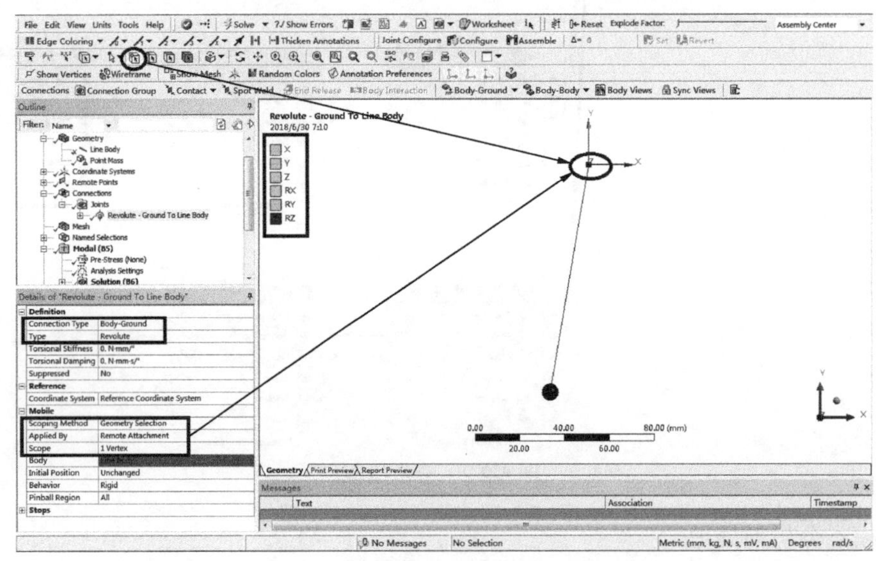

图 5-2-4 Joint 设置

网格采用默认设置来划分。

（4）模态分析设置及求解

在模态分析设置中定义 Options→Max Modes to Find 为 12，其余全部默认并求解。由于之前定义了一个旋转自由度，因此模态结果中必定存在一个频率为 0 的模态。查看 Solution Information 内容，可得 6 个方向的有效质量与总质量之比均约为 1，此时最高频率为 7825.89Hz，并在 RotZ（z 向旋转）方向，第 1 阶模态的有效质量与总质量之比为 1，如图 5-2-5 所示。

注意

虽然后续瞬态计算基于直接法，不需要模态计算结果，但是这并不表示在直接法瞬态分析过程中模态分析毫无意义。例如瞬态分析中的时间步设置对于求解及其重要，其具体设置就依据模态频率的结果。如果瞬态分析中模型的运动方向不可确定，就按照模态计算结果的最高频率（全部方向的有效质量与总质量之比应满足要求）来计算。以本例进行说明，若最高频率为 7825.89Hz，则最小时间步为 $1/(20f) = 6e\text{-}6s$。如果瞬态分析中模型的运动方向可以确定，就按照模态计算结果的最高频率（单个方向的有效质量与总质量之比应满足要求）来计算。以本例进行说明，若最高频率为 0Hz，则最小时间步为 $1/(20f) = \infty$，当然不可能在软件中输入无限大的数值，一般定义为 0.1s 即可以保证计算速度，也可以保证后处理捕捉足够多的数据。

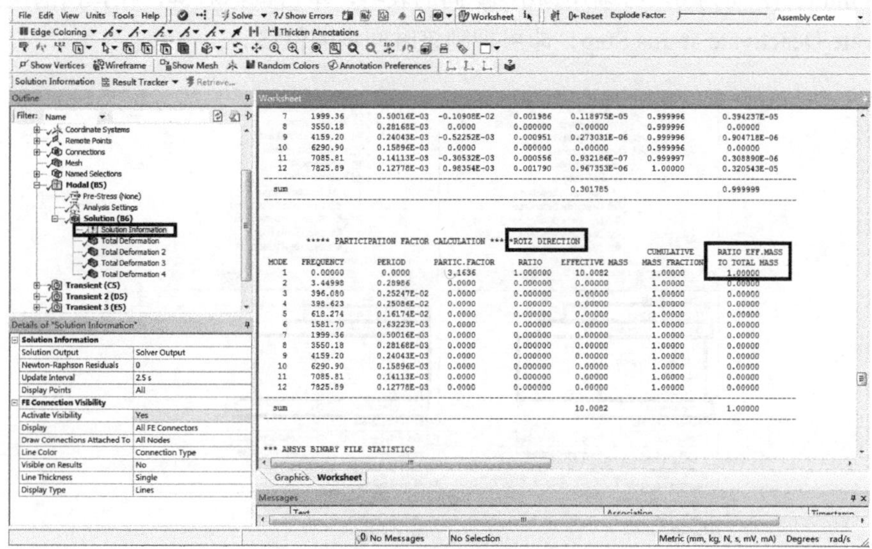

图 5-2-5 模态求解信息

（5）模态叠加瞬态分析设置

进入模态叠加瞬态分析，如图 5-2-6 所示。由图可知，在模态叠加瞬态分析中只能定义载荷这类边界条件，不能加载位移边界条件，且 Time Step 的设置必须一致。这对于多个载荷步的瞬态分析非常不利，因此不推荐用模态叠加瞬态分析定义初始条件。

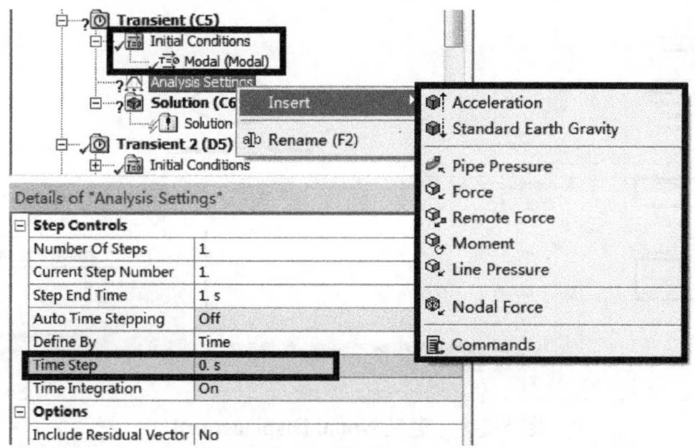

图 5-2-6 模态叠加瞬态分析

（6）瞬态分析设置及边界条件（初始位移为 0，初始速度不为 0）

如图 5-2-7 所示，将 Analysis Settings→Step Controls 的 Number Of Steps 定义为 2，其中第一步设置 Step End Time 为 1e-3s，Define By 为 Time，Time Step 为 5e-4s，Time Integration 为 Off；第二步设置 Step End Time 为 10s，Define By 为 Time，Time Step 为 0.1s，Time Integration 为 On。

在边界条件中定义 Nodal Displacement，如图 5-2-8 所示。其中 Scope→Scoping Method 选择为 Named Selection，Named Selection 选择之前定义的节点集名 Selection。XYZ Component 数值一般以 Tabular Data 来定义，其中在 1e-3s 时刻，*x* 向为-1e-3mm、*yz* 向为 0。在 10s 时刻，

x 向为-1e-3mm、yz 向为 0。必须还选中 xy 向的表格，单击鼠标右键，在弹出的快捷菜单中选择 Activate/Deactivate at this Step！即可抑制该时间步的位移。

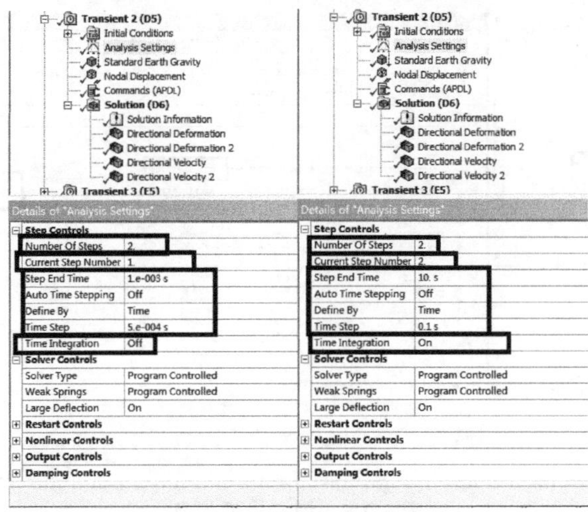

图 5-2-7　瞬态分析设置

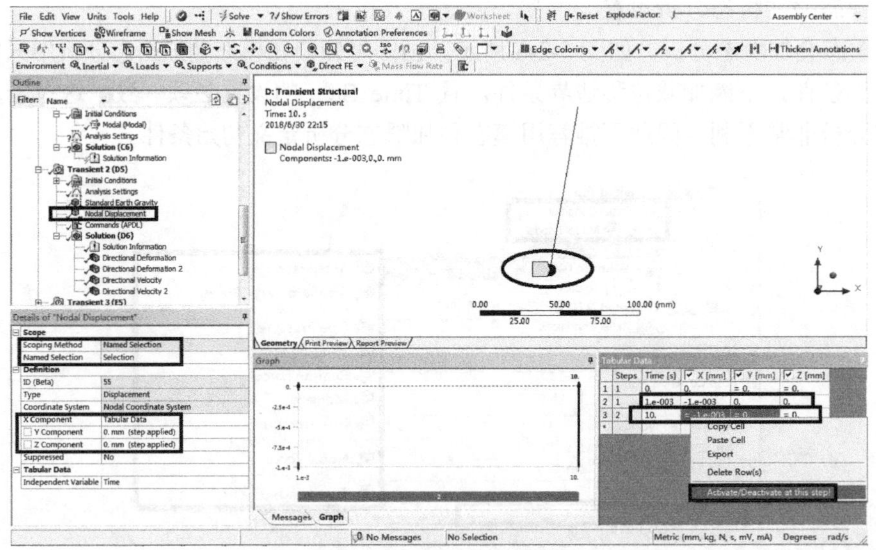

图 5-2-8　定义 Nodal Displacement

定义 y 向的重力加速度，注意，在 0 时刻和 1e-3s 时刻（即第一载荷步）抑制该加速度。

> **注意**
>
> 为定义具备一定参数的初始条件，通常采用多载荷步的方法。以本例进行说明，为定义初始位移为 0，且初始速度不为 0 的条件，采用两个载荷步的工况。其中第一载荷步仅定义一个短暂的时间和微小的位移，忽略重力加速度。对于这个微小位移可认为位移为 0，由于在较小时间内完成位移，所以其速度为-1e-3mm/1e-3s=-1mm/s，同时由于此载荷步内不需要考虑时间效应，因此关闭时间积分。在第二载荷步开始时刻（即第一载荷步结束时刻），由于初始速度已经存在，仅考虑单摆在重力加速度作用下随时间变化的效果，因此将位移约束抑制（释放 xy 向位移），并打开时间积分。

（7）瞬态分析后处理（初始位移为 0，初始速度不为 0）

计算完成后，以节点集名 Selection 为对象分别读取 x、y 向的 Directional Deformation 和 Directional Velocity，如图 5-2-9 所示。

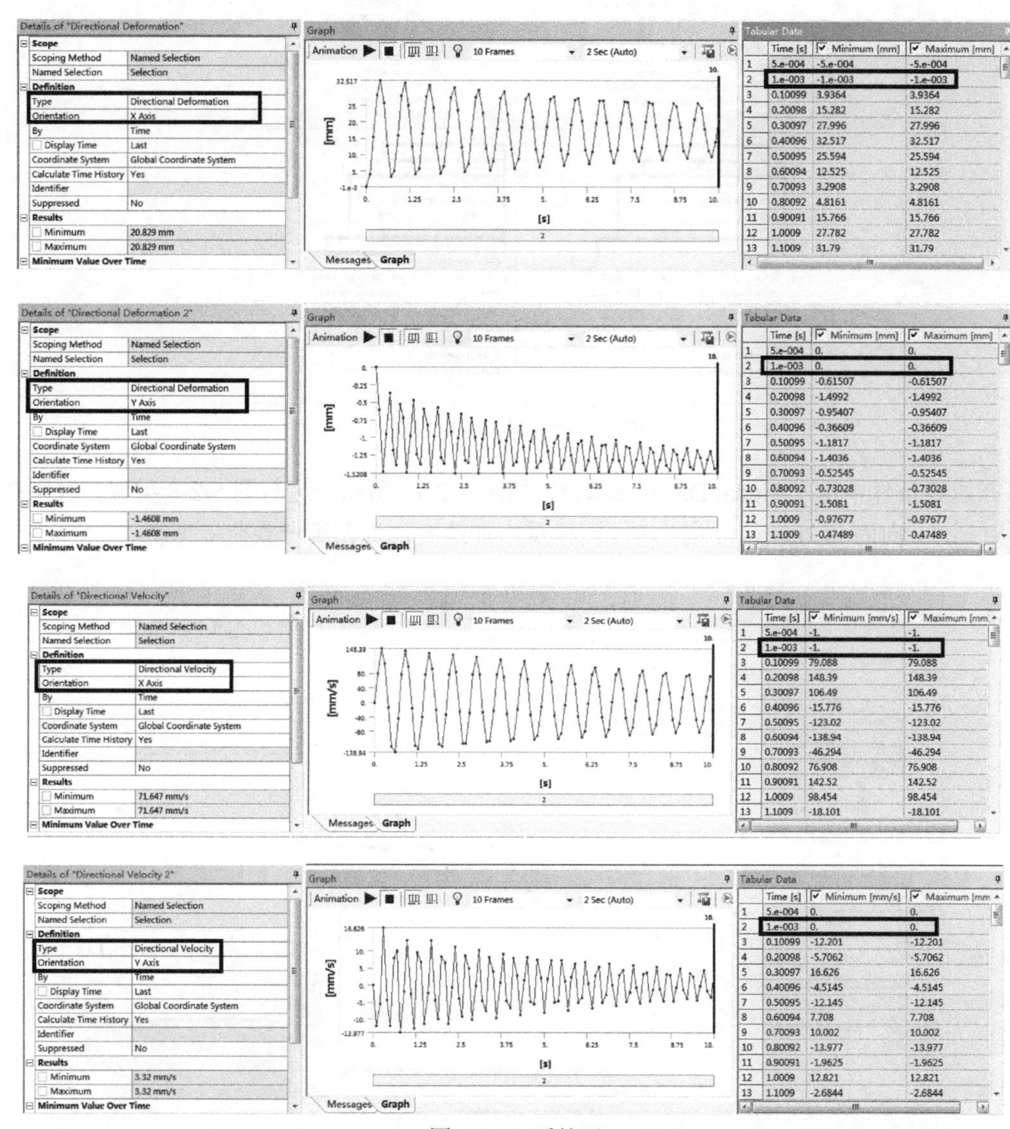

	Time [s]	Minimum [mm]	Maximum [mm]
1	5.e-004	-5.e-004	-5.e-004
2	1.e-003	-1.e-003	-1.e-003
3	0.10099	3.9364	3.9364
4	0.20098	15.282	15.282
5	0.30097	27.996	27.996
6	0.40096	32.517	32.517
7	0.50095	25.594	25.594
8	0.60094	12.525	12.525
9	0.70093	3.2908	3.2908
10	0.80092	4.8161	4.8161
11	0.90091	15.766	15.766
12	1.0009	27.782	27.782
13	1.1009	31.79	31.79

	Time [s]	Minimum [mm]	Maximum [mm]
1	5.e-004	0.	0.
2	1.e-003	0.	0.
3	0.10099	-0.61507	-0.61507
4	0.20098	-1.4992	-1.4992
5	0.30097	-0.95407	-0.95407
6	0.40096	-0.36609	-0.36609
7	0.50095	-1.1817	-1.1817
8	0.60094	-1.4036	-1.4036
9	0.70093	-0.52545	-0.52545
10	0.80092	-0.73028	-0.73028
11	0.90091	-1.5081	-1.5081
12	1.0009	-0.97677	-0.97677
13	1.1009	-0.47489	-0.47489

	Time [s]	Minimum [mm/s]	Maximum [mm/s]
1	5.e-004	-1.	-1.
2	1.e-003	-1.	-1.
3	0.10099	79.088	79.088
4	0.20098	148.39	148.39
5	0.30097	106.49	106.49
6	0.40096	-15.776	-15.776
7	0.50095	-123.02	-123.02
8	0.60094	-138.94	-138.94
9	0.70093	-46.294	-46.294
10	0.80092	76.908	76.908
11	0.90091	142.52	142.52
12	1.0009	98.454	98.454
13	1.1009	-18.101	-18.101

	Time [s]	Minimum [mm/s]	Maximum [mm/s]
1	5.e-004	0.	0.
2	1.e-003	0.	0.
3	0.10099	-12.201	-12.201
4	0.20098	-5.7062	-5.7062
5	0.30097	16.626	16.626
6	0.40096	-4.5145	-4.5145
7	0.50095	-12.145	-12.145
8	0.60094	7.708	7.708
9	0.70093	10.002	10.002
10	0.80092	-13.977	-13.977
11	0.90091	-1.9625	-1.9625
12	1.0009	12.821	12.821
13	1.1009	-2.6844	-2.6844

图 5-2-9 后处理

由图可知，在 1e-3s 时刻，不仅存在一个近似为 0 的微小位移，还存在−1mm/s 的初始速度。这与之前定义的条件相一致，且从 xy 向位移可知，单摆的振幅随时间逐步衰减。

（8）瞬态分析设置及边界条件（初始位移和初始速度均不为 0）

如图 5-2-10 所示，将 Analysis Settings→Step Controls 的 Number Of Steps 定义为 2，其中第一步设置 Step End Time 为 0.2s，Define By 为 Time，Time Step 为 0.1s，Time Integration 为 Off；第二步设置 Step End Time 为 10s，Define By 为 Time，Time Step 为 0.1s，Time Integration 为 On。

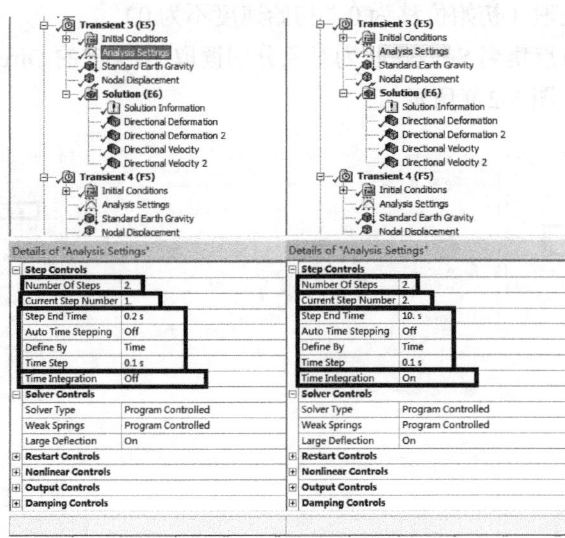

图 5-2-10　瞬态分析设置

在边界条件中定义 Nodal Displacement，如图 5-2-11 所示，这与图 5-2-8 类似。区别在于 0.2s 时刻，x 向为−0.2mm、yz 向为 0。同样重力加速度，为在第一载荷步抑制。

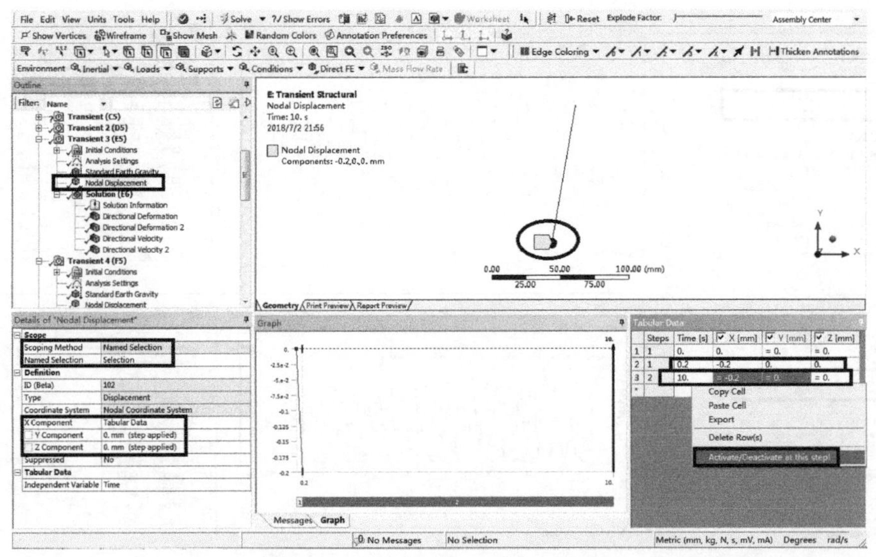

图 5-2-11　定义 Nodal Displacement

注意

本例为定义初始位移不为 0，且初始速度不为 0 的条件。其中第一载荷步定义一个真实时间和真实位移，忽略重力加速度，速度为−0.2mm/0.2s = −1mm/s。同时由于在此载荷步内不需要考虑时间效应，因此关闭时间积分。在第二载荷步开始时刻（即第一载荷步结束时刻），按真实工况加载，并打开时间积分。

（9）瞬态分析后处理（初始位移和初始速度均不为 0）

计算完成后，以节点集名 Selection 为对象分别读取 x、y 向的 Directional Deformation 和

Directional Velocity，如图 5-2-12 所示。

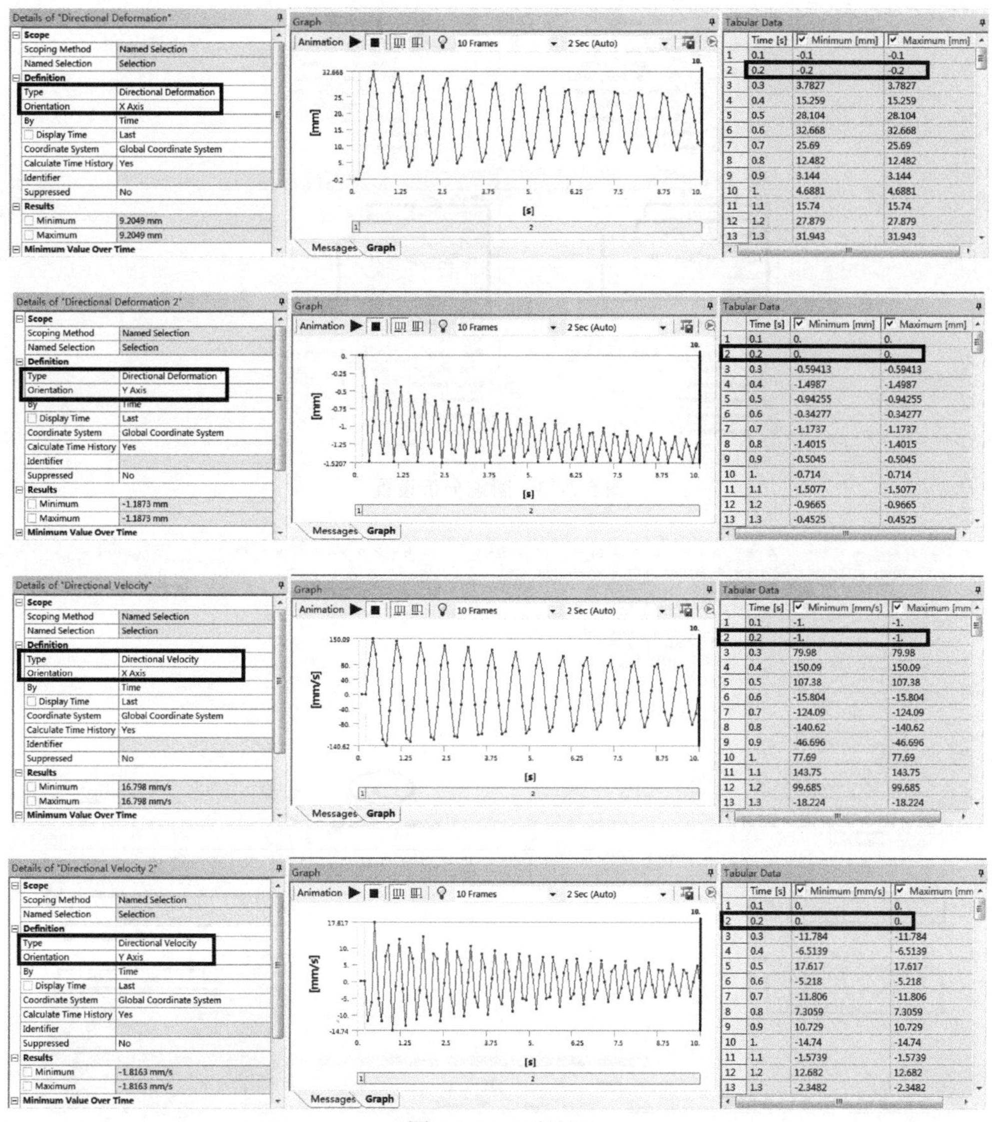

图 5-2-12　后处理

由图可知，在 0.2 时刻，不仅存在−0.2 的真实位移，还存在−1mm/s 的初始速度，这与之前定义的条件相一致。

（10）瞬态分析设置及边界条件（初始位移不为 0，初始速度为 0）

如图 5-2-13 所示，将 Analysis Settings→Step Controls 的 Number Of Steps 定义为 2，其中第一步设置 Step End Time 为 1e-3s，Define By 为 Time，Time Step 为 5e-4s，Time Integration 为 Off；第二步设置 Step End Time 为 10s，Define By 为 Time，Time Step 为 0.1s，Time Integration 为 On。

在边界条件中定义 Nodal Displacement，如图 5-2-14 所示，这与图 5-2-8 类似。区别在于 0 时刻和 1e-3s 时刻，x 向为−0.2mm、yz 向为 0。同样在第一载荷步抑制重力加速度。

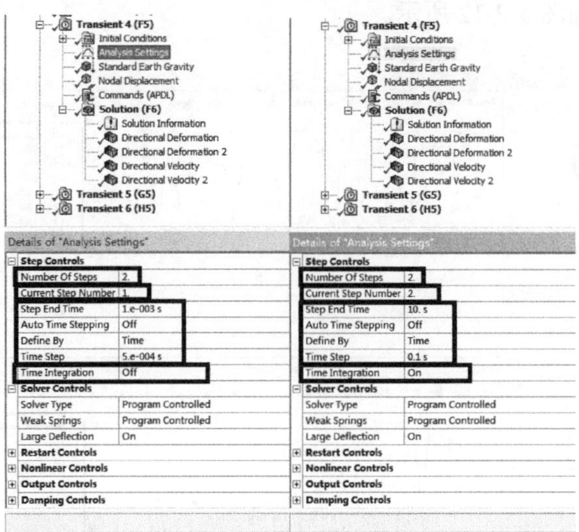

图 5-2-13　瞬态分析设置

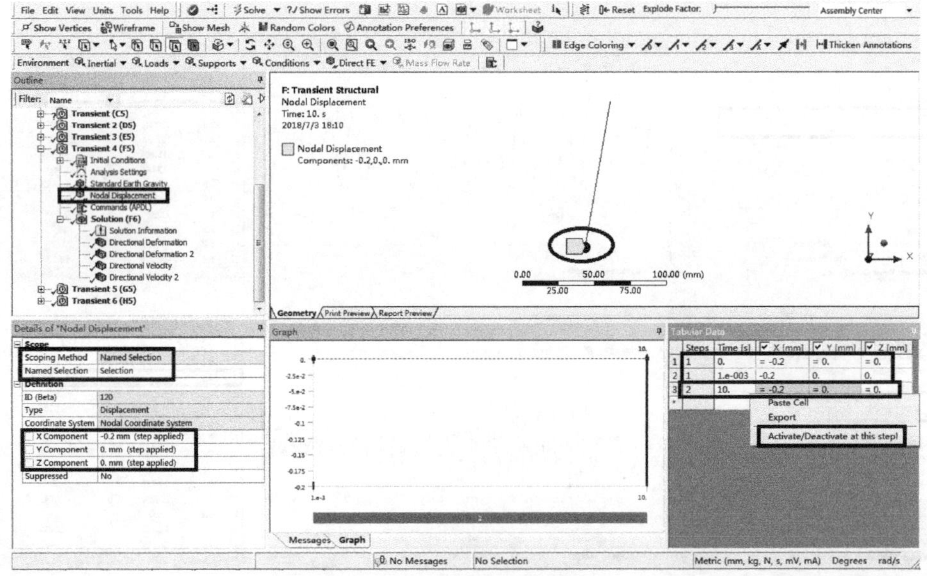

图 5-2-14　定义 Nodal Displacement

注意

以本例进行说明，定义初始位移不为 0，且初始速度为 0 的条件。在第一载荷步中的 0 时刻定义一个微小的位移，同时让其在一个短暂的时间段中保持，且忽略重力加速度，速度为 0mm/0.001s=0mm/s 由于此载荷步内不需要考虑时间效应，因此关闭时间积分。在第二载荷步开始时刻（即第一载荷步结束时刻），按真实工况进行加载，并打开时间积分。

再插入一段命令，在 Definition-Step Selection Mode 处定义为 First，具体内容如下：

```
kbc,1   !对第一载荷步定义阶梯步进加载
```

提示

在各个分析步中，存在两种加载形式。一种为斜坡加载（ramped），即根据载荷步首尾数据，对其进行线性插值，在载荷步内初值线性增加到所定义的载荷值，命令为“kbc,0”；一种为阶梯步进加载（stepped），子步使用步进值在载荷步内初值立即加载到所定义的载荷值，并保持不变，运行命令为“kbc,1”，如图 5-2-15 所示。以图 5-2-15b 为例，①②之间为第一载荷步，且为斜坡加载；③④之间为第二载荷步，为阶梯步进加载。每个载荷步的作用时间均为 1s，设①时刻载荷为 10N，②时刻载荷为 6N，则 0.6s 时刻载荷为 10−2.4=7.6N；设③时刻载荷为 2N，④时刻载荷为 2N，则 1.6s 时刻载荷为 2N。

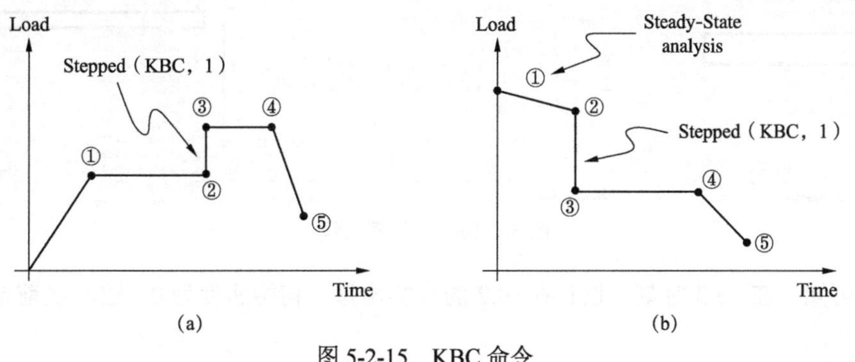

图 5-2-15　KBC 命令

在程序中，如果为静力学分析或瞬态动力学分析（Time Integration 为 Off），则默认为斜坡加载；如果为瞬态动力学分析（Time Integration 为 On），则默认为阶梯步进加载。本例第一子步在 Time Integration 为 Off 的条件下，需要加载阶梯条件（0.2mm），因此需要用命令定义“kbc,1”条件，此外“kbc,1”条件还可用于静力学分析中多阶段的蠕变、黏塑性本构分析。

（11）瞬态分析后处理（初始位移不为 0，初始速度为 0）

计算完成后，以节点集名 Selection 为对象分别读取 x、y 向的 Directional Deformation 和 Directional Velocity，如图 5-2-16 所示。

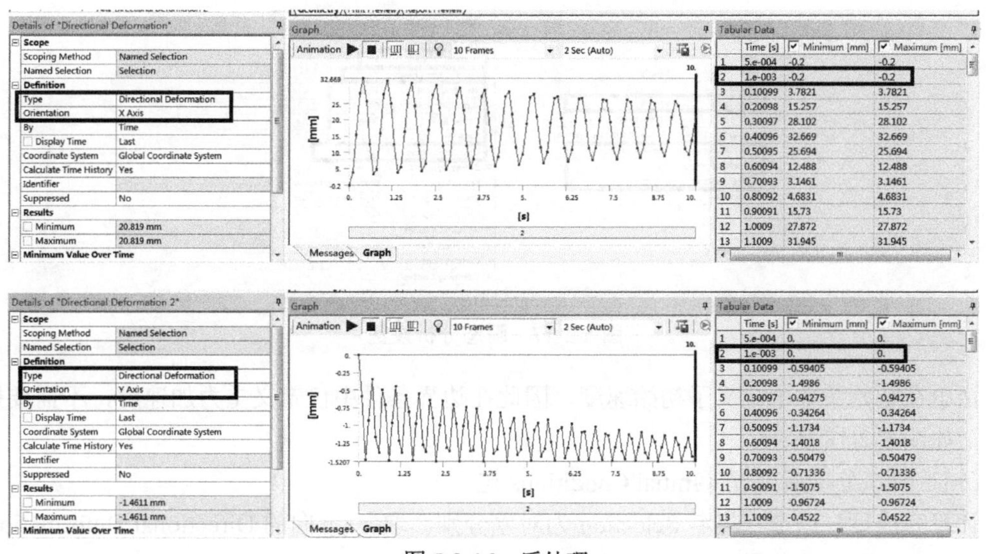

图 5-2-16　后处理

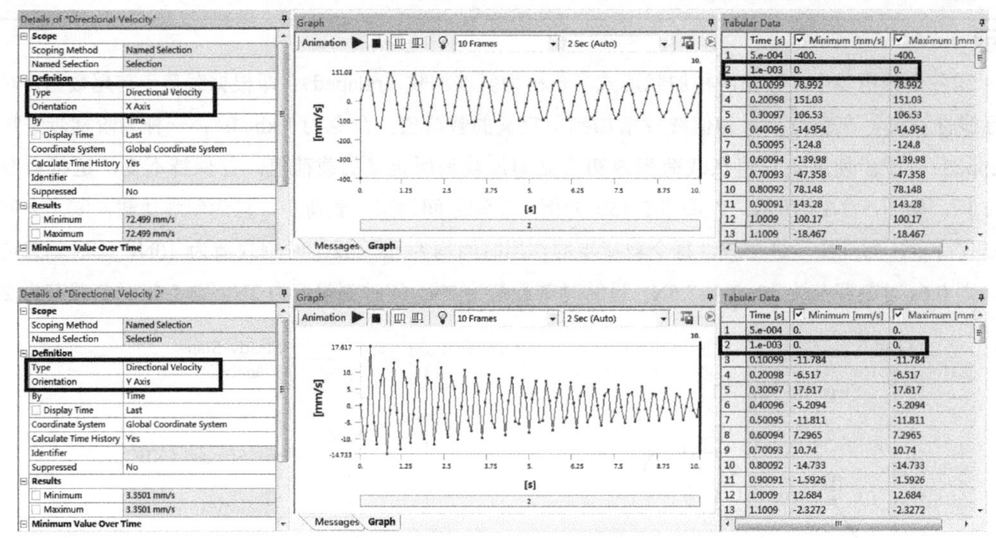

图 5-2-16　后处理（续）

由图可知，在 1e-3 时刻，仅存在−0.2 的真实位移，初始速度为 0，这与之前定义的条件相一致。

（12）瞬态分析设置及边界条件（Initial Conditions 定义）

如图 5-2-17 所示，将 Initial Conditions→Velocity 的 Input Type 处定义为 Velocity（另一个选项 Angular Velocity 为角速度），X Component 定义为-1e-3mm/s。将 Analysis Settings→Step Controls 的 Number Of Steps 定义为 1，步设置 Step End Time 为 10s，Define By 为 Time，Time Step 为 0.1s，Time Integration 为 On。

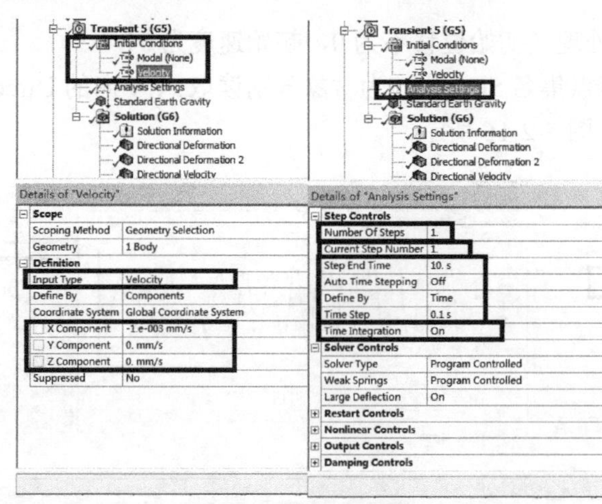

图 5-2-17　瞬态分析设置

由于在初始条件中定义了初始速度，因此在边界条件中仅定义重力加速度，不需要抑制定义，如图 5-2-18 所示。

（13）瞬态分析后处理（Initial Conditions 定义）

计算完成后，以节点集名 Selection 为对象分别读取 x、y 向的 Directional Deformation 和 Directional Velocity，如图 5-2-19 所示。

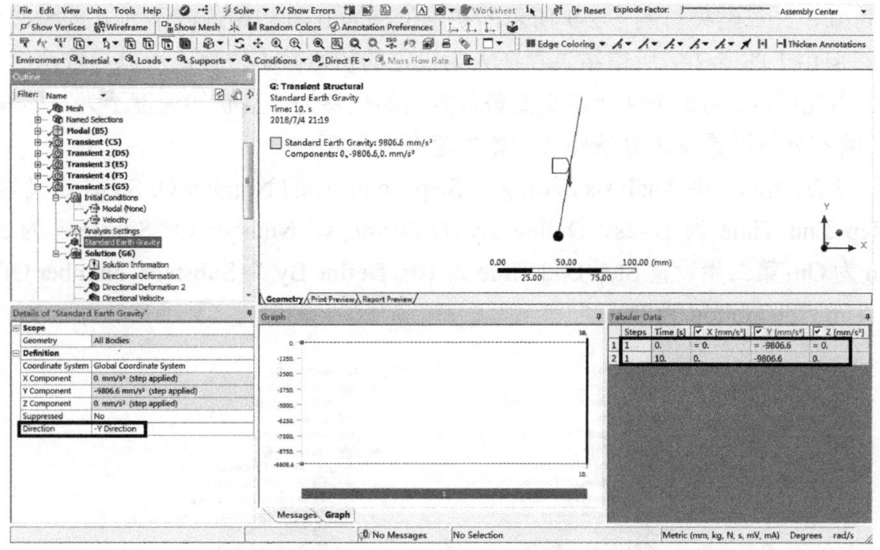

图 5-2-18 定义边界条件

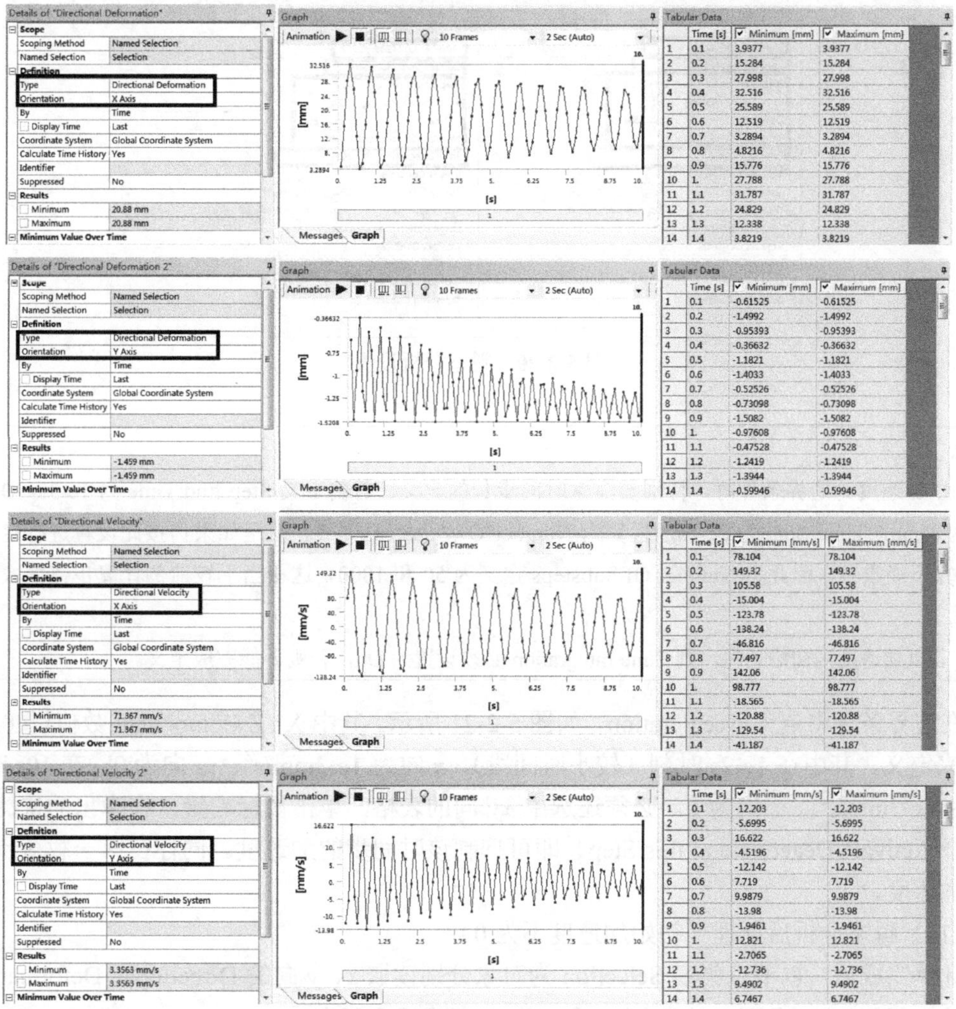

Details of "Directional Deformation"

Scoping Method	Named Selection
Named Selection	Selection
Type	Directional Deformation
Orientation	X Axis
By	Time
Display Time	Last
Coordinate System	Global Coordinate System
Calculate Time History	Yes
Identifier	
Suppressed	No
Minimum	20.88 mm
Maximum	20.88 mm

	Time [s]	Minimum [mm]	Maximum [mm]
1	0.1	3.9377	3.9377
2	0.2	15.284	15.284
3	0.3	27.998	27.998
4	0.4	32.516	32.516
5	0.5	25.589	25.589
6	0.6	12.519	12.519
7	0.7	3.2894	3.2894
8	0.8	4.8216	4.8216
9	0.9	15.776	15.776
10	1.	27.788	27.788
11	1.1	31.787	31.787
12	1.2	24.829	24.829
13	1.3	12.338	12.338
14	1.4	3.8219	3.8219

Details of "Directional Deformation 2"

Scoping Method	Named Selection
Named Selection	Selection
Type	Directional Deformation
Orientation	Y Axis
By	Time
Display Time	Last
Coordinate System	Global Coordinate System
Calculate Time History	Yes
Identifier	
Suppressed	No
Minimum	-1.459 mm
Maximum	-1.459 mm

	Time [s]	Minimum [mm]	Maximum [mm]
1	0.1	-0.61525	-0.61525
2	0.2	-1.4992	-1.4992
3	0.3	-0.95393	-0.95393
4	0.4	-0.36632	-0.36632
5	0.5	-1.1821	-1.1821
6	0.6	-1.4033	-1.4033
7	0.7	-0.52526	-0.52526
8	0.8	-0.73098	-0.73098
9	0.9	-1.5082	-1.5082
10	1.	-0.97608	-0.97608
11	1.1	-0.47528	-0.47528
12	1.2	-1.2419	-1.2419
13	1.3	-1.3944	-1.3944
14	1.4	-0.59946	-0.59946

Details of "Directional Velocity"

Scoping Method	Named Selection
Named Selection	Selection
Type	Directional Velocity
Orientation	X Axis
By	Time
Display Time	Last
Coordinate System	Global Coordinate System
Calculate Time History	Yes
Identifier	
Suppressed	No
Minimum	71.367 mm/s
Maximum	71.367 mm/s

	Time [s]	Minimum [mm/s]	Maximum [mm/s]
1	0.1	78.104	78.104
2	0.2	149.32	149.32
3	0.3	105.58	105.58
4	0.4	-15.004	-15.004
5	0.5	-123.78	-123.78
6	0.6	-138.24	-138.24
7	0.7	-46.816	-46.816
8	0.8	77.497	77.497
9	0.9	142.06	142.06
10	1.	98.777	98.777
11	1.1	-18.565	-18.565
12	1.2	-120.88	-120.88
13	1.3	-129.54	-129.54
14	1.4	-41.187	-41.187

Details of "Directional Velocity 2"

Scoping Method	Named Selection
Named Selection	Selection
Type	Directional Velocity
Orientation	Y Axis
By	Time
Display Time	Last
Coordinate System	Global Coordinate System
Calculate Time History	Yes
Identifier	
Suppressed	No
Minimum	3.3563 mm/s
Maximum	3.3563 mm/s

	Time [s]	Minimum [mm/s]	Maximum [mm/s]
1	0.1	-12.203	-12.203
2	0.2	-5.6995	-5.6995
3	0.3	16.622	16.622
4	0.4	-4.5196	-4.5196
5	0.5	-12.142	-12.142
6	0.6	7.719	7.719
7	0.7	9.9879	9.9879
8	0.8	-13.98	-13.98
9	0.9	-1.9461	-1.9461
10	1.	12.821	12.821
11	1.1	-2.7065	-2.7065
12	1.2	-12.736	-12.736
13	1.3	9.4902	9.4902
14	1.4	6.7467	6.7467

图 5-2-19 后处理

由图可知，计算结果与图 5-2-9 所示的初始位移为 0 且初始速度不为 0 的瞬态分析结果几乎一致。但由于图 5-2-9 所得结果存在人为设定的初始微小位移，所以导致两组数据存在微小差异。由此可得，初始条件所定义的条件为初始位移为 0 且初始速度不为 0 的瞬态分析。

（14）瞬态分析设置及边界条件（初始加速度不为 0）

如图 5-2-20 所示，将 Analysis Settings→Step Controls 的 Number Of Steps 定义为 2，第一步设置 Step End Time 为 1e-2s，Define By 为 Substeps，Number Of Substeps 为 50，Time Integration 为 On；第二步设置 Step End Time 为 10s，Define By 为 Substeps，Number Of Substeps 为 1000，Time Integration 为 On。

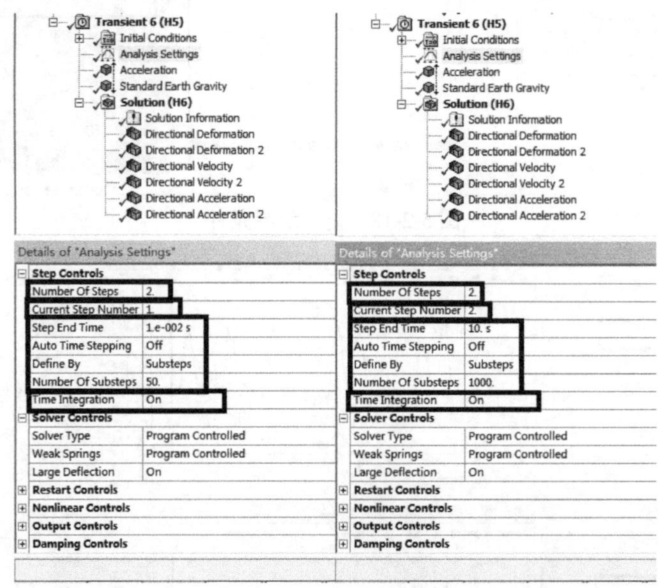

图 5-2-20　瞬态分析设置

注意

以加速度为边界条件时，特别要注意时间步长的定义。前例定义 Step End Time 为 1e-3s，Define By 为 Time，Time Step 为 5e-4s，换算为 Number Of Substeps 是 2。但是如果仍按此设置进行定义，则计算不能收敛，因此将 Number Of Substeps 定义为 50 和 1000，这相当于较前例计算步数增大一个量级。

若以加速度为初始条件，则 Time Integration 必须设置为 On，否则不能完成定义。

在边界条件中定义 Acceleration，如图 5-2-21 所示。其中 XYZ Component 数值以 Tabular Data 来定义，其中在 1e-2s 时刻（较小时间段），x 向为-1e-3mm/s^2、yz 向为 0。在 10s 时刻，x 向为-1e-3mm/s^2、yz 向为 0。必须还选中 xy 向的表格，单击鼠标右键，在弹出的快捷菜单中选择 Activate/Deactivate at this Step！即可抑制该时间步的加速度。同样在第一载荷步抑制重力加速度。

（15）瞬态分析后处理（初始加速度不为 0）

计算完成后，以节点集名 Selection 为对象分别读取 x、y 向的 Directional Deformation、Directional Velocity 和 Directional Acceleration，如图 5-2-22 所示。

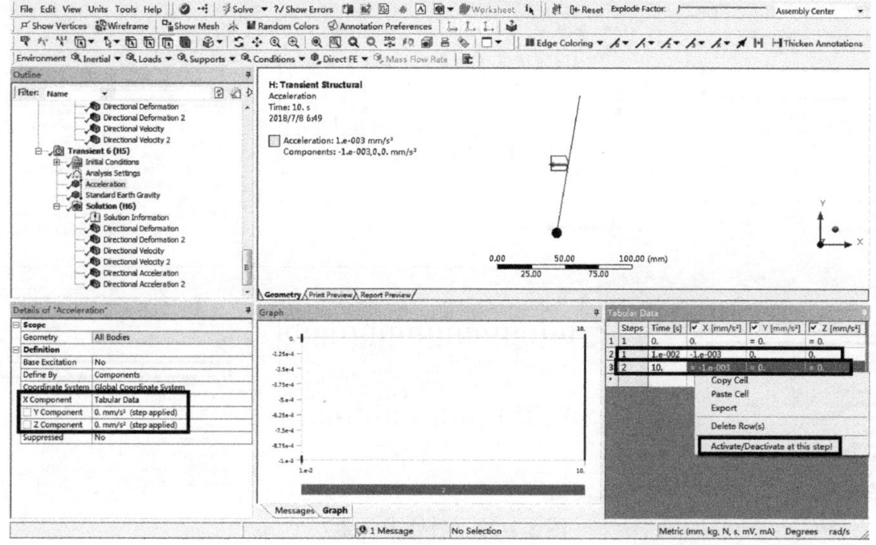

图 5-2-21　定义加速度

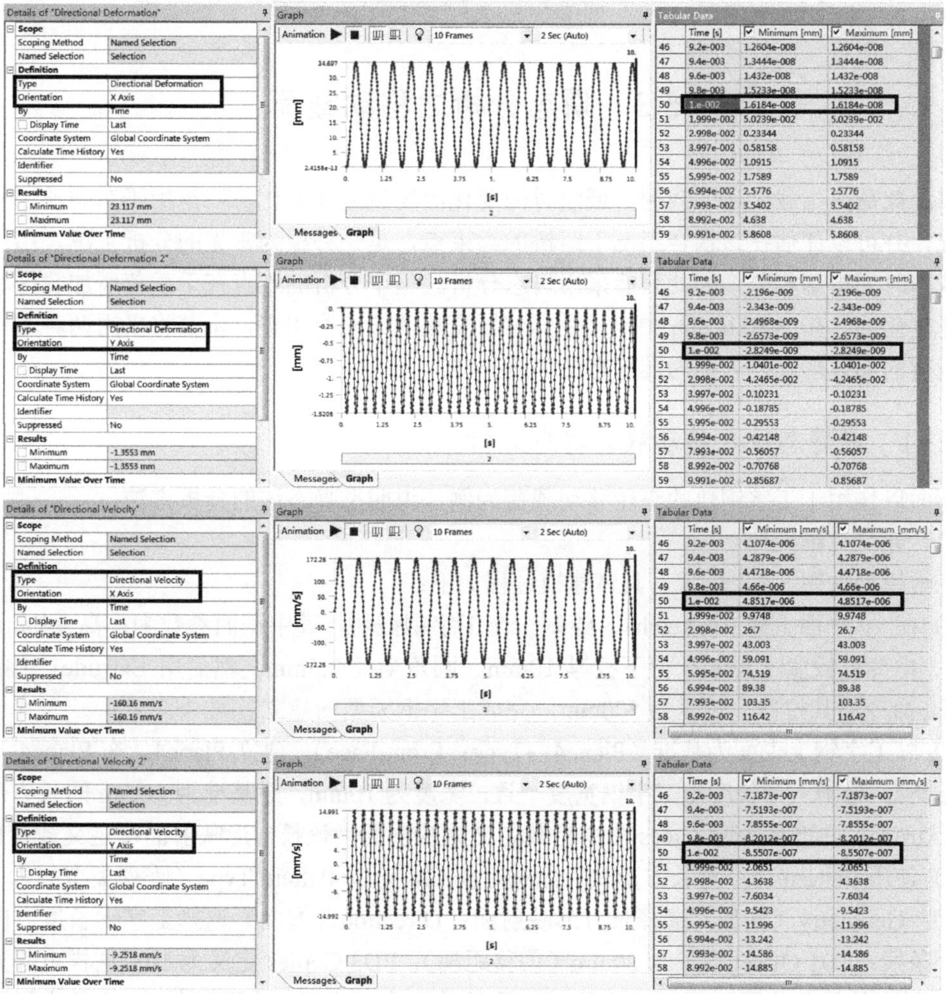

图 5-2-22　后处理

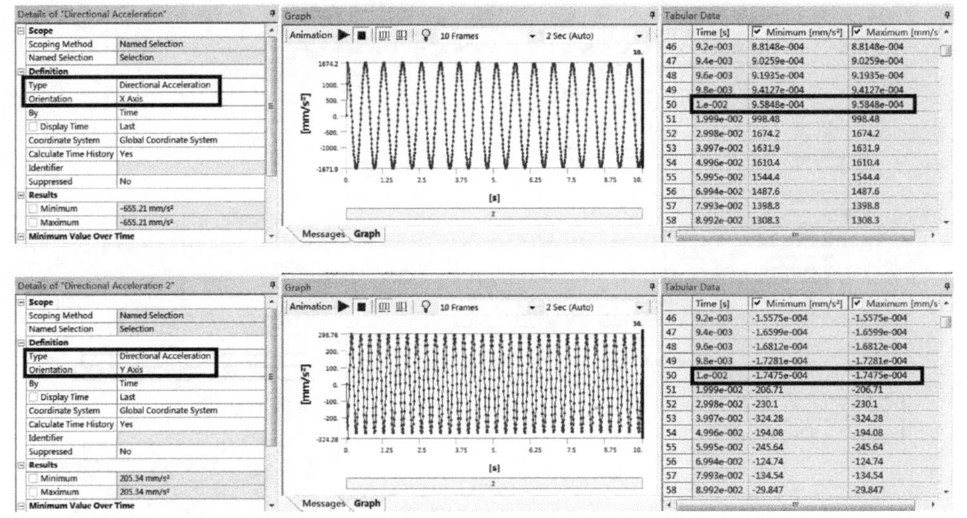

图 5-2-22　后处理（续）

由图可知，在 1e-2 时刻，存在 *xy* 向的加速度分量，这与之前定义的条件相一致。

5.3　瞬态分析之移动载荷

移动载荷是指载荷所加载的区域随时间变化而发生空间变化，广泛用于车与路、桥耦合等工况，并可以评估在该耦合工况下路桥的约束点，是一种极为常见的分析工况。由于其载荷形式与时间密切相关，因此只能采用瞬态分析。整个分析的难点在于载荷所加载区域在空间上是变化的。在 Workbench 中定义空间位置变化的方法有很多，本节将采用两种方法表述移动载荷的加载形式，分别为准静态法和瞬态法。

5.3.1　准静态法之移动载荷瞬态分析

下面以作用于工字钢轨的车轮移动载荷为例，说明准静态法的分析方法。

（1）建立三维模型

三维模型如图 5-3-1 所示，具体建模过程如下：

1）在 *xy* 平面上建立 Sketch1。绘制一个工字钢截面，其中截面参数为：高 140mm、宽 80mm、中间筋板宽 5.5mm、上下板厚 10mm、圆角半径 7.5mm；然后用 Extrude1 中的 Add Material 命令将其拉伸，长度为 500mm，完成工字钢模型的建立。

2）以工字钢上表面为基准（Plane4→Type：From Face），建立 Plane4。在 Plane4 平面建立 Sketch2，绘制一个长度与工字钢宽度一致，宽度为 10mm，距基准为 50mm 的长方形。然后用 Extrude2 中的 Imprint Faces 命令将其定义为映射面，该长方形映射面可定义载荷位置。

3）使用 Pattern 命令对长方形映射面进行阵列，选择 Pattern Type（阵列类型）为 Linear（线性）；Geometry（图形）选择长方形映射面；Direction（方向）选择工字钢长度方向上的任意一条线；FD1 Offset 设置为 20mm（偏移距离）；FD3 Copies 定义为 10。这样可阵列含有 21 个映射面的载荷位置区域（21 个区域为原始的 1 个长方形加上阵列的 10 个长方形再加阵列间隔的 10 个长方形）。

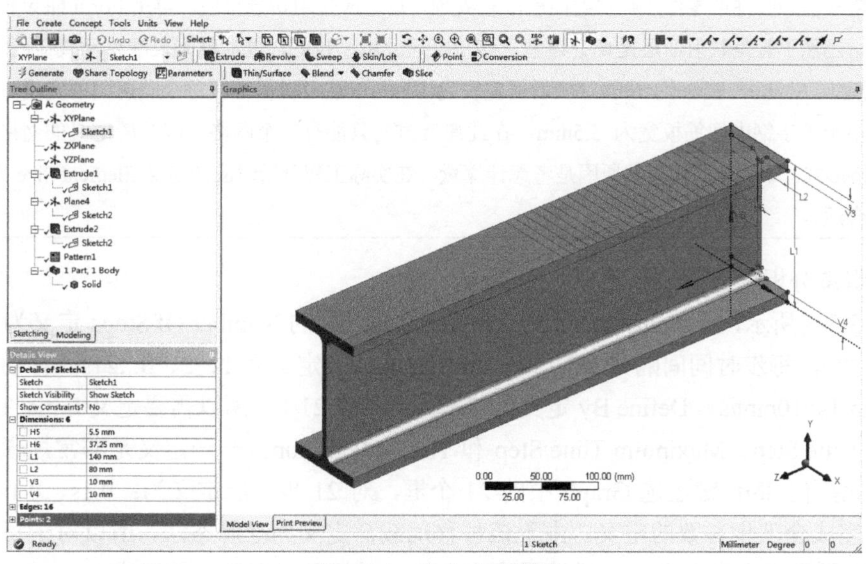

图 5-3-1 建立三维模型

（2）瞬态分析前处理

进入 Transient Structural 模块后，先进行网格划分。选择整个模型，对其定义 Body Sizing，其中 Type 选择为 Element Size，Element Size 定义为 5mm，如图 5-3-2 所示，其余均默认。

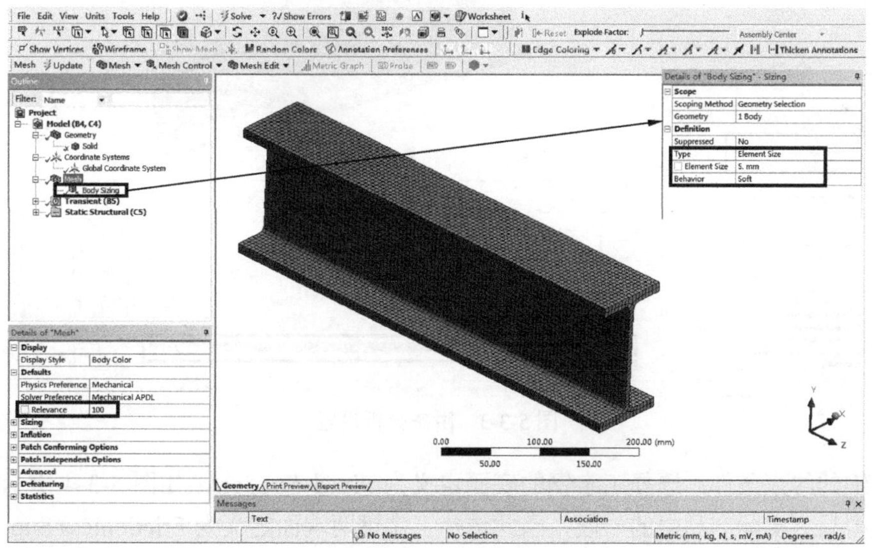

图 5-3-2 划分网格

注意

瞬态分析都涉及收敛计算问题，收敛计算的过程请参看《ANSYS Workbench 有限元分析实例详解（静力学）》。正因为瞬态分析的计算特点，所以其网格较静力学分析的更需要精细。一般建议定义网格尺寸，但未必需要六面体网格（实体模型），因此在瞬态分析前就必须根据网格可能的形式进行建模。以本例进行说明，依据载荷位置在模型上定义映射面，这是因为映射面为长方形，可以很容易划分出尺寸一致的网格。如果模型为圆柱形零件，则映射面就较难处理，这时应采用切分模型，再用 Form New Part 组合的处理方法。当然不管是映射面还是切分模型，该特征尺寸越小越好，越能精确反映移动载荷的实际工况。

本例定义 Element Size 为 5mm，映射面宽度为 10mm。这可以保证在每个映射面的宽度方向上有两个网格，由于工字钢中间筋板宽为 5.5mm，在此厚度方向只能有一个网格，因此所定义的网格尺寸不是很好的网格形式。本例如此定义的原因是考虑计算量，在实际工程分析时应该定义 Element Size 为 2.5mm，这才较为合适。

（3）瞬态分析设置及边界条件

如图 5-3-3 所示，将 Analysis Settings→Step Controls 的 Number Of Steps 定义为 21（存在 21 个映射面），每步时间间隔为 1s，Step End Time 依次定义为 1、2、3...21s（移动载荷的速度为 10mm/1s=10mm/s），Define By 定义为 Time。由于有 21 步，所以需要定义 Initial Time Step、Minimum Time Step、Maximum Time Step 和 Time Integration。一一定义是非常烦琐且易于出错的，因此按住 Shift 键连选 Graph 中的 21 个框，对 21 步一起定义为：0.1s、0.1s、0.5s 和 On，这样完成全部步参数的定义。由于该种移动载荷定义为准静态法，所以对于每步的时间步长定义不需考虑太多因素，一般设置为十分之一时间即可保证计算要求。

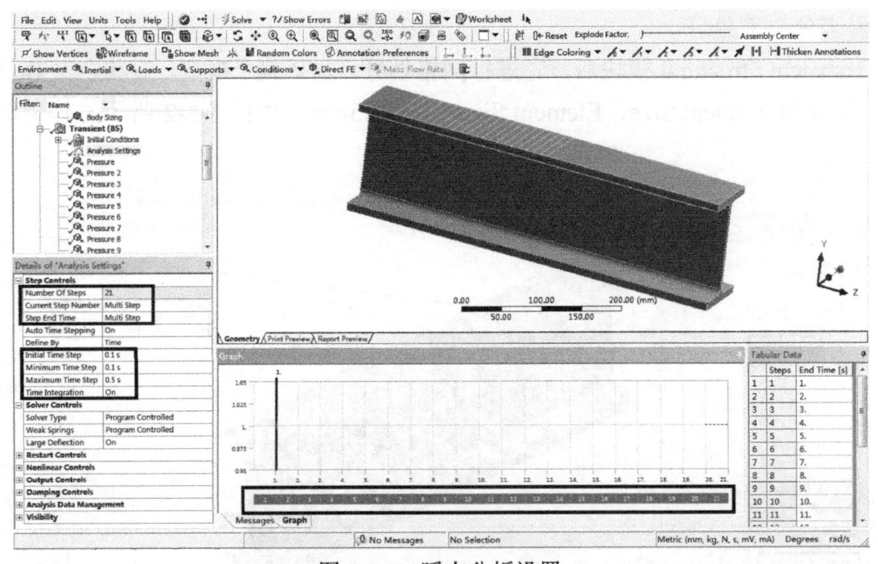

图 5-3-3　瞬态分析设置

工字钢的约束条件：选择工字钢的底面定义为 Fixed Support，如图 5-3-4 所示。由于该工字钢模型只为实际产品中的一段，因此选择工字钢两端面定义为 Frictionless Support。

移动载荷施加的步骤如下所示。

1）选取第一个映射面，对其定义 Pressure。在 Tabular Data 表格处，定义 0s 的载荷为 0，第 1s 的载荷为 1MPa，其余载荷步全部用 Deactivate at this step 功能来抑制，如图 5-3-5 所示。

2）选取第二个映射面，对其定义 Pressure。在 Tabular Data 表格处，定义第 2s 的载荷为 1MPa，其余载荷步全部用 Deactivate at this step 功能来抑制，如图 5-3-6 所示。

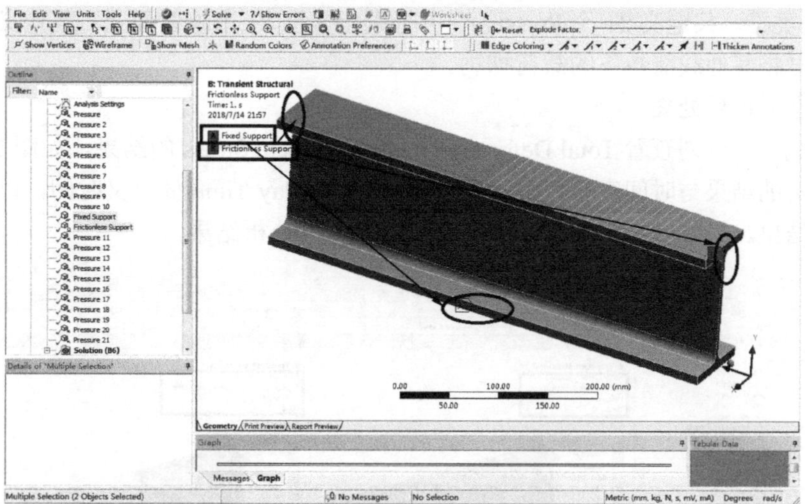

图 5-3-4　约束条件

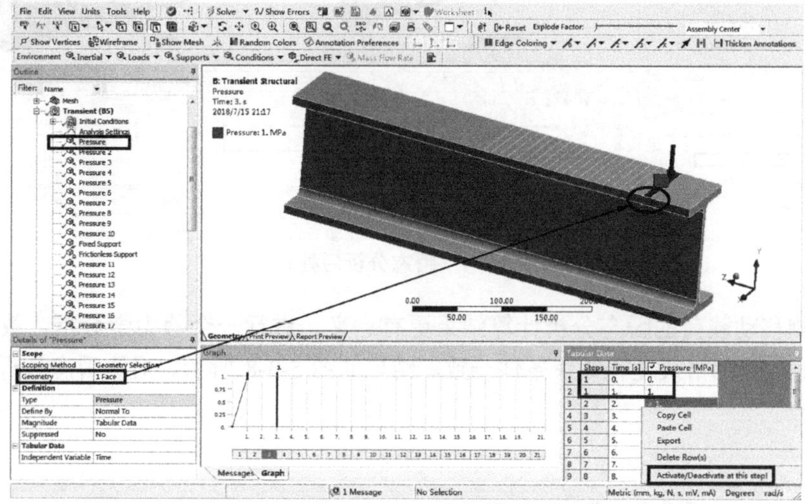

图 5-3-5　第一载荷步载荷的定义

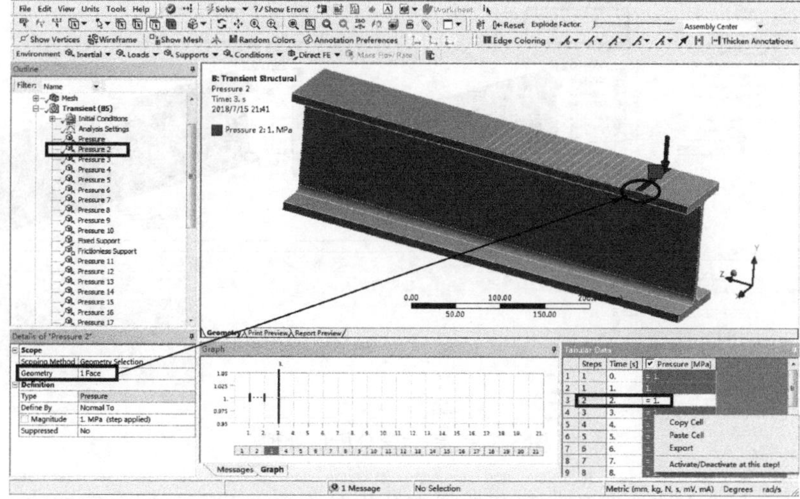

图 5-3-6　第二载荷步载荷的定义

3）依次类推，共定义 21 个 Pressure，并分别定义在 21 个映射面上，且定义在对应的载荷步上，同时将其他载荷步下的载荷抑制。

（4）瞬态分析后处理

计算完成后，分别查看 Total Deformation 和 Equivalent Stress 的结果，如图 5-3-7 所示。由于瞬态分析的结果与时间直接相关，因此可以在 Display Time 处定义时间，以求得不同时刻的后处理结果。另外查看计算动画更有利于观测瞬态分析结果。

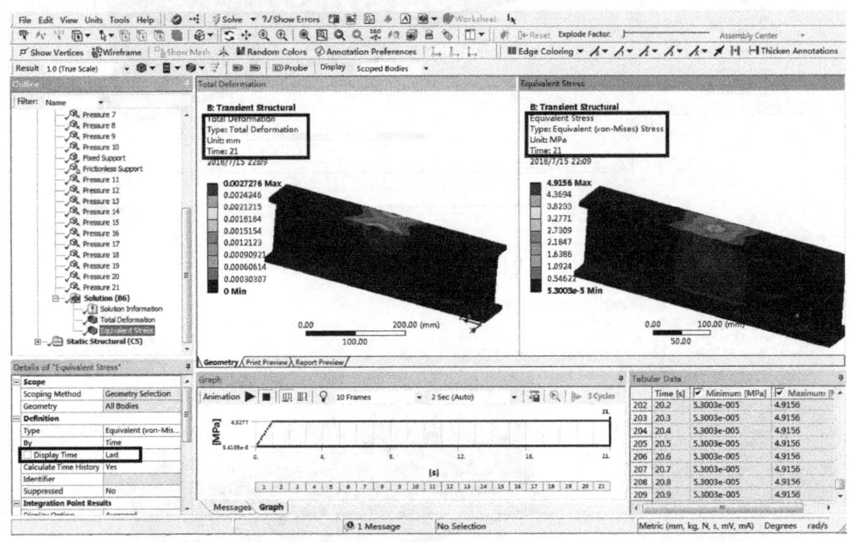

图 5-3-7　瞬态分析后处理

为使观测移动载荷的瞬态分析计算结果更有意义，进行一个静力学分析。载荷只作用于最后一个映射面，网格尺度和约束条件一致，结果如图 5-3-8 所示。对比瞬态分析结果，可知数值完全一致。

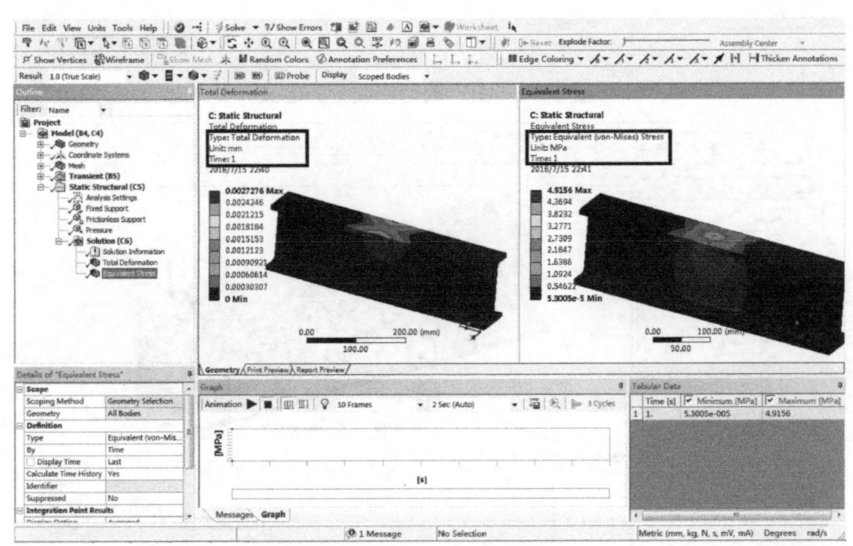

图 5-3-8　静力学分析后处理

由此可知，上述方法计算移动载荷的瞬态分析是由多个载荷步组合完成的。每个载荷步可等效为一个静力学分析，而瞬态分析是将这些静力学分析图片组合为一组动画。一般所定义的载荷形式较为简单，或空间分布比较有规律时，移动载荷可以如此设置。如果移动载荷的形式非常复杂，则可以用 External Data 模块进行处理。

例如创建图 5-3-9 所示的*.csv 文件，该表格的前 3 列表述坐标位置，后 12 列表述载荷形式。

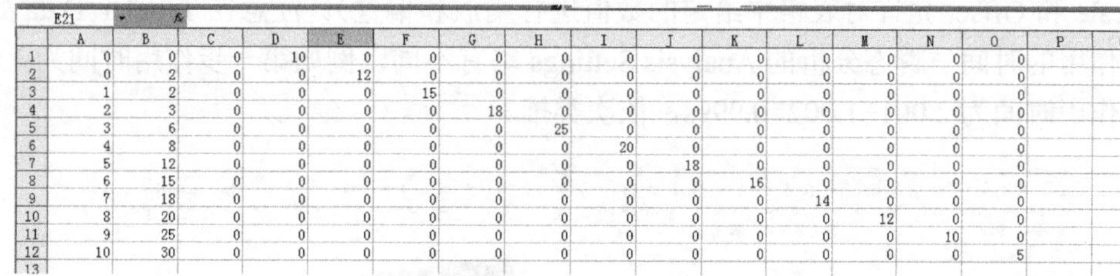

	A	B	C	D	E	F	G	H	I	J	K	L	M	N	O	P
1	0	0	0	10	0	0	0	0	0	0	0	0	0	0	0	
2	0	2	0	0	12	0	0	0	0	0	0	0	0	0	0	
3	1	2	0	0	0	15	0	0	0	0	0	0	0	0	0	
4	2	3	0	0	0	0	18	0	0	0	0	0	0	0	0	
5	3	6	0	0	0	0	0	25	0	0	0	0	0	0	0	
6	4	8	0	0	0	0	0	0	20	0	0	0	0	0	0	
7	5	12	0	0	0	0	0	0	0	18	0	0	0	0	0	
8	6	15	0	0	0	0	0	0	0	0	16	0	0	0	0	
9	7	18	0	0	0	0	0	0	0	0	0	14	0	0	0	
10	8	20	0	0	0	0	0	0	0	0	0	0	12	0	0	
11	9	25	0	0	0	0	0	0	0	0	0	0	0	10	0	
12	10	30	0	0	0	0	0	0	0	0	0	0	0	0	5	

图 5-3-9 建立 csv 文件

如图 5-3-10 所示，建立分析流程。其中 DM 模块所建立的模型为 30mm×40mm×5mm 的长方体，注意模块之间的关联。

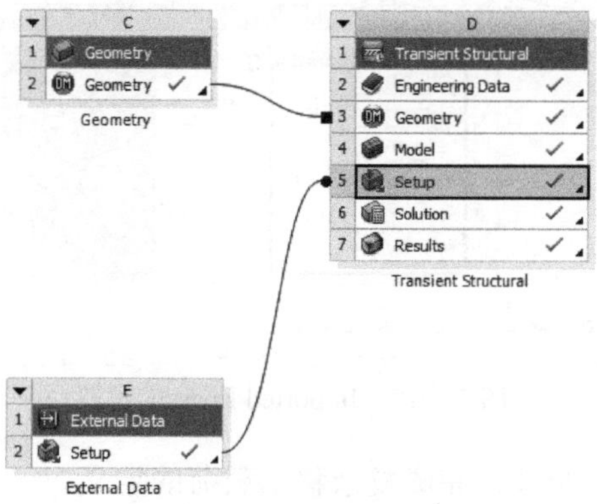

图 5-3-10 建立分析流程

External Data 模块的设置如图 5-3-11 所示。其中 1 区用于定义 csv 文件的导入路径，2 区用于单位，3 区的前 3 列为对应的坐标系位置，4 区的后 12 列为对应的 Pressure 载荷。

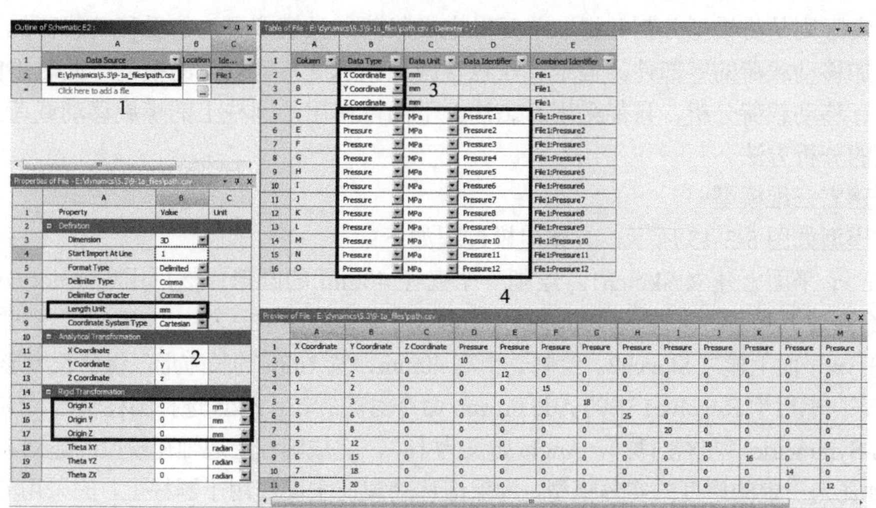

图 5-3-11 External Data 模块的设置

进入瞬态分析后，进行 Imported Load 设置，如图 5-3-12 所示。按鼠标右键插入 Imported Pressure（按照表格属性插入载荷类型），在 Geometry 处选择模型的加载区域，Apply To 可以根据需要选择 Elements（单元）或 Corner Nodes（节点的角点），在 Data View→Imported Pressure 处依次插入表格中的 Pressure1～Pressure12，它们分别对应 Analysis Time 的 1～12s（其中表格中 Scale 和 Offset 允许对表格中给定的数值进行缩放和偏置）。注意在 Tabular Data 处可见载荷所作用的时间与瞬态分析的 Analysis Settings 略有不同，例如第一步作用时间为 1.002s，第二步作用时间为 2.001−1.002=0.999s，依次类推。

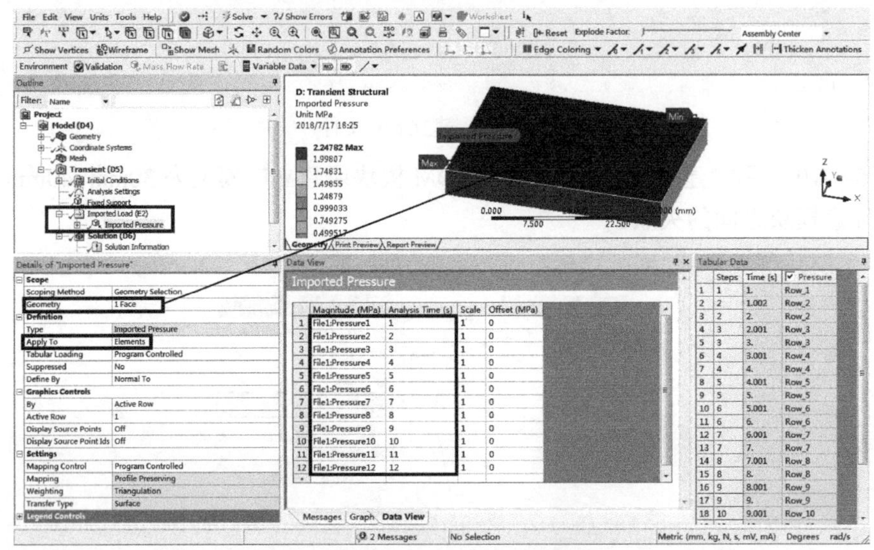

图 5-3-12　Imported Load 的设置

其余设置与前例类似，至此，完成复杂移动载荷的定义。

5.3.2　瞬态法之移动载荷分析

移动载荷采用准静态法，以多个载荷步的形式将移动载荷分解到每步，进而实现瞬态分析。究其实际则是将模型分割并提取单元以定义载荷，且模型只为承受移动载荷的零部件，不存在施加移动载荷的零部件。但是存在包含施加和承受移动载荷的模型，此时不能使用准静态法进行移动载荷分析，只能采用瞬态法。下面以作用于圆柱上的螺旋移动载荷为例，说明瞬态法的分析方法。

（1）建立三维模型

三维模型如图 5-3-13 所示，具体建模过程如下：

1）在 *xy* 平面上建立 Sketch1。绘制一个直径 40mm 的圆形；然后用 Extrude1 中的 Add Material 命令将其拉伸，长度为 100mm，完成圆柱模型的建立。

2）在 *yz* 平面上建立 Sketch2。绘制一个高 40mm、宽 1mm 的长方形，保证长方形内边与圆柱母线对齐；然后用 Revolve1 中的 Add Frozen 命令对其旋转，Axis 选择圆柱轴心，Direction 定义为 Both-Symmetric（左右对称），Angle 定义为 18°，完成圆柱上边轴瓦模型的建立。

3）轴瓦为一定的厚度的实体模型，为保证移动载荷主要作用于圆柱上，应采用 Concept→Surface From Face 命令。选择轴瓦的内圆弧面，创建一个 Surface Body（轴瓦壳体）。再选择第二步创建的轴瓦实体模型，将其删除或抑制。

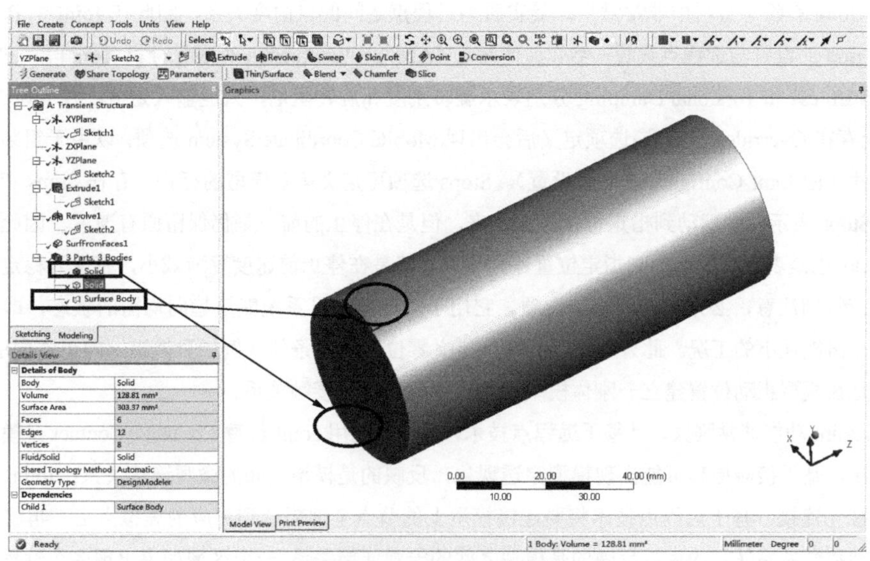

图 5-3-13 建立三维模型

（2）瞬态分析前处理

先定义轴瓦壳体的厚度，使 Geometry→Surface Body 中 Thickness 为 1mm。

再定义两者的接触关系和定义自由度，如图 5-3-14 所示。定义轴瓦壳体与圆柱的相对自由度，在瞬态分析中这类自由度关系应尽量采用 Joint 形式。由于轴瓦壳体需要绕圆柱面做螺旋运动，因此在 Connection Type 处选择 Body-Body（体与体相对运动），在 Type 处选择 Cylindrical（圆柱副，存在 z 向平移和绕 z 轴旋转两个自由度。所有 Joint 定义必须重点关注参考坐标系的方向，可以在 Reference Coordinate System 下进行调整）。在 Reference→Scope 处选择圆柱外圆面（运动副中相对静止的模型），在 Mobile→Scope 处选择轴瓦圆弧面（运动副中相对运动的模型）。

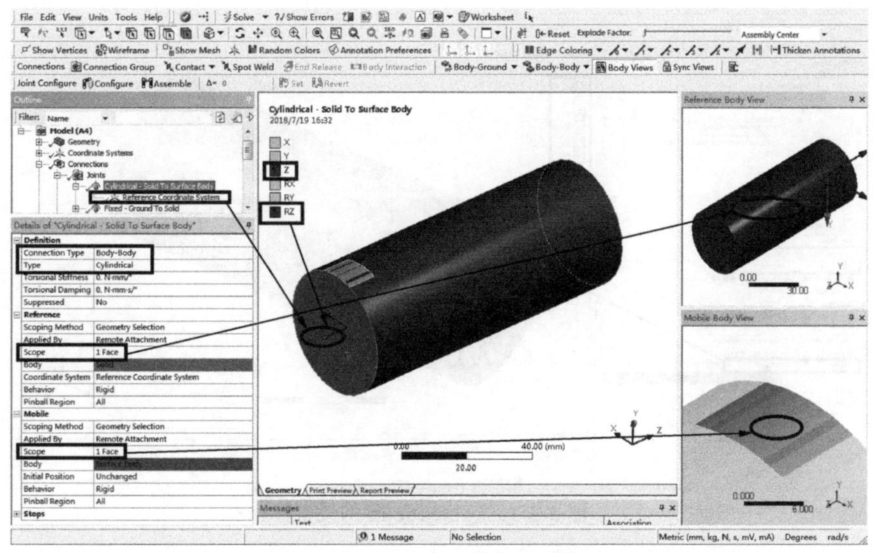

图 5-3-14 Cylindrical Joint 的设置

注意

设置 Joint 在瞬态分析中非常常用，其实质为远程点之间的自由度关系，因此在 Joint 中 Behavior 和 Pinball Region 的设置与远程点设置一致，具体参见《ANSYS Workbench 有限元分析实例详解（静力学）》。Torsional Stiffness 和 Torsional Damping 分别表示旋转刚度和旋转阻尼，只能输入定值；在 Mobile→Initial Position 处存在 Override 选项，该选项定义后会出现 Mobile Coordinate System 选项，以用于组装没装配成部件的零件（由 Joint Configure 选项来设置）。Stops 选项可定义运动模型的行程，存在 Stops 和 Locks 两种类型，Stops 表示模型运动到指定位置停止下来，但是在停止的前一刻仍保留原有速度，因此存在冲击现象；Locks 也是表示模型运动到指定位置停止下来，但是在停止前速度逐渐减小，表现为稳定的停止现象。另外应特别注意，必须慎重使用该选项。它用于动能较小且系统能量趋向均衡的状态，即便存在冲击，也是冲击能很小的工况。此外一定不能以此定义零位移边界条件（例如只能沿 x 向正方向运动），正确的方法是在模型止动位置建立一刚体模型，然后使两者建立接触关系。

虽然 Joint 功能非常强大，且基于远程点技术，但是不能用 Joint 代替 Contact。Contact 是模型之间的可视化连接，基于接触原理可能出现模型穿透现象，反映的是模型之间的微观连接关系；Joint 是模型之间的非可视化连接，基于远程点技术将要连接模型上的节点全部耦合到对应的虚拟点上，再将虚拟点之间定义某种数学关系(CE 约束)，反映的是模型之间的宏观连接关系、一个区域如果出现多个远程点(Joint、Moment、质点、远程载荷、远程约束等）设置，则会导致这些虚拟耦合点之间传递失误，导致在无力矩连接区域（两个虚拟耦合点之间呈直线连接，载荷只能作用于虚拟点上并没有力臂）产生极大力矩，甚至导致无法计算（软件会提出黄色的严重警告）。但是接触则不会出现这类问题。一般而言，在静力学分析中柔性体应尽量少用 Joint 形式。

如图 5-3-15 所示，定义圆柱相对大地的自由度。使圆柱一侧固定，在 Connection Type 处选择 Body-Ground（体与大地的相对运动），在 Type 处选择 Fixed（固定，限制所有自由度），在 Mobile→Scope 处选择圆柱一侧端面（运动副中相对静止的模型）。

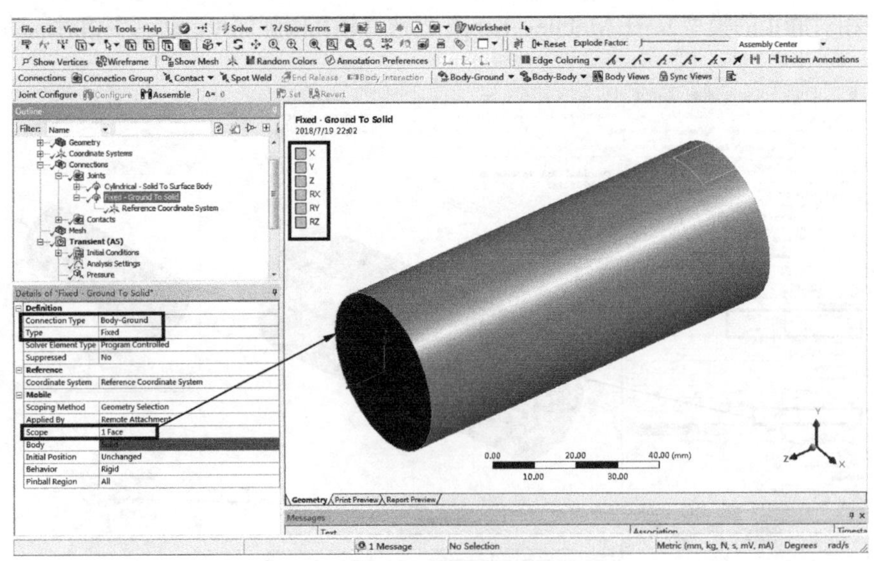

图 5-3-15　Fixed Joint 的设置

如图 5-3-16 所示，定义轴瓦壳体与圆柱接触关系（Joint 与 Contact 的设置并不冲突）。注意：由于重点关注圆柱的变形和应力情况，而认为轴瓦相对于圆柱变形较小，刚性更大，因此在 Contact 处选择圆柱外圆面，在 Target 处选择轴瓦圆弧面。另外由于轴瓦为壳单元，因此在 Target Shell Face 处选择 Top（壳单元在接触时必须检查接触面位置），在 Type 处选择 Frictional，Frictional Coefficient 定义为 0.1，Behavior 选择为 Asymmetric（由于轴瓦刚度大，因此设接触压力全部由圆柱来承受，可在后处理 Contact Tool→Pressure 中查看），Formulation 选择为 Augmented Lagrange，其余全部默认。

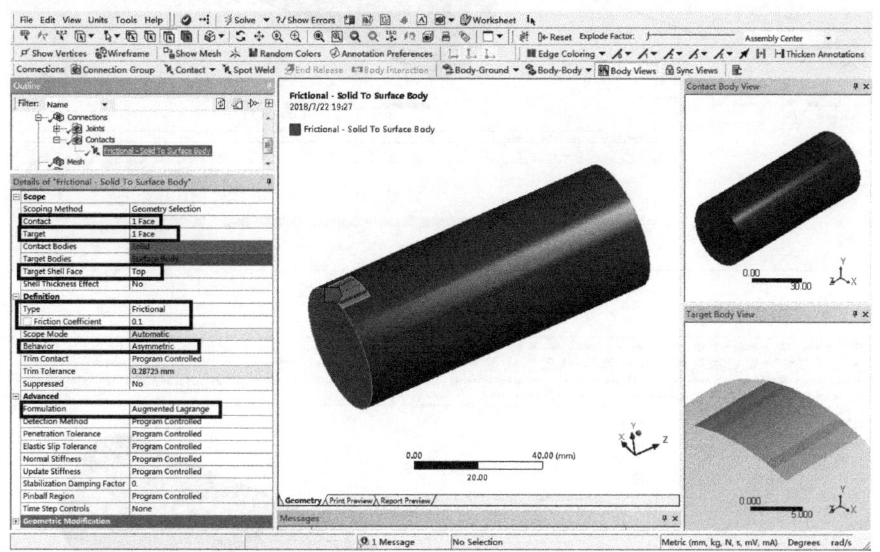

图 5-3-16　接触设置

最后基于默认设置划分网格。

（3）瞬态分析设置及边界条件

将 Analysis Settings→Step Controls 的 Number Of Steps 定义为 1，Step End Time 也定义为 1，Define By 定义为 Time，Initial Time Step、Minimum Time Step、Maximum Time Step 依次定义为 0.01s、0.01s 和 0.1s，其余全部默认。本例虽然存在接触，但接触状态（无冲击）并没有发生变化，因此时间步的设置主要按照系统模态频率来定义，又由于该模型存在自由度，且模态最低频率为 0，因此时间步取 0.1s 即可。当然兼顾接触收敛问题，应将初始时间步和最小时间步再定义小一个量级，即 0.01s。

边界条件：对轴瓦施加压力载荷，如图 5-3-17 所示。选择轴瓦面，施加−10MPa 的压力载荷。注意在 Tabular Data 处的第 0s 载荷也要定义为−10MPa，这表示在初始状态时即存在−10MPa 的载荷，一直到计算时间终止均保持该载荷。如果第 0s 的载荷为 0MPa，则表示到计算终止时刻，载荷逐步增加，直到最后时刻载荷才为−10MPa。这明显与移动载荷的工况不符。另外，由于轴瓦绕圆柱做螺旋运动，因此不能施加 Force 载荷，因为 Force 载荷的方向不随模型运动而发生变化。

Joint Load 边界条件：为保证轴瓦绕圆柱做螺旋运动，必须定义 Joint 的运动方向和数值。如图 5-3-18 所示。分别定义两个 Joint Load，其一为 Joint→Velocity，用于定义轴瓦沿圆柱轴向的运动速度，注意第 0s 的速度也要定义为−60mm/s；其二为 Joint→Rotation，用于定义轴瓦绕圆柱轴线旋转的角度，注意在第 0s 的角度为 0。

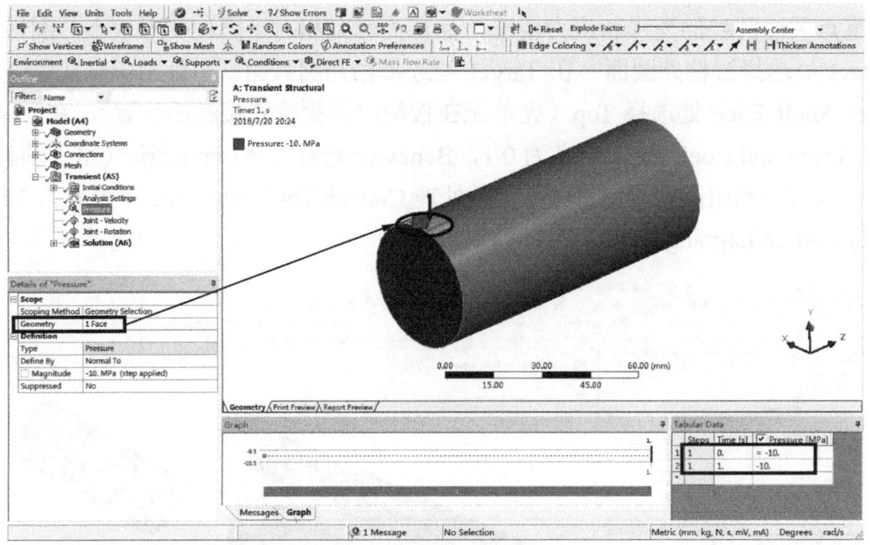

图 5-3-17　Pressure 边界条件

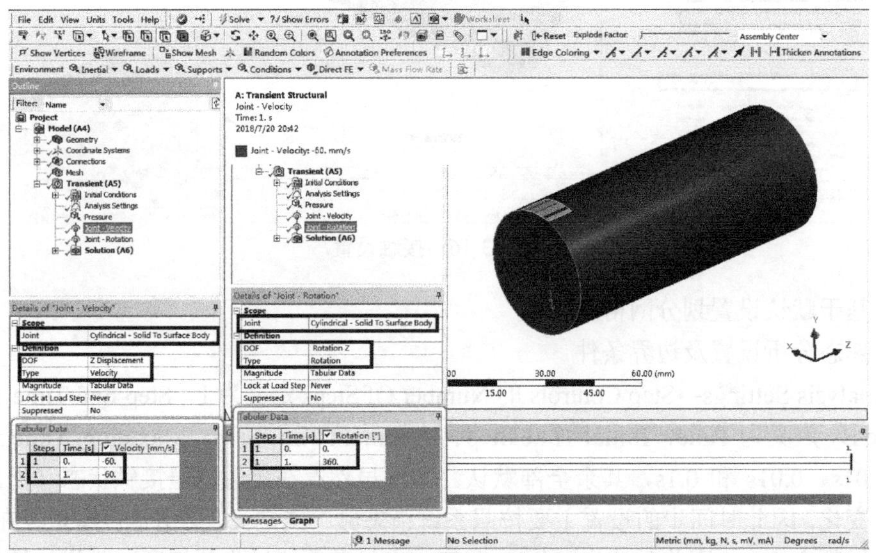

图 5-3-18　Joint 边界条件

（4）瞬态分析后处理

计算完成后，分别查看 Total Deformation 和 Equivalent Stress 的结果，如图 5-3-19、图 5-3-20 所示。此外还可以查看 Contact Tool-Status、Frictional Stress、Sliding Distance 和 Pressure（接触状态、摩擦应力、滑移距离、接触压力）、Probe-Energy（kinetic）、Probe-Energy（Strain）（动能、应变能）的结果。

（5）静力学后处理

同样对本例进行静力学分析，如图 5-3-21 所示分析流程。先用鼠标右键单击 A1（Transient Structural），在出现的菜单中选择 Duplicate，复制一个瞬态分析；然后用鼠标右键单击 B1（Copy of Transient Structural），在出现的菜单中选择 Replace with-Static Structural，将所有设置完全保留并改为静力学分析。

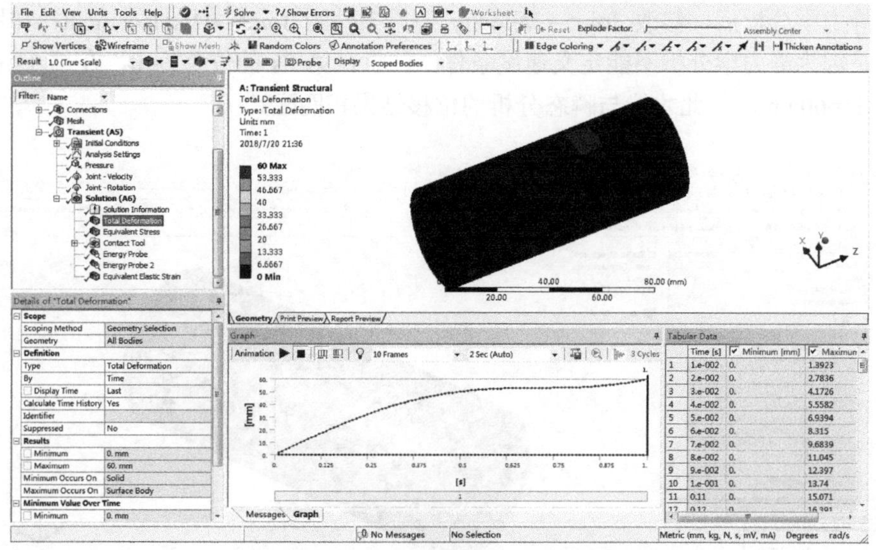

图 5-3-19 Total Deformation 后处理

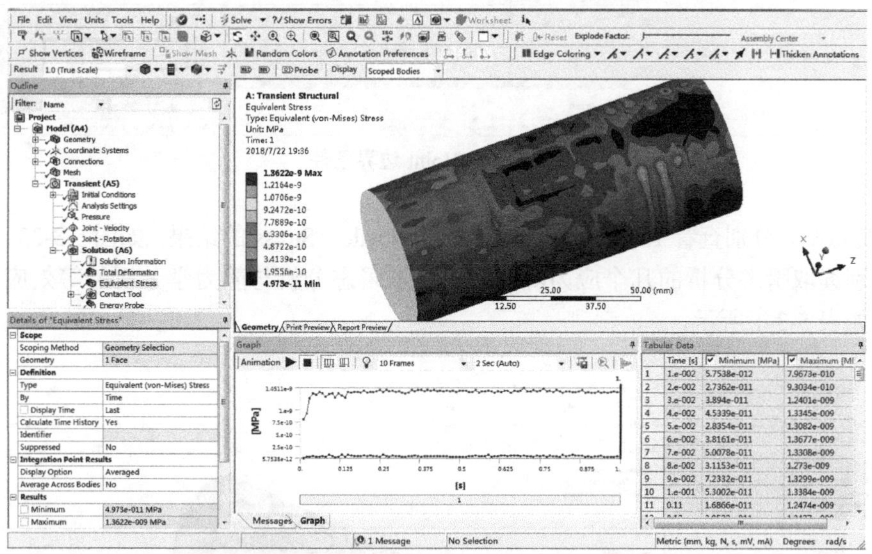

图 5-3-20 Equivalent Stress 后处理

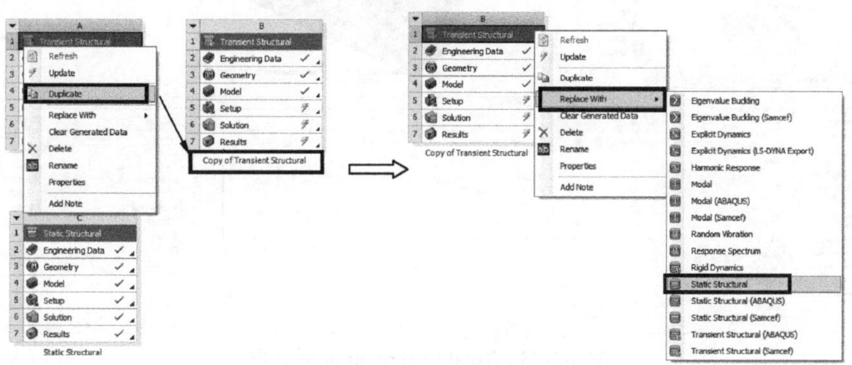

图 5-3-21 分析流程

进入静力学分析后，修改 Joint→Velocity 边界条件为 Joint→Displacement，如图 5-3-22 所示。这是因为静力学分析不能定义速度条件，注意在第 0s 的位移为 0，在第 1s 的位移为 −60mm/s×1s=60mm，如此才能与瞬态分析的位移结果相匹配。

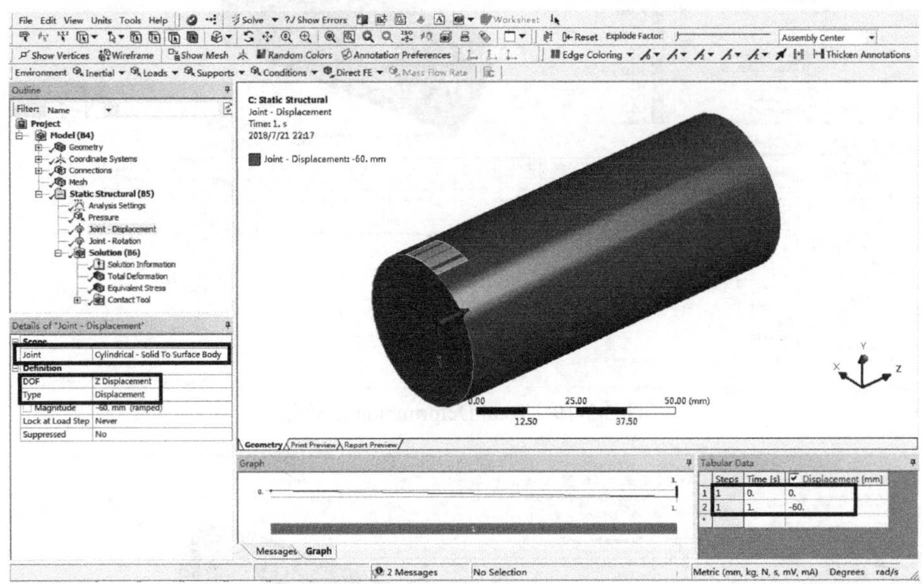

图 5-3-22　Joint 边界条件

计算完成后，分别查看 Total Deformation 和 Equivalent Stress 的结果，如图 5-3-23、图 5-3-24 所示。分别读取瞬态分析的几个应力峰值时刻，取瞬态分析与静力学分析的等效应力分析进行对比，如表 5-3-1 所示。

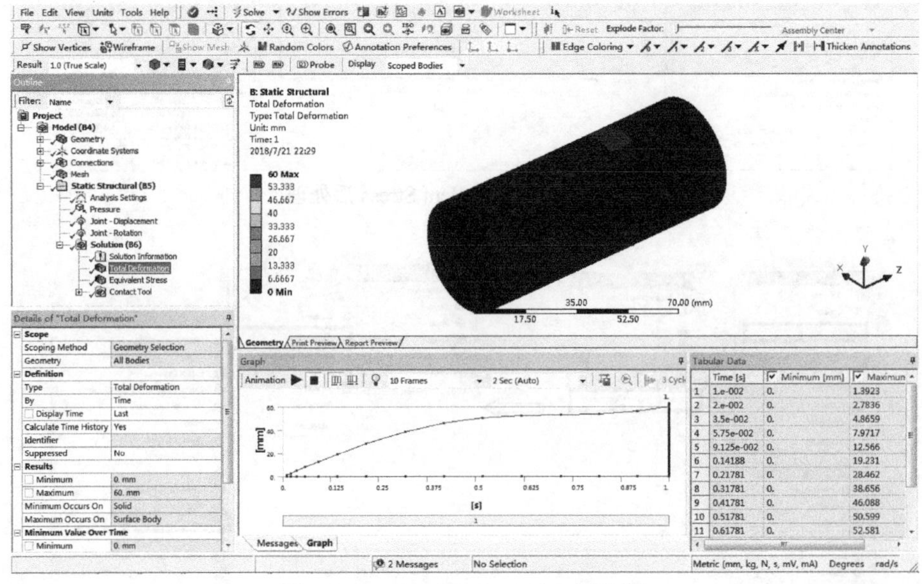

图 5-3-23　Total Deformation 后处理

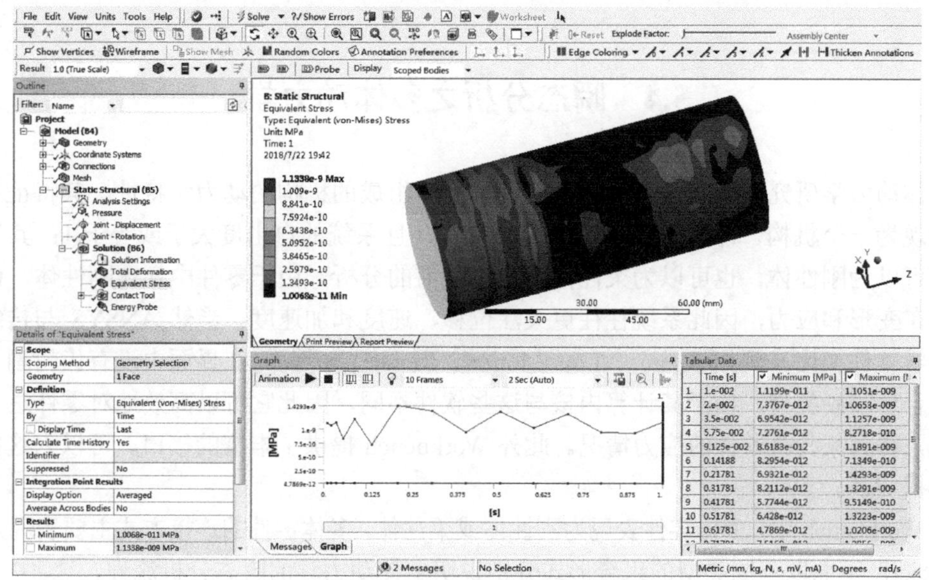

图 5-3-24　Equivalent Stress 后处理

表 5-3-1　　瞬态分析与静力学分析等效应力的对比

	0.06s	0.27s	0.7s	0.76s	0.88s	1s
瞬态分析	1.368e-9MPa	1.411e-9MPa	1.451e-9MPa	1.431e-9MPa	1.412e-9MPa	1.362e-9MPa
静力分析 (Pressure= −10MPa)	8.215e-10MPa	1.300e-9MPa	1.094e-9MPa	9.387e-10MPa	1.682e-9MPa	1.134e-9MPa
相对差	66.5%	8.5%	32.6%	52.4%	−16.1%	20.1%
静力分析 (Pressure= −12MPa)	7.349e-10MP	9.256e-10MP	1.347e-9MPa	1.539e-9MPa	1.66 e-9MPa	1.508e-9MPa
相对差	86.1%	52.4%	7.7%	7%	−14.9%	-9.7%

由表 5-3-1 可得，瞬态分析的等效应力结果基本都高于原载荷的静力学分析等效应力结果。在前期（0.06s），由于瞬态分析可知系统存在较大的动能，而静力学分析不存在动能结果（后处理 Probe-Energy 查看），因此两分析出现最大幅度的差异。在中间段（0.27～0.88s），瞬态分析的动能趋于稳定，虽然应变能还小于静力学分析应变能结果，但运动形式所表现的整体应力结果依然大于静力学应力结果的 30%～50%。在后期（1s），两者计算差异减小，但瞬态分析的应力结果依然大于静力学分析结果的 20%。而瞬态分析的等效应力结果基本都低于或相当于 1.2 倍原载荷的静力学分析等效应力结果（由于前期瞬态分析存在较大动能，因此差异依然较大），而且静力学分析最终计算结果（1.508e-9MPa）也大于瞬态分析中任何时刻的等效应力结果。由此可知，定义动静载荷系数比可以简化瞬态分析，从而可用静力学分析代替瞬态分析。对于低速或冲击很小的瞬态分析，动静载荷系数比取 1.2；对于中速或冲击较大的瞬态分析，动静载荷系数比取 1.2～1.8；对于高速或冲击很大的瞬态分析，动静载荷系数比取 1.8～3。当然各行业有自己的行业标准对此进行定义。有限元法对具体问题建模分析后，可以对此系数提供更精确的参考依据。

5.4　瞬态分析之多体动力学

多体动力学研究由相互关联的刚性体和柔性体组成的机构的动力学特性，其特征首先是系统表现为一个机构，即由多个零件组成的系统，且系统的自由度大于或等于 1；其次表现为零件可以为刚性体，也可以为柔性体。相比之前的分析，由于零件中存在刚性体，而刚性体不存在变形和应力，因此系统往往更关注位移、速度和加速度。当然 ANSYS 与传统的多体动力学软件相比（例如 Adams、Lms-Motion、RecurDyn 等），在界面中没有齿轮副、凸轮副等复合运动副类型。由于其计算内核与这些软件不同，因此它可以高效地对零件进行柔性化处理，得到某几个零件的应力情况。此外 Workbench 提供了丰富的接口，可以为这些软件提供数据交换。

在 Workbench 中，多体零件表现为刚性体或柔性体，多体零件的连接方式主要表现为 Joint 和 Contact。下面以不同类型的组合形式分别说明多体动力学的瞬态分析流程。

5.4.1　全刚性体（柔性体）零件全 Joint 连接的多体动力学

若全部零件采用 Joint 连接，则可以对系统模型的整体运动状态进行评估。如果采用全刚性体模型，则可以大大提高计算效率；而如果采用柔性体，则可以得到零件的应力分布情况（忽略连接细节的应力状态）。下面以六连杆模型为例说明全部采用 Joint 连接的分析流程。

（1）建立三维模型

三维模型由外部模型导入而得，如图 5-4-1 所示。

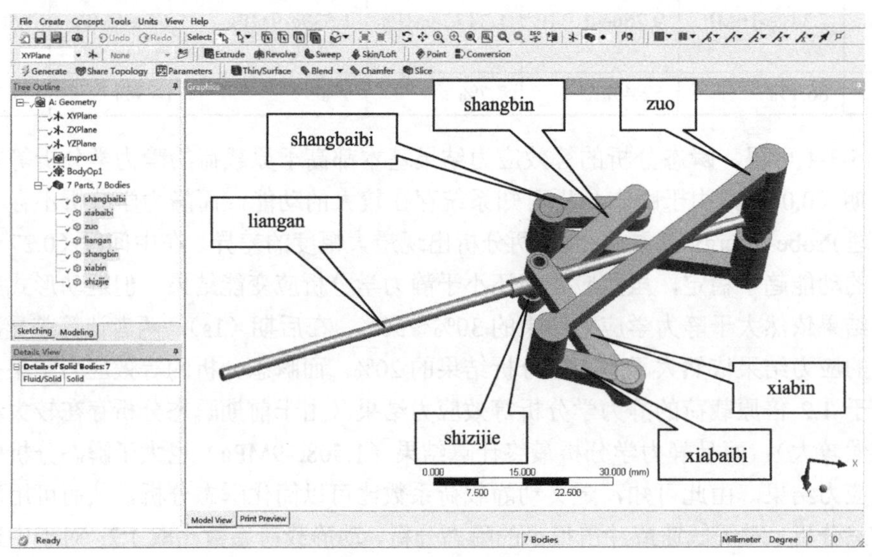

图 5-4-1　三维模型

（2）建立分析流程

如图 5-4-2 所示，建立分析流程。其中包括 A 框架结构的 DM 模块、B 框架结构的瞬态分析（用于全刚性体计算）、C 框架结构为复制 B 模块的瞬态分析（用于全柔性体计算）。

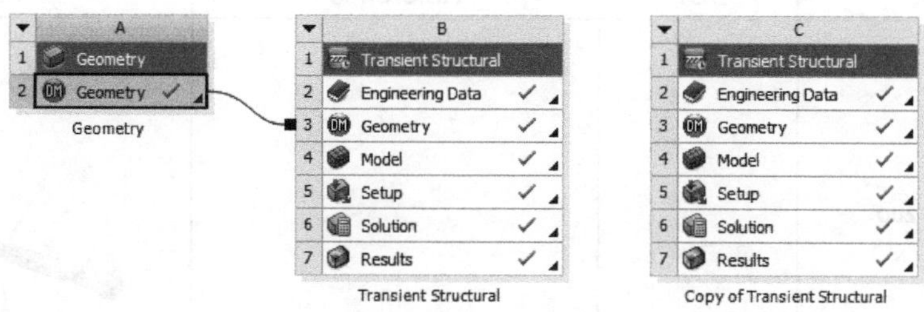

图 5-4-2 分析流程

（3）全刚性体瞬态分析前处理

首先将所有零件定义为刚性体，如图 5-4-3 所示。在 Geometry 下选中所有模型，在 Stiffness Behavior 处选择 Rigid，将所有零件定义为刚性体。注意：定义为刚性体之后，每个零件均出现基于各自形心的局部坐标系，这也是刚性体的软件特征。该坐标系对于后续定义 Joint 连接非常有帮助。

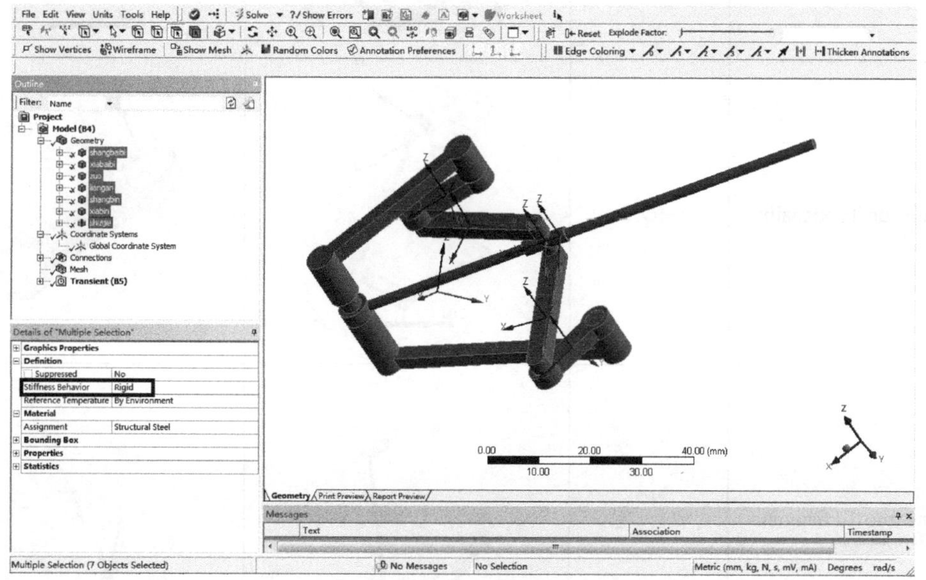

图 5-4-3 定义刚性体

其次定义各刚体零件的 Joint 设置，这是多体动力学前处理中最重要的设置，如表 5-4-1 所示。在 Joint 设置中，Reference 面为相对静止的基准，本例中 zuo 零件相对固定，因此在 Revolute-zuo To shangbaibi、Revolute-zuo To xiabaibi 和 Revolute-zuo To liangan 的运动副设置中，Reference 面均选择 zuo 零件对应的面；而在 Translational-liangan To shizijie 的运动副设置中，由于 shizijie 零件在 liangan 零件上平移，因此 Reference 面选择 liangan 零件对应的面；在其余运动副设置中，由于零件之间无法明确界定相对运动的主次关系，因此 Reference 面可以任意选择。每种运动副所释放的自由度（DOF）可参见《ANSYS Workbench 有限元分析实例详解（静力学）》。

表 5-4-1　　　　Joint 设置

Joint 设置	DOF	Reference	Mobile
Fixed-Ground To zuo	/	/	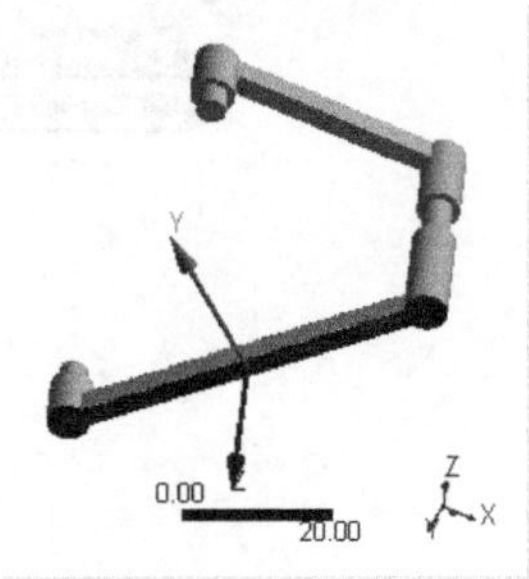
Revolute-zuo To shangbaibi	RZ	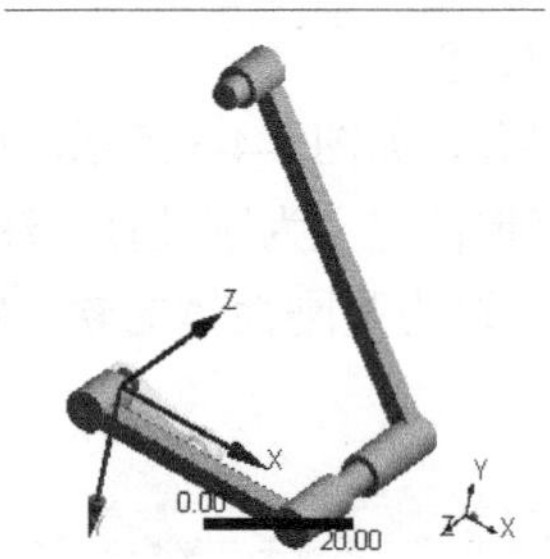	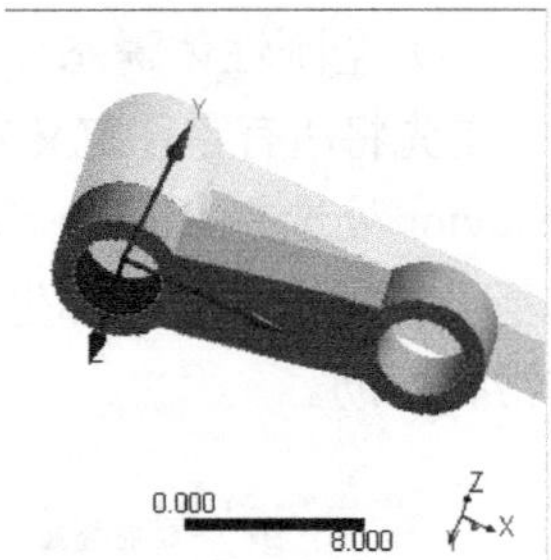
Revolute-zuo To xiabaibi	RZ	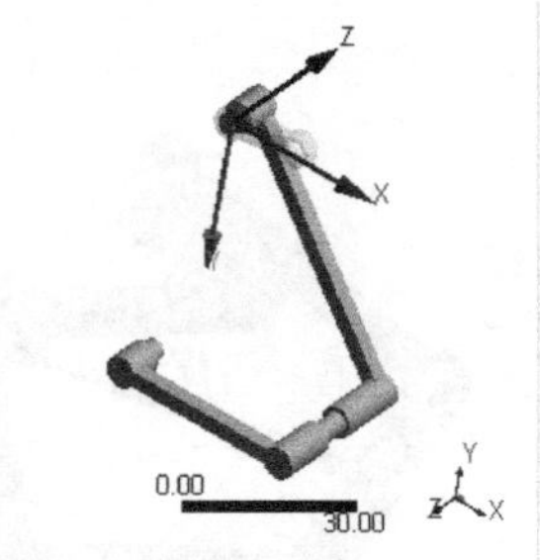	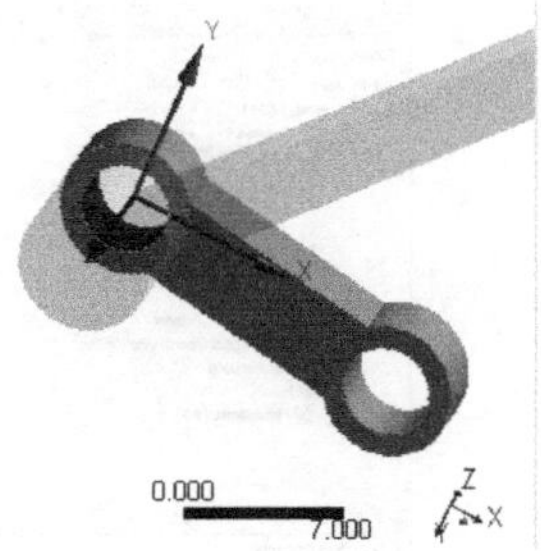
Revolute-zuo To liangan	RZ	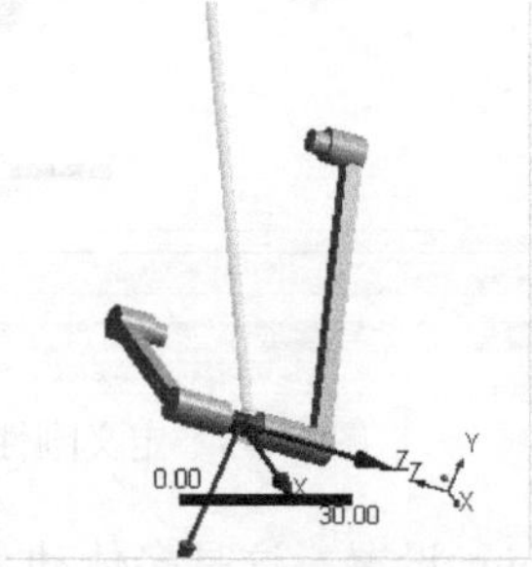	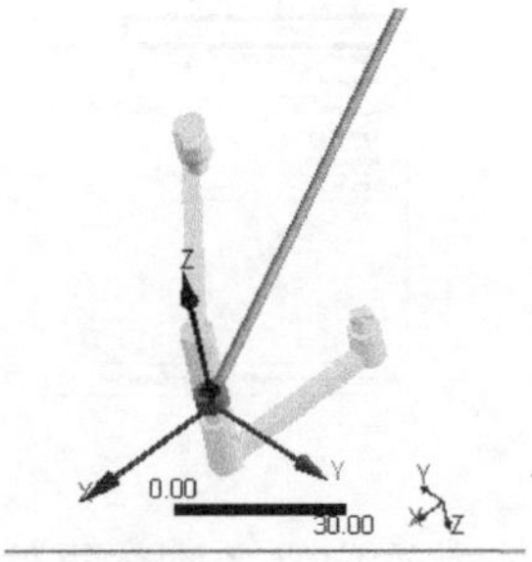
Revolute-shangbaibi To shangbin	RZ	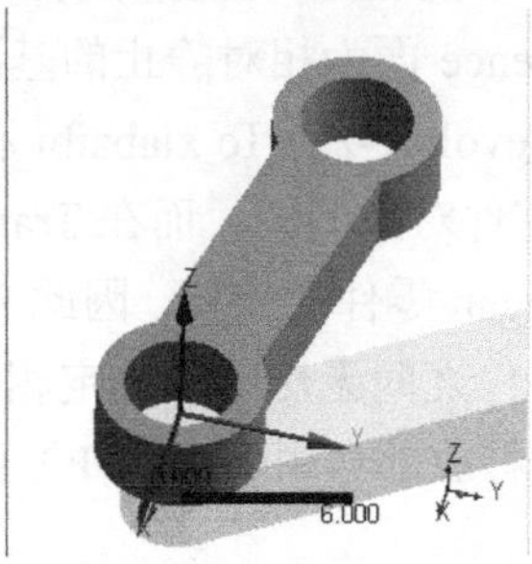	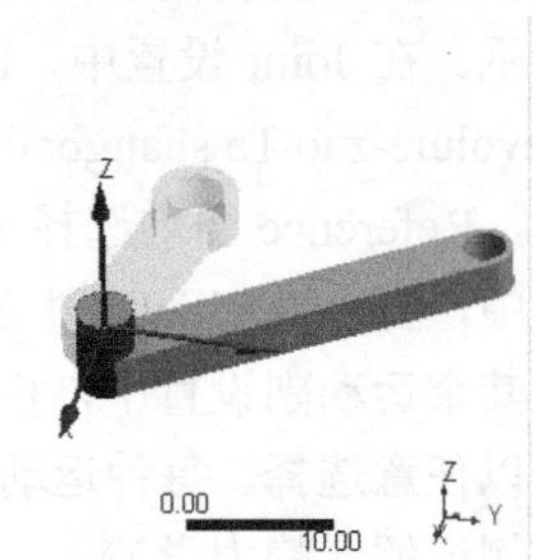

续表

Joint 设置	DOF	Reference	Mobile
Revolute-xiabaibi To xiabin	RZ	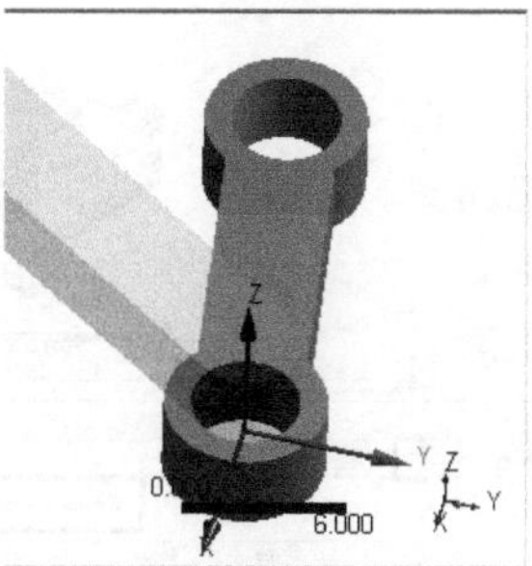	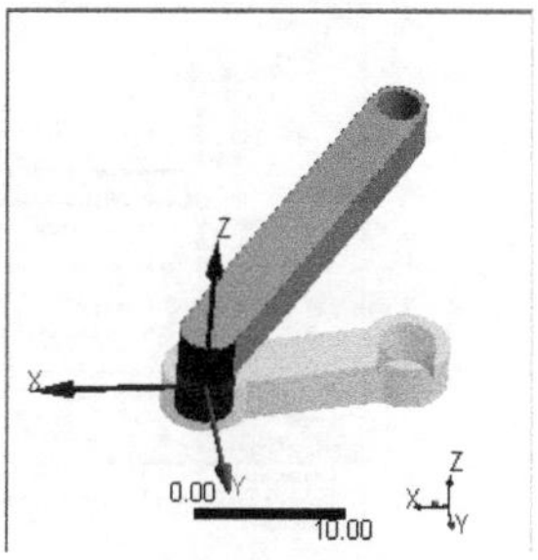
Revolute- shangbin To shizijie	RZ	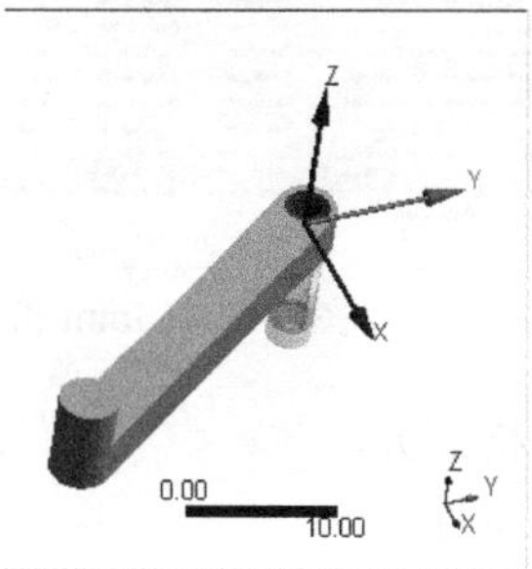	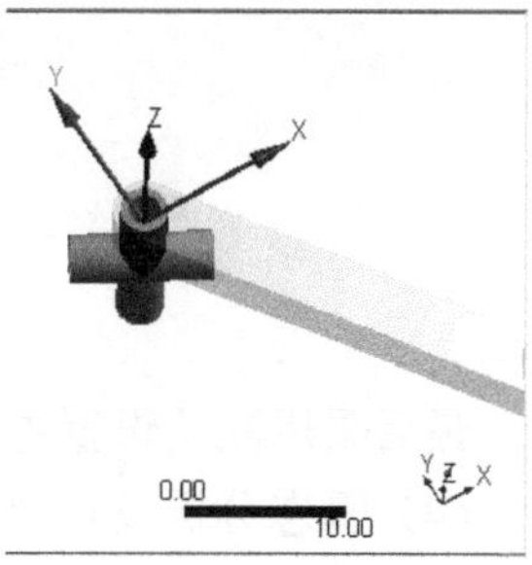
Revolute- xiabin To shizijie	RZ	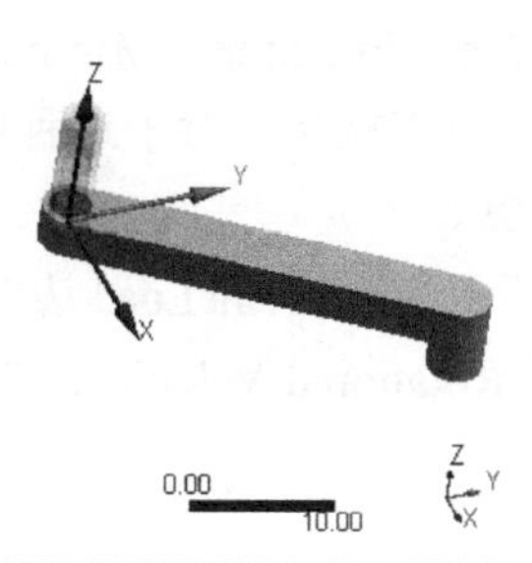	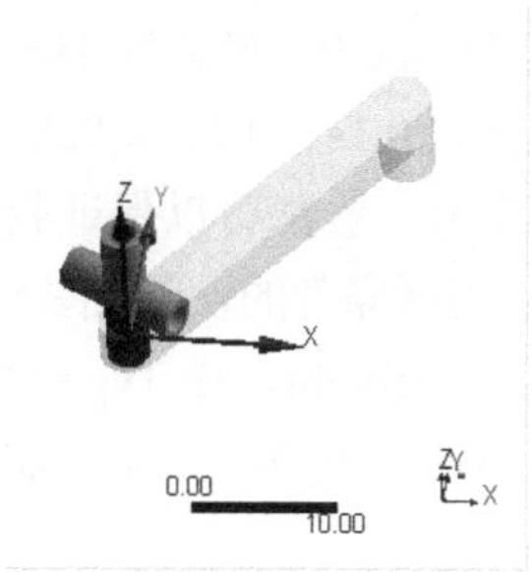
Translational-liangan To shizijie	X		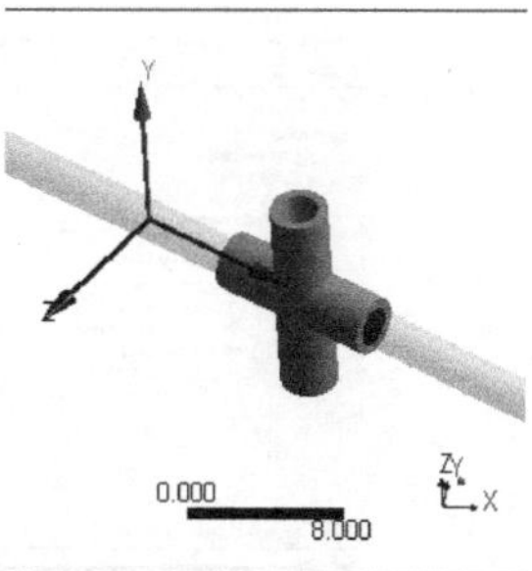

（注：Reference 和 Mobile 上的坐标系方向均一致）

还需要检查 Joint 是否存在错、漏或重复的问题，如图 5-4-4 所示。鼠标右键单击 Connections 项，在弹出的快捷菜单中选择 Redundancy Analysis，再单击 Analyze 图标，即可得到系统自由度情况分析。本例的系统中存在两个自由度，分别为 liangan 绕 zuo 的旋转自由度和 shizijie 在 liangan 上的平移自由度。

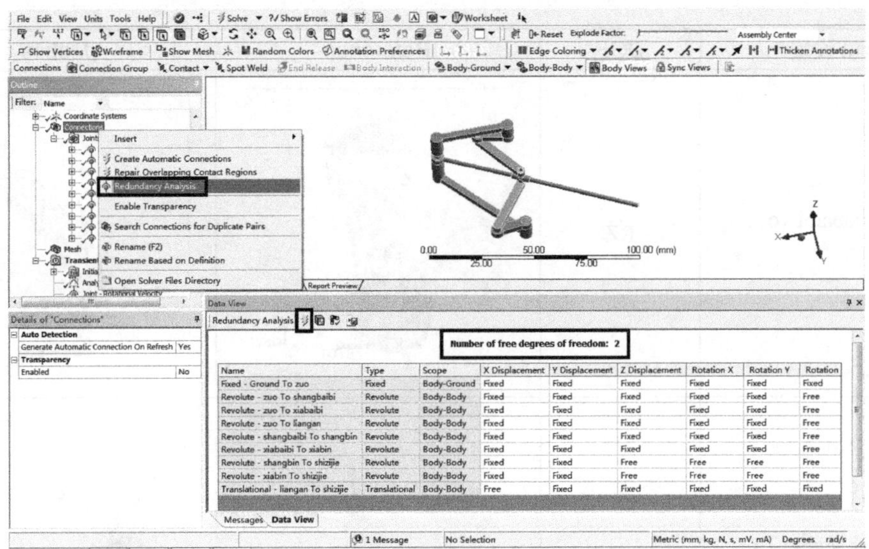

图 5-4-4　Joint 检查

最后采用默认设置进行网格划分。

（4）瞬态分析设置及边界条件

将 Analysis Settings→Step Controls 的 Number Of Steps 定义为 1，Step End Time 也定义为 1，Define By 定义为 Time，Initial Time Step、Minimum Time Step、Maximum Time Step 依次定义为 0.1s、0.1s 和 0.2s，其余全部默认。对于这种仅存在 Joint 连接的模型，按此时间步进行设置一般都可以保证收敛计算。

边界条件的设置如图 5-4-5 所示。定义 Joint Load 边界条件，在 Scope→Joint 处选择 Revolute-zuo To shangbaibi，在 Type 处选择 Rotational Velocity，在 Tabular Data 处定义第 0s 的转速为 0、第 1s 的转速为−6.2832rad/s。

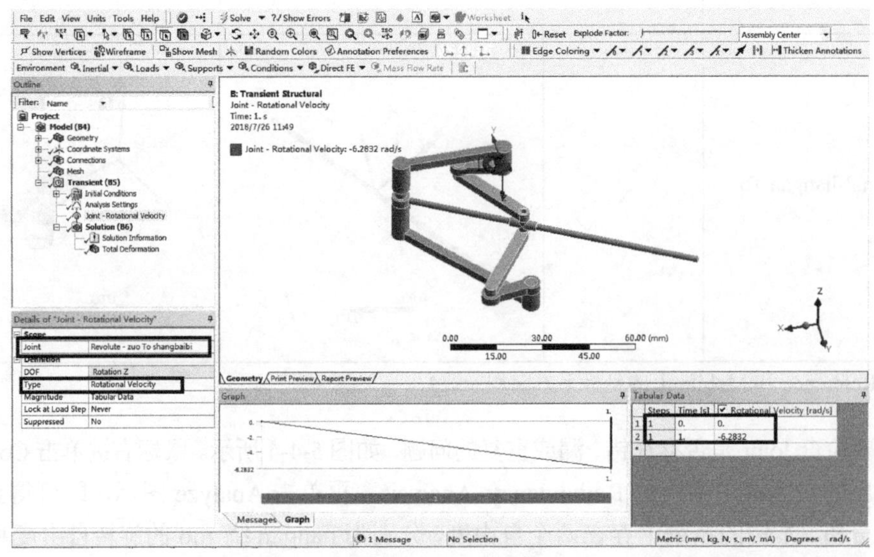

图 5-4-5　Joint 设置

（5）全刚性体瞬态分析后处理

计算完成后，在后处理中先查看 Total Deformation 的结果，如图 5-4-6 所示，可知最大位移位于 shangbin 零件上。

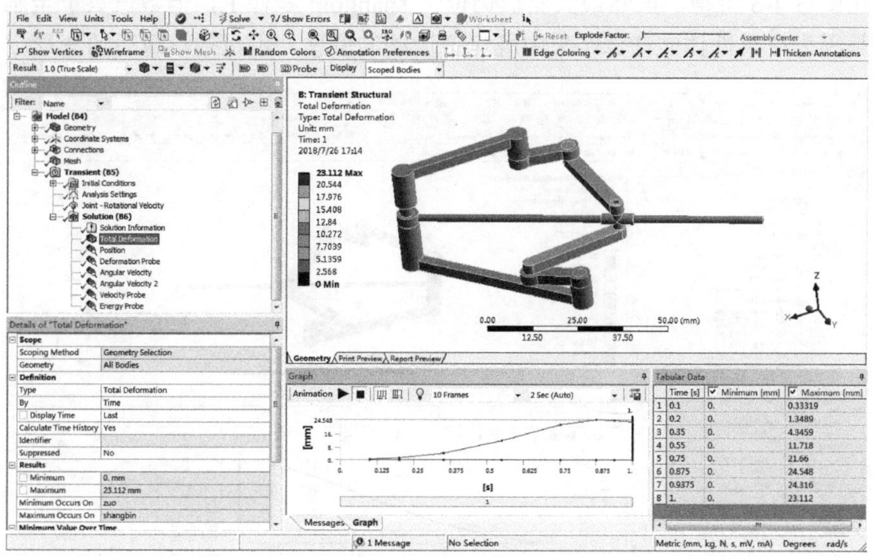

图 5-4-6　Total Deformation 结果

读取 Probe-Position 结果，在 Geometry 处选择 shangbin 零件，如图 5-4-7 所示。注意，该后处理只能针对刚性体模型，其计算结果表示的是刚性体的局部坐标系相对于 Global Coordinate System（全局坐标系）坐标位置的变换。

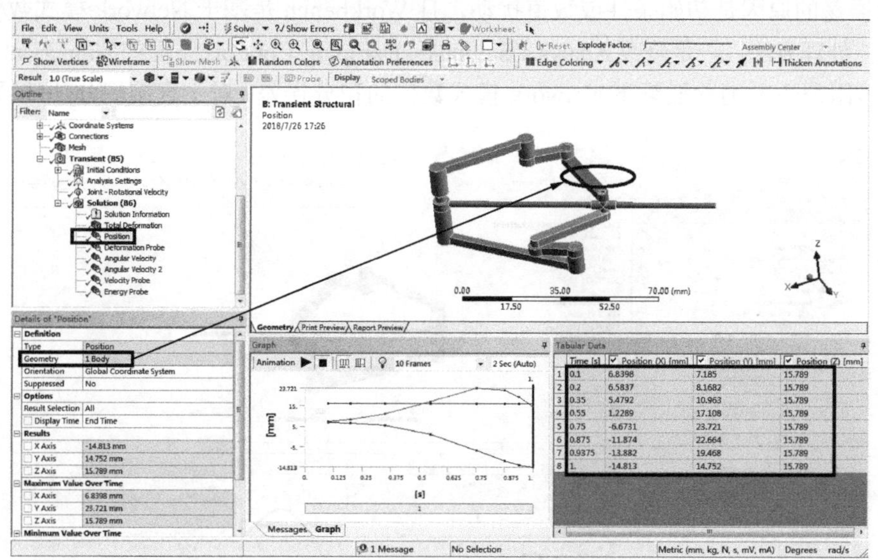

图 5-4-7　Probe-Position 结果

读者可以自行尝试读取 Probe-Velocity、Angular Velocity、Energy 等后处理结果。

（6）全柔性体瞬态分析处理

在 C4（Modal）处双击鼠标左键，对系统进行全柔性体瞬态分析。与图 5-4-3 类似，定义所有零件的 Stiffness Behavior 为 Flexible。其余所有设置均保持不变，也不需要对模型的网格划分进行特殊定义，并求解。

计算过程较全刚性体模型耗时更久，在后处理中先查看 Total Deformation 结果，如图 5-4-8 所示。对比图 5-4-6 可得，虽然最大变形仍位于 shangbin 零件上，但数值大于全刚性体模型数值。这是因为在柔性体的计算结果中既包括运动的位移，也包括承载后的变形。

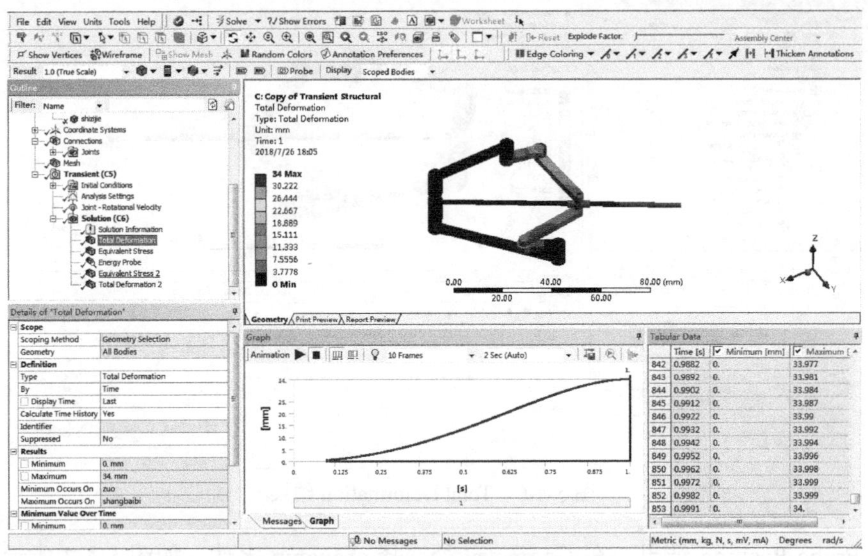

图 5-4-8　Total Deformation 结果

再查看 Equivalent Stress 结果，如图 5-4-9 所示。注意在 0.1s 时刻附近，应力出现振荡。出现应力振荡的原因是初始条件或数值扰动，且 Workbench 是基于 Network 模式数值积分方法造成的。处理方法：一是修改 Analysis Settings→Damping Controls 下面的 Numerical Damping 的数值。该阻尼主要消除低频下 Network 模式数值的积分误差，对于直接积分法的瞬态分析，

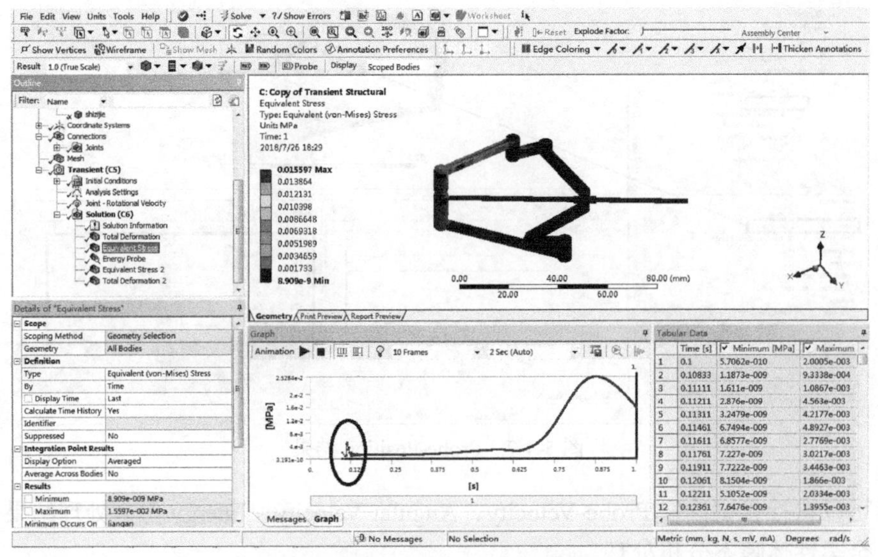

图 5-4-9　Equivalent Stress 结果

默认值为 0.1，当模型表现为平移运动、塑性、摩擦力耗损时，该值需要定义为较小的数值（小于 0.1）；当模型表现为旋转运动、冲击碰撞时，该值需要定义为较大的数值（大于 0.1）。二是采用 HHT 模式数值积分方法，该方法可以极为有效地处理高频下的数值振荡，使用方法为输入命令：

```
tropt,full,,,,,HHT   !使用 HHT 积分模式
tintp,0.2            !定义数值阻尼
```

（7）运动副的刚度和阻尼

之前所定义的旋转副在 Torsional Stiffness 和 Torsional Damping 处可定义刚度和阻尼，但是平移副不能定义刚度和阻尼。例如在空气弹簧、油缸等平动推力机构中存在平动运动副，其刚度和阻尼呈现为非线性现象。该类机构的定义方法为：在运动副同位置处再设置一个弹簧。以本例进行说明，再增加一个弹簧作用于 Translational-liangan To shizijie 处，如图 5-4-10 所示。其中 Longitudinal Stiffness 和 Longitudinal Damping 定义刚度和阻尼，Reference 选择 liangan 的内环面（相对静止），Mobile 选择 shizijie 圈定的环面（相对运动），至于定义非线性弹簧刚度和阻尼方法可参见《ANSYS Workbench 有限元分析实例详解（静力学）》。

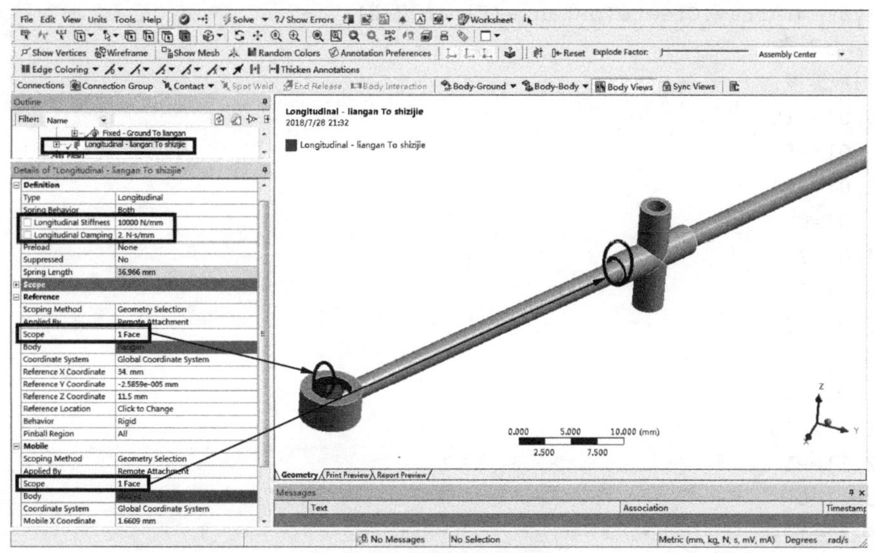

图 5-4-10　定义弹簧

上述定义非线性刚度和阻尼的方法可用于 Transient Structural 等模块，但是 Rigid Dynamics 模块不能使用，因为 Rigid Dynamics 模块中的命令采用 Python 语言编译，必须采用其规定的格式。以本例说明，在 Rigid Dynamics 模块的 Connections→Spring（Longitudinal-liangan To shizijie）下插入命令，内容如下：

```
#定义非线性弹簧刚度
spring=CS_Actuator.Find(_sid)
spring_table=System.Array.CreateInstance(float,7,2)
#定义 7×2 表格
#弹簧延长长度
spring_table[0,0]=0
```

```
spring_table[1,0]=5
spring_table[2,0]=10
spring_table[3,0]=20
spring_table[4,0]=40
spring_table[5,0]=60
spring_table[6,0]=100
#弹簧刚度
spring_table[0,1]=-10000
spring_table[1,1]=-1000
spring_table[2,1]=-100
spring_table[3,1]=0
spring_table[4,1]=100
spring_table[5,1]=1000
spring_table[6,1]=10000
stiffness=CS_PointsTable(spring_table)
spring.SetTable(stiffness)
#定义非线性弹簧阻尼
spring=CS_Actuator.Find(_sid)
tab=System.Array.CreateInstance(float,7,2)
#定义 7×2 表格
#阻尼对应速度
tab[0,0]=-10
tab[1,0]=-5
tab[2,0]=-2
tab[3,0]=0
tab[4,0]=2
tab[5,0]=5
tab[6,0]=10
#对应阻尼
tab[0,1]=-50
tab[1,1]=-10
tab[2,1]=-1
tab[3,1]=0
tab[4,1]=1
tab[5,1]=10
tab[6,1]=50
table=CS_PointsTable(tab)
damper=spring.GetDamper();
damper.SetTable(table)
```

其中包括了非线性刚度和非线性阻尼的定义，当然读者可以根据相应内容仅定义非线性刚度或非线性阻尼。对于旋转运动副的非线性刚度和阻尼，只需修改 Spring→Type 为 Torsional，同时在定义 Command 时注意对应单位为角度。

5.4.2　刚柔性体零件全 Joint 连接的多体动力学

有些零件既有刚性体也有柔性体，零件之间采用 Joint 连接，用于分析系统运动时所得到的位移、速度、加速度和柔性体的应力分布情况。当然可以用 Transient Structural 分析模块，对不同零件定义不同的属性（柔性或刚性），但是这种分析计算的消耗只比全部零件都是柔性体的瞬态分析略小，相比全刚性体的多体动力学分析的消耗仍然巨大，因此采用名为 Motion Load 的计算方法。该方法对系统内的零件依然全部定义为刚性体，利用 Rigid Dynamics 模块进行快速计算，然后将其载荷导出至 Motion Load 文件，再依据系统特征对某一个零件柔性化，并进行静力学分析，加载 Motion Load 文件后可得到某一零件的应力分布情况。至于系统运动的位移、速度、加速度等结构，则由 Rigid Dynamics 模块来完成。这只与刚柔形体的瞬态分析结果略有差异，但计算效率大大提高。

下面以螺栓与螺母配合旋进过程为例，描述上述流程。

（1）建立三维模型

三维模型由外部模型导入而得，由 M20 六角头螺栓和螺母组成，如图 5-4-11 所示。

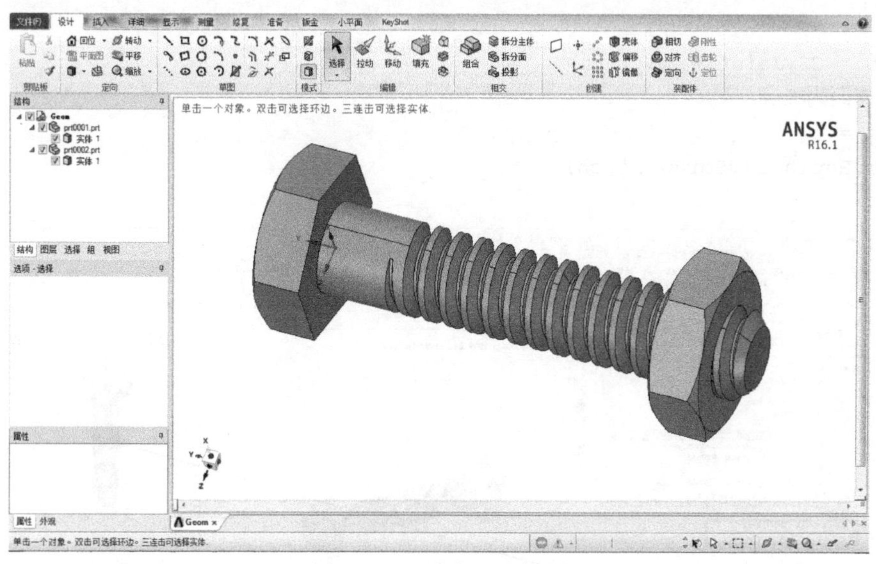

图 5-4-11 建立三维模型

（2）建立分析流程

如图 5-4-12 所示，建立分析流程。其中包括 A 框架结构的 SCDM 模块，B 框架结构的刚体动力学分析（用于全刚性体计算），C 框架结构为复制 B 模块后再进行 Replace with-Static Structural 的静力学分析（用于螺栓零件的应力计算，过程参见图 5-3-19）。

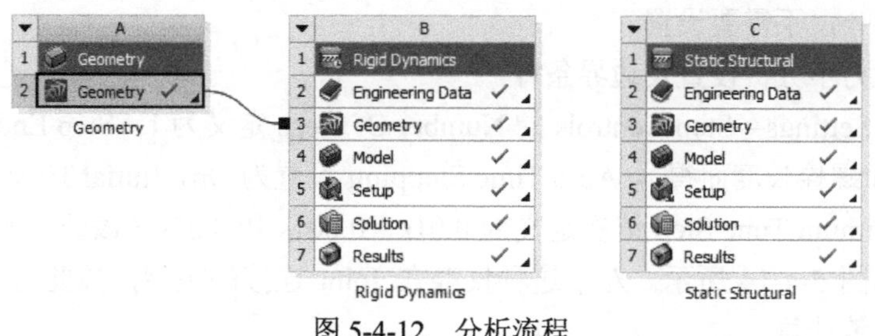

图 5-4-12 分析流程

（3）多体动力学分析前处理

首先将所有零件定义为刚性体。在 Geometry 下选中所有模型，在 Stiffness Behavior 处选择 Rigid，将所有零件定义为刚性体。

其次定义刚体零件之间的 Joint 设置，如图 5-4-13 所示。在 Connection Type 处选择 Body-Body，Type 处选择 Cylindrical（螺母在螺栓上旋进，即存在单向平动，也存在单向旋转。注意软件默认自由度为 z 和 RZ，读者需要保证 z 向为螺栓轴向、RZ 向为螺栓径向）。在 Reference 处选择螺栓上所有包含螺纹和光杆的面（螺栓相对静止），在 Mobile 处选择螺母上的所有内螺纹面（螺母相对运动）。注意：虽然螺栓与螺母定义了 Cylindrical 运动副，但由于螺母旋进的过程是以螺距为基本尺寸给出的，所以这就要求 Cylindrical 运动副中的平移运动和旋转运动呈一定数学关系，同时还要保证螺栓和螺母上的螺纹能彼此接触，这样的设置非常烦琐。因此采用 Python 语言定义螺旋副，在 Cylindrical 运动副下插入命令，内容如下：

```
Joint = CS_Joint.Find(_jid)
#定义螺距为 5mm
Pitch = 5
Joint.ReplaceByScrew(Pitch)
```

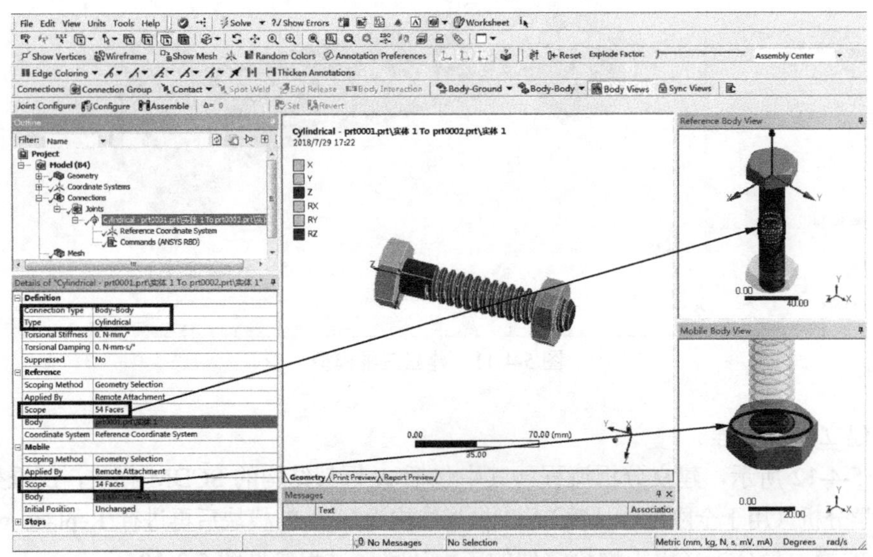

图 5-4-13　Cylindrical 运动副的定义

对于网格划分，不需要设置。

（4）多体动力学分析设置及边界条件

将 Analysis Settings→Step Controls 的 Number Of Steps 定义为 1，Step End Time 也定义为 70s（根据转速和螺栓长度而得），Auto Time Stepping 设置为 On，Initial Time Step、Minimum Time Step、Maximum Time Step 依次定义为 0.01s、0.001s 和 0.05s（该处一般默认即可），其余全部默认，如图 5-4-14 所示。对于这种仅存在 Joint 连接的模型，按此时间步进行设置一般都可以保证收敛计算。

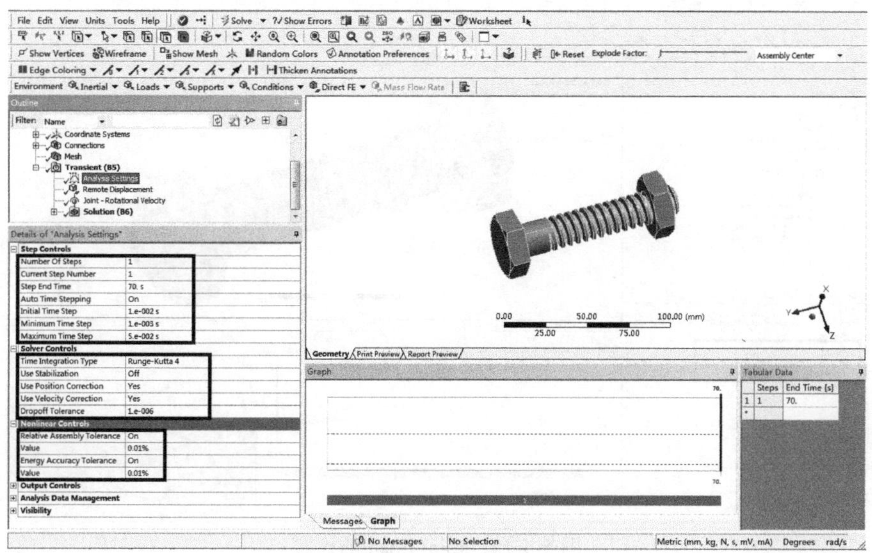

图 5-4-14 分析设置

Time Integration Type 为默认的 Runger-Kutta 4，该选项与 Runger-Kutta 5 选项的意义相近，主要由时间步长参数控制计算精度和稳定，一般将 Auto Time Stepping 设置为 On 即可。但是如果机构存在大刚度弹簧、衬套、三维旋转、连杆机构死点等现象，就必须将时间步定义减小。两者区别在于一个用四阶多项式来拟合，一个用五阶多项式进行拟合。除此之外，还存在 Implicit Generalized Alpha 选项，该算法阶数小于前两种，采用自适应步长策略，无条件稳定，用于解决 Runger-Kutta 4 或 Runger-Kutta 5 算法需要较小时间步长才能稳定求解的问题。

Use Stabilization 定义为默认的 Off，稳定是 Runger-Kutta 4 和 Runger-Kutta 5 算法的关键选项。由于 Runger-Kutta 算法为多项式表达式，所以在对多项式二阶求导得到加速度时，多个时间步之后，循环机构可能会出现不能闭合回路的计算过程。这就需要定义稳定性参数以保证回路，默认参数为：Alpha=−1、Beta=−1。

Nonlinear Controls 处的 Relative Assembly Tolerance 选项表示创建 Joint 组件的零件之间的相互距离公差。当两个零件相距较远，可能无法自动定义 Joint 连接时，可增大该公差值；Energy Accuracy Tolerance 选项表示依据机构中的能量自动调整时间步长，当 Auto Time Stepping 设置为 On 时，可以关闭此选项，该项只能用于 Runger-Kutta 4 和 Runger-Kutta 5 算法；Force Residual Relative Tolerance 和 Constraint Equation Residual Relative Tolerance 选项只能用于 Implicit Generalized Alpha 算法，分别表示力残差和位移约束方程的收敛控制，数值越小迭代次数越多。

另外其下无 Damping 选项，即求解中没有 Numerical Damping。在求解过程中不存在人为的阻尼损耗，系统总能量守恒。

边界条件的定义：选择螺栓顶部圆面定义 Remote Displacement，其中所有方向自由度均定义为 0。由于螺栓为刚性体，所以对其约束只能采用远程位移或 Joint→Fixed 的边界条件（两者的区别在于是否能对每个零件进行后续的静力学分析）。再定义 Joint Load，如图 5-4-15 所示，其中在 Scope-Joint 处选择唯一定义的 Cylindrical 连接，DOF 处选择 Rotation Z，Type 处选择 Rotational Velocity，Magnitude 定义为 1rad/s。注意：本例只定义了旋转自由度的转速，并没有定义平移速度和距离。

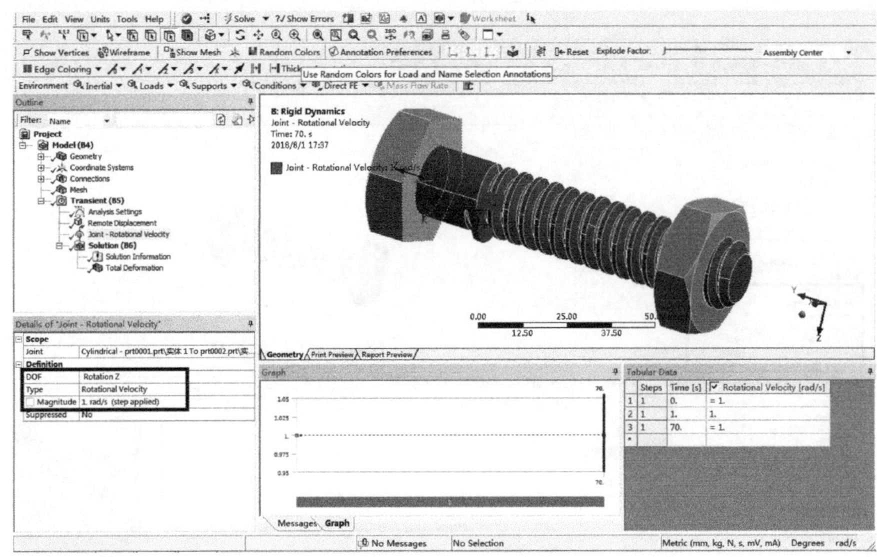

图 5-4-15　Joint Load 的设置

（5）多体动力学分析后处理

在后处理中查看 Total Deformation 结果，在 Display Time 处输入需要查看零件应力的时刻。求解完成后，鼠标右键单击 Total Deformation 项，在出现的菜单中选择 Export Loads，并保存为 MotionLoads.txt 文件，路径自行定义，如图 5-4-16 所示。

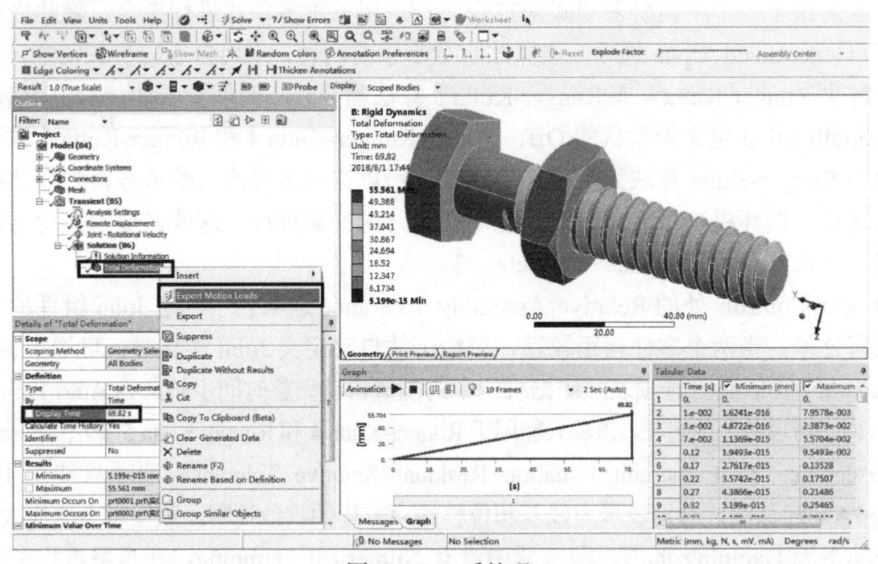

图 5-4-16　后处理

注意

由刚体动力学分析导出到静力学分析过程中，最关键的就是后处理时刻的定义。刚体动力学对导出时刻的边界条件给予静力学分析，换言之这个时刻就是我们所关注零件应力状态的时刻。

（6）静力学分析前处理

鼠标双击 C4（Model），进入静力学分析模块。由于需要求解螺栓的应力情况，因此定义螺栓的 Stiffness Behavior 为 Flexible，并抑制螺母。同时由于螺母被抑制，所以 Joint 连接也被抑制，如图 5-4-17 所示。网格采用自动划分。

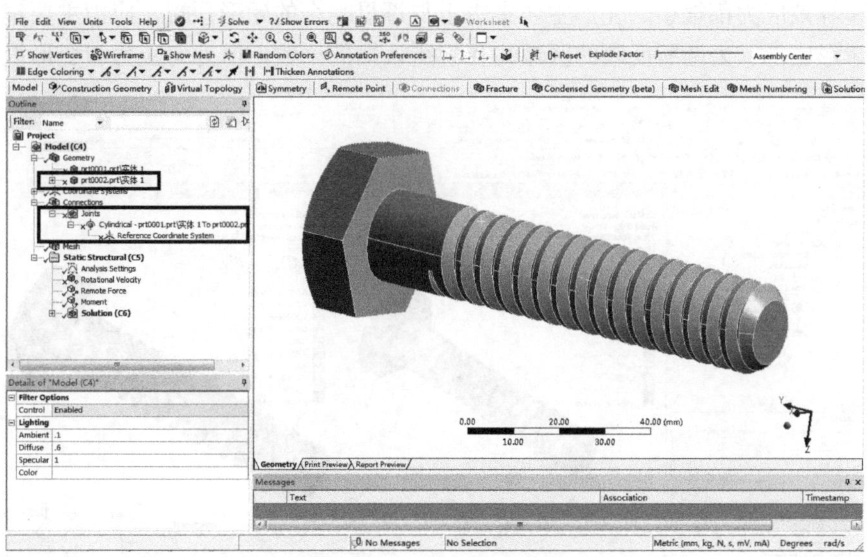

图 5-4-17 静力学前处理

（7）静力学分析设置及边界条件

将 Analysis Settings→Step Controls 的 Step End Time 定义为 69.82s（与刚体动力学导出载荷的时刻一致），在 Solver Controls 的 Inertia Relief 处定义为 On。

边界条件的定义如图 5-4-18 所示。鼠标右键单击 Static Structural（C5），在出现的菜单中选择 Insert→Motion Loads...，再选择刚才定义的 MotionLoads.txt 文件，自动产生 3 个边界条件。其中 Rotational Velocity 项为黄色，这是因为该载荷对应于螺母零件，而螺母已经被抑制，所以 Rotational Velocity 边界条件不能被定义，如此再抑制该项边界条件，只留下 Remote Force 和 Moment 两个边界条件。

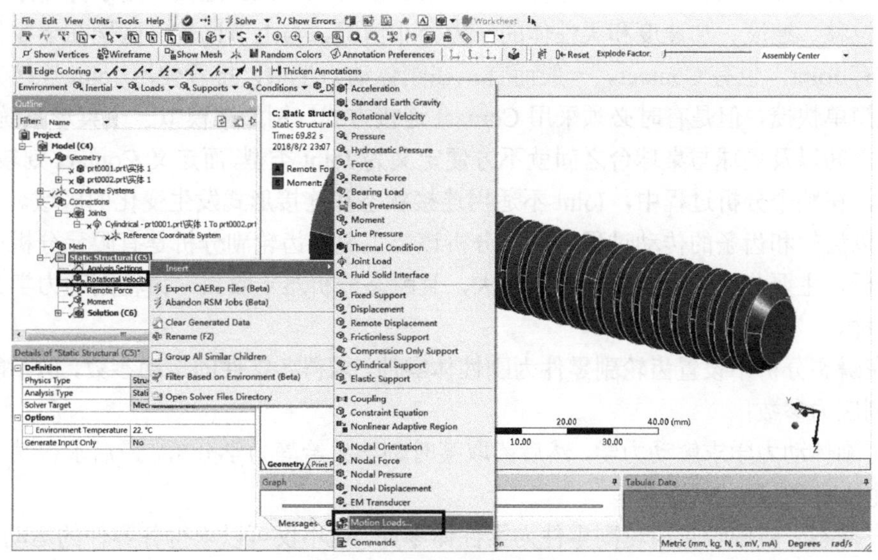

图 5-4-18 静力学边界条件

（8）静力学后处理

计算完成，查看 Total Deformation 和 Equivalent Stress 的结果，如图 5-4-19 所示。可见此时的变形和等效应力都很小，变形主要集中于与螺母啮合的牙形顶端，应力主要集中于与螺母啮合的牙形底部。云图所反映的区域与我们所认知的一致，但为何应力和变形很小？

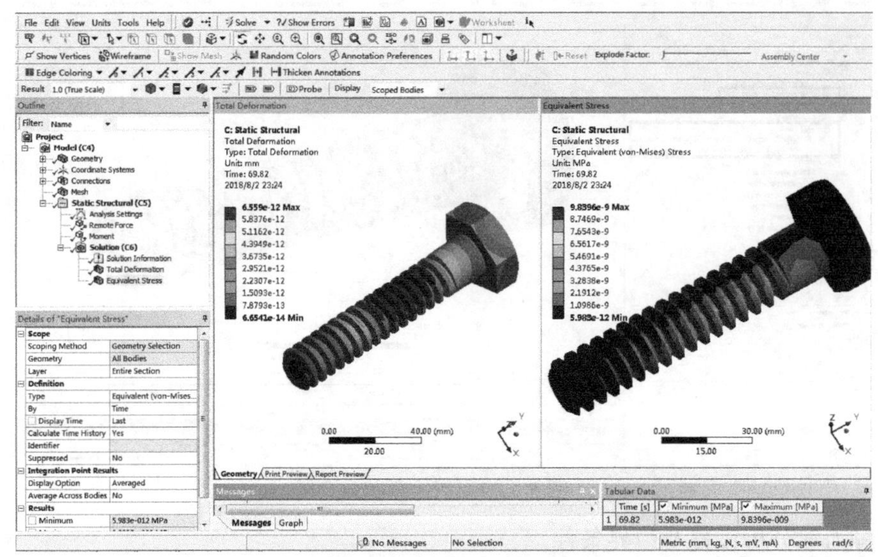

图 5-4-19　静力学后处理

这是因为刚体动力学所加载的边界条件只有转速，对螺栓执行静力学分析的应力结果是在恒定转速下的应力情况，而非平常螺栓与螺母的力矩载荷。读者可以自行尝试在刚体动力学中加载 Moment 载荷，注意 Step End Time 的定义，再查看螺栓的应力和变形情况。

5.4.3　刚柔性体零件 Joint 和 Contact 连接的多体动力学

零件既有刚性体也有柔性体，零件之间采用 Joint 和 Contact 连接，用于分析系统运动时所得到的位移、速度、加速度和柔性体的应力分布情况。与上节比较，区别在于零件连接的方式不仅有 Joint，也有 Contact。一般而言，在刚体动力学中，推荐使用 Joint 连接方式，因为该方式简单快捷，但是有时必须采用 Contact 连接方式。例如在模拟一个桌球系统分析时，各个桌球之间以及桌球与桌球台之间就不方便定义为 Joint 类型，而定义 Contact 则较为准确。由此可知，在整个分析过程中，Joint 不适用连接状态和连接形式发生变化的区域。

下面以齿轮和齿条的传动过程为例，分析该类工况。齿轮副分析是有限元分析中最常见的一类分析，主要分析难点在于计算量巨大，且瞬态分析难于收敛。齿轮副动力学分析方法可分为 3 种。

- 在瞬态分析中设置齿轮副零件为刚性体零件，求得各零件的运动参数，但不能直接得到应力参数；
- 用刚体动力学求解动力学，然后读取某时刻结果给静力学分析，最后求得某一时刻某个零件的应力参数；
- 在瞬态分析中设置齿轮副零件为柔性体零件，这不仅可以求得各零件的运动参数，也可以得到应力参数。

当然从之前章节可知，第二种方法可以快速地得到计算结果，第三种方法最为精确，但耗时最长，且需要调试网格和收敛参数。第二种和第三种方法的计算精度如何，换言之何种情况应采用第二种方法，何种情况应采用第三种方法。

同时，对于齿轮副零件之间的连接定义，由于在 Workbench 界面中没有齿轮副，因此很多读者采用接触定义。其实在 Workbench 的刚体动力学中，只需调用 Python 命令即可快速完成齿轮副的 Joint 定义。如前所述，Joint 不适用于连接状态和连接形式发生变化的区域，当采用刚体动力学分析齿轮副时，一定要根据实际模型，灵活采用 Joint 和 Contact 连接。

（1）建立三维模型

三维模型由外部模型导入而得，由直齿轮和齿条组成，如图 5-4-20 所示。其中直齿轮和齿条的型号已经在模型名称中标示出，此刻直齿轮和齿条已经处于啮合状态，特别注意，直齿轮和齿条在啮合时存在侧隙。侧隙的目的一是存储润滑油，二是提供热膨胀余量。换言之，实际工作的齿轮一定存在侧隙。侧隙的存在直接影响了齿轮副传动的连续平稳性，而一般齿轮传动设计均不考虑侧隙。这就导致在软件分析时应采用两种不同的连接方法，如果模型已经存在明显侧隙，如本例所示，则齿轮副零件之间就不能采用齿轮副连接，只能采用接触形式；如果模型忽略侧隙，或者模型为正变位齿轮，则可以采用齿轮副连接。

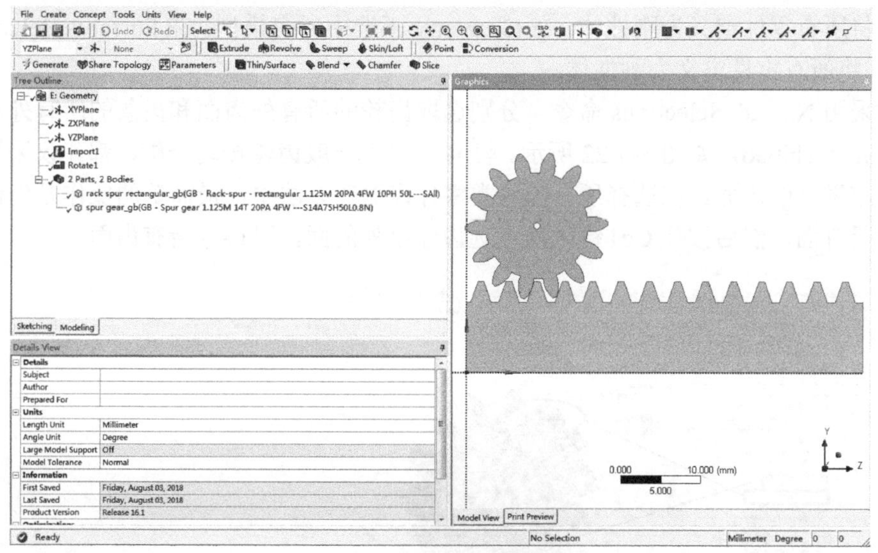

图 5-4-20　三维模型

（2）建立分析流程

如图 5-4-21 所示，建立分析流程。其中包括 A 框架结构的瞬态分析（用于分析全刚性体零件），B 框架结构的瞬态分析（用于全柔性体计算，由 A 框架结构复制而成），C 框架结构的刚体动力学分析（由 A 框架结构复制而成），D 框架结构为复制 C 模块后再进行 Replace with-Static Structural 的静力学分析（切记：不能由 A 框架结构复制）。

注意

流程图中所有 Geometry 模块前均带有一个感叹号，这表示原始三维模型中的数据被删除或者路径已改变，但是不影响后续模块使用。

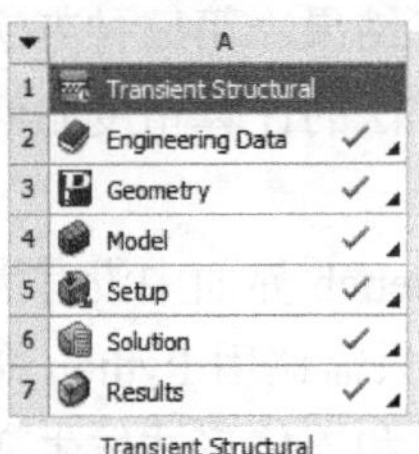

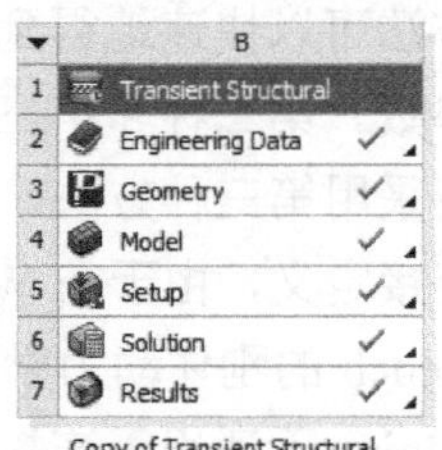

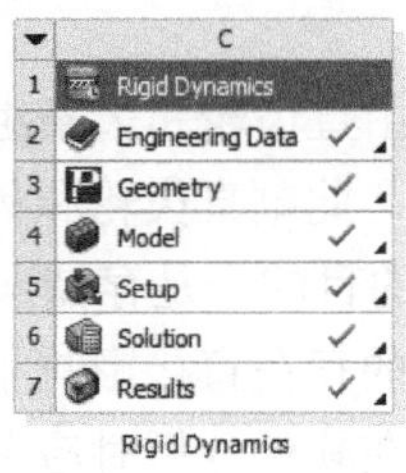

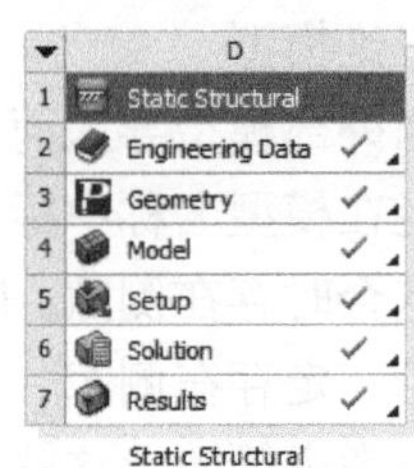

图 5-4-21　分析流程

（3）全刚性体瞬态分析前处理

首先将所有零件定义为刚性体。在 Geometry 下选中所有模型，在 Stiffness Behavior 处选择 Rigid，将所有零件定义为刚性体。

其次采用 Named Selections 命令，分别选取齿轮的所有外齿面和齿条的所有外齿面，命名为 chilun 和 chitiao，如图 5-4-22 所示。注意：对于一般齿轮传动分析，都建议采用命名选择定义对应零件的齿面。在选择所有齿轮类零件齿面的方法中，最简单的操作是先框选齿轮类零件的所有面，然后按住 Ctrl 键依次点选齿面以外的面，可得到所有齿面。

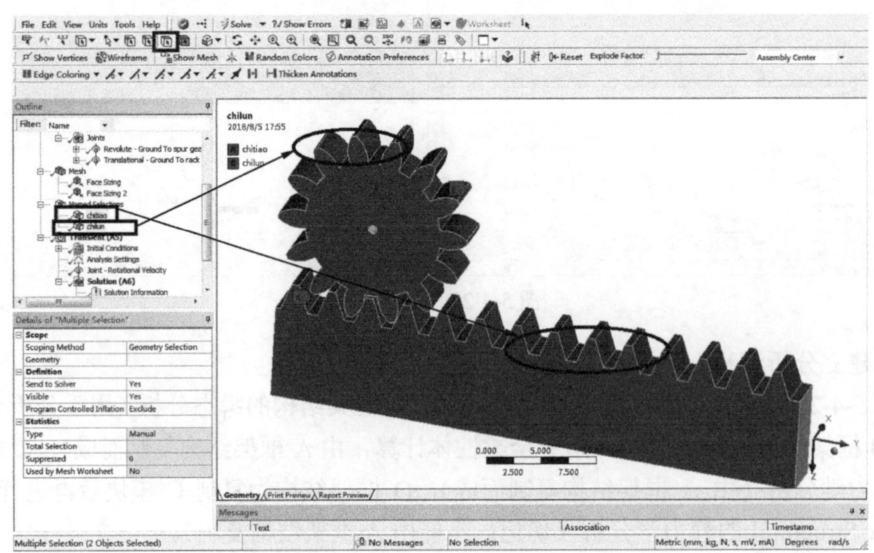

图 5-4-22　命名选择

定义各刚体零件的 Joint 设置，如图 5-4-23 所示。在 Connection Type 处选择 Body-Ground，其中齿轮对地面的 Type 选择为 Revolute（绕 z 轴为旋转，注意坐标系方向），在 Mobile 处选择齿轮的中心孔面（旋转基准面）；在齿条对地面的 Type 处选择 Translational（以 x 轴进行平移），在 Mobile 处选择齿条的下底面（平移基准面）。

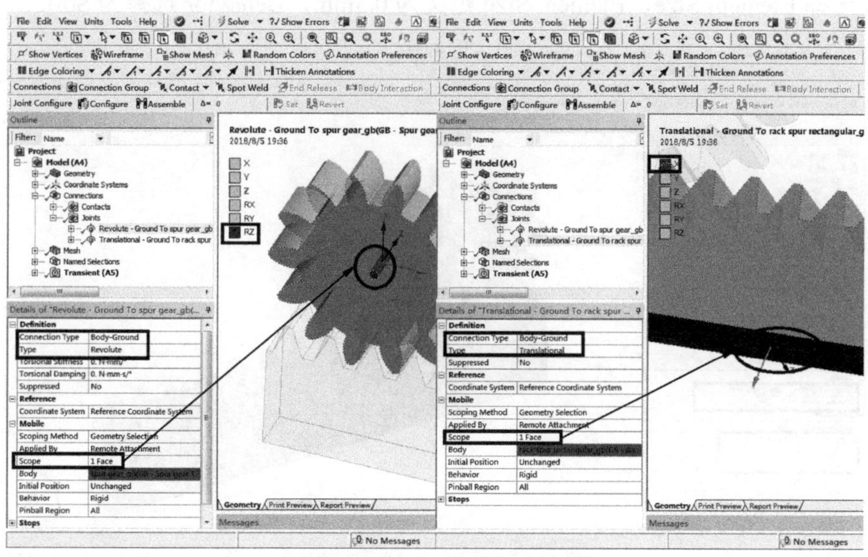

图 5-4-23 设置 Joint

由于齿轮和齿条之间存在较大侧隙，因此两个零件之间定义为 Contacts，如图 5-4-24 所示。其中 Scoping Method 选择 Named Selection（基于命名选择定义），Contact 选择 chitiao，Target 选择 chilun，以齿条外齿面为接触面，齿轮外齿面为目标面。在实际齿轮传动分析时，尽量把可能产生接触的区域都定义为接触，由于接触时往往难以区分接触面和目标面，因此可以任意定义。Type 选择为 Frictionless，Behavior 选择为 Asymmetric，Formulation 选择为 Augmented Lagrange（该设置的计算效率较高，易于收敛），其余默认。

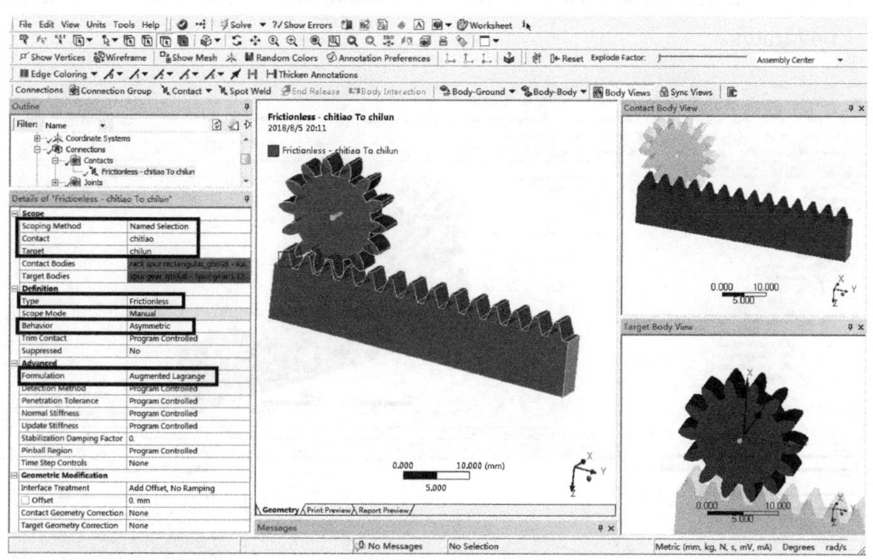

图 5-4-24 设置 Contact

刚性体模型不能划分网格，但是在接触区域会产生网格。对齿轮传动进行分析时，接触区域就是齿轮零件的齿面。之前通过命名选择定义的齿面选择集，除了方便定义接触，也为了划分网格方便。如图 5-4-25 所示，定义 Sizing，分别基于命名选择定义的 chitiao 和 chilun，在 Type 处选择 Element Size，Element Size 定义为 0.5mm，Behavior 选择为 Soft。

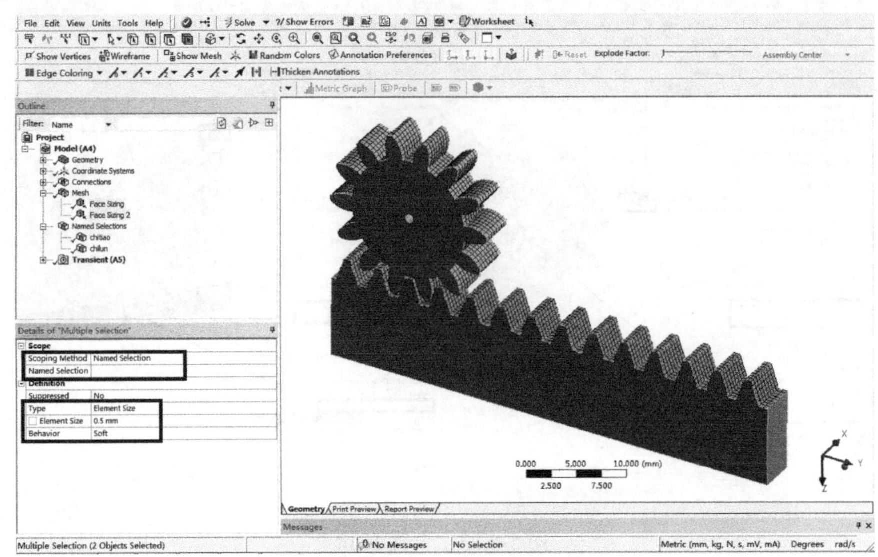

图 5-4-25　网格划分

（4）全刚性体瞬态分析设置及边界条件

将 Analysis Settings→Step Controls 的 Number Of Steps 定义为 1，Step End Time 也定义为 1，Define By 定义为 Time，Initial Time Step、Minimum Time Step、Maximum Time Step 依次定义为 1e-6s、1e-6s 和 1e-2s，其余全部默认。

边界条件的设置如图 5-4-26 所示。定义 Joint Load 边界条件，在 Scope→Joint 处选择 Revolute，在 Type 处选择 Rotational Velocity，在 Tabular Data 处定义第 0s 的转速为 0、第 1s 的转速为−1.0472rad/s。

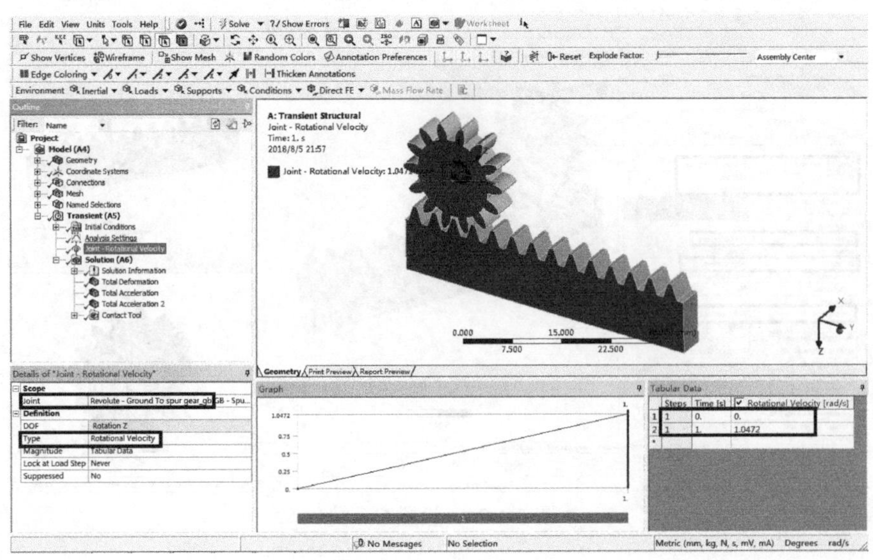

图 5-4-26　边界条件

注意

对于齿轮传动存在啮合的瞬态分析，初始时间步取下限，与最小时间步一致。这是因为模型很可能在初始时刻计算时即存在接触啮合，所以采用最小的时间步以保证收敛。这种情况仅存在 Joint 连接的模型，按此时间步设置一般都可以保证收敛计算。

（5）全刚性体瞬态分析后处理

全刚性体的瞬态分析只能得到位移、速度和加速度等后处理结果，并没有应力结果。但是为何不直接进行全部柔性体或部分柔性体的瞬态分析？

主要原因有以下两个。

1）校验收敛性能和时间步设置。对于存在接触的瞬态分析，时间步的设置是收敛计算的必要条件。虽然软件提供了依据接触频率计算的公式（时间步= $2\pi/(30\sqrt{k/m})$，其中 k 为间隙刚度、m 为间隙有效质量），但是对于复杂的接触，这个计算公式的可用性较低。因此将模型设置为全部刚体模型，可以极快地调试出收敛的时间步参数，而不需要进行漫长的柔性体瞬态收敛计算。

2）方法校验。对于以运动为主存在接触的动力学分析有多种方法，可以先用刚体动力学再用静力学求解，也可以直接定义柔性体瞬态计算。明显前一种方法快捷得多，但是计算结果能否和后一种方法相匹配？其依赖于全刚性体瞬态分析后处理中的 Probe-Energy，如图 5-4-27 所示。由结果可知，系统最大动能为 7.7e-4mJ，最大应变能为 5.4e-9mJ。由于模型全部为刚性体，因此计算结果中的动能与柔性体瞬态分析计算的动能相差不大，应变能小于柔性体瞬态分析计算的应变能。观察应变能出现的时刻，可知为齿轮接触啮合时刻，而对于全柔性体模型而言，整体系统的应变能主要表现也是在接触啮合时刻。

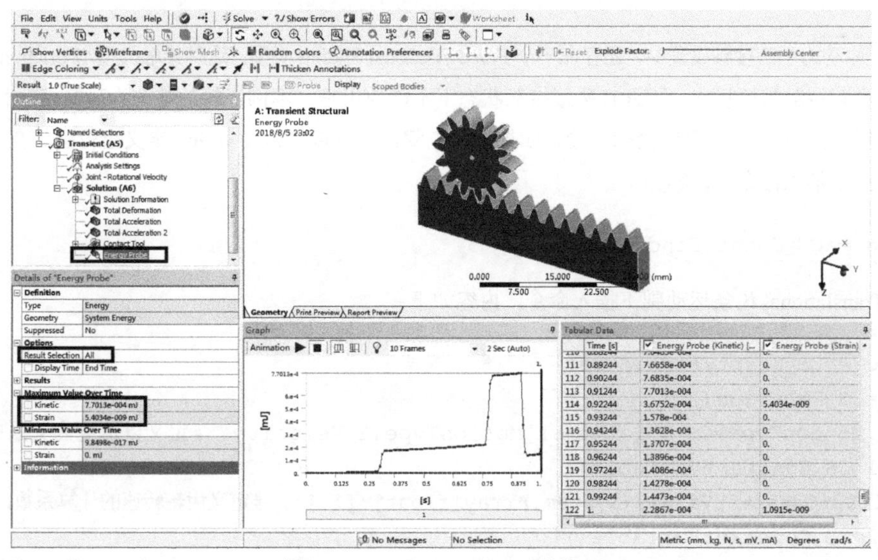

图 5-4-27 Probe-Energy 后处理

由上图可知，动能大于应变能 5 个数量级，即便全柔性体瞬态分析的应变能变大，其动能也是大于应变能的。一般若设定全刚性体瞬态分析中的动能大于应变能 4～5 个数量级，则可以先用刚体动力学再用静力学求解的方法；如果动能不是远大于应变能，则必须采用柔性体瞬态分析。

（6）刚体动力学分析

进入 C 框架结构的刚体动力学分析模块，由于其从 A 框架结构复制而得，所以其中接触设置如图 5-4-28 所示。接触面和目标面的定义与之前一致，Type 定义为 Frictionless，Restitution Factor 定义为 0.001（该系数越小越好，接触传递越精确）。其余设置均不需要修改，直接计算即可。

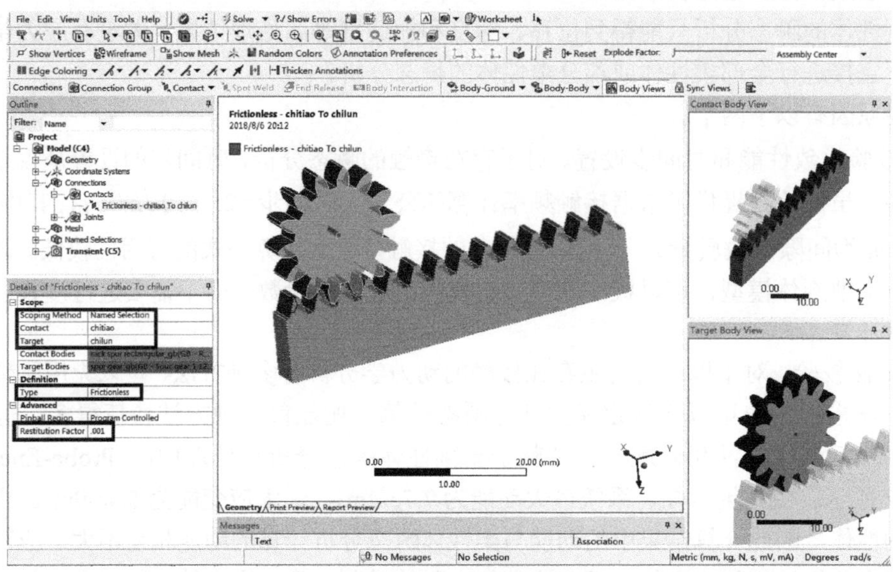

图 5-4-28　接触设置

注意

在刚体动力学的接触设置中，还存在一个 Force Frictional Sliding 类型，这种接触类型与 Frictional 非常相似，只是没有接触黏接状态。因此在碰撞接触状态下不能使用它，本例齿轮的啮合为碰撞接触状态。

本例齿轮与齿条之间采用接触连接。如果没有侧隙，则可以直接由 Joint 定义齿轮副。在 Revolute 齿轮运动副下插入命令，内容如下：

```
j1id = CS_Joint.Find(_jid)
```

在 Translational 齿条运动副下插入命令，内容如下：

```
j2id = CS_Joint.Find(_jid)
rel=CS_Relation()
rel.MotionType=CS_Relation.E_MotionType.E_Velocity  #定义以速度为关系的函数
var1=CS_ConstantVariable()
var1.SetConstantValues(System.Array[float]([1.])) #定义齿轮转速的计算系数，可正可负
var2=CS_ConstantVariable()
var2.SetConstantValues(System.Array[float]([8.])) #定义齿条平移速度的计算系数，可正可负
varrhs=CS_ConstantVariable()
varrhs.SetConstantValues(System.Array[float]([0.])) #速度函数结果，公式为：齿轮转速的计算系数×转速+齿条平移速度的计算系数×平移速度=0
```

```
rel.AddTerm(j1id,0,var1)
rel.AddTerm(j2id,0,var2)
rel.SetVariable (varrhs)
Env=CS_Environment.GetDefault()
Env.Relations.Add(rel)
```

通用 Joint 齿轮副的定义仅有计算系数的差异，但是需要注意运动方向，这将导致该系数取值的正负。

计算完成后，在后处理中查看 Total Deformation 结果。在 Display Time 处输入 0.92244s（该时刻由图 5-4-27 而得），求解完成后，输出文件 MotionLoads.txt。

（7）静力学分析

进入静力学分析模块后，抑制齿条，定义齿轮的 Stiffness Behavior 为 Flexible，并抑制与齿条有关的前处理设置，网格采用自动划分。

将 Analysis Settings→Step Controls 的 Step End Time 处定义为 0.92244s，在 Solver Controls 的 Inertia Relief 处定义为 On。

边界条件的定义如图 5-4-29 所示。鼠标右键单击 D5（Static Structural），在出现的菜单中选择 Insert→Motion Loads...，再选择刚才定义的 MotionLoads.txt 文件，自动产生 3 个边界条件，分别为 Rotational Velocity、Remote Force 和 Moment。注意：如果在刚体动力学的接触设置中 Restitution Factor 采用默认定义，则不能加载 Remote Force。

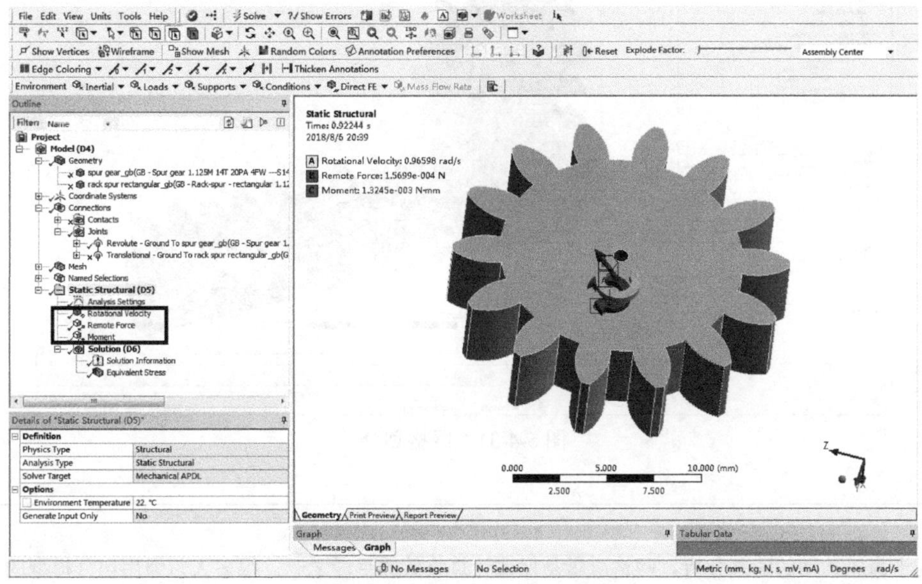

图 5-4-29　静力学分析边界条件

计算完成后，查看等效应力，如图 5-4-30 所示。可知最大应力集中于中心孔处，为 7.12e-4MPa，最小应力为 5.87e-9MPa。

（8）全柔性体瞬态分析

最后用全柔性体瞬态分析进行比较。定义齿轮和齿条的 Stiffness Behavior 为 Flexible，其他设置均保留不变，网格自动划分，如图 5-4-31 所示。

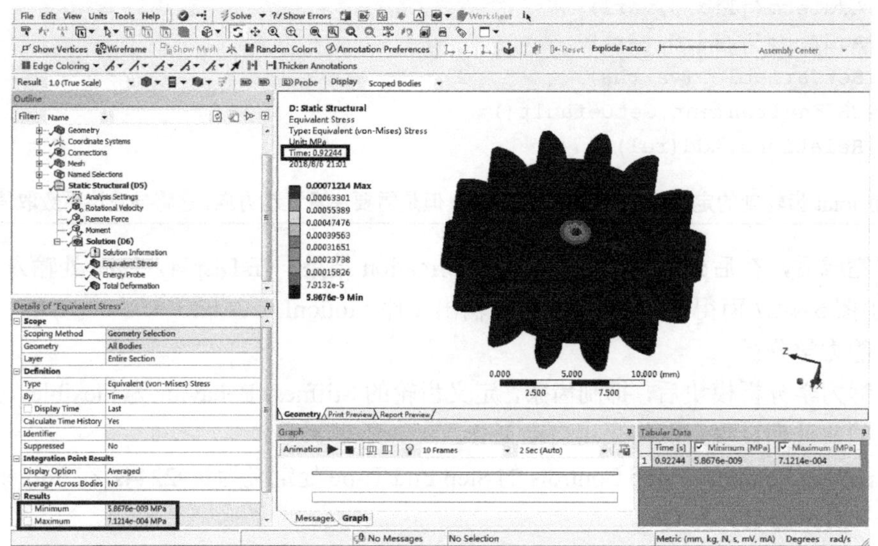

图 5-4-30　静力学等效应力后处理

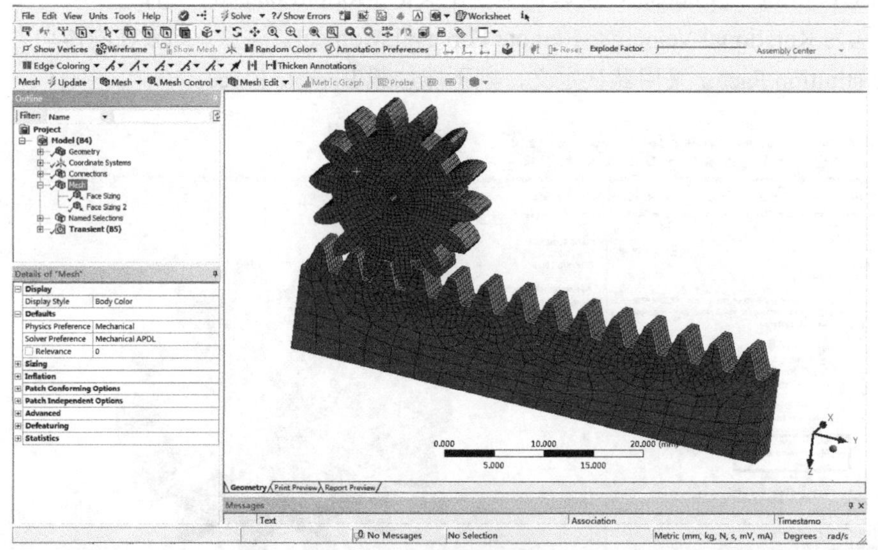

图 5-4-31　网格划分

注意

对于齿轮传动的瞬态分析，网格质量是保证计算收敛的手段之一。很多人习惯用切分模型的方法将齿轮零件分解，然后以扫略形式划分网格。虽然切分模型后的网格非常漂亮，但其实这是完全没有必要的。齿轮啮合分析收敛的关键在于接触设置，因此保证接触面对的网格形式和质量远比保证整个齿轮零件的网格形式和质量更有意义。只要定义接触面对的网格形式和质量即可，本例只对接触面定义同样大小的面网格，没有特意定义零件的其他网格参数特性，而且操作简单所节约的切分模型的人工操作时间大于零件全扫略网格所带来的计算机工作节约的时间。

计算完成后，先查看 0.92244s 时刻齿轮的等效应力，并与静力学分析的结果进行对比，如

图 5-4-32 所示。其中应力分布形式与静力学等效应力结果完全一致，最大应力为 1.87e-3MPa，大于静力学分析结果。静力学计算的等效应力乘以动静载荷系数（取 1.8）后为 1.28 e-3MPa，两者基本相当。最小应力为 3.93e-9MPa，与静力学分析结果基本一致。

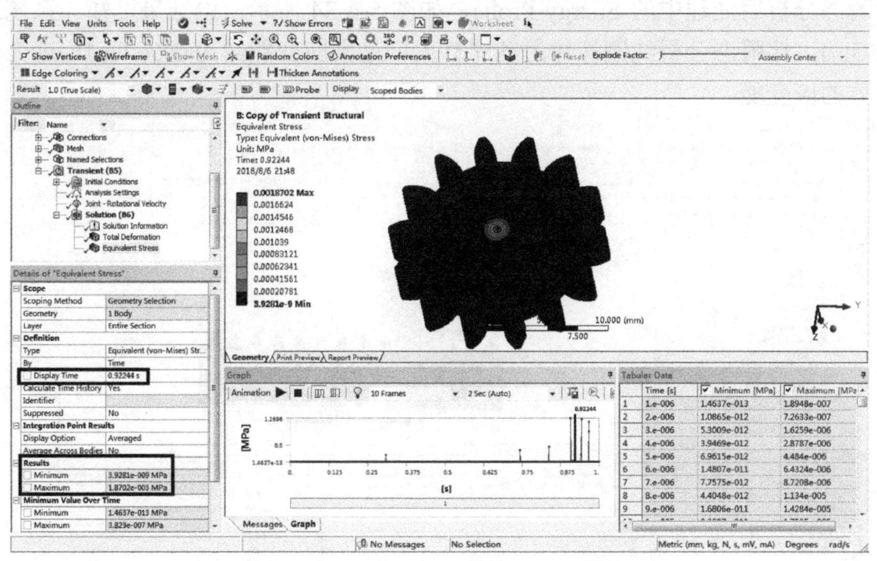

图 5-4-32 瞬态分析等效应力后处理

由此可知，完全可以采用刚体动力学导出载荷进入静力学分析，再以静力学结果乘以动静载荷系数，所得结果基本与瞬态分析结果一致。而前者的计算时间远小于后者的计算时间，因此在工程上这是完全可以信赖的方法。

由图 5-4-32 可知，在整个瞬态分析过程中出现了几处应力峰值，其中一处发生在 0.96731s 时刻，读取此时的等效应力，用 Probe 工具读取齿面接触和两面齿根的应力，如图 5-4-33 所示。

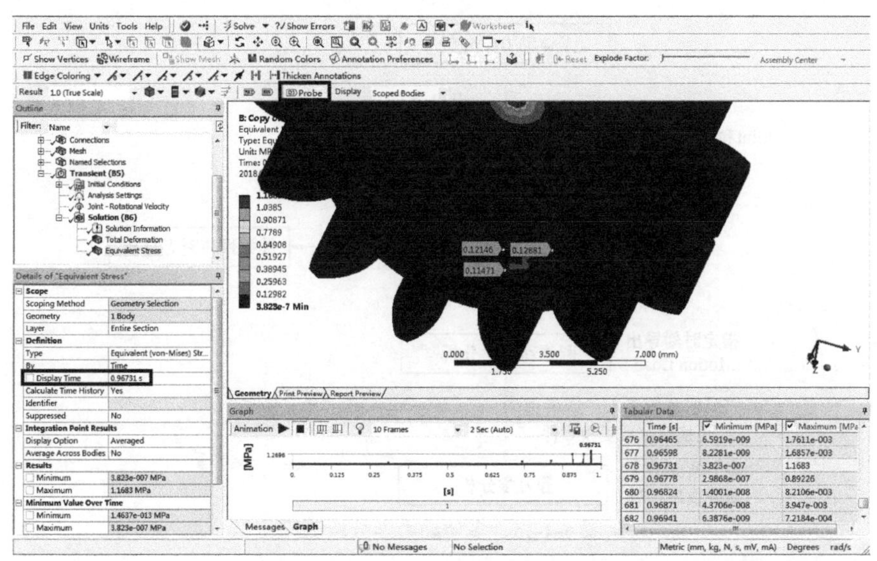

图 5-4-33 瞬态分析等效应力后处理

校核齿根应力或者齿面接触应力，这与开式齿轮或闭式齿轮传动有关。在齿轮分析中，一般都会得到较大的齿面接触应力。由于理论上赫兹接触也会有很大的应力，但齿面一般都经过渗碳淬火处理，因此一般不需要太关注齿面接触应力，齿根应力才应是齿轮校核更为关注的对象。

查看瞬态分析后处理中的 Energy-Probe，如图 5-4-34 所示。由结果可知，系统最大动能约为 2.8e-3mJ，比瞬态分析纯刚性体的动能略大；最大应变能约为 5.6e-6mJ，远大于瞬态分析纯刚性体的应变能。

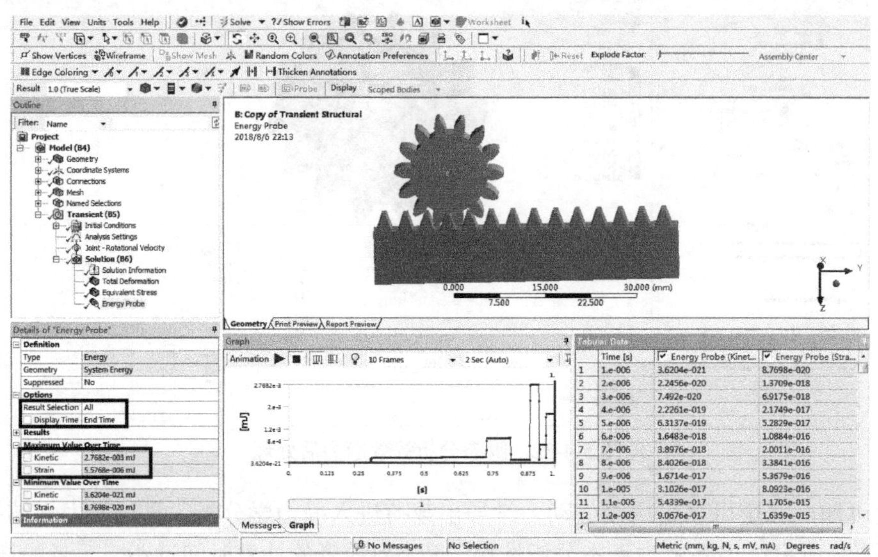

图 5-4-34　瞬态分析 Energy-Probe 后处理

（9）小结

对于多体动力学，可以采用 3 种方法来处理，其使用流程如图 5-4-35 所示。

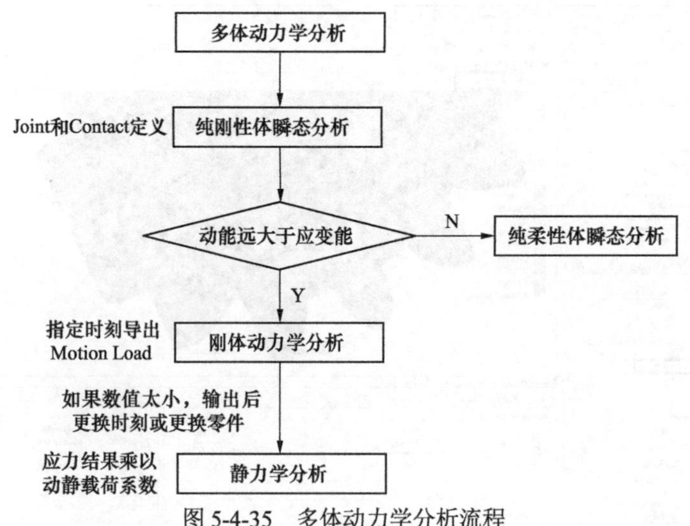

图 5-4-35　多体动力学分析流程

此外，刚体动力学对冲击、碰撞等工况可以进行非常精确的处理，较瞬态分析和静力学分析的接触设置易于设置和收敛，对于只关心模型位移、速度和加速度的分析，推荐使用刚体动力学。本书配套资源中提供了一个桌球分析，供大家学习。

5.5 非线性瞬态分析

非线性表现为 3 种类型：材料非线性、几何非线性、状态非线性，具体概念参见《ANSYS Workbench 有限元分析实例详解（静力学）》。非线性瞬态分析除了呈现这 3 种非线性形式以外，相比静力学的非线性分析，最主要区别在于瞬态分析存在明显的系统动能，而静力学的系统动能为零或者很小。下面用 3 个例子分别说明非线性瞬态分析的流程。

5.5.1 跌落冲击分析

跌落冲击分析一般用于模拟产品在使用过程中可能出现的自由跌落，研究产品抗意外冲击的能力，一般都采用显式计算。在跌落冲击分析过程中需要注意两点，一是跌落高度，这个高度一般均有行业标准。由于在分析过程中，产品与落地表面接触前均为自由落体，这个过程不是跌落冲击的研究阶段，因此一般将产品置于仅略高于落地表面位置，并赋予一定的初始速度，初始速度值由跌落高度决定。二为落地表面，一般为混凝土或钢制的平滑坚硬表面，因此需要将落地表面设为刚性体，也可根据具体要求自行设定落地表面属性。

本例以一副眼镜镜架为模型，由 SCDM 绘制而得，读者可以根据模型文件自己尝试建模过程，镜架材料采用形状记忆合金。形状记忆合金在加载和卸载期间，可以产生没有残余应变的大变形，并通过热循环恢复原状。在 Workbench 的 Shape Memory Alloy 中提供了两种本构 Superelasticity 和 Shape Memory Effect，其参数意义参见《ANSYS Workbench 有限元分析实例详解（静力学）》，两者本构存在换算关系，如图 5-5-1 所示。

Properties of Outline Row 4: 1

	A	B	C	D
1	Property	Value	Unit	
2	⊟ Superelasticity			
3	Sigma SAS	52000	psi	
4	Sigma FAS	60000	psi	
5	Sigma SSA	30000	psi	
6	Sigma FSA	20000	psi	
7	Epsilon	0.07	in in^-1	
8	Alpha	0.01		
9	⊟ Shape Memory Effect			
10	Hardening Parameter	76190	psi	
11	Reference Temperature	100	F	
12	Elastic Limit	12247	psi	
13	Temperature Scaling Parameter	293.04	psi F^-1	
14	Maximum Transformation Strain	0.0857	in in^-1	
15	Martensite Modulus	1E+07	psi	
16	Lode Dependency Parameter	0		

图 5-5-1　形状记忆合金的本构参数

材料换算关系全部基于英制单位，设参考温度为 100，Constant Modal Temp 为 200，Superelasticity 本构参数已知，则在 Shape Memory Effect 本构中：

```
Hardening Parameter=2/3*(60000-52000)/(0.07)=76190
Reference Temp=100
```

```
Bastic Limit=(60000-30000)/2*((2/3)^0.5)=12247
Temperature ScalingParameter=(52000+20000)/2*((2/3)^0.5)/100=293.04
Maximum Transformation Strain=(3/2)^0.5*0.07=0.0857
Martensite Modulus=3e6 或者 10e6
```

（1）建立三维模型

三维模型如图 5-5-2 所示。

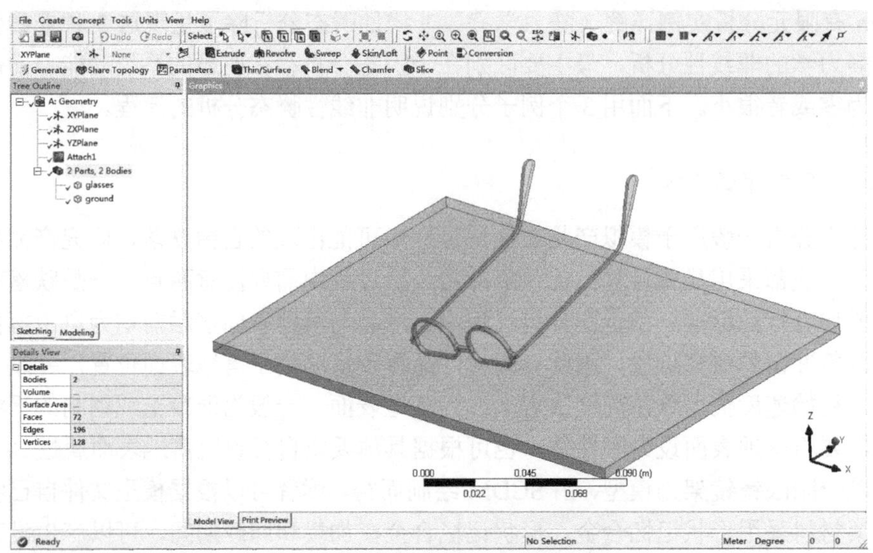

图 5-5-2　建立三维模型

（2）定义镜架材料

定义 Glasses 的材料参数，如图 5-5-3 所示。注意，除了定义形状记忆合金参数外，还需定义密度、杨氏模量和泊松比。

Properties of Outline Row 3: galsses

	A	B	C	D	E
1	Property	Value	Unit		
2	Density	6450	kg m^-3		
3	Isotropic Elasticity				
4	Derive from	Young's Modulus...			
5	Young's Modulus	7.5E+10	Pa		
6	Poisson's Ratio	0.3			
7	Bulk Modulus	6.25E+10	Pa		
8	Shear Modulus	2.8846E+10	Pa		
9	Field Variables				
13	Superelasticity				
14	Sigma SAS	52000	psi		
15	Sigma FAS	60000	psi		
16	Sigma SSA	30000	psi		
17	Sigma FSA	20000	psi		
18	Epsilon	0.07	in in^-1		
19	Alpha	0.01			

图 5-5-3　材料参数

（3）瞬态分析前处理

定义 ground 模型的 Stiffness Behavior 为 Rigid，定义 glasses 模型的 Assignment 为 Glasses。

定义 ground 模型与 glasses 模型的接触关系，在 Connections 下定义 Contact，如图 5-5-4 所示。其中 Contact 选择镜架的全部 66 个面，Target 选择地面的上表面，在 Type 处定义 Frictionless（一般不定义为 Frictional），在 Formulation 处定义为 Normal Lagrange（避免穿透），Detection Method 处选择 Nodal-Projected Normal From Contact（复杂模型易收敛），在 Time Step Controls 处定义为 Predict For Impact（冲击碰撞类型必选）。

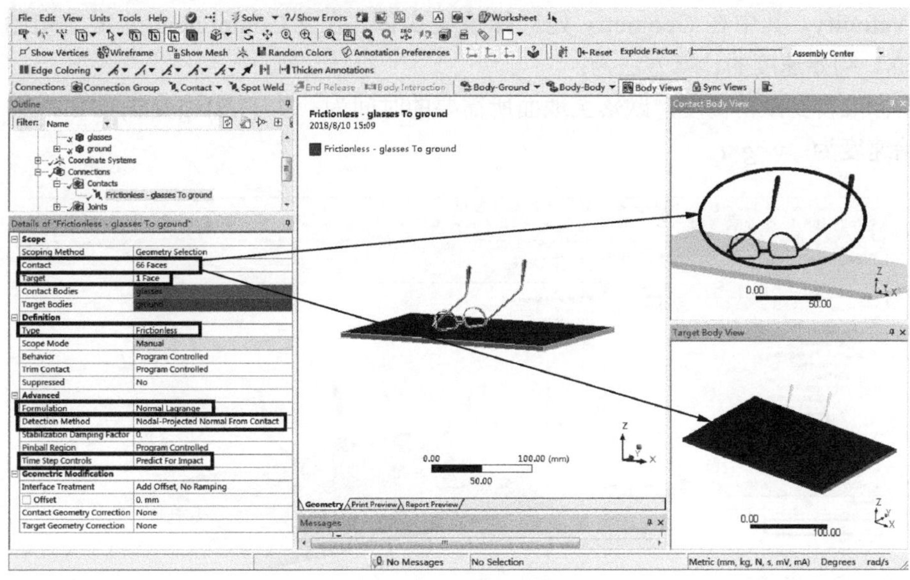

图 5-5-4　接触设置

由于地面为刚性体，因此采用 Joint→Fixed Body-Ground 对其定义，如图 5-5-5 所示。

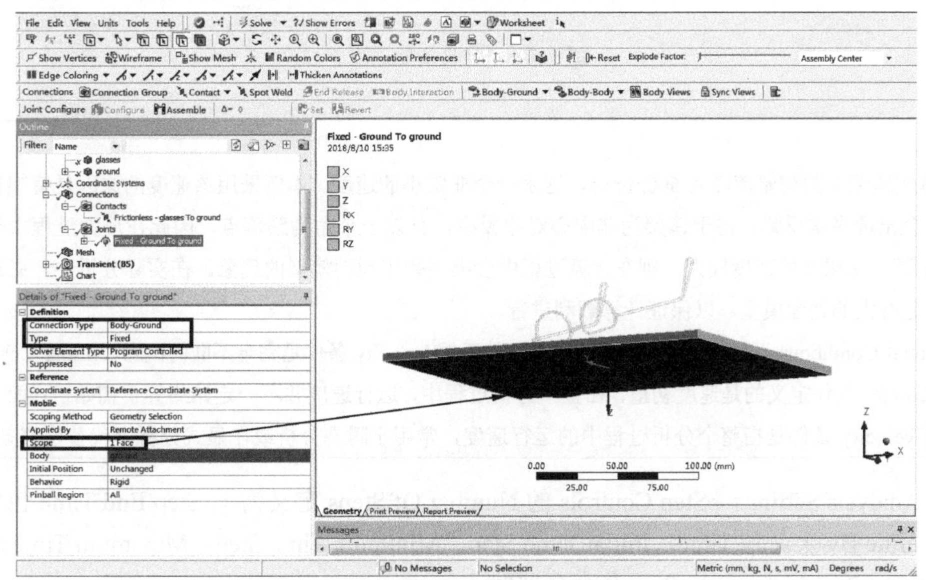

图 5-5-5　设置 Joint

网格采用自动划分。

> **注意**
>
> 如果地面模型为壳模型，则一定要根据壳法向的 Top 或者 Bottom 面进行选择，保证上平面与模型接触，下平面与 Ground 建立 Joint。由于地面模型为刚性体，所以为了避免出现壳单元这类失误，建议将模型定义为实体。

（4）瞬态分析设置及边界条件

定义初始速度。初始速度是模型简化计算的必须过程，如图 5-5-6 所示。在 Initial Conditions 下定义 Velocity，其中在 Geometry 处选择镜架实体，在 Z Component 处定义初始速度为 −500mm/s。初始速度的计算方法为：

依据标准得到跌落高度，跌落至地面所需要的时间为：$H=(1/2)\times g\times t^{\wedge}2$；

初始速度为：$v=g\times t$。

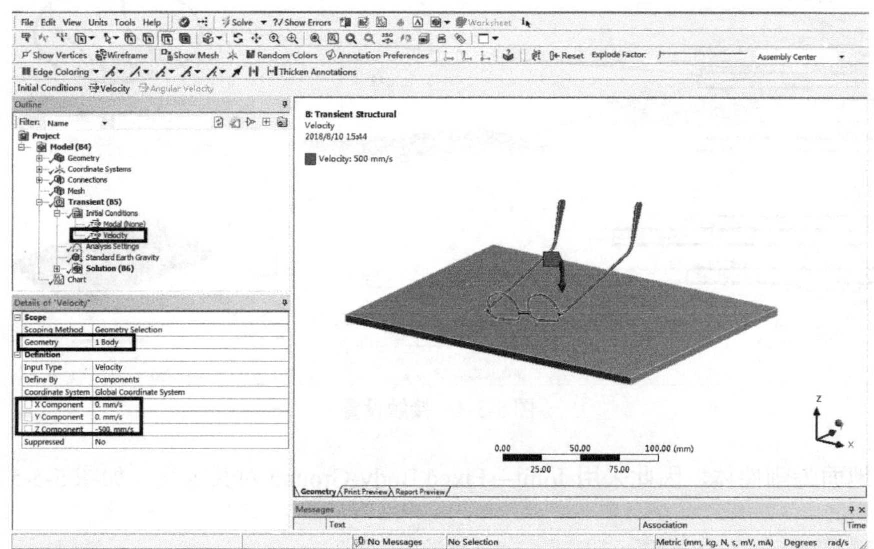

图 5-5-6　定义初始速度

> **注意**
>
> 本例所输入的初始速度为 500 mm/s，这是一个非常小的速度。本例采用该速度的原因是镜架在跌落过程中会出现多次反弹，由于镜架为非中心对称模型，且以一个角为跌落点，因此在反弹过程中会出现 *xy* 向平移。如果初始速度较大，则在计算过程中会出现弹出地面模型的现象。在实际分析中，必须建立表面积足够大的地面模型，以保证计算顺利进行。
>
> Initial Conditions 下的 Velocity 条件和边界条件下的 Velocity 条件是完全不同的概念。Initial Conditions 下的 Velocity 条件定义的是速度初值，在整个分析过程中，运行速度并不一定始终等于初始值；而边界条件下的 Velocity 条件是指整个分析过程中的运行速度，常用于瞬态分析或在显式分析中代替位移条件。

将 Analysis Settings→Step Controls 的 Number Of Steps 定义为 1，Step End Time 也定义为 0.2s，Define By 定义为 Time，Initial Time Step、Minimum Time Step、Maximum Time Step 依次定义为 1e-2s、1e-5s 和 1e-2s，其余全部默认。

边界条件的设置如图 5-5-7 所示。定义 Standard Earth Gravity 边界条件，在 Direction 处定义 *z* 向即可。

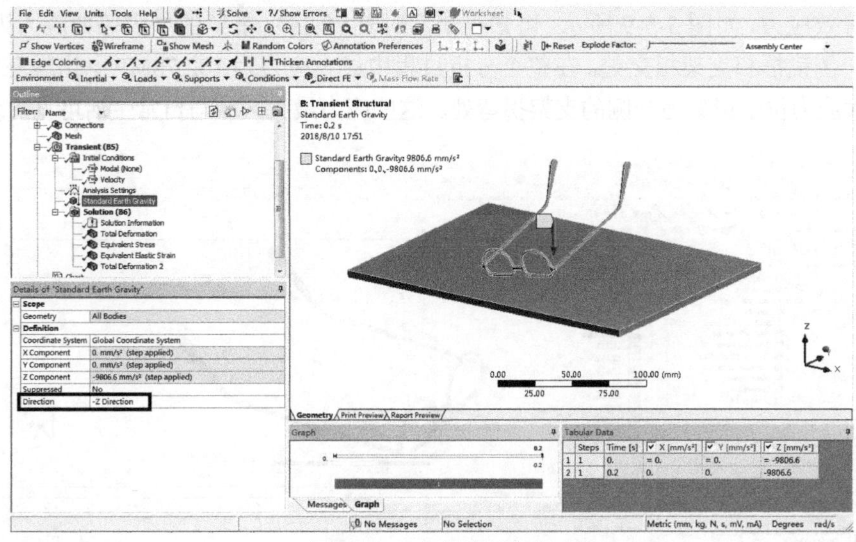

图 5-5-7 定义边界条件

注意

镜架最低点距地面为 2.8mm 左右，在初始速度为 0.5m/s 时，落地时间约为 0.006s（忽略碰撞时间）同时反弹达到顶点的时间约为 0.006s+0.05s=0.056s，因此在 0.2s 的计算时间内，模型经历了 3 次反弹。最短碰撞周期为 0.006s，最长周期为 0.112s，因此最小时间步估算为 0.006s/200=3e-5s（式中 200 考虑了加速度条件，如果没有加速度，则该值可以按 Help 定义为 180）。在实际分析时，按此数量级选择为 1e-5s 作为最小时间步长。该算法仅适用于跌落物距地面较近的模型，应保证第一次落地时间在 1e-3～1e-4s 之间。

（5）后处理

计算完成，可以通过动画观察镜架落地的情况。另外查看镜架 z 向形变的最大值（包含位移和变形）。如图 5-5-8 所示，可知 z 向出现的 3 个峰谷的数值均低于 0，这就证明了模型出现了 3 次反弹，这与前面估算相一致。

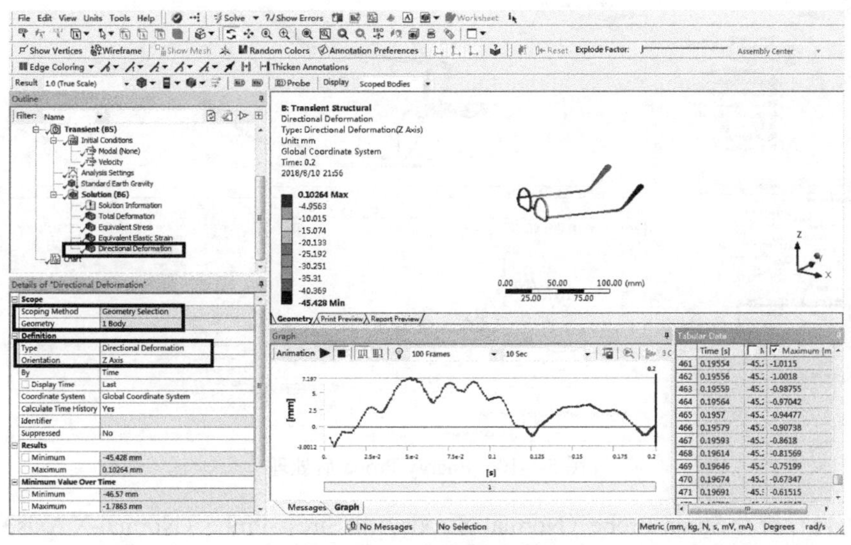

图 5-5-8 z 向形变后处理

查看等效应力，如图 5-5-9 所示。可知在最后时刻（0.2s），镜架的最大等效应力为 16MPa，位于镜架一侧镜框和支架相交处。在整个分析过程中最大应力为 102.78MPa，出现在 5.1418e-2 时刻，最大应力位于镜架另一侧的支架拐弯处。这些应力最大区域与日常生活可见的现象一致。

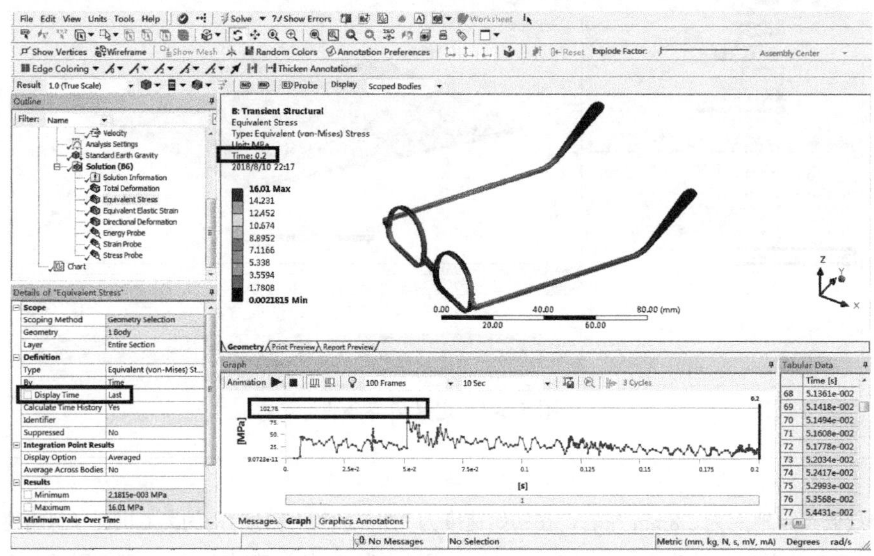

图 5-5-9　等效应力后处理

用 Energy-Probe 查看镜架的能量分布情况，如图 5-5-10 所示。可见镜架的最大动能为 2.0606mJ，最大应变能 1.4163mJ。在整个分析过程中两者量级大致相当，这也是瞬态分析和静力学分析的根本区别。注意：Energy-Probe 所得的应变能是模型中所有单元汇总的应变能，而 Energy-Strain Energy 所得的应变能是模型中每个单元的应变能。

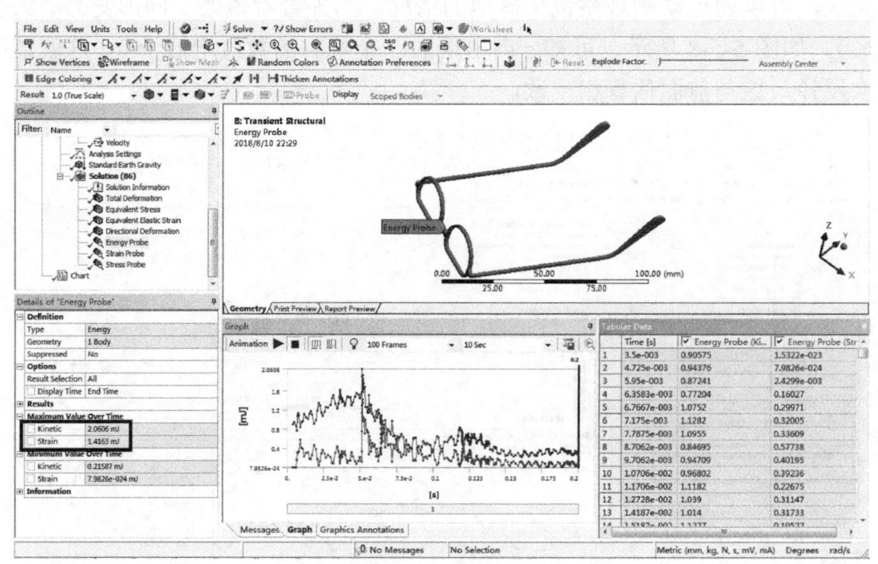

图 5-5-10　Energy-Probe 后处理

读者可自行查看 Strain-Probe（Normal-X Axis）和 Stress-Probe（Normal-X Axis）结果，并用 Chart 进行列表查看镜框模型的应力/应变曲线。

5.5.2 三辊弯曲成型分析

大型筒体工件（例如压力容器等）的圆筒体由钢板弯曲成型，所采用的设备一般为三辊弯管机，成型过程分为热辊弯（钢板较厚）和冷辊弯（钢板较薄）。三辊弯曲成型的有限元分析与其他成型的有限元分析基本近似，分析难点在于接触设置，另外材料在成型过程中往往会出现屈曲状态。如果采用静力学分析，则将导致计算很难收敛，而采用瞬态分析可以较清晰地表达屈曲，因此用瞬态分析处理静力学较难收敛的材料成型分析。

由于三辊弯曲成型分析的计算量极其巨大，因此本例采用平面应变的二维模型。三维模型可以定义 Joint 连接，而二维模型则不能，通过本例可以了解二维模型的相关设置。

（1）建立二维模型

二维模型如图 5-5-11 所示，具体建模过程如下。

1）在 *xy* 平面上建立 Sketch1。绘制 3 个圆形，分别表示弯曲过程中的上辊和左右下辊，其中中间大圆直径为 750mm；左右两小圆直径为 300mm，中心距为 760mm；大圆和小圆的垂直中心距为 540mm。然后用 Concept 中的 Surface From Sketches 命令对其进行 Add Material 定义，完成三辊模型的建立。

2）在 *xy* 平面上建立 Sketch2。绘制一个长方形以表示成型工件，其中长为 3000mm、高为 20mm，长方形上边与大圆相切；此时上下辊的垂直距离为 540mm−(750+300)mm/2=15mm，而工件高为 20mm，这表示工件与下辊模型有重合区域。然后用 Concept 中的 Surface From Sketches 命令对其进行 Add Frozen 定义，完成工件的建立。

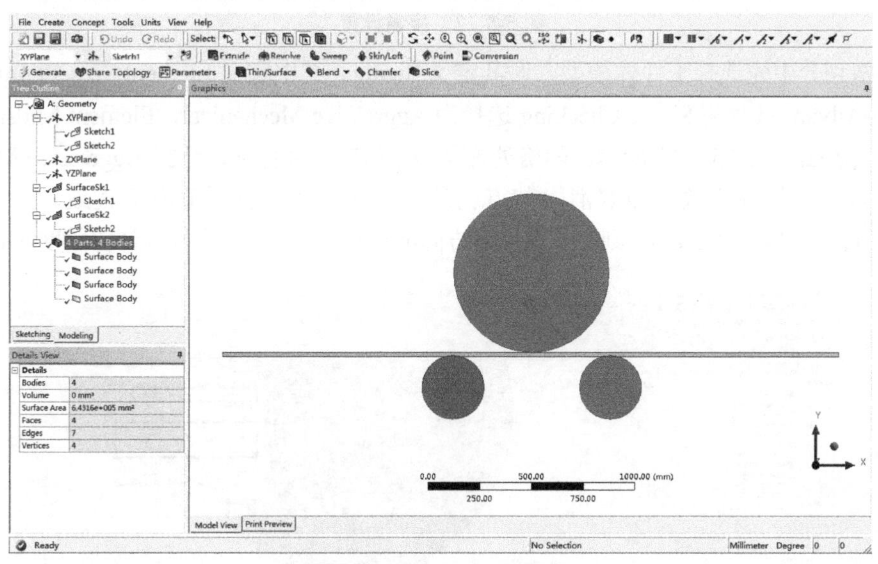

图 5-5-11 建立二维模型

（2）瞬态分析前处理

在 Engineering Data 库内先选择 Structural Steel NL 材料以定义工件。

在 Mechanical 界面下，先定义 Geometry→2D Behavior 为 Plane Strain（平面应变），在分析过程中可将上下三辊视为刚体。但是将其定义为平面应变模型后，不能使用刚性体设置，因此需将工件模型的 Assignment 定义为 Structural Steel NL。

共定义 3 项接触，分别为上辊、左下辊和右下辊对应工件的接触。由于工件刚度肯定低于三辊的刚度，因此接触设置中的 Contact 均选择工件与辊相邻的长边，而 Target 均选择三辊的外圆周线，其他设置如图 5-5-12 所示。其中 Type 处定义为 Frictional，Frictional Coefficient（摩擦系数）定义为 0.1，Behavior 处选择为 Asymmetric（提高计算速度，也可以避免穿透），Trim Contact 处选择为 Off（必须设置），Formulation 处定义为 Normal Lagrange（避免穿透），Detection Method 处选择 Nodal-Projected Normal From Contact（复杂模型易收敛），Interface Treatment 处定义为 Adjust to Touch（保证初始模型接触）。

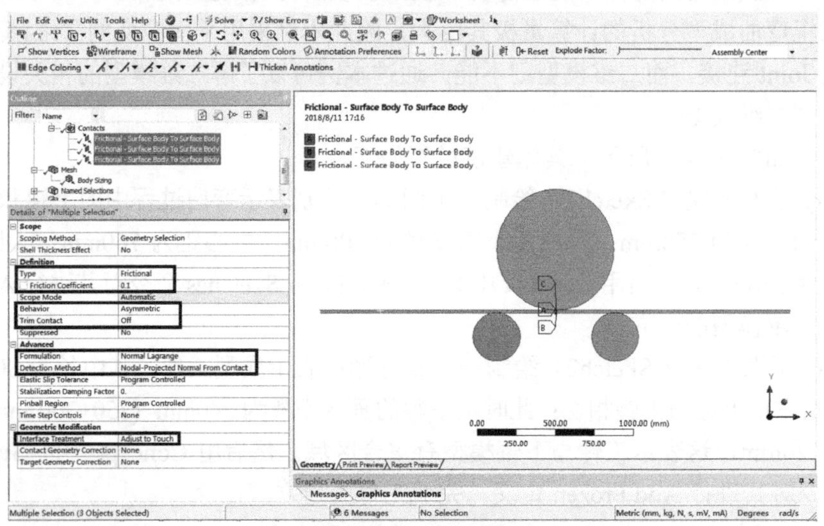

图 5-5-12　接触设置

在网格划分中先选择工件体模型，对其定义 Sizing。其中定义 Element Size 为 5mm，另外在 Mesh→Advanced 处将 Shape Checking 选择为 Aggressive Mechanical，Element Midside Nodes 选择为 Dropped，如图 5-5-13 所示。网格处理是该分析的必要保证，选择 Aggressive Mechanical 就是为了保证非线性收敛，而取消中节点也是为了保证在大变形情况下收敛。工件厚度为 20mm，设置每个单元为 5mm，则工件在厚度方向上有 5 个节点，这是保证计算精度的必要条件。

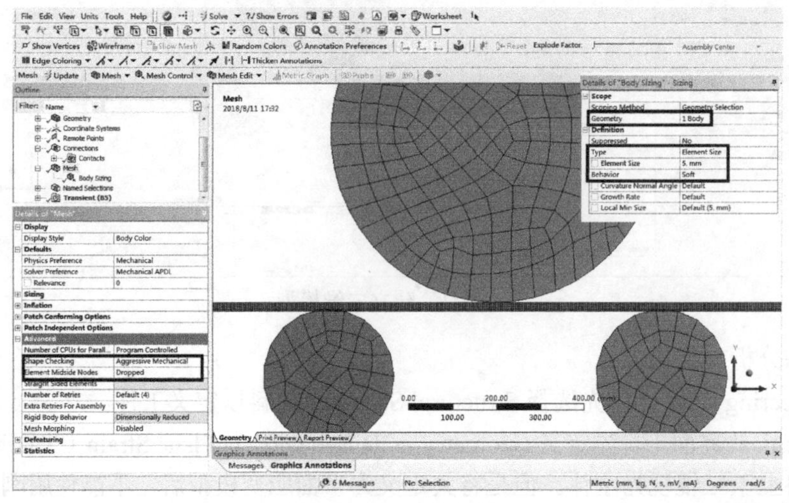

图 5-5-13　网格划分

> **注意**
>
> 针对非线性收敛问题，除了特定的超弹性材料等计算以外，绝对不能把网格故意划得很大以方便收敛。收敛成功并不等于计算准确，必须按照相关要求定义网格尺寸。

（3）瞬态分析设置及边界条件

辊弯实际工作过程分两步，第一步上辊下压，第二步左右辊同向旋转，保证工件送料。将 Analysis Settings→Step Controls 的 Number Of Steps 定义为 2，其中第一步 Step End Time 定义为 1s，Define By 定义为 Time，Initial Time Step、Minimum Time Step、Maximum Time Step 依次为 1e-7s、1e-7s 和 0.1s；第二步 Step End Time 定义为 2s，Define By 定义为 Time，Initial Time Step、Minimum Time Step、Maximum Time Step 依次为 1e-4s、1e-4s 和 0.01s，其余全部默认。注意：本例计算所定义的时间远小于实际工作时间，这只是为了减少计算结果的存盘量，在实际工程分析中必须按实际工程时间来定义。

在实际工程中下辊只做旋转运动，上辊只做平移运动。如果为三维模型，则可以对其定义 Joint；由于二维模型不能定义 Joint，因此采用远程位移的边界条件。三辊的远程位移边界条件的设置如图 5-5-14、图 5-5-15、图 5-5-16 所示。

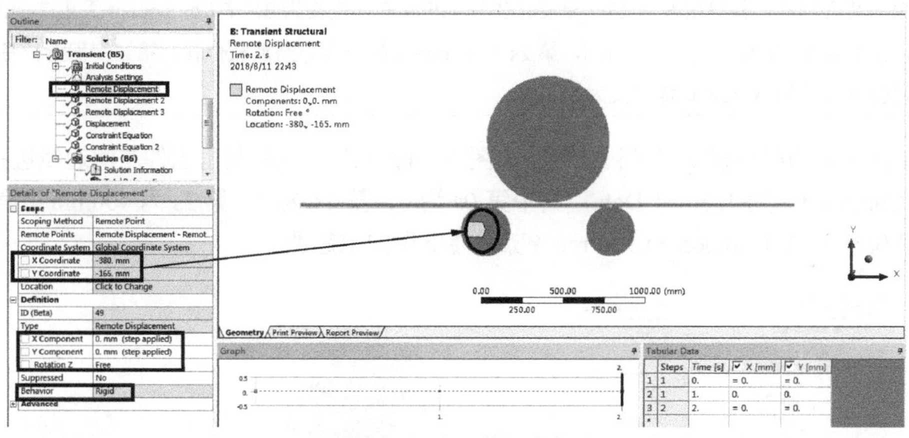

图 5-5-14　左下辊远程位移

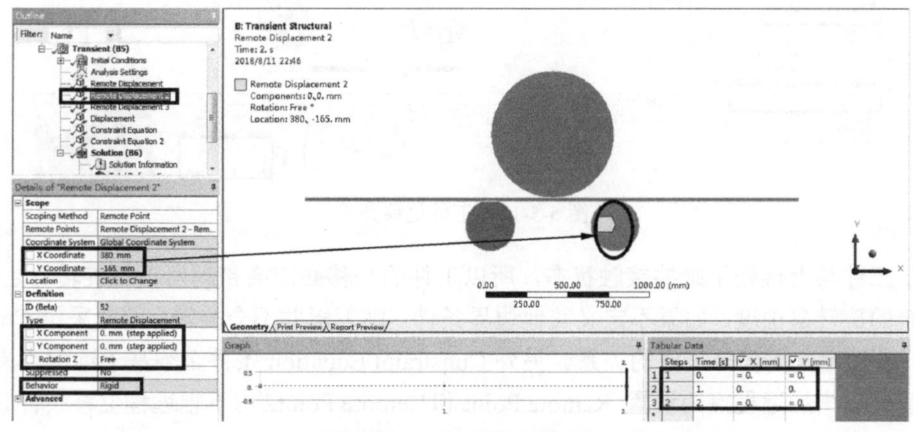

图 5-5-15　右下辊远程位移

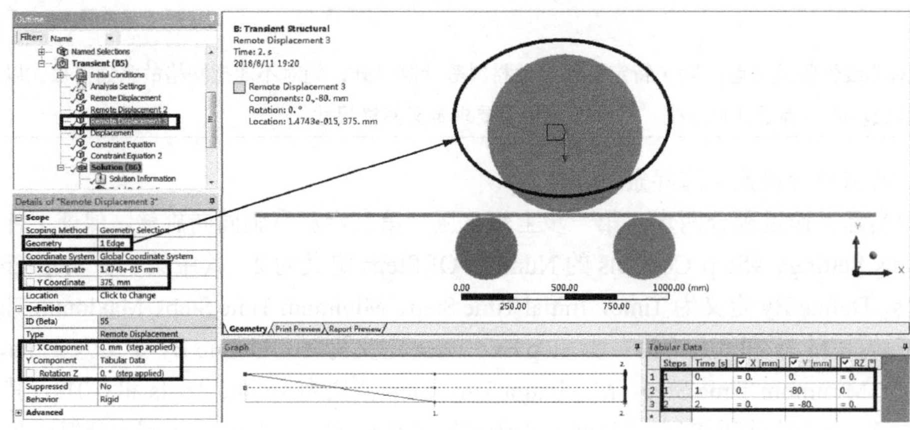

图 5-5-16　上辊远程位移

> **注意**
>
> 左右下辊的远程位移均基于圆面进行定义。软件自动定义的远程点为两辊的圆心位置，其自由度 XY Component 均定义为 0，Rotation Z 为 Free。上辊的远程位移基于圆周线进行定义，软件自动定义的远程点为上辊的圆心位置，其自由度 X Component 和 Rotation Z 均定义为 0，Y Component 采用 Tabular Data 来定义，其中第 0s 为 0，第 1s 为-80mm，第 2s 为-80mm（第一步逐渐加载位移，第二步保持位移不变）。所有远程位移条件的 Behavior 均定义为 Rigid。

对工件左侧加载位移模拟送料过程，如图 5-5-17 所示。位移基于工件左侧边线进行定义，定义 X Component 为 Tabular Data，其中第 0s 为 0、第 1s 为 0、第 2s 为 400mm（第二步才逐渐加载位移），Y Component 为 Free（工件会出现向上翘曲）。

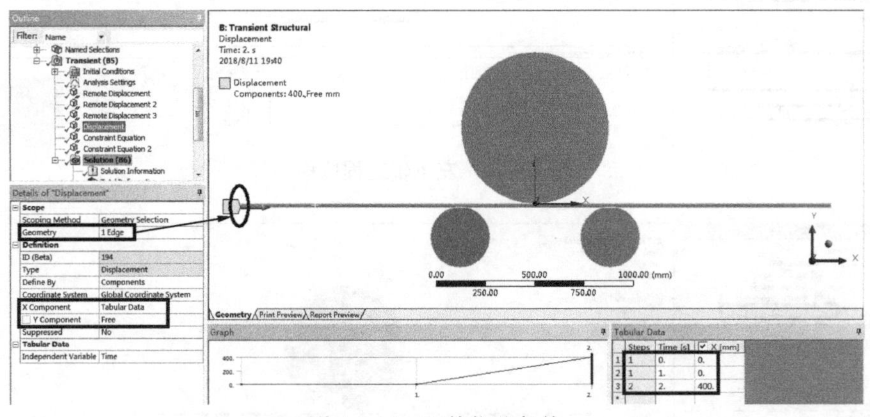

图 5-5-17　工件位移条件

由于工件与上辊处于摩擦接触状态，所以工件的平移必定会带动两下辊旋转。之前只释放了下辊的旋转自由度，如果不定义其他边界条件，则下辊并不会旋转，因此采用 Constraint Equation 条件定义下辊与工件的关系。另外 Constraint Equation 条件必须基于远程点来定义，必须在前处理增加远程点的设置(Remote Point 和 Remote Point2 由下辊远程位移条件 Promote to Remote Point 而得)，如表 5-5-1 所示。

表 5-5-1 远程点定义

远 程 点	设 置		附 图
Remote Point	Scoping Method	Geometry Selection	
	Geometry	1 Face	
	Coordinate System	Global Coordinate System	
	X Coordinate	-380. mm	
	Y Coordinate	-165. mm	
	Location	Click to Change	
	Definition		
	ID (Beta)	50	
	Suppressed	No	
	Behavior	Rigid	
	Pinball Region	All	
	DOF Selection	Program Controlled	
Remote Point2	Scoping Method	Geometry Selection	
	Geometry	1 Face	
	Coordinate System	Global Coordinate System	
	X Coordinate	380. mm	
	Y Coordinate	-165. mm	
	Location	Click to Change	
	Definition		
	ID (Beta)	225	
	Suppressed	No	
	Behavior	Rigid	
	Pinball Region	All	
	DOF Selection	Program Controlled	
Remote Point3	Scoping Method	Geometry Selection	
	Geometry	1 Edge	
	Coordinate System	Global Coordinate System	
	X Coordinate	-1500. mm	
	Y Coordinate	-10. mm	
	Location	Click to Change	
	Definition		
	ID (Beta)	170	
	Suppressed	No	
	Behavior	Deformable	
	Pinball Region	All	
	DOF Selection	Program Controlled	

Constraint Equation 的设置如图 5-5-18 所示，定义两个 Constraint Equation 条件。第一个函数表示两个远程点所定义的角度一致，其工程意义为保证左下辊和右下辊的旋转角度一致；第二个函数表示远程点所定义的角度与另一个远程点的位移呈一定关系，其工程意义为保证左下辊的旋转角度与工件平移距离相匹配。本例中下辊直径为 300mm，每一度的弧长为 (300×3.14)/360≈2.6。

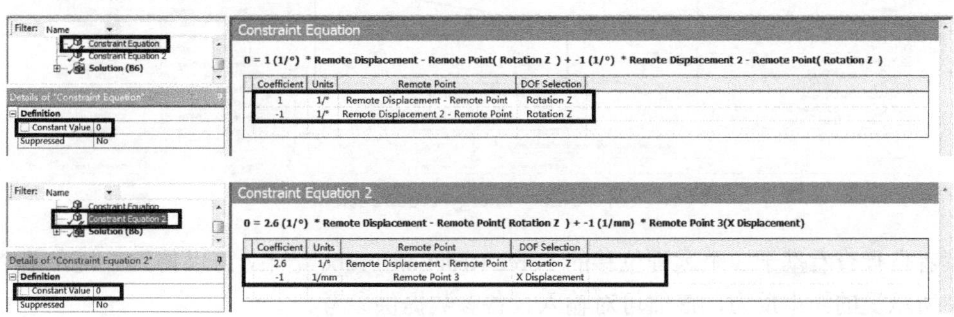

图 5-5-18 Constraint Equation 条件

（4）瞬态分析后处理

计算完成后，先查看 Total Deformation 结果，如图 5-5-19 所示，整个运动趋势可在动画中观察。

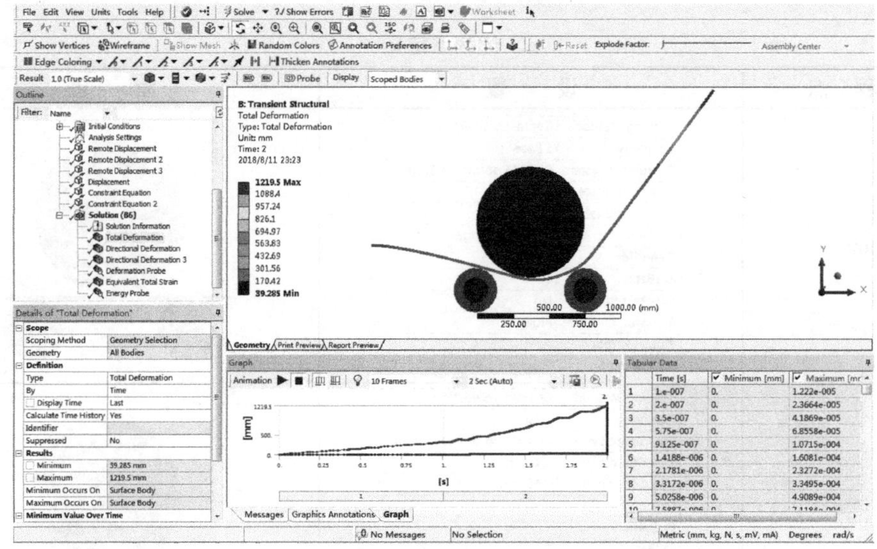

图 5-5-19　Total Deformation 结果

用 Energy-Probe 查看工件的能量分布情况，如图 5-5-20 所示。可知工件的最大动能为 19431mJ，最大应变能 73816mJ。在整个分析过程中应变能大于动能，但是在 0.42s 左右应变能和动能发生突变。观察 Total Strain 后处理也可知在同样时刻，工件的应变突变至几乎最大值。此刻工件发生屈曲，这也是采用静力学分析在此刻难于计算收敛的原因。

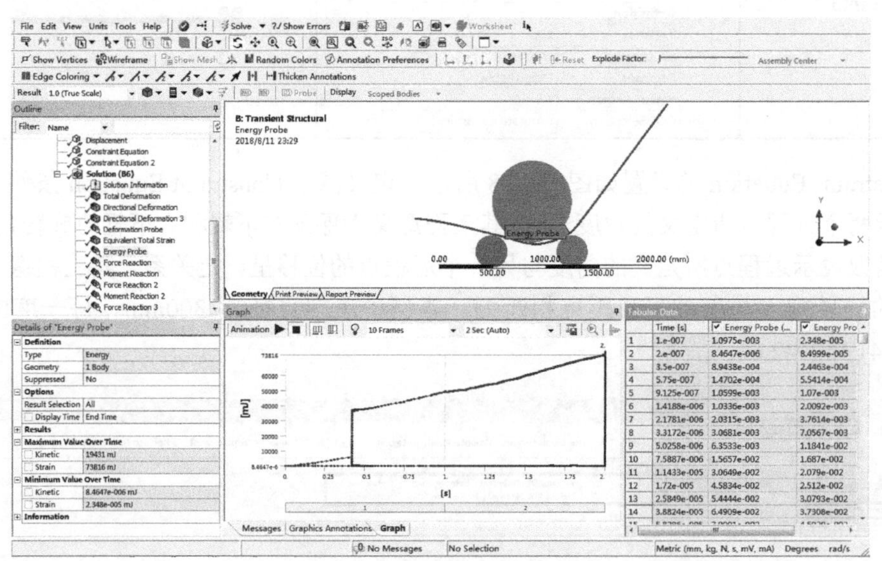

图 5-5-20　Energy-Probe 结果

读者自行查看基于 3 个远程位移的 Force Reaction-Probe 结果，可以得到三辊在整个工作过程中所承受的约束反力，该值可对输入设备参数提供参考。

5.5.3　接触磨损分析

滑动摩擦时接触面发生相对运动，导致接触黏着面产生碎屑从零件表面分离，并使零件表面出现损伤的现象，这称为接触磨损。接触磨损实际存在于所有滑动摩擦（含滚动摩擦）的接触中，当然磨损量较小时，常将其忽略。

ANSYS 软件通过 Wear（磨损）接触本构，依据接触节点上的结果，根据接触节点法向移动的相反方向确定磨损方向。主要本构模型为 Archard 模型（简写为 ARCD，$W=KPV/H$），其参数包括 Wear coefficient（磨损系数，该系数忽略接触面积与时间的关系，为磨合效应，符号为 K）；Material Hardness（硬度，符号为 H，单位为 Pa，可近似为屈服强度的三分之一）；Contact Pressure（接触压力，符号为 P）；Sliding Velocity（滑移速度，符号为 V）；控制项（符号 $C5$，具体数值见表 5-5-2）。除此之外，还可以使用自定义子的磨损本构模型。

表 5-5-2　　C5 参数值

参数	说　明
$C5=0$	在磨损计算中使用接触压力，默认
$C5=1$	在磨损计算中使用节点压力，对于对称接触，磨损量更加均匀
$C5=10$	在磨损计算中使用接触压力，并平均接触面上的所有磨损量，使所有接触单元产生相同磨损量
$C5=11$	在磨损计算中使用节点压力，并平均接触面上的所有磨损量，使所有接触单元产生相同磨损量
$C5=-99$	仅在后处理中统计磨损，用于模型收敛校正

下面以轴承为例，说明接触磨损分析的过程。

（1）建立三维模型

该轴承（不含保持架）包括内圈（7001CIR）、外圈（7001COR）和滚子（7001CB），如图 5-5-21 所示。

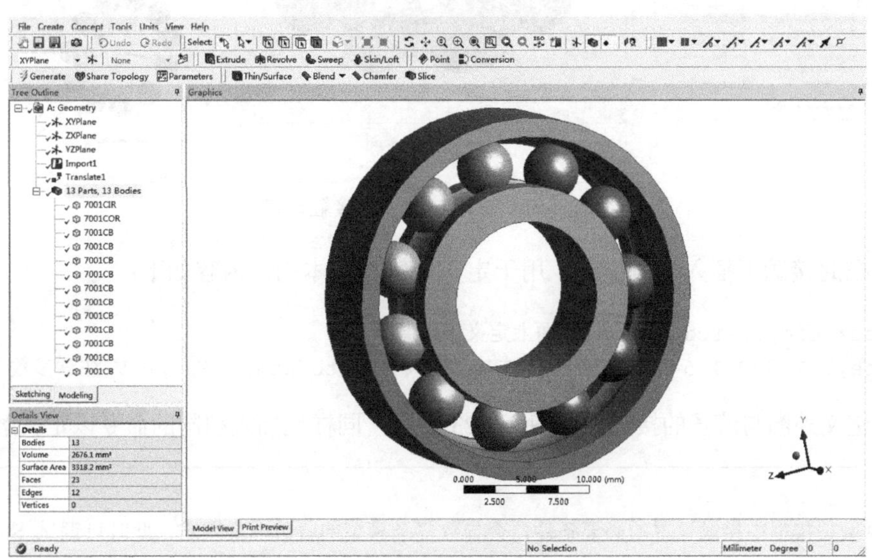

图 5-5-21　三维模型

（2）瞬态分析前处理

在 Mechanical 界面下先定义内圈与滚子的接触设置，如图 5-5-22 所示。其中在 Contact 处选择内圈的圆弧滚道，在 Target 处选择所有滚子的外球面（一般将外凸面定义为 Target 面，将内凹面定义 Contact 面）；在 Type 处定义 Frictional，Frictional Coefficient 定义为 0.1（实际轴承的摩擦系数远小于 0.1，本例仅为了提高收敛难度定义此值）；Behavior 处定义为 Asymmetric（接触磨损模型可以定义为 Symmetric，这样在接触面和目标面上同时模拟磨损，但是计算效率太低，建议定义为 Asymmetric，这样仅在接触面模型处存在磨损）；Trim Contact 处定义为 Off，参见《ANSYS Workbench 有限元分析实例详解（静力学）》；Formulation 处选择 Augmented Lagrange（磨损接触算法只能为 Augmented Lagrange 和 Pure Penalty，其中 Pure Penalty 可以提供更准确的计算结果，但对于磨损接触模型很难收敛，Normal Lagrange 法虽然很容易收敛，但是不推荐使用）；Detection Method 处选择 Nodal-Normal To Target（磨损接触必须基于节点探测，不能使用高斯积分点进行探测，由于滚子较滚道更为光滑，因此采用该探测法而不用 Normal From Contact，另外不能采用 Nodal-Projection Normal from Contact，虽然对于 Frictional 接触求解时它可以很好地满足力矩平衡而较易收敛，但这会导致接触压力变小，使接触磨损计算出现计算误差）；其余设置默认。

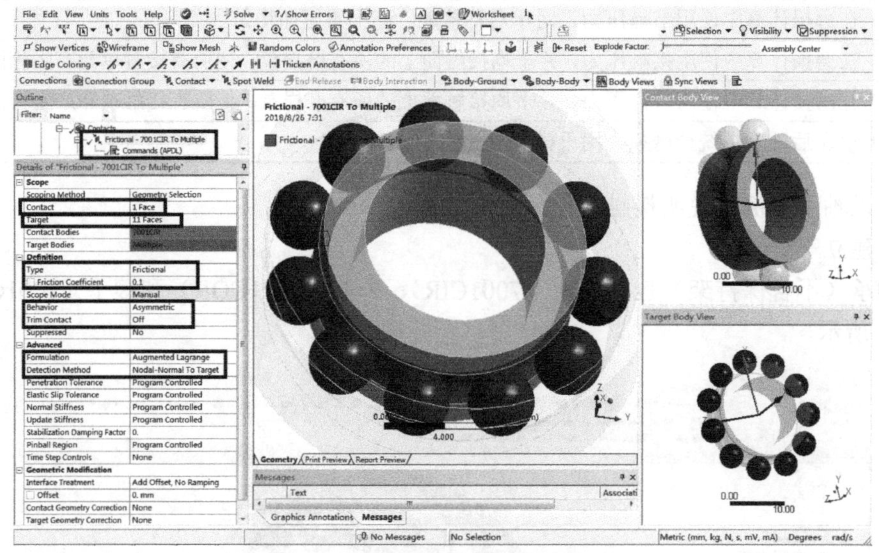

图 5-5-22　内圈与滚子的接触设置

另外在此接触下插入一段命令，用于定义接触磨损本构，内容如下：

```
tb,wear,cid,,,arcd      !在接触面上定义接触磨损
tbdata,1,1,300,1,5      !定义arcd本构参数,格式为tbdata,1,K,H,P,V(注意参数单位为mm)
```

同理定义外圈与滚子的接触，如图 5-5-23 所示，同样也插入相同的命令以定义磨损接触。

注意

接触磨损模型中接触设置的必要条件，会导致复杂模型的收敛非常困难，此时可调试 Stabilization Damping Factor 以保证收敛。

定义滚子自由度的 Joint，如图 5-5-24 所示。设置基于所有滚子的外表面，其中在 Connection Type 处选择 Body-Ground，Type 处选择 Revolute。注意 Reference Coordinate System 的 z 轴为 Global Coordinate System 的 x 轴，因此在 Reference Coordinate System→Principal Axis 处需要将 Global X Axis 定义为 Z Axis，其余默认。

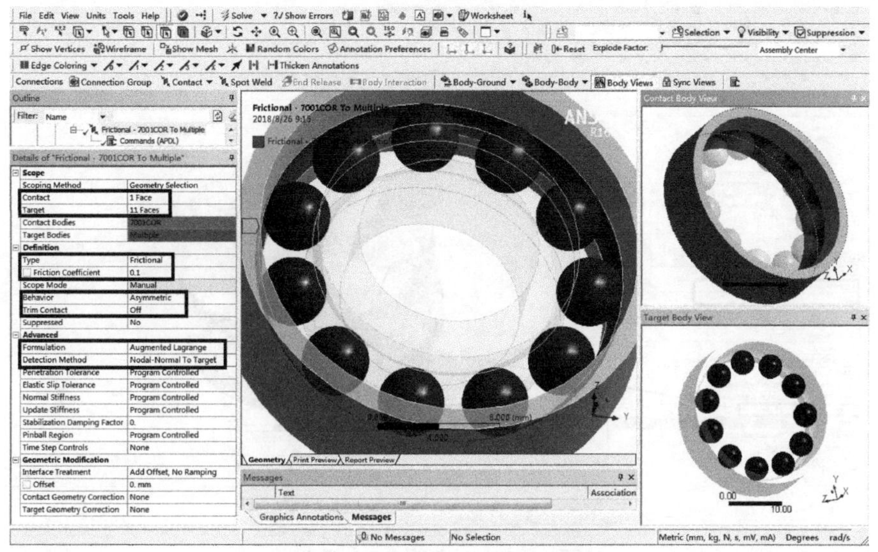

图 5-5-23 外圈与滚子的接触设置

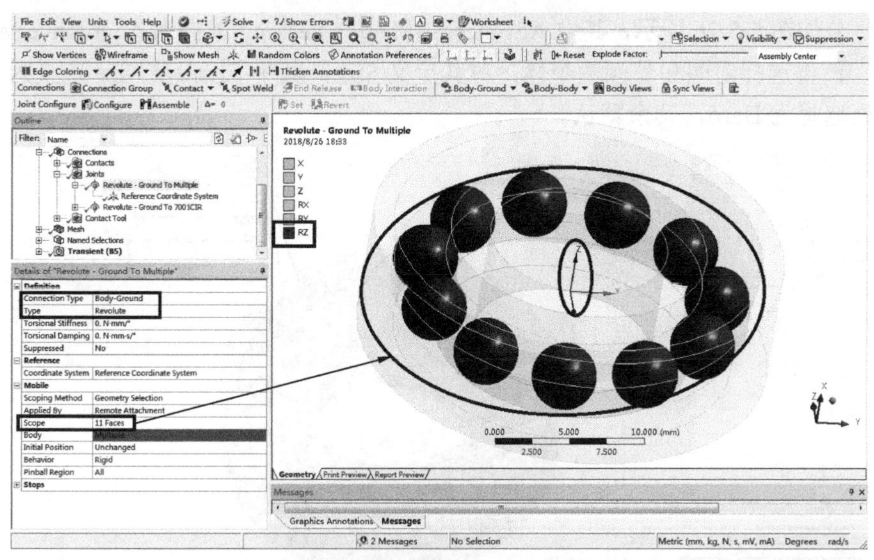

图 5-5-24 滚子的 Joint 设置

内圈自由度的 Joint，如图 5-5-25 所示。设置基于内圈滚道的上下面，其中在 Connection Type 处选择 Body-Ground，Type 处选择 Revolute。同样注意，Reference Coordinate System 的 z 轴为 Global Coordinate System 的 x 轴，其余默认。

注意

本例用两项 Joint 设置定义轴承内圈和滚子的自由度。在设置中特别注意，参考坐标系的位置应位于模型中心，且参考坐标系的方向应指定模型运动方向，另外选择面必须避免与其他包含 MPC 设置的选择面一致，否则软件会警告出现计算误差。

该轴承模型没有包含保持架，这样可按本例的 Contact 和 Joint 设置定义几个零件的关系。如果包含保持架，则在 Contact 中增加保持架和滚子的接触关系，在 Joint 中取消滚子对地旋转自由度的设置，增加保持架对地旋转自由度的设置，或增加每个滚子与保持架中每个滚心的 Spherical 设置以代替保持架和滚子的接触。

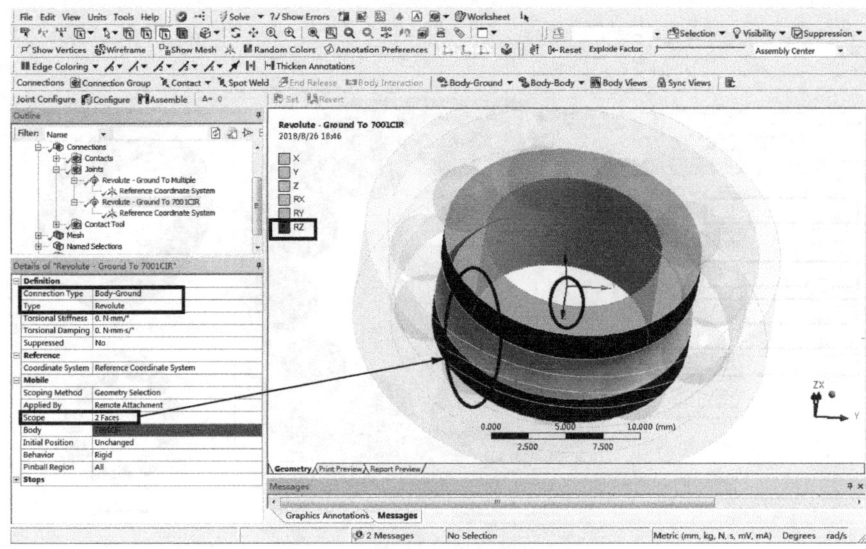

图 5-5-25　内圈的 Joint 设置

网格划分如图 5-5-26 所示，其中 Advanced→Shape Checking 选择为 Aggressive Mechanical（保证收敛）；再选择内圈和外圈两个体，对其定义 Size，其中 Element Size 定义为 1.2mm，Behavior 处选择为 Hard，其余默认。

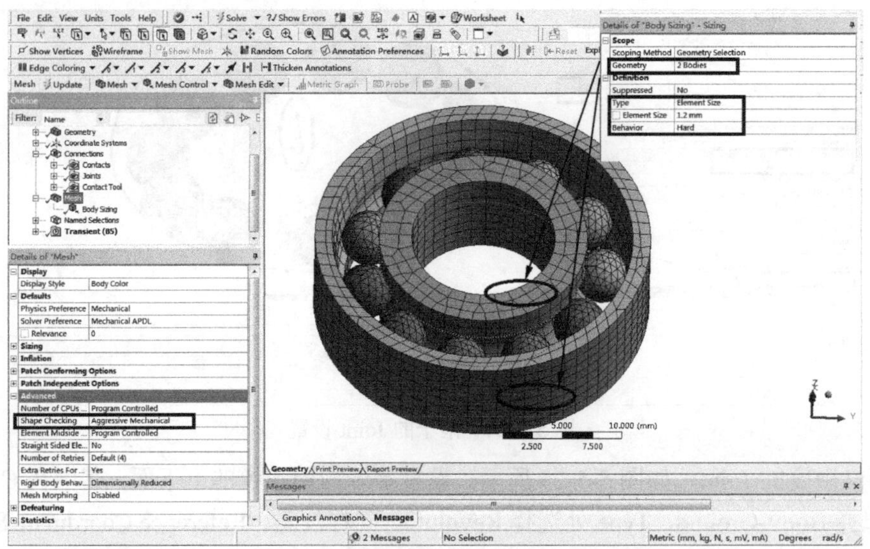

图 5-5-26　网格划分

（3）瞬态分析设置与边界条件

将 Analysis Settings→Step Controls 的 Number Of Steps 定义为 2，其中第一时间步 Step End Time 定义为 0.05s（用于加载轴承外载荷），Define By 定义为 Time，Initial Time Step、Minimum Time Step、Maximum Time Step 依次定义为 1e-4s、1e-4s 和 1e-3s；第二时间步 Step End Time 定义为 0.4s（用于加载轴承内载荷，由于计算量过于庞大，因此只计算了较小时间，读者如果尝试计算较长时间，还需将 Minimum Time Step 定义到 1e-7s 才可保证收敛），Define By 定义为 Time，Initial Time Step、Minimum Time Step、Maximum Time Step 也依次定义为 1e-4s、

1e-4s 和 1e-3s，其余全部默认。

边界条件如表 5-5-3 所示。

表 5-5-3　　边界条件

边界条件	附　图	设　置
基于外圈外表面定义 Fixed Support	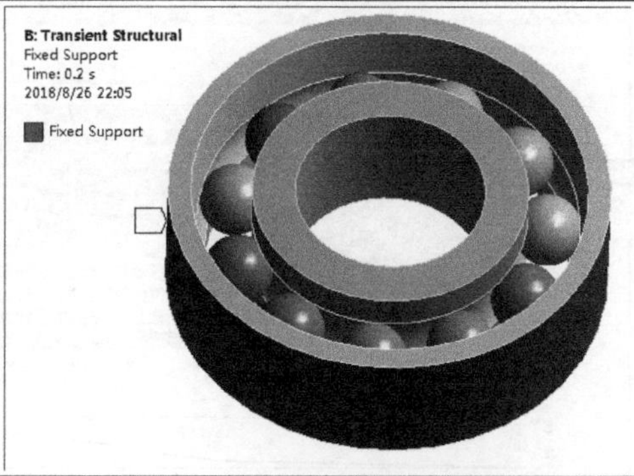 B: Transient Structural Fixed Support Time: 0.2 s 2018/8/26 22:05 Fixed Support	Scope Scoping Method: Geometry Selection Geometry: 1 Face Definition ID (Beta): 56 Type: Fixed Support Suppressed: No
基于内圈内表面定义 Pressure，在 0.05s 时 Pressure=2MPa，后续时间保持此载荷 （注：该载荷用于模拟轴承承载零件对轴承所施加的外载荷）	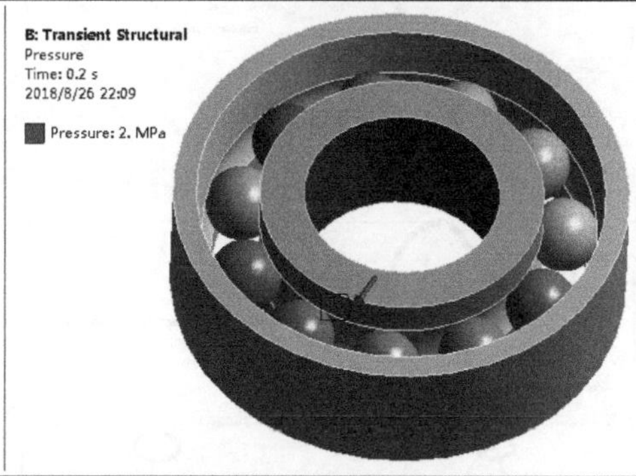 B: Transient Structural Pressure Time: 0.2 s 2018/8/26 22:09 Pressure: 2. MPa	Scope Scoping Method: Geometry Selection Geometry: 1 Face Definition ID (Beta): 365 Type: Pressure Define By: Normal To Magnitude: Tabular Data Suppressed: No Tabular Data Independent Variable: Time Tabular Data Steps / Time [s] / Pressure [MPa] 1: 1 / 0. / 0. 2: 1 / 5.e-002 / 2. 3: 2 / 0.4 / = 2.
基于地面对内圈圆周面定义 Joint-Revolute 连接。顺时针方向，在 0.4s 时，Rotational Velocity=1.5556rad/s （注：地面对内圈的转速不等于地面对滚子的转速）	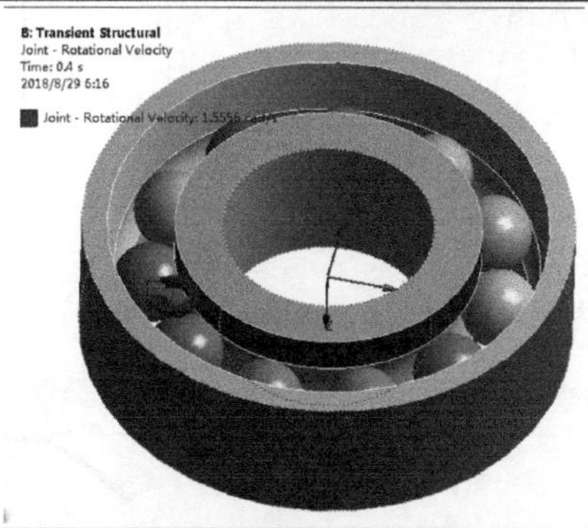 B: Transient Structural Joint - Rotational Velocity Time: 0.4 s 2018/8/29 6:16 Joint - Rotational Velocity: 1.5556 rad/s	Scope Joint: Revolute - Ground To 7001CIR Definition DOF: Rotation Z Type: Rotational Velocity Magnitude: Tabular Data Lock at Load Step: Never Suppressed: No Tabular Data Steps / Time [s] / Rotational Velocity [rad/s] 1: 1 / 0. / 0. 2: 1 / 5.e-002 / 0. 3: 2 / 0.4 / = 1.5556
基于地面对所有滚子外圆面定义 Joint-Revolute 连接。顺时针方向，在 0.4s 时，Rotational Velocity=−1.0889rad/s （注：由于两个 Joint 设置在参考坐标系时，*z* 向不一致，因此在加载时输入负值，以保证旋向一致）	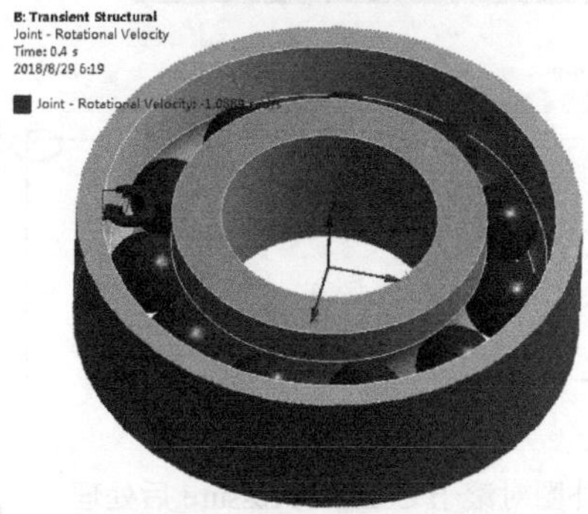 B: Transient Structural Joint - Rotational Velocity Time: 0.4 s 2018/8/29 6:19 Joint - Rotational Velocity: -1.0889 rad/s	Scope Joint: Revolute - Ground To Multiple Definition DOF: Rotation Z Type: Rotational Velocity Magnitude: Tabular Data Lock at Load Step: Never Suppressed: No Tabular Data Steps / Time [s] / Rotational Velocity [rad/s] 1: 1 / 0. / 0. 2: 1 / 5.e-002 / 0. 3: 2 / 0.4 / = -1.0889

（4）瞬态分析后处理

对于此类分析，接触参数的后处理更为重要。如图 5-5-27 所示，插入 Contact 后处理，在 Type 处分别定义 Pressure（两个接触），如图 5-5-28 和图 5-5-29 所示，以及 Volume Loss Due to Wear（两个接触）（Workbench 17.0 版本以上），如图 5-5-30 和图 5-5-31 所示。

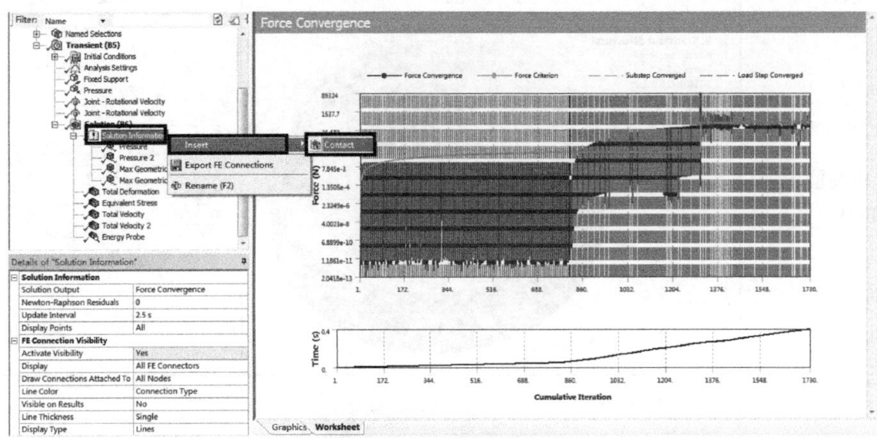

图 5-5-27　Contact 后处理

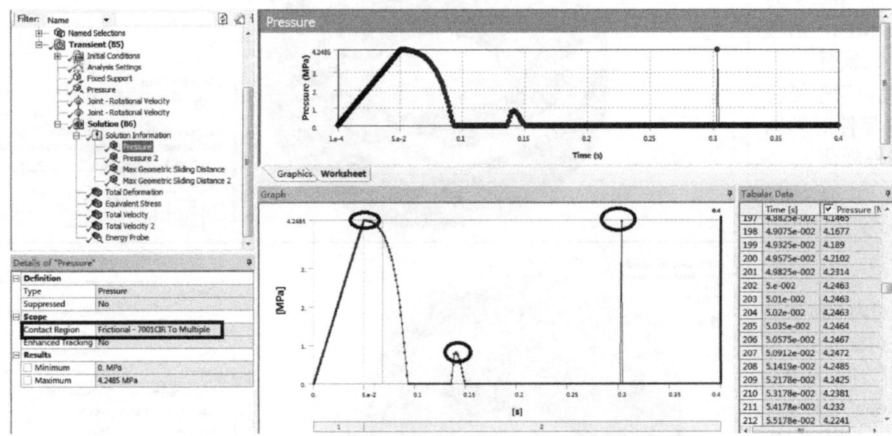

图 5-5-28　内圈对滚子 Contact Pressure 后处理

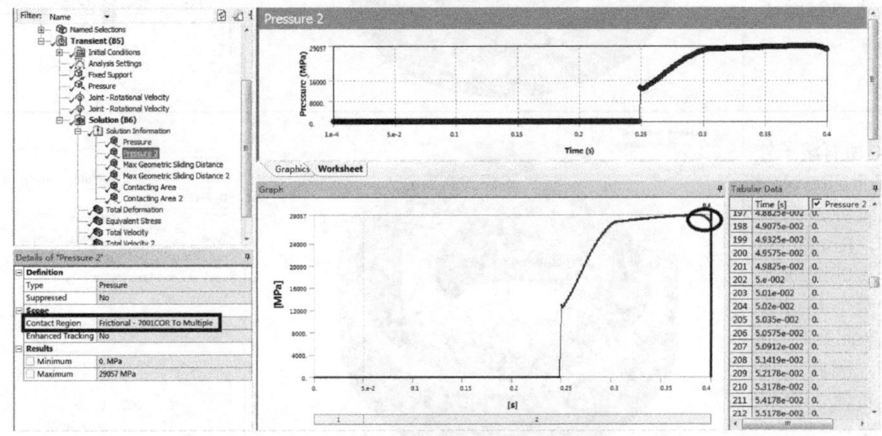

图 5-5-29　外圈对滚子 Contact Pressure 后处理

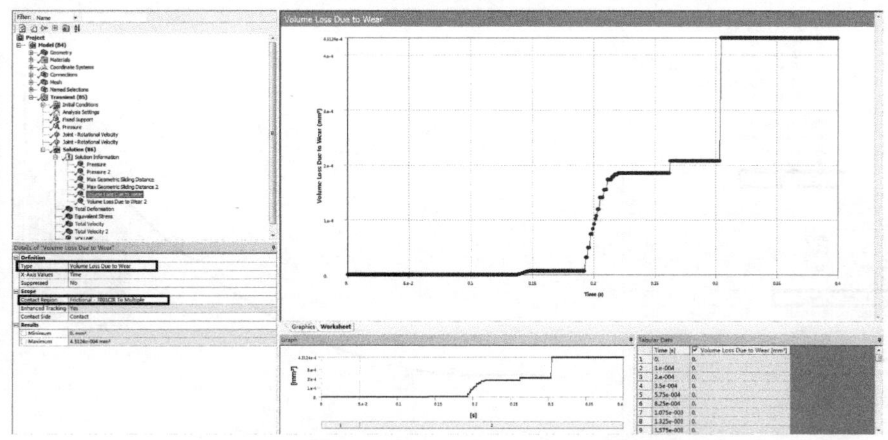

图 5-5-30 内圈对滚子 Volume Loss Due to Wear 后处理

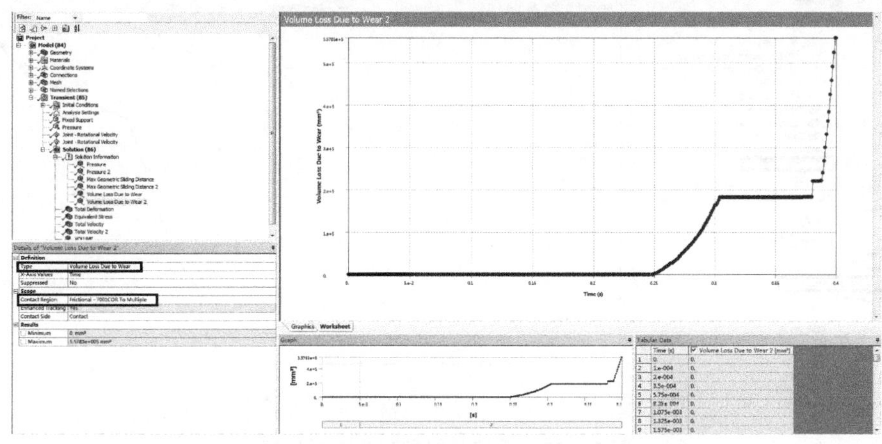

图 5-5-31 外圈对滚子 Volume Loss Due to Wear 后处理

再分别选择内圈和任意滚子，查看其 Deformation→Total Velocity，如图 5-5-32 所示；最后观察整体的能量分布，单击 Energy-Probe 查看，如图 5-5-33 所示。

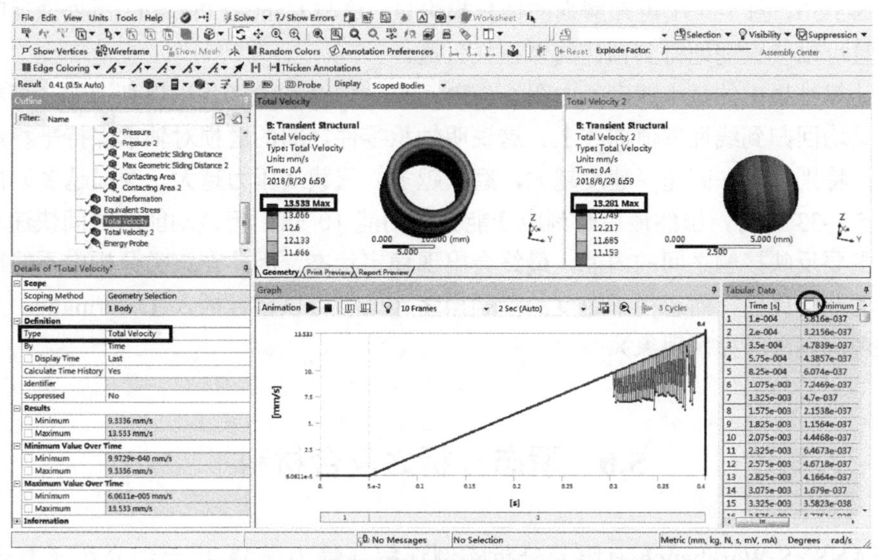

图 5-5-32 外圈和滚子的 Total Velocity 后处理

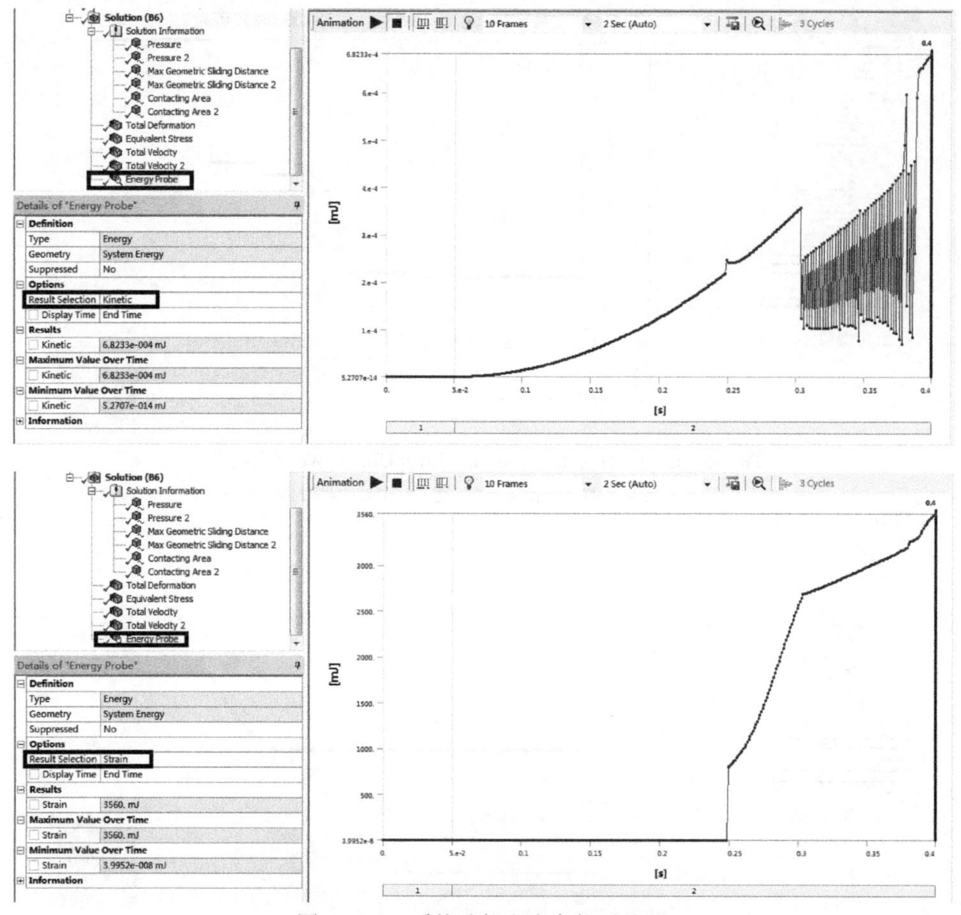

图 5-5-33　系统动能和应变能后处理

由图 5-5-28、图 5-5-29 可知，接触压力曲线在出现峰值后，并没有保持峰值，而是出现了下滑趋势，这是因为零件之间出现的磨损现象消耗了接触之间的弹性内能。

由图 5-5-30、图 5-5-31 可知磨损的体积损失量，这与 Contact Pressure 后处理反映的时刻一致，并且可以较直观地得到预计的体积损失量。

关闭计算结果中的最小速度，由图 5-5-32 可知，内圈和滚子均出现高速度、高频率的振荡现象，又均回归到线性增值曲线上。这说明轴承零件之间的磨损对轴承保持平稳承载有很大的影响，特别表现在高速（速度越大，磨损越多）重载（压力越大，磨损越多）情况下。

由图 5-5-33 可得，虽然最后时刻应变能大于动能 10^7 倍，但是动能随时间快速增加。由于应变能主要反映接触之间的内能，最终会出现稳定状态，因此在该类分析中不能简单比较应变能与动能的比值，而忽视了速度的高频振荡（读者可以自行插入 Deformation 后处理，这将无法观测到高频振荡现象）。

5.6　瞬态分析之复合材料

在《ANSYS Workbench 有限元分析实例详解（静力学）》中已经介绍了复合材料的

相关基本内容，本书不再赘述。基于瞬态分析的复合材料主要表现为非复合材料与复合材料共存模型的现象，因此在前处理流程中存在多组模型组合定义。该流程不仅可用于复合材料的分析，也可用于其他分析，即将多个部件依次前处理，再成为一个整件进行分析。

本节以复合材料圆环在 L 形工件上运动碰撞为例，说明复合材料瞬态分析之计算流程。

（1）建立模型

三维模型如图 5-6-1 所示，建模过程如下。

1）在 *xy* 平面上建立 Sketch1。绘制一个直径为 48.066mm 的圆，然后用 Extrude1 中的 Add Material 命令将 Depth 设置为 30mm，得到圆柱模型。

2）在 *xy* 平面上建立 Sketch2。绘制一个与圆相切于一点的 L 形件，其中 L 形长为 120mm，Sketch1 圆心距 L 形外边 100mm；L 形的高度超过 Sketch1 圆心即可，具体参数可随意定义。然后用 Extrude1 中的 Add Material 命令将 Depth 设置为 30mm，得到 L 形模型。

3）采用 Concept→Surface From Face 命令，选取圆柱外表面，完成模型抽壳，以便后续定义复合材料圆环。

4）采用 Create→Delete→Body Delete 命令，删除圆柱模型，仅保留 L 形件的实体模型和圆面壳模型。

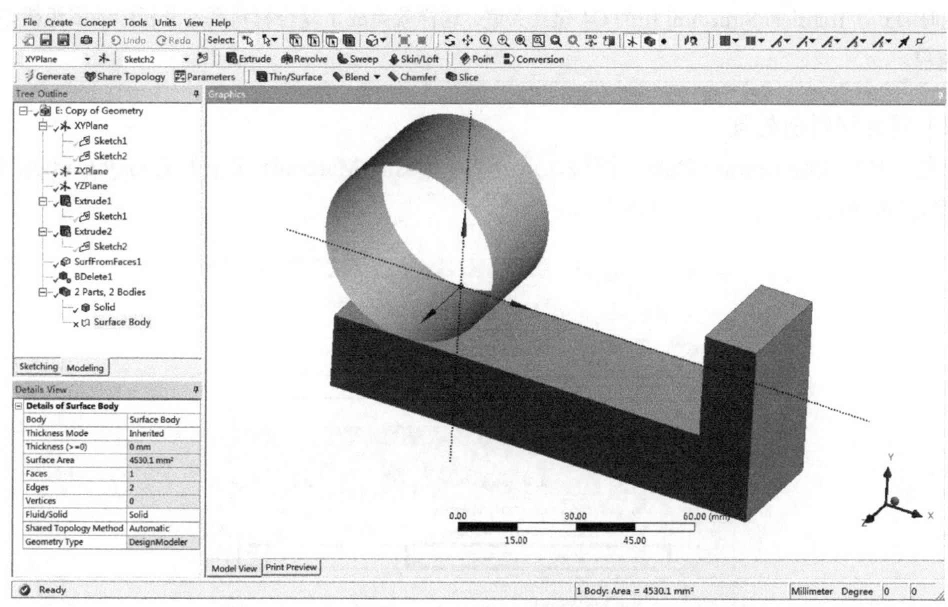

图 5-6-1 建立三维模型

（2）建立分析流程

如图 5-6-2 所示，建立分析流程。其中包括 A、E 框架结构的 DM 模块（E 框架结构由 A 框架结构复制而得），B 框架结构的 ACP（Pre）分析（复合材料前处理），C 框架结构的瞬态分析，D 框架结构的 ACP（Post）分析（复合材料后处理处理），F 框架结构的 Mechanical Model 模块。

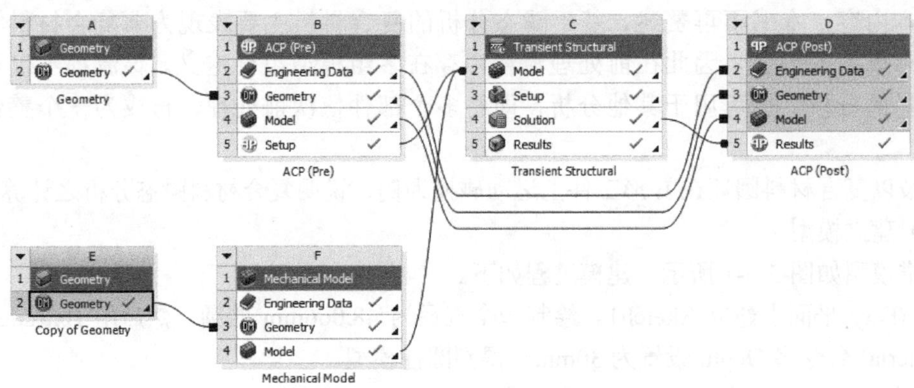

图 5-6-2　复合材料瞬态分析流程

注意

E 框架结构的 DM 模块虽然由 A 框架结构复制而得，但在 A 框架结构中将 L 形件抑制，只保留圆面壳模型。在 E 框架结构中将圆面抑制，只保留 L 形件的模型。在建立 C 框架结构瞬态分析时，暂不要与其他框架结构建立关联，然后将 ACP（Pre）中的 B5（Setup）和 Mechanical Model 中的 F4（Model）与 Transient Structural 中的 Model 建立关联；ACP（Post）中的 D2、D3、D4 与 ACP（Pre）中的 B2、B3、B4 建立关联，同时 D5 与 Transient Structural 中的 C4 建立关联。这样就完成了复合材料瞬态分析中的多组模型组合定义流程。

（3）复合材料前处理

先进入 B2（Engineering Data）模块，选择 Composite Materials 库下的 Epoxy Carbon Woven（395GPa）Prepreg 材料，如图 5-6-3 所示。

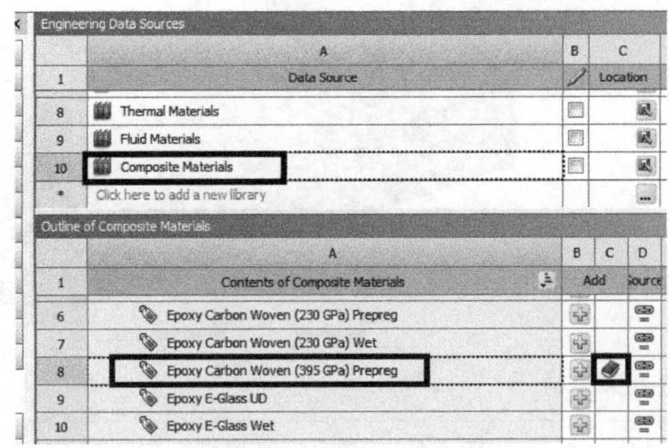

图 5-6-3　选取复合材料

再进入 B3（Model），对 Surface Body 中的 Thickness 定义为 1mm，Assignment 默认定义为 Structural Stress。网格划分采用默认设置，如图 5-6-4 所示。

注意

该处的厚度和材料没有任何意义，这需保证能正常划分网格即可，复合材料的具体参数定义全部由 ACP 模块完成。

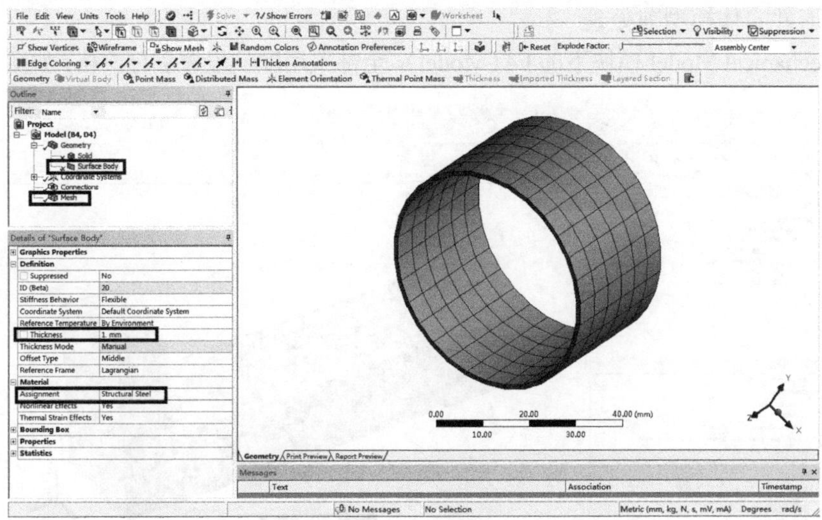

图 5-6-4 网格划分

最后进入 B5（Setup），先查看 Units，保证单位制为 MPA 的毫米单位制，其余设置如图 5-6-5 所示。在 Fabrics 处增加 Fabric.1 材料，其中在 Material 处选择 Epoxy Carbon Woven（395GPa）Prepreg，在 Thickness 处定义厚度为 0.1mm；在 Stackups 处增加 Stackup.1 层，其中定义 4 层 Fabric.1 材料，铺角分别为 0、90、45、−45；在 Oriented Selection Sets 处定义 Oriented Selection Set.1，其中在 Element Sets 处选择默认的 All_Elements，Orientation Point 处定义模型中的任意一点（此处不能使用默认的坐标原点），在 Orientations Direction 处必须单击 Flip 定义反向（如果不定义反向，则壳模型将沿坐标系方向向外扩展，即壳模型为圆环的内表面，这会导致模型组合时出现穿透现象），在 Rosettes 处选择默认的 Rosette；在 Modeling Groups 处增加 Modeling Group.1，其中在 Oriented Selection Sets 处选择之前定义的 Oriented Selection Set.1，Ply Material 处选择之前定义的 Stackup.1，Number of Layers 处定义为 4，模型的总厚度为 0.1×4×4=1.6mm；在 Solid Models 处增加 SolidModel.1，此处是为了将壳模型实体化，在 Element Sets 处选择默认的 All-Elements。其余所有设置均默认，其具体含义请参见《ANSYS Workbench 有限元分析实例详解（静力学）》。

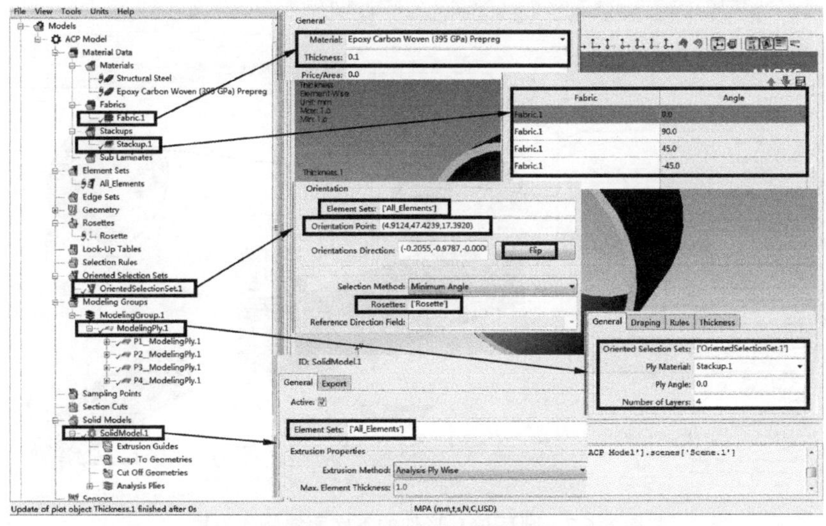

图 5-6-5 复合材料的设置

（4）L 形件实体模型前处理

进入 Mechanical Model 模块下的 F4（Model），全部采用默认设置划分网格，如图 5-6-6 所示。

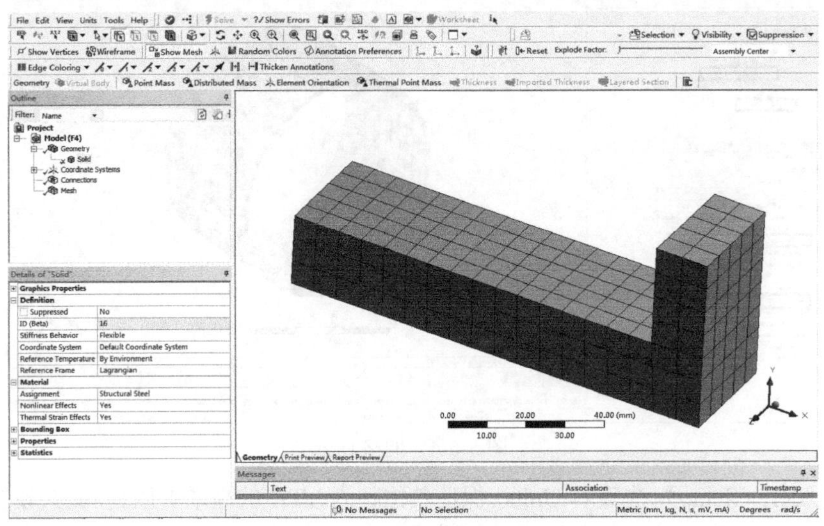

图 5-6-6　实体模型网格划分

（5）瞬态分析前处理

进入 C2（Setup），定义瞬态分析前处理，其中 Mesh 项已经生成，不需要再定义。先定义复合材料圆环与 L 形件的接触，注意圆环与 L 形件的下底相切面和立板面均存在接触。由于圆环与 L 形件的下底面主要表现为摩擦，圆环与 L 形件的立板面主要表现为碰撞，两者并不相同，因此必须定义两个接触。圆环与 L 形件的下底面接触的定义如图 5-6-7 所示，其中在 Contact 处选择复合材料圆环的外圆面，在 Target 处选择 L 形件的下底面，Type 处选择 Frictional，Frictional Coefficient 定义为 0.1，在 Behavior 处选择 Asymmetric，在 Trim Contact 处选择 Off，在 Formulation 处选择 Normal Lagrange（避免接触穿透），在 Detection Method 处选择 Nodal-Projected Normal From Contact（保证接触收敛），其余默认。

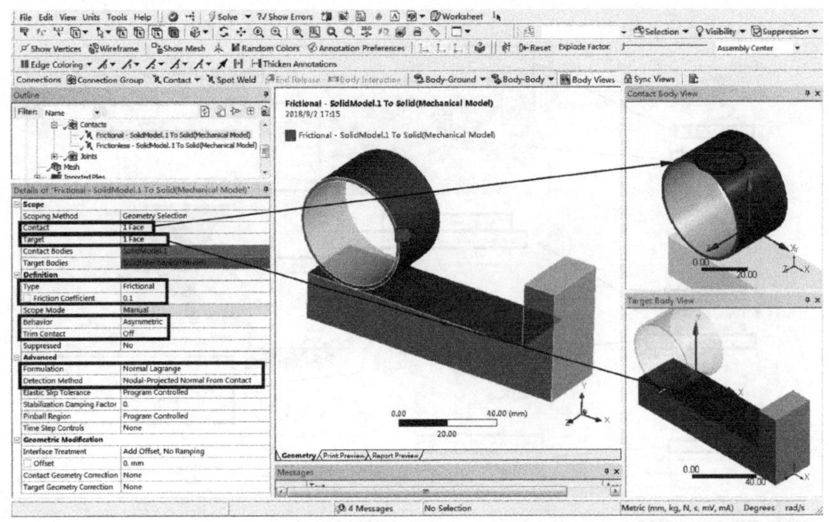

图 5-6-7　圆环与 L 形件的下底面接触的设置

圆环与 L 形件的立板面接触的定义如图 5-6-8 所示。其中在 Contact 处选择复合材料圆环的外圆面，在 Target 处选择 L 形件的立板面，在 Type 处选择 Frictionless，在 Behavior 处选择 Asymmetric，在 Formulation 处选择 Normal Lagrange（避免接触穿透），在 Detection Method 处选择 Nodal-Projected Normal From Contact（保证接触收敛，同时可以避免因不定义 Pinball 而导致的接触不收敛），在 Time Step Controls 处选择 Predict For Impact（定义接触碰撞），其余默认。

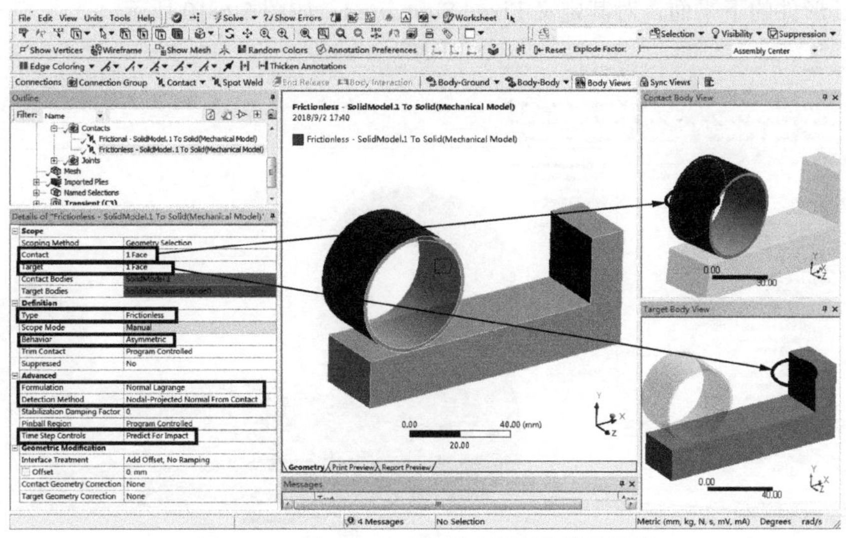

图 5-6-8 圆环与 L 形件的立板面接触的设置

若需圆环在 L 形件上滚动前进，则还需要定义 Joint。由于圆环平移方向与滚动转轴方向呈正交，因此只能采用 General 形式，如图 5-6-9 所示。其中 Connection Type 处选择 Body-Ground，Type 处选择 General，Translation X 处设置为 Free，Translation YZ 处均设置为 Fixed，Rotations 处设置 Free Z（释放 x 向平移和 z 向旋转自由度）。特别注意，对于在 Reference Coordinate System 处所定义的参考坐标系，圆心必须位于圆环的形心位置，且坐标系方向必须与 Global Coordinate System 的方向一致，否则在计算过程中可能出现反向。在 Scope 处选择圆环的内圆面，其余默认。

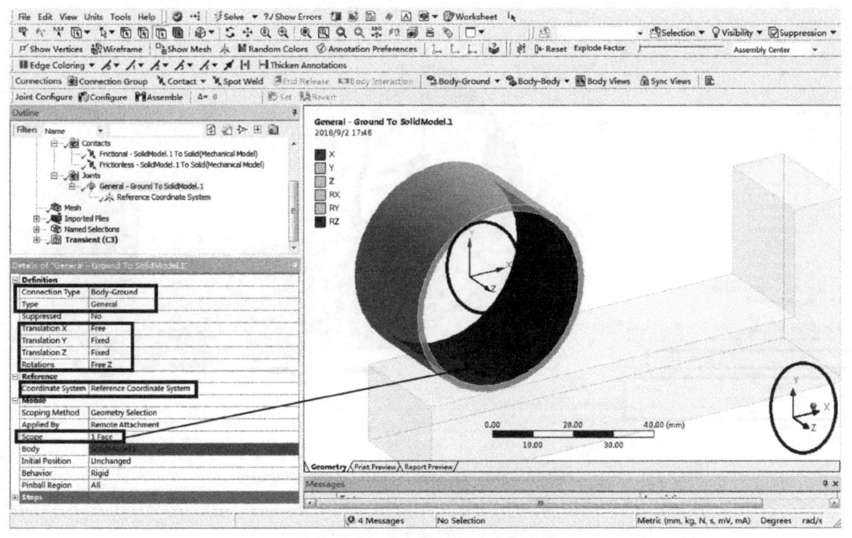

图 5-6-9 设置 General Joint

（6）瞬态分析设置及边界条件

将 Initial Conditions→Velocity 的 Input Type 定义为 Velocity，X Component 定义为 80mm/s。将 Analysis Settings→Step Controls 的 Number Of Steps 定义为 1，步设置为：Step End Time 设置为 1s，Define By 设置为 Time，Initial Time Step、Minimum Time Step、Maximum Time Step 依次定义为 1e-2s、1e-2s 和 0.1s，其余默认。

选择 L 形件的下平面，对其定义 Fixed Supported，如图 5-6-10 所示。

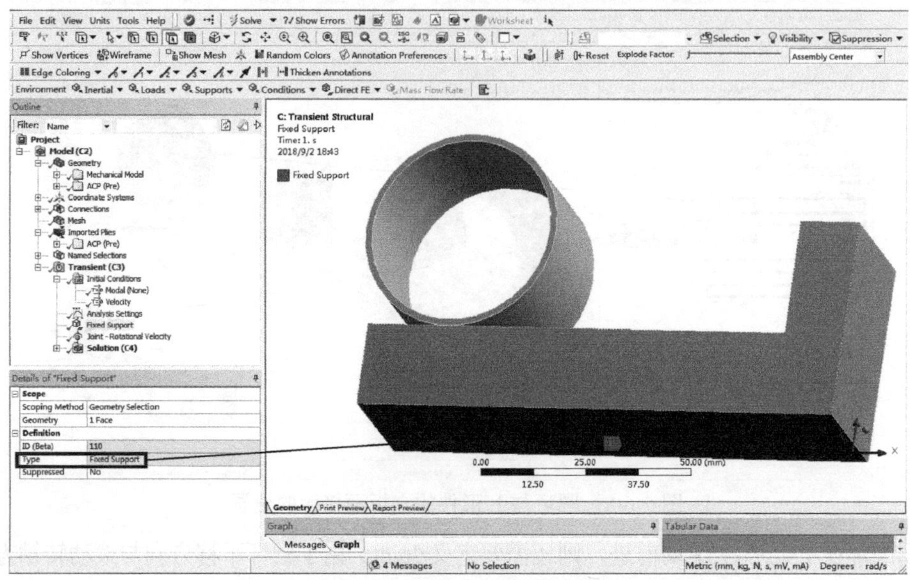

图 5-6-10　设置 Fixed Supported

定义 Joint Load 条件，如图 5-6-11 所示。其中在 Joint 处选择 General-Ground To Solidmodel.1，在 DOF 处选择 Rotation Z，在 Type 处选择 Rotational Velocity，Magnitude 处定义为–0.1rad/s。

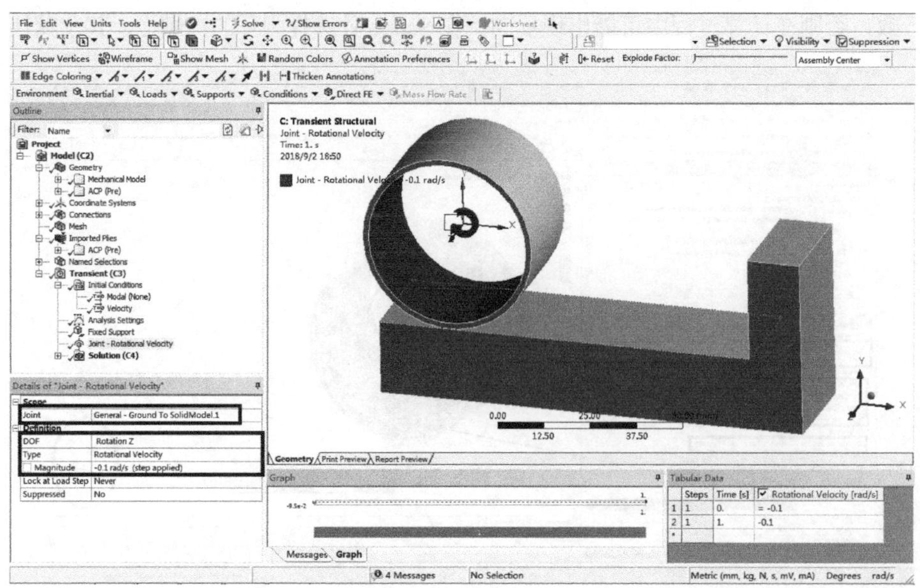

图 5-6-11　设置 Joint

（7）瞬态分析后处理

计算完成后，先查看等效应力结果，如图 5-6-12 所示。可知最大等效应力出现在 0.77387s 时刻，即两者出现碰撞的时刻，在 Tabular Data 表中可知该时刻为第 20 步。

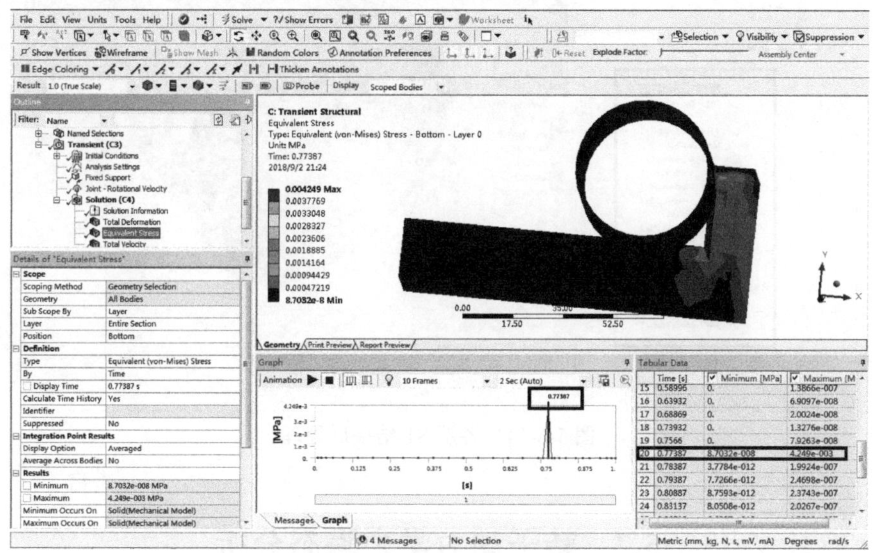

图 5-6-12　等效应力后处理

再进入 D5(Results)，查看复合材料后处理结果。先单击 Definitions 创建 FailureCriteria.1，在 Max Strain、Max Stress、Tsai-Wu 处勾选；然后在 Solutions 处创建 Solution.1，再创建 Stress 后处理，如图 5-6-13 所示。其中在 Data Scope 处选择默认的 All_Elements，在 Component 处选择 S1 结果，在 Solution Set 处选择第 20 步，即为 0.773873s。

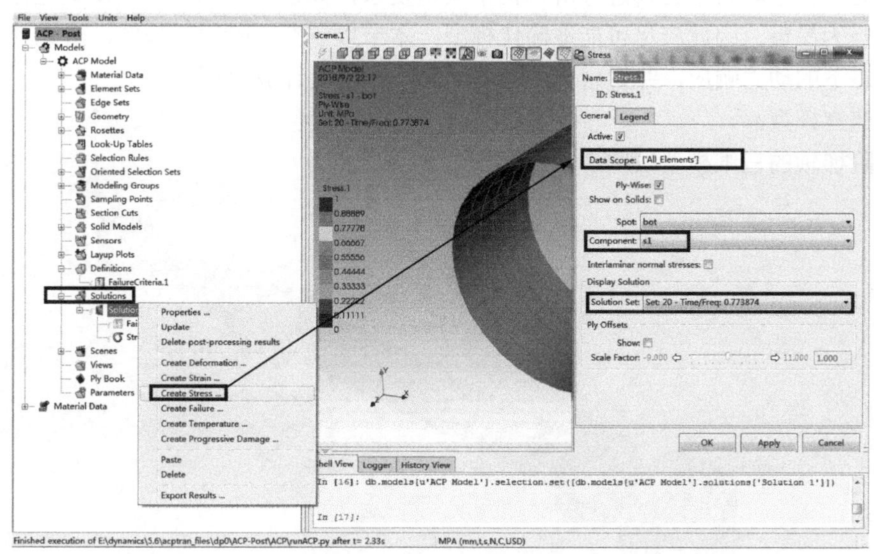

图 5-6-13　ACP 后处理的设置

单击 Apply-Ok 以后，查看复合材料中各层单元的应力分布情况，如图 5-6-14 所示。

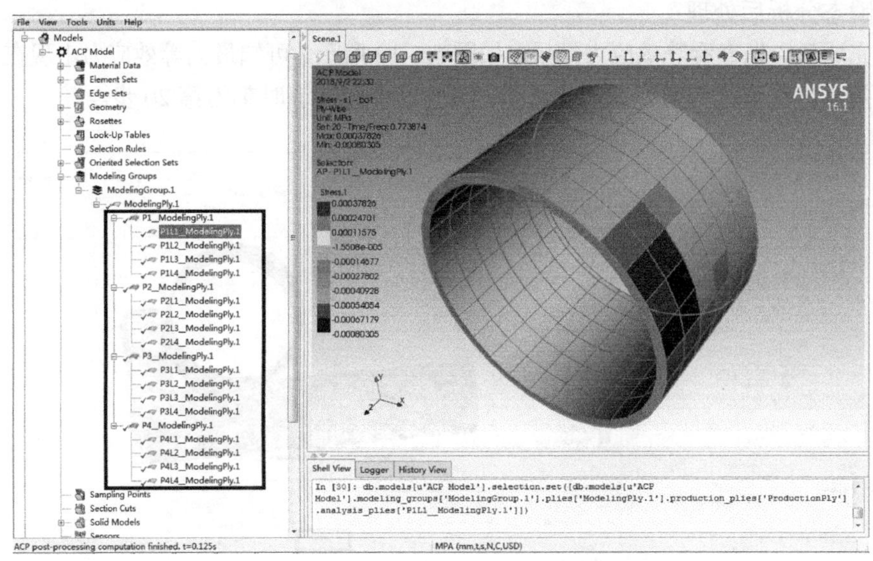

图 5-6-14　各层 S1 结果后处理

5.7　转子动力学之瞬态分析

转子动力学的瞬态分析主要研究转子系统在起始或停止时域内，可能的扰动对系统稳定性的影响。在图 3-1-2 所示的时间位移响应曲线中，强制响应为正弦曲线，表现为系统呈稳定振动状态，它与全响应的区别在于振动的起始阶段。全响应对应瞬态分析，强制响应对应谐响应分析。

另外对于转子动力学的瞬态分析，由于模型复杂，如果采用三维真实模型进行计算，则计算成本极为昂贵，因此应尽可能地简化模型。本节以一空心阶梯轴为例，研究其在转子系统起始状态下的动力响应，并说明转子动力学瞬态分析之计算流程。

（1）建立模型

空心阶梯轴的三维模型如图 5-7-1 所示。

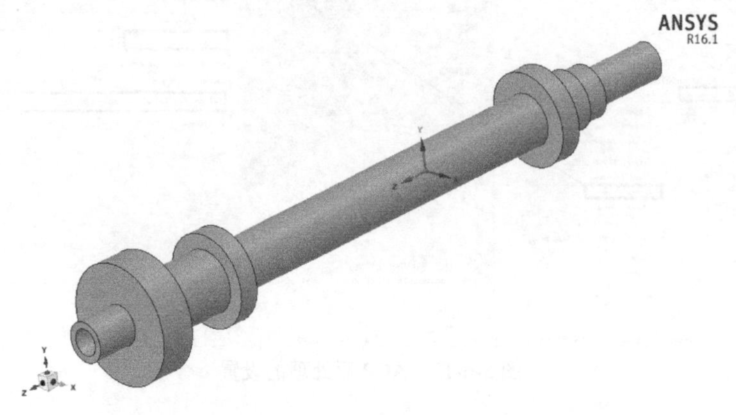

图 5-7-1　空心阶梯轴三维模型

本例采用 SCDM 进行模型处理，注意全局坐标系必须位于轴的中心线上。轴承位于轴两侧的最外端，轴承宽度为 10mm，需要将此区域切分出来以定义轴承。另外如果该三维模型进行瞬态分析，则计算过程极其漫长，因此将其简化为二维的轴对称模型，这可以极大地提高计算效率。

SCDM 处理流程如下：

1）创建“平面”以切分模型，如图 5-7-2 所示。先单击 1 区的“平面”图标，再单击 2 区的轴端面，即可在 3 区创建一个平面。由于该平面还需沿轴向平移 10mm 以定义轴承位，因此再单击 4 区的“移动”图标，模型中就会出现平移旋转图标，选择轴向方向，按住鼠标左键平移，在 5 区中输入 10 后按回车键即可。

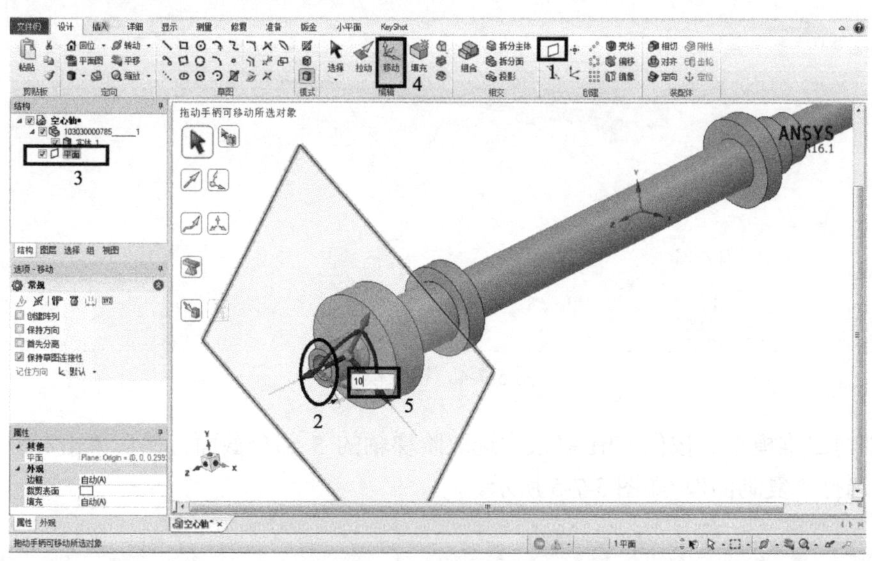

图 5-7-2　建立平面的过程

同样完成另外两个“平面”的建立。对于中轴面的建立，只需单击模型的中轴线即可，如图 5-7-3 所示。

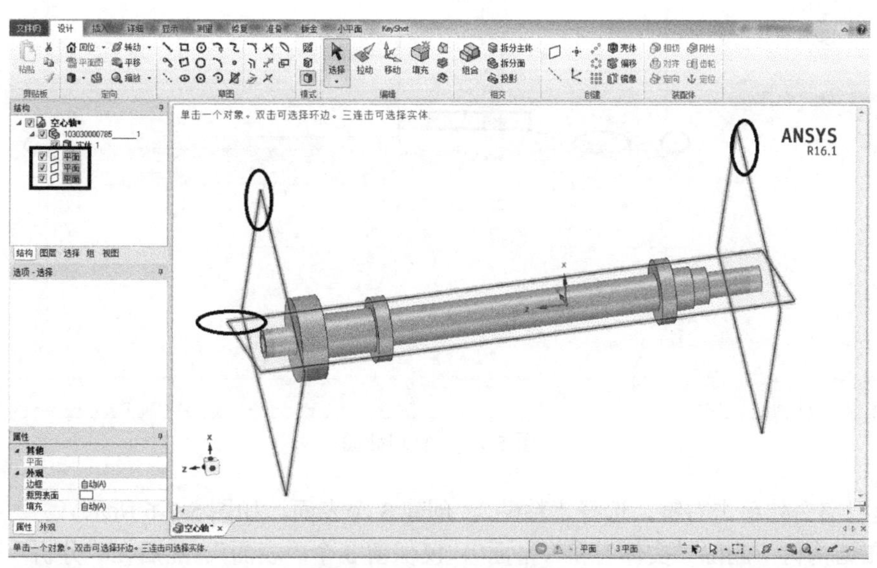

图 5-7-3　建立 3 个平面

2）用创建的平面切分模型。选择“拆分主体”图标，先单击阶梯轴模型，再依次单击之前定义的 3 个平面，即可将模型切分为 3 个实体，如图 5-7-4 所示。

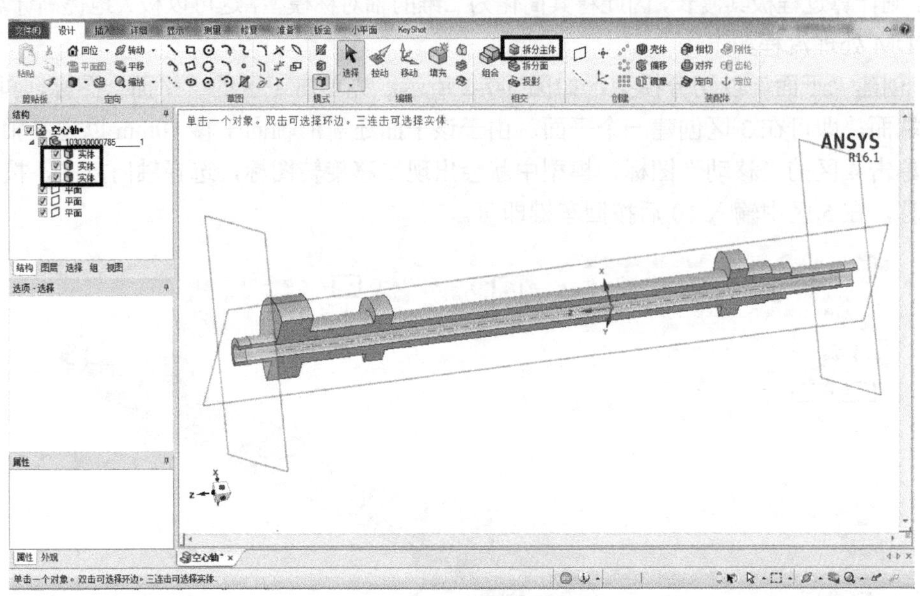

图 5-7-4　切分模型

3）创建二维模型。按住 Ctrl 键依次选取阶梯轴的 3 部分截面，然后单击右键，在出现的菜单中选择“复制面”，如图 5-7-5 所示。

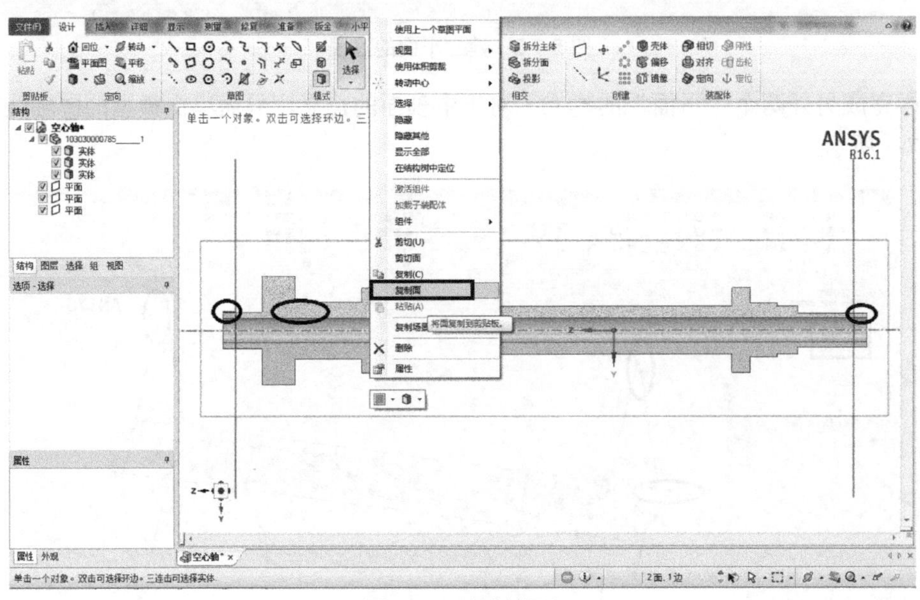

图 5-7-5　复制截面

在模型空白处单击右键，选择“粘贴”，创建 3 个表面，如图 5-7-6 所示。

4）在结构树下删除“实体”和“平面”，仅保留 3 个“表面”。然后在“分析”→“共享拓扑结构”处选择“共享”，完成 3 个平面模型的共节点定义，如图 5-7-7 所示。

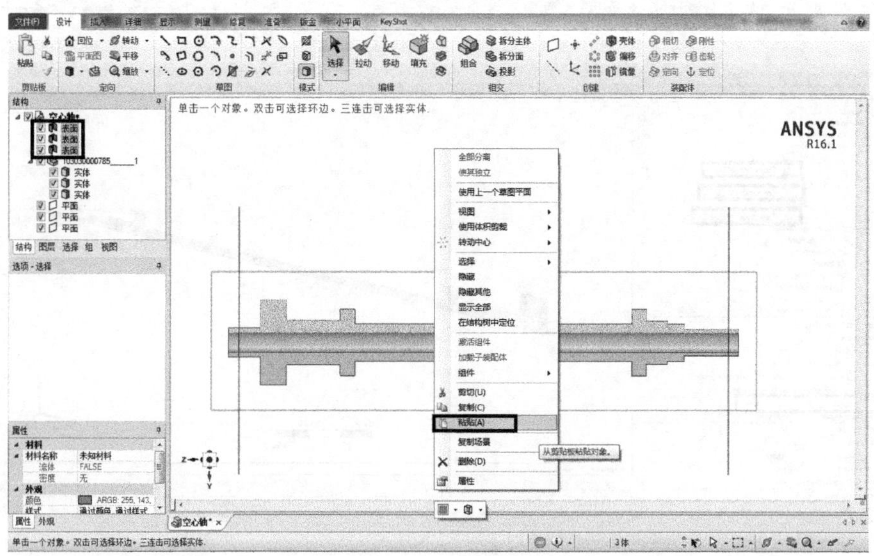

图 5-7-6　创建截面

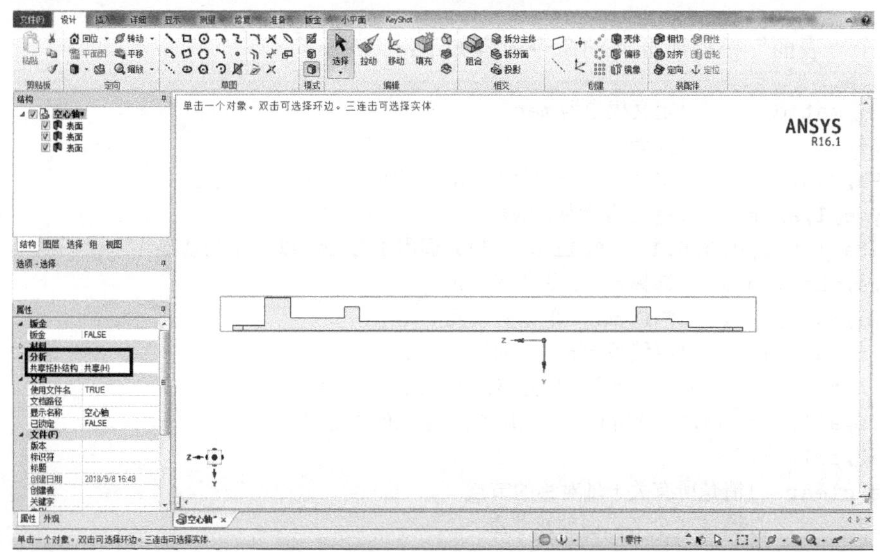

图 5-7-7　定义共节点

（2）前处理

进入 B4（Mechanical）界面。由于图形为二维模型，所以还需要定义厚度，并对三维模型进行描述，如图 5-7-8 所示。选择 3 个“表面”，定义 Thickness 为 0.001mm（最小厚度），在每个“表面”模型下均插入命令。

第一个“表面”模型所插入的命令内容如下：

```
mat1 = matid  !定义模型为 mat1
```

第二个“表面”模型所插入的命令内容如下：

```
mat2 = matid  !定义模型为 mat2
```

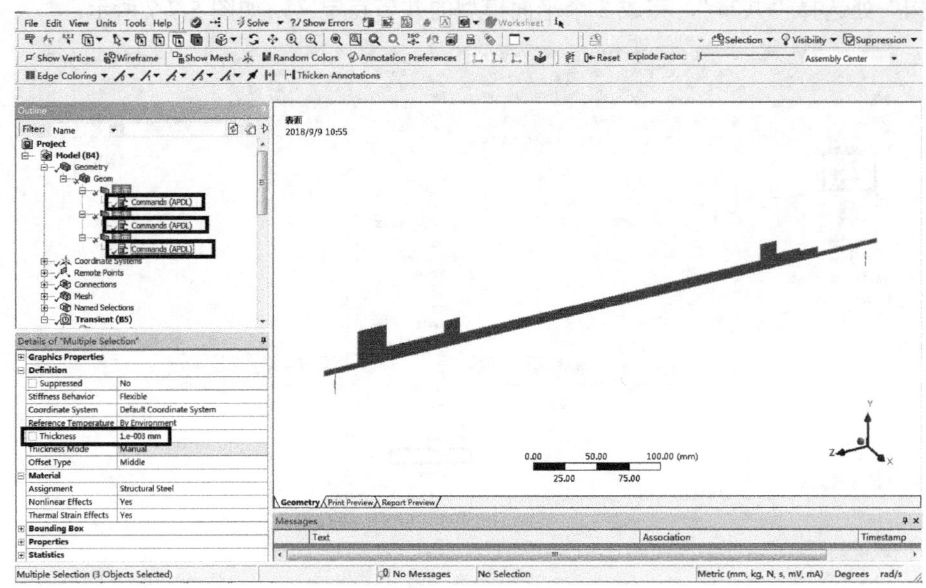

图 5-7-8　模型处理

第三个“表面”模型所插入的命令内容如下：

```
mat3 = matid          !定义模型为 mat3
/prep7                !前处理
et,999,273,,3         !定义 Solid273 单元，节点面（keyopt）为 3
sectype,1,axis        !定义编号为 1 的轴
secdata,1,0,0,0,0,0,1  !Solid273 单元调用 1 号轴，以 z 轴为基准
esel,s,mat,,mat1      !选择 mat1 的所有单元
esel,a,mat,,mat2      !添加 mat2 的所有单元
esel,a,mat,,mat3      !继续添加 mat3 的所有单元
emodif,all,type,999    !将所有单元修改为 999（273 单元）
emodif,all,secnum,1    !所有单元调用 273 单元的轴定义
allsel,all
naxis,clear      !清楚所有关于轴对称的节点
naxis            !通过 3 个节点面创建节点
allsel,all
```

提示

Solid272、273 单元均为轴对称实体单元，每个节点只有 3 个方向的平动自由度，两者区别：272 为线性单元，273 为二次单元，节点总数依据 Keyopt（2）进行定义。以本例进行说明，由于一个 273 单元的节点面有 8 个节点，Keyopt（2）=3 将整个圆周等分 3 份（每份为 120°），因此，3 个节点面有 24 个节点，如图 5-7-9 所示。

Solid272、273 单元与 Plane182、183 平面单元的 Keyopt=1（轴对称）的区别在于：Plane182、183 单元不仅要求模型，还要求边界条件轴对称；而 Solid272、273 单元只要求模型轴对称，不需要边界条件轴对称。

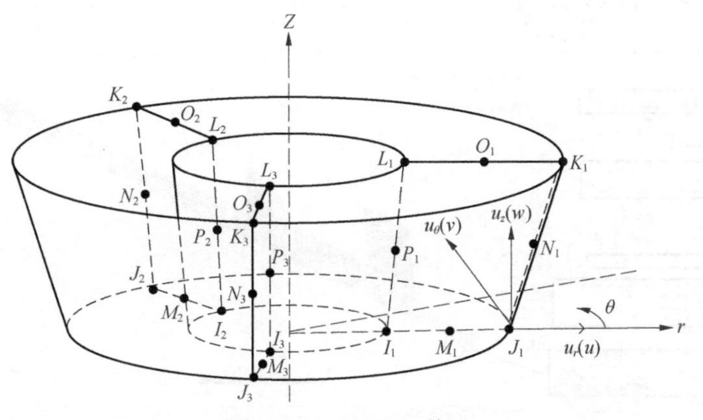

图 5-7-9 Solid273 单元

虽然之前 3 个表面模型已经定义了共节点，但是为了方便后续定义轴承的操作，模型之间还是建议定义接触，如图 5-7-10 所示。分别定义两个接触，在 Contact 和 Target 处选择相邻的两条边线（Contact 物和 Target 物可以任选），在 Type 处选择 Bonded，在 Formulation 处选择 MPC，其余默认。

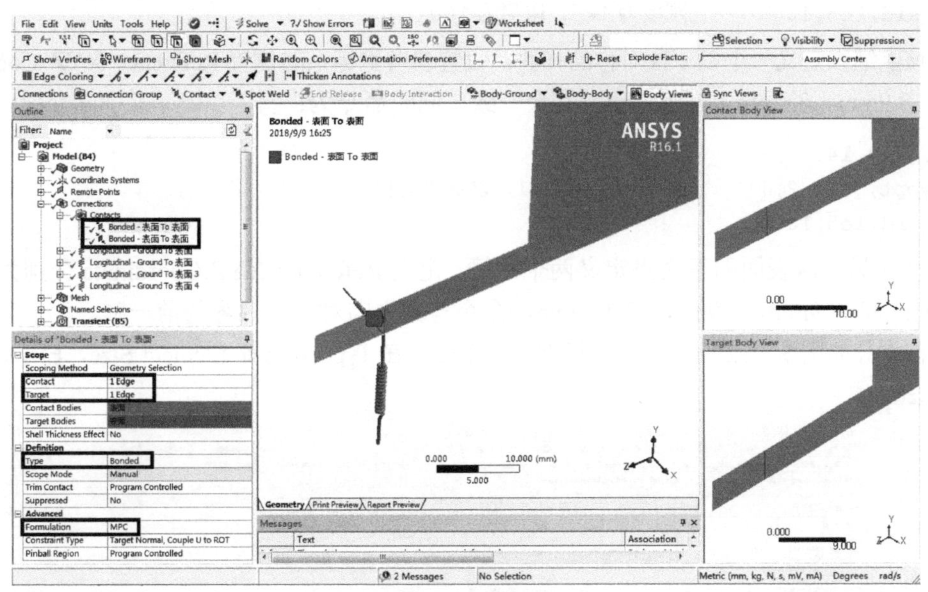

图 5-7-10 接触的定义

由于瞬态分析为非线性计算，因此轴承不能直接使用 Connections-Bearing 进行定义，只能采用 Spring+Command 的方法。如图 5-7-11 所示，在 Longitudinal Stiffness 处输入弹簧刚度 10000N/mm（数字随意，后续的命令内容会替代该值），Scope 处选择 Body-Ground，Reference XYZ Coordinate 处分别输入 0、0、289.3mm（参考坐标系的位置），Mobile 处选择两表面的下交点。注意：如果 Body 处显示单一零件的名称，则零件之间必须定义接触；如果显示为 Multiple，则不需要定义接触。其余默认。然后右键单击该项，在菜单中选择“Promote to Remote Point”，创建远程点，为后续边界条件的定义提供方便。

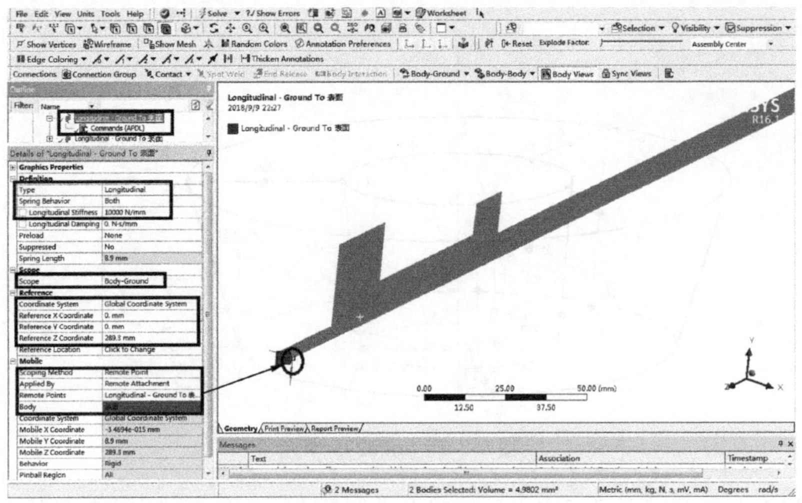

图 5-7-11　弹簧的定义

插入一段命令，内容如下：

```
et,_sid,14           !定义弹簧为 14 单元
keyopt,_sid,2,2      !Keyopt（2）=2，以 y 轴对称
r,_sid,1e5,100       !刚度为 1e5，阻尼为 100
```

在该点继续定义一个以 x 轴对称的弹簧，设置参考坐标系的位置 Reference XYZ Coordinate 分别为−8.9mm、8.9mm、289.3mm，其余一致，同时命令为：

```
et,_sid,14
keyopt,_sid,2,1      !Keyopt（2）=1，以 x 轴对称
r,_sid,1e5,100
```

同样在另一两表面的下交点定义两个弹簧，定义 Reference XYZ Coordinate 分别为 0、0、−182.7mm 和−8.9mm、8.9mm、289.3mm，命令与其方向对应，内容与前一致。

网格划分如图 5-7-12 所示。选取模型的 3 个面，在 Type 处选择 Element Size，Element Size 定义为 2mm。

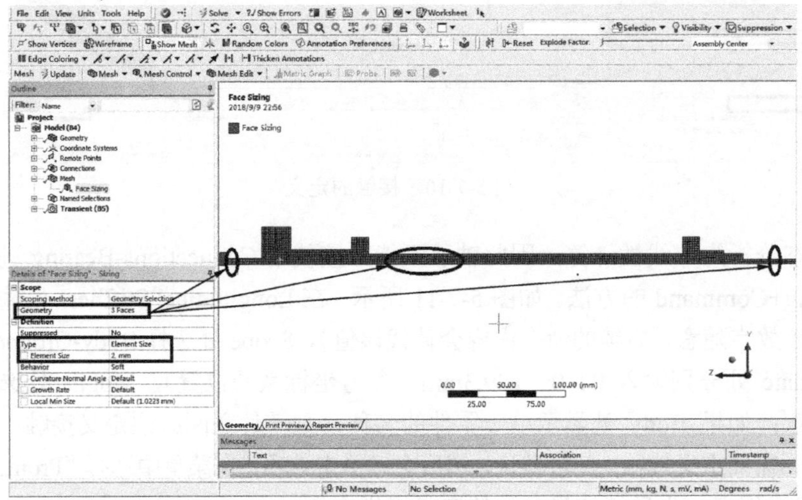

图 5-7-12　网格划分

（3）分析设置及边界条件

将 Analysis Settings→Step Controls 的 Number Of Steps 定义为 1，步设置为：Step End Time 为 0.5s，Define By 为 Time，Initial Time Step、Minimum Time Step、Maximum Time Step 依次为 5e-2s、1e-4s 和 5e-2s。其余默认，由于计算量巨大，因此只定义较短的时间，时间步长的定义可由模态分析而得。

本例研究该阶梯轴在 0.5s 内转速加速到 400rad/s 的瞬态过程，转速边界条件的定义如图 5-7-13 所示。在 Define By 处选择 Components，XYZ Coordinate 均为 0mm。这样的设置对于空心轴或者旋转轴心不在全局坐标系上非常有帮助，在 Tabular Data 处输入 0.5s 的转速为 400rad/s。

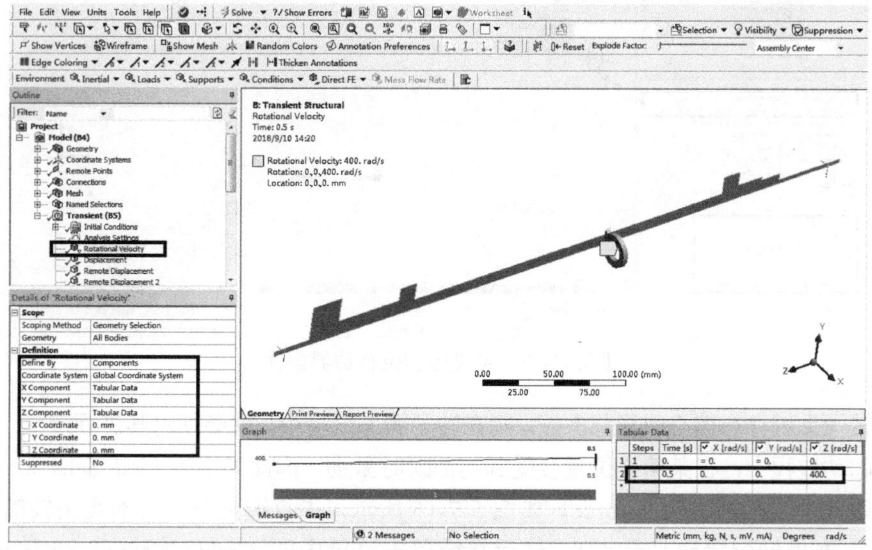

图 5-7-13　定义转速边界条件

在转子系统中还必须对边线和轴承点定义约束，如图 5-7-14 所示。先选择转子系统 3 个表面的下边线，对其定义 Displacement 约束，其中 XY Component 为 0，Z Component 为 Free。

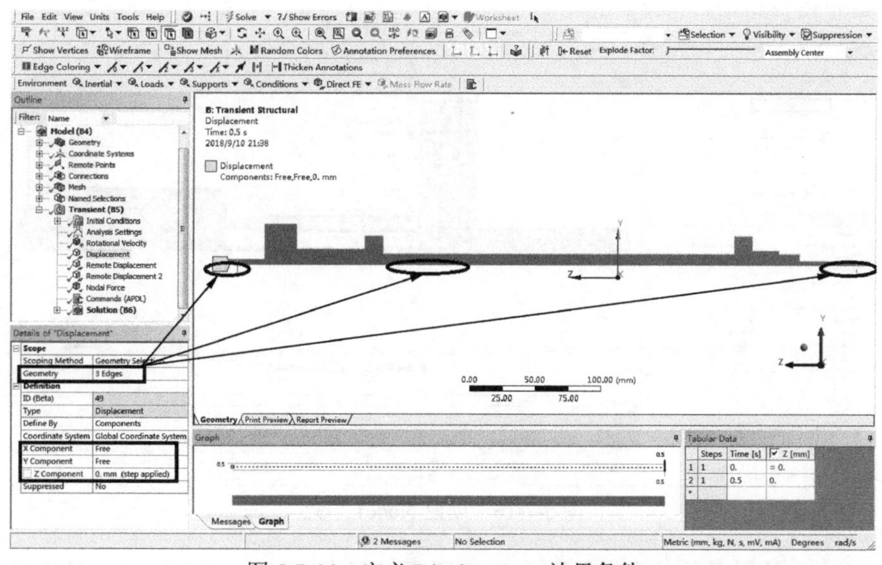

图 5-7-14　定义 Displacement 边界条件

选择之前由弹簧定义生成的远程点，对其定义远程位移，如图 5-7-15 所示。其中 XY Component 和 Rotation XY 均为 0，Z Component 和 Rotation Z 为 Free。然后对另一端的远程点也定义同样约束的远程位移。

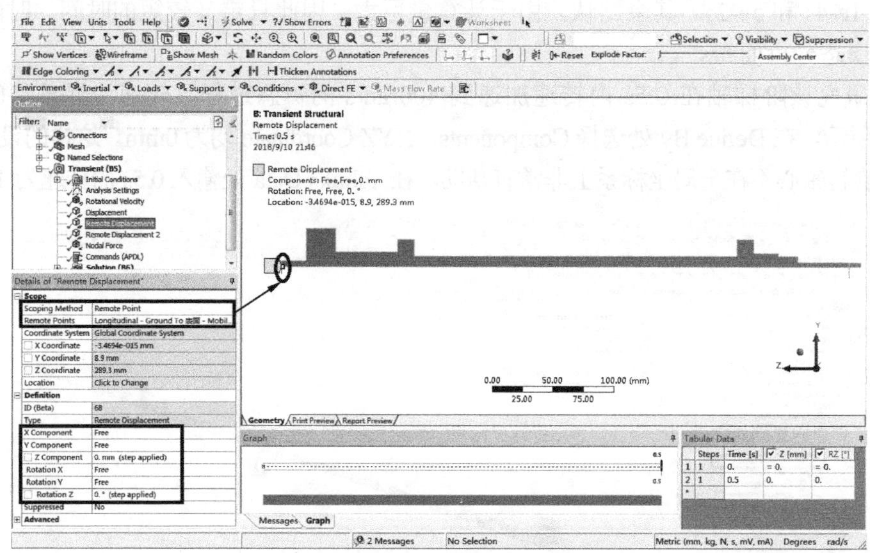

图 5-7-15　定义远程位移边界条件

如果转子系统存在偏心或局部激振，则在转子瞬态分析中，就必须对其进行定义。本例的转子系统在起动过程中，在某偏心位置会受到局部瞬时激励。因此先用 Named Selection 工具选择节点，再以此节点加载 Nodal Force。如图 5-7-16 所示，先点选某节点（本实例较简单，实际工程需要根据坐标位置定义节点），然后右键单击菜单中的 Create Named Selection，创建 Node1 节点。

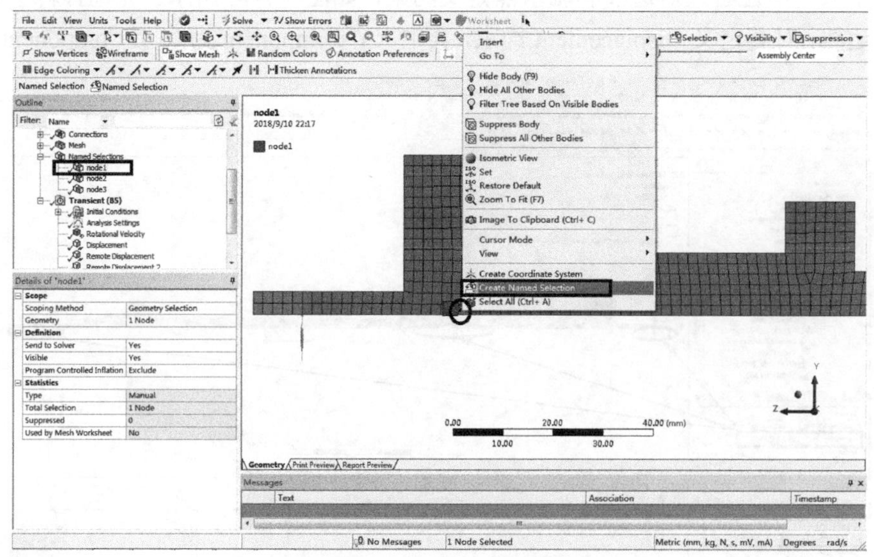

图 5-7-16　创建 Node1 节点

Nodal Force 边界条件的定义如图 5-7-17 所示。其中在 Named Selection 处选择 Node1，

在 Tabular Data 处定义 0.1s 时刻，Y Component 为-1000N；在 0.2s 时刻，Y Component 为 0N；在 0.5s 时刻，Y Component 为 0N。

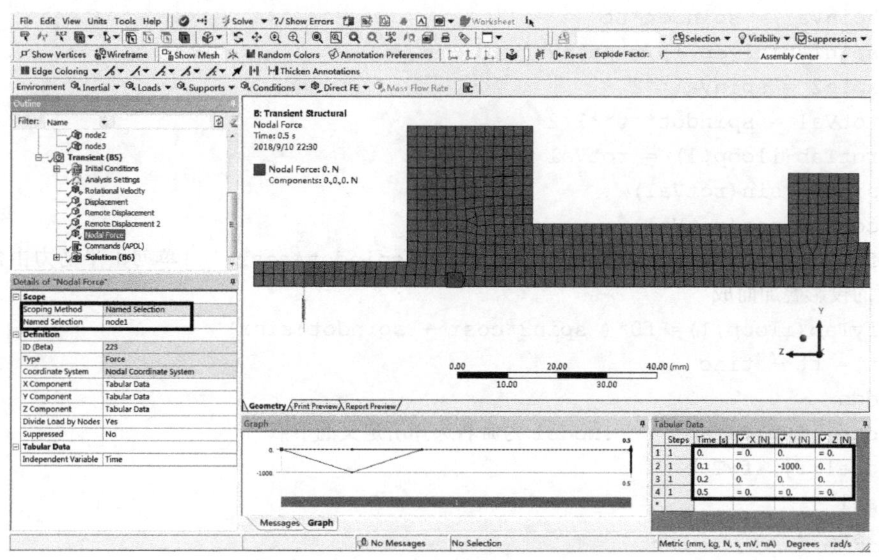

图 5-7-17　定义 Nodal Force 边界条件

为进行转子动力学分析，最后必须插入一段命令，内容如下：

```
coriolis,on,,,on,
```

提示

由于偏心等产生的不平衡力在谐响应分析中可以直接定义，所以在瞬态分析中没有此类边界条件。但是由于不平衡力的客观存在，所以往往在转子动力学的瞬态分析中需要此类边界条件。加载方法为插入一段命令，内容如下：

```
ro_disk=XXX                          !XXX 为转子偏心距，单位为国际单位制
pi = acos(-1)                        !定义 π
spin = 400*pi/30                     !角速度换算，400 为条件转速
tinc = 0.5e-3                        !计算时间间隔，自定义
tend =0.5                            !总时间
spindot = spin/tend                  !角加速度
nbp = nint(tend/tinc) + 1            !时间步
unb = XXX                            !XXX 为不平衡质量
f0 = unb*ro_disk                     !定义 f0，因为 F=mrω², 设 f0=mr，则 F= f0ω²
*dim,spinTab,table,nbp,,,TIME        !定义 4 个基于时间的函数表
*dim,rotTab, table,nbp,,,TIME
*dim,fxTab,  table,nbp,,,TIME
*dim,fyTab,  table,nbp,,,TIME
*vfill,spinTab(1,0),ramp,0,tinc
*vfill,rotTab(1,0), ramp,0,tinc
*vfill,fxTab(1,0), ramp,0,tinc
```

```
*vfill,fyTab(1,0), ramp,0,tinc
tt = 0
*do,iloop,1,nbp
   spinVal = spindot*tt
   spinTab(iloop,1) = spinVal
   spin2 = spinVal**2
   rotVal = spindot*tt**2/2
   rotTab(iloop,1) = rotVal
   sinr = sin(rotVal)
   cosr = cos(rotVal)
   fxTab(iloop,1)= f0*(-spin2*sinr + spindot*cosr)    !单向不平衡力由角速度和角加速度的投影叠加而成
   fyTab(iloop,1)= f0*( spin2*cosr + spindot*sinr)
   tt= tt + tinc
*enddo
F,Node1,fx,%fxTab%      !Node1 为命名选择所定义的节点
F,Node1,fy,%fyTab%
allsel
finish
```

注意

在三维回转模型中，尽量避免直接在模型的边线上加载远程边界条件，如图 5-7-18 所示。由图可知，可在轴肩边线位置加载远程约束。由于边线往往是多个面的相交之处，所以在边线上定义远程约束会导致相交面之间的约束冲突，引起很大的计算误差。如有可能，应尽量用小面上的远程约束代替边线上的远程约束。

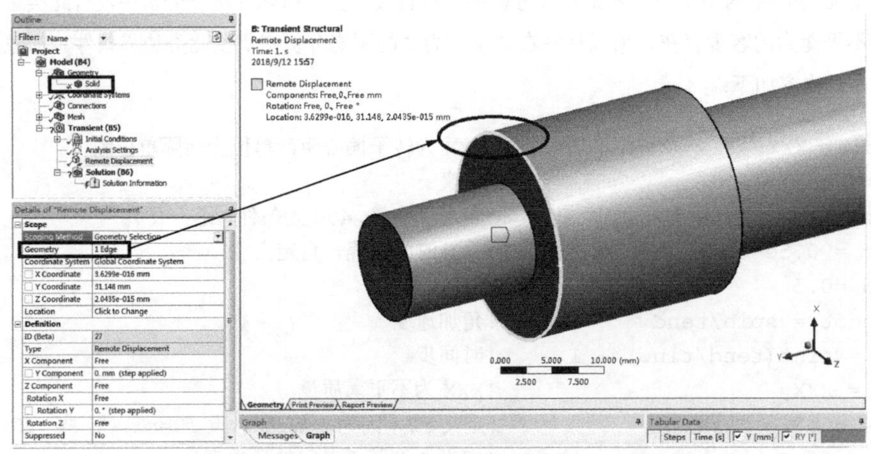

图 5-7-18　三维回转模型在边线上定义远程约束

如果确实存在边线上的远程边界条件或 MPC 接触连接，则正确的方法是增加一个圆形梁，截面为最小面积的圆形，如图 5-7-19 所示。然后用 Joint 设置将圆形梁与回转模型的边线建立连接，最后在圆形梁上定义远程边界条件或相应接触。

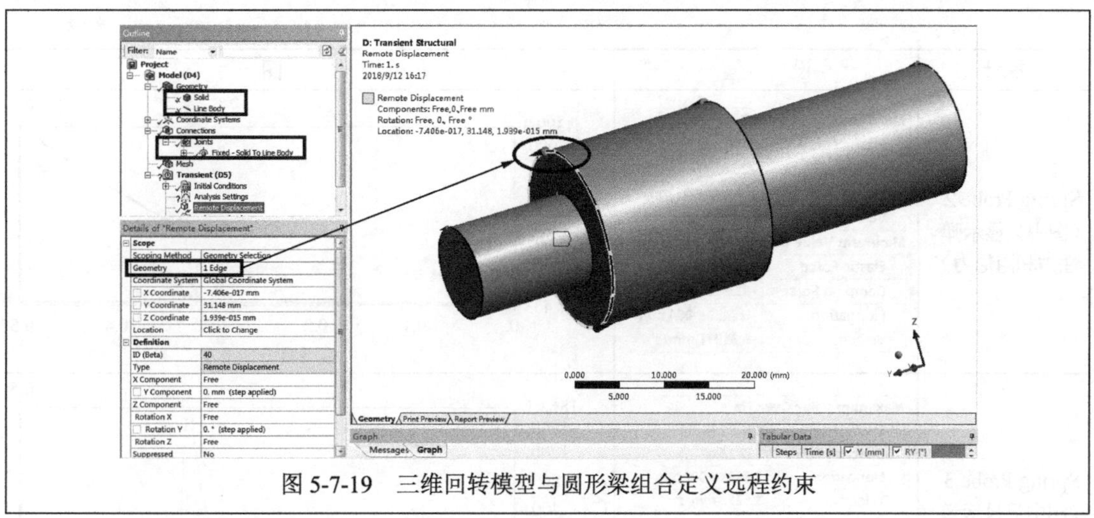

图 5-7-19 三维回转模型与圆形梁组合定义远程约束

（4）后处理

分别读取 xyz 的 Directional Deformation 后处理，再用 Chart 功能将其列出，只显示最小结果（结果主要表现为负位移），如图 5-7-20 所示。可得 xy 向的位移呈现相位差，这就是转子动力学中陀螺效应的表现形式。读者也可以自行选择某一个端点，观察其 Directional Deformation 后处理，可以得到类似的结果。

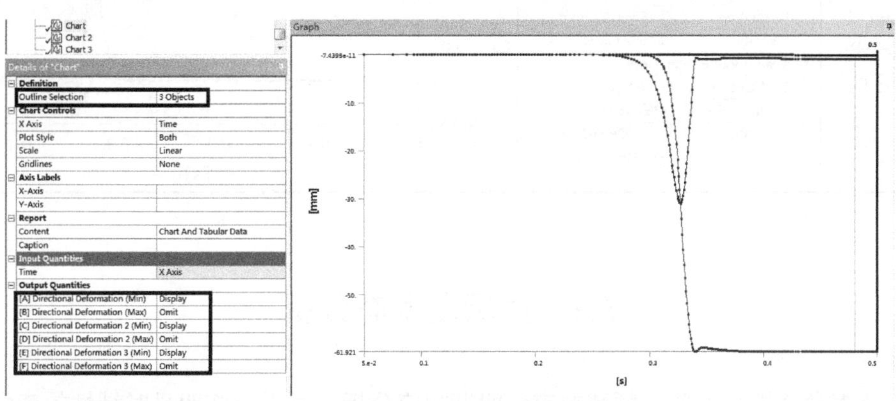

图 5-7-20 Chart 后处理

分别读取 4 根弹簧（轴承）的 Spring-Probe 后处理，如表 5-7-1 所示。由此可知，轴承的弹性力与阻尼力也存在明显的相位差。

表 5-7-1 Spring-Probe 后处理

探针	设 置	附 图
Spring Probe 1 （图中只显示弹性力和阻尼力）	**Maximum Value Over Time** Elastic Force: 7120.4 N Damping Force: 341.26 N Elongation: 7.1204e-002 mm Velocity: 3.4126 mm/s **Minimum Value Over Time** Elastic Force: -920.71 N Damping Force: -40.609 N Elongation: -9.2071e-003 mm Velocity: -0.40609 mm/s	[N]: 7120.4, 6250., 5000., 3750., 2500., 1250., 0., -920.71 [s]: 0., 0.1, 0.2, 0.3, 0.4, 0.5

续表

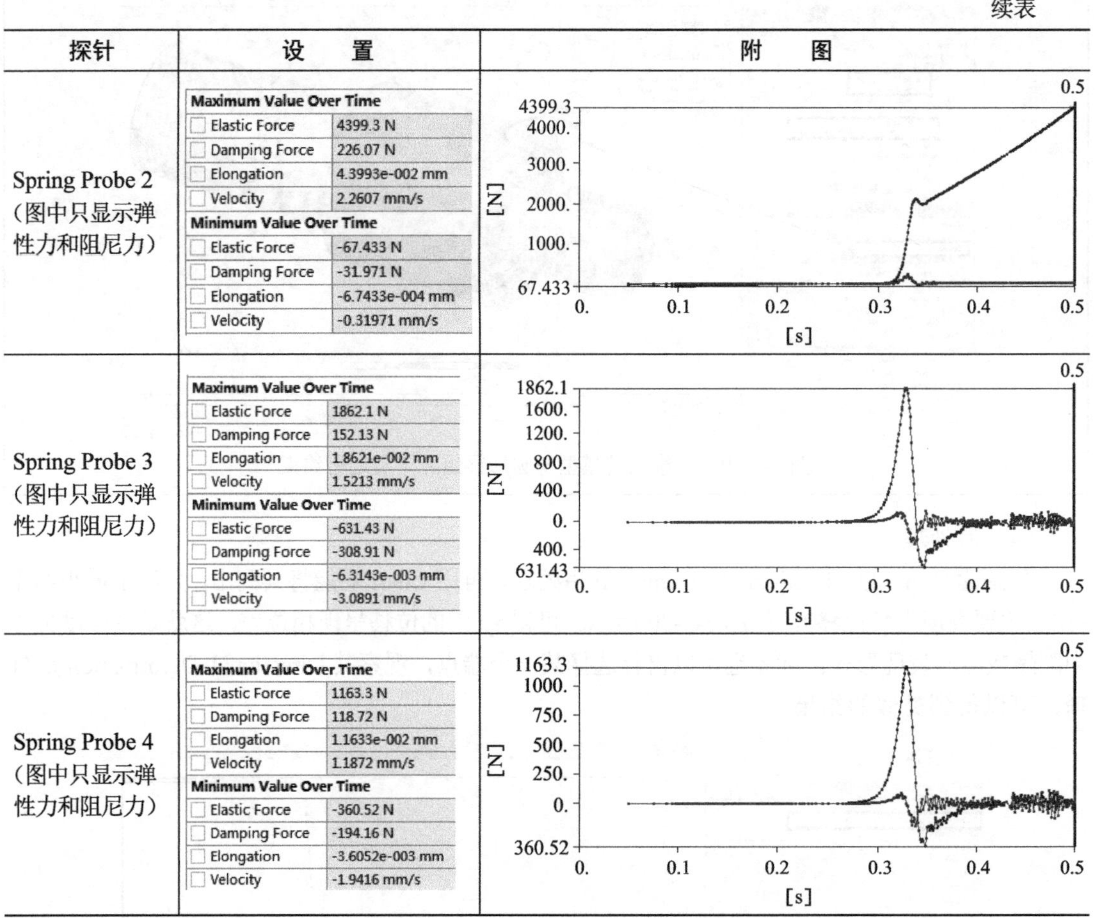

探针	设　　置	附　　图
Spring Probe 2 （图中只显示弹性力和阻尼力）	**Maximum Value Over Time** Elastic Force: 4399.3 N Damping Force: 226.07 N Elongation: 4.3993e-002 mm Velocity: 2.2607 mm/s **Minimum Value Over Time** Elastic Force: -67.433 N Damping Force: -31.971 N Elongation: -6.7433e-004 mm Velocity: -0.31971 mm/s	0.5 [N]: 4399.3, 4000., 3000., 2000., 1000., 67.433 [s]: 0., 0.1, 0.2, 0.3, 0.4, 0.5
Spring Probe 3 （图中只显示弹性力和阻尼力）	**Maximum Value Over Time** Elastic Force: 1862.1 N Damping Force: 152.13 N Elongation: 1.8621e-002 mm Velocity: 1.5213 mm/s **Minimum Value Over Time** Elastic Force: -631.43 N Damping Force: -308.91 N Elongation: -6.3143e-003 mm Velocity: -3.0891 mm/s	0.5 [N]: 1862.1, 1600., 1200., 800., 400., 0., 400., 631.43 [s]: 0., 0.1, 0.2, 0.3, 0.4, 0.5
Spring Probe 4 （图中只显示弹性力和阻尼力）	**Maximum Value Over Time** Elastic Force: 1163.3 N Damping Force: 118.72 N Elongation: 1.1633e-002 mm Velocity: 1.1872 mm/s **Minimum Value Over Time** Elastic Force: -360.52 N Damping Force: -194.16 N Elongation: -3.6052e-003 mm Velocity: -1.9416 mm/s	0.5 [N]: 1163.3, 1000., 750., 500., 250., 0., 360.52 [s]: 0., 0.1, 0.2, 0.3, 0.4, 0.5

5.8　声场之瞬态分析

大部分声学分析均表现为频域响应，即谐响应分析。对于一些明显时域性的声学问题，比如工件启闭、跌落碰撞产生的噪声或者声波振动幅值随时间变化而表现的反射、干涉和衍射现象，就必须进行声场的瞬态分析。以变速箱为例，由于各零件在制作过程中存在各种加工误差，同时轮齿、轴承和轴等关键件也不可能完全为刚性，这就是变速箱噪声产生的 3 个源头：电动机的变化力、变速箱零件的缺陷和旋转件的动态弯曲效应。实际分析流程类似于 3.8.2 节的流程，即声场瞬态分析是基于结构振动的瞬态分析的，结构分析与声学分析相耦合。

下面以一个环形声场的无限元分析为例，说明声场之瞬态分析。

（1）建立三维模型

环形声场的三维模型如图 5-8-1 所示。

在 *xy* 平面上建立 Sketch1。绘制一个外圆直径为 80mm、内圆直径为 20mm 的圆环；然后用 Extrude1 中的 Add Material 命令将其拉伸，其中在 Direction 处选择 Both-Symmetric，厚度为 1mm，完成环形声场模型的建立。

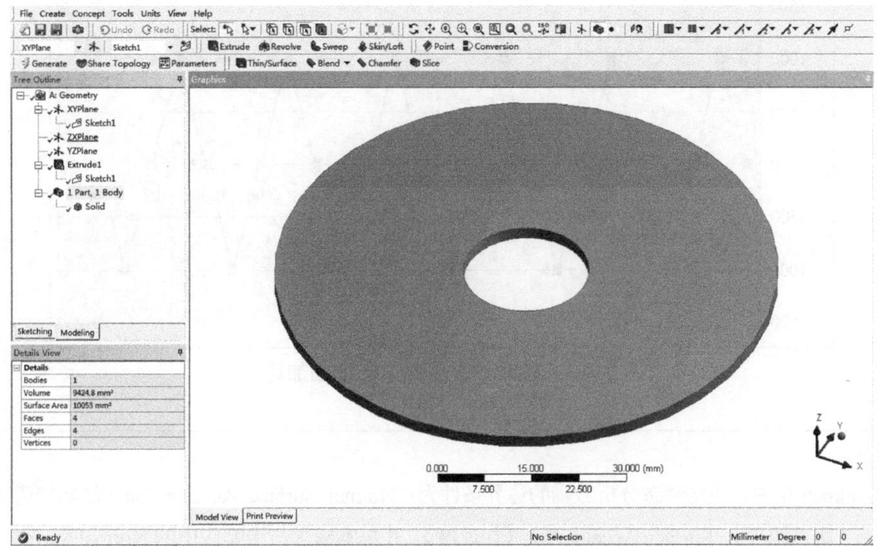

图 5-8-1 建立环形声场模型

（2）前处理

进入瞬态分析后，对模型进行网格划分，如图 5-8-2 所示。对整个体模型定义网格尺寸，其中 Type 处选择 Element Size，Element Size 处选择 2.5mm，Behavior 处选择 Hard。注意：声速为 340m/s，计算频率最高为 5000Hz（1/2e-4），若本例采用线性单元，则单元尺寸为 340m/s/(12×5000Hz)=5.7mm，但由于模型厚度为 2mm，因此单元尺寸定义为 2.5mm。

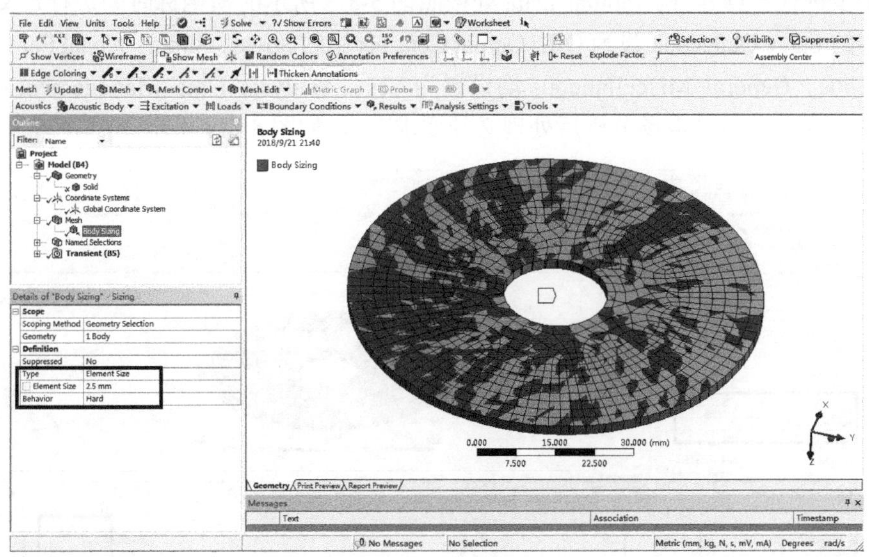

图 5-8-2 网格划分

（3）声场求解设置及边界条件

进入瞬态分析后，暂不对时间步进行定义，先观察载荷的分布情况，如图 5-8-3 所示。图中横坐标为时间，单位为 s，纵坐标为法向激励加速度，单位为 mm/s^2。

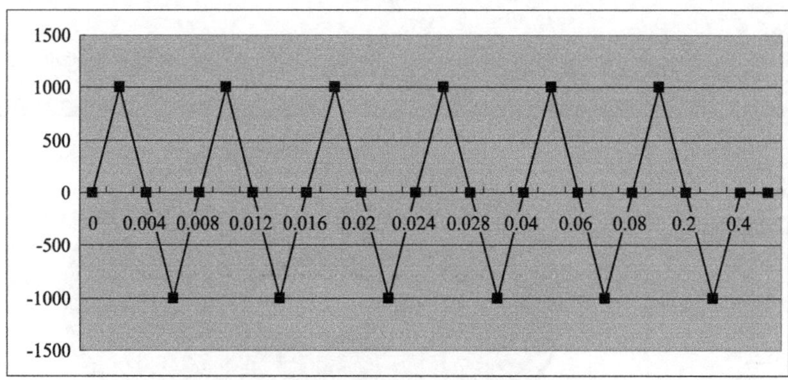

图 5-8-3　随时间变化的法向激励加速度

注意

在 Workbench 中，声场瞬态分析激励的边界条件为：Normal Surface Acceleration（法向加速度）、Mass Source Rate（质量源项）、Surface Acceleration（加速度）。其基本概念与谐响应中的 Normal Surface Velocity、Mass Source 和 Surface Velocity 类似，区别在于一个为速度形式，一个为加速度形式。其中 Mass Source Rate 可加载至点（单位为 kg/s^2）、线［单位为 $kg/(mm \cdot s^2)$］、面［单位为 $kg/(mm^2 \cdot s^2)$］上；Surface Acceleration 的方向基于单元坐标系，也可以基于自定义坐标系。

由图可知，该激励加速度共有 25 步，所以将 Analysis Settings→Step Controls 的 Number Of Steps 定义为 25，然后按住 Shift 键选中图中圈定的所有步，步设置为：Auto Time Stepping 为 Off，Define By 为 Substeps，Number Of Substeps 为 10，Time Integration 为 On（所有步均按 10 个子步进行计算）；在 Tabular Data 处按照图 5-8-3 所示的横坐标时间进行定义；Solver Controls 中的 Large Deflection 设为 Off；Output Controls 中的 Stress、Strain、Nodal Force、Contact Miscellaneous、General Miscellaneous 均设置为 Yes；Analysis Data Management 中的 Save MAPDL db 设置为 Yes（声场分析后处理必须要求有），如图 5-8-4 所示。

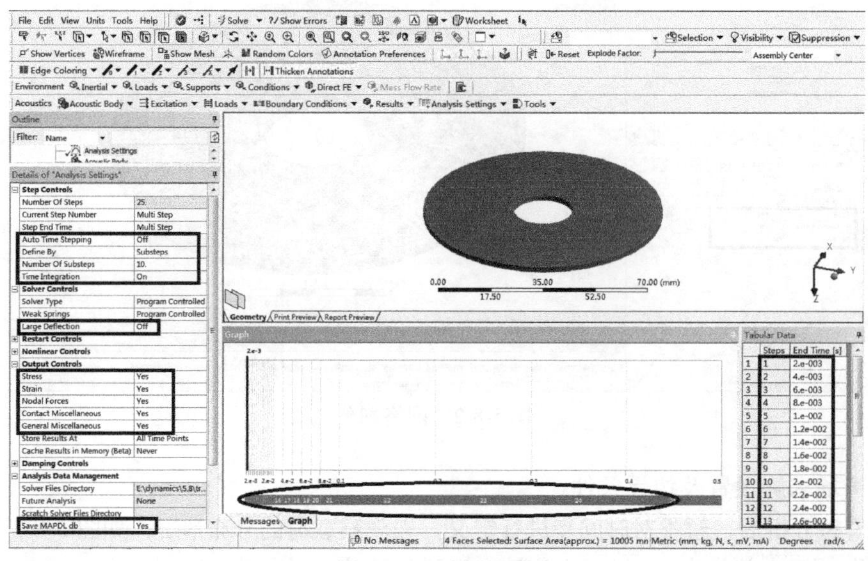

图 5-8-4　分析设置

> **注意**
>
> 若第一载荷步的时间为 0.002s，则频率对应 500Hz，但是计算时分为 10 个子步进行求解，分析最高频率应为 5000Hz。

边界条件中先定义 Acoustic Body，如图 5-8-5 所示。在 Geometry 处选择圆环体，其余设置均默认，只定义 Dynamic Viscosity 为 1.783e-11MPa·s 和 Bulk Viscosity 为 1.096e-11MPa·s 的黏度参数。注意 Acoustic→Structural Coupled Body Option 设置为 Program Controlled Uncoupled。

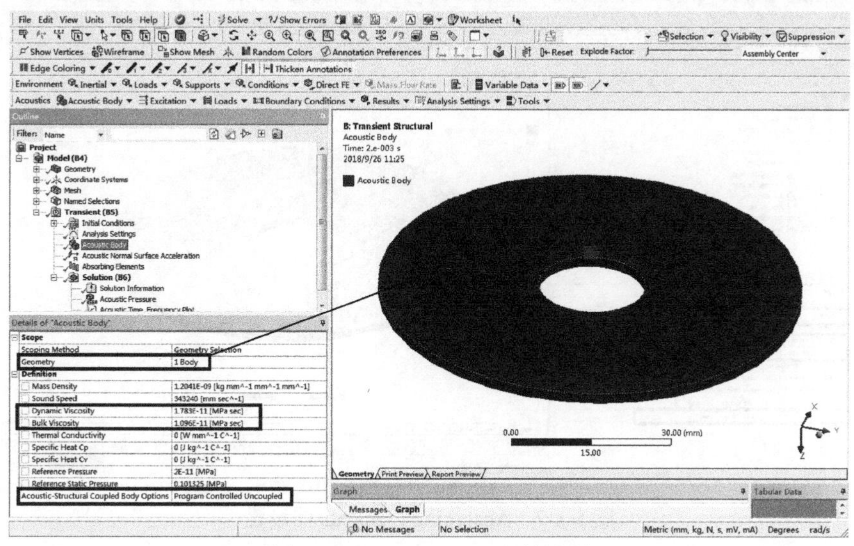

图 5-8-5 Acoustic Body 的设置

Normal Surface Acceleration 的设置如图 5-8-6 所示。在 Geometry 处选择圆环的内圈，表示加速度激励位置，在 Normal Acceleration 的 Amplitude 项输入 0、1000、0、−1000、0、1000、0、−1000、0、1000、0、−1000、0、1000、0、−1000、0、1000、0、−1000、0、1000、0、−1000、0、0，其中正向表示沿法向向外，负向表示沿法向向内。

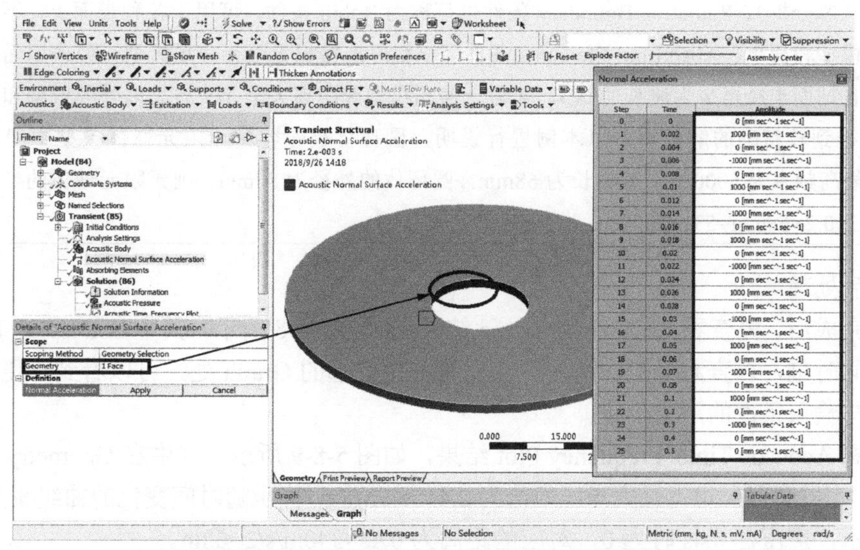

图 5-8-6 Normal Surface Acceleration 的设置

Absorbing Elements 的设置如图 5-8-7 所示。其中在 Geometry 处选择圆环的外圈，表示以该面定义无限球面远场，下面设置中的 XYZ Coordinate Of Enclosure Origin 表示无限远场的球心，Radius Of Enclosure 表示球半径，建议 Force Node To Lie On The Sphere 设置为 Yes，否则在求解过程中极易出现错误而导致不能计算，另外 Sound Velocity 和 Mass Density 分别表示远场介质的声速和密度。

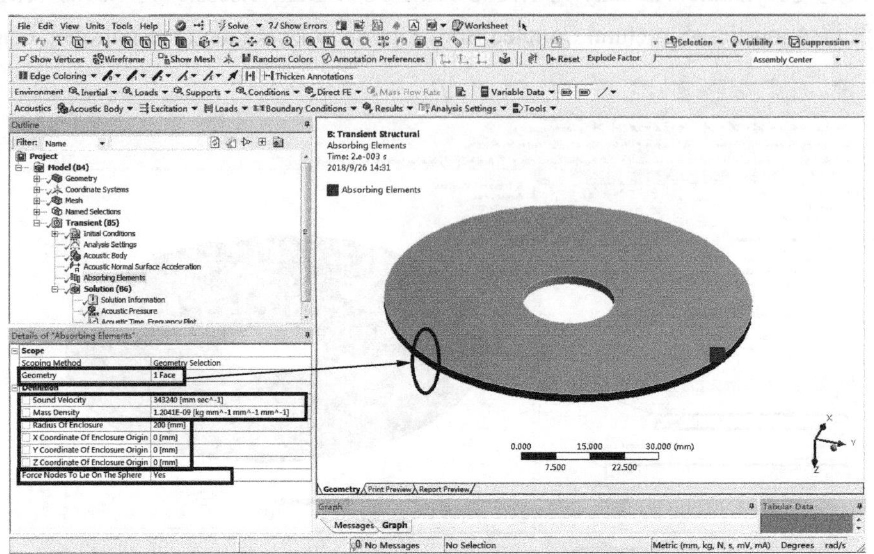

图 5-8-7　Absorbing Elements 的设置

注意

Wave Absorption Condition 为声学分析中最重要的边界条件之一，该条件表示声波只向外传播而不反射。它有 3 类可用的边界条件类型，分别为 PML（Perfectly Matched Layers，只能用于谐响应分析）、Radiation Boundary（可用于模态、谐响应和瞬态分析）和 Absorbing Elements（可用于模态、谐响应和瞬态分析）。Radiation Boundary 条件也可称为 Robin 条件，可用于各种表面上，不受模型限制，计算模型较简单；Absorbing Elements 条件可以很好地模拟无限元声场模型，但作用面必须是最外球面，且球面半径至少为波长的 2/5。无限元声场模型对距离大于 1/5 波长以外的低频和高频激励响应都能得到较精确的解析解。以本例进行说明，圆环体被包容到无限元球体模型中间，声速为 340m/s，最高频率为 5000Hz。若波长为 68mm，圆环体的外径为 80mm，则无限元球体的半径最少应为 80mm/2+0.2×68mm=53.6mm。

（4）后处理

计算完成后，先查看 Acoustic Pressure 结果，如图 5-8-8 所示，其中在 Display Time 处可以定义不同时刻，以查看对应的声压。注意在图中框选的 Graph 处，可以看到声压时域变化曲线，它与输入条件的形式一致。

再查看 Acoustic Time_Frequency Plot 结果，如图 5-8-9 所示。其中在 Geometry 处选择圆环的外圈，其余默认。可得最大声压幅值为 2.455e-9MPa，声压随时间变化的曲线在 Worksheet 区域内显示，声压在 0.4s 时为 0，对应的距离为 0.4s×340m/s/2=68m。

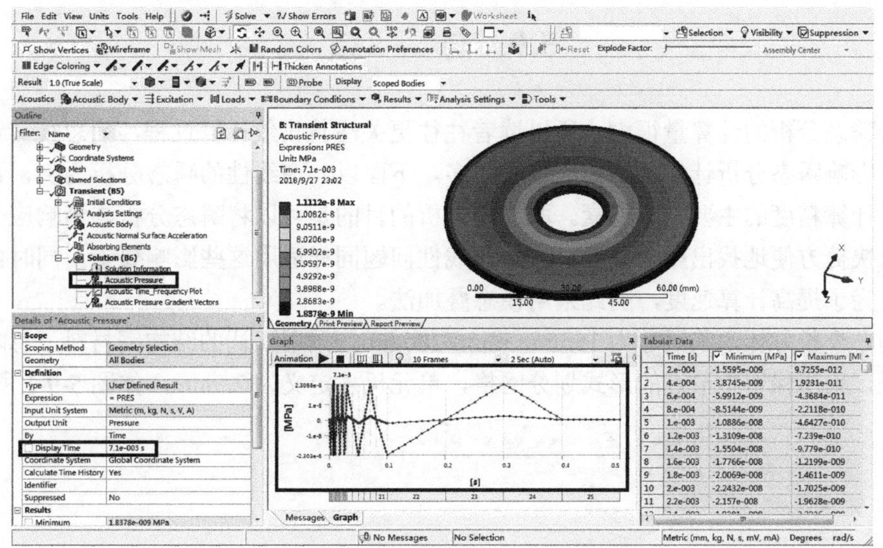

图 5-8-8 Acoustic Pressure 后处理

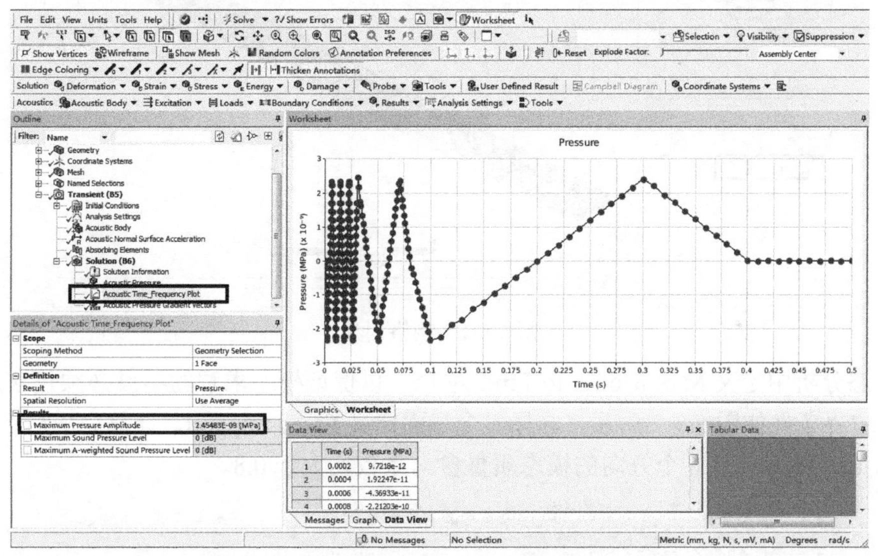

图 5-8-9 Acoustic Time_Frequency Plot 后处理

（5）小结

整个系统所产生的噪声可分为两类，一类由瞬态流场所产生的气动噪声，这是噪声的直接来源；另一类由瞬态流场引起的振荡激励力作用于结构和基座上所产生的压力振动噪声，这是噪声的间接来源，如图 5-8-10 所示。无论是扫频声场还是时域声场，其均来源于瞬态流场，要想真正研究声场的本质，则该项分析必不可少。因此在研究系统的声场分布时，耦合场处理是必不可少的过程，为了确定扫频声场或时域声场的具体参数，优化分析也是必要的一种手段。

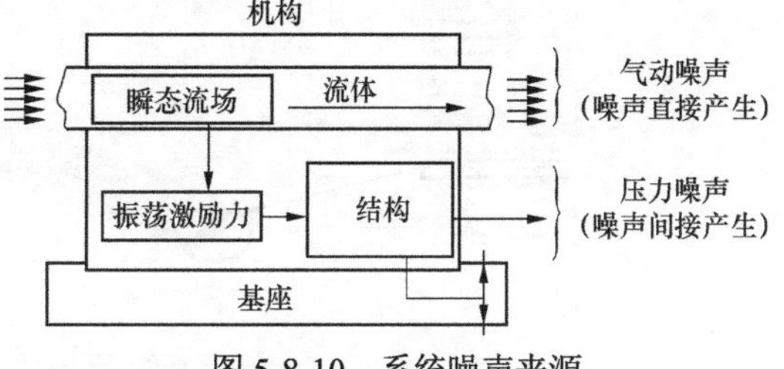

图 5-8-10 系统噪声来源

5.9　总　　结

由于瞬态分析的计算量很大，所以读者往往更关注其收敛计算过程，而忽视其计算结果的精度。影响瞬态分析计算精度的因素非常多，下面以一个线性的瞬态分析为例，说明影响瞬态分析计算精度的主要几个因素。取线性分析的目的是可以将瞬态分析与谐响应分析进行对比，以快捷方便地找出影响要素，当然非线性问题同样适用这些影响要素。同时由于为线性分析，为了提高计算速度，因此采用模态叠加法。

绘制一个长方体，其尺寸为 15mm×5mm×200mm，采用默认的结构钢材料，忽略所有非线性特征，采用保留中节点的形式划分网格，单元尺寸定义为 2.5mm，如图 5-9-1 所示。

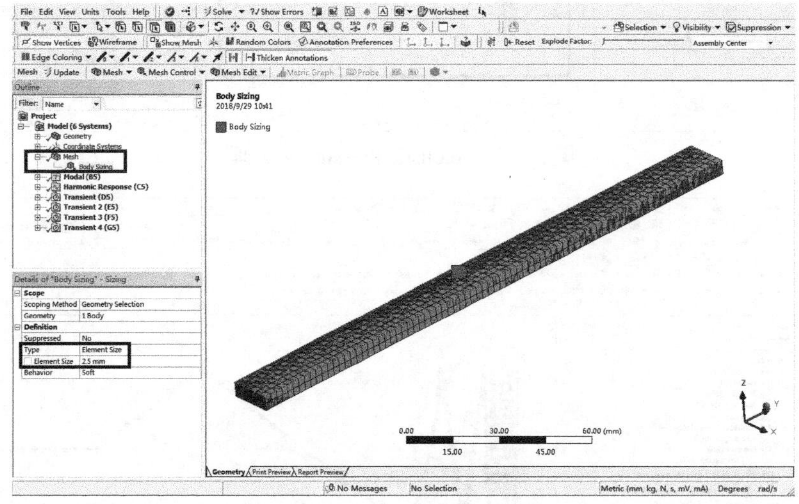

图 5-9-1　网格划分

在模态分析中定义 Max Modes to Find 为 16，以保证模态求解的结果必须包含足够的模态阶数，边界条件如图 5-9-2 所示，选择一个端面定义 Fixed Support。计算完成后，可得第 1 阶频率为 102.28Hz，且 6 个方向的模态质量参与系数均大于 0.8。

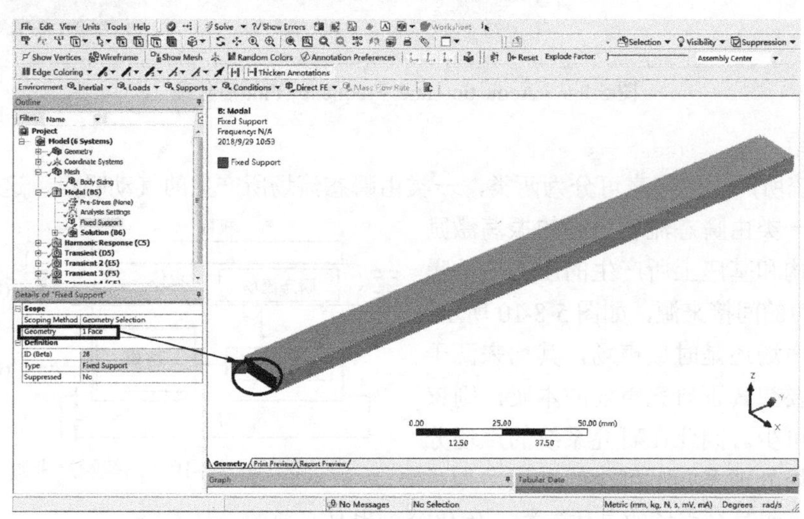

图 5-9-2　模态分析边界条件

先进行谐响应分析，以方便瞬态分析结果与其对比。在谐响应分析设置中，Range Maximum 定义为 650Hz，Solution Intervals 定义为 100（保证谐响应的计算精度），定义 Constant Damping Ratio 为 0.1。本例的边界条件采用基础激励加速度形式，如图 5-9-3 所示。其中 Absolute Result 设置为 No，表示不希望模型强制运动，加速度幅值为 $9800mm/s^2$，相位角为 0，方向为 z 向。

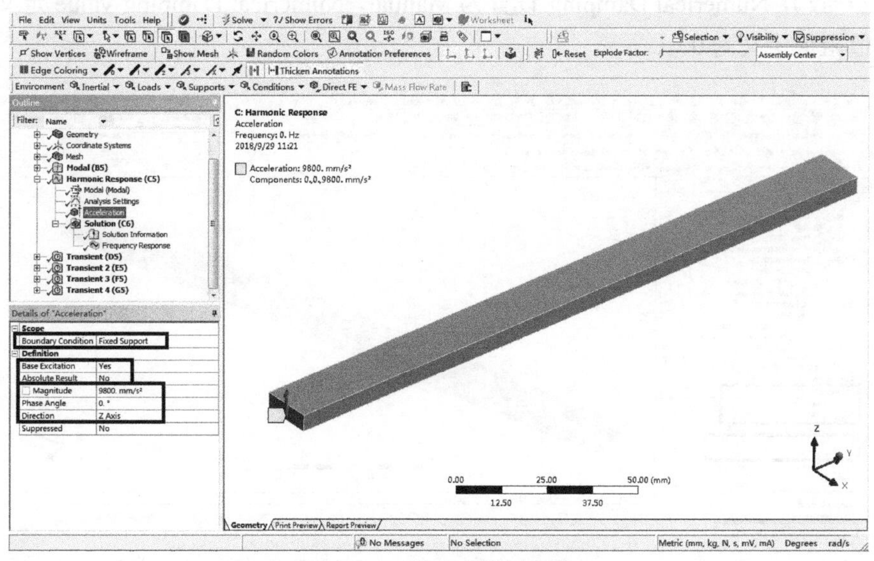

图 5-9-3 谐响应边界条件

选择长方体的非约束端面，频率响应计算结果如图 5-9-4 所示。其中 Type 选择 Directional Deformation，Orientation 选择 Z Axis（与加速度方向一致）。可知最大位移幅值为 0.18026mm，频率为 104Hz（与模态第 1 阶计算结果基本一致），该结果可近似为线性条件下模型受基础激励条件的解析解。

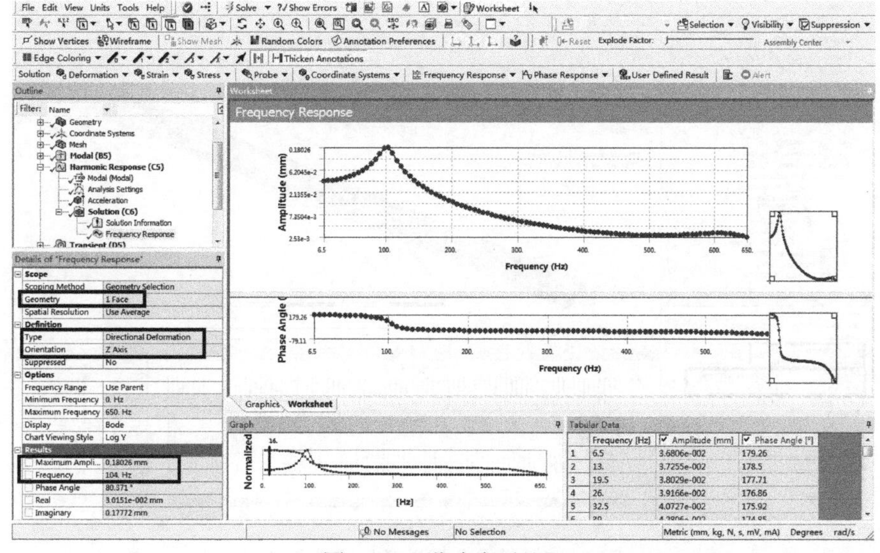

图 5-9-4 谐响应后处理

下面采用模态叠加的瞬态分析，以模拟同样激励条件下的工况，并将瞬态分析结果与谐响应分析结果进行对比。瞬态分析的分析设置如图 5-9-5 所示，其中 Number Of Steps、Current Step Number、Step End Time 均设置为 1，Define By 选择为 Substeps，Number Of Substeps 定义为 400（本例关注的频率为 100Hz 左右，若按照 20 倍频率关系定义步数，则该处需定义为 2000，但为了提高计算速度，最小为 4 倍频率关系即可），Constant Damping Ratio 定义为 0.1（与谐响应一致），Numerical Damping 设置为 Manual，Numerical Damping Value 定义为 0（将默认的数值阻尼定义为 0）。

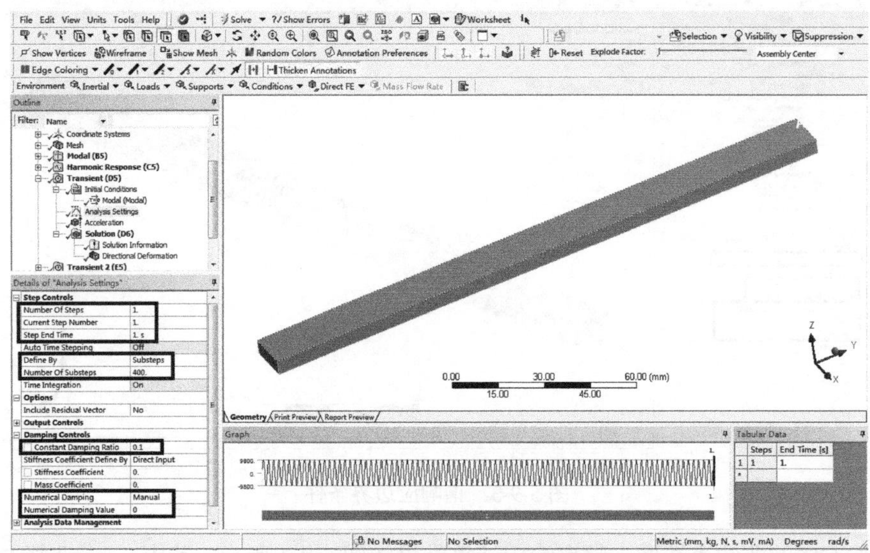

图 5-9-5　瞬态分析的设置

瞬态分析的边界条件如图 5-9-6 所示，其设置与谐响应分析的激励加速度类似。在 Base Excitation 处选择为 Yes，Absolute Result 处选择为 No，Direction 处选择为 Z Axis，Magnitude

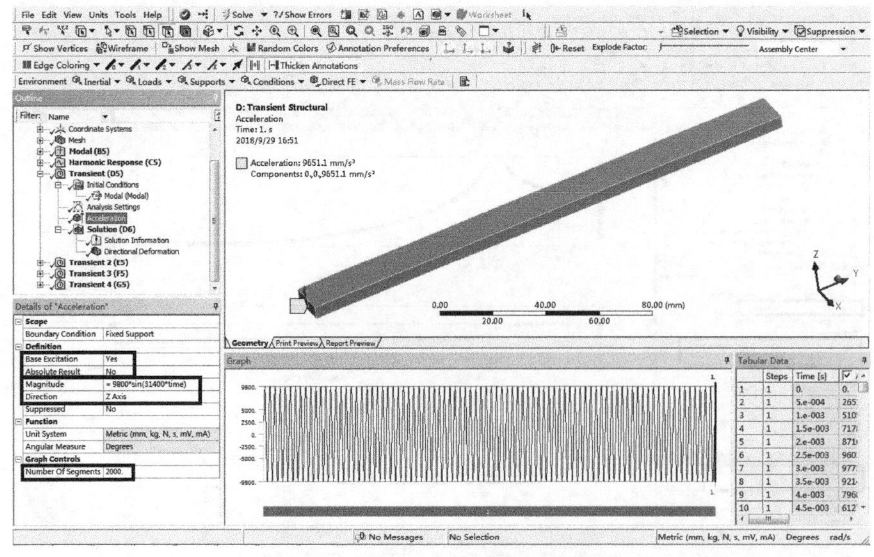

图 5-9-6　瞬态分析激励加速度条件

处输入函数：9800*sin(31400*time)。注意：由于谐响应分析中边界条件的相位角为 0，因此函数没定义相位；由于谐响应分析中边界条件的幅值为 9800，因此此处函数幅值定义为 9800；由于谐响应分析对应的频率为 100Hz，因此此处函数的周期定义为 31400×time。此外 Number Of Segments 处定义为 2000，这可以保证曲线更平滑。

瞬态分析结果如图 5-9-7 所示，其中在 Geometry 处选择长方体的非约束端面，Type 选择为 Directional Deformation，Orientation 选择 Z Axis。可知最大位移幅值为 0.18013mm，该结果与谐响应结果几乎一致。另外从位移幅值的时域图可得，位移幅值表现为先随时间逐渐增加，然后趋于稳定。

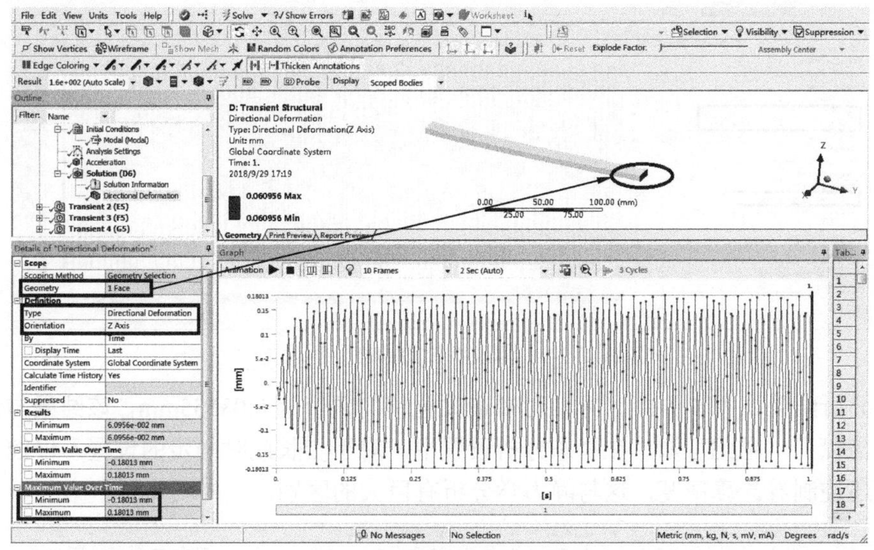

图 5-9-7 瞬态分析后处理

如果将 Constant Damping Ratio 定义为 0（无阻尼），进行同样的计算，则位移幅值的时域图如图 5-9-8 所示。位移幅值表现为先随时间逐渐增加，然后逐渐减少，再逐渐增加的不稳定过程。

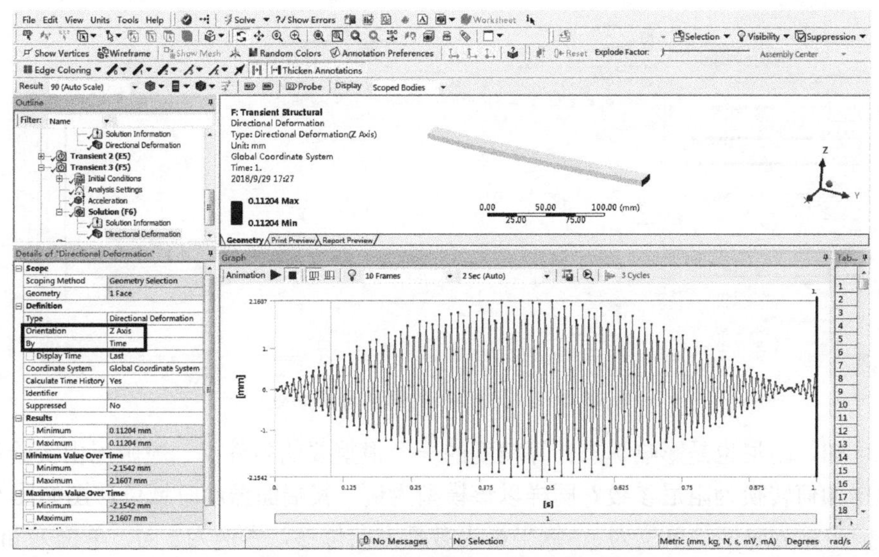

图 5-9-8 去掉阻尼的瞬态分析后处理

其他设置保持不变，修改瞬态分析的设置如图 5-9-9 所示。其中 Define By 选择为 Time，Time Step 定义为 0.025s（对应步长为 40，该步长小于 1 倍频率所对应的步数），Constant Damping Ratio 依旧定义为 0.1，再次计算。

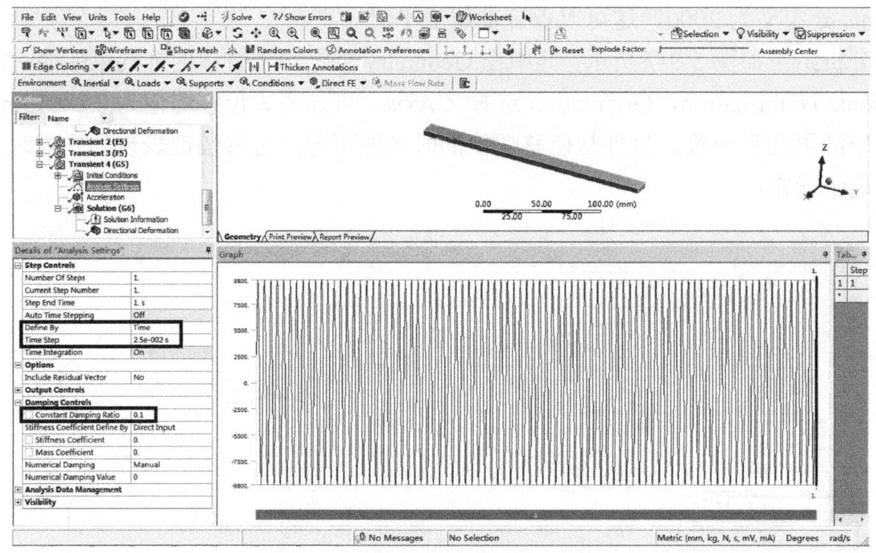

图 5-9-9　修改步长的瞬态分析设置

瞬态分析结果如图 5-9-10 所示，可知最大位移的幅值为 0.03555mm，该结果与谐响应结果相差 5 倍以上。由此可知，在瞬态分析设置中，对于步长或时间步的设置不仅控制计算收敛，而且还控制着计算精度，这与静力学分析有巨大的区别。

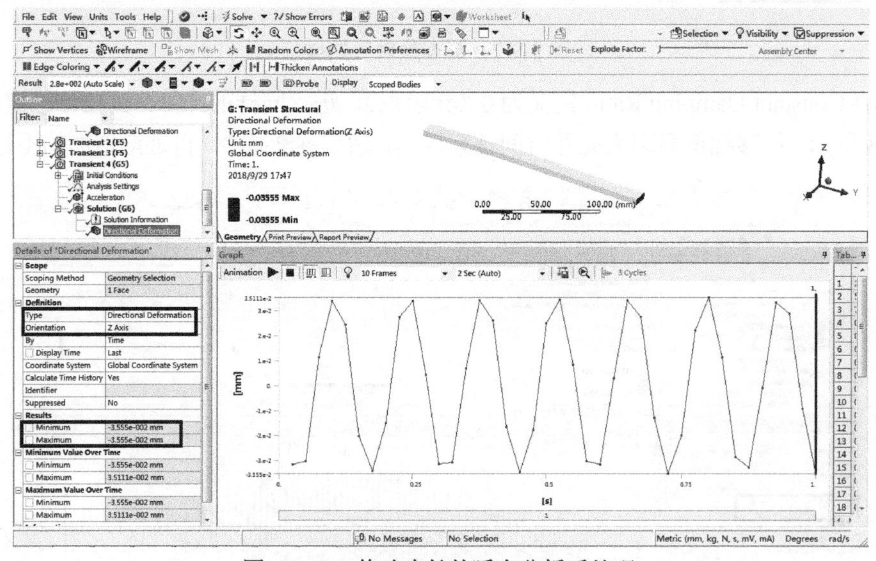

图 5-9-10　修改步长的瞬态分析后处理

由上可知，阻尼也是影响瞬态计算精度的一个很重要的条件。一般阻尼由实验测得，但是实验数据如何转换为阻尼参数？同样以该模型为例，其端面振动时域位移图如图 5-9-11 所示，其中横坐标为时间，单位为 s；纵坐标为激励方向位移，本例为 z 向，单位为 mm。图中显示出振幅随时间发生衰减的现象，表现为明显的阻尼效果。

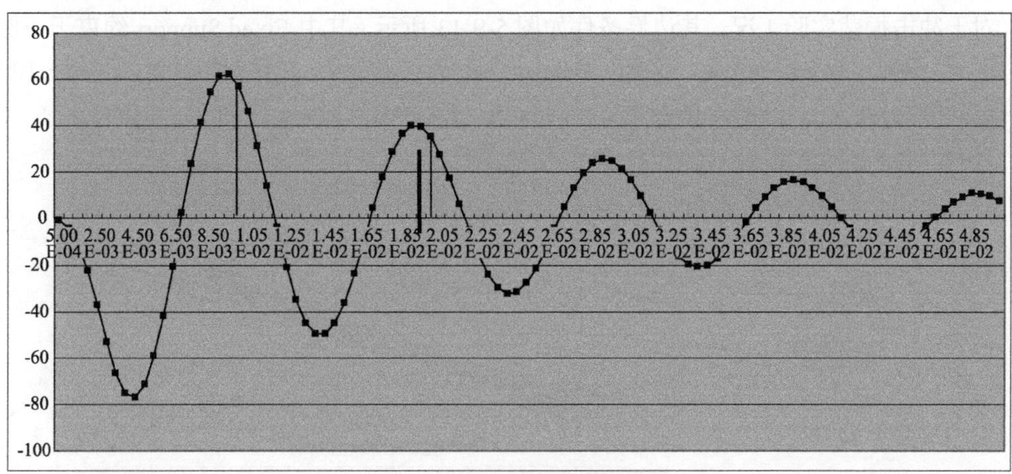

图 5-9-11 振动时域位移图

阻尼参数的计算方法：读取图中两粗线的长度（振动幅值），两粗线间隔为一个周期，为了说明，前一时刻的振动幅值为 56.803mm，后一时刻的振动幅值为 35.364mm。

则对数衰减为：$\delta = \ln\left(\dfrac{x_1}{x_2}\right) = \ln\left(\dfrac{56.803}{35.364}\right) = 0.474$

$$\xi = \frac{\delta}{\sqrt{(2\pi)^2 + \delta^2}} = 0.075$$

模态第 1 阶频率为 102.28Hz，即 ω=642.32rad/s。

则阻尼参数 $\alpha = 2\xi\omega = 96.7\text{s}^{-1}$ 或者 $\beta = 2\xi / \omega = 2.335\text{e-4s}$ 。

取 $\alpha = 96.7$ 代入模型，直接积分法的瞬态分析设置如图 5-9-12 所示。其中 Number Of Steps、Current Step Number 均设置为 1；Step End Time 定义为 0.05s；Define By 选择为 Substeps，Number Of Substeps 定义为 400；Stiffness Coefficient Define By 选择为 Direct Input，其中 Stiffness Coefficient 定义为 0，Mass Coefficient 定义为 96.7，Numerical Damping 设置为 Manual，Numerical Damping Value 定义为 0（不考虑数值阻尼）。

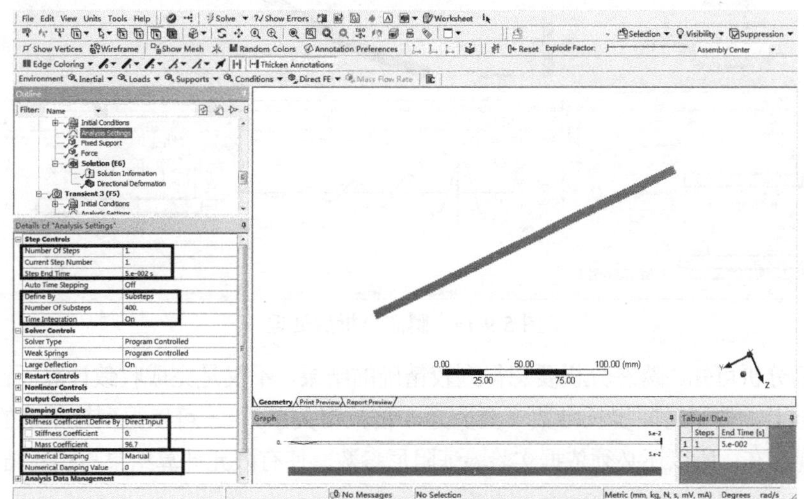

图 5-9-12 直接积分法的瞬态分析设置

对于冲击振荡实验工况，其边界条件如图 5-9-13 所示。其中 Fixed Support 约束于一侧端面，另一侧端面加载 Force 载荷，载荷以 Tabular Data 形式来定义，在第 0.002s 时，z 向为−1000N（根据实际载荷定义）；在第 0.004s 时，z 向为 0；在第 0.05s 时，z 向为 0。

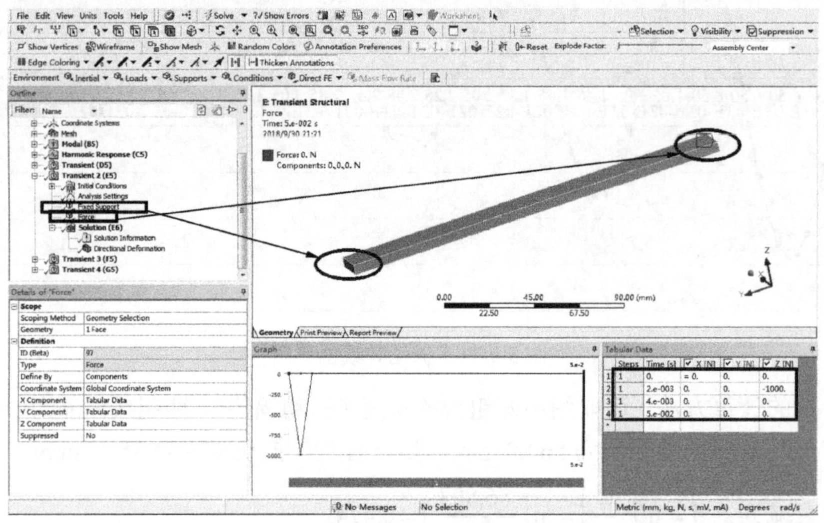

图 5-9-13　边界条件

求解完成后，查看 Directional Deformation 后处理，如图 5-9-14 所示。可得在 0.01s 时刻，z 向位移幅值为 55.506mm；在 0.02s 时刻，z 向位移幅值为 32.136mm。与实验阻尼条件下测试所得的 56.803mm 和 35.364mm 相比，相对误差为 2.3%和 9.1%，考虑数值取值的问题，该误差几乎可以忽略（β 阻尼参数请读者自行完成）。

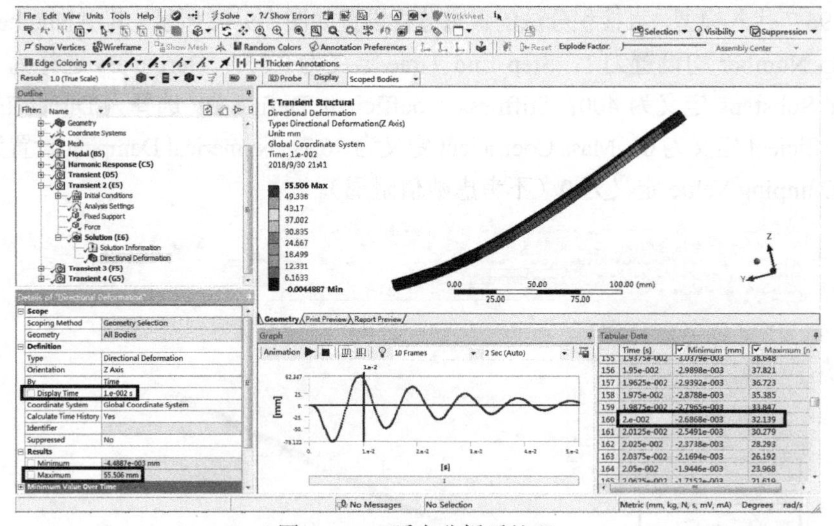

图 5-9-14　瞬态分析后处理

通过本例分析可知，瞬态分析要想得到较精确的结果，不仅是完成收敛计算而已，必须在收敛计算的基础上，调试时间步长参数（至少为 4 倍频率关系），才可以得到较精确的结果。同时由于阻尼客观存在，所以还必须依据实验验证阻尼参数，使有限元计算结果与实验结果基本对应。

参 考 文 献

［1］Rao S．机械振动（第 5 版）［M］．李欣业，杨理诚，译．北京：清华大学出版社，2016．

［2］金斯伯格．机械与结构振动：理论与应用［M］．白化同，李俊宝，译．北京：中国宇航出版社，2005．

［3］闻邦椿．高等转子动力学-理论、技术与应用［M］．北京：机械工业出版社，2000．

［4］马大猷．噪声与振动控制工程手册［M］．北京：机械工业出版社，2002．

［5］赵少汴．抗疲劳设计手册［M］．北京：机械工业出版社，2015．